U0309304

Android应用开发学习手册

管 蕾 编著

清华大学出版社
北 京

内 容 简 介

本书详细讲解了 Android 应用开发的基本知识。全书内容分为 5 篇，共计 28 个章节，依次讲解了基础知识篇、核心技术篇、多媒体应用篇、网络应用篇、知识进阶篇 5 大核心模块。本书几乎涵盖了 Android 应用开发涉及的所有领域，在讲解每一个知识点时，都遵循了理论联系实际的讲解方式，从搭建开发环境开始讲起，最后到传感器开发、NFC 和系统安全，详细剖析了 Android 应用开发的所有知识点。本书讲解详细、通俗易懂，非常适合于初学者学习和使用。

本书适合 Android 初级读者、Android 应用开发人员、Android 爱好者、Android 传感器开发人员、Android 智能家居设计人员、Android 可穿戴设备人员学习使用，也可以作为相关培训学校和大专院校对应课程的教学用书，还可以作为 Android 应用开发高手的参考用书。

图书在版编目（CIP）数据

Android 应用开发学习手册/管蕾编著. —北京：清华大学出版社，2015
ISBN 978-7-302-40129-2

I. ①A… II. ①管… III. ①移动终端-应用程序-程序设计-技术手册 IV. ①TN929.53-62

中国版本图书馆 CIP 数据核字（2015）第 090039 号

责任编辑：朱英彪
封面设计：刘　超
版式设计：牛瑞瑞
责任校对：王　云
责任印制：宋　林

出版发行：清华大学出版社
网　　址：http://www.tup.com.cn，http://www.wqbook.com
地　　址：北京清华大学学研大厦 A 座　　邮　　编：100084
社 总 机：010-62770175　　邮　　购：010-62786544
投稿与读者服务：010-62776969，c-service@tup.tsinghua.edu.cn
质 量 反 馈：010-62772015，zhiliang@tup.tsinghua.edu.cn
印 刷 者：清华大学印刷厂
装 订 者：三河市少明印务有限公司
经　　销：全国新华书店
开　　本：203mm×260mm（附 DVD 光盘 1 张）　　印　张：49.25　　字　　数：1482 千字
版　　次：2015 年 7 月第 1 版　　印　　次：2015 年 7 月第1 次印刷
印　　数：1～3500
定　　价：96.00 元

产品编号：061878-01

前　言

2007 年 11 月 5 日，谷歌公司宣布基于 Linux 平台的开源手机操作系统 Android 诞生。该平台是首个为移动终端打造的真正开放和完整的移动软件，在本书的学习中，我们将和广大读者一起来领略这款手机操作系统的神奇之处。

市场占有率高居第一

截至 2014 年 9 月，Android 在手机市场上的占有率从 2013 年的 68.8%上升到了 85%，iOS 从 2013 年的 19.4%下降到了 15.5%，WP 系统从原来的 2.7%小幅上升至 3.6%。从数据上来看，Android 平台依然占据着市场的主导地位，继续充当着老大的角色。

就目前来看，智能手机市场已经趋于饱和，大多数人都是在各个平台之间来回转换。因此，在这样的市场环境下，Android 的市场占有率能增长 10%左右，着实不易。

为开发人员提供了成长的沃土

（1）Java 开发人员可以迅速转型为 Android 应用开发

Android 应用程序是通过 Java 语言开发的，因此，开发者只要具备 Java 基础，就能很快地上手并掌握它。事实上，单独的 Android 应用开发对 Java 编程的门槛要求并不高，即使没有编程经验的门外汉，也可以在突击学习 Java 之后，继续学习 Android。

另外，Android 完全支持 2D、3D 和数据库，并和浏览器进行了集成。通过 Android 平台，程序员可以迅速、高效地开发出绚丽多彩的应用，例如常见的工具、管理、互联网和游戏等。

（2）定期召开奖金丰厚的 Android 大赛

为了吸引更多的用户投入到 Android 的应用开发中，谷歌公司定期召开奖金丰厚的 Android 开发者大赛。Android 大赛的目的是鼓励开发人员研发出创意十足、十分有用的软件。对于开发人员来说，参加 Android 大赛不但能锻炼自己的开发水平，并且能获得高额的奖金，这成为学员们不断学习的动力。

（3）开发人员可以利用自己的作品赚钱

为了能让 Android 平台吸引更多的关注，谷歌提供了一个专门下载 Android 应用的门店——Android Market，地址是 https://play.google.com/store。在这个门店里，允许开发人员发布应用程序，也允许 Android 用户下载自己喜欢的程序。作为开发者，需要先申请一个开发者账号，然后才能将自己的程序上传到 Android Market 中，并且可以对自己的软件进行定价。只要你的软件程序足够吸引人，你就可以获得很好的金钱回报。这样实现了程序员学习和赚钱的两不误，所以吸引了更多的开发人员加入到 Android 大军中来。

本书的内容

Android 系统从诞生到现在，虽然只有短短几年时间，但其凭借着操作的易用性和开发的简洁性，赢得了广大用户和开发者的支持。本书详细讲解了 Android 应用开发的基本知识。全书内容共 5 篇，依次讲解了基础知识、核心技术、多媒体应用、网络应用、知识进阶五大核心模块，共计 28 个章节。本书几乎涵盖了 Android 应用开发所涉及的各个领域，在介绍所有知识点时都遵循理论联系实际的讲解方式，从搭建开发环境开始，直到传感器开发、NFC 和系统安全，详细剖析 Android 应用开发的每一个知识点。本书讲解细致，通俗易懂，特别有利于初学者学习使用。

本书的版本

Android 系统自 2008 年 9 月发布第一个版本 1.1 以来，截至 2014 年 10 月发布的最新版本 5.0，一共存在十多个版本。由此可见，Android 系统升级频率较快，一年之中最少有两个新版本诞生。如果过于追求新版本，会造成力不从心的结果。所以在此建议广大读者："不必追求最新的版本，只需关注最流行的版本即可"。据官方统计，截至 2014 年 10 月 25 日，占据前 3 位的版本分别是 Android 4.3、Android 4.4 和 Android 4.2，其实这 3 个版本的区别并不是很大，只是在某领域的细节上进行了更新。

本书为了方便读者及时体验 Android 系统的最新功能，使用的版本是目前（本书成稿时）最新的 Android 5.0 版本。

本书的特色

本书内容十分丰富，并且讲解细致。我们的目标是读者购买一本书便可得到多本书的价值。读者可以根据自己的需要有选择地进行阅读。

在内容的编写上，本书具有以下特色。

（1）结构合理

本书从用户的实际需求出发，科学安排知识结构，内容由浅入深，叙述清楚，具有很强的知识性和实用性，几乎涵盖了 Android 开发的所有知识点。同时，本书精心筛选了最具代表性、读者最关心的典型知识点，几乎涵盖了网页设计的各个方面。

（2）易学易懂

本书条理清晰、语言简洁，可帮助读者快速掌握各个知识点；每个部分既相互连贯又自成体系，读者既可以按照本书编排的章节顺序进行学习，也可以根据自己的需求对某一章节进行有针对性的学习。

（3）实用性强

本书摒弃了枯燥的理论讲解和简单的操作练习，注重实用性和可操作性，详细讲解了各个部分的源码知识，使用户在掌握相关操作技能的同时，还能学习到相应的基础知识。

（4）案例精讲，深入剖析

为使读者能够步入 Android 高手之林，本书详细讲解了每一案例的实现流程，使读者不但能对基本知识点有一个系统的学习，而且能够通过实战，轻松掌握各知识点的综合运用技巧，为将来更深层次的学习打下坚实的基础。

（5）附配资源丰富

本书配有丰富的学习资源，除源代码、PPT 之外，还实录了 157 个高清学习视频，既有实用的知识点讲解视频，也有详细的实例开发视频，全面、深入、细致地解析 Android 应用开发的方方面面。除此以外，本书额外赠送了 300 多页 Android 学习电子书，以及 15 个 Android 应用开发综合案例，包括仿小米录音机、音乐播放器、跟踪定位系统、仿陌陌交友系统、手势音乐播放器、智能家居系统、湿度测试仪、象棋游戏、抢滩登陆游戏、九宫格数独游戏、健康饮食系统、仓库管理系统、个人财务系统、仿去哪儿酒店预定系统、仿开心网客户端等。通过这些附配资源，读者的学习过程会更加方便、快捷。

读者对象

- ☑ 初学移动开发的自学者。
- ☑ 大中专院校的老师和学生。
- ☑ 从事移动开发的程序员。
- ☑ 编程爱好者。
- ☑ Android 开发人员。
- ☑ 相关培训机构的老师和学员。

本书在编写过程中，得到了清华大学出版社工作人员的大力支持，正是各位编辑的求实、耐心和效率，才使得本书在这么短的时间内得以出版。另外，也十分感谢我的家人，在我写作的时候给予了巨大的支持。

尽管我们力求能提供给读者一本内容翔实的 Android 应用开发图书，但由于水平、能力所限，书中难免存在纰漏和不尽人意之处，恳请广大读者不吝赐教。您的意见或建议，我们在修订图书之际会一并补充进去，使本书更臻完善。

另外，我们提供了售后支持网站（http://www.chubanbook.com/）及 QQ 群（192153124），读者朋友们在学习过程中如有什么疑问，可以在此提出，相信您一定会得到满意的答复。

参与本书编写的还有周秀、付松柏、邓才兵、钟世礼、谭贞军、张加春、王教明、万春潮、郭慧玲、侯恩静、程娟、王文忠、陈强、何子夜、李天祥、周锐、朱桂英、张元亮、张韶青、秦丹枫。

编　者

目　　录

第 1 篇　基础知识篇

第 2 篇　核心技术篇

第 3 篇 多媒体应用篇

第 4 篇　网络应用篇

第 5 篇 知识进阶篇

第 1 篇

基础知识篇

- 第 1 章　Android 应用开发基础
- 第 2 章　Android 应用开发技术必备

第 1 章　Android 应用开发基础

（视频讲解：58 分钟）

Android 是一款操作系统的名称，是科技界巨头谷歌（Google）公司推出的一款运行于手机和平板电脑等设备的智能操作系统。因为 Android 系统的底层内核是以 Linux 开源系统架构的，所以它属于 Linux 家族的产品之一。虽然 Android 的外形比较简单，但其功能却十分强大。自从 2011 年以来，Android 系统一直占据全球智能手机市场占有率第一的宝座。本章将简单介绍 Android 系统的诞生背景和发展历程，为读者步入本书后面知识的学习打下基础。

☑　001：在 Linux 平台搭建 Android 应用开发环境.pdf
☑　002：在 MacOSX 平台搭建 Android 应用开发环境.pdf
☑　003：快速安装 SDK 的方法.pdf
☑　004：快速更新 Android SDK.pdf
☑　005：使用 DDMS 进行调试.pdf
☑　006：使用 ADB 工具进行调试.pdf
☑　007：调试过程中的常见错误.pdf
☑　008：Java 和 Android 的关系

知识拓展

1.1　移动智能设备系统发展现状

知识点讲解：光盘:视频\知识点\第 1 章\移动智能设备系统发展现状.avi

在 Android 系统诞生之前，智能手机这个新鲜事物大大丰富了人们的生活，得到了广大手机用户的青睐。各大手机厂商在市场的驱动之下，纷纷开发自己的智能手机操作系统，并且大肆招兵买马来抢夺市场份额，Android 系统就是在这个风起云涌的市场环境下诞生的。在了解 Android 这款神奇的系统之前，首先来了解当前移动智能设备系统的发展现状。

1.1.1　智能手机和移动智能设备

智能手机是指具有像个人电脑那样强大的功能，拥有独立的操作系统，用户可以自行安装应用软件、游戏等第三方服务商提供的程序，并且可以通过移动通信网络接入到无线网络中的手机。在 Android 系统诞生之前，已经有很多优秀的智能手机产品，例如 Symbian 系列和微软的 Windows Mobile 系列等。

智能手机和普通手机到底有哪些区别呢？某大型专业统计站点曾经为智能手机做过一项市场调查，经过大众讨论并投票之后，总结出了智能手机所必须具备的功能标准。下面是当时投票后得票率最高的前 5 个选项。

☑　操作系统必须支持新应用的安装。

- ☑　高速度处理芯片。
- ☑　支持播放式的手机电视。
- ☑　大存储芯片和存储扩展能力。
- ☑　支持 GPS 导航。

根据大众投票结果，手机联盟制定了一个标准，并根据这个标准，总结出了智能手机的如下一些主要特点。

- ☑　具备普通手机的全部功能，例如可以进行正常的通话和收发短信等手机应用。
- ☑　是一个开放性的操作系统，在系统平台上可以安装更多的应用程序，从而实现功能的无限扩充。
- ☑　具备上网功能。
- ☑　具备 PDA 的功能，实现个人信息管理、日程记事、任务安排、多媒体应用、浏览网页等。
- ☑　可以根据个人需要扩展机器的功能。
- ☑　扩展性能强，并且可以支持很多第三方软件。

随着科技的进步和发展，智能手机被归纳到移动智能设备当中。在移动智能设备中，还包含了平板电脑、游戏机和笔记本电脑。

1.1.2　主流系统的发展现状

（1）昨日皇者——Symbian（塞班）

Symbian 作为早期智能手机的王者，在 2005 年至 2010 年间曾一度风行，人们手中拿的很多都是诺基亚的 Symbian 手机，N70——N73——N78——N97，诺基亚 N 系列曾经被称为“N=无限大”的手机。对硬件的要求低，操作简单，省电，软件资源多是 Symbian 系统手机的重要特点，如图 1-1 所示。

symbian OS

图 1-1　Symbian 手机标志

在国内软件开发市场内，基本每一个软件都会有对应的塞班手机版本。而塞班开发之初的目标是要保证在较低资源的设备上能长时间稳定、可靠地运行，这导致了塞班的应用程序开发有着较为陡峭的学习曲线，开发成本较高，但是程序的运行效率很高。例如 5800 的 128MB 的 RAM，后台可以同时运行十几个程序而操作流畅（多任务功能特别强大），即使几天不关机，剩余内存也可保持稳定。

虽然在 Android、iOS 的围攻之下，诺基亚依然推出了塞班^3 系统，甚至为其更新（Symbian Anna，Symbian Belle），从外在的用户界面到内在的功能特性都有了显著提升，例如可自由定制全新窗体部件、更多主屏、全新下拉式菜单等。但由于对新兴的社交网络和 Web 2.0 内容支持欠佳，塞班在智能手机中的市场份额日益萎缩。2010 年年末，其市场占有量已被 Android 超过。自 2009 年年底开始，包括摩托罗拉、三星电子、LG、索尼爱立信等各大厂商纷纷宣布终止了对塞班平台的研发，转而投入 Android 领域。2011 年年初，诺基亚宣布将与微软成立战略联盟，推出基于 Windows Phone 的智能手机，从而在事实上放弃了经营多年的塞班。塞班退市已成定局。

（2）高贵华丽——iOS

iOS 作为苹果移动设备 iPhone 和 iPad 的操作系统（见图 1-2），在 App Store 的推动之下，成为了世界上引领潮流的操作系统之一。原本这个系统名为 iPhone OS，但在 2010 年 6 月 7 日 WWDC 大会上，宣布改名为 iOS。iOS 的用户界面的概念基础是能够使用多点触控直接操作，控制方法包括滑动、轻触开关及按键。与系统交互的操作包括滑动（Swiping）、轻按（Tapping）、挤压（Pinching，

图 1-2　iOS 操作系统标志

通常用于缩小）及反向挤压（Reverse Pinching or unpinching，通常用于放大）。此外，通过其自带的加速器，可以令其旋转设备改变 y 轴，以令屏幕改变方向，这样的设计令 iPhone 更便于使用。

- ☑ 最早 iPhone OS 1.0：内置于 iPhone 一代手机中，借助 iPhone 流畅的触摸屏幕，iPhone OS 给用户带来了极为优秀的使用体验，相比当时的手机，可以用惊艳来形容。
- ☑ iPhone OS 2.0：随着 iPhone 3G 发布，App Store 诞生。App Store 为第三方软件的提供者提供了方便而又高效的一个软件销售平台，在软件开发者与最终用户之间架起了一座沟通与销售的桥梁，从而极大地丰富了 iPhone 手机的应用功能。
- ☑ iPhone OS 3.0：iPhone 3GS 开始支持复制、粘贴功能。
- ☑ iOS 4：在 iPhone 4 推出时，苹果决定将原来 iPhone OS 系统重新定名为 iOS，并发布新一代操作系统 iOS 4。在这个版本中，开始正式支持了多任务功能，通过双击 HOME 键实现。
- ☑ iOS 5：加入了 Siri 语音操作助手功能，用户可以与手机实现语言上的人机交互，该功能可以实现对用户的语音识别，完成一些较为复杂的操作，如使用 Siri 来查询天气、进行导航、询问时间、设定闹钟、查询股票甚至发送短信等功能，方便了用户的使用。

iOS 系统横跨 iPod Touch、iPad、iPhone，成为苹果最强大的操作系统。甚至新一代的 Mac OS X Lion 也借鉴了 iOS 系统的一些设计。可以说，iOS 是苹果又一个成功的操作系统，能给用户带来极佳的使用体验。

因其优秀系统设计以及严格的 App Store，iOS 作为应用数量最多的移动设备操作系统，加上强大的硬件支持以及最新 iOS 5 内置的 Siri 语音助手，无疑使得用户体验得到了更大的提升。

（3）全新面貌——Windows Phone

早在 2004 年时，微软就开始以 Photon 为计划代号，开始研发 Windows Mobile 的一个重要更新版本。2008 年，在 iOS 和 Android 的巨大冲击之下，微软重新组织了 Windows Mobile 的小组，并继续开发一个新的移动操作系统。

Windows Phone，简称 WP，是微软发布的一款手机操作系统（见图 1-3），它将微软旗下的 Xbox Live 游戏、Xbox Music 音乐与独特的视频体验集成至手机中。微软公司于 2010 年 10 月 11 日晚上 9 点 30 分正式发布了智能手机操作系统 Windows Phone，并将其使用接口称为 Modern 接口。2011 年 2 月，诺基亚与微软达成全球战略同盟。2011 年 9 月 27 日，微软发布 Windows Phone 7.5。2012 年 6 月 21 日，微软正式发布 Windows Phone 8，采用和 Windows 8 相同的 Windows NT 内核，同时也针对市场的 Windows Phone 7.5 发布了 Windows Phone 7.8。现有的 Windows Phone 7 手机将无法升级至 Windows Phone 8。如图 1-4 所示为诺基亚的 Windows Phone 手机。

图 1-3　Windows Phone 手机操作系统标志

图 1-4　Windows Phone 手机

Windows Phone 具有桌面定制、图标拖曳、滑动控制等一系列前卫的操作体验。其主屏幕通过提供类似

仪表盘的体验来显示新的电子邮件、短信、未接来电、日历约会等，让人们对重要信息保持时刻更新。它还包括一个增强的触摸屏界面，更方便手指操作；以及一个最新版本的 IE Mobile 浏览器——该浏览器在一项由微软赞助的第三方调查研究中，和参与调研的其他浏览器和手机相比，可以执行指定任务的比例超过 48%。很容易看出微软在用户操作体验上所做出的努力，而史蒂夫·鲍尔默也表示："全新的 Windows 手机把网络、个人电脑和手机的优势集于一身，让人们可以随时随地享受到想要的体验"。

Windows Phone 力图打破人们与信息和应用之间的隔阂，提供适用于人们包括工作和娱乐在内完整生活的方方面面，最优秀的端到端体验。

注意： 2013 年 9 月 3 日，微软公司宣布以 37.9 亿欧元的价格收购诺基亚的设备和服务部门，同时还将以 16.5 亿欧元的价格收购诺基亚的相关技术专利，该次交易总额达到 54.4 亿欧元，其中有 3.2 万名员工将从诺基亚转入微软，整笔交易于 2014 年第一季度完成。从此之后，在移动设备系统江湖中再无塞班。

（4）高端商务——BlackBerry OS（黑莓）

BlackBerry 系统，即黑莓系统（见图 1-5），是加拿大 Research In Motion（简称 RIM）公司推出的一种无线手持邮件解决终端设备的操作系统，由 RIM 自主开发。它和其他手机终端使用的 Symbian、Windows Mobile、iOS 等操作系统有所不同，BlackBerry 系统的加密性能更强，更安全。

图 1-5 BlackBerry 系统标志

安装有 BlackBerry 系统的黑莓机，指的不单单是一台手机，而是由 RIM 公司所推出的包含服务器（邮件设定）、软件（操作接口）以及终端（手机）大类别的 Push Mail 实时电子邮件服务。

"黑莓"（BlackBerry）移动邮件设备基于双向寻呼技术。该设备与 RIM 公司的服务器相结合，依赖于特定的服务器软件和终端，兼容现有的无线数据链路，实现了遍及北美、随时随地收发电子邮件的梦想。这种装置并不以奇妙的图片和彩色屏幕夺人耳目，甚至不带发声器。"9·11"事件之后，由于 BlackBerry 及时传递了灾难现场的信息，而在美国掀起了拥有一部 BlackBerry 终端的热潮。

黑莓赖以成功的最重要原则——针对高级白领和企业人士，提供企业移动办公的一体化解决方案。企业有大量的信息需要即时处理，出差在外时，也需要一个无线的可移动的办公设备。企业只要装一个移动网关，一个软件系统，用手机的平台实现无缝链接，无论何时何地，员工都可以用手机进行办公。它最大的方便之处是提供了邮件的推送功能：即由邮件服务器主动将收到的邮件推送到用户的手持设备上，而不需要用户频繁地连接网络查看是否有新邮件。

黑莓系统的稳定性非常强，其独特定位也深得商务人士的青睐，可是也因此在大众市场上得不到优势，国内用户和应用资源也较少。

注意： 2013 年 9 月 24 日，黑莓表示已经与由 Fairfax Financial Holdings 主导的财团达成交易，准备以 47 亿美元出售，但是后来没有任何爆炸性消息发布。由此看来，黑莓也将逐步退出历史舞台。

1.2 Android 系统的诞生和发展现状

知识点讲解：光盘:视频\知识点\第 1 章\Android 系统的诞生和发展现状.avi

Android 一词最早出现于法国作家利尔亚当在 1886 年发表的科幻小说《未来夏娃》中，他将外表像人的机器起名为 Android。本书的主角就是 Android 系统，本节将简要介绍 Android 系统的诞生和发展历程。

1.2.1 Android 系统的发展历程

被业界所公认的 Android 之父是前 Google 工程部副总裁 Andy Rubin（安迪·罗宾）。Andy Rubin 1963 年生于纽约州 Chappaqua（查帕奎）镇，大学毕业后加入以光学仪器知名的卡尔·蔡司公司担任机器人工程师，主要从事数字通信网络。

1989 年，Andy 到开曼群岛旅游，清晨独自在沙滩漫步时遇到一个人可怜地睡在躺椅上——他和女朋友吵架，被赶出了海边别墅。Andy 给他找了住处。作为回报，这位老兄答应引荐 Andy 到自己所在的公司工作。原来，此人正是处在第一个全盛时期的苹果公司的著名工程师比尔·凯斯维尔。

不平凡的硅谷经历让 Andy Rubin 在以工程师为主导的苹果公司里如鱼得水，桌面系统 Quadra 和历史上第一个软 Modem 都是他的作品。“Rubin 是那种只要能手中拿着焊枪、写着软件编辑程序就非常满足的人。”苹果公司工程师、Rubin 前同事史蒂芬这样形容他。在苹果的这段日子里，他经常以办公室为家。Rubin 笑称，那是他最邋遢的一段日子。有时他也不忘展示一下自己的 Geek 本色：对公司的内部电话系统进行了重新编程，伪装 CEO 打电话给人事，指示要给自己组里的工程师同事股票奖励。当然，信息部门免不了来找他的麻烦。

1990 年，苹果的手持设备部门独立出来，成立了 General Magic 公司。两年后，Andy 认定这个领域一定会大有作为，选择加入。在这里，他完全融入到了公司的工程师文化中。他和同事们在自己的小隔间上方搭起了床，几乎 24 小时吃住在办公室。他们开发的产品是具有突破性意义的基于互联网的手机操作系统和界面 Magic Cap，在市场上也曾经取得短暂的成功。1995 年，公司甚至因此上市，而且第一天股票就实现了翻番。但是好景不长，由于这款产品太超前了，运营商的支持完全跟不上，所以很快被市场“判了死刑”。

此后，Andy Rubin 又加入了苹果公司员工创办的 Artemis Research，继续吃住在办公室，追逐互联网设备的梦想。这次，他参与开发的产品是交互式互联网电视 WebTV，创造了多项通信专利。产品获得了几十万用户，成功实现盈利，年收入超过 1 亿美元。1997 年，公司被微软收购，Rubin 也随之加入，雄心勃勃地开始了他的超级机器人项目。他开发的互联网机器人在微软四处游荡，随时记录所看所闻。不料，有一天控制机器人的计算机被黑客入侵，激怒了微软的安全官员。不久，Andy 离开微软，在 Palo Alto 租了一个商店，与他的工程师朋友们继续把玩各种机器人和新设备，构思各种新产品的奇思妙想。这就是 Danger 的前身。

创办 Danger 并担任 CEO 的过程中，Andy 完成了从工程师到管理者的转变。更为重要的是，他和同事一起找到了将移动运营商和手机制造商利益结合起来的模式，这与 iPhone 非常类似。但是，公司的运营并不理想，Andy 接受董事会辞职建议的决定，并有些失望地离开了公司。Danger 后来被微软收购，2010 年这个部门发布了很酷但是很快失败的产品 Kin 系列手机。

2002 年年初，还在 Danger 期间，Andy Rubin 曾在斯坦福大学的工程课上做了一次讲座，听众中出现了 Google 的两位创始人 Larry Page（拉里·佩奇）和 Sergey Brin。离开 Danger 后，Andy 曾再次隐居开曼群岛，想开发一款数码相机，但却没有找到支持者。他很快回到熟悉的领域，创办 Android，开始启动下一代智能手机的开发。这次的宗旨，是设计一款对所有软件开发者开放的移动平台。2005 年，Andy 靠自己的积蓄和朋友的支持，艰难地完成了这一项目。在与一家风投洽谈的同时，Andy 突然想到了 Larry Page，于是给他发了一封邮件。仅仅几周时间，Google 就完成了对 Android 的收购，开启了一段 Android 传奇的书写。

2007 年 11 月 5 日，Google 正式对外宣布 Android 开源手机操作系统平台，此平台基于 Linux，由操作系统、中间件、用户界面和应用软件组成。同时 Google 与另外 33 家手机制造商（包含摩托罗拉、宏达电、三星、LG)、手机芯片供货商、软硬件供货商、电信运营商（包括中国移动）联合组成 Open Handset Alliance（开放手机联盟），这一联盟将会支持 Google 可能发布的手机操作系统或者应用软件，共同开发 Android 的开放源代码的移动系统。

2014 年 10 月 15 日（美国太平洋时间），Google 公司发布全新的 Android 操作系统 Android 5.0。北京时

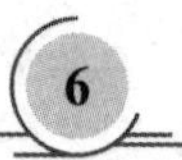

间 2014 年 6 月 26 日 0 时，Google I/O 2014 开发者大会在旧金山正式召开，发布了 Android 5.0 的前身 L（Lollipop）版 Android 开发者预览版本。2014 年的 3 款新 Nexus 设备——Nexus 6、Nexus 9 平板及 Nexus Player 将率先搭载 Android 5.0，之前的 Nexus 5、Nexus 7 及 Nexus 10 将会很快获得更新，而 Google Play 版设备则需要等上几周才能升级。

1.2.2　Android 系统的发展现状

从 2008 年 HTC 和 Google 联手推出第一台 Android 手机 G1 开始，在 2011 年第一季度，Android 在全球的市场份额首次超过塞班系统，跃居全球第一。时至今日，Android 更是在手机操作系统领域独领风骚。下面的几条数据能够充分说明 Android 系统的霸主地位。

（1）2011 年 11 月，Android 占据全球智能手机操作系统市场 52.5%的份额，中国市场占有率为 58%。2014 年 8 月 15 日，根据 IDC 发布的 2014 年第二季度智能手机市场的最新数据显示，苹果 iOS 和谷歌 Android 两大系统平台继续领跑。Android 阵营增长则更惊人，达到了 33.3%，出货量达到了 2.553 亿台。Android 系统的市场份额得到了提高，从 2013 年第二季度的 79.6%增长到了 2014 年第二季度的 84.7%，具体信息如图 1-6 所示。

Top Five Smartphone Operating Systems, Worldwide Shipments, and Market Share, 2014Q2 (Units in Millions) - IDC/AppleInsider

Operating System	Q2 2014 Shipment Volume	Q2 2014 Market Share	Q2 2013 Shipment Volume	Q2 2013 Market Share	Year-Over-Year Growth
Android	255.3	84.7%	191.5	79.6%	33.3%
iOS	35.2	11.7%	31.2	13.0%	12.7%
Windows Phone	7.4	2.5%	8.2	3.4%	-9.4%
BlackBerry	1.5	0.5%	6.7	2.8%	-78.0%
Others	1.9	0.6%	2.9	1.2%	-32.2%
Total	301.3	100.0%	240.5	100.0%	25.3%

图 1-6　2014 年 8 月智能手机平台调查表

（2）如果从某一个时间段进行统计，Android 系统也是雄踞市场占有率第一的位置。据著名互联网流量监测机构 Net Applications 发布的最新数据显示，从 2013 年 9 月到 2014 年 7 月，在这将近一年的时间里，Android 市场占有率一直处于稳步攀升状态，从最初的 29.42%狂飙至 44.62%，而 iOS 的使用量却在一路下滑，从 2014 年 9 月份的 53.68%降至 44.19%。

（3）如果从市场硬件产品出货量方面进行比较，Android 系统则具有压倒性的优势，其市场份额高达 85%，而 iOS 仅占 11.9%。

由上述统计数据可见，Android 系统的市场占有率位居第一，并且毫无压力。Android 机型数量庞大，简单易用，相对自由的系统能让厂商和客户轻松地定制各种 ROM，以及各种桌面部件和主题风格。其简单而华丽的界面得到了广大客户的认可，对手机进行刷机也是不少 Android 用户所津津乐道的事情。

可惜 Android 版本数量较多，市面上同时存在着 1.6 到当前最新的 4.4.2 等各种版本的 Android 系统手机，应用软件对各版本系统的兼容性对程序开发人员是一种不小的挑战。同时由于开发门槛低，导致应用数量虽然很多但是应用质量参差不齐，甚至出现不少恶意软件，致使一些用户受到损失。同时 Android 没有对各厂商在硬件上进行限制，导致一些用户在低端机型上体验不佳。另一方面，因为 Android 的应用主要使用 Java 语言开发，其运行效率和硬件消耗一直是其他手机用户所诟病的地方。

1.2.3　常见的 Android 设备

因为 Android 系统的免费和开源，也因为系统本身强大的功能性，使得 Android 系统不仅被用于手机设备上，而且也被广泛用于其他智能设备中。下面将简要介绍除了手机产品之外，常见的搭载 Android 系统的智能设备。

（1）Android 智能电视

Android 智能电视，顾名思义就是搭载了 Android 操作系统的电视，使得电视机能实现网页浏览、视频电影观看、聊天办公游戏等与平板电脑和智能手机一样的功能且数十万款 Android 市场的应用、游戏等内容也可随意安装。例如，海尔的 MOOKA 模卡 U42H7030 便是一款搭载 Android 4.2 系统的智能电视，如图 1-7 所示。

（2）Android 机顶盒

Android 机顶盒是指像智能手机一样，具有全开放式平台，搭载了 Android 操作系统，可以由用户自行安装和卸载软件、游戏等第三方服务商提供的程序，通过此类程序不断对电视的功能进行扩充，并可以通过网线、无线网络来实现上网冲浪的新一代机顶盒总称。

通过使用 Android 机顶盒，可以让电视具有上网、看网络视频、玩游戏、看电子书、听音乐等功能，使电视成为一个低成本的平板电脑。Android 机顶盒不仅仅是一个高清播放器，更具有一种全新的人机交互模式，既区别于电脑又有别于触摸屏。Android 机顶盒配备红外感应条，遥控器一般采用空中飞鼠，这样就可以方便地实现触摸屏上的各种单点操作，可以在电视上玩愤怒的小鸟、植物大战僵尸等经典游戏。例如，乐视公司的 LeTV 机顶盒便是基于 Android 打造的，如图 1-8 所示。

图 1-7　搭载 Android 4.2 系统的智能电视

图 1-8　基于 Android 的 LeTV 机顶盒

（3）游戏机

Android 游戏机就像 Android 智能手表一样，在 2013 年出现了爆炸式增长。在 CES 展会上，NVIDIA 的 Project Shield 掌上游戏主机以绝对震撼的姿态亮相，之后又有 Ouya 和 Gamestick 相继推出。不久前，Mad Catz 也发布了一款 Andriod 游戏机。

（4）智能手表

智能手表，是指将手表内置智能化系统、搭载智能手机系统且连接于网络而实现多功能，能同步手机中的电话、短信、邮件、照片、音乐等。2013 年，苹果、三星、谷歌等科技巨头都发布了自己的智能手表。美国市场研究公司 Current Analysis 分析师艾维·格林加特（Avi Greengart）认为 2013 年是智能手表元年。例如，LG 采用谷歌 Android Wear 操作系统开发了一款名为 G Watch 的智能手表，该产品如图 1-9 所示。

（5）智能家居

智能家居是指以住宅为平台，利用综合布线技术、网络通信技术、智能家居-系统设计方案安全防范技术、自动控制技术、音视频技术将家居生活有关的设施集成，构建高效的住宅设施与家庭日程事务的管理系统。智能家居能有效提升家居的安全性、便利性、舒适性、艺术性，并能实现环保节能的居住环境。

智能家居是在互联网的影响之下的家居物联化体现。智能家居通过物联网技术，将家中的各种设备（如音视频设备、照明系统、窗帘控制、空调控制、安防系统、数字影院系统、网络家电以及三表抄送等）连接到一起，提供家电控制、照明控制、窗帘控制、电话远程控制、室内外遥控、防盗报警、环境监测、暖通控制、红外转发以及可编程定时控制等多种功能和手段。与普通家居相比，智能家居不仅具有传统的居住功能，兼备建筑、网络通信、信息家电、设备自动化，集系统、结构、服务、管理为一体的高效、舒适、安全、便利、环保的居住环境，提供全方位的信息交互功能。帮助家庭与外部保持信息交流畅通，优化人们的生活方式，帮助人们有效安排时间，增强家居生活的安全性，甚至为各种能源费用节约资金。

例如，乐得威公司的 GW-9311 智能主机产品便是一款 Android 智能家居产品，如图 1-10 所示。

图 1-9　搭载 Android Wear 系统的 G Watch

图 1-10　乐得威公司的 GW-9311 智能主机

上述智能设备只是冰山一角，随着物联网和云服务的普及和发展，将有更多的智能设备诞生。到那个时候，Android 系统将拥有一个更美好的未来。

1.2.4　Android 系统的巨大优势

为什么安卓能在这么多的智能系统中脱颖而出，成为市场占有率第一的手机系统呢？究竟是它的哪些优点吸引了厂商和消费者的青睐呢？下面将对上述问题一一进行解答。

（1）系出名门

Android 出身于 Linux 世家，是一款开源的手机操作系统。Android 功成名就之后，各大手机联盟纷纷加入，这个联盟由包括中国移动、摩托罗拉、高通、HTC 和 T-Mobile 在内的 30 多家技术和无线应用的领军企业组成。通过与运营商、设备制造商、开发商和其他有关各方结成深层次的合作伙伴关系，Android 在移动产业内逐渐形成了一个开放式的生态系统。

（2）强大的开发团队

Android 的研发队伍阵容强大，包括摩托罗拉、Google、HTC（宏达电子）、PHILIPS、T-Mobile、高通、魅族、三星、LG 以及中国移动在内的 34 家企业。这些企业都是在手机江湖中享誉盛名的大佬，它们基于 Android 平台开发的新型手机业务，各应用之间的通用性和互联性将在最大程度上得到保持。它们还成立了手机开放联盟，联盟中的成员名单如下所示。

☑　手机制造商

包括台湾宏达国际电子（HTC）（Palm 等多款智能手机的代工厂）、摩托罗拉（美国最大的手机制造商）、韩国三星电子（仅次于诺基亚的全球第二大手机制造商）、韩国 LG 电子、中国移动（全球最大的移动运营商）、日本 KDDI（2900 万用户）、日本 NTT DoCoMo（5200 万用户）、美国 Sprint Nextel（美国第三大移动运营商，5400 万用户）、意大利电信（Telecom Italia，意大利主要的移动运营商，3400 万用户）、西班牙

Telefónica（在欧洲和拉美有 1.5 亿用户）、T-Mobile（德意志电信旗下公司，在美国和欧洲有 1.1 亿用户）。

☑ 半导体公司

包括 Audience Corp（声音处理器公司）、Broadcom Corp（无线半导体主要提供商）、英特尔（Intel）、Marvell Technology Group、Nvidia（图形处理器公司）、SiRF（GPS 技术提供商）、Synaptics（手机用户界面技术）、德州仪器（Texas Instruments）、高通（Qualcomm）、惠普 HP（Hewlett-Packard Development Company，L.P）。

☑ 软件公司

包括 Aplix、Ascender、eBay 的 Skype、Esmertec、Living Image、NMS Communications、Noser Engineering AG、Nuance Communications、PacketVideo、SkyPop、Sonix Network、TAT-The Astonishing Tribe、Wind River Systems。

（3）诱人的奖励机制

人为财死，鸟为食亡。谷歌为了提高程序员们的开发积极性，不但为他们提供了一流的硬件设置和软件服务，而且提出了振奋人心的奖励机制。例如，定期召开开发比赛，凭借创意和应用夺魁的程序员将会得到重奖。

☑ 奖金丰厚的 Android 大赛

为了吸引更多的用户使用 Android 进行开发，谷歌举办了奖金高达 1000 万美元的开发者竞赛，以鼓励开发人员创建出创意十足、十分有用的软件。这种大赛不但能提升开发人员的开发水平，其高额的奖金更是学员们学习的动力。

☑ 在 Android Market 上获取收益

为了能让 Android 平台吸引到更多的关注，谷歌开发了自己的 Android 软件下载店——Android Market（地址是 http://www.Android.com/market/）。在 Android Market 上，开发人员可以将个人编写的应用程序发布在上面（需要申请一个开发者账号），进行定价，以供用户下载。只要开发的软件程序足够吸引人，开发者就可以获得很好的金钱回报，从而达到学习、赚钱两不误。

（4）开源

开源意味着对开发人员和手机厂商来说，Android 是完全无偿免费使用的。因为源代码公开的原因，所以吸引了全世界各地无数程序员的热情。于是很多手机厂商纷纷采用 Android 作为自己产品的系统，包括很多山寨厂商，因为免费可以降低成本，提高利润。对于开发人员来说，众多厂商的采用就意味着人才需求大，所以纷纷加入到 Android 开发大军中来。有一些传统开发领域干的还可以的程序员经不住高薪的诱惑，纷纷改行做 Android 开发。使得很多觉得现状不尽如人意的程序员，就更加坚定了“改行做 Android 手机开发”的信心。也有很多遇到发展瓶颈的程序员加入到 Android 阵营中，因为这样可以学习一门新技术，使自己的未来更加有保障。

Android 应用程序是通过 Java 语言开发的，只要具备 Java 开发基础，就能很快地上手并掌握。Android 应用开发对 Java 的编程门槛要求并不高，即使没有编程经验的门外汉，也可以在突击学习 Java 之后学习 Android。另外，Android 完全支持 2D、3D 和数据库，并且和浏览器实现了集成，所以通过 Android 平台，程序员可以迅速、高效地开发出绚丽多彩的应用，如常见的工具、管理、互联网和游戏等。

1.3 搭建 Android 应用开发环境

知识点讲解：光盘:视频\知识点\第 1 章\搭建 Android 应用开发环境.avi

工欲善其事，必先利其器。这句话出自《论语》，意思是要想高效地完成一件事，需要有一个合适的工具。对于 Android 开发人员来说，开发工具同样至关重要。作为一项新兴技术，在进行开发前首先要搭建一

个对应的开发环境。而在搭建开发环境前，需要了解安装开发工具所需要的硬件和软件配置条件。

注意： Android 开发包括底层开发和应用开发。底层开发大多数是指和硬件相关的开发，并且是基于 Linux 环境的，例如开发驱动程序。应用开发是指开发能在 Android 系统上运行的程序，例如游戏和地图等程序。因为读者开发 Android 应用程序最主流系统是 Windows，所以本书只介绍在 Windows 下配置 Eclipse+ADT 的过程。

1.3.1　安装 Android SDK 的系统要求

在搭建之前，一定要先确定基于 Android 应用软件所需要的开发环境的要求，具体如表 1-1 所示。

表 1-1　开发系统所需要的参数

项　目	版本最低要求	说　明	备　注
操作系统	Windows XP 或 Vista Mac OS X 10.4.8+Linux Ubuntu Drapper	根据自己的电脑自行选择	选择自己最熟悉的操作系统
软件开发包	Android SDK	建议选择最新版本的 SDK	截至目前，最新手机版本是 5.0
IDE	Eclipse IDE+ADT	Eclipse 3.3（Europa）、3.4（Ganymede）ADT（Android Development Tools）开发插件	选择 for Java Developer
其他	JDK Apache Ant	Java SE Development Kit 5 或 6 Linux 和 Mac 上使用 Apache Ant 1.6.5+，Windows 上使用 1.7+版本	（单独的 JRE 不可以，必须要有 JDK），不兼容 Gnu Java 编译器(gcj)

Android 工具是由多个开发包组成的，具体说明如下。

☑ JDK：可以到网址 http://java.sun.com/javase/downloads/index.jsp 处下载。

☑ Eclipse（Europa）：可以到网址 http://www.eclipse.org/downloads/处下载 Eclipse IDE for Java Developers。

☑ Android SDK：可以到网址 http://developer.android.com 处下载。

☑ 还有对应的开发插件。

1.3.2　安装 JDK

JDK（Java Development Kit）是整个 Java 的核心，包括了 Java 运行环境、Java 工具和 Java 基础的类库。JDK 是学好 Java 的第一步，是开发和运行 Java 环境的基础。当用户要对 Java 程序进行编译时，必须先获得对应操作系统的 JDK，否则将无法编译 Java 程序。在安装 JDK 之前需要先获得 JDK，获得 JDK 的操作流程如下。

（1）登录 Oracle 官方网站，网址为 http://developers.sun.com/downloads/，如图 1-11 所示。

（2）在其中可以看到有很多版本，在此选择当前最新的版本 Java 7，下载页面如图 1-12 所示。

（3）单击 JDK 下方的 Download 按钮，在弹出的新界面中选择将要下载的 JDK，这里选择 Windows X86 版本，如图 1-13 所示。

（4）下载完成后，双击下载的“.exe”文件，将弹出“安装向导”对话框，在此单击“下一步”按钮，如图 1-14 所示。

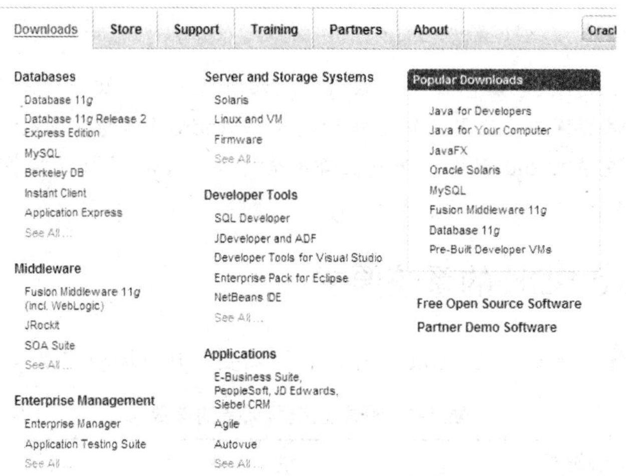

图 1-11　Oracle 官方下载页面

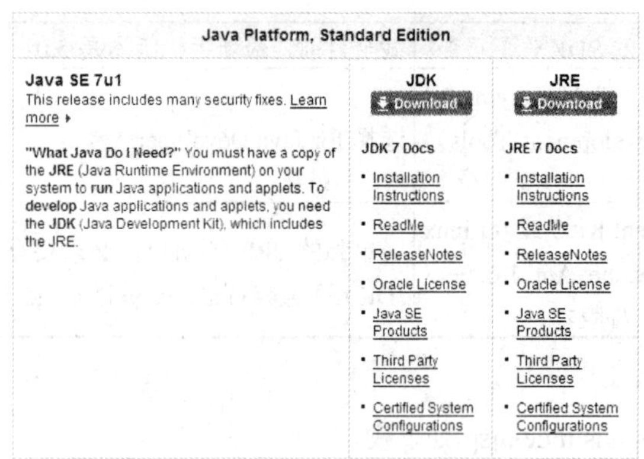

图 1-12　JDK 下载页面

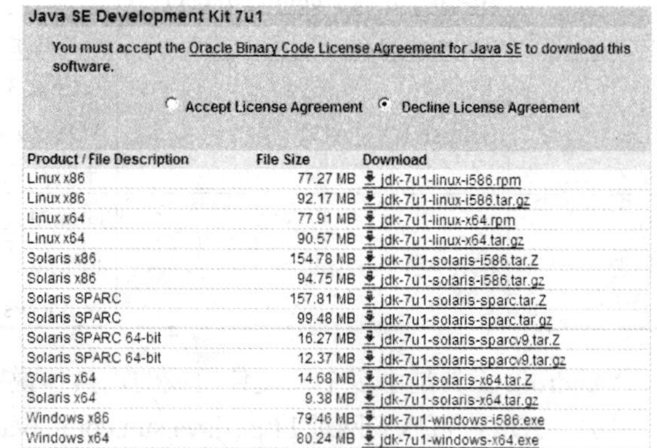

图 1-13　选择 Windows X86 版本

（5）弹出“安装路径”对话框，在此单击“更改”按钮可以自定义设置安装路径，如图 1-15 所示。

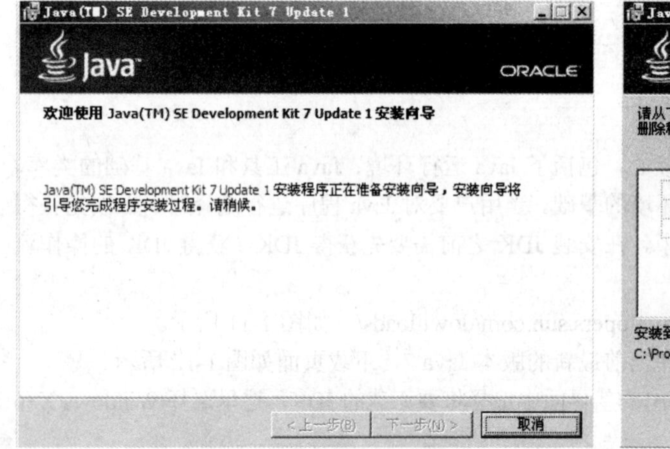

图 1-14　“安装向导”对话框

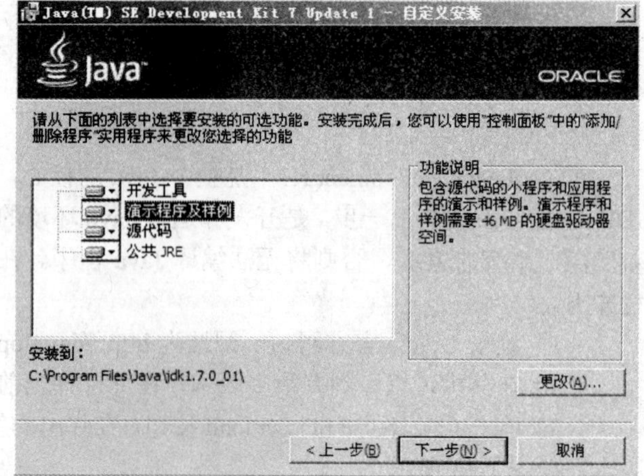

图 1-15　“安装路径”对话框

（6）在此设置安装路径是“C:\Program Files\Java\jdk1.7.0_01”，然后单击“下一步”按钮，开始在安装路径解压缩下载的文件，如图 1-16 所示。

（7）完成后，弹出“目标文件夹”对话框，在此选择要安装的位置，如图 1-17 所示。

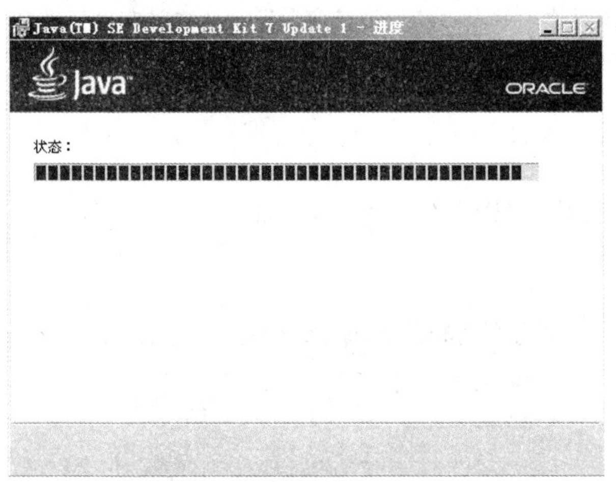

图 1-16　解压缩下载的文件

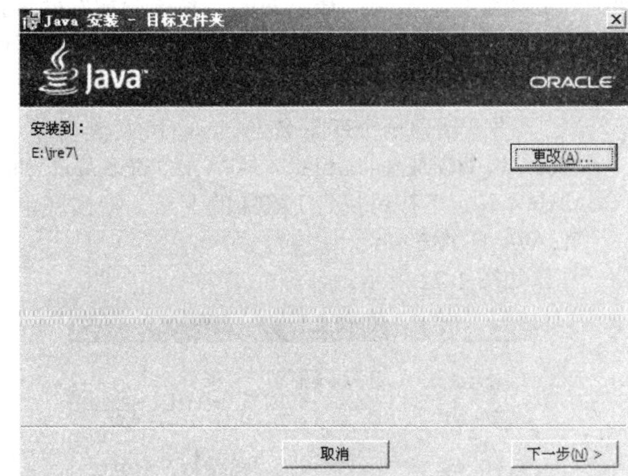

图 1-17　“目标文件夹”对话框

（8）单击“下一步”按钮，开始正式安装 JDK，如图 1-18 所示。

（9）单击“完成”按钮，完成整个安装过程，如图 1-19 所示。

图 1-18　继续安装

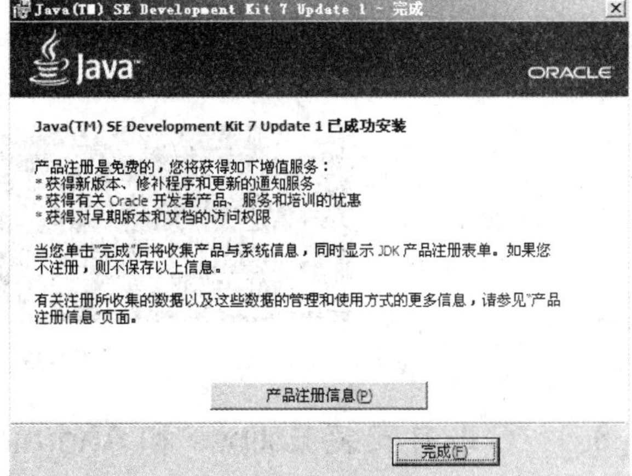

图 1-19　完成安装

注意： 完成安装后可以检测是否安装成功，方法是依次选择“开始”|“运行”命令，在弹出的运行框中输入 cmd 并按回车键，在打开的 CMD 窗口中输入 java–version，如果显示如图 1-20 所示的提示信息，则说明安装成功。

图 1-20　CMD 窗口

如果检测没有安装成功，需要将其目录的绝对路径添加到系统的 PATH 中，具体做法如下。

（1）右击“我的电脑”，在弹出的快捷菜单中选择“属性”|“高级”命令，在弹出的对话框中单击下面的“环境变量”按钮，在下面的“系统变量”处选择新建，弹出“新建系统变量”对话框，在“变量名”文本框中输入 JAVA_HOME，在“变量值”文本框中输入刚才的目录，如设置为 C:\Program Files\Java\jdk1.7.0_01，如图 1-21 所示。

（2）再次新建一个变量名为 classpath，其变量值如下所示。

```
.;%JAVA_HOME%/lib/rt.jar;%JAVA_HOME%/lib/tools.jar
```

单击“确定”按钮找到 PATH 的变量，双击或单击编辑，在变量值最前面添加如下值。

```
%JAVA_HOME%/bin;
```

具体如图 1-22 所示。

图 1-21　设置系统变量

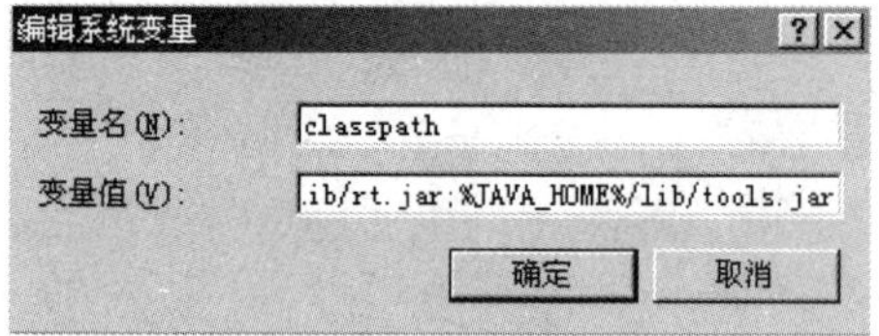

图 1-22　设置系统变量

（3）再次选择“开始”|“运行”命令，在弹出的运行框中输入 cmd 并按回车键，在打开的 CMD 窗口中输入 java–version，如果显示如图 1-23 所示的提示信息，则说明安装成功。

注意： 上述变量设置中，是按照笔者本人的安装路径设置的，笔者安装的 JDK 的路径是 C:\Program Files\Java\jdk1.7.0_01。

```
C:\WINDOWS\system32\cmd.exe
Microsoft Windows XP [版本 5.1.2600]
(C) 版权所有 1985-2001 Microsoft Corp.

C:\Documents and Settings\Administrator>java -version
java version "1.7.0_01"
Java(TM) SE Runtime Environment (build 1.7.0_01-b08)
Java HotSpot(TM) Client VM (build 21.1-b02, mixed mode, sharing)
```

图 1-23　CMD 界面

1.3.3　获取并安装 Eclipse 和 Android SDK

在安装好 JDK 后，接下来需要安装 Eclipse 和 Android SDK。Eclipse 是进行 Android 应用开发的一个集成工具，而 Android SDK 是开发 Android 应用程序必须具备的框架。在 Android 官方公布的最新版本中，已经将 Eclipse 和 Android SDK 这两个工具进行了集成，一次下载即可同时获得这两个工具。获取并安装 Eclipse 和 Android SDK 的具体步骤如下。

（1）登录 Android 的官方网站 http://developer.android.com/index.html，如图 1-24 所示。

（2）单击页面中部的 Get the SDK 链接，如图 1-25 所示。

（3）在弹出的新页面中单击 Download the SDK 按钮，如图 1-26 所示。

（4）在弹出的 Get the Android SDK 界面中选中 I have read and agree with the above terms and conditions 复选框，然后在下面的单选按钮中选择系统的位数。例如，笔者的机器是 32 位的，所以选中“32-bit”单选按钮，如图 1-27 所示。

（5）单击图 1-27 中的 Download the SDK ADT Bundle for Windows 按钮，开始下载工作。下载的目标文件是一个压缩包，如图 1-28 所示。

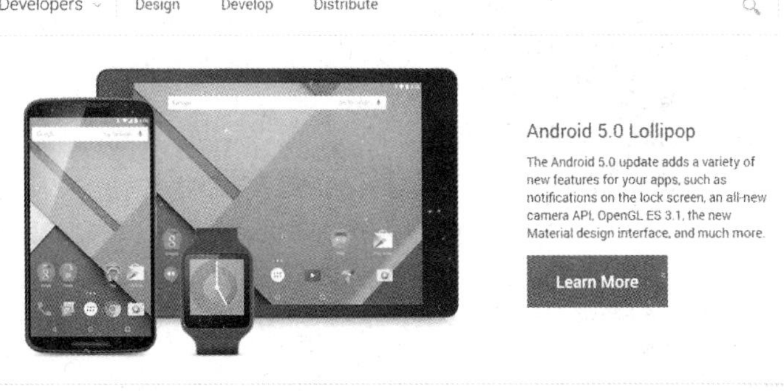

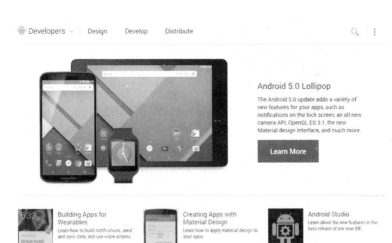

图 1-24　Android 的官方网站

图 1-25　单击 Get the SDK 链接

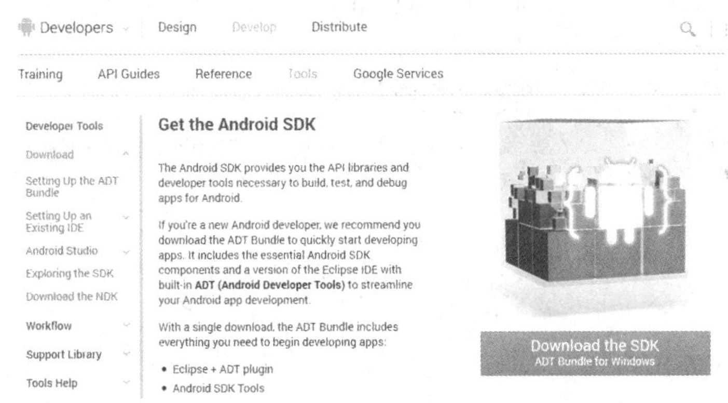

图 1-26　单击 Download the SDK 按钮

Get the Android SDK

Developer Tools
Download
Setting Up the ADT Bundle
Setting Up an Existing IDE
Android Studio
Exploring the SDK
Download the NDK
Workflow
Support Library
Tools Help
Revisions
Samples
ADK

Before installing the Android SDK, you must agree to the following terms and conditions.

1.2 "Android" means the Android software stack for devices, as made available under the Android Open Source Project, which is located at the following URL: http://source.android.com/, as updated from time to time.

1.3 "Google" means Google Inc., a Delaware corporation with principal place of business at 1600 Amphitheatre Parkway, Mountain View, CA 94043, United States.

2. Accepting this License Agreement

2.1 In order to use the SDK, you must first agree to this License Agreement. You may not use the SDK if you do not accept this License Agreement.

2.2 By clicking to accept, you hereby agree to the terms of this License Agreement.

2.3 You may not use the SDK and may not accept the License Agreement if you are a person barred from receiving the SDK under the laws of the United States or other countries including the country in which you are resident or from which you use the SDK.

2.4 If you are agreeing to be bound by this License Agreement on behalf of your employer or other entity, you

☑ I have read and agree with the above terms and conditions

◉ 32-bit　○ 64-bit

Download the SDK ADT Bundle for Windows

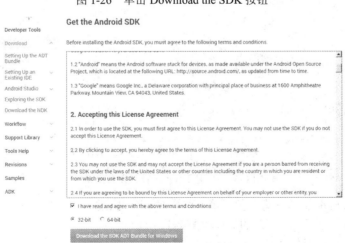

图 1-27　Get the Android SDK 界面

图 1-28 开始下载目标文件压缩包

（6）将下载得到的压缩包进行解压，解压后的目录结构如图 1-29 所示。

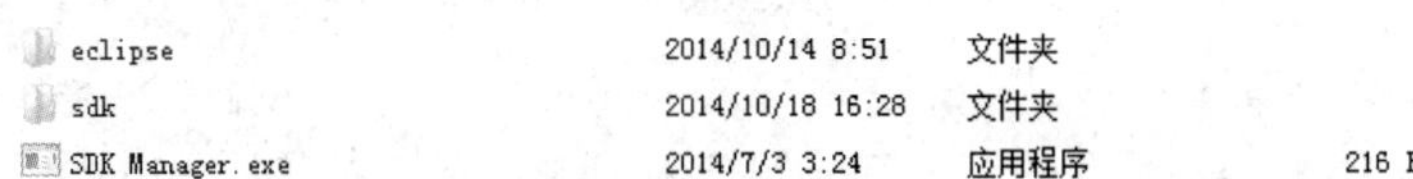

图 1-29 解压后的目录结构

由此可见，Android 官方已经将 Eclipse 和 Android SDK 实现了集成。双击 eclipse 目录中的 eclipse.exe 文件可以打开 Eclipse，界面效果如图 1-30 所示。

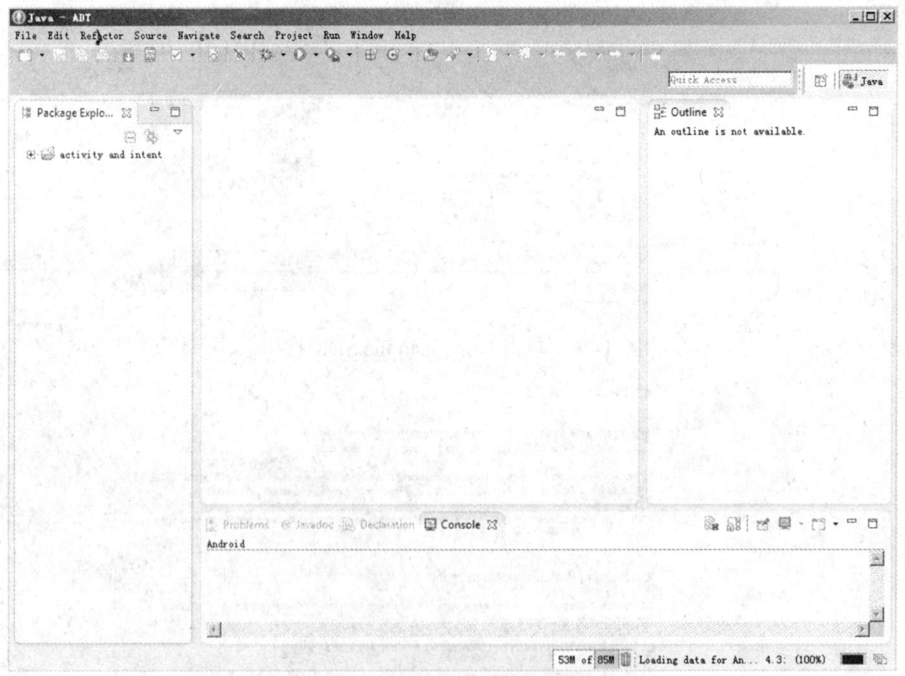

图 1-30 打开 Eclipse 后的界面效果

（7）打开 Android SDK 的方法有两种，第一种是双击下载目录中的 SDK Manager.exe 文件，第二种在是 Eclipse 工具栏中单击按钮，打开后的效果如图 1-31 所示。

由图 1-31 可知，当前最新的 Android SDK 版本是 5.0。

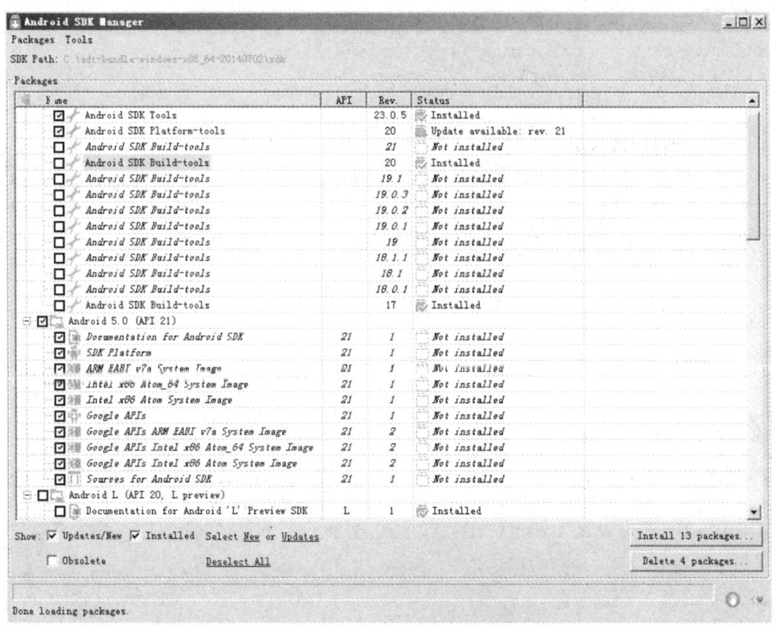

图 1-31　打开 Android SDK 后的界面效果

1.3.4　安装 ADT

Android 为 Eclipse 定制了一个专用插件 Android Development Tools（ADT），此插件为用户提供了一个强大的开发 Android 应用程序的综合环境。ADT 扩展了 Eclipse 的功能，可以让用户快速地建立 Android 项目，创建应用程序界面。要安装 Android Development Tools plug-in，需要首先打开 Eclipse IDE，然后进行如下操作：

（1）打开 Eclipse 后，依次选择菜单栏中的 Help | Install New Software 命令，如图 1-32 所示。

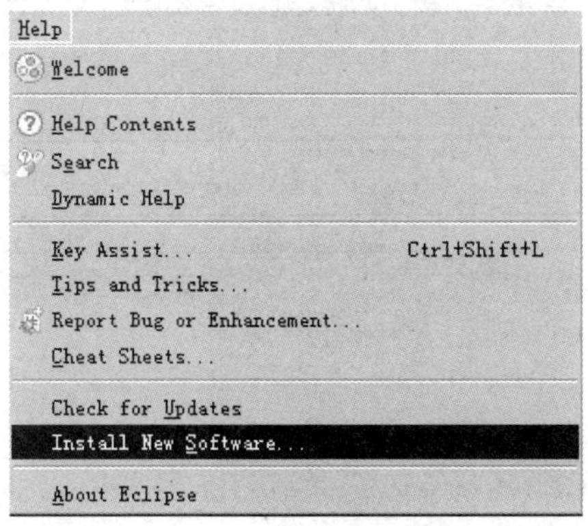

图 1-32　添加插件

（2）在弹出的 Install 对话框中单击 Add 按钮，如图 1-33 所示。

（3）在弹出的 Add Site 对话框中分别输入名字和地址。名字可以自己命名，例如“123”，但是在 Location 文本框中必须输入插件的网络地址 http://dl-ssl.google.com/Android/eclipse/，如图 1-34 所示。

（4）单击 OK 按钮，此时在 Install 对话框将会显示系统中可用的插件，如图 1-35 所示。

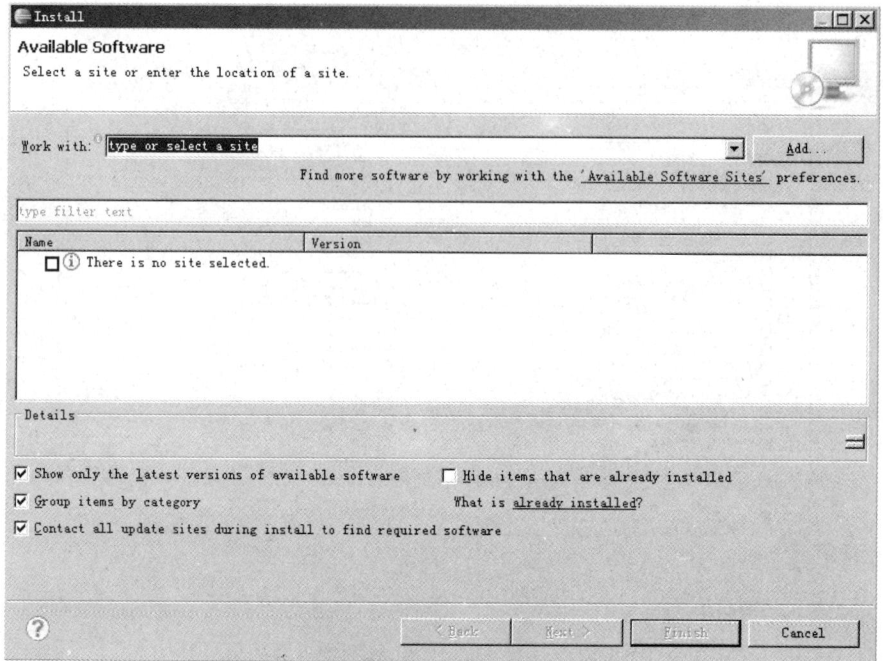

图 1-33　添加插件

图 1-34　设置地址

图 1-35　插件列表

（5）选中 Android DDMS 和 Android Development Tools 选项，然后单击 Next 按钮，进入安装界面，如

图 1-36 所示。

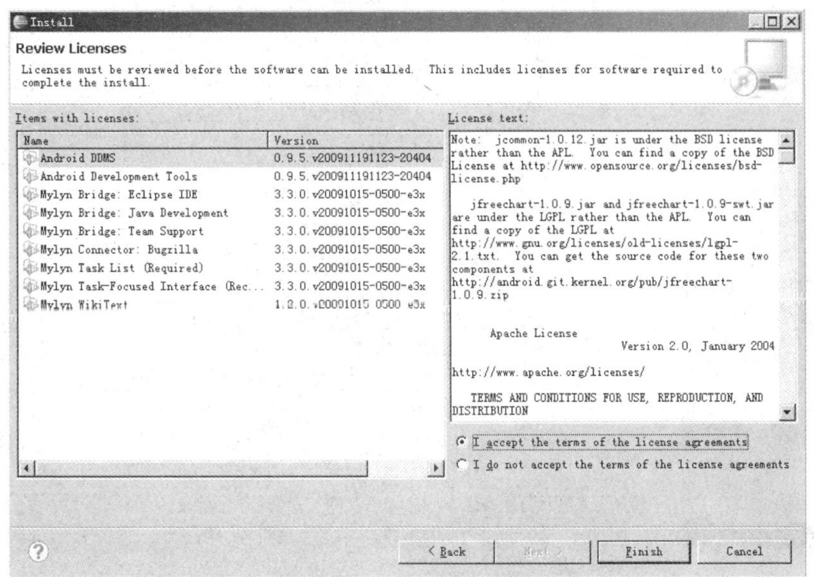

图 1-36　插件安装界面

（6）选中第一个 I accept 单选按钮，单击 Finish 按钮，开始安装，如图 1-37 所示。

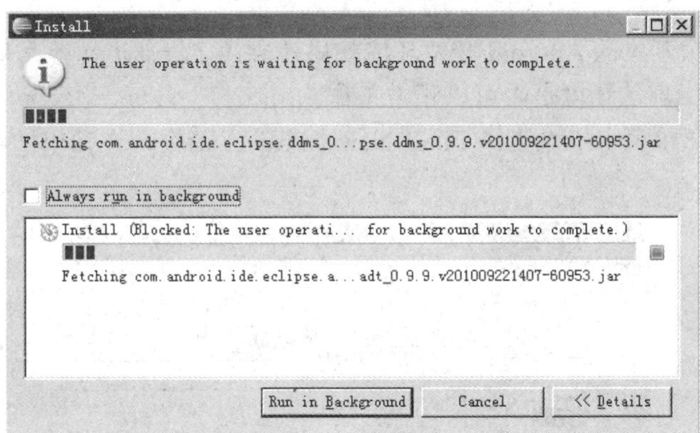

图 1-37　开始安装

注意： 在安装步骤中，系统可能需要计算插件占用的资源情况，整个过程会有一点慢。进度完成后会提示用户重启 Eclipse 来加载插件，等重启后就可以用了。不同版本的 Eclipse 安装插件的方法和步骤是不同的，但是都大同小异，读者可以根据操作提示自行解决。

1.3.5　设定 Android SDK Home

完成上述插件装备工作后，此时还不能使用 Eclipse 创建 Android 项目，还需要在 Eclipse 中设置 Android SDK 的主目录。

（1）打开 Eclipse，在菜单中依次选择 Window | Preferences 命令，如图 1-38 所示。

（2）在弹出对话框的左侧可以看到 Android 项，选中 Android 项后，在右侧设定 Android SDK 所在目录为 SDK Location，单击 OK 按钮完成设置，如图 1-39 所示。

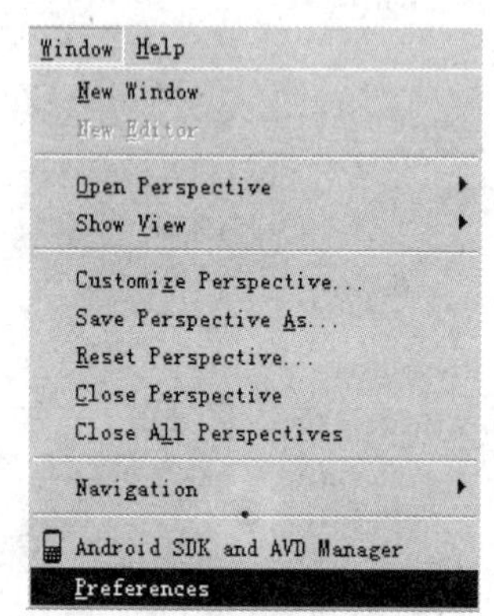

图 1-38　选择 Preferences 命令

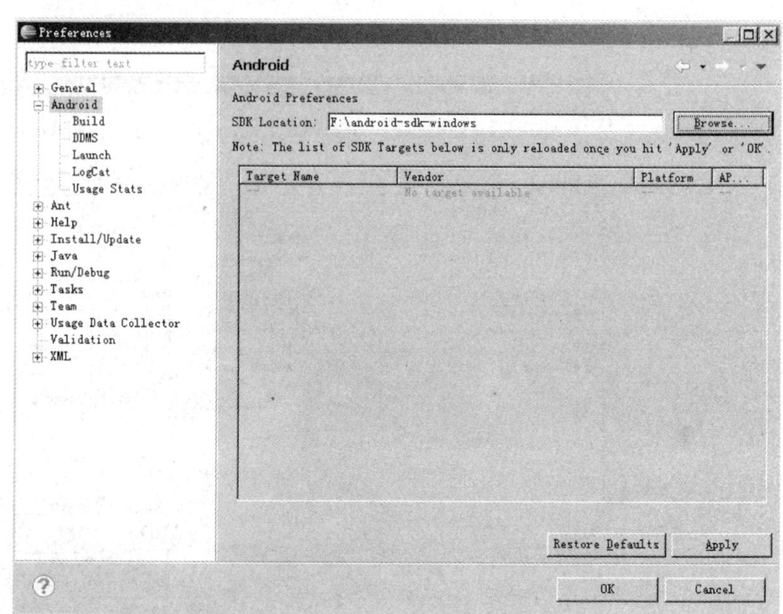

图 1-39　设置 SDK 所在目录

1.3.6　验证开发环境

经过前面的步骤，一个基本的 Android 开发环境就搭建完成了。都说实践是检验真理的唯一标准，下面通过新建一个项目来验证当前的环境是否可以正常工作。

（1）打开 Eclipse，在菜单中依次选择 File | New | Project 命令，在弹出的对话框中可以看到 Android 类型的选项，如图 1-40 所示。

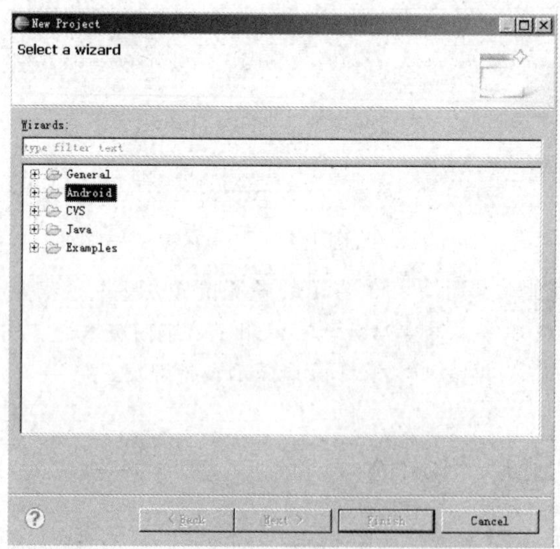

图 1-40　新建项目

（2）在图 1-37 中选择 Android 项，单击 Next 按钮后打开 New Android Application 对话框，在对应的文本框中输入必要的信息，如图 1-41 所示。

（3）单击 Finish 按钮后，Eclipse 会自动完成项目的创建工作，最后会看到如图 1-42 所示的项目结构。

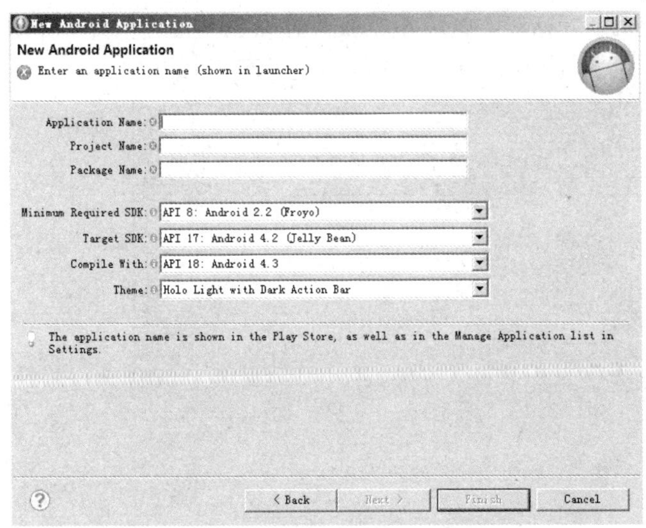

图 1-41　New Android Application 对话框

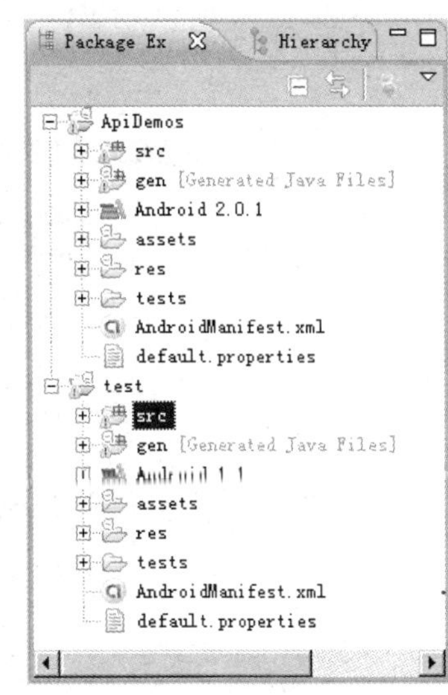

图 1-42　项目结构

1.3.7　创建 Android 虚拟设备（AVD）

我们都知道，程序开发需要调试，只有经过调试才能知道我们的程序是否在被正确运行。作为一款手机系统，我们怎么才能在电脑平台之上调试 Android 程序呢？不用担心，谷歌为我们提供了模拟器来解决这个问题。所谓模拟器，就是指在电脑上模拟安卓系统，可以用这个模拟器来调试并运行开发的 Android 程序。也就是说，开发人员不需要一个真实的 Android 手机，通过电脑即可模拟运行一个手机，以调试应用在其上的 Android。

AVD 的全称为“Android 虚拟设备”（Android Virtual Device），每个 AVD 模拟了一套虚拟设备来运行 Android 平台，这个平台至少要有自己的内核、系统图像和数据分区，还可以有自己的 SD 卡、用户数据以及外观显示等。创建 AVD 的基本步骤如下所示。

（1）单击 Eclipse 菜单中的按钮，如图 1-43 所示。

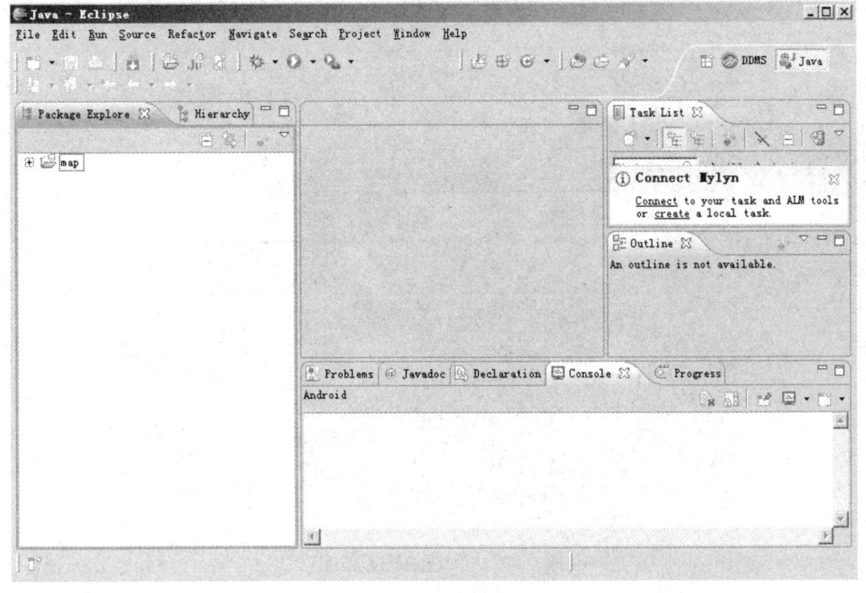

图 1-43　Eclipse

（2）在弹出的 Android Virtual（AVD）Manager 对话框中选择 Android Virtual Devices 选项卡，如图 1-44 所示。

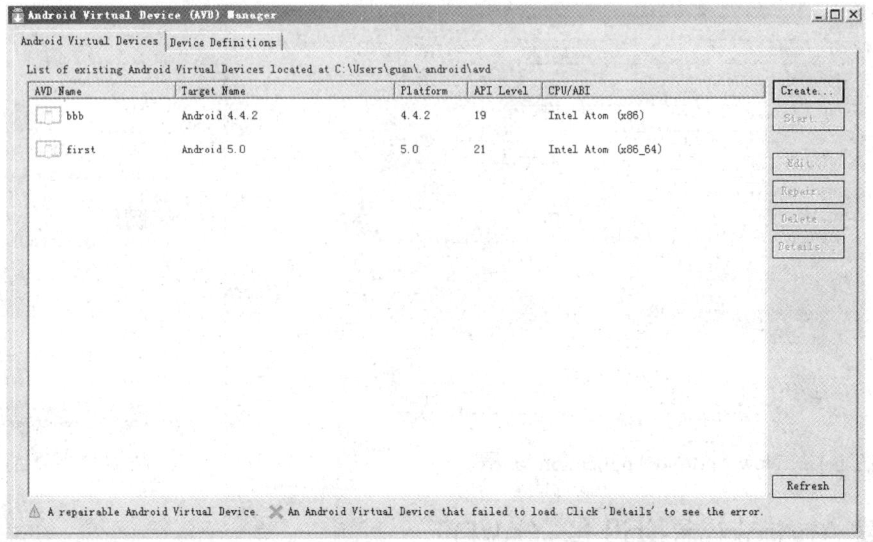

图 1-44　Android Virtual Device（AVD）Manager 对话框

在 Virtual Device 列表中列出了当前已经安装的 AVD 版本，我们可以通过单击右侧的按钮来创建、删除或修改 AVD。

- ☑ Create...：单击此按钮，可在弹出的界面中创建一个新 AVD，如图 1-45 所示。
- ☑ Edit...：修改已经存在的 AVD。
- ☑ Delete...：删除已经存在的 AVD。
- ☑ Start...：启动一个 AVD 模拟器。

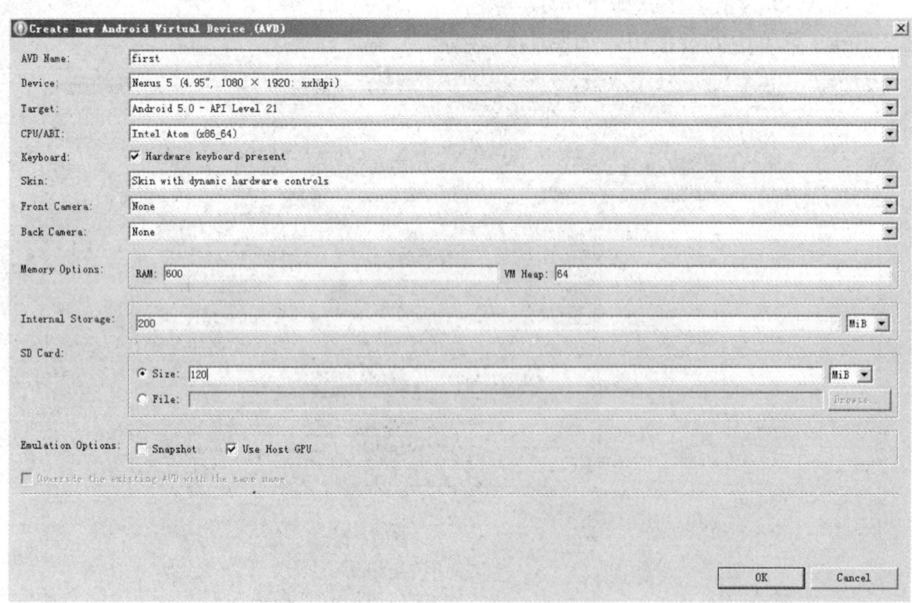

图 1-45　新建 AVD 界面

在创建一个新的 AVD 时，建议读者在 CPU/ABI 下拉列表框中选择 Intel Atom（X86）或 Intel Atom（X86_64）选项。Intel Atom（X86）是因特尔公司为电脑用户运行 AVD 模拟器而开发的，通过这个功能，Android 模拟器可以在安装了 Intel 处理器的电脑中运行地健步如飞。

注意： 可以在 CMD 中创建或删除 AVD。例如，可以按照如下 CMD 命令创建一个 AVD。
android create avd --name <your_avd_name> --target <targetID>
其中 your_avd_name 是需要创建的 AVD 的名字，CMD 窗口界面如图 1-46 所示。

```
C:\WINDOWS\system32\cmd.exe - android create avd --name mm --target 2
Microsoft Windows XP [版本 5.1.2600]
(C) 版权所有 1985-2001 Microsoft Corp.

C:\Documents and Settings\Administrator>android create avd --name mm --target 2
Android 1.5 is a basic Android platform.
Do you wish to create a custom hardware profile [no]
```

图 1-46 CMD 界面

1.3.8 启动 AVD 模拟器

对于 Android 程序的开发者来说，模拟器的推出为其在开发和测试方面带来了很大的便利。无论在 Windows 下还是 Linux 下，Android 模拟器都可以顺利运行，并且官方提供了 Eclipse 插件，可以将模拟器集成到 Eclipse 的 IDE 环境。Android SDK 中包含的模拟器的功能非常齐全，电话本、通话等功能都可正常使用（当然你没办法真的从这里打电话），甚至其内置的浏览器和 Maps 还可以联网。用户可以使用键盘输入，使用鼠标单击模拟器按键输入，甚至还可以使用鼠标单击、拖动屏幕进行操纵。Android 5.0 模拟器在电脑上的运行效果如图 1-47 所示。

图 1-47 模拟器

注意：模拟器和真机究竟有何区别

Android 模拟器不能完全替代真机，具体来说两者有如下差异。

- ☑ 模拟器不支持呼叫和接听实际来电，但可以通过控制台模拟电话呼叫（呼入和呼出）。
- ☑ 模拟器不支持 USB 连接。
- ☑ 模拟器不支持相机/视频捕捉。
- ☑ 模拟器不支持音频输入（捕捉），但支持输出（重放）。
- ☑ 模拟器不支持扩展耳机。
- ☑ 模拟器不能确定连接状态。
- ☑ 模拟器不能确定电池电量水平和交流充电状态。
- ☑ 模拟器不能确定 SD 卡的插入/弹出。
- ☑ 模拟器不支持蓝牙。

有关 Android 模拟器的详细知识将在本章后面的内容中进行详细介绍。

在调试时需要先启动 AVD 模拟器。启动 AVD 模拟器的基本流程如下。

（1）选择图 1-41 列表中名为 first 的 AVD，单击 Start 按钮后弹出 Launch Options 对话框，如图 1-48 所示。

（2）单击 Launch 按钮后，将会运行名为 first 的模拟器，运行效果如图 1-49 所示。

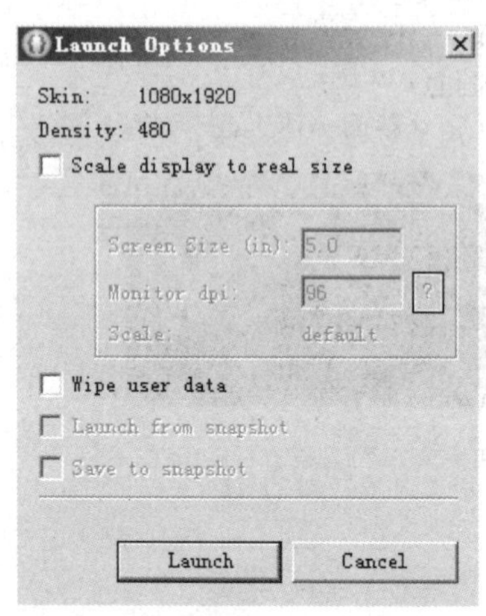

图 1-48 Launch Options 对话框

图 1-49 模拟运行界面

1.4 第一个 Android 应用程序

知识点讲解：光盘:视频\知识点\第 1 章\第一个 Android 应用程序.avi

本实例的功能是在手机屏幕中显示问候语“你好我的朋友！”。在具体开始之前，先做一个简单的流程规划，如图 1-50 所示。

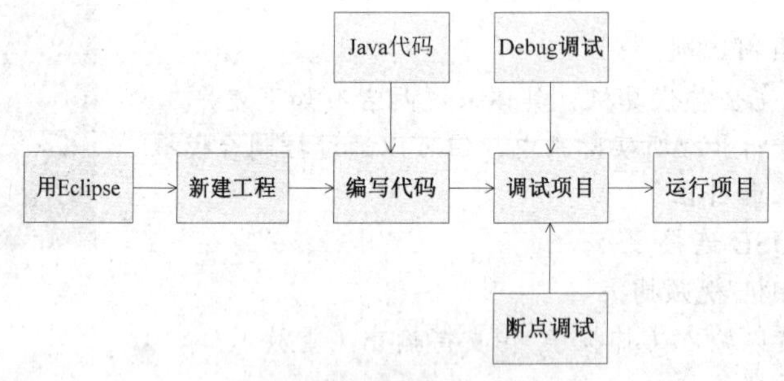

图 1-50 流程规划图

题　目	目　的	源 码 路 径
实例 1-1	在手机屏幕中显示问候语	光盘:\daima\1\first

下面将详细讲解本实例的具体实现流程。

1.4.1 使用 Eclipse 新建 Android 工程

（1）打开 Eclipse，依次选择 File | New | Project 命令，新建一个工程，如图 1-51 所示。

（2）在弹出的对话框中选择 Android Project 选项，单击 Next 按钮。

（3）在弹出的 New Android Application 对话框中设置工程信息，如图 1-52 所示。

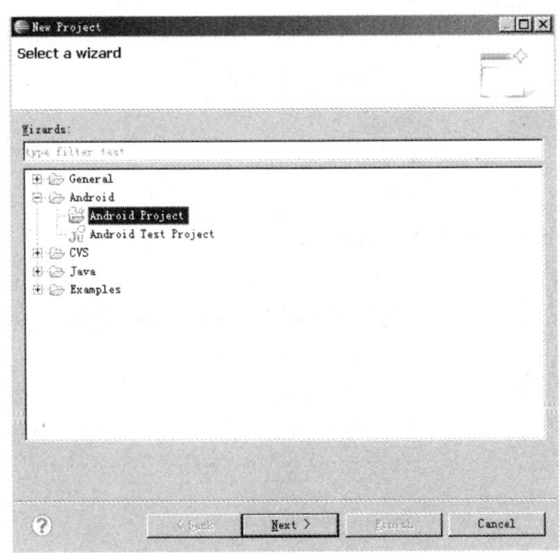

图 1-51　新建工程文件

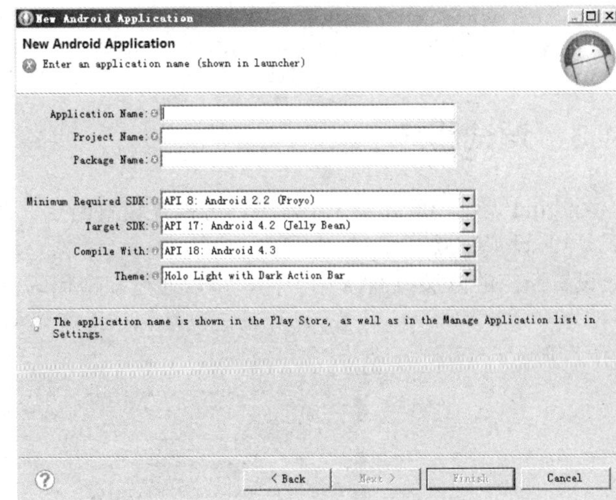

图 1-52　设置工程信息

在图 1-49 所示的界面中需依次设置工程名字、包名字、Activity 名字和应用名字。

1.4.2　编写代码和代码分析

现在已经创建了一个名为 first 的工程文件。打开文件 first.java，会显示自动生成的如下代码。

```
package first.a;
import android.app.Activity;
import android.os.Bundle;
public class fistMM extends Activity {
    /** Called when the activity is first created. */
    @Override
    public void onCreate(Bundle savedInstanceState) {
        super.onCreate(savedInstanceState);
        setContentView(R.layout.main);
    }
}
```

此时运行程序，将不会显示任何东西。可以对上述代码稍微进行修改，使程序输出“你好我的朋友!”。具体代码如下所示。

```
package first.a;
import android.app.Activity;
import android.os.Bundle;
import android.widget.TextView;

public class fistMM extends Activity {
    /** Called when the activity is first created. */
    @Override
    public void onCreate(Bundle savedInstanceState) {
        super.onCreate(savedInstanceState);
        setContentView(R.layout.main);
        TextView tv = new TextView(this);
        tv.setText("你好我的朋友！");
```

```
        setContentView(tv);
    }
}
```

1.4.3 调试程序

Android 调试一般分为 3 个步骤，分别是设置断点、Debug 调试和断点调试。

（1）设置断点

设置断点的方法和 Java 中一样，可以通过双击代码左边的区域来进行断点设置，如图 1-53 所示。

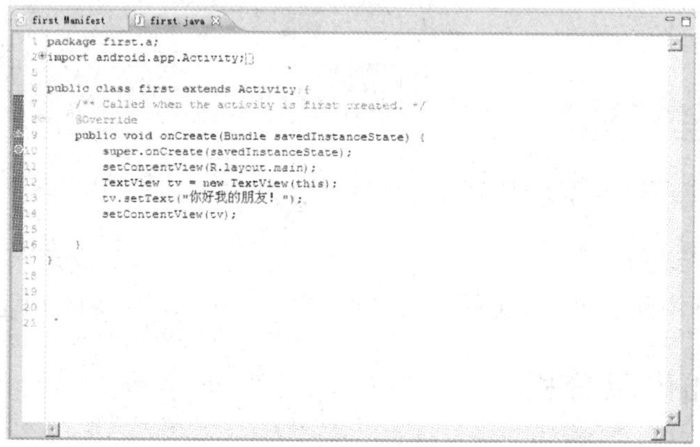

图 1-53 设置断点

为了调试方便，可以设置显示代码的行数。只需在代码左侧的空白部分单击鼠标右键，在弹出的快捷菜单中选择 Show Line Numbers 命令即可，如图 1-54 所示。

（2）Debug 调试

Debug Android 调试项目的方法和普通 Debug Java 调试项目的方法类似，唯一的不同是在选择调试项目时应选择 Android Application 命令。具体方法是：右击项目名，在弹出的快捷菜单中依次选择 Debug As | Android Application 命令，如图 1-55 所示。

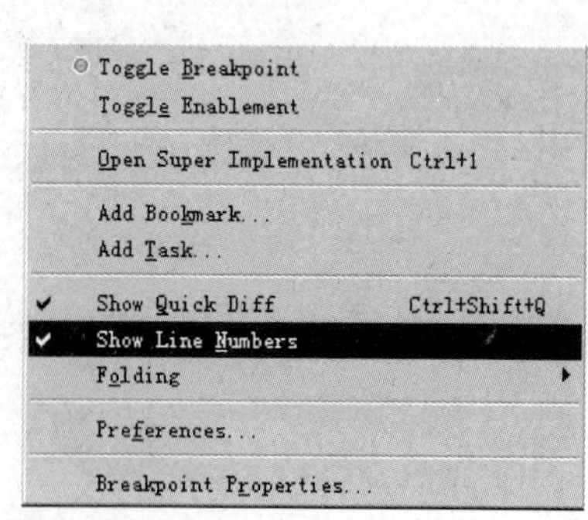

图 1-54 显示行数

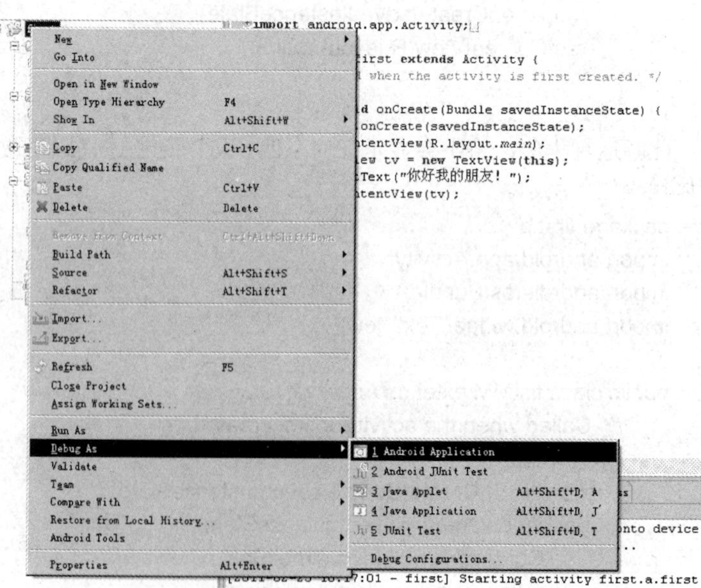

图 1-55 Debug 项目

（3）断点调试

可以进行单步调试，具体调试方法和普通 Java 程序的调试方法类似，调试界面如图 1-56 所示。

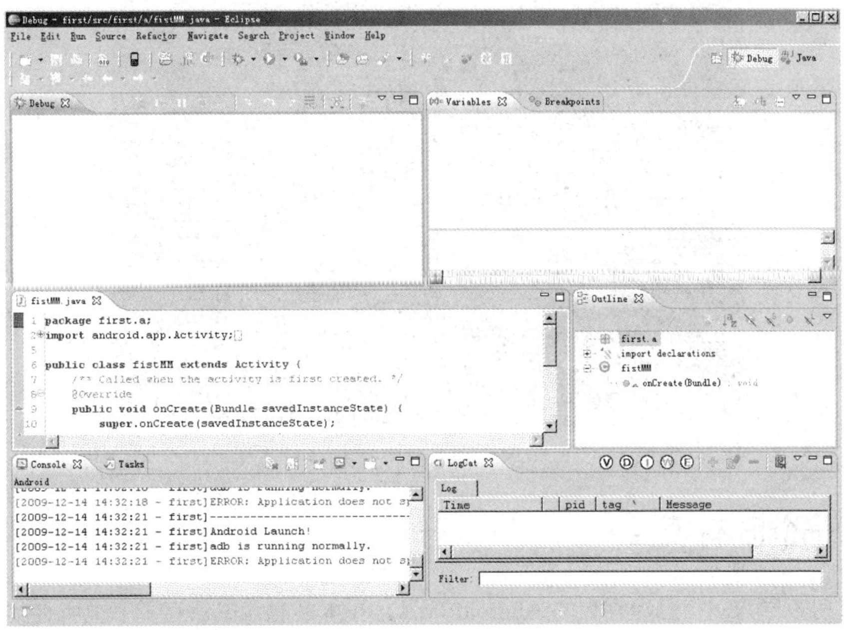

图 1-56　调试界面

1.4.4　运行项目

将上述代码保存后，即可运行这段程序，具体过程如下。

（1）右击项目名，在弹出的快捷菜单中依次选择 Run As | Android Application 命令，如图 1-57 所示。

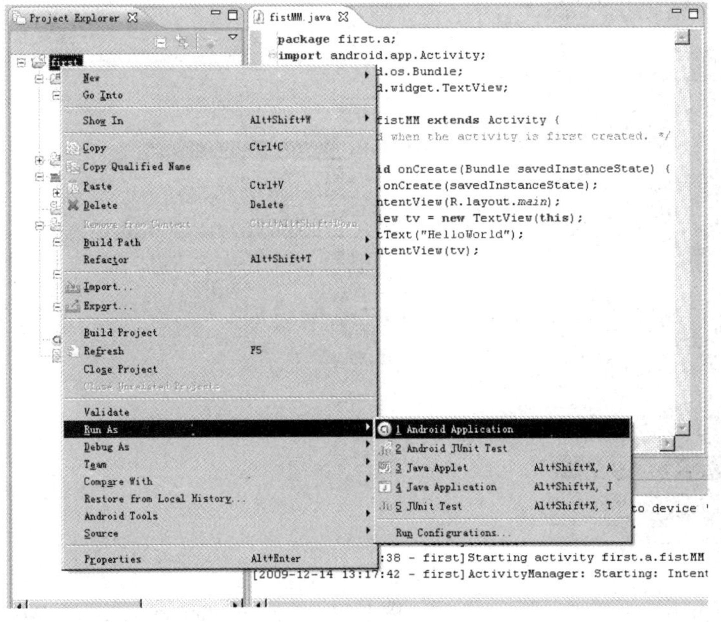

图 1-57　开始调试

（2）此时项目开始运行，运行完成后在屏幕中输出“你好我的朋友！”这段文字，如图 1-58 所示。

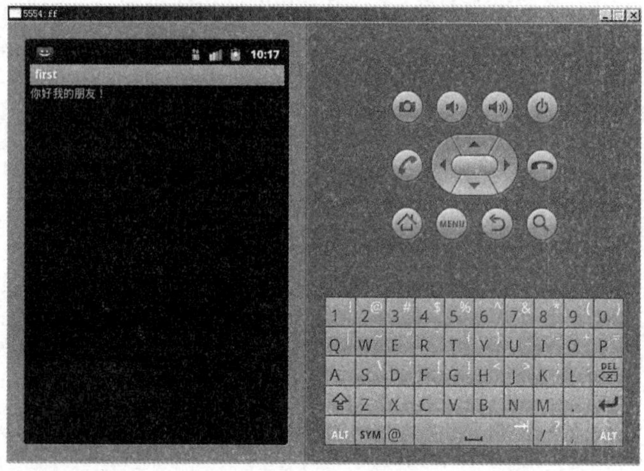

图 1-58　运行结果

1.4.5　导入一个既有项目

通过 Eclipse 可以导入一个已经存在的 Android 项目。在本书光盘中保存了书中所有实例的项目文件，接下来以刚创建的 first 为例，介绍导入一个既有项目的具体流程。

（1）打开 Eclipse，依次选择 File | Import 命令，如图 1-59 所示。

（2）在弹出的 Select 界面中选择 General 选项下面的 Existing Projects into Workspace 子选项，然后单击 Next 按钮，如图 1-60 所示。

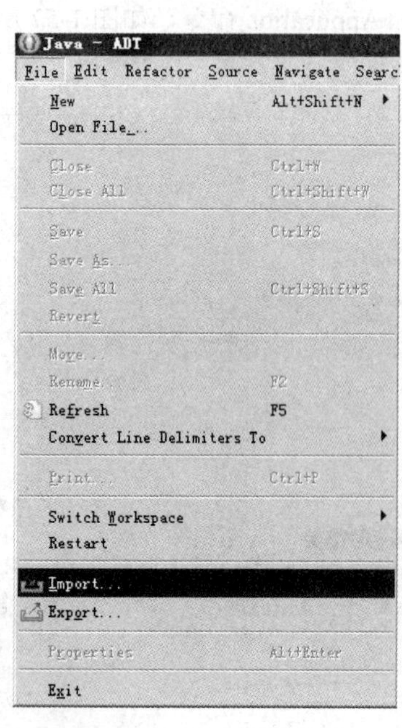

图 1-59　选择 Import 命令

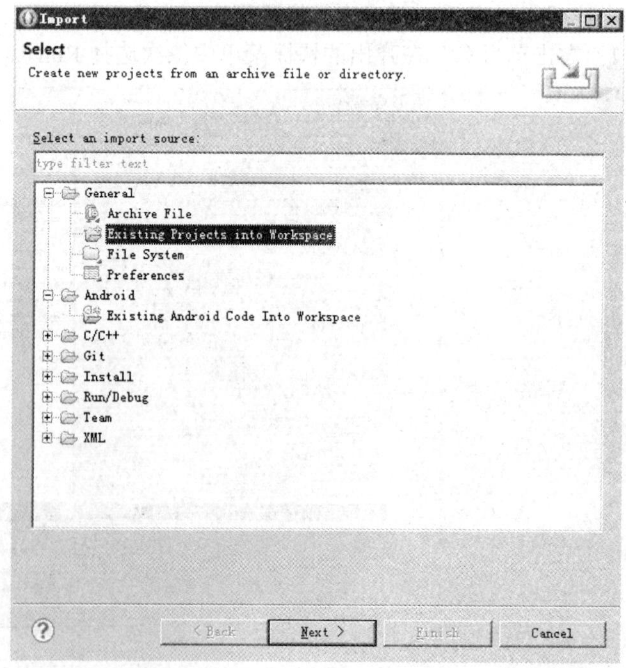

图 1-60　选择 Existing Projects into Workspace 子选项

（3）在弹出的 Import Projects 界面中单击 Browse 按钮，在弹出的界面中选择要导入工程文件的目录，例如 first 项目，最后单击 Finish 按钮，如图 1-61 所示。

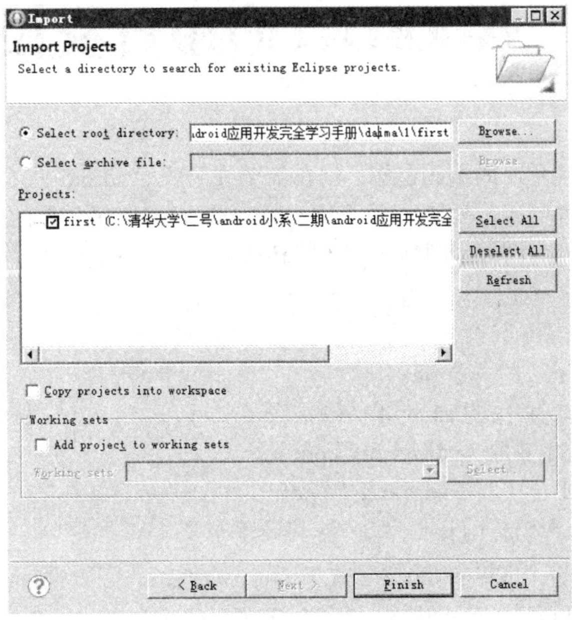

图 1-61　导入光盘中的 first 项目

此时，便成功地导入了前面创建的 first 项目。

第 2 章　Android 应用开发技术必备

在正式进行 Android 应用程序的编码工作之前，需要先了解 Android 生态系统的整体框架结构，掌握 Android 应用开发的核心组件的基本知识，并了解 Android 应用程序文件的基本结构。本章将详细讲解 Android 系统的体系结构，为读者步入本书后面高级知识的学习打下基础。

☑ 009：开源还是不开源.pdf
☑ 010：Android 和 Linux 的关系.pdf
☑ 011：和 Android 密切相关的 Linux 内核知识.pdf
☑ 012：在 Linux 系统中获取 Android 源码.pdf
☑ 013：在 Windows 平台获取 Android 源码.pdf
☑ 014：分析 Android 源码结构.pdf
☑ 015：编译 Android 源码.pdf
☑ 016：获取 Goldfish 内核代码.pdf

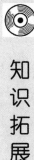

知识拓展

2.1　Android 系统架构

知识点讲解：光盘:视频\知识点\第 2 章\Android 系统架构.avi

Android 系统是一个移动设备的开发平台，其软件层次结构包括操作系统（OS）、中间件（MiddleWare）和应用程序（Application）。根据 Android 的软件框图，其软件层次结构自下而上分为以下 4 层。

☑ 操作系统层（OS）。
☑ 各种库（Libraries）和 Android 运行环境（RunTime）。
☑ 应用程序框架（Application Framework）。
☑ 应用程序（Application）。

上述各个层的具体结构如图 2-1 所示。

本节将详细讲解 Android 系统各个层次的基本知识。

2.1.1　最底层的操作系统层（OS）——C/C++实现

Android 系统的底层内核是基于 Linux 操作系统的，当前最新的版本 Android 4.4 的核心为标准的 Linux 3.10 内核。Android 底层的操作系统层（OS）使用 C 和 C++语言编写实现。其实，Android 系统就是 Linux 系统，只是 Android 系统充分利用了已有的机制，尽量使用标准化的内容，例如驱动程序，并且做出了必要的扩展。Android 充分使用了内核到用户空间的接口，这主要表现在字符设备节点、Sys 文件系统、Proc 文件系统和不增加系统调用。

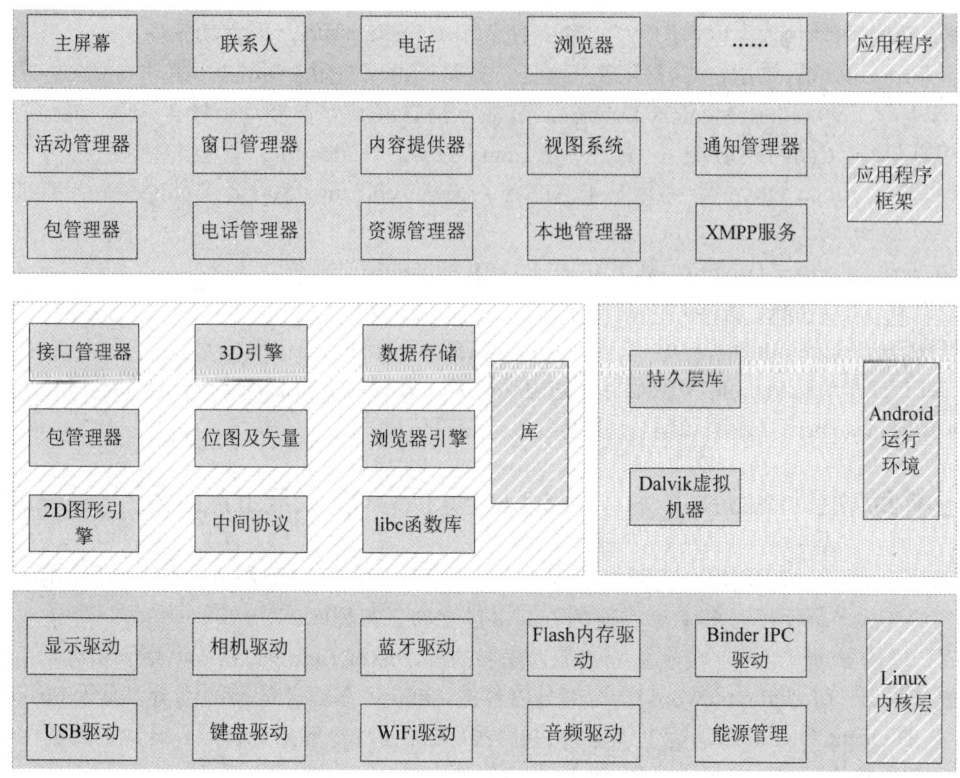

图 2-1　Android 操作系统的组件结构图

在 Android 系统中包含的内核组件如下。

☑ Binder 驱动程序（用户 IPC 机制）。
☑ Logger 驱动程序（用户系统日志）。
☑ timed_output 驱动框架。
☑ timed_gpio 驱动程序。
☑ lowmemorykill 组件。
☑ ram_console 组件。
☑ Ashmem 驱动程序。
☑ Alarm 驱动程序。
☑ pmem 驱动程序。
☑ ADB Garget 驱动程序。
☑ Android Paranoid 网络。

2.1.2 Android 的硬件抽象层——C/C++实现

其实 Android 生态系统的架构十分清晰，自下而上分别采用了经典的 Linux 驱动、Android 硬件抽象层、Android 本地框架、Android 的 Java 框架以及 Android 的 Java 应用程序。因为 Android 系统需要运行于不同的硬件平台上，所以需要具有很好的可移植性。其中，Android 系统的硬件抽象层负责建立 Android 系统和硬件设备之间的联系。

对于标准化比较高的子系统来说，Android 系统使用完全标准 Linux 驱动，例如输入设备（Input-Event）、电池信息（Power Supply）、无线局域网（WiFi 协议和驱动）、蓝牙（Bluetooth 协议和驱动）等。

Android 系统的硬件抽象层主要实现了与移动设备相关的驱动程序，内容如下。

☑ 显示驱动（Display Driver）：常用基于 Linux 的帧缓冲（Frame Buffer）驱动。
☑ Flash 内存驱动（Flash Memory Driver）：是基于 MTD 的 Flash 驱动程序。
☑ 照相机驱动（Camera Driver）：常用基于 Linux 的 v4l（Video for）驱动。
☑ 音频驱动（Audio Driver）：常用基于 ALSA（Advanced Linux Sound Architecture，高级 Linux 声音体系）驱动。
☑ WiFi 驱动（Camera Driver）：基于 IEEE 802.11 标准的驱动程序。
☑ 键盘驱动（KeyBoard Driver）：作为输入设备的键盘驱动。
☑ 蓝牙驱动（Bluetooth Driver）：基于 IEEE 802.15.1 标准的无线传输技术。
☑ Binder IPC 驱动：Android 中一个特殊的驱动程序，具有单独的设备节点，提供进程间通信的功能。
☑ Power Management（能源管理）：管理电池电量等信息。

2.1.3 各种库（Libraries）和 Android 运行环境（RunTime）——中间层

可以将 Android 系统的中间层分为两个部分，一个是各种库，另一个是 Android 运行环境。Android 系统的中间层的内容大多是使用 C 和 C++实现的，其中包含如下各种库。

☑ C 库：C 语言的标准库，也是系统中最为底层的库，通过 Linux 的系统调用来实现。
☑ 多媒体框架（MediaFrameword）：这部分内容是 Android 多媒体的核心部分，基于 PacketVideo（即 PV）的 OpenCORE。从功能上该库一共分为两大部分，一部分是音频、视频的回放（PlayBack），另一部分则是音视频的记录（Recorder）。
☑ SGL：2D 图像引擎。
☑ SSL：即 Secure Socket Layer，位于 TCP/IP 协议与各种应用层协议之间，为数据通信提供安全支持。
☑ OpenGL ES：提供了对 3D 图像的支持。
☑ 界面管理工具（Surface Management）：提供对管理、显示子系统等功能。
☑ SQLite：一个通用的嵌入式数据库。
☑ WebKit：网络浏览器的核心。
☑ FreeType：提供位图和矢量字体的功能。

在 Android 系统中，各种库一般以系统中间件的形式提供，它们均有一个显著特点：与移动设备平台的应用密切相关。

在以前的版本中，Android 运行环境主要是指 Android 虚拟机技术 Dalvik。Dalvik 虚拟机与 Java 虚拟机（Java VM）不同，它执行的不是 Java 标准的字节码（Bytecode），而是 Dalvik 可执行格式（.dex）中执行文件。在执行的过程中，每个应用程序都是一个进程（Linux 的一个 Process）。二者最大的区别在于 Java VM 是基于栈的虚拟机（Stack-based），而 Dalvik 是基于寄存器的虚拟机（Register-based）。显然，后者的最大好处在于可以根据硬件实现更大的优化，这更适合移动设备的特点。

从 Android 4.4 开始，默认的运行环境是 ART。ART 的机制与 Dalvik 不同。在 Dalvik 机制下，应用每次运行时，字节码都需要通过即时编译器转换为机器码，这会拖慢应用的运行效率，而在 ART 环境中，应用在第一次安装时，字节码会预先编译成机器码，使其成为真正的本地应用。这个过程叫做预编译（Ahead-Of-Time，AOT）。这样的话，应用的启动（首次）和执行都会变得更加快速。

2.1.4 应用程序（Application）——Java 实现

Android 的应用程序主要是用户界面（User Interface）方面的，通过浏览 Android 系统的开源代码可知，

应用层是通过 Java 语言编码实现的，其中还包含了各种资源文件（放置在 res 目录中）。Java 程序和相关资源在经过编译后，会生成一个 APK 包。Android 本身提供了主屏幕（Home）、联系人（Contact）、电话（Phone）和浏览器（Browers）等众多的核心应用。同时应用程序的开发者还可以使用应用程序框架层的 API 实现自己的程序。这也是 Android 开源的巨大潜力的体现。

2.1.5　应用程序框架（Application Framework）

Android 的应用程序框架为应用程序层的开发者提供 APIs，它实际上是一个应用程序的框架。由于上层的应用程序是以 Java 构建的，因此本层次首先提供了 UI 程序中所需要的各种控件，例如，Views（视图组件），其中又包括了 List（列表）、Grid（栅格）、Text Box（文本框）和 Button（按钮）等，甚至一个嵌入式的 Web 浏览器。

作为一个基本的 Android 应用程序，可以利用应用程序框架中的以下 5 个部分来构建。

☑ Activity（活动）。
☑ Broadcast Intent Receiver（广播意图接收者）。
☑ Service（服务）。
☑ Content Provider（内容提供者）。
☑ Intent and Intent Filter（意图和意图过滤器）。

2.2　Android 应用程序文件组成

知识点讲解：光盘:视频\知识点\第 2 章\Android 应用程序文件组成.avi

本节将以本书第 1 章 1.4 节中的实例为素材，介绍 Android 应用程序文件的具体组成。打开 Eclipse，使用 Import 命令导入第 1 章 1.4 节中的工程 first，一个基本的 Android 应用项目的目录结构如图 2-2 所示。

下面将详细分析各个 Android 应用程序组成文件的具体说明信息。

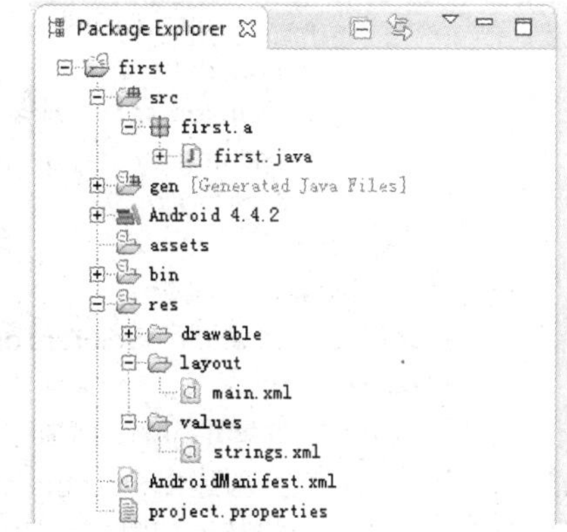

图 2-2　Android 应用程序文件组成

2.2.1　src 目录

在 src 目录中保存了开发人员编写的程序文件。和一般的 Java 项目一样，src 目录下保存的是项目的所有包及源文件（.java），res 目录下包含了项目中的所有资源。例如，程序图标（drawable）、布局文件（layout）和常量（values）等。不同的是，在 Java 项目中没有 gen 目录，也没有每个 Android 项目都必须有的 AndroidManfest.xml 文件。

.java 格式文件是在建立项目时自动生成的，这个文件是只读模式，不能更改。R.java 文件是定义该项目所有资源的索引文件。例如下面是某项目中 R.java 文件的代码。

```
package com.yarin.Android.HelloAndroid;
public final class R {
    public static final class attr {
```

```
    }
    public static final class drawable {
        public static final int icon=0x7f020000;
    }
    public static final class layout {
        public static final int main=0x7f030000;
    }
    public static final class string {
        public static final int app_name=0x7f040001;
        public static final int hello=0x7f040000;
    }
}
```

在上述代码中定义了很多常量，并且这些常量的名字都与res文件夹中的文件名相同，这再次证明了.java文件中所存储的是该项目所有资源的索引。有了这个文件，在程序中使用资源将变得更加方便，可以很快地找到要使用的资源，由于这个文件不能被手动编辑，所以当我们在项目中加入了新的资源时，只需要刷新一下该项目，.java文件便会自动生成所有资源的索引。

2.2.2 设置文件 AndroidManfest.xml

文件AndroidManfest.xml是一个控制文件，在里面包含了该项目中所使用的Activity、Service和Receiver。例如，下面是某项目中文件AndroidManfest.xml的代码。

```
<?xml version="1.0" encoding="utf-8"?>
<manifest xmlns:android="http://schemas.android.com/apk/res/android"
      package="com.yarin.Android.HelloAndroid"
      android:versionCode="1"
      android:versionName="1.0">
    <application android:icon="@drawable/icon" android:label="@string/app_name">
        <activity android:name=".HelloAndroid"
                  android:label="@string/app_name">
            <intent-filter>
                <action android:name="android.intent.action.MAIN" />
                <category android:name="android.intent.category.LAUNCHER" />
            </intent-filter>
        </activity>
    </application>
    <uses-sdk android:minSdkVersion="9" />
</manifest>
```

在上述代码中，intent-filters描述了Activity启动的位置和时间。每当一个Activity（或者操作系统）要执行一个操作时，它将创建出一个Intent的对象，这个Intent对象可以描述你想做什么，你想处理什么数据，数据的类型，以及一些其他信息。Android会和每个Application所暴露的intent-filter的数据进行比较，找到最合适Activity来处理调用者所指定的数据和操作。下面仔细分析AndroidManfest.xml文件，如表2-1所示。

表 2-1 AndroidManfest.xml 分析

参　数	说　明
manifest	根节点，描述了package中所有的内容
xmlns:android	包含命名空间的声明。xmlns:android=http://schemas.android.com/apk/res/android，使得Android中各种标准属性能在文件中使用，提供了大部分元素中的数据

续表

参　　数	说　　明
package	声明应用程序包
application	包含 package 中 application 级别组件声明的根节点。此元素也可包含 application 的一些全局和默认的属性，如标签、icon、主题、必要的权限等。一个 manifest 能包含零个或一个此元素（不能大余一个）
android:icon	应用程序图标
android:label	应用程序名字
activity	activity 是与用户交互的主要工具，是用户打开一个应用程序的初始页面，大部分被使用到的其他页面也由不同的 activity 所实现，并声明在另外的 activity 标记中。注意，每一个 activity 必须有一个<activity>标记对应，无论它给外部使用或是只用于自己的 package 中。如果一个 activity 没有对应的标记，将不能运行它。另外，为了支持运行时查找 activity，可包含一个或多个<intent-filter>元素来描述 activity 所支持的操作
android:name	应用程序默认启动的 activity
intent-filter	声明了指定的一组组件支持的 Intent 值，从而形成了 Intent Filter。除了能在此元素下指定不同类型的值，属性也能放在这里来描述一个操作所需的唯一的标签、icon 和其他信息
action	组件支持的 Intent action
category	组件支持的 Intent Category。这里指定了应用程序默认启动的 activity
uses-sdk	该应用程序所使用的 sdk 相关版本

2.2.3　gen 目录中的 R.java 和 BuildConfig.java

在项目 first 的工程文件中，gen 目录中有两个自动生成的文件，分别是 R.java 和 BuildConfig。在创建 Android 工程的过程中，Eclipse 在生成文件 R.java 时需要遵循如下两条规则。

（1）每类资源对应 R 类的一个内部类，所有的字符串资源对应于 string 内部类，所有的标识资源对应于 id 内部类。

（2）每个具体的资源项对应于内部类的一个 public static final int 类型的 Field。

例如，项目 first 中文件 R.java 的具体源码如下所示。

```
package first.a;

public final class R {
    public static final class attr {
    }
    public static final class drawable {
        public static final int icon=0x7f020000;
    }
    public static final class layout {
        public static final int main=0x7f030000;
    }
    public static final class string {
        public static final int app_name=0x7f040001;
        public static final int hello=0x7f040000;
    }
}
```

在文件 R.java 中默认有 attr、drawable、layout、string 等 4 个静态内部类，每个静态内部类分别对应着一种资源，如 layout 静态内部类对应 layout 中的界面文件，其中每个静态内部类中的静态常量分别定义一条资源标识符，例如如下代码表示对应的是 layout 目录下的 main.xml 文件。

```
public static final int main=0x7f030000;
```

Android 会根据 res 目录中的资源自动更新 R.java 文件。R.java 文件在应用程序中起到字典的作用，它包含了各种资源的地址（ID）。通过 R.java 文件，应用程序可以找到相应的资源元素。

而文件 BuildConfig.java 比较简单，主要用于实现代码的辅助检查功能，能够在整个 Android 工程中不断进行自动检测。

2.2.4 res 目录

在 res 目录中存放了应用程序使用到的各种资源，如 XML 界面文件、图片、数据等。res 目录通常包含如下 3 个子目录。

（1）drawable 子目录

在以 drawable 开头的 4 个目录中，drawable-hdpi 目录中存放的是高分辨率的图片，例如 WVGA 400×800、FWVGA 480×854；在 drawable-mdpi 目录中存放的是中等分辨率的图片，例如 HVGA 320×480；在 drawable-ldpi 目录中存放的是低分辨率的图片，例如 QVGA 240×320。

（2）layout 子目录

layout 子目录专门用于存放 XML 界面布局文件。XML 文件同 HTML 文件一样，主要用于显示用户操作界面。Android 应用项目的布局（layout）文件一般通过 res\layout\main.xml 文件实现，通过其代码能够生成一个显示界面。例如，first 项目的布局文件 res\layout\main.xml 的实现源码如下所示。

```
<?xml version="1.0" encoding="utf-8"?>
<LinearLayout xmlns:android="http://schemas.android.com/apk/res/android"
    android:orientation="vertical"
    android:layout_width="fill_parent"
    android:layout_height="fill_parent"
    >
<TextView
    android:layout_width="fill_parent"
    android:layout_height="wrap_content"
    android:text="@string/hello"
    />
</LinearLayout>
```

在上述代码中，有以下几个布局和参数。

☑ <LinearLayout></LinearLayout>：在这个标签中，所有元件都是按由上到下的顺序排列的。

☑ android:orientation：表示版面配置方式是从上到下垂直地排列其内部的视图。

☑ android:layout_width：定义当前视图在屏幕上所占的宽度，fill_parent 表示填充整个屏幕。

☑ android:layout_height：定义当前视图在屏幕上所占的高度，fill_parent 表示填充整个屏幕。

☑ wrap_content：随着文字栏位的不同而改变这个视图的宽度或高度。

在上述布局代码中，使用了一个 TextView 来配置文本标签 Widget（构件），其中设置的属性 android:layout_width 为整个屏幕的宽度，android:layout_height 可以根据文字来改变高度，而 android:text 则设置了这个 TextView 要显示的文字内容，这里引用了@string 中的 hello 字符串，即 String.xml 文件中的 hello 所代表的字符串资源。hello 字符串的内容“Hello World, HelloAndroid!”就是我们在 HelloAndroid 项目运行时看到的字符串。

注意： 上面介绍的文件只是主要文件，在项目中需要用户自行编写。在项目中还有很多其他的文件，那些文件很少需要用户编写，所以在此就不进行讲解了。

（3）values 子目录

values 子目录专门用于存放 Android 应用程序中用到的各种类型的数据，不同类型的数据存放在不同的文件中。例如，文件 string.xml 会定义字符串和数值，文件 arrays.xml 会定义数组。first 项目的字符串文件 String.xml 的实现源码如下所示。

```
<?xml version="1.0" encoding="utf-8"?>
<resources>
  <string name="hello">Hello World, HelloAndroid!</string>
    <string name="app_name">HelloAndroid</string>
</resources>
```

在类 string 中使用的每个静态常量名与<string>元素中 name 属性值相同。上述常量定义文件的代码非常简单，只定义了两个字符串资源。请不要小看上面的几行代码，它们的内容很“露脸”，也就是说，里面的字符会直接显示在手机屏幕中，就像动态网站中的 HTML 一样。

2.2.5　assets 目录

在 assets 资源目录中，一般用于存放 HTML 文件、数据库文件和 JavaScript 文件。因为 assert 目录下的文件不会在 R.java 中自动生成 ID，所以在读取 assets 目录下的文件时，必须指定文件的具体路径。

2.3　Android 的 5 大组件

知识点讲解：光盘:视频\知识点\第 2 章\Android 的五大组件.avi

一个典型的 Android 应用程序通常由 5 个组件组成，这 5 个组件构成了 Android 的核心功能。本节将一一讲解这五大组件的基本知识，为读者步入本书后面知识的学习打下基础。

2.3.1　Activity 组件——表现屏幕界面

在 Android 应用程序中，Activity 组件通常的表现形式是一个单独的界面（screen）。每个 Activity 都是一个单独的类，它扩展实现了 Activity 基础类。这个类显示为一个由 Views 组成的用户界面，并响应事件。大多数程序有多个 Activity。例如，一个文本信息程序有这么几个界面：显示联系人列表界面、写信息界面、查看信息界面或者设置界面等。每个界面都是一个 Activity，切换到另一个界面就是载入一个新的 Activity。某些情况下，一个 Activity 可能会给前一个 Activity 返回值。例如，一个让用户选择相片的 Activity 会把选择到的相片返回给其调用者。

打开一个新界面后，前一个界面就被暂停，并放入历史栈中（界面切换历史栈）。使用者可以回溯前面已经打开的存放在历史栈中的界面，也可以从历史栈中删除没有价值的界面。Android 在历史栈中保留程序运行产生的所有界面，从第一个界面到最后一个。

2.3.2　Intent 组件——实现界面切换

Android 通过一个专门的 Intent 类来进行界面的切换。Intent 描述了程序想做什么（Intent 意为意图，目的，意向）。Intent 类还有一个相关类 IntentFilter。Intent 用于请求要做什么事情，IntentFilter 则描述了一个 Activity（或下文的 IntentReceiver）能处理什么意图。显示某人联系信息的 Activity 使用了一个 IntentFilter，就是说它知道如何处理应用到此人数据的 VIEW 操作。Activities 在文件 AndroidManifest.xml 中使用 IntentFilters。

通过解析 Intents，可以实现 Activity 的切换。我们可以使用 startActivity（myIntent）启用新的 Activity。系统会考察所有安装程序的 IntentFilters，然后找到与 myIntent 匹配最好的 IntentFilters 所对应的 Activity。这个新 Activity 能够接收 Intent 传来的消息，并因此被启用。解析 Intents 的过程发生在 startActivity 被实时调用时，这样做有如下两个好处。

（1）Activities 仅发出一个 Intent 请求，便能重用其他组件的功能。

（2）Activities 可以随时被替换为有等价 IntentFilter 的新 Activity。

2.3.3 Service 组件——后台服务

Service 是一个没有 UI 且长驻系统的代码，最常见的例子是媒体播放器从播放列表中播放歌曲。在媒体播放器程序中，可能有一个或多个 Activities 让用户选择播放的歌曲。然而在后台播放歌曲时无须 Activity 干涉，因为用户希望在音乐播放的同时能够切换到其他界面。既然这样，媒体播放器 Activity 需要通过 Context.startService()启动一个 Service，这个 Service 在后台运行以保持继续播放音乐。在媒体播放器被关闭之前，系统会保持音乐后台播放 Service 的正常运行。可以用 Context.bindService()方法连接到一个 Service 上（如果 Service 未运行，连接后还会启动它），连接后就可以通过一个 Service 提供的接口与 Service 进行通话。对音乐 Service 来说，提供了暂停和重放等功能。

1. 如何使用服务

在 Android 系统中有如下两种使用服务的方法。

（1）通过调用 Context.startServece()启动服务，调用 Context.stoptService()结束服务，startService()可以传递参数给 Service。

（2）通过调用 Context.bindService()启动服务，调用 Context.unbindService()结束服务，还可以通过 ServiceConnection 访问 Service。

上述两者可以混合使用，例如可以先调用 startService()再调用 unbindService()。

2. Service 的生命周期

在 startService()后，即使调用 startService()的进程结束了，Service 还仍然存在，一直到有进程调用 stoptService()或者 Service 自己灭亡（stopSelf()）为止。

在 bindService()后，Service 就和调用 bindService()的进程同生共死。也就是说，如果调用 bindService()的进程死了，那么它绑定的 Service 也会跟着被结束。当然，期间也可以调用 unbindService()让 Service 结束。

当混合使用上述两种方式时，例如既调用了 startService()，又调用了 bindService()，那么只有它们分别被 stoptService()和 unbindService()了，这个 Service 才会被结束。

3. 进程生命周期

Android 系统将会尝试保留那些启动了或者绑定了的服务进程，具体说明如下。

（1）如果该服务正在进程的 onCreate()、onStart()或者 onDestroy()这些方法中执行时，那么主进程将会成为一个前台进程，以确保此代码不会被停止。

（2）如果服务已经开始，那么它的主进程的重要性会低于所有的可见进程，但是会高于不可见进程。由于只有少数几个进程是用户可见的，所以只要不是内存特别低，该服务就不会停止。

（3）如果有多个客户端绑定了服务，只要客户端中的一个对于用户是可见的，就可以认为该服务可见。

2.3.4 Broadcast/Receiver 组件——实现广播机制

当要执行一些与外部事件相关的代码，例如来电响铃或者半夜时，就可能用到 IntentReceiver。尽管

IntentReceivers 使用 NotificationManager 来通知用户一些好玩的事情发生，但是没有 UI。IntentReceivers 可以在文件 AndroidManifest.xml 中声明，也可以使用 Context.registerReceiver()来声明。当一个 IntentReceiver 被触发时，如果需要系统自然会自动启动程序。程序也可以通过 Context.broadcastIntent()来发送自己的 Intent 广播给其他程序。

2.3.5　Content Provider 组件——实现数据存储

应用程序把数据存放到一个 SQLite 数据库格式文件中，或者存放在其他有效设备中。如果想让其他程序能够使用我们程序中的数据，此时 Content Provider 就很有用了。Content Provider 是一个实现了一系列标准方法的类，这个类使得其他程序能存储、读取某种 Content Provider 可处理的数据。

2.4　Android 应用程序的生命周期

知识点讲解：光盘:视频\知识点\第 2 章\Android 应用程序的生命周期.avi

进程和线程的概念很容易理解。我们电脑中有一个进程管理器，当打开后，会显示当前运行的所有程序。同样在 Android 中也有进程，当某个组件第一次运行时，Android 会启动一个进程。在默认情况下，所有的组件和程序运行在这个进程和线程中，也可以安排组件在其他的进程或者线程中运行。

2.4.1　什么是进程

组件运行的进程由 manifest file 控制。组件的节点一般都包含一个 process 属性，例如<activity>、<service>、<receiver>和<provider>节点。属性 process 可以设置组件运行的进程，可以配置组件在一个独立进程中运行，或者多个组件在同一个进程中运行，甚至可以多个程序在一个进程中运行，当然前提是这些程序共享一个 User ID 并给定同样的权限。另外，<application>节点也包含了 process 属性，用来设置程序中所有组件的默认进程。

当更加常用的进程无法获取足够内存时，Android 会智能地关闭不常用的进程。当下次启动程序时会重新启动这些进程。当决定哪个进程需要被关闭时，Android 会考虑哪个对用户更加有用。例如，Android 会倾向于关闭一个长期不显示在界面中的进程，以支持一个经常显示在界面中的进程。是否关闭一个进程取决于组件在进程中的状态。

进程的类型多种多样，按照重要的程度主要包括如下 5 类。

（1）前台进程（Foreground）

前台进程是看得见的，与用户当前正在做的事情密切相关。不同的应用程序组件能够通过不同的方法将它的宿主进程移到前台。在如下的任何一个条件下，系统会把进程移动到前台。

- ☑ 进程正在屏幕的最前端运行一个与用户交互的活动（Activity），它的 onResume 方法被调用。
- ☑ 进程有一个正在运行的 Intent Receiver（它的 IntentReceiver.onReceive 方法正在执行）。
- ☑ 进程有一个服务（Service），并且在服务的某个回调函数（Service.onCreate、Service.onStart 或 Service.onDestroy）内有正在执行的代码。

（2）可见进程（Visible）

可见进程也是可见的，它有一个可以被用户从屏幕上看到的活动，但不在前台（它的 onPause 方法被调用）。假如前台的活动是一个对话框，则以前的活动隐藏在对话框之后时就会出现这种进程。可见进程非常重要，一般不允许被终止，除非是为了保证前台进程的运行而不得不终止它。

（3）服务进程（Service）

服务进程是无法看见的，拥有一个已经用 startService()方法启动的服务。虽然用户无法直接看到这些进程，但它们做的事情却是用户所关心的（如后台 MP3 回放或后台网络数据的上传、下载）。所以系统将一直运行这些进程，除非内存不足以维持所有的前台进程和可见进程。

（4）后台进程（Background）

后台进程也是看不见的，只有打开之后才能看见。例如迅雷下载，我们可以将其最小化，虽然在桌面上看不见了，但是它一直在进行下载的工作，即拥有一个当前用户看不到的活动（它的 onStop()方法被调用）。这些进程对用户体验没有直接的影响。如果它们正确执行了活动生命周期，系统可以在任意时刻终止该进程以回收内存，并提供给前面 3 种类型的进程使用。系统中通常有很多这样的进程在运行，因此要将这些进程保存在 LRU 列表中，以确保当内存不足时用户最近看到的进程最后一个被终止。

（5）空进程（Empty）

空进程是指不拥有任何活动的应用程序组件的进程。保留这种进程的唯一原因是在下次应用程序的某个组件需要运行时，不需要重新创建进程，这样可以提高启动速度。系统将以进程中当前处于活动状态组件的重要程度为基础对进程进行分类。进程的优先级可能也会根据该进程与其他进程的依赖关系而增长。假如进程 A 通过在进程 B 中设置 Context.BIND_AUTO_CREATE 标记或使用 ContentProvider 被绑定到一个服务（Service），那么进程 B 在分类时至少要被看成与进程 A 同等重要。

2.4.2 什么是线程

当用户界面需要很快对用户进行响应时，就需要将一些费时的操作（如网络连接、下载等）或者非常占用服务器时间的操作放到其他线程。也就是说，即使为组件分配了不同的进程，有时也需要再分配线程。

线程是通过 Java 的标准对象 Thread 来创建的，在 Android 中提供了如下管理线程的方法。

☑ Looper 在线程中运行一个消息循环。
☑ Handler 传递一个消息。
☑ HandlerThread 创建一个带有消息循环的线程。
☑ Android 让一个应用程序在单独的线程中，指导它创建自己的线程。
☑ 应用程序组件（Activity、Service、Broadcast Receiver）所有都在理想的主线程中实例化。
☑ 没有一个组件应该执行长时间或是阻塞操作（例如网络呼叫或是计算循环），当被系统调用时，这将中断所有在该进程的其他组件。
☑ 可以创建一个新的线程来执行长期操作。

2.4.3 Android 应用程序的生命周期

自然界的事物都有自己的生命周期，例如人的生、老、病、死。Android 应用程序也如同自然界的生物一样，有着自己的生命周期。我们开发一个程序的目的是为了完成一个功能，例如银行计算加息的软件，每当一个用户去柜台办理取款业务时，银行工作人员便会启动这个程序的生命，当用这个软件完成利息计算时，这个软件当前的任务就完成了，此时就需要结束自己的使命。肯定有人提出疑问：生生死死多么麻烦，就让这个程序一直是“活着”的状态，一个用户办理完取款业务后，继续等着下一个用户办理取款业务，这样这个程序就“长生不老”了。其实谁都想自己的程序“长生不老”，但是很不幸，我们不能这样做。原因是计算机的处理性能是一定的，一个人、两个人、三个人，计算机可以处理这个任务，但如果要处理成千上万个取款业务，而且它们都一直“活着”，那么一台有限配置的计算机能承受得了吗？

由此可见，应用程序的生命周期就是一个程序的存活时间，即在什么时间内有效。Android 是一个构建在 Linux 之上的开源移动开发平台，在 Android 中，多数情况下每个程序都是在各自独立的 Linux 进程中运行的。当一个程序或其某些部分被请求时，它的进程就“出生”了；当这个程序没有必要再运行下去且系统需要回收这个进程的内存用于其他程序时，这个进程就“死亡”了。可以看出，Android 程序的生命周期是由系统控制的，而非程序自身直接控制。这和我们编写桌面应用程序时的思维有一些不同，一个桌面应用程序的进程也是在其他进程或用户请求时被创建，但往往是在程序自身收到关闭请求并执行一个特定的动作（例如从 main 函数中返回）后，进程才会结束。要想做好某种类型的程序或者某种平台下的程序开发，最关键的就是要弄清楚这种类型的程序或整个平台下的程序的一般工作模式并熟记在心。在 Android 中，程序的生命周期控制就属于这个范畴。

开发者必须理解不同的应用程序组件，尤其是 Activity、Service 和 Intent Receiver，但却需要了解这些组件是如何影响应用程序的生命周期的。如果不正确地使用这些组件，可能会导致系统终止正在执行重要任务的应用程序进程。

一个常见的进程生命周期漏洞的例子是 Intent Receiver（意图接收器），当 Intent Receiver 在 onReceive 方法中接收到一个 Intent（意图）时，它会启动一个线程，然后返回。一旦返回，系统将认为 Intent Receiver 不再处于活动状态，因而 Intent Receiver 所在的进程也就不再有用了（除非该进程中还有其他的组件处于活动状态）。因此，系统可能会在任意时刻终止该进程以回收占有的内存。这样进程中创建出的那个线程也将被终止。解决这个问题的方法是从 Intent Receiver 中启动一个服务，让系统知道进程中还有处于活动状态的工作。为了使系统能够正确决定在内存不足时应该终止哪个进程，Android 根据每个进程中运行的组件及组件的状态把进程放入一个 Importance Hierarchy（重要性分级）中。

例如，Activity 的状态转换图如图 2-3 所示。

图 2-3 所示的状态的变化是由 Android 内存管理器决定的，Android 会首先关闭那些包含 Inactive Activity 的应用程序，然后关闭 Stopped 状态的程序。只有在极端情况下才会移除 Paused 状态的程序。

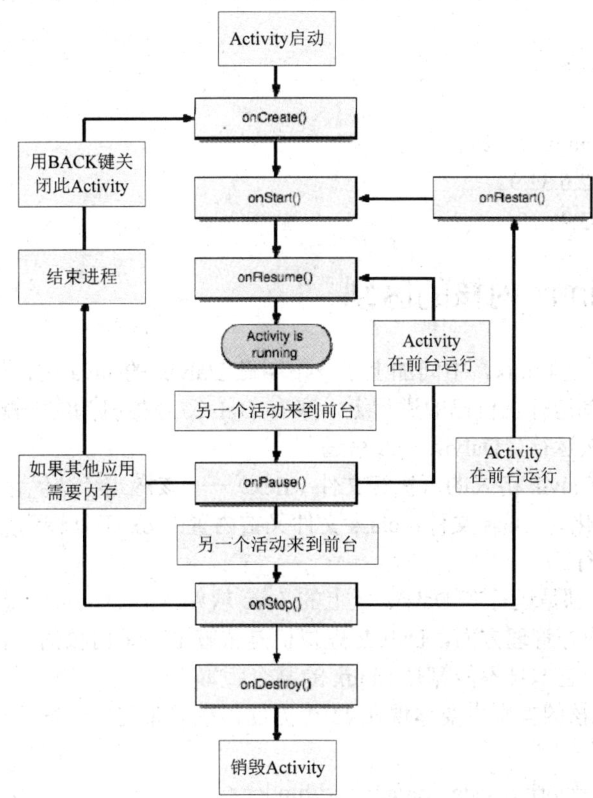

图 2-3　Activity 状态转换图

2.5 Android 和 Linux 的关系

知识点讲解：光盘:视频\知识点\第 2 章\Android 和 Linux 的关系.avi

在了解 Linux 和 Android 的关系之前，首先需要明确如下 3 点。

（1）Android 采用 Linux 作为内核。

（2）Android 对 Linux 内核做了修改，以适应其在移动设备上的应用。

（3）Andorid 开始是作为 Linux 的一个分支存在的，后来由于无法并入 Linux 的主开发树，曾经被 Linux 内核组从开发树中删除。2012 年 5 月 18 日，Linux kernel 3.3 发布后又被加入。

2.5.1 Android 继承于 Linux

Android 是在 Linux 的内核基础之上运行的，提供的核心系统服务包括安全、内存管理、进程管理、网络组和驱动模型等内容。内核部分相当于一个介于硬件层和系统中其他软件组之间的一个抽象层次，但是严格来说，它不算是 Linux 操作系统。

因为 Android 内核是由标准的 Linux 内核修改而来的，所以继承了 Linux 内核的诸多优点，保留了 Linux 内核的主体架构。同时 Android 按照移动设备的需求，在文件系统、内存管理、进程间通信机制和电源管理方面进行了修改，添加了相关的驱动程序和必要的新功能。但是和其他精简的 Linux 系统相比（如 uClinux），Android 很大程度上保留了 Linux 的基本架构，因此 Android 的应用性和扩展性更强。当前 Android 版本对应的 Linux 内核版本如下。

☑ Android 1.5：Linux-2.6.27。

☑ Android 1.6：Linux-2.6.29。

☑ Android 2.0，2.1：Linux-2.6.29。

☑ Android 2.2：Linux-2.6.32.9。

☑ Android 2.3：Linux-3.4。

2.5.2 Android 和 Linux 内核的区别

Android 系统层面的底层是 Linux，中间加上了一个叫做 Dalvik 的 Java 虚拟机，表面层上面是 Android 运行库。每个 Android 应用都运行在自己的进程上，享有 Dalvik 虚拟机为它分配的专有实例。为了支持多个虚拟机在同一个设备上高效运行，Dalvik 被改写过。

Dalvik 虚拟机执行的是 Dalvik 格式的可执行文件（.dex）——该格式经过优化，可降低内存耗用到最低。Java 编译器将 Java 源文件转化为 class 文件，class 文件又被内置的 dx 工具转化为 dex 格式文件，这种文件在 Dalvik 虚拟机上注册并运行。

Android 系统的应用软件都是运行在 Dalvik 之上的 Java 软件，而 Dalvik 是运行在 Linux 中的，在一些底层功能——例如线程和低内存管理方面，Dalvik 虚拟机是依赖 Linux 内核的。由此可见，Android 是运行在 Linux 之上的操作系统，但它本身不能算是 Linux 的某个版本。

Android 内核和 Linux 内核的差别主要体现在 11 个方面，接下来将一一简要介绍。

（1）Android Binder

Android Binder 源代码位于 drivers/staging/android/binder.c。

Android Binder 是基于 OpenBinder 框架的一个驱动，用于提供 Android 平台的进程间通信（Inter-Process

communication，IPC）。原来的 Linux 系统上层应用的进程间通信主要是 D-bus（Desktop bus），采用消息总线的方式来进行 IPC。

（2）Android 电源管理（PM）

Android 电源管理是一个基于标准 Linux 电源管理系统的轻量级的 Android 电源管理驱动，针对嵌入式设备做了很多优化。利用锁和定时器来切换系统状态，控制设备在不同状态下的功耗，以达到节能的目的。

Android 电源管理的源代码分别位于以下位置：

☑ kernel/power/earlysuspend.c。

☑ kernel/power/consoleearlysuspend.c。

☑ kernel/power/fbearlysuspend.c。

☑ kernel/power/wakelock.c。

☑ kernel/power/userwakelock.c。

（3）低内存管理器（Low Memory Killer）

Android 中的低内存管理器和 Linux 标准的 OOM（Out Of Memory）相比，其机制更加灵活，它可以根据需要杀死进程来释放需要的内存。Low Memory Killer 的代码很简单，关键的一个函数是 Lowmem_shrinker。作为一个模块在初始化时调用 register_shrinke 注册了一个 Lowmem_shrinker，它会被 vm 在内存紧张的情况下调用。Lowmem_shrinker 完成具体操作。简单地说就是寻找一个最合适的进程杀死，从而释放它占用的内存。

低内存管理器的源代码位于 drivers/staging/android/lowmemorykiller.c。

（4）匿名共享内存（Ashmem）

匿名共享内存为进程间提供大块共享内存，同时为内核提供回收和管理这个内存的机制。如果一个程序尝试访问 Kernel 释放的一个共享内存块，它将会收到一个错误提示，然后重新分配内存并重载数据。

匿名共享内存的源代码位于 mm/ashmem.c。

（5）Android PMEM（Physical）

PMEM 用于向用户空间提供连续的物理内存区域，DSP 和某些设备只能工作在连续的物理内存上。驱动中提供了 mmap、open、release 和 ioctl 等接口。

Android PMEM 的源代码位于 drivers/misc/pmem.c。

（6）Android Logger

Android Logger 是一个轻量级的日志设备，用于抓取 Android 系统的各种日志，是 Linux 所没有的。

Android Logger 的源代码位于 drivers/staging/android/logger.c。

（7）Android Alarm

Android Alarm 提供了一个定时器，用于把设备从睡眠状态唤醒，同时它也提供了一个即使在设备睡眠时也会运行的时钟基准。

Android Alarm 的源代码位于以下位置：

☑ drivers/rtc/alarm.c。

☑ drivers/rtc/alarm-dev.c。

（8）USB Gadget 驱动

USB Gadget 驱动是一个基于标准 Linux USB Gadget 驱动框架的设备驱动，Android 的 USB 驱动是基于 Gadget 框架的。

USB Gadget 驱动的源代码位于以下位置：

☑ drivers/usb/gadget/android.c。

☑ drivers/usb/gadget/f_adb.c。

☑ drivers/usb/gadget/f_mass_storage.c。

（9）Android Ram Console

为了提供调试功能，Android 允许将调试日志信息写入一个被称为 RAM Console 的设备中，它是一个基于 RAM 的 Buffer。

Android Ram Console 的源代码位于 drivers/staging/android/ram_console.c。

（10）Android Timed Device

Android Timed Device 为设备提供了定时控制功能，目前仅支持 vibrator 和 LED 设备。

Android Timed Device 的源代码位于 drivers/staging/android/timed_output.c(timed_gpio.c)。

（11）Yaffs2 文件系统

在 Android 系统中，采用 Yaffs2 作为 MTD NAND Flash 文件系统。Yaffs2 是一个快速稳定的应用于 NAND 和 NOR Flash 的跨平台的嵌入式设备文件系统。同其他 Flash 文件系统相比，Yaffs2 使用更小的内存来保存它的运行状态，因此占用内存小；Yaffs2 的垃圾回收机制非常简单而且快速，因此能达到更好的性能；Yaffs2 在大容量的 NAND Flash 上性能表现尤为明显，非常适合大容量的 Flash 存储。

Yaffs2 文件系统源代码位于 fs\yaffs2\目录下。

第 2 篇

核心技术篇

- 第 3 章　UI 界面布局
- 第 4 章　核心组件介绍
- 第 5 章　Android 事件处理
- 第 6 章　Activity 界面表现详解
- 第 7 章　Intent 和 IntentFilter 详解
- 第 8 章　Service 和 Broadcast Receiver
- 第 9 章　应用资源管理机制详解
- 第 10 章　数据存储

第 3 章　UI 界面布局

（视频讲解：58 分钟）

UI 是 User Interface（用户界面）的简称，UI 设计则是指对软件的人机交互、操作逻辑、界面美观的整体设计。好的 UI 设计不仅能让软件变得有个性、有品味，还能让软件的操作变得舒适、简单、自由，充分体现软件的定位和特点。Android 系统作为一个手机开发平台，用户可以直接用肉眼看到的屏幕内容便是 UI 中的内容。由此可见，UI 内容是一个 Android 应用程序的外表，决定了给用户留下一个什么样的第一印象。本章将引领大家一起学习 Android 开发中界面布局的基本知识。

☑　017：使用线性布局（LinearLayout）.pdf
☑　018：使用相对布局（RelativeLayout）.pdf
☑　019：使用表格布局（TableLayout）.pdf
☑　020：使用绝对布局（AbsoluteLayout）.pdf
☑　021：使用标签布局（TabLayout）.pdf
☑　022：使用层布局（FrameLayout）.pdf
☑　023：为什么不推荐使用 AbsoluteLayout.pdf
☑　024：布局类型的继承.pdf

知识拓展

3.1　View 视图组件

视频讲解：光盘:视频\知识点\第 3 章\View 视图组件.avi

在 Android 系统中，类 View 是一个最基本的 UI 类，几乎所有的 UI 组件都是继承于 View 类而实现的。类 View 的主要功能如下。

☑　为指定的屏幕矩形区域存储布局和内容。
☑　处理尺寸和布局，绘制，焦点改变，翻屏，按键，手势。
☑　widget 基类。

类 View 的语法格式如下所示。

```
Android.view.View
```

在 Android 系统中，类 View 的继承关系如下所示。

```
java.lang.Object
    android.view.View
```

3.1.1　View 的常用属性和方法

在 Android 系统中，类 View 中的常用属性和方法如表 3-1 所示。

表 3-1　类 View 中的常用属性和方法

属性名称	对应方法	描　述
android:background	setBackgroundResource(int)	设置背景
android:clickable	setClickable(boolean)	设置 View 是否响应单击事件
android:visibility	setVisibility(int)	控制 View 的可见性
android:focusable	setFocusable(boolean)	控制 View 是否可以获取焦点
android:id	setId(int)	为 View 设置标识符，可通过 findViewById 方法获取
android:longClickable	setLongClickable(boolean)	设置 View 是否响应长单击事件
android:soundEffectsEnabled	setSoundEffectsEnabled(boolean)	设置当 View 触发单击等事件时是否播放音效
android:saveEnabled	setSaveEnabled(boolean)	如果未做设置，当 View 被冻结时将不会保存其状态
android:nextFocusDown	setNextFocusDownId(int)	定义当向下搜索时应该获取焦点的 View，如果该 View 不存在或不可见，则会抛出 RuntimeException 异常
android:nextFocusLeft	setNextFocusLeftId(int)	定义当向左搜索时应该获取焦点的 View
android:nextFocusRight	setNextFocusRightId(int)	定义当向右搜索时应该获取焦点的 View
android:nextFocusUp	setNextFocusUpId(int)	定义当向上搜索时应该获取焦点的 View，如果该 View 不存在或不可见，则会抛出 RuntimeException 异常

3.1.2　Viewgroup 容器

在 Android 系统中，类 Viewgroup 是类 View 的子类。Viewgroup 仿佛是一个容器，可以对它里面的视图界面进行布局处理。使用 Viewgroup 的语法格式如下所示。

```
android.view.Viewgroup
```

Viewgroup 能够包含并管理下级系列的 Views 和其他 Viewgroup，是一个布局的基类。Viewgroup 好像一个 View 容器，负责对添加进来的 View（视图界面）进行布局处理。在一个 Viewgroup 中可以看见另一个 Viewgroup 中的内容。各个 Viewgroup 类之间的关系如图 3-1 所示。

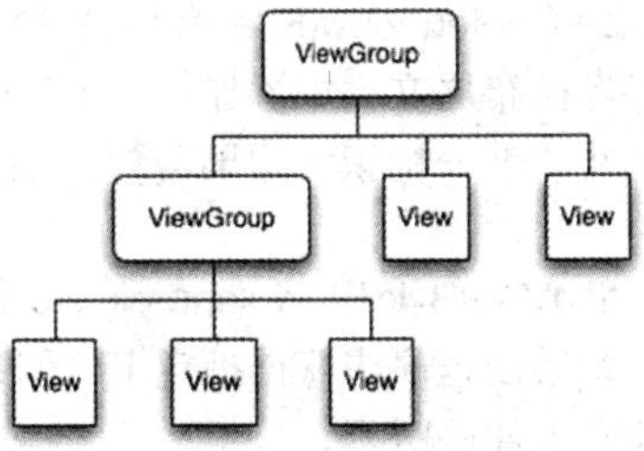

图 3-1　各类的继承关系

3.1.3　ViewManager 类

在 Android 系统中，类 ViewManager 的继承关系如下所示。

```
public interface ViewManager
     android.view.ViewManager
```

类 ViewManager 只是一个个接口，没有任何具体的实现，抽象类 ViewGroup 对该接口的 3 个方法进行了具体实现。

类 ViewManager 可以向一个 Activity 中添加和移除子视图，调用 Context.getSystemService()方法可以得到该类的一个实例。

公共方法 addView 用于增添一个视图对象，并指定其布局参数，具体原型如下所示。

```
public abstract void addView(View view, ViewGroup.LayoutParams params)
```

参数说明如下。

☑　view：制定添加的子视图。

☑ params：子视图的布局参数。

方法 removeView()用于移除指定的视图，具体原型如下所示。

```
public abstract void removeView(View view)
```

参数 view 用于指定移除的子视图。

方法 UpdateViewLayout()用于更新一个子视图，具体原型如下所示。

```
public abstract void UpdateViewLayout(View view, ViewGroup.LayoutParams params)
```

参数说明如下。

☑ view：指定更新的子视图。

☑ Params：更新时所用的布局参数。

3.2 Android UI 布局的方式

视频讲解：光盘:视频\知识点\第 3 章\Android UI 布局的方式.avi

在 Android 应用程序中有两种布局 UI 界面的方式，分别是使用 XML 文件和在 Java 代码中进行控制。本节将详细讲解上述两种布局方式的实现方法。

3.2.1 使用 XML 布局

在 Android 应用程序中，官方建议使用 XML 文件来布局 UI 界面，好处是简单、明了，并且可以将应用的视图控制逻辑从 Java 代码中分离出来，放入到 XM 文件中进行控制。这样就实现了表现和处理的分离，从而更好地符合 MVC 原则。

当在 Android 应用程序中的 res/layout 目录中定义一个主文件名任意的 XML 布局文件之后（R.java 会自动收录该布局参数），Java 程序可通过如下方式在 Activity 中显示这个视图。

```
setContentView(R.layout.<资源文件名字>);
```

当在布局文件中添加一个 UI 组件时，都可以为这个 UI 组件指定 android:id 属性，该属性的属性值表示该组件的唯一标识。如果希望在 Java 程序代码中可以访问指定的 UI 组件，可以通过如下所示的代码来访问它。

```
findViewByld(R. id.<android . id 属性值>);
```

如果在程序中获得指定 UI 组件，接下来就可以通过代码来控制各个 UI 组件的外现行为，例如为 UI 组件绑定事件监听器。

3.2.2 在 Java 代码中控制布局

虽然 Android 官方推荐使用 XML 文件方式来布局 UI 界面，但是开发人员也可以完全在 Java 程序代码中控制 UI 布局界面。如果希望在 Java 代码中控制 UI 界面，那么所有的 UI 组件都将通过 new 关键字进行创建，然后以合适的方式“组装”在一起即可。

下面的实例中演示了完全使用 Java 代码控制 Android 界面布局的过程。

题　目	目　的	源 码 路 径
实例 3-1	在 Java 代码中控制 Android 界面布局	光盘:\daima\3\View

实例文件 CodeView.java 的具体实现代码如下所示。

```
public class CodeView extends Activity
{
    //当第一次创建该 Activity 时回调该方法
    @Override
    public void onCreate(Bundle savedInstanceState)
    {
        super.onCreate(savedInstanceState);
        //创建一个线性布局管理器
        LinearLayout layout = new LinearLayout(this);
        //设置该 Activity 显示 layout
        super.setContentView(layout);
        layout.setOrientation(LinearLayout.VERTICAL);
        //创建一个 TextView
        final TextView show = new TextView(this);
        //创建一个按钮
        Button bn = new Button(this);
        bn.setText(R.string.ok);
        bn.setLayoutParams(new ViewGroup.LayoutParams(
                ViewGroup.LayoutParams.WRAP_CONTENT,
                ViewGroup.LayoutParams.WRAP_CONTENT));
        //向 Layout 容器中添加 TextView
        layout.addView(show);
        //向 Layout 容器中添加按钮
        layout.addView(bn);
        //为按钮绑定一个事件监听器
        bn.setOnClickListener(new OnClickListener()
        {
            @Override
            public void onClick(View v)
            {
                show.setText("Hello , Android , " + new java.util.Date());
            }
        });
    }
}
```

从上述实现代码可以看出，在 Java 主程序中用到的 UI 组件都是通过关键字 new 创建出来的，然后程序使用 LinearLayout 容器对象保存了这些 UI 组件，这样就组成了图形用户界面。执行效果如图 3-2 所示。

图 3-2　执行效果

注意： 在现实开发 Android 应用程序的过程中，建议使用 XML 文件的布局方式。

3.3 Android 布局管理器详解

视频讲解：光盘:视频\知识点\第 3 章\Android 布局管理器详解.avi

在 Android 应用程序的 Viewgroup 容器中可以装下很多控件，布局的作用就是对这些控件进行排列，排列成最实用的效果。另外，在布局里面还可以套用其他的布局，这样可以实现界面多样化以及设计的灵活性。布局组件 Layout 的语法格式如下所示。

```
<LinearLayout xmlns:Android="http://schemas.Android.com/apk/res/Android"
    Android:orientation="vertical"
    Android:layout_width="fill_parent"
    Android:layout_height="fill_parent"
>
```

本节将详细讲解 Android UI 界面布局管理器的基本知识。

3.3.1 Android 布局管理器概述

当把一个 View 加入到一个 Viewgroup 中后，例如加入到 RelativeLayout 中，此时这个 View 在 RelativeLayout 中是怎样显示的呢？答案其实很简单：当向里面加入 View 时，我们传递一组值，并将这组值封装在 LayoutParams 类中。这样当再显示这个 View 时，其容器会根据封装在 LayoutParams 的值来确认此 View 的显示大小和位置。由此可以看出，LayoutParams 的功能如下。

（1）每一个 Viewgroup 类使用一个继承于 ViewGroup.LayoutParams 的嵌套类。

（2）包含定义了子节点 View 的尺寸和位置的属性类型。

LayoutParams 的具体结构如图 3-3 所示。

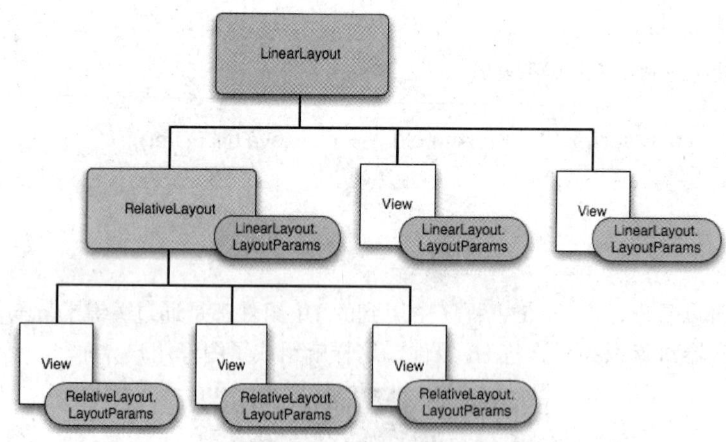

图 3-3　LayoutParams 结构图

在一个布局容器中可以包括零个或多个布局容器，其中有如下 5 个最为常用的 Layout 实现类。

（1）AbsoluteLayout：可以让子元素指定准确的 x/y 坐标值，并显示在屏幕上。(0,0)表示左上角，当向下或向右移动时，坐标值将变大。AbsoluteLayout 没有页边框，允许元素之间互相重叠（尽管不推荐）。我们通常不推荐使用 AbsoluteLayout，除非你有正当理由要使用它，因为它使界面代码太过刚性，以至于在不同的设备上可能不能很好地工作，如图 3-4 所示。

（2）TableLayout：用于把子元素放入到行与列中，不显示行、列或是单元格边界线，但是单元格不能横跨行，如 HTML 中一样，如图 3-5 所示。

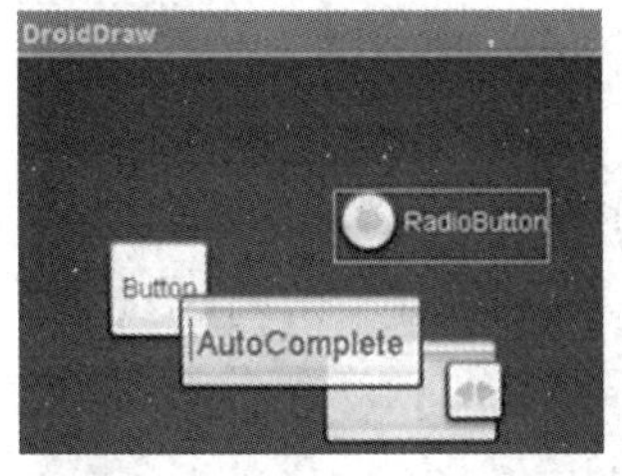

图 3-4　AbsoluteLayout 效果

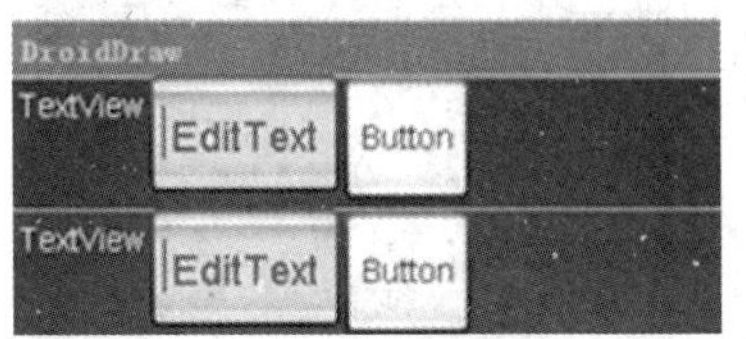

图 3-5　TableLayout 效果

（3）FrameLayout：是最简单的一个布局对象，被定制为屏幕上的一个空白备用区域，这样可以在其中填充一个单一对象，例如添加一张要发布的图片。在 FrameLayout 中，所有的子元素将会固定在屏幕的左上角，我们不能为 FrameLayout 中的一个子元素指定一个具体位置。在默认情况下，后一个子元素将会直接在前一个子元素之上进行覆盖填充，把它们部分或全部挡住（除非后一个子元素是透明的）。

（4）RelativeLayout：允许子元素指定它们相对于其他元素或父元素的位置（通过 ID 指定）。我们可以以右对齐、上下或置于屏幕中央的形式来排列两个元素。在 RelativeLayout 中的元素是按顺序排列的，如果第一个元素在屏幕的中央，那么相对于这个元素的其他元素将以屏幕中央的相对位置来排列。如果使用 XML 来指定这个 Layout，那么在定义它之前必须定义被关联的元素。其结构说明如图 3-6 所示。

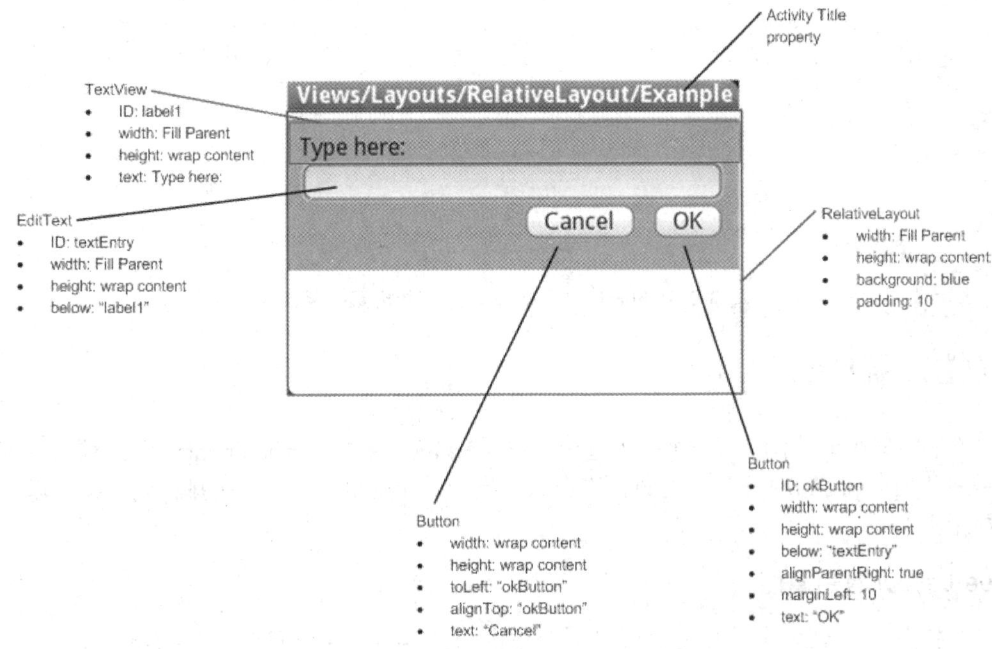

图 3-6　RelativeLayout 结构

（5）LinearLayout：可以在一个方向上（垂直或水平）对齐所有子元素。在里面既可以将所有子元素罗列堆放，也可以一个垂直列表每行只有一个子元素（无论它们有多宽），如图 3-7 所示。另外也可以一个水平列表只是一列的高度，如图 3-8 所示。

在 Android 系统中，布局管理器都是以 ViewGroup 为基类派生出来的，使用布局管理器可以适配不同手机屏幕的分辨率。Android 布局管理器之间的继承关系如图 3-9 所示。

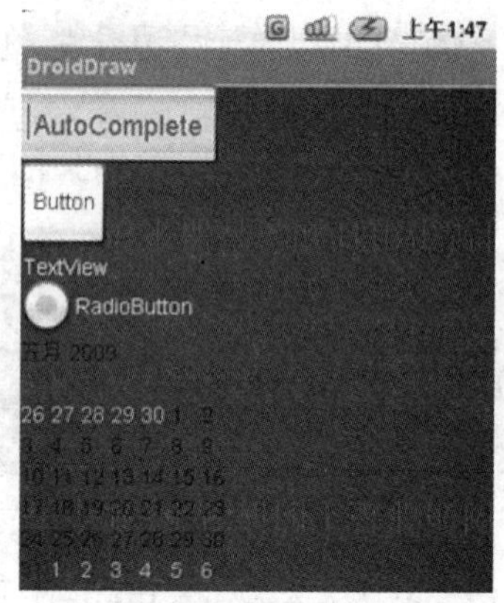

图 3-7　垂直布局

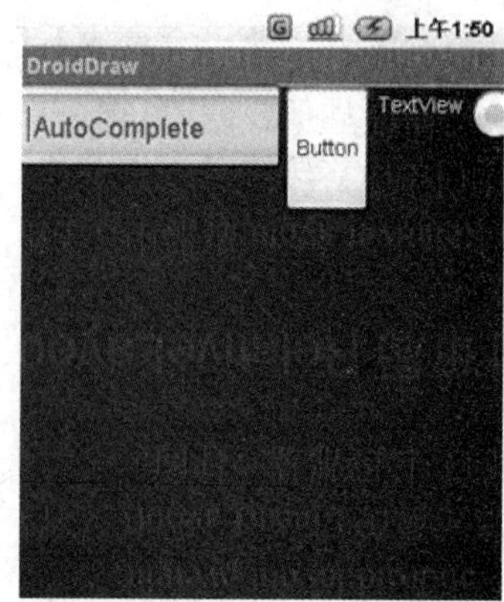

图 3-8　水平布局

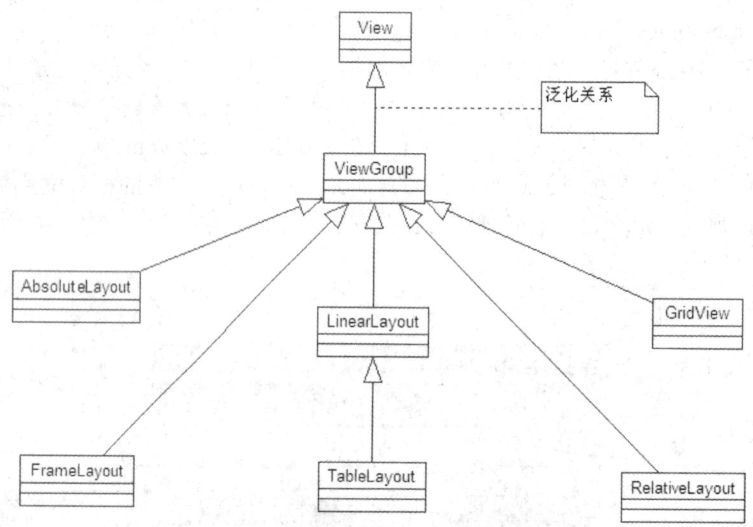

图 3-9　Android 布局管理器之间的继承关系

3.3.2　线性布局 LinearLayout

线性布局会将容器中的组件一个一个排列起来，LinearLayout 通过 android:orientation 属性控制可以控制组件的横向或者纵向排列。线性布局中的组件不会自动换行，如果组件一个一个排列到尽头之后，剩下的组件就不会显示出来。

1．LinearLayout 常用属性

（1）基线对齐

XML 属性：android:baselineAligned;

设置方法：setBaselineAligned(boolean b);

作用：如果该属性为 false，就会阻止该布局管理器与其子元素的基线对齐。

（2）设分隔条

XML 属性：android:divider;

设置方法：setDividerDrawable(Drawable);

作用：设置垂直布局时两个按钮之间的分隔条。

（3）对齐方式（控制内部子元素）

XML 属性：android:gravity;

设置方法：setGravity(int);

作用：设置布局管理器内组件（子元素）的对齐方式。

支持的属性值如下。

☑ top、bottom、left、right。

☑ center_vertical（垂直方向居中）、center_horizontal（水平方向居中）。

☑ fill_vertical（垂直方向拉伸）、fill_horizontal（水平方向拉伸）。

☑ center、fill。

☑ clip_vertical、clip_horizontal。

另外还可以同时指定多种对齐方式，例如 left|center_vertical 表示左侧垂直居中。

（4）权重最小尺寸

XML 属性：android:measureWithLargestChild;

设置方法：setMeasureWithLargestChildEnable(boolean b);

作用：该属性为 true 时，所有带权重的子元素都会具有最大子元素的最小尺寸。

（5）排列方式

XML 属性：android:orientation;

设置方法：setOrientation(int i);

作用：设置布局管理器内组件排列方式，设置为 horizontal（水平）、vertical（垂直），默认为垂直排列。

2. LinearLayout 子元素控制

LinearLayout 的子元素，即 LinearLayout 中的组件都受到 LinearLayout.LayoutParams 控制，因此 LinearLayout 包含的子元素可以执行下面的属性。

（1）对齐方式

XML 属性：android:layout_gravity;

作用：指定该元素在 LinearLayout（父容器）的对齐方式，也就是该组件本身的对齐方式，注意要与 android:gravity 区分。

（2）所占权重

XML 属性：android:layout_weight;

作用：指定该元素在 LinearLayout（父容器）中所占的权重，例如都是 1 的情况下，那个方向（LinearLayout 的 orientation 方向）长度都是一样的。

3.3.3 相对布局 RelativeLayout

在相对布局 RelativeLayout 容器中，子组件的位置总是相对兄弟组件和父容器来决定的。RelativeLayout 常用的重要属性如下所示。

（1）第一类：属性值为 true 或 false。

☑ android:layout_centerHorizontal：表示水平居中。

☑ android:layout_centerVertical：表示垂直居中。

☑ android:layout_centerInparent：表示相对于父元素完全居中。

☑ android:layout_alignParentBottom：表示贴紧父元素的下边缘。

☑ android:layout_alignParentLeft：表示贴紧父元素的左边缘。

☑ android:layout_alignParentRight：表示贴紧父元素的右边缘。

☑ android:layout_alignParentTop：表示贴紧父元素的上边缘。

☑ android:layout_alignWithParentIfMissing：表示如果对应的兄弟元素找不到的话就以父元素作参照物。

（2）第二类：属性值必须为 id 的引用名@id/id-name。

☑ android:layout_below：表示在某元素的下方。

☑ android:layout_above：表示在某元素的上方。

☑ android:layout_toLeftOf：表示在某元素的左边。

☑ android:layout_toRightOf：表示在某元素的右边。

☑ android:layout_alignTop：表示本元素的上边缘和某元素的上边缘对齐。

☑ android:layout_alignLeft：表示本元素的左边缘和某元素的左边缘对齐。

☑ android:layout_alignBottom：表示本元素的下边缘和某元素的下边缘对齐。

☑ android:layout_alignRight：表示本元素的右边缘和某元素的右边缘对齐。

（3）第三类：属性值为具体的像素值，如 30dip、40px。

☑ android:layout_marginBottom：表示离某元素底边缘的距离。

☑ android:layout_marginLeft：表示离某元素左边缘的距离。

☑ android:layout_marginRight：表示离某元素右边缘的距离。

☑ android:layout_marginTop：表示离某元素上边缘的距离。

（4）EditText 的 android:hint：用于设置 EditText 为空时输入框内的提示信息。

（5）android:gravity：此属性是对该 View 内容的限定，例如一个 button 上面的 text，可以设置该 text 在 View 的靠左、靠右等位置。以 button 为例，android:gravity="right"表示 button 上面的文字靠右。

（6）android:layout_gravity：用来设置该 view 相对于其父 view 的位置。例如一个 button 在 linearlayout 中，可以通过该属性设置把该 button 放在靠左、靠右等位置。以 button 为例，android:layout_gravity="right"表示 button 靠右。

（7）android:layout_alignParentRight：使当前控件的右端和父控件的右端对齐，这里属性值只能为 true 或 false，默认为 false。

（8）android:scaleType：控制图片如何 resized/moved 来匹配 ImageView 的 size。ImageView.ScaleType/android:scaleType 值的区别如下。

☑ CENTER/center：按图片的原来 size 居中显示，当图片长/宽超过 View 的长/宽，则截取图片的居中部分显示。

☑ CENTER_CROP/centerCrop：按比例扩大图片的 size 居中显示，使得图片长（宽）等于或大于 View 的长（宽）。

☑ CENTER_INSIDE/centerInside：将图片的内容完整居中显示，通过按比例缩小或原来的 size 使得图片长/宽等于或小于 View 的长/宽。

☑ FIT_CENTER/fitCenter：把图片按比例扩大/缩小到 View 的宽度，居中显示。

☑ FIT_END/fitEnd：把图片按比例扩大/缩小到 View 的宽度，显示在 View 的下部分位置。

☑ FIT_START/fitStart：把图片按比例扩大/缩小到 View 的宽度，显示在 View 的上部分位置。

☑ FIT_XY/fitXY：可以通过该属性设置把图片“不按比例扩大/缩小”到 View 的大小显示。

☑ MATRIX/matrix：用矩阵来绘制，动态缩小、放大图片来显示。

3.3.4 帧布局 FrameLayout

帧布局容器为每个组件创建一个空白区域，一个区域称为一帧，这些帧会根据 FrameLayout 中定义的 gravity 属性自动对齐。帧布局 FrameLayout 直接在屏幕上开辟出了一块空白区域，当我们向里面添加组件时，所有的组件都会放置于这块区域的左上角。帧布局的大小由子控件中最大的子控件决定，如果组件都一样大，那么同一时刻就只能看到最上面的那个组件。

当然也可以为组件添加 layout_gravity 属性，从而制定组件的对齐方式。帧布局 FrameLayout 中的前景图像永远处于帧布局最顶层，直接面对用户的图像，是不会被覆盖的图片。

在 Android 系统中，设计 FrameLayout 的目的是为了显示单一项 Widget。通常不建议使用 FrameLayout 显示多项内容，因为它们的布局很难调节。如果不使用 layout_gravity 属性，那么多项内容会重叠。如果使用 layout_gravity，则可以设置不同的位置。layout_gravity 可以使用如下所示的取值。

（1）top：将对象放在其容器的顶部，不改变其大小。

（2）bottom：将对象放在其容器的底部，不改变其大小。

（3）left：将对象放在其容器的左侧，不改变其大小。

（4）right：将对象放在其容器的右侧，不改变其大小。

（5）center_vertical：将对象纵向居中，不改变其大小，垂直方向上居中对齐。

（6）fill_vertical：必要的时候增加对象的纵向大小，以完全充满其容器，垂直方向填充。

（7）center_horizontal：将对象横向居中，不改变其大小，水平方向上居中对齐。

（8）fill_horizontal：必要的时候增加对象的横向大小，以完全充满其容器，水平方向填充。

（9）center：将对象横纵居中，不改变其大小。

（10）fill：在必要的时候增加对象的横、纵向大小，以完全充满其容器。

（11）clip_vertical：附加选项，用于按照容器的边来剪切对象的顶部和/或底部的内容。剪切基于其纵向对齐设置：顶部对齐时，剪切底部；底部对齐时剪切顶部；除此之外剪切顶部和底部，垂直方向裁剪。

（12）clip_horizontal：附加选项，用于按照容器的边来剪切对象的左侧和/或右侧的内容。剪切基于其横向对齐设置：左侧对齐时，剪切右侧；右侧对齐时剪切左侧；除此之外剪切左侧和右侧。水平方向裁剪。

帧布局 FrameLayout 的常用属性如下。

☑ android:foreground：设置该帧布局容器的前景图像。

☑ android:foregroundGravity：设置前景图像显示的位置。

3.3.5 表格布局 TableLayout

表格布局继承了 LinearLayout，其本质是线性布局管理器。表格布局采用行和列的形式管理子组件，但是并不需要声明有多少行列，只需要添加 TableRow 和组件就可以控制表格的行数和列数，这一点与网格布局有所不同，网格布局需要指定行列数。

TableLayout 以行和列的形式管理控件，每行为一个 TableRow 对象，也可以为一个 View 对象，当为 View 对象时，该 View 对象将跨越该行的所有列。在 TableRow 中可以添加子控件，每添加一个子控件为一列。

在 TableLayout 布局中，不会为每一行、每一列或每个单元格绘制边框，每一行可以有零个或多个单元格，每个单元格为一个 View 对象。TableLayout 中可以有空的单元格，单元格也可以像 HTML 中那样跨越多个列。在表格布局中，一个列的宽度由该列中最宽的那个单元格指定，而表格的宽度是由父容器指定的。在 TableLayout 中，可以为列设置如下 3 种属性。

☑ Shrinkable：如果一个列被标识为 Shrinkable，则该列的宽度可以进行收缩，以使表格能够适应其父容器的大小。

☑ Stretchable：如果一个列被标识为 Stretchable，则该列的宽度可以进行拉伸，以填满表格中空闲的空间。

☑ Collapsed：如果一个列被标识为 Collapsed，则该列将会被隐藏。

注意：一个列可以同时具有 Shrinkable 和 Stretchable 属性，在这种情况下，该列的宽度将任意拉伸或收缩以适应父容器。

TableLayout 继承自 LinearLayout 类，除了继承来自父类的属性和方法，TableLayout 类中还包含表格布局所特有的属性和方法。这些属性和方法说明如表 3-2 所示。

表 3-2　TableLayout 类常用属性及对应方法说明

属性名称	对应方法	描述
android:collapseColumns	setColumnCollapsed(int,boolean)	设置指定列号的列为 Collapsed，列号从 0 开始计算
android:shrinkColumns	setShrinkAllColumns(boolean)	设置指定列号的列为 Shrinkable，列号从 0 开始计算
android:stretchColumns	setStretchAllColumns(boolean)	设置指定列号的列为 Stretchable，列号从 0 开始计算

其中，setShrinkAllColumns 和 setStretchAllColumns 的功能是将表格中的所有列设置为 Shrinkable 或 Stretchable。

3.3.6　绝对布局 AbsoluteLayout

所谓绝对布局，是指屏幕中所有控件的摆放由开发人员通过设置控件的坐标来指定，控件容器不再负责管理其子控件的位置。绝对布局的特点是组件位置通过 x、y 坐标来控制，布局容器不再管理组件位置和大小，这些都可以自定义。绝对布局不能适配不同的分辨率和屏幕大小，这种布局已经过时。如果只为一种设备开发这种布局，可以考虑使用这种布局方式。绝对布局的属性如下。

☑ android:layout_x：指定组件的 x 坐标。

☑ android:layout_y：指定组件的 y 坐标。

1．结构

```
public class AbsoluteLayout extends ViewGroup
        java.lang.Object
            android.view.View
                android.view.ViewGroup
                        android.widget.AbsoluteLayout
```

Android 官方建议不赞成使用此类，而是推荐使用 FrameLayout、RelativeLayout 或者定制的 layout 代替。

2．公共方法

公共方法 generateLayoutParams 的具体格式如下所示。

```
public ViewGroup.LayoutParams generateLayoutParams(AttributeSet attrs)
```

功能是返回一组新的基于所支持的属性集的布局参数。

参数 attrs：构建 layout 布局参数的属性集合。

返回值：一个 ViewGroup.LayoutParams 的实例或者它的一个子类。

3．受保护方法

（1）protected ViewGroup.LayoutParams generateLayoutParams(ViewGroup.LayoutParams p)

返回一组合法的受支持的布局参数。当一个 ViewGroup 传递一个布局参数没有通过 checkLayout

Params(android.view.ViewGroup.LayoutParams)检测的视图时，此方法被调用。此方法会返回一组新的适合当前 ViewGroup 的布局参数，可能从指定的一组布局参数中复制适当的属性。

参数 p：被转换成一组适合当前 ViewGroup 的布局参数。

返回值：一个 ViewGroup.LayoutParams 的实例或者其中的一个子节点。

（2）protected boolean checkLayoutParams(ViewGroup.LayoutParams p)

用于检测是不是 AbsoluteLayout.LayoutParams 的实例。

（3）protected ViewGroup.LayoutParams generateDefaultLayoutParams()

返回一组宽度为 WRAP_CONTENT，高度为 WRAP_CONTENT，坐标是(0,0)的布局参数。

返回值：一组默认的布局参数或 null 值。

（4）protected void onLayout(boolean changed, int l, int t, int r, int b)

在此视图 view 给它的每一个子元素分配大小和位置时调用。派生类可以重写此方法并且重新安排它们子类的布局。

参数 changed：这是当前视图 view 的一个新的大小或位置，具体说明如下。

☑ l：相对于父节点的左边位置。

☑ t：相对于父节点的顶点位置。

☑ r：相对于父节点的右边位置。

☑ b：相对于父节点的底部位置。

（5）protected void onMeasure(int widthMeasureSpec, int heightMeasureSpec)

测量视图以确定其内容宽度和高度。此方法被 measure(int,int)调用。需要被子类重写以提供对其内容准确高效的测量。当重写此方法时，必须调用 setMeasuredDimension(int,int)来保存当前视图 view 的宽度和高度。不成功调用此方法将会导致一个 IllegalStateException 异常，是由 measure(int,int)抛出。所以调用父类的 onMeasure(int,int)方法是必需的。父类的实现是以背景大小为默认大小，除非 MeasureSpec（测量细则）允许更大的背景。子类可以重写 onMeasure(int,int)以对其内容提供更佳的尺寸。如果此方法被重写，那么子类的责任是确认测量高度和测量宽度要大于视图 view 的最小宽度和最小高度（getSuggestedMinimumHeight() and getSuggestedMinimumWidth()），使用这两个方法可以取得最小宽度和最小高度。

☑ 参数 widthMeasureSpec：强加于父节点的横向空间要求。要求是使用 View.MeasureSpec 进行编码。

☑ 参数 heightMeasureSpec：强加于父节点的纵向空间要求。要求是使用 View.MeasureSpec 进行编码。

3.3.7 网格布局 GridLayout

在 Android 4.0 版本之前，如果想要达到网格布局的效果，首先可以考虑使用最常见的 LinearLayout 布局，但是这样的排布会产生如下几点问题。

☑ 不能同时在 X、Y 轴方向上进行控件的对齐。

☑ 当多层布局嵌套时会有性能问题。

☑ 不能稳定地支持一些支持自由编辑布局的工具。

其次考虑使用表格布局 TableLayout，这种方式会把包含的元素以行和列的形式进行排列，每行为一个 TableRow 对象，也可以是一个 View 对象，而在 TableRow 中还可以继续添加其他的控件，每添加一个子控件就成为一列。但是使用这种布局可能会出现不能将控件占据多个行或列的问题，而且渲染速度也不能得到很好的保证。

自从 Android 4.0 以上版本推出 GridLayout 布局方式后，便很好地解决了上述问题。GridLayout 布局使用虚细线将布局划分为行、列和单元格，也支持一个控件在行、列上都有交错排列。而 GridLayout 使用的其实是和 LinearLayout 类似的 API，只不过是修改了一下相关的标签而已，所以对于开发者来说，掌握 GridLayout 还是很容易的事情。通常来说，可以将 GridLayout 的布局策略简单分为以下 3 个部分。

（1）它与 LinearLayout 布局一样，也分为水平和垂直两种方式，默认是水平布局，一个控件挨着一个控件从左到右依次排列，但是通过指定 android:columnCount 设置列数的属性后，控件会自动换行进行排列。另一方面，对于 GridLayout 布局中的子控件，默认按照 wrap_content 的方式设置其显示，这只需要在 GridLayout 布局中显式声明即可。

（2）若要指定某控件显示在固定的行或列，只需设置该子控件的 android:layout_row 和 android:layout_column 属性即可，但是需要注意：android:layout_row="0"表示从第一行开始，android:layout_column= "0"表示从第一列开始，这与编程语言中一维数组的赋值情况类似。

（3）如果需要设置某控件跨越多行或多列，只需将该子控件的 android:layout_rowSpan 或者 layout_columnSpan 属性设置为数值，再设置其 layout_gravity 属性为 fill 即可，前一个设置表明该控件跨越的行数或列数，后一个设置表明该控件填满所跨越的整行或整列。

3.3.8 实战演练——演示各种基本布局控件的用法

接下来的实例将演示联合使用 View、Viewgroup、Layout 和 LayoutParams 参数等 UI 布局控件的基本用法。

题　目	目　的	源 码 路 径
实例 3-2	在 Java 代码中控制 Android 界面布局	光盘:\daima\3\UI

本实例的具体实现流程如下所示。

1. 新建工程

打开 Eclipse，依次选择 File | New | Android Project 命令，新建一个名为 UI 的工程文件，如图 3-10 所示。

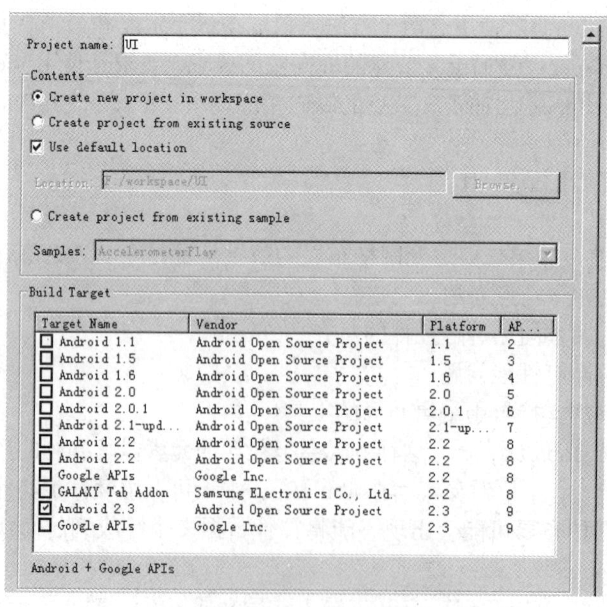

图 3-10　新建一个 Android Project

2．布局界面

布局功能由文件 main.xml 实现，使用了 LinearLayout 布局方式，具体实现代码如下所示。

```
<?xml version="1.0" encoding="utf-8"?>
<LinearLayout xmlns:android="http://schemas.android.com/apk/res/android"
    android:orientation="vertical" android:layout_width="fill_parent"
    android:layout_height="fill_parent">
    <Button android:id="@+id/button0"
        android:layout_width="fill_parent"
        android:layout_height="wrap_content" android:text="演示 FrameLayout " />
    <Button android:id="@+id/button1"
        android:layout_width="fill_parent"
        android:layout_height="wrap_content" android:text="演示 RelativeLayout " />
    <Button android:id="@+id/button2"
        android:layout_width="fill_parent"
        android:layout_height="wrap_content"
        android:text="演示 LinearLayout 和 RelativeLayout " />
    <Button android:id="@+id/button3"
        android:layout_width="fill_parent"
        android:layout_height="wrap_content"
        android:text="TableLayout 演示" />
</LinearLayout>
```

在上述代码中，插入了 4 个 Button 按钮。

3．编写代码

src\com\eoeAndroid\layout\目录下的文件 ActivityMain.java.java 是此项目的主要文件，功能是调用各个公用文件来实现具体的功能，具体实现代码如下所示。

```
public class ActivityMain extends Activity {
    OnClickListener listener0 = null;
    OnClickListener listener1 = null;
    OnClickListener listener2 = null;
    OnClickListener listener3 = null;
    Button button0;//4 个按钮对象
    Button button1;
    Button button2;
    Button button3;
     @Override
     public void onCreate(Bundle savedInstanceState) {
         super.onCreate(savedInstanceState);
         listener0 = new OnClickListener() {
             public void onClick(View v) {
                 Intent intent0 = new Intent(ActivityMain.this, ActivityFrameLayout.class);
                 setTitle("FrameLayout");
                 startActivity(intent0);
             }
         };
         listener1 = new OnClickListener() {
             public void onClick(View v) {
                 Intent intent1 = new Intent(ActivityMain.this, ActivityRelativeLayout.class);
```

```
                startActivity(intent1);
            }
        };
        listener2 = new OnClickListener() {
            public void onClick(View v) {
                setTitle("在 ActivityLayout");
                Intent intent2 = new Intent(ActivityMain.this, ActivityLayout.class);
                startActivity(intent2);

            }
        };
        listener3 = new OnClickListener() {
            public void onClick(View v) {
                setTitle("TableLayout");
                Intent intent3 = new Intent(ActivityMain.this, ActivityTableLayout.class);
                startActivity(intent3);
            }
        };
        setContentView(R.layout.main);
        button0 = (Button) findViewById(R.id.button0);
        button0.setOnClickListener(listener0);
        button1 = (Button) findViewById(R.id.button1);
        button1.setOnClickListener(listener1);
        button2 = (Button) findViewById(R.id.button2);
        button2.setOnClickListener(listener2);
        button3 = (Button) findViewById(R.id.button3);
        button3.setOnClickListener(listener3);
    }
}
```

在上述代码中，定义函数 setContentView(R.layout.main)实现了 Activity 和布局文件 main.xml 的关联；button0、button1、button2、button3 分别表示 4 个 Button 按钮，在上述代码中对这 4 个按钮实现了引用，并给 Button 设置了单击监听器，每一个监听器都跳转到一个新的 Activity。

4．第一个按钮的处理动作

当单击第一个按钮 button0 后会显示一个图片，此界面是用 FrameLayout 布局的。在文件 activity_frame_layout.xml 中定义了这幅地图的显示样式，即在 FrameLayout 布局中添加一个图片显示组件 ImageView 元素。文件 activity_frame_layout.xml 的具体代码如下所示。

```
<?xml version="1.0" encoding="utf-8"?>
<FrameLayout Android:id="@+id/left"
    xmlns:Android="http://schemas.Android.com/apk/res/Android"
    Android:layout_width="fill_parent"                    /**x 轴方向填充空间*/
    Android:layout_height="fill_parent"                   /**y 轴方向填充空间*/
>
    <ImageView Android:id="@+id/photo"                    /**定义组件的 id*/
        Android:src="@drawable/bg"
        Android:layout_width="wrap_content"               /**宽度能包容图片*/
        Android:layout_height="wrap_content"              /**高度能包容图片*/
  />
</FrameLayout>
```

在上述代码中，可以通过 Android:id 来访问定义的元素；Android:layout_width="fill_parent 表示 FrameLayout 布局可以在 x 轴方向填充的空间，Android:layout_height="fill_parent 表示 FrameLayout 布局可以在 y 轴方向填充的空间；Android:layout_width="wrap_content"和 Android:layout_height="wrap_ content"表示 ImageView 只需将图片完全包含即可。

5．第二个按钮的处理动作

当单击第二个按钮 button1 后会显示要求输入用户名的表单界面，此表单界面是通过文件 relative_layout.xml 实现的，此文件使用了 RelativeLayout 布局，对应代码如下所示。

```
<?xml version="1.0" encoding="utf-8"?>
<!-- Demonstrates using a relative layout to create a form -->
<RelativeLayout
    xmlns:Android="http://schemas.Android.com/apk/res/Android"
    Android:layout_width="fill_parent" Android:layout_height="wrap_content"
    Android:background="@drawable/blue" Android:padding="10dip">
    <TextView Android:id="@+id/label" Android:layout_width="fill_parent"
        Android:layout_height="wrap_content" Android:text="请输入用户名：" />
    <!--
        这个 EditText 放置在上边 id 为 label 的 TextView 的下边
    -->
    <EditText Android:id="@+id/entry" Android:layout_width="fill_parent"
        Android:layout_height="wrap_content"
        Android:background="@Android:drawable/editbox_background"
        Android:layout_below="@id/label" />
    <!--
        取消按钮和容器的右边齐平，并且设置左边的边距为 10dip
    -->
    <Button Android:id="@+id/cancel" Android:layout_width="wrap_content"
        Android:layout_height="wrap_content" Android:layout_below="@id/entry"
        Android:layout_alignParentRight="true"
        Android:layout_marginLeft="10dip" Android:text="取消" />
    <!--
        确定按钮在取消按钮的左侧，并且和取消按钮的高度齐平
    -->
    <Button Android:id="@+id/ok" Android:layout_width="wrap_content"
        Android:layout_height="wrap_content"
        Android:layout_toLeftOf="@id/cancel"
        Android:layout_alignTop="@id/cancel" Android:text="确定" />
</RelativeLayout>
```

有关上述代码的具体说明如下。

（1）Android:id：定义组件的 ID。

（2）Android:layout_width：设置组件的宽度，主要有如下两种方式可以设置宽度。

☑ fill_parent：填充父容器。

☑ wrap_content：仅包容住内容即可。

（3）Android:layout_height：定义组件的高度。

（4）Android:background="@drawable/blue"：定义组件的背景，在此设置了背景颜色。

（5）Android:padding="10dip"：dip 表示依赖于设备的像素，有如下两种表现方式。

☑ padding：填充。

☑ margin：边框。

（6）Android:layout_below="@id/label"：将此组件放置于 ID 为 label 的组件的下方。此种方式是经典的布局方式，这种方式的好处是不用关心具体的细节，并且适配性很强，在不同屏幕、不同手机设备上都是通用的。

（7）Android:layout_alignParentRight="true"：也属于相对布局，表示和父容器的右边对齐。

（8）Android:layout_marginLeft="10dip"：设置 ID 为 cancel 的 Button 的左边距为 10dip。

（9）Android:layout_toLeftOf="@id/cancel"：设置此组件在 ID 为 cancel 的组件的左边。

（10）Android:layout_alignTop="@id/cancel"：设置此组件和 ID 为 cancel 的组件的高度对齐。

6．第三个按钮的处理动作

当单击第三个按钮 button2 后会显示一系列的文本，此功能是通过 LinearLayout 和 RelativeLayout 布局方式联合实现的。具体实现流程如下。

（1）第 a 组第 a 项和第 a 组第 b 项：通过 RelativeLayout 实现的，此布局功能是通过文件 left.xml 定义的，具体实现代码如下所示。

```
<?xml version="1.0" encoding="utf-8"?>
<RelativeLayout
Android:id="@+id/left"
    xmlns:Android="http://schemas.Android.com/apk/res/Android"
    Android:layout_width="fill_parent"
    Android:layout_height="fill_parent">
    <TextView Android:id="@+id/view1" Android:background="@drawable/blue"
        Android:layout_width="fill_parent"
        Android:layout_height="50px" Android:text="第 1 组第 1 项" />
    <TextView Android:id="@+id/view2"
        Android:background="@drawable/yellow"
        Android:layout_width="fill_parent"
        Android:layout_height="50px" Android:layout_below="@id/view1"
        Android:text="第 1 组第 2 项" />
</RelativeLayout>
```

在上述代码中使用了两个 TextView 控件，高度都是 50 像素。此处 TextView 的具体说明如下。

☑ 第一个 TextView：通过"@drawable/blue"设置其背景颜色为 blue。

☑ 第二个 TextView：通过 Android:layout_below="@id/view1"设置其位置位于第一个 TextView 的下方。

（2）第 b 组第 a 项和第 b 组第 b 项：是通过另外一个 RelativeLayout 实现的，此布局功能是通过文件 right.xml 定义的，具体实现代码如下所示。

```
<?xml version="1.0" encoding="utf-8"?>
<RelativeLayout Android:id="@+id/right"
    xmlns:Android="http://schemas.Android.com/apk/res/Android"
    Android:layout_width="fill_parent"
    Android:layout_height="fill_parent">
    <TextView Android:id="@+id/right_view1"
        Android:background="@drawable/yellow" Android:layout_width="fill_parent"
        Android:layout_height="wrap_content" Android:text="第 2 组第 1 项" />
    <TextView Android:id="@+id/right_view2"
        Android:background="@drawable/blue"
        Android:layout_width="fill_parent"
        Android:layout_height="wrap_content"
```

```
        Android:layout_below="@id/right_view1" Android:text="第 2 组第 2 项" />
</RelativeLayout>
```

上述文件的代码和文件 left.xml 类似。

（3）实现一个 Layout 和一个 Activity 的关联，此 Layout 是在 XML 文件中被定义的。在 Activity 中，为了使用方便可以自行构建一个 Layout。根据上述描述编写文件 ActivityLayout.java，主要实现代码如下所示。

```
public class ActivityLayout extends Activity {
    @Override
    public void onCreate(Bundle savedInstanceState) {
        super.onCreate(savedInstanceState);
        /**创建一个 Layout **/
        LinearLayout layoutMain = new LinearLayout(this);
        layoutMain.setOrientation(LinearLayout.HORIZONTAL);
/**实现 Layout 和 Activity 的关联**/
        setContentView(layoutMain);
        /**得到一个 LayoutInflater 对象，此对象可以对 XML 布局文件进行解析，并生成一个 view**/
        LayoutInflater inflate = (LayoutInflater) getSystemService(Context.LAYOUT_INFLATER_SERVICE);
        RelativeLayout layoutLeft = (RelativeLayout) inflate.inflate(
                R.layout.left, null);
        RelativeLayout layoutRight = (RelativeLayout) inflate.inflate(
                R.layout.right, null);
        /**生成一个可以供 Layout 使用的 LayoutParams**/
        RelativeLayout.LayoutParams relParam = new RelativeLayout.LayoutParams(
                RelativeLayout.LayoutParams.WRAP_CONTENT,
                RelativeLayout.LayoutParams.WRAP_CONTENT);
/**将 layoutLeft 添加到 layoutMain，第一个参数是添加进去的 view，第二、三个分别是 view 的高度和宽度**/
layoutMain.addView(layoutLeft, 100, 100);
/**将 layoutRight 添加到 layoutMain，第二个参数是一个 RelativeLayout.LayoutParams**/
layoutMain.addView(layoutRight, relParam);
    }
```

7．第四个按钮的处理动作

当单击第四个按钮 button3 后会显一个整齐排列的表单，此功能是通过文件 activity_table_layout.xml 实现的，此文件使用了 TableLayout 布局方式。对应代码如下所示。

```
<TableLayout xmlns:Android="http://schemas.Android.com/apk/res/Android"
    Android:layout_width="fill_parent" Android:layout_height="fill_parent"
    Android:stretchColumns="1">
    <TableRow>
        <TextView Android:text="用户名:" Android:textStyle="bold"
            Android:gravity="right" Android:padding="3dip" />
        <EditText Android:id="@+id/username" Android:padding="3dip"
            Android:scrollHorizontally="true" />
    </TableRow>
    <TableRow>
        <TextView Android:text="密码:" Android:textStyle="bold"
            Android:gravity="right" Android:padding="3dip" />
        <EditText Android:id="@+id/password" Android:password="true"
            Android:padding="3dip" Android:scrollHorizontally="true" />
    </TableRow>
    <TableRow Android:gravity="right">
```

```
            <Button Android:id="@+id/cancel"
                Android:text="取消" />
            <Button Android:id="@+id/login"
                Android:text="登录" />
        </TableRow>
</TableLayout>
```

在上述代码中，首先通过标签 TableLayout 定义了一个表格布局，然后通过 TableRow 标签定义了表格布局里的一行，我们可以根据需要继续在每一行中加入自己需要的一些组件。

8．测试

（1）在 Eclipse 中打开刚编写的项目文件，右击项目名 UI，在弹出的快捷菜单中依次选择 Run As | Android Application 命令后开始编译运行当前项目，如图 3-11 所示。

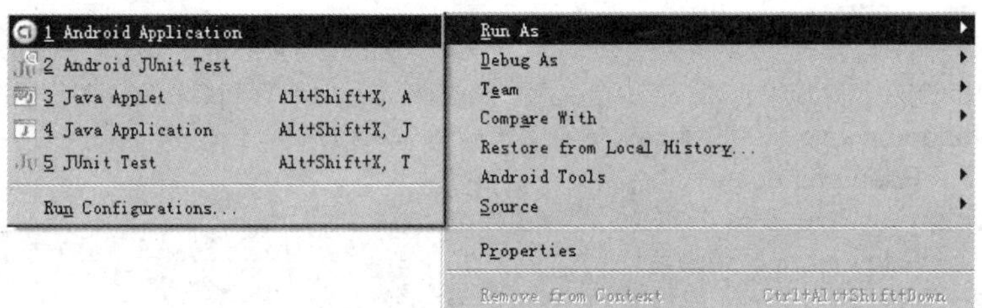

图 3-11　开始编译

（2）运行后的初始效果如图 3-12 所示。

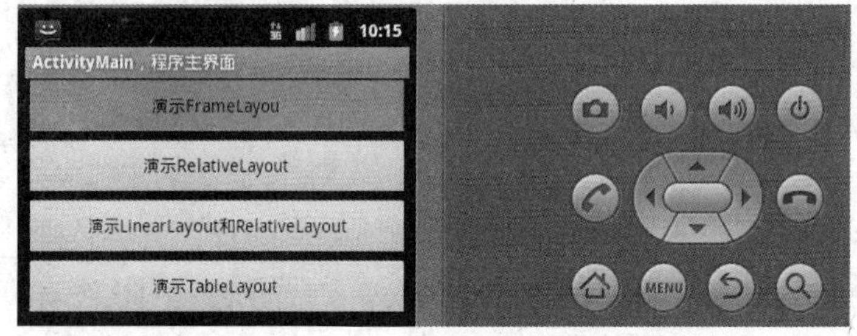

图 3-12　初始效果

（3）单击演示 FrameLayout 按钮后会显示指定的图片，效果如图 3-13 所示。
（4）单击演示 RelativeLayout 按钮后会显示输入用户名界面，效果如图 3-14 所示。

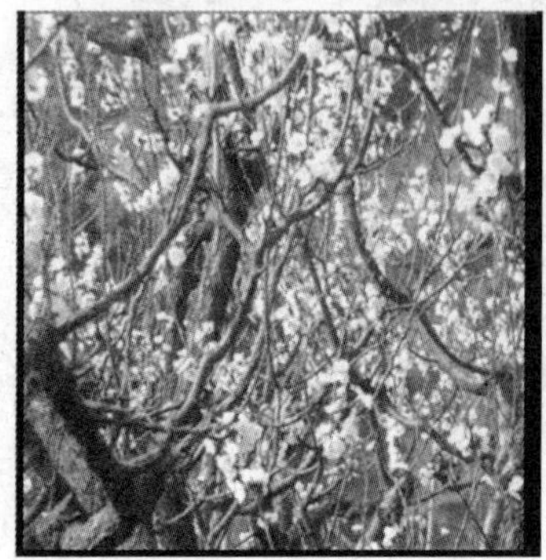

图 3-13　显示图片

图 3-14　显示输入用户名

（5）单击演示 LinearLayout 和 RelativeLayout 按钮后会显示 4 块不同样式的区域块，效果如图 3-15 所示。

（6）单击演示 TableLayout 按钮后会显示用户登录表单，效果如图 3-16 所示。

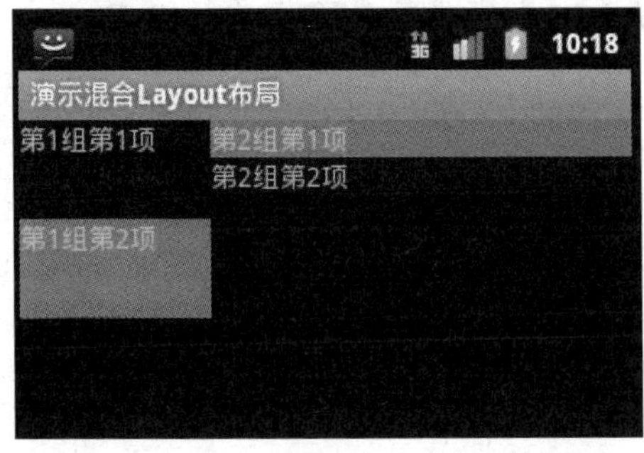

图 3-15　4 块不同样式的区域块

图 3-16　用户登录表单

第 4 章　核心组件介绍

组件是编程中的重要组成部分，一个项目通常由多个组件共同构成实现某项具体功能。在 Android SDK 中，可以通过内置的组件来实现具体项目的需求。本章将详细介绍 Android 系统中核心组件的知识，并通过具体实例的实现过程讲解各个组件的使用方法，为读者步入本书后面知识的学习打下坚实的基础。

- ☑ 025：使用 EditText 控件实现文本处理.pdf
- ☑ 026：制作一个有秒针的时钟.pdf
- ☑ 027：在 EditText 插入 QQ 表情.pdf
- ☑ 028：在屏幕中实现滑动式抽屉的效果.pdf
- ☑ 029：使用 Chronometer 在屏幕中实现定时器效果.pdf
- ☑ 030：基于自定义适配器的 ExpandableListView.pdf
- ☑ 031：使用 ExpandableListView 实现手风琴效果.pdf
- ☑ 032：在屏幕中自定义自己的菜单.pdf

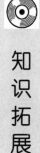

知识拓展

4.1　Widget 组件

知识点讲解：光盘:视频\知识点\第 4 章\Widget 组件.avi

在 Android 系统的众多组件中，组件 Widget 是为 UI 设计所服务的，在 Widget 包内包含了按钮、列表框、进度条和图片等常用的控件。本节将详细讲解使用 Widget 组件的知识，并通过具体实例讲解其使用方法。

4.1.1　创建一个 Widget 组件

AppWidget 就是 HomeScreen 上显示的小部件，提供直观的交互操作。通过在 HomeScreen 中长按，在弹出的对话框中选择 Widget 部件来进行创建，长按部件后并拖动到垃圾箱里进行删除。同一个 Widget 部件可以同时创建多个。

在 Android 系统中，AppWidget 框架类的主要组成如下。

（1）AppWidgetProvider：继承自 BroadcastRecevier，在 AppWidget 应用 update、enable、disable 和 delete 时接收通知。其中，onUpdate、onReceive 是最常用到的方法，它们接收更新通知。

（2）AppWidgetProviderInfo：描述 AppWidget 的大小、更新频率和初始界面等信息，以 XML 文件形式存在于应用的 res\xml\目录下。

（3）AppWidgetManager：负责管理 AppWidget，向 AppwidgetProvider 发送通知。

（4）RemoteViews：可以在其他应用进程中运行的类，向 AppWidgetProvider 发送通知。

接下来的实例将详细讲解在 Android 应用程序中创建一个 Widget 组件的方法。

题　目	目　的	源码路径
实例 4-1	演示使用 Widget 组件的方法	光盘:\daima\4\widgetshiyong

本实例的具体实现流程如下。

（1）在 Eclipse 中依次选择 File | New | Android Project 命令，新建一个名为 widgetshiyong 的工程文件，如图 4-1 所示。

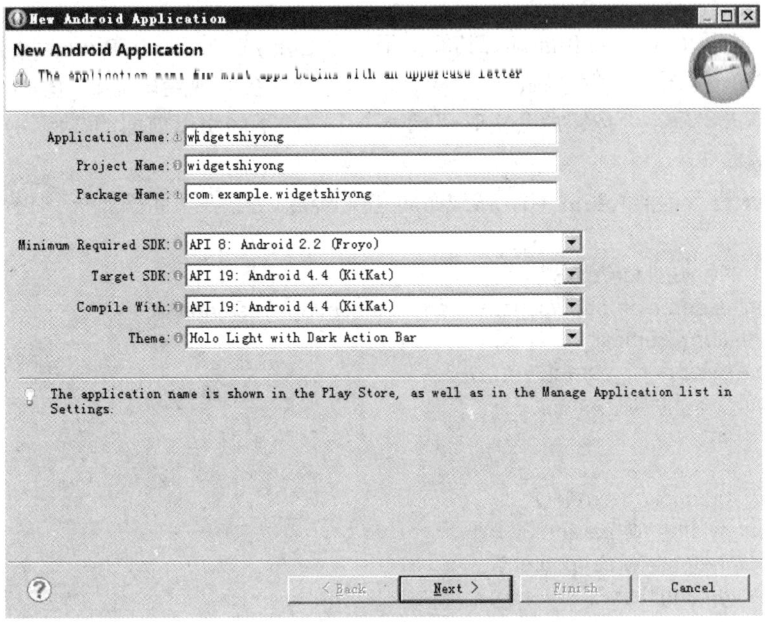

图 4-1　新建一个项目

（2）创建项目后将会自动创建一个 MainActivity，这是整个应用程序的入口，我们可以打开对应的文件 widgetshiyong.java，其主要代码如下所示。

```
package com.eoeAndroid.widgetshiyong;
import android.app.Activity;
import android.os.Bundle;
public class widgetshiyong extends Activity {
    @Override
    public void onCreate(Bundle savedInstanceState) {
        super.onCreate(savedInstanceState);
        setContentView(R.layout.main);
    }
}
```

在上述代码中，通过 onCreate()方法关联了一个模板文件 main.xml。这样，就可以在里面继续添加需要的控件了，例如按钮、列表框、进度条和图片等。

注意：在本节接下来的内容中，所有实例代码都保存在本实例项目中，即本章剩余实例的源码都保存在光盘:\daima\4\widgetshiyong 目录下，这样做的目的是展示在 Widget 组件中“盛装”主要屏幕元素的效果。

4.1.2 使用按钮 Button

在 Android 系统中，Button 是一个十分重要的按钮控件，其定义的继承关系如下所示。

```
public class Button extends TextView
java.lang.Object
android.view.View
            android.widget.TextView
                  android.widget.Button
```

Button 的直接子类是 CompoundButton，其间接子类有 CheckBox、RadioButton 和 ToggleButton。Button 是一个按钮控件，当单击 Button 后会触发一个事件，这个事件会实现用户需要的功能。例如在会员登录系统中，输入信息并单击“确定”按钮后会实时登录一个系统。下面将以前面的实例 4-1 为基础，演示使用 Button 按钮控件的基本方法。

（1）使用 Eclipse 打开前面的实例 4-1，修改布局文件 main.xml，在里面添加一个 TextView 和一个 Button。主要代码如下所示。

```
<?xml version="1.0" encoding="utf-8"?>
<LinearLayout xmlns:android="http://schemas.android.com/apk/res/android"
    android:orientation="vertical"
    android:layout_width="fill_parent"
    android:layout_height="fill_parent"
    >
<TextView
    android:id="@+id/show_TextView"
    android:layout_width="fill_parent"
    android:layout_height="wrap_content"
    android:text="@string/hello"
    />
<Button
    android:id="@+id/Click_Button"
    android:layout_width="wrap_content"
    android:layout_height="wrap_content"
    android:text="点击"
    />
</LinearLayout>
```

（2）在文件 mainActivity.java 中通过 findViewByID()获取 TextView 和 Button 资源。主要代码如下所示。

```
show= (TextView)findViewById(R.id.show_TextView);
press=(Button)findViewById(R.id.Click_Button);
```

（3）给 Button 控件添加事件监听器 Button.OnClickListener()，主要代码如下所示。

```
press.setOnClickListener(new Button.OnClickListener(){
          @Override
          public void onClick(View v) {
               //TODO Auto-generated method stub
          }
     });
```

（4）定义处理事件处理程序，主要代码如下所示。

```
press.setOnClickListener(new Button.OnClickListener(){
          @Override
          public void onClick(View v) {
```

```
                //TODO Auto-generated method stub
                show.setText("哎呦，button 被点了一下");
        }
    });
```

执行后将首先显示一个“按钮+文本”界面，当单击按钮后会执行单击事件，显示对应的文本提示，如图 4-2 所示。

图 4-2　执行效果

4.1.3　使用文本框 TextView

文本框控件 TextView 是 Android 中使用最频繁的控件之一，在本书前面的章节中已经多次使用过 TextView。下面将详细讲解使用 TextView 控件的过程。

1．使用 TextView

使用 TextView 控件的基本步骤如下。

（1）导入 TextView 包，具体代码如下所示。

```
import android.widget.TextView;
```

（2）在文件 mainActivity.java 中声明一个 TextView，例如下面的代码。

```
private TextView mTextView01;
```

（3）在文件 main.xml 中插入一个 TextView，例如下面的代码。

```
<TextView android:text="TextView01"
                android:id="@+id/TextView01"
                android:layout_width="wrap_content"
                android:layout_height="wrap_content"
                android:layout_x="61px"
                android:layout_y="69px">
</TextView>
```

（4）利用 findViewById()方法获取 main.xml 中的 TextView，例如下面的代码。

```
mTextView01 = (TextView) findViewById(R.id.TextView01);
```

（5）设置 TextView 标签内容，例如下面的代码。

```
String str_2 = "欢迎来到 Android  的 TextView  世界...";
mTextView01.setText(str_2);
```

（6）设置文本超链接，例如下面的代码。

```
<TextView
        android:id="@+id/TextView02"
        android:layout_width="wrap_content"
        android:layout_height="wrap_content"
        android:autoLink="all"
        android:text="请访问 Android 开发者：
        http://developer.android.com/index.html">
</TextView>
```

2．使用 TextView 实现颜色变换

可以使用 TextView 控件设置屏幕中文字的颜色，Android 中的颜色说明如下。

☑　Color.BLACK：黑色。

☑　Color.BLUE：蓝色。

☑ Color.CYAN：青绿色。
☑ Color.DKGRAY：灰黑色。
☑ Color.GRAY：灰色。
☑ Color.GREEN：绿色。
☑ Color.LTGRAY：浅灰色。
☑ Color.MAGENTA：红紫色。
☑ Color.RED：红色。
☑ Color.TRANSPARENT：透明。
☑ Color.WHITE：白色。
☑ Color.YELLOW：黄色。

紧接着前面实例 4-1 的代码，使用 TextView 控件的基本流程如下。

修改文件 mainActivity.java，分别声明 12 个 TextView 对象变量、一个 LinearLayout 对象变量、一个 WC 整数变量、一个 LinearLayout.LayoutParams 变量。主要代码如下所示。

```
package zyf.ManyColorME;
/*导入要使用的包*/
import android.app.Activity;
import android.graphics.Color;
import android.os.Bundle;
import android.widget.LinearLayout;
import android.widget.TextView;
public class ManyColorME extends Activity {
        /* 定义使用的对象 */
        private LinearLayout myLayout;
        private LinearLayout.LayoutParams layoutP;
        private int WC = LinearLayout.LayoutParams.WRAP_CONTENT;
        private TextView black_TV, blue_TV, cyan_TV, dkgray_TV,
                    gray_TV, green_TV,ltgray_TV, magenta_TV, red_TV,
                    transparent_TV, white_TV, yellow_TV;
    @Override
    public void onCreate(Bundle savedInstanceState) {
        super.onCreate(savedInstanceState);
        /* 实例化一个 LinearLayout 布局对象 */
        myLayout = new LinearLayout(this);
        /* 设置 LinearLayout 的布局为垂直布局 */
        myLayout.setOrientation(LinearLayout.VERTICAL);
        /* 设置 LinearLayout 布局背景图片 */
        myLayout.setBackgroundResource(R.drawable.back);
        /* 加载主屏布局 */
        setContentView(myLayout);
        /* 实例化一个 LinearLayout 布局参数，用来添加 View */
        layoutP = new LinearLayout.LayoutParams(WC, WC);
        /* 构造实例化 TextView 对象 */
        constructTextView();
        /* 把 TextView 添加到 LinearLayout 布局中 */
        addTextView();
        /* 设置 TextView 文本颜色 */
        setTextViewColor();
        /* 设置 TextView 文本内容 */
```

```
        setTextViewText();
}
/* 设置 TextView 文本内容 */
public void setTextViewText() {
        black_TV.setText("黑色");
        blue_TV.setText("蓝色");
        cyan_TV.setText("青绿色");
        dkgray_TV.setText("灰黑色");
        gray_TV.setText("灰色");
        green_TV.setText("绿色");
        ltgray_TV.setText("浅灰色");
        magenta_TV.setText("红紫色");
        red_TV.setText("红色");
        transparent_TV.setText("透明");
        white_TV.setText("白色");
        yellow_TV.setText("黄色");
}
/* 设置 TextView 文本颜色 */
public void setTextViewColor() {
        black_TV.setTextColor(Color.BLACK);
        blue_TV.setTextColor(Color.BLUE);
        dkgray_TV.setTextColor(Color.DKGRAY);
        gray_TV.setTextColor(Color.GRAY);
        green_TV.setTextColor(Color.GREEN);
        ltgray_TV.setTextColor(Color.LTGRAY);
        magenta_TV.setTextColor(Color.MAGENTA);
        red_TV.setTextColor(Color.RED);
        transparent_TV.setTextColor(Color.TRANSPARENT);
        white_TV.setTextColor(Color.WHITE);
        yellow_TV.setTextColor(Color.YELLOW);
}
/* 构造实例化 TextView 对象 */
public void constructTextView() {
        black_TV = new TextView(this);
        blue_TV = new TextView(this);
        cyan_TV = new TextView(this);
        dkgray_TV = new TextView(this);
        gray_TV = new TextView(this);
        green_TV = new TextView(this);
        ltgray_TV = new TextView(this);
        magenta_TV = new TextView(this);
        red_TV = new TextView(this);
        transparent_TV = new TextView(this);
        white_TV = new TextView(this);
        yellow_TV = new TextView(this);
}
/* 把 TextView 添加到 LinearLayout 布局中 */
public void addTextView() {
        myLayout.addView(black_TV, layoutP);
        myLayout.addView(blue_TV, layoutP);
        myLayout.addView(cyan_TV, layoutP);
```

```
        myLayout.addView(dkgray_TV, layoutP);
        myLayout.addView(gray_TV, layoutP);
        myLayout.addView(green_TV, layoutP);
        myLayout.addView(ltgray_TV, layoutP);
        myLayout.addView(magenta_TV, layoutP);
        myLayout.addView(red_TV, layoutP);
        myLayout.addView(transparent_TV, layoutP);
        myLayout.addView(white_TV, layoutP);
        myLayout.addView(yellow_TV, layoutP);
    }
}
```

执行后效果如图 4-3 所示。

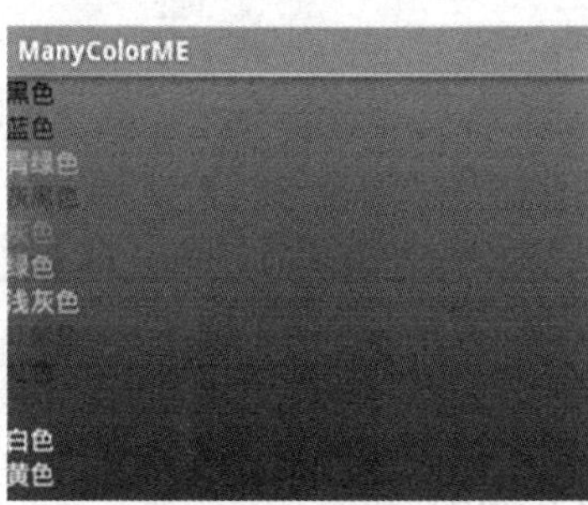

图 4-3　执行效果

3．使用 TextView 实现静态域字体

在计算机系统中使用类 Typeface 来表示字体的风格，具体来说有如下两种类型。

（1）int Style 类型，具体说明如表 4-1 所示。

表 4-1　int Style 类型说明

字　体	说　明
BOLD	粗体
BOLD_ITALIC	粗斜体
ITALIC	斜体
NORMAL	普通字体

（2）Typeface 类型，具体说明如表 4-2 所示。

表 4-2　Typeface 类型说明

字　体	说　明
DEFAULT	默认字体
DEFAULT_BOLD	默认粗体
MONOSPACE	单间隔字体
SANS_SERIF	无衬线字体
SERIF	衬线字体

以前面的实例 4-1 为基础，修改文件 mainActivity.java 来显示多种字体样式，主要代码如下所示。

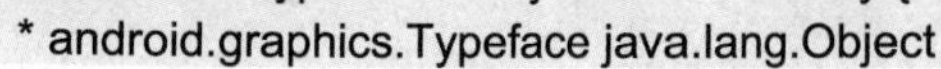

```
public class TypefaceStudy extends Activity {
 * android.graphics.Typeface java.lang.Object
```

```
        Typeface 类指定一个字体的字体和固有风格，.
 * 该类用于绘制，与可选绘制设置一起使用，
     如 textSize, textSkewX, textScaleX 当绘制(测量)时来指定如何显示文本
 */
/* 定义实例化一个布局大小，用来添加 TextView */
final int WRAP_CONTENT = ViewGroup.LayoutParams.WRAP_CONTENT;
/* 定义 TextView 对象 */
private TextView bold_TV, bold_italic_TV, default_TV,
                    default_bold_TV,italic_TV,monospace_TV,
                    normal_TV,sans_serif_TV,serif_TV;
/* 定义 LinearLayout 布局对象 */
private LinearLayout linearLayout;
/* 定义 LinearLayout 布局参数对象 */
private LinearLayout.LayoutParams linearLayouttParams;
@Override
public void onCreate(Bundle icicle) {
    super.onCreate(icicle);
    /* 定义实例化一个 LinearLayout 对象 */
    linearLayout = new LinearLayout(this);
    /* 设置 LinearLayout 布局为垂直布局 */
    linearLayout.setOrientation(LinearLayout.VERTICAL);
    /*设置布局背景图*/
    linearLayout.setBackgroundResource(R.drawable.back);
    /* 加载 LinearLayout 为主屏布局，显示 */
    setContentView(linearLayout);
    /* 定义实例化一个 LinearLayout 布局参数 */
    linearLayouttParams =
        new LinearLayout.LayoutParams(WRAP_CONTENT,WRAP_CONTENT);
    constructTextView();
    setTextSizeOf();
    setTextViewText() ;
    setStyleOfFont();
    setFontColor();
    toAddTextViewToLayout();
}
public void constructTextView() {
    /* 实例化 TextView 对象 */
    bold_TV = new TextView(this);
    bold_italic_TV = new TextView(this);
    default_TV = new TextView(this);
    default_bold_TV = new TextView(this);
    italic_TV = new TextView(this);
    monospace_TV=new TextView(this);
    normal_TV=new TextView(this);
    sans_serif_TV=new TextView(this);
    serif_TV=new TextView(this);
}
public void setTextSizeOf() {
    //设置绘制的文本大小，该值必须大于 0
    bold_TV.setTextSize(24.0f);
    bold_italic_TV.setTextSize(24.0f);
```

```
        default_TV.setTextSize(24.0f);
        default_bold_TV.setTextSize(24.0f);
        italic_TV.setTextSize(24.0f);
        monospace_TV.setTextSize(24.0f);
        normal_TV.setTextSize(24.0f);
        sans_serif_TV.setTextSize(24.0f);
        serif_TV.setTextSize(24.0f);
}
public void setTextViewText() {
        /* 设置文本 */
        bold_TV.setText("BOLD");
        bold_italic_TV.setText("BOLD_ITALIC");
        default_TV.setText("DEFAULT");
        default_bold_TV.setText("DEFAULT_BOLD");
        italic_TV.setText("ITALIC");
        monospace_TV.setText("MONOSPACE");
        normal_TV.setText("NORMAL");
        sans_serif_TV.setText("SANS_SERIF");
        serif_TV.setText("SERIF");
}
public void setStyleOfFont() {
        /* 设置字体风格 */
        bold_TV.setTypeface(null, Typeface.BOLD);
        bold_italic_TV.setTypeface(null, Typeface.BOLD_ITALIC);
        default_TV.setTypeface(Typeface.DEFAULT);
        default_bold_TV.setTypeface(Typeface.DEFAULT_BOLD);
        italic_TV.setTypeface(null, Typeface.ITALIC);
        monospace_TV.setTypeface(Typeface.MONOSPACE);
        normal_TV.setTypeface(null, Typeface.NORMAL);
        sans_serif_TV.setTypeface(Typeface.SANS_SERIF);
        serif_TV.setTypeface(Typeface.SERIF);
}
public void setFontColor() {
        /* 设置文本颜色 */
        bold_TV.setTextColor(Color.BLACK);
        bold_italic_TV.setTextColor(Color.CYAN);
        default_TV.setTextColor(Color.GREEN);
        default_bold_TV.setTextColor(Color.MAGENTA);
        italic_TV.setTextColor(Color.RED);
        monospace_TV.setTextColor(Color.WHITE);
        normal_TV.setTextColor(Color.YELLOW);
        sans_serif_TV.setTextColor(Color.GRAY);
        serif_TV.setTextColor(Color.LTGRAY);
}
public void toAddTextViewToLayout() {
        /* 把 TextView 加入 LinearLayout 布局中 */
        linearLayout.addView(bold_TV, linearLayouttParams);
        linearLayout.addView(bold_italic_TV, linearLayouttParams);
        linearLayout.addView(default_TV, linearLayouttParams);
        linearLayout.addView(default_bold_TV, linearLayouttParams);
        linearLayout.addView(italic_TV, linearLayouttParams);
```

```
        linearLayout.addView(monospace_TV, linearLayouttParams);
        linearLayout.addView(normal_TV, linearLayouttParams);
        linearLayout.addView(sans_serif_TV, linearLayouttParams);
        linearLayout.addView(serif_TV, linearLayouttParams);
    }
}
```

执行后的效果如图 4-4 所示。

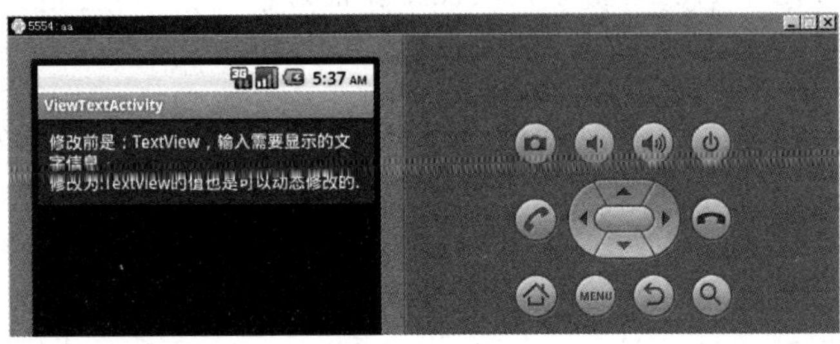

图 4-4　运行效果

4．在代码中更改 TextView 文字颜色

在开发 Android 应用程序过程中，可以通过代码来更改 TextView 文字颜色，具体方法如下所示。

（1）编写布局文件 main.xml，具体代码如下所示。

```
<?xml version="1.0" encoding="utf-8"?>
<LinearLayout xmlns:android="http://schemas.android.com/apk/res/android"
    android:orientation="vertical"
    android:layout_width="fill_parent"
    android:layout_height="fill_parent"
    >
<TextView
    android:layout_width="fill_parent"
    android:layout_height="wrap_content"
    android:text="@string/hello"
    />
<TextView
    android:text="TextView01"
    android:id="@+id/TextView01"
    android:layout_width="wrap_content"
    android:layout_height="wrap_content">
</TextView>
<TextView
    android:text="这里使用 Graphics 颜色静态常量"
    android:id="@+id/TextView02"
    android:layout_width="wrap_content"
    android:layout_height="wrap_content">
</TextView>
</LinearLayout>
```

（2）编写值文件 drawable.xml，在里面添加一个 white 颜色值。具体代码如下所示。

```
<?xml version="1.0" encoding="utf-8"?>
<resources>
    <color name="white">#ffffffff</color>
</resources>
```

（3）在代码中根据 ID 获取 TextView，具体代码如下所示。

```
TextView text_A=(TextView)findViewById(R.id.TextView01);
TextView text_B=(TextView)findViewById(R.id.TextView02);
```

（4）获取 Resources 资源对象中设置的颜色，具体代码如下所示。

```
Resources myColor_R=getBaseContext().getResources();
```

（5）获取 Drawable 对象的亚瑟白色，具体代码如下所示。

```
Drawable myColor_D=myColor_R.getDrawable(R.color.white);
```

（6）设置文本背景颜色，具体代码如下所示。

```
text_A.setBackgroundDrawable(myColor_D);
```

（7）利用 android.graphics.Color 的颜色静态变量来改变文本颜色，具体代码如下所示。

```
text_A.setTextColor(android.graphics.Color.GREEN);
```

（8）利用 Color 的静态常量来设置文本颜色，具体代码如下所示。

```
text_B.setTextColor(Color.RED);
```

4.1.4 使用编辑框 EditText

使用编辑框控件 EditText 的方法和使用 TextView 的方法类似，它能生成一个可编辑的文本框。使用 EditText 的基本流程如下。

（1）在程序的主窗口界面中添加一个 EditText 按钮，然后设定其监听器在接收到单击事件时，程序打开 EditText 的界面。文件 editview.xml 的具体代码如下所示。

```
<?xml version="1.0" encoding="utf-8"?>
<LinearLayout xmlns:android="http://schemas.android.com/apk/res/android"
    android:orientation="vertical"
    android:layout_width="fill_parent"
    android:layout_height="fill_parent"
    >
//供用户输入值
<EditText android:id="@+id/edit_text"
android:layout_width="fill_parent"
android:layout_height="wrap_content"
android:text="这里可以输入文字" />
    //用于获取输入的值
     <Button android:id="@+id/get_edit_view_button"
          android:layout_width="wrap_content"
          android:layout_height="wrap_content"
          android:text="获取 EditView 的值" />
</LinearLayout>
```

（2）编写事件处理文件 EditTextActivity.java，主要代码如下所示。

```
public class EditTextActivity extends Activity {
     public void onCreate(Bundle savedInstanceState) {
          super.onCreate(savedInstanceState);
          setTitle("EditTextActivity");
          setContentView(R.layout.editview);
          find_and_modify_text_view();
     }
     private void find_and_modify_text_view() {
          Button get_edit_view_button = (Button) findViewById(R.id.get_edit_view_button);
          get_edit_view_button.setOnClickListener(get_edit_view_button_listener);
```

```
    }

    private Button.OnClickListener get_edit_view_button_listener = new Button.OnClickListener() {
      /**响应代码，显示 EditText 中的值**/
        public void onClick(View v) {
            EditText edit_text = (EditText) findViewById(R.id.edit_text);
            CharSequence edit_text_value = edit_text.getText();
            setTitle("EditText 的值:"+edit_text_value);
        }
    };
}
```

执行后将首先显示默认的文本和输入框，如图 4-5 所示；输入一段文本，单击“获取 EditView 的值”按钮后会获取输入的文字，并在屏幕中显示输入的文字，如图 4-6 所示。

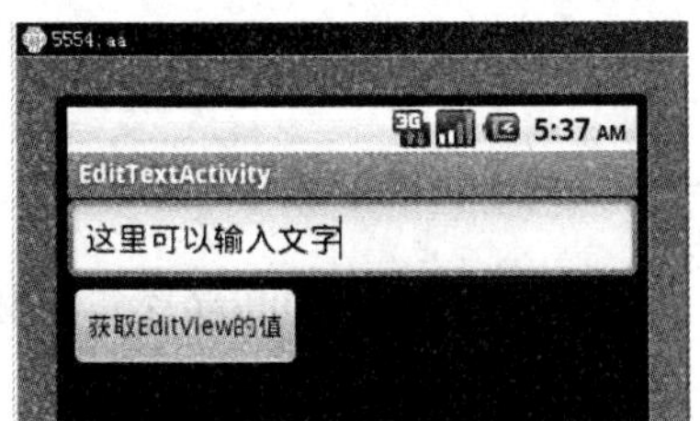

图 4-5　初始效果

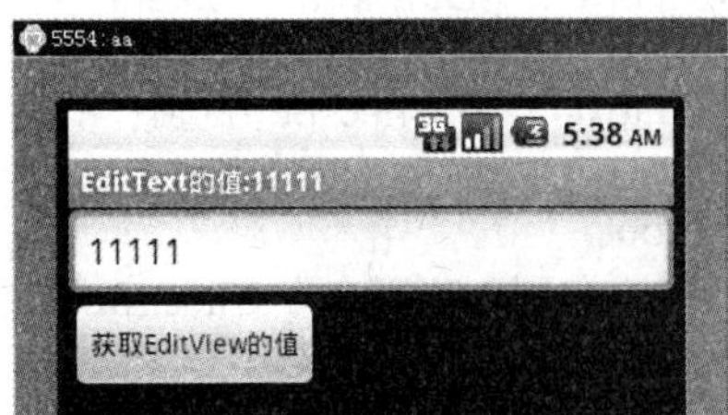

图 4-6　运行效果

4.1.5　使用多项选择控件 CheckBox

控件 CheckBox 是一个复选框控件，能够为用户提供输入信息，用户可以一次性选择多个选项。在 Android 中使用 CheckBox 控件的基本流程如下。

（1）编写布局文件 check_box.xml，在里面插入 4 个选项供用户选择，具体代码如下所示。

```
<?xml version="1.0" encoding="utf-8"?>
<LinearLayout xmlns:android="http://schemas.android.com/apk/res/android"
    android:orientation="vertical"
    android:layout_width="fill_parent"
    android:layout_height="fill_parent"
>
<CheckBox android:id="@+id/plain_cb"
      android:text="Plain"
      android:layout_width="wrap_content"
      android:layout_height="wrap_content"
/>

<CheckBox android:id="@+id/serif_cb"
      android:text="Serif"
      android:layout_width="wrap_content"
      android:layout_height="wrap_content"
      android:typeface="serif"
/>

<CheckBox android:id="@+id/bold_cb"
      android:text="Bold"
```

```
        android:layout_width="wrap_content"
        android:layout_height="wrap_content"
        android:textStyle="bold"
/>

<CheckBox android:id ="@+id/italic_cb"
        android:text="Italic"
        android:layout_width="wrap_content"
        android:layout_height="wrap_content"
        android:textStyle="italic"
/>

<Button android:id="@+id/get_view_button"
      android:layout_width="wrap_content"
      android:layout_height="wrap_content"
      android:text="获取 CheckBox 的值" />

</LinearLayout>
```

在上述代码中分别创建了 4 个 CheckBox 选项供用户选择，然后插入了一个 Button 控件供用户选择单击后处理特定事件。

（2）编写事件处理文件 CheckBoxActivity.java，把用户选中的选项值显示在 Title 上面。主要代码如下所示。

```
public void onCreate(Bundle savedInstanceState) {
      super.onCreate(savedInstanceState);
      setTitle("CheckBoxActivity");
      setContentView(R.layout.check_box);
      find_and_modify_text_view();
}

private void find_and_modify_text_view() {
      plain_cb = (CheckBox) findViewById(R.id.plain_cb);
      serif_cb = (CheckBox) findViewById(R.id.serif_cb);
      italic_cb = (CheckBox) findViewById(R.id.italic_cb);
      bold_cb = (CheckBox) findViewById(R.id.bold_cb);
      Button get_view_button = (Button) findViewById(R.id.get_view_button);
      get_view_button.setOnClickListener(get_view_button_listener);
}

private Button.OnClickListener get_view_button_listener = new Button.OnClickListener() {
      public void onClick(View v) {
            String r = "";
            if (plain_cb.isChecked()) {
                  r = r + "," + plain_cb.getText();
            }
            if (serif_cb.isChecked()) {
                  r = r + "," + serif_cb.getText();
            }
            if (italic_cb.isChecked()) {
                  r = r + "," + italic_cb.getText();
            }
```

```
            if (bold_cb.isChecked()) {
                r = r + "," + bold_cb.getText();
            }
            setTitle("Checked: " + r);
        }
    };
}
```

执行后将首先显示 4 个选项值供用户选择，如图 4-7 所示；用户选择某些选项并单击“获取 CheckBox 的值”按钮后，文本提示用户选择的选项，如图 4-8 所示。

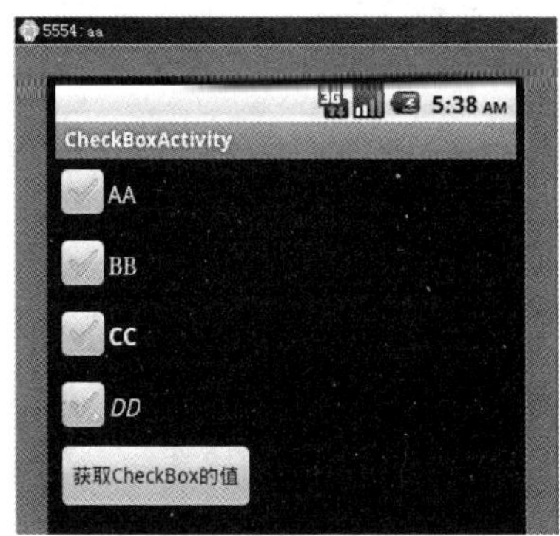

图 4-7　初始效果

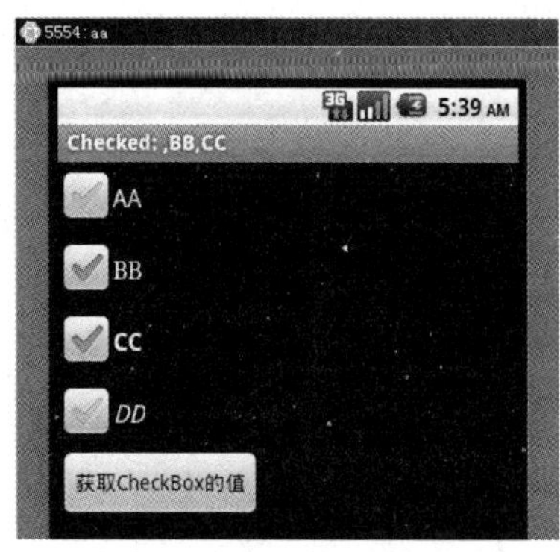

图 4-8　运行效果

4.1.6　使用单项选择控件 RadioGroup

控件 RadioGroup 是一个单选按钮控件，和多项选择控件 CheckBox 相对应，我们只能选择 RadioGroup 中的一个选项。在 Android 中使用 CheckBox 控件的基本流程如下。

（1）编写布局文件 radio_group.xml，在里面插入 4 个选项供用户选择，具体代码如下所示。

```
<?xml version="1.0" encoding="utf-8"?>
<LinearLayout xmlns:android="http://schemas.android.com/apk/res/android"
    android:layout_width="fill_parent"
    android:layout_height="fill_parent"
    android:orientation="vertical">
    <RadioGroup
        android:layout_width="fill_parent"
        android:layout_height="wrap_content"
        android:orientation="vertical"
        android:checkedButton="@+id/lunch"
        android:id="@+id/menu">
        <RadioButton
            android:text="AA"
            android:id="@+id/breakfast"
            />
        <RadioButton
            android:text="BB"
            android:id="@id/lunch" />
        <RadioButton
            android:text="CC"
            android:id="@+id/dinner" />
```

```
        <RadioButton
            android:text="DD"
            android:id="@+id/all" />
    </RadioGroup>
    <Button
        android:layout_width="wrap_content"
        android:layout_height="wrap_content"
        android:text="清除"
        android:id="@+id/clear" />
</LinearLayout>
```

在上述代码中插入了一个 RadioGroup 控件，它提供了 4 个选项供用户选择，然后插入了一个 Button 控件来清除用户选择的选项。

（2）编写处理文件 RadioGroupActivity.java，当用户单击“清除”按钮后使用 setTitle 修改 Title 值为 RadioGroupActivity，然后会获取 RadioGroup 对象和按钮对象。文件 RadioGroupActivity.java 的主要代码如下所示。

```
@Override
    protected void onCreate(Bundle savedInstanceState) {
        super.onCreate(savedInstanceState);
        setContentView(R.layout.radio_group);
        setTitle("RadioGroupActivity");
        mRadioGroup = (RadioGroup) findViewById(R.id.menu);
        Button clearButton = (Button) findViewById(R.id.clear);
        clearButton.setOnClickListener(this);
    }
```

执行后将首先显示 4 个选项供用户选择，如图 4-9 所示；选择一个选项并单击“清除”按钮后将会清除选择的选项，如图 4-10 所示。

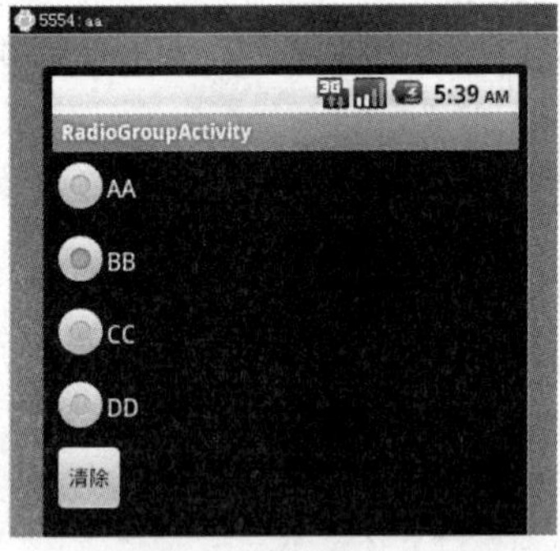

图 4-9　初始效果

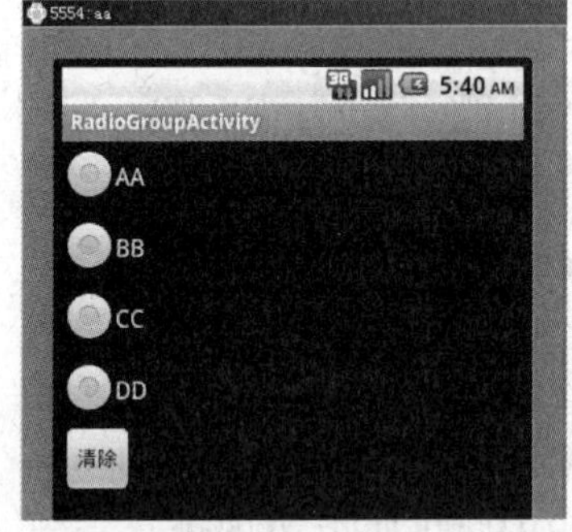

图 4-10　运行效果

4.1.7　使用下拉列表控件 Spinner

下拉列表控件 Spinner 能够为我们提供一个下拉选择样式的输入框，我们不需要输入数据，只需在里面选择一个选项后就可在下拉列表框中完成数据输入工作。使用 Spinner 控件的基本流程如下。

（1）在文件 main.xml 中添加一个按钮，单击这个按钮后会启动这个 SpinnerActivity 文件。对应代码如下所示。

```
<Button android:id="@+id/spinner_button"
android:layout_width="wrap_content"
android:layout_height="wrap_content"
```

```
android:text="Spinner"
/>
```

（2）在文件 MainActivity.java 中编写处理上述按钮的事件代码，具体如下所示。

```
private Button.OnClickListener spinner_button_listener = new Button.OnClickListener() {
    public void onClick(View v) {
        Intent intent = new Intent();
        intent.setClass(MainActivity.this, SpinnerActivity.class);
        startActivity(intent);
    }
};
```

通过上述代码中启动 SpinnerActivity，此 SpinnerActivity 可以展示 Spinner 组件的界面。在具体实现上，首先创建了 SpinnerActivity 的 Activity，然后修改了其 onCreate()方法，设置其对应模板为 spinner.xml。文件 SpinnerActivity.java 的主要代码如下所示。

```
public void onCreate(Bundle savedInstanceState) {
    super.onCreate(savedInstanceState);
    setTitle("SpinnerActivity");
    setContentView(R.layout.spinner);
    find_and_modify_view();
}
```

（3）编写布局文件 spinner.xml，在里面添加两个 TextView 控件和两个 Spinner 控件。定义 Spinner 组件的 ID 为 spinner_1，设置其宽度占满了其父元素 LinearLayout 的宽，并设置高度自适应。主要代码如下所示。

```
<?xml version="1.0" encoding="utf-8"?>
<LinearLayout xmlns:android="http://schemas.android.com/apk/res/android"
    android:orientation="vertical"
    android:layout_width="fill_parent"
    android:layout_height="fill_parent"
    >
    <TextView
    android:layout_width="fill_parent"
    android:layout_height="wrap_content"
    android:text="Spinner_1"
    />
<Spinner android:id="@+id/spinner_1"
        android:layout_width="fill_parent"
        android:layout_height="wrap_content"
        android:drawSelectorOnTop="false"
/>
</LinearLayout>
```

（4）在文件 AndroidManifest.xml 中添加如下代码。

```
<activity android:name="SpinnerActivity"></activity>
```

经过上述处理后，就可以在界面中生成一个简单的单选选项界面，但是在列表中并没有选项值。如果要在下拉列表中实现可供用户选择的选项值，需要在里面填充一些数据。

（5）开始载入列表数据，首先定义需要载入的数据，然后在 onCreate()方法中通过调用 find_and_modify_view()来完成数据载入。在文件 SpinnerActivity.java 中实现上述功能的代码如下所示。

```
private static final String[] mCountries = { "China" ,"Russia", "Germany",
        "Ukraine", "Belarus", "USA" };
private void find_and_modify_view() {
    spinner_c = (Spinner) findViewById(R.id.spinner_1);
```

```
        allcountries = new ArrayList<String>();
        for (int i = 0; i < mCountries.length; i++) {
            allcountries.add(mCountries[i]);
        }
        aspnCountries = new ArrayAdapter<String>(this,
                android.R.layout.simple_spinner_item, allcountries);
        aspnCountries
                .setDropDownViewResource(android.R.layout.simple_spinner_dropdown_item);
        spinner_c.setAdapter(aspnCountries);
```

在上述代码中，将定义的 mCountries 数据载入到了 Spinner 组件中。

（6）在文件 spinner.xml 中预定义数据，此步骤需要在布局文件 spinner.xml 中再添加一个 Spinner 组件，具体代码如下所示。

```
<TextView
    android:layout_width="fill_parent"
    android:layout_height="wrap_content"
    android:text="Spinner_2 From arrays xml file"
    />
 <Spinner android:id="@+id/spinner_2"
        android:layout_width="fill_parent"
        android:layout_height="wrap_content"
        android:drawSelectorOnTop="false"
/>
```

（7）在文件 SpinnerActivity.java 中初始化 Spinner 中的值，具体代码如下所示。

```
spinner_2 = (Spinner) findViewById(R.id.spinner_2);
    ArrayAdapter<CharSequence> adapter = ArrayAdapter.createFromResource(
    this, R.array.countries, android.R.layout.simple_spinner_item);
    adapter.setDropDownViewResource(android.R.layout.simple_spinner_dropdown_item);
    spinner_2.setAdapter(adapter);
```

在上述代码中，将 R.array.countries 对应值载入到了 spinner_2 中，而 R.array.countries 的对应值是在文件 array.xml 中预先定义的。文件 array.xml 的主要代码如下所示。

```
<?xml version="1.0" encoding="utf-8"?>
<resources>
    <!-- Used in Spinner/spinner_2.java -->
    <string-array name="countries">
        <item>China2</item>
        <item>Russia2</item>
        <item>Germany2</item>
        <item>Ukraine2</item>
        <item>Belarus2</item>
        <item>USA2</item>
    </string-array>
</resources>
```

通过上述代码预定义了一个名为 countries 的数组。

到此为止，整个实例全部介绍完毕。执行后将首先显示两个下拉列表框，如图 4-11 所示；单击一个下拉列表框后面的▼时会弹出一个 Spinner 下拉选项框，如图 4-12 所示；当选择下拉列表框中的一个选项后，选项值会自动出现在输入表单中，如图 4-13 所示。

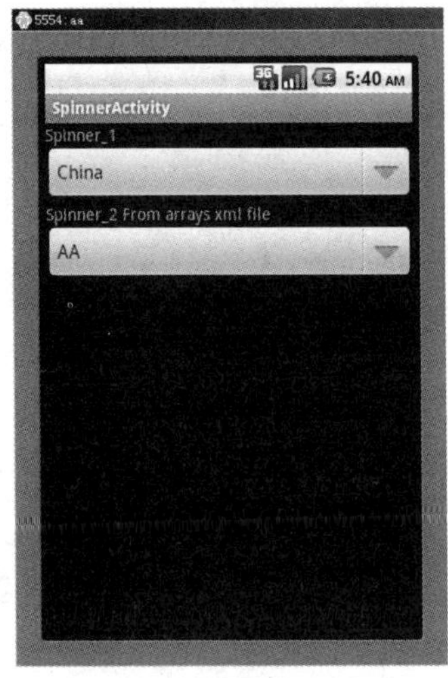

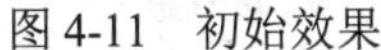

图 4-11　初始效果

图 4-12　运行效果

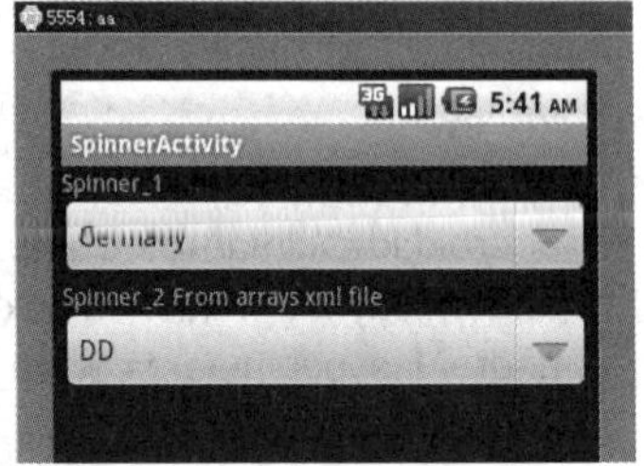

图 4-13　选择值自动出现在表单中

4.1.8　使用自动完成文本控件 AutoCompleteTextView

控件 AutoCompleteTextView 能够帮助用户自动输入数据，例如当用户输入一个字符后，能够根据这个字符提示显示出与之相关的数据。此应用在搜索引擎中比较常见，例如在百度中输入关键字 android 后，会在下拉列表框中自动显示出相关的关键词，如图 4-14 所示。

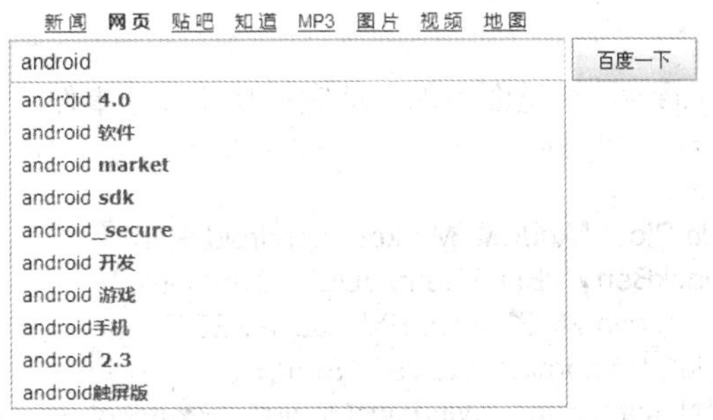

图 4-14　百度的输入提示框

在 Android 开发应用中，通过 AutoCompleteTextView 控件可以实现和图 4-14 所示的自动提示功能。以前面的实例 4-1 为基础，使用 AutoCompleteTextView 控件的基本流程如下所示。

（1）修改布局文件 main.xml，在里面分别添加一个 TextView 控件、一个 AutoCompleteTextView 控件和一个 Button 控件。具体代码如下所示。

```
<?xml version="1.0" encoding="utf-8"?>
<AbsoluteLayout
    android:id="@+id/widget0"
    android:layout_width="fill_parent"
    android:layout_height="fill_parent"
    xmlns:android="http://schemas.android.com/apk/res/android"
>
```

```
<TextView
    android:id="@+id/TextView_InputShow"
    android:layout_width="228px"
    android:layout_height="47px"
    android:text="请输入"
    android:textSize="25px"
    android:layout_x="42px"
    android:layout_y="37px"
>
</TextView>
<AutoCompleteTextView
    android:id="@+id/AutoCompleteTextView_input"
    android:layout_width="275px"
    android:layout_height="wrap_content"
    android:text=""
    android:textSize="18sp"
    android:layout_x="23px"
    android:layout_y="98px"
>
</AutoCompleteTextView>
<Button
    android:layout_width="wrap_content"
    android:layout_height="wrap_content"
    android:layout_x="127dip"
    android:text="清空"
    android:id="@+id/Button_clean"
    android:layout_y="150dip">
</Button>
</AbsoluteLayout>
```

（2）修改文件 mainActivity.java，在里面添加自动完成功能处理事件。具体代码如下所示。

```
private String[] normalString =
        new String[] {
        "Android", "Android Blog","Android Market", "Android SDK",
        "Android AVD","BlackBerry","BlackBerry JDE", "Symbian",
        "Symbian Carbide", "Java 2ME","Java FX", "Java 2EE",
        "Java 2SE", "Mobile", "Motorola", "Nokia", "Sun",
        "Nokia Symbian", "Nokia forum", "WindowsMobile", "Broncho",
        "Windows XP", "Google", "Google Android ", "Google 浏览器",
        "IBM", "MicroSoft", "Java", "C++", "C", "C#", "J#", "VB" };
@SuppressWarnings("unused")
private TextView show;
private AutoCompleteTextView autoTextView;
private Button clean;
private ArrayAdapter<String> arrayAdapter;
@Override
public void onCreate(Bundle savedInstanceState) {
    super.onCreate(savedInstanceState);
    /*装入主屏布局 main.xml*/
    setContentView(R.layout.main);
    /*从 XML 中获取 UI 元素对象*/
    show = (TextView) findViewById(R.id.TextView_InputShow);
```

```
        autoTextView =
        (AutoCompleteTextView) findViewById(R.id.AutoCompleteTextView_input);
        clean = (Button) findViewById(R.id.Button_clean);
        /*实现一个适配器对象，用来给自动完成输入框添加自动装入的内容*/
        arrayAdapter = new ArrayAdapter<String>(this,
                android.R.layout.simple_dropdown_item_1line, normalString);
        /*给自动完成输入框添加内容适配器*/
        autoTextView.setAdapter(arrayAdapter);
        /*给清空按钮添加点击事件处理监听器*/
        clean.setOnClickListener(new Button.OnClickListener() {
            @Override
            public void onClick(View v) {
                //TODO Auto-generated method stub
                /*清空*/
                autoTextView.setText("");
            }
        });
    }
}
```

经过上述简单操作，编译运行后，如果在表单中输入数据，会根据预先准备的数据输出提示，如图 4-15 所示。

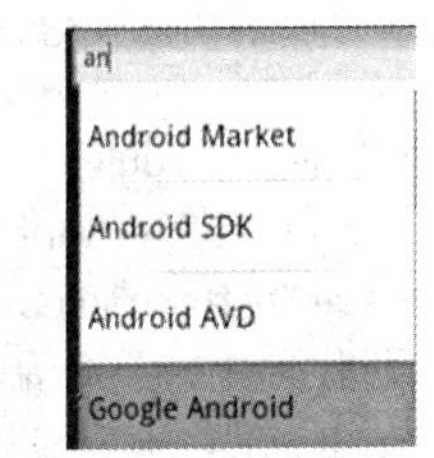

图 4-15　百度的输入提示框

4.1.9　使用日期选择器控件 DatePicker

日期选择器控件 DatePicker 能够为用户提供快速选择日期的方法。我们知道日期的格式是“年—月—日”，在很多系统中都为用户提供了日期选择表单，这样不用我们输入具体的日期，只需利用鼠标单击即可完成日期的设置功能。

以前面的实例 4-1 为基础，使用日期选择器控件 DatePicker 的具体流程如下。

（1）在文件 main.xml 中添加一个按钮来打开 DatePicker 界面，具体代码如下所示。

```
<Button android:id="@+id/date_picker_button"
android:layout_width="wrap_content"
android:layout_height="wrap_content"
android:text="DatePicker"
/>
```

在上述代码中定义了一个 ID 为 DatePicker_button 的按钮。

（2）定义上述按钮响应处理事件，当单击 DatePicker 按钮后会跳转到 DatePickerActivity 上。当创建一个 Activity 组件后，需要在其 onCreate()方法中指定需要绑定的模板文件为 date_picker.xml。具体代码如下所示。

```
private Button.OnClickListener date_picker_button_listener = new Button.OnClickListener() {
    public void onClick(View v) {
        Intent intent = new Intent();
        intent.setClass(MainActivity.this, DatePickerActivity.class);
        startActivity(intent);
    }
};
```

（3）在文件 DatePickerActivity.java 中设置默认显示的初始时间为 2010 年 5 月 17 日，主要代码如下所示。

```
public class DatePickerActivity extends Activity {
    /** Called when the activity is first created. */
    @Override
    public void onCreate(Bundle savedInstanceState) {
        super.onCreate(savedInstanceState);
        setTitle("CheckBoxActivity");
        setContentView(R.layout.date_picker);
        DatePicker dp =  (DatePicker)this.findViewById(R.id.date_picker);
        dp.init(2010, 5, 17, null);
}
```

（4）在文件 date_picker.xml 中添加 DatePicker 组件，设置 DatePicker 控件的 ID 为 date_picker，设置其宽度和高度都为自适应。主要代码如下所示。

```
<?xml version="1.0" encoding="utf-8"?>
<LinearLayout xmlns:android="http://schemas.android.com/apk/res/android"
    android:orientation="vertical" android:layout_width="fill_parent"
    android:layout_height="wrap_content">

    <DatePicker
        android:id="@+id/date_picker"
        android:layout_width="wrap_content"
        android:layout_height="wrap_content" />
</LinearLayout>
```

（5）在文件 AndroidManifest.xml 中添加对 Activity 的声明，具体代码如下所示。

```
<activity android:name="DatePickerActivity" />
```

到此为止，整个流程全部介绍完毕。执行后将首先显示设置的起始日期，如图 4-16 所示；分别单击月、日、年上面的“+”或下面的“-”后，将会自动显示更改后的月、日、年，如图 4-17 所示。

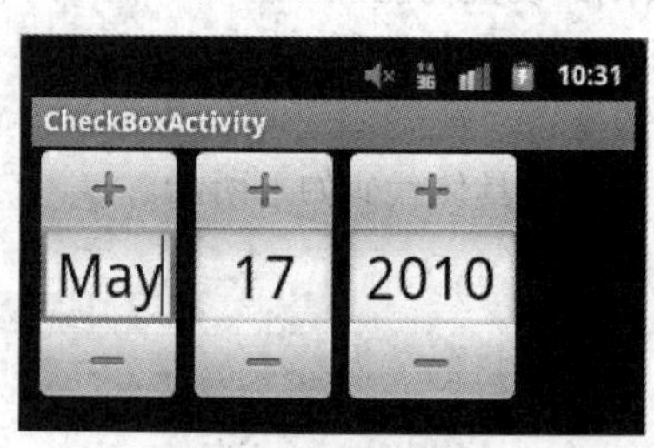

图 4-16　初始效果

图 4-17　改变后效果

4.1.10　使用时间选择器控件 TimePicker

时间选择器控件 TimePicker 和 DatePicker 控件的功能类似，都是为用户提供的快速选择时间的方法。以前面的实例 4-1 为基础，使用控件 TimePicker 的基本流程如下。

（1）在文件 main.xml 中添加一个 button 按钮，具体代码如下所示。

```
<Button android:id="@+id/time_picker_button"
android:layout_width="wrap_content"
android:layout_height="wrap_content"
android:text="TimePicker"
/>
```

（2）为上述按钮 time_picker 编写响应事件代码，设置当单击按钮 time_picker 后会跳转到 TimePicker

Activity 上。具体代码如下所示。

```
private Button.OnClickListener time_picker_button_listener = new Button.OnClickListener() {
    public void onClick(View v) {
        Intent intent = new Intent();
        intent.setClass(MainActivity.this, TimePickerTimePicker.class);
        startActivity(intent);
    }
};
```

（3）创建一个 Activity，然后在 onCreate()方法中指定需要绑定的模板为 time_picker.xml。对应的实现代码如下所示。

```
public void onCreate(Bundle savedInstanceState) {
    super.onCreate(savedInstanceState);
    setTitle("TimePickerActivity");
    setContentView(R.layout.time_picker);
    TimePicker tp =    (TimePicker)this.findViewById(R.id.time_picker);
    tp.setIs24HourView(true);
}
```

在上述代码中，首先指定了对应的布局模板是 time_picker.xml，然后获取了其中的 TimePicker 控件。

（4）在文件 time_picker.xml 中添加 TimePicker 控件，具体代码如下所示。

```
<?xml version="1.0" encoding="utf-8"?>
<LinearLayout xmlns:android="http://schemas.android.com/apk/res/android"
    android:orientation="vertical" android:layout_width="fill_parent"
    android:layout_height="wrap_content">
<TimePicker
    android:id="@+id/time_picker"
    android:layout_width="wrap_content"
    android:layout_height="wrap_content"/>
</LinearLayout>
```

到此为止，整个流程全部介绍完毕。执行后将首先显示设置的起始时间，分别单击时间上面的“+”或下面的“-”后，将会自动显示更改后的时间，如图 4-18 所示。

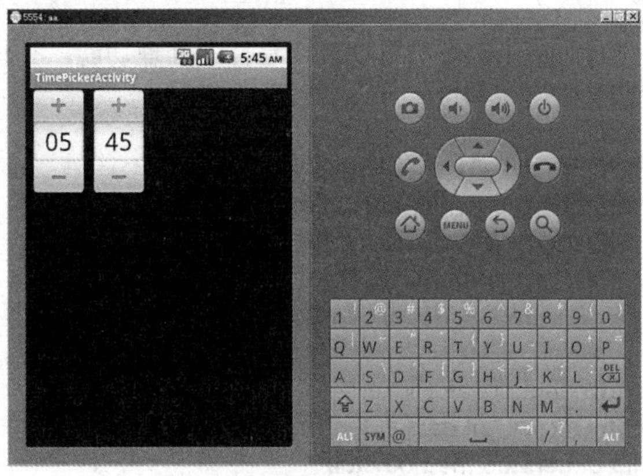

图 4-18　运行效果

4.1.11　联合应用 DatePicker 和 TimePicker

在日常项目应用中，通常会将 DatePicker 和 TimePicker 两个控件一块使用。以前面的实例 4-1 为基础，联合使用 DatePicker 和 TimePicker 的基本流程如下。

（1）修改布局文件 main.xml，在里面分别添加一个 DatePicker、一个 TimePicker、一个 TextView。对应代码如下所示。

```
<?xml version="1.0" encoding="utf-8"?>
<AbsoluteLayout
    android:id="@+id/widget0"
    android:layout_width="fill_parent"
    android:layout_height="fill_parent"
    xmlns:android="http://schemas.android.com/apk/res/android">
<DatePicker
    android:id="@+id/my_DatePicker"
    android:layout_width="wrap_content"
    android:layout_height="wrap_content"
    android:layout_x="10px"
    android:layout_y="10px">
</DatePicker><!--  日期设置器  -->
<TimePicker
    android:id="@+id/my_TimePicker"
    android:layout_width="wrap_content"
    android:layout_height="wrap_content"
    android:layout_x="10px"
    android:layout_y="150px">
</TimePicker><!--  事件设置器  -->
<TextView
    android:id="@+id/my_TextView"
    android:layout_width="228px"
    android:layout_height="29px"
    android:text="TextView"
    android:layout_x="10px"
    android:layout_y="300px">
</TextView>
</AbsoluteLayout>
```

（2）实现 DatePicker 控件的初始化工作与日期改变事件的处理功能，具体代码如下所示。

```
/*定义程序用到的 UI 元素对象:日历设置器*/
    DatePicker my_datePicker;
    /*findViewById()从 XML 中获取 UI 元素对象*/
    my_datePicker = (DatePicker) findViewById(R.id.my_DatePicker);
/*为日历设置器添加单击事件监听器，处理设置日期事件*/
    my_datePicker.init(my_Year, my_Month, my_Day,
                            new DatePicker.OnDateChangedListener(){
            @Override
            public void onDateChanged(DatePicker view, int year,
                    int monthOfYear, int dayOfMonth) {
                //TODO Auto-generated method stub
                /*日期改变事件处理*/
            }
    });
```

（3）实现 TimePicker 控件的初始化工作与时间改变事件的处理，对应代码如下所示。

```
/*定义程序用到的 UI 元素对象:时间设置器*/
    TimePicker my_timePicker;
```

```
    /* findViewById()从 XML 中获取 UI 元素对象*/
    my_timePicker = (TimePicker) findViewById(R.id.my_TimePicker);
    /*把时间设置成 24 小时制*/
    my_timePicker.setIs24HourView(true);
    /*为时间设置器添加单击事件监听器，处理设置时间事件*/
    my_timePicker.setOnTimeChangedListener(new
                                   TimePicker.OnTimeChangedListener(){
        @Override
        public void onTimeChanged(TimePicker view, int hourOfDay,
                                                       int minute) {
            //TODO Auto-generated method stub
            /*时间改变事件处理*/
        }
    });
```

（4）在文件 mainActivity.java 中添加动态修改时间功能，对应的主要代码如下所示。

```
/*定义时间变量：年、月、日、小时、分钟*/
int my_Year;
int my_Month;
int my_Day;
int my_Hour;
int my_Minute;
/*定义程序用到的 UI 元素对象:日历设置器、时间设置器、显示时间的 TextView*/
DatePicker my_datePicker;
TimePicker my_timePicker;
TextView showDate_Time;
/*定义日历对象，初始化时，用来获取当前时间*/
Calendar my_Calendar;
public void onCreate(Bundle savedInstanceState) {
    /*从 Calendar 抽象基类获得实例对象，并设置成中国时区*/
    my_Calendar = Calendar.getInstance(Locale.CHINA);
    /*从日历对象中获取当前的：年、月、日、时、分*/
    my_Year = my_Calendar.get(Calendar.YEAR);
    my_Month = my_Calendar.get(Calendar.MONTH);
    my_Day = my_Calendar.get(Calendar.DAY_OF_MONTH);
    my_Hour = my_Calendar.get(Calendar.HOUR_OF_DAY);
    my_Minute = my_Calendar.get(Calendar.MINUTE);
    super.onCreate(savedInstanceState);
    setContentView(R.layout.main);
    /* findViewById()从 XML 中获取 UI 元素对象*/
    my_datePicker = (DatePicker) findViewById(R.id.my_DatePicker);
    my_timePicker = (TimePicker) findViewById(R.id.my_TimePicker);
    showDate_Time = (TextView) findViewById(R.id.my_TextView);
    /* 把时间设置成 24 小时制 */
    my_timePicker.setIs24HourView(true);
    /*显示时间*/
    loadDate_Time();
    /*为日历设置器添加单击事件监听器，处理设置日期事件*/
    my_datePicker.init(my_Year, my_Month, my_Day,
                                   new DatePicker.OnDateChangedListener(){
        @Override
        public void onDateChanged(DatePicker view, int year,
```

```
                                                  int monthOfYear, int dayOfMonth) {
                //TODO Auto-generated method stub
                /*把设置改动后的日期赋值给我的日期对象*/
                my_Year=year;
                my_Month=monthOfYear;
                my_Day=dayOfMonth;
                /*动态显示修改后的日期*/
                loadDate_Time();
            }
        });
        /*为时间设置器添加单击事件监听器，处理设置时间事件*/
        my_timePicker.setOnTimeChangedListener(new
                                        TimePicker.OnTimeChangedListener(){
            @Override
            public void onTimeChanged(TimePicker view, int hourOfDay,
                                                            int minute) {
                /*把设置改动后的时间赋值给我的时间对象*/
                my_Hour=hourOfDay;
                my_Minute=minute;
                /*动态显示修改后的时间*/
                loadDate_Time();
            }
        });
    }
    /*设置显示日期时间的方法*/
    private void loadDate_Time() {
        showDate_Time.setText(new StringBuffer()
                .append(my_Year).append("/")
                .append(FormatString(my_Month + 1))
                .append("/").append(FormatString(my_Day))
                .append("    ").append(FormatString(my_Hour))
                .append(" : ").append(FormatString(my_Minute)));
    }
    /*日期时间显示两位数的方法*/
    private String FormatString(int x) {
        String s = Integer.toString(x);
        if (s.length() == 1) {
            s = "0" + s;
        }
        return s;
    }
}
```

到此为止，联合应用 DatePicker 和 TimePicker 的基本流程讲解完毕。执行后的效果如图 4-19 所示。

图 4-19　运行效果

4.1.12　使用滚动视图控件 ScrollView

滚动视图控件 ScrollView 能够在手机屏幕中生成一个滚动样式的显示效果，好处是即使内容超出了屏幕大小，也可以通过滚动的方式供用户浏览。使用滚动视图控件 ScrollView 的方法比较简单，只需在 LinearLayout 外面增加一个 ScrollView 标记即可，例如下面的一段代码。

```
<ScrollView xmlns:android="http://schemas.android.com/apk/res/android"
        android:layout_width="fill_parent"
        android:layout_height="wrap_content"
>
```

在上述代码中，将滚动视图控件 ScrollView 放在了 LinearLayout 的外面，这样当 LinearLayout 中的内容超过屏幕大小时，可以实现滚动浏览功能。程序运行后的效果如图 4-20 所示。

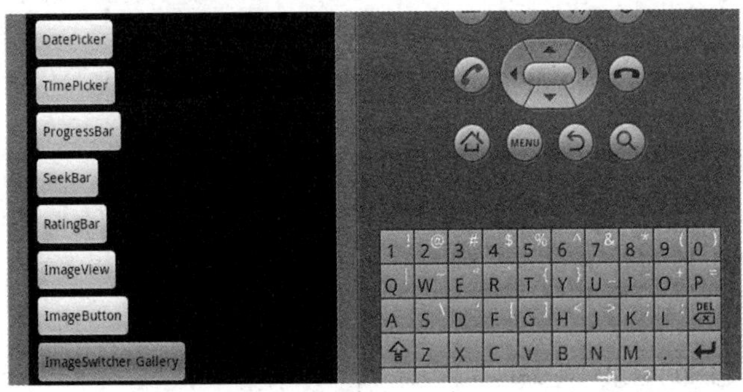

图 4-20　运行效果

4.1.13　使用进度条控件 ProgressBar

进度条控件 ProgressBar 能够以图像化的方式显示某个过程的进度，这样做的好处是能够更加直观地显示进度。进度条在计算机应用中非常常见，例如在安装软件过程中一般使用进度条来显示安装进度。以前面的实例 4-1 为基础，使用控件 ProgressBar 的基本流程如下。

（1）在文件 main.xml 中增加一个按钮，对应代码如下所示。

```
<Button android:id="@+id/progress_bar_button"
    android:layout_width="wrap_content"
    android:layout_height="wrap_content"
    android:text="ProgressBar"
/>
```

（2）在文件 MainActivity.java 中编写单击按钮事件处理程序，当单击按钮后会启动 ProgressBarActivity，这样可以打开进度条界面。对应代码如下所示。

```
private Button.OnClickListener progress_bar_button_listener = new Button.OnClickListener() {
    public void onClick(View v) {
        Intent intent = new Intent();
        intent.setClass(MainActivity.this, ProgressBarActivity.class);
        startActivity(intent);
    }
};
```

（3）编写文件 ProgressBarActivity.java，通过此文件设置其对应的布局文件为 Progress_Bar.xml，具体代码如下所示。

```
public class ProgressBarActivity extends Activity {
        CheckBox plain_cb;
        CheckBox serif_cb;
        CheckBox italic_cb;
        CheckBox bold_cb;
        @Override
        public void onCreate(Bundle savedInstanceState) {
                super.onCreate(savedInstanceState);
                setTitle("ProgressBarActivity");
                setContentView(R.layout.progress_bar);
}
```

（4）编写布局文件 Progress_Bar.xml，在里面插入两个 ProgressBar 控件，设置第一个是环形进度条样式，设置第二个是水平进度样式。然后设置第一个进度到 50，第二个进度到 75。文件 Progress_Bar.xml 的实现代码如下所示。

```
<?xml version="1.0" encoding="utf-8"?>
<LinearLayout xmlns:android="http://schemas.android.com/apk/res/android"
        android:orientation="vertical" android:layout_width="fill_parent"
        android:layout_height="wrap_content">
<TextView
                android:layout_width="wrap_content"
                android:layout_height="wrap_content"
                android:text="圆形进度条" />
<ProgressBar
                android:id="@+id/progress_bar"
                android:layout_width="wrap_content"
                android:layout_height="wrap_content"/>
<TextView
                android:layout_width="wrap_content"
                android:layout_height="wrap_content"
                android:text="水平进度条" />
<ProgressBar android:id="@+id/progress_horizontal"
                style="?android:attr/progressBarStyleHorizontal"
                android:layout_width="200dip"
                android:layout_height="wrap_content"
                android:max="100"
                android:progress="50"
                android:secondaryProgress="75" />
</LinearLayout>
```

到此为止，整个流程全部讲解完毕。执行后将显示指定样式的进度条效果，如图 4-21 所示。

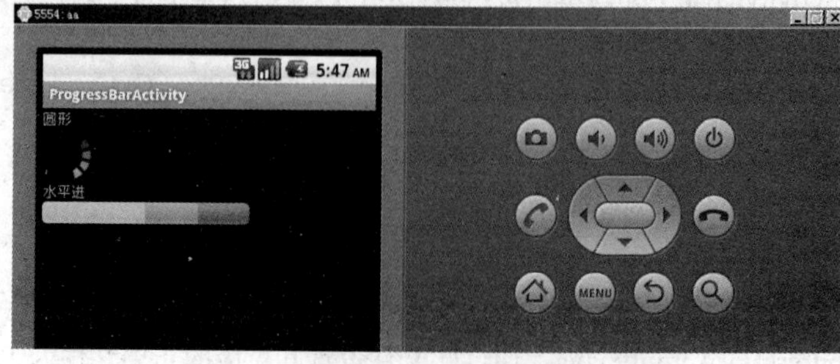

图 4-21　运行效果

4.1.14　使用拖动条控件 SeekBar

拖动条控件 SeekBar 的功能是，通过拖动某个进程来直观地显示进度。现实中最常见的拖动条应用是播放器的播放进度条，我们可以通过拖动进度条的方式来控制播放视频的进度。以前面的实例 4-1 为基础，使用 SeekBar 的基本流程如下。

（1）在布局文件 main.xml 中插入一个按钮，具体代码如下所示。

```
<Button android:id="@+id/seek_bar_button"
    android:layout_width="wrap_content"
    android:layout_height="wrap_content"
    android:text="SeekBar"
/>
```

（2）为上面插入的按钮编写处理事件代码，当用户单击按钮后会跳转到 SeekBarActivity。对应代码如下所示。

```
private Button.OnClickListener seek_bar_button_listener = new Button.OnClickListener() {
    public void onClick(View v) {
        Intent intent = new Intent();
        intent.setClass(MainActivity.this, SeekBarActivity.class);
        startActivity(intent);
    }
};
```

（3）创建一个 Activity，为其指定模板为 seek_bar.xml，在里面定义了一个 SeekBar 控件，设置了其 ID 为 seek，设定了宽度为布满屏幕显示，并设置其最大值是 100。文件 seek_bar.xml 的具体代码如下所示。

```
<?xml version="1.0" encoding="utf-8"?>
<LinearLayout xmlns:android="http://schemas.android.com/apk/res/android"
    android:orientation="vertical" android:layout_width="fill_parent"
    android:layout_height="wrap_content">
<TextView
        android:layout_width="wrap_content"
        android:layout_height="wrap_content"
        android:text="SeekBar" />
        <SeekBar
        android:id="@+id/seek"
        android:layout_width="fill_parent"
        android:layout_height="wrap_content"
        android:max="100"
        android:thumb="@drawable/seeker"
        android:progress="50"/>
</LinearLayout>
```

（4）在文件 AndroidManifest.xml 中声明 SeekBarActivity，对应代码如下所示。

```
<activity android:name="SeekBarActivity" />
```

到此为止，整个流程全部讲解完毕。执行后将显示对应样式的进度条，我们可以通过鼠标来拖动进度条的位置，如图 4-22 所示。

图 4-22　运行效果

4.1.15 使用评分组件 RatingBar

评分组件 RatingBar 能够为我们提供一个标准的评分操作模式。在日常生活中可以经常见到评分系统，例如在商城中可以对某个产品进行评分处理。以前面的实例 4-1 为基础，使用评分组件 RatingBar 的基本流程如下。

（1）在布局文件 main.xml 中插入一个按钮，具体代码如下所示。

```
<Button android:id="@+id/seek_bar_button"
    android:layout_width="wrap_content"
    android:layout_height="wrap_content"
    android:text="SeekBar"
/>
```

（2）为上述按钮编写处理事件代码，当用户单击按钮后会跳转到 RatingBarActivity。对应代码如下所示。

```
private Button.OnClickListener rating_bar_button_listener = new Button.OnClickListener() {
    public void onClick(View v) {
        Intent intent = new Intent();
        intent.setClass(MainActivity.this, RatingBarActivity.class);
        startActivity(intent);
    }
};
```

（3）创建一个 Activity，为其指定模板 rating_bar.xml，在里面定义了一个 RatingBar 控件，设置了其 ID 为 rating_bar，并设定宽度和高度都是自适应。文件 rating_bar.xml 的具体代码如下所示。

```
<?xml version="1.0" encoding="utf-8"?>
<LinearLayout xmlns:android="http://schemas.android.com/apk/res/android"
    android:orientation="vertical" android:layout_width="fill_parent"
    android:layout_height="wrap_content">
<TextView
        android:layout_width="wrap_content"
        android:layout_height="wrap_content"
        android:text="RatingBar"
/>
  <RatingBar android:id="@+id/rating_bar"
  android:layout_width="wrap_content"
  android:layout_height="wrap_content"
  ratingBarStyleSmall="true" />
</LinearLayout>
```

（4）在文件 AndroidManifest.xml 中增加对 RatingBarActivity 的声明，对应代码如下所示。

```
<activity android:name="RatingBarActivity" />
```

到此为止，整个使用流程全部讲解完毕。执行后将显示对应样式的评分图，我们可以通过鼠标来选择评分，如图 4-23 所示。

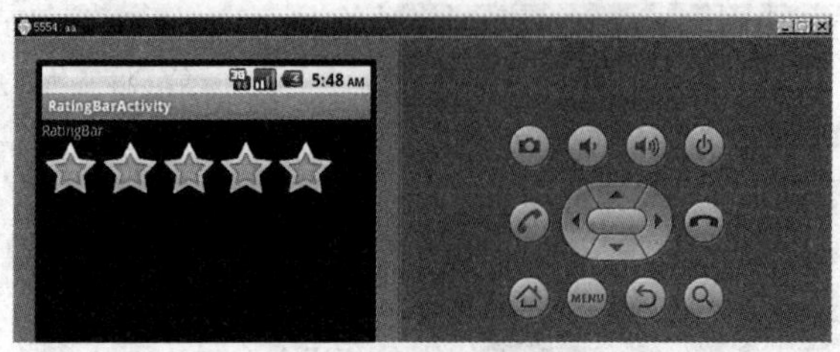

图 4-23　运行效果

4.1.16　使用图片视图控件 ImageView

在 Android 应用程序中，使用图片视图控件 ImageView 可以在屏幕中显示一幅图片。以前面的实例 4-1 为基础，使用图片视图控件 ImageView 的基本流程如下。

（1）在布局文件 main.xml 中插入一个按钮，具体代码如下所示。

```
<Button android:id="@+id/image_view_button"
    android:layout_width="wrap_content"
    android:layout_height="wrap_content"
    android:text="ImageView"
/>
```

（2）为上述按钮编写处理事件代码，当用户单击按钮后会跳转到 ImageViewActivity 界面。对应代码如下所示。

```
private Button.OnClickListener image_view_button_listener = new Button.OnClickListener() {
    public void onClick(View v) {
        Intent intent = new Intent();
        intent.setClass(MainActivity.this, ImageViewActivity.class);
        startActivity(intent);
    }
};
```

（3）创建一个 Activity，为其指定模板 image_view.xml，在里面设置 Android:src 为一张图片，该图片位于本项目根目录下的 res\drawable 文件夹中，它支持 PNG、JPG、GIF 等常见的图片格式。文件 mage_view.xml 的具体代码如下所示。

```
<?xml version="1.0" encoding="utf-8"?>
<LinearLayout xmlns:android="http://schemas.android.com/apk/res/android"
    android:orientation="vertical" android:layout_width="fill_parent"
    android:layout_height="wrap_content">
<TextView
        android:layout_width="wrap_content"
        android:layout_height="wrap_content"
        android:text="图片展示:"
/>
<ImageView
  android:id="@+id/imagebutton"
  android:src="@drawable/eoe"
  android:layout_width="wrap_content"
  android:layout_height="wrap_content"/>
</LinearLayout>
```

（4）编写对应的 Java 程序，对应的主要代码如下所示。

```
public class ImageViewActivity extends Activity {
    CheckBox plain_cb;
    CheckBox serif_cb;
    CheckBox italic_cb;
    CheckBox bold_cb;
    public void onCreate(Bundle savedInstanceState) {
        super.onCreate(savedInstanceState);
        setTitle("ImageViewActivity");
        setContentView(R.layout.image_view);
}
```

（5）在文件 AndroidManifest.xml 中增加对 ImageViewActivity 的声明，对应代码如下所示。

```
<activity android:name="ImageViewActivity" />
```

到此为止，整个使用流程全部介绍完毕，执行后将显示对应的图片信息。

4.1.17　使用切换图片控件 ImageSwitcher 和 Gallery

在 Android 中有两个切换图片控件，分别是 ImageSwitcher 和 Gallery，它们的功能是以滑动的方式展现图片。执行后会首先显示一幅大图，然后在大图下面显示一组可以滚动的小图。这种显示方式在现实中十分常见，如图 4-24 所示的 QQ 空间照片。

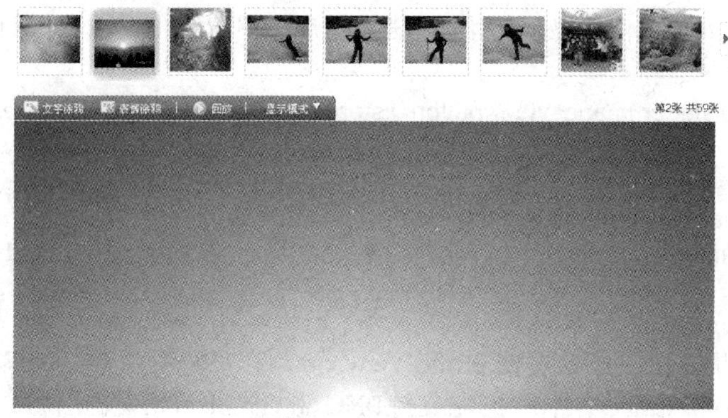

图 4-24　QQ 空间照片

以前面的实例 4-1 为基础，使用 ImageSwitcher 和 Gallery 控件的基本流程如下。

（1）在布局文件 main.xml 中插入一个按钮，具体代码如下所示。

```
<Button android:id="@+id/image_show_button"
    android:layout_width="wrap_content"
    android:layout_height="wrap_content"
    android:text="ImageSwitcher Gallery"
/>
```

（2）为上述按钮编写处理事件代码，当用户单击按钮后会跳转到 ImageShowActivity。对应代码如下所示。

```
private Button.OnClickListener image_show_button_listener = new Button.OnClickListener() {
    public void onClick(View v) {
        Intent intent = new Intent();
        intent.setClass(MainActivity.this, ImageShowActivity.class);
        startActivity(intent);
    }
};
```

（3）为创建的 Activity 指定模板为 image_show.xml，文件 image_button.xml 的具体代码如下所示。

```
<?xml version="1.0" encoding="utf-8"?>
<RelativeLayout
        xmlns:android="http://schemas.android.com/apk/res/android"
        android:layout_width="fill_parent"
        android:layout_height="fill_parent"
>
<ImageSwitcher
        android:id="@+id/switcher"
            android:layout_width="fill_parent"
```

```
            android:layout_height="fill_parent"
            android:layout_alignParentTop="true"
            android:layout_alignParentLeft="true"
/>
<Gallery android:id="@+id/gallery"
        android:background="#55000000"
            android:layout_width="fill_parent"
            android:layout_height="60dp"
            android:layout_alignParentBottom="true"
            android:layout_alignParentLeft="true"
            android:gravity="center_vertical"
            android:spacing="16dp"
/>
</RelativeLayout>
```

通过上述代码，在 RelativeLayout 中插入了 ImageSwitcher 和 Gallery 两个控件，其中 ImageSwitcher 用于显示上面那幅大图，Gallery 用于控制下面小图列表索引。

（4）编写对应的 Java 处理程序，首先通过使用 requestWindowFeature(Window.FEATURE_NO_ TITLE)设置 Activity 没有 titlebar，这样此图片的显示区域就会增大。使用类 Gallery 的方法和使用 ListView 差不多，也需要使用 setAdapter 来设置资源。对应代码如下所示。

```
public void onCreate(Bundle savedInstanceState) {
        super.onCreate(savedInstanceState);
        requestWindowFeature(Window.FEATURE_NO_TITLE);
        setContentView(R.layout.image_show);
        setTitle("ImageShowActivity");
        mSwitcher = (ImageSwitcher) findViewById(R.id.switcher);
        mSwitcher.setFactory(this);
        mSwitcher.setInAnimation(AnimationUtils.loadAnimation(this,
        android.R.anim.fade_in));
        mSwitcher.setOutAnimation(AnimationUtils.loadAnimation(this,
        android.R.anim.fade_out));
        Gallery g = (Gallery) findViewById(R.id.gallery);
        g.setAdapter(new ImageAdapter(this));
        g.setOnItemSelectedListener(this);
    }
```

（5）开始封装 BaseAdapter，通过函数 GetView()返回要显示的 ImageView，函数 GetView()的具体实现代码如下所示。

```
public View getView(int position, View convertView, ViewGroup parent) {
            ImageView i = new ImageView(mContext);
            i.setImageResource(mThumbIds[position]);
            i.setAdjustViewBounds(true);
            i.setLayoutParams(new Gallery.LayoutParams(
            LayoutParams.WRAP_CONTENT, LayoutParams.WRAP_CONTENT));
            i.setBackgroundResource(R.drawable.picture_frame);
            return i;
        }
```

在上述代码中，动态生成了一个 ImageView，然后使用 setImageResource、setLayoutParams 和 setBackgroundResource 分别实现了图片源文件、图片大小和图片背景的设置。当图片被显示到当前屏幕时，此函数会自动回调来提供要显示的 ImageView。

（6）在 ImageSwitcher1 中实现 ViewSwitcher.ViewFactory 接口，在 ViewSwitcher.ViewFactory 接口中有

一个名为 makeView()的方法，其实现代码如下所示。

```
public View makeView() {
        ImageView i = new ImageView(this);
        i.setBackgroundColor(0xFF000000);
        i.setScaleType(ImageView.ScaleType.FIT_CENTER);
        i.setLayoutParams(new ImageSwitcher.LayoutParams(LayoutParams.FILL_PARENT,
                LayoutParams.FILL_PARENT));
        return i;
    }
```

通过上述代码，为 ImageSwitcher 返回了一个 View，在调用 ImageSwitcher 时，首先通过 Factory 为其提供一个 View，然后 ImageSwitcher 就可以初始化各种资源了。

（7）在文件 AndroidManifest.xml 中声明 ImageShowActivity，对应代码如下所示。

```
<activity android:name="ImageShowActivity" />
```

到此为止，整个使用流程全部讲解完毕。执行后将会按照 QQ 空间的样式显示图片，如图 4-25 所示。

图 4-25　执行效果

4.1.18　使用网格视图控件 GridView

网格视图控件 GridView 能够将很多幅指定的图片以指定的大小显示出来，此功能在相册的图片浏览中比较常见。以前面的实例 4-1 为基础，使用 GridView 的控件基本流程如下。

（1）在布局文件 main.xml 中插入一个按钮，具体代码如下所示。

```
<Button android:id="@+id/grid_view_button"
    android:layout_width="wrap_content"
    android:layout_height="wrap_content"
    android:text="GridView"
/>
```

（2）为上述按钮编写一个处理事件代码，当用户单击按钮后会跳转到 ImageShowActivity。对应代码如下所示。

```
private Button.OnClickListener grid_view_button_listener = new Button.OnClickListener() {
    public void onClick(View v) {
        Intent intent = new Intent();
        intent.setClass(MainActivity.this, GridViewActivity.class);
        startActivity(intent);
    }
};
```

（3）编写 Java 处理文件 GridViewActivity.java，首先为创建的 Activity 指定布局模板为 grid_view.xml，然后获取其模板中的 GridView 控件，并使用 setAdapter()方法为其绑定一个合适的 ImageAdapter，最后编写实现 ImageAdapter 的代码。代码如下所示。

```
public void onCreate(Bundle savedInstanceState) {
        super.onCreate(savedInstanceState);
        setContentView(R.layout.grid_view);
        setTitle("GridViewActivity");
        GridView gridview = (GridView) findViewById(R.id.grid_view);
        gridview.setAdapter(new ImageAdapter(this));
    }
public class ImageAdapter extends BaseAdapter {
        private Context mContext;
        public ImageAdapter(Context c) {
            mContext = c;
        }
        public int getCount() {
            return mThumbIds.length;
        }
        public Object getItem(int position) {
            return null;
        }
        public long getItemId(int position) {
            return 0;
        }
        public View getView(int position, View convertView, ViewGroup parent) {
            ImageView imageView;
            if (convertView == null) {    // if it's not recycled, initialize some attributes
                imageView = new ImageView(mContext);
                imageView.setLayoutParams(new GridView.LayoutParams(85, 85));
                imageView.setScaleType(ImageView.ScaleType.CENTER_CROP);
                imageView.setPadding(8, 8, 8, 8);
            } else {
                imageView = (ImageView) convertView;
            }
            imageView.setImageResource(mThumbIds[position]);
            return imageView;
        }
        private Integer[] mThumbIds = {
                R.drawable.grid_view_01, R.drawable.grid_view_02,
                R.drawable.grid_view_03, R.drawable.grid_view_04,
                R.drawable.grid_view_05, R.drawable.grid_view_06,
                R.drawable.grid_view_07, R.drawable.grid_view_08,
                R.drawable.grid_view_09, R.drawable.grid_view_10,
                R.drawable.grid_view_11, R.drawable.grid_view_12,
                R.drawable.grid_view_13, R.drawable.grid_view_14,
                R.drawable.grid_view_15, R.drawable.sample_1,
                R.drawable.sample_2, R.drawable.sample_3,
                R.drawable.sample_4, R.drawable.sample_5,
                R.drawable.sample_6, R.drawable.sample_7
        };
    }
```

在上述代码中，因为 ImageAdapter 继承于 BaseAdapter，所以可以通过构造方法 ImageAdapter()获取 Context，然后实现了 getView。

（4）在文件 AndroidManifest.xml 中声明 GridViewActivity，对应代码如下所示。

```
<activity android:name="GridViewActivity"  />
```

到此为止，整个使用流程全部介绍完毕。执行后将会按照格子视图的方式显示指定的图片，如图 4-26 所示。

图 4-26　运行效果

4.1.19　使用标签控件 Tab

标签控件 Tab 能够在屏幕中实现多个标签栏样式的效果，当单击某个标签栏时会打开一个对应界面。以前面的实例 4-1 为基础，使用标签控件 Tab 的基本流程如下。

（1）在布局文件 main.xml 中插入一个按钮，具体代码如下所示。

```
<Button android:id="@+id/tab_demo_button"
    android:layout_width="wrap_content"
    android:layout_height="wrap_content"
    android:text="TabView"
/>
```

（2）为上面的按钮编写处理事件的代码，对应代码如下所示。

```
private Button.OnClickListener tab_demo_button_listener = new Button.OnClickListener() {
    public void onClick(View v) {
        Intent intent = new Intent();
        intent.setClass(MainActivity.this, TabDemoActivity.class);
        startActivity(intent);
    }
};
```

（3）编写 Java 文件 TabDemoActivity.java 来继承 TabActivity，并通过 TabDemoActivity 控件实现标签效果。文件 TabDemoActivity.java 的具体代码如下所示。

```
@Override
  public void onCreate(Bundle savedInstanceState) {
    super.onCreate(savedInstanceState);
    setTitle("TabDemoActivity");
    TabHost tabHost = getTabHost();
    LayoutInflater.from(this).inflate(R.layout.tab_demo,
```

```
                tabHost.getTabContentView(), true);
        tabHost.addTab(tabHost.newTabSpec("tab1").setIndicator("tab1")
                .setContent(R.id.view1));
        tabHost.addTab(tabHost.newTabSpec("tab3").setIndicator("tab2")
                .setContent(R.id.view2));
        tabHost.addTab(tabHost.newTabSpec("tab3").setIndicator("tab3")
                .setContent(R.id.view3));
}
```

（4）编写模板文件 tab_demo.xml，在里面插入了 3 个 TextView 控件，当每个标签切换时会显示各自对应的 TextView。文件 tab_demo.xml 的具体代码如下所示。

```
<?xml version="1.0" encoding="utf-8"?>
<FrameLayout xmlns:android="http://schemas.android.com/apk/res/android"
    android:layout_width="fill_parent"
    android:layout_height="fill_parent">

    <TextView android:id="@+id/view1"
        android:background="@drawable/blue"
        android:layout_width="fill_parent"
        android:layout_height="fill_parent"
        android:text="这里是 Tab1 里的内容。"/>
    <TextView android:id="@+id/view2"
        android:background="@drawable/red"
        android:layout_width="fill_parent"
        android:layout_height="fill_parent"
        android:text="这里是 Tab2，balabalal....。"/>
    <TextView android:id="@+id/view3"
        android:background="@drawable/green"
        android:layout_width="fill_parent"
        android:layout_height="fill_parent"
        android:text="Tab3"/>

</FrameLayout>
```

（5）在文件 AndroidManifest.xml 中声明 TabDemoActivity，对应代码如下所示。

```
<activity android:name="TabDemoActivity" />
```

到此为止，整个使用流程全部介绍完毕，执行后将会按指定的样式显示对应标签，如图 4-27 所示。

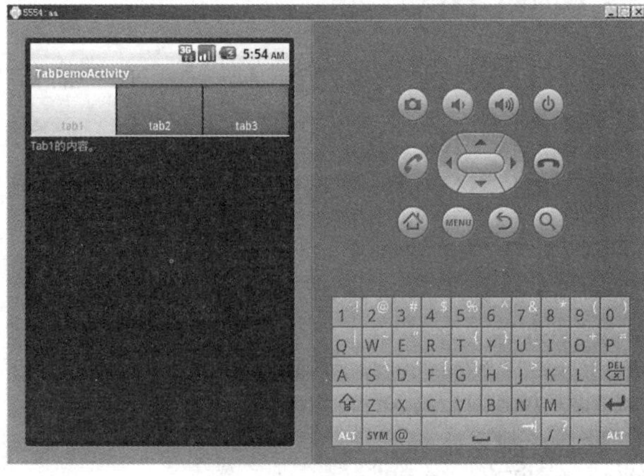

图 4-27　运行效果

4.2 使用 MENU 友好界面

知识点讲解：光盘:视频\知识点\第 4 章\使用 MENU 友好界面.avi

MENU 键是 Android 智能手机设备中比较重要的按键之一，按下 MENU 键后通常会显示手机中的所有功能，和“菜单”按键的功能差不多。在 Android 系统中有一个专门的控件来实现 MENU 键功能，本节将详细讲解使用 MENU 控件的基本知识。

4.2.1 MENU 基础

在 Android 系统中，控件 MENU 能够为用户提供一个友好的界面显示效果。在当前的手机应用程序中，主要包括如下两种人机互动方式。

（1）直接通过 GUI 的 Views，这种方式可以满足大部分的交互操作。

（2）使用 MENU，当按下 MENU 按键后会弹出与当前活动状态下的应用程序相匹配的菜单。

上述两种方式都有各自的优势，而且可以很好地相辅相成，即便用户可以从主界面完成大部分操作，但是适当地拓展 MENU 功能可以更加完善应用程序。

在 Android 系统中提供了 3 种菜单类型，分别是 options menu、context menu 和 sub menu，其中最为常用的是 options menu 和 context menu。options menu 是通过按 home 键来显示，而 context menu 需要在 view 上按上 2 秒后显示。这两种 MENU 都可以加入子菜单，子菜单不能嵌套子菜单。options menu 最多只能在屏幕最下面显示 6 个菜单选项，被称为 icon menu，icon menu 不能有 checkable 选项。多于 6 个的菜单项会以 more icon menu 来调出，被称为 expanded menu。options menu 通过 Activity 的 onCreateOptionsMenu()来生成，这个函数只会在 MENU 第一次生成时调用。任何想改变 options menu 的操作只能在 onPrepareOptionsMenu()中实现，这个函数会在 MENU 显示前调用。onOptionsItemSelected 用来处理选中的菜单项。

context menu 是和某个具体的 View 绑定在一起，在 Activity 中用 registerForContextMenu 为某个 view 注册 context menu。context menu 在显示前都会调用 onCreateContextMenu()来生成 MENU。onContextItemSelected 用来处理选中的菜单项。

Android 还提供了对菜单项进行分组的功能，可以把相似功能的菜单项分成同一个组，这样就可以通过调用 setGroupCheckable、setGroupEnabled 和 setGroupVisible 来设置菜单属性，而无须单独设置。

4.2.2 实战演练——使用 MENU 控件

在接下来的实例中，将详细讲解在 Android 应用程序中使用 MENU 控件的方法。

题　目	目　的	源 码 路 径
实例 4-2	演示使用 MENU 控件的方法	光盘:\daima\4\menu

本实例的具体实现流程如下。

（1）新建工程文件后，先编写布局文件 main.xml，具体代码如下所示。

```
<?xml version="1.0" encoding="utf-8"?>
    <LinearLayout xmlns:Android="http://schemas.Android.com/apk/res/Android"
    Android:orientation="vertical" Android:layout_width="fill_parent"
    Android:layout_height="fill_parent">
    <TextView Android:layout_width="fill_parent"
        Android:layout_height="wrap_content" Android:text="@string/hello" />
```

```
    <Button Android:id="@+id/button1"
        Android:layout_width="100px"
        Android:layout_height="wrap_content" Android:text="@string/button1" />
    <Button Android:id="@+id/button2"
        Android:layout_width="wrap_content"
        Android:layout_height="wrap_content" Android:text="@string/button2" />
</LinearLayout>
```

通过上述代码，分别插入了一个 TextView 控件和两个 Button 控件。其中 TextView 用于显示文本，然后用 layout_width 设置了 Button 的宽度，用 layout_height 设置了 Button 的高度；最后通过符号@来设置并读取变量值，然后进行替换处理。具体说明如下。

☑ Android:text="@string/button1"：相当于<string name="button1">button1</string>。

☑ Android:text="@string/button2"：相当于<string name="button2">button2</string>。

请读者不要小看上面的符号@，它用于提示 XML 文件的解析器要对@后面的名字进行解析，例如上面的"@string/button1"，解析器会从 values/string.xml 中读取 Button1 这个变量值。

在文件 string.xml 中定义了在 TextView 和 Button 中显示的值，具体代码如下所示。

```
<?xml version="1.0" encoding="utf-8"?>
<resources>
    <string name="hello">ActivityMenu</string>
    <string name="app_name">HelloMenu</string>
    <string name="button1">按钮 1</string>
    <string name="button2">按钮 2</string>
</resources>
```

（2）编写文件 ActivityMenu.java，其实现流程如下。

☑ 定义函数 onCreate()显示文件 main.xml 中定义的 Layout 布局，并设置两个 Button 为不可见状态。

☑ 定义函数 onCreateOptionsMenu()来生成 MENU，此函数是一个回调方法，只有当按下手机设备上的 menu 按钮后，Android 才会生成一个包含两个子项的菜单。在具体实现上，将首先得到 super()函数调用后的返回值，并在 onCreateOptionsMenu 的最后返回；然后调用 menu.add()给 menu 添加一个项。

☑ 定义函数 onOptionsItemSelected()，此函数是一个回调方法，只有当按下手机设备上的 MENU 按钮后 Android 才会调用执行此函数。而这个事件就是单击菜单中的某一项，即 MenuItem。

文件 ActivityMenu.java 的主要代码如下所示。

```
public class ActivityMenu extends Activity {
    public static final int ITEM0 = Menu.FIRST;
    public static final int ITEM1 = Menu.FIRST + 1;
    Button button1;
    Button button2;
    public void onCreate(Bundle savedInstanceState) {
        super.onCreate(savedInstanceState);
        setContentView(R.layout.main);
        button1 = (Button) findViewById(R.id.button1);
        button2 = (Button) findViewById(R.id.button2);
        /*设置两个 button 不可见*/
        button1.setVisibility(View.INVISIBLE);
        button2.setVisibility(View.INVISIBLE);
        }
    @Override
    /*
    * menu.findItem(EXIT_ID);找到特定的 MenuItem
```

```
    * MenuItem.setIcon.可以设置 MENU 按钮的背景
    */
    public boolean onCreateOptionsMenu(Menu menu) {
        super.onCreateOptionsMenu(menu);
        menu.add(0, ITEM0, 0, "按钮 1");
        menu.add(0, ITEM1, 0, "按钮 2");
        menu.findItem(ITEM1);
        return true;
    }
    public boolean onOptionsItemSelected(MenuItem item) {
        switch (item.getItemId()) {
        case ITEM0:
            actionClickMenuItem1();
        break;
        case ITEM1:
            actionClickMenuItem2(); break;
        }
        return super.onOptionsItemSelected(item);}
    /*
     * 点击第一个 MENU 的第一个按钮执行的动作
     */
    private void actionClickMenuItem1(){
        setTitle("button1  可见");
        button1.setVisibility(View.VISIBLE);
        button2.setVisibility(View.INVISIBLE);
    }
    /*
     * 点击第二个 MENU 的第一个按钮执行的动作
     */
    private void actionClickMenuItem2(){
        setTitle("button2  可见");
        button1.setVisibility(View.INVISIBLE);
        button2.setVisibility(View.VISIBLE);
    }
}
```

到此为止，整个实例全部介绍完毕，执行后的效果如图 4-28 所示；当点击设备上的 MENU 键后会触发程序，并在屏幕中显示预先设置的已经隐藏的两个按钮，如图 4-29 所示；当单击一个隐藏按钮后会显示一个按钮界面，如图 4-30 所示。

图 4-28　初始效果

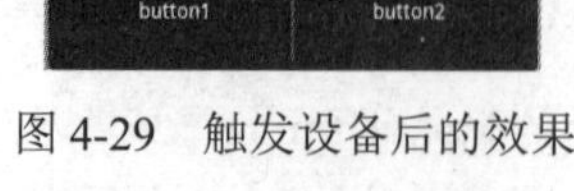

图 4-29　触发设备后的效果

图 4-30　显示按钮界面

4.3　使用列表控件 ListView

知识点讲解：光盘:视频\知识点\第 4 章\使用列表控件 ListView.avi

控件 ListView 能够展示一个友好的屏幕秩序，能够在屏幕内实现列表显示样式。ListView 控件通过一个 Adapter 来构建并显示，在 Android 系统中通常有 3 种 Adapter 可以使用，分别是 ArrayAdapter、SimpleAdapter 和 CursorAdapter。

4.3.1　通过 ArrayAdapter 接收一个数组或通过 List 作为参数来构建

ArrayAdapter 可以接收一个数组，也可以将 List 作为参数来构建数据并显示。例如在下面的代码中，先创建 Test 继承 ListActivity，然后在里面传入了一个 string 数组。

```
public class ListTest extends ListActivity {
    @Override
    public void onCreate(Bundle savedInstanceState) {
        super.onCreate(savedInstanceState);
        String[] sw = new String[100];
        for (int i = 0; i < 100; i++) {
            sw[i] = "listtest_" + i;
        }
        //使用系统已经实现好的 xml 文件 simple_list_item_1
        ArrayAdapter<String> adapter = new ArrayAdapter<String>(this,Android.R.layout.simple_list_item_1,
sw);
        setListAdapter(adapter);
    }
}
```

上述代码执行后效果如图 4-31 所示。

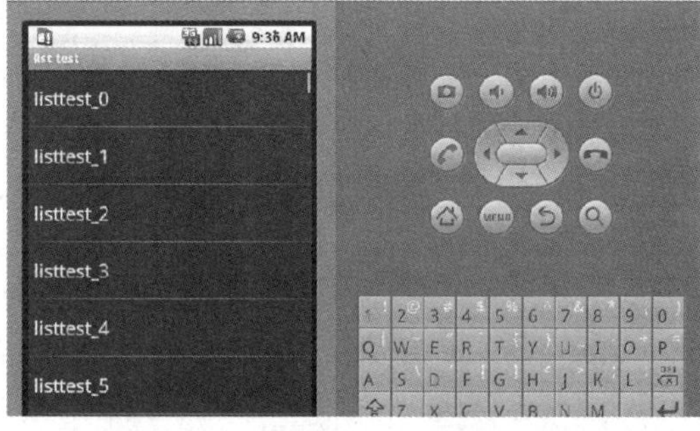

图 4-31　运行效果

从图 4-31 所示的执行效果可以看出，不需要加载自己的 layout，只使用系统已经实现的 layout 就能很快实现 listview 的效果功能。

4.3.2　实战演练——使用 SimpleAdapter 实现 ListView 列表功能

接下来的实例将详细讲解使用 SimpleAdapter 方式实现 ListView 列表功能的方法。

题　目	目　的	源码路径
实例 4-3	用 SimpleAdapter 实现 ListView 列表功能	光盘:\daima\4\my_list

本实例的具体实现流程如下。

（1）编写布局文件 main.xml，在里面插入 3 个 TextView 控件。其中在 ListView 前面的是标题行，ListView 相当于用来显示数据的容器，里面每行显示一个用户信息。文件 main.xml 的主要代码如下所示。

```
<?xml version="1.0" encoding="utf-8"?>
<LinearLayout xmlns:Android="http://schemas.Android.com/apk/res/Android"
    Android:orientation="vertical" Android:layout_width="fill_parent"
    Android:layout_height="fill_parent">
    <TextView Android:text="强大的用户列表" Android:gravity="center"
        Android:layout_height="wrap_content"
        Android:layout_width="fill_parent" Android:background="#DAA520"
        Android:textColor="#000000">
    </TextView>
    <LinearLayout
        Android:layout_width="wrap_content"
        Android:layout_height="wrap_content">
        <TextView Android:text="姓名"
            Android:gravity="center" Android:layout_width="160px"
            Android:layout_height="wrap_content" Android:textStyle="bold"
            Android:background="#7CFC00">
        </TextView>
        <TextView Android:text="年龄"
            Android:layout_width="170px" Android:gravity="center"
            Android:layout_height="wrap_content" Android:textStyle="bold"
            Android:background="#F0E68C">
        </TextView>
    </LinearLayout>
<ListView Android:layout_width="wrap_content"
        Android:layout_height="wrap_content" Android:id="@+id/users">
    </ListView>
</LinearLayout>
```

（2）编写文件 use.xml 来布局屏幕中的用户信息，设置每行包含了一个 img 图片和两个文字信息，这个文件以参数的形式通过 Adapter 在 ListView 中显示。文件 use.xml 的主要代码如下所示。

```
<?xml version="1.0" encoding="utf-8"?>
<TableLayout
        Android:layout_width="fill_parent"
        xmlns:Android="http://schemas.Android.com/apk/res/Android"
        Android:layout_height="wrap_content"
        >
        <TableRow >
        <ImageView
            Android:layout_width="wrap_content"
            Android:layout_height="wrap_content"
            Android:id="@+id/img">
        </ImageView>
        <TextView
            Android:layout_height="wrap_content"
            Android:layout_width="150px"
            Android:id="@+id/name">
```

```
        </TextView>
        <TextView
              Android:layout_height="wrap_content"
              Android:layout_width="170px"
              Android:id="@+id/age">
        </TextView>
        </TableRow>
</TableLayout>
```

（3）编写处理文件 ListTest.java，首先构建一个 list 对象，并设置每项有一个 map 图片，然后创建 TestList 类继承 Activity。另外还需要通过 SimpleAdapter 来显示每块区域的用户信息。文件 ListTest.java 的主要代码如下所示。

```
super.onCreate(savedInstanceState);
        setContentView(R.layout.main);
        ArrayList<HashMap<String, Object>> users = new ArrayList<HashMap<String, Object>>();
        for (int i = 0; i < 10; i++) {
            HashMap<String, Object> user = new HashMap<String, Object>();
            user.put("img", R.drawable.user);
            user.put("username", "名字(" + i+")");
            user.put("age", (11 + i) + "");
            users.add(user);
        }
        SimpleAdapter saImageItems = new SimpleAdapter(this,
                users,                          //数据来源
                R.layout.user,                  //每一个 user xml 相当于 ListView 的一个组件
                new String[] { "img", "username", "age" },
                //分别对应 view 的 id
                new int[] { R.id.img, R.id.name, R.id.age });
                //获取 ListView
((ListView) findViewById(R.id.users)).setAdapter(saImageItems);

SimpleAdapter saImageItems = new SimpleAdapter(this,
                users,                          //数据来源
                R.layout.user,                  //每一个 user xml 相当于 ListView 的一个组件
                new String[] { "img", "username", "age" },
                //分别对应 view 的 id
                new int[] { R.id.img, R.id.name, R.id.age });
```

执行后的效果如图 4-32 所示。

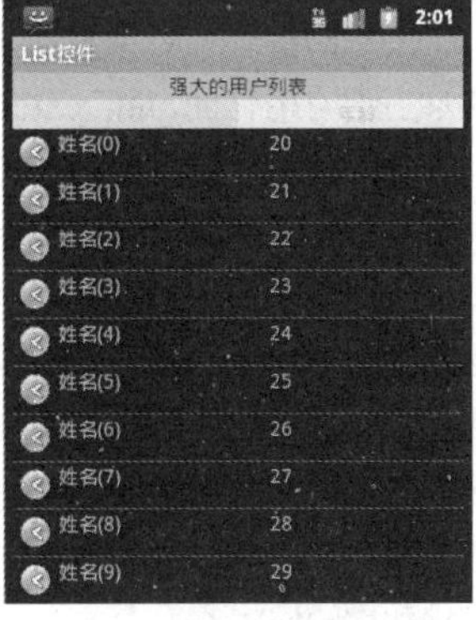

图 4-32　运行效果

4.4 使用对话框控件

知识点讲解：光盘:视频\知识点\第 4 章\使用对话框控件.avi

对话交流功能在手机系统中非常重要，在 Android 系统中可以通过 Dialog 控件来实现对话功能。通过此控件能够在手机屏幕中实现互动对话框效果，本节将详细讲解 Android 系统中对话框控件的使用方法。

4.4.1 对话框基础

在 Android 系统中，对话框一般是出现在当前 Activity 之上的一个小窗口。处于下面的 Activity 会失去焦点，对话框会接受当前所有的用户交互。对话框一般用于提示信息和与当前应用程序直接相关的小功能，Android API 支持如下对话框类型。

☑ 警告对话框 AlertDialog：可以有 0～3 个按钮、一个单选框或复选框的列表的对话框。警告对话框可以创建大多数的交互界面，是 Android 推荐的类型。

☑ 进度对话框 ProgressDialog：用于显示一个进度环或者一个进度条，由于它是 AlertDialog 的扩展，所以也支持按钮。

☑ 日期选择对话框 DatePickerDialog：让用户选择一个日期。

☑ 时间选择对话框 TimePickerDialog：让用户选择一个时间。

Android 系统的 Activity 提供了一种方便管理的创建、保存、回复的对话框机制，例如 onCreateDialog(int)、showDialog(int)、onPrepareDialog(int,Dialog)、dismissDialog(int)等方法。通过使用这些方法，Activity 会通过 getOwnerActivity()方法返回该 Activity 管理的对话框（dialog）。上述各个方法的具体说明如下。

☑ onCreateDialog(int)：当使用这个回调方法时，Android 系统会有效地设置这个 Activity 为每个对话框的所有者，从而自动管理每个对话框的状态并挂靠到 Activity 上。这样，每个对话框继承这个 Activity 的特定属性。例如，当一个对话框打开时，菜单键显示为这个 Activity 定义的选项菜单，音量键修改为 Activity 使用的音频流。

☑ showDialog(int)：当想要显示一个对话框时，调用 showDialog(int id) 方法并传递一个唯一标识这个对话框的整数。当对话框第一次被请求时，Android 从 Activity 中调用 onCreateDialog(int id)，并初始化这个对话框 Dialog。这个回调方法被传递一个和 showDialog(int id)相同的 ID。当创建这个对话框后，在 Activity 的最后返回这个对象。

☑ onPrepareDialog(int,Dialog)：在显示对话框之前，Android 系统还调用了可选的回调函数 onPrepareDialog(int id,Dialog)。如果想在每一次对话框被打开时改变它的任何属性，可以定义这个方法。这个方法在每次打开对话框时被调用，而 onCreateDialog(int) 仅在对话框第一次打开时被调用。如果不定义 onPrepareDialog()，那么这个对话框将保持和上次打开时一样。这个方法也被传递一个和 showDialog(int id)相同的 ID，以及一个在 onCreateDialog()中创建的对话框对象。

☑ dismissDialog(int)：当准备关闭对话框时，可以通过对该对话框调用 dismiss()来消除它。如果需要，还可以从这个 Activity 中调用 dismissDialog(int id)方法，实际上将为这个对话框调用 dismiss()方法。如果想使用 onCreateDialog(int id)方法来管理对话框的状态，然后每次当对话框消除时，这个对话框对象的状态将由该 Activity 保留。如果决定不再需要这个对象或者清除该状态是重要的，那么应该调用 removeDialog(int id)。这将删除任何内部对象引用而且如果这个对话框正在显示，它将被消除。图 4-33 显示了常用的几种对话框效果。

图 4-33　几种常见的对话框效果

4.4.2　实战演练——在屏幕中使用对话框显示问候语

接下来的实例将详细讲解在屏幕中使用对话框显示问候语的方法。

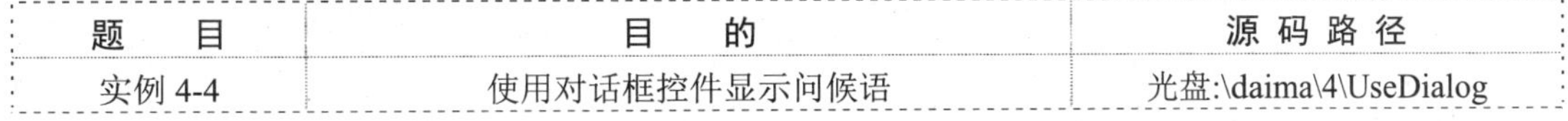

题　　目	目　　的	源 码 路 径
实例 4-4	使用对话框控件显示问候语	光盘:\daima\4\UseDialog

本实例的具体实现流程如下。

（1）编写布局文件 main.xml，主要代码如下所示。

```
<?xml version="1.0" encoding="utf-8"?>
<LinearLayout xmlns:Android="http://schemas.Android.com/apk/res/Android"
    Android:orientation="vertical"
    Android:layout_width="fill_parent"
    Android:layout_height="fill_parent"
    >
<TextView
    Android:layout_width="fill_parent"
    Android:layout_height="wrap_content"
    Android:text="@string/hello"
    />
</LinearLayout>
```

（2）开始编写程序文件 ActivityMain.java，具体实现过程如下。

首先看里面的 onCreate()方法，具体代码如下所示。

```
protected void onCreate(Bundle savedInstanceState) {
        super.onCreate(savedInstanceState);
        setContentView(R.layout.alert_dialog);
        Button button1 = (Button) findViewById(R.id.button1);
        button1.setOnClickListener(new OnClickListener() {
            public void onClick(View v) {
                showDialog(DIALOG1);
            }
        });
        Button buttons2 = (Button) findViewById(R.id.buttons2);
        buttons2.setOnClickListener(new OnClickListener() {
            public void onClick(View v) {
                showDialog(DIALOG2);
            }
        });
        Button button3 = (Button) findViewById(R.id.button3);
        button3.setOnClickListener(new OnClickListener() {
            public void onClick(View v) {
                showDialog(DIALOG3);
            }
        });
        Button button4 = (Button) findViewById(R.id.button4);
        button4.setOnClickListener(new OnClickListener() {
            public void onClick(View v) {
                showDialog(DIALOG4);
            }
        });
}
```

上述代码的具体说明如下所示。

☑ 方法 findViewById()通过组件的 ID 返回对这个组件的引用。

☑ 方法 setOnClickListener()为 button1 设置了一个单击监听器。

☑ onClick 为单击 Button 后的回调函数。

☑ showDialog()是 Activity 中的函数，用于将 ID 为 DIALOG1 的 Dialog 显示出来。

然后定义方法 onCreateDialog()，此方法是一个回调函数，能够根据不同的 Dialog 的 ID 生成不同的 Dialog，例如函数 buildDialog1()能够生成第一个要显示的 Dialog。具体代码如下所示。

```
    protected Dialog onCreateDialog(int id) {
    switch (id) {
    case DIALOG1:
        return buildDialog1(ActivityMain.this);
    case DIALOG2:
        return buildDialog2(ActivityMain.this);
    case DIALOG3:
        return buildDialog3(ActivityMain.this);
    case DIALOG4:
        return buildDialog4(ActivityMain.this);
    }
    return null;
}
```

接着编写函数 buildDialog1()、buildDialog2()、buildDialog3()和 buildDialog4()，具体代码如下所示。

```
private Dialog buildDialog1(Context context) {
    /*创建一个 AlertDialog.Builder builder 对象*/
    AlertDialog.Builder builder = new AlertDialog.Builder(context);
    /*给 AlertDialog 预设一个图片*/
    builder.setIcon(R.drawable.alert_dialog_icon);
    /*给 AlertDialog 预设一个标题*/
    builder.setTitle(R.string.alert_dialog_two_buttons_title);
    /*设置按钮的属性*/
    builder.setPositiveButton(R.string.alert_dialog_ok,
            new DialogInterface.OnClickListener() {
                public void onClick(DialogInterface dialog, int whichButton) {
                    setTitle("你单击了对话框上的确定按钮");
                }
            });
    builder.setNegativeButton(R.string.alert_dialog_cancel,
            new DialogInterface.OnClickListener() {
                public void onClick(DialogInterface dialog, int whichButton) {
                    setTitle("你单击了对话框上的取消按钮");
                }
            });
    return builder.create();
}
private Dialog buildDialog2(Context context) {
    AlertDialog.Builder builder = new AlertDialog.Builder(context);
    builder.setIcon(R.drawable.alert_dialog_icon);
    builder.setTitle(R.string.alert_dialog_two_buttons_msg);
    builder.setMessage(R.string.alert_dialog_two_buttons2_msg);
    builder.setPositiveButton(R.string.alert_dialog_ok,
            new DialogInterface.OnClickListener() {
                public void onClick(DialogInterface dialog, int whichButton) {
                    setTitle("你单击了对话框上的确定按钮");
                }
            });
    builder.setNeutralButton(R.string.alert_dialog_something,
            new DialogInterface.OnClickListener() {
                public void onClick(DialogInterface dialog, int whichButton) {
                    setTitle("你这是单击了对话框上的进入详细按钮");
                }
            });
    builder.setNegativeButton(R.string.alert_dialog_cancel,
            new DialogInterface.OnClickListener() {
                public void onClick(DialogInterface dialog, int whichButton) {
                    setTitle("你单击了对话框上的取消按钮");
                }
            });
    return builder.create();
}
private Dialog buildDialog3(Context context) {
    LayoutInflater inflater = LayoutInflater.from(this);
    final View textEntryView = inflater.inflate(
            R.layout.alert_dialog_text_entry, null);
```

```
        AlertDialog.Builder builder = new AlertDialog.Builder(context);
        builder.setIcon(R.drawable.alert_dialog_icon);
        builder.setTitle(R.string.alert_dialog_text_entry);
        builder.setView(textEntryView);
        builder.setPositiveButton(R.string.alert_dialog_ok,
                new DialogInterface.OnClickListener() {
                    public void onClick(DialogInterface dialog, int whichButton) {
                        setTitle("你单击了对话框上的确定按钮");
                    }
                });
        builder.setNegativeButton(R.string.alert_dialog_cancel,
                new DialogInterface.OnClickListener() {
                    public void onClick(DialogInterface dialog, int whichButton) {
                        setTitle("你单击了对话框上的取消按钮");
                    }
                });
        return builder.create();
    }
        private Dialog buildDialog4(Context context) {
        ProgressDialog dialog = new ProgressDialog(context);
        dialog.setTitle("正在处理中");
        dialog.setMessage("等待……");
        return  dialog;
    }
}
```

上述 4 个函数的实现原理是一样的，具体说明如下。

☑ buildDialog1

- ➢ onClick()方法是监听器中的回调方法，当单击 Dialog 按钮时，系统会回调这个方法。
- ➢ setNeutralButton()方法和 setPositiveButton()方法相对应，主要用于设置、取消按钮的一些属性。
- ➢ 执行 builder.create()后，会生成一个配置好的 Dialog。

☑ buildDialog2

当单击第二个 button 后，会执行 buildDialog2()，其中方法 setNeutralButton()用于设置中间按钮中的一些属性，具体设置方法和 buildDialog1()中的一样。

☑ buildDialog3

当单击第三个 button 后，会执行 buildDialog3()，其中通过 LayoutInflater 类的 inflater()方法可以将一个 XML 布局变为一个 View 实例。另外，如下语句是整个 Dialog 的精髓：

```
builder.setView(textEntryView);
```

通过上述方法可以将实现好的个性化的 View 放置到 Dialog 中，此处的 textEntryView 和 alert_dialog_entry.xml 定义的布局相关联。

☑ buildDialog4

此程序最为简单，执行后将会显示一个等待界面。

（3）编写文件 alert_dialog_text_entry.xml，代码如下所示。

```
<?xml version="1.0" encoding="utf-8"?>
<LinearLayout xmlns:android="http://schemas.android.com/apk/res/android"
      android:layout_width="fill_parent" android:layout_height="wrap_content"
      android:orientation="vertical">
```

```
<TextView android:id="@+id/username_view"
    android:layout_height="wrap_content"
    android:layout_width="wrap_content" android:layout_marginLeft="20dip"
    android:layout_marginRight="20dip" android:text="用户名"
    android:textAppearance="?android:attr/textAppearanceMedium" />

<EditText android:id="@+id/username_edit"
    android:layout_height="wrap_content"
    android:layout_width="fill_parent" android:layout_marginLeft="20dip"
    android:layout_marginRight="20dip" android:capitalize="none"
    android:textAppearance="?android:attr/textAppearanceMedium" />

<TextView android:id="@+id/password_view"
    android:layout_height="wrap_content"
    android:layout_width="wrap_content" android:layout_marginLeft="20dip"
    android:layout_marginRight="20dip" android:text="密码"
    android:textAppearance="?android:attr/textAppearanceMedium" />

<EditText android:id="@+id/password_edit"
    android:layout_height="wrap_content"
    android:layout_width="fill_parent" android:layout_marginLeft="20dip"
    android:layout_marginRight="20dip" android:capitalize="none"
    android:password="true"
    android:textAppearance="?android:attr/textAppearanceMedium" />
</LinearLayout>
```

（4）编写文件 alert_dialog.xml，用于设置各个按钮上显示的文本。

到此为止，整个实例全部讲解结束。执行后的初始效果如图 4-34 所示；单击第一个 button 后的效果如图 4-35 所示；单击第二个 button 后的效果如图 4-36 所示；单击第三个 button 后的效果如图 4-37 所示；单击第四个 button 后的效果如图 4-38 所示。

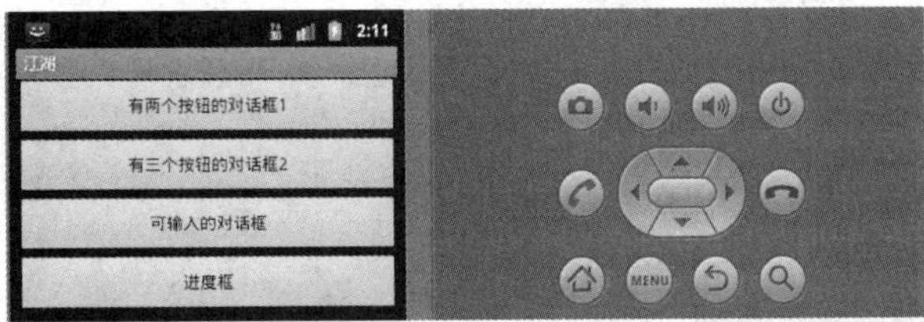

图 4-34　初始效果

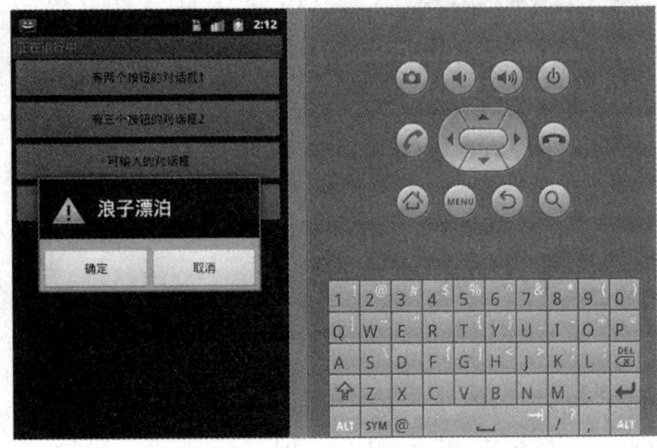

图 4-35　单击第一个 button 后的效果

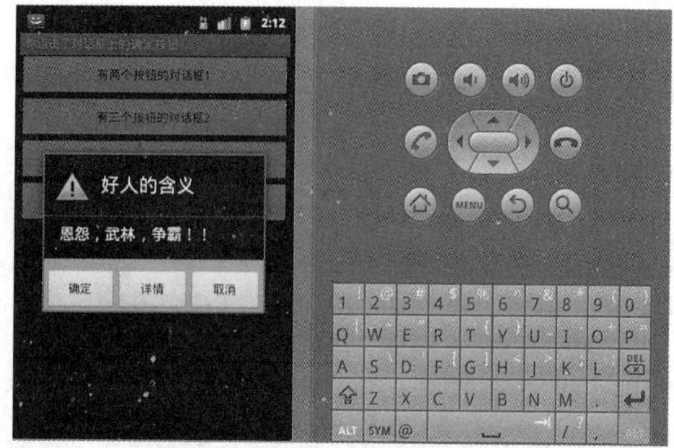

图 4-36　单击第二个 button 后的效果

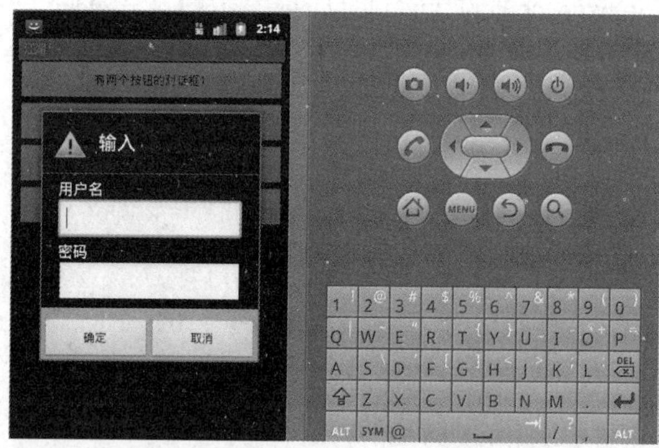

图 4-37　单击第三个 button 后的效果

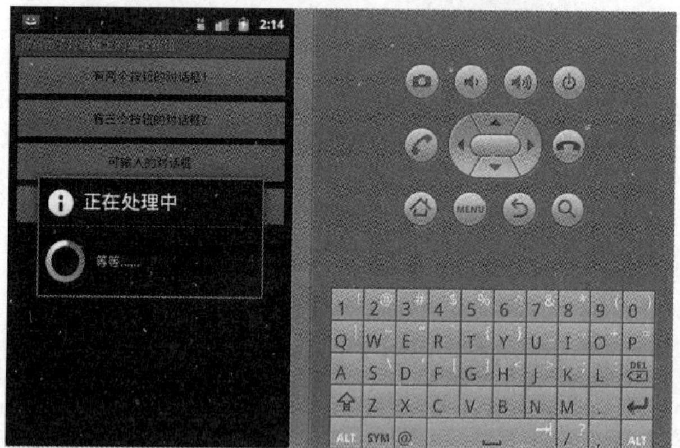

图 4-38　单击第四个 button 后的效果

4.5　使用 Toast 和 Notification 提醒控件

知识点讲解：光盘:视频\知识点\第 4 章\使用 Toast 和 Notification 提醒控件.avi

在 Android 中可以使用 Toast 和 Notification 控件实现提醒功能。和 Dialog 相比，这种类型的提醒功能更加友好和温馨，并且不会打断用户的当前操作。本节将详细讲解 Toast 和 Notification 控件的具体使用方法。

4.5.1　Toast 和 Notification 基础

Toast 是 Android 中用来显示信息的一种机制，和 Dialog 不一样的是，Toast 是没有焦点的，而且 Toast 显示的时间有限，在经过一定时间后就会自动消失。

Notification 也是一个和提醒有关的控件，它通常和 NotificationManager 一块使用。控件 Notification 的主要功能如下。

1．NotificationManager 和 Notification 设置通知

通知的设置等操作相对比较简单，基本的使用方式就是新建一个 Notification 对象，然后设置好通知的各项参数，然后使用系统后台运行的 NotificationManager 服务将通知发出来。使用 Notification 的基本步骤如下。

（1）得到 NotificationManager，例如下面的代码。

```
String ns = Context.NOTIFICATION_SERVICE;
NotificationManager mNotificationManager = (NotificationManager) getSystemService(ns);
```

（2）创建一个新的 Notification 对象，例如下面的代码。

```
Notification notification = new Notification();
notification.icon = R.drawable.notification_icon;
```

也可以使用稍微复杂一些的方式创建 Notification，例如下面的代码。

```
int icon = R.drawable.notification_icon;              //通知图标
CharSequence tickerText = "Hello";                    //状态栏（Status Bar）显示的通知文本提示
long when = System.currentTimeMillis();               //通知产生的时间，会在通知信息中显示
Notification notification = new Notification(icon, tickerText, when);
```

（3）填充 Notification 的各个属性，例如下面的代码。

```
Context context = getApplicationContext();
CharSequence contentTitle = "My notification";
CharSequence contentText = "Hello World!";
Intent notificationIntent = new Intent(this, MyClass.class);
PendingIntent contentIntent = PendingIntent.getActivity(this, 0, notificationIntent, 0);
notification.setLatestEventInfo(context, contentTitle, contentText, contentIntent);
```

Notification 提供了如下几种手机提示方式。

☑　在状态栏（Status Bar）显示通知文本提示，例如下面的代码。

```
notification.tickerText = "hello";
```

☑　发出提示音，例如下面的代码。

```
notification.defaults |= Notification.DEFAULT_SOUND;
notification.sound = Uri.parse("file:///sdcard/notification/ringer.mp3");
notification.sound = Uri.withAppendedPath(Audio.Media.INTERNAL_CONTENT_URI, "6");
```

☑　实现手机振动，例如下面的代码。

```
notification.defaults |= Notification.DEFAULT_VIBRATE;
long[] vibrate = {0,100,200,300};
notification.vibrate = vibrate;
```

☑　实现 LED 灯闪烁，例如下面的代码。

```
notification.defaults |= Notification.DEFAULT_LIGHTS;
notification.ledARGB = 0xff00ff00;
notification.ledOnMS = 300;
notification.ledOffMS = 1000;
notification.flags |= Notification.FLAG_SHOW_LIGHTS;
```

（4）发送通知，例如下面的代码。

```
private static final int ID_NOTIFICATION = 1;
mNotificationManager.notify(ID_NOTIFICATION, notification);
```

2．更新通知

如果需要更新一个通知，只需要在设置 Notification 后再调用 setLatestEventInfo，然后重新发送一次通知即可。为了更新一个已经触发过的 Notification，需要传入相同的 ID。我们既可以传入相同的 Notification 对象，也可以传入一个全新的对象。只要 ID 相同，新的 Notification 对象就会替换状态条图标和扩展状态窗口的细节。我们还可以使用 ID 取消 Notification 提醒，此功能是通过调用 NotificationManager 中的方法 cancel()实现的，例如下面的代码。

```
notificationManager.cancel(notificationRef);
```

当取消一个 Notification 时，会移除它的状态条图标以及清除在扩展状态窗口中的信息。

4.5.2 练习 Toast 和 Notification

接下来的实例将详细讲解使用 Toast 和 Notification 实现提醒功能控件的方法。

题　目	目　的	源码路径
实例 4-5	使用 Toast 和 Notification 实现提醒功能	光盘:\daima\4\tixing

本实例的具体实现流程如下。

（1）新建一个 Android 工程文件，然后编写布局文件 main.xml，具体代码如下所示。

```
<?xml version="1.0" encoding="utf-8"?>
<LinearLayout xmlns:Android="http://schemas.Android.com/apk/res/Android"
    Android:orientation="vertical" Android:layout_width="fill_parent"
    Android:layout_height="fill_parent">
    <Button Android:id="@+id/button1"
        Android:layout_width="wrap_content"
        Android:layout_height="wrap_content" Android:text="介绍 Notification" />
    <Button Android:id="@+id/button2"
        Android:layout_width="wrap_content"
        Android:layout_height="wrap_content" Android:text="介绍 Toast" />
</LinearLayout>
```

通过上述代码插入了两个 Button 按钮，执行后效果如图 4-39 所示。

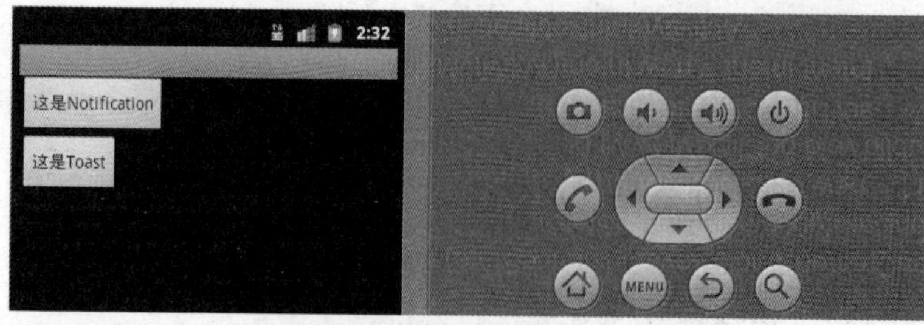

图 4-39　插入两个 Button

（2）编写处理文件 ActivityMain.java，对两个 Button 绑定了单击监听器 OnClickListener，当单击这两个 Button 按钮时会跳转到新的 Activity 界面上。具体代码如下所示。

```
public class ActivityMain extends Activity {
    OnClickListener listener1 = null;
```

```
    OnClickListener listener2 = null;
    Button button1;
    Button button2;
    @Override
    public void onCreate(Bundle savedInstanceState) {
        super.onCreate(savedInstanceState);
        listener1 = new OnClickListener() {
            public void onClick(View v) {
                setTitle("这是 Notification");
                Intent intent = new Intent(ActivityMain.this,
                        ActivityMainNotification.class);
                startActivity(intent);
            }
        };
        listener2 = new OnClickListener() {
            public void onClick(View v) {
                setTitle("这是 Toast");
                Intent intent = new Intent(ActivityMain.this,
                        ActivityToast.class);
                startActivity(intent);
            }
        };
        setContentView(R.layout.main);
        button1 = (Button) findViewById(R.id.button1);
        button1.setOnClickListener(listener1);
        button2 = (Button) findViewById(R.id.button2);
        button2.setOnClickListener(listener2);
    }
}
```

（3）编写单击第一个 Button 按钮的处理程序，即单击图 4-39 中的“这是 Notification”按钮后，执行 ActivityMainNotification.java，主要代码如下所示。

```
public class ActivityMainNotification extends Activity {
  private static int NOTIFICATIONS_ID = R.layout.activity_notification;
  private NotificationManager mNotificationManager;
  @Override
  public void onCreate(Bundle savedInstanceState) {
    super.onCreate(savedInstanceState);
    setContentView(R.layout.activity_notification);
    Button button;
    mNotificationManager = (NotificationManager) getSystemService(NOTIFICATION_SERVICE);
    button = (Button) findViewById(R.id.sun_1);
    button.setOnClickListener(new Button.OnClickListener() {
        public void onClick(View v) {
            setWeather("好", "天气", "好", R.drawable.sun);
        }
    });
    button = (Button) findViewById(R.id.cloudy_1);
    button.setOnClickListener(new Button.OnClickListener() {
        public void onClick(View v) {
            setWeather("还行", "天气", "还行", R.drawable.cloudy);
        }
```

```
        });
        button = (Button) findViewById(R.id.rain_1);
        button.setOnClickListener(new Button.OnClickListener() {
            public void onClick(View v) {
                setWeather("不好", "天气", "不好", R.drawable.rain);
            }
        });
        button = (Button) findViewById(R.id.defaultSound);
        button.setOnClickListener(new Button.OnClickListener() {
            public void onClick(View v) {
                setDefault(Notification.DEFAULT_SOUND);
            }
        });
        button = (Button) findViewById(R.id.defaultVibrate);
        button.setOnClickListener(new Button.OnClickListener() {
            public void onClick(View v) {
                setDefault(Notification.DEFAULT_VIBRATE);
            }
        });
        button = (Button) findViewById(R.id.defaultAll);
        button.setOnClickListener(new Button.OnClickListener() {
            public void onClick(View v) {
                setDefault(Notification.DEFAULT_ALL);
            }
        });
        button = (Button) findViewById(R.id.clear);
        button.setOnClickListener(new Button.OnClickListener() {
            public void onClick(View v) {
                mNotificationManager.cancel(NOTIFICATIONS_ID);
            }
        });
        }
    private void setWeather(String tickerText, String title, String content,
            int drawable) {
        Notification notification = new Notification(drawable, tickerText,
                System.currentTimeMillis());
        PendingIntent contentIntent = PendingIntent.getActivity(this, 0,
                new Intent(this, ActivityMain.class), 0);
        notification.setLatestEventInfo(this, title, content, contentIntent);
        mNotificationManager.notify(NOTIFICATIONS_ID, notification);
    }
    private void setDefault(int defaults) {
        PendingIntent contentIntent = PendingIntent.getActivity(this, 0,
                new Intent(this, ActivityMain.class), 0);
        String title = "天气预报";
        String content = "晴";
        final Notification notification = new Notification(R.drawable.sun,
                content, System.currentTimeMillis());
        notification.setLatestEventInfo(this, title, content, contentIntent);
        notification.defaults = defaults;
        mNotificationManager.notify(NOTIFICATIONS_ID, notification);
    }
}
```

因为所有的 Notification 都是通过 NotificationManager 来管理的，所以应该首先得到 NotificationManager 实例，以便管理这个 Activity 中的跳转服务。获取 NotificationManager 实例的代码如下所示。

```
mNotificationManager=(NotificationManager)getSystemService(NOTIFICATION_SERVICE);
```

函数 setWeather()是 ActivityMainNotification 中的重要函数之一，它实例化了一个 Notification，并将这个 Notification 显示出来。再看下面的代码。

```
Notification notification = new Notification(drawable, tickerText,
                System.currentTimeMillis());
```

在上面的代码中包含了 3 个参数，具体说明如下。

☑ 第 1 个：要显示的图片 ID。

☑ 第 2 个：显示的文本文字。

☑ 第 3 个：Notification 显示的时间，一般是立即显示，时间就是 System.currentTimeMillis()。

函数 setDefault()也是文件 ActivityMainNotification.java 中的一个重要函数，在此函数中初始化了一个 Notification，在设置 Notification 时使用了其默认值的形式，即：

```
notification.defaults = defaults;
```

另外，在上述程序中还用到了以下 3 种表现形式。

☑ Notification.DEFAULT_VIBRATE：表示当前的 Notification 显示出来时手机会发出振动。

☑ Notification.DEFAULT_SOUND：表示当前的 Notification 显示出来时手机会伴随。

☑ Notification.DEFAULT_ALL：表示当前的 Notification 显示出来时手机即会振动，也会伴随音乐。

这样当单击第一个 Button 按钮后会执行上述处理程序并来到对应的新界面，新界面的布局功能是由文件 activity_notification.xml 实现的，主要代码如下所示。

```
<?xml version="1.0" encoding="utf-8"?>
<ScrollView xmlns:Android="http://schemas.Android.com/apk/res/Android"
    Android:layout_width="fill_parent"
    Android:layout_height="fill_parent">
        <LinearLayout
        Android:orientation="vertical"
        Android:layout_width="fill_parent"
        Android:layout_height="wrap_content">
                <LinearLayout
            Android:orientation="vertical"
            Android:layout_width="fill_parent"
            Android:layout_height="wrap_content">
                    <Button
                Android:id="@+id/sun_1"
                Android:layout_width="wrap_content"
                Android:layout_height="wrap_content"
                Android:text="适合" />
                    <Button
                Android:id="@+id/cloudy_1"
                Android:layout_width="wrap_content"
                Android:layout_height="wrap_content"
                Android:text="一般" />

              <Button
                Android:id="@+id/rain_1"
                Android:layout_width="wrap_content"
                Android:layout_height="wrap_content"
                Android:text="一点也不适合" />
```

```
</LinearLayout>
        <TextView
    Android:layout_width="wrap_content"
    Android:layout_height="wrap_content"
    Android:layout_marginTop="20dip"
    Android:text="高级 notification" />
<LinearLayout
    Android:orientation="vertical"
    Android:layout_width="fill_parent"
    Android:layout_height="wrap_content">
            <Button
        Android:id="@+id/defaultSound"
        Android:layout_width="wrap_content"
        Android:layout_height="wrap_content"
        Android:text="有声音的提示" />
            <Button
        Android:id="@+id/defaultVibrate"
        Android:layout_width="wrap_content"
        Android:layout_height="wrap_content"
        Android:text="振动的提示" />
                <Button
        Android:id="@+id/defaultAll"
        Android:layout_width="wrap_content"
        Android:layout_height="wrap_content"
        Android:text="声音+振动的提示" />

</LinearLayout>
        <Button Android:id="@+id/clear"
    Android:layout_width="wrap_content"
    Android:layout_height="wrap_content"
    Android:layout_marginTop="20dip"
    Android:text="清除提示" />
        </LinearLayout>
</ScrollView>
```

执行后的界面效果如图 4-40 所示。

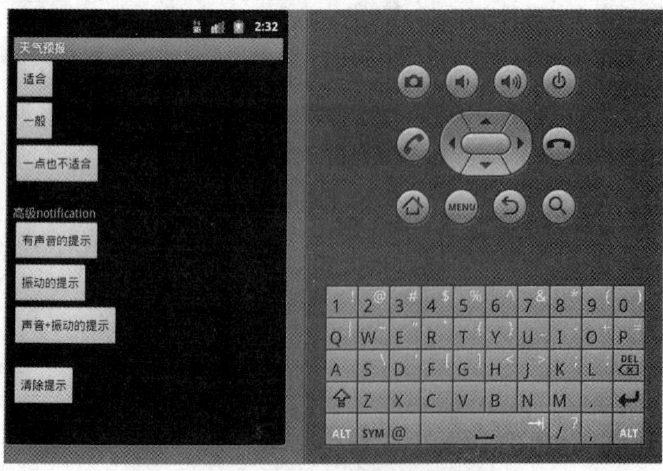

图 4-40　运行效果

当单击图 4-40 中的 Button 后，会根据上述处理文件而实现某种效果，例如单击“有声音的提示”按钮后会发出声音。

（4）编写第二个 Button 的处理程序，即单击图 4-39 中的“这是 Toast”按钮后会执行文件 ActivityToast.java，主要代码如下所示。

```
public class ActivityToast extends Activity {
   OnClickListener listener1 = null;
   OnClickListener listener2 = null;
   Button button1;
   Button button2;
   private static int NOTIFICATIONS_ID = R.layout.activity_toast;
   @Override
   public void onCreate(Bundle savedInstanceState) {
      super.onCreate(savedInstanceState);
      listener1 = new OnClickListener() {
            public void onClick(View v) {
                  setTitle("短时提醒");
                  showToast(Toast.LENGTH_SHORT);
            }
      };
      listener2 = new OnClickListener() {
            public void onClick(View v) {
                  setTitle("长时提醒");
                  showToast(Toast.LENGTH_LONG);
                  showNotification();
            }
      };
      setContentView(R.layout.activity_toast);
      button1 = (Button) findViewById(R.id.button1);
      button1.setOnClickListener(listener1);
      button2 = (Button) findViewById(R.id.button2);
      button2.setOnClickListener(listener2);
   }
   protected void showToast(int type) {
      View view = inflateView(R.layout.toast);
      TextView tv = (TextView) view.findViewById(R.id.content);
      tv.setText("欢迎来到济南！");
      /*实例化 Toast*/
      Toast toast = new Toast(this);
      toast.setView(view);
      toast.setDuration(type);
      toast.show();
   }
   private View inflateView(int resource) {
      LayoutInflater vi = (LayoutInflater) getSystemService(Context.LAYOUT_INFLATER_SERVICE);
      return vi.inflate(resource, null);
   }
   protected void showNotification() {
```

```
    NotificationManager notificationManager = (NotificationManager) getSystemService (NOTIFICATION_
SERVICE);
    CharSequence title = "省会";
    CharSequence contents = "齐鲁大地";
    PendingIntent contentIntent = PendingIntent.getActivity(this, 0,
            new Intent(this, ActivityMain.class), 0);
    Notification notification = new Notification(R.drawable.default_icon,
            title, System.currentTimeMillis());
    notification.setLatestEventInfo(this, title, contents, contentIntent);
    //100ms 延迟后，振动 250ms，停止 100ms 后振动 500ms
    notification.vibrate = new long[] { 100, 250, 100, 500 };
    notificationManager.notify(NOTIFICATIONS_ID, notification);
  }
}
```

在上述代码中使用了 Toast 控件，它不需要用 NotificationManager 来管理，上述代码的处理流程如下所示。

☑ 实例化 Toast，每个 Toast 和一个 View 相关。

☑ 设置 Toast 的长短，通过“showToast(Toast.LENGTH_SHORT);”来设置 Toast 短时间显示，通过“showToast(Toast.LENGTH_LONG);”来设置 Toast 长时间显示。

☑ 通过函数 showToast()来显示 Toast，当单击“长时显示”按钮后，程序会长时间地显示提醒，并用 Notification 在状态栏中提示用户；当单击“短时显示”按钮后，程序会短时间地显示提醒。

这样当单击第二个 Button 后会执行上述处理程序并来到对应的新界面，新界面的布局功能是由文件 activity_toast.xml 实现的，此布局文件的主要代码如下所示。

```
<?xml version="1.0" encoding="utf-8"?>
<LinearLayout xmlns:Android="http://schemas.Android.com/apk/res/Android"
    Android:orientation="vertical" Android:layout_width="fill_parent"
    Android:layout_height="fill_parent">
    <Button Android:id="@+id/button1"
        Android:layout_width="wrap_content"
        Android:layout_height="wrap_content" Android:text="短时 Toast" />
    <Button Android:id="@+id/button2"
        Android:layout_width="wrap_content"
        Android:layout_height="wrap_content" Android:text="长时 Toast" />
</LinearLayout>
```

执行后的界面效果如图 4-41 所示。

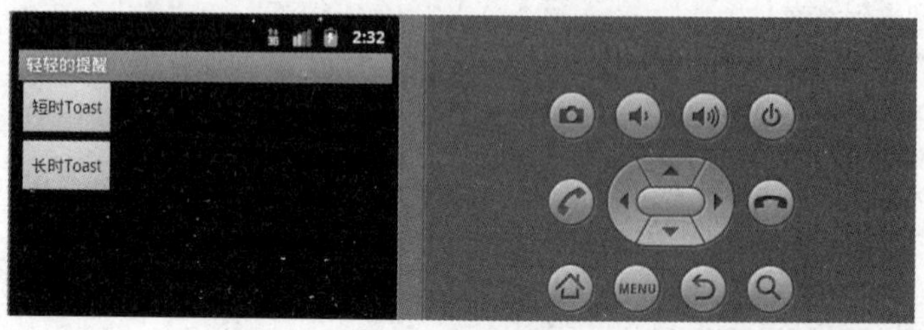

图 4-41　运行效果

当单击图 4-41 中的 Button 后，会根据上述处理文件而实现某种效果，例如单击“短时 Toast”按钮后会短时间显示一个提醒，当单击“长时 Toast”按钮后会长时间显示一个提醒，两种方式的提醒界面都是相同的，具体效果如图 4-42 所示。

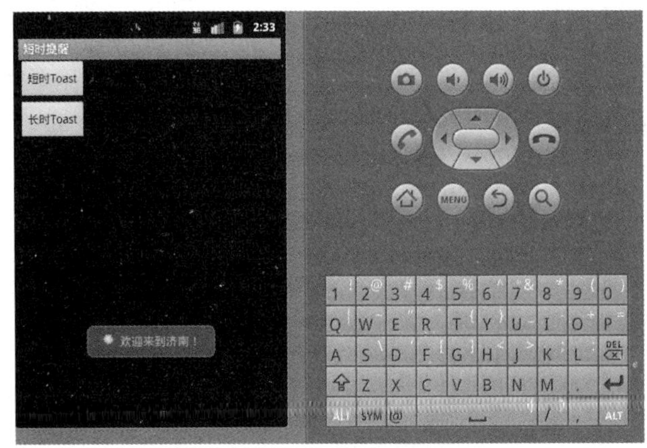

图 4-42　运行效果

4.6　自定义控件

知识点讲解：光盘:视频\知识点\第 4 章\自定义控件.avi

控件是 Android 系统的核心功能，几乎所有的应用功能都离不开控件来实现。其实开发人员除了可以使用 Android 系统提供的控件之外，还可以根据项目需要编写自定义控件。例如在项目中经常需要使用选择对话框功能，虽然可以使用 Android 自带的控件就可以实现，但是自带的控件不利于实现高级的功能，并且不利于项目的长远发展。此时可以设计一个自定义的控件，在控件中整合我们所需要的所有功能。

接下来实例的功能是实现如图 4-43 所示的效果，在具体实现时先实现 item 部分，再实现对话框部分。

图 4-43　执行效果

接下来的实例将详细讲解在 Android 应用程序中使用 MENU 控件的方法。

题　　目	目　　的	源 码 路 径
实例 4-6	自定义组合控件和自定义对话框	光盘:\daima\4\SharePrefers

本实例的具体实现流程如下。

（1）定义一个自定义控件类 ListSelectView extends LinearLayout，在此类中包含了如下变量。

```
private TextView tvHeader;                       //Item 的标题
private TextView tvContent;                      //Item 的选项

private CharSequence[] mEntries;                 //对话框的选项
        private CharSequence[] mEntryValues; //选择对话框后的值
private int mClickedDialogEntryIndex;            //对话框选项的 index
```

（2）接下来先实现 item 部分，在此需要编写如下布局文件。

```
<?xml version="1.0" encoding="utf-8"?>
<LinearLayout
  xmlns:android="http://schemas.android.com/apk/res/android"
  android:orientation="horizontal"
  android:layout_width="fill_parent"
  android:layout_height="fill_parent" android:paddingLeft="10dp" android:paddingRight="10dp" android: padding
Top="10dp" android:paddingBottom="4dp">

    <LinearLayout android:layout_width="wrap_content" android:layout_height="wrap_content" android:orientation=
"vertical" android:layout_weight="1">
     <TextView android:id="@+id/tvListSelectLayoutTitle" android:layout_width="fill_parent" android:layout_height=
"wrap_content" android:paddingBottom="0dp" />
     <TextView android:id="@+id/tvListSelectLayoutContent" android:layout_width="fill_parent" android:layout_height=
"wrap_content" android:textSize="10dp" android:paddingTop="0dp" />
    </LinearLayout>
    <ImageView android:layout_width="wrap_content" android:layout_height="wrap_content" android:scaleType=
"fitCenter" android:background="@drawable/ic_btn_round_more_normal"/>
</LinearLayout>
```

（3）在文件 attrs.xml 中定义了属性 entries 和 entryValues，读者可以根据自己的项目而确定添加属性的格式。主要代码如下所示。

```
<declare-styleable name="ListSelectView">
    <attr name="entries" format="reference"/>
    <attr name="entryValues" format="reference" />
</declare-styleable>
```

（4）定义构造函数 ListSelectView()来初始化控件及其状态。主要代码如下所示。

```
public ListSelectView(Context context, AttributeSet attrs) {
     super(context, attrs);
     LayoutInflater.from(context).inflate(R.layout.list_select_layout, this, true);
     TypedArray a = context.obtainStyledAttributes(attrs, org.lansir.R.styleable.ListSelectView, 0, 0);
     //从属性处初始化值
     mEntries = a.getTextArray(org.lansir.R.styleable.ListSelectView_entries);
     mEntryValues = a.getTextArray(org.lansir.R.styleable.ListSelectView_entryValues);
     a.recycle();
     tvHeader = (TextView) findViewById(R.id.tvListSelectLayoutTitle);    //初始化控件
     tvContent = (TextView) findViewById(R.id.tvListSelectLayoutContent);
     tvHeader.setTextColor(Color.BLACK);                                  //设置标题颜色
     tvContent.setGravity(Gravity.TOP);
     this.setOnClickListener(this);                                       //设置单击事件
}
```

到此为止，实现了 item 部分的功能效果，执行效果如图 4-44 所示。

Hello

图 4-44　执行效果

（5）从现在开始讲解对话框部分的实现过程，首先设置单击事件，单击后可以弹出一个对话框界面。主要代码如下所示。

```
@Override
public final void onClick(View v) {
    SingleSelectionDialog dialog = new SingleSelectionDialog.Builder (this.getContext()). setTitle(tvHeader.
getText()).setSingleChoiceItems(mEntries,
            mClickedDialogEntryIndex, new DialogInterface.OnClickListener() {
                @Override
                public void onClick(DialogInterface dialog, int which) {
                    mClickedDialogEntryIndex = which;
                    tvContent.setText(mEntryValues[mClickedDialogEntryIndex]);
                    dialog.dismiss();
                }
            }).create();
    dialog.show();
}
```

（6）定义对话框 SingleSelectionDialog，这是一个继承于 Dialog 的类，在此之所以没有选择继承于 AlertDialog，这是因为和使用 Dialog 类的实现方式相比，使用 AlertDialog 自定义具体内容和 Style 样式会更加麻烦。另外，在 SingleSelectionDialog 类中自定义一个封装方法 setSingleChoiceItems()，在方法中设置对话框 List 的选项以及事件，在这个事件中设置了选项的 Index 索引，便于下次再次单击对话框时设置成已设置的值，并且同时改变主页 Item 选项值的内容及关闭对话框。上述功能的对应代码如下所示。

```
public class SingleSelectionDialog extends Dialog {
  public SingleSelectionDialog(Context context, boolean cancelable,
        OnCancelListener cancelListener) {
    super(context, cancelable, cancelListener);
  }
  public SingleSelectionDialog(Context context, int theme) {
    super(context, theme);
  }
  public SingleSelectionDialog(Context context) {
    super(context);
  }
  public static class Builder {
    private Context context;
    private CharSequence title;                                    //对话框标题
    private CharSequence[] mListItem;                              //对话框选项值
    private int mClickedDialogEntryIndex;                          //对话框选项 Index
    private DialogInterface.OnClickListener mOnClickListener;      //对话框单击事件
    public Builder(Context context) {
        this.context = context;
    }
    public Builder setTitle(int title) {
        this.title = (String) context.getText(title);
        return this;
    }
```

```
        public Builder setTitle(CharSequence title) {
            this.title = title;
            return this;
        }
        public CharSequence[] getItems() {
            return mListItem;
        }
        public Builder setItems(CharSequence[] mListItem) {
            this.mListItem = mListItem;
            return this;
        }

        //设置单选 List 选项及事件，这些属性在之后的 create 中用到，这里使用 Android 系统创建 dialog 的风格
        public Builder setSingleChoiceItems(CharSequence[] items, int checkedItem, final OnClickListener listener)
{
            this.mListItem = items;
                        this.mOnClickListener = listener;
                        this.mClickedDialogEntryIndex = checkedItem;
                        return this;
                }
        public SingleSelectionDialog create() {
            LayoutInflater inflater = (LayoutInflater) context
                    .getSystemService(Context.LAYOUT_INFLATER_SERVICE);
            final SingleSelectionDialog dialog = new SingleSelectionDialog(
                    context, R.style.Theme_Dialog_ListSelect);
            View layout = inflater.inflate(R.layout.single_selection_dialog,
                    null);
            dialog.addContentView(layout, new LayoutParams(
                    LayoutParams.FILL_PARENT, LayoutParams.WRAP_CONTENT));
            if(mListItem == null){
                throw new RuntimeException("Entries should not be empty");
            }
            ListView lvListItem = (ListView) layout.findViewById(R.id.lvListItem);
//              android.R.layout.simple_list_item_single_choice
            //lvListItem.setAdapter(new ArrayAdapter(context, android.R.layout.simple_list_item_single_choice,
android.R.id.text1, mListItem));
//              SingleSelectionAdapter mSingleSelectionAdapter = new SingleSelectionAdapter(context, R.layout.single_
list_item, R.id.ctvListItem, mListItem);
//              lvListItem.setAdapter(mSingleSelectionAdapter);
            lvListItem.setAdapter(new ArrayAdapter(context,  R.layout.single_selection_list_item, R.id.ctvListItem,
mListItem));
            lvListItem.setOnItemClickListener(new OnItemClickListener(){
                @Override
                public void onItemClick(AdapterView<?> parent, View view,
                        int position, long id) {
                    mOnClickListener.onClick(dialog, position);
                }

            });
            lvListItem.setChoiceMode(ListView.CHOICE_MODE_SINGLE);
            lvListItem.setItemChecked(mClickedDialogEntryIndex, true);
```

```
            lvListItem.setSelection(mClickedDialogEntryIndex);
            TextView tvHeader = (TextView)layout.findViewById(R.id.title);
            tvHeader.setText(title);
                return dialog;
        }
    }
}
```

在上述代码中，使用 setSingleSelectItems 设置了单选列表的 Item 选项以及事件，这些属性将在 create()方法中用到。方法 create()用于初始化 dialog 对话框的主题，可以分别实现取消标题、取消边框和使用透明的功能。

（7）为对话框中的每个 item 选项定义 style 样式。主要代码如下所示。

```
<style name="Theme.Dialog.ListSelect" parent="android:style/Theme.Dialog">
    <item name="android:windowIsFloating">true</item>
    <item name="android:windowIsTranslucent">false</item><!--半透明-->
    <item name="android:backgroundDimEnabled">false</item><!--模糊-->
    <item name="android:windowContentOverlay">@null</item>
    <item name="android:windowNoTitle">true</item>
    <item name="android:windowFrame">@null</item><!--边框-->
</style>
```

（8）使用 setContent()方法初始化对话框中选项的内容，在此使用自定义布局的方式去创建界面，对应 XML 布局文件的主要代码如下所示。

```
<?xml version="1.0" encoding="utf-8"?>
<LinearLayout xmlns:android="http://schemas.android.com/apk/res/android"
  android:orientation="vertical" android:layout_width="fill_parent"
  android:minWidth="280dip" android:layout_height="wrap_content">
        //标题
  <LinearLayout android:orientation="vertical"
     android:background="@drawable/header" android:layout_width="fill_parent"
     android:layout_height="wrap_content">
     <TextView style="@style/DialogText.Title" android:id="@+id/title"
          android:paddingRight="8dip" android:paddingLeft="8dip"
          android:background="@drawable/title" android:layout_width="wrap_content"
          android:layout_height="wrap_content" android:textColor="@color/black" />
  </LinearLayout>
       //内容
  <LinearLayout android:id="@+id/content"
     android:orientation="vertical" android:background="@drawable/center"
     android:layout_width="fill_parent" android:layout_height="wrap_content">
     <ListView android:layout_width="match_parent"
          android:layout_height="match_parent" android:layout_marginTop="5px"
          android:cacheColorHint="@null" android:divider="@android:drawable/divider_horizontal_bright"
          android:scrollbars="vertical" android:id="@+id/lvListItem" />
  </LinearLayout>//底部
  <LinearLayout android:orientation="horizontal"
     android:background="@drawable/footer" android:layout_width="fill_parent"
     android:layout_height="wrap_content" />
</LinearLayout>
```

通过上述布局代码，将整个屏幕布局分为如下 3 部分。

☑ 头部：显示标题。

☑ 内容：显示单选 List。

☑ 底部：美化对话框。

（9）设置 Adapter，使 Adapter 的 Layout 使用前面我们自定义的 Layout，此 Layout 设置了 List 列表选项的样式。主要代码如下所示。

```
<CheckedTextView xmlns:android="http://schemas.android.com/apk/res/android"
    android:id="@+id/ctvListItem"
    android:layout_width="match_parent"
    android:layout_height="?android:attr/listPreferredItemHeight"
    android:textAppearance="?android:attr/textAppearanceLarge"
    android:gravity="center_vertical"
    android:checkMark="@drawable/radio_button_selector"
    android:paddingLeft="6dip"
    android:paddingRight="6dip"
    android:textColor="@color/black"
/>
```

（10）进入最后一步，开始整合“自定义组合控件+自定义对话框”功能，最终整个 Activity 的主要代码如下所示。

```
public class SharePrefersActivity extends Activity {
   private ListSelectView mListSelectView;
    @Override
    public void onCreate(Bundle savedInstanceState) {
        super.onCreate(savedInstanceState);
        setContentView(R.layout.main);
        mListSelectView = (ListSelectView)findViewById(R.id.lsvTest);
        mListSelectView.setHeader("Hello");
        mListSelectView.setContent("world");
    }
```

本实例设计完毕，执行后的效果如图 4-45 所示。单击◎图标后弹出选择对话框，如图 4-46 所示。

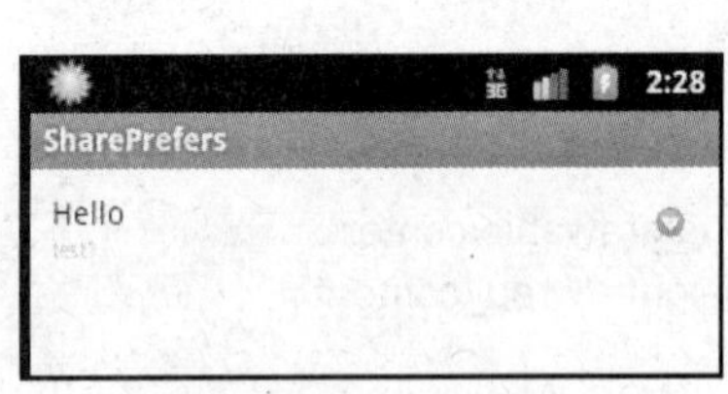

图 4-45　执行效果

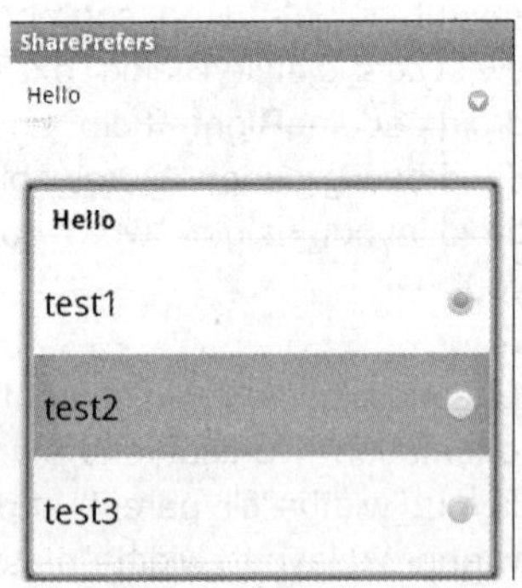

图 4-46　弹出对话框

第 5 章　Android 事件处理

与界面编程最紧密相关的知识就是事件处理了，当用户在程序界面上执行各种操作时，应用程序必须为用户动作提供响应，这种响应动作就需要通过事件处理来完成。在 Android 系统提供了两种事件处理的方式，分别是基于回调的事件处理和基于监听器的事件处理。本章将详细讲解 Android 系统中事件处理机制的基本知识，为读者步入本书后面知识的学习打下基础。

- ☑ 033：修改手机屏幕的显示方向.pdf
- ☑ 034：查看当前系统中正在运行的程序.pdf
- ☑ 035：获取当前运行程序的路径.pdf
- ☑ 036：修改、删除手机中的文件.pdf
- ☑ 037：清除、还原手机桌面.pdf
- ☑ 038：管理手机系统中的文件.pdf
- ☑ 039：URL 介绍和 ContentResolver 的用法剖析.pdf
- ☑ 040：使用 NotificationManager 的基本步骤.pdf

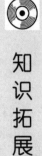

知识拓展

5.1　基于监听的事件处理

知识点讲解：光盘:视频\知识点\第 5 章\基于监听的事件处理.avi

在 Android 系统中，对于基于监听的事件处理来说，主要处理方法是为 Android 界面组件绑定特定的事件监听器。相比于基于回调的事件处理，基于监听的事件处理方式更具有“面向对象”的性质。本节将详细讲解 Android 系统中基于监听的事件处理的具体方法。

5.1.1　监听处理模型中的 3 种对象

在 Android 系统的基于监听的事件处理模型中，主要涉及如下 3 类对象。

- ☑ 事件源 Event Source：产生事件的来源，通常是各种组件，如按钮、窗口等。
- ☑ 事件 Event：事件封装了界面组件上发生的特定事件的具体信息，如果监听器需要获取界面组件上所发生事件的相关信息，一般通过事件 Event 对象来传递。
- ☑ 事件监听器 Event Listener：负责监听事件源发生的事件，并对不同的事件做相应的处理。

基于监听的事件处理流程如图 5-1 所示。

通过图 5-1 可知，基于监听器的事件处理模型的处理流程如下所示。

（1）用户按下屏幕中的一个按钮或者单击某个菜单项。

（2）按下动作会激活一个相应的事件，这个事件会触发事件源上注册的事件监听器。

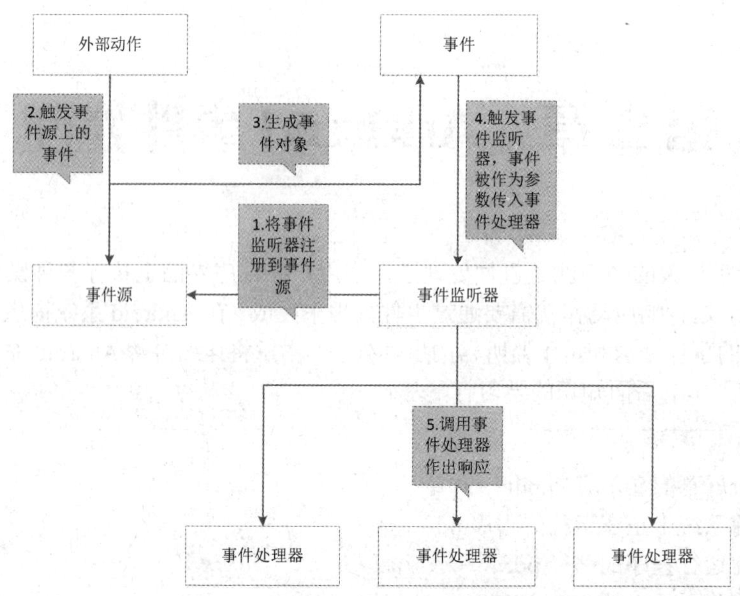

图 5-1　基于监听的事件处理流程

（3）事件监听器会调用对应的事件处理器（事件监听器中的实例方法），做出相应的响应。

由此可见，基于监听器的事件处理机制是一种委派式 Delegation 的事件处理方式，事件源将整个事件委托给事件监听器，由监听器对事件进行响应处理。这种处理方式将事件源和事件监听器分离，有利于提供程序的可维护性。每个组件都可以针对特定的事件指定一个事件监听器，每个事件监听器都可以监听一个或多个事件源。因为在同一个事件源上有可能会发生多种未知的事件，所以委派式 Delegation 的事件处理方式会把事件源上所有可能发生的事件分别授权给不同的事件监听器来处理。同时也可以让某一类事件都使用同一个事件监听器进行处理。

例如在下面的实例中，演示了基于监听的事件处理的基本过程。

题　目	目　的	源 码 路 径
实例 5-1	监听按钮的单击事件	光盘:\daima\5\5.1\EventEX

在本实例的 UI 界面布局页面中分别定义了一个文本框控件和一个按钮控件，布局文件 main.xml 的具体实现代码如下所示。

```
<LinearLayout xmlns:android="http://schemas.android.com/apk/res/android"
    android:orientation="vertical"
    android:layout_width="fill_parent"
    android:layout_height="fill_parent"
    android:gravity="center_horizontal"
    >
<EditText
    android:id="@+id/txt"
    android:layout_width="fill_parent"
    android:layout_height="wrap_content"
    android:editable="false"
    android:cursorVisible="false"
    android:textSize="12pt"
    />
<!-- 定义一个按钮，该按钮将作为事件源 -->
```

```
<Button
    android:id="@+id/bn"
    android:layout_width="wrap_content"
    android:layout_height="wrap_content"
    android:text="单击我"
    />
</LinearLayout>
```

通过上述代码可将按钮设置为事例源。接下来编写 Java 程序文件 EventEX.java，功能是为上述按钮绑定一个事件监听器，具体实现代码如下所示。

```
public class EventEX extends Activity
{
    @Override
    public void onCreate(Bundle savedInstanceState)
    {
        super.onCreate(savedInstanceState);
        setContentView(R.layout.main);
        //获取应用程序中的 bn 按钮
        Button bn = (Button) findViewById(R.id.bn);
        //为按钮绑定事件监听器
        bn.setOnClickListener(new MyClickListener());
    }

    //定义一个单击事件的监听器
    class MyClickListener implements View.OnClickListener
    {
        //实现监听器类必须实现的方法，该方法将会作为事件处理器
        @Override
        public void onClick(View v)
        {
            EditText txt = (EditText) findViewById(R.id.txt);
            txt.setText("bn 按钮被单击了！");
        }
    }
}
```

在上述代码中定义了 View.OnClickListener 实现类，这个实现类将会被作为事件监听器来使用。通过如下代码为按钮 bn 注册事件监听器。当按钮 bn 被单击时会触发这个处理器，将程序中的文本框内容变为“bn 按钮被单击了！”。

```
bn.setOnClickListener(new MyClickListener());
```

本实例执行后的效果如图 5-2 所示，单击“单击我”按钮后的效果如图 5-3 所示。

图 5-2　初始执行效果

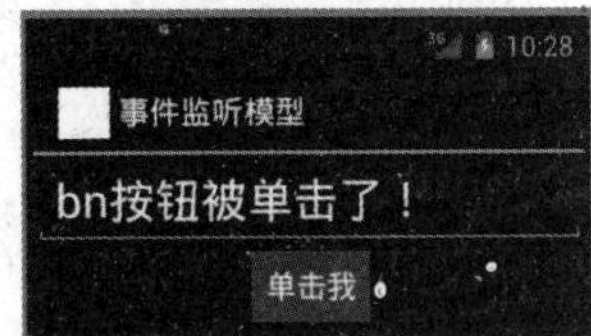

图 5-3　单击按钮后的执行效果

由此可见，当事件源上发生指定的事件时，Android 会触发事件监听器，由事件监听器调用相应的方法（事件处理器）来处理事件。可以看出，基于监听的事件处理规则如下。

☑　事件源：应用程序的任何组件都可以作为事件源。

☑ 事件监听：监听器类必须由程序员负责实现，实现事件监听的关键就是实现处理器方法。

☑ 注册监听：只要调用事件源的 setXxxListener(XxxListener)方法即可。

当外部动作在 Android 组件上执行操作时，系统会自动生成事件对象，这个事件对象会作为参数传递给事件源，并在上面注册事件监听器。在事件监听的处理模型中涉及 3 个成员，分别是事件源、事件和事件监听器。其中，事件源最容易创建，任意界面组件都可作为事件源。事件的产生无须程序员关心，它是由系统自动产生的。所以说，实现事件监听器是整个事件处理的核心工作。

Android 对上述事件监听模型进行了简化操作，如果事件源触发的事件足够简单，并且事件中触发的信息有限，那么就无须封装事件对象，而是将事件对象直接传入事件监听器。

5.1.2 Android 系统中的监听事件

在 Android 应用开发过程中，存在如下所示的常用监听事件。

（1）ListView 事件监听

☑ setOnItemSelectedListener：鼠标滚动时触发。

☑ setOnItemClickListener：单击时触发。

（2）EditText 事件监听

☑ setOnKeyListener：获取焦点时触发。

（3）RadioGroup 事件监听

☑ setOnCheckedChangeListener：单击时触发。

（4）CheckBox 事件监听

☑ setOnCheckedChangeListener：单击时触发。

（5）Spinner 事件监听

☑ setOnItemSelectedListener：单击时触发。

（6）DatePicker 事件监听

☑ onDateChangedListener：日期改变时触发。

（7）DatePickerDialog 事件监听

☑ onDateSetListener：设置日期时触发。

（8）TimePicker 事件监听

☑ onTimeChangedListener：时间改变时触发。

（9）TimePickerDialog 事件监听

☑ onTimeSetListener：设置时间时触发。

（10）Button、ImageButton 事件监听

☑ setOnClickListener：单击时触发。

（11）Menu 事件监听

☑ onOptionsItemSelected：单击时触发。

（12）Gallery 事件监听

☑ setOnItemClickListener：单击时触发。

（13）GridView 事件监听

☑ setOnItemClickListener：单击时触发。

5.1.3 实现事件监听器的方法

在 Android 系统中，通过编程方式实现事件监听器的方法有如下 4 种。

☑ 内部类形式：将事件监听器类定义在当前类的内部。
☑ 外类类形式：将事件监听器类定义成一个外部类。
☑ Activity 本身作为事件监听器类：让 Activity 本身实现监听器接口，并实现事件处理方法。
☑ 匿名内部类形式：使用匿名内部类创建事件监听器对象。

下面将详细讲解上述实现事件监听器的方法。

1．内部类形式

在本章前面的实例 5-1 中，是通过内部类形式实现事件监听器。再看如下所示的代码。

```
import java.awt.*;
import java.awt.event.*;
import javax.swing.*;
class InnerClassEvent extends JFrame
{
    JButton btn;
    public InnerClassEvent()
    {
        super("Java 事件监听机制");
        setLayout(new FlowLayout());
        setDefaultCloseOperation(JFrame.EXIT_ON_CLOSE);
        btn=new JButton("点击");
        //addActionListerner()原型为:public void addActionListener(ActionListener l)
        btn.addActionListener(new InnerClass());
        getContentPane().add(btn);
        setBounds(200,200,300,160);
        setVisible(true);
    }
    //内部类--------------------------
    //InnerClass 继承了 ActionListener
    class InnerClass implements ActionListener
    {
        //actionPerformed 函数是从 ActionListener 中继承来的
        public void actionPerformed (ActionEvent e)
        {
            Container c=getContentPane();
            c.setBackground(Color.red);
        }
    }
    public static void main(String args[])
    {
        new InnerClassEvent();
    }
}
```

通过上述代码，将事件监听器类定义成当前类的内部类。通过使用内部类，可以在当前类中复用监听器类。另外，因为监听器类是外部类的内部类，所以可以自由访问外部类的所有界面组件。这也是内部类的两个优势。

2．外部类形式

使用外部顶级类定义事件监听器的形式比较少见，这主要是因为如下两个原因。

☑ 事件监听器通常属于特定的 GUI 界面，定义成外部类不利于提高程序的内聚性。

☑ 外部类形式的事件监听器不能自由访问创建 GUI 界面的类中的组件，编程不够简洁。

但是如果某个事件监听器确实需要被多个 GUI 界面所共享，而且主要是完成某种业务逻辑的实现，则可以考虑使用外部类的形式来定义事件监听器类。

例如在下面的实例中，演示了使用外部类实现事件监听器的基本过程。

题　目	目　的	源 码 路 径
实例 5-2	使用外部类实现事件监听器	光盘:\daima\5\5.1\SendSmsEX

在本实例中定义了一个继承于类 OnLongClickListener 的外部类 SendSmsListener，这个外部类实现了具有短信发送功能的事件监听器。本实例的具体实现流程如下。

（1）编写布局文件 main.xml，功能是在屏幕中实现可输入短信的文本框控件和发送按钮控件，具体实现代码如下所示。

```
<LinearLayout xmlns:android="http://schemas.android.com/apk/res/android"
    android:orientation="vertical"
    android:layout_width="fill_parent"
    android:layout_height="fill_parent"
    android:gravity="fill_horizontal"
    >
<EditText
    android:id="@+id/address"
    android:layout_width="fill_parent"
    android:layout_height="wrap_content"
    android:hint="请填写收信号码"
    />
<EditText
    android:id="@+id/content"
    android:layout_width="fill_parent"
    android:layout_height="wrap_content"
    android:hint="请填写短信内容"
    android:lines="3"
    />
<Button
    android:id="@+id/send"
    android:layout_width="wrap_content"
    android:layout_height="wrap_content"
    android:hint="发送"
    />
</LinearLayout>
```

（2）文件 SendSmsListener.java 定义了实现事件监听器的外部类 SendSmsListener，具体实现代码如下所示。

```
public class SendSmsListener implements OnLongClickListener
{
    private Activity act;
    private EditText address;
    private EditText content;

    public SendSmsListener(Activity act, EditText address
        , EditText content)
    {
        this.act = act;
```

```
        this.address = address;
        this.content = content;
    }

    @Override
    public boolean onLongClick(View source)
    {
        String addressStr = address.getText().toString();
        String contentStr = content.getText().toString();
        //获取短信管理器
        SmsManager smsManager = SmsManager.getDefault();
        //创建发送短信的 PendingIntent
        PendingIntent sentIntent = PendingIntent.getBroadcast(act,
            0, new Intent(), 0);
        //发送文本短信
        smsManager.sendTextMessage(addressStr, null, contentStr,
            sentIntent, null);
        Toast.makeText(act, "短信发送完成", Toast.LENGTH_LONG).show();
        return false;
    }
}
```

在上述代码中，实现的事件监听器没有与任意 GUI 界面相耦合。在创建该监听器对象时，需要传入两个 EditText 对象和一个 Activity 对象，其中一个 EditText 当作收短信者的号码，另外一个 EditText 作为短信的内容。

（3）文件 SendSms.java 的功能是监听用户单击按钮动作，当用户单击了界面中的 bn 按钮时，程序将会触发 SendSmsListener 监听器，通过该监听器中包含的事件处理方法向指定手机号码发送短信。文件 SendSms.java 的具体实现代码如下所示。

```
public class SendSms extends Activity
{
    EditText address;
    EditText content;
    @Override
    public void onCreate(Bundle savedInstanceState)
    {
        super.onCreate(savedInstanceState);
        setContentView(R.layout.main);
        //获取页面中收件人地址、短信内容
        address = (EditText)findViewById(R.id.address);
        content = (EditText)findViewById(R.id.content);
        Button bn = (Button)findViewById(R.id.send);
        bn.setOnLongClickListener(new SendSmsListener(
            this , address, content));
    }
}
```

本实例执行后的效果如图 5-4 所示。

3．Activity 本身作为事件监听器类

在 Android 系统中，当使用 Activity 本身作为监听器类时，可以直接在 Activity 类中定义事件处理器方法，这种形式非常简洁，但是有如下两个缺点：

☑ Activity 的主要职责是完成界面初始化，但此时还需包含事件处理器方法，所以可能会引起混乱。

☑ 如果 Activity 界面类需要实现监听器接口，则会感觉比较怪异。

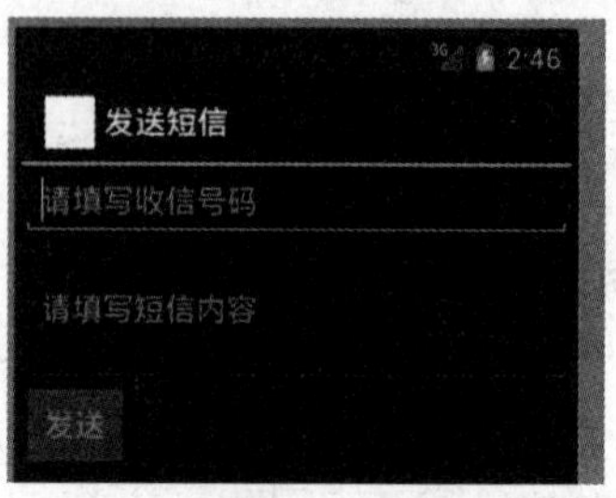

图 5-4　执行效果

例如在下面的实例中，演示了将 Activity 本身作为事件监听器类的基本过程。

题　　目	目　　的	源 码 路 径
实例 5-3	将 Activity 本身作为事件监听器类	光盘:\daima\5\5.1\ActivityListenerEX

本实例的具体实现流程如下。

（1）编写布局文件 main.xml，功能是在屏幕中插入一个按钮控件，具体实现代码如下所示。

```
<LinearLayout xmlns:android="http://schemas.android.com/apk/res/android"
    android:orientation="vertical"
    android:layout_width="fill_parent"
    android:layout_height="fill_parent"
    android:gravity="center_horizontal"
    >
<EditText
    android:id="@+id/show"
    android:layout_width="fill_parent"
    android:layout_height="wrap_content"
    android:editable="false"
    />
<Button
    android:id="@+id/bn"
    android:layout_width="wrap_content"
    android:layout_height="wrap_content"
    android:text="单击我"
    />
</LinearLayout>
```

（2）编写 Java 程序文件 ActivityListener.java，让 Activity 类实现 OnClickListener 事件监听接口，这样可以在该 Activity 类中直接定义事件处理器方法 onClick(view v)。当为某个组件添加该事件监听器对象时，可以直接使用 this 作为事件监听器对象。文件 ActivityListener.java 的具体实现代码如下所示。

```
//实现事件监听器接口
public class ActivityListener extends Activity
    implements OnClickListener
{
    EditText show;
    Button bn;

    @Override
```

```
    public void onCreate(Bundle savedInstanceState)
    {
        super.onCreate(savedInstanceState);
        setContentView(R.layout.main);
        show = (EditText) findViewById(R.id.show);
        bn = (Button) findViewById(R.id.bn);
        //直接使用 Activity 作为事件监听器
        bn.setOnClickListener(this);
    }
    //实现事件处理方法
    @Override
    public void onClick(View v)
    {
        show.setText("bn 按钮被单击了！");
    }
}
```

单击按钮后的执行效果如图 5-5 所示。

4．使用匿名内部类创建事件监听器对象

在 Android 应用程序中，因为可被复用的代码通常都被抽象成了业务逻辑方法，所以通常事件处理器都没有什么利用价值，因此大部分事件监听器只是临时使用一次，所以使用匿名内部类形式的事件监听器更合适。其实这种形式也是目前最广泛的事件监听器形式。

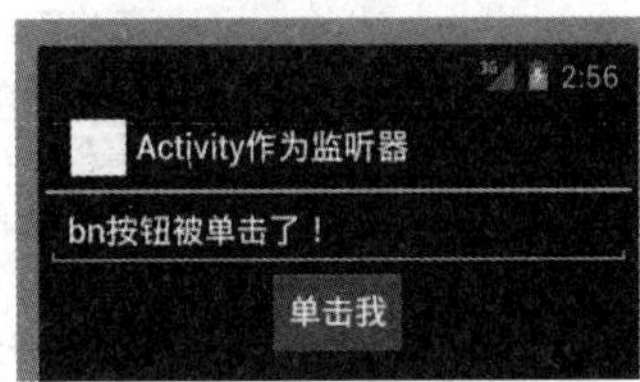

图 5-5　执行效果

对于使用匿名内部类作为监听器的形式来说，唯一的缺点就是匿名内部类的语法有点不易掌握，如果读者 Java 基础扎实，匿名内部类的语法掌握较好，通常建议使用匿名内部类作为监听器。

例如在下面的实例中，演示了使用匿名内部类创建事件监听器对象的基本过程。

题　　目	目　　的	源 码 路 径
实例 5-4	用匿名内部类创建事件监听器对象	光盘:\daima\5\5.1\AnonymousListenerEX

本实例的具体实现流程如下所示。

（1）编写布局文件 main.xml，功能是在屏幕中插入一个按钮控件，具体实现代码如下所示。

```
<LinearLayout xmlns:android="http://schemas.android.com/apk/res/android"
    android:orientation="vertical"
    android:layout_width="fill_parent"
    android:layout_height="fill_parent"
    android:gravity="center_horizontal"
    >
<EditText
    android:id="@+id/show"
    android:layout_width="fill_parent"
    android:layout_height="wrap_content"
    android:editable="false"
    />
<Button
    android:id="@+id/bn"
    android:layout_width="wrap_content"
```

```
        android:layout_height="wrap_content"
        android:text="单击我"
        />
</LinearLayout>
```

（2）编写 Java 程序文件 AnonymousListener.java，功能是使用匿名内部类创建事件监听器对象，具体实现代码如下所示。

```
public class AnonymousListener extends Activity
{
    EditText show;
    Button bn;

    @Override
    public void onCreate(Bundle savedInstanceState)
    {
        super.onCreate(savedInstanceState);
        setContentView(R.layout.main);
        show = (EditText) findViewById(R.id.show);
        bn = (Button) findViewById(R.id.bn);
        //直接使用 Activity 作为事件监听器
        bn.setOnClickListener(new OnClickListener()
        {
            //实现事件处理方法
            @Override
            public void onClick(View v)
            {
                show.setText("bn 按钮被单击了！");
            }
        });
    }
}
```

单击按钮后的执行效果如图 5-6 所示。

5．直接绑定到标签

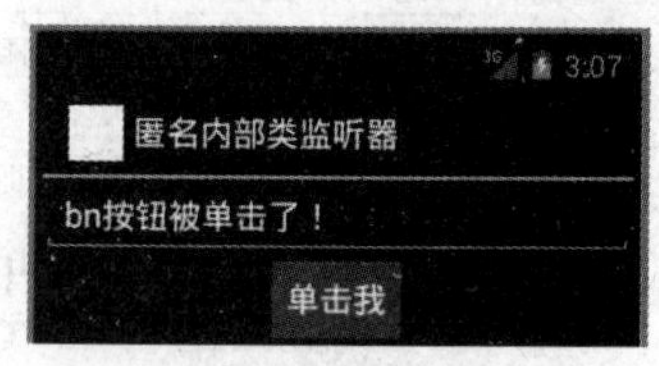

图 5-6　执行效果

其实，在 Android 系统中还有一种更简单的绑定事件监听器的方式：直接在界面布局文件中为指定标签绑定事件。Android 系统中的很多标签都支持诸如 onClick、onLongClick 等属性，这种属性的属性值是一个形如 xxx(View source)格式的方法名。

例如在下面的实例中，演示了将事件监听器直接绑定到标签的基本过程。

题　目	目　的	源 码 路 径
实例 5-5	将事件监听器直接绑定到标签	光盘:\daima\5\5.1\bindingEX

本实例的具体实现流程如下所示。

（1）编写布局文件 main.xml，为 button 按钮控件添加一个属性，具体实现代码如下所示。

```
<LinearLayout xmlns:android="http://schemas.android.com/apk/res/android"
    android:orientation="vertical"
    android:layout_width="fill_parent"
    android:layout_height="fill_parent"
```

```
    android:gravity="center_horizontal"
    >
<EditText
    android:id="@+id/show"
    android:layout_width="fill_parent"
    android:layout_height="wrap_content"
    android:editable="false"
    android:cursorVisible="false"
    />
<!-- 在标签中为按钮绑定事件处理方法 -->
<Button
    android:layout_width="wrap_content"
    android:layout_height="wrap_content"
    android:text="单击我"
    android:onClick="clickHandler"
    />
</LinearLayout>
```

在上述实现代码中，为 Button 按钮绑定一个名为 clickHandler 的事件处理方法，这说明开发者需要在该界面布局对应的 Activity 中定义如下所示的方法，该方法将会负责处理该按钮上的单击事件。

```
void clickHanler(View source)
```

（2）编写 Java 程序文件 BindingTag.java，功能是定义具体的绑定事件处理方法 clickHandler 的功能，具体实现代码如下所示。

```
public class BindingTag extends Activity
{
    @Override
    public void onCreate(Bundle savedInstanceState)
    {
        super.onCreate(savedInstanceState);
        setContentView(R.layout.main);
    }

    //定义一个事件处理方法
    //其中 source 参数代表事件源
    public void clickHandler(View source)
    {
        EditText show = (EditText) findViewById(R.id.show);
        show.setText("bn 按钮被单击了");
    }
}
```

单击按钮后的执行效果如图 5-7 所示。

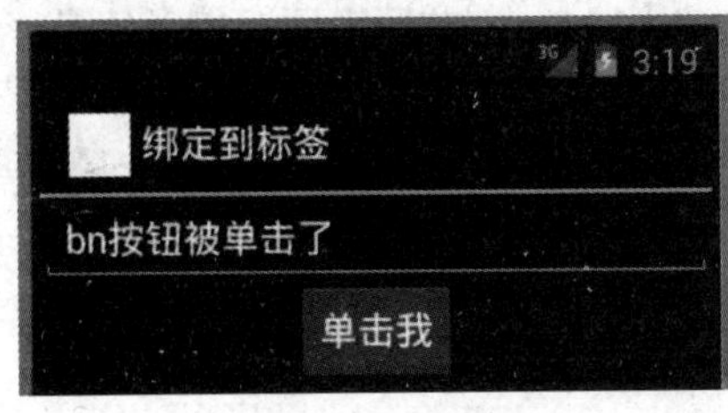

图 5-7　执行效果

5.2　基于回调的事件处理

知识点讲解：光盘:视频\知识点\第 5 章\基于回调的事件处理.avi

在 Android 系统中，和基于监听器的事件处理模型相比，基于回调的事件处理模型要简单些。在基于回调的事件处理模型中，事件源和事件监听器是合一的，也就是说没有独立的事件监听器存在。当用户在 GUI 组件上触发某事件时，由该组件自身特定的函数负责处理该事件。通常通过重写 Override 组件类的事件处理函数实现事件的处理。本节将详细讲解 Android 系统基于回调的事件处理的基本方法。

5.2.1　Android 事件侦听器的回调方法

在 Android 系统中，对于回调的事件处理模型来说，事件源与事件监听器是统一的，或者说事件监听器完全消失了。当用户在 GUI 组件上激发某个事件时，组件自己特定的方法将会负责处理该事件。为了实现回调机制的事件处理，Android 系统为所有 GUI 组件都提供了一些事件处理的回调方法。在 Android 操作系统中，对于事件的处理是一个非常基础而且重要的操作，很多功能都需要对相关事件进行触发才能实现。例如 Android 事件侦听器是视图 View 类的接口，包含一个单独的回调方法。这些方法将在视图中注册的侦听器被用户界面操作触发时由 Android 框架调用。在现实应用中，如下回调方法被包含在 Android 事件侦听器接口中。

（1）onClick()

包含于 View.OnClickListener。当用户触摸这个 item（在触摸模式下），或者通过浏览键及跟踪球聚焦在这个 item 上，并按下“确认”键或者按下跟踪球时被调用。

（2）onLongClick()

包含于 View.OnLongClickListener。当用户触摸并控制住这个 item（在触摸模式下），或者通过浏览键或跟踪球聚焦在这个 item 上，并按下“确认”键或者按下跟踪球（1 秒钟）时被调用。

（3）onFocusChange()

包含于 View.OnFocusChangeListener。当用户使用浏览键或跟踪球浏览进入或离开这个 item 时被调用。

（4）onKey()

包含于 View.OnKeyListener。当用户聚焦在这个 item 上并按下或释放设备上的一个按键时被调用。

（5）onTouch()

包含于 View.OnTouchListener。当用户执行的动作被当作一个触摸事件时被调用，包括按下、释放以及任何屏幕上的移动手势（在这个 item 的边界内）。

（6）onCreateContextMenu()

包含于 View.OnCreateContextMenuListener。当正在创建一个上下文菜单时被调用（作为持续的“长点击”动作的结果）。参阅创建菜单 Creating Menus 章节以获取更多信息。

上述方法是它们相应接口的唯一“住户”。要定义这些方法并处理用户的事件，首先需要在活动中实现这个嵌套接口或定义为一个匿名类。然后传递一个实现的实例给各自的 View.set...Listener()方法。例如，调用 setOnClickListener()并传递给它用户的 OnClickListener 实现。

下面的代码演示了为一个按钮注册一个点击侦听器的方法。

```
private OnClickListener mCorkyListener = new OnClickListener() {
public void onClick(View v) {
}
};
```

```
protected void onCreate(Bundle savedValues) {
...
Button button = (Button)findViewById(R.id.corky);
button.setOnClickListener(mCorkyListener);
...
}
```

此时可能会发现，将 OnClickListener 作为活动的一部分来实现会简便很多，这样可以避免额外的类加载和对象分配。例如下面的演示代码。

```
public class ExampleActivity extends Activity implements OnClickListener {
protected void onCreate(Bundle savedValues) {
...
Button button = (Button)findViewById(R.id.corky);
button.setOnClickListener(this);
}
public void onClick(View v) {
}
...
}
```

在上述代码中，onClick()回调没有返回值，但其他的 Android 事件侦听器却必须返回一个布尔值。原因和事件相关，具体原因如下。

- ☑ onLongClick()：返回一个布尔值，以指示是否已经处理了这个事件以及应不应该再进一步处理它。也就是说，返回 true 表示已经处理了这个事件而且到此为止；返回 false 表示还没有处理它和/或这个事件，应该继续交给其他 on-click 侦听器。
- ☑ onKey()：返回一个布尔值，以指示是否已经处理了这个事件以及应不应该再进一步处理它。也就是说，返回 true 表示已经处理了这个事件而且到此为止；返回 false 表示还没有处理它和/或这个事件，应该继续交给其他 on-key 侦听器。
- ☑ onTouch()：返回一个布尔值，以指示侦听器是否已经处理了这个事件。重要的是这个事件可以有多个彼此跟随的动作。因此，如果当接收到向下动作事件时返回 false，表明还没有处理这个事件而且对后续动作不感兴趣，那么将不会被该事件中的其他动作调用，例如手势或最后出现向上动作事件。

在 Android 应用中，按键事件总是被递交给当前焦点所在的视图。它们从视图层次的顶层开始被分发，然后依次向下，直到到达恰当的目标。如果我们的视图（或者一个子视图）当前拥有焦点，那么可以看到事件经由 dispatchKeyEvent()方法分发。除了视图截获按键事件外，还可以在活动中使用 onKeyDown()和 onKeyUp()来接收所有的事件。

注意： Android 将首先调用事件处理器，其次是类定义中合适的默认处理器。这样，当从这些事情侦听器中返回 true 时，会停止事件向其他 Android 事件侦听器传播，并且也会阻塞视图中的此事件处理器的回调函数。所以，当返回 true 时需要确认是否希望终止这个事件。

例如在下面的实例中，演示了基于回调的事件处理机制的实现过程。

题　目	目　的	源 码 路 径
实例 5-6	基于回调的事件处理机制	光盘:\daima\5\5.2\CallbackEX

本实例中基于回调的事件处理机制是通过自定义 View 来实现的，在自定义 View 时重写了该 View 的事件处理方法。本实例的具体实现流程如下。

（1）编写 Java 程序文件 MyButton.java，功能是自定义了 View 视图，并且在定义时重写了该 View 的事件处理方法，具体实现代码如下所示。

```
public class MyButton extends Button
{
    public MyButton(Context context, AttributeSet set)
    {
        super(context, set);
    }
    @Override
    public boolean onKeyDown(int keyCode, KeyEvent event)
    {
        super.onKeyDown(keyCode, event);
        Log.v("-crazyit.org-", "the onKeyDown in MyButton");
        //返回 true，表明该事件不会向外扩散
        return true;
    }
}
```

在上述代码定义的 MyButton 类中，重写了类 Button 的 onKeyDown(inl keyCode,KeyEvent event)方法，此方法的功能是处理按钮上的键盘事件。

（2）编写布局文件 main.xml，使用在文件 MyButton.java 中自定义的 View，具体实现代码如下所示。

```
<?xml version="1.0" encoding="utf-8"?>
<LinearLayout xmlns:android="http://schemas.android.com/apk/res/android"
    android:orientation="vertical"
    android:layout_width="match_parent"
    android:layout_height="match_parent"
    >
<!-- 使用自定义 View 时应使用全限定类名 -->
<org.event.MyButton
    android:layout_width="match_parent"
    android:layout_height="wrap_content"
    android:text="单击我"
    />
</LinearLayout>
```

在模拟器中执行效果如图 5-8 所示。如果把焦点放在按钮上，然后按下模拟器上的“单击我”按钮，将会在 DDMS 的 LogCat 界面中看到如图 5-9 所示的输出信息。

图 5-8　执行效果

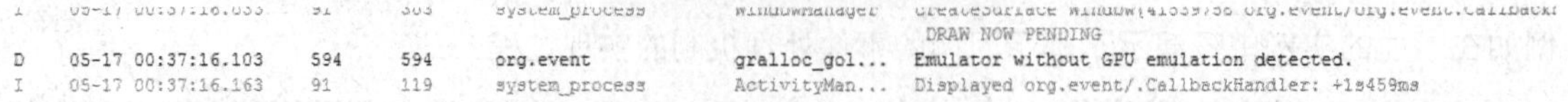

```
I   05-17 00:37:16.033   91    303   system_process   WindowManager     createSurface Window{41539?58 org.event/org.event.CallbackH
                                                                          DRAW NOW PENDING
D   05-17 00:37:16.103   594   594   org.event        gralloc_gol...    Emulator without GPU emulation detected.
I   05-17 00:37:16.163   91    119   system_process   ActivityMan...    Displayed org.event/.CallbackHandler: +1s459ms
```

图 5-9　输出回调信息

5.2.2　基于回调的事件传播

在 Android 应用程序中，几乎所有基于回调的事件处理方法都有一个 boolean 类型的返回值，该返回值

用于标识该处理方法是否完全处理该事件。不同返回值的具体说明如下。

☑ 如果事件处理的方法返回 true，表明处理方法已完全处理该事件，该事件不会被传播出去。

☑ 如果事件处理的方法返回 false，表明该处理方法并未完全处理该事件，该事件会被传播出去。

例如在下面的实例中，演示了在 Android 系统中传播事件的基本过程。

题　目	目　的	源 码 路 径
实例 5-7	在 Android 系统中传播事件	光盘:\daima\5\5.2\PropagationEX

本实例重写了 Button 类的 onKeyDown 方法，而且重写了单击 Button 所在 Activity 的 onKeyDown(int keyCode, KeyEvent event)方法。因为本实例程序没有阻止事件的传播，所以在实例中可以看到事件从 Button 传播到 Activity 的情形。本实例的具体实现流程如下。

（1）编写布局文件 main.xml，在屏幕中插入一个 Button 按钮控件，具体实现代码如下所示。

```
<?xml version="1.0" encoding="utf-8"?>
<LinearLayout xmlns:android="http://schemas.android.com/apk/res/android"
    android:orientation="vertical"
    android:layout_width="fill_parent"
    android:layout_height="fill_parent"
    >
<!-- 使用自定义 View 时应使用全限定类名 -->
<org.event.MyButton
    android:id="@+id/bn"
    android:layout_width="fill_parent"
    android:layout_height="wrap_content"
    android:text="单击我"
    />
</LinearLayout>
```

（2）编写 Java 程序文件 MyButton.java，功能是定义一个从 Button 源而生出的子类 MyButton，具体实现代码如下所示。

```
public class MyButton extends Button
{
    public MyButton(Context context, AttributeSet set)
    {
        super(context,set);
    }
    @Override
    public boolean onKeyDown(int keyCode, KeyEvent event)
    {
        super.onKeyDown(keyCode, event);
        Log.v("-MyButton-" , "the onKeyDown in MyButton");
        //返回 false，表明并未完全处理该事件，该事件依然向外扩散
        return false;
    }
}
```

（3）编写文件 Propagation.java，功能是调用前面的自定义组件 MyButton，并在 Activity 中重写 public Boolean onKeyDown(int keyCode. KeyEvent event)方法，该方法会在某个按键被按下时回调。文件 Propagation .java 的具体实现代码如下所示。

```
public class Propagation extends Activity
{
```

```
@Override
public void onCreate(Bundle savedInstanceState)
{
    super.onCreate(savedInstanceState);
    setContentView(R.layout.main);
    Button bn = (Button) findViewById(R.id.bn);
    //为 bn 绑定事件监听器
    bn.setOnKeyListener(new OnKeyListener()
    {
        @Override
        public boolean onKey(View source,
                int keyCode, KeyEvent event)
        {
            //只处理按下键的事件
            if (event.getAction() == KeyEvent.ACTION_DOWN)
            {
                Log.v("-Listener-", "the onKeyDown in Listener");
            }
            //返回 false，表明该事件会向外传播
            return true; // （1）
        }
    });
}

//重写 onKeyDown()方法，该方法可监听它所包含的所有组件的按键被按下事件
@Override
public boolean onKeyDown(int keyCode, KeyEvent event)
{
    super.onKeyDown(keyCode , event);
    Log.v("-Activity-" , "the onKeyDown in Activity");
    //返回 false，表明并未完全处理该事件，该事件依然向外扩散
    return false;
}
}
```

在模拟器中执行效果如图 5-10 所示。如果把焦点放在按钮上，然后单击模拟器上的任意按键，将会在 DDMS 的 LogCat 的界面中看到如图 5-11 所示的输出信息。

图 5-10　执行效果

```
D    05-17 00:54:35.173   172   173   com.android.phone   dalvikvm     GC_CONCURRENT freed 384K, 6%
V    05-17 00:55:30.683   643   643   org.event           -Activity-   the onKeyDown in Activity
V    05-17 00:55:34.823   643   643   org.event           -Activity-   the onKeyDown in Activity
```

图 5-11　输出回调信息

由此可见，当该组件上发生某个按键被按下的事件时，Android 系统最先触发的是在该按键上绑定的事件监听器，接着才会触发该组件提供的事件回调方法，然后会传播到该组件所在的 Activity。如果让任何一

个事件处理方法返回 true，那么这个事件将不会继续向外传播。假如改写本实例中的 Activity 代码，将程序中（1）部分的代码改为 return true，再次运行程序后将会发现：按钮上的监听器阻止了事件的传播。

5.2.3　重写 onTouchEvent 方法响应触摸屏事件

仔细对比 Android 中的两种事件处理模型，会发现基于事件监听处理模型具有更大的优势，具体说明如下所示。

- ☑　基于监听的事件模型更明确，事件源、事件监听由两个类分开实现，因此具有更好的可维护性。
- ☑　Android 的事件处理机制保证了基于监听的事件监听器会被优先触发。

尽管如此，但是在某些情况下，基于回调的事件处理机制会更好地提高程序的内聚性。例如在下面的实例中，演示了事件处理机制提高程序内聚性的过程。

注意： 内聚性，又称块内联系，指模块的功能强度的度量，即一个模块内部各个元素彼此结合的紧密程度的度量。内聚性是对一个模块内部各个组成元素之间相互结合的紧密程度的度量指标。模块中组成元素结合得越紧密，模块的内聚性就越高，模块的独立性也就越高。理想的内聚性要求模块功能明确、单一，即一个模块只做一件事情。模块的内聚性和耦合性是两个既相互对立又密切相关的概念。

题　　目	目　　的	源 码 路 径
实例 5-8	演示基于回调的事件处理机制的内聚性	光盘:\daima\5\5.2\CustomViewEX

本实例重写了 Button 类的 onKeyDown 方法，而且重写了单击 Button 所在 Activity 的 onKeyDown(int keyCode, KeyEvent event)方法。因为本实例程序没有阻止事件的传播，所以在实例中可以看到事件从 Button 传播到 Activity 的情形。本实例的具体实现流程如下。

（1）编写布局文件 main.xml，在屏幕中插入一个自定义的绘图控件，具体实现代码如下所示。

```
<?xml version="1.0" encoding="utf-8"?>
<LinearLayout xmlns:android="http://schemas.android.com/apk/res/android"
    android:orientation="vertical"
    android:layout_width="fill_parent"
    android:layout_height="fill_parent"
    >
<!-- 使用自定义组件 -->
<org.event.DrawView
    android:orientation="vertical"
    android:layout_width="fill_parent"
    android:layout_height="fill_parent"
/>
</LinearLayout>
```

（2）编写 Java 程序文件 DrawView.java，功能是绘制一个二维小球，并重写 View 组件的 onTouch Event()方法，这表示由组件自己即可处理触摸屏事件。当用户手指在屏幕上移功时，在 View 上绘制的小球会随着用户的手指而运动。文件 DrawView.java 的具体实现代码如下所示。

```
public class DrawView extends View
{
    public float currentX = 40;
    public float currentY = 50;
    //定义、创建画笔
    Paint p = new Paint();
```

```
    public DrawView(Context context, AttributeSet set)
    {
        super(context, set);
    }

    @Override
    public void onDraw(Canvas canvas)
    {
        super.onDraw(canvas);

        //设置画笔的颜色
        p.setColor(Color.RED);
        //绘制一个小圆（作为小球）
        canvas.drawCircle(currentX, currentY, 15, p);
    }

    @Override
    public boolean onTouchEvent(MotionEvent event)
    {
        //当前组件的 currentX、currentY 两个属性
        this.currentX = event.getX();
        this.currentY = event.getY();
        //通知该组件重绘
        this.invalidate();
        //返回 true 表明处理方法已经处理该事件
        return true;
    }
}
```

在模拟器中执行后，小球将会随着触摸屏幕位置的改变而移动，如图 5-12 所示。

图 5-12　移动的小球

5.3　响应的系统设置的事件

知识点讲解：光盘:视频\知识点\第 5 章\响应的系统设置的事件.avi

在开发 Android 应用程序时，有时可能需要让应用程序随着系统的整体设置进行调整，例如判断当前设备的屏幕方向。另外，有时可能还需要让应用程序能够随时监听系统设置的变化，以便对系统的修改动作进行响应。本节将详细讲解 Android 系统中响应的系统设置的事件。

5.3.1 Configuration 类详解

在 Android 系统中，类 Configuration 专门用于描述手机设备上的配置信息，这些配置信息既包括用户特定的配置项，也包括系统的动态设置配置。在 Android 应用程序中，可以通过调用 Activity 中的如下方法来获取系统的 Configuration 对象。

```
Configuration cfg=getResources().getConfiguration();
```

一旦获得了系统的 Configuration 对象，通过该对象提供的如下常用属性即可获取系统的配置信息。

☑ public float fontScale：获取当前用户设置字体的缩放因子。

☑ public int keyboard：获取当前设备所关联的键盘类型。该属性可能返回 KEYBOARD_ NOKEYS、KEYBOARD_QWERTY（普通电脑键盘）、KEYBOARD_12KEY（只有 12 个键的小键盘）值。

☑ public int keyboardHidden：该属性返回一个 boolean 值用于标识当前键盘是否可用。该属性不仅会判断系统的硬键盘，也会判断系统的软键盘（位于屏幕上）。如果系统的硬键盘不可用，但软键盘可用，该属性也会返回 KEYBOARDHIDDEN_NO；只有当两个键盘都可用时才返回 KEYBOARDHIDDEN_YES。

☑ public Locale locale：获取用户当前的 Locale。

☑ public int mcc：获取移动信号的国家码。

☑ public int mnc：获取移动信号的网络码。

☑ public int navigation：判断系统上方向导航设备的类型。该属性可能返回如 NAVIGATION_NONAV（无导航）、NAVIGATION_DPAD（DPAD 导航）、NAVIGATION_TRACKBALL（轨迹球导航）、NAVIGATION_WHEEL（滚轮导航）等属性值。

☑ public int orientation：获取系统屏幕的方向，该属性可能返回 ORIENTATION_LANDSCAPE（横向屏幕）、ORIENTATION_PORTRAIT（竖向屏幕）、ORIENTATION_SQUARE（方形屏幕）等属性值。

☑ public int touchscreen：获取系统触摸屏的触摸方式。该属性可能返回 TOUCHSCREEN_ NOTOUCH（无触摸屏）、TOUCHSCREEN_STYLUS（触摸笔式的触摸屏）、TOUCHSCREEN_FINGER（接受手指的触摸屏）。

下面将通过一个实例介绍类 Configuration 的用法，本实例程序可以获取系统的屏幕方向和触摸屏方式等。

题　目	目　的	源 码 路 径
实例 5-9	使用类 Configuration	光盘:\daima\5\5.3\ConfigurationEX

本实例的具体实现流程如下。

（1）编写布局文件 main.xml。在屏幕中提供了 4 个文本框来显示系统的屏幕方向、触摸屏方式等状态，具体实现代码如下所示。

```
<LinearLayout xmlns:android="http://schemas.android.com/apk/res/android"
    android:orientation="vertical"
    android:layout_width="fill_parent"
    android:layout_height="fill_parent"
    android:gravity="center_horizontal"
    >
<EditText
    android:id="@+id/ori"
    android:layout_width="fill_parent"
    android:layout_height="wrap_content"
```

```
        android:editable="false"
        android:cursorVisible="false"
        android:hint="显示屏幕方向"
        />
    <EditText
        android:id="@+id/navigation"
        android:layout_width="fill_parent"
        android:layout_height="wrap_content"
        android:editable="false"
        android:cursorVisible="false"
        android:hint="显示手机方向控制设备"
        />
    <EditText
        android:id="@+id/touch"
        android:layout_width="fill_parent"
        android:layout_height="wrap_content"
        android:editable="false"
        android:cursorVisible="false"
        android:hint="显示触摸屏状态"
        />
    <EditText
        android:id="@+id/mnc"
        android:layout_width="fill_parent"
        android:layout_height="wrap_content"
        android:editable="false"
        android:cursorVisible="false"
        android:hint="显示移动网络代号"
        />
    <Button
        android:id="@+id/bn"
        android:layout_width="wrap_content"
        android:layout_height="wrap_content"
        android:text="获取手机信息"
        />
    </LinearLayout>
```

（2）编写 Java 程序文件 ConfigurationEX.java，功能是获取系统的 Configuration 对象。一旦获得了系统的 Configuration 之后，程序就可以通过它来了解系统的设备状态了。文件 ConfigurationEX.java 的具体实现代码如下所示。

```
public class ConfigurationTest extends Activity
{
    EditText ori;
    EditText navigation;
    EditText touch;
    EditText mnc;
    @Override
    public void onCreate(Bundle savedInstanceState)
    {
        super.onCreate(savedInstanceState);
        setContentView(R.layout.main);
        //获取应用界面中的界面组件
```

```
        ori = (EditText)findViewById(R.id.ori);
        navigation = (EditText)findViewById(R.id.navigation);
        touch = (EditText)findViewById(R.id.touch);
        mnc = (EditText)findViewById(R.id.mnc);
        Button bn = (Button)findViewById(R.id.bn);
        bn.setOnClickListener(new OnClickListener()
        {
            //为按钮绑定事件监听器
            @Override
            public void onClick(View source)
            {
                //获取系统的 Configuration 对象
                Configuration cfg = getResources().getConfiguration();
                String screen = cfg.orientation ==
                    Configuration.ORIENTATION_LANDSCAPE
                    ? "横向屏幕": "竖向屏幕";
                String mncCode = cfg.mnc + "";
                String naviName = cfg.orientation ==
                    Configuration.NAVIGATION_NONAV
                    ? "没有方向控制" :
                    cfg.orientation == Configuration.NAVIGATION_WHEEL
                    ? "滚轮控制方向" :
                    cfg.orientation == Configuration.NAVIGATION_DPAD
                    ? "方向键控制方向" : "轨迹球控制方向";
                navigation.setText(naviName);
                String touchName = cfg.touchscreen ==
                    Configuration.TOUCHSCREEN_NOTOUCH
                    ? "无触摸屏" : "支持触摸屏";
                ori.setText(screen);
                mnc.setText(mncCode);
                touch.setText(touchName);
            }
        });
    }
}
```

在模拟器中单击按钮后的执行效果如图 5-13 所示。

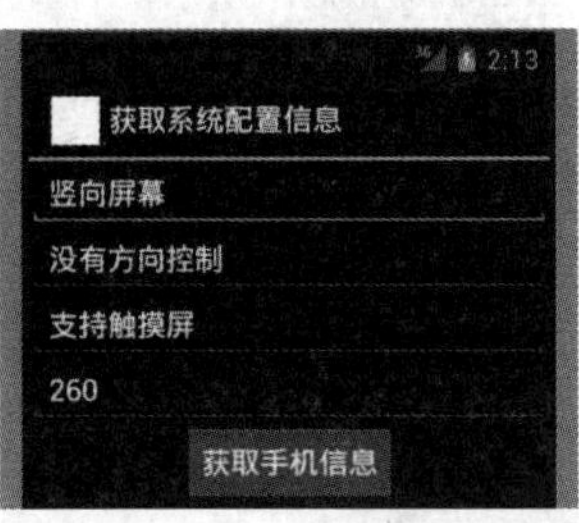

图 5-13　移动的小球

5.3.2　重写 onConfigurationChanged 响应系统设置更改

如果在 Android 应用程序中需要监听系统设置的更改状况，可以通过重写 Activity 中的 onConfiguration

Changed(Configuration newConfig)方法实现，此方法是一个基于回调的事件处理方法。当系统设置信息发生改变时，方法 onConfigurationChanged()会被自动触发。

在 Android 应用程序中，为了动态地更改系统设置，可调用 Activity 的 setRequestedOrientation(int)方法来修改屏幕方向。

下面将通过一个实例来演示通过重写 onConfigurationChanged()方式响应系统设置方式更改的方法，本实例程序可以获取系统的屏幕方向和触摸屏方式等。

题　目	目　的	源 码 路 径
实例 5-10	重写 onConfigurationChanged 响应系统设置更改	光盘:\daima\5\5.3\ChangeEX

本实例的具体实现流程如下。

（1）编写布局文件 main.xml，在该界面中仅包含一个普通按钮，具体实现代码如下所示。

```
<?xml version="1.0" encoding="utf-8"?>
<LinearLayout xmlns:android="http://schemas.android.com/apk/res/android"
    android:orientation="vertical"
    android:layout_width="fill_parent"
    android:layout_height="fill_parent"
    >
<Button
    android:id="@+id/bn"
    android:layout_width="wrap_content"
    android:layout_height="wrap_content"
    android:text="更改屏幕方向"
    />
</LinearLayout>
```

（2）编写 Java 程序文件 ChangeCfg.java，功能是调用 Activity 的 setRequestedOrientation(int)方法动态更改屏幕方向。除此之外，还需要重写 Activity 的 onConfigurationChanged(Configuration newConfig)方法，该方法可用于监听系统设置的更改。文件 ChangeCfg.java 的具体实现代码如下所示。

```
public class ChangeCfg extends Activity
{
    @Override
    public void onCreate(Bundle savedInstanceState)
    {
        super.onCreate(savedInstanceState);
        setContentView(R.layout.main);
        Button bn = (Button) findViewById(R.id.bn);
        //为按钮绑定事件监听器
        bn.setOnClickListener(new OnClickListener()
        {
            @Override
            public void onClick(View source)
            {
                Configuration config = getResources().getConfiguration();
                //如果当前是横屏
                if (config.orientation == Configuration.ORIENTATION_LANDSCAPE)
                {
                    //设为竖屏
                    ChangeCfg.this.setRequestedOrientation(
```

```
                        ActivityInfo.SCREEN_ORIENTATION_PORTRAIT);
                }
                //如果当前是竖屏
                if (config.orientation == Configuration.ORIENTATION_PORTRAIT)
                {
                    //设为横屏
                    ChangeCfg.this.setRequestedOrientation(
                        ActivityInfo.SCREEN_ORIENTATION_LANDSCAPE);
                }
            }
        });
    }

    //重写该方法，用于监听系统设置的更改，主要是监控屏幕方向的更改
    @Override
    public void onConfigurationChanged(Configuration newConfig)
    {
        super.onConfigurationChanged(newConfig);
        String screen = newConfig.orientation ==
            Configuration.ORIENTATION_LANDSCAPE ? "横向屏幕" : "竖向屏幕";
        Toast.makeText(this, "系统的屏幕方向发生改变" + "\n 修改后的屏幕方向为："
            + screen, Toast.LENGTH_LONG).show();
    }
}
```

在上述代码中，首先设置动态地修改手机屏幕的方向，然后重写了 Activity 的 onConfigurationChanged (Configuration newConfig)方法，当系统设置发生更改时，该方法将会被自动回调。

另外，为了让该 Activity 能监听屏幕方向更改的事件，需要在配置该 Activity 时指定属性 android:configChanges。属性 android:configChanges 支持的属性值有 mcc、mnc、locale、touchscreen、keyboard、keyboardHidden、navigation、orientation、screenLayout、uiMode、screenSize、smallestScreenSize、fontScale。其中属性值 orientation 用于指定该 Activity 可以监听屏幕方向改变的事件。

（3）在文件 AndroidManifest.xml 中设置该 Activity 可以监听屏幕方向改变的事件，这样当程序改变手机屏幕方向时，Activity 的 onConfigurationChanged()方法就会被回调。文件 AndroidManifest.xml 的具体实现代码如下所示。

```
<application
    android:icon="@drawable/ic_launcher"
    android:label="@string/app_name">
    <!-- 设置 Activity 可以监听屏幕方向改变的事件 -->
    <activity android:configChanges="orientation"
        android:name="org.cfg.ChangeCfg"
        android:label="@string/app_name">
        <intent-filter>
            <action android:name="android.intent.action.MAIN" />
            <category android:name="android.intent.category.LAUNCHER" />
        </intent-filter>
    </activity>
</application>
```

在模拟器中单击“更改屏幕方向”按钮后将变为横向屏幕，执行效果如图 5-14 所示。

图 5-14　移动的小球

5.4　Handler 消息传递机制

知识点讲解：光盘:视频\知识点\第 5 章\Handler 消息传递机制.avi

在 Android 系统中，类 Handler 主要有如下两个作用。

☑　在新启动的线程中发送消息。

☑　在主线程中获取、处理消息。

类 Handler 在实现上述作用时，首先在新启动的线程中发送消息，然后在主线程上获取并处理消息。但这个过程涉及一个问题：新启动的线程何时发送消息呢？主线程何时去获取并处理消息呢？这个时机显然不好控制。为了让主程序能“适时”地处理新启动的线程所发送的消息，显然只能通过回调的方式来实现——开发者只要重写 Handler 类中处理消息的方法，当新启动的线程发送消息时，消息会发送到与之关联的 MessageQueue，而 Handler 会不断地从 MessageQueue 中获取并处理消息，即 Handler 类中处理消息的方法被回调。

在 Android 系统中，类 Handler 主要包含如下用于发送、处理消息的方法。

☑　void handleMessage(Message msg)：处理消息的方法。该方法通常用于被重写。

☑　final boolean hasMessages(int what)：检查消息队列中是否包含 what 属性为指定值的消息。

☑　final boolean hasMessages(int what,Object object)：检查消息队列中是否包含 what 属性为指定值且 object 属性为指定对象的消息。

☑　sendEmptyMessage(int what)：发送空消息。

☑　final boolean sendEmptyMessageDelayed(int what,long delayMillis)：指定多少毫秒之后发送空消息。

☑　final boolean sendMessage(Message msg)：立即发送消息。

☑　final boolean sendMessageDelayed(Message msg,long delayMillis)：指定多少毫秒之后发送消息。

下面将通过一个实例演示利用 Handler 类进行消息传递的方法，本实例程序可以自动播放动画。

题　目	目　的	源 码 路 径
实例 5-11	自动播放动画	光盘:\daima\5\5.4\HandlerEX

本实例的功能是通过一个新线程来周期性地修改 ImageView 所显示的图片，通过这种方式来开发一个

动画效果。本实例具体实现流程如下。

（1）编写布局文件 main.xml，在界面布局中定义了 ImageView 组件，具体实现代码如下所示。

```
<LinearLayout xmlns:android="http://schemas.android.com/apk/res/android"
    android:orientation="vertical"
    android:layout_width="fill_parent"
    android:layout_height="fill_parent"
    >
<!-- 定义一个 ImageView 组件 -->
<ImageView
    android:id="@+id/show"
    android:layout_width="fill_parent"
    android:layout_height="fill_parent"
    android:scaleType="center"
    />
</LinearLayout>
```

（2）编写 Java 程序文件 HandlerTest.java，功能是使用 java.util.Timer 周期性地执行指定任务，具体实现代码如下所示。

```
import java.util.Timer;
import java.util.TimerTask;

import org.event.R;

import android.app.Activity;
import android.os.Bundle;
import android.os.Handler;
import android.os.Message;
import android.widget.ImageView;

public class HandlerTest extends Activity
{
    //定义周期性显示的图片的 ID
    int[] imageIds = new int[]
    {
        R.drawable.java,
        R.drawable.ee,
        R.drawable.ajax,
        R.drawable.xml,
        R.drawable.classic
    };
    int currentImageId = 0;

    @Override
    public void onCreate(Bundle savedInstanceState)
    {
        super.onCreate(savedInstanceState);
        setContentView(R.layout.main);
        final ImageView show = (ImageView) findViewById(R.id.show);
        final Handler myHandler = new Handler()
        {
            @Override
```

```
                public void handleMessage(Message msg)
                {
                    //如果该消息是本程序所发送的
                    if (msg.what == 0x1233)
                    {
                        //动态地修改所显示的图片
                        show.setImageResource(imageIds[currentImageId++
                            % imageIds.length]);
                    }
                }
            };
            //定义一个计时器，让该计时器周期性地执行指定任务
            new Timer().schedule(new TimerTask()
            {
                @Override
                public void run()
                {
                    //发送空消息
                    myHandler.sendEmptyMessage(0x1233);
                }
            }, 0, 1200);
        }
}
```

在上述实现代码中，首先通过 Timer 周期性地执行指定任务，Timer 对象可调度 TimerTask 对象，TimerTask 对象的本质就是启动一条新线程。因为 Android 系统不允许在新线程中访问 Activity 里面的界面组件，所以程序只能在新线程中发送一条消息，通知系统更新 ImageView 组件。在上述代码中首先重写了 Handler 的 handleMessage(Message msg)方法，该方法用于处理消息——当新线程发送消息时，该方法会被自动回调，handleMessage(Message msg)方法依然位于主线程，所以可以动态地修改 ImageView 组件的属性。这就实现了本程序所要达到的效果：由新线程来周期性地修改 ImageView 的属性，从而实现动画效果。运行上面的程序，可看到应用程序中 5 张图片交替显示的动画效果。执行效果如图 5-15 所示。

图 5-15　执行效果

在 Android 系统中，类 Handler 通常和如下组件共同工作。

☑ Message：Handler 接收和处理的消息对象。
☑ Looper：每个线程只能拥有一个 Looper。它的 loop 方法负责读取 MessageQueue 中的消息，读取到消息之后就把消息交给发送该消息的 Handler 进行处理。
☑ MessageQueue：消息队列，它采用先进先出的方式来管理 Message。程序创建 Looper 对象时会在它的构造器中创建 MessageQueue 对象。

Looper 提供的构造器源代码如下所示。

```
private Looper(boolean quitAllowed) {
            mQueue = new MessageQueue(quitAllowed);
            mRun = true;
            mThread = Thread.currentThread();
        }
```

在上述构造器代码中使用了 private 修饰，这表明程序员无法通过构造器创建 Looper 对象。从上面的代码中不难看出，程序在初始化 Looper 时会创建一个与之关联的 MessageQueue，这个 MessageQueue 就负责管理消息。

☑ Handler：主要作用有两个，分别是发送消息和处理消息。程序使用 Handler 发送消息，被 Handler 发送的消息必须被送到指定的 MessageQueue。也就是说，如果希望 Handler 正常工作，必须在当前线程中有一个 MessageQueue，否则消息就没有 MessageQueue 进行保存了。不过 MessageQueue 是由 Looper 负责管理的，也就是说，如果希望 Handler 正常工作，必须在当前线程中有一个 Looper 对象。为了保证当前线程中有 Looper 对象，可以分如下两种情况处理。

➢ 主 UI 线程中，系统已经初始化了一个 Looper 对象，因此程序直接创建 Handler 即可，然后就可通过 Handler 来发送、处理消息。

➢ 对于程序员自己启动的子线程，程序员必须自己创建一个 Looper 对象并启动它。创建 Looper 对象调用它的 prepare()方法即可。

方法 prepare()会保证每个线程最多只有一个 Looper 对象。prepare()方法的源代码如下所示。

```
private static void prepare(boolean quitAllowed) {
        if (sThreadLocal.get() != null) {
            throw new RuntimeException("Only one Looper may be created per thread");
        }
        sThreadLocal.set(new Looper(quitAllowed));
}
```

然后调用 Looper 的静态 loop()方法来启动它。loop()方法使用一个死循环不断取出 MessageQueue 中的消息，并将取出的消息分给该消息对应的 Handler 进行处理。下面是类 Looper 中的 loop()方法的实现源代码。

```
public static void loop() {
    final Looper me = myLooper();
    if (me == null) {
        throw new RuntimeException("No Looper; Looper.prepare() wasn't called on this thread.");
    }
    final MessageQueue queue = me.mQueue;

    Binder.clearCallingIdentity();

    final long ident = Binder.clearCallingIdentity();
    for (;;) {
        Message msg = queue.next(); // might block
        if (msg == null) {

            return;
        }

        Printer logging = me.mLogging;
        if (logging != null) {
            logging.println(">>>>> Dispatching to " + msg.target + " " +
                    msg.callback + ": " + msg.what);
        }
        msg.target.dispatchMessage(msg);
        if (logging != null) {
            logging.println("<<<<< Finished to " + msg.target + " " + msg.callback);
        }
        final long newIdent = Binder.clearCallingIdentity();
        if (ident != newIdent) {
            Log.wtf(TAG, "Thread identity changed from 0x"
                    + Long.toHexString(ident) + " to 0x"
```

```
                        + Long.toHexString(newIdent) + " while dispatching to "
                        + msg.target.getClass().getName() + " "
                        + msg.callback + " what=" + msg.what);
            }
            msg.recycle();
        }
}
```

由此可见，Looper、MessageQueue、Handler 在 Android 应用程序中的作用如下所示。

☑ Looper：每个线程只有一个 Looper，它负责管理 MessageQueue，会不断地从 MessageQueue 中取出消息，并将消息分给对应的 Handler 处理。

☑ MessageQueue：由 Looper 负责管理。采用先进先出的方式来管理 Message。

☑ Handler：能把消息发送给 Looper 管理的 MessageQueue，并负责处理 Looper 分给它的消息。

在线程中使用 Handler 的步骤如下。

（1）调用 Looper 的 prepare()方法，为当前线程创建 Looper 对象。创建 Looper 对象时，它的构造器会创建与之配套的 MessageQueue。

（2）有了 Looper 之后，创建 Handler 子类的实例，重写 handleMessage()方法。该方法负责处理来自于其他线程的消息。

（3）调用 Looper 的 loop()方法，启动 Looper。

第 6 章　Activity 界面表现详解

Activity 是 5 个组件中最常用的。程序中 Activity 通常的表现形式是一个单独的界面（screen）。每个 Activity 都是一个单独的类，它扩展实现了 Activity 基础类。这个类显示为一个由 Views 组成的用户界面，并响应事件。大多数程序有多个 Activity。例如，一个文本信息程序有这几个界面：显示联系人列表界面、写信息界面、查看信息界面或者设置界面等。每个界面都是一个 Activity。切换到另一个界面就是载入一个新的 Activity。某些情况下，一个 Activity 可能会给前一个 Activity 返回值——例如，一个让用户选择相片的 Activity 会把选择到的相片返回给其调用者。本章将详细介绍开发并配置 Activity 的基本知识，为读者步入本书后面知识的学习打下基础。

☑　041：在屏幕中输出显示一段文字.pdf
☑　042：更改屏幕背景颜色.pdf
☑　043：更改屏幕中的文字颜色.pdf
☑　044：置换屏幕中 TextView 文字的颜色.pdf
☑　045：获取手机屏幕的分辨率.pdf
☑　046：设置屏幕中的文字样式.pdf
☑　047：响应按钮事件.pdf
☑　048：实现屏幕界面的转换.pdf

知识拓展

6.1　Activity 基础

知识点讲解：光盘:视频\知识点\第 6 章\Activity 基础.avi

在 Android 应用程序中，Activity 是最重要、最常见的应用组件之一，Android 应用的一个重要组成部分就是开发 Activity。在本书前面的实例中已经多次用到了 Activity。打开一个新界面后，前一个界面就被暂停，并放入历史栈中（界面切换历史栈）。使用者可以回溯前面已经打开的存放在历史栈中的界面，也可以从历史栈中删除没有价值的界面。Android 在历史栈中保留程序运行产生的所有界面：从第一个界面到最后一个。和 J2ME 的 MIDlet 一样，在 Android 中，Activity 的生命周期交给系统统一管理。与 MIDlet 不同的是，安装在 Android 中的所有的 Activity 都是平等的。

6.1.1　Activity 的状态及状态间的转换

在 Android 应用程序中，Activity 有如下 4 种基本状态。

☑　Active/Runing：一个新 Activity 启动入栈后，它在屏幕最前端，处于栈的最顶端，此时它处于可见并可和用户交互的激活状态。

☑ Paused：当 Activity 被另一个透明或者 Dialog 样式的 Activity 覆盖时的状态。此时它依然与窗口管理器保持连接，系统继续维护其内部状态，所以它仍然可见，但已经失去了焦点，故不可与用户交互。

☑ Stoped：当 Activity 被另外一个 Activity 覆盖、失去焦点并不可见时，处于 Stoped 状态。

☑ Killed：当 Activity 被系统杀死回收或者没有被启动时，处于 Killed 状态。

在 Android 应用程序中，可以调用 finish()函数结束处理 Paused 或者 stopped 状态的 Activity。Activity 是所有 Android 应用程序的根本，所有程序的流程都运行在 Activity 之中。Activity 具有自己的生命周期，由系统控制生命周期，程序无法改变，但可以用 onSaveInstanceState 保存其状态。

当一个 Activity 实例被创建、销毁或者启动另外一个 Activity 时，它在这 4 种状态之间进行转换，这种转换的发生依赖于用户程序的动作。图 6-1 说明了 Activity 在不同状态间转换的时机和条件。

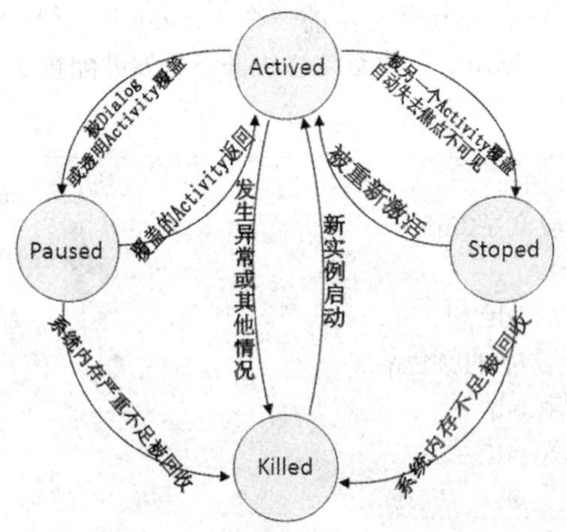

图 6-1 Activity 的状态转换

如图 6-1 所示，Android 程序员可以决定一个 Activity 的“生”，但不能决定它的“死”。也就是说，程序员可以启动一个 Activity，但是却不能手动地“结束”一个 Activity。当用户调用 Activity.finish()方法时，结果和用户按下 BACK 键一样：告诉 Activity Manager 该 Activity 实例完成了相应的工作，可以被“回收”。随后 Activity Manager 激活处于栈第二层的 Activity 并重新入栈，同时原 Activity 被压入到栈的第二层，从 Active 状态转到 Paused 状态。例如，从 Activity1 中启动了 Activity2，则当前处于栈顶端的是 Activity2，第二层是 Activity1，当调用 Activity2.finish()方法时，Activity Manager 重新激活 Activity1 并入栈，Activity2 从 Active 状态转换 Stoped 状态，Activity1.onActivityResult(int requestCode, int resultCode, Intent data)方法被执行，Activity2 返回的数据通过 data 参数返回给 Activity1。

6.1.2 Activity 栈

Android 是通过一种 Activity 栈的方式来管理 Activity 的。一个 Activity 的实例状态决定了它在栈中的位置。处于前台的 Activity 总是在栈的顶端，当前台的 Activity 因为异常或其他原因被销毁时，处于栈第二层的 Activity 将被激活，上浮到栈顶。当新的 Activity 启动入栈时，原 Activity 会被压入到栈的第二层。一个 Activity 在栈中的位置变化反映了它在不同状态间的转换。Activity 的状态与它在栈中的位置关系如图 6-2 所示。

如图 6-2 所示，除了最顶层即处在 Active 状态的 Activity 外，其他的 Activity 都有可能在系统内存不足时被回收，一个 Activity 的实例越是处在栈的底层，它被系统回收的可能性越大。系统负责管理栈中 Activity 的实例，它根据 Activity 所处的状态来改变其在栈中的位置。

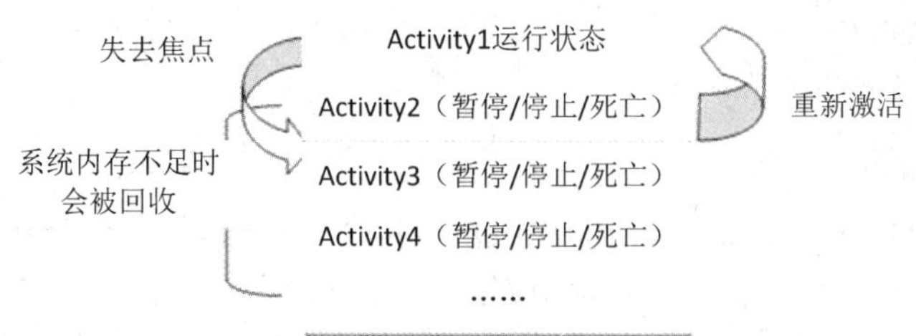

图 6-2　Activity 的状态与它在栈中的位置关系

6.1.3　Activity 的生命周期

在类 android.app.Activity 中，Android 定义了一系列与生命周期相关的方法。图 6-3 显示了 Android 提供的 Activity 类。

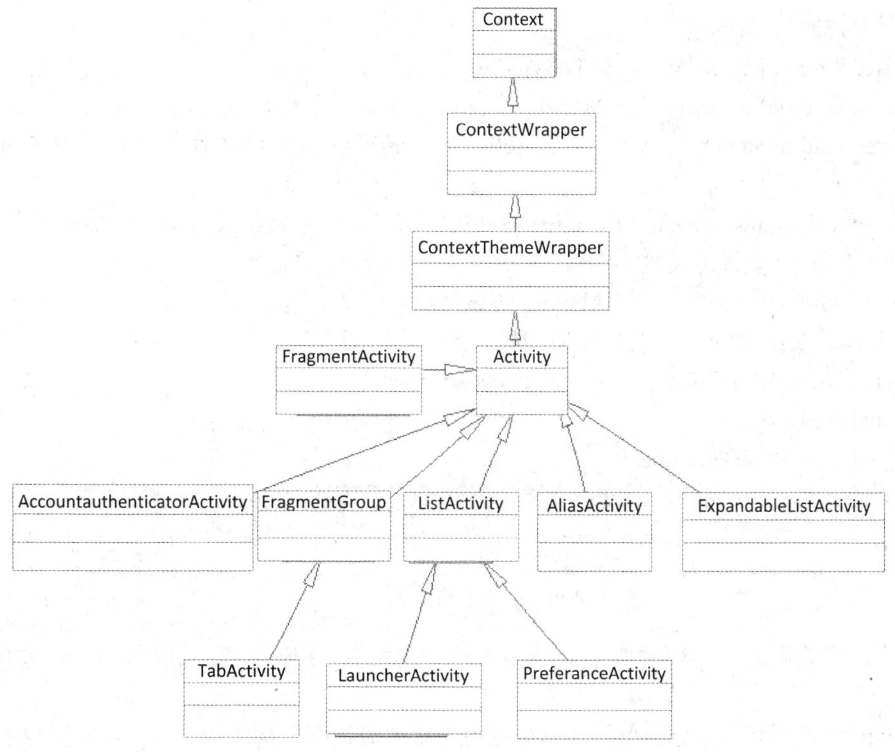

图 6-3　Android 提供的 Activity 类

如图 6-3 所示，类 Activity 间接或直接地继承了 Context、ContextWrapper、ContextThemeWrapper 等基类，所以 Activity 可以直接调用它们的方法。

在开发人员自己的 Activity 中，只是根据需要复写需要的方法，Java 的多态性会保证我们自己的方法被虚拟机调用，这一点与 Java 中的 MIDlet 类似。例如如下自定义 Activity 的代码。

```
public class OurActivity extends Activity {
    protected void onCreate(Bundle savedInstanceState);
    protected void onStart();
    protected void onResume();
```

```
        protected void onPause();
        protected void onStop();
        protected void onDestroy();
    }
```

上述方法的具体说明如下。

- ☑ protected void onCreate(Bundle savedInstanceState)：这是一个 Activity 实例被启动时调用的第一个方法。在一般情况下，都覆盖该方法作为应用程序的一个入口点，在这里做一些初始化数据、设置用户界面等工作。大多数情况下，我们都要在这里从 XML 中加载设计好的用户界面。例如：

```
setContentView(R.layout.main);
```

当然，也可从 savedInstanceStat 中读取保存到存储设备中的数据，但是需要判断 savedInstanceState 是否为 null，因为 Activity 第一次启动时并没有数据被存储在设备中。代码如下：

```
if(savedInstanceState!=null){
savedInstanceState.get("Key");
}
```

- ☑ protected void onStart()：该方法在 onCreate()方法之后被调用，或者在 Activity 从 Stop 状态转换为 Active 状态时被调用。
- ☑ protected void onRestart()：重新启动 Activity 时被回调。
- ☑ protected void onResume()：在 Activity 从 Active 状态转换到 Pause 状态时被调用。
- ☑ protected void onStop()：在 Activity 从 Active 状态转换到 Stop 状态时被调用，一般在此保存 Activity 的状态信息。
- ☑ protected void onDestroy()：在 Active 被结束时调用，它是被结束时调用的最后一个方法，因此一般用于实现释放资源或清理内存等工作。
- ☑ protected void onPause()：暂停 Activity 时被回调。

另外，Android 还定义如下一些与生命周期相关的不常用的方法。

- ☑ protected void onPostCreate(Bundle savedInstanceState)。
- ☑ protected void onRestart()。
- ☑ protected void onPostResume()。

例如在下面的实例中，演示了 Activity 覆盖上述 7 个生命周期的方法。

题　目	目　的	源 码 路 径
实例 6-1	演示了 Activity 的生命周期	光盘:\daima\6\6.1\LifeEX

在本实例中使用前面的 7 个方法时，在每个方法中增加了一行记录日志代码。本实例的具体实现流程如下。

（1）Activity 的界面布局十分简单，一个按钮用于启动对话框风格的 Activity，另一个按钮用于退出该应用。布局文件 main.xml 的具体实现流程如下所示。

```
<?xml version="1.0" encoding="utf-8"?>
<LinearLayout xmlns:android="http://schemas.android.com/apk/res/android"
    android:orientation="horizontal"
    android:layout_width="fill_parent"
    android:layout_height="fill_parent"
    >
<Button
    android:id="@+id/startActivity"
    android:layout_width="wrap_content"
    android:layout_height="wrap_content"
```

```
        android:text="启动对话框风格的 Activity"
        />
<Button
        android:id="@+id/finish"
        android:layout_width="wrap_content"
        android:layout_height="wrap_content"
        android:text="退出"
        />
</LinearLayout>
```

（2）第一个 Activity 对应的程序文件是 Lifecycle.java，此 Activity 是入口 Activity，具体实现代码如下所示。

```
public class Lifecycle extends Activity
{
    final String TAG = "--app--";
    Button finish ,startActivity;
    @Override
    public void onCreate(Bundle savedInstanceState)
    {
        super.onCreate(savedInstanceState);
        setContentView(R.layout.main);
        //输出日志
        Log.d(TAG, "-------onCreate------");
        finish = (Button) findViewById(R.id.finish);
        startActivity = (Button) findViewById(R.id.startActivity);
        //为 startActivity 按钮绑定事件监听器
        startActivity.setOnClickListener(new OnClickListener()
        {
            @Override
            public void onClick(View source)
            {
                Intent intent = new Intent(Lifecycle.this,
                        SecondActivity.class);
                startActivity(intent);
            }
        });
        //为 finish 按钮绑定事件监听器
        finish.setOnClickListener(new OnClickListener()
        {
            @Override
            public void onClick(View source)
            {
                //结束该 Activity
                Lifecycle.this.finish();
            }
        });
    }

    @Override
    public void onStart()
    {
```

```
        super.onStart();
        //输出日志
        Log.d(TAG, "-------onStart------");
    }

    @Override
    public void onRestart()
    {
        super.onRestart();
        //输出日志
        Log.d(TAG, "-------onRestart------");
    }

    @Override
    public void onResume()
    {
        super.onResume();
        //输出日志
        Log.d(TAG, "-------onResume------");
    }

    @Override
    public void onPause()
    {
        super.onPause();
        //输出日志
        Log.d(TAG, "-------onPause------");
    }

    @Override
    public void onStop()
    {
        super.onStop();
        //输出日志
        Log.d(TAG, "-------onStop------");
    }

    @Override
    public void onDestroy()
    {
        super.onDestroy();
        //输出日志
        Log.d(TAG, "-------onDestroy------");
    }
}
```

（3）第二个 Activity 对应的程序文件是 SecondActivity.java，具体实现代码如下所示。

```
public class SecondActivity extends Activity
{
    @Override
    public void onCreate(Bundle savedInstanceState)
    {
```

```
        super.onCreate(savedInstanceState);
        TextView tv = new TextView(this);
        tv.setText("对话框风格的 Activity");
        setContentView(tv);
    }
}
```

执行后的效果如图 6-4 所示。

图 6-4　第一个 Activity

此时在 Eclipse 的 LogCat 界面中会看到 Activity 的执行顺序，如图 6-5 所示。

```
D    05-18 01:34:08.652    947    947    org.app    --app--        -------onCreate------
D    05-18 01:34:08.652    947    947    org.app    --app--        -------onStart------
D    05-18 01:34:08.662    947    947    org.app    --app--        -------onResume------
D    05-18 01:34:08.852    947    947    org.app    gralloc_gol... Emulator without GPU em
```

图 6-5　启动顺序

单击“启动对话框风格的 Activity”按钮后会来到第二个 Activity，如图 6-6 所示。

图 6-6　第二个 Activity

此时在 Eclipse 的 LogCat 界面中会看到第一个 Activity 处于暂停状态，如图 6-7 所示。

```
D    05-18 01:38:31.456    947    947    org.app    --app--    -------onPause------
```

图 6-7　暂停状态

读者可以返回第一个 Activity，尝试启动和关闭等操作，在 Eclipse 的 LogCat 界面中会看到 Activity 的执行顺序和生命周期。

6.2　操作 Activity

知识点讲解：光盘:视频\知识点\第 6 章\操作 Activity.avi

如果读者熟悉 Java 开发技术，就会发现 Activity 与开发 Java Web 应用时建立 Servlet 类相似，建立自己的 Activity 也需要继承 Activity 基类。当然，在不同应用场景下，有时也要求继承 Activity 的子类。例如，如果应用程序界面只包括列表，则可以让应用程序继承 ListActivity；如果应用程序界面需要实现标签页效果，则可以让应用程序继承 TabActivity。本节将详细讲解在 Android 应用程序中操作 Activity 的知识。

6.2.1　使用 LauncherActivity 类

与 Java 中的 Servlet 类似，当定义了一个 Activity 之后，这个 Activity 类何时被实例化、它所包含的方法何时被调用，这些都不是由开发者决定的，而是由 Android 系统来决定。类 LauncherActivity 继承于类

ListActivity，其本质上也是一个开发列表界面的 Activity，但是它开发出来的列表界面与普通列表界面有所不同。LauncherActivity 开发出来的列表界面中的每个列表项都对应一个 Intent，因此当用户单击不同的列表项时，应用程序会自动启动对应的 Activity。

使用 LauncherActivity 的方法十分简单，因为依然是一个 ListActivity，所以同样需要为它设置 Adapter（既可以使用简单的 ArrayAdapter，也可以使用复杂的 SimpleAdapter），也可以扩展 BaseAdapter 来实现自己的 Adapter。与使用普通 ListActivity 不同的是，继承 LauncherActivity 时通常应该重写 Intent intentForPosition(int position)方法，该方法根据不同列表项返回不同的 Intent（用于启动不同的 Activity）。

例如在下面的实例中，演示了使用 LauncherActivity 类启动 Activity 列表的方法。

题　目	目　的	源 码 路 径
实例 6-2	使用 LauncherActivity 类启动 Activity 列表	光盘:\daima\6\6.2\OtherEX

本实例的具体实现流程如下。

（1）本实例 UI 界面布局文件 main.xml 比较简单，功能是在屏幕中插入一个 ListView 空间，具体实现代码如下所示。

```
<LinearLayout xmlns:android="http://schemas.android.com/apk/res/android"
    android:orientation="vertical"
    android:layout_width="fill_parent"
    android:layout_height="fill_parent"
    >
<ListView android:id="@+id/android:list"
    android:layout_width="match_parent"
    android:layout_height="match_parent"
    android:background="#0000ff"
    android:layout_weight="1"
    android:drawSelectorOnTop="false"/>
</LinearLayout>
```

（2）编写文件 OtherActivity.java，功能是创建 LauncherActivity 的子类 OtherActivity，设置了该 ListActivity 所需的内容 Adapter，并根据用户单击的列表项去启动对应的 Activity。文件 OtherActivity.java 的具体实现代码如下所示。

```
public class OtherActivity extends LauncherActivity
{
    //定义两个 Activity 的名称
    String[] names = {"设置程序参数"， "查看星际兵种"};
    //定义两个 Activity 对应的实现类
    Class<?>[] clazzs = {PreferenceActivityTest.class,
        ExpandableListActivityTest.class};
    @Override
    public void onCreate(Bundle savedInstanceState)
    {
        super.onCreate(savedInstanceState);
        ArrayAdapter<String> adapter = new ArrayAdapter<String>(this,
            android.R.layout.simple_list_item_1 , names);
        //设置该窗口显示的列表所需的 Adapter
        setListAdapter(adapter);
    }
    //根据列表项来返回指定 Activity 对应的 Intent
    @Override public Intent intentForPosition(int position)
```

```
        {
            return new Intent(OtherActivity.this , clazzs[position]);
        }
}
```

在上述实现代码中，还用到了如下两个 Activity。

☑ ExpandableListActivityTest：是 ExpandableListActivityTest 的子类，用于显示一个可展开的列表窗口。

☑ PreferenceActiviyTest：是 PreferenceActivity 的子类，用于显示一个设置选项参数并进行保存的窗口。

6.2.2 使用 ExpandableListActivity 类

在 Android 系统中，类 ExpandableListActivityTest 继承于基类 ExpandableListActivty。类 Expandable ListActivity 的用法与前面介绍的 ExpandableListView 类的用法相似，只要在使用时为该 Activity 传入一个 ExpandableListAdapter 对象即可。

例如在下面的实例中，演示了使用 ExpandableListActivity 生成一个可展开列表的窗口方法。

题　目	目　的	源 码 路 径
实例 6-3	使用 ExpandableListActivity 生成一个可展开列表的窗口	光盘:\daima\6\6.2\OtherEX

在本实例的实现文件为 ExpandableListActivity.java，功能是为 ExpandableListActivity 设置了一个 ExpandableListAdapter 对象，这样可以使得该 Activity 实现可展开列表的窗口。文件 ExpandableList Activity.java 的具体实现代码如下所示。

```
public class ExpandableListActivityTest extends ExpandableListActivity
{
    public void onCreate(Bundle savedInstanceState)
    {
        super.onCreate(savedInstanceState);
        ExpandableListAdapter adapter = new BaseExpandableListAdapter()
        {
            int[] logos = new int[]
            {
                R.drawable.p,
                R.drawable.z,
                R.drawable.t
            };
            private String[] armTypes = new String[]
                { "aaa", "bbb", "ccc"};
            private String[][] arms = new String[][]
            {
                { "ddd", "eee", "fff", "ggg" },
                { "hhh", "iii", "ggg", "hhh" },
                { "iii", "jjj" , "kkk" }
            };
            //获取指定组位置、指定子列表项处的子列表项数据
            @Override
            public Object getChild(int groupPosition, int childPosition)
            {
                return arms[groupPosition][childPosition];
```

```
}
@Override
public long getChildId(int groupPosition, int childPosition)
{
    return childPosition;
}
@Override
public int getChildrenCount(int groupPosition)
{
    return arms[groupPosition].length;
}
private TextView getTextView()
{
    AbsListView.LayoutParams lp = new AbsListView.LayoutParams(
            ViewGroup.LayoutParams.MATCH_PARENT, 64);
    TextView textView = new TextView(ExpandableListActivityTest.this);
    textView.setLayoutParams(lp);
    textView.setGravity(Gravity.CENTER_VERTICAL | Gravity.LEFT);
    textView.setPadding(36, 0, 0, 0);
    textView.setTextSize(20);
    return textView;
}
//该方法决定每个子选项的外观
@Override
public View getChildView(int groupPosition, int childPosition,
        boolean isLastChild, View convertView, ViewGroup parent)
{
    TextView textView = getTextView();
    textView.setText(getChild(groupPosition, childPosition).toString());
    return textView;
}
//获取指定组位置处的组数据
@Override
public Object getGroup(int groupPosition)
{
    return armTypes[groupPosition];
}
@Override
public int getGroupCount()
{
    return armTypes.length;
}
@Override
public long getGroupId(int groupPosition)
{
    return groupPosition;
}
//该方法决定每个组选项的外观
@Override
public View getGroupView(int groupPosition, boolean isExpanded,
        View convertView, ViewGroup parent)
```

```
            {
                LinearLayout ll = new LinearLayout(ExpandableListActivityTest.this);
                ll.setOrientation(0);
                ImageView logo = new ImageView(ExpandableListActivityTest.this);
                logo.setImageResource(logos[groupPosition]);
                ll.addView(logo);
                TextView textView = getTextView();
                textView.setText(getGroup(groupPosition).toString());
                ll.addView(textView);
                return ll;
            }
            @Override
            public boolean isChildSelectable(int groupPosition, int childPosition)
            {
                return true;
            }
            @Override
            public boolean hasStableIds()
            {
                return true;
            }
        };
        //设置该窗口显示列表
        setListAdapter(adapter);
    }
}
```

6.2.3 使用 PreferenceActivity 和 PreferenceFragment

在 Android 应用程序中，PreferenceActivity 是一个非常重要的基类。在开发一个 Android 应用程序时经常需要设置一些选项，这些选项设置会以参数的形式保存，习惯上会用 Preferences 进行保存。如果 Android 应用程序中包含的某个 Activity 专门用于设置选项参数，那么 Android 为这种 Activity 提供了方便易用的基类：PreferenceActivity。一旦 Activity 继承了 PreferenceActivity，那么该 Activity 完全不需要自己控制 Preferences 的读写，PreferenceActivity 可以处理一切。

在 Android 应用程序中，PreferenceActivity 与普通 Activity 不同，它不再使用普通的界面布局文件，而是使用选项设置的布局文件。选项设置的布局文件以 PreferenceScreen 作为根元素，这就表明定义一个参数设置的界面布局。

为了创建一个 PreferenceActivity，需要先创建一个对应的界面布局文件。从 Android 3.0 版本开始，Android 系统不再推荐直接让 PreferenceActivity 加载选项设置的布局文件，而是建议将 Preference Activity 与 PreferenceFragment 结合使用。其中，PreferenceActivity 只负责加载选项设置列表的布局文件，而 PreferenceFragment 负责加载选项设置的布局文件。

例如在下面的实例中，演示了使用 PreferenceActivity 设置界面的基本过程。

题　　目	目　　的	源 码 路 径
实例 6-4	使用 PreferenceActivity 设置界面	光盘:\daima\6\6.2\OtherEX

本实例的具体实现流程如下。

（1）编写文件 preference_headers.xml，这是一个 PreferenceActivity 加载的选项设置列表布局文件，具体实现代码如下所示。

```
<?xml version="1.0" encoding="utf-8"?>
<preference-headers
    xmlns:android="http://schemas.android.com/apk/res/android">
    <!-- 指定启动 PreferenceFragment 的列表项 -->
     <header android:fragment=
          "org.crazyit.app.PreferenceActivityTest$Prefs1Fragment"
          android:icon="@drawable/ic_settings_applications"
          android:title="程序选项设置"
          android:summary="设置应用的相关选项" />
    <!-- 指定启动 PreferenceFragment 的列表项 -->
     <header android:fragment=
          "org.crazyit.app.PreferenceActivityTest$Prefs2Fragment"
          android:icon="@drawable/ic_settings_display"
          android:title="界面选项设置 "
          android:summary="设置显示界面的相关选项">
          <!-- 使用 extra 可向 Activity 传入额外的数据 -->
          <extra android:name="website"
               android:value="www.chubanbook.com" />
     </header>
     <!-- 使用 Intent 启动指定 Activity 的列表项 -->
     <header
          android:icon="@drawable/ic_settings_display"
          android:title="使用 Intent"
          android:summary="使用 Intent 启动某个 Activity">
          <intent android:action="android.intent.action.VIEW"
               android:data="http://www.chubanbook.com" />
     </header>
</preference-headers>
```

在上述代码中设置使用了 Prefs1Fragment 和 Prefs2Fragment 两个内部类，所以需要在类 Preference ActivityTest 中定义这两个内部类。

（2）编写文件 PreferenceActivityTest.java，功能是定义内部类 Prefs1Fragment 和 Prefs2Fragment。通过 Activity 重写了 PreferenceActivity 的 public void onBuildHeaders(List<Header> target)方法，并重写了该方法指定加载前面定义 preference_headers.xml 布局文件。文件 PreferenceActivityTest.java 的具体实现代码如下所示。

```
public class PreferenceActivityTest extends PreferenceActivity
{
     @Override
     protected void onCreate(Bundle savedInstanceState)
     {
          super.onCreate(savedInstanceState);
          //该方法用于为界面设置一个标题按钮
          if (hasHeaders())
          {
               Button button = new Button(this);
               button.setText("设置操作");
               //将该按钮添加到界面上
               setListFooter(button);
          }
```

```
    }
    //重写该方法，负责加载页面布局文件
    @Override
    public void onBuildHeaders(List<Header> target)
    {
        //加载选项设置列表的布局文件
        loadHeadersFromResource(R.xml.preference_headers, target);
    }

    public static class Prefs1Fragment extends PreferenceFragment
    {
        @Override
        public void onCreate(Bundle savedInstanceState)
        {
            super.onCreate(savedInstanceState);
            addPreferencesFromResource(R.xml.preferences);
        }
    }
    public static class Prefs2Fragment extends PreferenceFragment
    {
        @Override
        public void onCreate(Bundle savedInstanceState)
        {
            super.onCreate(savedInstanceState);
            addPreferencesFromResource(R.xml.display_prefs);
            //获取传入该 Fragment 的参数
            String website = getArguments().getString("website");
            Toast.makeText(getActivity(),
                "网站域名是：" + website , Toast.LENGTH_LONG).show();
        }
    }
}
```

在上述 Activity 的实现代码中定义了两个 PreferenceFragment，它们需要分别加载如下两个选项设置的布局文件。

☑ preferences.xml。

☑ display_prefs.xml。

（3）在建立选项设置的布局文件中，需要创建根元素为 PreferenceScreen 的 XML 布局文件，此文件默认被保存在“/res/xml”路径下。其中文件 preferences.xml 定义了一个参数设置界面，该参数设置界面中包括两个参数设置组，而且该参数设置界面全面应用了各种元素，以方便读者今后查询。文件 preferences.xml 的具体实现代码如下所示。

```
<?xml version="1.0" encoding="utf-8"?>
<PreferenceScreen
    xmlns:android="http://schemas.android.com/apk/res/android">
<!-- 设置系统铃声 -->
<RingtonePreference
    android:ringtoneType="all"
    android:title="设置铃声"
    android:summary="选择铃声（测试 RingtonePreference)"
    android:showDefault="true"
```

```
        android:key="ring_key"
        android:showSilent="true">
</RingtonePreference>
<PreferenceCategory android:title="个人信息设置组">
        <!-- 通过输入框填写用户名 -->
        <EditTextPreference
            android:key="name"
            android:title="填写用户名"
            android:summary="填写您的用户名（测试 EditTextPreference)"
            android:dialogTitle="您所使用的用户名为：" />
        <!-- 通过列表框选择性别 -->
        <ListPreference
            android:key="gender"
            android:title="性别"
            android:summary="选择您的性别（测试 ListPreference）"
            android:dialogTitle="ListPreference"
            android:entries="@array/gender_name_list"
            android:entryValues="@array/gender_value_list" />
</PreferenceCategory>
<PreferenceCategory android:title="系统功能设置组 ">
        <CheckBoxPreference
            android:key="autoSave"
            android:title="自动保存进度"
            android:summaryOn="自动保存: 开启"
            android:summaryOff="自动保存: 关闭"
            android:defaultValue="true" />
</PreferenceCategory>
</PreferenceScreen>
```

在 PreferenceFragment 程序中使用上述界面布局文件进行参数设置、保存会十分简单，具体流程如下。

① 设置 Fragment 继承于 PreferenceFragment。

② 在方法 onCreate(Bundle saveInstanceState)中调用 addPreferencesFromResource()方法，加载指定的界面布局文件。

（4）编写选项设置布局文件 display_prefs.xml，具体实现代码如下所示。

```
<?xml version="1.0" encoding="utf-8"?>
<PreferenceScreen
    xmlns:android="http://schemas.android.com/apk/res/android">
<PreferenceCategory android:title="背景灯光组">
      <!-- 通过列表框选择灯光强度 -->
      <ListPreference
          android:key="light"
          android:title="灯光强度"
          android:summary="请选择灯光强度（测试 ListPreference）"
          android:dialogTitle="请选择灯光强度"
          android:entries="@array/light_strength_list"
          android:entryValues="@array/light_value_list" />
</PreferenceCategory>
<PreferenceCategory android:title="文字显示组 ">
      <!-- 通过 SwitchPreference 设置是否自动滚屏 -->
```

```
    <SwitchPreference
        android:key="autoScroll"
        android:title="自动滚屏"
        android:summaryOn="自动滚屏：开启"
        android:summaryOff="自动滚屏：关闭"
        android:defaultValue="true" />
</PreferenceCategory>
</PreferenceScreen>
```

到此为止，在本实例中创建了 3 个 Activity 类。接下来需要在文件 AndroidManifest.xm 中进行配置，然后才可以使用这些 Activity。

6.2.4 配置 Activity

在 Android 应用程序中规定，必须显式地配置所有的应用程序组件（Activity、Services、ContentProvider、BroadcastReceiver）。在文件 AndroidManifest.xml 中，只要为<application.../>元素添加<activity...>子元素，即可配置 Activity。例如如下所示的配置片段。

```
<activity
        android:name="com.example.studyactivity.PreferenceActivityTest"
        android:icon="@drawable/ic_settings_applications"
        android:label="@string/title_activity_preference_activity_test"
        android:exported="true"
        android:launchMode="singleInstance">
    ...
 </activity>
```

在配置 Activity 时需要指定如下属性。

☑ name：指定该 Activity 的实现类的类名。

☑ icon：指定该 Activity 对应的图标。

☑ label：指定该 Activity 的标签。

☑ exported：指定该 Activity 是否允许被其他应用调用。如果将属性设为 true，那么该 Activity 将可以被其他应用调用。

☑ launchMode：指定该 Activity 的加载模式，该属性支持 standard、singleTop、singleTask 和 singleInstance 4 种加载模式。

另外，在配置 Activity 时通常还需要指定一个或多个<intent-filter.../>元素，用于指定该 Activity 可响应的 Intent。为了配置并管理本章前面实例中创建的 3 个 Activity，需要在文件 AndroidManifest.xml 中的<application.../>元素中增加如下 3 个<activity.../>子元素。

```
<activity
        android:name="com.example.studyactivity.OtherActivity"
        android:label="@string/app_name" >
<!--指定该 Activity 是程序的入口-->
        <intent-filter>

            <action android:name="android.intent.action.MAIN" />

          <category android:name="android.intent.category.LAUNCHER" />
        </intent-filter>
```

```
        </activity>
        <activity
            android:name="com.example.studyactivity.ExpandableListActivityTest"
            android:label="查看星际兵种" >

        </activity>
        <activity
            android:name="com.example.studyactivity.PreferenceActivityTest"
            android:icon="@drawable/ic_settings_applications"
            android:label="设置程序参数"
            >
        </activity>
```

在上述代码中配置了 3 个 Activity，其中第一个 Activity 还配置了一个<intent-filter.../>元素，该元素指定该 Activity 作为应用程序的入口。执行本实例后，首先显示第一个 Activity，执行效果如图 6-8 所示。

单击“设置程序参数”按钮，将显示第二个 Activity，执行效果如图 6-9 所示。此界面就是利用 PreferenceActivity 生成的选项设置列表界面。在这个界面只是包含 3 个列表项，其中前两个列表项用于启动 PreferenceFragment，最后一个列表项将会根据 Intent 启动其他 Activity。

单击“查看星际兵种”按钮将显示第三个 Activity，执行效果如图 6-10 所示。此界面就是利用 PreferencesFragment 生成的选项设置界面，系统会自动将设置的参数永久地保存，这是通过 PreferenceActivity 实现的。

设置程序参数

查看星际兵种

图 6-8　第一个 Activity

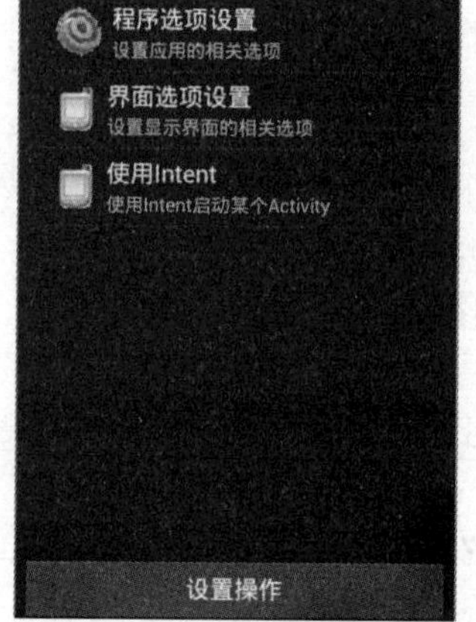

图 6-9　第二个 Activity

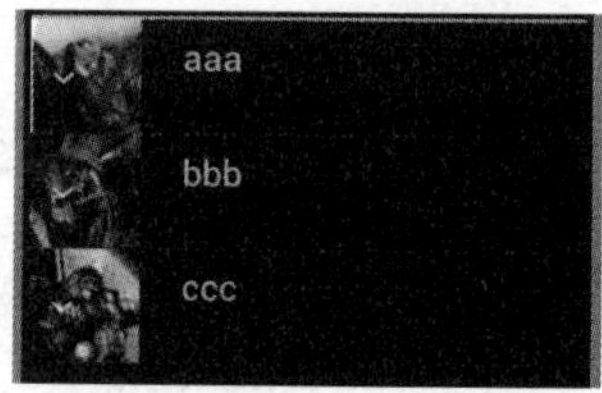

图 6-10　第三个 Activity

6.2.5　启动、关闭 Activity

在一个 Android 应用项目中通常会包含多个 Activity，并且只有一个 Activity 会作为程序的入口。当此 Android 应用运行时，将会自启动并执行这个入口 Activity。至于应用中的其他 Activity，通常都由入口 Activity 启动，或由入口 Activity 启动的 Activity 启动。

在 Android 应用程序中，Activity 有如下两个启动其他 Activity 的方法。

☑ startActivity(Intent intent)：启动其他 Activity。

☑ startActivityForResult(Intent intent,int requestCode)：以指定的请求码（requestCode）启动 Activity，而且程序将会等待新启动 Activity 的结果（通过重写 onActivityResult(...)方法来获取）。

上面两个方法都用到了 Intent 参数，Intent 是 Android 应用中各组件之间通信的重要方式，一个 Activity

通过 Intent 来表达自己的“意图”——想要启动哪个组件，被启动的组件即可以是 Activity 组件，也可以是 Service 组件。

在启动 Activity 时可指定一个 requestCode 参数，这个参数表示启动 Activity 的请求码。此请求码的值由开发者根据业务自行设置，用于标识请求来源。

在 Android 应用程序中，通过如下两个方法关闭 Activity。

☑ finish()：结束当期 Activity。

☑ finishActivity(int requestCode)：结束以 startActivityForResult(Intent intent,int requestCode)方法启动的 Activity。

例如在下面的实例中，演示了如何启动 Activity 的过程，并允许程序在两个 Activity 之间切换。

题　　目	目　　的	源 码 路 径
实例 6-5	启动并切换 Activity	光盘:\daima\6\6.2\StartEX

本实例的具体实现流程如下。

（1）首先看第一个 Activity 的实现过程，文件 main.xml 实现了第一个 Activity 的布局，这个 Activity 也是项目的入口 Activity。文件 main.xml 的具体实现代码如下所示。

```
<?xml version="1.0" encoding="utf-8"?>
<LinearLayout xmlns:android="http://schemas.android.com/apk/res/android"
    android:orientation="vertical"
    android:layout_width="fill_parent"
    android:layout_height="fill_parent"
    >
<Button
    android:id="@+id/bn"
    android:layout_width="wrap_content"
    android:layout_height="wrap_content"
    android:text="启动第二个 Activity"
    />
</LinearLayout>
```

（2）第一个 Activity 对应的启动程序文件是 StartActivity.java，功能是载入布局文件 main.xml，并监听用户的单击屏幕操作，单击后会启动 intent 对应的第二个 Activity。文件 StartActivity.java 的具体实现代码如下所示。

```
public class StartActivity extends Activity
{
    @Override
    public void onCreate(Bundle savedInstanceState)
    {
        super.onCreate(savedInstanceState);
        setContentView(R.layout.main);
        //获取应用程序中的 bn 按钮
        Button bn = (Button) findViewById(R.id.bn);
        //为 bn 按钮绑定事件监听器
        bn.setOnClickListener(new OnClickListener()
        {
            @Override
            public void onClick(View source)
            {
                //创建需要启动的 Activity 对应的 Intent
```

```
                    Intent intent = new Intent(StartActivity.this,
                            SecondActivity.class);
                    //启动 intent 对应的 Activity
                    startActivity(intent);
                }
            });
        }
}
```

（3）再看第二个 Activity 的实现过程，布局文件是 second.xml，具体实现代码如下所示。

```
<LinearLayout xmlns:android="http://schemas.android.com/apk/res/android"
    android:orientation="vertical"
    android:layout_width="fill_parent"
    android:layout_height="fill_parent"
    >
<Button
    android:id="@+id/previous"
    android:layout_width="wrap_content"
    android:layout_height="wrap_content"
    android:text="返回"
    />
<Button
    android:id="@+id/close"
    android:layout_width="wrap_content"
    android:layout_height="wrap_content"
    android:text="返回并关闭自己"
    />
</LinearLayout>
```

第二个 Activity 对应的 Java 程序文件是 SecondActivity.java，在里面使用 finish()函数结束这个 Activity 的运行。文件 SecondActivity.java 的具体实现代码如下所示。

```
public class SecondActivity extends Activity
{
    @Override
    public void onCreate(Bundle savedInstanceState)
    {
        super.onCreate(savedInstanceState);
        setContentView(R.layout.second);
        //获取应用程序中的 previous 按钮
        Button previous = (Button) findViewById(R.id.previous);
        //获取应用程序中的 close 按钮
        Button close = (Button) findViewById(R.id.close);
        //为 previous 按钮绑定事件监听器
        previous.setOnClickListener(new OnClickListener()
        {
            @Override
            public void onClick(View source)
            {
                //获取启动当前 Activity 的上一个 Intent
                Intent intent = new Intent(SecondActivity.this,
                        StartActivity.class);
                //启动 intent 对应的 Activity
```

```
                startActivity(intent);
            }
        });
        //为 close 按钮绑定事件监听器
        close.setOnClickListener(new OnClickListener()
        {
            @Override
            public void onClick(View source)
            {
                //获取启动当前 Activity 的上一个 Intent
                Intent intent = new Intent(SecondActivity.this,
                        StartActivity.class);
                //启动 Intent 对应的 Activity
                startActivity(intent);
                //结束当前 Activity
                finish();
            }
        });
    }
}
```

（4）在文件 AndroidManifest.xml 中设置本项目 Activity 的执行顺序，其中设置入口 Activity 是 MAIN 对应的 StartActivity，具体实现代码如下所示。

```
<!-- 声明第一个 Activity -->
        <activity android:name="org.app.StartActivity"
                android:label="@string/app_name">
            <!-- 指定该 Activity 是程序的入口 -->
            <intent-filter>
                <action android:name="android.intent.action.MAIN" />
                <category android:name="android.intent.category.LAUNCHER" />
            </intent-filter>
        </activity>
        <!-- 声明第二个 Activity -->
        <activity android:name="org.app.SecondActivity"
                android:label="第二个 Activity">

        </activity>
    </application>
```

执行后将首先显示第一个 Activity，执行效果如图 6-11 所示。

单击“启动第二个 Activity”按钮后，进入到第二个 Activity 界面，如图 6-12 所示。

图 6-11　显示第一个 Activity

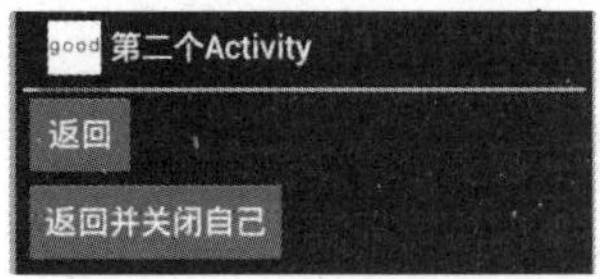

图 6-12　第二个 Activity

单击“返回并关闭自己”按钮后，会关闭第二个 Activity，并返回到如图 6-11 所示的第一个 Activity 界面。

6.2.6 Activity 数据交换

在 Android 应用程序中，当一个 Activity 启动另一个 Activity 时需要传递一些数据。在 Activity 之间进行数据交换非常简单，这是因为两个 Activity 之间本来就有一个“邮差”——Intent，因此用户将需要交换的数据放入 Intent 即可。

在 Intent 中提供了多个重载的方法来传递额外的数据，具体说明如下。

☑ putExtras(Bundle data)：向 Intent 中放入需要传递的数据包。

☑ Bundle getExtras()：取出 Intent 所传递的数据信息。

☑ putExtra(String name,Xxx value)：向 Intent 中按 key-value 对的形式存入数据。

☑ getXxxExtra(String name)：从 Intent 中按 key 取出指定类型的数据。

在上述方法中，Bundle 就是一个简单的数据传递包，在这个 Bundle 对象中包含了如下方法来存入数据。

☑ putXxx(Stirng key,Xxx data)：向 Bundle 放入 int、long 等各种类型的数据。

☑ putSerializable(String key,Serializable data)：向 Bundle 中放入一个可序列化的对象。

为了取出 Bundle 数据携带包中的数据，在 Bundle 中提供了如下方法。

☑ getXxx(String key)：从 Bundle 取出 int、long 等各种类型的数据。

☑ getSerializableExtra(String key)：从 Bundle 取出一个可序列化的对象。

在 Android 系统中，Intent 主要通过 Bundle 对象来携带数据，因此 Intent 提供了 putExtras()和 getExtras()两个方法。除此之外，Intent 还提供了多个重载的 putExtra(String name,Xxx value)、getXxxExtra(String name)，那么这些方法存、取的数据在哪里呢？其实 Intent 提供的 putExtra(String name,Xxx name)、getXxxExtra(String name)方法只是一些便捷的方法，这些方法直接存、取 Intent 所携带的 Bundle 中的数据。

例如在下面的实例中，演示了使用 Activity 处理注册信息的基本过程。

题　　目	目　　的	源 码 路 径
实例 6-6	使用 Activity 处理注册信息	光盘:\daima\6\6.2\BundleEX

在本实例中创建了两个 Activity，其中第一个 Activity 用于收集用户的输入信息，当用户单击该 Activity 的“注册”按钮时会来到第二个 Activity，第二个 Activity 将会获取第一个 Activity 中的数据。本实例的具体实现流程如下。

（1）第一个 Activity 的布局文件是 main.xml，具体实现代码如下所示。

```
<TableLayout xmlns:android="http://schemas.android.com/apk/res/android"
    android:layout_width="fill_parent"
    android:layout_height="fill_parent"
    >
<TextView
    android:layout_width="fill_parent"
    android:layout_height="wrap_content"
    android:text="请输入您的注册信息"
    android:textSize="20sp"
    />
<TableRow>
<TextView
    android:layout_width="fill_parent"
    android:layout_height="wrap_content"
    android:text="用户名 ："
```

```
    android:textSize="16sp"
    />
<!-- 定义一个 EditText，用于收集用户的账号 -->
<EditText
    android:id="@+id/name"
    android:layout_width="fill_parent"
    android:layout_height="wrap_content"
    android:hint="请填写想注册的账号"
    android:selectAllOnFocus="true"
    />
</TableRow>
<TableRow>
<TextView
    android:layout_width="fill_parent"
    android:layout_height="wrap_content"
    android:text="密码 ："
    android:textSize="16sp"
    />
<!-- 用于收集用户的密码 -->
<EditText
    android:id="@+id/passwd"
    android:layout_width="fill_parent"
    android:layout_height="wrap_content"
    android:password="true"
    android:selectAllOnFocus="true"
    />
</TableRow>
<TableRow>
<TextView
    android:layout_width="fill_parent"
    android:layout_height="wrap_content"
    android:text="性别 ："
    android:textSize="16sp"
    />
<!-- 定义一组单选框，用于收集用户注册的性别 -->
<RadioGroup
    android:layout_width="fill_parent"
    android:layout_height="wrap_content"
    android:orientation="horizontal"
>
<RadioButton
    android:id="@+id/male"
    android:layout_width="wrap_content"
    android:layout_height="wrap_content"
    android:text="男"
    android:textSize="16sp"
/>
<RadioButton
    android:id="@+id/female"
    android:layout_width="wrap_content"
    android:layout_height="wrap_content"
```

```
        android:text="女"
        android:textSize="16sp"
    />
    </RadioGroup>
    </TableRow>
    <Button
        android:id="@+id/bn"
        android:layout_width="wrap_content"
        android:layout_height="wrap_content"
        android:text="注册"
        android:textSize="16sp"
    />
    </TableLayout>
```

通过上述代码实现了一个用户注册表单界面。

（2）第一个 Activity 对应的程序文件是 BundleTest.java，功能是根据用户输入的注册信息创建了一个 Person 对象，具体实现代码如下所示。

```
public class BundleTest extends Activity
{
    @Override
    public void onCreate(Bundle savedInstanceState)
    {
        super.onCreate(savedInstanceState);
        setContentView(R.layout.main);
        Button bn = (Button) findViewById(R.id.bn);
        bn.setOnClickListener(new OnClickListener()
        {
            public void onClick(View v)
            {
                EditText name = (EditText)findViewById(R.id.name);
                EditText passwd = (EditText)findViewById(R.id.passwd);
                RadioButton male = (RadioButton) findViewById(R.id.male);
                String gender = male.isChecked() ? "男 " : "女";
                Person p = new Person(name.getText().toString(), passwd
                        .getText().toString(), gender);
                //创建一个 Bundle 对象
                Bundle data = new Bundle();
                data.putSerializable("person", p);
                //创建一个 Intent
                Intent intent = new Intent(BundleTest.this,
                        ResultActivity.class);
                intent.putExtras(data);
                //启动 Intent 对应的 Activity
                startActivity(intent);
            }
        });
    }
}
```

（3）编写文件 Person.java，此文件实现了类 Person。该类是一个实现了 java.io.Serializable 接口的简单 DTO 对象，且该对象是可序列化的。文件 Person.java 的具体实现代码如下所示。

```
public class Person implements Serializable
{
	private static final long serialVersionUID = 1L;

	private Integer id;
	private String name;
	private String pass;
	private String gender;

	public Person()
	{
	}
	public Person(String name, String pass, String gender)
	{
		this.name = name;
		this.pass = pass;
		this.gender = gender;
	}
	public Integer getId()
	{
		return id;
	}
	public void setId(Integer id)
	{
		this.id = id;
	}
	public String getName()
	{
		return name;
	}
	public void setName(String name)
	{
		this.name = name;
	}
	public String getPass()
	{
		return pass;
	}
	public void setPass(String pass)
	{
		this.pass = pass;
	}
	public String getGender()
	{
		return gender;
	}
	public void setGender(String gender)
	{
		this.gender = gender;
	}
}
```

通过上述代码首先创建了一个 Bundle 对象，然后调用 putSerializable("person",p)将 Person 对象放入该 Bundle 中，再使用 Intent 来传递这个 Bundle，这样就可以将 Person 对象传入第二个 Activity 中。

此时执行，将显示第一个 Activity，如图 6-13 所示。

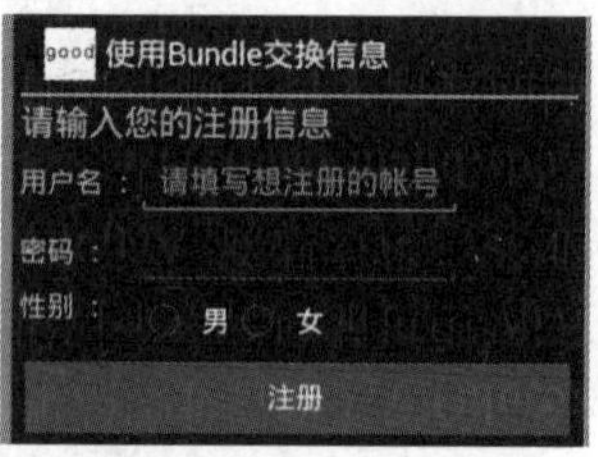

图 6-13　第一个 Activity

（4）单击第一个 Activity 中的“注册”按钮时，会启动第二个 Activity——ResultActivity，并将用户输入的数据传入该 Activity。ResultActivity 的界面布局文件是 result.xml，具体实现代码如下所示。

```
<LinearLayout xmlns:android="http://schemas.android.com/apk/res/android"
    android:layout_width="fill_parent"
    android:layout_height="fill_parent"
    android:orientation="vertical"
    >
<!-- 定义 3 个 TextView，用于显示用户输入的数据 -->
<TextView
    android:id="@+id/name"
    android:layout_width="fill_parent"
    android:layout_height="wrap_content"
    android:textSize="18sp"
    />
<TextView
    android:id="@+id/passwd"
    android:layout_width="fill_parent"
    android:layout_height="wrap_content"
    android:textSize="18sp"
    />
<TextView
    android:id="@+id/gender"
    android:layout_width="fill_parent"
    android:layout_height="wrap_content"
    android:textSize="18sp"
    />
</LinearLayout>
```

ResultActivity 对应的程序文件是 ResultActivity.java，功能是从 Bundle 中取出前一个 Activity 传过来的数据，并将这些数据显示出来。文件 ResultActivity.java 的具体实现代码如下所示。

```
public class ResultActivity extends Activity
{
    @Override
    public void onCreate(Bundle savedInstanceState)
    {
        super.onCreate(savedInstanceState);
        setContentView(R.layout.result);
        TextView name = (TextView) findViewById(R.id.name);
```

```
        TextView passwd = (TextView) findViewById(R.id.passwd);
        TextView gender = (TextView) findViewById(R.id.gender);
        //获取启动该 Result 的 Intent
        Intent intent = getIntent();
        //直接通过 Intent 取出它所携带的 Bundle 数据包中的数据
        Person p = (Person) intent.getSerializableExtra("person");
        name.setText("您的用户名为：" + p.getName());
        passwd.setText("您的密码为：" + p.getPass());
        gender.setText("您的性别为：" + p.getGender());
    }
}
```

执行后将首先显示第一个 Activity，如图 6-14 所示。

填写注册信息，单击“注册”按钮后进入到第二个 Activity 界面，如图 6-15 所示。

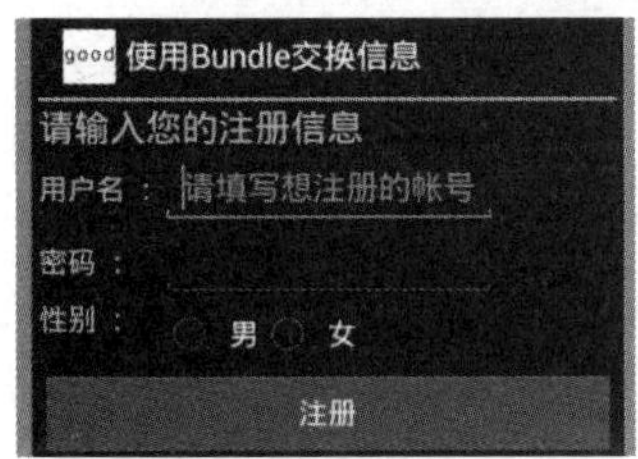

图 6-14　第一个 Activity

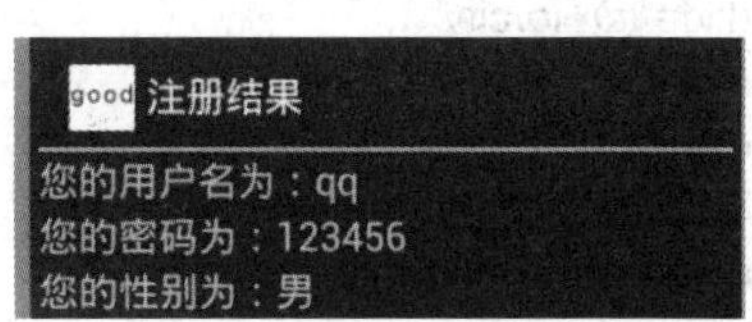

图 6-15　第二个 Activity

6.2.7　启动其他 Activity

在 Android 应用程序中，Activity 可以通过内置的方法 startActivityForResult(Intent intent,int requestCode)来启动其他 Activity。方法 startActivityForResult()不但能够启动指定 Activity，而且可以获取指定 Activity 返回的结果。例如，在应用程序的第一个界面通常需要用户进行选择，一旦需要选择的列表数据比较复杂，最好能启动另一个 Activity 让用户选择。当用户在第二个 Activity 选择完成后，程序返回第一个 Activity，第一个 Activity 必须能获取并显示用户在第二个 Activity 选择的结果。

在 Android 应用程序中，可以从如下两个方面着手获取被启动 Activity 所返回的结果。

☑ 当前 Activity 需要重写 onActivityResult(int requestCode,int resultCode,Intent intent)，当被启动的 Activity 返回结果时，该方法将会被触发，其中 requestCode 代表请求码，而 resultCode 代表 Activity 返回的结果码，这个结果码也是由开发者根据业务自行设定的。

☑ 被启动的 Activity 需要调用 setResult()方法设置处理结果。

在 Android 应用程序中，在一个 Activity 中可能包含多个按钮，并调用多个 startActivityForResult()方法来打开多个不同的 Activity 处理不同的业务，当这些新 Activity 关闭后，系统都将回调前面 Activity 的 onActivityResult(int requestCode,int resultCode,Intent data)方法。为了知道该方法是由哪个请求结果触发的，可利用 requestCode 请求码；为了知道返回的数据来自于哪个新的 Activity，可以利用 requestCode 结果码。

例如在下面的实例中，演示了在 Android 应用程序中启动 Activity，并获取被启动 Activity 返回结果的方法。

题　目	目　的	源 码 路 径
实例 6-7	启动 Activity，并获取被启动 Activity 返回结果	光盘:\daima\6\6.2\ActivityForResultEX

在本实例中创建了两个 Activity，具体实现流程如下。

（1）第一个 Activity 的界面布局比较简单，只包含一个按钮和一个文本框。界面布局文件 main.xml 的具体实现代码如下所示。

```
<?xml version="1.0" encoding="utf-8"?>
<LinearLayout xmlns:android="http://schemas.android.com/apk/res/android"
    android:orientation="horizontal"
    android:layout_width="fill_parent"
    android:layout_height="fill_parent"
    >
<Button
    android:id="@+id/bn"
    android:layout_width="wrap_content"
    android:layout_height="wrap_content"
    android:text="选择您所在城市"
    />
<EditText
    android:id="@+id/city"
    android:layout_width="fill_parent"
    android:layout_height="wrap_content"
    android:editable="false"
    android:cursorVisible="false"
    />
</LinearLayout>
```

通过上述代码在屏幕中插入了一个按钮和一个输入文本框。

（2）第一个 Activity 对应的程序文件是 ActivityForResult.java，功能是启动 ActivityForResult，并等待该 Activity 返回的结果。当 Activity 启动 SelectCityActivity 之后，因为 SelectCityActivity 何时返回结果是不确定的，所以当前 Activity 无法去获取 SelectCityActivity 返回的结果。为了让当前 Activity 获取 SelectCityActivity 所返回的结果，在本文件中需要重写 onActivityResult()方法。当被启动的 SelectCityActivity 返回结果时，会回调 onActivityResult()方法。因此上面代码重写了 onActivityResult()方法。文件 ActivityForResult.java 的具体实现代码如下所示。

```
public class ActivityForResult extends Activity
{
    Button bn;
    EditText city;

    @Override
    public void onCreate(Bundle savedInstanceState)
    {
        super.onCreate(savedInstanceState);
        setContentView(R.layout.main);
        //获取界面上的组件
        bn = (Button) findViewById(R.id.bn);
        city = (EditText) findViewById(R.id.city);
        //为按钮绑定事件监听器
        bn.setOnClickListener(new OnClickListener()
        {
            @Override
            public void onClick(View source)
            {
                //创建需要对应于目标 Activity 的 Intent
```

```
                Intent intent = new Intent(ActivityForResult.this,
                        SelectCityActivity.class);
                //启动指定 Activity 并等待返回的结果，其中 0 是请求码，用于标识该请求
                startActivityForResult(intent, 0);
            }
        });
    }

    //重写该方法，该方法以回调的方式来获取指定 Activity 返回的结果
    @Override
    public void onActivityResult(int requestCode,
        int resultCode, Intent intent)
    {
        //当 requestCode、resultCode 同时为 0，也就是处理特定的结果
        if (requestCode == 0 && resultCode == 0)
        {
            //取出 Intent 中的 Extras 数据
            Bundle data = intent.getExtras();
            //取出 Bundle 中的数据
            String resultCity = data.getString("city");
            //修改 city 文本框的内容
            city.setText(resultCity);
        }
    }
}
```

此时执行后将显示第一个 Activity，如图 6-16 所示。

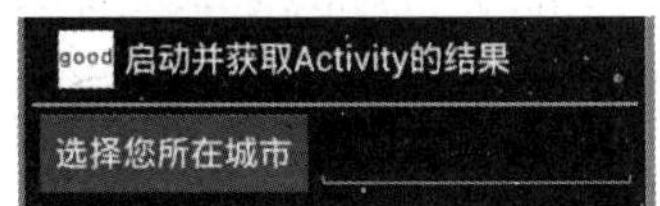

图 6-16　第一个 Activity

（3）当单击第一个 Activity 中的“选择您所在城市”按钮时，系统会启动第二个 Activity——SelectCityActivity。第二个 Activity 的实现文件是 SelectCityActivity.java，功能是会显示一个可展开的城市选择列表。第二个 Activity 没有对应的界面布局文件，是纯 Java 实现的。文件 SelectCityActivity.java 的具体实现代码如下所示。

```
public class SelectCityActivity extends ExpandableListActivity
{
    //定义省份数组
    private String[] provinces = new String[]
    { "广东", "广西", "湖南"};
    private String[][] cities = new String[][]
    {
        { "广州", "深圳", "珠海", "中山" },
        { "桂林", "柳州", "南宁", "北海" },
        { "长沙", "岳阳", "衡阳", "株洲" }
    };

    public void onCreate(Bundle savedInstanceState)
    {
```

```
        super.onCreate(savedInstanceState);
        ExpandableListAdapter adapter = new BaseExpandableListAdapter()
        {
            //获取指定组位置、指定子列表项处的子列表项数据
            @Override
            public Object getChild(int groupPosition, int childPosition)
            {
                return cities[groupPosition][childPosition];
            }

            @Override
            public long getChildId(int groupPosition, int childPosition)
            {
                return childPosition;
            }

            @Override
            public int getChildrenCount(int groupPosition)
            {
                return cities[groupPosition].length;
            }

            private TextView getTextView()
            {
                AbsListView.LayoutParams lp = new AbsListView.LayoutParams(
                        ViewGroup.LayoutParams.MATCH_PARENT, 64);
                TextView textView = new TextView(SelectCityActivity.this);
                textView.setLayoutParams(lp);
                textView.setGravity(Gravity.CENTER_VERTICAL | Gravity.LEFT);
                textView.setPadding(36, 0, 0, 0);
                textView.setTextSize(20);
                return textView;
            }

            //该方法决定每个子选项的外观
            @Override
            public View getChildView(int groupPosition, int childPosition,
                    boolean isLastChild, View convertView, ViewGroup parent)
            {
                TextView textView = getTextView();
                textView.setText(getChild(groupPosition, childPosition)
                        .toString());
                return textView;
            }

            //获取指定组位置处的组数据
            @Override
            public Object getGroup(int groupPosition)
            {
                return provinces[groupPosition];
            }
```

```
            @Override
            public int getGroupCount()
            {
                return provinces.length;
            }

            @Override
            public long getGroupId(int groupPosition)
            {
                return groupPosition;
            }

            //该方法决定每个组选项的外观
            @Override
            public View getGroupView(int groupPosition, boolean isExpanded,
                    View convertView, ViewGroup parent)
            {
                LinearLayout ll = new LinearLayout(SelectCityActivity.this);
                ll.setOrientation(0);
                ImageView logo = new ImageView(SelectCityActivity.this);
                ll.addView(logo);
                TextView textView = getTextView();
                textView.setText(getGroup(groupPosition).toString());
                ll.addView(textView);
                return ll;
            }

            @Override
            public boolean isChildSelectable(int groupPosition,
                    int childPosition)
            {
                return true;
            }

            @Override
            public boolean hasStableIds()
            {
                return true;
            }
        };
        //设置该窗口显示列表
        setListAdapter(adapter);
        getExpandableListView().setOnChildClickListener(
            new OnChildClickListener()
            {
                @Override
                public boolean onChildClick(ExpandableListView parent,
                        View source, int groupPosition, int childPosition,
                        long id)
                {
```

```
                    //获取启动该 Activity 之前的 Activity 对应的 Intent
                    Intent intent = getIntent();
                    intent.putExtra("city",
                            cities[groupPosition][childPosition]);
                    //设置该 SelectActivity 的结果码，并设置结束之后退回的 Activity
                    SelectCityActivity.this.setResult(0, intent);
                    //结束 SelectCityActivity
                    SelectCityActivity.this.finish();
                    return false;
                }
            });
    }
}
```

通过上述实现代码可知，第二个 Activity 只是一个普通的显示可展开列表的 Activity。通过上述代码为第二个 Activity 的各子列表项绑定了事件监听器，当用户单击子列表项时，第二个 Activity 会把用户选择城市返回给第一个 Activity。当上一个 Activity 获取 SelectCityActivity 选择城市之后，将会把该程序显示在图 6-17 所示界面右边的文本框内。

第二个 Activity 的执行效果如图 6-17 所示。

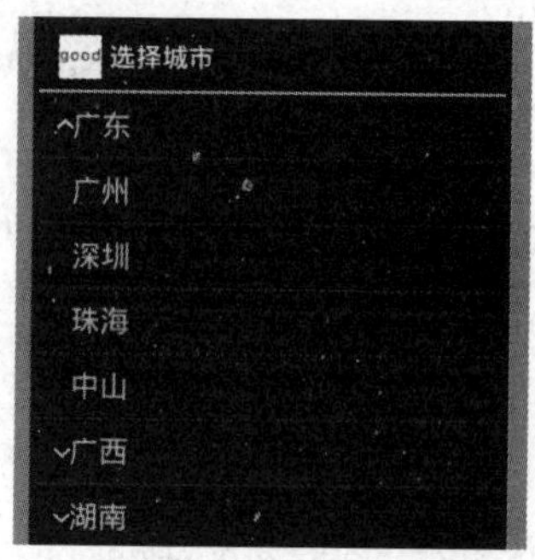

图 6-17　第二个 Activity

6.3　Activity 的加载模式

知识点讲解：光盘:视频\知识点\第 6 章\Activity 的加载模式.avi

在 Android 应用程序中，在配置 Activity 时可指定 android:launchMode 属性，该属性用于配置这个 Activity 的加载模式。属性 android:launchMode 支持如下 4 个属性值。

☑　standard：标准模式，这是默认的加载模式。

☑　singleTop：Task 顶单例模式。

☑　singleTask：Task 内单例模式。

☑　singleInstance：全局单例模式。

在 Android 系统中采用 Task 来管理多个 Activity，在启动一个应用时，Android 会为之创建一个 Task，然后启动这个应用的入口 Activity（即<intent-filter.../>中配置为 MAIN 和 LAUNCHER 的 Activity）。

Android 官方并没有为 Task 提供任何 API，因此开发者无法真正去访问 Task，只能调用 Activity 的 getTaskId()方法来获取它所在的 Task 的 ID。其实可以把 Task 理解成 Activity 栈，Task 以栈的形式来管理 Activiy，具体方法是将先启动的 Activity 放在 Task 栈底，将后启动的 Activity 放在 Task 栈顶。

在Android应用程序中，Activity加载模式就负责管理实例化、加载Activity的方式，并且可以控制Activity与Task之间的加载关系。本节将详细介绍Activity的4种加载模式的基本知识。

6.3.1　standard 加载模式

在Android应用程序中，每当通过standard加载模式启动目标Activity时，Android总会为目标Activity创建一个新的实例，并将该Activity添加到当前Task栈中——这种模式不会启动新的Task，新Activity将被添加到原有的Task中。

例如在下面的实例代码中，使用standard加载模式不断启动自身Activity。

题　目	目　的	源 码 路 径
实例 6-8	使用 standard 加载模式	光盘:\daima\6\6.3\StandardTestEX

实例文件StandardTest.java的具体实现代码如下所示。

```
public class StandardTest extends Activity
{
    @Override
    protected void onCreate(Bundle savedInstanceState)
    {
        super.onCreate(savedInstanceState);
        LinearLayout layout = new LinearLayout(this);
        layout.setOrientation(LinearLayout.VERTICAL);
        this.setContentView(layout);
        //创建一个 TextView 来显示该 Activity 和它所在 Task ID
        TextView tv = new TextView(this);
        tv.setText("Activity 为：" + this.toString()
            + "\n" + "，Task ID 为:" + this.getTaskId());
        Button button = new Button(this);
        button.setText("启动 StandardTest");
        //添加 TextView 和 Button
        layout.addView(tv);
        layout.addView(button);
        //为 button 添加事件监听器，当单击该按钮时启动 StandardTest
        button.setOnClickListener(new OnClickListener()
        {
            @Override
            public void onClick(View v)
            {
                //创建启动 StandardTest 的 Intent
                Intent intent = new Intent(StandardTest.this,
                    StandardTest.class);
                startActivity(intent);
            }
        });
    }
}
```

通过上述代码，在每次单击按钮时程序会再次启动StandardTest Activity，并且设置启动Activity时无须指定launchMode属性，即该Activity默认采用standard加载模式。运行本实例程序，当多次单击程序界面上的“启动 StandardTest”按钮时，会不断启动新的 StandardTest 实例（不同 Activity 实例的 hashCode 值有差异），但它们所在的 Task ID 总是相同的——这表明这种加载模式不会使用全新的 Task。执行效果如图 6-18 所示。

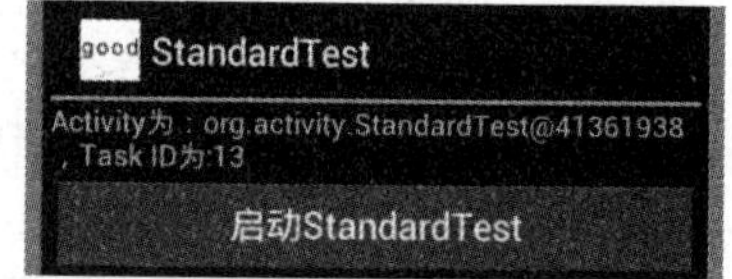

图 6-18 执行效果

6.3.2 singleTop 加载模式

在 Android 应用程序中，singleTop 加载模式与 standard 加载模式基本相似，但有一点不同：当将要被启动的目标 Activity 已经位于 Task 栈顶时，系统不会重新创建目标 Activity 的实例，而是直接复用已有的 Activity 实例。

如果将要启动的目标 Activity 没有位于 Task 栈顶，此时系统会重新创建目标 Activity 的实例，并将它加载到 Task 的栈顶——此时与 standard 模式完全相同。

如果将 6.3.1 节实例中的 StandardTest Activity 的加载模式改为 standard 加载模式，则无论用户单击多少次按钮，界面上的程序将不会有任何变化。

6.3.3 singleTask 加载模式

在 Android 应用程序中，使用 singleTask 加载模式的 Activity 在同一个 Task 内只有一个实例，当系统采用 singleTask 模式启动 Activity 时，可分为如下 3 种情况进行处理。

☑ 如果将要启动的目标 Activity 不存在，系统将会创建目标 Activity 的实例，并将它加入 Task 栈顶。

☑ 如果将要启动的目标 Activity 已经位于栈顶，此时与 singleTop 模式的行为相同。

☑ 如果将要启动的目标 Activity 已经存在但没有位于 Task 栈顶，系统将会把位于该 Activity 上面的所有 Activity 移出 Task 栈，从而使目标 Activity 转入栈顶。

6.3.4 singleInstance 加载模式

当在 Android 应用程序中使用 singleInstance 加载模式时，系统保证无论从哪个 Task 中启动目标 Activity，只会创建一个目标 Activity 实例，并会启动一个全新的 Task 栈来装载该 Activity 实例。

当系统采用 singleInstance 模式启动目标 Activity 时，可分为如下两种情况进行处理。

☑ 如果将要启动的目标 Activity 不存在，系统会先创建一个全新的 Task 再创建目标 Activity 的实例，并将它加入新的 Task 的栈顶。

☑ 如果将要启动的目标 Activity 已经存在，无论它位于哪个应用程序中，无论它位于哪个 Task 中，系统将会把该 Activity 所在的 Task 转到前台，从而使该 Activity 显示出来。

在此需要指出的是，采用 singleInstance 模式加载的 Activity 总是位于 Task 栈顶，采用 singleInstance 模式加载的 Activity 所在 Task 只包含该 Activity。

例如在下面的实例中，演示了使用 singleInstance 加载模式的方法。

题　目	目　的	源码路径
实例 6-9	使用 singleInstance 加载模式	光盘:\daima\6\6.3\SingleInstanceTest

本实例的具体实现流程如下。

（1）第一个 Activity 的实现文件是 SingleInstanceTest.java，只包含了一个按钮，当用户单击该按钮时，系统会启动 SingleInstanceSecondTest。文件 SingleInstanceTest.java 的具体实现代码如下所示。

```
public class SingleInstanceTest extends Activity
{
```

```
    @Override
    protected void onCreate(Bundle savedInstanceState)
    {
        super.onCreate(savedInstanceState);
        LinearLayout layout = new LinearLayout(this);
        layout.setOrientation(LinearLayout.VERTICAL);
        this.setContentView(layout);
        //创建一个 TextView 来显示该 Activity 和它所在 Task ID
        TextView tv = new TextView(this);
        tv.setText("Activity 为：" + this.toString()
            + "\n" + "，Task ID 为:" + this.getTaskId());
        Button button = new Button(this);
        button.setText("启动 SecondActivity");
        layout.addView(tv);
        layout.addView(button);
        //为 button 添加事件监听器，当单击该按钮时启动 SecondActivity
        button.setOnClickListener(new OnClickListener()
        {
            @Override
            public void onClick(View v)
            {
                Intent intent = new Intent(SingleInstanceTest.this,
                    SecondActivity.class);
                startActivity(intent);
            }
        });
    }
}
```

在上述代码中，设置了当单击按钮时启动 SingleInstanceSecondTest。将该 SingleInstanceSecondTest 配置成 singleInstance 加载模式，并且将该 Activity 的 exported 属性配置成 true，这说明该 Activity 可以被其他应用启动。

（2）在文件 AndroidManifest.xml 中配置第一个 Activity，将其 exported 属性设为 true，这表明允许通过其他程序来启动该 Activity。另外，在配置该 Activity 时还配置了<intent-filter.../>子元素，这表明该 Activity 可通过隐式 Intent 启动。对应代码如下所示。

```
<activity
    android:name="org.activity.SecondActivity"
    android:label="@string/second"
    android:exported="true"
    android:launchMode="singleInstance">
    <intent-filter>
        <!-- 指定该 Activity 能响应 Action 为指定字符串的 Intent -->
        <action android:name="org.crazyit.intent.action.CRAZYIT_ACTION" />
        <category android:name="android.intent.category.DEFAULT" />
    </intent-filter>
</activity>
```

此时运行该示例，系统默认显示 SingleInstanceTest，当用户单击该 Activity 界面上的按钮时，系统将会采用 singleInstance 模式加载 SingleInstanceSecondTest（系统启动新的 TaskTask，并用新的 Task 加载新创建的 SingleInstanceSecondTest 实例，且 SingleInstanceSecondTest 总是位于该新 Task 的栈顶）。执行效果如图 6-19 所示。

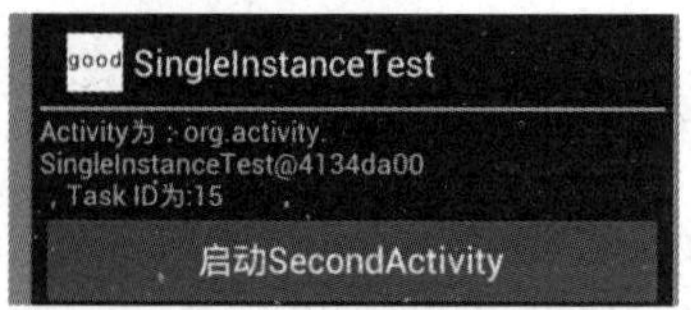

图 6-19　第一个 Activity

（3）第二个 Activity 的实现文件是 SecondActivity.java，具体实现代码如下所示。

```
public class SecondActivity extends Activity
{
    @Override
    protected void onCreate(Bundle savedInstanceState)
    {
        super.onCreate(savedInstanceState);
        LinearLayout layout = new LinearLayout(this);
        layout.setOrientation(LinearLayout.VERTICAL);
        setContentView(layout);
        //创建一个 TextView 来显示该 Activity 和它所在 Task ID
        TextView tv = new TextView(this);
        tv.setText("Activity 为：" + this.toString()
            + "\n" + "，Task ID 为:" + this.getTaskId());
        layout.addView(tv);
        Button button = new Button(this);
        button.setText("启动 SingleInstanceTest");
        layout.addView(button);
        button.setOnClickListener(new OnClickListener()
        {
            @Override
            public void onClick(View v)
            {
                Intent intent = new Intent(SecondActivity.this,
                    SingleInstanceTest.class);
                startActivity(intent);
            }
        });
    }
}
```

6.4　使用 Fragment

知识点讲解：光盘:视频\知识点\第 6 章\使用 Fragment.avi

在 Android 应用程序中，与创建 Activity 的方法类似，开发人员实现的 Fragment 必须继承于基类 Fragment。本节将详细讲解 Fragment 的基本知识。

6.4.1　Fragment 基础

自从 Android 3.0 版本开始，引入了 Fragment 的概念。Fragment 可译为“碎片、片段”。其是为了解决不同屏幕分辨率的动态和灵活 UI 设计。大屏幕如平板，小屏幕如手机，平板电脑的设计使得其有更多的空

间来放更多的 UI 组件，而多出来的空间存放 UI 使其会产生更多的交互，从而诞生了 Fragment。Fragment 的设计不需要亲自管理 View Hierarchy 的复杂变化，通过将 Activity 的布局分散到 Fragment 中，可以在运行时修改 Activity 的外观，并且由 Activity 管理的 Back Stack 中保存这些变化。

1．Fragments 设计理念

在设计 Android 应用程序时，有众多的分辨率要去适应，而 Fragments 可以让用户在不同的屏幕上动态管理 UI。例如通信应用程序（QQ），用户列表可以在左边、消息窗口在右边的设计。而在手机屏幕上，用户列表填充屏幕，当点击某一用户时，则弹出对话窗口的设计，如图 6-20 所示。

2．Fragments 的生命周期

在 Android 应用程序中，每一个 Fragments 都有自己的一套生命周期回调方法和处理自己的用户输入事件。对应生命周期可参考图 6-21。

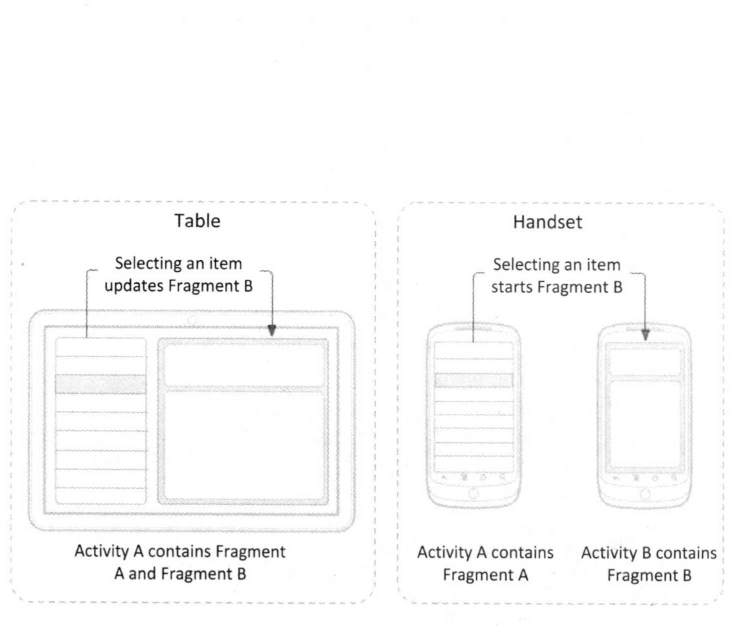

图 6-20　通信应用程序（QQ）

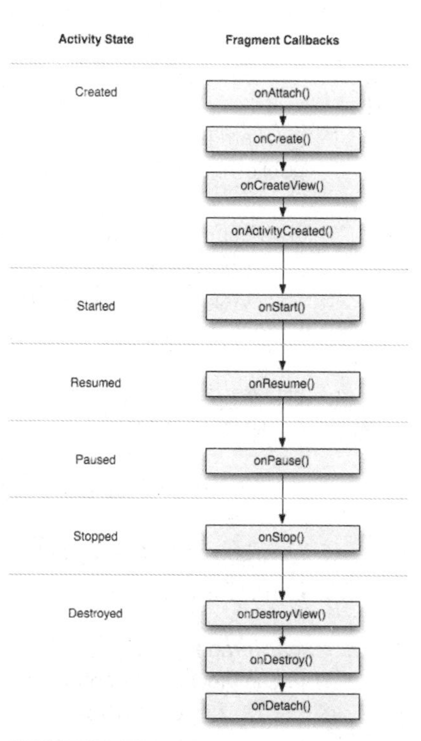

图 6-21　Fragments 的生命周期

从图 6-21 中可以看出，在 Fragment 的生命周期中，系统会回调如下方法。

☑ onAttach()：当该 Fragment 被添加到 Activity 时被回调。该方法只会被调用一次。

☑ onCreate(Bundle savedStatus)：创建 Fragment 时被回调。该方法只会被调用一次。

☑ onCreateView()：每次创建、绘制该 Fragment 的 View 组件时回调该方法。Fragment 将会显示该方法返回的 View 组件。

☑ onActivityCreated()：当 Fragment 所在的 Activity 被启动完成后回调该方法。

☑ onStart()：启动 Fragment 时被回调。

☑ onResume()：恢复 Fragment 时被回调。onStart()方法后一定会回调 onResume()方法。

☑ onPause()：暂停 Fragment 时被回调。

☑ onStop()：停止 Fragment 时被回调。

☑ onDestoryView()：销毁该 Fragment 所包含的 View 组件时调用。

☑ onDestory()：销毁 Fragment 时被回调。该方法只会被调用一次。

☑ onDetach()：将该 Fragment 从 Activity 中被删除、被替换完成时回调该方法。onDestory()方法后一定会回调 onDetach()方法。该方法只会被调用一次。

下面的实例演示了 Fragment 的生命周期的基本运行过程。

题　目	目　的	源 码 路 径
实例 6-10	演示 Fragment 的生命周期的基本运行过程	光盘:\daima\6\6.4\ LifecycleEX

在本实例中创建了两个 Activity，其中文件 LifecycleFragment.java 使用了 Fragment 生命周期中的系统回调方法，具体实现代码如下所示。

```
public class LifecycleFragment extends Fragment
{
    final String TAG = "--app--";

    @Override
    public void onAttach(Activity activity)
    {
        super.onAttach(activity);
        //输出日志
        Log.d(TAG, "-------onAttach------");
    }

    @Override
    public void onCreate(Bundle savedInstanceState)
    {
        super.onCreate(savedInstanceState);
        //输出日志
        Log.d(TAG, "-------onCreate------");
    }

    @Override
    public View onCreateView(LayoutInflater inflater, ViewGroup container,
            Bundle data)
    {
        //输出日志
        Log.d(TAG, "-------onCreateView------");
        TextView tv = new TextView(getActivity());
        tv.setGravity(Gravity.CENTER_HORIZONTAL);
        tv.setText("测试 Fragment");
        tv.setTextSize(40);
        return tv;
    }

    @Override
    public void onActivityCreated(Bundle savedInstanceState)
    {
        super.onActivityCreated(savedInstanceState);
```

```
        //输出日志
        Log.d(TAG, "-------onActivityCreated------");
    }

    @Override
    public void onStart()
    {
        super.onStart();
        //输出日志
        Log.d(TAG, "-------onStart------");
    }

    @Override
    public void onResume()
    {
        super.onResume();
        //输出日志
        Log.d(TAG, "-------onResume------");
    }

    @Override
    public void onPause()
    {
        super.onPause();
        //输出日志
        Log.d(TAG, "-------onPause------");
    }

    @Override
    public void onStop()
    {
        super.onStop();
        //输出日志
        Log.d(TAG, "-------onStop------");
    }

    @Override
    public void onDestroyView()
    {
        super.onDestroyView();
        //输出日志
        Log.d(TAG, "-------onDestroyView------");
    }

    @Override
    public void onDestroy()
    {
        super.onDestroy();
        //输出日志
        Log.d(TAG, "-------onDestroy------");
    }
```

```
    @Override
    public void onDetach()
    {
        super.onDetach();
        //输出日志
        Log.d(TAG, "-------onDetach------");
    }
}
```

执行后的效果如图 6-22 所示。

此时在 Eclipse 的 LogCat 界面中会看到 Activity 的执行顺序，如图 6-23 所示。

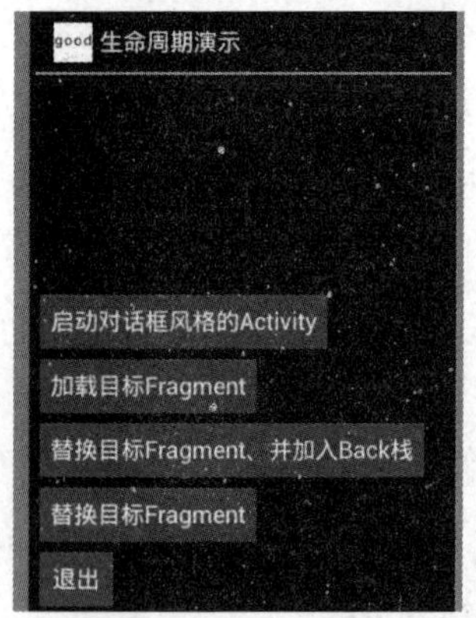

图 6-22　第一个 Activity

D	05-18 01:38:31.456	947	947	org.app	--app--	-------onPause------
D	05-18 01:51:02.553	947	947	org.app	--app--	-------onStop------
D	05-18 02:01:38.542	947	947	org.app	--app--	-------onRestart------
D	05-18 02:01:38.542	947	947	org.app	--app--	-------onStart------
D	05-18 02:01:57.993	947	947	org.app	--app--	-------onStop------
D	05-18 02:10:11.442	947	947	org.app	--app--	-------onRestart------
D	05-18 02:10:11.442	947	947	org.app	--app--	-------onStart------
D	05-18 02:10:14.502	947	947	org.app	--app--	-------onResume------
D	05-18 02:10:20.693	947	947	org.app	--app--	-------onPause------
D	05-18 02:10:22.533	947	947	org.app	--app--	-------onStop------

图 6-23　启动顺序

6.4.2　创建 Fragment

开发者在实现 Fragment 时，可以根据需要继承 Fragment 基类或它的任意子类。接下来实现 Fragment 的方法与实现 Activity 非常相似，它们都需要实现与 Activity 类似的回调方法，例如 onCreate()、onCreateView()、onStart()、onResume()、onPause()、onStop()等。

1．回调方法

通常来说，在创建 Fragment 时需要实现如下 3 个回调方法。

☑ onCreate()：系统创建 Fragment 对象后回调该方法。实现代码中只需初始化要在 Fragment 中保持的必要组件，当 Fragment 被暂停或者停止后可以恢复。

☑ onCreateView()：当 Fragment 绘制界面组件时会回调该方法。该方法必须返回一个 View，该 View 也就是该 Fragment 所显示的 View。

☑ onPause()：当用户离开该 Fragment 时将会回调该方法。

对于大部分 Fragment 而言，通常都会重写上面 3 个方法。但是实际上开发者可以根据需要重写 Fragment 的任意回调方法，后面将会详细介绍 Fragment 的生命周期及其回调方法。

2．Fragments 的类别

Android 系统内置了 3 种 Fragments，这 3 种 Fragments 分别有不同的应用场景，具体说明如下。

☑ DialogFragment：对话框式的 Fragments，可以将一个 fragments 对话框并到 activity 管理的 fragments back stack 中，允许用户回到前一个被抛弃的 fragments。

☑ ListFragments：类似于 ListActivity 的效果，并且还提供了 ListActivity 类似的 onListItemCLick 和 setListAdapter 等功能。

☑ PreferenceFragments：类似于 PreferenceActivity，可以创建类似 IPAD 的设置界面。

在 Android 应用程序中，为了控制 Fragment 显示的组件，通常都会重写 onCreateView()方法，该方法返回的 View 将作为该 Fragment 显示的 View 组件。当 Fragment 绘制界面组件时将会回调该方法。例如下面的演示代码。

```
//重写该方法，该方法返回的 View 将作为 Fragment 显示的组件
    @Override
    public View onCreateView(LayoutInflater inflater, ViewGroup container,
            Bundle savedInstanceState) {
        //TODO Auto-generated method stub
        //加载\res\layout\目录下的 fragment_book_detail.xml 布局文件
        View rootView=inflater.inflate(R.layout.fragment_book_detail, container,false);
        if(book!=null)
        {
            //让 book_title 文本框显示 book 对象的 title 属性
            ((TextView)rootView.findViewById(R.id.book_title)).setText(book.title);
            //让 book_desc 文本框显示 book 对象的 desc 属性
            ((TextView)rootView.findViewById(R.id.book_desc)).setText(book.desc);
        }
        return rootView;
    }
```

在上述代码中，首先使用 LayoutInflater 加载了\res\layout\目录下的布局文件 fragment_book_ detail.xml，然后返回了该布局文件对应的 View 组件，这说明该 Fragment 将会显示该 View 组件。

例如在下面的实例中，演示了创建 Fragment 的基本过程。

题　　目	目　　的	源 码 路 径
实例 6-11	创建 Fragment	光盘:\daima\6\6.4\FragmentEX

本实例的具体实现流程如下。

（1）编写文件 BookDetailFragment.java，功能是加载显示一份简单的界面布局文件，并根据传入的参数来更新界面组件。文件 BookDetailFragment.java 的具体实现代码如下所示。

```
public class BookDetailFragment extends Fragment
{
    public static final String ITEM_ID = "item_id";
    //保存该 Fragment 显示的 Book 对象
    BookContent.Book book;
    @Override
    public void onCreate(Bundle savedInstanceState)
    {
        super.onCreate(savedInstanceState);
        //如果启动该 Fragment 时包含了 ITEM_ID 参数
        if (getArguments().containsKey(ITEM_ID))
        {
            book = BookContent.ITEM_MAP.get(getArguments()
                .getInt(ITEM_ID)); //（1）
        }
    }
```

```
        //重写该方法，该方法返回的 View 将作为 Fragment 显示的组件
        @Override
        public View onCreateView(LayoutInflater inflater,
            ViewGroup container, Bundle savedInstanceState)
        {
            //加载\res\layout\目录下的 fragment_book_detail.xml 布局文件
            View rootView = inflater.inflate(R.layout.fragment_book_detail,
                    container, false);
            if (book != null)
            {
                //让 book_title 文本框显示 book 对象的 title 属性
                ((TextView) rootView.findViewById(R.id.book_title))
                        .setText(book.title);
                //让 book_desc 文本框显示 book 对象的 desc 属性
                ((TextView) rootView.findViewById(R.id.book_desc))
                    .setText(book.desc);
            }
            return rootView;
        }
}
```

在上述代码中，Fragment 会加载并显示 res\layout\目录下的界面布局文件 fragment_book_ detail.xml。代码中的（1）部分表示获取启动该 Fragment 时传入的 ITEM_ID 参数，并根据该 ID 获取 BookContent 的 ITEM_MAP 中的图书信息。

（2）类 BookContent 的功能是模拟系统的数据模型，模拟类 BookContent 的实现文件是 BookContent.java，具体实现代码如下所示。

```
public class BookContent
{
    //定义一个内部类，作为系统的业务对象
    public static class Book
    {

        public Integer id;
        public String title;
        public String desc;

        public Book(Integer id, String title, String desc)
        {
            this.id = id;
            this.title = title;
            this.desc = desc;
        }

        @Override
        public String toString()
        {
            return title;
        }
    }
    //使用 List 集合记录系统所包含的 Book 对象
    public static List<Book> ITEMS = new ArrayList<Book>();
    //使用 Map 集合记录系统所包含的 Book 对象
```

```
    public static Map<Integer, Book> ITEM_MAP
        = new HashMap<Integer, Book>();

    static
    {
        //使用静态初始化代码，将 Book 对象添加到 List 集合、Map 集合中
        addItem(new Book(1, "Java 大全",
            "一本全面、深入的 Java 学习图书。"));
        addItem(new Book(2, "Android 范例",
            "Android 学习者的首选图书, "
            + "Android 销量排行榜的榜首"));
        addItem(new Book(3, "我爱我家",
            "家庭情景剧"));
    }

    private static void addItem(Book book)
    {
        ITEMS.add(book);
        ITEM_MAP.put(book.id, book);
    }
}
```

由此可见，类 BookDetailFragment 只是加载并显示一份简单的布局文件，在布局文件中通过 LinearLayout 显示两个文本框。布局文件 fragment_book_detail.xml 的具体实现代码如下。

```
<LinearLayout xmlns:android="http://schemas.android.com/apk/res/android"
    android:layout_width="match_parent"
    android:layout_height="match_parent"
    android:orientation="vertical">
<!-- 定义一个 TextView 来显示图书标题 -->
<TextView
    style="?android:attr/textAppearanceLarge"
    android:id="@+id/book_title"
    android:layout_width="match_parent"
    android:layout_height="wrap_content"
    android:padding="16dp"/>
<!-- 定义一个 TextView 来显示图书描述 -->
<TextView
    style="?android:attr/textAppearanceMedium"
    android:id="@+id/book_desc"
    android:layout_width="match_parent"
    android:layout_height="match_parent"
    android:padding="16dp"/>
</LinearLayout>
```

（3）如果想要开发一个 ListFragment 的子类，则无须重写 onCreateView()方法，只要调用 ListFragment 中的 setAdapter()方法为该 Fragment 设置 Adapter 即可。该 ListFragment 将会显示该 Adapter 提供的列表项。在本实例中，ListFragment 子类的实现文件是 BookListFragment.java，具体实现代码如下所示。

```
public class BookListFragment extends ListFragment
{
    private Callbacks mCallbacks;
    //定义一个回调接口，该 Fragment 所在 Activity 需要实现该接口
```

```
//该 Fragment 将通过该接口与它所在的 Activity 交互
public interface Callbacks
{
    public void onItemSelected(Integer id);
}

@Override
public void onCreate(Bundle savedInstanceState)
{
    super.onCreate(savedInstanceState);
    //为该 ListFragment 设置 Adapter
    setListAdapter(new ArrayAdapter<BookContent.Book>(getActivity(),
            android.R.layout.simple_list_item_activated_1,
            android.R.id.text1, BookContent.ITEMS));
}
//当该 Fragment 被添加、显示到 Activity 时，回调该方法
@Override
public void onAttach(Activity activity)
{
    super.onAttach(activity);
    //如果 Activity 没有实现 Callbacks 接口，抛出异常
    if (!(activity instanceof Callbacks))
    {
        throw new IllegalStateException(
            "BookListFragment 所在的 Activity 必须实现 Callbacks 接口!");
    }
    //把该 Activity 当成 Callbacks 对象
    mCallbacks = (Callbacks)activity;
}
//当该 Fragment 从它所属的 Activity 中被删除时，回调该方法
@Override
public void onDetach()
{
    super.onDetach();
    //将 mCallbacks 赋为 null
    mCallbacks = null;
}
//当用户点击某列表项时，激发该回调方法
@Override
public void onListItemClick(ListView listView,
    View view, int position, long id)
{
    super.onListItemClick(listView, view, position, id);
    //激发 mCallbacks 的 onItemSelected 方法
    mCallbacks.onItemSelected(BookContent
        .ITEMS.get(position).id);
}

public void setActivateOnItemClick(boolean activateOnItemClick)
{
    getListView().setChoiceMode(
```

```
                activateOnItemClick ? ListView.CHOICE_MODE_SINGLE
                        : ListView.CHOICE_MODE_NONE);
    }
}
```

在上述代码中，为了控制 ListFragment 显示的列表项，调用了类 ListFragment 中的 setAdapter()方法，这样可让该 ListFragment 显示这个 Adapter 所提供的多个列表项。

（4）开始实现 Fragment 与 Activity 之间的通信，为了在 Activity 中显示 Fragment，需要将 Fragment 添加到 Activity 中。在开发 Android 应用程序的过程中，有如下两种将 Fragment 添加到 Activity 中的方法。

☑ 在布局文件中使用<fragment.../>元素添加 Fragment，<fragment.../>元素的 android:name 属性用于指定 Fragment 的实现类。

☑ 在 Java 代码中通过 FragmentTransaction 对象的 add()方法来添加 Fragment。

在本实例中，首先通过布局文件 activity_book_twopane.xml 使用前面定义的 BookListFragment，具体实现代码如下所示。

```
<?xml version="1.0" encoding="utf-8"?>
<!-- 定义一个水平排列的 LinearLayout，并指定使用中等分隔条 -->
<LinearLayout
    xmlns:android="http://schemas.android.com/apk/res/android"
    android:orientation="horizontal"
    android:layout_width="match_parent"
    android:layout_height="match_parent"
    android:layout_marginLeft="16dp"
    android:layout_marginRight="16dp"
    android:divider="?android:attr/dividerHorizontal"
    android:showDividers="middle">
    <!-- 添加一个 Fragment -->
    <fragment
        android:name="org.app.BookListFragment"
        android:id="@+id/book_list"
        android:layout_width="0dp"
        android:layout_height="match_parent"
        android:layout_weight="1" />
    <!-- 添加一个 FrameLayout 容器 -->
    <FrameLayout
        android:id="@+id/book_detail_container"
        android:layout_width="0dp"
        android:layout_height="match_parent"
        android:layout_weight="3" />
</LinearLayout>
```

在上述代码中，使用<fragment.../>元素添加了 BookListFragment，在此 Activity 的左边将会显示一个 ListFragment，在右边只是一个 FrameLayout 容器，此 FrameLayout 容器将会动态更新其中显示的 Fragment。此 Activity 对应的程序文件是 SelectBookActivity.java，具体实现代码如下所示。

```
public class SelectBookActivity extends Activity implements
        BookListFragment.Callbacks
{
    @Override
    public void onCreate(Bundle savedInstanceState)
    {
        super.onCreate(savedInstanceState);
```

```
        //加载\res\layout 目录下的 activity_book_twopane.xml 布局文件
        setContentView(R.layout.activity_book_twopane);
    }
    //实现 Callbacks 接口必须实现的方法
    @Override
    public void onItemSelected(Integer id)
    {
        //创建 Bundle，准备向 Fragment 传入参数
        Bundle arguments = new Bundle();
        arguments.putInt(BookDetailFragment.ITEM_ID, id);
        //创建 BookDetailFragment 对象
        BookDetailFragment fragment = new BookDetailFragment();
        //向 Fragment 传入参数
        fragment.setArguments(arguments);
        //使用 fragment 替换 book_detail_container 容器当前显示的 Fragment
        getFragmentManager().beginTransaction()
            .replace(R.id.book_detail_container, fragment)
            .commit();
```

在上述代码中，最后一行代码调用了 FragmentTransaction 的 replace()方法，动态更新了 ID 为 book_detail_container 容器（也就是前面布局文件中的 FrameLayout 容器）中显示的 Fragment。

（5）将 Fragment 添加到 Activity 之后，Fragment 必须与 Activity 交互信息，这就需要 Fragment 能获取它所在的 Activity，Activity 也能获取它所包含的任意的 Fragment。此时可以按如下两种方法实现。

- ☑ Fragment 获取它所在的 Activity：调用 Fragment 的 getActivity()方法，即可返回它所在的 Activity。
- ☑ Activity 获取它所包含的 Fragment：调用 Activity 关联的 FragmentManager 的 findFragmentById(int id)或 findFragmentByTag(String tag)方法，即可获取指定的 Fragment。

另外，在 Fragment 与 Activity 之间可能还需要互相传递数据，此时可以按如下两种方法实现。

- ☑ Activity 向 Fragment 传递数据：在 Activity 中创建 Bundle 数据包，并调用 Fragment 的 setArguments(Bundle bundle)方法，即可将 Bundle 数据包传给 Fragment。
- ☑ Fragment 向 Activity 传递数据或 Activity 需要在 Fragment 运行中进行实时通信：在 Fragment 中定义一个内部回调接口，再让包含该 Fragment 的 Activity 实现该回调接口，这样 Fragment 即可调用该回调方法，将数据传给 Activity。

到此为止，本实例全部讲解完毕，在实例中一共定义了两个 Fragment，并使用了一个 Activity 来“组合”这两个 Activity。本实例执行后的界面效果如图 6-24 所示。

单击某一个图书后，将显示第二个界面，执行效果如图 6-25 所示。

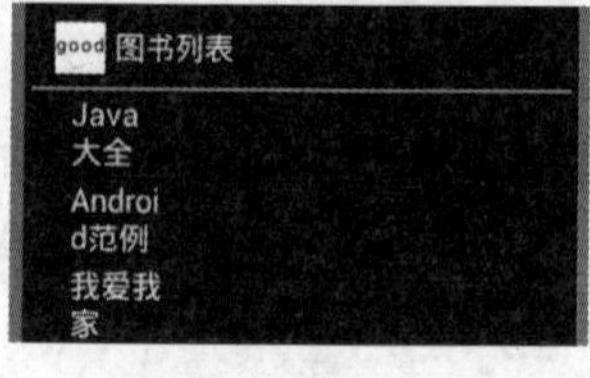

图 6-24　执行效果

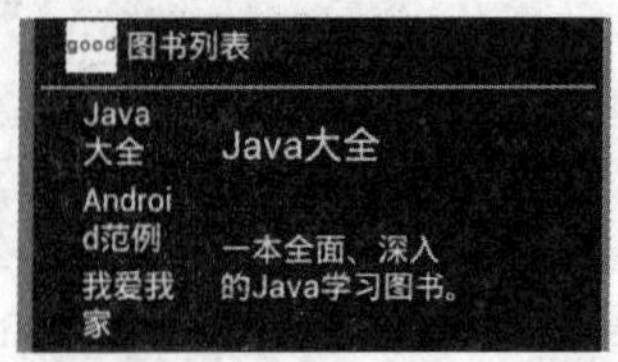

图 6-25　第二个界面

第 7 章　Intent 和 IntentFilter 详解

Intent 像消息传递机制那样使用，允许用户宣告想执行的一个动作意图，通常和一块特定的数据一起。我们可以使用 Intent 在 Android 设备上的任何应用程序组件间相互作用，而不管它们是哪个应用程序的部分。Intent 能够将一组相互独立的组件转化成一个单一的相互作用的系统。本章将详细讲解 Android 系统中使用 Intent 的基本知识，为读者步入本书后面知识的学习打下基础。

- ☑ 049：在一个 Activity 中调用另一个 Activity.pdf
- ☑ 050：计算标准体重.pdf
- ☑ 051：将数据返回到前一个 Activity.pdf
- ☑ 052：单击按钮后改变文字颜色.pdf
- ☑ 053：设置手机屏幕中文本的字体.pdf
- ☑ 054：在手机屏幕中实现拖动图片特效.pdf
- ☑ 055：制作一个简单的计算器.pdf
- ☑ 056：在屏幕中实现一个 About（关于）信息效果.pdf

知识拓展

7.1　Intent 和 IntentFilter 基础

知识点讲解：光盘:视频\知识点\第 7 章\Intent 和 IntentFilter 基础.avi

在 Android 应用程序中，包含了 3 种重要组件：Activity、Service、BroadcastReceiver，应用程序都是依靠 Intent 来启动它们的。Intent 不但封装了程序想要启动程序的意图，并且还可用于与被启动组件交换信息。本节将详细讲解 Android 系统中 Intent 和 IntentFilter 的基础知识。

7.1.1　Intent 启动不同组件的方法

在 Android 应用程序中，使用 Intent 启动不同组件的方法如表 7-1 所示。

表 7-1　Intent 启动不同组件的方法

组 件 类 型	启 动 方 法
Activity	startActivity(Intent intent) startActivity(Intent intent,int requestCode)
Service	ComponentName startService(Intent service) boolean bindService(Intent service,ServiceConnection conn,int flags)

续表

组件类型	启动方法
BroadcastReceiver	sendBroadcast(Intent intent) sendBroadcast(Intent intent,String receiverPermission) sendOrderedBroadcast(Intent intent,String receiverPermission,BroadcastReceiver resultReceiver,Handler scheduler,int initialCode,String initialData,Bundle initialExtras) sendOrderedBroadcast(Intent intent,String receiverPermission) sendStickyBroadcast(Intent intent) sendStickyOrderedBroadcast(Intent intent,BroadcastReceiver resultReceiver,Handler scheduler,int initialCode,String initialData,Bundle initialExtras)

Intent 对象大致包含 Component、Action、Category、Data、Type、Extras 和 Flag 7 种属性，其中 Component 用于明确指定需要启动的目标组件，而 Extra 则用于传递需要交换的数据。

7.1.2 Intent 的构成

要想在不同的 Activity 之间传递数据，需要在 Intent 中包含相应的内容。一般来说，在数据中应该包括如下两点最基本的内容。

☑ Action：指明要实施的动作是什么，例如 ACTION_VIEW、ACTION_EDIT 等。具体信息读者可以查阅 Android.content.intent 类，在里面定义了所有的 Action。

☑ Data：要使用的具体的数据，一般用一个 Uri 变量来表示。

例如下面的代码：

```
ACTION_VIEW content://contacts/1                    //显示 identifier 为 1 的联系人的信息
ACTION_DIAL   content://contacts/1                  //给这个联系人打电话
```

除了 Action 和 Data 这两个最基本的元素外，Intent 还包括如下常用的元素。

☑ Category（类别）：此选项指定了将要执行的这个 Action 的其他一些额外的信息，例如 LAUNCHER_CATEGORY 表示 Intent 接收者应该在 Launcher 中作为顶级应用出现；而 ALTERNATIVE_CATEGORY 表示当前的 Intent 是一系列的可选动作中的一个，这些动作可以在同一块数据上执行。

☑ Type（数据类型）：显式指定 Intent 的数据类型（MIME）。一般 Intent 的数据类型能够根据数据本身进行判定，但是通过设置此属性可以强制采用显式指定的类型而不再需要进行推导。

☑ Component（组件）：指定 Intent 的目标组件的类名称。通常 Android 会根据 Intent 中包含的其他属性的信息，例如 Action、Data、Type、Category 进行查找，最终找到一个与之匹配的目标组件。但如果 Component 这个属性有指定的话，将直接使用它指定的组件，而不再执行上述查找过程。指定了这个属性以后，Intent 的其他所有属性都是可选的。

☑ Extras（附加信息）：是其他所有附加信息的集合，可以为组件提供扩展信息，假如要执行“发送电子邮件”这个动作，可以将电子邮件的标题、正文等保存在 Extras 中，传给电子邮件发送组件。

综上可以看出，Action、Data、Type、Category 和 Extras 一起形成了一种语言，这种语言可以使 Android 表达出诸如“给张三打电话”之类的短语组合。

7.1.3 Intent 的基本用法

在日常开发 Android 应用程序的过程中，通常有如下两种使用 Intent 的方式。

（1）直接 Intent：指定了 Component 属性的 Intent（调用 setComponent(ComponentName)或者

setClass(Context,Class)来指定）。通过指定具体的组件类，通知应用启动对应的组件。

（2）间接 Intent：没有指定 Component 属性的 Intent。这些 Intent 需要包含足够的信息，这样系统才能根据这些信息，在所有的可用组件中确定满足此 Intent 的组件。

对于直接 Intent，Android 不需要去做解析，因为目标组件已经很明确，Android 需要解析的是那些间接 Intent，通过解析可以将 Intent 映射给可以处理此 Intent 的 Activity、IntentReceiver 或 Service。

Intent 解析机制主要是通过查找已注册在 AndroidManifest.xml 中的所有<intent-filter>及其在里面定义的 Intent，通过 PackageManager（PackageManager 能够得到当前设备上所安装的 Application Package 的信息）来查找能处理这个 Intent 的 Component。在这个解析过程中，Android 通过 Intent 的 Action、Type、Category 3 个属性来进行判断，具体的判断方法如下。

- ☑ 如果 Intent 指定了 Action，则在目标组件的 IntentFilter 的 Action 列表中就必须包含这个 Action，否则不能匹配。
- ☑ 如果 Intent 没有提供 Type，系统将从 Data 中得到数据类型。和 Action 一样，目标组件的数据类型列表中必须包含 Intent 的数据类型，否则不能匹配。
- ☑ 如果 Intent 中的数据不是 content 类型的 URI，而且 Intent 也没有明确指定它的 Type，将根据 Intent 中数据的 scheme（例如 http:或 mailto:）进行匹配。Intent 的 scheme 必须出现在目标组件的 scheme 列表中。
- ☑ 如果 Intent 指定了一个或多个 Category，这些类别必须全部出现在组建的类别列表中。例如 Intent 中包含了两个类别：LAUNCHER_CATEGORY 和 ALTERNATIVE_CATEGORY，解析得到的目标组件必须至少包含这两个类别。

下面将以 Android SDK 中自带的例子来阐述 Intent 如何定义及如何被解析。此应用可以让用户浏览便笺列表，查看每一个便笺的详细信息。其中文件 Manifest.xml 的主要代码如下所示。

```
<manifest xmlns:android="http://schemas.android.com/apk/res/android"
 package="com.google.android.notepad">
    <application android:icon="@drawable/app_notes"
 android:label="@string/app_name">
    <provider class="NotePadProvider"
 android:authorities="com.google.provider.NotePad" />
    <activity class=".NotesList"="@string/title_notes_list">
      <intent-filter>
        <action android:value="android.intent.action.MAIN"/>
        <category android:value="android.intent.category.LAUNCHER" />
      </intent-filter>
      <intent-filter>
        <action android:value="android.intent.action.VIEW"/>
        <action android:value="android.intent.action.EDIT"/>
        <action android:value="android.intent.action.PICK"/>
        <category android:value="android.intent.category.DEFAULT" />
        <type android:value="vnd.android.cursor.dir/vnd.google.note" />
      </intent-filter>
      <intent-filter>
        <action android:value="android.intent.action.GET_CONTENT" />
        <category android:value="android.intent.category.DEFAULT" />
        <type android:value="vnd.android.cursor.item/vnd.google.note" />
      </intent-filter>
    </activity>
    <activity class=".NoteEditor"="@string/title_note">
```

```
        <intent-filter android:label="@string/resolve_edit">
            <action android:value="android.intent.action.VIEW"/>
            <action android:value="android.intent.action.EDIT"/>
            <category android:value="android.intent.category.DEFAULT" />
            <type android:value="vnd.android.cursor.item/vnd.google.note" />
        </intent-filter>
        <intent-filter>
            <action android:value="android.intent.action.INSERT"/>
            <category android:value="android.intent.category.DEFAULT" />
            <type android:value="vnd.android.cursor.dir/vnd.google.note" />
        </intent-filter>
    </activity>
    <activity class=".TitleEditor"="@string/title_edit_title"
 android:theme="@android:style/Theme.Dialog">
        <intent-filter android:label="@string/resolve_title">
            <action android:value="com.google.android.notepad.action.EDIT_TITLE"/>
            <category android:value="android.intent.category.DEFAULT" />
            <category android:value="android.intent.category.ALTERNATIVE" />
            <category android:value="android.intent.category.SELECTED_ALTERNATIVE"/>
            <type android:value="vnd.android.cursor.item/vnd.google.note" />
        </intent-filter>
    </activity>
 </application>
 </manifest>
```

在上述代码中一共包含了 3 个 Activity，具体说明如下。

1．第一个 Activity

第一个 Activity 是 com.google.android.notepad.NotesList，它是应用的主入口，主要提供了 3 个功能，分别由如下 3 个 intent-filter 进行描述。

（1）第一个：进入便笺应用的顶级入口（Action 为 android.app.action.MAIN）。类型为 android.app.category.LAUNCHER 表明这个 Activity 将在 Launcher 中列出。

（2）第二个：当 Type 为 vnd.android.cursor.dir/vnd.google.note（保存便笺记录的目录）时，可以查看可用的便笺（Action 为 android.app.action.VIEW），或者让用户选择一个便笺并返回给调用者（Action 为 android.app.action.PICK）。

（3）第三个：当 Type 为 vnd.android.cursor.item/vnd.google.note 时，返回给调用者一个用户选择的便笺（Action 为 android.app.action.GET_CONTENT），而用户却不需要知道便笺从哪里读取的。有了这些功能，下面的 Intent 就会被解析到 NotesList 这个 Activity。

- ☑ action=android.app.action.MAIN：与此 Intent 匹配的 Activity，将会被当作进入应用的顶级入口。
- ☑ action=android.app.action.MAIN,category=android.app.category.LAUNCHER：这是目前 Launcher 实际使用的 Intent，用于生成 Launcher 的顶级列表。
- ☑ action=android.app.action.VIEW data=content://com.google.provider.NotePad/notes：显示"content://com.google.provider.NotePad/notes"下的所有便笺的列表，使用者可以遍历列表，并且查看某便笺的详细信息。
- ☑ action=android.app.action.PICK data=content://com.google.provider.NotePad/notes：显示"content://com.google.provider.NotePad/notes"下的便笺列表，让用户可以在列表中选择一个，然后将选择的便笺的 URL 返回给调用者。

- ☑ action=android.app.action.GET_CONTENT type=vnd.android.cursor.item/vnd.google.note：和上面的 Action 为 pick 的 Intent 类似，不同的是这个 Intent 允许调用者（在这里指要调用 NotesList 的某个 Activity）指定它们需要返回的数据类型，系统会根据这个数据类型查找合适的 Activity（在这里系统会找到 NotesList 这个 Activity），供用户选择便笺。

2．第二个 Activity

第二个 Activity 是 com.google.android.notepad.NoteEditor，它为用户显示一条便笺，并且允许用户修改这个便笺。因为这个 Activity 定义了两个 intent-filter，所以具备如下两个功能。

- ☑ 当数据类型为 vnd.android.cursor.item/vnd.google.note 时，允许用户查看和修改一个便笺（Action 为 android.app.action.VIEW 和 android.app.action.EDIT）。
- ☑ 当数据类型为 vnd.android.cursor.dir/vnd.google.note 时，为调用者显示一个新建便笺的界面，并将新建的便笺插入到便笺列表中（Action 为 android.app.action.INSERT）。

通过上述两个功能，下面的 Intent 就会被解析到 NoteEditor 这个 Activity 中。

- ☑ action=android.app.action.VIEW data=content://com.google.provider.NotePad/notes/{ID}：向用户显示标识为 ID 的便笺。
- ☑ action=android.app.action.EDIT data=content://com.google.provider.NotePad/notes/{ID}：允许用户编辑标识为 ID 的便笺。
- ☑ action=android.app.action.INSERT data=content://com.google.provider.NotePad/notes：在"content://com.google.provider.NotePad/notes"这个便笺列表中创建一个新的空便笺，并允许用户编辑这个便笺。当用户保存这个便笺后，这个新便笺的 URI 将会返回给调用者。

3．第三个 Activity

第三个 Activity 是 com.google.android.notepad.TitleEditor，它允许用户编辑便笺的标题。它可以被实现为一个应用可以直接调用（在 Intent 中明确设置 Component 属性）的类，不过在此将为用户提供一个在现有的数据上发布可选操作的方法。在这个 Activity 的唯一的 intent-filter 中，拥有 com.google.android.notepad.action.EDIT_TITLE 这个私有的 Action，表明允许用户编辑便笺的标题。和前面的 View 和 Edit 动作一样，当调用这个 Intent 时，也必须指定具体的便笺（Type 为 vnd.android.cursor.item/vnd.google.note）。不同的是这里显示和编辑的只是便笺数据中的标题。

除了支持默认类别（android.intent.category.DEFAULT）外，标题编辑器还支持另外两个标准类别：android.intent.category.ALTERNATIVE 和 android.intent.category.SELECTED_ALTERNATIVE。在实现这两个类别后，其他 Activity 就可以调用 queryIntentActivityOptions(ComponentName,Intent[],Intent,int)查询这个 Activity 提供的 Action，而不需要了解它的具体实现；或者调用 addIntentOptions(int,int,ComponentName, Intent[], Intent, int, Menu.Item[])建立动态菜单。需要说明的是，在这个 intent-filter 中有一个明确的名称（通过 android:label= "@string/resolve_title"指定），在用户浏览数据时，如果这个 Activity 是数据的一个可选操作，指定明确的名称可以为用户提供一个更好的控制界面。

7.2　显式 Intent 和隐式 Intent

知识点讲解：光盘:视频\知识点\第 7 章\显式 Intent 和隐式 Intent.avi

在 Android 应用程序中，有如下两种使用 Intent 的基本方法。

☑ 显式 Intent：在构造 Intent 对象时就指定接收者，这种方式与普通的函数调用类似，只是复用的力度有所差别。

☑ 隐式 Intent：Intent 的发送者在构造 Intent 对象时，并不知道也不关心接收者是谁，这种方式与函数调用差别比较大，有利于降低发送者和接收者之间的耦合。

本节将详细讲解显式 Intent 和隐式 Intent 的基本知识。

7.2.1 显式 Intent(Explicit Intent)的基本用法

（1）在同一个应用程序中实现 Activity 切换

通常在一个应用程序中需要多个 UI 屏幕，也就需要多个 Activity 类，并且在这些 Activity 之间进行切换，这种切换就是通过 Intent 机制来实现的。在同一个应用程序中切换 Activity 时，通常都会知道要启动的 Activity 具体是哪一个，因此常用显式的 Intent 来实现。例如有一个非常简单的应用程序 SimpleIntentTest，它包括两个 UI 屏幕也就是两个 Activity——SimpleIntentTest 类和 TestActivity 类，SimpleIntentTest 类有一个按钮用来启动 TestActivity，程序的运行效果如图 7-1 所示。

图 7-1 运行效果

程序 SimpleIntentTest.java 的代码非常简单，其中类 SimpleIntentTest 的源代码如下所示。

```
public class SimpleIntentTest extends Activity implements View.OnClickListener{
    /** Called when the activity is first created. */
    @Override
    public void onCreate(Bundle savedInstanceState) {
        super.onCreate(savedInstanceState);
        setContentView(R.layout.main);
        Button startBtn = (Button)findViewById(R.id.start_activity);
        startBtn.setOnClickListener(this);
    }
    public void onClick(View v) {
        switch (v.getId()) {
        case R.id.start_activity:
            Intent intent = new Intent(this, TestActivity.class);
            startActivity(intent);
            break;
        default:
            break;
        }
    }
}
```

在上述代码中，为 Start activity 按钮添加了 OnClickListener，使得按钮被点击时执行 onClick()方法，在 onClick()方法中则利用了 Intent 机制来启动 TestActivity，关键的代码是如下两行。

```
Intent intent = new Intent(this, TestActivity.class);
startActivity(intent);
```

此时定义 Intent 对象时所用到的是 Intent 的构造函数之一：

```
Intent(Context packageContext, Class<?> cls)
```

这两个参数分别指定 Context 和 Class，由于将 Class 设置为 TestActivity.class，这样便显式地指定了 TestActivity 类作为该 Intent 的接收者，通过后面的 startActivity()方法便可启动 TestActivity。

TestActivity 的代码更为简单，只需新建 TestActivity.java 文件定义一个 TestActivity 类即可，具体代码如下所示。

```
package com.tope.samples.intent.simple;
import android.app.Activity;
import android.os.Bundle;
public class TestActivity extends Activity {
    /** Called when the activity is first created. */
    @Override
    public void onCreate(Bundle savedInstanceState) {
        super.onCreate(savedInstanceState);
        setContentView(R.layout.test_activity);
    }
}
```

由此可以看出，TestActivity 仅是调用 setContentView 来显示 test_activity.xml 中的内容而已。经过上述操作，还是不能达到利用 SimpleIntentTest 启动 TestActivity 的目的，并且会出现 Exception，导致程序退出。解决方法是在文件 AndroidManifest.xml 中增加 TestActivity 声明，文件 AndroidManifest.xml 的具体代码如下所示。

```
<?xml version="1.0" encoding="utf-8"?>
<manifest xmlns:android="http://schemas.android.com/apk/res/android"
      package="com.tope.samples"
      android:versionCode="1"
      android:versionName="1.0">
    <application android:icon="@drawable/icon" android:label="@string/app_name">
        <activity android:name=".SimpleIntentTest"
                  android:label="@string/app_name">
            <intent-filter>
                <action android:name="android.intent.action.MAIN" />
                <category android:name="android.intent.category.LAUNCHER" />
            </intent-filter>
        </activity>
        <!--增加 TestActivity 的声明-->
        <activity android:name=".TestActivity"/>
    </application>
    <uses-sdk android:minSdkVersion="3" />
</manifest>
```

由此可以看出，Intent 机制即使在程序内部且显式指定接收者，也还是需要在 AndroidManifest.xml 中声明 TestActivity。这个过程并不像一个简单的函数调用，显式的 Intent 也同样经过了 Android 应用程序框架所提供的支持，从满足条件的 Activity 中进行选择，如果不在 AndroidManifest.xml 中进行声明，则 Android 应用程序框架找不到所需要的 Activity。

（2）在不同应用程序之间实现 Activity 切换

在前面的演示代码中，是在同一应用程序中进行 Activity 切换的。如果在不同的应用程序中，是否也能这么做呢？答案是肯定的，不过对应的代码要稍作修改。接下来我们需要两个应用程序，可利用上例中的 SimpleIntentTest 作为其中之一，另外还需要写一个新的程序，来调用 SimpleIntentTest 应用程序中的 TestActivity。

先新建程序 CrossIntentTest.java，此程序只有一个 Activity，其具体源代码如下所示。

```
package com.tope.samples.intent.cross;
import android.app.Activity;
import android.content.Intent;
import android.os.Bundle;
import android.view.View;
import android.widget.Button;
public class CrossIntentTest extends Activity
    implements View.OnClickListener{
    /** Called when the activity is first created. */
    @Override
    public void onCreate(Bundle savedInstanceState) {
        super.onCreate(savedInstanceState);
        setContentView(R.layout.main);
        Button startBtn = (Button)findViewById(R.id.start_activity);
        startBtn.setOnClickListener(this);
    }
    public void onClick(View v) {
        switch (v.getId()) {
        case R.id.start_activity:
            Intent intent = new Intent();
            intent.setClassName("com.tope.samples.intent.simple",
                    "com.tope.samples.intent.simple.TestActivity");
            startActivity(intent);
            break;
        default:
            break;
        }
    }
}
```

由此可以看出它与 SimpleIntentTest.java 的不同之处在于初始化 Intent 对象的过程。

```
Intent intent = new Intent();
intent.setClassName("com.tope.samples.intent.simple",
    "com.tope.samples.intent.simple.TestActivity");
startActivity(intent);
```

此处采用了 Intent 最简单的不带参数的构造函数，然后通过函数 setClassName()来指定要启动哪个包中的哪个 Activity，而不是像前面通过构造函数 Intent(Context packageContext,Class<?>cls)来初始化 Intent 对象，这是因为要启动的 TestActivity 与 CrossIntentTest 不在同一个包中，要指定 Class 参数比较麻烦，所以通常启动不同程序的 Activity 时便采用上面的 setClassName()方法。除此之外，我们也可以用 Android 提供的 setComponent()方法来实现类似功能。

另外还需要修改 SimpleIntentTest.java 程序中的 AndroidManifest.xml 文件，为 TestActivity 的声明添加 Intent Filter，即将原来的：

```
<activity android:name=".TestActivity"/>
```

修改为：

```
<activity android:name=".TestActivity">
    <intent-filter>
        <action android:name="android.intent.action.DEFAULT" />
    </intent-filter>
</activity>
```

对于不同应用之间的 Activity 的切换，这里需要在 Intent Filter 中至少设置一个 Action，否则其他的应用将没有权限调用这个 Activity。设置 Intent Filter 和 Action 主要的目的是为了让其他需要调用这个 Activity 的程序能够顺利地调用它。除了 Action 之外，Intent Filter 还可以设置 Category、Data 等，这样可以更加精确地匹配 Intent 与 Activity。

执行上述程序后，会发现运行效果基本和前面的实例类似，这里就不再重复了。

7.2.2　隐式 Intent(Implicit Intent)

如果 Intent 机制仅提供上面的显式 Intent 用法，这种相对复杂的机制似乎意义并不是很大。确实，Intent 机制更重要的作用在于下面这种隐式的 Intent，即 Intent 的发送者不指定接收者，很可能不知道也不关心接收者是谁，而由 Android 框架去寻找最匹配的接收者。

（1）最简单的隐式 Intent

在此将从最简单的例子开始讲解，例如有一个 ImplicitIntentTest 程序，用于启动 Android 自带的打电话功能的 Dialer 程序。ImplicitIntentTest 程序只包含一个 Java 源文件 ImplicitIntentTest.java，具体代码如下所示。

```
package com.tope.samples.intent.implicit;
import android.app.Activity;
import android.content.Intent;
import android.os.Bundle;
import android.view.View;
import android.widget.Button;
public class ImplicitIntentTest extends Activity
    implements View.OnClickListener{
    /** Called when the activity is first created. */
    @Override
    public void onCreate(Bundle savedInstanceState) {
        super.onCreate(savedInstanceState);
        setContentView(R.layout.main);
        Button startBtn = (Button)findViewById(R.id.dial);
        startBtn.setOnClickListener(this);
    }
    public void onClick(View v) {
        switch (v.getId()) {
        case R.id.dial:
            Intent intent = new Intent(Intent.ACTION_DIAL);
            startActivity(intent);
            break;
        default:
            break;
        }
    }
}
```

上述代码在 Intent 的使用上与前面演示中的使用方式有很大的不同，即根本不指定接收者，在初始化 Intent 对象时只是传入参数，设定 Action 为 Intent.ACTION_DIAL。

```
Intent intent = new Intent(Intent.ACTION_DIAL);
startActivity(intent);
```

这里使用的构造函数的原型如下所示。

```
Intent(String action);
```

有关 Action 的作用，我们在本书前面的内容中已经做了简单的介绍，在此读者可以将其理解为描述这个 Intent 的一种方式，这种使用方式看上去比较奇怪，Intent 的发送者只是指定了 Action 为 Intent.ACTION_DIAL。

（2）增加一个接收者

实际上接收者如果希望能够接收某些 Intent，需要像前面例子中的一样，通过在 AndroidManifest.xml 中增加 Activity 的声明，并设置对应的 Intent Filter 和 Action，才能被 Android 的应用程序框架所匹配。为了证明这一点，我们修改前面 SimpleIntentTest 程序中的 AndroidManifest.xml 文件，将 TestActivity 的声明部分改为：

```
<activity android:name=".TestActivity">
        <intent-filter>
            <action android:name="android.intent.action.DEFAULT" />
            <action android:name="android.intent.action.DIAL" />
            <category android:name="android.intent.category.DEFAULT" />
        </intent-filter>
</activity>
```

修改完之后注意要重新安装 SimpleIntentTest.java 程序的 apk 包，运行后我们可以选择 Dialer 或者 SimpleIntentTest.java 程序来完成 Intent.ACTION_DIAL，也就是说，针对 Intent.ACTION_DIAL，Android 框架找到了两个符合条件的 Activity，因此它将这两个 Activity 分别列出以便供用户选择。

究竟是怎么做到这一点的呢？答案是仅在 SimpleIntentTest 程序的 AndroidManifest.xml 文件中增加了下面的两行代码。

```
<action android:name="android.intent.action.DIAL" />
<category android:name="android.intent.category.DEFAULT" />
```

上述两行代码修改了原来的 Intent Filter，这样此 Activity 才能够接收到我们发送的 Intent。我们通过这个改动及其作用，可以进一步理解隐式 Intent、Intent Filter 及 Action、Category 等概念。Intent 发送者设定 Action 来说明将要进行的动作，而 Intent 的接收者在 AndroidManifest.xml 文件中通过设定 Intent Filter 来声明自己能接收哪些 Intent。

7.3 IntentFilter 详解

知识点讲解：光盘:视频\知识点\第 7 章\IntentFilter 详解.avi

当 Intent 在组件间传递时，组件如果想告知 Android 系统自己能够响应和处理哪些 Intent，那么就需要用到 IntentFilter 对象。本节将详细讲解 IntentFilter 的基本知识。

7.3.1 IntentFilter 基础

在 Android 应用程序中，IntentFilter 对象负责过滤掉组件无法响应和处理的 Intent，只将自己关心的 Intent 接收进来进行处理。IntentFilter 实行“白名单”管理，即只列出组件乐意接受的 Intent，但 IntentFilter 只会过滤隐式 Intent，显式的 Intent 会直接传送到目标组件中。Android 组件可以有一个或多个 IntentFilter，每个 IntentFilter 之间相互独立，只需要其中一个验证通过即可。除了用于过滤广播的 IntentFilter 可以在代码中创建外，其他的 IntentFilter 必须在文件 AndroidManifest.xml 中进行声明。

IntentFilter 中具有和 Intent 对应的用于过滤 Action、Data 和 Category 的字段，一个隐式 Intent 要想被一

个组件处理，必须通过上述 3 个环节的检查。具体说明如下所示。

（1）检查 Action

尽管一个 Intent 只可以设置一个 Action，但是一个 IntentFilter 可以持有一个或多个 Action 用于过滤，到达的 Intent 只需要匹配其中一个 Action 即可。深入思考：如果一个 IntentFilter 没有设置 Action 的值，那么，任何一个 Intent 都不会被通过；反之，如果一个 Intent 对象没有设置 Action 值，那么它能通过所有的 IntentFilter 的 Action 检查。

（2）检查 Data

同 Action 一样，IntentFilter 中的 Data 部分也可以是一个或者多个，而且可以没有。每个 Data 包含的内容为 URL 和数据类型，进行 Data 检查时主要也是对这两点进行比较，具体比较规则是：如果一个 Intent 对象没有设置 Data，只有 IntentFilter 也没有设置 Data 时才可通过检查。

如果一个 Intent 对象包含 URI，但不包含数据类型，具体比较规则是：仅当 IntentFilter 也不指定数据类型，同时它们的 URI 匹配，才能通过检测。

如果一个 Intent 对象包含数据类型，但不包含 URI，具体比较规则是：仅当 IntentFilter 也没指定 URL，而只包含数据类型且与 Intent 相同，才通过检测。

如果一个 Intent 对象既包含 URI，也包含数据类型（或数据类型能够从 URI 推断出），具体比较规则是：只有当其数据类型匹配 IntentFilter 中的数据类型，并且通过了 URL 检查时，该 Intent 对象才能通过检查。

其中 URL 由 4 部分组成：它有 4 个属性 scheme、host、port、path 对应于 URI 的每个部分。例如，content://com.wjr.example1:121/files。

具体说明如下。

☑ scheme 部分：content。

☑ host 部分：com.wjr.example1。

☑ port 部分：121。

☑ path 部分：files。

其中 host 和 port 部分一起构成 URI 的凭据（authority），如果没有指定 host，那么也会忽略 port。属性 scheme、host、port、path 是可选的，但它们之间并不是完全独立的。要想让 Authority（验证）有意义，必须要指定 scheme。要让 path 有意义，必须指定 scheme 和 authority。IntentFilter 中的 path 可以使用通配符来匹配 path 字段，Intent 和 IntentFilter 都可以用通配符来指定 MIME 类型。

（3）检查 Category

在 IntentFilter 中可以设置多个 Category，在 Intent 中也可以含有多个 Category，只有 Intent 中的所有 Category 都能匹配到 IntentFilter 中的 Category，Intent 才能通过检查。也就是说，如果 Intent 中的 Category 集合是 IntentFilter 中 Category 的集合的子集时，Intent 才能通过检查。如果 Intent 中没有设置 Category，则它能通过所有 IntentFilter 的 Category 检查。如果一个 Intent 能够通过多个组件的 IntentFilter 处理，用户可能无法确定哪个组件被激活了。如果没有找到目标，会产生一个异常。

7.3.2　IntentFilter 响应隐式 Intent

如果一个 Intent 请求在一些数据上执行一个动作，Android 如何知道哪个应用程序（和组件）能用来响应这个请求呢？IntentFilter 就是用来注册 Activity、Service 和 Broadcast Receiver 具有能在某种数据上执行一个动作的能力。

使用 IntentFilter 时，应用程序组件会告诉 Android，它们能为其他程序组件的动作请求提供服务，包括同一个程序的组件、本地的或第三方的应用程序。

为了注册一个应用程序组件为 Intent 处理者，在组件的 manifest 节点添加一个 intent-filter 标签。在 IntentFilter 节点中使用下面的标签（关联属性），就可以指定组件支持的动作、种类和数据。

- ☑ action：使用 android:name 特性来指定对响应的动作名。动作名必须是独一无二的字符串，所以，一个好的习惯是使用基于 Java 包的命名方式的命名系统。
- ☑ category：使用 android:category 属性用来指定在什么样的环境下动作才被响应。每个 IntentFilter 标签可以包含多个 category 标签。你可以指定自定义的种类或使用 Android 提供的标准值，如下所示。
  - ➢ ALTERNATIVE：一个 IntentFilter 的用途是使用动作来帮忙填入上下文菜单。ALTERNATIVE 种类指定，在某种数据类型的项目上可以替代默认执行的动作。例如，一个联系人的默认动作是浏览它，替代的可能是去编辑或删除它。
  - ➢ SELECTED_ALTERNATIVE：与 ALTERNATIVE 类似，但 ALTERNATIVE 总是使用下面所述的 Intent 解析来指向单一的动作。SELECTED_ALTERNATIVE 在需要一个可能性列表时使用。
  - ➢ BROWSABLE：指定在浏览器中的动作。当 Intent 在浏览器中被引发，都会被指定成 BROWSABLE 种类。
  - ➢ DEFAULT：设置这个种类来让组件成为 IntentFilter 中定义的 data 的默认动作。这对使用显式 Intent 启动的 Activity 来说也是必要的。
  - ➢ GADGET：通过设置 GADGET 种类，可以允许嵌入到其他的 Activity 来允许。
  - ➢ HOME Activity：是设备启动（登录屏幕）时显示的第一个 Activity。通过指定 IntentFilter 为 HOME 种类而不指定动作的话，你正在将其设为本地 home 画面的替代。
  - ➢ LAUNCHER：使用这个种类让一个 Activity 作为应用程序的启动项。
- ☑ data：允许用户指定组件能作用的数据的匹配；如果用户的组件能处理多个，可以包含多个条件。可以使用下面属性的任意组合来指定组件支持的数据。
  - ➢ android:host：指定一个有效的主机名（例如 com.google）。
  - ➢ android:mimetype：允许设定组件能处理的数据类型。例如<type android:value="vnd.android.cursor.dir/*"/>能匹配任何 Android 游标。
  - ➢ android:path：有效的 URI 路径值（例如/transport/boats/）。
  - ➢ android:port：特定主机上的有效端口。
  - ➢ android:scheme：需要一个特殊的图示（例如 content 或 http）。

接下来的代码片段显示了如何配置 Activity 的 IntentFilter，使其以在特定数据下默认的或可替代的动作的身份来执行 SHOW_DAMAGE 动作。

```
<activity android:name=".EarthquakeDamageViewer"
android:label="View Damage">
<intent-filter>
<action
android:name="com.paad.earthquake.intent.action.SHOW_DAMAGE">
</action>
<category android:name="android.intent.category.DEFAULT"/>
<category
android:name="android.intent.category.ALTERNATIVE_SELECTED"
/>
<data android:mimeType="vnd.earthquake.cursor.item/*"/>
</intent-filter>
</activity>
```

7.3.3 Android 解析 IntentFilter

匿名性质的运行时绑定使得理解 Android 如何解析一个隐式 Intent 到一个特定的应用程序组件变得非常重要。和之前看到的一样，当使用 startActivity 时，隐式 Intent 解析到一个单一的 Activity。如果存在多个 Activity 都有能力在特定的数据上执行给定的动作，Android 会从中选择最好的进行启动。

决定哪个 Activity 来运行的过程称为 Intent 解析。Intent 解析的目的是通过如下过程，找到可能匹配得最好的 IntentFilter。

第一步：Android 把安装的包中可获得的 IntentFilter 放到一个列表中。

第二步：动作和与正在解析的 Intent 的种类不关联的 IntentFilter 会从列表中删除。

（1）动作匹配指 IntentFilter 包含特定的动作或没有指定的动作。一个 IntentFilter 有一个或多个定义的动作，如果没有任何一个能与 Intent 指定的动作匹配，这个 IntentFilter 则算作是动作匹配检查失败。

（2）种类匹配更为严格。IntentFilter 必须包含所有在解析的 Intent 中定义的种类。一个没有特定种类的 IntentFilter 只能与没有种类的 Intent 匹配。

第三步：Intent 的数据 URI 中的部分会与 IntentFilter 中的 data 标签比较。如果 IntentFilter 定义 scheme、host/authority、path 或 mimetype，这些值都会与 Intent 的 URI 比较。任何不匹配都会导致 IntentFilter 从列表中删除。

如果没有指定 data 值的 IntentFilter 会和所有的 Intent 数据匹配：

（1）mimetype 是正在匹配的数据的数据类型。当匹配数据类型时，用户可以使用通配符来匹配子类型（例如 earthquakes/*）。如果 IntentFilter 指定一个数据类型，它必须与 Intent 匹配；没有指定数据的话全部匹配。

（2）scheme 是 URI 部分的协议，例如“http:”、“mailto:”和“tel:”。

（3）host-name 或 data Authority 是介于 URI 中 scheme 和 path 之间的部分（例如 www.google.com）。匹配主机名时，Intent Filter 的 scheme 也必须通过匹配。

（4）数据 path 紧接在 data Authority 的后面（例如/ig）。path 只在 scheme 和 host-name 部分都匹配的情况下才匹配。

第四步：如果这个过程中多于一个组件解析出来，它们会以优先度来排序，可以在 IntentFilter 的节点中添加一个可选的标签。最高等级的组件会返回。

Android 本地的应用程序组件和第三方应用程序一样，都是 Intent 解析过程中的一部分。它们没有更高的优先度，可以被新的 Activity 完全代替，这些新的 Activity 宣告自己的 IntentFilter 能响应相同的动作请求。

7.4 Intent 的属性

知识点讲解：光盘:视频\知识点\第 7 章\Intent 的属性.avi

属性是 Intent 机制的核心，Android 系统中的 Intent 通过其自身的属性实现具体的功能。本节将详细讲解 Intent 属性的基本知识，为读者步入本书后面知识的学习打下基础。

7.4.1 Component 属性

在 Android 应用程序中，Intent 对象的 setComponent(ComponentNamecomp)方法用于设置 Intent 的

Component 属性。属性 Component 需要接受一个 ComponentName 对象，对象 ComponentName 包含如下构造器。

☑ ComponentName(String pkg,String cls)：创建 pkg 所在包下的 cls 类所对应的组件。

☑ ComponentName(Context pkg,String cls)：创建 pkg 所对应的包下 cls 类所对应的组件。

☑ ComponentName(Context pkg,Class<?> cls)：创建 pkg 所对应的包下 cls 类所对应的组件。

上述构造器的本质是创建一个 ComponentName 需要制定包名和类名，这样就可以唯一地确定一个组件类，应用程序就可以根据给定的组件类去启动特定的组件。除此之外，在 Intent 中还包含了如下 3 个方法。

☑ setClass(Context packageContext,Class<?> cls)：设置该 Intent 将要启动的组件对应的类。

☑ setClassName(Context packageContext,String className)：设置该 Intent 将要启动的组件对应的类名。

☑ setClassName(String packagName,String className)：设置该 Intent 将要启动的组件对应的类名。

在 Android 应用程序中，指定了属性 Component 的 Intent 已经明确了它将要启动哪个组件，因此这种 Intent 也被称为显式 Intent，没有指定 Component 属性的 Intent 被称为隐式 Intent——隐式 Intent 没有明确要启动哪个组件，应用将会根据 Intent 指定的规划去启动符合条件的组件，但具体是哪个组件不确定。

在 Android 应用程序中，ComponentName 包含了如下构造器。

☑ ComponentName(Stringpkg, String cls)。

☑ ComponentName(Contextpkg, String cls)。

☑ ComponentName(Contextpkg, Class<?> cls)。

由以上的构造器可知, 创建一个 ComponentName 对象需要指定包名和类名，这样就可以唯一确定一个组件类，应用程序即可根据给定的组件类去启动特定的组件。

例如在下面的实例中，演示了通过隐式 Intent（指定了 Component 属性）来启动另一个 Activity 的基本过程。

题　目	目　的	源码路径
实例 7-1	使用隐式 Intent 来启动另一个 Activity	光盘:\daima\7\7.4\ComponentEX

本实例的具体实现流程如下。

（1）本实例的 UI 界面布局文件是 main.xml，在页面中只有一个按钮，用户单击该按钮将会启动另一个 Activity。布局文件 main.xml 的具体实现代码如下所示。

```
<LinearLayout xmlns:android="http://schemas.android.com/apk/res/android"
    android:orientation="vertical"
    android:layout_width="fill_parent"
    android:layout_height="fill_parent"
    android:gravity="center_horizontal"
    >
<Button
    android:id="@+id/bn"
    android:layout_width="wrap_content"
    android:layout_height="wrap_content"
    android:text="使用 Component 启动组件"
    />
</LinearLayout>
```

（2）主 Activity 对应的 Java 程序文件是 ComponentAttr.java，功能是创建 ComponentName 对象，并将该对象设置成 Intent 对象的 Component 属性，这样应用程序即可根据该 Intent 的“意图”去启动指定组件。文件 ComponentAttr.java 的具体实现代码如下所示。

```
public class ComponentAttr extends Activity
{
```

```
    @Override
    public void onCreate(Bundle savedInstanceState)
    {
        super.onCreate(savedInstanceState);
        setContentView(R.layout.main);
        Button bn = (Button) findViewById(R.id.bn);
        //为 bn 按钮绑定事件监听器
        bn.setOnClickListener(new OnClickListener()
        {
            @Override
            public void onClick(View arg0)
            {
                //创建一个 ComponentName 对象
                ComponentName comp = new ComponentName(ComponentAttr.this,
                        SecondActivity.class);
                Intent intent = new Intent();
                //为 Intent 设置 Component 属性
                intent.setComponent(comp);
//              Intent intent = new Intent(ComponentAttr.this,
//                  SecondActivity.class);
                startActivity(intent);
            }
        });
    }
}
```

（3）第二个 Activity 的界面布局文件是 second.xml，在里面只包含一个简单的文本框，用于显示该 Activity 对应的 Intent 的 Component 属性的包名、类名。文件 second.xml 的具体实现代码如下所示。

```
<LinearLayout xmlns:android="http://schemas.android.com/apk/res/android"
    android:orientation="vertical"
    android:layout_width="fill_parent"
    android:layout_height="fill_parent"
    android:gravity="center_horizontal"
    >
<EditText
    android:id="@+id/show"
    android:layout_width="fill_parent"
    android:layout_height="wrap_content"
    android:text="第二个 Activity"
    android:editable="false"
    android:cursorVisible="false"
    />
</LinearLayout>
```

（4）第二个 Activity 对应的 Java 程序文件是 SecondActivity.java，具体实现代码如下所示。

```
public class SecondActivity extends Activity
{
    @Override
    public void onCreate(Bundle savedInstanceState)
    {
        super.onCreate(savedInstanceState);
        setContentView(R.layout.second);
```

```
        EditText show = (EditText) findViewById(R.id.show);
        //获取该 Activity 对应的 Intent 的 Component 属性
        ComponentName comp = getIntent().getComponent();
        //显示该 ComponentName 对象的包名、类名
        show.setText("组件包名为：" + comp.getPackageName()
            + "\n 组件类名为：" + comp.getClassName());
    }
}
```

执行后单击按钮会显示第二个 Activity，执行效果如图 7-2 所示。

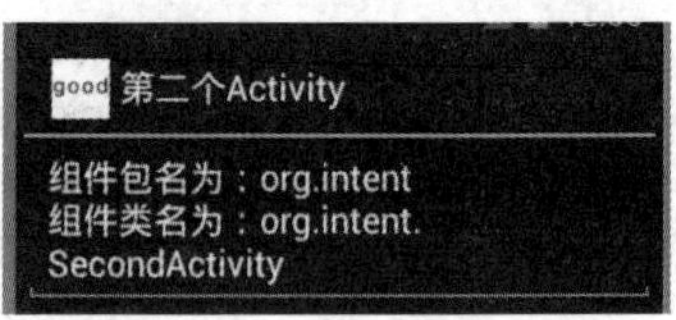

图 7-2　第二个 Activity

7.4.2　Action 属性

在 Android 应用程序中，Action 属性是一个普通的字符串，代表某一种特定的动作。Intent 类预定义了一些 Action 常量，开发者也可以自定义 Action。一般来说，自定义的 Action 应该以应用程序的包名作为前缀，然后附加特定的大写字符串，例如“cn.xing.upload.action.UPLOAD_COMPLETE”就是一个命名良好的 Action。

通过使用 Intent 类的 setAction()方法，可以设定 action.getAction()方法获取 Intent 中封装的 Action。下面是 Intent 类中预定义的部分 Action。

- ☑ ACTION_CALL：目标组件为 Activity，代表拨号动作。
- ☑ ACTION_EDIT：目标组件为 Activity，代表向用户显示数据以供其编辑的动作。
- ☑ ACTION_MAIN：目标组件为 Activity，表示作为任务中的初始 Activity 启动。
- ☑ ACTION_BATTERY_LOW：目标组件为 broadcastReceiver，提醒手机电量过低。
- ☑ ACTION_SCREEN_ON：目标组件为 broadcast，表示开启屏幕。

在 Android 应用程序中，Intent 代表了启动某个程序组件的意图，其实 Intent 对象不仅可以启动本应用内程序组件，也可启动 Android 系统的其他应用的程序组件，只要权限允许甚至可以启动系统自带的程序组件。

另外，在 Android 系统内部提供了大量标准 Action，其中用于启动 Activity 的标准 Action 常量及对应的字符串如表 7-2 所示。

表 7-2　启动 Activity 的标准 Action

Action 常量	对应字符串	简 单 说 明
ACTION_MAIN	android.intent.action.MAIN	应用程序入口
ACTION_VIEW	android.intent.action.VIEW	显示指定数据
ACTION_ATTACH_DATA	android.intent.action.ATTACH_DATA	指定某块数据将被附加到其他地方
ACTION_EDIT	android.intent.action.EDIT	编辑指定数据
ACTION_PICK	android.intent.action.PICK	从列表中选择某项并返回所选的数据
ACTION_CHOOSER	android.intent.action.CHOOSER	显示一个 Activity 选择器
ACTION_GET_CONTENT	android.intent.action.GET_CONTENT	让用户选择数据，并返回所选数据
ACTION_DIAL	android.intent.action.DIAL	显示拨号面板
ACTION_CALL	android.intent.action.CALL	直接向指定用户打电话
ACTION_SEND	android.intent.action.SEND	向其他人发送数据

续表

Action 常量	对应字符串	简 单 说 明
ACTION_SENDTO	android.intent.action.SENDTO	向其他人发送消息
ACTION_ANSWER	android.intent.action.ANSWER	应答电话
ACTION_INSERT	android.intent.action.INSERT	插入数据
ACTION_DELETE	android.intent.action.DELETE	删除数据
ACTION_RUN	android.intent.action.RUN	运行数据
ACTION_SYNC	android.intent.action.SYNC	执行数据同步
ACTION_PICK_ACTIVITY	android.intent.action.PICK_ACTIVITY	用于选择 Activity
ACTION_SEARCH	android.intent.action.SEARCH	执行搜索
ACTION_WEB_SEARCH	android.intent.action.WEB_SEARCH	执行 Web 搜索
ACTION_BATTERY_LOW	android.intent.action.ACTION_BATTERY_LOW	电量低
ACTION_MEDIA_BUTTON	android.intent.action.ACTION_MEDIA_BUTTON	按下媒体按钮
ACTION_PACKAGE_ADDED	android.intent.action.ACTION_PACKAGE_ADDED	添加包
ACTION_PACKAGE_REMOVED	android.intent.action.ACTION_PACKAGE_REMOVED	删除包
ACTION_FACTORY_TEST	android.intent.action.FACTORY_TEST	工厂测试的入口点
ACTION_BOOT_COMPLETED	android.intent.action.BOOT_COMPLETED	系统启动完成
ACTION_TIME_CHANGED	android.intent.action.ACTION_TIME_CHANGED	时间改变
ACITON_DATE_CHANGED	android.intent.action.ACTION_DATE_CHANGED	日期改变
ACTION_TIMEZONE_CHANGED	android.intent.action.ACTION_TIMEZONE_CHANGED	时区改变
ACTION_MEDIA_EJECT	android.intent.action.MEDIA_EJECT	插入或拔出外部媒体

例如在下面的实例中，演示了使用 Action 属性的基本过程。

题　　目	目　　的	源 码 路 径
实例 7-2	使用 Action 属性	光盘:\daima\7\7.4\ActionEX

本实例的具体实现流程如下。

（1）本实例的 UI 界面布局文件是 main.xml，在页面中只有一个按钮，用户单击该按钮将会启动另一个 Activity。布局文件 main.xml 的具体实现代码如下所示。

```
<LinearLayout xmlns:android="http://schemas.android.com/apk/res/android"
    android:orientation="vertical"
    android:layout_width="fill_parent"
    android:layout_height="fill_parent"
    android:gravity="center_horizontal"
    >
<Button
    android:id="@+id/bn"
    android:layout_width="wrap_content"
    android:layout_height="wrap_content"
    android:text="启动指定 Action、默认 Category 对应的 Activity"
    />
</LinearLayout>
```

（2）主 Activity 对应的 Java 程序文件是 ActionAttr.java，功能在设置第一个 Activity 指定跳转的 Intent 时，并不以“硬编码”的方式指定要跳转的 Activity，而是为 Intent 指定 Action 属性的方式实现的。文件 ActionAttr.java 的具体实现代码如下所示。

```
public class ActionAttr extends Activity
{
	public final static String CRAZYIT_ACTION =
		"org.intent.action.CRAZYIT_ACTION";

	@Override
	public void onCreate(Bundle savedInstanceState)
	{
		super.onCreate(savedInstanceState);
		setContentView(R.layout.main);
		Button bn = (Button) findViewById(R.id.bn);
		//为 bn 按钮绑定事件监听器
		bn.setOnClickListener(new OnClickListener()
		{
			@Override
			public void onClick(View arg0)
			{
				//创建 Intent 对象
				Intent intent = new Intent();
				//为 Intent 设置 Action 属性（属性值就是一个普通字符串）
				intent.setAction(ActionAttr.CRAZYIT_ACTION);
				startActivity(intent);
			}
		});
	}
}
```

在上述代码中，因为上面的程序指定启动 Action 属性 ActionAttr.CRAZYIT_ACTION 常量（常量值为 com.example.studyintent.action.CRAZYIT_ACTION）的 Activity，所以会要求被启动 Activity 对应的配置元素的<intent-filter.../>元素中至少包括一个如下的<action.../>子元素：

```
<action android:name="com.example.studyintent.action.CRAZYIT_ACTION"/>
```

在此需要指出的是，一个 Intent 对象最多只能包含一个 Action 属性；程序可调用 Intent 的 setAction(String str)方法来设置 Action 属性值；但一个 Intent 对象可以包含多个 Category 属性，程序可调用 Intent 的 addCategory(String str)方法来为 Intent 添加 Category 属性。当程序创建 Intent 时，该 Intent 默认启动 Category 属性值为 Intent.CATEGORY_DEFAULT 常量（常量值为 android.intent.category. DEFAULT）的组件。所以，虽然上面程序的粗斜体字代码并未指定目标 Intent 的 Category 属性，但该 Intent 已有一个值为 android.intent.category.DEFAULT 的 Category 属性值，因此被启动 Activity 对应的配置元素的<intent-filter.../>元素中至少还包含一个如下的<category.../>子元素。

```
<category android:name="android.intent.category.DEFAULT" />
```

下面是在文件 AndroidManifest.xml 设置被启动 Activity 的完整配置。

```
<application android:icon="@drawable/ic_launcher" android:label="@string/app_name">
	<activity android:name="org.intent.ActionAttr"
			android:label="@string/app_name">
		<intent-filter>
			<action android:name="android.intent.action.MAIN" />
			<category android:name="android.intent.category.LAUNCHER" />
		</intent-filter>
	</activity>
	<activity android:name="org.intent.SecondActivity"
			android:label="@string/app_name">
```

```
        <intent-filter>
            <!-- 指定该 Activity 能响应 Action 为指定字符串的 Intent -->
            <action android:name="org.crazyit.intent.action.CRAZYIT_ACTION" />
            <!-- 指定该 Activity 能响应 Action 属性为 helloWorld 的 Intent -->
            <action android:name="helloWorld" />
            <!-- 指定该 Action 能响应 Category 属性为指定字符串的 Intent -->
            <category android:name="android.intent.category.DEFAULT" />
        </intent-filter>
    </activity>
</application>
```

（3）第二个 Activity 的界面布局文件是 second.xml，在里面只包含一个简单的文本框，具体实现代码如下所示。

```
<LinearLayout xmlns:android="http://schemas.android.com/apk/res/android"
    android:orientation="vertical"
    android:layout_width="fill_parent"
    android:layout_height="fill_parent"
    android:gravity="center_horizontal"
    >
<EditText
    android:id="@+id/show"
    android:layout_width="fill_parent"
    android:layout_height="wrap_content"
    android:text="第二个 Activity"
    android:editable="false"
    android:cursorVisible="false"
    />
</LinearLayout>
```

（4）第二个 Activity 对应的 Java 程序文件是 SecondActivity.java，功能是设置在启动时把启动该 Activity 的 Intent 的 Action 属性显示在指定文本框内。具体实现代码如下所示。

```
public class SecondActivity extends Activity
{
    @Override
    public void onCreate(Bundle savedInstanceState)
    {
        super.onCreate(savedInstanceState);
        setContentView(R.layout.second);
        EditText show = (EditText) findViewById(R.id.show);
        // 获取该 Activity 对应的 Intent 的 Action 属性
        String action = getIntent().getAction();
        // 显示 Action 属性
        show.setText("Action 为：" + action);
    }
}
```

执行后的效果如图 7-3 所示。

图 7-3　第一个 Activity

7.4.3　Category 属性

在 Android 应用程序中，Category 属性也是一个字符串，用于指定一些目标组件需要满足的额外条件。在 Intent 对象中可以包含任意多个 Category 属性。

Intent 类也预定义了一些 Category 常量，开发者也可以自定义 Category 属性。

Intent 类的 addCategory()方法为 Intent 添加 Category 属性，getCategories()方法用于获取 Intent 中封装的所有 category。下面是在 Intent 类中预定义的部分 Category。

☑ CATEGORY_HOME：表示目标 Activity 必须是一个显示 homescreen 的 Activity。

☑ CATEGORY_LAUNCHER：表示目标 Activity 可以作为任务栈中的初始 Activity，常与 ACTION_MAIN 配合使用。

☑ CATEGORY_GADGET：表示目标 Activity 可以被作为另一个 Activity 的一部分嵌入。

标准 Category 及对应的字符串如表 7-3 所示。

表 7-3　标准 Category

Category 常量	对应字符串	简 单 说 明
CATEGORY_DEFAULT	android.intent.category.DEFAULT	默认的 Category
CATEGORY_BROWSABLE	android.intent.category.BROWSABLE	指定该 Activity 能被浏览器安全调用
CATEGORY_TAB	android.intent.category.TAB	指定该 Activity 作为 TabActivity 的 Tab 页
CATEGORY_LAUNCHER	android.intent.category.LAUNCHER	Activity 显示顶级程序列表中
CATEGORY_INFO	android.intent.category.INFO	用于提供包信息
CATEGORY_HOME	android.intent.category.HOME	设置该 Activity 随系统启动而运行
CATEGORY_PREFERENCE	android.intent.category.PREFERENCE	该 Activity 是参数面板
CATEGORY_TEST	android.intent.category.TEST	该 Activity 是一个测试
CATEGORY_CAR_DOCK	android.intent.category.CAR_DOCK	指定手机被插入汽车底座（硬件）时运行该 Activity
CATEGORY_DESK_DOCK	android.intent.category.DESK_DOCK	指定手机被插入桌面底座（硬件）时运行该 Activity
CATEGORY_CAR_MODE	android.intent.category.CAR_MODE	设置该 Activity 可在车载环境下使用

前面的表 7-2 和表 7-3 中列出的都只是部分较为常用的 Action 常量、Category 常量。关于 Intent 所提供的全部 Action 常量和 Category 常量，应参考 Android API 文档中关于 Intent 的说明。

例如在下面的实例中，演示了使用 Category 属性的基本过程。

题　目	目　的	源 码 路 径
实例 7-3	使用 Category 属性	光盘:\daima\7\7.4\ActionCateEX

本实例的具体实现流程如下。

（1）本实例的 UI 界面布局文件是 main.xml，在页面中只有一个按钮，用户单击该按钮将会启动另一个 Activity。主 Activity 对应的 Java 程序文件是 ActionCateAttr.java，功能是设置 Action 属性是字符串 org.crazyit.intent.action.CRAZYIT_ACTION，并在字符串中添加了字符串为 org.intent.category.CRAZYIT_CATEGORY 的 Category 属性。文件 ActionCateAttr.java 的具体实现代码如下所示。

```
public class ActionCateAttr extends Activity
{
    //定义一个 Action 常量
    final static String CRAZYIT_ACTION =
        "org.crazyit.intent.action.CRAZYIT_ACTION";
    //定义一个 Category 常量
    final static String CRAZYIT_CATEGORY =
        "org.intent.category.CRAZYIT_CATEGORY";
```

```
	@Override
	public void onCreate(Bundle savedInstanceState)
	{
		super.onCreate(savedInstanceState);
		setContentView(R.layout.main);
		Button bn = (Button) findViewById(R.id.bn);
		bn.setOnClickListener(new OnClickListener()
		{
			@Override
			public void onClick(View arg0)
			{
				Intent intent = new Intent();
				//设置 Action 属性
				intent.setAction(ActionCateAttr.CRAZYIT_ACTION);
				//添加 Category 属性
				intent.addCategory(ActionCateAttr.CRAZYIT_CATEGORY);
				startActivity(intent);
			}
		});
	}
}
```

（2）在文件 AndroidManifest.xml 中设置要启动的目标 Action 所对应的配置代码。

```
<application android:icon="@drawable/ic_launcher" android:label="@string/app_name">
	<activity android:name="org.intent.ActionCateAttr"
			android:label="@string/app_name">
		<intent-filter>
			<action android:name="android.intent.action.MAIN" />
			<category android:name="android.intent.category.LAUNCHER" />
		</intent-filter>
	</activity>
	<activity android:name="org.intent.SecondActivity"
			android:label="@string/app_name">
		<intent-filter>
			<!-- 指定该 Activity 能响应 action 为指定字符串的 Intent -->
			<action android:name="org.intent.action.CRAZYIT_ACTION" />
			<!-- 指定该 Activity 能响应 category 为指定字符串的 Intent -->
			<category android:name="org.intent.category.CRAZYIT_CATEGORY" />
			<!-- 指定该 Activity 能响应 category 为 android.intent.category.DEFAULT 的 Intent -->
			<category android:name="android.intent.category.DEFAULT" />
		</intent-filter>
	</activity>
</application>
```

（3）第二个 Activity 的界面布局文件是 second.xml，在里面只包含一个简单的文本框。第二个 Activity 对应的 Java 程序文件是 SecondActivity.java，功能是设置在启动时把启动该 Activity 的 Intent 的 Action 属性显示在指定文本框内。具体实现代码如下所示。

```
public class SecondActivity extends Activity
{
	@Override
	public void onCreate(Bundle savedInstanceState)
```

```
    {
        super.onCreate(savedInstanceState);
        setContentView(R.layout.second);
        EditText show = (EditText) findViewById(R.id.show);
        //获取该 Activity 对应的 Intent 的 Action 属性
        String action = getIntent().getAction();
        //显示 Action 属性
        show.setText("Action 为：" + action);
        EditText cate = (EditText) findViewById(R.id.cate);
        //获取该 Activity 对应的 Intent 的 Category 属性
        Set<String> cates = getIntent().getCategories();
        //显示 Action 属性
        cate.setText("Category 属性为：" + cates);
    }
}
```

执行后的效果如图 7-4 所示。

Category属性测试

启动指定Action、指定Category对应的Activity

图 7-4　第一个 Activity

7.4.4　Data 属性和 Type 属性

在 Android 应用程序中，Data 属性用于指定所操作数据的 URI。Data 经常与 Action 配合使用，如果 Action 为 ACTION_EDIT，Data 的值应该指明被编辑文档的 URI。如果 Action 为 ACTION_CALL，Data 的值应该是一个以“tel:”开头并在其后附加号码的 URI。如果 Action 为 ACTION_VIEW，Data 的值应该是一个以“http:”开头并在其后附加网址的 URI。

Intent 类的 setData()方法用于设置 data 属性，setType()方法用于设置 Data 的 MIME 类型，setDataAndType()方法可以同时设定两者。可以通过 getData()方法获取 data 属性的值，通过 getType()方法获取 data 的 MIME 类型。

在 Android 应用程序中，Type 属性用于指定该 Data 所指定 URI 对应的 MIME 类型，这种 MIME 类型可以是任何自定义的 MIME 类型，只要符合 abc/xyz 格式的字符串即可。

Data 属性与 Type 属性的关系比较微妙，这两个属性会相互覆盖，例如如下情形。

☑　如果为 Intent 先设置 Data 属性后设置 Type 属性，那么 Type 属性将会覆盖 Data 属性。

☑　如果为 Intent 先设置 Type 属性后设置 Data 属性，那么 Data 属性将会覆盖 Type 属性。

☑　如果希望 Intent 既有 Data 属性也有 Type 属性，应该调用 Intent 的 setDataAndType()方法。

例如在下面的实例中，演示了联合使用 Data 属性的基本过程。

题　目	目　的	源 码 路 径
实例 7-4	联合使用 Data 属性和 Type 属性	光盘:\daima\7\7.4\DataTypeOverrideEX

本实例演示了 Intent 的 Data 与 Type 属性互相覆盖的情形，具体实现流程如下。

（1）本实例的 UI 界面布局文件是 main.xml，在页面中定义了 3 个按钮，并为 3 个按钮绑定了事件监听器。布局文件 main.xml 的具体实现代码如下所示。

```
<?xml version="1.0" encoding="utf-8"?>
<LinearLayout
    xmlns:android="http://schemas.android.com/apk/res/android"
    android:orientation="vertical"
    android:layout_width="match_parent"
    android:layout_height="match_parent">
```

```
    <Button
        android:layout_width="match_parent"
        android:layout_height="wrap_content"
        android:text="Data 覆盖 Type"
        android:onClick="overrideType"/>
    <Button
        android:layout_width="match_parent"
        android:layout_height="wrap_content"
        android:text="Type 覆盖 Data"
        android:onClick="overrideData"/>
    <Button
        android:layout_width="match_parent"
        android:layout_height="wrap_content"
        android:text="同时指定 Data、Type"
        android:onClick="dataAndType"/>
</LinearLayout>
```

（2）主 Activity 对应的 Java 程序文件是 DataTypeOverride.java，功能是定义了 3 个事件监听方法，分别为 Intent 设置了 Data、Type 属性，具体说明如下。

☑ 第 1 个事件监听方法先设置 Type 属性再设置 Data 属性，这将导致 Data 属性覆盖 Type 属性，单击按钮激发该事件监听方法。

☑ 第 2 个事件监听方法先设置了 Data 属性再设置了 Type 属性，这将导致 Type 属性覆盖 Data 属性，单击按钮激发该事件监听方法。

☑ 第 3 个事件监听方法同时设置了 Data 和 Type 属性，这样该 Intent 才会同时具有 Data 和 Type 属性。

文件 DataTypeOverride.java 的具体实现代码如下所示。

```
public class DataTypeOverride extends Activity
{
    @Override
    public void onCreate(Bundle savedInstanceState)
    {
        super.onCreate(savedInstanceState);
        setContentView(R.layout.main);
    }

    public void overrideType(View source)
    {
        Intent intent = new Intent();
        //先为 Intent 设置 Type 属性
        intent.setType("abc/xyz");
        //再为 Intent 设置 Data 属性，覆盖 Type 属性
        intent.setData(Uri.parse("http://www.sohu.com"));
        Toast.makeText(this, intent.toString(), Toast.LENGTH_LONG).show();
    }

    public void overrideData(View source)
    {
        Intent intent = new Intent();
        //先为 Intent 设置 Data 属性
        intent.setData(Uri.parse("http://www.sohu.com"));
        //再为 Intent 设置 Type 属性，覆盖 Data 属性
```

```
        intent.setType("abc/xyz");
        Toast.makeText(this, intent.toString(), Toast.LENGTH_LONG).show();
    }

    public void dataAndType(View source)
    {
        Intent intent = new Intent();
        //同时设置 Intent 的 Data、Type 属性
        intent.setDataAndType(Uri.parse("http://www.sohu.com"),
                "abc/xyz");
        Toast.makeText(this, intent.toString(), Toast.LENGTH_LONG).show();
    }
}
```

在文件 AndroidManifest.xml 中，通过<data.../>元素为组件声明 Data、Type 属性，<data.../>元素的具体格式如下所示。

```
<data android:mimeType=""
android:scheme=""
android:host=""
android:port=""
android:path=""
android:pathPrefix=""
android:pathPattern=""/>
```

上面<data.../>元素支持如下属性。

☑ mimeType：用于声明该组件所能匹配的 Intent 的 Type 属性。

☑ scheme：用于声明该组件所能匹配的 Intent 的 Data 属性的 scheme 部分。

☑ host：用于声明该组件所能匹配的 Intent 的 Data 属性的 host 部分。

☑ port：用于声明该组件所能匹配的 Intent 的 Data 属性的 port 部分。

☑ path：用于声明该组件所能匹配的 Intent 的 Data 属性的 path 部分。

☑ pathPrefix：用于声明该组件所能匹配的 Intent 的 Data 属性的 path 前缀。

☑ pathPattern：用于声明该组件所能匹配的 Intent 的 Data 属性的 path 字符串模板。

Intent 的 Type 属性也用于指定该 Intent 的要求，必须对应组件中<intent-filter.../>元素中<data.../>子元素的 mineType 属性与此相同，才能启动该组件。Data 属性的“匹配”过程有些差别，它会先检查<intent-filter.../>中的<data.../>子元素，然后进行如下 id 判断操作。

如果目标组件的 Data 子元素只指定了 android:scheme 属性，那么只要 Intent 的 Data 属性的 scheme 部分与 android:scheme 属性值相同，即可启动该组件。

☑ 如果目标组件的<data.../>子元素只指定了 android:scheme、android:host 属性，那么只要 Intent 的 Data 属性的 scheme、host 部分与 android:scheme、android:host 属性值相同，即可启动该组件。

☑ 如果目标组件的<data.../>子元素指定了 android:scheme、android:host、android:port 属性，那么要求 Intent 的 Data 属性的 scheme、host、port 部分与 android:scheme、android:host、android:port 属性值相同，即可启动该组件。

☑ 如果目标组件的<data.../>子元素只指定了 android:scheme、android:host、android:path 属性，那么只要求 Intent 的 Data 属性的 scheme、host、port 部分与 android:scheme、android:host、android:port 属性值相同，即可启动该组件。

☑ 如果目标组件的<data.../>子元素指定了 android:scheme、android:host、android:port、android:path 属性，那么就要求 Intent 的 Data 属性的 scheme、host、port、path 部分依次与 android:scheme、android:host、 android:port、android:path 属性值相同，才可启动该组件。

执行后的效果如图 7-5 所示。

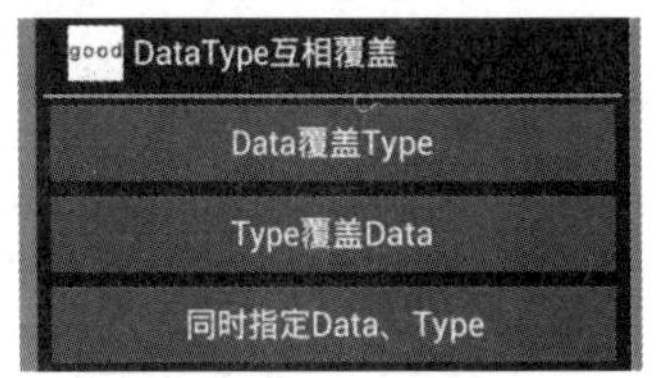

图 7-5　执行效果

7.4.5　Extra 属性

在 Android 应用程序中，Intent 的 Extra 属性通常用于在多个 Action 之间进行数据交换，Intent 的 Extra 属性值应该是一个 Bundle 对象，Bundle 对象就像一个 Map 对象，它可以存入多组 key-value 对，这样就可以通过 Intent 在不同 Activity 之间进行数据交换。当通过 Intent 启动一个 Component 时，经常需要携带一些额外的数据过去。携带数据需要调用 Intent 的 putExtra()方法，该方法存在多个重载方法，可用于携带基本数据类型及其数组、String 类型及其数组、Serializable 类型及其数组、Parcelable 类型及其数组、Bundle 类型等。Serializable 和 Parcelable 类型代表一个可序列化的对象，Bundle 与 Map 类似，可用于存储键值对。

7.4.6　Flag 属性

在 Android 应用程序中，Intent 的 Flag 属性用于为该 Intent 添加一些额外的控制游标，Intent 可调用 addFlags()方法来为 Intent 添加控制游标。

在 Android 系统中，Intent 包含了如下常用的 Flag 游标。

- ☑ FLAG_ACTIVITY_BROUGHT_TO_FRONT：如果通过该 Flag 启动的 Activity 已经存在，下次再次启动时，只是将该 Activity 带到前台。例如现在 Activity 栈中有 Activity A，此时以该游标启动 Activity B（即 Activity B 是以 FLAG_ACTIVITY_BROUGHT_TO_FRONT 游标启动的），然后在 Activity B 中启动 C、D，如果此时在 Activity D 中再启动 B，将直接把 Activity 栈中的 Activity B 带到前台。此时 Activity 栈中情形是 A、C、D、B。
- ☑ FLAG_ACTIVITY_CLEAR_TOP：该 Flag 相当于加载模式中的 singleTask，通过这种 Flag 启动的 Activity 将会把要启动的 Activity 之上的 Activity 全部弹出 Activity 栈。例如，Activity 栈中包含 A、B、C、D 4 个 Activity，如果采用该 Flag 从 Activity D 跳转到 Activity B，此时 Activity 栈中只包含 A、B 两个 Activity。
- ☑ FLAG_ACTIVITY_VIEW_TASK：默认的启动游标，该游标控制重新创建一个新的 Activity。
- ☑ FLAG_ACTIVITY_NO_ANIMATION：该游标会控制启动 Activity 时不使用过渡动画。
- ☑ FLAG_ACTIVITY_NO_HISTORY：该游标控制被启动的 Activity 将不会保留在 Activity 栈中。例如 Activity 栈中原来有 A、B、C 3 个 Activity，此时在 Activity C 中以该 Flag 启动 Activity D，Activity D 再启动 Activity E，此时 Activity 中只有 A、B、C、E 这 4 个 Activity，Activity D 不会保留在 Activity 栈中。
- ☑ FLAG_ACTIVITY_REORDER_TO_FRONT：该 Flag 控制如果当前已有该 Activity，直接将该 Activity 带到前台。例如现在 Activity 栈中有 A、B、C、D 这 4 个 Activity，如果使用 FLAG_ACTIVITY_REORDER_TO_FRONT 游标来启动 Activity B，那么启动后的 Activity 栈中情形为 A、C、D、B。
- ☑ FLAG_ACTIVITY_SINGLE_TOP：该 Flag 相当于加载模式中的 singleTop 模式，例如，原来 Activity 栈中有 A、B、C、D 4 个 Activity，在 Activity D 中再次启动 Activity D，Activity 栈中依然还是 A、B、C、D 4 个 Activity。

7.5 Intent 和 Activity

知识点讲解：光盘:视频\知识点\第 7 章\Intent 和 Activity.avi

在 Android 中，Intent 和 Activity 之间是直接相互操作的。Intent 的最常用的用途是绑定应用程序组件。Intent 用来在应用程序的 Activity 间启动、停止和传输。为了打开应用程序中不同的画面（Activity），调用 startActivity 传入一个 Intent，代码如下所示。

```
startActivity(myIntent);
```

Intent 既可以显式地指定类去打开，也可以包含目标需要执行的动作。在后者的情况下，运行时会选择 Activity 去打开，具体处理过程如下。

（1）Intent 解析。

（2）startActivity 方法查找。

（3）启动与 Intent 最匹配的单一 Activity。

当使用 startActivity 时，新启动的 Activity 结束时应用程序不会接收到任何通知。为了追踪打开画面的反馈，需要使用 startActivityForResult()方法，在后面会具体讲述更多细节。

7.5.1 显式启动新的 Activity

经过前面知识的学习，相信读者已经了解到应用程序是由很多个内部相互联系的屏幕 Activity 组成的，这些 Activity 必须包含在应用程序的 manifest 中。为了连接它们，我们需要显式指定要打开哪一个 Activity。

为了显式地选择一个 Activity 类来启动，需要创建一个新的 Intent，指定当前应用程序的上下文和要启动的 Activity 的类，然后传递这个 Intent 给 startActivity，例如下面的代码。

```
Intent intent = new Intent(MyActivity.this, MyOtherActivity.class);
startActivity(intent);
```

在调用 startActivity 之后，新的 Activity（在这个例子中是 MyOtherActivity）将被创建，并变成可见和活跃状态，移到 Activity 栈的最顶端。

代码可以调用新的 Activity 的 finish()方法关闭它，并将其从栈中移除。唯一可变通的地方是可以通过设备的 Back 按钮导航到之前的 Activity。

7.5.2 隐式 Intent 和运行时绑定

隐式 Intent 是一种让匿名应用程序组件服务动作请求的机制。当创建一个新的隐式 Intent 时，可以指定要执行的动作作为可选项，我们可以提供这个动作所需的数据。

当使用这个新的隐式 Intent 来启动 Activity 时，Android 会在运行时解析它，找到最适合在指定的数据类型上执行动作的类。这意味着我们可以创建使用其他应用程序的工程，而不需要提前精确地知道会借用哪个应用程序的功能。例如如果想让用户在应用程序中打电话，与其实现一个新的拨号，不如使用一个隐式的 Intent 来请求一个在一个电话号码（URI 表示）上的动作（拨一个号码），例如使用下面的代码。

```
if (somethingWeird && itDontLookGood)
{
Intent intent = new Intent(Intent.ACTION_DIAL, Uri.parse("tel:555-2368"));
startActivity(intent);
}
```

Android 解析这个 Intent 并启动一个提供了能在一个号码上执行拨号动作的 Activity，此处是拨号 Activity。很多本地应用程序提供了在特定数据上执行动作的组件，很多第三方应用程序也可以通过注册方式来支持新的动作或为本地动作提供一种替代的方法。

7.5.3 Activity 的返回值

使用 startActivity 方式启动的 Activity 和它的父 Activity 无关，当它关闭时也不会提供任何反馈。同理，我们可以启动一个 Activity 作为子 Activity，它与父 Activity 有内在的联系。当子 Activity 关闭时会触发父 Activity 中的一个事件处理函数。子 Activity 最适合用在一个 Activity 为其他的 Activity 提供数据（例如用户从一个列表中选择一个项目）的场合。创建子 Activity 的方法和创建普通 Activity 的方法相同，同样必须首先在应用程序的 manifest 中注册。任何在 manifest 中注册的 Activity 都可以用作子 Activity。

1．启动子 Activity

方法 startActivityForResult()和方法 startActivity()的工作过程很相似，但也有一个很重要的差异：Intent 都是用来决定启动哪个 Activity，我们还可以传入一个请求码，这个值将在后面用来作为有返回值 Activity 的唯一 ID。例如下面的代码显示了如何启动一个子 Activity 的方法。

```
private static final int SHOW_SUBACTIVITY = 1;
Intent intent = new Intent(this, MyOtherActivity.class);
startActivityForResult(intent, SHOW_SUBACTIVITY);
```

和正常的 Activity 一样，子 Activity 可以隐式或显式启动。例如下面的框架代码使用一个隐式的 Intent 启动一个新的子 Activity 来挑选一个联系人。

```
private static final int PICK_CONTACT_SUBACTIVITY = 2;
Uri uri = Uri.parse("content://contacts/people");
Intent intent = new Intent(Intent.ACTION_PICK, uri);
startActivityForResult(intent, PICK_CONTACT_SUBACTIVITY);
```

2．返回值

当准备关闭子 Activity 时，在完成之前调用 setResult()来给调用的 Activity 返回一个结果。方法 setResult()有两个参数：结果码和表示为 Intent 的负载值。结果码是运行子 Activity 的结果，一般是 Activity.RESULT_OK 或 Activity.RESULT_CANCELED。在一些情况下，我们会希望使用自己的响应代号来处理特定的应用程序的选择；setResult 支持任何整数值。

作为结果返回的 Intent 可以包含指向一个内容（例如联系人、电话号码或媒体文件）的 URI 和一组用来返回额外信息的 Extra。

下面的代码片段节选自子 Activity 的 onCreate()方法，显示了向调用的 Activity 返回不同结果的方法。

```
Button okButton = (Button) findViewById(R.id.ok_button);
okButton.setOnClickListener(new View.OnClickListener() {
public void onClick(View view)
{
Uri data = Uri.parse("content://horses/" + selected_horse_id);
Intent result = new Intent(null, data);
result.putExtra(IS_INPUT_CORRECT, inputCorrect);
result.putExtra(SELECTED_PISTOL, selectedPistol);
setResult(RESULT_OK, result);
finish();
}
```

```
});
Button cancelButton = (Button) findViewById(R.id.cancel_button);
cancelButton.setOnClickListener(new View.OnClickListener() {
public void onClick(View view)
{
setResult(RESULT_CANCELED, null);
finish();
}
});
```

3. 处理子 Activity 的结果

当子 Activity 关闭时，其父 Activity 的 onActivityResult 事件处理函数会被触发，我们重写这个方法来处理从子 Activity 返回的结果。onActivityResult 处理器可以接受如下参数。

☑ 请求码：用来启动子 Activity 的请求码。

☑ 结果码：是由子 Activity 设置的用来显示它的结果。结果码可以是任何整数值，但典型的值是 Activity.RESULT_OK 和 Activity.RESULT_CANCELLED。如果子 Activity 非正常关闭或在关闭时没有指定结果码，结果码都是 Activity.RESULT_CANCELED。

☑ 数据：一个 Intent 来打包任何返回的数据。依赖于子 Activity 的目的，它可能会包含一个代表特殊的从列表中选择的数据的 URI。可变通的或额外的，子 Activity 可以使用 extras 机制以基础值的方式返回临时信息。

例如下面的框架代码实现了一个 Activity 中的 onActivityResult 事件处理函数。

```
private static final int SHOW_SUB_ACTIVITY_ONE = 1;
private static final int SHOW_SUB_ACTIVITY_TWO = 2;
@Override
public void onActivityResult(int requestCode, int resultCode, Intent data) {
super.onActivityResult(requestCode, resultCode, data);
switch(requestCode)
{
case (SHOW_SUB_ACTIVITY_ONE) :
{
if (resultCode == Activity.RESULT_OK)
{
Uri horse = data.getData();
boolean inputCorrect = data.getBooleanExtra(IS_INPUT_CORRECT, false);
String selectedPistol = data.getStringExtra(SELECTED_PISTOL);
}
break;
}
case (SHOW_SUB_ACTIVITY_TWO) :
{
if (resultCode == Activity.RESULT_OK)
{
// TODO: Handle OK click.
}
break;
}
}
}
```

7.5.4　Android 本地动作

Android 本地应用程序也使用 Intent 来启动 Activity 和子 Activity。下面简单地列出了类 Intent 中以静态字符串常量保存的本地动作，当创建隐式 Intent 来启动 Activity 和子 Activity 时，读者可以在自己的应用程序中使用这些动作。

☑ ACTION_ANSWER：打开一个 Activity 来处理来电。目前是被本地的电话拨号工具来处理。
☑ ACTION_CALL：启动电话拨号工具，并立即用数据 URI 中的号码初始化一个呼叫。一般来说，ACTION_CALL 方式是比使用 Dial_Action 更好的一种方式。
☑ ACTION_DELETE：启动一个 Activity 来让用户删除存储在 URI 位置的数据入口。
☑ ACTION_DIAL：启动一个电话拨号程序，使用预置在数据 URI 中的号码来拨号。默认情况下是由 Android 本地的电话拨号工具处理。这个拨号工具能规范多数的号码，举个例子，tel:555-1234 和 tel:(212)555 1212 都是有效的号码。
☑ ACTION_EDIT：请求一个 Activity 来编辑 URI 处的数据。
☑ ACTION_INSERT：打开一个能在数据域的特定游标处插入新项目的 Activity。当以子 Activity 方式调用时，它必须返回新插入项目的 URI。
☑ ACTION_PICK：启动一个子 Activity 来让用户从 URI 数据处挑选一个项目。当关闭时，它必须返回指向被挑选项目的 URI。启动的 Activity 取决于要挑选的数据，例如，传入 content://contacts/people 会引发本地的联系人列表。
☑ ACTION_SEARCH：启动一个 UI 来执行搜索。在 Intent 的数据包中使用 SearchManager.QUERY 键值来提供搜索内容的字符串。
☑ ACTION_SENDTO：通常启动一个 Activity 来给 URI 中的指定联系人发送一个消息。
☑ ACTION_SEND：启动一个 Activity 来发送特定的数据（接收者经由解析 Activity 来选择）。使用 setType 来设置 Intent 的类型为传输数据的 MIME 类型。数据本身依赖于类型使用 EXTRA_TEXT 或 EXTRA_STREAM 来存储。在 E-mail 的情况下，Android 本地应用程序还可以接收使用 EXTRA_EMAIL、EXTRA_CC、EXTRA_BCC 和 EXTRA_SUBJECT 键值的 extras。
☑ ACTION_VIEW：最通用的动作。View 动作要求 Intent URI 中的数据以最合理的方式显示。不同的应用程序将处理 View 请求，依赖于 URI 中的数据。一般地，http:地址会在浏览器中打开，tel:地址会在拨号工具中打开并呼叫号码，geo:地址会在 Google 地图应用程序中显示，联系人内容会在联系人管理器中显示。
☑ ACTION_WEB_SEARCH：打开一个 Activity，执行基于数据 URI 中文本的网页搜索。

和这些 Activity 动作一样，Android 还包括大量的 Broadcast 动作，用来创建 Intent 将系统消息通知给应用程序。这些 Broadcast 动作将在本章稍后部分介绍。

7.6　使用 Intent 广播一个事件

知识点讲解：光盘:视频\知识点\第 7 章\使用 Intent 广播一个事件.avi

作为一种系统级消息传递的机制，Intent 有能力穿越进程边界传递结构化消息。广播 Intent 用于通知系统的监听者或应用程序事件，从而扩展了应用程序间的事件驱动编程模型。广播 Intent 让我们的程序更加开放，通过使用 Intent 来广播事件可以让我们和第三方开发者响应事件，而不需要修改原始程序。在应用程序里可以监听广播的 Intent 来替换或增强本地的（或第三方的）应用程序，或者对系统变化和应用程序事件作出响应。例如通过监听外来的呼叫广播，可以改变呼叫者的铃声或音量。Android 广泛地使用 Intent 来广播系统事件，如电池充电变化、网络连接和来电。

7.6.1 广播事件

广播 Intent 非常简单，只需在程序组件中构建我们要广播的 Intent，然后使用方法 sendBroadcast()发送出去即可。通过设定 Intent 的动作、数据和种类，使 BroadcastReceiver 可以精确地决定用户的兴趣。因为通过 Intent 动作字符串来标识要广播的事件，所以在广播时必须使用独一无二的标识事件的字符串。

如果想在 Intent 中包含数据，我们可以使用 Intent 的 data 属性来指定一个 URI，另外还可以包含 extras 来增加额外的本地类型值。就事件驱动模型而言，这些 extras 包等价于事件处理函数的可选参数。例如下面的框架代码给出了一个广播的 Intent 的基本创建，使用之前定义的动作和一些以 extras 方法存储的额外的事件信息。

```
Intent intent = new Intent(NEW_LIFEFORM_DETECTED);
intent.putExtra("lifeformName", lifeformType);
intent.putExtra("longitude", currentLongitude);
intent.putExtra("latitude", currentLatitude);
sendBroadcast(intent);
```

7.6.2 BroadcastReceiver 监听广播

BroadcastReceiver 用于监听广播 Intent。为了激活一个 BroadcastReceiver，需要在代码或程序 manifest 中注册。当注册一个 BroadcastReceiver 时，必须使用 IntentFilter 来指定要监听哪个 Intent。

为了创建一个新的 BroadcastReceiver，需要扩展 BroadcastReceiver 类，并重写 onReceive 事件处理函数，例如下面的框架代码。

```
import android.content.BroadcastReceiver;
import android.content.Context;
import android.content.Intent;
public class MyBroadcastReceiver extends BroadcastReceiver {
@Override
public void onReceive(Context context, Intent intent) {
//TODO: React to the Intent received.
}
}
```

当广播的 Intent 与注册的接收器的 IntentFilter 匹配时，会执行 onReceive()方法。处理函数 onReceive()必须在 5 秒内完成，否则应用程序无响应的对话框会显示。

在 Intent 广播时，注册有 BroadcastReceiver 的应用程序不需要正在运行，它们会在有匹配的广播 Intent 时自动启动。这对于资源管理来说是一件好的事情，因为它允许我们创建可以被关闭或杀死的事件驱动应用程序，而此刻又以安全的方式对广播事件做出响应。

通常 BroadcastReceiver 会更新内容、启动服务、更新 Activity 的 UI 或使用通知管理器来通知用户。5 秒的执行限制可以确保主进程不能或不应该在 BroadcastReceiver 中直接结束。例如下面的代码显示了如何实现一个 BroadcastReceiver 的方法。

```
public class LifeformDetectedBroadcastReceiver extends BroadcastReceiver {
public static final String BURN =
"com.paad.alien.action.BURN_IT_WITH_FIRE";
@Override
```

```
public void onReceive(Context context, Intent intent) {
Uri data = intent.getData();
String type = intent.getStringExtra("type");
double lat = intent.getDoubleExtra("latitude", 0);
double lng = intent.getDoubleExtra("longitude", 0);
Location loc = new Location("gps");
loc.setLatitude(lat);
loc.setLongitude(lng);
if (type.equals("alien")) {
Intent startIntent = new Intent(BURN, data);
startIntent.putExtra("latitude", lat);
startIntent.putExtra("longitude", lng);
context.startActivity(startIntent);
}
}
}
```

1．在程序的 manifest 中注册

为了在程序的 manifest 中包含一个 BroadcastReceiver，通过在 Application 节点增加一个 Receiver 标签，并指定要注册的 BroadcastReceiver 的类名。Receiver 节点需要包含一个 intent-filter 标签来指定要监听的动作字符串，如下面的 XML 代码片段。

```
<receiver android:name=".LifeformDetectedBroadcastReceiver">
<intent-filter>
<action android:name="com.paad.action.NEW_LIFEFORM"/>
</intent-filter>
</receiver>
```

Broadcast Receiver 以这种方法注册将总是处于活跃状态。

2．在代码中注册

我们也可以在代码中控制 BroadcastReceiver 的注册，此种方法的典型例子是 Receiver 在 Activity 中更新 UI 元素。一个好的习惯是当 Activity 不可见（或不活跃）时，反注册 BroadcastReceiver。例如下面代码显示了如何使用一个 IntentFilter 注册 BroadcastReceiver 的过程。

```
IntentFilter filter = new IntentFilter(NEW_LIFEFORM_DETECTED);
LifeformDetectedBroadcastReceiver r = new LifeformDetectedBroadcastReceiver();
registerReceiver(r, filter);
```

为了反注册一个 BroadcastReceiver，在程序上下文中使用方法 unregisterReceiver()传入一个 BroadcastReceiver 实例，例如下面的代码。

```
unregisterReceiver(r);
```

7.6.3　Android 本地广播

Android 可以给许多系统服务广播 Intent，我们可以使用这些基于系统事件的消息来给自己的工程增添一些功能，这些事件有时区变更、数据连接状态、SMS 消息或电话呼叫等。在下面列出了一些 Intent 类中的本地动作常量，这些动作基本上用于设备状态改变的跟踪功能。

☑　ACTION_BOOT_COMPLETED：一旦设备完成启动时触发，需要 RECEIVE_BOOT_COMPLETED 权限。

☑　ACTION_CAMERA_BUTTON：在摄像头被按下时触发。

☑ ACTION_DATE_CHANGED 和 ACTION_TIME_CHANGED：当手动修改日期或时间时广播这两个动作。
☑ ACTION_GTALK_SERVICE_CONNECTED 和 ACTION_GTALK_SERVICE_DISCONNECTED：当 GTalk 连接或丢失连接时广播这两个动作。
☑ ACTION_MEDIA_BUTTON：媒体按钮按下时触发。
☑ ACTION_MEDIA_EJECT：当用户选择弹出外部的存储媒体，会首先触发这个。如果用户的程序读写到外部媒体存储器，应该监听这个事件来保存和关闭任何打开的文件句柄。
☑ ACTION_MEDIA_MOUNTED 和 ACTION_MEDIA_UNMOUNTED：当新的外部存储媒体成功地添加到设备或从设备移除时触发。
☑ ACTION_SCREEN_OFF 和 ACTION_SCREEN_ON：当屏幕打开或关闭时广播。
☑ ACTION_TIMEZONE_CHANGED：当电话的当前时区变更时会广播这个动作。

7.7 拨 打 电 话

知识点讲解：光盘:视频\知识点\第 7 章\拨打电话.avi

本节将通过一个拨打电话程序介绍在 Android 中实现拨打电话功能的过程。本程序使用一个 Intent 打开电话拨号程序，Intent 的行为是 ACTION_DIAL，同时在 Intent 中传递被呼叫人的电话号码。本程序的具体实现分为如下 3 个阶段。

（1）第一阶段：只完成向固定电话拨号的工作，用户不能自由输入希望通话的电话号码。

（2）第二阶段：再进一步完善用户界面，让用户可以自由输入电话号码，然后再拨号。

（3）第三阶段：加入 IntentFilter，使得用户可以通过硬键盘拨号键启动程序。

题　目	目　的	源 码 路 径
实例 7-5	使用 Intent 实现拨打电话功能	光盘:\daima\7\7.7\ DiaPhone

本实例的具体实现流程如下。

（1）设置用户界面风格。新创建的项目中用户界面默认为 Hello Android 风格（只显示问候语字符串），因此我们需要修改默认的用户界面，在用户界面中加入一个 Button 按钮。编辑 res/layout/main.xml 文件，删除<TextView>标签，加入新的<Button>标签，具体代码如下所示。

```
<?xml version="1.0" encoding="utf-8"?>
 <LinearLayout xmlns:android=http://schemas.android.com/apk/res/android
 android:orientation="vertical"
 android:layout_width="fill_parent" android:layout_height="fill_parent"
 >
 <Button android:id = "@+id/button_id"
 android:layout_width="fill_parent"
 android:layout_height="wrap_content"
 android:text="@string/button"
 />
 </LinearLayout>
```

把 Button 的 id 设置为 button_id，同时将 Button 显示在界面上的文字设置为 res/string.xml/下的 Button，打开 res/string.xml，把 Button 的内容设置为“拨号”。

```
<?xml version="1.0" encoding="utf-8"?>
 <resources>
```

```
  <string name="button">拨号</string>
  <string name="app_name">TinyDiaPhone</string>
</resources>
```

（2）创建 TinyDiaPhone 的 Activity，编写 TinyDiaPhone.java 代码，主要代码如下所示。

```
public class DiaPhone extends Activity {
    /** Called when the activity is first created. */
    @Override
    public void onCreate(Bundle savedInstanceState) {
        super.onCreate(savedInstanceState);
        setContentView(R.layout.main);
```

（3）定位“拨号”按钮，实现对“拨号”按钮的响应，首先通过 findViewById()方法获得该按钮对象的引用。具体代码如下所示。

```
final Button button = (Button) findViewById(R.id.button_id);
```

（4）加入对“拨号”按钮按键动作的响应。为“拨号”按钮对象调用 setOnClickListener()方法，设置单击事件监听器。具体代码如下所示。

```
final Button button = (Button) findViewById(R.id.button_id);
  button.setOnClickListener(new Button.OnClickListener() {
  @Override    public void onClick(View b) {
  //TODO  加入对按钮按下后的操作
  }
  });
```

（5）创建 Intent 对象，用 Intent 启动新的 Activity。此项目希望在按钮被按下后发出一个启动系统自带拨号程序的 Intent，所以首先创建 Intent 对象。创建一个新的 Intent 对象的基本语法如下所示。

```
Intent <Intent_name> = new Intent(<ACTION>,<Data>)
```

在本例中，参数<ACTION>为 Intent.ACTION_DIAL，参数<Data>是用户希望传入的电话号码。

在 Android 中，传给 Intent 的数据用 URI 格式表示，因此需要使用 Uri.parse 方法将字符串格式的电话号码解析成 URI 格式。在上述演练中，用 tel:13888888888 表示我们想要呼叫的电话号码，那么最终创建 Intent 的代码如下所示。

```
Intent I = new Intent(Intent.ACTION_DIAL,
  Uri.parse("tel://13888888888"));
```

创建 Intent 完毕后，可以通过它告诉 Android 希望启动新的 Activity 了。

```
startActivity(i);
```

此时运行后可以看到如图 7-6 所示的主界面效果，这个界面的布局信息都在 main.xml 文件中，在一个 LinearLayout 当中数值排列了 5 个 Button。

图 7-6　主界面

7.8 发 送 短 信

知识点讲解：光盘:视频\知识点\第 7 章\发送短信.avi

和电话拨号程序一样，短信也是任何一款手机不可或缺的基本应用，是使用频率最高的程序之一。现在再编写一个自己的短信发送程序。该实例不是简单地使用 Intent 激活 Android 自带的短信程序，而是使用类 SmsManager 来完成发送短信的功能。

题　目	目　的	源码路径
实例 7-6	编写一个短信发送程序	光盘:\daima\7\7.8\SMS

本实例的具体实现流程如下。

（1）编写布局文件 main.xml，具体代码如下所示。

```
<?xml version="1.0" encoding="utf-8"?>
<LinearLayout xmlns:android="http://schemas.android.com/apk/res/android"
    android:orientation="vertical"
    android:layout_width="fill_parent"
    android:layout_height="fill_parent"
    >
  <TextView
        android:layout_width="fill_parent"
        android:layout_height="wrap_content"
        android:text="对方电话"
        />
  <EditText
        android:id="@+id/txtPhoneNo"
        android:layout_width="fill_parent"
        android:layout_height="wrap_content"
        />
  <TextView
        android:layout_width="fill_parent"
        android:layout_height="wrap_content"
        android:text="短信内容"
        />
  <EditText
        android:id="@+id/txtMessage"
        android:layout_width="fill_parent"
        android:layout_height="150px"
        android:gravity="top"
        />
  <Button
        android:id="@+id/btnSendSMS"
        android:layout_width="fill_parent"
        android:layout_height="wrap_content"
        android:text="发送"
        />
</LinearLayout>
```

（2）编写文件 strings.xml，具体代码如下所示。

```
<?xml version="1.0" encoding="utf-8"?>
<resources>
    <string name="hello">SMS</string>
    <string name="app_name">发送短信</string>
</resources>
```

设计后的界面如图 7-7 所示。

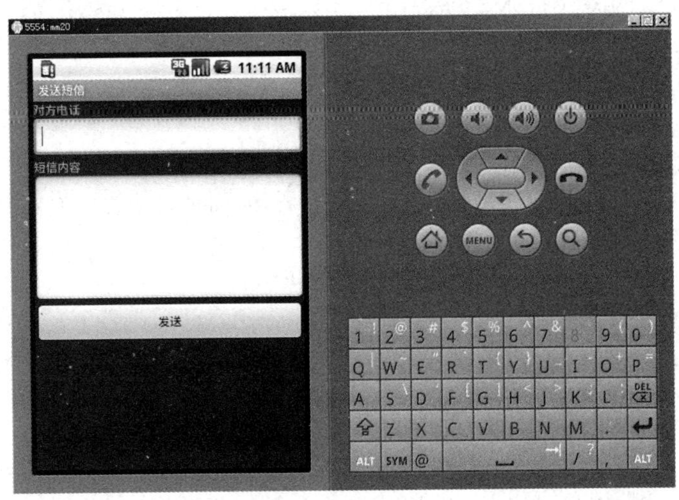

图 7-7　程序界面

（3）因为项目程序需要使用发送短信功能，根据对 AndroidManifest.xml 文件的描述，在此需要在该文件中声明程序的权限。因此这里需要加入 TinySMS 发送短信的权限声明。

```
<?xml version="1.0" encoding="utf-8"?>
<manifest xmlns:android="http://schemas.android.com/apk/res/android"
      package="com.SMS"
      android:versionCode="1"
      android:versionName="1.0.0">
    <application android:icon="@drawable/icon" android:label="@string/app_name">
        <activity android:name=".SMS"
                  android:label="@string/app_name">
            <intent-filter>
                <action android:name="android.intent.action.MAIN" />
                <category android:name="android.intent.category.LAUNCHER" />
            </intent-filter>
        </activity>
    </application>
<uses-permission android:name="android.permission.SEND_SMS" />
</manifest>
```

在上述代码中，<uses-permission android:name="android.permission.SEND_SMS" />是 TinySMS 发送短信的权限声明。

（4）当单击“发送”按钮后，通过事件处理的回调方法 onClick()来发送短信。具体代码如下所示。

```
    btnSendSMS.setOnClickListener(new View.OnClickListener()
    {
        public void onClick(View v)
        {
```

```
                String phoneNo = txtPhoneNo.getText().toString();
                String message = txtMessage.getText().toString();
                if (phoneNo.length()>0 && message.length()>0){
                  Log.v("ROGER", "will begin sendSMS");
                        sendSMS(phoneNo, message);
                }
                else
                    Toast.makeText(SMS.this,
                        "请重新输入",
                        Toast.LENGTH_LONG).show();
            }
        });
}
```

TinySMS 并不是使用 Intent 激活 Android 自带的短信程序，而是直接使用了一个叫做 sendSMS()的方法，该方法的实现代码如下所示。

```
private void sendSMS(String phoneNumber, String message)
{
    PendingIntent pi = PendingIntent.getActivity(this, 0,
        new Intent(this, SMS.class), 0);
    Log.v("ROGER", "will init SMS Manager");
    SmsManager sms = SmsManager.getDefault();

    Log.v("ROGER", "will send SMS");
    sms.sendTextMessage(phoneNumber, null, message, pi, null);
}
```

SmsManager 是 android.telephony.gsm.SmsManager 中定义的用户管理短信应用的类。它的用法有点特殊，开发人员不用直接实例化 SmsManager 类，而只需要调用静态方法 getDefault()获得 SmsManger 对象，方法 sendTextMessage()用于发送短信到指定号码。在上面这段代码中，使用了一个 PendingIntent 的对象，该对象指向 TinySMSActivity。因此当用户按下“发送短信”键之后，用户界面会重新回到 TinySMS 的初始界面。

在 Android 的模拟器中对短信或电话提供了非常方便的测试功能。用户只需要在 Windows 命令行中输入 emulator 再启动一个 Android 模拟器，这样就可以实现两个手机间的电话或者短信的测试。需要说明的是，每个模拟器左上角的数字代表了该模拟器的电话号码。

第 8 章　Service 和 BroadcastReceiver

在 Android 应用程序中，除了本书前面讲解的 Activity 和 Intent 核心组件之外，还有另外两个十分重要的核心组件，分别是 Service 和 BroadcastReceiver。本章将详细讲解在 Android 系统中使用 Service 和 Broadcast Receiver 的基本知识，为读者步入本书后面知识的学习打下基础。

- ☑ 057：在手机屏幕中实现程序加载效果.pdf
- ☑ 058：ProgressDialog 类.pdf
- ☑ 059：创建一个有选择项的对话框.pdf
- ☑ 060：AlertDialog.Builder 的内部组成.pdf
- ☑ 061：在屏幕中自动显示输入的数据.pdf
- ☑ 062：链接字符串的妙用.pdf
- ☑ 063：实现手机振动效果.pdf
- ☑ 064：实现图文提醒效果.pdf

知识拓展

8.1　Service 详解

知识点讲解：光盘:视频\知识点\第 8 章\Service 详解.avi

在很多情况下，一些很少需要与用户产生交互的应用程序一般让它们在后台运行，而且在它们运行期间仍然能运行其他的应用。为了处理这种后台进程，Android 引入了 Service 的概念。Service 在 Android 中是一种长生命周期的组件，它不实现任何用户界面。例如最常见的媒体播放器程序，它可以在转到后台运行时仍然能保持播放歌曲。本节将进一步详细讲解 Service 的基本使用方法。

8.1.1　Service 基础

Service 是 Android 系统中的 4 大组件之一（Activity、Service、BroadcastReceiver 和 ContentProvider），与 Activity 的级别差不多，但不能自己运行只能后台运行，并且可以和其他组件进行交互。Service 可以在很多场合的应用中使用，例如播放多媒体时用户启动了其他 Activity，这时程序要在后台继续播放；例如检测 SD 卡上文件的变化；或者在后台记录地理信息位置的改变等，总之服务总是藏在后台的。

Service 的启动有两种方式，分别是 context.startService()和 context.bindService()。如果在 Service 的 onCreate 或者 onStart 做一些很耗时间的事情，最好在 Service 中启动一个线程来完成，因为 Service 是运行在主线程中，会影响到 UI 操作或者阻塞主线程中的其他事情。

8.1.2　Service 的生命周期

Service 的生命周期方法比 Activity 少一些，只有 onCreate、onStart 和 onDestroy。有两种启动 Service 的方法，它们对 Service 生命周期的影响是不一样的。

1. 通过 context.startService()启动

启动流程是：context.startService() → onCreate() → onStart() → Service running → context.stopService() →

onDestroy()→Service stop。

- ☑ 如果 Service 还没有运行，则 Android 先调用 onCreate()，然后调用 onStart()。
- ☑ 如果 Service 已经运行，则只调用 onStart()，所以一个 Service 的 onStart()方法可能会重复调用多次。
- ☑ 如果 stopService（停止服务）时会直接调用 onDestroy（销毁），如果是调用者自己直接退出而没有调用 stopService，Service 会一直在后台运行，该 Service 的调用者再启动后可以通过 stopService 关闭 Service。

调用 startService 的生命周期为：onCreate→onStart（可多次调用）→onDestroy。

如果是调用者（TestServiceHolder）自己直接退出而没有调用 stopService，Service 会一直在后台运行。下次 TestServiceHolder 再启动时可以停止服务。

2．通过 context.bindService()启动

此时 Service 只会运行 onCreate，TestServiceHolder 和 TestService 绑定在一起。如果 TestServiceHolder 退出，Service 就会调用 onUnbind→onDestroyed，这就是所谓绑定在一起就共存亡了。具体启动流程是：context.bindService()→onCreate()→onBind()→Service running→onUnbind()→onDestroy()→Service stop。

onBind()将返回给客户端一个 IBind 接口实例，IBind 允许客户端回调服务的方法，例如得到 Service 的实例、运行状态或其他操作。这时调用者（Context，例如 Activity）会和 Service 绑定在一起，如果 Context 退出，Service 就会调用 onUnbind→onDestroy 相应退出。

调用 bindService 的生命周期为：onCreate→onBind（只一次，不可多次绑定）→onUnbind→onDestory。

在 Service 每一次的开启关闭过程中，只有 onStart 可被多次调用（通过多次 startService 调用），其他 onCreate、onBind、onUnbind、onDestory 在一个生命周期中只能被调用一次。

Service 的 onCreate 的方法只会被调用一次，就是用户无论多少次的 startService（启动服务）又 bindService（绑定服务），Service 只被创建一次。如果先是 Bind（绑定）了，那么 Start（启动）时就直接运行 Service 的 onStart 方法，如果先是 Start，那么 Bind 时就直接运行 onBind 方法。如果先 Bind 上了，就 Stop（停止）不掉了，即 stopService 无效。所以只能先 UnbindService（解除绑定服务），再 StopService（停止服务）。由此可见，先 Start 还是先 Bind 行为是有所区别的。

上述两种启动方式的具体流程如图 8-1 所示。

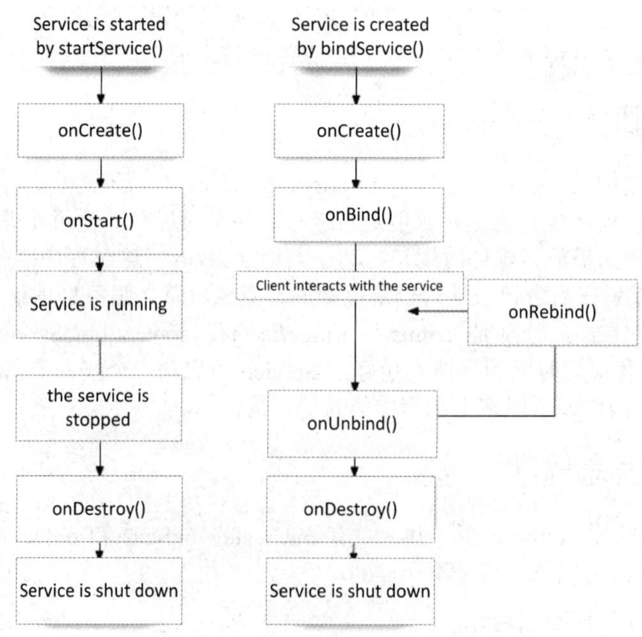

图 8-1　两种启动方式的具体流程

注意：onCreate 和 onStart 的不同

startService(Intent)启动。如果 Service 还没有运行，则 Android 先调用 onCreate()方法然后调用 onStart()方法。如果 Service 已经运行，则通过一个新的 Intent 调用 onStart()方法。所以，一个 Service 的 onStart()方法可能会重复调用多次。

8.1.3　Service 的策略

Android 中的服务和我们通常说的 Windows 服务、Web 的后台服务有一些相近，它们通常都是在后台长时间运行，接受上层指令，完成相关事务的模块。从运行模式来看，Activity 是跳，从一个跳到另一个，这样极像模态对话框（或者还像 Web 页面……），给一个输入（或没有……），然后不管不顾地让它运行，离开时返回输出（或没有……）。

而 Service 则是等着上层连接上它，然后产生通信，这就像一个用了 AJAX 页面，看着没啥变化，其实和 Service 密切联系。

但和一般的 Service 还是有所不同，Android 的 Service 和所有 4 大组件一样，其进程模型都是可以配置的，调用方和发布方都可以有权利来选择是把这个组件运行在同一个进程下还是不同的进程下，凸显了 Android 的运行特征。如果一个 Service 是有期望运行于调用方不同进程时，就需要利用 Android 提供的 RPC 机制，为其部署一套进程间通信的策略。

Android 的 RPC 实现如图 8-2 所示，基于代理模式的一个实现，在调用端和服务端都生成一个代理类，做一些序列化和反序列化的事情，使得调用端和服务器端都可以像调用一个本地接口一样使用 RPC 接口。

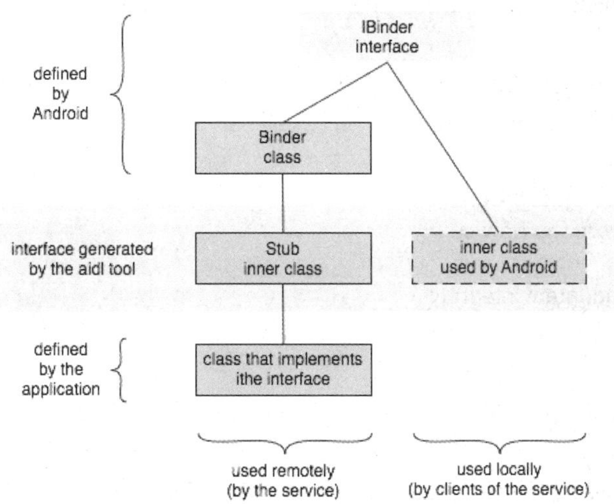

图 8-2　Android 的 RPC 实现

Android 中用来做数据序列化的类是 Parcel，参见/reference/android/os/Parcel.html，封装了序列化的细节，向外提供了足够对象化的访问接口，Android 号称实现非常高效。

还有就是 AIDL（Android Interface Definition Language），一种接口定义的语言，服务的 RPC 接口，可以用 AIDL 来描述，这样，ADT 就可以帮助用户自动生成一整套的代理模式需要用到的类。更多内容可以参看 guide/developing/tools/aidl.html，如果有兴致，可以找些其他 PRC 实现的资料参考。

关于 Service 的实现，强烈推荐参看 API Demos 这个 Sample 中的 RemoteService 实现。它完整地展示了实现一个 Service 需要做的事情：那就是定义好需要接受的 Intent，提供同步或异步的接口，在上层绑定了它后，通过这些接口（很多时候都是 RPC 的方式）进行通信。在 RPC（远程过程调用）接口中使用的数据、回调接口对象，如果不是标准的系统实现（系统可序列化的），则需要自定义 AIDL，所有一切，在这个 Sample 中都有表达。

Service 从实现角度看，最特别的就是这些 RPC 的实现了，其他内容都会接近于 Activity 的一些实现，不再详述。

8.1.4 创建 Service

Android 中已经定义了一个 Service 类，所有其他的 Service 都继承于该类。Service 类中定义了一系列的生命周期相关的方法，例如 onCreate()、onStart()和 onDestroy()。要创建一个 Service，必须从 Service 或是其某个子类派生子类。在 Service 子类实现中，需要重载一些方法以支持 Service 重要的几个生命周期函数和支持其他应用组件绑定的方法。下面列出了需要重载的重要方法。

☑ onStartCommand(): Android 系统在有其他应用程序组件使用 startService()请求启动 Service 时调用。一旦这个方法被调用，Service 处于 Started 状态并可以一直运行下去。如果实现了这个方法，需要在 Service 任务完成时调用 stopSelf()或是 stopService()来终止服务。如果只支持“绑定”模式的服务，可以不实现这个方法。

☑ onBind(): Android 系统中有其他应用程序组件使用 bindService()来绑定用户的服务时调用。在实现这个方法时，需要提供一个 IBinder 接口以支持客户端和服务之间通信。必须实现这个方法，如果你不打算支持“绑定”，返回 Null 即可。

☑ onCreate(): Android 系统中创建 Service 实例时调用，一般在这里初始化一些只需单次设置的过程（在 onStartCommand 和 onBind()之前调用），如果用户的 Service 已在运行状态，这个方法不会被调用。

☑ onDestroy(): Android 系统中 Service 不再需要，需要销毁前调用。在实现过程中需要释放一些诸如线程、注册过的 Listener 和 Receiver 等，这是 Service 被调用的最后一个方法。

例如下面的演示代码。

```
package com.wissen.testApp.service;
public class MyService extends Service {
    @Override
    public IBinder onBind(Intent intent) {
        return null;
    }
    @Override
    public void onCreate() {
        super.onCreate();
        Toast.makeText(this, "Service created...", Toast.LENGTH_LONG).show();
    }
    @Override
    public void onDestroy() {
        super.onDestroy();
        Toast.makeText(this, "Service destroyed...", Toast.LENGTH_LONG).show();
    }
}
```

在上面的代码中这个 Service 的功能是：当服务创建和销毁时通过界面消息提示用户。

如 Android 中的其他部件一样，Service 也会和一系列 Intent 关联。Service 的运行入口需要在 AndroidManifest.xml 中进行配置，代码如下所示。

```
<service class=".service.MyService">
```

```
intent-filter>
<action android:value="com.wissen.testApp.service.MY_SERVICE" />
</intent-filter>
</service>
```

这样 Service 就可以被其他代码所使用了。

如果一个 Service 是由 startService()启动的（这时 onStartCommand()将被调用），这个 Service 将一直运行直到调用 stopSelf()或其他应用部件调用 stopService()为止。

如果一个部件调用 bindService()创建一个 Service（此时 onStartCommand()不会调用），这个 Service 运行的时间和绑定它的组件一样长。一旦其他组件解除绑定，系统将销毁这个 Service。

在 Android 系统中，只有在系统内存过低，并且不得不为当前活动的 Activity 恢复系统资源时才可能强制终止某个 Service。如果这个 Service 绑定到一个活动的 Activity，基本上不会被强制清除。如果一个 Service 被声明成“后台运行”，就几乎没有被销毁的可能。否则，如果 Service 启动后并长期运行，系统将随着时间的增加降低其在后台任务中的优先级，其被“杀死”的可能性越大。如果 Service 是作为 Started 状态运行，用户必须设计好如果在系统重启服务时优雅退出。如果系统“杀死”用户的服务，系统将在系统资源恢复正常时重启用户的服务（当然这也取决于 onStartCommand()的返回值）。

例如在下面的实例中，演示了启动和停止 Service 的基本过程。

题　　目	目　　的	源 码 路 径
实例 8-1	启动和停止 Service	光盘:\daima\8\8.1\FirstServiceEX

本实例的 UI 界面文件是 main.xml，功能是在布局页面中分别定义两个按钮，其中一个用于启动 Service，另外一个用于停止 Service。文件 main.xml 具体实现代码如下所示。

```
<Button
    android:id="@+id/start"
    android:layout_width="wrap_content"
    android:layout_height="wrap_content"
    android:text="@string/start"
    />
<Button
    android:id="@+id/stop"
    android:layout_width="wrap_content"
    android:layout_height="wrap_content"
    android:text="@string/stop"
    />
```

文件 StartServiceTest.java 的功能是监听用户在屏幕中单击的按钮，根据操作执行对应的启动和停止 Service 操作。文件 StartServiceTest.java 的具体实现代码如下所示。

```
public class StartServiceTest extends Activity
{
    Button start, stop;

    @Override
    public void onCreate(Bundle savedInstanceState)
    {
        super.onCreate(savedInstanceState);
        setContentView(R.layout.main);
        //获取程序界面中的 start、stop 两个按钮
        start = (Button) findViewById(R.id.start);
```

```
        stop = (Button) findViewById(R.id.stop);
        //创建启动 Service 的 Intent
        final Intent intent = new Intent();
        //为 Intent 设置 Action 属性
        intent.setAction("org.service.FIRST_SERVICE");
        start.setOnClickListener(new OnClickListener()
        {
            @Override
            public void onClick(View arg0)
            {
                //启动指定 Service
                startService(intent);
            }
        });
        stop.setOnClickListener(new OnClickListener()
        {
            @Override
            public void onClick(View arg0)
            {
                //停止指定 Service
                stopService(intent);
            }
        });
    }
}
```

文件 FirstService.java 的功能是显示当前 Service 的状态，具体实现代码如下所示。

```
public class FirstService extends Service
{
    //必须实现的方法
    @Override
    public IBinder onBind(Intent arg0)
    {
        return null;
    }
    //Service 被创建时回调该方法
    @Override
    public void onCreate()
    {
        super.onCreate();
        System.out.println("Service is Created");
    }
    //Service 被启动时回调该方法
    @Override
    public int onStartCommand(Intent intent, int flags, int startId)
    {
        System.out.println("Service is Started");
        return START_STICKY;
    }
    //Service 被关闭之前回调
    @Override
    public void onDestroy()
```

```
    {
        super.onDestroy();
        System.out.println("Service is Destroyed");
    }
}
```

执行后的效果如图 8-3 所示。

单击“启动 Service”和“关闭 Service”按钮后会执行对应的操作，并且在 DDMS 中的 LogCat 界面中会看到具体启动和关闭的过程，如图 8-4 所示。

图 8-3　执行效果

```
05-19 03:17:05.640   587   587   org.service   System.out   Service is Started
05-19 03:17:06.490   484   484   org.event     dalvikvm     GC_FOR_ALLOC freed 286K,
05-19 03:17:07.712   484   484   org.event     dalvikvm     GC_FOR_ALLOC freed 286K,
05-19 03:17:08.340   587   587   org.service   System.out   Service is Destroyed
```

图 8-4　LogCat 界面

8.1.5　使用 Service

应用程序可以通过调用 Context.startService 方法来启动 Service。如果当前没有指定的 Service 实例被创建，则该方法会调用 Service 的 onCreate()方法来创建一个实例；否则调用 Service 的 onStart()方法。看下面的代码：

```
Intent serviceIntent = new Intent();
serviceIntent.setAction("com.wissen.testApp.service.MY_SERVICE");
startService(serviceIntent);
```

以上代码调用了 startService()方法，Service 会持续运行，直到调用 stopService()或 stopSelf()方法。还有另一种绑定 Service 的方式：

```
ServiceConnection conn = new ServiceConnection() {
    @Override
    public void onServiceConnected(ComponentName name, IBinder service) {
        Log.i("INFO", "Service bound");
    }

    @Override
    public void onServiceDisconnected(ComponentName arg0) {
        Log.i("INFO", "Service Unbound");
    }
};

bindService(new Intent("com.wissen.testApp.service.MY_SERVICE"), conn, Context.BIND_AUTO_CREATE);
```

当应用程序绑定一个 Service 后，该应用程序和 Service 之间就能进行互相通信，通常，这种通信的完成依靠于我们定义的一些接口，再看下面的代码：

```
package com.wissen.testApp;
public interface IMyService {
    public int getStatusCode();
}
```

这里定义了一个方法来获取 Service 的状态，但 Service 是如何来使它起作用的呢？之前我们看到 Service 中有个返回 IBinder 对象的 onBind()方法，这个方法会在 Service 绑定到其他程序上时被调用，而这个 IBinder 对象和之前看到的 onServiceConnected()方法中传入的那个 IBinder 是同一个东西。应用和 Service 间就依靠这个 IBinder 对象进行通信。

```
public class MyService extends Service {
    private int statusCode;
    private MyServiceBinder myServiceBinder = new MyServiceBinder();
    @Override
    public IBinder onBind(Intent intent) {
        return myServiceBinder;
    }
    public class MyServiceBinder extends Binder implements IMyService {
        public int getStatusCode() {
                return statusCode;
        }
    }
}
```

下列代码说明 getStatusCode 是如何被调用的：

```
ServiceConnection conn = new ServiceConnection() {
    @Override
    public void onServiceConnected(ComponentName name, IBinder service) {
        IMyService myService = (IMyService) service;
        statusCode = myService.getStatusCode();
        Log.i("INFO", "Service bound");
    }
};
```

另外，也可以通过使用 ServiceListener 接口来达成相同的目的。

8.1.6 与远程 Service 通信

如果两个进程间的 Service 需要进行通信，则需要把对象序列化后进行互相发送。Android 提供了一个 AIDL（Android 接口定义语言）工具来处理序列化和通信。这种情况下，Service 需要以 aidl 文件的方式提供服务接口，AIDL 工具将生成一个相应的 Java 接口，并且在生成的服务接口中包含一个功能调用的 Stub 服务桩类。Service 的实现类需要去继承这个 Stub 服务桩类。Service 的 onBind()方法会返回实现类的对象，之后就可以使用它，看下面的例子。

（1）创建一个 IMyRemoteService.aidl 文件，内容如下。

```
package com.wissen.testApp;
interface IMyRemoteService {
    int getStatusCode();
}
```

（2）如果正在使用 Eclipse 的 Android 插件，则它会根据这个 aidl 文件生成一个 Java 接口类。生成的接口类中会有一个内部类 Stub 类，用户要做的事就是去继承该 Stub 类。

```
package com.wissen.testApp;

class RemoteService implements Service {
    int statusCode;

    @Override
    public IBinder onBind(Intent arg0) {
        return myRemoteServiceStub;
    }
    private IMyRemoteService.Stub myRemoteServiceStub = new IMyRemoteService.Stub() {
```

```
        public int getStatusCode() throws RemoteException {
            return 0;
        }
    };
}
```

（3）当客户端应用连接到这个 Service 时，onServiceConnected()方法将被调用，客户端就可以获得 IBinder 对象。参看下面的客户端 onServiceConnected()方法。

```
ServiceConnection conn = new ServiceConnection() {
    @Override
    public void onServiceConnected(ComponentName name, IBinder service) {
        IMyRemoteService myRemoteService = IMyRemoteService.Stub.asInterface(service);
        try {
            statusCode = myRemoteService.getStatusCode();
        } catch(RemoteException e) {
        }
        Log.i("INFO", "Service bound");
    }
};
```

8.1.7　Service 的访问权限

可以在 AndroidManifest.xml 文件中使用<service>标签来指定 Service 访问的权限：

```
<service class=".service.MyService" android:permission="com.wissen.permission.MY_SERVICE_PERMISSION">
    <intent-filter>
        <action android:value="com.wissen.testApp.service.MY_SERVICE" />
    </intent-filter>
</service>
```

之后应用程序如果要访问该 Service，就需要使用<user-permission>标签指定相应的权限。

```
<uses-permission android:name="com.wissen.permission.MY_SERVICE_PERMISSION">
</uses-permission>
```

8.1.8　简单使用 Service 实例

下面将通过一个简单实例的实现过程，讲解使用 Service 的基本流程。

题　　目	目　　的	源 码 路 径
实例 8-2	使用 Service	光盘:\daima\8\8.1\TestServiceHolder

本实例的具体实现流程如下。

（1）打开 Eclipse，新建一个名为 TestServiceHolder 的项目。

（2）编写主布局文件 main.xml，具体实现代码如下所示。

```
<?xml version="1.0" encoding="utf-8"?>
<LinearLayout xmlns:android="http://schemas.android.com/apk/res/android"
    android:orientation="vertical" android:layout_width="fill_parent"
    android:layout_height="fill_parent">
    <TextView android:layout_width="fill_parent"
        android:layout_height="wrap_content" android:text="@string/hello" />
    <Button android:id="@+id/start_service" android:layout_width="fill_parent"
```

```
            android:layout_height="wrap_content" android:text="启动 Service" />
    <Button android:id="@+id/stop_service" android:layout_width="fill_parent"
            android:layout_height="wrap_content" android:text="停止 Service" />
    <Button android:id="@+id/bind_service" android:layout_width="fill_parent"
            android:layout_height="wrap_content" android:text="Bind Service" />
    <Button android:id="@+id/unbind_service" android:layout_width="fill_parent"
            android:layout_height="wrap_content" android:text="Unbind Service" />
</LinearLayout>
```

通过上述代码，在项目中放入 4 个按钮，分别对应要测试的 4 种操作。

（3）在项目配置文件 AndroidManifest.xml 中添加对 Service 的引用，具体实现代码如下所示。

```
<?xml version="1.0" encoding="utf-8"?>
<manifest xmlns:android="http://schemas.android.com/apk/res/android"
      package="com.iceskysl.TestServiceHolder"
      android:versionCode="1"
      android:versionName="1.0.0">
    <application android:icon="@drawable/icon" android:label="@string/app_name">
        <activity android:name=".TestServiceHolder"
                  android:label="@string/app_name">
            <intent-filter>
                <action android:name="android.intent.action.MAIN" />
                <category android:name="android.intent.category.LAUNCHER" />
            </intent-filter>
        </activity>
      <service android:enabled="true" android:name=".TestService" android:process=":remote" />
    </application>
</manifest>
```

在上述代码中，通过<service android:enabled="true" android:name=".TestService" android:process= ":remote" />实现了对 Service 的引用。

（4）编写 TestService.java，具体代码如下所示。

```
package com.iceskysl.TestServiceHolder;

import android.app.Notification;
import android.app.NotificationManager;
import android.app.PendingIntent;
import android.app.Service;
import android.content.Intent;
import android.os.Binder;
import android.os.IBinder;
import android.util.Log;

public class TestService extends Service {

    private static final String TAG = "TestService";
    private NotificationManager _nm;

    @Override
    public IBinder onBind(Intent i) {
        Log.e(TAG, "============> TestService.onBind");
        return null;
    }
    public class LocalBinder extends Binder {
```

```
        TestService getService() {
            return TestService.this;
        }
    }
    @Override
    public boolean onUnbind(Intent i) {
        Log.e(TAG, "============> TestService.onUnbind");
        return false;
    }
    @Override
    public void onRebind(Intent i) {
        Log.e(TAG, "============> TestService.onRebind");
    }
    @Override
    public void onCreate() {
        Log.e(TAG, "============> TestService.onCreate");
        _nm = (NotificationManager) getSystemService(NOTIFICATION_SERVICE);
        showNotification();
    }
    @Override
    public void onStart(Intent intent, int startId) {
        Log.e(TAG, "============> TestService.onStart");
    }
    @Override
    public void onDestroy() {
        _nm.cancel(R.string.service_started);
        Log.e(TAG, "============> TestService.onDestroy");
    }
    private void showNotification() {
        Notification notification = new Notification(R.drawable.face_1,
                "Service started", System.currentTimeMillis());
        PendingIntent contentIntent = PendingIntent.getActivity(this, 0,
                new Intent(this, TestServiceHolder.class), 0);
        notification.setLatestEventInfo(this, "Test Service",
                "Service started", contentIntent);
        _nm.notify(R.string.service_started, notification);
    }
}
```

在上述代码中，创建了继承于 android.app.Service 的 TestService，并重写了其 onStart()、onDestroy()等方法，通过输入 LOG 的方式确定被调用的方法。并且通过 Notification 来表明 Service 的存活状态。

方法 onCreate()的功能是，在 Service 的几个生命周期中增加了打印 log 的语句，便于查看和调试。然后通过下面的代码让调用者得到这个 Service 并操作它。

```
public class LocalBinder extends Binder {
    TestService getService() {
        return TestService.this;
    }
}
```

（5）编写文件 TestServiceHolder.java，具体代码如下所示。

```
package com.iceskysl.TestServiceHolder;
```

```
import android.app.Activity;
import android.content.ComponentName;
import android.content.Context;
import android.content.Intent;
import android.content.ServiceConnection;
import android.os.Bundle;
import android.os.IBinder;
import android.view.View;
import android.view.View.OnClickListener;
import android.widget.Button;
import android.widget.Toast;

public class TestServiceHolder extends Activity {
    private boolean _isBound;
    private TestService _boundService;

    /** Called when the activity is first created. */
    @Override
    public void onCreate(Bundle savedInstanceState) {
        super.onCreate(savedInstanceState);
        setContentView(R.layout.main);
        setTitle("Service Test");

        initButtons();

    }

   private ServiceConnection _connection = new ServiceConnection() {
       public void onServiceConnected(ComponentName className, IBinder service) {
           _boundService = ((TestService.LocalBinder)service).getService();

           Toast.makeText(TestServiceHolder.this, "Service connected",
                   Toast.LENGTH_SHORT).show();
       }

       public void onServiceDisconnected(ComponentName className) {
           //如果连接失败
           _boundService = null;
           Toast.makeText(TestServiceHolder.this, "Service connected",
                   Toast.LENGTH_SHORT).show();
       }
   };

   private void initButtons() {
       Button buttonStart = (Button) findViewById(R.id.start_service);
       buttonStart.setOnClickListener(new OnClickListener() {
           public void onClick(View arg0) {
               startService();
           }
       });
```

```
        Button buttonStop = (Button) findViewById(R.id.stop_service);
        buttonStop.setOnClickListener(new OnClickListener() {
            public void onClick(View arg0) {
                stopService();
            }
        });

        Button buttonBind = (Button) findViewById(R.id.bind_service);
        buttonBind.setOnClickListener(new OnClickListener() {
            public void onClick(View arg0) {
                bindService();
            }
        });

        Button buttonUnbind = (Button) findViewById(R.id.unbind_service);
        buttonUnbind.setOnClickListener(new OnClickListener() {
            public void onClick(View arg0) {
                unbindService();
            }
        });
    }

    private void startService() {
        Intent i = new Intent(this, TestService.class);
        this.startService(i);
    }

    private void stopService() {
        Intent i = new Intent(this, TestService.class);
        this.stopService(i);
    }

    private void bindService() {
        Intent i = new Intent(this, TestService.class);
        bindService(i, _connection, Context.BIND_AUTO_CREATE);
        _isBound = true;
    }

    private void unbindService() {
        if (_isBound) {
            unbindService(_connection);
            _isBound = false;
        }
    }
}
```

上面的 TestServiceHolder 是个常见的 Activity，在其 onCreate()方法中，设定其对应的布局模板文件为 main.xml，并调用 setTitle()方法设定其标题为 Service Test。在上述代码中，使用了 start 和 bind 两种启动方式，当然读者也可以通过 Intent()来调用，在 Intent 中指明要启动的 Service 的名字。

至此，整个实例介绍完毕，执行后的效果如图 8-5 所示。单击“启动 Service”按钮后，Service 将会启动，如图 8-6 所示。注意左上角的状态标志，表示 Service 启动了。

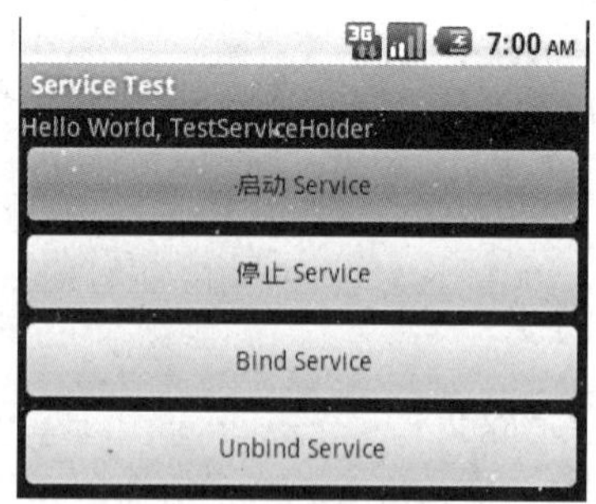

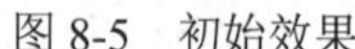
图 8-5　初始效果

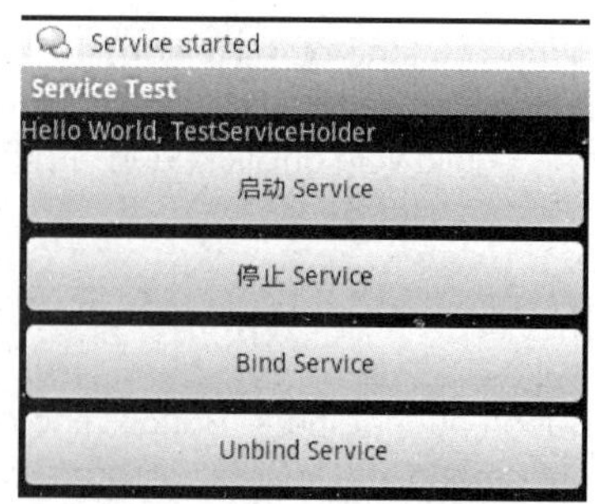

图 8-6　Service 启动后效果

如果继续单击另外 3 个按钮，会发现不同的状态标志变化。

8.1.9　提高 Service 优先级

Android 系统对于内存管理有自己的一套方法，为了保障系统有序稳定地运行，系统内部会自动分配，控制程序的内存使用。当系统觉得当前的资源非常有限时，为了保证一些优先级高的程序能运行，就会“杀掉”一些它认为不重要的程序或者服务来释放内存。这样就能保证真正对用户有用的程序仍然在运行。如果用户的 Service 碰上了这种情况，多半会先被杀掉，但如果增加 Service 的优先级就能让它多留一会儿，可以用 setForeground(true)来设置 Service 的优先级。

为什么 foreground？默认启动的 Service 是被标记为 background，当前运行的 Activity 一般被标记为 foreground，也就是说，如果用户给 Service 设置了 foreground，那么它就和正在运行的 Activity 类似优先级得到了一定的提高。当然这并不能保证用户的 Service 永远不被杀掉，只是提高了它的优先级。

有一个方法可以给用户更清晰的演示，进入$SDK/tools 运行命令后会返回一大堆东西，观察 oom_adj 的值，如果大于“8”，一般就属于 backgroud 随时可能被“干掉”，数值越小证明优先级越高，被干掉的时间越晚。例如，phone 的程序是-12，说明这是一个电话应用，其他什么都干不了。假设还存在一个-100 的值，如果这是一个 System 进程，根据“数值越小，优先级越高”的原则，系统也就崩溃了。

8.1.10　Service 综合实例

通过前面内容的学习，了解了 Service 的基本知识和基本用法。下面将通过一个具体实例的实现过程，阐述 Service 的具体使用流程。

题　目	目　的	源 码 路 径
实例 8-3	在 Android 中使用 Service	光盘:\daima\8\8.1\PlayService

本实例的具体实现流程如下。

（1）创建一个名为 PlayService 的 Android 工程。

（2）编写主布局模板文件 main.xml，具体实现代码如下所示。

```
<?xml version="1.0" encoding="utf-8"?>
<LinearLayout xmlns:android="http://schemas.android.com/apk/res/android"
    android:orientation="vertical"
    android:layout_width="fill_parent"
    android:layout_height="fill_parent"
    >
```

```
<TextView
    android:layout_width="fill_parent"
    android:layout_height="wrap_content"
    android:text="@string/hello"
    />

    <Button
    android:id="@+id/start"
    android:layout_width="fill_parent"
    android:layout_height="wrap_content"
    android:text="开始播放"
    />

    <Button
    android:id="@+id/stop"
    android:layout_width="fill_parent"
    android:layout_height="wrap_content"
    android:text="停止播放"
    />
</LinearLayout>
```

（3）编写播放处理文件 PlayService.java，具体实现代码如下所示。

```
package com.iceskysl.PlayService;

import android.app.Activity;
import android.content.Intent;
import android.os.Bundle;
import android.view.View;
import android.view.View.OnClickListener;
import android.widget.Button;

public class PlayService extends Activity {
    /** Called when the activity is first created. */
    @Override
    public void onCreate(Bundle savedInstanceState) {
        super.onCreate(savedInstanceState);
        setContentView(R.layout.main);
        Button button1 = (Button)findViewById(R.id.start);
        button1.setOnClickListener(startIt);
        Button button2 = (Button)findViewById(R.id.stop);
        button2.setOnClickListener(stopIt);
    }

    private OnClickListener startIt = new OnClickListener()
    {
        public void onClick(View v)
        {
            startService(new Intent("com.iceskysl.PlayService.START_AUDIO_SERVICE"));
        }
    };

    private OnClickListener stopIt = new OnClickListener()
    {
```

```
            public void onClick(View v)
            {
                stopService(new Intent("com.iceskysl.PlayService.START_AUDIO_SERVICE"));
                finish();
            }
        };
}
```

在上述代码中，通过代码 startService(new Intent("com.iceskysl.PlayService.START_AUDIO_SERVICE"))来启动了指定名字的服务。

（4）编写处理文件 Music.java，主要实现代码如下所示。

```
package com.iceskysl.PlayService;

import android.app.Service;
import android.content.Intent;
import android.media.MediaPlayer;
import android.os.IBinder;

public class Music extends Service {
    private MediaPlayer player;
     @Override
     public IBinder onBind(Intent intent) {
           // TODO Auto-generated method stub
           return null;
     }

     public void onStart(Intent intent, int startId) {
          super.onStart(intent, startId);
          player = MediaPlayer.create(this, R.raw.gequ);
          player.start();
     }
    public void onDestroy() {
          super.onDestroy();
          player.stop();
     }
}
```

通过上述代码，创建了一个名为 Music 的 Service。具体过程是先创建了一个 MediaPlayer 对象 player，然后在 onStart 中播放指定的音频文件。

（5）编写文件 AndroidManifest.xml，具体实现代码如下所示。

```
<?xml version="1.0" encoding="utf-8"?>
<manifest xmlns:android="http://schemas.android.com/apk/res/android"
      package="com.iceskysl.PlayService"
      android:versionCode="1"
      android:versionName="1.0.0">
    <application android:icon="@drawable/icon" android:label="@string/app_name">
        <activity android:name=".PlayService"
                  android:label="@string/app_name">
            <intent-filter>
                <action android:name="android.intent.action.MAIN" />
                <category android:name="android.intent.category.LAUNCHER" />
                <service android:name=".Music">
              <intent-filter>
```

```
                <action android:name="com.iceskysl.PlayService.START_AUDIO_SERVICE" />
                <category android:name="android.intent.category.default" />
            </intent-filter>
        </service>
            </intent-filter>
        </activity>

    </application>
</manifest>
```

通过上述代码，添加了对上面名为 Music 的 Service。至此，整个实例介绍完毕，执行后的演示效果如图 8-7 所示。

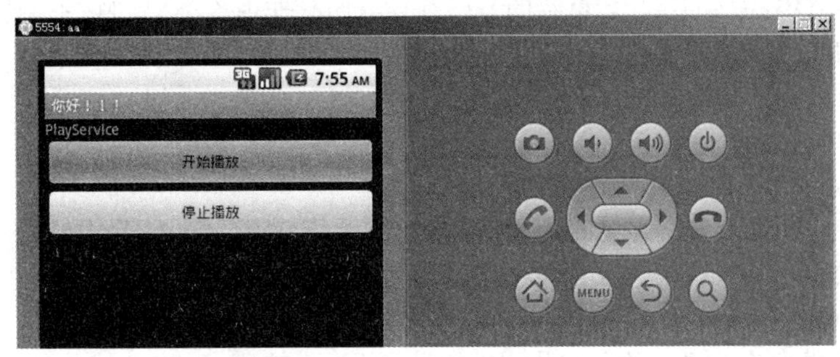

图 8-7 执行效果

单击“开始播放”按钮，将会播放指定的音频文件。单击“停止”按钮，会停止播放这段音频。

8.2 AIDL Service 服务

知识点讲解：光盘:视频\知识点\第 8 章\AIDL Service 服务.avi

在 Android 应用程序中，由于每个应用程序都运行在自己的进程空间，并且可以从应用程序 UI 运行另一个服务进程，而且经常会在不同的进程间传递对象。在 Android 平台，一个进程通常不能访问另一个进程的内存空间，所以要想对话，需要将对象分解成操作系统可以理解的基本单元，并且有序地通过进程边界。通过代码来实现这个数据传输过程是冗长乏味的，Android 提供了 AIDL 工具来处理这项工作。本节将详细讲解 AIDL Service 服务的基本知识。

8.2.1 AIDL 基础

AIDL 是一种 IDL 语言，用于生成可以在 Android 设备上两个进程之间进行进程间通信（IPC）的代码。如果在一个进程中（例如 Activity）要调用另一个进程中（例如 Service）对象的操作，就可以使用 AIDL 生成可序列化的参数。

AIDL IPC 机制是面向接口的，像 COM 或 Corba 一样，但是更加轻量级。它是使用代理类在客户端和实现端传递数据。使用 AIDL 实现 IPC 服务的基本步骤如下。

（1）创建.aidl 文件

该文件（YourInterface.aidl）定义了客户端可用的方法和数据的接口。

（2）在 makefile 文件中加入.aidl 文件

Eclipse 中的 ADT 插件提供了管理功能，Android 包括名为 AIDL 的编译器，位于“tools/”文件夹。

（3）实现接口

AIDL 编译器从 AIDL 接口文件中利用 Java 语言创建接口，该接口有一个继承的命名为 Stub 的内部抽象类（并且实现了一些 IPC 调用的附加方法），要做的就是创建一个继承于 YourInterface.Stub 的类并且实现在.aidl 文件中声明的方法。

（4）向客户端公开接口

如果是编写服务，应该继承 Service 并且重载 Service.onBind(Intent)以返回实现了接口的对象实例。

1．创建.aidl 文件（Create an .aidl File）

AIDL 使用简单的语法来声明接口，描述其方法以及方法的参数和返回值。这些参数和返回值可以是任何类型，甚至是其他 AIDL 生成的接口。重要的是必须导入所有非内置类型，哪怕是这些类型是在与接口相同的包中。下面是 AIDL 能支持的数据类型。

（1）Java 编程语言的主要类型（int、boolean 等），不需要 import 语句。

（2）以下类不需要 import 语句。

☑ String：Java 中常用的包装类数据类型。

☑ List：列表中的所有元素必须是在此列出的类型，包括其他 AIDL 生成的接口和可打包类型。List 可以像一般的类（例如 List<String>）那样使用，另一边接收的具体类一般是一个 ArrayList，这些方法会使用 List 接口。

☑ Map：Map 中的所有元素必须是在此列出的类型，包括其他 AIDL 生成的接口和可打包类型。一般的 maps（例如 Map<String,Integer>）不被支持，另一边接收的具体类一般是一个 HashMap，这些方法会使用 Map 接口。

☑ CharSequence：该类是被 TextView 和其他控件对象使用的字符序列。

（3）通常引用方式传递的其他 AIDL 生成的接口，必须使用 import 语句进行声明

（4）实现了 Parcelable protocol 以及按值传递的自定义类，必须使用 import 语句进行声明。

2．实现接口（Implementing the Interface）

AIDL 生成了与.aidl 文件同名的接口，如果使用 Eclipse 插件，AIDL 会作为编译过程的一部分自动运行（不需要先运行 AIDL 再编译项目），如果没有插件，就要先运行 AIDL。

生成的接口包含一个名为 Stub 的抽象内部类，该类声明了所有.aidl 中描述的方法，Stub 还定义了少量的辅助方法，尤其是 asInterface()，通过它可以获得 IBinder（当 applicationContext.bindService()成功调用时传递到客户端的 onServiceConnected()）并且返回用于调用 IPC 方法的接口实例。

要实现自己的接口，就从 YourInterface.Stub 类继承，然后实现相关的方法（可以创建.aidl 文件然后实现 Stub 方法而不用在中间编译，Android 编译过程会在.java 文件之前处理.aidl 文件）。

3．向客户端暴露接口（Exposing Your Interface to Clients）

在完成了接口的实现后需要向客户端暴露接口了，也就是发布服务，实现的方法是继承 Service，然后实现以 Service.onBind(Intent)返回一个实现了接口的类对象。下面的代码片断表示暴露 IRemoteService 接口给客户端的方式。

```
public class RemoteService extends Service {
...
@Override
    public IBinder onBind(Intent intent) {
        if (IRemoteService.class.getName().equals(intent.getAction())) {
            return mBinder;
        }
```

```
        if (ISecondary.class.getName().equals(intent.getAction())) {
            return mSecondaryBinder;
        }
        return null;
    }

    /**
     * The IRemoteInterface is defined through IDL
     */
    private final IRemoteService.Stub mBinder = new IRemoteService.Stub() {
        public void registerCallback(IRemoteServiceCallback cb) {
            if (cb != null) mCallbacks.register(cb);
        }
        public void unregisterCallback(IRemoteServiceCallback cb) {
            if (cb != null) mCallbacks.unregister(cb);
        }
    };

    /**
     * A secondary interface to the service.
     */
    private final ISecondary.Stub mSecondaryBinder = new ISecondary.Stub() {
        public int getPid() {
            return Process.myPid();
        }
        public void basicTypes(int anInt, long aLong, boolean aBoolean,
                float aFloat, double aDouble, String aString) {
        }
    };

}
```

如果有类想要通过 AIDL 在进程之间传递，这一想法是可以实现的，必须确保这个类在 IPC 的两端的有效性，通常的情形是与一个启动的服务通信。

下面列出了使类能够支持 Parcelable 的 4 个步骤：

（1）使该类实现 Parcelable 接口。

（2）实现 public void writeToParcel(Parcel out)方法，以便可以将对象的当前状态写入包装对象中。

（3）增加名为 CREATOR 的构造器到类中，并实现 Parcelable.Creator 接口。

（4）创建 AIDL 文件声明这个可打包的类，如果使用的是自定义的编译过程，那么不要编译此 AIDL 文件，它像 C 语言的头文件一样不需要编译。AIDL 会使用这些方法的成员序列化和反序列化对象。

例如下面的代码演示了如何让 Rect 类实现 Parcelable 接口。

```
import android.os.Parcel;
import android.os.Parcelable;
public final class Rect implements Parcelable {
public int left;
public int top;
public int right;
public int bottom;

public static final Parcelable.Creator<Rect> CREATOR = new Parcelable.Creator<Rect>() {
```

```
    public Rect createFromParcel(Parcel in) {
        return new Rect(in);
    }

    public Rect[] newArray(int size) {
            return new Rect[size];
        }
    };

public Rect() {
}

private Rect(Parcel in) {
    readFromParcel(in);
}

public void writeToParcel(Parcel out) {
    out.writeInt(left);
    out.writeInt(top);
    out.writeInt(right);
    out.writeInt(bottom);
}

public void readFromParcel(Parcel in) {
    left = in.readInt();
    top = in.readInt();
    right = in.readInt();
    bottom = in.readInt();
}
}
```

4．调用 IPC 方法（Calling an IPC Method）

下面是调用远端接口的基本步骤。

（1）声明在.aidl 文件中定义的接口类型的变量。

（2）实现 ServiceConnection。

（3）调用 Context.bindService()，传递 ServiceConnection 的实现。

（4）在 ServiceConnection.onServiceConnected()方法中会接收到 IBinder 对象，调用 YourInterfaceName.Stub.asInterface((IBinder)service)将返回值转换为 YourInterface 类型。

（5）调用接口中定义的方法。应该总是捕获连接被打断时抛出的 DeadObjectException 异常，这是远端方法唯一的异常。

（6）调用 Context.unbindService()方法断开连接。

8.2.2 将接口暴露给客户端

例如下面的实例演示了创建 AIDL 文件，并将接口暴露给客户端的基本过程。

题　目	目　的	源码路径
实例 8-4	使用隐式 Intent 来启动另一个 Activity	光盘:\daima\8\8.2\AidlServiceEX

本实例的具体实现流程如下。

（1）编写接口文件 ICat.aidl，功能是创建一个 AIDL 接口，具体实现代码如下所示。

```
package org.service;
interface ICat
{
    String getColor();
    double getWeight();
}
```

（2）在文件 AidlService.java 中定义 AIDL 的实现类 AidlService，具体实现代码如下所示。

```
public class AidlService extends Service
{
    private CatBinder catBinder;
    Timer timer = new Timer();
    String[] colors = new String[]{
        "红色",
        "黄色",
        "黑色"
    };
    double[] weights = new double[]{
        2.3,
        3.1,
        1.58
    };
    private String color;
    private double weight;
    //继承 Stub，也就是实现了 ICat 接口，并实现了 IBinder 接口
    public class CatBinder extends Stub
    {
        @Override
        public String getColor() throws RemoteException
        {
            return color;
        }
        @Override
        public double getWeight() throws RemoteException
        {
            return weight;
        }
    }
    @Override
    public void onCreate()
    {
        super.onCreate();
        catBinder = new CatBinder();
        timer.schedule(new TimerTask()
        {
            @Override
            public void run()
            {
                //随机地改变 Service 组件内 color、weight 属性的值
                int rand = (int)(Math.random() * 3);
```

```
                    color = colors[rand];
                    weight = weights[rand];
                    System.out.println("--------" + rand);
                }
            } , 0 , 800);
        }
        @Override
        public IBinder onBind(Intent arg0)
        {
            /* 返回 catBinder 对象
            * 在绑定本地 Service 的情况下，该 catBinder 对象会直接
            * 传给客户端的 ServiceConnection 对象
            * 的 onServiceConnected 方法的第二个参数
            * 在绑定远程 Service 的情况下，只将 catBinder 对象的代理
            * 传给客户端的 ServiceConnection 对象
            * 的 onServiceConnected 方法的第二个参数
            */
            return catBinder; //①
        }
        @Override
        public void onDestroy()
        {
            timer.cancel();
        }
}
```

（3）在文件 AndroidManifest.xml 中配置创建的 Service，具体实现代码如下所示。

```
<application
    android:icon="@drawable/ic_launcher"
    android:label="@string/app_name">
    <!-- 定义一个 Service 组件 -->
    <service android:name="org.service.AidlService">
        <intent-filter>
            <action android:name="org.aidl.action.AIDL_SERVICE" />
        </intent-filter>
    </service>
</application>
```

8.2.3 客户端访问 AIDL Service

例如下面的实例演示了创建 AIDL 文件，并将接口暴露给客户端的基本过程。

题　目	目　的	源 码 路 径
实例 8-5	客户端访问 AIDL Service	光盘:\daima\8\8.2\AidlClientEX

本实例的具体实现流程如下。

（1）编写布局文件 main.xml，在屏幕界面中插入一个按钮和两个文本框，具体实现代码如下所示。

```
<LinearLayout xmlns:android="http://schemas.android.com/apk/res/android"
    android:orientation="vertical"
    android:layout_width="fill_parent"
    android:layout_height="fill_parent"
```

```
    >
<Button
    android:id="@+id/get"
    android:layout_width="wrap_content"
    android:layout_height="wrap_content"
    android:text="@string/get"
    android:layout_gravity="center_horizontal"
    />
<TextView
    android:layout_width="wrap_content"
    android:layout_height="wrap_content"
    android:text="@string/get"
    />
<EditText
    android:id="@+id/color"
    android:layout_width="fill_parent"
    android:layout_height="wrap_content"
    android:editable="false"
    android:focusable="false"
    />
<TextView
    android:layout_width="wrap_content"
    android:layout_height="wrap_content"
    android:text="@string/get"
    />
<EditText
    android:id="@+id/weight"
    android:layout_width="fill_parent"
    android:layout_height="wrap_content"
    android:editable="false"
    android:focusable="false"
    />
</LinearLayout>
```

（2）编写接口文件 ICat.aidl，功能是创建一个 AIDL 接口，具体实现代码如下所示。

```
package org.service;

interface ICat
{
    String getColor();
    double getWeight();
}
```

（3）文件 AidlClient.java 的功能是，当单击屏幕中的按钮后，在文本框中显示获取的数据。文件 AidlClient.java 的具体实现代码如下所示。

```
public class AidlClient extends Activity
{
    private ICat catService;
    private Button get;
    EditText color, weight;
    private ServiceConnection conn = new ServiceConnection()
    {
```

```
        @Override
        public void onServiceConnected(ComponentName name,
            IBinder service)
        {
            //获取远程 Service 的 onBind()方法返回的对象的代理
            catService = ICat.Stub.asInterface(service);
        }

        @Override
        public void onServiceDisconnected(ComponentName name)
        {
            catService = null;
        }
    };

    @Override
    public void onCreate(Bundle savedInstanceState)
    {
        super.onCreate(savedInstanceState);
        setContentView(R.layout.main);
        get = (Button) findViewById(R.id.get);
        color = (EditText) findViewById(R.id.color);
        weight = (EditText) findViewById(R.id.weight);
        //创建所需绑定的 Service 的 Intent
        Intent intent = new Intent();
        intent.setAction("org.aidl.action.AIDL_SERVICE");
        //绑定远程 Service
        bindService(intent, conn, Service.BIND_AUTO_CREATE);
        get.setOnClickListener(new OnClickListener()
        {
            @Override
            public void onClick(View arg0)
            {
                try
                {
                    //获取并显示远程 Service 的状态
                    color.setText(catService.getColor());
                    weight.setText(catService.getWeight() + "");
                }
                catch (RemoteException e)
                {
                    e.printStackTrace();
                }
            }
        });
    }

    @Override
    public void onDestroy()
    {
        super.onDestroy();
```

```
            //解除绑定
            this.unbindService(conn);
        }
    }
```

执行后会发现客户端访问和绑定本地服务的实现代码类似，只是获取 Service 回调对象的方式不同。单击按钮的执行效果如图 8-8 所示。

图 8-8　执行效果

8.3　BroadcastReceiver 详解

知识点讲解：光盘:视频\知识点\第 8 章\BroadcastReceiver 详解.avi

BroadcastReceiver 意为广播接收器，是 Android 系统中内置的 4 大核心组件之一。本节将详细讲解 BroadcastReceiver 的基本知识，为读者步入本书后面知识的学习打下基础。

8.3.1　BroadcastReceiver 基础

在 Android 系统中，BroadcastReceiver 广播接收器是一个专注于接收广播通知信息，并做出对应处理的组件。很多广播是源自于系统代码的，例如，通知时区改变、电池电量低、拍摄了一张照片，或者用户改变了语言选项。应用程序也可以进行广播，例如，通知其他应用程序一些数据下载完成并处于可用状态。

Android 应用程序可以拥有任意数量的广播接收器以对所有它感兴趣的通知信息予以响应。所有的接收器均继承自 BroadcastReceiver 基类。

Android 系统中的广播接收器没有用户界面，但是可以启动一个 Activity 来响应它们收到的信息，或者用 NotificationManager 来通知用户。通知可以用很多种方式来吸引用户的注意力，例如闪动背灯、振动、播放声音等。一般来说是在状态栏上放一个持久的图标，用户可以打开它并获取消息。

Android 系统中的广播事件有两种，具体说明如下。

☑ 一种就是系统广播事件，例如，ACTION_BOOT_COMPLETED（系统启动完成后触发）、ACTION_TIME_CHANGED（系统时间改变时触发）、ACTION_BATTERY_LOW（电量低时触发）等。

☑ 一种是开发人员自定义的广播事件。

在 Android 应用程序中，广播事件的基本流程如下。

（1）注册广播事件：注册方式有两种，一种是静态注册，就是在 AndroidManifest.xml 文件中定义，注册的广播接收器必须要继承 BroadcastReceiver；另一种是动态注册，是在程序中使用 Context.register Receiver 注册，注册的广播接收器相当于一个匿名类。两种方式都需要 IntentFilter。

（2）发送广播事件：通过 Context.sendBroadcast 来发送，由 Intent 来传递注册时用到的 Action。

（3）接收广播事件：当发送的广播被接收器监听到后，会调用它的 onReceive()方法，并将包含消息的 Intent 对象传给它。onReceive 中代码的执行时间不要超过 5 秒，否则 Android 会弹出超时 Dialog（对话框）。

8.3.2 Receiver 的生命周期

在 Android 应用程序中，一个 BroadcastReceiver 的对象仅在调用 onReceiver(Context, Intent)的时间中有效。一旦用户的代码从这个函数中返回，那么系统就认为这个对象应该结束了，不能再被激活。在 onReceive(Context, Intent)中的实现有着非常重要的影响：任何对于异步操作的请求都是不允许的，因为你可能需要从这个函数中返回去处理异步的操作，但是在这种情况下，BroadcastReceiver 将不会再被激活，因此系统就会在异步操作之前杀死这个进程。

不应该在一个 BroadcastReceiver 中显示一个对话框或者绑定一个服务。对于前者（显示一个对话框）来说，应该用 NotificationManagerAPI 来替代。对于后者（绑定一个服务）来说，可以使用 Context.startService()发送一个命令给那个服务来实现绑定效果。

Receiver 的存取权限可以通过在发送方的 Intent 或者接收方的 Intent 中强制指定。在发送一个 Broadcast 时强制指定权限，就必须提供一个非空的 permission 参数给 sendBroadcast(Intent,String)或者是 sendOrderedBroadcast(Intent, String, BroadcastReceiver, android.os.Handel, int, String, Bundle)。只有那些拥有这些权限（通过在相应的 AndroidManifest.xml 文件中声明<uses-permission> 标签）的 Receiver 能够接收这些 Broadcast。

在接收一个 Broadcast 时强制指定权限，就必须在注册 Receiver 时提供一个非空的 permission 参数，无论是在调用 registerReceiver(BroadcastReceiver,IntentFilter,String,android.os.Handler)或者是在 AndroidManifest.xml 文件中通过<receiver>静态标签来声明，只有那些拥有这些权限（通过在相应的 AndroidManifest.xml 文件中查询<uses-permission>标签来获知）的发送方才能够给这个 Receiver 发送 Intent。

8.3.3 基本操作

1. BroadcastReceiver 接收系统自带的广播

下面进行讲解演示，功能是在系统启动时播放一段音乐，具体实现流程如下。

（1）建立一个项目 BroadcastReceiver，复制一段音乐到 res\raw 目录中。

（2）编写程序文件 HelloBroadcastReceiver.java，具体代码如下所示。

```
Codepackage android.basic.aaa;

import android.content.BroadcastReceiver;
import android.content.Context;
import android.content.Intent;
import android.media.MediaPlayer;
import android.util.Log;

public class HelloBroadReciever extends BroadcastReceiver {

    //如果接收的事件发生
    @Override
    public void onReceive(Context context, Intent intent) {
        //则输出日志
        Log.e("HelloBroadReciever", "BOOT_COMPLETED!!!!!!!!!!!!!!!!!!!!!!!!!!");
        Log.e("HelloBroadReciever", ""+intent.getAction());

        //则播放一段音乐
```

```
            MediaPlayer.create(context, R.raw.babayetu).start();
      }
}
```

（3）在文件 AndroidManifest.xml 中注册这个 Receiver，具体实现代码如下所示。

```
<?xml version="1.0" encoding="utf-8"?>
    <manifest xmlns:android="http://schemas.android.com/apk/res/android" android:versionname="1.0" android:
versioncode="1" package="android.basic.lesson21">
        <application android:icon="@drawable/icon" android:label="@string/app_name">
            <activity android:label="@string/app_name" android:name=".MainBroadcastReceiver">
                <intent -filter="">
                    <action android:name="android.intent.action.MAIN">
                    <category android:name="android.intent.category.LAUNCHER">
                </category></action></intent>
            </activity>
        <!-- 定义 Broadcast Receiver 指定监听的 Action -->
        <receiver android:name="HelloBroadReciever">
                <intent -filter="">
                    <action android:name="android.intent.action.BOOT_COMPLETED">
                </action></intent>
        </receiver>
    </application></manifest>
```

在模拟器中运行上述程序，在 LogCat 中会看到如图 8-9 所示的效果。同时能在模拟器中听到音乐播放的声音。这说明确实接收到了系统启动的广播事件，并做出了响应。

```
07-28 04:55:27.024  D  232  Exchange             BootReceiver onReceive
07-28 04:55:27.034  I  59   ActivityManager      Start proc com.newcosoft.recevie for
07-28 04:55:27.054  D  232  EAS SyncManager      !!! EAS SyncManager, onCreate
07-28 04:55:27.444  E  240  MyReceiver2          SUCCESS!!!
07-28 04:55:27.664  D  232  EAS SyncManager      !!! EAS SyncManager, onStartCommand
07-28 04:55:27.694  D  232  EAS SyncManager      !!! EAS SyncManager, stopping self
```

图 8-9　LogCat 界面

2. 自定义广播

下面演示自己制作一个广播的过程，接着上面的演示代码，具体实现流程如下。

（1）在文件 MainBroadcastReceiver.java 中编写如下代码。

```
Codepackage android.basic.aaa;

import android.app.Activity;
import android.content.Intent;
import android.os.Bundle;
import android.view.View;
import android.widget.Button;

public class MainBroadcastReceiver extends Activity {
     /** Called when the activity is first created. */
     @Override
     public void onCreate(Bundle savedInstanceState) {
          super.onCreate(savedInstanceState);
          setContentView(R.layout.main);

          Button b1 = (Button) findViewById(R.id.Button01);
```

```
        b1.setOnClickListener(new View.OnClickListener() {

            @Override
            public void onClick(View v) {
                //定义一个 Intent
                Intent intent = new Intent().setAction(
                        "android.basic.lesson21.Hello").putExtra("yaoyao",
                        "yaoyao is 189 days old ,27 weeks -- 2010-08-10");
                //广播出去
                sendBroadcast(intent);
            }
        });
    }
}
```

（2）更改文件 HelloBroadReceiver.java 的内容，具体实现代码如下所示。

```
Codepackage android.basic.aaa;

import android.content.BroadcastReceiver;
import android.content.Context;
import android.content.Intent;
import android.media.MediaPlayer;
import android.util.Log;

public class HelloBroadReciever extends BroadcastReceiver {

    //如果接收的事件发生
    @Override
    public void onReceive(Context context, Intent intent) {
        //对比 Action 决定输出什么信息
        if(intent.getAction().equals("android.intent.action.BOOT_COMPLETED")){
            Log.e("HelloBroadReciever", "BOOT_COMPLETED !!!!!!!!!!!!!!!!!!!!!!!!");
        }

        if(intent.getAction().equals("android.basic.lesson21.Hello")){
            Log.e("HelloBroadReciever", "Say Hello to Yaoyao !!!!!!!!!!!!!!!!!!!!!!!!");
            Log.e("HelloBroadReciever", intent.getStringExtra("yaoyao"));
        }

        //播放一段音乐
        MediaPlayer.create(context, R.raw.babayetu).start();
    }
}
```

（3）修改文件 AndroidManifest.xml 的内容，具体实现代码如下所示。

```
<?xml version="1.0" encoding="utf-8"?>
<manifest xmlns:android="http://schemas.android.com/apk/res/android" package="android.basic.lesson21"
android:versionname="1.0" android:versioncode="1">
    <application android:icon="@drawable/icon" android:label="@string/app_name">
        <activity android:label="@string/app_name" android:name=".MainBroadcastReceiver">
            <intent -filter="">
                <action android:name="android.intent.action.MAIN">
```

```
            <category android:name="android.intent.category.LAUNCHER">
        </category></action></intent>
    </activity>
    <!--定义 Broadcast Receiver 指定监听的 Action，这里我们的接收器接收了两个 Action，一个系统的，一个我们自定义的-->
    <receiver android:name="HelloBroadReciever">
        <intent -filter="">
            <action android:name="android.intent.action.BOOT_COMPLETED">
        </action></intent>
        <intent -filter="">
            <action android:name="android.basic.lesson21.HelloYaoYao">
        </action></intent>

    </receiver>
</application>
<uses -sdk="" android:minsdkversion="8">
</uses></manifest>
```

运行后会听见声音，查看 LogCat 得到的效果如图 8-10 所示。

Time		pid	tag	Message
0...	I	68	ActivityManager	Start proc com.android.defcontainer for servic
0...	I	68	ActivityManager	Start proc android.basic.lesson21 for broadcas
0...	D	68	SntpClient	request time failed: java.net.SocketException:
0...	E	235	HelloBroadReciever	BOOT_COMPLETED!!!!!!!!!!!!!!!!!!!!!!!
0...	E	235	HelloBroadReciever	android.intent.action.BOOT_COMPLETED
0...	D	34	AudioSink	bufferCount (4) is too small and increased to

图 8-10　LogCat 界面

在使用 Broadcast 时应该注意到，BroadcastReceiver 的子类别都是无状态的类别，每次收到发送广播事件后，BroadcastReceiver 都会创建一个新的对象，然后再执行 onReceive()函数。当 onReceive()函数执行完毕后，就立刻删除该对象，下次再收到此广播后又会创建一个新的对象。所以说 Broadcast 组建是 Android 中最轻薄、最短小的组建。

接下来增加了一个 static 的变量 numStatic 和 num，具体实现代码如下所示。

```
package com.androidtest.broadcaster;

import android.content.BroadcastReceiver;
import android.content.Context;
import android.content.Intent;
import android.util.Log;

public class Broadcaster extends BroadcastReceiver{

    private static final String TAG = "Broadcaster";
    private static int numStatic=100 ;
    private int num =100 ;
    @Override
    public void onReceive(Context context, Intent intent) {

        //自动生成代码
        String string = intent.getAction();
        numStatic= numStatic+50;
```

```
        num=100+50;
        Log.v(TAG    , "The action is "+ string + "Static Number is :" + numStatic
                + " Object num is :" + num);

    }

}
```

当多次发送广播后在 LogCat 中会输出如图 8-11 所示的结果。此时可以看到 static Number 每次执行都会增加，而 Object Num 因为每次都要创建，所以一直都是一个固定的值。

LogCat　Console

Log

Time		pid	tag	Message
06-21 17:09...	V	478	Broad...	The action is testStatic Number is :250 Object num is :150
06-21 17:09...	V	478	Broad...	The action is testStatic Number is :300 Object num is :150
06-21 17:09...	V	478	Broad...	The action is testStatic Number is :350 Object num is :150
06-21 17:09...	V	478	Broad...	The action is testStatic Number is :400 Object num is :150
06-21 17:09...	V	478	Broad...	The action is testStatic Number is :450 Object num is :150

图 8-11　LogCat 界面

8.4　短信处理和电话处理

知识点讲解：光盘:视频\知识点\第 8 章\短信处理和电话处理.avi

在 Android 应用程序中，在类 TelephonyManager 中提供了用于访问与手机通信相关的状态和信息的 get 方法实现电话处理功能，其中包括手机 SIM 的状态和信息、电信网络的状态及手机用户的信息。通过类 SmsManager 提供的方法可以实现短信收发功能。

8.4.1　SmsManager 类介绍

类 SmsManager 继承自 java.lang.Object 类，此类主要包括如下成员。

1．公有方法

（1）ArrayList<String> divideMessage(String text)

功能：当短信超过 SMS 消息的最大长度时，将短信分割为几块。

参数：text——初始的消息，不能为空。

返回值：有序的 ArrayList<String>，可以重新组合为初始的消息。

（2）static SmsManager getDefault()

功能：获取 SmsManager 的默认实例。

返回值：SmsManager 的默认实例。

（3）void SendDataMessage(String destinationAddress, String scAddress, short destinationPort, byte[] data, PendingIntent sentIntent, PendingIntent deliveryIntent)

功能：发送一个基于 SMS 的数据到指定的应用程序端口。

参数说明如下。

☑　destinationAddress：消息的目标地址。

☑　scAddress：服务中心的地址，如果为空，则使用当前默认的 SMSC。

☑　destinationPort：消息的目标端口号。

- ☑ data：消息的主体，即消息要发送的数据。
- ☑ sentIntent：如果不为空，当消息成功发送或失败，这个 PendingIntent 就广播。结果代码是 Activity.RESULT_OK 表示成功，或 RESULT_ERROR_GENERIC_FAILURE、RESULT_ERROR_RADIO_OFF、RESULT_ERROR_NULL_PDU 之一表示错误。对应 RESULT_ERROR_GENERIC_FAILURE，sentIntent 可能包括额外的“错误代码”包含一个无线电广播技术特定的值，通常只在修复故障时有用。

每一个基于 SMS 的应用程序控制检测 sentIntent。如果 sentIntent 为空，调用者将检测所有未知的应用程序，这将导致在检测时发送较小数量的 SMS。

- ☑ deliveryIntent：如果不为空，当消息成功传送到接收者时这个 PendingIntent 就广播。

异常：如果 destinationAddress 或 data 为空时，则抛出 IllegalArgumentException 异常。

（4）void sendMultipartTextMessage(String destinationAddress, String scAddress, ArrayList<String> parts, ArrayList<PendingIntent> sentIntents, ArrayList<PendingIntent>deliverIntents)

功能：发送一个基于 SMS 的多部分文本，调用者应用已经通过调用 divideMessage(String text)将消息分割成正确的大小。

参数说明如下。

- ☑ destinationAddress：消息的目标地址。
- ☑ scAddress：服务中心的地址为空使用当前默认的 SMSC。
- ☑ parts：有序的 ArrayList<String>，可以重新组合为初始的消息。
- ☑ sentIntents：与 SendDataMessage 方法中一样，但这里的是一组 PendingIntent。
- ☑ deliverIntents：与 SendDataMessage 方法中一样，但这里的是一组 PendingIntent。

异常：如果 destinationAddress 或 data 为空时，抛出 IllegalArgumentException 异常。

（5）void sendTextMessage(String destinationAddress, String scAddress, String text, PendingIntent sentIntent, PendingIntent deliveryIntent)

功能：发送一个基于 SMS 的文本，各个参数的具体意义和异常与前面一样。

2. 常量

（1）public static final int RESULT_ERROR_GENERIC_FAILURE

功能：表示普通错误，值为 1（0x00000001）。

（2）public static final int RESULT_ERROR_NO_SERVICE

功能：表示服务当前不可用，值为 4（0x00000004）。

（3）public static final int RESULT_ERROR_NULL_PDU

功能：表示没有提供 pdu，值为 3（0x00000003）。

（4）public static final int RESULT_ERROR_RADIO_OFF

功能：表示无线广播被明确地关闭，值为 2（0x00000002）。

（5）public static final int STATUS_ON_ICC_FREE

功能：表示自由空间，值为 0（0x00000000）。

（6）public static final int STATUS_ON_ICC_READ

功能：表示接收且已读，值为 1（0x00000001）。

（7）public static final int STATUS_ON_ICC_SENT

功能：表示存储且已发送，值为 5（0x00000005）。

（8）public static final int STATUS_ON_ICC_UNREAD

功能：表示接收但未读，值为 3（0x00000003）。

（9）public static final int STATUS_ON_ICC_UNSENT

功能：表示存储但未发送，值为 7（0x00000007）。

8.4.2 TelephonyManager 类介绍

在 Android 应用程序中，类 TelephonyManager 的对象可以通过方法 Context.getSystemService(Context. TELEPHONY_SERVICE)来获得，需要注意的是有些通信信息的获取对应用程序的权限有一定的限制，在开发时需要为其添加如下相应的权限。

```
<uses-permission android:name="android.permission.READ_PHONE_STATE" />
```

类 TelephonyManager 中的所有方法及具体说明如下所示。

```
package com.ljq.activity;

import java.util.List;

import android.app.Activity;
import android.content.Context;
import android.os.Bundle;
import android.telephony.CellLocation;
import android.telephony.NeighboringCellInfo;
import android.telephony.TelephonyManager;

public class TelephonyManagerActivity extends Activity {

    @Override
    public void onCreate(Bundle savedInstanceState) {
        super.onCreate(savedInstanceState);
        setContentView(R.layout.main);

        TelephonyManager tm = (TelephonyManager) getSystemService(Context.TELEPHONY_SERVICE);
        /**
        * 返回电话状态
        *
        * CALL_STATE_IDLE 无任何状态时
        * CALL_STATE_OFFHOOK 接起电话时
        * CALL_STATE_RINGING 电话进来时
        */
        tm.getCallState();
        //返回当前移动终端的位置
        CellLocation location=tm.getCellLocation();
        //请求位置更新，如果更新将产生广播，接收对象为注册 LISTEN_CELL_LOCATION 的对象，需要的
permission 名称为 ACCESS_COARSE_LOCATION
        location.requestLocationUpdate();
        /**
        * 获取数据活动状态
        *
        * DATA_ACTIVITY_IN 数据连接状态：活动，正在接收数据
        * DATA_ACTIVITY_OUT 数据连接状态：活动，正在发送数据
        * DATA_ACTIVITY_INOUT 数据连接状态：活动，正在接收和发送数据
        * DATA_ACTIVITY_NONE 数据连接状态：活动，但无数据发送和接收
        */
```

```
tm.getDataActivity();
/**
* 获取数据连接状态
*
* DATA_CONNECTED 数据连接状态：已连接
* DATA_CONNECTING 数据连接状态：正在连接
* DATA_DISCONNECTED 数据连接状态：断开
* DATA_SUSPENDED 数据连接状态：暂停
*/
tm.getDataState();
/**
 * 返回当前移动终端的唯一标识
 *
 * 如果是 GSM 网络，返回 IMEI；如果是 CDMA 网络，返回 MEID
 */
tm.getDeviceId();
//返回移动终端的软件版本，例如：GSM 手机的 IMEI/SV 码
tm.getDeviceSoftwareVersion();
//返回手机号码，对于 GSM 网络来说即 MSISDN
tm.getLine1Number();
//返回当前移动终端附近移动终端的信息
List<NeighboringCellInfo> infos=tm.getNeighboringCellInfo();
for(NeighboringCellInfo info:infos){
    //获取邻居小区号
    int cid=info.getCid();
    //获取邻居小区 LAC，LAC：位置区域码。为了确定移动台的位置，每个 GSM/PLMN 的覆盖区都被
划分成许多位置区，LAC 则用于标识不同的位置区
    info.getLac();
    info.getNetworkType();
    info.getPsc();
    //获取邻居小区信号强度
    info.getRssi();
}
//返回 ISO 标准的国家码，即国际长途区号
tm.getNetworkCountryIso();
//返回 MCC+MNC 代码（SIM 卡运营商国家代码和运营商网络代码）（IMSI）
tm.getNetworkOperator();
//返回移动网络运营商的名字（SPN）
tm.getNetworkOperatorName();
/**
 * 获取网络类型
 *
 * NETWORK_TYPE_CDMA 网络类型为 CDMA
 * NETWORK_TYPE_EDGE 网络类型为 EDGE
 * NETWORK_TYPE_EVDO_0 网络类型为 EVDO0
 * NETWORK_TYPE_EVDO_A 网络类型为 EVDOA
 * NETWORK_TYPE_GPRS 网络类型为 GPRS
 * NETWORK_TYPE_HSDPA 网络类型为 HSDPA
 * NETWORK_TYPE_HSPA 网络类型为 HSPA
 * NETWORK_TYPE_HSUPA 网络类型为 HSUPA
 * NETWORK_TYPE_UMTS 网络类型为 UMTS
 *
 * 在中国，联通的 3G 为 UMTS 或 HSDPA，移动和联通的 2G 为 GPRS 或 EGDE，电信的 2G 为 CDMA，
```

```
电信的 3G 为 EVDO
         */
        tm.getNetworkType();
        /**
         * 返回移动终端的类型
         *
         * PHONE_TYPE_CDMA 手机制式为 CDMA，电信
         * PHONE_TYPE_GSM 手机制式为 GSM，移动和联通
         * PHONE_TYPE_NONE 手机制式未知
         */
        tm.getPhoneType();
        //返回 SIM 卡提供商的国家代码
        tm.getSimCountryIso();
        //返回 MCC+MNC 代码（SIM 卡运营商国家代码和运营商网络代码）(IMSI)
        tm.getSimOperator();
        tm.getSimOperatorName();
        //返回 SIM 卡的序列号(IMEI)
        tm.getSimSerialNumber();
        /**
         * 返回移动终端
         *
         * SIM_STATE_ABSENT SIM 卡未找到
         * SIM_STATE_NETWORK_LOCKED SIM 卡网络被锁定，需要 Network PIN 解锁
         * SIM_STATE_PIN_REQUIRED SIM 卡 PIN 被锁定，需要 User PIN 解锁
         * SIM_STATE_PUK_REQUIRED SIM 卡 PUK 被锁定，需要 User PUK 解锁
         * SIM_STATE_READY SIM 卡可用
         * SIM_STATE_UNKNOWN SIM 卡未知
         */
        tm.getSimState();
        //返回用户唯一标识，如 GSM 网络的 IMSI 编号
        tm.getSubscriberId();
        //获取语音信箱号码关联的字母标识
        tm.getVoiceMailAlphaTag();
        //返回语音邮件号码
        tm.getVoiceMailNumber();
        tm.hasIccCard();
        //返回手机是否处于漫游状态
        tm.isNetworkRoaming();
        // tm.listen(PhoneStateListener listener, int events) ;

        //解释：
        //IMSI 是国际移动用户识别码的简称（International Mobile Subscriber Identity）
        //IMSI 共有 15 位，其结构如下：
        //MCC+MNC+MIN
        //MCC：Mobile Country Code，移动国家码，共 3 位，中国为 460
        //MNC：Mobile NetworkCode，移动网络码，共 2 位
        //在中国，移动的代码为 00 和 02，联通的代码为 01，电信的代码为 03
        //合起来就是（也是 Android 手机中 APN 配置文件中的代码）：
        //中国移动：46000 46002
        //中国联通：46001
        //中国电信：46003
        //举例，一个典型的 IMSI 号码为 460030912121001
```

```
        //IMEI 是 International Mobile Equipment Identity（国际移动设备标识）的简称
        //IMEI 由 15 位数字组成的“电子串号”，它与每台手机一一对应，而且该码是全世界唯一的
        //其组成为：
        //1. 前 6 位数(TAC)是“型号核准号码”，一般代表机型
        //2. 接着的 2 位数(FAC)是“最后装配号”，一般代表产地
        //3. 之后的 6 位数(SNR)是“串号”，一般代表生产顺序号
        //4. 最后 1 位数(SP)通常是“0”，为检验码，目前暂备用
    }
}
```

8.4.3　实战演练——监听短信是否发送成功

当发送短信后，我们往往比较关心是否发送成功。在接下来的程序中，当发送一条短信后会及时提供一条说明短信是发送成功还是失败的信息。手机的默认程序可以捕捉到发送状态，这是因为经过系统广播的信息，程序可以捕捉到发送结果。接下来的实例代码演示了衍生广播类 mServiceReceiver 的方法，并在这个 Receiver 中判断短信的发送结果。

题　　目	目　　的	源 码 路 径
实例 8-6	监听短信是否发送成功	光盘:\daima\8\8.4\jianting

编写文件是 jianting.java，其具体实现流程如下。

（1）创建两个 mServiceReceiver 对象作为类成员变量，然后分别创建 mButton1、mButton2、mTextView01、mEditText1 和 mEditText2 对象。主要代码如下所示。

```
/*创建两个 mServiceReceiver 对象，作为类成员变量*/
private mServiceReceiver mReceiver01, mReceiver02;
private Button mButton1;
private TextView mTextView01;
private EditText mEditText1, mEditText2;
```

（2）自定义 ACTION 常数作为广播的 IntentFilter 识别常数。分别通过 mEditText1 获取电话号码，通过 mEditText2 获取信息内容，然后设置默认为 5556 表示第二个模拟器的 Port。主要代码如下所示。

```
/* 自定义 ACTION 常数，作为广播的 IntentFilter 识别常数 */
private String SMS_SEND_ACTIOIN = "SMS_SEND_ACTIOIN";
private String SMS_DELIVERED_ACTION = "SMS_DELIVERED_ACTION";

/** Called when the activity is first created. */
@Override
public void onCreate(Bundle savedInstanceState)
{
  super.onCreate(savedInstanceState);
  setContentView(R.layout.main);
  mTextView01 = (TextView)findViewById(R.id.myTextView1);
  /* 电话号码 */
  mEditText1 = (EditText) findViewById(R.id.myEditText1);
  /* 短信内容 */
  mEditText2 = (EditText) findViewById(R.id.myEditText2);
  mButton1 = (Button) findViewById(R.id.myButton1);
  //mEditText1.setText("+12345678");
  /* 设置默认为 5556 表示第二个模拟器的 Port */
```

```
  mEditText1.setText("5556");
  mEditText2.setText("Hello AAA!");
```

（3）设置单击按钮后的事件处理程序，strDestAddress 对象是欲发送的电话号码，strMessage 对象是要发送的内容。主要代码如下所示。

```
/*发送 SMS 短信按钮事件处理*/
mButton1.setOnClickListener(new Button.OnClickListener()
{
  @Override
  public void onClick(View arg0)
  {
    /*欲发送的电话号码*/
    String strDestAddress = mEditText1.getText().toString();
    /*欲发送的短信内容*/
    String strMessage = mEditText2.getText().toString();
```

（4）创建 SmsManager 对象 smsManager 来发送短信，具体流程如下。

- ☑ 创建自定义 Action 常数的 Intent。
- ☑ 用 sentIntent 参数为传送后接收的广播信息 PendingIntent。
- ☑ 用 deliveryIntent 参数为送达后接收的广播信息 PendingIntent。
- ☑ 发送 SMS 短信。
- ☑ 有异常则用 mTextView01.setText(e.toString())输出异常。

主要代码如下所示。

```
      /* 创建 SmsManager 对象 */
      SmsManager smsManager = SmsManager.getDefault();

      // TODO Auto-generated method stub
      try
      {
        /* 创建自定义 Action 常数的 Intent(给 PendingIntent 参数用) */
        Intent itSend = new Intent(SMS_SEND_ACTIOIN);
        Intent itDeliver = new Intent(SMS_DELIVERED_ACTION);
        /* sentIntent 参数为传送后接收的广播信息 PendingIntent */
        PendingIntent mSendPI = PendingIntent.getBroadcast
        (getApplicationContext(), 0, itSend, 0);
        /* deliveryIntent 参数为送达后接收的广播信息 PendingIntent */
        PendingIntent mDeliverPI = PendingIntent.getBroadcast
        (getApplicationContext(), 0, itDeliver, 0);
        /* 发送 SMS 短信，注意倒数的两个 PendingIntent 参数 */
        smsManager.sendTextMessage
        (strDestAddress, null, strMessage, mSendPI, mDeliverPI);
        mTextView01.setText(R.string.str_sms_sending);
      }
      catch(Exception e)
      {
        mTextView01.setText(e.toString());
        e.printStackTrace();
      }
    }
  });
}
```

（5）自定义 mServiceReceiver 来覆盖 BroadcastReceiver 以聆听短信状态信息。如果发送短信成功则输出“成功发送”提示，如果发送短信失败则输出“发送失败”提示。主要代码如下所示。

```
/* 自定义 mServiceReceiver 覆盖 BroadcastReceiver 聆听短信状态信息 */
public class mServiceReceiver extends BroadcastReceiver
{
  @Override
  public void onReceive(Context context, Intent intent)
  {

    try
    {
      /* android.content.BroadcastReceiver.getResultCode()方法 */
      switch(getResultCode())
      {
        case Activity.RESULT_OK:
          /* 发送短信成功 */
          //mTextView01.setText(R.string.str_sms_sent_success);
          mMakeTextToast
          (
            getResources().getText
            (R.string.str_sms_sent_success).toString(),
            true
          );
          break;
        case SmsManager.RESULT_ERROR_GENERIC_FAILURE:
          /* 发送短信失败 */
          mMakeTextToast
          (
            getResources().getText
            (R.string.str_sms_sent_failed).toString(),
            true
          );
          break;
        case SmsManager.RESULT_ERROR_RADIO_OFF:
          break;
        case SmsManager.RESULT_ERROR_NULL_PDU:
          break;
      }
    }
    catch(Exception e)
    {
      mTextView01.setText(e.toString());
      e.getStackTrace();
    }
  }
}
```

（6）定义方法 mMakeTextToast()输出发送成功还是失败的提示，主要代码如下所示。

```
public void mMakeTextToast(String str, boolean isLong)
{
  if(isLong==true)
  {
    Toast.makeText(example12.this, str, Toast.LENGTH_LONG).show();
```

```
    }
    else
    {
      Toast.makeText(example12.this, str, Toast.LENGTH_SHORT).show();
    }
  }
```

（7）定义方法 onResume()来重启 Activity，主要代码如下所示。

```
@Override
protected void onResume()
{
  /* 自定义 IntentFilter 为 SENT_SMS_ACTIOIN Receiver */
  IntentFilter mFilter01;
  mFilter01 = new IntentFilter(SMS_SEND_ACTIOIN);
  mReceiver01 = new mServiceReceiver();
  registerReceiver(mReceiver01, mFilter01);
  /* 自定义 IntentFilter 为 DELIVERED_SMS_ACTION Receiver */
  mFilter01 = new IntentFilter(SMS_DELIVERED_ACTION);
  mReceiver02 = new mServiceReceiver();
  registerReceiver(mReceiver02, mFilter01);

  super.onResume();
}
```

（8）定义方法 onPause()来暂停 Activity，主要代码如下所示。

```
  @Override
  protected void onPause()
  {
    /* 取消注册自定义 Receiver */
    unregisterReceiver(mReceiver01);
    unregisterReceiver(mReceiver02);

    super.onPause();
  }
}
```

到此为止，整个实例全部介绍完毕，发送短信后会显示短信是否发送成功的提示，如图 8-12 所示。

图 8-12　短信提示

第 9 章　应用资源管理机制详解

在 Android 应用程序中，通常将 res 目录和 assets 目录作为资源目录，在里面保存本工程项目需要的资源文件，例如图片、XML、视频、音频和 Web 文件。本章将详细讲解在 Android 系统应用中资源管理机制的基本知识，为读者步入本书后面知识的学习打下基础。

☑ 065：改变手机的主题.pdf
☑ 066：设置 Style.pdf
☑ 067：带图提醒的妙用.pdf
☑ 068：实现类似于 MSN、QQ 状态效果.pdf
☑ 069：检索手机中的通讯录.pdf
☑ 070：获取手机屏幕的分辨率.pdf
☑ 071：获取手机剩余的电池容量.pdf
☑ 072：Android 的通话机制.pdf

知识拓展

9.1　Android 的资源类型

知识点讲解：光盘:视频\知识点\第 9 章\Android 的资源类型.avi

可以将 Android 应用程序中的资源分为如下两大类。

☑ 无法通过 R 清单类访问的原生资源，通常被保存在 assets 目录下。
☑ 可以通过 R 资源清单类访问的资源，通常被保存在 res 目录下。在编写应用程序时，Android SDK 会在 R 类中为它们创建对应的索引项。

Android 规定在 res 目录下使用不同的子目录保存不同的应用资源，在下面的表 9-1 中列出了主要 Android 资源类型在 res 目录下的存储方式。

表 9-1　Android 应用资源类型的存储约定

目　录	存放的资源类型
/res/animator/	存放定义属性动画的 XML 文件
/res/anim/	存放定义补间动画的 XML 文件
/res/color/	存放定义不同状态下颜色列表的 XML 文件
/res/drawable/	该目录下存放各种位图文件（如*.png、*.9.png、*.jpg、*.gif 等），也可能是能编辑成如下各种 Drawable 对象的 XML 文件 ☑ BitmapDrawable ☑ NinePatchDrawable 对象 ☑ StateListDrawable 对象

续表

目　录	存放的资源类型
/res/drawable/	☑ ShapeDrawable 对象 ☑ AnimationDrawable 对象 ☑ Drawable 的其他各种子类的对象
/res/layout/	存放各种用户界面的布局文件
/res/menu/	存放为应用程序定义各种菜单的资源，包括选项菜单、子菜单、上下文菜单资源
/res/raw/	该目录下存放任意类型的原生资源（例如音频文件、视频文件等）。在 Java 代码中可通过调用 Resources 对象的 openRawResources(int id)方法来获取该资源的二进制输入流。实际上，如果应用程序需要使用原生资源，推荐把这些原生资源保存到\assets 目录下，然后在应用程序中使用 AssetManager 来访问这些资源
/res/values/	存放各种简单的 XML 文件。这些简单值包括字符串值、整数值、颜色值、数组等。字符串值、整数值、颜色值、数组等各种值都存放在该目录下，而且这些资源文件的根元素都是<resources.../>元素，当为该<resources.../>元素添加不同的子元素则代表不同的资源，例如通常的做法如下。 ☑ string/integer/bool 子元素：代表添加一个字符串值、整数值或 boolean 值 ☑ color 子元素：代表添加一个颜色值 ☑ array 子元素或 string-array 子元素、int-array 子元素：代表添加一个数组 ☑ style 子元素：代表添加一个样式 ☑ dimen：代表添加一个尺寸 …… 由于各种简单值都可定义在\res\values 目录下的资源文件中，如果在同一份资源文件中定义各种值，势必增加程序维护的难度。为此，Android 建议使用不同的文件来存放不同类型的值，例如通常的做法如下。 ☑ arrays.xml：定义数组资源 ☑ colors.xml：定义颜色值资源 ☑ dimens.xml：定义尺寸值资源 ☑ strings.xml：定义字符串资源 ☑ styles.xml：定义样式资源
/res/xml/	任意的原生 XML 文件，可以在 Java 代码中使用 Resources.getXML()方法访问这些 XML 文件

9.2　如何使用资源

知识点讲解：光盘:视频\知识点\第 9 章\如何使用资源.avi

在 Android 应用程序中，各种资源被分别保存在\res 目录中，这样就可以在 Java 程序中使用这些资源，也可以在其他 XML 资源中使用这些资源。可以将 Android 应用中的可使用资源分为两种，分别是在 Java 代码中的使用资源和 XML 文件中的使用资源。其中 Java 代码用于为 Android 应用定义 4 大组件，而 XML 文件则用于为 Android 应用定义各种资源。

9.2.1　在 Java 代码中使用资源清单项

因为 Android SDK 在编译应用程序时，会在 R 类中为\res 目录下的所有资源创建索引项，所以在 Java 代码中主要通过 R 类来访问资源，其具体的语法格式如下所示。

```
[<package_name>.]R.<resource_type>.<resource_name>
```

- ☑ <package_name>：规定 R 类所在包，实际上就是使用全限定类名。当然，如果在 Java 程序中导入 R 类所在包，就可以省略包名。
- ☑ <resources_type>：表示 R 类中不同资源类型的子类，例如 string 代表字符串资源。
- ☑ <resources_name>：指定资源的名称。该资源名称可能是无后缀的文件名（如图片资源），也可能是 XML 资源元素中由 android:name 属性所指定的名称。

例如如下所示的代码片段：

```
//从 drawable 资源中加载图片，并将其设置为该窗口的背景
getWindow().setBackgroundDrawableResource(R.drawable.back);
//从 string 资源中获取指定字符串资源，并设置该窗口的标题
getWindow().setTitle(getResources().getText(R.string.main_title))
//获取指定的 TextView 组件，并设置该组件显示 string 资源中的指定字符串资源
TextView msg=(TextView)findViewById(R.id.msg);
msg.setText(R.string.hello_message);
```

9.2.2　在 Java 代码中访问实际资源

在 Android 应用程序中，虽然资源清单类 R 为所有的资源都定义了一个资源清单项，但是这个清单项只是一个 int 类型的值，并不是实际的资源对象。在大部分情况下，Android API 允许直接使用 int 类型的资源清单项来代替应用资源。但有时 Android 应用程序需要用到实际的 Android 资源。

在 Android 应用程序中，为了通过资源清单项目来获取实际的资源，可以通过其内置类 Resources 中的如下方法来实现。

- ☑ getXxx(int id)：根据资源清单 ID 来获取实际资源。
- ☑ getAssets()：获取访问\assets\目录下资源的 AssetManager 对象。

Resources 由 Context 调用 getResources()方法来获取。

例如在如下所示的代码片段中，演示了通过 Resources 获取实际字符串资源的方法。

```
//直接调用 Activity 的 getResources()方法来获取 Resources 对象
Resources res=getResources();
//获取字符串资源
String mainTitle res.getText(R.string.main_title);
//获取 Drawable 资源
Drawable logo=res.getDrawable(R.drawable.logo);
//获取数组资源
int[] arr=res.getIntArray(R.array.books);
```

9.2.3　在 XML 代码中使用资源

当在 Android 应用程序中定义 XML 资源文件时，里面的 XML 元素可能需要指定不同的值，可以将这些值设置为已定义的资源项。在 XML 代码中使用资源的具体语法格式如下所示。

```
@[<package_name>:]<resource_type>/<resource_name>
```

- ☑ <package_name>：设置资源类所在应用的包。如果所引用的资源和当前资源位于同一个包下，则<package_name>可以省略。
- ☑ <resource_type>：代表 R 类中不同资源类型的子类。
- ☑ <resource_name>：指定资源的名称。该资源名称可能是无后缀的文件名（如图片资源），也可能是 XML 资源元素中由 android:name 属性所指定的名称。

例如在如下所示的代码片段中，演示了在一份文件中定义两种资源的方法。

```
<? version="1.0" encodig="utf-8">
<resources>
<color name="red">#ff00</color>
<string name="hello">Hello！ </string>
</resources>
```

这样与上述文件位于同一包中的 XML 资源文件就可以通过如下方式来使用资源。

```
<EditText xmlns:android="http://schemas.android.com/apk/res/android"
        android:textColor="@color/red"
android:text="@string/hello"
    android:layout_width="fill_parent"
    android:layout_height="fill_parent"
    />
```

9.3 \res\values 目录

知识点讲解：光盘:视频\知识点\第 9 章\\res\values 目录.avi

在 Android 应用项目中，通常在\res\values 目录中保存和字符串、颜色、尺寸、数组有关的资源。本节将详细讲解\res\values 目录中资源文件的基本知识。

9.3.1 定义颜色值

在 Android 系统中，通过红（Red）、绿（Green）、蓝（Blue）三原色和一个透明度（Alpha）值来表示颜色值，颜色值总是以（#）开头，然后紧跟 Alpha-Red-Green-Blue 的形式。其中 Alpha 值可以省略，省略 Alpha 值的颜色默认位完全不透明。

在 Android 系统中，支持如下 4 种常见形式的颜色值。

☑ #RGB：分别指定红、绿、蓝三原色的值（只支持 0～f 16 级颜色）来代表颜色。

☑ #ARGB：分别指定红、绿、蓝三原色的值（只支持 0～f 16 级颜色）及透明度（只支持 0～f 这 16 级透明度）来代表颜色。

☑ #RRGGBB：分别指定红、绿、蓝三原色的值（支持 00～ff 156 级颜色）来代表颜色。

☑ #AARRGGBB：分别指定红、绿、蓝三原色的值（支持 00～ff 256 级颜色）以及透明度（支持 00～ff 256 级透明度）来代表颜色。

在上述 4 种颜色值形式中，字母 A、R、G、B 都代表了一个十六进制的数，其中 A 代表透明度，R 代表红色的数值、G 代表绿色的数值、B 代表蓝色的数值。

9.3.2 字符串资源

在 Android 应用程序中，字符串资源文件被保存在\res\values 目录中，在 R 类中对应的内部类是 R.strings。字符串资源文件的根元素是<resources...>，该元素中每个<string.../>子元素定义一个字符串常量，其中<string.../>元素的 name 属性指定该常量的名称，<string.../>元素开始标签和结束标签之间的内容代表字符串值。

例如下面的代码演示了一个典型的字符串资源文件。

```
<?xml version="1.0" encoding="utf-8"?>
<resources>
```

```
    <string name="app_name">字符串、数字、尺寸资源</string>
    <string name="action_settings">Settings</string>
    <string name="hello_world">Hello world!</string>
    <string name="hello">Hello world，ValuesResTest！</string>
    <string name="c1">F00</string>
    <string name="c2">0F0</string>
    <string name="c3">00F</string>
    <string name="c4">0FF</string>
    <string name="c5">F0F</string>
    <string name="c6">FF0</string>
    <string name="c7">07F</string>
    <string name="c8">70F</string>
    <string name="c9">F70</string>
</resources>
```

通过上述演示代码，为每个<string.../>元素定义了一个字符串。其中<string.../>元素的属性 name 定义了字符串的名称，<string>与</string>之间的内容就是该字符串的值。

9.3.3　颜色资源文件

在 Android 应用程序中，颜色资源对应的 XML 文件都将位于\res\values 目录下，其默认的文件名是\res\values\colors.xml，在 R 类中对应的内部类是 R.color。颜色资源文件的根元素是<resources.../>，在该元素中每个<color.../>子元素中定义一个字符串常量，其中<color.../>元素中的属性 name 指定了该颜色的名称，在<color.../>元素的开始标签和结束标签之间的内容表示颜色值。

例如下面的代码演示了一个 Android 应用程序的颜色资源文件。

```
<?xml version="1.0" encoding="utf-8"?>
<resources>
    <color name="c1">#F00</color>
    <color name="c2">#0F0</color>
    <color name="c3">#00F</color>
    <color name="c4">#0FF</color>
    <color name="c5">#F0F</color>
    <color name="c6">#FF0</color>
    <color name="c7">#07F</color>
    <color name="c8">#70F</color>
    <color name="c9">#F70</color>
</resources>
```

在上述程序代码中，为每个<color.../>元素定义了一个字符串。其中，元素<color.../>的属性 name 定义了颜色的名称，在<color>与</color>之间的内容表示该颜色的值。

9.3.4　尺寸资源文件

在 Android 应用程序中，尺寸资源文件被保存在\res\values 目录中，其默认的文件名是\res\values\dimens.xml，在 R 类中对应的内部类是 R.dimen。尺寸资源文件的根元素是<resources...>，该元素的每个<dimen.../>子元素中定义一个尺寸常量。其中，元素<dimen.../>的属性 name 指定了该尺寸的名称，在元素<dimen.../>开始标签和结束标签之间的内容表示尺寸。

例如下面的代码演示了一个 Android 应用程序的尺寸资源文件。

```
<resources>
    <dimen name="spacing">8dp</dimen>
    <!-- 定义 GridView 组件中每个单元格的宽度、高度 -->
    <dimen name="cell_width">60dp</dimen>
    <dimen name="cell_height">66dp</dimen>
    <!-- 定义主程序标题的字体大小 -->
    <dimen name="title_font_size">18sp</dimen>
</resources>
```

在上述代码中，通过 3 份资源文件分别定义了字符串、颜色和尺寸资源。这样在后面的 Android 应用程序中就可以在 XML 文件或 Java 代码中使用这些资源。

9.3.5 数组资源

根据 Android 语法规范可知，官方并不推荐在 Java 代码中定义数组，而是采用位于\res\values 目录下的文件 arrays.xml 来定义数组。在 Android 应用程序中定义一个数组时，XML 资源文件的根元素也是<resources.../>元素，在该元素内可以包含如下 3 种子元素。

- ☑ <array.../>子元素：定义普通类型的数组。例如 Drawable 数组。
- ☑ <string-array.../>子元素：定义字符串数组。
- ☑ <integer-array.../>子元素：定义整数数组。

当在资源文件中定义了数组资源后，在 Java 文件中可以通过如下格式来访问资源。

```
[<package_name>.]R.array.array_name
```

在 XML 代码中可以通过如下格式来访问资源。

```
@[<package_name>:]array/array_name
```

为了可以在 Java 程序中访问到实际数组，在 Resources 中提供了如下方法。

- ☑ String[] getStringArray(int id)：根据资源文件中字符串数组资源的名称来获取实际的字符串 数组。
- ☑ int[] getIntArray(int id)：根据资源文件中整型数组资源的名称来获取实际的整型数组。
- ☑ TypeArray obtainTypedArray(int id)：根据资源文件中普通数组资源的名称来获取实际的普通数组。

在 Android 应用程序中，TypedArray 表示一个通用类型的数组，通过其中的 getXxx(int index)方法来获取指定索引处的数组元素。

9.3.6 使用字符串、颜色和尺寸资源

例如在下面的实例中，演示了联合使用字符串、颜色和尺寸资源的过程。

题　目	目　的	源 码 路 径
实例 9-1	联合使用字符串、颜色和尺寸资源	光盘:\daima\9\9.3\ValuesEX

本实例的具体实现流程如下。

（1）定义颜色资源文件 colors.xml，具体实现代码如下所示。

```
<?xml version="1.0" encoding="utf-8"?>
<resources>
    <color name="c1">#F00</color>
    <color name="c2">#0F0</color>
    <color name="c3">#00F</color>
    <color name="c4">#0FF</color>
    <color name="c5">#F0F</color>
```

```
    <color name="c6">#FF0</color>
    <color name="c7">#07F</color>
    <color name="c8">#70F</color>
    <color name="c9">#F70</color>
</resources>
```

（2）定义字符串资源文件 strings.xml，具体实现代码如下所示。

```
<?xml version="1.0" encoding="utf-8"?>
<resources>
    <string name="hello">Hello World, ValuesResTest!</string>
    <string name="app_name">字符串、数字、尺寸资源</string>
    <string name="c1">F00</string>
    <string name="c2">0F0</string>
    <string name="c3">00F</string>
    <string name="c4">0FF</string>
    <string name="c5">F0F</string>
    <string name="c6">FF0</string>
    <string name="c7">07F</string>
    <string name="c8">70F</string>
    <string name="c9">F70</string>
</resources>
```

（3）定义尺寸资源文件 dimens.xml，具体实现代码如下所示。

```
<?xml version="1.0" encoding="utf-8"?>
<resources>
    <dimen name="spacing">8dp</dimen>
    <!-- 定义 GridView 组件中每个单元格的宽度和高度 -->
    <dimen name="cell_width">60dp</dimen>
    <dimen name="cell_height">66dp</dimen>
    <!-- 定义主程序的标题字体大小 -->
    <dimen name="title_font_size">18sp</dimen>
</resources>
```

（4）编写布局文件 main.xml，通过如下所示的格式使用上面定义的资源文件。

```
@[<package_name>:]<resource_type>/<reource_name>
```

文件 main.xml 的具体实现代码如下所示。

```
<?xml version="1.0" encoding="utf-8"?>
<LinearLayout xmlns:android="http://schemas.android.com/apk/res/android"
    android:orientation="vertical"
    android:layout_width="fill_parent"
    android:layout_height="fill_parent"
    android:gravity="center_horizontal"
    >
<!-- 使用字符串资源、尺度资源 -->
<TextView
    android:layout_width="wrap_content"
    android:layout_height="wrap_content"
    android:text="@string/app_name"
    android:gravity="center"
    android:textSize="@dimen/title_font_size"
/>
<!-- 定义一个 GridView 组件，使用尺度资源中定义的长度来指定水平间距、垂直间距 -->
<GridView
```

```
        android:id="@+id/grid01"
        android:layout_width="wrap_content"
        android:layout_height="wrap_content"
        android:horizontalSpacing="@dimen/spacing"
        android:verticalSpacing="@dimen/spacing"
        android:numColumns="3"
        android:gravity="center">
</GridView>
</LinearLayout>
```

（5）编写对应的 Java 程序文件 ValuesEX.java，功能是通过如下所示的格式使用定义的资源文件。

```
[<package_name>.]R.<resource_type>.<resource_name>
```

文件 ValuesEX.java 的具体实现代码如下所示。

```
public class ValuesEX extends Activity
{
    //使用字符串资源
    int[] textIds = new int[]
    {
        R.string.c1 , R.string.c2 , R.string.c3 ,
        R.string.c4 , R.string.c5 , R.string.c6 ,
        R.string.c7 , R.string.c8 , R.string.c9
    };
    //使用颜色资源
    int[] colorIds = new int[]
    {
        R.color.c1 , R.color.c2 , R.color.c3 ,
        R.color.c4 , R.color.c5 , R.color.c6 ,
        R.color.c7 , R.color.c8 , R.color.c9
    };
    @Override
    public void onCreate(Bundle savedInstanceState)
    {
        super.onCreate(savedInstanceState);
        setContentView(R.layout.main);
        //创建一个 BaseAdapter 对象
        BaseAdapter ba = new BaseAdapter()
        {
            @Override
            public int getCount()
            {
                //指定一共包含 9 个选项
                return textIds.length;
            }

            @Override
            public Object getItem(int position)
            {
                //返回指定位置的文本
                return getResources().getText(textIds[position]);
            }
```

```
            @Override
            public long getItemId(int position)
            {
                return position;
            }
            //重写该方法，该方法返回的 View 将作为 GridView 的每个格子
            @Override
            public View getView(int position,
                View convertView, ViewGroup parent)
            {
                TextView text = new TextView(ValuesEX.this);
                Resources res = ValuesEX.this.getResources();
                //使用尺度资源来设置文本框的高度、宽度
                text.setWidth((int) res.getDimension(R.dimen.cell_width));
                text.setHeight((int) res.getDimension(R.dimen.cell_height));
                //使用字符串资源设置文本框的内容
                text.setText(textIds[position]);
                //使用颜色资源来设置文本框的背景色
                text.setBackgroundResource(colorIds[position]);
                text.setTextSize(20);
                text.setTextSize(getResources()
                        .getInteger(R.integer.font_size));
                return text;
            }
        };
        GridView grid = (GridView)findViewById(R.id.grid01);
        //为 GridView 设置 Adapter
        grid.setAdapter(ba);
    }
}
```

在上述实现代码中，分别使用了前面定义的字符串资源、数组资源和颜色资源，运行后将会看到如图 9-1 所示的界面效果。

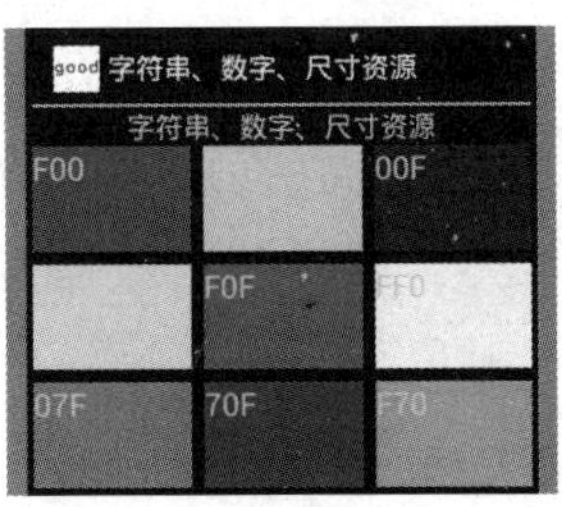

图 9-1　执行效果

在 Android 应用程序中，与定义字符串资源的方法类似，也可以使用资源文件来定义 boolean 常量。例如在\res\values 目录下增加一个名为 bools.xml 的文件，此文件的根元素也是<resources.../>，然后在根元素中通过子元素<bool.../>来定义 boolean 常量。相应的演示代码如下所示。

```
<?xml version="1.0" encoding="utf-8"?>
<resources>
    <bool name="is_male">true</bool >
    <bool name="is_big">false</bool>
</resources>
```

当在资源文件中定义了上述资源文件之后，接下来就可以在 Java 代码中通过如下所示的格式来访问资源。

```
[<package_name>.]R.bool.bool_name
```

也可以在 XML 文件中通过如下所示的格式来访问资源。

```
@[<package_name>:]bool/bool_name
```

例如可以通过如下代码，在 Java 代码中获取指定 boolean 变量的值。

```
Resources res=getResources();
boolean is_male=res.getBoolean(R.bool.is_male);
```

与定义字符串资源类似的是，Android 也允许使用资源文件来定义整型常量，例如在\res\values 目录中创建一个名为 integers.xml 的文件（文件名可以自由选择），此文件的根元素也是<resources.../>，在根元素内通过子元素<integer.../>来定义整型常量。相应的演示代码如下所示。

```
<?xml version="1.0" encoding="utf-8"?>
<resources>
   <integer name="my_size">32</integer>
</resources>
```

当在资源文件中定义了上述资源文件之后，接下来就可以在 Java 代码中通过如下所示的格式来访问资源。

```
[<package_name>.]R.integer.integer_name
```

也可以在 XML 文件中通过如下所示的格式来访问资源。

```
@[<package_name>:]integer/integer_name
```

例如为了在 Java 代码中获取指定整型变量的值，可以通过如下所示的代码实现。

```
Resources res=getResources();
int my_size=res.getInteger(R.bool.my_size);
```

9.3.7 使用数组资源

下面的实例中演示了使用数组资源的过程。

题　目	目　的	源 码 路 径
实例 9-2	使用数组资源	光盘:\daima\9\9.3\ArrayEX

本实例的具体实现流程如下。

（1）定义数组资源文件 arrays.xml，具体实现代码如下所示。

```
<?xml version="1.0" encoding="utf-8"?>
<resources>
     <!-- 定义一个 Drawable 数组 -->
     <array name="plain_arr">
          <item>@color/c1</item>
          <item>@color/c2</item>
          <item>@color/c3</item>
          <item>@color/c4</item>
          <item>@color/c5</item>
          <item>@color/c6</item>
          <item>@color/c7</item>
          <item>@color/c8</item>
          <item>@color/c9</item>
     </array>
     <!-- 定义字符串数组 -->
     <string-array name="string_arr">
          <item>@string/c1</item>
```

```
            <item>@string/c2</item>
            <item>@string/c3</item>
            <item>@string/c4</item>
            <item>@string/c5</item>
            <item>@string/c6</item>
            <item>@string/c7</item>
            <item>@string/c8</item>
            <item>@string/c9</item>
        </string-array>
        <!-- 定义字符串数组 -->
        <string-array name="books">
            <item>Java</item>
            <item>C#</item>
            <item>ASP.NET</item>
        </string-array>
    </resources>
```

（2）在 UI 布局文件 main.xml 中使用定义的数组资源文件，设置 ListView 数组的 android:entries 属性值指定为一个数组。文件 main.xml 的具体实现代码如下所示。

```
<?xml version="1.0" encoding="utf-8"?>
<LinearLayout xmlns:android="http://schemas.android.com/apk/res/android"
    android:orientation="vertical"
    android:layout_width="fill_parent"
    android:layout_height="fill_parent"
    android:gravity="center_horizontal"
    >
<!-- 使用字符串资源、尺度资源 -->
<TextView
    android:layout_width="wrap_content"
    android:layout_height="wrap_content"
    android:text="@string/app_name"
    android:gravity="center"
    android:textSize="@dimen/title_font_size"
/>
<!-- 定义一个 GridView 组件，使用尺度资源中定义的长度来指定水平间距、垂直间距 -->
<GridView
    android:id="@+id/grid01"
    android:layout_width="wrap_content"
    android:layout_height="wrap_content"
    android:horizontalSpacing="@dimen/spacing"
    android:verticalSpacing="@dimen/spacing"
    android:numColumns="3"
    android:gravity="center">
</GridView>
<!-- 定义 ListView 组件，使用了数组资源 -->
<ListView
    android:layout_width="wrap_content"
    android:layout_height="wrap_content"
    android:entries="@array/books"
    />
</LinearLayout>
```

（3）编写对应的 Java 程序文件 ArrayResTest.java，功能是使用前面定义的数组资源文件，具体实现代码如下所示。

```
public class ArrayResTest extends Activity
{
    //获取系统定义的数组资源
    String[] texts;
    @Override
    public void onCreate(Bundle savedInstanceState)
    {
        super.onCreate(savedInstanceState);
        setContentView(R.layout.main);
        texts = getResources().getStringArray(R.array.string_arr);
        //创建一个 BaseAdapter 对象
        BaseAdapter ba = new BaseAdapter()
        {
            @Override
            public int getCount()
            {
                //指定一共包含 9 个选项
                return texts.length;
            }

            @Override
            public Object getItem(int position)
            {
                //返回指定位置的文本
                return texts[position];
            }

            @Override
            public long getItemId(int position)
            {
                return position;
            }

            //重写该方法，该方法返回的 View 将作为 GridView 的每个格子
            @Override
            public View getView(int position,
                    View convertView, ViewGroup parent)
            {
                TextView text = new TextView(ArrayResTest.this);
                Resources res = ArrayResTest.this.getResources();
                //使用尺度资源来设置文本框的高度、宽度
                text.setWidth((int) res.getDimension(R.dimen.cell_width));
                text.setHeight((int) res.getDimension(R.dimen.cell_height));
                //使用字符串资源设置文本框的内容
                text.setText(texts[position]);
                TypedArray icons = res.obtainTypedArray(R.array.plain_arr);
                //使用颜色资源来设置文本框的背景色
                text.setBackgroundDrawable(icons.getDrawable(position));
```

```
                text.setTextSize(20);
                return text;
            }
        };
        GridView grid = (GridView) findViewById(R.id.grid01);
        //为 GridView 设置 Adapter
        grid.setAdapter(ba);
    }
}
```

执行后的效果如图 9-2 所示。

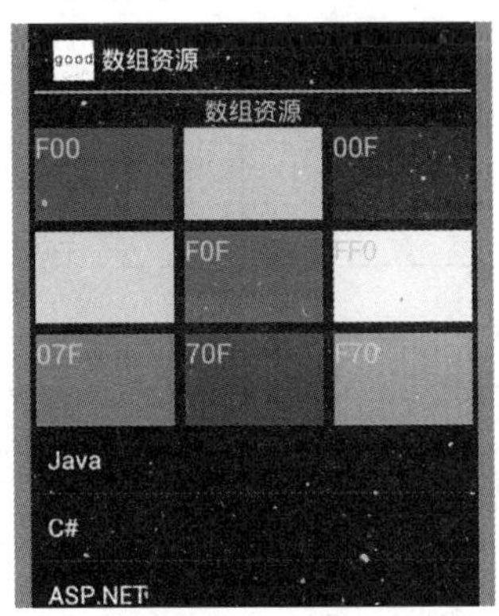

图 9-2　执行效果

9.4　Drawable（图片）资源

知识点讲解：光盘:视频\知识点\第 9 章\Drawable（图片）资源.avi

在 Android 应用程序中，图片资源是最简单的 Drawable 资源。在创建 Android 工程时，通常将*.png、*.jpg、*.gif 等格式的图片保存到\res\drawble-xxx 目录中，这样 Android SDK 会在编译应用程序时自动加载这些图片，并在 R 资源清单类中自动生成这些图片资源的索引。当在 R 资源清单类中生成了对应资源的索引后，即可在 Java 类中使用如下语法格式来访问这些图片资源。

```
[<package_name>.]R.drawable.<file_name>
```

可以在 XML 代码中通过如下语法格式来访问这些图片资源。

```
@[<pacakage_name>:]drawable/file_name
```

为了 Android 应用程序中获得实际的 Drawable 对象，通过使用 Resource 中的 Drawable getDrawable(int id)方法，可以根据 Drawable 资源在 R 清单类中的 ID 来获取实际的 Drawable 对象。

9.4.1　使用 StateListDrawable 资源

在 Android 应用程序中，StateListDrawable 能够组织多个 Drawable 对象。当将 StateListDrawable 作为目标组件的背景或前景图像时，通过 StateListDrawable 对象显示的 Drawable 对象会随目标组件状态的改变而自动切换。

在 Android 应用程序中，定义 StateListDrawable 对象的 XML 文件的根元素是<selector.../>，在该元素中可以包含多个<item.../>元素，可以指定如下属性。

☑ android:color 或 android:drawable：指定颜色或 Drawable 对象。

☑ android:state_xxx：指定一个特定状态。

具体语法格式如下所示。

```
<?xml version="1.0" encoding="utf-8"?>
<selector xmlns:android="http://schemas.android.com/apk/res/android" >
    <!-- 指定特定状态下的颜色 -->
    <item android:state_pressed=["true"|"false"] android:color="hex_color" ></item>
</selector>
```

StateListDrawable 支持的状态信息的具体说明如表 9-2 所示。

表 9-2　StateListDrawable 支持的状态

属　性　值	含　　义
android:state_active	表示是否处于激活状态
android:state_checkable	表示是否处于可勾选状态
android:state_checked	表示是否处于已选中状态
android:state_endabled	表示是否处于可用状态
android:state_first	表示是否处于开始状态
android:state_focused	表示是否处于已得到焦点状态
android:state_last	表示是否处于结束状态
android:state_middle	表示是否处于中间状态
android:state_pressed	表示是否处于已被按下状态
android:state_selected	表示是否处于已被选中状态
android:state_window_focused	表示是否窗口已得到焦点状态

9.4.2　使用 LayerDrawable 资源

在 Android 应用程序中，与 StateListDrawable 相似，LayerDrawable 也可以包含一个 Drawable 数组，因此系统将会按照这些 Drawable 对象的数组顺序来绘制它们，索引最大的 Drawable 对象将会被绘制在最上面。

在 Android 应用程序中，定义 LayerDrawable 对象的 XML 文件的根元素为<layer-list...>，在该元素中可以包含多个<item...>元素，可以指定如下属性。

☑ android:drawable：指定作为 LayerDrawable 元素之一的 Drawable 对象。

☑ android:id：为该 Drawable 对象指定一个标识。

☑ android:buttom|top|left|button：用于指定一个长度值，用于指定将该 Drawable 对象绘制到目标组件的指定位置。

具体语法格式如下所示。

```
<?xml version="1.0" encoding="utf-8"?>
<layer-list xmlns:android="http://schemas.android.com/apk/res/android" >
    <!-- 定义轨道的背景 -->
    <item android:id="@android:id/background"
        android:drawable="@drawable/grow"></item>
    <!-- 定义轨道上已完成的部分外观 -->
    <item android:id="@android:id/progress"
        android:drawable="@drawable/ok"></item>
</layer-list>
```

9.4.3　使用 ShapeDrawable 资源

在 Android 应用程序中，ShapeDrawable 的功能是定义一个基本的几何图形（如矩形、圆形、线条等）。定义 ShapeDrawable 的 XML 文件的根元素是<shape.../>元素，通过该元素可指定如下属性。

☑ android:shape=["rectangel"|"oval"|"line"|"ring"]：指定定义哪种类型的集合图形。

定义 ShapeDrawable 对象的具体语法格式如下所示。

```
<shape xmlns:android="http://schemas.android.com/apk/res/android" android:shape=["rectangle" | "oval" | "line"
| "ring"]>
    <!-- 定义几何图形的 4 个角的弧度-->
    <corners
        android:radius="integer"
        android:topLeftRadius="integer"
        android:topRightRadius="integer"
        android:bottomLeftRadius="integer"
        android:bottomRightRadius="integer"/>
    <!--定义使用渐变色填充  -->
    <gradient
        android:angle="integer"
        android:centerX="integer"
        android:centerY="integer"
        android:centerColor="integer"
        android:endColor="color"
        android:gradientRadius="integer"
        android:startColor="color"
        android:type=[ " linear" | "radial" | "sweep"]
        android:useslevel=["true" |"false"]/>
    <!-- 定义几何形状的内边框 -->
    <padding
        android:left="integer"
        android:top="integer"
        android:right="integer"
        android:bottom="integer"/>
    <!-- 定义几何图形的大小 -->
    <size
        android:width="integer"
        android:color="color"
        android:dashWidth="integer"
        android:dashGap="integer"/>
    <!-- 定义使用单种颜色填充 -->
    <solid
        android:color="color"/>
    <!-- 定义几何图形绘制边框 -->
    <stroke
        android:width="integer"
        android:color="color“
        android:dashWidth="integer"
        android:dashGap="integer"/>
</shape>
```

9.4.4 使用 ClipDrawable 资源

在 Android 应用程序中，ClipDrawable 能够从其他位图上截取一个图片片段。在 XML 文件中使用<clip.../>元素定义 ClipDrawable 对象，该元素的语法格式如下所示。

```
<?xml version="1.0" encoding="utf-8"?>
<clip
    xmlns:android="http://schemas.android.com/apk/res/android"
    android:drawable="@drawable/drawable_resource"
    android:clipOrientation=["horizontal" | "vertical"]
    android:gravity=["top" | "bottom" | "left" | "right" | "center_vertical" |
                    "fill_vertical" | "center_horizontal" | "fill_horizontal" |
                    "center" | "fill" | "clip_vertical" | "clip_horizontal"] />
```

在上述语法格式中可指定如下 3 个属性。

- ☑ android:drawable：功能是指定截取的源 Drawable 对象。
- ☑ android:clipOrientation：功能是指定截取方向，可设置水平截取或垂直截取。
- ☑ android:gravity：功能是指定截取时的对齐方式。

在 Android 应用程序中，当使用 ClipDrawable 对象时可以调用 setLevel(int level)方法来设置截取的区域大小，具体说明如下。

- ☑ 当 level 为 0 时，截取的图片片段为空。
- ☑ 当 level 为 10000 时，截取整张图片。

9.4.5 使用 AnimationDrawable 资源

在 Android 应用程序中，AnimationDrawable 代表一个动画。定义补间动画的 XML 资源文件以<set.../>元素作为根元素，该元素可以指定如下 4 个子元素。

- ☑ alpha：设置透明度的改变。
- ☑ scale：设置图片进行缩放改变。
- ☑ translate：设置图片进行位移变换。
- ☑ roate：设置图片进行旋转。

在 Android 应用程序中，需要将定义动画的 XML 资源放在\res\anmi\目录下。当使用 ADT 创建一个 Android 应用时默认不会包含该路径，这需要开发者自行创建这个目录。

在 Android 应用程序中，定义补间动画的思路如下。

（1）设置一张图片的开始状态，包括透明度、位置、缩放比、旋转度。

（2）设置该图片的结束状态，包括透明度、位置、缩放比、旋转度。

（3）设置动画的持续时间，Android 系统会使用动画效果把这张图片从开始状态变换到结束状态。

在 Android 应用程序中，设置补间动画的语法格式如下所示。

```
<?xml version="1.0" encoding="utf-8"?>
<set xmlns:android="http://schemas.android.com/apk/res/android"
    android:interpolator="@[package:]anim/interpolator_resource"
android:shareInterpolator=["true"|"false"]
    android:duration="持续时间">
    <alpha android:fromAlpha="float"
        android:toAlpha="float"/>
```

```
    <!-- 定义缩放变换 -->
    <scale android:fromXScale="flaot"
        android:toXScale="flaot"
        android:fromYScale="flaot"
        android:toYScale="flaot"
        android:pivotX="flaot"
        android:pivotY="flaot"
      />
    <!-- 定义位移变换 -->
    <translate android:fromXDelta="flaot"
        android:toXDelta="flaot"
        android:fromYDelta="flaot"
        android:toYDelta="flaot"
        />
    <rotate android:fromDegrees="float"
        android:toDegrees="float"
        android:pivotX="float"
        android:pivotY="float"/>

</set>
```

在上述语法格式中包含了大量的 fromXxx、toXxx 属性，这些属性分别用于定义图片的开始状态、结束状态。另外，在进行缩放变换（scale）、旋转（roate）变换时需要指定 pivotX 和 pivotY 这两个属性，功能是指定变换的“中心点”。例如进行旋转变换操作时需要指定“旋轴点”，进行缩放变换操作时需要指定“中心点”。另外，<set.../>、<alpha.../>、<scale.../>、<translate.../>、<rotate.../>都可指定一个 android:interpolator 属性，该属性指定动画的变化速度，可实现匀速、正加速、负加速、无规则变加速等。在 Android 系统的类 R.anim 中包含了一些常量，它们定义了不同的动画速度，具体说明如下。

☑ linear_interpolator：匀速变换。

☑ accelerate_interpolator：加速变换。

☑ decelerate_interpolator：减速变换。

如果想让<set.../>元素下所有的变换效果使用相同的动画加速，则可以设置如下所示的属性值。

```
android:shareInterpolator="true"
```

9.5　使用属性动画（Property Animation）资源

知识点讲解：光盘:视频\知识点\第 9 章\使用属性动画（Property Animation）资源.avi

在 Android 应用程序中，Animator 表示一个属性动画的抽象类。在开发时通常会使用它的子类 AnimatorSet、ValueAnimator、ObjectAnimator、TimeAnimator 来实现具体功能。

在定义属性动画的 XML 资源文件中，可以将如下 3 个元素中的任意一个作为根元素。

☑ <set.../>：功能是一个父元素，用于包含其他<objectAnimator.../>、<animator.../>或<set.../>子元素，该元素定义的资源代表 AnimatorSet 对象。

☑ objectAnimator.../>：功能是定义 ObjectAnimator 动画。

☑ <animator.../>：功能是定义 ValueAnimator 动画。

在 Android 应用程序中，定义属性动画的语法格式如下所示。

```
<?xml version="1.0" encoding="utf-8"?>
```

```
<set android:ordering=["together"|"sequentially"]>
    <set>
        <objectAnimator
            android:propertyName="string"
            android:duration="int"
            android:valueFrom="float|int|color"
            android:valueTo="float|int|color"
            android:startOffset="int"
            android:repeatCount="int"
            android:interpolator=""
            android:repeatMode=["repeate"|"reverse"]
            android:valueType=["intType"|"floatType"]/>
        <objectAnimator
            android:duration="int"
            android:valueFrom="float|int|color"
            android:valueTo="float|int|color"
            android:startOffset="int"
            android:repeatCount="int"
            android:interpolator=""
            android:repeatMode=["repeat"|"reverse"]
            android:valueType="intType"/>
    </set>
    <set>
        ...
    </set>
</set>
```

9.6 使用原始的 XML 资源

知识点讲解：光盘:视频\知识点\第 9 章\使用原始的 XML 资源.avi

在 Android 应用程序中，通常将原始的 XML 资源保存在\res\xml 目录下。当开发者使用 ADT 创建 Android 应用程序时，在\res\目录下并没有包含这个目录，需要开发者自行手动创建 XML 目录。

Android 应用程序对原始 XML 资源没有任何特殊的要求，只要它是一份格式良好的 XML 文档即可。一旦成功定义了原始 XML 资源，接下来在 XML 文件中可通过如下所示的格式来访问它。

```
@[<package_name>:]xml/file_name
```

接下来在 Java 程序中可以按照如下所示的语法格式来访问原始的 XML 资源。

```
[<package_name>.]R.xml.<file_name>
```

为了在 Java 程序中获取实际的 XML 文档，可以通过 Resources 中的如下两个方法来获取。

- ☑ XmlResourceParser getXml(int id)：获取 XML 文档，并使用一个 XmlPullParser 来解析该 XML 文档，该方法返回一个解析器对象（XmlResourceParser 是 XmlPullParser 的子类）。
- ☑ InputStream openRawResource(int id)：获取 XML 文档对应的输入流。

在大多数情况下，可以直接调用方法 getXml(int id)来获取 XML 文档，并对该文档进行解析。Android 默认使用内置的 Pull 解析器来解析 XML 文件。

除了 Pull 解析之外，Java 开发者还可使用 DOM 或 SAX 对 XML 文档进行解析。一般的 Java 应用会使用 JAXP API 来解析 XML 文档。

Pull 解析方式有点类似于 SAX 解析，它们都采用事件驱动方式来进行解析。当 Pull 解析器开始解析之

后，开发者可不断地调用 Pull 解析器的 next()方法获取下一个解析事件（开始文档、结束文档、开始便笺、结束便笺等），当处于某个元素处时，可调用 XmlPullParser 的 nextText()方法获取文本节点的值。

如果开发者希望使用DOM、SAX或者其他解析器来解析XML资源，那么可以调用方法openRawResource(int id)来获取 XML 资源对应的输入流，这样即可自行选择解析器来解析指定 XML 资源。

在接下来的实例中，演示了使用原始的 XML 文件的基本过程。

题　　目	目　　的	源 码 路 径
实例 9-3	使用原始的 XML 文件	光盘:\daima\9\9.6\XmlEX

本实例的具体实现流程如下。

（1）编写 XML 资源文件 books.xml，具体实现代码如下所示。

```
<?xml version="1.0" encoding="UTF-8"?>
<books>
    <book price="99.0"  出版日期="2011 年">Java</book>
    <book price="89.0"  出版日期="2012 年">PHP</book>
    <book price="69.0"  出版日期="2013 年">Android</book>
</books>
```

（2）在 Java 程序文件 XmlEX.java 中获取上述 XML 资源，并解析该 XML 资源中的信息。文件 XmlEX.java 的具体实现代码如下所示。

```
public class XmlEX extends Activity
{
    @Override
    public void onCreate(Bundle savedInstanceState)
    {
        super.onCreate(savedInstanceState);
        setContentView(R.layout.main);
        //获取 bn 按钮，并为该按钮绑定事件监听器
        Button bn = (Button) findViewById(R.id.bn);
        bn.setOnClickListener(new OnClickListener()
        {
            @Override
            public void onClick(View arg0)
            {
                //根据 XML 资源的 ID 获取解析该资源的解析器
                //XmlResourceParser 是 XmlPullParser 的子类
                XmlResourceParser xrp = getResources().getXml(R.xml.books);
                try
                {
                    StringBuilder sb = new StringBuilder("");
                    //还没有到 XML 文档的结尾处
                    while (xrp.getEventType()
                        != XmlResourceParser.END_DOCUMENT)
                    {
                        //如果遇到了开始标签
                        if (xrp.getEventType() == XmlResourceParser.START_TAG)
                        {
                            //获取该标签的标签名
                            String tagName = xrp.getName();
                            //如果遇到 book 标签
```

```
                    if (tagName.equals("book"))
                    {
                        //根据属性名来获取属性值
                        String bookName = xrp.getAttributeValue(null,
                            "price");
                        sb.append("价格：");
                        sb.append(bookName);
                        //根据属性索引来获取属性值
                        String bookPrice = xrp.getAttributeValue(1);
                        sb.append("出版日期：");
                        sb.append(bookPrice);
                        sb.append(" 书名：");
                        //获取文本节点的值
                        sb.append(xrp.nextText());
                    }
                    sb.append("\n");
                }
                //获取解析器的下一个事件
                xrp.next();
            }
            EditText show = (EditText) findViewById(R.id.show);
            show.setText(sb.toString());
        }
        catch (XmlPullParserException e)
        {
            e.printStackTrace();
        }
        catch (IOException e)
        {
            e.printStackTrace();
        }
    }
  });
 }
}
```

在上述代码中，xrp.next()用于不断地获取 Pull 解析的解析事件，只要解析事件不等于 XmlResource Parser.END_DOCUMNET（也就是还没有解析结束），程序将一直解析下去，通过这种方式即可把整份 XML 文档的内容解析出来。

（3）在布局文件 main.xml 中设置一个按钮和一个文本框，当用户单击该按钮时会解析指定 XML 文档，并把文档中的内容显示出来。

```
<?xml version="1.0" encoding="utf-8"?>
<LinearLayout xmlns:android="http://schemas.android.com/apk/res/android"
    android:orientation="vertical"
    android:layout_width="fill_parent"
    android:layout_height="fill_parent"
    >
<Button
    android:id="@+id/bn"
    android:layout_width="wrap_content"
    android:layout_height="wrap_content"
```

```
        android:text="@string/parse"
        />
<EditText
        android:id="@+id/show"
        android:layout_width="fill_parent"
        android:layout_height="wrap_content"
        android:editable="false"
        android:cursorVisible="false"
        />
</LinearLayout>
```

运行该程序，单击“解析 XML 资源”按钮后的执行效果如图 9-3 所示。

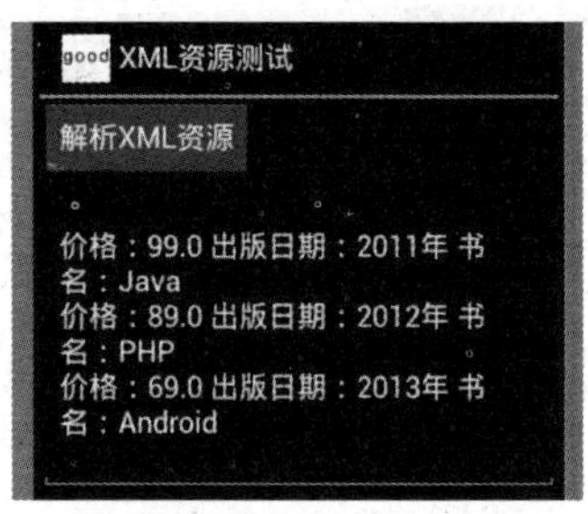

图 9-3　执行效果

9.7　样式资源和主题资源

知识点讲解：光盘:视频\知识点\第 9 章\样式资源和主题资源.avi

样式和主题资源能够美化 Android 应用程序，通过使用 Android 应用的样式和主题资源，开发者可以开发出各种风格的 Android 应用。本节将详细讲解 Android 样式资源和主题资源的基本知识。

9.7.1　使用样式资源

在 Android 应用程序中，经常需要对某个类型的组件指定大致相似的格式（例如字体、颜色、背景色等）。如果每次都要为 View 组件重复指定这些属性，不但会耗费巨大的工作量而且不利于项目后期的维护。此时便可以考虑使用样式资源来解决这个问题。

在 Android 应用程序中，样式资源文件被保存在\res\values 目录下，样式资源文件的根元素是<resources.../>元素，在该元素中可以包含多个<style.../>子元素，每个<style.../>子元素定义一个样式。元素<style.../>指定了如下两个属性。

- ☑ name：指定样式的名称。
- ☑ parent：指定该样式所继承的父样式。当继承某个父样式时，该样式将会获得父样式中定义的全部样式。当然，当前样式也可覆盖父样式中指定的格式。

在<style.../>元素中包含了多个<item.../>子元素，每个<item.../>子元素定义一个格式项。

例如在下面的实例中，演示了使用样式资源的基本过程。

题　目	目　的	源 码 路 径
实例 9-4	使用样式资源	光盘:\daima\9\9.7\StyleEX

（1）编写样式资源文件 my_style.xml，具体实现代码如下所示。

```
<?xml version="1.0" encoding="UTF-8"?>
<resources>
    <!-- 定义一个样式，指定字体大小、字体颜色 -->
    <style name="style1">
        <item name="android:textSize">20sp</item>
        <item name="android:textColor">#00d</item>
    </style>
    <!-- 定义一个样式，继承前一个颜色 -->
    <style name="style2" parent="@style/style1">
        <item name="android:background">#ee6</item>
        <item name="android:padding">8dp</item>
        <!-- 覆盖父样式中指定的属性 -->
        <item name="android:textColor">#000</item>
    </style>
</resources>
```

在上述样式资源中定义了两个样式，其中第二个样式继承了第一个样式，而且第二个样式中的 textColor 属性覆盖了父样式中的 textColor 属性。

（2）在定义上述样式资源之后，接下来就可以在 XML 资源中按照如下语法格式来使用。

```
@[<package_name>:]style/file_name
```

开始编写界面布局文件 main.xml，该布局文件中包含两个文本框，这两个文本框分别使用两个样式。文件 main.xml 具体实现代码如下所示。

```
<?xml version="1.0" encoding="utf-8"?>
<LinearLayout xmlns:android="http://schemas.android.com/apk/res/android"
    android:orientation="vertical"
    android:layout_width="fill_parent"
    android:layout_height="fill_parent"
    >
<!-- 指定使用 style1 的样式 -->
<EditText
    android:layout_width="fill_parent"
    android:layout_height="wrap_content"
    android:text="@string/style1"
    style="@style/style1"
    />
<!-- 指定使用 style2 的样式 -->
<EditText
    android:layout_width="fill_parent"
    android:layout_height="wrap_content"
    android:text="@string/style2"
    style="@style/style2"
    />
</LinearLayout>
```

在上述代码中并没有对两个文本框指定任何样式，只是为它们分别指定了使用 style1、style2 的样式，这两个样式包含的格式就会应用到这两个文本框。执行后的效果如图 9-4 所示。

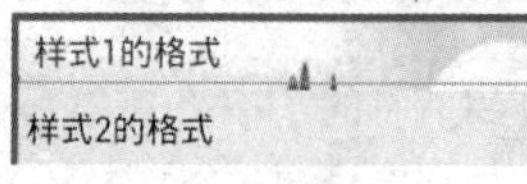

图 9-4　执行效果

9.7.2　使用主题资源文件

在 Android 应用程序中，使用主题资源文件的方法与使用样式资源的方法相似。主题资源的 XML 文件通常被保存在\res\values 目录下，主题资源的 XML 文档以<resources.../>元素作为根元素，同样使用<style.../>元素来定义主题。

在 Android 应用程序中，主题与样式的区别如下。

☑ 主题不能作用于单个的 View 组件，主体应该对整个应用的所有 Activity 起作用，或对指定的 Activity 起作用。

☑ 主题定义的格式应该是改变窗口外观的格式，例如窗口标题、窗口边框等。

例如在下面的实例中，演示了使用主题资源文件为所有窗口添加边框、背景的基本过程。

题　目	目　的	源 码 路 径
实例 9-5	为所有窗口添加边框、背景	光盘:\daima\9\9.7\StyleEX

（1）在文件\res\values\my_new_style.xml 中增加一个主题，具体实现代码如下所示。

```
<!-- 指定使用 style2 的样式 -->
<EditText
    android:layout_width="fill_parent"
    android:layout_height="wrap_content"
    android:text="@string/style2"
    style="@style/style2"
    />
```

☑ 在上述代码中使用了如下两个 Drawable 资源。

- drawable/star：是一张图片。
- drawable/window_border：是一个 ShapeDrawable 资源，该资源和文件 window_border.xml 相对应，文件 window_border.xml 的具体实现代码如下所示。

```
<?xml version="1.0" encoding="UTF-8"?>
<shape xmlns:android="http://schemas.android.com/apk/res/android"
    android:shape="rectangle">
    <!-- 设置填充颜色 -->
    <solid android:color="#0fff"/>
    <!-- 设置四周的内边距 -->
    <padding android:left="7dp"
        android:top="7dp"
        android:right="7dp"
        android:bottom="7dp" />
    <!-- 设置边框 -->
    <stroke android:width="10dip" android:color="#f00" />
</shape>
```

（2）在 Java 程序文件 StyleEX.java 中使用上面定义的主题资源，具体实现代码如下所示。

```
public class StyleResTest extends Activity {

    @Override
    protected void onCreate(Bundle savedInstanceState) {
        super.onCreate(savedInstanceState);
      setTheme(R.style.Theme);
              setContentView(R.layout.activity_style_res_test);
```

```
    }

    @Override
    public boolean onCreateOptionsMenu(Menu menu) {
        getMenuInflater().inflate(R.menu.style_res_test, menu);
        return true;
    }
}
```

（3）在文件 AndroidManifest.xml 中为<application.../>元素增加 android:theme 属性，功能是指定 Activity 应用的主题更加简单。文件 AndroidManifest.xml 的具体实现代码如下所示。

```
<application
    android:icon="@drawable/ic_launcher"
    android:label="@string/app_name"
    android:theme="@style/Theme">

    <activity
        android:name="org.res.StyleEX"
        android:label="@string/app_name">
        <intent-filter>
            <action android:name="android.intent.action.MAIN" />
            <category android:name="android.intent.category.LAUNCHER" />
        </intent-filter>
    </activity>
</application>
```

9.8 使用属性资源

知识点讲解：光盘:视频\知识点\第 9 章\使用属性资源.avi

在 Android 应用程序中，当在 XML 布局文件中使用 Android 系统提供的 View 组件时，开发者可以指定多个属性，通过使用这些属性可以控制 View 组件的外观行为。如果用户开发的自定义 View 组件也需要指定属性，此时需要借助属性资源来实现。

在 Android 应用程序中，属性资源文件被保存在\res\values 目录下，属性资源的根元素是<resources.../>，在该元素中包含如下两个子元素。

☑ attr 子元素：定义一个属性。

☑ declare-styleable 子元素：定义一个 styleable 对象，每个 styleable 对象就是一组 attr 属性的集合。

在 Android 应用程序中，当使用属性文件定义了属性之后，接下来即可在自定义组件的构造器中通过 AttributeSet 对象获取这些属性。

例如在下面的实例中，演示了使用属性资源的基本过程。

题　目	目　的	源 码 路 径
实例 9-6	使用属性资源	光盘:\daima\9\9.8\AttrEX

本实例的功能是实现一个淡入淡出的动画效果，当图片显示时自动从透明变成完全不透明。首先需要定义一个自定义组件，但这个自定义组件需要指定一个额外的 duration 属性，该属性控制动画的持续时间。本实例的具体实现流程如下。

（1）为了在自定义组件中使用 duration 属性，需要先定义属性资源文件 attrs.xml，具体实现代码如下

所示。

```
<?xml version="1.0" encoding="utf-8"?>
<resources>
    <!-- 定义一个属性 -->
    <attr name="duration">
    </attr>
    <!-- 定义一个 styleable 对象来组合多个属性 -->
    <declare-styleable name="AlphaImageView">
        <attr name="duration"/>
    </declare-styleable>
</resources>
```

通过上述代码定义了属性资源文件的属性后，以后在哪个 View 组件中使用该属性？该属性到底能发挥什么作用？这类问题就不归属于属性资源文件的职责了。属性资源所定义的属性作用取决于自定义组件的代码实现。

（2）编写 Java 程序文件 AlphaImageView.java，功能是获取定义该组件所指定的 duration 属性之后，根据该属性来控制图片透明度的改变。文件 AlphaImageView.java 的具体实现代码如下所示。

```
public class AlphaImageView extends ImageView
{
    //图像透明度每次改变的大小
    private int alphaDelta = 0;
    //记录图片当前的透明度
    private int curAlpha = 0;
    //每隔多少毫秒透明度改变一次
    private final int SPEED = 300;
    Handler handler = new Handler()
    {
        @Override
        public void handleMessage(Message msg)
        {
            if (msg.what == 0x123)
            {
                //每次增加 curAlpha 的值
                curAlpha += alphaDelta;
                if (curAlpha > 255) curAlpha = 255;
                //修改该 ImageView 的透明度
                AlphaImageView.this.setAlpha(curAlpha);
            }
        }
    };
    public AlphaImageView(Context context, AttributeSet attrs)
    {
        super(context, attrs);
        TypedArray typedArray = context.obtainStyledAttributes(attrs,
                R.styleable.AlphaImageView);
        //获取 duration 参数
        int duration = typedArray
                .getInt(R.styleable.AlphaImageView_duration, 0);
        //计算图像透明度每次改变的大小
        alphaDelta = 255 * SPEED / duration;
    }
```

```
        @Override
        protected void onDraw(Canvas canvas)
        {
            this.setAlpha(curAlpha);
            super.onDraw(canvas);
            final Timer timer = new Timer();
            //按固定间隔发送消息，通知系统改变图片的透明度
            timer.schedule(new TimerTask()
            {
                @Override
                public void run()
                {
                    Message msg = new Message();
                    msg.what = 0x123;
                    if (curAlpha >= 255)
                    {
                        timer.cancel();
                    }
                    else
                    {
                        handler.sendMessage(msg);
                    }
                }
            }, 0, SPEED);
        }
    }
```

在上述实现代码中，R.styleable.AlphaImageView、R.styleable.AlphaImageView_duration 都是 Android SDK 根据属性资源文件自动生成的。通过上述代码首先获取了定义 AlphaImageView 时指定的 duration 属性，并根据该属性计算图片的透明度和变化幅度。然后重写了 ImageView 的 onDraw(Canvas canvas)方法，该方法启动了一个任务调度来控制图片透明度的改变。

（3）在编写界面布局文件 main.xml 中，设置在使用 AlphaImageView 时为它指定一个 duration 属性，注意该属性位于“http://schemas.android.com/apk/res/+项目子包”命名空间下，例如本应用的包名为 com.example.studyresources，那么 duration 属性就位于 http://schemas.android.com/apk/res/com.example.studyresources 命名空间下。文件 main.xml 的具体实现代码如下所示。

```
<LinearLayout xmlns:android="http://schemas.android.com/apk/res/android"
    xmlns:studyresources="http://schemas.android.com/apk/res/com.example.studyresources"
    android:orientation="vertical"
     android:layout_width="fill_parent"
     android:layout_height="fill_parent"
  >
<!-- 定义自定义组件，并指定属性资源中定义的属性 -->
 <com.example.studyresources.AlphaImageView
      android:layout_width="fill_parent"
      android:layout_height="wrap_content"
      android:src="@drawable/ee"
      studyresources:duration="60000"
      />

</LinearLayout>
```

在上述代码中，设置用于导入 http://schemas.android.com/apk/res/com.example.studyresources 命名空间，并指定该命名空间对应的短名前缀为 studyresources，并且为 AlphaImageView 组件指定自定义属性 duration 的属性值为 60000。

执行后的效果如图 9-5 所示。

图 9-5　执行效果

9.9　使用声音资源

知识点讲解：光盘:视频\知识点\第 9 章\使用声音资源.avi

除了在本章前面介绍的各个 XML 文件和图片文件之外，在 Android 应用程序中还可以使用声音资源。类似于声音文件及其他各种类型的文件，Android 并没有为之提供对应的支持，这种资源都被称为原始资源。Android 的原始资源可以放在如下两个地方。

（1）在 Android 应用程序中，声音等原始资源被保存在\res\raw 目录下，Android SDK 会在 R 清单类中为这个目录下的资源生成一个索引项。

（2）在 Android 应用程序中，位于\assets\目录中的资源是更为彻底的原始资源。Android 应用程序需要通过 AssetManager 来管理该目录下的原始资源。Android SDK 会为被保存在\res\raw\目录中的资源在 R 类中生成一个索引项，然后即可在 XML 文件中通过如下语法格式进行访问。

```
@[<package_name>:]raw/file_name
```

也可以在 Java 代码中通过如下语法格式进行访问。

```
[<package_name>.]R.raw.<file_name>
```

通过上述所示的索引项，Android 应用程序可以非常方便地访问\res\raw 目录中的原始资源，接下来可以根据实际项目的需要来处理获取的资源。

在 Android 应用程序中，AssetManager 是一个专门用于管理\assets\目录中原始资源的类，此类提供了如下两个方法来访问 Assets 资源。

☑ InputStream open(String fileName)：根据文件名来获取原始资源对应的输入流。

☑ AssetFileDescriptor openFd(String fileName)：根据文件名来获取原始资源对应的 AssetFile Descriptor。AssetFileDescriptor 代表了一项原始资源的描述，应用程序可通过 AssetFileDescriptor 来获取原始资源。

例如在下面的演示实例中，讲解了使用声音资源的具体过程。

题　目	目　的	源 码 路 径
实例 9-7	使用声音资源	光盘:\daima\9\9.9\RawEX

本实例的具体实现流程如下。

（1）在应用程序的\res\raw\目录下放入一个音频文件 bomp.mp3。这样 Android SDK 会自动处理该目录下的资源，并在 R 清单类中为它生成一个索引项 R.raw.bomp。

（2）在\assets\目录中保存一个 shot.mp3 文件，这个需要通过 AssetManager 进行管理。

（3）编写布局文件 main.xml，功能是定义两个按钮，一个按钮用于播放\res\raw\目录下的声音文件，另一个用于播放\assets\目录下的声音文件。文件 main.xml 的具体实现代码如下所示。

```
<?xml version="1.0" encoding="utf-8"?>
<LinearLayout xmlns:android="http://schemas.android.com/apk/res/android"
    android:orientation="vertical"
    android:layout_width="fill_parent"
    android:layout_height="fill_parent"
    >
<Button
    android:id="@+id/playRaw"
    android:layout_width="fill_parent"
    android:layout_height="wrap_content"
    android:text="@string/play_raw"
    />
<Button
    android:id="@+id/playAsset"
    android:layout_width="fill_parent"
    android:layout_height="wrap_content"
    android:text="@string/play_asset"
    />
</LinearLayout>
```

（4）编写对应的 Java 程序文件 RawResTest.java，功能是首先获取\res\raw\目录下的原始资源文件，然后通过 AssetManager 来获取\assets\目录下的原始资源文件。文件 RawResTest.java 的具体实现代码如下所示。

```
public class RawResTest extends Activity
{
    MediaPlayer mediaPlayer1 = null;
    MediaPlayer mediaPlayer2 = null;

    @Override
    public void onCreate(Bundle savedInstanceState)
    {
        super.onCreate(savedInstanceState);
        setContentView(R.layout.main);
        //直接根据声音文件的 ID 来创建 MediaPlayer
        mediaPlayer1 = MediaPlayer.create(this, R.raw.bomb);
        //获取该应用的 AssetManager
        AssetManager am = getAssets();
        try
        {
            //获取指定文件对应的 AssetFileDescriptor
```

```
            AssetFileDescriptor afd = am.openFd("shot.mp3");
            mediaPlayer2 = new MediaPlayer();
            //使用 MediaPlayer 加载指定的声音文件
            mediaPlayer2.setDataSource(afd.getFileDescriptor());
            mediaPlayer2.prepare();
        }
        catch (IOException e)
        {
            e.printStackTrace();
        }
        //获取第一个按钮，并为它绑定事件监听器
        Button playRaw = (Button) findViewById(R.id.playRaw);
        playRaw.setOnClickListener(new OnClickListener()
        {
            @Override
            public void onClick(View arg0)
            {
                //播放声音
                mediaPlayer1.start();
            }
        });
        //获取第二个按钮，并为它绑定事件监听器
        Button playAsset = (Button) findViewById(R.id.playAsset);
        playAsset.setOnClickListener(new OnClickListener()
        {
            @Override
            public void onClick(View arg0)
            {
                //播放声音
                mediaPlayer2.start();
            }
        });
    }
}
```

本实例执行后的效果如图 9-6 所示。

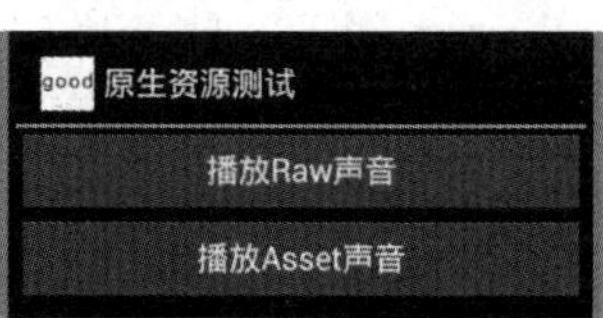

图 9-6　执行效果

9.10　使用布局资源和菜单资源

知识点讲解：光盘:视频\知识点\第 9 章\使用布局资源和菜单资源.avi

其实从学习本书中的第一个 Android 应用程序时，便已经使用了 Android 的 Layout（布局）资源。Layout 资源文件被保存在\res\layout 目录下，Layout 资源文件的根元素通常是某种布局管理器，例如 LinearLayout、

TableLayout、FrameLayout 等，然后在该布局管理器中可以定义各种 View 组件。

当在 Android 项目中定义了 Layout 资源后，接下来就可以在 XML 文件中通过如下格式进行访问。

```
@[<package_name>:]layout/file_name
```

在 Java 程序代码中可以按照如下所示的语法格式进行访问。

```
[<package_name>.]R.layout.<file_name>
```

Android 系统建议开发者使用 XML 资源文件来定义菜单，使用 XML 资源文件定义菜单后，将会提供更好的解耦。在 Android 应用程序中，菜单资源文件被保存在\res\menu 目录下，菜单资源的根元素通常是<menu.../>元素，元素<menu.../>无须指定任何属性。

当在 Android 应用程序中定义 Layout 资源后，接下来在 XML 文件中可以通过如下所示的语法格式进行访问。

```
@[<package_name>:]menu/file_name
```

在 Java 代码中可以通过如下所示的语法格式进行访问。

```
[<package_name>.]R.menu.<file_name>
```

9.11 国 际 化

知识点讲解：光盘:视频\知识点\第 9 章\国际化.avi

大家平时看到的很多软件程序，例如微信，当手机语言设置为中文时，微信内部语言也是中文，而系统语言设置成英文时，微信的语言也变成了英文。让程序适应不同语言环境，适配多种语言，这个过程在软件开发中就叫国际化。对于 Android 应用程序来说，因为不能确定在哪个国家和地区被使用，所以实现 Android 应用程序国际化势在必行。在开发 Android 应用程序的过程中，实现国际化的方法非常简单，只需对 res 目录中的文件进行设置即可。

在 Android 项目文件中的 res 文件夹下，默认生成了软件在手机环境为任何情况下显示的文字和图片。如果想实现当用户修改了手机的语言环境时自动加载对应语言的资源文件的功能，只需要创建该语言对应的文件夹和文件即可。例如我们使用的文字，Android 默认文字的资源存放在 values 文件的 string.xml 文件中，如果需要一个中文与英文的文字的资源文件，只需要在 res 文件夹中创建一个名为 values-zh 和 values-en 的文件夹，然后在文件夹中创建对应的 string.xml 文件即可。这样当用户手机的语言环境设定为中文时，Android 会自动加载文件 res\values-zh\string.xml，然后显示在手机上，其他语言的设置方法也是如此。

在开发 Android 应用程序的过程中，实现国际化的基本流程如下。

（1）打开 Eclipse，新建一个 Android 项目，打开 values\string.xml 编写如下所示的代码。

```
<?xml version="1.0" encoding="utf-8"?>
<resources>

    <string name="app_name">EOEi18n</string>
    <string name="action_settings">Settings</string>
    <string name="hello_world">Hello world!</string>
    <string name="multi">multi-language test,english</string>


</resources>
```

在上述代码中添加了一个 multi 字段，其值为 multi-language test,english。

（2）将布局界面文件 main.xml 中默认的 TextView 引用的文字换成 multi，具体实现代码如下所示。

```
<RelativeLayout xmlns:android="http://schemas.android.com/apk/res/android"
xmlns:tools="http://schemas.android.com/tools"
android:layout_width="match_parent"
android:layout_height="match_parent"
android:paddingBottom="@dimen/activity_vertical_margin"
android:paddingLeft="@dimen/activity_horizontal_margin"
android:paddingRight="@dimen/activity_horizontal_margin"
android:paddingTop="@dimen/activity_vertical_margin"
tools:context=".MainActivity" >
<TextView
android:layout_width="wrap_content"
android:layout_height="wrap_content"
android:text="@string/multi" />
</RelativeLayout>
```

此时运行程序会显示为默认的英文格式，如图 9-7 所示。

如果此时将手机设备的语言设置成中文，也会显示为上述英文程序界面。

（3）开始适配中文，在此以 Eclipse 的图形化适配方法实现。右击当前的 Android 项目，在弹出的快捷菜单中依次选择New | Android Xml File命令，在弹出的界面中设置文件名为string.xml，设置文件类型为Values，如图 9-8 所示。

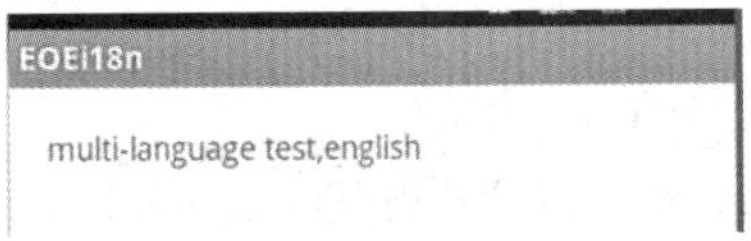

图 9-7　默认的英文格式

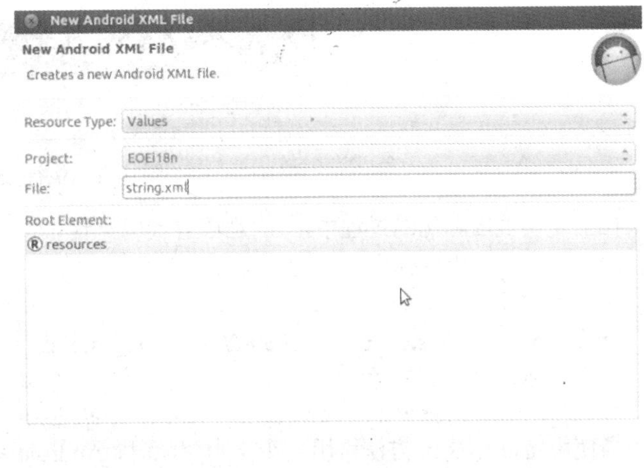

图 9-8　新建 XML 文件

（4）在下一个界面中选择左侧的 Region 选项，再单击中间指向右的箭头按钮，将其移动到右侧。然后在文本框中输入 CN（中国），如图 9-9 所示。

接下来将左侧的 Language 也移到右边，并在文本框中输入 zh（中文），如图 9-10 所示。

（5）单击 Finish 按钮，此时再打开工程目录，会发现多了一个 values-zh-rCN 文件夹，里面有一个 string.xml 文件，这就是适配中文的地方。将文件 values/string.xml 中的内容复制过来，再做一下汉化，文件 values-zh-rCN/string.xml 的最终实现代码如下所示。

```
<?xml version="1.0" encoding="utf-8"?>
<resources>

    <string name="app_name">EOE 国际化</string>
    <string name="action_settings">设置</string>
```

```
    <string name="hello_world">Hello world!</string>
    <string name="multi">多语言测试，中文</string>
</resources>
```

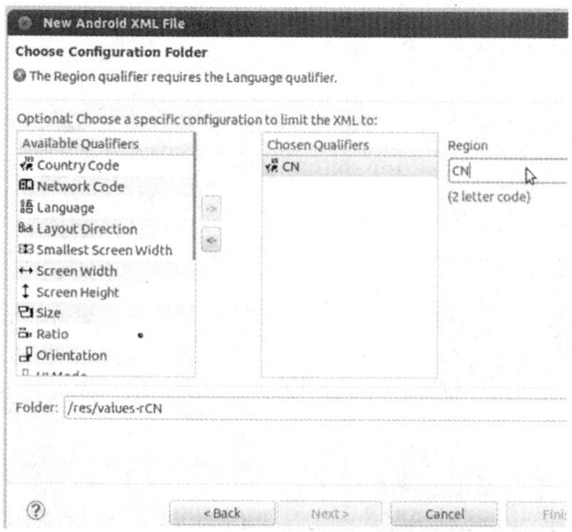

图 9-9　输入 CN

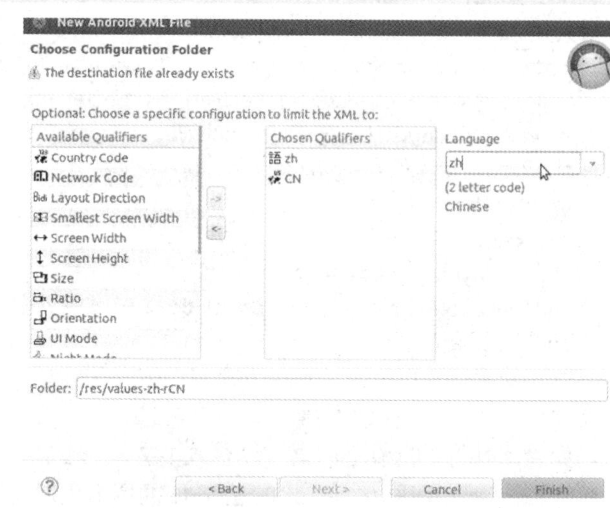

图 9-10　输入 zh

这时将程序部署到设备上，将设备语言设置成中文，就会看到可以正确地显示中文效果，如图 9-11 所示。

图 9-11　执行效果

在上述实现国际化的过程中，zh 是语言代码，代表中文。cn 是区域代码，代表中国大陆。例如 zh-tw 是台湾中文，一般为繁体字。en-US 表示美式英语。

各国语言缩写请参考：

http://www.loc.gov/standards/iso639-2/php/code_list.php

国家和地区简写请参考：

http://www.iso.org/iso/en/prods-services/iso3166ma/02iso-3166-code-lists/list-en1.html

当使用@string/xxx 方法引用一个文本资源时，Android 系统会首先判断当前设备设置的语言和区域，然后通过这些信息去对应的 Values 文件夹找对应的 string。当找不到对应语言的 Values 文件夹时，就会引用 Values/string.xml 中的内容。实现国际化和多语言的目的就是给程序添加不同的国家区域资源文件夹。不仅是 values 文件夹，drawable 文件夹等也是可以的，例如 drawable-hdpi，为其适配中文图片资源就是添加 drawable-cn-hdpi 文件夹。

第10章　数据存储

Android 操作系统提供了一种公共文件系统，也就是说任何应用软件都可以使用它来存储和读取文件，该文件也可以被其他的应用软件所读取（当然会有一些权限控制设定）。在 Android 系统中，所有的应用软件数据（包括文件）为该应用软件所私有。Android 同样也提供了一种标准方式供应用软件将私有数据开放给其他应用软件。本章将详细讲解在 Android 中实现数据存储的方法。

- ☑ 073：使用 SQLite 编写一个日记本.pdf
- ☑ 074：SimpleCursorAdapter 和 ArrayAdapter 的对比.pdf
- ☑ 075：使用 ContentProvider 实现日记本功能.pdf
- ☑ 076：保存用户的信息.pdf
- ☑ 077：XML 文件形式保存数据.pdf
- ☑ 078：方法 openFileOutput().pdf
- ☑ 079：将网上图片保存在 SD 卡中并显示出来.pdf
- ☑ 080：读取上次保存的信息.pdf

知识拓展

10.1　5 种存储方式

知识点讲解：光盘:视频\知识点\第 10 章\5 种存储方式.avi

Android 是一款智能移动通信系统，关于它存储数据的知识一直是程序员格外关心的。为了更深入地学习 Android 系统，笔者将带领大家一起探寻 Android 存储的秘密，向大家揭露 Android 中的 5 种存储方式。

Android 操作系统提供了一种公共文件系统，即任何应用软件可以使用它来存储和读取文件，该文件也可以被其他的应用软件所读取，当然前提是会有一些权限控制来设定。Android 采用了一种不同的系统，Android 中所有的应用软件数据（包括文件）为该应用软件所私有。然而 Android 同样也提供了一种标准方式供应用软件将私有数据开放给其他应用软件。在 Android 系统中提供了如下 5 种存储方式。

- ☑ 文件存储。
- ☑ SQLite 数据库方式。
- ☑ 内容提供器（ContentProvider）。
- ☑ 网络存储。
- ☑ SharedPreferences。

10.2　SharedPreferences 存储

知识点讲解：光盘:视频\知识点\第 10 章\SharedPreferences 存储.avi

SharedPreferences 是 Android 系统用来存储一些简单的配置信息的一种机制。SharedPreferences 以键值对方式保存数据，这样开发人员可以方便地实现读取和存入。经常用其存储常见的欢迎语、登录用户名和密码等信息。

10.2.1 SharedPreferences 简介

SharedPreferences 是 Android 平台上一个轻量级的存储类，主要用来保存一些常用的配置信息。SharedPreferences 提供了保存 Android 中常规的 Long 长整型、Int 整型、String 字符串型等类型的数据。SharedPreferences 类似 Windows 系统上的 INI 配置文件，但是它可以分为多种权限，可以全局共享访问，最终是以 XML 方式来保存，但是整体效率不是特别高。在 XML 保存数据时 Dalvik 会通过自带底层的本地 XML Parser 解析，例如 XMLpull 方式，这样对于内存资源占用比较好。

在两个 Activity 之间的数据传递除了可以通过 Intent 来传递外，还可以通过 SharedPreferences 共享数据的方式来实现。使用 SharedPreferences 的方法很简单，例如可以先在 A 中设置如下代码。

```
Editor sharedata = getSharedPreferences("data", 0).edit();
    sharedata.putString("item","getSharedPreferences");
    sharedata.commit();
```

然后可以在 B 中编写如下获取代码。

```
SharedPreferences sharedata = getSharedPreferences("data", 0);
String data = sharedata.getString("item", null);
Log.v("cola","data="+data);
```

最后可以通过以下 Java 代码将数据显示出来。

```
<SPAN class=hilite1>SharedPreferences</SPAN> sharedata = getSharedPreferences("data", 0);
String data = sharedata.getString("item", null);
Log.v("cola","data="+data);
```

SharedPreferences 的用法基本上和 java.util.prefs.Preferences 中的用法一样，以一种简单、透明的方式来保存一些用户个性化设置的字体、颜色、位置等参数信息。一般的应用程序都会提供“设置”或者“首选项”这样的界面，那么这些设置最后就可以通过 Preferences 来保存，而程序员不需要知道它到底是以什么形式保存的，保存在了什么地方。当然，如果希望保存其他的东西，也没有什么限制，只是在性能上不知道会有什么问题。

10.2.2 使用 SharedPreferences 存储数据

下面将通过一个具体实例来讲解使用 SharedPreferences 存储数据的方法。

题　　目	目　　的	源 码 路 径
实例 10-1	使用 SharedPreferences 存储数据	光盘:\daima\10\SharedPreferences

本实例的具体实现流程如下。

（1）编写文件 SharedPreferencesHelper.java，主要实现代码如下所示。

```
public class SharedPreferencesHelper {
    SharedPreferences sp;
    SharedPreferences.Editor editor;
        Context context;
        public SharedPreferencesHelper(Context c,String name){
        context = c;
        sp = context.getSharedPreferences(name, 0);
        editor = sp.edit();
```

```
    }
        public void putValue(String key, String value){
            editor = sp.edit();
            editor.putString(key, value);
            editor.commit();
    }
    public String getValue(String key){
        return sp.getString(key, null);
    }
    }
```

（2）编写文件 SharedPreferencesUsage.java，主要实现代码如下所示。

```
public class SharedPreferencesUsage extends Activity {
    public final static String COLUMN_NAME ="name";
    public final static String COLUMN_MOBILE ="mobile";
    SharedPreferencesHelper sp;
    /** Called when the activity is first created. */
   @Override
   public void onCreate(Bundle savedInstanceState) {
        super.onCreate(savedInstanceState);
        sp = new SharedPreferencesHelper(this, "contacts");
        sp.putValue(COLUMN_NAME, "那一剑的风情");
        sp.putValue(COLUMN_MOBILE, "00000000000");

        String name = sp.getValue(COLUMN_NAME);
        String mobile = sp.getValue(COLUMN_MOBILE);

        TextView tv = new TextView(this);
        tv.setText("NAME:"+ name + "\n" + "MOBILE:" + mobile);
                setContentView(tv);
    }
}
```

执行后的效果如图 10-1 所示。

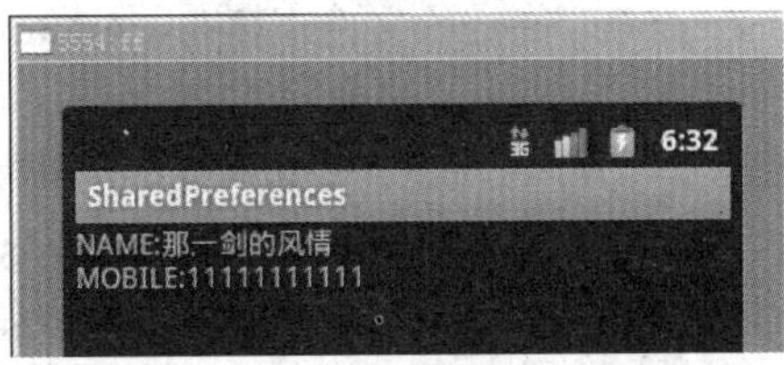

图 10-1　执行效果

其中 NAME 和 MOBILE 就是在 SharedPreferences 中存储的，因为上面例子的 pack_name 为：

```
package com.android.SharedPreferences;
```

所以存放数据的路径为：data/data/com.android.SharedPreferences/share_prefs/contacts.xml。其中文件 contacts.xml 的内容如下所示。

```
<?xml version='1.0' encoding='utf-8' standalone='yes' ?>
<map>
<string name="mobile">123456789</string>
<string name="name">Gryphone</string>
</map>
```

无论是访问 SharedPreference 中保存的数据，还是调用里面的数据，都使用 getSharedPreferences()方法实现。我们可以传入要访问的 SharedPreference 的名字，然后使用类型安全的 get<type>方法来提取保存的值。其中每一个 get<type>方法要带一个键值和默认值（当键值没有可获得的值时使用），例如下面的代码就利用 get<type>恢复了 SharedPreference 中的数据。

```
public void loadPreferences()
{
int mode = Activity.MODE_PRIVATE;
SharedPreferences mySharedPreferences = getSharedPreferences(MYPREFS, mode);
boolean isTrue = mySharedPreferences.getBoolean("isTrue", false);
float lastFloat = mySharedPreferences.getFloat("lastFloat", 0f);
int wholeNumber = mySharedPreferences.getInt("wholeNumber", 1);
long aNumber = mySharedPreferences.getLong("aNumber", 0);
String stringPreference;
stringPreference = mySharedPreferences.getString("textEntryValue","");
}
```

10.3 文件存储

知识点讲解：光盘:视频\知识点\第 10 章\文件存储.avi

10.2 节中介绍的 SharedPreferences 存储方式非常方便，但是有一个缺点，即只适合于存储比较简单的数据，如果需要存储更多的数据就不合适了。对于存储更多的数据，Android 中可供选择的方式有多种，在此先介绍文件存储的方法。和传统的 Java 中实现 I/O 的程序类似，在 Android 中提供了方法 openFileInput()和 openFileOuput()来读取设备上的文件，例如下面的代码。

```
String FILE_NAME = "tempfile.tmp";                    //确定要操作文件的文件名
  //初始化
  FileOutputStream fos = openFileOutput(FILE_NAME, Context.MODE_PRIVATE);
  FileInputStream fis = openFileInput(FILE_NAME);       //创建写入流代码解释
```

在上述代码中，通过这两个方法只能够读取该应用目录下的文件，如果读取非其自身目录下的文件将会抛出异常。如果在调用 FileOutputStream()时指定的文件不存在，Android 会自动创建它。并且在默认情况下，写入时会覆盖原文件内容，如果想把新写入的内容附加到原文件内容后，则可以指定其模式为 Context.MODE_APPEND。在默认情况下，使用 openFileOutput()方法创建的文件只能被其调用的应用使用，其他应用无法读取这个文件，如果需要在不同的应用中共享数据，可以使用 Content Provider 实现。

如果应用需要一些额外的资源文件，例如一些用来测试音乐播放器是否可以正常工作的 MP3 文件，可以将这些文件放在应用程序的\res\raw\目录下，例如 mydatafile.mp3。那么就可以在应用中使用 getResources()获取资源后，以 openRawResource()方法（不带后缀的资源文件名）打开这个文件，实现代码如下所示。

```
Resources myResources = getResources();
   InputStream myFile = myResources.openRawResource(R.raw.myfilename);
```

除了前面介绍的读写文件方法外，在 Android 应用中还可以使用诸如 deleteFile()、fileList()等方法来操作文件。

下面将通过一个具体实例来讲解使用文件方式存储数据的方法。

题　目	目　的	源码路径
实例 10-2	使用文件保存数据	光盘:\daima\10\SharedPreferences

本实例的具体实现流程如下。

（1）编写文件 MainActivity.java，定义保存文件并读取文件内容的方法。主要实现代码如下所示。

```
public class MainActivity extends Activity {
    private EditText writeET;
    private Button writeBtn;
    private TextView contentView;
    public static final String FILENAME = "setting.set";
    @Override
    public void onCreate(Bundle savedInstanceState) {
        super.onCreate(savedInstanceState);
        setContentView(R.layout.main);
        writeET = (EditText) findViewById(R.id.write_et);
        writeBtn = (Button) findViewById(R.id.write_btn);
        contentView = (TextView) findViewById(R.id.contentview);
        writeBtn.setOnClickListener(new OperateOnClickListener());
    }
    class OperateOnClickListener implements OnClickListener {
        @Override
        public void onClick(View v) {
            writeFiles(writeET.getText().toString());
            contentView.setText(readFiles());
            System.out.println(getFilesDir());
        }
    }
    //保存文件内容
    private void writeFiles(String content) {
        try {
            //打开文件获取输出流，文件不存在则自动创建
            FileOutputStream fos = openFileOutput(FILENAME,
                    Context.MODE_PRIVATE);
            fos.write(content.getBytes());
            fos.close();
        } catch (Exception e) {
            e.printStackTrace();
        }
    }
    //读取文件内容
    private String readFiles() {
        String content = null;
        try {
            FileInputStream fis = openFileInput(FILENAME);
            ByteArrayOutputStream baos = new ByteArrayOutputStream();
            byte[] buffer = new byte[1024];
            int len = 0;
            while ((len = fis.read(buffer)) != -1) {
                baos.write(buffer, 0, len);
            }
            content = baos.toString();
            fis.close();
```

```
                baos.close();
            } catch (Exception e) {
                e.printStackTrace();
            }
            return content;
        }
}
```

（2）编写文件 FilesUtil.java，分别实现文件保存和文件内容读取的功能。主要实现代码如下所示。

```
public class FilesUtil {
    /**保存文件内容，fileName 表示文件名称，content 表示内容*/
    private void writeFiles(Context c, String fileName, String content, int mode)
                throws Exception {
            //打开文件获取输出流，文件不存在则自动创建
            FileOutputStream fos = c.openFileOutput(fileName, mode);
            fos.write(content.getBytes());
            fos.close();
    }
    /*读取文件内容，return 表示返回文件内容*/
    private String readFiles(Context c, String fileName) throws Exception {
            ByteArrayOutputStream baos = new ByteArrayOutputStream();
            FileInputStream fis = c.openFileInput(fileName);
            byte[] buffer = new byte[1024];
            int len = 0;
            while ((len = fis.read(buffer)) != -1) {
                baos.write(buffer, 0, len);
            }
            String content = baos.toString();
            fis.close();
            baos.close();
            return content;
    }
}
```

执行后的效果如图 10-2 所示，在文本框中输入信息并单击 Write 按钮后将信息写入并保存至文件，并在按钮下方显示输入的信息，如图 10-3 所示。

图 10-2　执行效果

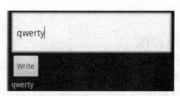

图 10-3　保存输入的信息

由此可见，在 Android 中的文件存储就是利用了 Java I/O 技术实现的，其中通过方法 openFileOutput() 可以将数据输出到文件中，具体的实现过程与在 J2SE 环境中保存数据至文件中是一样的。下面是通用的代码格式。

```
ublic void save()
    {
        try {
            FileOutputStream outStream=this.openFileOutput("a.txt",Context.MODE_WORLD_READABLE);
```

```
            outStream.write(text.getText().toString().getBytes());
            outStream.close();
            Toast.makeText(MyActivity.this,"Saved",Toast.LENGTH_LONG).show();
        } catch (FileNotFoundException e) {
            return;
        }
        catch (IOException e){
            return ;
        }
    }
```

在方法 openFileOutput()中的第一参数用于指定文件名称，不能包含路径分隔符“/”，如果文件不存在，Android 会自动创建它。创建的文件保存在\data\data\<package name>\files 目录，通过选择 Eclipse | Window | Show View | Other 命令，在对话窗口中展开 Android 文件夹，选择下面的 File Explorer 视图，然后在 File Explorer 视图中展开\data\data\<package name>\files 目录即可看到该文件。

openFileOutput()方法的第二参数用于指定操作模式，有如下 4 种模式。

☑ Context.MODE_PRIVATE = 0。

☑ Context.MODE_APPEND = 32768。

☑ Context.MODE_WORLD_READABLE = 1。

☑ Context.MODE_WORLD_WRITEABLE = 2。

其中 Context.MODE_PRIVATE 是默认的操作模式，代表该文件是私有数据，只能被应用本身访问，在该模式下，写入的内容会覆盖原文件的内容，如果想把新写入的内容追加到原文件中。可以使用 Context. MODE_APPEND。

Context.MODE_APPEND 模式会检查文件是否存在，如存在就向文件追加内容，否则就创建新文件。

Context.MODE_WORLD_READABLE 和 Context.MODE_WORLD_WRITEABLE 用来控制其他应用是否有权限读写该文件。

MODE_WORLD_READABLE 模式表示当前文件可以被其他应用读取；MODE_WORLD_WRITEABLE 表示当前文件可以被其他应用写入。

如果是私有文件则只能被创建该文件的应用访问，如果希望文件能被其他应用读和写，可以在创建文件时，指定 Context.MODE_WORLD_READABLE 和 Context.MODE_WORLD_WRITEABLE 权限。

10.4 最常用的 SQLite

知识点讲解：光盘:视频\知识点\第 10 章\最常用的 SQLite.avi

在 Android 中最常用的存储方式是 SQLite 存储，这是一个轻量级的嵌入式数据库。SQLite 是 Android 系统自带的一个标准的数据库，支持 SQL 统一数据库查询语句。本节将详细讲解在 Android 系统中使用 SQLite 存储数据的知识。

10.4.1 SQLite 基础

SQLite 是 D.Richard Hipp 用 C 语言编写的开源嵌入式数据库引擎，支持大多数的 SQL92 标准，并且可以在所有主要的操作系统上运行。SQLite 由以下几个部分组成。

☑ SQL 编译器。

☑ 内核。

☑ 后端。

☑ 附件。

SQLite 通过利用虚拟机和虚拟数据库引擎（VDBE），使调试、修改和扩展 SQLite 的内核变得更加方便。所有 SQL 语句都被编译成易读的、可以在 SQLite 虚拟机中执行的程序集。

SQLite 是一款轻型的数据库，是遵守 ACID 的关联式数据库管理系统，它的设计目标是嵌入式的，而且目前已经在很多嵌入式产品中使用，它占用资源非常低，在嵌入式设备中，可能只需要几百 KB 的内存就够了。它能够支持 Windows/Linux/UNIX 等主流的操作系统，同时能够与很多程序语言相结合，例如 TCL、PHP、Java、C++、.NET 等，还有 ODBC 接口，同样和 MySQL、PostgreSQL 这两款开源的著名的数据库管理系统相比较，它的处理速度更快。

SQLite 的主要特点如下。

（1）轻量级

SQLite 和 C/S 模式的数据库软件不同，它是进程内的数据库引擎，因此不存在数据库的客户端和服务器。使用 SQLite 一般只需要带上它的一个动态库，就可以享受它的全部功能，而且这个动态库的尺寸也很小，以版本 3.6.11 为例，Windows 下为 487KB、Linux 下为 347KB。

（2）不需要安装

SQLite 的核心引擎本身不依赖第三方的软件，使用它也不需要安装。有点类似那种绿色软件。

（3）单一文件

数据库中所有的信息（例如表、视图等）都包含在一个文件内。这个文件可以自由复制到其他目录或其他机器上。

（4）跨平台/可移植性

除了主流操作系统 Windows、Linux 之后，SQLite 还支持其他一些不常用的操作系统。

（5）弱类型的字段

同一列中的数据可以是不同类型。

（6）开源

源代码是开放的。

10.4.2 SQLite 数据类型

一般数据采用固定的静态数据类型，而 SQLite 采用的是动态数据类型，会根据存入值自动判断。SQLite 具有如下常用的数据类型。

☑ NULL：这个值为空值。

☑ VARCHAR(n)：长度不固定且其最大长度为 n 的字串，n 不能超过 4000。

☑ CHAR(n)：长度固定为 n 的字串，n 不能超过 254。

☑ INTEGER：值被标识为整数，依据值的大小可以依次被存储为 1，2，3，4，5，6，7，8。

☑ REAL：所有值都是浮动的数值，被存储为 8 字节的 IEEE 浮动标记序号。

☑ TEXT：值为文本字符串，使用数据库编码存储（TUTF-8，UTF-16BE or UTF-16-LE）。

☑ BLOB：值是 BLOB 数据块，以输入的数据格式进行存储。如何输入就如何存储，不改变格式。

☑ DATA：包含了年份、月份、日期。

☑ TIME：包含了小时、分钟、秒。

10.4.3 SQLiteDatabase 介绍

Android 提供了创建和使用 SQLite 数据库的 API。SQLiteDatabase 代表一个数据库对象，提供了操作数据库的一些方法。在 Android 的 SDK 目录下有 sqlite3 工具，我们可以利用它创建数据库、创建表和执行一些 SQL 语句。表 10-1 中列出了 SQLiteDatabase 的常用方法。

表 10-1 SQLiteDatabase 的常用方法

方 法 名 称	方 法 描 述
openOrCreateDatabase(String path,SQLiteDatabase.CursorFactory factory)	打开或创建数据库
insert(String table,String nullColumnHack,ContentValues values)	添加一条记录
delete(String table,String whereClause,String[] whereArgs)	删除一条记录
query(String table,String[] columns,String selection,String[] selectionArgs,String groupBy,String having,String orderBy)	查询一条记录
update(String table,ContentValues values,String whereClause,String[] whereArgs)	修改记录
execSQL(String sql)	执行一条 SQL 语句
close()	关闭数据库

1．打开或者创建数据库

在 Android 中使用 SQLiteDatabase 的静态方法 openOrCreateDatabase(String path,SQLiteDatabae.CursorFactory factory)来打开或者创建一个数据库，它会自动去检测是否存在这个数据库。如果存在则打开，如果不存在则创建一个数据库。如创建成功则返回一个 SQLiteDatabase 对象，否则抛出异常 FileNotFoundException。

例如下面是创建名为 stu.db 数据库的代码。

```
db=SQLiteDatabase.openOrCreateDatabase("/data/data/com.lingdududu.db/databases/stu.db",null);
```

2．创建表

创建一张表很简单。首先，编写创建表的 SQL 语句，然后，调用 SQLiteDatabase 的 execSQL()方法来执行 SQL 语句便可以创建一张表。

例如下面的代码创建了一张用户表，属性列为：_id（主键并且自动增加）、sname（学生姓名）、snumber（学号）。

```
private void createTable(SQLiteDatabase db){
    //创建表 SQL 语句
    String stu_table="create table usertable(_id integer primary key autoincrement,sname text,snumber text)";

    //执行 SQL 语句
    db.execSQL(stu_table);
}
```

3．插入数据

有两种插入数据的方法：

（1）SQLiteDatabase 的 insert(String table,String nullColumnHack,ContentValues values)方法：其中第 1 个参数是表名称，第 2 个参数是空列的默认值，第 3 个参数是 ContentValues 类型的一个封装了列名称和列值的 Map。

（2）编写插入数据的 SQL 语句，直接调用 SQLiteDatabase 的 execSQL()方法来执行。

下面是第一种方法的演示代码。

```
private void insert(SQLiteDatabase db) {

   //实例化常量值
   ContentValues cValue = new ContentValues();

   //添加用户名
   cValue.put("sname","xiaoming");

   //添加密码
   cValue.put("snumber","01005");

   //调用 insert()方法插入数据
   db.insert("stu_table",null,cValue);
}
```

下面是第二种方法的演示代码。

```
private void insert(SQLiteDatabase db){

   //插入数据 SQL 语句
   String stu_sql="insert into stu_table(sname,snumber) values('xiaoming','01005')";

   //执行 SQL 语句
   db.execSQL(sql);
}
```

4．删除数据

删除数据的方法也有两种：

（1）调用 SQLiteDatabase 的 delete(String table,String whereClause,String[] whereArgs)方法。其中第 1 个参数是表名称，第 2 个参数是删除条件，第 3 个参数是删除条件值数组。

（2）编写删除 SQL 语句，调用 SQLiteDatabase 的 execSQL()方法来执行删除。

下面是第一种方法的演示代码：

```
private void delete(SQLiteDatabase db) {

   //删除条件
   String whereClause = "_id=?";

   //删除条件参数
   String[] whereArgs = {String.valueOf(2)};

   //执行删除
   db.delete("stu_table",whereClause,whereArgs);
}
```

下面是第二种方法的演示代码：

```
private void delete(SQLiteDatabase db) {

   //删除 SQL 语句
   String sql = "delete from stu_table where _id  = 6";

   //执行 SQL 语句
```

```
    db.execSQL(sql);
}
```

5．修改数据

修改数据的方法有两种：

（1）调用 SQLiteDatabase 的 update(String table,ContentValues values,String whereClause, String[] whereArgs)方法。第 1 个参数是表名称，第 2 个参数是更行列 ContentValues 类型的键值对（Map），第 3 个参数是更新条件（where 字句），第 4 个参数是更新条件数组。

（2）编写更新的 SQL 语句，调用 SQLiteDatabase 的 execSQL 执行更新。

下面是第一种方法的演示代码：

```
private void update(SQLiteDatabase db) {

    //实例化内容值
    ContentValues values = new ContentValues();

    //在 values 中添加内容
    values.put("snumber","101003");

    //修改条件
    String whereClause = "id=?";

    //修改添加参数
    String[] whereArgs={String.valuesOf(1)};

    //修改
    db.update("usertable",values,whereClause,whereArgs);
}
```

下面是第二种方法的演示代码：

```
private void update(SQLiteDatabase db){

    //修改 SQL 语句
    String sql = "update stu_table set snumber = 654321 where id = 1";

    //执行 SQL 语句
    db.execSQL(sql);
}
```

6．查询数据

在 Android 中查询数据是通过 Cursor 类来实现的，当使用 SQLiteDatabase.query()方法时，会得到一个 Cursor 对象，Cursor 指向的就是每一条数据。它提供了很多有关查询的方法，具体方法如下所示。

```
public Cursor query(String table,String[] columns,String selection,String[] selectionArgs,String groupBy,String having,String orderBy,String limit);
```

各个参数的具体说明如下。

☑　table：表名称。

☑　columns：列名称数组。

☑　selection：条件子句，相当于 where。

☑　selectionArgs：条件子句，参数数组。

- ☑ groupBy：分组列。
- ☑ having：分组条件。
- ☑ orderBy：排序列。
- ☑ limit：分页查询限制。
- ☑ Cursor：返回值，相当于结果集 ResultSet。

Cursor 是一个游标接口，提供了遍历查询结果的方法，如移动指针方法 move()、获得列值方法 getString()等。Cursor 游标的常用方法如表 10-2 所示。

表 10-2 Cursor 游标的常用方法

方法名称	方法描述
getCount()	获得总的数据项数
isFirst()	判断是否第一条记录
isLast()	判断是否最后一条记录
moveToFirst()	移动到第一条记录
moveToLast()	移动到最后一条记录
move(int offset)	移动到指定记录
moveToNext()	移动到下一条记录
moveToPrevious()	移动到上一条记录
getColumnIndexOrThrow(String columnName)	根据列名称获得列索引
getInt(int columnIndex)	获得指定列索引的 int 类型值
getString(int columnIndex)	获得指定列索引的 String 类型值

例如在下面的代码中，使用 Cursor 来查询数据库中的数据。

```
private void query(SQLiteDatabase db)
{

  //查询获得游标
  Cursor cursor = db.query  ("usertable",null,null,null,null,null,null);

  //判断游标是否为空
  if(cursor.moveToFirst() {

    //遍历游标
    for(int i=0;i<cursor.getCount();i++){

        cursor.move(i);

        //获得 ID
        int id = cursor.getInt(0);

        //获得用户名
        String username=cursor.getString(1);

        //获得密码
        String password=cursor.getString(2);

        //输出用户信息
```

```
            System.out.println(id+":"+sname+":"+snumber);
        }
    }
}
```

7．删除指定表

编写删除数据的 SQL 语句，直接调用 SQLiteDatabase 的 execSQL()方法来执行。例如下面的演示代码。

```
private void drop(SQLiteDatabase db){
    //删除表的 SQL 语句
    String sql ="DROP TABLE stu_table";
   //执行 SQL 语句
   db.execSQL(sql);
}
```

10.4.4　SQLiteOpenHelper 介绍

类 SQLiteOpenHelper 是 SQLiteDatabase 的一个辅助类，主要功能是生成一个数据库，并对数据库的版本进行管理。当在程序中调用这个类的方法 getWritableDatabase()或者 getReadableDatabase()时，如果当时没有数据，那么 Android 系统就会自动生成一个数据库。SQLiteOpenHelper 是一个抽象类，我们通常需要继承它，并且实现如下 3 个函数。

（1）onCreate(SQLiteDatabase)

在数据库第一次生成时会调用这个方法，也就是说，只有在创建数据库时才会调用，当然也有一些其他情况，一般在这个方法中生成数据库表。

（2）onUpgrade(SQLiteDatabase,int,int)

当数据库需要升级时，Android 系统会主动地调用这个方法。一般在这个方法中删除数据表并建立新的数据表，当然是否还需要做其他操作完全取决于应用的需求。

（3）onOpen(SQLiteDatabase)

这是当打开数据库时的回调函数，一般在程序中不是很常用。

10.4.5　实战演练——使用 SQLite 操作数据

下面将通过一个具体实例讲解使用 SQLite 操作数据的方法。

题　　目	目　　的	源 码 路 径
实例 10-3	使用 SQLite 操作数据	光盘:\daima\10\SQLite

本实例的主程序文件是 UserSQLite.java，具体实现流程如下。

（1）定义一个继承于 SQLiteOpenHelper 的类 DatabaseHelper，并且重写了 onCreate()和 onUpgrade()方法。在 onCreate()方法中首先构造一条 SQL 语句，然后调用 db.execSQL(sql)执行 SQL 语句。这条 SQL 语句能够生成一张数据库表。具体代码如下所示。

```
private static class DatabaseHelper extends SQLiteOpenHelper {
    DatabaseHelper(Context context) {
        super(context, DATABASE_NAME, null, DATABASE_VERSION);
    }
    @Override
    public void onCreate(SQLiteDatabase db) {
```

```
            String sql = "CREATE TABLE " + TABLE_NAME + " (" + TITLE
                    + " text not null, " + BODY + " text not null " + ");";
            Log.i("haiyang:createDB=", sql);
            db.execSQL(sql);
        }
        @Override
        public void onUpgrade(SQLiteDatabase db, int oldVersion, int newVersion) {
        }
    }
```

SQLiteOpenHelper 是一个辅助类，此类主要用于生成一个数据库，并对数据库的版本进行管理。当在程序中调用这个类的方法 getWriteableDatabase()或者 getReadableDatabase()时，如果当时没有数据，那么 Android 系统就会自动生成一个数据库。SQLiteOpenHelper 是一个抽象类，我们通常需要继承它，并且实现如下 3 个函数。

☑ onCreate(SQLiteDatabase)：在数据库第一次生成时会调用这个方法，一般在这个方法中生成数据库表。

☑ onUpgrade(SQLiteDatabase,int,int)：当数据库需要升级时，Android 系统会主动调用这个方法。一般在这个方法中删除数据表并建立新的数据表，当然是否还需要做其他的操作，完全取决于应用的需求。

☑ onOpen(SQLiteDatabase)：是打开数据库时的回调函数，一般不会用到。

（2）开始编写按钮处理事件

单击“添加两条数据”按钮，如果数据成功插入到数据库的 diary 表中，那么在界面的 title 区域就会有成功的提示，如图 10-4 所示。

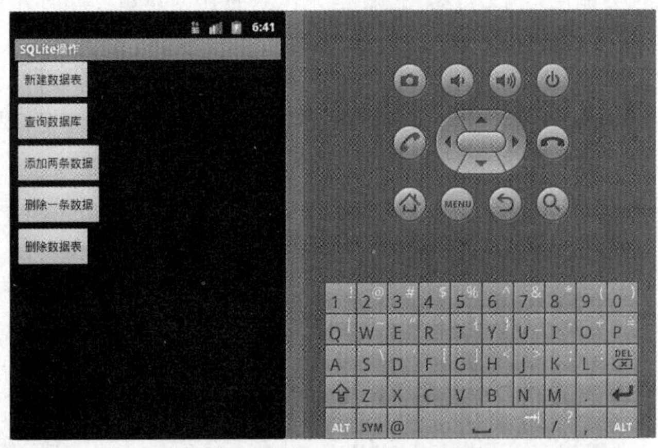

图 10-4　插入成功

当单击“添加两条数据”按钮后程序会执行监听器中的 onClick()方法，并最终执行上述程序中的 insertItem()方法，具体代码如下所示。

```
    /*
     * 插入两条数据
     */
    private void insertItem() {
        /得到一个可写的 SQLite 数据库，如果这个数据库还没有建立/
        /那么 mOpenHelper 辅助类负责建立这个数据库/
        /如果数据库已经建立，那么直接返回一个可写的数据库/
            SQLiteDatabase db = mOpenHelper.getWritableDatabase();
            String sql1 = "insert into " + TABLE_NAME + " (" + TITLE + ", " + BODY
```

```
                + ") values('AA', 'android 好');";
        String sql2 = "insert into " + TABLE_NAME + " (" + TITLE + ", " + BODY
                + ") values('BB', 'android 好');";
        try {
            Log.i("haiyang:sql1=", sql1);
            Log.i("haiyang:sql2=", sql2);
            db.execSQL(sql1);
            db.execSQL(sql2);
            setTitle("插入成功");
        } catch (SQLException e) {
            setTitle("插入失败");
        }
    }
```

☑ sql1 和 sql2：是构造的标准的插入 SQL 语句，如果对 SQL 语句不熟悉，可以参考相关的书籍。鉴于本书的重点是在 Android 方面，所以对 SQL 语句的构建不进行详细的介绍。

☑ Log.i()：会将参数内容打印到日志中，并且打印级别是 Info，在使用 LogCat 工具时会进行详细的介绍。

☑ db.execSQL(sql1)：执行 SQL 语句。

Android 支持 5 种打印输出级别，分别是 Verbose、Debug、Info、Warning 和 Error，在程序中经常用到的是 Info 级别，即将一些自己需要知道的信息打印出来，如图 10-5 所示。

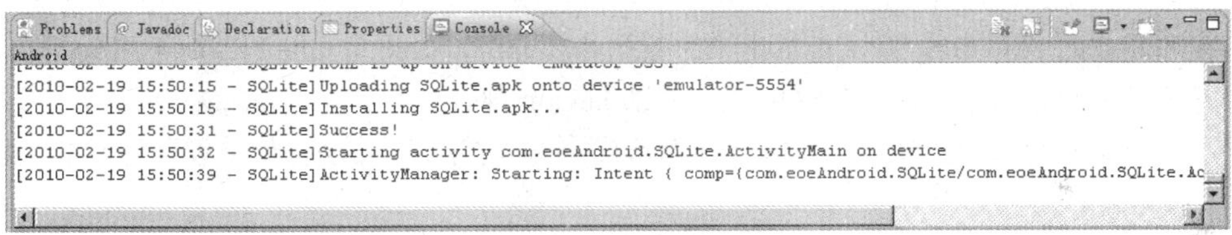

图 10-5　打印输出级别

（3）单击“查询数据库”按钮，会在界面的 title 区域显示当前数据表中数据的条数。因为刚才我们插入了两条，所以现在单击此按钮后会显示有两条记录，如图 10-6 所示。

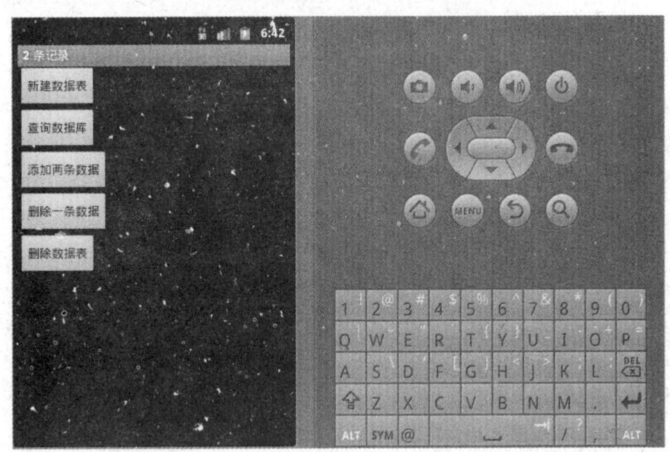

图 10-6　查询数据

单击“查询数据库”按钮后程序执行监听器中的 onClick()方法，并最终执行上述程序中的 showItems()方法，具体代码如下所示。

```
    /*在屏幕的 title 区域显示当前数据表中数据的条数*/
    private void showItems() {
        /得到一个可写的数据库/
        SQLiteDatabase db = mOpenHelper.getReadableDatabase();
        String col[] = { TITLE, BODY };
        Cursor cur = db.query(TABLE_NAME, col, null, null, null, null, null);
        /通过 getCount()方法，可以得到 Cursor 中数据的个数/
        Integer num = cur.getCount();
        setTitle(Integer.toString(num) + " 条记录");
    }
}
```

在上述代码中，语句 Cursor cur = db.query(TABLE_NAME, col, null, null, null, null, null)比较难以理解，此语句用于将查询到的数据放到一个 Cursor 中。这个 Cursor 中封装了这个数据表 TABLE_NAME 当中的所有条列。query()方法非常重要，包含了如下 7 个参数。

☑ 第 1 个参数是数据库中表的名字，例如在这个例子中，表的名字就是 TABLE_NAME，也就是 diary。

☑ 第 2 个字段是想要返回数据包含的列的信息。在这个例子中想要得到的列有 title 和 body。我们把这两个列的名字放到字符串数组中。

☑ 第 3 个参数为 selection，相当于 SQL 语句的 where 部分，如果想返回所有的数据，可直接置为 null。

☑ 第 4 个参数为 selectionArgs。在 selection 部分，用户有可能用到“?”，那么在 selectionArgs 定义的字符串会代替 selection 中的“?”。

☑ 第 5 个参数为 groupBy，定义查询出来的数据是否分组，如果为 null 则说明不用分组。

☑ 第 6 个参数为 having，相当于 SQL 语句中的 having 部分。

☑ 第 7 个参数为 orderBy，用来描述我们期望的返回值是否需要排序，如果设置为 null，则说明不需要排序。

注意：Cursor 在 Android 当中是一个非常有用的接口，通过 Cursor 我们可以对从数据库查询出来的结果集进行随机的读写访问。

（4）单击“删除一条数据”按钮后，如果成功删除会在屏幕的标题（title）区域看到文字提示，如图 10-7 所示。

现在再单击“查询数据库”按钮，会发现数据库中的记录少了一条，如图 10-8 所示。

当单击“删除一条数据”按钮后程序执行监听器中的 onClick()方法，并最终执行了上述程序中的 deleteItem()方法，具体代码如下所示。

```
/* 删除其中的一条数据 */
private void deleteItem() {
    try {
        SQLiteDatabase db = mOpenHelper.getWritableDatabase();
        db.delete(TABLE_NAME, " title = 'AA'", null);
        setTitle("删除了一条 title 为 AA 的记录");
    } catch (SQLException e) {
    }
}
```

在上述代码中，通过 db.delete(TABLE_NAME, " title = 'haiyang'", null)语句删除了一条 title='haiyang'的数据。当然如果有很多条 title 为'haiyang'的数据，那么将一并删除。Delete()方法中各个参数的具体说明如下。

☑ 第 1 个参数是数据库表名，在这里是 TABLE_NAME，也就是 diary。

☑　第 2 个参数相当于 SQL 语句中的 where 部分，也就是描述删除的条件。

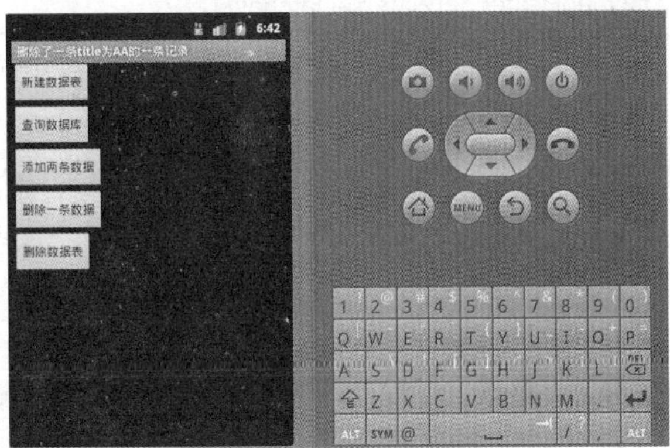

图 10-7　删除一条数据

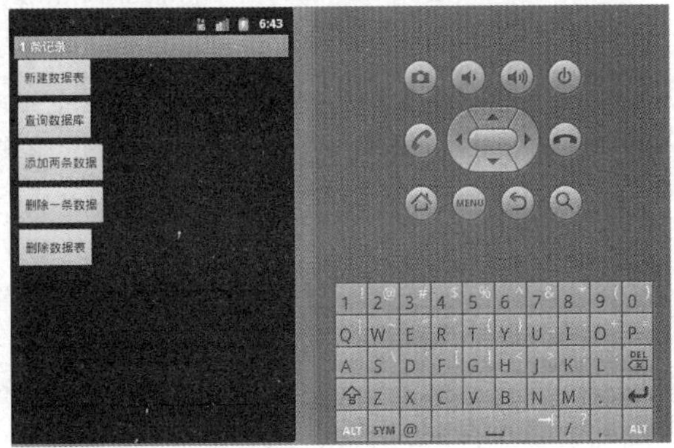

图 10-8　查询数据库

如果在第 2 个参数中有“?”符号，那么第 3 个参数中的字符串会依次替换在第 2 个参数中出现的“?”符号。

（5）单击“删除数据表”按钮后可以删除数据表 diary，如图 10-9 所示。

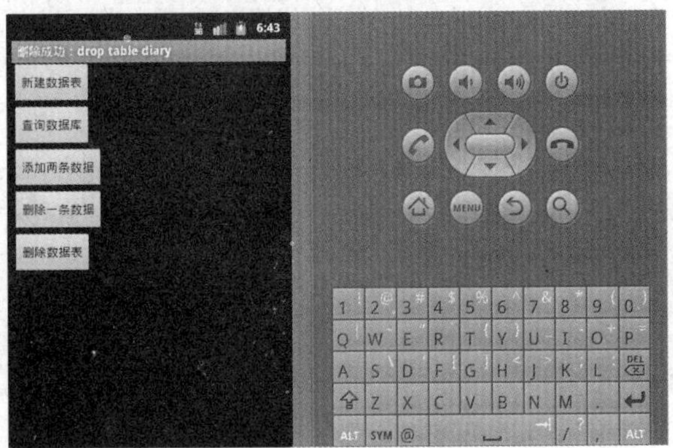

图 10-9　删除数据表

本实例的删除数据表功能是通过函数 dropTable()实现的，具体代码如下所示。

```
/*
 * 删除数据表
 */
```

```
private void dropTable() {
	SQLiteDatabase db = mOpenHelper.getWritableDatabase();
	String sql = "drop table " + TABLE_NAME;
	try {
		db.execSQL(sql);
		setTitle("删除成功：" + sql);
	} catch (SQLException e) {
		setTitle("删除错误");
	}
}
```

在上述代码中，构造了一个标准的删除数据表的 SQL 语句，然后执行这条语句 db.execSQL(sql)。

（6）此时如果单击其他的按钮，程序运行后有可能会出现异常，在此单击“新建数据表”按钮，如图 10-10 所示。

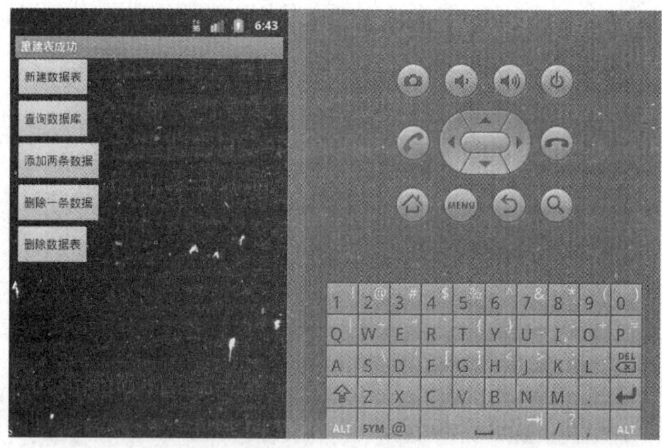

图 10-10　新建数据表

现在单击“查询数据库”按钮查看里面是否有数据，如图 10-11 所示。

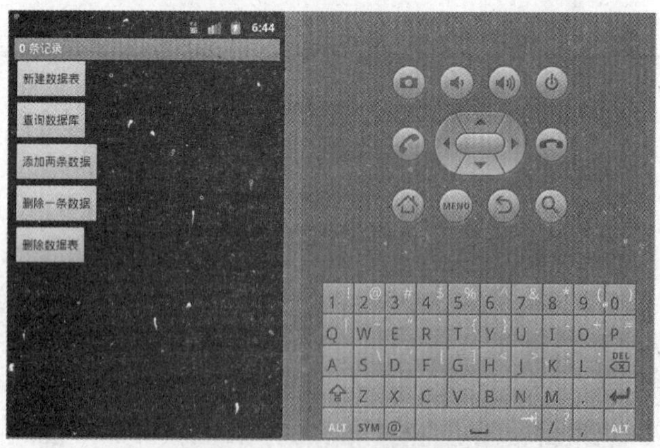

图 10-11　显示 0 条记录

通过函数 CreateTable()可以建立一张新表，具体代码如下所示。

```
/*重新建立数据表*/
private void CreateTable() {
	SQLiteDatabase db = mOpenHelper.getWritableDatabase();
	String sql = "CREATE TABLE " + TABLE_NAME + " (" + TITLE
```

```
            + " text not null, " + BODY + " text not null " + ");";
    Log.i("haiyang:createDB=", sql);
    try {
        db.execSQL("DROP TABLE IF EXISTS diary");
        db.execSQL(sql);
        setTitle("重建数据表成功");
    } catch (SQLException e) {
        setTitle("重建数据表错误");
    }
}
```

在上述代码中，sql 变量表示的语句为标准的 SQL 语句，负责按要求建立一张新表；“db.execSQL("DROP TABLE IF EXISTS diary")”语句表示，如果存在 diary 表，则需要先删除，因为在同一个数据库中不能出现两张同样名字的表；“db.execSQL(sql)”语句用于执行 SQL 语句，建立一个新表。

10.5　ContentProvider 存储

知识点讲解：光盘:视频\知识点\第 10 章\ContentProvider 存储.avi

在 Android 系统中的数据是私有的，当然这些数据包括文件数据和数据库数据以及一些其他类型的数据。在 Android 中的两个程序之间可以相互交换数据，此功能是通过 ContentProvider 实现的。本节将详细讲解 ContentProvider 存储的基本知识。

10.5.1　ContentProvider 介绍

类 ContentProvider 实现了一组标准的方法接口，从而能够让其他的应用保存或读取此 ContentProvider 中的各种数据类型。在程序内可以通过实现 ContentProvider 的抽象接口将自己的数据显示出来。而外界根本不用看到这个显示的数据在应用当中是如何存储的，究竟是用数据库存储还是用文件存储，这一切都不重要，重要的是外界可以通过这套标准、统一的接口和程序中的数据实现交互，既可以读取程序中的数据，也可以删除程序中的数据。现实中比较常见的接口如下。

（1）ContentResolver 接口

外部程序可以通过 ContentResolver 接口访问 ContentProvider 提供的数据。在 Activity 中，可以通过 getContentResolver()得到当前应用的 ContentResolver 实例。ContentResolver 提供的接口需要和 ContentProvider 中实现的接口相对应，常用的接口主要有以下几个。

- ☑ query(Uri uri, String[] projection, String selection, String[] selectionArgs,String sortOrder)：通过 URI 进行查询，返回一个 Cursor。
- ☑ insert(Uri uri, ContentValues values)：将一组数据插入到 URI 指定的地方。
- ☑ update(Uri uri, ContentValues values, String where, String[] selectionArgs)：更新 URI 指定位置的数据。
- ☑ delete(Uri uri, String where, String[] selectionArgs)：删除指定 URI 并且符合一定条件的数据。

（2）ContentProvider 和 ContentResolver 中的 URI

在 ContentProvider 和 ContentResolver 中，使用的 URI 的形式通常有两种，一种是指定所有的数据，另一种是只指定某个 ID 的数据。看下面的代码：

```
content://contacts/people/          //此 URI 指定的就是全部的联系人数据
content://contacts/people/1         //此 URI 指定的是 ID 为 1 的联系人的数据
```

在上面用到的 URI 一般由如下 3 部分组成。

☑ 第 1 部分是"content://"。

☑ 第 2 部分是要获得数据的一个字符串片段。

☑ 第 3 部分是 ID（如果没有指定 ID，那么表示返回全部）。

因为 URI 通常比较长，而且有时容易出错，所以在 Android 中定义了一些辅助类和常量来代替这些长字符串的使用。例如下面的代码。

```
Contacts.People.CONTENT_URI  （联系人的 URI）
```

10.5.2 使用 ContentProvider

下面将通过一个具体实例来讲解使用 ContentProvider 方式存储数据的方法。

题　　目	目　　的	源 码 路 径
实例 10-4	使用 ContentProvider 方式存储数据	光盘:\daima\10\ContentProvider

编写主程序文件 UseContentProvider.java，主要实现代码如下所示。

```
protected void onCreate(Bundle savedInstanceState) {
    super.onCreate(savedInstanceState);
    Cursor c = getContentResolver().query(Phones.CONTENT_URI, null, null, null, null);
    startManagingCursor(c);
    ListAdapter adapter = new SimpleCursorAdapter(this,
            android.R.layout.simple_list_item_2, c,
                    new String[] { Phones.NAME, Phones.NUMBER },
                    new int[] { android.R.id.text1, android.R.id.text2 });
    setListAdapter(adapter);
}
```

（1）getContentResolver()方法：得到应用的 ContentResolver 实例。

（2）query(Phones.CONTENT_URI, null, null, null, null)：是 ContentResolver 中的方法，负责查询所有联系人，并返回一个 Cursor。此方法的参数比较多，各个参数的具体含义如下。

☑ 第 1 个参数为 URI，在这个例子中这个 URI 是联系人的 URI。

☑ 第 2 个参数是一个字符串的数组，数组中的每一个字符串都是数据表中某一列的名字，它指定返回数据表中哪些列的值。

☑ 第 3 个参数相当于 SQL 语句的 where 部分，描述哪些值是我们需要的。

☑ 第 4 个参数是一个字符串数组，它里面的值依次代替在第 3 个参数中出现的“?”符号。

☑ 第 5 个参数指定了排序的方式。

（3）startManagingCursor(c)语句：让系统来管理生成的 Cursor。

（4）ListAdapter adapter = new SimpleCursorAdapter(this,Android.R.layout.simple_list_item_2, c, new String[] { Phones.NAME, Phones.NUMBER }, new int[] { Android.R.id.text1, Android.R.id.text2 })语句：用于生成一个 SimpleCursorAdapter。

（5）setListAdapter(adapter)：绑定 ListView 和 SimpleCursorAdapter。

运行后的效果如图 10-12 所示。

可以添加几条数据到联系人列表中，具体流程如下。

（1）单击模拟器的⌂键，在弹出界面中单击桌面上的 Contacts 应用，如图 10-13 所示。

（2）进入应用后单击 MENU 按键，在出现的界面上单击 New contact 按钮，如图 10-14 所示。

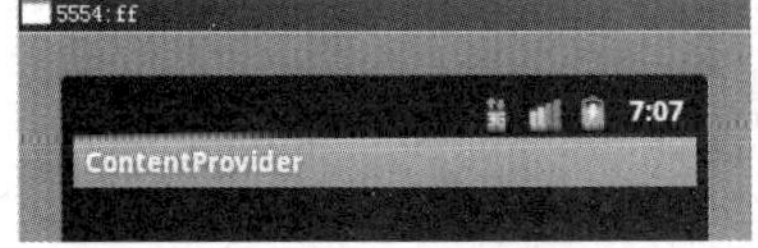

图 10-12　初始效果

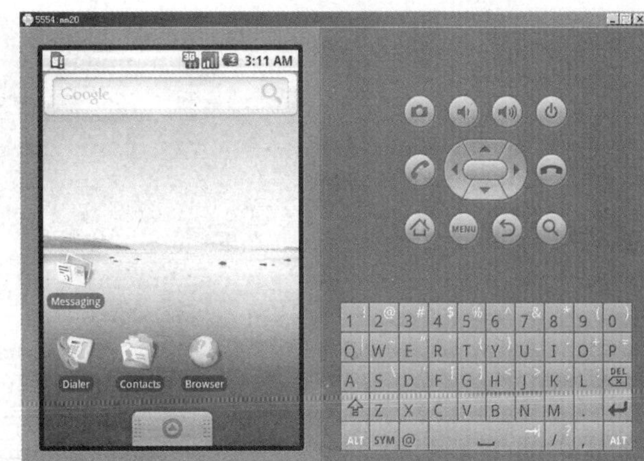

图 10-13　出现的桌面

（3）添加联系人姓名和电话号码信息，如图 10-15 所示。

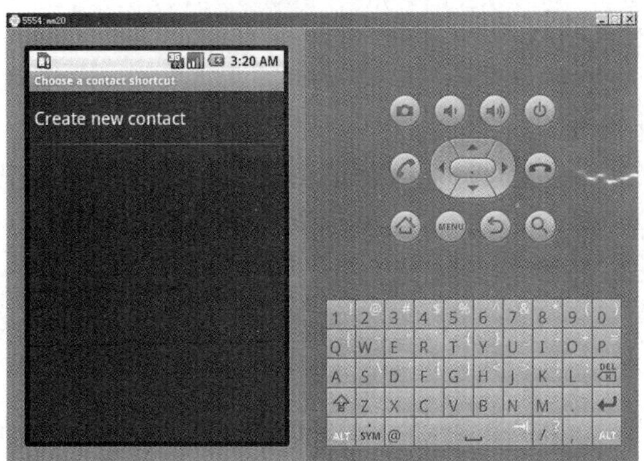

图 10-14　单击 New contact 按钮

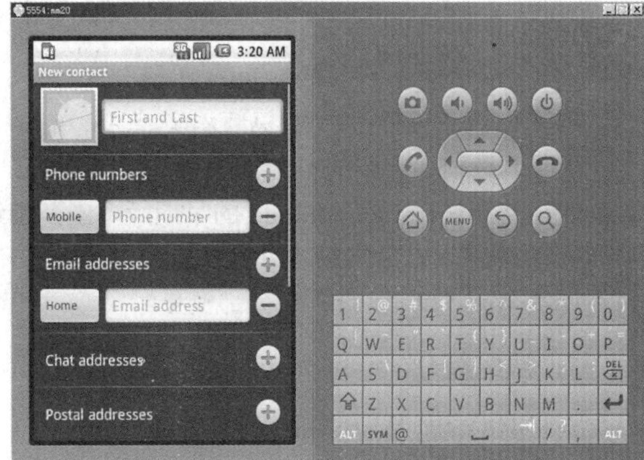

图 10-15　添加联系人姓名和电话号码

（4）单击 MENU 按键，在返回的界面上单击 Save 保存数据，如图 10-16 所示。

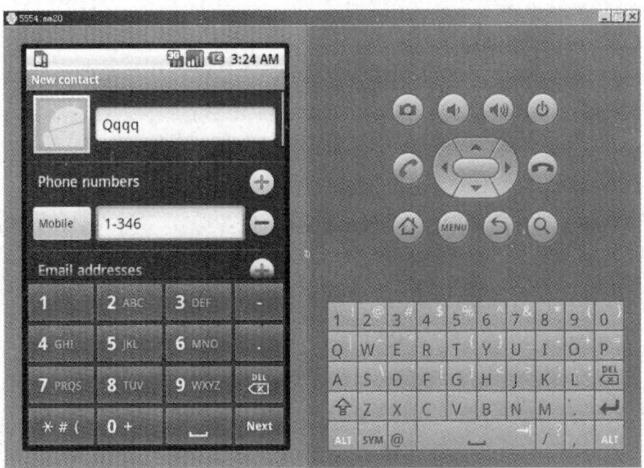

图 10-16　单击 Save 保存数据

（5）按照上述操作步骤即可添加 1 条联系人数据，效果如图 10-17 所示。

图 10-17　添加后的数据

10.6　网 络 存 储

知识点讲解：光盘:视频\知识点\第 10 章\网络存储.avi

除了本章前面介绍的存储方法外，在 Android 中还有一种存储（获取）数据的方式，即通过网络来实现数据的存储和获取。在 Android 的早期版本中，曾经支持过进行 XMPP Service 和 Web Service 的远程访问。Android SDK 1.0 以后的版本对它以前的 API 做了许多的变更。Android 1.0 以上版本不再支持 XMPP Service，而且访问 Web Service 的 API 全部变更。

1. 演练简介

本实例的功能是通过邮政编码查询该地区的天气预报，以 POST 发送的方式发送请求到 webservicex.net 站点，访问 WebService.webservicex.net 站点上提供查询天气预报的服务，具体信息请参考其 WSDL 文档，网址如下：

```
http://www.webservicex.net/WeatherForecast.asmx?WSDL
```

输入：美国某个城市的邮政编码。

输出：该邮政编码对应城市的天气预报。

2. 实现过程

具体实现过程如下。

（1）如果需要访问外部网络，则需要在 AndroidManifest.xml 文件中加入如下代码申请权限许可：

```
<!-- Permissions -->
  <uses-permission Android:name="Android.permission.INTERNET" />
```

（2）以 HTTP POST 的方式发送，SERVER_URL 并不是指 WSDL 的 URL，而是服务本身的 URL。具体实现的代码如下所示。

```
private static final String SERVER_URL = "http://www.webservicex.net/WeatherForecast. asmx/GetWeather
ByZipCode";                                                   //定义需要获取的内容来源地址
  HttpPost request = new HttpPost(SERVER_URL);                //根据内容来源地址创建一个Http请求
  //添加一个变量
  List <NameValuePair> params = new ArrayList <NameValuePair>();
  //设置一个华盛顿区号
```

```
params.add(new BasicNameValuePair("ZipCode", "200120"));             //添加必需的参数
request.setEntity(new UrlEncodedFormEntity(params, HTTP.UTF_8));  //设置参数的编码
//发送请求并获取反馈
try {   HttpResponse httpResponse = new DefaultHttpClient().execute(request);
//解析返回的内容
if(httpResponse.getStatusLine().getStatusCode() != 404)
{
  String result = EntityUtils.toString(httpResponse.getEntity());
  Log.d(LOG_TAG, result);
}
} catch (Exception e) {
Log.e(LOG_TAG, e.getMessage());
}
```

通过上述代码，使用 Http 从 webservicex 获取 ZipCode 为"200120"（美国 WASHINGTON D.C）的内容，其返回的内容如下：


```
<WeatherForecasts xmlns:xsd="http://www.w3.org/2001/XMLSchema" xmlns:xsi="http: //www.w3.org/2001/
XMLSchema-instance" xmlns="http://www.webservicex.net">
    <Latitude>38.97571</Latitude>
    <Longitude>710.02825</Longitude>
    <AllocationFactor>0.024849</AllocationFactor>
    <FipsCode>11</FipsCode>
    <PlaceName>WASHINGTON</PlaceName>
    <StateCode>DC</StateCode>
    <Details>
      <WeatherData>
        <Day>Saturday, April 25, 2009</Day>
       <WeatherImage>http://forecast.weather.gov/images/wtf/sct.jpg</WeatherImage>
        <MaxTemperatureF>88</MaxTemperatureF>
        <MinTemperatureF>57</MinTemperatureF>
        <MaxTemperatureC>31</MaxTemperatureC>
        <MinTemperatureC>14</MinTemperatureC>
      </WeatherData>
      <WeatherData>
        <Day>Sunday, April 26, 2009</Day>
       <WeatherImage>http://forecast.weather.gov/images/wtf/few.jpg</WeatherImage>
        <MaxTemperatureF>89</MaxTemperatureF>
        <MinTemperatureF>60</MinTemperatureF>
        <MaxTemperatureC>32</MaxTemperatureC>
        <MinTemperatureC>16</MinTemperatureC>
      </WeatherData>
  ...
    </Details>
  </WeatherForecasts>
```


通过上述实例，演示了如何在 Android 中通过网络获取数据。要掌握该类内容，开发者需要熟悉 java.net.*、Android.net.*这两个包的内容，具体信息请读者参阅相关文档。

第 3 篇

多媒体应用篇

第 11 章　二维图像处理

在 Android 多媒体应用领域中，图像处理是永远的话题之一，这是因为绚丽的生活离不开精美的图片修饰。无论是二维图像还是三维图像，都给手机用户带来了绚丽的色彩和视觉冲击。本章将详细讲解在 Android 系统中使用 Graphics 类处理二维图像的知识，并详细剖析在 Android 系统中渲染二维图像系统的基本知识，为读者步入本书后面知识的学习打下基础。

☑ 081：图片生成水印效果.pdf
☑ 082：在手机屏幕中绘制各种图形.pdf
☑ 083：缩放位图.pdf
☑ 084：渲染一个几何图形.pdf
☑ 085：设置字体的阴影.pdf
☑ 086：实现图片阴影效果和影子效果.pdf
☑ 087：BitmapDrawable 操作位图.pdf
☑ 088：显示系统内的图片信息.pdf

知识拓展

11.1　SurfaceFlinger 渲染管理器

知识点讲解：光盘:视频\知识点\第 11 章\SurfaceFlinger 渲染管理器.avi

在 Android 系统中，为了在缺少 Overlay 的显示设备上达到更好的渲染效果，采用了 SurfaceFlinger 作为系统的渲染管理器。SurfaceFlinger 的设计思想类似于 Windows Vista 和 Linux 下的 Compiz。在本书前面的内容中，已经从底层讲解了 Android GDI 系统中 SurfaceFlinger 的基本知识。本节将简要介绍 SurfaceFlinger 在图形处理方面的基本应用知识。

11.1.1　SurfaceFlinger 基础

SurfaceFlinger 按英文翻译过来就是“Surface 投递者”，其主要功能如下。

☑ 将 Layers（Surfaces）内容刷新到屏幕上。
☑ 维持 Layer 的 Zorder 序列，并对 Layer 最终输出做出裁剪计算。
☑ 响应 Client 要求，创建 Layer 与客户端的 Surface 建立连接。
☑ 接收 Client 要求，修改 Layer 属性，例如输出大小和 Alpha 等设定。

我们可以将 Surface 理解为一个绘图表面，Android 应用程序负责向这个绘图表面填写内容，而 SurfaceFlinger 服务负责将这个绘图表面的内容取出来，并且渲染在显示屏上。在 SurfaceFlinger 服务端，使用 Layer 类来描述绘图表面，类 Layer 的实现如图 11-1 所示。

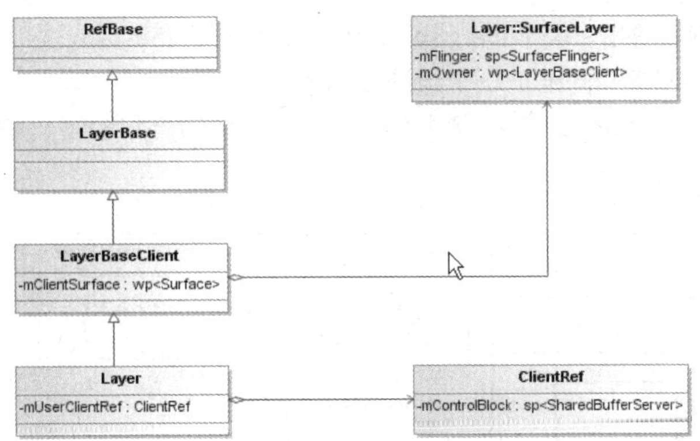

图 11-1　Layer 类的实现

由此可见，类 Layer 继承了类 LayerBaseClient，而类 LayerBaseClient 继承了类 LayerBase，类 LayerBase 继续了类 RefBase。从上述继承关系可以看出，我们可以通过 Android 系统的智能指针来引用 Layer 对象，从而可以自动地维护它们的生命周期。

类 Layer 内部的成员变量 mUserClientRef 指向了一个 ClientRef 对象，这个 ClientRef 对象内部有一个成员变量 mControlBlock，它指向了一个 SharedBufferServer 对象。从前面 Android 应用程序与 SurfaceFlinger 服务之间的共享 UI 元数据（SharedClient）的创建过程可以知道，SharedBufferServer 类是用来在 SurfaceFlinger 服务这一侧描述一个 UI 元数据缓冲区堆栈的，即在 SurfaceFlinger 服务中，每一个绘图表面（即一个 Layer 对象）都关联有一个 UI 元数据缓冲区堆栈。

在类 LayerBaseClient 的内部有一个类型为 LayerBaseClient::Surface 的弱指针，它引用了一个 Layer::SurfaceLayer 对象。此 Layer::SurfaceLayer 对象是一个 Binder 本地对象，是 SurfaceFlinger 服务用来与 Android 应用程序建立通信的，以便可以共同维护一个绘图表面。

类 Layer::SurfaceLayer 继承于类 LayerBaseClient::Surface，其具体实现结构如图 11-2 所示。

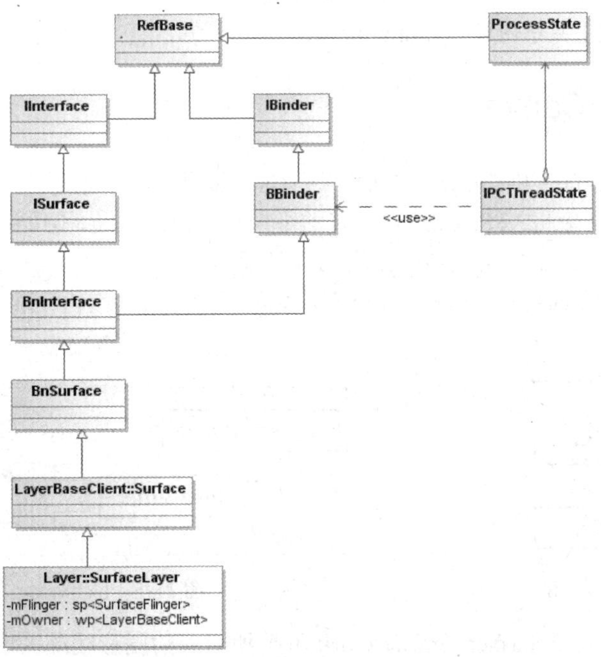

图 11-2　类 SurfaceLayer 的实现

由图 11-2 所示的结构可以看出，类 Layer::SurfaceLayer 实现了 ISurface 接口，Android 应用程序正是通过这个接口和 SurfaceFlinger 服务共同维护一个绘图表面的。

在 Android 系统中，SurfaceFlinger 的构成并不太复杂，复杂的是它的客户端建构。SurfaceFlinger 的构成框架如图 11-3 所示。

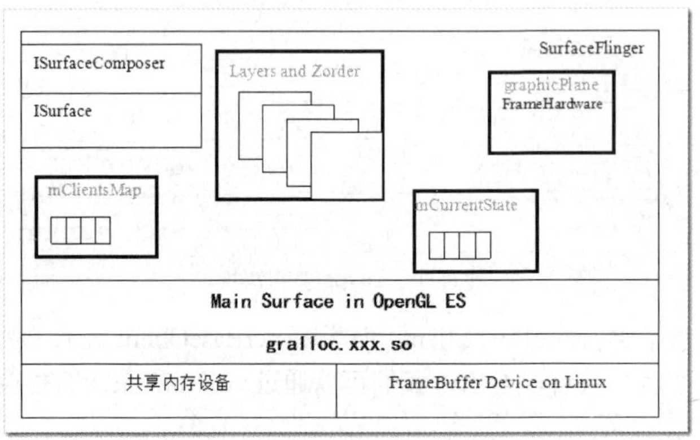

图 11-3　SurfaceFlinger 的构成框架图

在 SurfaceFlinger 应用中，存在如下几个常用的管理对象。

☑ mClientsMap：管理客户端与服务端的连接。
☑ Isurface 和 IsurfaceComposer：AIDL 调用接口实例。
☑ mLayerMap：服务端的 Surface 的管理对象。
☑ mCurrentState.layersSortedByZ：以 Surface 的 Z-order 序列排列的 Layer 数组。
☑ graphicPlane：缓冲区输出管理。
☑ OpenGL ES：图形计算、图像合成等图形库。
☑ gralloc.xxx.so：与平台相关的图形缓冲区管理器。
☑ pmem Device：提供共享内存，在 gralloc.xxx.so 中可见，在上层被 gralloc.xxx.so 抽象了。

11.1.2　Surface 和 Canvas

在 Android 系统中，Surface 和 Canvas 密切相关。Canvas 是画布的意思，Android 上层的作图几乎都是通过 Canvas 实例来完成的。除此之外，Canvas 更多的是一种接口的包装，例如接口 drawPaints、drawPoints、drawRect 和 drawBitmap。Canvas 的层次结构如图 11-4 所示。

Canvas（Java）在 C++的 Native 层都有一个 Native Canvas 的 C++对象所对应，具体结构如图 11-5 所示。

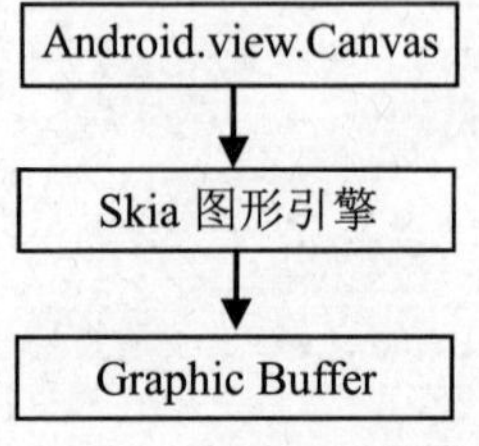

图 11-4　层次结构图

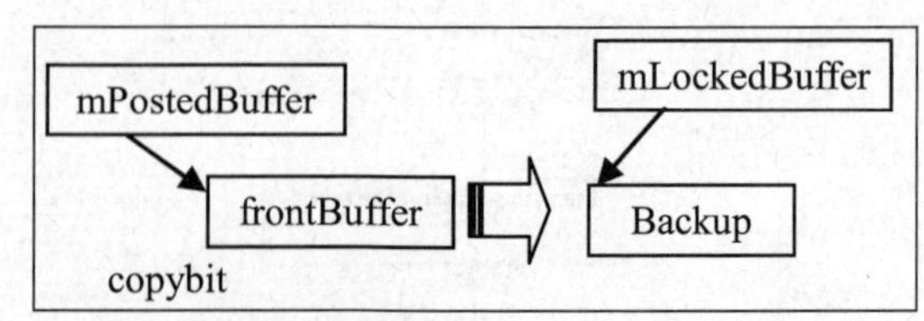

图 11-5　Native 层结构

通过 SurfaceLock 可以获取 Surface（mLockedBuffe）所对应的图形缓冲区地址，具体流程如下。

（1）建立与 SkCanvas 连接的位图设备，此位图使用上面取得的图形缓冲区地址作为自己的位图内存。

（2）设置 SkCanvas 的作图目标设备为该位图。

这样，通过上述流程就建立起了 SurfaceControl 与 Canvas 之间的联系。

11.2　Skia 渲染引擎详解

知识点讲解：光盘:视频\知识点\第 11 章\Skia 渲染引擎详解.avi

Android 中的画图过程分为 2D 和 3D 两种，其中 2D 图形是由 Skia 来实现的，2D 图形的渲染功能也是由 Skia 实现的。本节将详细讲解 Skia 的基本知识，为读者步入本书后面知识的学习打下基础。

11.2.1　Skia 基础

Android 系统使用 Skia 作为其核心图形引擎，并且 Skia 也是 Google Chrome 的图形引擎。Skia 图形渲染引擎最初由 Skia 公司开发，该公司于 2005 年被 Google 收购。Skia 与 Openwave's（现在叫 Purple Labs）V7 Vector Graphics Engine 非常类似，它们都来自于 Mike Reed 的公司。要想了解 Skia 的重要性，需要先了解如下两个问题。

第一，为什么不用 OpenGL 或者 DirectX 来加速渲染？原因如下：

☑ 数据从 Video Card 读出后，需要在另一个进程中再复制回 Video Card，这种情况下不值得用硬件加速渲染。

☑ 相对而言，Skia 实现图形绘制只占很少时间，大部分时间是计算页面元素的位置、风格、输出文本，即使用了 3D 加速也不会有明显改善。

第二，为什么不用其他图形库？

当前市面中，有如下 3 个最为常用的图形库。

☑ Windows GDI：Microsoft Windows 的底层图形 API，相对而言只具备基本的绘制功能，像<canvas>和 SVG 需要单独实现。

☑ GDI+：Windows 上更高级的 API，GDI+使用的是设备独立的 metrics，这会使 Chrome 中的 text and letter spacing 看起来与其他 Windows 应用不同。而且微软当时也推荐开发人员使用新的图形 API，GDI+的技术支持和维护可能有限。

☑ Cairo：一个开源 2D 图形库，已经在 Firefox 3 中开始使用。

在 Android 系统中，选择 Skia 渲染的原因有如下 3 点。

☑ Skia 是一个跨平台的应用程序和 UI 框架。

☑ Skia 拥有优质的 WebKit 接口，使用它可以为 Android 浏览器提供高质量的效果。

☑ Skia 拥有机构内部的专门技术，这些技术都是在领域中的尖端技术。

11.2.2　Android 中的 Skia

熟悉 Windows 编程的读者应该知道，GDI+是 Windows 中的一套图形绘制库。也就是说，Windows 系统下的所有图形图像绘制最终都是通过 GDI 来实现的。同样，在 Android 下也需要一套能绘制出点、线、面等复杂图形，或者渲染界面等图像方面的一个可供开发者调用的绘图函数接口，Skia 就是这套绘制工具，一套图形图像绘制接口。

Skia 究竟是什么？举个例子，假设现在让你来画一幅国画——山水画。画一幅画需要哪些工具呢？需要一张纸，例如白纸，或者带有某些背景图的纸张，并且需要不同型号的毛笔、墨汁和颜料等。然后规定在纸张的哪个区域画图，用什么样的毛笔，用什么样的颜色，画什么样的图形，是点、线、面，还是花草等。

Skia 就是类似上面画图所需要的一系列设备、工具等。要在 Android 中画图或者渲染图像，就需要 Skia 提供的 API 接口，或者是间接需要 Skia 提供辅助。

在 Android 应用程序中不会看到或者用到 Skia 函数，这是因为用户不需要直接控制图形绘制，没有实现绘图类的应用，所以没有用到这方面的函数。但是应用中的所有 Activity、View 或者其他控件的显示，都是在底层通过 Skia 提供的函数进行显示的。

读者无须对 Skia 的实现原理进行深入了解，在此之所以介绍 Skia，目的是为了在后面介绍 Android 系统下 OpenGL ES 方面的知识作准备。因为在 Android 系统下，通过 OpenGL ES 绘制的 3D 图形，最终还是会被合并到 Skia 定义的显示缓存中进行显示。

在 Android 系统中，Skia 引擎所处的位置如图 11-6 所示。

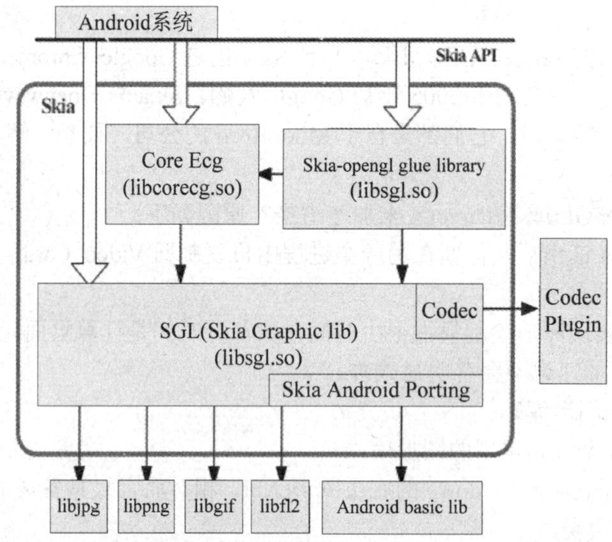

图 11-6　Skia 结构

在 Android 系统的开源代码中，Skia 模块的目录位置如下。

☑ 头文件：即 Internal API，位置是 android\external\skia\include 目录，在里面还包含 animator、core、effects、images 和 views 等几个子目录，其中最重要的就是 core 目录。

☑ 源文件：位于 android\external\skia\src 目录，子目录结构和头文件目录相同。

☑ 封装层：Android 对 Skia 引擎进行了封装，以便让 Java 代码方便地调用，对 Skia 封装的代码保存在 android\framework\base\core\jni 目录以及 android\framework\base\core\jni\android\graphics 目录下，主要功能是对 Canvas、Bitmap、Graphics 和 Picture 等进行封装，以及和 libui 库的结合使用。

11.2.3　使用 Skia 绘图

在 Android 多媒体开发应用中，使用 Skia API 进行图形绘制时会用到如下类。

☑ SkBitmap：用来设置像素。

☑ SkCanvas：用来写入位图。

☑ SkPaint：用来设置颜色和样式。

☑ SkRect：用来绘制矩形。

上述实现代码主要保存在 external\skia\src\core 目录下，如图 11-7 所示。

2013 ▸ android源码分析 ▸ Android 4.3 ▸ external ▸ skia ▸ src ▸ core ▸ 搜索 core

名称	修改日期	类型	大小
ARGB32_Clamp_Bilinear_BitmapShader.h	2013/8/14 9:19	C Header File	6 KB
Sk64.cpp	2013/8/14 9:19	C++ Source File	7 KB
SkAAClip.cpp	2013/8/14 9:19	C++ Source File	61 KB
SkAAClip.h	2013/8/14 9:19	C Header File	4 KB
SkAdvancedTypefaceMetrics.cpp	2013/8/14 9:19	C++ Source File	12 KB
SkAlphaRuns.cpp	2013/8/14 9:19	C++ Source File	5 KB
SkAnnotation.cpp	2013/8/14 9:19	C++ Source File	2 KB
SkAntiRun.h	2013/8/14 9:19	C Header File	2 KB
SkAutoKern.h	2013/8/14 9:19	C Header File	2 KB
SkBBoxHierarchy.cpp	2013/8/14 9:19	C++ Source File	1 KB
SkBBoxHierarchy.h	2013/8/14 9:19	C Header File	2 KB
SkBBoxHierarchyRecord.cpp	2013/8/14 9:19	C++ Source File	4 KB
SkBBoxHierarchyRecord.h	2013/8/14 9:19	C Header File	3 KB
SkBBoxRecord.cpp	2013/8/14 9:19	C++ Source File	11 KB
SkBBoxRecord.h	2013/8/14 9:19	C Header File	4 KB
SkBitmap.cpp	2013/8/14 9:19	C++ Source File	49 KB
SkBitmap_scroll.cpp	2013/8/14 9:19	C++ Source File	3 KB
SkBitmapHeap.cpp	2013/8/14 9:19	C++ Source File	14 KB
SkBitmapHeap.h	2013/8/14 9:19	C Header File	11 KB
SkBitmapProcShader.cpp	2013/8/14 9:19	C++ Source File	11 KB

图 11-7 Skia 绘图类的实现目录

根据图 11-7 中所示的类的名字，可以很清晰地找到这个类的实现文件，例如类 SkBitmap 的实现文件是 SkBitmap.cpp。

11.2.4 Skia 的其他功能

在 Android 系统中，Skia 不但具有绘图功能，还具有如下常见功能。

（1）图形图像特效

图形图像特效的实现文件被保存在 src\effects 目录中，主要用于实现一些图形图像的特效，包括遮罩、浮雕、模糊、滤镜、渐变色、离散、透明以及 PATH 的各种特效等。

（2）动画

动画功能的实现文件被保存在 src\animator 目录中，主要实现了 Skia 的动画效果，但是 Android 不支持。

（3）界面 UI 库

界面 UI 库的实现文件被保存在 src\view 目录中，这部分实现代码为用户构建了一套完整的界面 UI 库，主要包括 Window、Menu、TextBox、ListView、ProgressBar、Widget、ScrollBar、TagList 和 Image 等几个组件。

（4）3D 效果

3D 效果的实现文件被保存在 src\gl 目录中，这部分文件用于调用 OpenGL 或 OpenGL ES 来实现 3D 效果。如果定义了 MAC，则使用 OpenGL。如果定义了 Android，则使用嵌入式系统中的 ESGL 三维图形库。

（5）处理图像

处理图像的实现文件被保存在 src\images 目录中，主要是 SkImageDecoder 和 SkImageEncoder 以及 SkMovie，主要用来处理 images 图像，能处理的图像类型包括 BMP、JPEG/PVJPEG、PNG、ICO，而 SkMovie 用来处理 GIF 动画。

（6）性能优化

性能优化的实现文件被保存在 src\opts 目录中。

（7）PDF 处理

PDF 处理的实现文件被保存在 src\pdf 目录中，主要功能是使用 fpdfemb 库处理 PDF 文档。

（8）接口实现

接口的实现文件被保存在 src\ports 目录中，这部分主要是 Skia 的一些接口在不同系统上的实现，包含了平台相关的代码，例如字体、线程、时间等。主要包括 Font、Event、File、Thread、Time、XMLParser 等几个部分，这些与 Skia 的接口需要针对不同的操作系统实现。

（9）矢量图像

矢量图像的实现文件被保存在 src\svg 目录中，主要用于实现矢量图像，Android 不支持。主要包括 SkSVGPath、SkSVGPolyline、SkSVGRect、SkSVGText、SkSVGLine、SkSVGImage 和 SkSVGEclipse 等文件。

（10）辅助工具类

辅助工具类的实现文件被保存在 src\utils 目录中，这部分文件主要是一些辅助工具类，主要包括 SkCamera、SkColorMatrix、SkOSFile、SkProxyCanvas 和 SkInterpolator 等文件。

（11）处理 XML 数据

处理 XML 数据的实现文件被保存在 src\xml 目录中，主要用于处理 XML 数据的部分。Skia 在这里只是对 XML 解析器做了一层包装，具体的 XML 解析器的实现需要根据不同的操作系统及宿主程序来实现。

通过分析 Skia 源程序，可以知道 Skia 主要使用下面的第三方库。

☑ Zlib：处理数据的压缩和解压缩。

☑ Jpeglib：处理 JPEG 图像的编码解码。

☑ Pnglib：处理 PNG 图像的编码解码。

☑ Giflib：处理 GIF 图像。

☑ fpdfemb：处理 PDF 文档。

另外，Skia 还需要下面列出的 Linux/UNIX 的头文件。

☑ stdint.h。

☑ unistd.h。

☑ features.h。

☑ cdefs.h。

☑ stubs.h。

☑ posix_opt.h。

☑ types.h。

☑ wordsize.h。

☑ typesizes.h。

☑ confname.h。

☑ getopt.h。

☑ mman.h。

11.3 Android 绘图基础

知识点讲解：光盘:视频\知识点\第 11 章\Android 绘图基础.avi

有了 View 视图进行 UI 布局处理之后，就可以正式步入绘图工作了。在开始绘图工作之前，需要先了解和绘制 Android 二维图形图像有关的基本知识，这些内容将在本节一一为广大读者呈现。

11.3.1　使用 Canvas 画布

在绘制图形图像时，需要先准备一张画布，也就是一张白纸，我们的图像将在这张白纸上绘制出来。在 Android 绘制二维图形应用中，类 Canvas 类似这张白纸的作用，也就是画布。在绘制过程中，所有产生的界面类都需要继承于该类。可以将画布类 Canvas 看作是一种处理过程，能够使用各种方法来管理 Bitmap、GL 或者 Path 路径。同时 Canvas 可以配合 Matrix 矩阵类给图像做旋转、缩放等操作，并且也提供了裁剪、选取等操作。在类 Canvas 中提供了以下常用的方法。

- ☑ Canvas()：功能是创建一个空的画布，可以使用 setBitmap()方法来设置绘制的具体画布。
- ☑ Canvas(Bitmap bitmap)：功能是以 bitmap 对象创建一个画布，并将内容绘制在 bitmap 上，bitmap 不能为 null。
- ☑ Canvas(GL gl)：在绘制 3D 效果时使用，此方法与 OpenGL 有关。
- ☑ drawColor：功能是设置画布的背景色。
- ☑ setBitmap：功能是设置具体的画布。
- ☑ clipRect：功能是设置显示区域，即设置裁剪区。
- ☑ isOpaque：检测是否支持透明。
- ☑ rotate：功能是旋转画布。
- ☑ canvas.drawRect(RectF,Paint)：功能是绘制矩形，其中第 1 个参数是图形显示区域，第 2 个参数是画笔。设置好图形显示区域 Rect 和画笔 Paint 后，即可开始画图。
- ☑ canvas.drawRoundRect(RectF, float, float, Paint)：功能是绘制圆角矩形，第 1 个参数表示图形显示区域，第 2 个参数和第 3 个参数分别表示水平圆角半径和垂直圆角半径。
- ☑ canvas.drawLine(startX, startY, stopX, stopY, paint)：前 4 个参数的类型均为 float，最后一个参数的类型为 Paint。表示用画笔 paint 从点(startX,startY)到点(stopX,stopY)画一条直线。
- ☑ canvas.drawArc(oval, startAngle, sweepAngle, useCenter, paint)：第 1 个参数 oval 为 RectF 类型，即圆弧显示区域，startAngle 和 sweepAngle 均为 float 类型，分别表示圆弧起始角度和圆弧度数，3 点钟方向为 0°，useCenter 设置是否显示圆心，为 boolean 类型，paint 表示画笔。
- ☑ canvas.drawCircle(float,float, float, Paint)：用于绘制圆，前两个参数代表圆心坐标，第 3 个参数为圆半径，第 4 个参数是画笔。

Canvas 画布比较重要，特别是在游戏开发应用中。例如可能需要对某个精灵执行旋转、缩放等操作时，需要通过旋转画布的方式实现。但是在旋转画布时会旋转画布上的所有对象，而我们只需要旋转其中的一个，这时就需要用到 save()方法来锁定需要操作的对象，操作完之后再通过 restore()方法解除锁定。

下面将详细讲解在 Android 中使用画布类 Canvas 的基本知识。

题　目	目　的	源 码 路 径
实例 11-1	在 Android 中使用 Canvas 类	光盘:\daima\11\CanvasL

实例文件 CanvasL.java 的主要代码如下所示。

```
/* 声明 Paint 对象 */
private Paint mPaint = null;
public CanvasL(Context context)
{
    super(context);
    /* 构建对象 */
```

```
        mPaint = new Paint();
        /* 开启线程 */
        new Thread(this).start();
    }
    public void onDraw(Canvas canvas)
    {
        super.onDraw(canvas);
        /* 设置画布的颜色 */
        canvas.drawColor(Color.BLACK);
        /* 设置取消锯齿效果 */
        mPaint.setAntiAlias(true);
        /* 设置裁剪区域 */
        canvas.clipRect(10, 10, 280, 260);
        /* 先锁定画布 */
        canvas.save();
        /* 旋转画布 */
        canvas.rotate(45.0f);
        /* 设置颜色及绘制矩形 */
        mPaint.setColor(Color.RED);
        canvas.drawRect(new Rect(15,15,140,70), mPaint);
        /* 解除画布的锁定 */
        canvas.restore();
        /* 设置颜色及绘制另一个矩形 */
        mPaint.setColor(Color.GREEN);
        canvas.drawRect(new Rect(150,75,260,120), mPaint);
    }
    //触笔事件
    public boolean onTouchEvent(MotionEvent event)
    {
        return true;
    }
    //按键按下事件
    public boolean onKeyDown(int keyCode, KeyEvent event)
    {
        return true;
    }
    //按键弹起事件
    public boolean onKeyUp(int keyCode, KeyEvent event)
    {
        return false;
    }
    public boolean onKeyMultiple(int keyCode, int repeatCount, KeyEvent event)
    {
        return true;
    }
    public void run()
    {
        while (!Thread.currentThread().isInterrupted())
        {
```

```
            try
            {
                Thread.sleep(100);
            }
            catch (InterruptedException e)
            {
                Thread.currentThread().interrupt();
            }
            //使用 postInvalidate 可以直接在线程中更新界面
            postInvalidate();
        }
    }
}
```

执行后的效果如图 11-8 所示。

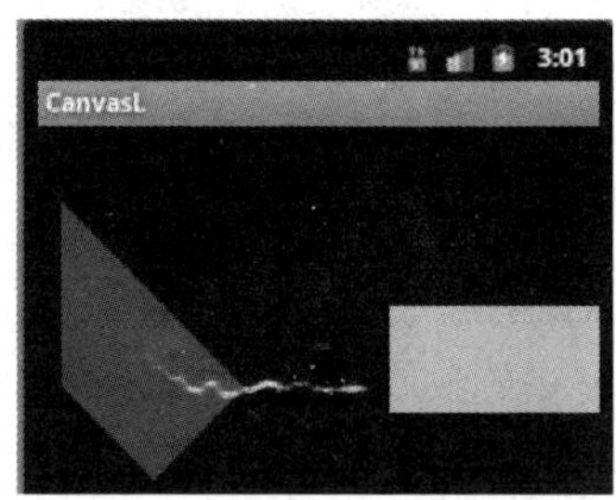

图 11-8　执行效果

11.3.2　使用 Paint 类

有了画布之后，还需要用一支画笔来绘制图形图像。在 Android 系统中，绘制二维图形图像的画笔是类 Paint。类 Paint 的完整写法是 Android.Graphics.Paint，在里面定义了画笔和画刷的属性。在类 Paint 中的常用方法如下。

☑ void reset()：实现重置功能。
☑ void setARGB(int a, int r, int g, int b)或 void setColor(int color)：功能是设置 Paint 对象的颜色。
☑ void setAntiAlias(boolean aa)：功能是设置是否抗锯齿，此方法需要配合 void setFlags(Paint.ANTI_ALIAS_FLAG)方法一起使用，来帮助消除锯齿使其边缘更平滑。
☑ Shader setShader(Shader shader)：功能是设置阴影效果，Shader 类是一个矩阵对象，如果为 null 则清除阴影。
☑ void setStyle(Paint.Style style)：功能是设置样式，一般为 Fill 填充，或者 STROKE 凹陷效果。
☑ void setTextSize(float textSize)：功能是设置字体的大小。
☑ void setTextAlign(Paint.Align align)：功能是设置文本的对齐方式。
☑ Typeface setTypeface(Typeface typeface)：功能是设置具体的字体，通过 Typeface 可以加载 Android 内部的字体，对于中文来说一般为宋体，我们可以根据需要自己添加部分字体，例如雅黑等。
☑ void setUnderlineText(boolean underlineText)：功能是设置是否需要下划线。

下面将通过一个具体实例来讲解联合使用类 Color 和类 Paint 实现绘图的过程。

题　目	目　的	源 码 路 径
实例 11-2	使用 Color 类和 Paint 类实现绘图处理	光盘:\daima\11\PaintL

本实例的具体实现流程如下。

（1）编写布局文件 main.xml，具体代码如下所示。

```
<LinearLayout xmlns:Android="http://schemas.Android.com/apk/res/Android"
    Android:orientation="vertical"
    Android:layout_width="fill_parent"
    Android:layout_height="fill_parent"
    >
<TextView
    Android:layout_width="fill_parent"
    Android:layout_height="wrap_content"
    Android:text="@string/hello"
    />
</LinearLayout>
```

（2）编写文件 Activity.java，通过代码语句 mGameView=new GameView(this)，调用 Activity 类的 setContentView()方法来设置要显示的具体 View 类。文件 Activity.java 的主要代码如下所示。

```
public class Activity01 extends Activity
{
    @Override
    public void onCreate(Bundle savedInstanceState)
    {
        super.onCreate(savedInstanceState);

        mGameView = new GameView(this);

        setContentView(mGameView);
    }
}
```

（3）编写文件 draw.java 来绘制出指定的图形，首先声明 Paint 对象 mPaint，定义 draw 分别用于构建对象和开启线程。主要实现代码如下所示。

```
/* 声明 Paint 对象 */
private Paint mPaint = null;
public draw(Context context)
{
    super(context);
    /* 构建对象 */
    mPaint = new Paint();
    /* 开启线程 */
    new Thread(this).start();
}
```

然后定义方法 onDraw()实现具体的绘制操作，先设置 Paint 格式和颜色，并根据提取的颜色、尺寸、风格、字体和属性实现绘制处理。主要实现代码如下所示。

```
public void onDraw(Canvas canvas)
{
    super.onDraw(canvas);
    /* 设置 Paint 为无锯齿 */
    mPaint.setAntiAlias(true);
    /* 设置 Paint 的颜色 */
    mPaint.setColor(Color.WHITE);
    mPaint.setColor(Color.BLUE);
```

```
    mPaint.setColor(Color.YELLOW);
    mPaint.setColor(Color.GREEN);
    /* 同样是设置颜色 */
    mPaint.setColor(Color.rgb(255, 0, 0));
    /* 提取颜色 */
    Color.red(0xcccccc);
    Color.green(0xcccccc);
    /* 设置 paint 的颜色和 Alpha 值(a,r,g,b) */
    mPaint.setARGB(255, 255, 0, 0);
    /* 设置 paint 的 Alpha 值 */
    mPaint.setAlpha(220);
    /* 这里可以设置为另外一个 paint 对象 */
    // mPaint.set(new Paint());
    /* 设置字体的尺寸 */
    mPaint.setTextSize(14);
    //设置 paint 的风格为“空心”
    //当然也可以设置为“实心”（Paint.Style.FILL）
    mPaint.setStyle(Paint.Style.STROKE);
    //设置“空心”的外框的宽度
    mPaint.setStrokeWidth(5);
    /* 得到 Paint 的一些属性 */
    Log.i(TAG, "paint 的颜色：" + mPaint.getColor());
    Log.i(TAG, "paint 的 Alpha：" + mPaint.getAlpha());
    Log.i(TAG, "paint 的外框的宽度：" + mPaint.getStrokeWidth());
    Log.i(TAG, "paint 的字体尺寸：" + mPaint.getTextSize());
    /* 绘制一个矩形 */
    //肯定是一个空心的矩形
    canvas.drawRect((320 - 80) / 2, 20, (320 - 80) / 2 + 80, 20 + 40, mPaint);
    /* 设置风格为实心 */
    mPaint.setStyle(Paint.Style.FILL);
    mPaint.setColor(Color.GREEN);
    /* 绘制绿色实心矩形 */
    canvas.drawRect(0, 20, 40, 20 + 40, mPaint);
}
```

最后定义触笔事件 onTouchEvent，定义按键按下事件 onKeyDown，定义按键弹起事件 onKeyUp。主要实现代码如下所示。

```
    //触笔事件
    public boolean onTouchEvent(MotionEvent event)
    {
        return true;
    }
    //按键按下事件
    public boolean onKeyDown(int keyCode, KeyEvent event)
    {
        return true;
    }
    //按键弹起事件
    public boolean onKeyUp(int keyCode, KeyEvent event)
    {
        return false;
```

```
    }
    public boolean onKeyMultiple(int keyCode, int repeatCount, KeyEvent event)
    {
        return true;
    }
    public void run()
    {
        while (!Thread.currentThread().isInterrupted())
        {
            try
            {
                Thread.sleep(100);
            }
            catch (InterruptedException e)
            {
                Thread.currentThread().interrupt();
            }
            //使用 postInvalidate 可以直接在线程中更新界面
            postInvalidate();
        }
    }
}
```

执行后的效果如图 11-9 所示。

图 11-9　执行效果

11.3.3　位图操作类 Bitmap

准备好画布，并准备好指定颜色的画笔后，即可在画布上创造自己的作品。但有时需要更加细致的操作，例如像 Photoshop 一样可以在画布中复制图像，精确地设置某一个像素的颜色。为了实现上述功能，在 Android 系统中推出了类 Bitmap。类 Bitmap 的完整写法是 Android.Graphics.Bitmap，这是一个位图操作类，能够实现对位图的基本操作。在类 Bitmap 中提供了很多实用的方法，其中最为常用的几种方法如下。

☑ boolean compress(Bitmap.CompressFormat format, int quality, OutputStream stream)：功能是压缩一个 Bitmap 对象，并根据相关的编码和画质保存到一个 OutputStream 中。目前的压缩格式有 JPG 和 PNG 两种。
☑ void copyPixelsFromBuffer(Buffer src)：功能是从一个 Buffer 缓冲区复制位图像素。
☑ void copyPixelsToBuffer(Buffer dst)：将当前位图像素内容复制到一个 Buffer 缓冲区。
☑ final int getHeight()：功能是获取对象的高度。
☑ final int getWidth()：功能是获取对象的宽度。
☑ final boolean hasAlpha()：功能是设置是否有透明通道。
☑ void setPixel(int x, int y, int color)：功能是设置某像素的颜色。
☑ int getPixel(int x, int y)：功能是获取某像素的颜色。

在 Android 多媒体开发应用中，类 Bitmap 的功能主要体现在如下 3 个方面。

1．从资源中获取位图

可以使用 BitmapDrawable 或者 BitmapFactory 来获取资源中的位图，获取资源的代码如下所示。

```
Resources res=getResources();
```

在 Android 多媒体开发应用中，使用 BitmapDrawable 获取位图的基本流程如下。

（1）使用 BitmapDrawable (InputStream is)构造一个 BitmapDrawable。

（2）使用类 BitmapDrawable 中的方法 getBitmap 获取得到位图。例如，通过下面的代码可以读取 InputStream 并得到位图。

```
InputStream is=res.openRawResource(R.drawable.pic180);
BitmapDrawable bmpDraw=new BitmapDrawable(is);
Bitmap bmp=bmpDraw.getBitmap();
```

也可以采用下面的方式实现：

```
BitmapDrawable bmpDraw=(BitmapDrawable)res.getDrawable(R.drawable.pic180);
Bitmap bmp=bmpDraw.getBitmap();
```

（3）接下来需要使用类 BitmapFactory 中的方法 decodeStream(InputStream is)解码位图资源，然后获取位图。具体代码如下所示。

```
Bitmap bmp=BitmapFactory.decodeResource(res, R.drawable.pic180);
```

BitmapFactory 中的所有函数都是静态的，这个辅助类可以通过资源 ID、路径、文件、数据流等方式来获取位图。

2．获取位图的信息

要想获取位图信息，例如位图大小、像素、density（密度）、透明度、颜色格式等，只需获取得到 Bitmap 即可。在具体实现时需要注意如下两点。

☑ 在 Bitmap 中使用 Bitmap.Config 定义 RGB 颜色格式时，仅包括 ALPHA_8、ARGB_4444、ARGB_8888、RGB_565 等格式，缺少了诸如 RGB_555 等格式。

☑ Bitmap 提供了接口 compress 来压缩图片，但是 Android SDK 只支持 PNG、JPG 格式的压缩，其他格式需要 Android 开发人员自己补充。

3．显示位图

在 Android 多媒体开发应用中，可以使用核心类 Canvas 来显示位图，通过类 Canvas 中的方法 drawBirmap 显示位图，或借助于 BitmapDrawable 将 Bitmap 绘制到 Canvas。当然，也可以通过 BitmapDrawable 将位图显示到 View 中。

（1）转换为 BitmapDrawable 对象显示位图，例如下面的代码。

```
//获取位图
Bitmap bmp=BitmapFactory.decodeResource(res, R.drawable.pic180);
//转换为 BitmapDrawable 对象
BitmapDrawable bmpDraw=new BitmapDrawable(bmp);
//显示位图
ImageView iv2 = (ImageView)findViewById(R.id.ImageView02);
iv2.setImageDrawable(bmpDraw);
```

（2）使用 Canvas 类显示位图。

在此可以采用一个继承自 View 的子类 Panel，在子类的 OnDraw 中显示，具体代码如下所示。

```
public class MainActivity extends Activity {
@Override
 public void onCreate(Bundle savedInstanceState) {
 super.onCreate(savedInstanceState);
 setContentView(new Panel(this));
 }
 class Panel extends View{
```

```
 public Panel(Context context) {
 super(context);
 }
 public void onDraw(Canvas canvas){
 Bitmap bmp = BitmapFactory.decodeResource(getResources(), R.drawable.pic180);
 canvas.drawColor(Color.BLACK);
 canvas.drawBitmap(bmp, 10, 10, null);
 }
 }
}
```

下面将通过一个演示实例讲解使用 Bitmap 类实现模拟水纹效果的方法。

题　　目	目　　的	源 码 路 径
实例 11-3	使用 Bitmap 类实现模拟水纹效果	光盘:\daima\11\BitmapL1

实例文件 BitmapL1.java 的主要实现代码如下所示。

```
public class BitmapL1 extends View implements Runnable
{
    int BACKWIDTH;
    int BACKHEIGHT;
    short[] buf2;
    short[] buf1;
    int[] Bitmap2;
    int[] Bitmap1;
     public BitmapL1(Context context)
     {
           super(context);
           /* 装载图片 */
     Bitmap image = BitmapFactory.decodeResource(this.getResources(),R.drawable.qq);
     BACKWIDTH = image.getWidth();
     BACKHEIGHT = image.getHeight();

          buf2 = new short[BACKWIDTH * BACKHEIGHT];
          buf1 = new short[BACKWIDTH * BACKHEIGHT];
          Bitmap2 = new int[BACKWIDTH * BACKHEIGHT];
          Bitmap1 = new int[BACKWIDTH * BACKHEIGHT];
          /* 加载图片的像素到数组中 */
          image.getPixels(Bitmap1, 0, BACKWIDTH, 0, 0, BACKWIDTH, BACKHEIGHT);
           new Thread(this).start();
     }
    void DropStone(int x,//x 坐标
                        int y,//y 坐标
                        int stonesize,//波源半径
                        int stoneweight)//波源能量
     {
          for (int posx = x - stonesize; posx < x + stonesize; posx++)
                for (int posy = y - stonesize; posy < y + stonesize; posy++)
                      if ((posx - x) * (posx - x) + (posy - y) * (posy - y) < stonesize * stonesize)
                            buf1[BACKWIDTH * posy + posx] = (short) -stoneweight;
     }
    void RippleSpread()
```

```
{
        for (int i = BACKWIDTH; i < BACKWIDTH * BACKHEIGHT - BACKWIDTH; i++)
        {
                //波能扩散
                buf2[i] = (short) (((buf1[i -1] + buf1[i +1] + buf1[i - BACKWIDTH] + buf1[i + BACKWIDTH]) >>1) - buf2[i]);
                //波能衰减
                buf2[i] -= buf2[i] >> 5;
        }
        //交换波能数据缓冲区
        short[] ptmp = buf1;
        buf1 = buf2;
        buf2 = ptmp;
}
/*  渲染水纹效果  */
void render()
{
        int xoff, yoff;
        int k = BACKWIDTH;
        for (int i = 1; i < BACKHEIGHT - 1; i++)
        {
                for (int j = 0; j < BACKWIDTH; j++)
                {
                        //计算偏移量
                        xoff = buf1[k - 1] - buf1[k + 1];
                        yoff = buf1[k - BACKWIDTH] - buf1[k + BACKWIDTH];
                        //判断坐标是否在窗口范围内
                        if ((i + yoff) < 0)
                        {
                                k++;
                                continue;
                        }
                        if ((i + yoff) > BACKHEIGHT)
                        {
                                k++;
                                continue;
                        }
                        if ((j + xoff) < 0)
                        {
                                k++;
                                continue;
                        }
                        if ((j + xoff) > BACKWIDTH)
                        {
                                k++;
                                continue;
                        }
                        //计算出偏移像素和原始像素的内存地址偏移量
                        int pos1, pos2;
                        pos1 = BACKWIDTH * (i + yoff) + (j + xoff);
                        pos2 = BACKWIDTH * i + j;
                        Bitmap2[pos2++] = Bitmap1[pos1++];
```

```
                    k++;
                }
            }
        }

        public void onDraw(Canvas canvas)
        {
            super.onDraw(canvas);
            /* 绘制经过处理的图片效果 */
            canvas.drawBitmap(Bitmap2, 0, BACKWIDTH, 0, 0, BACKWIDTH, BACKHEIGHT, false, null);
        }
        //触笔事件
        public boolean onTouchEvent(MotionEvent event)
        {
            return true;
        }
        //按键按下事件
        public boolean onKeyDown(int keyCode, KeyEvent event)
        {
            return true;
        }
        //按键弹起事件
        public boolean onKeyUp(int keyCode, KeyEvent event)
        {
            DropStone(BACKWIDTH/2, BACKHEIGHT/2, 10, 30);
            return false;
        }
        public boolean onKeyMultiple(int keyCode, int repeatCount, KeyEvent event)
        {
            return true;
        }
        /*线程处理*/
        public void run()
        {
            while (!Thread.currentThread().isInterrupted())
            {
                try
                {
                    Thread.sleep(50);
                }
                catch (InterruptedException e)
                {
                    Thread.currentThread().interrupt();
                }
                RippleSpread();
                render();
                //使用 postInvalidate()可以直接在线程中更新界面
                postInvalidate();
            }
        }
    }
```

执行后将通过对图像像素的操作来模拟水纹效果，如图 11-10 所示。

图 11-10　执行效果

11.4　使用其他的绘图类

知识点讲解：光盘:视频\知识点\第 11 章\使用其他的绘图类.avi

经过本章前面内容的学习，读者已经了解了画布类、画图类和位图操作类的基本知识，根据这 3 种技术，可以在手机屏幕中绘制图形图像。另外，在 Android 多媒体开发应用中，还可以使用其他的绘图类来绘制二维图形图像。有关这些绘图类的具体用法，本节将进行详细讲解。

11.4.1　使用设置文本颜色类 Color

在 Android 系统中，类 Color 的完整写法是 Android.Graphics.Color，通过此类可以很方便地绘制 2D 图像，并为这些图像填充不同的颜色。在 Android 平台上有很多种表示颜色的方法，在里面包含了如下 12 种最常用的颜色。

☑ Color.BLACK。
☑ Color.BLUE。
☑ Color.CYAN。
☑ Color.DKGRAY。
☑ Color.GRAY。
☑ Color.GREEN。
☑ Color.LTGRAY。
☑ Color.MAGENTA。
☑ Color.RED。
☑ Color.TRANSPARENT。
☑ Color.WHITE。
☑ Color.YELLOW。

在类 Color 中包含了如下 3 个常用的静态方法。

☑ static int argb(int alpha, int red, int green, int blue)：功能是构造一个包含透明对象的颜色。
☑ static int rgb(int red, int green, int blue)：功能是构造一个标准的颜色对象。
☑ static int parseColor(String colorString)：功能是解析一种颜色字符串的值，例如传入 Color.BLACK。

类 Color 中的静态方法返回的都是一个整型结果。例如，返回 0xff00ff00 表示绿色，返回 0xffff0000 表示红色。我们可以将这个 DWORD 型看作 AARRGGBB，AA 代表 Aphla 透明色，后面的 RRGGBB 是具体颜色值，用 0～255 之间的数字表示。

下面将通过一个具体的演示实例讲解使用类 Color 更改文字颜色的基本方法。

题　目	目　的	源 码 路 径
实例 11-4	使用类 Color 更改文字的颜色	光盘:\daima\11\yanse

1．设计理念

在本实例中，预先在 Layout 中插入两个 TextView 控件，并通过两种程序的描述方法来实时更改原来 Layout 中 TextView 的背景色以及文字颜色，最后使用类 Android.Graphics.Color 来更改文字的前景色。

2．具体实现

（1）编写主文件 yanse.java，功能是调用各个公用文件来实现具体的功能。主要实现代码如下所示。

```
public void onCreate(Bundle savedInstanceState)
{
  super.onCreate(savedInstanceState);
  setContentView(R.layout.main);
  mTextView01 = (TextView) findViewById(R.id.myTextView01);
  mTextView01.setText("使用的是 Drawable 背景色文本。");
  Resources resources = getBaseContext().getResources();
  Drawable HippoDrawable = resources.getDrawable(R.drawable.white);
  mTextView01.setBackgroundDrawable(HippoDrawable);
  mTextView02 = (TextView) findViewById(R.id.myTextView02);
  mTextView02.setTextColor(Color.MAGENTA);
}
```

在上述代码中，分别新建了两个类成员变量 mTextView01 和 mTextView02，这两个变量在 onCreate 之初，以 findViewById()方法使之初始化为 layout(main.xml)中的 TextView 对象。在当中使用了 Resource 类以及 Drawable 类，分别创建了 resources 对象以及 HippoDrawable 对象，并调用了 setBackground Drawable()方法来更改 mTextView01 的文字底纹。更改 TextView 中的文字则使用了 setText()方法。

在 mTextView02 中，使用了类 Android.Graphics.Color 中的颜色常数，并使用 setTextColor 来更改文字的前景色。

（2）编写布局文件 main.xml，在里面使用了两个 TextView 对象，主要实现代码如下所示。

```
<?xml version="1.0" encoding="utf-8"?>
<LinearLayout xmlns:android="http://schemas.android.com/apk/res/android"
  android:orientation="vertical"
  android:layout_width="fill_parent"
  android:layout_height="fill_parent"
  >
  <TextView
  android:id="@+id/myTextView01"
  android:layout_width="fill_parent"
  android:layout_height="wrap_content"
  android:text="@string/str_textview01"
  />
  <TextView
  android:id="@+id/myTextView02"
  android:layout_width="fill_parent"
  android:layout_height="wrap_content"
```

```
    android:text="@string/str_textview02"
    />
</LinearLayout>
```

经过上述操作设置，此实例的主要文件编程完毕。调试运行后的效果如图 11-11 所示。

图 11-11　运行效果

11.4.2　使用矩形类 Rect 和 RectF

1．类 Rect

在 Android 系统中，类 Rect 的完整形式是 Android.Graphics.Rect，表示矩形区域。类 Rect 除了能够表示一个矩形区域位置描述外，还可以帮助计算图形之间是否有碰撞（包含）关系，这一点对于 Android 游戏开发来说非常有用。在类 Rect 中的方法成员中，主要通过如下 3 种重载方法来判断包含关系。

```
boolean contains(int left, int top, int right, int bottom)
boolean contains(int x, int y)
boolean contains(Rect r)
```

在上述构造方法中包含了 4 个参数：left、top、right、bottom，分别代表左、上、右、下 4 个方向，具体说明如下所示。

☑　left：矩形区域中左边的 X 坐标。

☑　top：矩形区域中顶部的 Y 坐标。

☑　right：矩形区域中右边的 X 坐标。

☑　bottom：矩形区域中底部的 Y 坐标。

例如，下面代码的含义是左上角的坐标为(150,75)，右下角的坐标为(260,120)。

```
Rect(150, 75,260,120)
```

2．类 RectF

在 Android 系统中，另外一个矩形类是 RectF，此类和类 Rect 的用法几乎完全相同。两者的区别是精度不一样，Rect 是使用 int 类型作为数值，RectF 是使用 float 类型作为数值。在类 RectF 中包含了一个矩形的 4 个单精度浮点坐标，通过上、下、左、右 4 个边的坐标来表示一个矩形。这些坐标值属性可以被直接访问，使用 width 和 height 方法可以获取矩形的宽和高。

类 Rect 和类 RectF 提供的方法也不是完全一致，类 RectF 提供了如下构造方法。

☑　RectF()：功能是构造一个无参数的矩形。

☑　RectF(float left,float top,float right,float bottom)：功能是构造一个指定了 4 个参数的矩形。

☑　RectF(RectF r)：功能是根据指定的 RectF 对象来构造一个 RectF 对象（对象的左边坐标不变）。

☑　RectF(Rect r)：功能是根据给定的 Rect 对象构造一个 RectF 对象。

另外，在类 RectF 中还提供了很多功能强大的方法，具体说明如下。

☑　Public Boolean contain(RectF r)：功能是判断一个矩形是否在此矩形内，如果在这个矩形内或者和这个矩形等价，则返回 true。同样类似的方法还有 public Boolean contain(float left,float top,float right, float bottom)和 public Boolean contain(float x,float y)。

☑ Public void union(float x,float y)：功能是更新这个矩形，使它包含矩形自己和(x,y)这个点。

下面将通过一个具体的演示实例讲解在 Android 中使用矩形类 Rect 和 RectF 的方法。

题　目	目　的	源 码 路 径
实例 11-5	在 Android 中使用矩形类 Rect 和 RectF	光盘:\daima\11\RectL

实例文件 RectL.java 的主要实现代码如下所示。

```
/* 声明 Paint 对象 */
private Paint mPaint = null;
    private RectL_1 mGameView2 = null;
public RectL(Context context)
{
    super(context);
    /* 构建对象 */
    mPaint = new Paint();

    mGameView2 = new RectL_1(context);

    /* 开启线程  */
    new Thread(this).start();
}

public void onDraw(Canvas canvas)
{
    super.onDraw(canvas);

    /* 设置画布为黑色背景 */
    canvas.drawColor(Color.BLACK);
    /* 取消锯齿 */
    mPaint.setAntiAlias(true);

    mPaint.setStyle(Paint.Style.STROKE);

    {
        /* 定义矩形对象 */
        Rect rect1 = new Rect();
        /* 设置矩形大小 */
        rect1.left = 5;
        rect1.top = 5;
        rect1.bottom = 25;
        rect1.right = 45;

        mPaint.setColor(Color.BLUE);
        /* 绘制矩形 */
        canvas.drawRect(rect1, mPaint);

        mPaint.setColor(Color.RED);
        /* 绘制矩形 */
        canvas.drawRect(50, 5, 90, 25, mPaint);

        mPaint.setColor(Color.YELLOW);
```

```
        /* 绘制圆形(圆心 x,圆心 y,半径 r,p) */
        canvas.drawCircle(40, 70, 30, mPaint);

        /* 定义椭圆对象 */
        RectF rectf1 = new RectF();
        /* 设置椭圆大小 */
        rectf1.left = 80;
        rectf1.top = 30;
        rectf1.right = 120;
        rectf1.bottom = 70;

        mPaint.setColor(Color.LTGRAY);
        /* 绘制椭圆 */
        canvas.drawOval(rectf1, mPaint);

        /* 绘制多边形 */
        Path path1 = new Path();

        /*设置多边形的点*/
        path1.moveTo(150+5, 80-50);
        path1.lineTo(150+45, 80-50);
        path1.lineTo(150+30, 120-50);
        path1.lineTo(150+20, 120-50);
        /* 使这些点构成封闭的多边形 */
        path1.close();

        mPaint.setColor(Color.GRAY);
        /* 绘制这个多边形 */
        canvas.drawPath(path1, mPaint);

        mPaint.setColor(Color.RED);
        mPaint.setStrokeWidth(3);
        /* 绘制直线 */
        canvas.drawLine(5, 110, 315, 110, mPaint);
    }
    //下面绘制实心几何体
    mPaint.setStyle(Paint.Style.FILL);
    {
        /* 定义矩形对象 */
        Rect rect1 = new Rect();
        /* 设置矩形大小 */
        rect1.left = 5;
        rect1.top = 130+5;
        rect1.bottom = 130+25;
        rect1.right = 45;
        mPaint.setColor(Color.BLUE);
        /* 绘制矩形 */
        canvas.drawRect(rect1, mPaint);

        mPaint.setColor(Color.RED);
        /* 绘制矩形 */
```

```
                canvas.drawRect(50, 130+5, 90, 130+25, mPaint);
                mPaint.setColor(Color.YELLOW);
                /* 绘制圆形(圆心 x,圆心 y,半径 r,p) */
                canvas.drawCircle(40, 130+70, 30, mPaint);
                /* 定义椭圆对象 */
                RectF rectf1 = new RectF();
                /* 设置椭圆大小 */
                rectf1.left = 80;
                rectf1.top = 130+30;
                rectf1.right = 120;
                rectf1.bottom = 130+70;
                mPaint.setColor(Color.LTGRAY);
                /* 绘制椭圆 */
                canvas.drawOval(rectf1, mPaint);
                /* 绘制多边形 */
                Path path1 = new Path();
                /*设置多边形的点*/
                path1.moveTo(150+5, 130+80-50);
                path1.lineTo(150+45, 130+80-50);
                path1.lineTo(150+30, 130+120-50);
                path1.lineTo(150+20, 130+120-50);
                /* 使这些点构成封闭的多边形 */
                path1.close();
                mPaint.setColor(Color.GRAY);
                /* 绘制这个多边形 */
                canvas.drawPath(path1, mPaint);
                mPaint.setColor(Color.RED);
                mPaint.setStrokeWidth(3);
                /* 绘制直线 */
                canvas.drawLine(5, 130+110, 315, 130+110, mPaint);
            }
            /* 通过 ShapeDrawable 来绘制几何图形 */
            mGameView2.DrawShape(canvas);
        }
        //触笔事件
        public boolean onTouchEvent(MotionEvent event)
        {
            return true;
        }
        //按键按下事件
        public boolean onKeyDown(int keyCode, KeyEvent event)
        {
            return true;
        }
        //按键弹起事件
        public boolean onKeyUp(int keyCode, KeyEvent event)
        {
            return false;
        }
        public boolean onKeyMultiple(int keyCode, int repeatCount, KeyEvent event)
        {
```

```
            return true;
        }
        public void run()
        {
            while (!Thread.currentThread().isInterrupted())
            {
                try
                {
                    Thread.sleep(100);
                }
                catch (InterruptedException e)
                {
                    Thread.currentThread().interrupt();
                }
                //使用 postInvalidate 可以直接在线程中更新界面
                postInvalidate();
            }
        }
}
```

执行后的效果如图 11-12 所示。

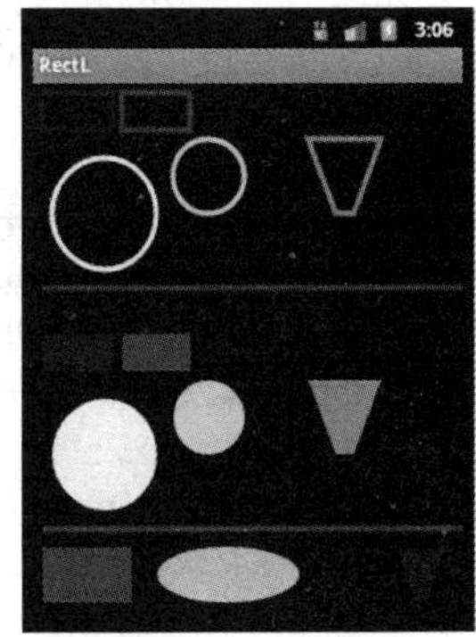

图 11-12　执行效果

11.4.3　非矢量图形拉伸类 NinePatch

在 Android 系统中，类 NinePatch 的完整形式是 Android.Graphics.NinePatch。类 NinePatch 是 Android 中特有的一种非矢量图形自然拉伸处理方法，可以帮助常规的图形在拉伸时不会缩放。在 Android SDK 中提供了一个名为 Draw 11-Patch 的工具，有关该工具的使用方法可以参考相关资料，因为这不是本书重点，所以不做详细讲解。由于该类提供了高质量支持透明的缩放方式，所以图形格式为 PNG，文件命名方式为.11.png 的后缀，例如 Android123.11.png。

采用 NinePatch 图片作背景，可使背景随着内容的拉伸（缩小）而拉伸（缩小）。那么，该如何将普通的 PNG 图片编辑为 NinePatch 图片呢？在 Android SDK 的 tools 目录下提供了编辑器 draw9patch.bat，双击即可打开，使用起来很简单，里面主要有以下选项。

☑　Zoom：用来缩放左边编辑区域的大小。

☑　Patch scale：用来缩放右边预览区域的大小。

☑　Show lock：当鼠标在图片区域时显示不可编辑区域。

☑　Show patches：在编辑区域显示图片拉伸的区域，使用粉红色来标示。

☑　Show content：在预览区域显示图片的内容区域，使用浅紫色来标示。

☑　Show bad patches：在拉伸区域周围用红色边框显示可能会对拉伸后的图片产生变形的区域。如果完全消除该内容，则图片拉伸后是没有变形的。也就是说，不管如何缩放，图片显示都是良好的。

11.4.4　使用变换处理类 Matrix

在 Android 系统中，类 Matrix 的完整形式是 Android.Graphics.Matrix，功能是实现图形图像的变换操作，例如常见的缩放和旋转处理。在类 Matrix 中提供了如下几种常用的方法。

☑　void reset()：功能是重置一个 matrix 对象。

- ☑ void set(Matrix src)：功能是复制一个源矩阵，和本类的构造方法 Matrix(Matrix src)一样。
- ☑ boolean isIdentity()：功能是返回这个矩阵是否已被定义（已经有意义）。
- ☑ void setRotate(float degrees)：功能是指定一个角度以(0,0)为坐标进行旋转。
- ☑ void setRotate(float degrees, float px, float py)：功能是指定一个角度以(px,py)为坐标进行旋转。
- ☑ void setScale(float sx, float sy)：功能是实现缩放处理。
- ☑ void setScale(float sx, float sy, float px, float py)：功能是以坐标(px,py)进行缩放。
- ☑ void setTranslate(float dx, float dy)：功能是实现平移处理。
- ☑ void setSkew(float kx, float ky, float px, float py：功能是以坐标(px,py)进行倾斜。
- ☑ void setSkew(float kx, float ky)：功能是实现倾斜处理。

下面将通过一个具体的演示实例讲解使用类 Matrix 实现图片缩放功能的方法。

题　目	目　的	源码路径
实例 11-6	使用 Matrix 类实现图片缩放功能	光盘:\daima\11\MatrixL

本实例的核心程序文件是 MatrixL.java，功能是实现图片缩放处理，分别定义缩小按钮的响应方法 mButton01.setOnClickListener，放大按钮的响应方法 mButton02.setOnClickListener。文件 MatrixL.java 的主要实现代码如下所示。

```
public class MatrixL extends Activity
{
  /* 相关变量声明 */
  private ImageView mImageView;
  private Button mButton01;
  private Button mButton02;
  private AbsoluteLayout layout1;
  private Bitmap bmp;
  private int id=0;
  private int displayWidth;
  private int displayHeight;
  private float scaleWidth=1;
  private float scaleHeight=1;
  public void onCreate(Bundle savedInstanceState)
  {
    super.onCreate(savedInstanceState);
    /* 载入 main.xml Layout */
    setContentView(R.layout.main);

    /* 取得屏幕分辨率大小 */
    DisplayMetrics dm=new DisplayMetrics();
    getWindowManager().getDefaultDisplay().getMetrics(dm);
    displayWidth=dm.widthPixels;
    /* 屏幕高度须扣除下方 Button 高度 */
    displayHeight=dm.heightPixels-80;
    /* 初始化相关变量 */
    bmp=BitmapFactory.decodeResource(getResources(),
                                     R.drawable.suofang);
    mImageView = (ImageView)findViewById(R.id.myImageView);
    layout1 = (AbsoluteLayout)findViewById(R.id.layout1);
    mButton01 = (Button)findViewById(R.id.myButton1);
```

```
    mButton02 = (Button)findViewById(R.id.myButton2);
    /* 缩小按钮 onClickListener */
    mButton01.setOnClickListener(new Button.OnClickListener()
    {
      @Override
      public void onClick(View v)
      {
        small();
      }
    });
    /* 放大按钮 onClickListener */
    mButton02.setOnClickListener(new Button.OnClickListener()
    {
      @Override
      public void onClick(View v)
      {
        big();
      }
    });
  }
  /* 图片缩小的 method */
  private void small()
  {
    int bmpWidth=bmp.getWidth();
    int bmpHeight=bmp.getHeight();
    /* 设置图片缩小的比例 */
    double scale=0.8;
    /* 计算出这次要缩小的比例 */
    scaleWidth=(float) (scaleWidth*scale);
    scaleHeight=(float) (scaleHeight*scale);

    /* 产生 reSize 后的 Bitmap 对象 */
    Matrix matrix = new Matrix();
    matrix.postScale(scaleWidth, scaleHeight);
    Bitmap resizeBmp = Bitmap.createBitmap(bmp,0,0,bmpWidth,
                                           bmpHeight,matrix,true);
    if(id==0)
    {
      /* 如果是第一次按，就删除原来默认的 ImageView */
      layout1.removeView(mImageView);
    }
    else
    {
      /* 如果不是第一次按，就删除上次放大缩小所产生的 ImageView */
      layout1.removeView((ImageView)findViewById(id));
    }
    /* 产生新的 ImageView，放入 reSize 的 Bitmap 对象，再放入 Layout 中 */
    id++;
    ImageView imageView = new ImageView(suofang.this);
    imageView.setId(id);
    imageView.setImageBitmap(resizeBmp);
```

```
    layout1.addView(imageView);
    setContentView(layout1);

    /* 因为图片放到最大时放大按钮会 disable，所以在缩小时把它重设为 enable */
    mButton02.setEnabled(true);
  }
  /* 图片放大的 method */
  private void big()
  {
    int bmpWidth=bmp.getWidth();
    int bmpHeight=bmp.getHeight();
    /* 设置图片放大的比例 */
    double scale=1.25;
    /* 计算这次要放大的比例 */
    scaleWidth=(float)(scaleWidth*scale);
    scaleHeight=(float)(scaleHeight*scale);

    /* 产生 reSize 后的 Bitmap 对象 */
    Matrix matrix = new Matrix();
    matrix.postScale(scaleWidth, scaleHeight);
    Bitmap resizeBmp = Bitmap.createBitmap(bmp,0,0,bmpWidth,
                                            bmpHeight,matrix,true);

    if(id==0)
    {
      /* 如果是第一次按，就删除原来设置的 ImageView */
      layout1.removeView(mImageView);
    }
    else
    {
      /* 如果不是第一次按，就删除上次放大缩小所产生的 ImageView */
      layout1.removeView((ImageView)findViewById(id));
    }
    /* 产生新的 ImageView，放入 reSize 的 Bitmap 对象，再放入 Layout 中 */
    id++;
    ImageView imageView = new ImageView(suofang.this);
    imageView.setId(id);
    imageView.setImageBitmap(resizeBmp);
    layout1.addView(imageView);
    setContentView(layout1);

    /* 如果再放大会超过屏幕大小，就把 Button 设为不可用状态 */
    if(scaleWidth*scale*bmpWidth>displayWidth||
        scaleHeight*scale*bmpHeight>displayHeight)
    {
      mButton02.setEnabled(false);
    }
  }
```

执行后将显示一幅图片和两个按钮，单击“缩小”或“放大”按钮后，会对图片进行缩小、放大处理，如图 11-13 所示。

图 11-13　执行效果

11.4.5　使用 BitmapFactory 类

在 Android 系统中，类 BitmapFactory 的完整形式是 Android.Graphics.BitmapFactory。类 Bitmap Factory 是 Bitmap 对象的 I/O 类，在里面提供了丰富的构造 Bitmap 对象的方法，例如从一个字节数组、文件系统、资源 ID，以及输入流中创建一个 Bitmap 对象。在类 BitmapFactory 中提供了如下成员。

（1）从字节数组中创建方法

☑ static Bitmap decodeByteArray(byte[] data, int offset, int length)

☑ static Bitmap decodeByteArray(byte[] data, int offset, int length, BitmapFactory.Options opts)

（2）从文件中创建方法，在使用时要写全路径

☑ static Bitmap decodeFile(String pathName, BitmapFactory.Options opts)

☑ static Bitmap decodeFile(String pathName)

（3）从输入流句柄中创建方法

☑ static Bitmap decodeFileDescriptor(FileDescriptor fd, Rect outPadding, BitmapFactory.Options opts)

☑ static Bitmap decodeFileDescriptor(FileDescriptor fd)

（4）从 Android 的 APK 文件资源中创建方法

☑ static Bitmap decodeResource(Resources res, int id)

☑ static Bitmap decodeResource(Resources res, int id, BitmapFactory.Options opts)

☑ static Bitmap decodeResourceStream(Resources res, TypedValue value, InputStream is, Rect pad, Bitmap Factory.Options opts)

（5）从一个输入流中创建方法

☑ static Bitmap decodeStream(InputStream is)

☑ static Bitmap decodeStream(InputStream is, Rect outPadding, BitmapFactory.Options opts)

在智能手机系统中，有时要获取屏幕中某幅图片的宽和高。下面将通过一个具体的演示实例讲解使用类 BitmapFactory 获取指定图片的宽和高的方法。

题　　目	目　　的	源 码 路 径
实例 11-7	使用 BitmapFactory 类获取指定图片的宽和高	光盘:\daima\11\BitmapFactoryL

在本实例中，通过 ListView 控件实现了一个操作选项效果，当用户选择一个选项后能够分别获取图片的宽和高。在具体实现上，通过 Bitmap 对象的 BitmapFactory.decodeResource()方法来获取预先设定的图片 m123.png，然后再通过 Bitmap 对象的 getHeight()和 getWidth()方法来获取图片的宽和高。本实例的主程序文

件是 BitmapFactoryL.java，具体实现流程如下。

（1）通过 findViewById 构造器来创建 TextView 和 ImageView 对象，然后将 Drawable 中的图片 m123.png 放入自定义的 ImageView 中。主要实现代码如下所示。

```
public void onCreate(Bundle savedInstanceState)
{
  super.onCreate(savedInstanceState);
  setContentView(R.layout.main);

  /*通过 findViewById 构造器创建 TextView 与 ImageView 对象*/
  mTextView01 = (TextView)findViewById(R.id.myTextView1);
  mImageView01= (ImageView)findViewById(R.id.myImageView1);
  /*将 Drawable 中的图片 baby.png 放入自定义的 ImageView 中*/
  mImageView01.setImageDrawable(getResources().
                getDrawable(R.drawable.m123));
```

（2）设置 OnCreateContextMenuListener 监听给 TextView，这样图片上可以使用 ContextMenu，然后覆盖 OnCreateContextMenu 来创建 ContextMenu 的选项。主要实现代码如下所示。

```
  /*设置 OnCreateContextMenuListener 给 TextView 让图片上可以使用 ContextMenu*/
  mImageView01.setOnCreateContextMenuListener
  (new ListView.OnCreateContextMenuListener()
  {
    /*覆盖 OnCreateContextMenu 来创建 ContextMenu 的选项*/
    public void onCreateContextMenu
    (ContextMenu menu, View v, ContextMenuInfo menuInfo)
    {
      menu.add(Menu.NONE, CONTEXT_ITEM1, 0, R.string.str_context1);
      menu.add(Menu.NONE, CONTEXT_ITEM2, 0, R.string.str_context2);
      menu.add(Menu.NONE, CONTEXT_ITEM3, 0, R.string.str_context3);
    }
  });
}
```

（3）覆盖 OnContextItemSelected 来定义用户按 MENU 键后的动作，然后通过自定义 Bitmap 对象 BitmapFactory.decodeResource 来获取预设的图片资源。主要实现代码如下所示。

```
/*覆盖 OnContextItemSelected 来定义用户按 MENU 键后的动作*/
public boolean onContextItemSelected(MenuItem item)
{
  /*自定义 Bitmap 对象并通过 BitmapFactory.decodeResource 取得
   *预先 Import 至 Drawable 的 baby.png 图档*/
  Bitmap myBmp = BitmapFactory.decodeResource
    (getResources(), R.drawable.baby);
   /*通过 Bitmap 对象的 getHight 与 getWidth 来取得图片宽高*/
   int intHeight = myBmp.getHeight();
   int intWidth = myBmp.getWidth();
```

（4）根据用户选择的选项，分别通过方法 getHeight()和 getWidth()获取对应图片的宽度和高度。主要实现代码如下所示。

```
    try
    {
      /*菜单选项与动作*/
      switch(item.getItemId())
      {
```

```
        /*将图片宽度显示在 TextView 中*/
        case CONTEXT_ITEM1:
          String strOpt =
          getResources().getString(R.string.str_width)
          +"="+Integer.toString(intWidth);
          mTextView01.setText(strOpt);
          break;
        /*将图片高度显示在 TextView 中*/
        case CONTEXT_ITEM2:
          String strOpt2 =
          getResources().getString(R.string.str_height)
          +"="+Integer.toString(intHeight);
          mTextView01.setText(strOpt2);
          break;
        /*将图片宽高显示在 TextView 中*/
        case CONTEXT_ITEM3:
          String strOpt3 =
          getResources().getString(R.string.str_width)
          +"="+Integer.toString(intWidth)+"\n"
          +getResources().getString(R.string.str_height)
          +"="+Integer.toString(intHeight);
          mTextView01.setText(strOpt3);
          break;
      }
    }
    catch(Exception e)
    {
      e.printStackTrace();
    }
    return super.onContextItemSelected(item);
  }
}
```

执行后的效果如图 11-14 所示，当长时间选中图片后会弹出用户选项，如图 11-15 所示。当选择一个选项后，会弹出对应的获取数值，如图 11-16 所示。

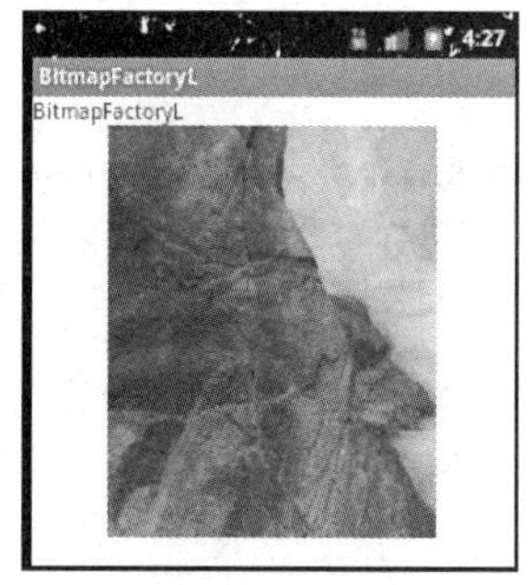

图 11-14　初始效果

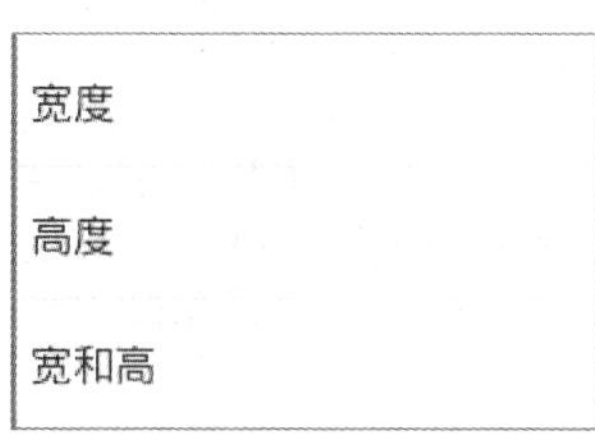

图 11-15　弹出选项

图 11-16　执行效果

11.4.6　使用 Region 类

在 Android 系统中，类 Region 的完整写法是 Android.Graphics.Region，此类在 Android 平台中表示的区

域和 Rect 表示的不同。类 Region 表示的是一个不规则的图形，可以是椭圆或多边形等，而类 Rect 表示的仅是矩形。同样，类 Region 的 boolean contains(int x, int y)成员可以判断一个点是否在该区域内。

Region 的中文意思即区域，表示的是 canvas 图层上某一块封闭的区域。为了更好地学习类 Region，在下面的代码中列出了此类的所有 API。

```
/**构造方法*/
 public Region()                                          //创建一个空的区域
 public Region(Region region)                             //复制一个 region 的范围
 public Region(Rect r)                                    //创建一个矩形的区域
 public Region(int left, int top, int right, int bottom)  //创建一个矩形的区域

/**一系列 set 方法，这些 set 方法和上面构造方法形式差不多*/
 public void setEmpty() {
 public boolean set(Region region)
 public boolean set(Rect r)
 public boolean set(int left, int top, int right, int bottom)
 /*向一个 Region 中添加一个 Path 只有这种方法，参数 clip 代表整个 Region 的区域，在里面裁剪出 path 范围的
区域*/
 public boolean setPath(Path path, Region clip)     //用指定的 Path 和裁剪范围构建一个区域

/**几个判断方法*/
public native boolean isEmpty();                          //判断该区域是否为空
public native boolean isRect();                           //是否是一个矩阵
public native boolean isComplex();                        //是否是多个矩阵组合


/**一系列的 getBound 方法，返回一个 Region 的边界*/
public Rect getBounds()
public boolean getBounds(Rect r)
public Path getBoundaryPath()
public boolean getBoundaryPath(Path path)


/**判断是否包含某点和是否相交*/
public native boolean contains(int x, int y);             //是否包含某点
public boolean quickContains(Rect r)                      //是否包含某矩阵
public native boolean quickContains(int left, int top, int right,
              &nbs
p;               &nb
sp;        int bottom)          //是否没有包含某矩阵
 public boolean quickReject(Rect r)                  //是否未和该矩阵相交
 public native boolean quickReject(int left, int top, int right, int bottom);    //是否未和该矩阵相交
 public native boolean quickReject(Region rgn);        //是否未和该矩阵相交

/**几个平移变换的方法*/
public void translate(int dx, int dy)
public native void translate(int dx, int dy, Region dst);
public void scale(float scale) //hide
public native void scale(float scale, Region dst);        //hide
```

```
/**一系列组合的方法*/
public final boolean union(Rect r)
public boolean op(Rect r, Op op) {
public boolean op(int left, int top, int right, int bottom, Op op)
public boolean op(Region region, Op op)
public boolean op(Rect rect, Region region, Op op)
```

11.4.7　使用 Typeface 类

在 Android 系统中，类 Typeface 的完整写法是 Android.Graphics.Typeface。类 Typeface 能够帮助描述一个字体对象，在 TextView 中通过方法 setTypeface()可以指定一个输出文本的字体，通过调用直接构造成员方法 create()可以直接指定一个字体名称和样式。例如下面的代码。

```
static Typeface create(Typeface family, int style)
static Typeface create(String familyName, int style)
```

同时使用 isBold()和 isItalic()方法可以判断出是否包含粗体或斜体的字型。例如：

```
final boolean isBold()
final boolean isItalic()
```

除此之外，在类 Typeface 中还有从某 APK 资源或向一个具体的文件写入文本的方法，其具体方法如下所示。

```
static Typeface createFromAsset(AssetManager mgr, String path)
static Typeface createFromFile(File path)
static Typeface createFromFile(String path)
```

第 12 章　二维动画应用

在多媒体领域中，动画也是永远的话题之一。动画和简单的图像相比，更具有视觉冲击力。Android 平台为我们提供了一套完整的动画框架，使得开发者可以用它来创建各种动画效果。本章将详细讲解在 Android 系统中实现动画效果的基本知识，为读者步入后面知识的学习打下基础。

- ☑ 089：实现图片缩放.pdf
- ☑ 090：使用 SharedPreferences 保存 key-value.pdf
- ☑ 091：旋转屏幕图片.pdf
- ☑ 092：实现天上移动星星的效果.pdf
- ☑ 093：实现一个图片移动的动画效果.pdf
- ☑ 094：显示图片的宽和高.pdf
- ☑ 095：绘制各种空心图形、实心图形和渐变图形.pdf
- ☑ 096：编写一个屏保程序.pdf

知识拓展

12.1　使用 Drawable 实现动画效果

知识点讲解：光盘:视频\知识点\第 12 章\使用 Drawable 实现动画效果.avi

在 Android 系统中，通过类 Drawable 可以实现动画效果，尽管这个类比较抽象。本节将详细讲解使用类 Drawable 实现动画效果的基本知识。

12.1.1　Drawable 基础

下面先通过一个简单的例子程序来理解它。在这个例子中，使用类 Drawable 的子类 ShapeDrawable 来画图，具体代码如下所示。

```
public class testView extends View {
private ShapeDrawable mDrawable;
public testView(Context context) {
super(context);
int x = 10;
int y = 10;
int width = 300;
int height = 50;
mDrawable = new ShapeDrawable(new OvalShape());
mDrawable.getPaint().setColor(0xff74AC23);
mDrawable.setBounds(x, y, x + width, y + height);
}
```

```
protected void onDraw(Canvas canvas)
super.onDraw(canvas);
canvas.drawColor(Color.WHITE);//画白色背景
mDrawable.draw(canvas);
}
}
```

上述代码的实现流程如下。

（1）创建一个 OvalShape（椭圆）。

（2）使用刚创建的 OvalShape 构造一个 ShapeDrawable 对象 mDrawable。

（3）设置 mDrawable 的颜色。

（4）设置 mDrawable 的大小。

（5）将 mDrawable 绘制在 testView 的画布上。

上述代码的执行效果如图 12-1 所示。

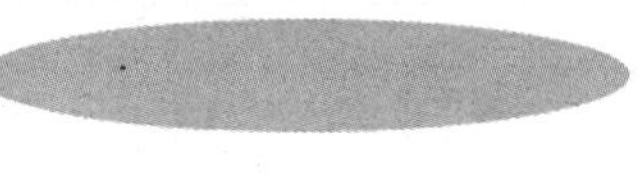

图 12-1　执行效果

通过这个简单的例子可以帮助我们理解什么是 Drawable，Drawable 就是一个可画的对象，可能是一张位图（BitmapDrawable），也可能是一个图形（ShapeDrawable），还有可能是一个图层（LayerDrawable）。在项目中可以根据画图的需求，创建相应的可画对象，可以将这个可画对象当作一块“画布（Canvas）”，在其上面操作可画对象，并最终将这个可画对象显示在画布上，有点类似于“内存画布”。

12.1.2　使用 Drawable 实现动画效果

12.1.1 节中只是一个简单的使用 Drawable 的例子，完全没有体现出 Drawable 的强大功能。Android SDK 中说明了 Drawable 主要的作用是在 XML 中定义各种动画，然后把 XML 当作 Drawable 资源来读取，通过 Drawable 显示动画。下面将通过一个具体的演示实例讲解使用 Drawable 实现动画效果的方法。

题　目	目　的	源 码 路 径
实例 12-1	使用 Drawable 实现动画效果	光盘:\daima\12\testDrawable

本实例是在 12.1.1 节中实例的基础上实现的，具体修改过程如下。

（1）去掉文件 layout\main.xml 中的 TextView，增加 ImagView，主要实现代码如下所示。

```
<ImageView
android:layout_width="wrap_content"
android:layout_height="wrap_content"
android:tint="#55ff0000"
android:src="@drawable/my_image"/>
```

（2）新建一个 XML 文件，命名为 expand_collapse.xml，主要实现代码如下所示。

```
<?xml version="1.0" encoding="UTF-8"?>
<transition xmlns:android="http://schemas.android.com/apk/res/android">
<item android:drawable="@drawable/image_expand"/>
<item android:drawable="@drawable/image_collapse"/>
</transition>
```

准备 3 张 PNG 格式的素材图片，保存到 res\drawable 目录下，给 3 张图片分别命名为 my_image.png、image_expand.png、image_collapse.png。

（3）修改 Activity 中的代码，主要实现代码如下所示。

```
LinearLayout mLinearLayout;
protected void onCreate(Bundle savedInstanceState) {
```

```
super.onCreate(savedInstanceState);
mLinearLayout = new LinearLayout(this);
ImageView i = new ImageView(this);
i.setAdjustViewBounds(true);
i.setLayoutParams(new Gallery.LayoutParams(LayoutParams.WRAP_CONTENT, LayoutParams.WRAP_CONTENT));
mLinearLayout.addView(i);
setContentView(mLinearLayout);
Resources res = getResources();
TransitionDrawable transition =
(TransitionDrawable) res.getDrawable(R.drawable.expand_collapse);
i.setImageDrawable(transition);
transition.startTransition(10000);
}
```

执行后的效果如图 12-2 所示。

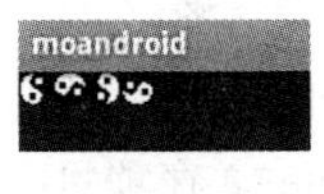

初始效果

过渡中效果

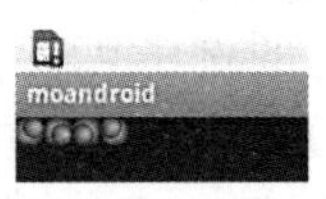

最后的效果

图 12-2　执行效果

由此可见，执行后将在屏幕上显示：从图片 image_expand.png 过渡到 image_collapse.png 的动画效果，也就是我们在 expand_collapse.xml 中定义的一个 Transition 动画。

12.2　Tween Animation 动画详解

知识点讲解：光盘:视频\知识点\第 12 章\Tween Animation 动画详解.avi

在 12.1 节的内容中，讲解了使用 Drawable 实现动画效果的知识。其实 Drawable 的功能何止如此，Drawable 更加强大的功能是可以显示 Animation。Animation 是以 XML 格式定义的，由于 Tween Animation 与 Frame Animation 的定义、使用都有很大的差异，所以特意将定义好的 XML 文件存放在 res\anim 目录中。

在 Android SDK 中提供了如下两种 Animation。

☑ Tween Animation：通过对场景中的对象不断做图像变换（平移、缩放、旋转）产生动画效果。

☑ Frame Animation：顺序播放事先做好的图像，与电影类似。

由此可见，在 Android 平台中提供了如下两类动画。

☑ Tween 动画：用于对场景中的对象不断进行图像变换来产生动画效果，Tween 可以对对象进行缩小、放大、旋转和渐变等操作。

☑ Frame 动画：用于顺序播放事先做好的图像。

在使用 Animation 前，需要先学习如何定义 Animation，这对我们使用 Animation 会有很大的帮助。

12.2.1　Tween 动画基础

在 Android 系统中，Tween 动画通过对 View 的内容实现了一系列的图形变换操作，通过平移、缩放、旋转、改变透明度来实现动画效果。在 XML 文件中，Tween 动画主要包括以下 4 种动画效果。

☑ Alpha：渐变透明度动画效果。

☑ Scale：渐变尺寸伸缩动画效果。

☑ Translate：画面转移位置移动动画效果。

☑ Rotate：画面转移旋转动画效果。

在 Android 应用代码中，Tween 动画对应以下 4 种动画效果。

☑ AlphaAnimation：渐变透明度动画效果。

☑ ScaleAnimation：渐变尺寸伸缩动画效果。

☑ TranslateAnimation：画面转换位置移动动画效果。

☑ RotateAnimation：画面转移旋转动画效果。

在 Android 系统中，Tween 动画通过预先定义一组指令来实现，这些指令指定了图形变换的类型、触发时间和持续时间，程序沿着时间线执行这些指令，就可以实现动画效果。即我们可以先定义 Animation 动画对象，然后设置该动画的一些属性，最后通过方法 startAnimation 来实现动画效果。

下面将通过一个具体的演示实例讲解实现 Tween 动画的 4 种效果的方法。

题　　目	目　　的	源 码 路 径
实例 12-2	演示 Tween 动画的 4 种动画效果	光盘:\daima\12\myActionAnimation

本实例的具体实现流程如下。

（1）编写文件 my_alpha_action.xml，实现 Alpha 渐变透明度动画效果，主要实现代码如下所示。

```
<?xml version="1.0" encoding="utf-8"?>
<set xmlns:android="http://schemas.android.com/apk/res/android" >
<alpha
android:fromAlpha="0.1"
android:toAlpha="1.0"
android:duration="3000"
/>
<!-- 透明度控制动画效果 alpha
        浮点型值：
        fromAlpha 属性为动画起始时透明度
        toAlpha     属性为动画结束时透明度
        说明:
        0.0 表示完全透明
        1.0 表示完全不透明
        以上值取 0.0～1.0 之间的 float 数据类型的数字
        长整型值：
        duration   属性为动画持续时间
        说明:
                    时间以毫秒为单位
-->
</set>
```

（2）编写文件 my_rotate_action.xml，实现 Rotate 画面转移旋转动画效果，主要实现代码如下所示。

```
<?xml version="1.0" encoding="utf-8"?>
<set xmlns:android="http://schemas.android.com/apk/res/android">
<rotate
        android:interpolator="@android:anim/accelerate_decelerate_interpolator"
        android:fromDegrees="0"
        android:toDegrees="+350"
        android:pivotX="50%"
        android:pivotY="50%"
```

```
        android:duration="3000" />
<!-- rotate 旋转动画效果
        属性：interpolator 指定一个动画的插入器
        在试验过程中，使用 android.res.anim 中的资源时发现有 3 种动画插入器
        accelerate_decelerate_interpolator    加速-减速 动画插入器
        accelerate_interpolator               加速-动画插入器
        decelerate_interpolator               减速-动画插入器
        浮点数型值:
        fromDegrees 属性为动画起始时物件的角度
        toDegrees    属性为动画结束时物件旋转的角度，可以大于 360 度
        当角度为负数——表示逆时针旋转
        当角度为正数——表示顺时针旋转
        (负数 from——to 正数:顺时针旋转)
        (负数 from——to 负数:逆时针旋转)
        (正数 from——to 正数:顺时针旋转)
        (正数 from——to 负数:逆时针旋转)
        pivotX       属性为动画相对于物件的 X 坐标的开始位置
        pivotY       属性为动画相对于物件的 Y 坐标的开始位置
        说明：以上两个属性值从 0%～100%中取值，50%为物件的 X 或 Y 方向坐标上的中点位置
        长整型值：duration 属性为动画持续时间，时间以毫秒为单位
-->
</set>
```

（3）编写文件 my_scale_action.xml，实现 Scale 渐变尺寸伸缩动画效果，主要实现代码如下所示。

```
<?xml version="1.0" encoding="utf-8"?>
<set xmlns:android="http://schemas.android.com/apk/res/android">
   <scale android:interpolator="@android:anim/accelerate_decelerate_interpolator"
          android:fromXScale="0.0"
          android:toXScale="1.4"
          android:fromYScale="0.0"
          android:toYScale="1.4"
          android:pivotX="50%"
          android:pivotY="50%"
          android:fillAfter="false"
          android:duration="700" />
</set>
<!-- 尺寸伸缩动画效果 scale
       属性：interpolator 指定一个动画的插入器
       有 3 种动画插入器
       accelerate_decelerate_interpolator    加速-减速 动画插入器
        accelerate_interpolator              加速-动画插入器
        decelerate_interpolator              减速-动画插入器
        fromXScale 属性为动画起始时 X 坐标上的伸缩尺寸
        toXScale    属性为动画结束时 X 坐标上的伸缩尺寸
        fromYScale 属性为动画起始时 Y 坐标上的伸缩尺寸
        toYScale    属性为动画结束时 Y 坐标上的伸缩尺寸
        以上 4 种属性值

        0.0 表示收缩到没有
        1.0 表示正常无伸缩
        值小于 1.0 表示收缩
        值大于 1.0 表示放大
```

```
        pivotX 属性为动画相对于物件的 X 坐标的开始位置
        pivotY 属性为动画相对于物件的 Y 坐标的开始位置
        以上两个属性值从 0%～100%中取值，50%为物件的 X 或 Y 方向坐标上的中点位置
        duration  属性为动画持续时间，时间以毫秒为单位
        fillAfter 属性，当设置为 true 时，该动画转化在动画结束后被应用
-->
```

（4）编写文件 my_translate_action.xml，实现 Translate 画面转移位置移动动画效果，主要实现代码如下所示。

```
<?xml version="1.0" encoding="utf-8"?>
<set xmlns:android="http://schemas.android.com/apk/res/android">
<translate
android:fromXDelta="30"
android:toXDelta="-80"
android:fromYDelta="30"
android:toYDelta="300"
android:duration="2000"
/>
<!-- translate 位置转移动画效果
        fromXDelta 属性为动画起始时 X 坐标上的位置
        toXDelta    属性为动画结束时 X 坐标上的位置
        fromYDelta 属性为动画起始时 Y 坐标上的位置
        toYDelta    属性为动画结束时 Y 坐标上的位置
        没有指定 fromXType toXType fromYType toYType 时，默认是以自己为相对参照物
        duration  属性为动画持续时间，时间以毫秒为单位
-->
</set>
```

（5）编写文件 myActionAnimation.java，使用 case 语句根据用户的选择来显示对应的动画效果。主要实现代码如下所示。

```
public void onCreate(Bundle savedInstanceState) {
    super.onCreate(savedInstanceState);
    setContentView(R.layout.main);
    button_alpha = (Button) findViewById(R.id.button_Alpha);
    button_alpha.setOnClickListener(this);
    button_scale = (Button) findViewById(R.id.button_Scale);
    button_scale.setOnClickListener(this);
    button_translate = (Button) findViewById(R.id.button_Translate);
    button_translate.setOnClickListener(this);
    button_rotate = (Button) findViewById(R.id.button_Rotate);
    button_rotate.setOnClickListener(this);
}
public void onClick(View button) {
    switch (button.getId()) {
    case R.id.button_Alpha: {
        myAnimation_Alpha = AnimationUtils.loadAnimation(this,R.anim.my_alpha_action);
        button_alpha.startAnimation(myAnimation_Alpha);
    }
        break;
    case R.id.button_Scale: {
        myAnimation_Scale= AnimationUtils.loadAnimation(this,R.anim.my_scale_action);
        button_scale.startAnimation(myAnimation_Scale);
```

```
            }
                break;
            case R.id.button_Translate: {
                myAnimation_Translate= AnimationUtils.loadAnimation(this,R.anim.my_translate_action);
                button_translate.startAnimation(myAnimation_Translate);
            }
                break;
            case R.id.button_Rotate: {
                myAnimation_Rotate= AnimationUtils.loadAnimation(this,R.anim.my_rotate_action);
                button_rotate.startAnimation(myAnimation_Rotate);
            }
                break;
            default:
                break;
            }
        }
```

执行后的效果如图 12-3 所示。单击屏幕中的的选项卡会显示对应的动画效果，例如单击“Translate 动画”后的效果如图 12-4 所示。

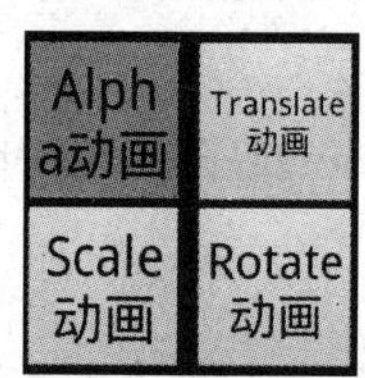

图 12-3　执行效果

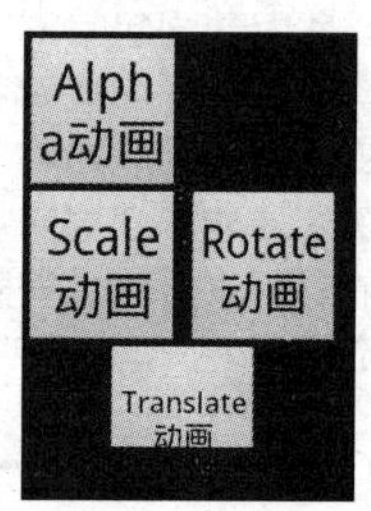

图 12-4　Translate 动画效果

12.2.2　Tween 动画类详解

在 Android 系统的 Tween 动画应用中存在如下应用类。

（1）类 AlphaAnimation

类 AlphaAnimation 是 Android 系统中的透明度变化动画类，用于控制 View 对象的透明度变化，该类继承于类 Animation。类 AlphaAnimation 中的很多方法都与类 Animation 一致，在此类中最常用的方法便是 AlphaAnimation 构造方法，具体原型如下所示。

```
AlphaAnimation(float fromAlpha, float toAlpha)
```

方法 AlphaAnimation 的功能是构建一个渐变透明度动画，各个参数的具体说明如下。

- ☑ fromAlpha：表示动画起始透明度。
- ☑ toAlpha：表示动画结束透明度，其中 0.0 表示完全透明，1.0 表示完全不透明。

（2）尺寸变化动画类 ScaleAnimation

在 Android 系统中，类 ScaleAnimation 是尺寸变化动画类，用于控制 View 对象的尺寸变化。类 ScaleAnimation 继承于类 Animation，此类中的很多方法都与 Animation 类一致。类 ScaleAnimation 中最常用的方法是构造方法 ScaleAnimation，具体原型如下所示。

```
ScaleAnimation(float fromX, float toX, float fromY, float toY, int pivotXType, float pivotXValue, int pivotYType, float pivotYValue)
```

构造方法 ScaleAnimation 的功能是构建一个渐变尺寸伸缩动画，各个参数的具体说明如下。

☑ fromX 和 toX：分别表示起始和结束时 X 坐标上的伸缩尺寸。

☑ fromY 和 toY：分别表示起始和结束时 Y 坐标上的伸缩尺寸。

☑ pivotXValue 和 pivotYValue：分别表示动画相对于物件的 X、Y 坐标的开始位置。

☑ pivotXType 和 pivotYType：分别表示 X、Y 的伸缩模式。

（3）位置变化类 TranslateAnimation

在 Android 系统中，位置变化类 TranslateAnimation 用于控制 View 对象的位置变化。类 Translate Animation 继承于类 Animation，在此类中的很多方法都与类 Animation 一致。类 TranslateAnimation 中最常用的方法是构造方法 TranslateAnimation()，具体原型如下所示。

```
TranslateAnimation(float fromXDelta, float toXDelta, float fromYDelta, float toYDelta)
```

构造方法 TranslateAnimation()的功能是构建一个画面转换位置移动动画，各个参数的具体说明如下。

☑ fromXDelta：表示起始坐标。

☑ toXDelta：表示结束坐标。

（4）旋转变化动画类 RotateAnimation

在 Android 系统中，旋转变化动画类 RotateAnimation 用于控制 View 对象的旋转动作。类 RotateAnimation 继承于类 Animation，在此类中的很多方法都与类 Animation 一致，其中最常用的方法是构造方法 RotateAnimation()，具体原型如下所示。

```
RotateAnimation(float fromDegress, float toDegress, int pivotXType, float pivotXValue, int pivotYType, float pivotYValue)
```

构造方法 RotateAnimation()的功能是构建一个旋转动画，各个参数的具体说明如下。

☑ fromDegress：表示开始的角度。

☑ toDegress：表示结束的角度。

☑ pivotXType 和 pivotYType：分别表示 X、Y 的伸缩模式。

☑ pivotXValue 和 pivotYValue：分别表示伸缩动画相对于 X、Y 的坐标的开始位置。

（5）动画抽象类 Animation

在 Android 系统中，所有其他一些动画类都要继承类 Animation 中的实现方法。类 Animation 主要用于补间动画效果，提供了动画启动、停止、重复、持续时间等方法。在类 Animation 中的方法适用于任何一种补间动画对象，此类中的常用方法如下。

☑ setDuration()方法

方法 setDuration()用于设置动画的持续时间，以毫秒为单位。具体原型如下所示。

```
public void setDuration (long durationMillis)
```

其中，参数 durationMillis 为动画的持续时间，单位为毫秒（ms）。

方法 setDuration()是设置补间动画时间长度的主要方法，使用非常普遍。

☑ startNow()方法

在 Android 系统中，方法 startNow()用于启动执行一个动画。此方法是启动执行动画的主要方法，使用时需要先通过方法 setAnimation()为某一个 View 对象设置动画。另外，用户在程序中也可以使用 View 组件的 startAnimation()方法来启动执行动画。方法 startNow()的具体原型如下所示。

```
public void startNow()
```

☑ start()方法

在 Android 系统中，方法 start()用于启动执行一个动画。方法 start()是启动执行动画的另一个主要方法，使用时需要先通过 setAnimation()方法为某一个 View 对象设置动画。start()方法区别于 startNow()方法的地方在于，方法 start()可以用于在 getTransformation()方法被调用时启动动画，具体原型如下所示。

```
public void start()
```

方法 start()的执行效果类似于方法 startNow()，在此不再进行赘述。

☑ cancel()方法

在 Android 系统中，方法 cancel()用于取消一个动画的执行。方法 cancel()是取得一个正在执行中的动画的主要方法，此方法和 startNow()方法相结合，可以实现对动画执行过程的控制。在此需要注意的是，当通过方法 cancel()取消动画时，必须使用 reset()方法或者 setAnimation()方法重新设置，才可以再次执行动画。

方法 cancel()的具体原型如下所示。

```
public void cancel()
```

☑ setRepeatCount()方法

在 Android 系统中，方法 setRepeatCount()用于设置一个动画效果重复执行的次数。Android 系统默认每个动画仅执行一次，通过该方法可以设置动画执行多次。方法 setRepeatCount()的具体原型如下所示。

```
public void setRepeatCount(int repeatCount)
```

其中，参数 repeatCount 表示重复执行的次数。如果设置为 n，则动画将执行 n+1 次。

☑ setFillEnabled()方法

在 Android 系统中，方法 setFillEnabled()用于使程序能实现填充效果。当该方法设置为 true 时，将执行 setFillBefore()和 setFillAfter()方法进行填充，否则将忽略 setFillBefore()和 setFillAfter()方法。方法 setFillEnabled()的具体原型如下所示。

```
public void setFillEnabled(boolean fillEnabled)
```

其中，参数 fillEnabled 表示是否使用填充效果，true 表示使用该效果，false 表示禁用该效果。

☑ setFillBefore()方法

在 Android 系统中，方法 setFillBefore()用于设置一个动画效果执行完毕后，View 对象返回到起始的位置。方法 setFillBefore()的效果是系统默认的效果，在执行该方法时需要首先通过 setFillEnabled()方法设置能够实现填充效果，否则设置将无效。方法 setFillBefore()的具体原型如下所示。

```
public void setFillBefore(boolean fillBefore)
```

其中，参数 fillBefore 为是否执行起始填充效果，true 表示使用该效果，false 表示禁用该效果。

☑ setFillAfter()方法

在 Android 系统中，方法 setFillAfter()用于设置一个动画效果执行完毕后，View 对象保留在终止的位置。在执行方法 setFillAfter()时，需要首先通过 setFillEnabled()方法实现填充效果，否则设置将无效。方法 setFillAfter()的具体原型如下所示。

```
public void setFillAfter(boolean fillAfter)
```

其中，参数 fillAfter 为是否执行终止填充效果，true 表示使用该效果，false 表示禁用该效果。

☑ setRepeatMode()方法

在 Android 系统中，方法 setRepeatMode()用于设置一个动画效果执行的重复模式。在 Android 系统中提供了好几种重复模式，其中最主要的便是 RESTART 模式和 REVERSE 模式。方法 setRepeatMode()的具体原型如下所示。

```
public void setRepeatMode(int repeatMode)
```

其中，参数 repeatMode 为动画效果的重复模式，常用的取值如下。

- RESTART：表示重新从头开始执行。
- REVERSE：表示反方向执行。

☑ setStartOffset()方法

在 Android 系统中，方法 setStartOffset()用于设置一个动画执行的启动时间，单位为毫秒。系统默认当执行 start()方法后立刻执行动画，当使用该方法设置后，将延迟一定的时间再启动动画。方法 setStartOffset()的具体原型如下所示。

```
public void setStartOffset(long startOffset)
```

其中，参数 startOffset 表示动画的启动时间，单位是毫秒（ms）。

```
public void startAnimation(Animation animation)
```

12.2.3　Tween 应用实战

前面详细讲解了在 Android 系统中进行 Tween 动画开发的基本知识，下面将通过两个具体的演示实例讲解在 Android 系统中实现 Tween 动画效果的方法。

题　　目	目　　的	源 码 路 径
实例 12-3	在 Android 中实现 Tween 动画效果	光盘:\daima\12\TweenL

实例文件 TweenL.java 的主要实现代码如下所示。

```
/* 定义 Alpha 动画 */
private Animation     mAnimationAlpha            = null;

/* 定义 Scale 动画 */
private Animation     mAnimationScale            = null;

/* 定义 Translate 动画 */
private Animation     mAnimationTranslate        = null;

/* 定义 Rotate 动画 */
private Animation     mAnimationRotate    = null;

/* 定义 Bitmap 对象 */
Bitmap                mBitQQ                     = null;

public example9(Context context)
{
    super(context);

    /* 装载资源 */
    mBitQQ = ((BitmapDrawable) getResources().getDrawable(R.drawable.qq)).getBitmap();
}

public void onDraw(Canvas canvas)
{
    super.onDraw(canvas);

    /* 绘制图片 */
    canvas.drawBitmap(mBitQQ, 0, 0, null);
}

public boolean onKeyUp(int keyCode, KeyEvent event)
{
    switch ( keyCode )
    {
    case KeyEvent.KEYCODE_DPAD_UP:
        /* 创建 Alpha 动画 */
        mAnimationAlpha = new AlphaAnimation(0.1f, 1.0f);
```

```
            /* 设置动画的时间 */
            mAnimationAlpha.setDuration(3000);
            /* 开始播放动画 */
            this.startAnimation(mAnimationAlpha);
            break;
        case KeyEvent.KEYCODE_DPAD_DOWN:
            /* 创建 Scale 动画 */
            mAnimationScale =new ScaleAnimation(0.0f, 1.0f, 0.0f, 1.0f,
                                        Animation.RELATIVE_TO_SELF, 0.5f,
                                        Animation.RELATIVE_TO_SELF, 0.5f);
            /* 设置动画的时间 */
            mAnimationScale.setDuration(500);
            /* 开始播放动画 */
            this.startAnimation(mAnimationScale);
            break;
        case KeyEvent.KEYCODE_DPAD_LEFT:
            /* 创建 Translate 动画 */
            mAnimationTranslate = new TranslateAnimation(10, 100,10, 100);
            /* 设置动画的时间 */
            mAnimationTranslate.setDuration(1000);
            /* 开始播放动画 */
            this.startAnimation(mAnimationTranslate);
            break;
        case KeyEvent.KEYCODE_DPAD_RIGHT:
            /* 创建 Rotate 动画 */
            mAnimationRotate=new RotateAnimation(0.0f, +360.0f,
                                        Animation.RELATIVE_TO_SELF,0.5f,
                                        Animation.RELATIVE_TO_SELF, 0.5f);
            /* 设置动画的时间 */
            mAnimationRotate.setDuration(1000);
            /* 开始播放动画 */
            this.startAnimation(mAnimationRotate);
            break;
        }
        return true;
}
```

执行后可以通过键盘的上、下、左、右键来实现动画效果，如图 12-5 所示。

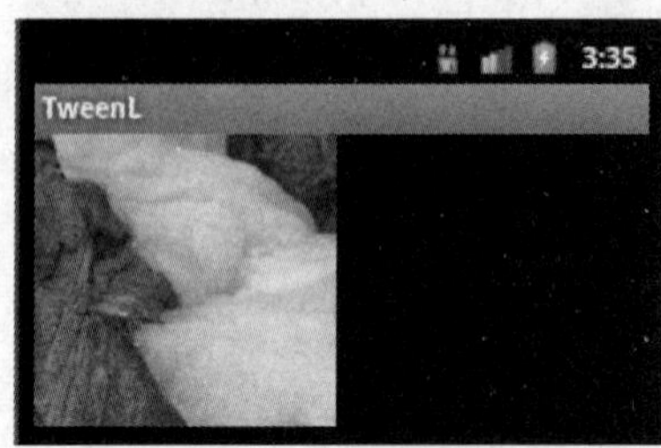

图 12-5　执行效果

我们知道，Android 系统中提供了两种使用 Tween Animation 的方法，分别是直接从 XML 资源中读取 Animation，以及使用 Animation 子类的构造函数来初始化 Animation 对象。本实例将演示从 XML 资源中读取 Animation 并实现 Tween 动画效果的过程。

题　　目	目　　的	源 码 路 径
实例 12-4	从 XML 资源中读取 Animation	光盘:\daima\12\testDrawable

本实例的具体实现流程如下。

（1）创建 Android 工程，然后导入一张图片资源。

（2）将 res\layout\main.xml 目录中的 TextView 替换为 ImageView。

（3）在 res 目录下创建新的文件夹 anim，并在此文件夹下面定义 Animation XML 文件。

（4）修改 OnCreate()中的代码，显示动画资源。

文件 testDrawable.java 的主要实现代码如下所示。

```
public class testDrawable extends Activity {
    LinearLayout mLinearLayout;
    protected void onCreate(Bundle savedInstanceState) {
        super.onCreate(savedInstanceState);
        setContentView(R.layout.main);
        ImageView spaceshipImage = (ImageView) findViewById(R.id.spaceshipImage);
        Animation hyperspaceJumpAnimation = AnimationUtils.loadAnimation(this, R.anim.hyperspace_jump);
        spaceshipImage.startAnimation(hyperspaceJumpAnimation);
    }
}
```

在上述代码中，AnimationUtils 提供了加载动画的函数，除了函数 loadAnimation()，读者可以到 Android SDK 中去详细了解其他函数。执行效果如图 12-6 所示。

图 12-6　执行效果

12.3　实现 Frame Animation 动画效果

知识点讲解：光盘:视频\知识点\第 12 章\实现 Frame Animation 动画效果.avi

在我们日常生活中见到的最多的可能就是 Frame 动画了，Android 中当然也少不了它。本节将简要介绍 Frame 动画的基本知识，并通过具体实例的实现过程来讲解实现 Frame 动画的流程，为读者步入本书后面知识的学习打下基础。

12.3.1 Frame 动画基础

在 Android SDK 中，可以通过类 AnimationDrawable 定义来使用 Frame Animation，与此相关的 SDK 的位置如下。

- ☑ Tween animation：android.view.animation 包。
- ☑ Frame animation：android.graphics.drawable.AnimationDrawable 类。

在 Android SDK 中，AnimationDrawable 的功能是获取、设置动画的属性，其中最为常用的方法如下。

- ☑ int getDuration()：功能是获取动画的时长。
- ☑ int getNumberOfFrames()：功能是获取动画的帧数。
- ☑ boolean isOneShot()：功能是获取 oneshot 属性。
- ☑ Void setOneShot(boolean oneshot)：功能是设置 oneshot 的属性。
- ☑ void inflate(Resurce r,XmlPullParser p,AttributeSet attrs)：功能是增加、获取帧动画。
- ☑ Drawable getFrame(int index)：功能是获取某帧的 Drawable 资源。
- ☑ void addFrame(Drawable frame,int duration)：功能是为当前动画增加帧（资源、持续时长）。
- ☑ void start()：表示开始动画。
- ☑ void run()：表示外界不能直接调用，而需使用 start()替代。
- ☑ boolean isRunning()：表示当前动画是否在运行。
- ☑ void stop()：表示停止当前动画。

在 Android 应用中，可以在 XML Resource 中定义 Frame Animation，此时也是存放到 res\anim 目录下。另外，也可以使用 AnimationDrawable 中的 API 来定义 Frame Animation。

因为 Tween Animation 与 Frame Animation 有着很大的不同，所以定义 XML 的格式也完全不一样。定义 Frame Animation 的格式是：首先定义 animation-list 根节点，animation-list 根节点中包含多个 item 子节点，每个 item 节点定义一帧动画，然后定义当前帧的 drawable 资源和当前帧持续的时间。在表 12-1 中对节点中的元素进行了详细说明。

表 12-1　XML 属性元素说明

XML 属性	说　明
drawable	当前帧引用的 drawable 资源
duration	当前帧显示的时间（单位为毫秒）
oneshot	如果为 true，表示动画只播放一次，停止在最后一帧上；如果设置为 false，表示动画循环播放
variablePadding	如果为 true，表示允许 drawable 根据被选择的现状变动
visible	规定 drawable 的初始可见性，默认为 flase

12.3.2 使用 Frame 动画

在 Android 多媒体开发应用中，使用 Frame 动画的方法十分简单，基本流程如下。

（1）首先创建一个 AnimationDrawabledF 对象来表示 Frame 动画。

（2）通过 addFrame()方法把每一帧要显示的内容添加进去。

（3）最后通过 start()方法播放动画，通过 setOneShot()方法设置是否重复播放。

在 Android 多媒体开发应用中，Frame 动画主要是通过类 AnimationDrawable 来实现的，具体来说，通过此类中的方法 start()和 stop()分别启动和停止动画。Frame 动画一般通过 XML 文件进行配置，可以在工程中的 res\anim 目录下创建一个 XML 配置文件。该配置文件中包含一个<animation-list>根元素和若干个<item>子元素。

下面将通过一个具体的演示实例讲解在 Android 中实现 Frame 动画效果的方法。

题　　目	目　　的	源 码 路 径
实例 12-5	在 Android 中实现 Frame 动画效果	光盘:\daima\12\FrameL

实例文件 FrameL.java 的主要代码如下所示。

```
/*  定义 AnimationDrawable 动画  */
private AnimationDrawable frameAnimation = null;
Context mContext = null;
/*  定义一个 Drawable 对象  */
Drawable mBitAnimation = null;
public FrameL(Context context)
{
    super(context);

    mContext = context;

    /*  实例化 AnimationDrawable 对象  */
    frameAnimation = new AnimationDrawable();

    /*  装载资源  */
    //这里用一个循环装载了所有名字的类似资源
    //如“a1……12.png”的图片
    //这个方法用处非常大
    for (int i = 1; i <= 15; i++)
    {
        int id = getResources().getIdentifier("a" + i, "drawable", mContext.getPackageName());
        mBitAnimation = getResources().getDrawable(id);
        /*  为动画添加一帧  */
        //参数 mBitAnimation 是该帧的图片
        //参数 500 是该帧显示的时间，按毫秒计算
        frameAnimation.addFrame(mBitAnimation, 500);
    }

    /*  设置播放模式是否循环，false 表示循环而 true 表示不循环  */
    frameAnimation.setOneShot( false );

    /*  设置本类将要显示这个动画  */
    this.setBackgroundDrawable(frameAnimation);
}

public void onDraw(Canvas canvas)
{
    super.onDraw(canvas);

}

public boolean onKeyUp(int keyCode, KeyEvent event)
```

```
{
    switch ( keyCode )
    {
    case KeyEvent.KEYCODE_DPAD_UP:
        /* 开始播放动画 */
        frameAnimation.start();
        break;
    }
    return true;
}
```

执行后，通过按上、下方向键，可以实现动画效果。执行效果如图 12-7 所示。

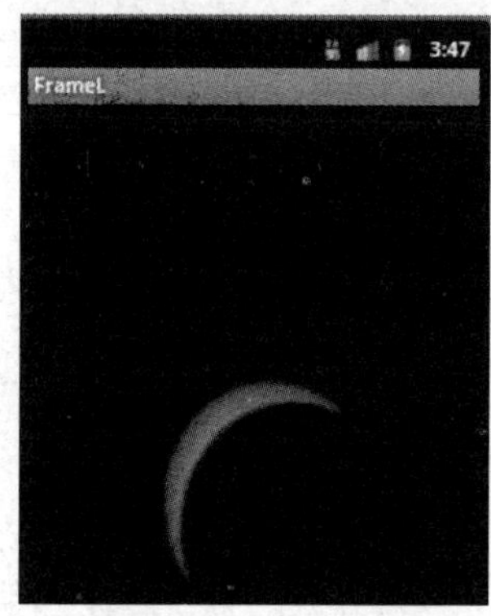

图 12-7　执行效果

12.4　Property Animation 动画

知识点讲解：光盘:视频\知识点\第 12 章\Property Animation 动画.avi

从 Android 3.0 开始，推出了一种全新的动画系统——属性动画 Property Animation，这是一个全新的可伸缩的动画框架。Property Animation 允许我们将动画效果应用到任何对象的任意属性上，例如 View、Drawable、Fragment、Object 等。通常可以为对象的 int、float 和十六进制的颜色值定义很多动画因素，例如持续时间、重复次数、插入器等。当一个对象的某个属性使用了这些类型后，就可以通过改变这些值，以影响动画效果。本节将详细讲解属性动画 Property Animation 的基本知识，为读者步入本书后面知识的学习打下基础。

12.4.1　Property Animation（属性）动画基础

属性动画系统是一个功能强大的框架，无论是否将它绘制到屏幕上，都可以定义一个可以改变任何对象属性的方法，以随着时间的推移而形成动画效果。通过属性动画，可以设置一个对象在屏幕中的位置、要动画播放多久以及动画之间的距离值。

在 Android 系统中，通过属性动画框架可以定义如下特点的动画。

☑　Duration（时间）：可以指定动画的持续时间，默认长度为 300 毫秒。

☑　Time Interpolation（时间插值）：定义了动画变化的频率。

☑　Repeat Count and Behavior（重复计数和行为）：可以指定动画是否重复，以及是否要反向播放动画，

也可以设置重复播放的次数。

☑ Animator Sets（动画设置）：可以按照一定的逻辑设置来组织动画，例如同时播放、按顺序播放或指定延迟播放。

☑ Frame Refresh Delay（帧刷新延迟）：可以指定刷新动画帧的速度。默认的设置为每 10 毫秒刷新一次，在应用程序中可以指定刷新帧的速度。注意，最终的刷新效果取决于系统整体的状态以及底层的定时器。

在 android.animation 中保存了属性动画系统的大部分 API。因为视图的动画系统已经在 android.view.animation 中定义了许多值，所以在此可以使用属性动画系统的值。在类 Animator 中提供了用于创建动画的基本结构，但是通常不能直接使用这个类，因为其中仅提供了一些最基本的功能，必须将其扩展到完全支持的动画值才行。表 12-2 中列出了类 Animator 中的扩展子类。

表 12-2　类 Animator 的扩展子类

类	描　述
ValueAnimator	属性动画主要的计算器，也用于计算属性动画的值。该子类拥有所有的核心功能，能够计算动画值并包含每个动画，可以设置动画是否重复，还可以设置自定义类型的功能。在类 ValueAnimator 中有两个重要的属性：计算动画值和设置这些对象的属性动画值。因为 ValueAnimator 不执行第 2 部分，所以必须通过监听更新 ValueAnimator 计算的值，并修改按自己的逻辑生成动画的对象
ObjectAnimator	ValueAnimator 的子类，允许设置一个目标对象和对象属性进行动画。当计算出一个新的动画值时，会自动更新相应的属性。ObjectAnimator 使得动画值到目标对象的处理更加简单。但使用时会有一些限制，如需要为目标对象指定具体的 acessor 方法
AnimatorSet	用于设置动画的组织方式，使多个动画能相关联地运行。可以为动画设置一起播放、顺序播放以及在指定延迟之后播放等效果

在属性动画系统中提供了如表 12-3 所示的 Evaluators。

表 12-3　Evaluators 中的接口

类/接口	描　述
IntEvaluator	默认的计算器，用于计算 int 属性值
FloatEvaluator	默认的计算器，用于计算 float 属性值
ArgbEvaluator	默认的计算器，计算值表示为十六进制值的 color 属性
TypeEvaluator	允许用户创建个人的计算器。如果动画对象的属性值不是一个 int、float 值或颜色，则必须通过 TypeEvaluator 接口指定如何计算对象属性的动画值。如果想以其他方式处理 int、float、color 类型，也可以指定一个自定义的 TypeEvaluator

在属性动画系统中，Interpolators（时间插补）定义了如何将一个动画的特定值作为时间函数进行计算的描述。例如，可以指定在整个动画系统中实现线性动画，这意味着能够整个时间段内均匀地移动以实现动画效果。当然，也可以指定实现非线性时间动画效果，例如实现一个在开始时加速、最后减速的动画效果。表 12-4 中列出了 android.view.animation 中内置 Interpolators 的接口。

表 12-4　内置 Interpolators 的接口

类/接口	描　述
AccelerateDecelerateInterpolator	慢慢开始和结束，在中间加速
AccelerateInterpolator	开始缓慢，然后加快

续表

类/接口	描　　述
AnticipateInterpolator	开始时向后，然后猛冲向前
AnticipateOvershootInterpolator	开始时向后，然后猛冲向前超过目标值，继而最终返回至结束值
BounceInterpolator	动画结束时弹起
CycleInterpolator	动画循环播放特定的次数，速率变化方式为正弦曲线
DecelerateInterpolator	开始时快，然后慢
LinearInterpolator	以恒定速率变化
OvershootInterpolator	向前猛冲一定值后再回到原来位置
TimeInterpolator	用于实现个人自定义 Interpolators 的一个接口

12.4.2 使用 Property Animation

经过前面内容的学习，读者已经了解了 Property Animation 的基本知识。下面将详细讲解使用 Property Animation 的基本方法。

（1）使用 ValueAnimator 创建动画

在 Android 系统中，可以通过调用方法 ofInt()、ofFloat()和 ofObject()的方式获取 ValueAnimator 实例。例如下面的代码。

```
ValueAnimator animation = ValueAnimator.ofFloat(0f, 1f);
animation.setDuration(1000);
animation.start();
```

通过上述代码，实现了在 1000 毫秒内值从 0～1 的变化。当然，也可以通过如下代码实现一个自定义的 Evaluator。

```
ValueAnimator animation = ValueAnimator.ofObject(new MyTypeEvaluator(), startPropertyValue, endPropertyValue);
animation.setDuration(1000);
animation.start();
```

在上述代码中，ValueAnimator 只是计算了在动画过程中发生变化的值，而没有把这些计算出来的值应用到具体的对象上面，所以也不会显示出任何动画。要把计算出来的值应用到对象上，必须为 ValueAnimator 注册一个监听器 ValueAnimator.AnimatorUpdateListener，我们可以通过该监听器更新对象的属性值。在实现监听器 ValueAnimator.AnimatorUpdateListener 时，可以通过 getAnimatedValue()方法获取当前帧的值。

（2）使用 ObjectAnimator 创建动画

在 Android 系统中，ObjectAnimator 与 ValueAnimator 之间的区别如下。

☑ ObjectAnimator 可以直接将在动画过程中计算出来的值应用到一个具体对象的属性上。

☑ ValueAnimator 需要先另外注册一个监听器，然后才可以将在动画过程中计算出来的值应用到一个具体对象的属性上。

由此可见，当使用 ObjectAnimator 时不需要再实现 ValueAnimator.AnimatorUpdateListener。

实例化 ObjectAnimator 的过程与 ValueAnimator 过程类似，不同的是需要额外指定具体的对象和对象的属性名（字符串形式）。例如下面的代码。

```
ObjectAnimator anim = ObjectAnimator.ofFloat(foo, "alpha", 0f, 1f);
anim.setDuration(1000);
anim.start();
```

为了让 ObjectAnimator 正常运作，需要注意如下 3 点。

☑ 要为对应的对象提供 setter 方法。例如在上面的代码中，需要为对象 foo 添加方法 setAlpha(float

value)。在不能修改对象源码的情况下，不能先对对象进行封装（extends），或者使用 ValueAnimator。

☑ 如果 ObjectAnimator 方法中的参数 values 提供了一个值（需要提供起始值和结束值），那么该值会被认为是结束值，需要通过对象中的方法 getter 提供起始值，并且在这种情况下，需要提供对应属性的 getter 方法。例如下面的代码。

```
ObjectAnimator.ofFloat(targetObject, "propName", 1f)
```

☑ 如果动画的对象是 View，那么可能需要在回调函数 onAnimationUpdate()中调用方法 View.invalidate()来刷新屏幕。例如，设置 Drawable 对象的属性 color。但是因为 View 中的所有 setter 方法（例如 setAlpha() and setTranslationX()）会自动地调用方法 invalidate()，所以不需要额外调用方法 invalidate()。

（3）使用 AnimatorSet 排列多个 Animator

有时动画的开始需要依赖于其他动画的开始或结束，这时可以使用 AnimatorSet 来绑定这些 Animator。例如下面的代码。

```
AnimatorSet bouncer = new AnimatorSet();
bouncer.play(bounceAnim).before(squashAnim1);
bouncer.play(squashAnim1).with(squashAnim2);
bouncer.play(squashAnim1).with(stretchAnim1);
bouncer.play(squashAnim1).with(stretchAnim2);
bouncer.play(bounceBackAnim).after(stretchAnim2);
ValueAnimator fadeAnim = ObjectAnimator.ofFloat(newBall, "alpha", 1f, 0f);
fadeAnim.setDuration(250);
AnimatorSet animatorSet = new AnimatorSet();
animatorSet.play(bouncer).before(fadeAnim);
animatorSet.start();
```

在上述代码中，动画会按照如下顺序执行。

① 播放 bounceAnim 动画。

② 同时播放 squashAnim1、squashAnim2、stretchAnim1 和 stretchAnim2。

③ 播放 bounceBackAnim。

④ 播放 fadeAnim。

（4）使用 Animation 监听器

在 Android 开发应用中，可以使用下面的监听器来监听重要的事件。

☑ Animator.AnimatorListener
  - onAnimationStart()：在动画启动时调用。
  - onAnimationEnd()：在动画结束时调用。
  - onAnimationRepeat()：在动画重新播放时调用。
  - onAnimationCancel()：在动画被撤销时调用。一个被撤销的动画也可以调用 onAnimationEnd()。

☑ ValueAnimator.AnimatorUpdateListener
  - onAnimationUpdate()：在动画的每一帧上调用。在这个方法中，可以使用 ValueAnimator 的 getAnimatedValue()方法来获取计算出来的值。此监听器一般只适用于 ValueAnimator。另外，可能需要在这个方法中调用 View.invalidate()方法来刷新屏幕的显示。

在 Android 开发应用中，可以用继承适配器 AnimatorListenerAdapter 来代替对 Animator. AnimatorListener 的接口的实现，接下来只需要实现我们所关心的方法即可。例如下面的代码。

```
ValueAnimatorAnimator fadeAnim = ObjectAnimator.ofFloat(newBall, "alpha", 1f, 0f);
fadeAnim.setDuration(250);
fadeAnim.addListener(new AnimatorListenerAdapter() {
public void onAnimationEnd(Animator animation) {
```

```
    balls.remove(((ObjectAnimator)animation).getTarget());
}
```

（5）使用 ViewPropertyAnimator 创建动画

在 Android 开发应用中，使用 ViewPropertyAnimator 可以根据 View 的多个属性值来创建动画。其中用多个 ObjectAnimator 方式创建动画的代码如下所示。

```
ObjectAnimator animX = ObjectAnimator.ofFloat(myView, "x", 50f);
ObjectAnimator animY = ObjectAnimator.ofFloat(myView, "y", 100f);
AnimatorSet animSetXY = new AnimatorSet();
animSetXY.playTogether(animX, animY);
animSetXY.start();
```

使用单个 ObjectAnimator 方式创建动画的代码如下所示。

```
PropertyValuesHolder pvhX = PropertyValuesHolder.ofFloat("x", 50f);
PropertyValuesHolder pvhY = PropertyValuesHolder.ofFloat("y", 100f);
ObjectAnimator.ofPropertyValuesHolder(myView, pvhX, pvyY).start();
```

使用 ViewPropertyAnimator 方式创建 View 多属性变化动画的代码如下所示。

```
myView.animate().x(50f).y(100f);
```

（6）使用 Keyframes 方式创建动画

在 Android 开发应用中，对象 Keyframe 由 elapsed fraction/value 对组成，并且对象 Keyframe 可以使用插值器。例如下面的演示代码。

```
Keyframe kf0 = Keyframe.ofFloat(0f, 0f);
Keyframe kf1 = Keyframe.ofFloat(.5f, 360f);
Keyframe kf2 = Keyframe.ofFloat(1f, 0f);
PropertyValuesHolder pvhRotation = PropertyValuesHolder.ofKeyframe("rotation", kf0, kf1, kf2);
ObjectAnimator rotationAnim = ObjectAnimator.ofPropertyValuesHolder(target, pvhRotation)
rotationAnim.setDuration(5000ms);
```

（7）在 ViewGroup 布局改变时应用动画

在 Android 开发应用中，当 ViewGroup 布局发生改变时可能想要用动画的形式来体现，例如 ViewGroup 中的 View 消失或显示时。ViewGroup 可以通过方法 setLayoutTransition(LayoutTransition)来设置一个布局转换的动画。在 LayoutTransition 中可以通过调用方法 setAnimator()的方式来设置 Animator，并且还需要向这个方法传递一个 LayoutTransition 标志常量，通过这个常量来设置在什么时候执行这个 Animator。在这个过程中，有如下可用的常量。

☑ APPEARING：功能是设置 Layout 中的 view 正要显示时运行动画。

☑ CHANGE_APPEARING：功能是设置 Layout 中因为有新的 view 加入而改变 Layout 时运行动画。

☑ DISAPPEARING：功能是设置 Layout 中的 view 在要消失时运行动画。

☑ CHANGE_DISAPPEARING：功能是设置 Layout 中有 view 消失而改变 Layout 时运行动画。

如果想要使用系统默认的 ViewGroup 布局改变时的动画，只需将属性 android:animateLayoutchanges 设置为 true 即可。例如下面的演示代码。

```
<LinearLayout
        android:orientation="vertical"
        android:layout_width="wrap_content"
        android:layout_height="match_parent"
        android:id="@+id/verticalContainer"
        android:animateLayoutChanges="true"
 />
```

下面将通过一个具体的演示实例讲解在 Android 系统中使用属性动画的方法。

题　目	目　的	源码路径
实例 12-6	在 Android 中使用属性动画	光盘:\daima\12\shuxing

本实例的功能比较简单，通过调用 ValueAnimator 中的方法 ofFloat()来实现动画效果。具体实现流程如下。

（1）编写布局文件 activity_main.xml，在界面中插入一幅指定的图片，主要实现代码如下所示。

```
<ImageView
    android:id="@+id/imageView1"
    android:layout_width="wrap_content"
    android:layout_height="wrap_content"
    android:layout_alignParentLeft="true"
    android:layout_alignParentTop="true"
    android:src="@drawable/cool"
/>
```

（2）编写文件 MainActivity.java，主要实现代码如下所示。

```
public class MainActivity extends Activity {

    private Bitmap bm;
    private ValueAnimator animator;
    @Override
    protected void onCreate(Bundle savedInstanceState) {
        super.onCreate(savedInstanceState);
        setContentView(R.layout.activity_main);

        BitmapDrawable m=(BitmapDrawable)getResources().getDrawable(R.drawable.cool);
        bm=m.getBitmap();
        animator= ValueAnimator.ofFloat(0f, 1f);
        animator.setDuration(1000);
        animator.setTarget(bm);
        animator.addUpdateListener(new ValueAnimator.AnimatorUpdateListener() {
            public void onAnimationUpdate(ValueAnimator animation) {

            }
        });
        animator.start();
    }
```

执行后，将在屏幕中实现简易的动画效果，如图 12-8 所示。

图 12-8　执行效果

12.5 实现动画效果的其他方法

知识点讲解：光盘:视频\知识点\第 12 章\实现动画效果的其他方法.avi

经过本章前面内容的学习，读者大致了解了在 Android 系统中实现动画效果的主要方法。其实在 Android 多媒体开发应用中，还可以通过其他方法来实现动画效果。本节将介绍几种在 Android 系统中实现动画效果的其他方法。

12.5.1 播放 GIF 动画

在默认情况下，在 Android 平台上是不能播放 GIF 动画的。要想播放 GIF 动画，需要先对 GIF 图像进行解码，然后将 GIF 中的每一帧取出来，保存到一个容器中，最后根据需要连续绘制每一帧，从而轻松地实现 GIF 动画的播放。

下面将通过一个具体的演示实例讲解在 Android 中播放 GIF 动画的方法。

题　目	目　的	源码路径
实例 12-7	在 Android 中播放 GIF 动画	光盘:\daima\12\GIFL

本实例的具体实现流程如下。

编写文件 GameView.java，此文件是本实例的核心，功能是解析 GIF 动画文件并设置显示效果。主要实现代码如下所示。

```
public class GameView extends View implements Runnable
{
    Context mContext     = null;
    /* 声明 GifFrame 对象 */
    GifFrame  mGifFrame = null;
    public GameView(Context context)
    {
        super(context);
        mContext = context;
        /* 解析 GIF 动画 */
    mGifFrame=GifFrame.CreateGifImage(fileConnect(this.getResources().openRawResource(R.drawable.gif
1)));
        /* 开启线程 */
        new Thread(this).start();
    }
    public void onDraw(Canvas canvas)
    {
        super.onDraw(canvas);
        /* 下一帧 */
        mGifFrame.nextFrame();
        /* 得到当前帧的图片 */
        Bitmap b=mGifFrame.getImage();

        /* 绘制当前帧的图片 */
        if(b!=null)
```

```
            canvas.drawBitmap(b,10,10,null);
        }

        /*线程处理*/
        public void run()
        {
            while (!Thread.currentThread().isInterrupted())
            {
                try
                {
                    Thread.sleep(100);
                }
                catch (InterruptedException e)
                {
                    Thread.currentThread().interrupt();
                }
                //使用 postInvalidate 可以直接在线程中更新界面
                postInvalidate();
            }
        }
        /* 读取文件 */
        public byte[] fileConnect(InputStream is)
        {
            try
            {ByteArrayOutputStream baos = new ByteArrayOutputStream();
                int ch = 0;
                while( (ch = is.read()) != -1)
                {
                    baos.write(ch);
                }
                byte[] datas = baos.toByteArray();
                baos.close();
                baos = null;
                is.close();
                is = null;
                return datas;
            }
            catch(Exception e)
            {
                return null;
            }
        }
}
```

在 Android 系统中，可以通过方法 AnimationDrawable 实现支持逐帧播放的功能。由此可见，要想在 Android 中播放 GIF 动画，需要先把 GIF 图片打散，使之成为由单一帧构成的图片。在现实应用中，可以使用第三方软件来帮助打散图片，例如 GIFSplitter。分割成功后，会得到多个独立的帧文件，接下来就可以在 res 目录下新建 anim 动画文件夹，例如下面所示的代码。

```
<?xml version="1.0" encoding="UTF-8"?>
<animation-list android:oneshot="false"
    xmlns:android="http://schemas.android.com/apk/res/android">
```

```
        <item android:duration="150" android:drawable="@drawable/xiu0" />
        <item android:duration="150" android:drawable="@drawable/xiu1" />
        <item android:duration="150" android:drawable="@drawable/xiu2" />
        <item android:duration="150" android:drawable="@drawable/xiu3" />
</animation-list>
```

在上述代码中，xiu0、xiu1、xiu2 和 xiu3 是用第三方软件分割后生成的独立帧文件名。通过上述代码可知，对应的 item 为顺序播放图片，从开始到结束，duration 用于为每张逐帧图片设置播放间隔。如果 oneshot 为 false，表示循环播放；设置为 true，表示播放一次后就停止。这样就可以使用 AnimationDrawable 对象获得图片，然后指定这个 AnimationDrawable 开始播放 GIF 动画了。但此时还有一个问题：不会默认播放，必须要有事件触发才可以播放动画。通过如下代码即可实现点击监听触发动画的播放功能。

```
import android.app.Activity;
import android.graphics.drawable.AnimationDrawable;
import android.os.Bundle;
import android.view.View;
import android.view.View.OnClickListener;
import android.widget.ImageView;
public class animActivity extends Activity implements OnClickListener {
    ImageView iv = null;
    /** Called when the activity is first created. */
    @Override
    public void onCreate(Bundle savedInstanceState) {
        super.onCreate(savedInstanceState);
        setContentView(R.layout.main);
        iv = (ImageView) findViewById(R.id.ImageView01);
        iv.setOnClickListener(this);
    }
    @Override
    public void onClick(View v) {
        // TODO Auto-generated method stub
        AnimationDrawable anim = null;
        Object ob = iv.getBackground();
        anim = (AnimationDrawable) ob;
        anim.stop();
        anim.start();
    }
}
```

12.5.2 实现 EditText 动画特效

下面将通过一个具体的演示实例讲解在 Android 中实现 EditText 振动特效的方法。

题　目	目　的	源 码 路 径
实例 12-8	在 Android 中实现 EditText 振动特效	光盘:\daima\12\Anim_Demo_Xh

本实例的具体实现流程如下。

（1）编写文件 animation_1.xml，在里面分别插入一个 EditTex 输入框控件和一个 Button 按钮控件。主要实现代码如下所示。

```
<TextView
    android:layout_width="match_parent"
```

```
    android:layout_height="wrap_content"
    android:layout_marginBottom="10dip"
    android:text="@string/animation_1_instructions"
/>

<EditText android:id="@+id/pw"
    android:layout_width="match_parent"
    android:layout_height="wrap_content"
    android:clickable="true"
    android:singleLine="true"
    android:password="true"
/>
<Button android:id="@+id/login"
    android:layout_width="wrap_content"
    android:layout_height="wrap_content"
    android:text="@string/googlelogin_login"
/>
```

（2）编写文件 shake.xml，在其中设置特效的振动时间。主要实现代码如下所示。

```
<?xml version="1.0" encoding="utf-8"?>
<translate xmlns:android="http://schemas.android.com/apk/res/android"
android:fromXDelta="0"
android:toXDelta="10"
android:duration="1000"
android:interpolator="@anim/cycle_7" />
```

（3）编写文件 Animation1.java，主要实现代码如下所示。

```
public void onCreate(Bundle savedInstanceState) {
    super.onCreate(savedInstanceState);
    setContentView(R.layout.animation_1);
    View loginButton = findViewById(R.id.login);
    loginButton.setOnClickListener(this);
}
public void onClick(View v) {
    Animation shake = AnimationUtils.loadAnimation(this, R.anim.shake);
    findViewById(R.id.pw).startAnimation(shake);
}
```

执行后的效果如图 12-9 所示，单击 Login 按钮时 EditText 就会振动，具体怎么振动、振动多久、振动几次等都是由 XML 文件中的配置参数指定的。

图 12-9　执行效果

第 13 章　开发音频应用程序

在多媒体领域中，音频永远是最主流的应用之一。在本书前面的内容中，已经讲解了 Android 底层音频系统的基本知识。在顶层的 Java 应用中，可以通过底层提供的接口来开发常见的音频应用。本章将详细讲解 Android 音频开发应用基本知识，为读者步入后面知识的学习打下基础。

- ☑ 097：调节手机音量的大小.pdf
- ☑ 098：在手机中播放 MP3 文件.pdf
- ☑ 099：播放手机卡中的音乐或者网络中的流媒体.pdf
- ☑ 100：编写一个录音程序.pdf
- ☑ 101：Android 的开源多媒体框架.pdf
- ☑ 102：使用摄像头的方法.pdf
- ☑ 103：SD 卡支持 ContentProvider 接口.pdf
- ☑ 104：编写一个简单的音乐播放器.pdf

知识拓展

13.1　音频应用接口类介绍

知识点讲解：光盘:视频\知识点\第 13 章\音频应用接口类介绍.avi

Android 系统顶层的音频应用功能是通过专用接口实现的，在 Android 中根据不同的场景，开发者可选择用不同的接口来播放音频资源。在 Android 中提供了专门的接口类来实现音频应用功能，具体说明如下。

- ☑ 音乐类型的音频资源：通过 MediaPlayer 来播放。
- ☑ 音调：通过 ToneGenerator 来播放。
- ☑ 提示音：通过 Ringtone 来播放。
- ☑ 游戏中的音频资源：通过 SoundPool 来播放。
- ☑ 录音功能：通过 MediaRecorder 和 AudioRecord 等来记录音频。

除了上述音频处理类之外，在 Android 中也提供了相关的类来处理音量调节和音频设备的管理等功能，具体说明如下。

- ☑ AudioManager：通过音频服务，为上层提供了音量和铃声模式控制的接口，铃声模式控制包括扬声器、耳机、蓝牙等是否打开，麦克风是否静音等。在开发多媒体应用时会经常用到 AudioManager。
- ☑ AudioSystem：提供了定义音频系统的基本类型和基本操作的接口，对应的 JNI 接口文件为 android_media_ AudioSystem.cpp。在 Android 音频系统中主要包括如下音频类型。
  - ➢ STREAM_VOICE_CALL。
  - ➢ STREAM_SYSTEM。
  - ➢ STREAM_ RING。

- ➢ STREAM_MUSIC。
- ➢ STREAM_ALARM。
- ➢ STREAM_NOTIFICATION。
- ➢ STREAM_BLUETOOTH_SCO。
- ➢ STREAM_SYSTEM_ENFORCED。
- ➢ STREAM_DTMF。
- ➢ STREAM_TTS。

☑ AudioTrack：直接为 PCM 数据提供支持，对应的 JNI 接口文件为 android_media_AudioTrack.cpp。

☑ AudioRecord：这是音频系统的录音接口，默认的编码格式为 PCM_16_BIT，对应的 JNI 接口文件为 android media_AudioRecord.cpp。

☑ Ringtone 和 RingtoneManager：为铃声、提示音、闹钟等提供了快速播放以及管理的接口，实质是对媒体播放器提供了一个简单的封装。

☑ ToneGenerator：提供了对 DTMF 音（ITU-T Q.23），以及呼叫监督音（3GPP TS 22.001）、专用音（3GPP TS 31.111）中规定的音频的支持，根据呼叫状态和漫游状态，该文件产生的音频路径为下行音频或者传输给扬声器或耳机。对应的 JNI 接口文件为 android_media_Tone Generator.cpp，其中 DTMF 音为 WAV 格式，相关的音频类型定义位于文件 ToneGenerator.h 中。

☑ SoundPool：能够播放音频流的组合音，主要被应用在游戏领域。对应的 JNI 接口文件为 android_media_SoundPool.cpp。

☑ SoundPool：可以从 APK 包中的资源文件或者文件系统中的文件将音频资源加载到内存中。在底层的实现上，SoundPool 通过媒体播放服务可以将音频资源解码为一个 16bit 的单声道或者立体声的 PCM 流，这使得应用避免了在回放过程中进行解码造成的延迟。除了回放过程中延迟小这一优点外，SoundPool 还能够同时播放一定数量的音频流。当要播放的音频流数量超过 SoundPool 所设定的最大值时，SoundPool 将会停止已播放的一条低优先级的音频流。通过设置 SoundPool 最大播放音频流的数量，可以避免 CPU 过载和影响 UI 体验。

☑ android.media.audiofx 包：这是从 Android 2.3 开始新增的包，提供了对单曲和全局的音效的支持，包括重低音、环绕音、均衡器、混响和可视化等声音特效。

13.2　AudioManager 类

知识点讲解：光盘:视频\知识点\第 13 章\AudioManager 类.avi

类 AudioManager 是 Android 系统中最常用的音量和铃声控制接口类，本节将详细介绍类 AudioManager 的基本知识，并通过对应的演示实例来讲解其使用方法。

13.2.1　AudioManager 基础

类 AudioManager 位于 android.Media 包中，该类提供访问控制音量和铃声模式的操作。

1. 方法

在类 AudioManager 中是通过方法实现音频功能的，其中最常用的方法如下。

☑ 方法：adjustVolume(int direction, int flags)

说明：这个方法用来控制手机音量大小，当传入的第一个参数为 AudioManager.ADJUST_LOWER 时，可将音量调小一个单位，传入 AudioManager.ADJUST_RAISE 时，则可以将音量调大一个单位。

☑ 方法：getMode()

说明：返回当前音频模式。

☑ 方法：getRingerMode()

说明：返回当前的铃声模式。

☑ 方法：getStreamVolume(int streamType)

说明：取得当前手机的音量，最大值为 7，最小值为 0，当为 0 时，手机自动将模式调整为"振动模式"。

☑ 方法：setRingerMode(int ringerMode)

说明：改变铃声模式。

2. 声音模式

Android 手机都有声音模式，例如声音、静音、振动、振动加声音兼备，这些都是手机的基本功能。在 Android 手机中，可以通过 Android SDK 提供的声音管理接口来管理手机声音模式以及调整声音大小，此功能通过类 AudioManager 来实现。

（1）设置声音模式，例如下面的演示代码。

```
//声音模式
AudioManager.setRingerMode(AudioManager.RINGER_MODE_NORMAL);
//静音模式
AudioManager.setRingerMode(AudioManager.RINGER_MODE_SILENT);
//振动模式
AudioManager.setRingerMode(AudioManager.RINGER_MODE_VIBRATE);
```

（2）调整声音大小，例如下面的演示代码。

```
//减小声音音量
AudioManager.adjustVolume(AudioManager.ADJUST_LOWER,   0);
//调大声音音量
AudioManager.adjustVolume(AudioManager.ADJUST_RAISE, 0);
```

3. 调节声音的基本步骤

在 Android 系统中，使用类 AudioManager 调节声音的基本步骤如下。

（1）通过系统服务获得声音管理器，例如下面的演示代码。

```
AudioManager audioManager =   (AudioManager)getSystemService(Service.AUDIO_SERVICE);
```

（2）根据实际需要调用适当的方法，例如下面的演示代码。

```
audioManager.adjustStreamVolume(int streamType, int direction, int flags);
```

各个参数的具体说明如下。

☑ streamType：声音类型，可取下面的值。

- ➢ STREAM_VOICE_CALL：打电话时的声音。
- ➢ STREAM_SYSTEM：Android 系统声音。
- ➢ STREAM_RING：电话铃响。
- ➢ STREAM_MUSIC：音乐声音。
- ➢ STREAM_ALARM：警告声音。

☑ direction：调整音量的方向，可取下面的值。

- ➢ ADJUST_LOWER：调低音量。
- ➢ ADJUST_RAISE：调高音量。
- ➢ ADJUST_SAME：保持先前音量。

☑　flags：可选标志位。

（3）设置指定声音类型，例如下面的演示代码。

```
audioManager.setStreamMute(int streamType, boolean state)
```

通过上述方法设置指定声音类型（streamType）是否为静音。如果 state 为 true，则设置为静音；否则，不设置为静音。

（4）设置铃音模式，例如下面的演示代码。

```
audioManager.setRingerMode(int ringerMode);
```

通过上述方法设置铃音模式，可取的值如下。

☑　RINGER_MODE_NORMAL：铃音正常模式。

☑　RINGER_MODE_SILENT：铃音静音模式。

☑　RINGER_MODE_VIBRATE：铃音振动模式，即铃音为静音，启动振动。

（5）设置声音模式，例如下面的演示代码。

```
audioManager.setMode(int mode);
```

通过上述方法设置声音模式，可取的值如下。

☑　MODE_NORMAL：正常模式，即在没有铃音与电话的情况。

☑　MODE_RINGTONE：铃响模式。

☑　MODE_IN_CALL：接通电话模式。

☑　MODE_IN_COMMUNICATION：通话模式。

注意： 声音的调节是没有权限要求的。

13.2.2　AudioManager 基本应用——设置短信提示铃声

下面将通过一个具体演示实例讲解设置短信提示铃声的方法。

题　目	目　的	源 码 路 径
实例 13-1	设置短信提示铃声	光盘:\daima\13\lingCH

本实例的具体实现流程如下。

（1）编写文件 main.xml，在程序界面上放置 3 个按钮，分别用于启用、停止和设置间隔时间。主要代码如下所示。

```
<Button
    android:id="@+id/startButton"
    android:text="@string/startButton"
    android:layout_width="fill_parent"
    android:layout_height="wrap_content" />
<Button
    android:id="@+id/endButton"
    android:text="@string/endButton"
    android:layout_width="fill_parent"
    android:layout_height="wrap_content" />
<Button
    android:id="@+id/configButton"
    android:text="@string/configButton"
    android:layout_width="fill_parent"
    android:layout_height="wrap_content" />
```

（2）编写文件 BellService.java，开启一个 Service 监听短信的事件，在短信到达后进行声音播放的处理，涉及的主要是 Service、Broadcast、MediaPlayer，为了设置间隔时间还用了最简单的 Preference。在此包含了存放铃声的 Map 和播放铃声等逻辑处理，通过 AudioManager 来暂时打开多媒体声音，播放完再关闭。文件 BellService.java 的主要代码如下所示。

```
public class BellService extends Service {
    //监听事件
    public static final String SMS_RECEIVED_ACTION = "android.provider.Telephony.SMS_RECEIVED";
    //铃声序列
    public static final int ONE_SMS = 1;
    public static final int TWO_SMS = 2;
    public static final int THREE_SMS = 3;
    public static final int FOUR_SMS = 4;
    public static final int FIVE_SMS = 5;

    private HashMap<Integer,Integer> bellMap;//铃声 Map
    private Date lastSMSTime;//上条短信时间
    private int currentBell;//当前应当播放铃声
    //是否是第一次启动，避免首次启动马上收到短信导致立即播放第二条铃声的情况
    private boolean justStart=true;
    private AudioManager am;
    private int currentMediaStatus;
    private int currentMediaMax;

    public IBinder onBind(Intent intent) {
        return null;
    }
    @Override
    public void onCreate() {
        super.onCreate();
        IntentFilter filter = new IntentFilter();
        filter.addAction(SMS_RECEIVED_ACTION);
        Log.e("COOKIE", "Service start");
        //注册监听
        registerReceiver(messageReceiver, filter);
        //初始化 Map 根据之后改进可以替换其中的铃声
        bellMap = new HashMap<Integer,Integer>();
        bellMap.put(ONE_SMS, R.raw.holyshit);
        bellMap.put(TWO_SMS, R.raw.holydouble);
        bellMap.put(THREE_SMS, R.raw.holytriple);
        bellMap.put(FOUR_SMS, R.raw.holyultra);
        bellMap.put(FIVE_SMS, R.raw.holyrampage);
        //当前时间
        lastSMSTime=new Date(System.currentTimeMillis());
        //当前应当播放的铃声，初始为 1
        //之后根据间隔判断，若为 5 分钟之内，则为+1
        //若距离上一次超过 5 分钟，则重新置为 1
        currentBell=1;
    }

    public void onStart(Intent intent, int startId) {
        super.onStart(intent, startId);
```

```
    }
    @Override
    public void onDestroy() {
        super.onDestroy();
        //取消监听
        unregisterReceiver(messageReceiver);
        Log.e("COOKIE", "Service end");
    }
    //设定广播
    private BroadcastReceiver messageReceiver = new BroadcastReceiver() {
        @Override
        public void onReceive(Context context, Intent intent) {
            String action = intent.getAction();
            if (action.equals(SMS_RECEIVED_ACTION)) {
                playBell(context, 0);
            }
        }
    };
    //播放音效
    private void playBell(Context context, int num) {
        //为防止用户当前模式关闭了 Media 音效，先将 Media 打开
        am=(AudioManager)getSystemService(Context.AUDIO_SERVICE);//获取音量控制
        currentMediaStatus=am.getStreamVolume(AudioManager.STREAM_MUSIC);
        currentMediaMax=am.getStreamMaxVolume(AudioManager.STREAM_MUSIC);
        am.setStreamVolume(AudioManager.STREAM_MUSIC, currentMediaMax, 0);
        //创建 MediaPlayer 进行播放
        MediaPlayer mp = MediaPlayer.create(context, getBellResource());
        mp.setOnCompletionListener(new musicCompletionListener());
        mp.start();
    }

    private class musicCompletionListener implements OnCompletionListener {
        @Override
        public void onCompletion(MediaPlayer mp) {
            //播放结束释放 mp 资源
            mp.release();
            //恢复用户之前的 Media 模式
            am.setStreamVolume(AudioManager.STREAM_MUSIC, currentMediaStatus, 0);
        }
    }
    //获取当前应该播放的铃声
    private int getBellResource() {
        //判断时间间隔（毫秒）
        int preferenceInterval;
        long interval;
        Date curTime = new Date(System.currentTimeMillis());
        interval=curTime.getTime()-lastSMSTime.getTime();
        lastSMSTime=curTime;
        preferenceInterval=getPreferenceInterval();
        if(interval<preferenceInterval*60*1000&&!justStart){
            currentBell++;
```

```
                if(currentBell>5){
                    currentBell=5;
                }
            }else{
                currentBell=1;
            }
            justStart=false;
            return bellMap.get(currentBell);
        }
        //获取 Preference 设置
        private int getPreferenceInterval(){
            SharedPreferences settings = PreferenceManager.getDefaultSharedPreferences(this);
            int interval=Integer.valueOf(settings.getString("interval_config", "5"));
            return interval;
        }
    }
```

（3）编写文件 DotaBellActivity.java，在此为屏幕中的 3 个 Button 设置了相应的处理事件。主要代码如下所示。

```
public class DotaBellActivity extends Activity {
    private Button startButton;
    private Button endButton;
    private Button configButton;
    @Override
    public void onCreate(Bundle savedInstanceState) {
        super.onCreate(savedInstanceState);
        setContentView(R.layout.main);
        startButton=(Button)findViewById(R.id.startButton);
        endButton=(Button)findViewById(R.id.endButton);
        configButton=(Button)findViewById(R.id.configButton);
        startButton.setOnClickListener(new View.OnClickListener() {
            public void onClick(View v) {
//              Toast.makeText(DotaBellActivity.this, "start", Toast.LENGTH_SHORT).show();
                Intent serviceIntent=new Intent();
                serviceIntent.setClass(DotaBellActivity.this, BellService.class);
                startService(serviceIntent);
            }
        });
        endButton.setOnClickListener(new View.OnClickListener() {
            public void onClick(View v) {
//              Toast.makeText(DotaBellActivity.this, "end", Toast.LENGTH_SHORT).show();
                //停止服务
                Intent serviceIntent=new Intent();
                serviceIntent.setClass(DotaBellActivity.this, BellService.class);
                stopService(serviceIntent);
            }
        });
        configButton.setOnClickListener(new View.OnClickListener() {
            public void onClick(View v) {
//              Toast.makeText(DotaBellActivity.this, "config", Toast.LENGTH_SHORT).show();
                Intent preferenceIntent=new Intent();
```

```
				preferenceIntent.setClass(DotaBellActivity.this, BellConfigPreference.class);
				startActivity(preferenceIntent);
			}
		});
	}
	@Override
	protected void onDestroy() {
		super.onDestroy();
		android.os.Process.killProcess(android.os.Process.myPid());
	}
}
```

执行之后的效果如图 13-1 所示，单击屏幕中的按钮可以实现对应的铃声设置功能。

图 13-1　执行效果

13.3　录 音 处 理

知识点讲解：光盘:视频\知识点\第 13 章\录音处理.avi

在当今的智能手机中，几乎每一款手机都具备录音功能。在 Android 系统中，同样也可以实现录音处理。本节将详细讲解在 Android 系统中实现录音功能的方法。

13.3.1　使用 MediaRecorder 接口录制音频

在 Android 系统中，通常采用 MediaRecorder 接口实现录制音频和视频功能。在录制音频文件之前，需要设置音频源、输出格式、录制时间和编码格式等。

类 AudioRecord 在 Android 顶层的 Java 应用程序中负责管理音频资源，通过 AudioRecord 对象来完成 pulling（读取）数据，以记录从平台音频输入设备产生的数据。在 Android 应用中，可以通过以下方法从 AudioRecord 对象中读取音频数据。

- ☑ read(byte[], int, int)。
- ☑ read(short[], int, int)。
- ☑ read(ByteBuffer, int)。

在上述读取音频数据的方式中，使用 AudioRecord 是最方便的。

在 Android 系统中，当创建 AudioRecord 对象时会初始化 AudioRecord，并和音频缓冲区连接以缓冲新的音频数据。根据构造时指定的缓冲区大小，可以决定 AudioRecord 能够记录多长的数据。一般来说，从硬件设备读取的数据应小于整个记录缓冲区。

MediaRecorder 的内部类是 AudioRecord.OnRecordPositionUpdateListener，当 AudioRecord 收到一个由 setNotificationMarkerPosition(int)设置的通知标志，或由 setPositionNotificationPeriod(int)设置的周期更新记录的进度状态时，需要回调这个接口。

在类 MediaRecorder 中，包含了表 13-1 中列出的常用方法。

表 13-1 类 MediaRecorder 中的常用方法

方 法 名 称	描 述
public void setAudioEncoder (int audio_encoder)	设置刻录的音频编码，其值可以通过 MediaRecoder 内部类的 MediaRecorder.AudioEncoder 的几个常量：AAC、AMR_NB、AMR_WB、DEFAULT
public void setAudioEncodingBitRate (int bitRate)	设置音频编码比特率
public void setAudioSource (int audio_source)	设置音频的来源，其值可以通过 MediaRecoder 内部类的 MediaRecorder.AudioSource 的几个常量来设置，通常设置为 MIC，表示来源于麦克风
public void setCamera (Camera c)	设置摄像头用于刻录
public void setOutputFormat (int output_format)	设置输出文件的格式，其值可以通过 MediaRecoder 内部类 MediaRecorder.OutputFormat 的一些常量字段来设置。例如一些 3gp(THREE_GPP)、mp4(MPEG4)等
setOutputFile(String path)	设置输出文件的路径
setVideoEncoder(int video_encoder)	设置视频的编码格式。其值可以通过 MediaRecoder 内部类的 MediaRecorder.VideoEncoder 的几个常量：H263、H264、MPEG_4_SP
setVideoSource(int video_source)	设置刻录视频来源，其值可以通过 MediaRecorder 的内部类 MediaRecorder.VideoSource 来设置。例如可以设置刻录视频来源为摄像头：CAMERA
setVideoEncodingBitRate(int bitRate)	设置编码的比特率
setVideoSize(int width, int height)	设置视频的大尺寸
public void start()	开始刻录
public void prepare()	预期作准备
public void stop()	停止
public void release()	释放该对象资源

在 AudioRecord 中，有一个受保护的方法 protected void finalize()，用于通知虚拟机回收此对象内存。方法 finalize()只能用在运行的应用程序没有任何线程再使用此对象时，告诉垃圾回收器回收此对象。方法 finalize()用于释放系统资源，由垃圾回收器清除此对象。在执行期间，调用方法 finalize()可能会立即抛出未定义异常，但是可以忽略。

注意： VM 保证对象可以一次或多次调用 finalize()，但并不保证 finalize()会马上执行。例如，对象 B 的 finalize()可能延迟执行，等待对象 A 的 finalize()延迟回收 A 的内存。为了安全性，请看 ReferenceQueue，它提供了更多的控制 VM 的垃圾回收。

下面将通过一个具体实例的实现过程，讲解使用 MediaRecorder 实现音频录制的方法。

13.3.2 使用 AudioRecorder 接口录制音频

类 AudioRecord 可以在 Java 应用程序中管理音频资源，通过 AudioRecord 对象来完成 pulling（读取）数据的方法以记录从平台音频输入设备产生的数据。

1. 常量

AudioRecord 中包含的常量如下。

- ☑ public static final int ERROR：表示操作失败，常量值为-1（0xffffffff）。
- ☑ public static final int ERROR_BAD_VALUE：表示使用了一个不合理的值导致的失败，常量值为-2（0xfffffffe）。
- ☑ public static final int ERROR_INVALID_OPERATION：表示不恰当的方法导致的失败，常量值为-3（0xfffffffd）。
- ☑ public static final int RECORDSTATE_RECORDING：指示 AudioRecord 录制状态为“正在录制”，常量值为 3（0x00000003）。
- ☑ public static final int RECORDSTATE_STOPPED：指示 AudioRecord 录制状态为“不在录制”，常量值为 1（0x00000001）。
- ☑ public static final int STATE_INITIALIZED：指示 AudioRecord 准备就绪，常量值为 1（0x00000001）。
- ☑ public static final int STATE_UNINITIALIZED：指示 AudioRecord 状态没有初始化成功，常量值为 0（0x00000000）。
- ☑ public static final int SUCCESS：表示操作成功，常量值为 0（0x00000000）。

2. 构造函数

AudioRecord 的构造函数是 AudioRecord()，具体定义格式如下所示。

```
public AudioRecord (int audioSource, int sampleRateInHz, int channelConfig, int audioFormat, int bufferSizeIn
Bytes)
```

各个参数的具体说明如下。

- ☑ audioSource：录制源。
- ☑ sampleRateInHz：默认采样率，单位为 Hz。44100Hz 是当前唯一能保证在所有设备上工作的采样率，在一些设备上还有 22050、16000 或 11025。
- ☑ channelConfig：描述音频通道设置。
- ☑ audioFormat：音频数据保证支持此格式。
- ☑ bufferSizeInBytes：在录制过程中，音频数据写入缓冲区的总数（字节）。从缓冲区读取的新音频数据总会小于此值。用 getMinBufferSize(int, int, int)返回 AudioRecord 实例创建成功后的最小缓冲区，如果其设置的值比 getMinBufferSize()还小，则会导致初始化失败。

3. 公共方法

AudioRecord 中的公共方法如下。

（1）public int getAudioFormat()：返回设置的音频数据格式。

（2）public int getAudioSource()：返回音频录制源。

（3）public int getChannelConfiguration()：返回设置的频道设置。

（4）public int getChannelCount()：返回设置的频道数目。

（5）public static int getMinBufferSize(int sampleRateInHz, int channelConfig, int audioFormat)：返回成功创建 AudioRecord 对象所需要的最小缓冲区大小。注意：这个大小并不保证在负荷下的流畅录制，应根据预期的频率来选择更高的值，AudioRecord 实例在推送新数据时使用此值。

各个参数的具体说明如下。

☑ sampleRateInHz：默认采样率，单位为 Hz。

☑ channelConfig：描述音频通道设置。

☑ audioFormat：音频数据保证支持此格式。参见 ENCODING_PCM_16BIT。

如果硬件不支持录制参数，或输入了一个无效的参数，则返回 ERROR_BAD_VALUE，如果硬件查询到输出属性没有实现，或最小缓冲区用 byte 表示，则返回 ERROR。

（6）public int getNotificationMarkerPosition()：返回通知，标记框架中的位置。

（7）public int getPositionNotificationPeriod()：返回通知，更新框架中的时间位置。

（8）public int getRecordingState()：返回 AudioRecord 实例的录制状态。

（9）public int getSampleRate()：返回设置的音频数据样本采样率，单位为 Hz。

（10）public int getState()：返回 AudioRecord 实例的状态。

（11）public int read(short[] audioData, int offsetInShorts, int sizeInShorts)：从音频硬件录制缓冲区读取数据。

各个参数的具体说明如下。

☑ audioData：写入的音频录制数据。

☑ offsetInShorts：目标数组 audioData 的起始偏移量。

☑ sizeInShorts：请求读取的数据大小。

返回值是返回 short 型数据，表示读取到的数据，如果对象属性没有初始化，则返回 ERROR_INVALID_OPERATION，如果参数不能解析成有效的数据或索引，则返回 ERROR_BAD_VALUE。返回数值不会超过 sizeInShorts。

（12）public int read(byte[] audioData, int offsetInBytes, int sizeInBytes)：从音频硬件录制缓冲区读取数据，读入缓冲区的总 byte 数，如果对象属性没有初始化，则返回 ERROR_INVALID_OPERATION，如果参数不能解析成有效的数据或索引，则返回 ERROR_BAD_VALUE。读取的总 byte 数不会超过 sizeInBytes。各个参数的具体说明如下。

☑ audioData：写入的音频录制数据。

☑ offsetInBytes：audioData 的起始偏移值，单位为 byte。

☑ sizeInBytes：读取的最大字节数。

（13）public int read(ByteBuffer audioBuffer, int sizeInBytes) ：从音频硬件录制缓冲区读取数据，直接复制到指定缓冲区。如果 audioBuffer 不是直接的缓冲区，此方法总是返回 0。读入缓冲区的总 byte 数，如果对象属性没有初始化，则返回 ERROR_INVALID_OPERATION，如果参数不能解析成有效的数据或索引，则返回 ERROR_BAD_VALUE。读取的总 byte 数不会超过 sizeInBytes。各个参数的具体说明如下。

☑ audioBuffer：存储写入音频录制数据的缓冲区。

☑ sizeInBytes：请求的最大字节数。

（14）public void release()：释放本地 AudioRecord 资源。 对象不能经常使用此方法，而且在调用 release()后，必须设置引用为 null。

（15）public int setNotificationMarkerPosition(int markerInFrames)：如果设置了 setRecordPosition Update Listener(OnRecordPositionUpdateListener)或 setRecordPositionUpdateListener(OnRecordPosition Update Listener, Handler)，则通知监听者设置位置标记。

参数 periodInFrames 表示在框架中快速标记位置。

（16）public int setPositionNotificationPeriod(int periodInFrames)：如果设置了 setRecordPosition UpdateListener(OnRecordPositionUpdateListener)或 setRecordPositionUpdateListener(OnRecordPosition UpdateListener, Handler)，则通知监听者设置时间标记。

参数 periodInFrames 表示在框架中快速更新时间标记。

（17）public void setRecordPositionUpdateListener(AudioRecord.OnRecordPositionUpdateListener listener, Handler handler)：当之前设置的标志已经成立，或者周期录制位置更新时，设置处理监听者。使用此方法将 Handler 和其他线程联系起来接收 AudioRecord 事件，比创建 AudioTrack 实例更好一些。

参数 handler 用来接收事件通知消息。

（18）public void setRecordPositionUpdateListener(AudioRecord.OnRecordPositionUpdateListener listener)：当之前设置的标志已经成立，或者周期录制位置更新时，设置处理监听者。

（19）public void startRecording()：表示 AudioRecord 实例开始进行录制。

13.4 播放音频

知识点讲解：光盘:视频\知识点\第 13 章\播放音频.avi

在当今的智能手机中，几乎每一款手机都具备音频播放功能，例如最常见的播放 MP3 音乐文件。在 Android 系统中，同样也可以播放常见的音频文件。本节将详细讲解在 Android 系统中实现音频播放功能的基本流程。

13.4.1 使用 AudioTrack 播放音频

要想学好 AudioTrack API，读者可以从分析 Android 源码中的 Java 源码做起。

第一段 Java 代码如下所示。

```
//根据采样率、采样精度、单双声道来得到 frame 的大小
int bufsize = AudioTrack.getMinBufferSize(8000,                          //每秒 8k 个点
   AudioFormat.CHANNEL_CONFIGURATION_STEREO,                             //双声道
   AudioFormat.ENCODING_PCM_16BIT);                                      //一个采样点 16bit（2 个字节）
//创建 AudioTrack
AudioTrack trackplayer = new AudioTrack(AudioManager.STREAM_MUSIC, 8000,
   AudioFormat.CHANNEL_CONFIGURATION_ STEREO,
   AudioFormat.ENCODING_PCM_16BIT,
   bufsize,
AudioTrack.MODE_STREAM);
   trackplayer.play() ;                                                  //开始
trackplayer.write(bytes_pkg, 0, bytes_pkg.length) ;                      //往 track 中写数据
…
trackplayer.stop();                                                      //停止播放
trackplayer.release();                                                   //释放底层资源
```

针对上述代码有如下两点说明。

（1）AudioTrack.MODE_STREAM

在 AudioTrack 中存在 MODE_STATIC 和 MODE_STREAM 两种分类。STREAM 的意思是由用户在应用程序中通过 write 方式把数据一次一次写到 AudioTrack 中。这个和在 socket 中发送数据一样，应用层从某个

地方获取数据，例如通过编解码得到 PCM 数据，然后写入到 AudioTrack。这种方式的坏处就是总是在 Java 层和 Native 层交互，效率损失较大。

而 STATIC 的意思是一开始创建时，就把音频数据放到一个固定的 buffer，然后直接传给 AudioTrack，后续就不用一次次地 write 了。AudioTrack 会自己播放这个 buffer 中的数据。这种方法对于铃声等内存占用较小，对延时要求较高的声音来说很适用。

（2）StreamType

这个在构造 AudioTrack 的第一个参数中使用。这个参数和 Android 中的 AudioManager 有关系，涉及手机上的音频管理策略。

Android 将系统的声音分为以下几种常见的类。

☑ STREAM_ALARM：警告声。
☑ STREAM_MUSIC：音乐声，例如 music 等。
☑ STREAM_RING：铃声。
☑ STREAM_SYSTEM：系统声音。
☑ STREAM_VOCIE_CALL：电话声音。

其实系统将这几种声音的数据分开管理，所以，这个参数对 AudioTrack 来说，它的含义就是告诉系统，用户现在想使用的是哪种类型的声音，这样系统就可以对应管理它们了。

13.4.2 使用 MediaPlayer 播放音频

MediaPlayer 的功能比较强大，既可以播放音频，也可以播放视频，另外也可以通过 VideoView 来播放视频。虽然 VideoView 比 MediaPlayer 简单易用，但是定制性不如用 MediaPlayer，读者需要视具体情况来选择处理方式。MediaPlayer 播放音频比较简单，但是要播放视频就需要 SurfaceView。SurfaceView 比普通的自定义 View 更有绘图上的优势，它支持完全的 OpenGL ES 库。

MediaPlayer 能被用来控制音频/视频文件或流媒体的回放，可以在 VideoView 里找到关于如何使用该类中的这个方法的例子。使用 MediaPlayer 实现音频播放的基本步骤如下。

（1）生成 MediaPlayer 对象，根据播放文件从不同的地方使用不同的生成方式（具体过程可以参考 MediaPlayer API）。

（2）得到 MediaPlayer 对象后，根据实际需要调用不同的方法，如 start()、stop()、pause()、release()等。

1．MediaPlayer 的接口

☑ 接口 MediaPlayer.OnBufferingUpdateListener：定义了唤起指明网络上的媒体资源以缓冲流的形式播放。
☑ 接口 MediaPlayer.OnCompletionListener：是为当媒体资源的播放完成后被唤起的回放定义的。
☑ 接口 MediaPlayer.OnErrorListener：定义了当在异步操作时（其他错误将会在呼叫方法时抛出异常）出现错误后唤起的回放操作。
☑ 接口 MediaPlayer.OnInfoListener：定义了与一些关于媒体或播放的信息以及/或者警告相关的被唤起的回放。
☑ 接口 MediaPlayer.OnPreparedListener：定义了为媒体的资源准备播放时唤起回放准备。
☑ 接口 MediaPlayer.OnSeekCompleteListener：定义了指明查找操作完成后唤起的回放操作。
☑ 接口 MediaPlayer.OnVideoSizeChangedListener：定义了当视频大小被首次知晓或更新时唤起的回放。

2．MediaPlayer 的常量

☑ Int MEDIA_ERROR_NOT_VALID_FOR_PROGRESSIVE_PLAYBACK：播放发生错误，或者视频

本身有问题。例如，视频的索引不在文件的开始部分。

- ☑ int MEDIA_ERROR_SERVER_DIED：媒体服务终止。
- ☑ int MEDIA_ERROR_UNKNOWN：未指明的媒体播放错误。
- ☑ int MEDIA_INFO_BAD_INTERLEAVING：在一个正常的媒体文件中，音频数据和视频数据应该是交错依次排列的，这样这个媒体才能被正常地播放，但是如果音频数据和视频数据没有正常交错排列，就会发出这个消息。
- ☑ int MEDIA_INFO_METADATA_UPDATE：一套新的可用的元数据。
- ☑ int MEDIA_INFO_NOT_SEEKABLE：媒体位置不可查找。
- ☑ int MEDIA_INFO_UNKNOWN：未指明的媒体播放信息。
- ☑ int MEDIA_INFO_VIDEO_TRACK_LAGGING：视频对于解码器太复杂以至于不能解码足够快的帧率。

3. MediaPlayer 的公共方法

- ☑ static MediaPlayer create(Context context, Uri uri)：根据给定的 URI 方便地创建 MediaPlayer 对象的方法。
- ☑ static MediaPlayer create(Context context, int resid) ：根据给定的资源 ID 方便地创建 MediaPlayer 对象的方法。
- ☑ static MediaPlayer create(Context context, Uri uri, SurfaceHolder holder) ：根据给定的 URI 方便地创建 MediaPlayer 对象的方法。
- ☑ int getCurrentPosition()：获得当前播放的位置。
- ☑ int getDuration()：获得文件段。
- ☑ int getVideoHeight()：获得视频的高度。
- ☑ int getVideoWidth()：获得视频的宽度。
- ☑ boolean isLooping()：检查 MedioPlayer 处于循环与否。
- ☑ boolean isPlaying()：检查 MedioPlayer 是否在播放。
- ☑ void pause()：暂停播放。
- ☑ void prepare()：让播放器处于准备状态（同步的）。
- ☑ void prepareAsync()：让播放器处于准备状态（异步的）。
- ☑ void release()：释放与 MediaPlayer 相关的资源。
- ☑ void reset()：重置 MediaPlayer 到初始化状态。
- ☑ void seekTo(int msec)：搜寻指定的时间位置。
- ☑ void setAudioStreamType(int streamtype) ：为 MediaPlayer 设定音频流类型。
- ☑ void setDataSource(String path) ：从指定的装载 path 路径所代表的文件。
- ☑ void setDataSource(FileDescriptor fd, long offset, long length) ：指定装载 fd 所代表的文件中从 offset 开始、长度为 length 的文件内容。
- ☑ void setDataSource(FileDescriptor fd) ：设定使用的数据源（filedescriptor）。
- ☑ void setDataSource(Context context, Uri uri)：设定一个如 URI 内容的数据源。
- ☑ void setDisplay(SurfaceHolder sh)：设定播放该 Video 的媒体播放器的 SurfaceHolder。
- ☑ void setLooping(boolean looping)：设定播放器循环或是不循环。
- ☑ void setOnBufferingUpdateListener(MediaPlayer.OnBufferingUpdateListener listener)：注册一个当网络缓冲数据流变化时唤起的播放事件。

- ☑ void setOnCompletionListener(MediaPlayer.OnCompletionListener listener)：注册一个当媒体资源在播放时到达终点时唤起的播放事件。
- ☑ void setOnErrorListener(MediaPlayer.OnErrorListener listener)：注册一个当在异步操作过程中发生错误时唤起的播放事件。
- ☑ void setOnInfoListener(MediaPlayer.OnInfoListener listener)：注册一个当有信息/警告出现时唤起的播放事件。
- ☑ void setOnPreparedListener(MediaPlayer.OnPreparedListener listener)：注册一个当媒体资源准备播放时唤起的播放事件。
- ☑ void setOnSeekCompleteListener(MediaPlayer.OnSeekCompleteListener listener)：注册一个当搜寻操作完成后唤起的播放事件。
- ☑ void setOnVideoSizeChangedListener(MediaPlayer.OnVideoSizeChangedListener listener)：注册一个当视频大小知晓或更新后唤起的播放事件。
- ☑ void setScreenOnWhilePlaying(boolean screenOn)：控制当视频播放发生时是否使用 SurfaceHolder 来保持屏幕。
- ☑ void setVolume(float leftVolume, float rightVolume)：设置播放器的音量。
- ☑ void setWakeMode(Context context, int mode)：为 MediaPlayer 设置低等级的电源管理状态。
- ☑ void start()：开始或恢复播放。
- ☑ void stop()：停止播放。

13.4.3 使用 SoundPool 播放音频

在 Android 系统中，可以使用 SoundPool 播放一些短的、反应速度要求较高的声音，例如游戏中的爆破声，而 MediaPlayer 适合播放长一点的音频。在 Android 系统中，SoundPool 的主要特点如下。

（1）SoundPool 使用了独立的线程来载入音乐文件，不会阻塞 UI 主线程的操作。但是如果音效文件过大没有载入完成，调用 play()方法时可能产生严重的后果，这里 Android SDK 提供了一个 SoundPool.OnLoadCompleteListener 类来帮助我们了解媒体文件是否载入完成，我们重载 onLoadComplete(SoundPool soundPool, int sampleId, int status) 方法即可获得。

（2）从上面的 onLoadComplete()方法可以看出该类有很多参数，例如类似 id，使 SoundPool 在 load 时可以处理多个媒体一次初始化并放入内存中，效率比 MediaPlayer 高了很多。

（3）SoundPool 类支持同时播放多个音效，这对于游戏来说是十分必要的，而 MediaPlayer 类是同步执行的，只能一个文件一个文件地播放。

在 SoundPool 中包含了如下 4 个载入音效的方法。

- ☑ int load(Context context, int resId, int priority)：从 APK 资源载入。
- ☑ int load(FileDescriptor fd, long offset, long length, int priority)：从 FileDescriptor 对象载入。
- ☑ int load(AssetFileDescriptor afd, int priority)：从 Asset 对象载入。
- ☑ int load(String path, int priority)：从完整文件路径名载入。

13.4.4 使用 Ringtone 播放铃声

铃声是手机中的最重要应用之一，在 Android 系统中，通常配合使用 Ringtone 和 RingtoneManager 实现

播放铃声、提示音的方法。其中 RingtoneManager 的功能是维护铃声数据库，能够管理来电铃声（TYPE RINGTONE）、提示音（TYPE NOTIFICATION）、闹钟铃声（TYPE ALARM）等。在本质上，Ringtone 是对 MediaPlayer 的再一次封装。

在 Android 系统中，通过类 RingtoneManager 来专门控制并管理各种铃声。例如常见的来电铃声、闹钟铃声和一些警告、信息通知。类 RingtoneManager 中的常用方法如下。

☑ getActualDefaultRingtoneUri：获取指定类型的当前默认铃声。
☑ getCursor：返回所有可用铃声的游标。
☑ getDefaultType：获取指定 URL 默认的铃声类型。
☑ getDefaultUri：返回指定类型默认铃声的 URL。
☑ getRingtoneUri：返回指定位置铃声的 URL。
☑ getRingtonePosition：获取指定铃声的位置。
☑ getValidRingtoneUri：获取一个可用铃声的位置。
☑ isDefault：获取指定 URL 是否是默认的铃声。
☑ setActualDefaultRingtoneUri：设置默认的铃声。

在 Android 系统中，默认的铃声被存储在 system\medio\audio 目录中，下载的铃声一般被保存在 SD 卡中。

13.4.5　使用 JetPlayer 播放音频

在 Android 系统中，还提供了对 Jet 播放的支持。Jet 是由 OHA 联盟成员 SONiVOX 开发的一个交互音乐引擎，包括 Jet 播放器和 Jet 引擎两部分。Jet 常用于控制游戏的声音特效，采用 MIDI（Musical Instrument Digital Interface）格式。

MIDI 数据由一套音乐符号构成，而非实际的音乐，这些音乐符号的一个序列称为 MIDI 消息，Jet 文件包含多个 Jet 段，而每个 Jet 段又包含多个轨迹，一个轨迹是 MIDI 消息的一个序列。

在类 JetPlayer 内部有一个存放 Jet 段的队列，类 JetPlayer 的主要作用是向队列中添加 Jet 段或者清空队列，其次就是控制 Jet 段的轨迹是否处于打开状态。在 Android 系统中，JetPlayer 是基于单子模式（Java 技术中的一种开发模式）实现的，在整个系统中仅存在一个 JetPlayer 的对象。

另外，类 JetPlayer 是一个单体类（a singleton class.），使用 Static 函数 getJetPlayer()可以获取到这个实例。在类 JetPlayer 内部有一个存放 segment 的队列，类 JetPlayer 的主要作用就是向队列中添加 segment 或者清空队列，其次就是控制 Segment 的 Track 是否处于打开状态。

类 JetPlayer 的具体结构如图 13-2 所示。

类 JetPlayer 中包含的常用方法如下。

☑ getJetPlayer()：获取 JetPlayer 句柄。
☑ clearQueue()：清空队列。
☑ setEventListener()：设置 JetPlayer.OnJetEventListener 监听器。
☑ loadJetFile：加载 Jet 文件。
☑ queueJetSegment：查询 Jet 段。
☑ play()：播放 Jet 文件。
☑ pause()：暂停播放。

有关类 JetPlayer 的具体用法，读者可以参考 Android SDK 中提供的 JetBoy 游戏源码，游戏界面如图 13-3 所示。

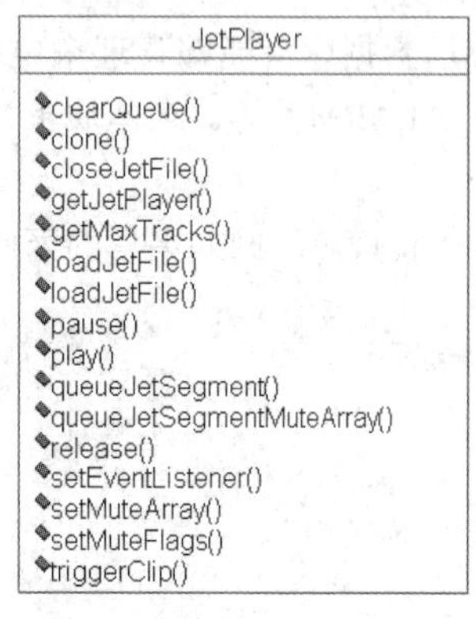

图 13-2　JetPlayer 结构

图 13-3　JetBoy 游戏界面

13.4.6　使用 AudioEffect 处理音效

自从 Android 2.3 开始，对音频播放提供了更强大的音效支持，其实现位于 android.media.audiofx 包中。现在 Android 支持的音效包括：重低音（BassBoost）、环绕音（Virtualizer）、均衡器（Equalizer）、混响（EnvironmentalReverb）和可视化（Visualizer）。

1．AudioEffect 基础

AudioEffect 是 Android Audio Framework（Android 音频框架）提供的音频效果控制的基类。开发者不能直接使用此类，应该使用它的派生类。下面列出它的派生类。

- ☑ Equalizer。
- ☑ Virtualizer。
- ☑ BassBoost。
- ☑ PresetReverb。
- ☑ EnvironmentalReverb。

当创建 AudioEffect 时，如果音频效果应用到一个具体的 AudioTrack 和 MediaPlayer 的实例，应用程序必须指定该实例的音频 session ID，如果要应用 Global 音频输出混响的效果必须制定 Session 0。

要创建音频输出混响（音频 Session 0）要求要有 MODIFY_AUDIO_SETTINGS 权限。如果要创建的效果在 Audio Framework 中不存在，那么直接创建该效果，如果已经存在，那么直接使用此效果。如果优先级高的对象要在低级别的对象使用该效果时，那么控制将转移到优先级高的对象上，否则继续停留在此对象上。在这种情况下，新的申请将被监听器通知。

（1）重低音

重低音 BassBoost 通过放大音频中的低频音来实现重低音特效，其具体细节由 OpenSL ES 定义。为了可以通过 AudioTrack、MediaPlayer 进行音频播放时具有重低音特效，在构建 BassBoost 实例时需要指明音频流的会话 ID。如果指定的会话 ID 为 0，则 BassBoost 作用于主要的音频输出混音器（mix）上，BassBoost 将会话 ID 指定为 0 并需要声明如下权限。

```
android.permission.MODIFY_AUDIO_SETTINGS
```

（2）环绕音

环绕音依赖于输入和输出通道的数量和类型，需要打开立体声通道。通过放置音源在不同的位置，环绕音完美地再现了声音的质感和饱满感。在创建 Virtualizer 实例时，在音频框架层将会同时创建一个环绕音引擎。环绕音的细节由 OpenSL ES 1.0.1 规范定义。

为了在通过 AudioTrack 和 MediaPlayer 播放音频时具有环绕音特效，在构建 Virtualizer 实例时需要指明

音频流的会话 ID。如果指定的会话 ID 为 0，则 Virtualizer 作用于主要的音频输出混音器（mix）上，Virtualizer 将会话 ID 指定为 0，并声明如下所示的权限。

```
android.permission.MODIFY_AUDIO_SETTINGS
```

（3）均衡器

均衡器是一种可以分别调节各种频率成分电信号放大量的电子设备，通过对各种不同频率的电信号的调节来补偿扬声器和声场的缺陷，补偿和修饰各种声源及其他特殊作用。一般均衡器仅能对高频、中频、低频 3 段频率电信号分别进行调节。在创建 Equalizer 实例时，在音频框架层将会同时创建一个均衡器引擎。均衡器的细节由 OpenSL ES 1.0.1 规范定义。

为了在通过 AudioTrack、MediaPlayer 进行音频播放时具有均衡器特效，在构建 Equalizer 实例时指明音频流的会话 ID 即可。如果指定的会话 ID 为 0，则 Equalizer 作用于主要的音频输出混音器（mix）上，Equalizer 将会话 ID 指定为 0，需要声明如下所示的权限。

```
android.permission.MODIFY_AUDIO_SETTrNGS
```

（4）混响

混响即通过声音在不同路径传播下造成的反射叠加产生的声音特效，在 Android 平台中，Google 给出了两个实现：EnvironmentalReverb 和 PresetReverb，其中在游戏场景中推荐应用 EnvironmentalReverb，在音乐场景中应用 PresetReverb。在创建混响实例时，在音频框架层将会同时创建一个混响引擎。混响的细节由 OpenSL ES 1.0.1 规范定义。

为了在通过 AudioTrack、MediaPlayer 进行音频播放时具有混响特效，在构建混响实例时指明音频流的会话 ID 即可。如果指定的会话 ID 为 0，则混响作用于主要的音频输出混音器（mix）上，混响将会话 ID 指定为 0，需要声明如下所示的权限。

```
android.permission.MODIFY_AUDIO_SETTINGS
```

（5）可视化

可视化分为波形可视化和频率可视化两种情况，在使用可视化时要求声明如下权限。

```
android.permission.RECORD_AUDIO
```

在创建 Visualizer 实例时，同时会在音频框架层创建一个可视化引擎。为了在通过 AudioTrack、MediaPlayer 进行音频播放时具有可视化特效，在构建 Visualizer 实例时需要指明音频流的会话 ID。如果指定的会话 ID 为 0，则 Visualizer 作用于主要的音频输出混音器（mix）上，Visualizer 将会话 ID 指定为 0，并声明如下权限。

```
android.permission.MODIFY_AUDIO_SETTINGS
```

2．AudioEffect 中的嵌套类

在 AudioEffect 中包含了如下 3 个嵌套类。

☑ AudioEffect.Descriptor：效果描述符包含在音频框架内实现某种特定效果的信息。

☑ AudioEffect.OnControlStatusChangeListener：此接口定义了当应用程序的音频效果的控制状态改变时由 AudioEffect 调用的方法。

☑ AudioEffect.OnEnableStatusChangeListener：此接口定义了当应用程序的音频效果的启用状态改变时由 AudioEffect 调用的方法。

3．AudioEffect 中的常量

在 AudioEffect 中包含了如下常量。

☑ String ACTION_CLOSE_AUDIO_EFFECT_CONTROL_SESSION：关闭音频效果。

☑ String ACTION_DISPLAY_AUDIO_EFFECT_CONTROL_PANEL：启动一个音频效果控制面板 UI。

☑ String ACTION_OPEN_AUDIO_EFFECT_CONTROL_SESSION：打开音频效果。

- ☑ int ALREADY_EXISTS：内部操作状态。
- ☑ int CONTENT_TYPE_GAME：当播放内容的类型是游戏音频时 EXTRA_CONTENT_TYPE 的值。
- ☑ int CONTENT_TYPE_MOVIE：当播放内容的类型是电影时 EXTRA_CONTENT_TYPE 的值。
- ☑ int CONTENT_TYPE_MUSIC：当播放内容的类型是音乐时 EXTRA_CONTENT_TYPE 的值。
- ☑ int CONTENT_TYPE_VOICE：当播放内容的类型是话音时 EXTRA_CONTENT_TYPE 的值。
- ☑ String EFFECT_AUXILIARY：表示 Effect connection mode 是 auxiliary。
- ☑ String EFFECT_INSERT：表示 Effect connection mode 是 insert。
- ☑ int ERROR：指示操作错误。
- ☑ int ERROR_BAD_VALUE：指示由于错误的参数导致的操作失败。
- ☑ int ERROR_DEAD_OBJECT：指示由于已关闭的远程对象导致的操作失败。
- ☑ int ERROR_INVALID_OPERATION：指示由于错误的请求状态导致的操作失败。
- ☑ int ERROR_NO_INIT：指示由于错误的对象初始化导致的操作失败。
- ☑ int ERROR_NO_MEMORY：指示由于内存不足导致的操作失败。
- ☑ String EXTRA_AUDIO_SESSION：包含使用效果的音频会话 ID。
- ☑ String EXTRA_CONTENT_TYPE：指示应用程序播放内容的类型。
- ☑ String EXTRA_PACKAGE_NAME：包含调用应用程序的包名。
- ☑ int SUCCESS：表示操作成功。

4．AudioEffect 中的公有方法

在 AudioEffect 中常用的公有方法如下。

- ☑ AudioEffect.Descriptor getDescriptor()：获取效果描述符。
- ☑ boolean getEnabled()：返回效果的启用状态。
- ☑ int getId()：返回效果的标识符。
- ☑ boolean hasControl()：检查该 AudioEffect 对象是否拥有效果引擎的控制。如果有，则返回 true。
- ☑ static Descriptor[] queryEffects()：查询平台上的所有有效的音频效果。
- ☑ void release()：释放本地 AudioEffect 资源。
- ☑ Void setControlStatusListener(AudioEffect.OnControlStatusChangeListener listener)：注册音频效果的控制状态监听器。当控制状态改变时 AudioEffect 发出通知。
- ☑ Void setEnableStatusListener(AudioEffect.OnEnableStatusChangeListener listener)：设置音频效果的启用状态监听器。当启用状态改变时 AudioEffect 发出通知。

13.5 语音识别技术

知识点讲解：光盘:视频\知识点\第 13 章\语音识别技术.avi

语音识别技术是 Android SDK 中比较重要且新颖的一项技术，本节将详细讲解 Android 中语音识别技术的基本知识。

13.5.1 Text-To-Speech 技术

Text-To-Speech 简称 TTS，是 Android 1.6 版本中比较重要的新功能，可将所指定的文本转成不同的语言

音频输出。它可以方便地嵌入到游戏或者应用程序中，增强用户体验。在讲解 TTS API 和将这项功能应用到实际项目中的方法之前，先对这套 TTS 引擎进行初步的讲解。

1．Text-To-Speech 基础

TTS Engine 依托于当前 AndroidPlatform 所支持的几种主要的语言：English、French、German、Italian 和 Spanish 5 大语言（暂时没有中文），TTS 可以将文本随意地转换成以上任意 5 种语言的语音输出。与此同时，对于个别的语言版本将取决于不同的时区，例如对于 English，在 TTS 中可以分别输出美式和英式两种不同的版本。

既然能支持如此庞大的数据量，TTS 引擎对于资源的优化采取预加载的方法。根据一系列的参数信息从库中提取相应的资源，并加载到当前系统中。尽管当前大部分加载有 Android 操作系统的设备都通过这套引擎来提供 TTS 功能，但由于一些设备的存储空间非常有限，而影响到 TTS 无法最大限度地发挥功能，算是当前的一个瓶颈。为此开发小组引入了检测模块，让利用这项技术的应用程序或者游戏针对于不同的设备可以有相应的优化调整，从而避免由于此项功能的限制，影响到整个应用程序的使用。比较稳妥的做法是让用户自行选择是否有足够的空间或者需求来加载此项资源，下面给出了一个标准的检测方法。

```
Intent checkIntent = new Intent();
checkIntent.setAction(TextToSpeech.Engine.ACTION_CHECK_TTS_DATA);
startActivityForResult(checkIntent, MY_DATA_CHECK_CODE);
```

如果当前系统允许创建一个 android.speech.tts.TextToSpeech 的 Object 对象，则说明已经提供 TTS 功能的支持，将检测返回结果中给出 CHECK_VOICE_DATA_PASS 的标记。如果系统不支持这项功能，那么用户可以选择是否加载这项功能，从而让设备支持输出多国语言的语音功能 Multi-lingual Talking。ACTION_INSTALL_TTS_DATA Intent 将用户引入 Android Market 中的 TTS 下载界面。下载完成后将自动完成安装，下面是实现上述过程的完整代码（androidres.com）。

```
private TextToSpeech mTts;
protected void onActivityResult(
        int requestCode, int resultCode, Intent data) {
    if (requestCode == MY_DATA_CHECK_CODE) {
        if (resultCode == TextToSpeech.Engine.CHECK_VOICE_DATA_PASS) {
            mTts = new TextToSpeech(this, this);
        } else {
            Intent installIntent = new Intent();
            installIntent.setAction(
                TextToSpeech.Engine.ACTION_INSTALL_TTS_DATA);
            startActivity(installIntent);
        }
    }
}
```

TextToSpeech 实体和 OnInitListener 都需要引用当前 Activity 的 Context 作为构造参数。OnInitListener() 的用处是通知系统当前 TTS Engine 已经加载完成，并处于可用状态。

2．Text-To-Speech 的实现流程

（1）首先检查 TTS 数据是否可用，例如下面的代码。

```
view plaincopy to clipboardprint?
  //检查 TTS 数据是否已经安装并且可用
        Intent checkIntent = new Intent();
        checkIntent.setAction(TextToSpeech.Engine.ACTION_CHECK_TTS_DATA);
```

```
        startActivityForResult(checkIntent, REQ_TTS_STATUS_CHECK);
protected void onActivityResult(int requestCode, int resultCode, Intent data) {
        if(requestCode == REQ_TTS_STATUS_CHECK)
        {
            switch (resultCode) {
            case TextToSpeech.Engine.CHECK_VOICE_DATA_PASS:
                //这个返回结果表明 TTS Engine 可以用
            {
                mTts = new TextToSpeech(this, this);
                Log.v(TAG, "TTS Engine is installed!");
            }
                break;
            case TextToSpeech.Engine.CHECK_VOICE_DATA_BAD_DATA:
                //需要的语音数据已损坏
            case TextToSpeech.Engine.CHECK_VOICE_DATA_MISSING_DATA:
                //缺少需要语言的语音数据
            case TextToSpeech.Engine.CHECK_VOICE_DATA_MISSING_VOLUME:
                //缺少需要语言的发音数据
            {
                //这 3 种情况都表明数据有错，重新下载安装需要的数据
                Log.v(TAG, "Need language stuff:"+resultCode);
                Intent dataIntent = new Intent();
                dataIntent.setAction(TextToSpeech.Engine.ACTION_INSTALL_TTS_DATA);
                startActivity(dataIntent);

            }
                break;
            case TextToSpeech.Engine.CHECK_VOICE_DATA_FAIL:
                //检查失败
            default:
                Log.v(TAG, "Got a failure. TTS apparently not available");
                break;
            }
        }
        else
        {
            //其他 Intent 返回的结果
        }
        }
```

（2）然后初始化 TTS，例如下面的代码。

```
view plaincopy to clipboardprint?
//实现 TTS 初始化接口
    @Override
    public void onInit(int status) {
        // TODO Auto-generated method stub
        //TTS Engine 初始化完成
        if(status == TextToSpeech.SUCCESS)
        {
            int result = mTts.setLanguage(Locale.US);
            //设置发音语言
            if(result  ==  TextToSpeech.LANG_MISSING_DATA  ||  result  ==  TextToSpeech.LANG_NOT_
```

```
SUPPORTED)
            //判断语言是否可用
            {
                Log.v(TAG, "Language is not available");
                speakBtn.setEnabled(false);
            }
            else
            {
    mTts.speak("This is an example of speech synthesis.", TextToSpeech.QUEUE_ADD, null);
                speakBtn.setEnabled(true);
            }
        }
    }
```

（3）接下来需要设置发音语言，例如下面的代码。

```
view plaincopy to clipboardprint?
public void onItemSelected(AdapterView<?> parent, View view,
        int position, long id) {
    // TODO Auto-generated method stub
    int pos = langSelect.getSelectedItemPosition();
    int result = -1;
    switch (pos) {
    case 0:
    {
        inputText.setText("I love you");
        result = mTts.setLanguage(Locale.US);
    }
        break;
    case 1:
    {
        inputText.setText("Je t'aime");
        result = mTts.setLanguage(Locale.FRENCH);
    }
        break;
    case 2:
    {
        inputText.setText("Ich liebe dich");
        result = mTts.setLanguage(Locale.GERMAN);
    }
        break;
    case 3:
    {
        inputText.setText("Ti amo");
        result = mTts.setLanguage(Locale.ITALIAN);
    }
        break;
    case 4:
    {
        inputText.setText("Te quiero");
        result = mTts.setLanguage(new Locale("spa", "ESP"));
    }
        break;
```

```
    default:
        break;
    }
    //设置发音语言
    if(result == TextToSpeech.LANG_MISSING_DATA || result == TextToSpeech.LANG_NOT_SUPPORTED)
    //判断语言是否可用
    {
        Log.v(TAG, "Language is not available");
        speakBtn.setEnabled(false);
    }
    else
    {
        speakBtn.setEnabled(true);
    }
}
```

（4）最后设置单击 Button 按钮发出声音，例如下面的代码。

```
view plaincopy to clipboardprint?
public void onClick(View v) {
    //朗读输入框中的内容
    mTts.speak(inputText.getText().toString(), TextToSpeech.QUEUE_ADD, null);
}
```

13.5.2 谷歌的 Voice Recognition 技术

我们知道苹果的 iPhone 有语音识别用的是 Google 技术，作为 Google 力推的 Android 自然会将其核心技术向 Android 系统中植入，并结合 Google 的云端技术将其发扬光大。所以 Google Voice Recognition 在 Android 的实现就变得极其轻松，它自带的 API 例子是通过一个 Intent 的 Action 动作来完成的。主要有以下两种模式。

☑ ACTION_RECOGNIZE_SPEECH：一般语音识别，在这种模式下我们可以捕捉到语音处理后的文字列。

☑ ACTION_WEB_SEARCH：网络搜索。

下面来看在 API Demo 源码中为开发者提供的语音识别实例，具体实现代码如下所示。

```
package com.example.android.apis.app;

import com.example.android.apis.R;

import android.app.Activity;
import android.content.Intent;
import android.content.pm.PackageManager;
import android.content.pm.ResolveInfo;
import android.os.Bundle;
import android.speech.RecognizerIntent;
import android.view.View;
import android.view.View.OnClickListener;
import android.widget.ArrayAdapter;
import android.widget.Button;
import android.widget.ListView;
```

```
import java.util.ArrayList;
import java.util.List;

/**
*用 API 开发的抽象语音识别代码
*/
public class VoiceRecognition extends Activity implements OnClickListener {

    private static final int VOICE_RECOGNITION_REQUEST_CODE = 1234;

    private ListView mList;

    /**
    *呼叫与活动首先被创造
    */
    @Override
    public void onCreate(Bundle savedInstanceState) {
        super.onCreate(savedInstanceState);
        //从它的 XML 布局描述的 UI
        setContentView(R.layout.voice_recognition);

        //得到最新互作用的显示项目
        Button speakButton = (Button) findViewById(R.id.btn_speak);
        mList = (ListView) findViewById(R.id.list);

        //检查公认活动是否存在
        PackageManager pm = getPackageManager();
        List<ResolveInfo> activities = pm.queryIntentActivities(
                new Intent(RecognizerIntent.ACTION_RECOGNIZE_SPEECH), 0);
        if (activities.size() != 0) {
            speakButton.setOnClickListener(this);
        } else {
            speakButton.setEnabled(false);
            speakButton.setText("Recognizer not present");
        }
    }

    /**
     *单击“开始识别”按钮后的处理事件
     */
    public void onClick(View v) {
        if (v.getId() == R.id.btn_speak) {
            startVoiceRecognitionActivity();
        }
    }
    /**
    *发送开始语音识别信号
    */
    private void startVoiceRecognitionActivity() {
        Intent intent = new Intent(RecognizerIntent.ACTION_RECOGNIZE_SPEECH);
        intent.putExtra(RecognizerIntent.EXTRA_LANGUAGE_MODEL,
```

```
                RecognizerIntent.LANGUAGE_MODEL_FREE_FORM);
        intent.putExtra(RecognizerIntent.EXTRA_PROMPT, "Speech recognition demo");
        startActivityForResult(intent, VOICE_RECOGNITION_REQUEST_CODE);
    }

    /**
    *处理识别结果
    */
    @Override
    protected void onActivityResult(int requestCode, int resultCode, Intent data) {
        if (requestCode == VOICE_RECOGNITION_REQUEST_CODE && resultCode == RESULT_OK) {
            ArrayList<String> matches = data.getStringArrayListExtra(
                    RecognizerIntent.EXTRA_RESULTS);
            mList.setAdapter(new ArrayAdapter<String>(this, android.R.layout.simple_list_item_1,
                    matches));
        }
        super.onActivityResult(requestCode, resultCode, data);
    }
}
```

上述代码保存在 Google 的 API 开源文件中，原理和实现代码十分简单，感兴趣的读者可以学习一下，上述源码执行后，用户通过单击 Speak!按钮显示界面，如图 13-4 所示；用户说完话后将提交到云端搜索，如图 13-5 所示；在云端搜索完成后将返回打印数据，如图 13-6 所示。

图 13-4　单击按钮后

图 13-5　说完后

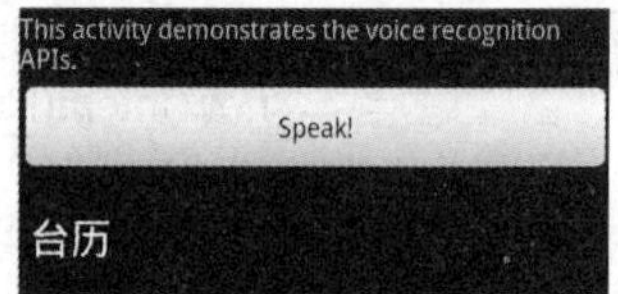

图 13-6　返回识别结果

13.6　实现振动功能

知识点讲解：光盘:视频\知识点\第 13 章\实现振动功能.avi

无论是智能手机还是普通手机，几乎每一款手机都具备振动功能。在 Android 系统中，同样也可以实现振动效果。Android 系统中的振动功能是通过类 Vibrator 实现的，读者可以在 SDK 中的 android.os.Vibrator 找到相关的介绍。从 1.0 开始改进了一些声明方式，在实例化的同时去除了构造方法 new Vibrator()，调用时必须获取振动服务的实例句柄。我们定一个 Vibrator 对象 mVibrator 变量，获取的方法很简单，具体代码如下所示。

```
mVibrator = (Vibrator) getSystemService(Context.VIBRATOR_SERVICE);
```

然后直接调用下面的方法。

```
vibrate(long[] pattern, int repeat)
```

☑　第 1 个参数 long[] pattern：是一个节奏数组，例如{1, 200}。

☑ 第 2 个参数 repeat：是重复次数，-1 为不重复，而数字直接表示的是具体的数字，和一般-1 表示无限不同。

在使用振动功能之前，需要先在 manifest 中加入下面的权限。

```
<uses-permission android:name="android.permission.VIBRATE"/>
```

在设置振动（Vibration）事件时，必须要知道命令其振动的时间长短、振动事件的周期等。因为在 Android 中设置的数值，都是以毫秒（1000 毫秒=1 秒）来计算的，所以在设置时，必须要注意设置时间的长短，如果设置的时间值太小会感觉不出来。

要让手机振动，需创建 Vibrator 对象，通过调用 vibrate 方法来达到振动的目的，在 Vibrator 的构造器中有 4 个参数，前 3 个值是设置振动的大小，在这里可以把数值改成一大一小，这样就可以明显感觉出振动的差异，而最后一个值是设置振动的时间。

笔者根据个人的开发经验，总结出在 Android 系统中开发振动系统的基本流程如下。

（1）在 manifest 文件中声明振动权限。

（2）通过系统服务获得手机振动服务，例如下面的代码。

```
Vibrator vibrator = (Vibrator)getSystemService(VIBRATOR_SERVICE);
```

（3）得到振动服务后检测 Vibrator 是否存在，例如下面的代码。

```
vibrator.hasVibrator();
```

通过上述代码可以检测当前硬件是否有 Vibrator，如果有返回 true，如果没有则返回 false。

（4）根据实际需要进行适当的调用，例如下面的代码。

```
vibrator.vibrate(long milliseconds);
```

通过上述代码开始启动 Vibrator 持续 milliseconds 毫秒。

（5）编写下面的代码。

```
vibrator.vibrate(long[] pattern, int repeat);
```

这样以 pattern 方式重复 repeat 次启动 Vibrator（pattern 的形式如下所示）。

```
new long[]{arg1,arg2,arg3,arg4......}
```

在上述格式中，其中以两个一组的如 arg1 和 arg2 为一组、arg3 和 arg4 为一组，每一组的前一个代表等待多少毫秒启动 Vibrator，后一个代表 Vibrator 持续多少毫秒停止，之后往复即可。Repeat 表示重复次数，当其为-1 时，表示不重复只以 pattern 的方式运行一次。

（6）停止振动，具体代码如下所示。

```
vibrator.cancel();
```

13.7　设置闹钟

知识点讲解：光盘:视频\知识点\第 13 章\设置闹钟.avi

在 Android 系统中，可以使用 AlarmManager 来设置闹钟。本节将详细讲解在 Android 系统中设置闹钟的基本知识。

13.7.1　AlarmManager 基础

在 Android 系统中，对应 AlarmManage 有一个 AlarmManagerServie 服务程序，该服务程序才是真正提供闹铃服务的，它主要维护应用程序注册下来的各类闹铃并适时地设置即将触发的闹铃给闹铃设备。在系统中，Linux 实现的设备名为\dev\alarm，并且一直监听闹铃设备，一旦有闹铃触发或者是闹铃事件发生，

AlarmManagerServie 服务程序就会遍历闹铃列表找到相应的注册闹铃并发出广播。该服务程序在系统启动时被系统服务程序 System_service 启动并初始化闹铃设备(\dev\alarm)。当然，在 Java 层的 AlarmManagerService 与 Linux Alarm 驱动程序接口之间还有一层封装，那就是 JNI。

AlarmManager 将应用与服务分割开后，使得应用程序开发者不用关心具体的服务，而是直接通过 AlarmManager 来使用这种服务。这也是客户/服务模式的好处。AlarmManager 与 AlarmManagerServie 之间是通过 Binder 来通信的，它们之间是多对一的关系。

在 Android 系统中，AlarmManager 提供了 4 个接口 5 种类型的闹铃服务，其中 4 个接口的具体说明如下所示。

☑ void cancel(PendingIntent operation) ：取消已经注册的与参数匹配的闹铃。

☑ void set(int type, long triggerAtTime, PendingIntent operation)：注册一个新的闹铃。

☑ void setRepeating(int type, long triggerAtTime, long interval, PendingIntent operation)：注册一个重复类型的闹铃。

☑ void setTimeZone(String timeZone)：设置时区。

在 Android 系统中，5 个闹铃类型的具体说明如下。

☑ public static final int ELAPSED_REALTIME：当系统进入睡眠状态时，这种类型的闹铃不会唤醒系统。直到系统下次被唤醒才传递它，该闹铃所用的时间是相对时间，是从系统启动后开始计时的，包括睡眠时间，可以通过调用 SystemClock.elapsedRealtime()获得。系统值是 3（0x00000003）。

☑ public static final int ELAPSED_REALTIME_WAKEUP：功能是唤醒系统，用法同 ELAPSED_REALTIME，系统值是 2（0x00000002）。

☑ public static final int RTC：当系统进入睡眠状态时，这种类型的闹铃不会唤醒系统。直到系统下次被唤醒才传递它，该闹铃所用的时间是绝对时间，所用时间是 UTC 时间，可以通过调用 System.currentTimeMillis()获得。系统值是 1（0x00000001）。

☑ public static final int RTC_WAKEUP：功能是唤醒系统，用法同 RTC 类型，系统值为 0(0x00000000)。

☑ public static final int POWER_OFF_WAKEUP：功能是唤醒系统，它是一种关机闹铃，就是说设备在关机状态下也可以唤醒系统，所以我们把它称之为关机闹铃。使用方法同 RTC 类型，系统值为 4（0x00000004）。

13.7.2 开发一个闹钟程序

下面将通过一个具体演示实例讲解使用 AlarmManage 实现闹钟功能的方法。

题　目	目　的	源 码 路 径
实例 13-2	使用 AlarmManage 实现闹钟功能	光盘:\daima\13\naozhong

本实例的具体实现流程如下。

（1）编写文件 example.java，其具体实现流程如下。

☑ 载入主布局文件 main.xml，单击 Button1 按钮后实现只响一次闹钟，通过 setTime1 对象实现只响一次的闹钟设置。具体实现代码如下所示。

```
public void onCreate(Bundle savedInstanceState)
{
  super.onCreate(savedInstanceState);
  /* 载入 main.xml Layout */
  setContentView(R.layout.main);
```

```
/* 以下为只响一次的闹钟设置 */
setTime1=(TextView) findViewById(R.id.setTime1);
/* 只响一次的闹钟设置 Button */
mButton1=(Button)findViewById(R.id.mButton1);
mButton1.setOnClickListener(new View.OnClickListener()
{
  public void onClick(View v)
  {
    /* 取得单击按钮时的时间作为 TimePickerDialog 的默认值 */
    c.setTimeInMillis(System.currentTimeMillis());
    int mHour=c.get(Calendar.HOUR_OF_DAY);
    int mMinute=c.get(Calendar.MINUTE);
```

☑　通过 TimePickerDialog 弹出一个对话框供用户来设置时间，具体实现代码如下所示。

```
    /* 跳出 TimePickerDialog 来设置时间 */
    new TimePickerDialog(example9.this,
      new TimePickerDialog.OnTimeSetListener() {
        public void onTimeSet(TimePicker view,int hourOfDay,int minute)
        {
          /* 取得设置后的时间，秒与毫秒设为 0 */
          c.setTimeInMillis(System.currentTimeMillis());
          c.set(Calendar.HOUR_OF_DAY,hourOfDay);
          c.set(Calendar.MINUTE,minute);
          c.set(Calendar.SECOND,0);
          c.set(Calendar.MILLISECOND,0);
          /* 指定闹钟设置时间到时要运行 CallAlarm.class */
          Intent intent = new Intent(example9.this, example_2.class);
          /* 创建 PendingIntent */
          PendingIntent sender=PendingIntent.getBroadcast(example9.this,0, intent, 0);
/* AlarmManager.RTC_WAKEUP 设置服务在系统休眠时同样会运行，以 set()设置的 PendingIntent 只会运行一次
* */
          AlarmManager am;
          am = (AlarmManager)getSystemService(ALARM_SERVICE);
          am.set(AlarmManager.RTC_WAKEUP,
                 c.getTimeInMillis(),
                 sender
                );
          /* 更新显示的设置闹钟时间 */
          String tmpS=format(hourOfDay)+"："+format(minute);
          setTime1.setText(tmpS);
          /* 以 Toast 提示设置已完成 */
          Toast.makeText(example9.this,"设置闹钟时间为"+tmpS,
            Toast.LENGTH_SHORT)
            .show();
        }
      },mHour,mMinute,true).show();
  }
});
```

☑　单击 mButton2 按钮删除只响一次的闹钟，具体实现代码如下所示。

```
mButton2=(Button) findViewById(R.id.mButton2);
mButton2.setOnClickListener(new View.OnClickListener()
```

```
{
  public void onClick(View v)
  {
    Intent intent = new Intent(example.this, example_2.class);
    PendingIntent sender=PendingIntent.getBroadcast(
                                 Example.this,0, intent, 0);
    /* 由 AlarmManager 中删除 */
    AlarmManager am;
    am =(AlarmManager)getSystemService(ALARM_SERVICE);
    am.cancel(sender);
    /* 以 Toast 提示已删除设置，并更新显示的闹钟时间 */
    Toast.makeText(example.this,"闹钟时间解除",
                   Toast.LENGTH_SHORT).show();
    setTime1.setText("目前无设置");
  }
});
```

（2）开始设置重复响起的闹钟，具体实现代码如下所示。

```
/* 以下为重复响起的闹钟的设置 */
setTime2=(TextView) findViewById(R.id.setTime2);
/* create 重复响起的闹钟设置画面 */
/* 引用 timeset.xml 为 Layout */
LayoutInflater factory = LayoutInflater.from(this);
final View setView = factory.inflate(R.layout.timeset,null);
final TimePicker tPicker=(TimePicker)setView
                               .findViewById(R.id.tPicker);
tPicker.setIs24HourView(true);
/* create 重复响起闹钟的设置 Dialog */
final AlertDialog di=new AlertDialog.Builder(example.this)
      .setIcon(R.drawable.clock)
      .setTitle("设置")
      .setView(setView)
      .setPositiveButton("确定",
        new DialogInterface.OnClickListener()
       {
         public void onClick(DialogInterface dialog, int which)
         {
           /* 取得设置的间隔秒数 */
           EditText ed=(EditText)setView.findViewById(R.id.mEdit);
           int times=Integer.parseInt(ed.getText().toString())
                     *1000;
           /* 取得设置的开始时间，秒及毫秒设为 0 */
           c.setTimeInMillis(System.currentTimeMillis());
           c.set(Calendar.HOUR_OF_DAY,tPicker.getCurrentHour());
           c.set(Calendar.MINUTE,tPicker.getCurrentMinute());
           c.set(Calendar.SECOND,0);
           c.set(Calendar.MILLISECOND,0);

           /* 指定闹钟设置时间到时要运行 CallAlarm.class */
           Intent intent = new Intent(example.this,
                                      Example_2.class);
           PendingIntent sender = PendingIntent.getBroadcast(
```

```
                                     Example.this,1, intent, 0);
            /* setRepeating()可让闹钟重复运行 */
            AlarmManager am;
            am = (AlarmManager)getSystemService(ALARM_SERVICE);
            am.setRepeating(AlarmManager.RTC_WAKEUP,
                        c.getTimeInMillis(),times,sender);
            /* 更新显示的设置闹钟时间 */
            String tmpS=format(tPicker.getCurrentHour())+"："+
                            format(tPicker.getCurrentMinute());
            setTime2.setText("设置闹钟时间为"+tmpS+
                                "开始，重复间隔为"+times/1000+"秒");
            /* 以 Toast 提示设置已完成 */
            Toast.makeText(example9.this,"设置闹钟时间为"+tmpS+
                              "开始，重复间隔为"+times/1000+"秒",
                              Toast.LENGTH_SHORT).show();
          }
        })
      .setNegativeButton("取消",
         new DialogInterface.OnClickListener()
        {
          public void onClick(DialogInterface dialog, int which)
          {
          }
        }).create();
```

上述代码的具体实现流程如下。

☑ 以 create 重复响起的闹钟的设置画面，并引用 timeset.xml 为布局文件。
☑ 以 create 重复响起的闹钟的设置 Dialog 对话框。
☑ 获取设置的间隔秒数。
☑ 获取设置的开始时间，秒及毫秒都设为 0。
☑ 指定闹钟设置时间到时要运行 CallAlarm.class。
☑ 通过 setRepeating()可让闹钟重复运行。
☑ 通过 dmpS 更新显示的设置闹钟时间。
☑ 通过以 Toast 提示设置已完成。
☑ 单击 mButton3 按钮实现重复响起的闹钟，具体实现代码如下所示。

```
/* 重复响起的闹钟的设置 Button */
mButton3=(Button) findViewById(R.id.mButton3);
mButton3.setOnClickListener(new View.OnClickListener()
{
  public void onClick(View v)
  {
    /* 取得单击按钮时的时间作为 tPicker 的默认值 */
    c.setTimeInMillis(System.currentTimeMillis());
    tPicker.setCurrentHour(c.get(Calendar.HOUR_OF_DAY));
    tPicker.setCurrentMinute(c.get(Calendar.MINUTE));
    /* 跳出设置画面 di */
    di.show();
  }
});
```

☑ 单击 mButton4 按钮后删除重复响起的闹钟，具体实现代码如下所示。

```
mButton4=(Button) findViewById(R.id.mButton4);
mButton4.setOnClickListener(new View.OnClickListener()
{
  public void onClick(View v)
  {
    Intent intent = new Intent(example9.this, example9_2.class);
    PendingIntent sender = PendingIntent.getBroadcast(
                                example9.this,1, intent, 0);
    /* 在 AlarmManager 中删除 */
    AlarmManager am;
    am = (AlarmManager)getSystemService(ALARM_SERVICE);
    am.cancel(sender);
    /* 以 Toast 提示已删除设置，并更新显示的闹钟时间 */
    Toast.makeText(example.this,"闹钟时间解除",
                        Toast.LENGTH_SHORT).show();
    setTime2.setText("目前无设置");
  }
});
}
```

☑ 使用方法 format 设置使用两位数的显示格式来表示日期时间，具体实现代码如下所示。

```
/* 日期时间显示两位数的方法 */
private String format(int x)
{
  String s=""+x;
  if(s.length()==1) s="0"+s;
  return s;
}
}
```

（3）编写文件 example_1.java，具体实现代码如下所示。

```
/* 实际跳出闹铃 Dialog 的 Activity */
public class example_1 extends Activity
{
  @Override
  protected void onCreate(Bundle savedInstanceState)
  {
    super.onCreate(savedInstanceState);
    /* 跳出的闹铃警示  */
    new AlertDialog.Builder(example9_1.this)
        .setIcon(R.drawable.clock)
        .setTitle("闹钟响了!!")
        .setMessage("赶快起床吧!!!")
        .setPositiveButton("关掉它",
         new DialogInterface.OnClickListener()
        {
          public void onClick(DialogInterface dialog, int whichButton)
          {
            /* 关闭 Activity */
            Example_1.this.finish();
          }
```

```
        })
        .show();
    }
}
```

（4）编写文件 example_2.java，具体实现代码如下所示。

```
/* 调用闹钟 Alert 的 Receiver */
public class example_2 extends BroadcastReceiver
{
  @Override
  public void onReceive(Context context, Intent intent)
  {
    /* 创建 Intent，调用 AlarmAlert.class */
    Intent i = new Intent(context, example9_1.class);
    Bundle bundleRet = new Bundle();
    bundleRet.putString("STR_CALLER", "");
    i.putExtras(bundleRet);
    i.addFlags(Intent.FLAG_ACTIVITY_NEW_TASK);
    context.startActivity(i);
  }
}
```

（5）编写文件 AndroidManifest.xml，在里面添加对 CallAlarm 的 receiver 设置。具体实现代码如下所示。

```
<!--注册 receiver CallAlarm -->
<receiver android:name=".example_2" android:process=":remote" />
<activity android:name=".example_1" ndroid:label="@string/app_name">
</activity>
```

执行后的效果如图 13-7 所示，单击第 1 个“设置”按钮后弹出设置界面，在其中可以设置闹钟时间，如图 13-8 所示。单击第 2 个“设置”按钮后可以设置重复响起的时间，如图 13-9 所示。

图 13-7　初始效果

图 13-8　响一次的设置界面

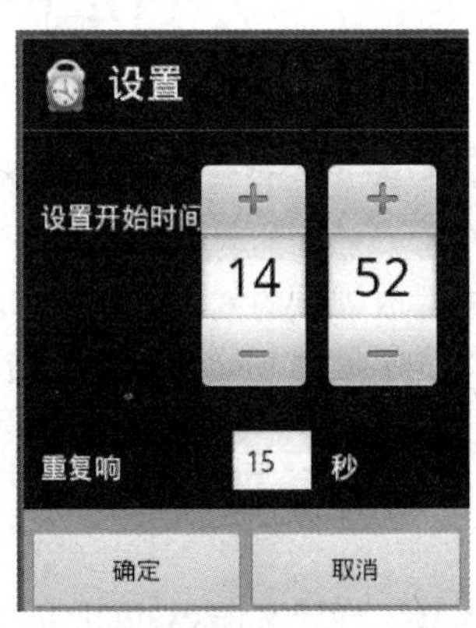

图 13-9　重复响的设置界面

第 14 章　开发视频应用程序

在移动设备应用领域中，视频播放是最主流的多媒体应用之一，用户经常使用手机等移动设备来观看视频节目。在本书前面的内容中，已经讲解了 Android 系统中底层视频系统的知识。在高层的 Java 应用中，可以通过底层提供的接口来开发常见的视频应用。本章将详细讲解开发 Android 视频应用的基本知识，为读者步入后面知识的学习打下基础。

- ☑ 105：在手机中播放 MP4 视频.pdf
- ☑ 106：在手机中播放影片.pdf
- ☑ 107：编程的方式设置手机中的铃声.pdf
- ☑ 108：播放远程网络中的 MP3.pdf
- ☑ 109：Runnable 并不一定是新开一个线程.pdf
- ☑ 110：从网络中远程下载手机铃声.pdf
- ☑ 111：远程观看网络中的 3GP 视频.pdf
- ☑ 112：在屏幕中播放 GIF 动画.pdf

知识拓展

14.1　使用 MediaPlayer 播放视频

知识点讲解：光盘:视频\知识点\第 14 章\使用 MediaPlayer 播放视频.avi

在本书前面的内容中，已经讲解了 MediaPlayer 的基本知识。其实除了播放音频之外，它还是 Android 系统中播放视频的主流方法之一。第 13 章已经详细讲解了 MediaPlayer 中的各个方法，本节将通过一个具体实例说明使用 MediaPlayer 播放视频的基本方法。

题　目	目　的	源 码 路 径
实例 14-1	使用 MediaPlayer 播放网络中的视频	光盘:\daima\14\MediaBo

编写主程序文件 example.java，其具体实现流程如下。

（1）定义 bIsReleased 来标识 MediaPlayer 是否已被释放，识别 MediaPlayer 是否正处于暂停状态，并用 LogCat 输出 TAG filter。具体实现代码如下所示。

```
/* 识别 MediaPlayer 是否已被释放*/
private boolean bIsReleased = false;
/* 识别 MediaPlayer 是否正处于暂停*/
private boolean bIsPaused = false;
/* LogCat 输出 TAG filter */
private static final String TAG = "HippoMediaPlayer";
private String currentFilePath = "";
```

```
private String currentTempFilePath = "";
private String strVideoURL = "";
```

（2）设置播放视频的 URL 地址，使用 mSurfaceView01 来绑定 Layout 上的 SurfaceView。然后设置 SurfaceHolder 为 Layout SurfaceView。具体实现代码如下所示。

```
public void onCreate(Bundle savedInstanceState)
{
  super.onCreate(savedInstanceState);
  setContentView(R.layout.main);
  /* 将.3gp 图像文件存放在 URL 网址*/
  strVideoURL =
  "http://new4.sz.3gp2.com//20100205xyy/喜羊羊与灰太狼%20 踩高跷(www.3gp2.com).3gp";
  //http://www.dubblogs.cc:8751/Android/Test/Media/3gp/test2.3gp

  mTextView01 = (TextView)findViewById(R.id.myTextView1);
  mEditText01 = (EditText)findViewById(R.id.myEditText1);
  mEditText01.setText(strVideoURL);

  /* 绑定 Layout 上的 SurfaceView */
  mSurfaceView01 = (SurfaceView) findViewById(R.id.mSurfaceView1);

  /* 设置 PixnelFormat */
  getWindow().setFormat(PixelFormat.TRANSPARENT);
  /* 设置 SurfaceHolder 为 Layout SurfaceView */
  mSurfaceHolder01 = mSurfaceView01.getHolder();
  mSurfaceHolder01.addCallback(this);
```

（3）为影片设置大小比例，并分别设置 mPlay、mReset、mPause 和 mStop 4 个控制按钮。具体实现代码如下所示。

```
/* 由于原有的影片 Size 较小，故指定其为固定比例*/
mSurfaceHolder01.setFixedSize(160, 128);
mSurfaceHolder01.setType(SurfaceHolder.SURFACE_TYPE_PUSH_BUFFERS);
mPlay = (ImageButton) findViewById(R.id.play);
mReset = (ImageButton) findViewById(R.id.reset);
mPause = (ImageButton) findViewById(R.id.pause);
mStop = (ImageButton) findViewById(R.id.stop);
```

（4）编写单击“播放”按钮的处理事件，具体实现代码如下所示。

```
/* 播放按钮*/
mPlay.setOnClickListener(new ImageButton.OnClickListener()
{
  public void onClick(View view)
  {
    if(checkSDCard())
    {
      strVideoURL = mEditText01.getText().toString();
      playVideo(strVideoURL);
      mTextView01.setText(R.string.str_play);
    }
    else
    {
      mTextView01.setText(R.string.str_err_nosd);
    }
  }
});
```

（5）编写单击“重播”按钮的处理事件，具体实现代码如下所示。

```
/* 重新播放按钮*/
mReset.setOnClickListener(new ImageButton.OnClickListener()
{
  public void onClick(View view)
  {
    if(checkSDCard())
    {
      if(bIsReleased == false)
      {
        if (mMediaPlayer01 != null)
        {
          mMediaPlayer01.seekTo(0);
          mTextView01.setText(R.string.str_play);
        }
      }
    }
    else
    {
      mTextView01.setText(R.string.str_err_nosd);
    }
  }
});
```

（6）编写单击“暂停”按钮的处理事件，具体实现代码如下所示。

```
/* 暂停按钮*/
mPause.setOnClickListener(new ImageButton.OnClickListener()
{
  public void onClick(View view)
  {
    if(checkSDCard())
    {
      if (mMediaPlayer01 != null)
      {
        if(bIsReleased == false)
        {
          if(bIsPaused==false)
          {
            mMediaPlayer01.pause();
            bIsPaused = true;
            mTextView01.setText(R.string.str_pause);
          }
          else if(bIsPaused==true)
          {
            mMediaPlayer01.start();
            bIsPaused = false;
            mTextView01.setText(R.string.str_play);
          }
        }
      }
    }
    else
```

```
    {
      mTextView01.setText(R.string.str_err_nosd);
    }
  }
});
```

（7）编写单击“停止”按钮的处理事件，主要实现代码如下所示。

```
/* 终止按钮*/
mStop.setOnClickListener(new ImageButton.OnClickListener()
{
  public void onClick(View view)
  {
    if(checkSDCard())
    {
      try
      {
        if (mMediaPlayer01 != null)
        {
          if(bIsReleased==false)
          {
            mMediaPlayer01.seekTo(0);
            mMediaPlayer01.pause();
            mTextView01.setText(R.string.str_stop);
          }
        }
      }
      catch(Exception e)
      {
        mTextView01.setText(e.toString());
        Log.e(TAG, e.toString());
        e.printStackTrace();
      }
    }
    else
    {
      mTextView01.setText(R.string.str_err_nosd);
    }
  }
});
```

（8）定义方法 playVideo()下载指定 URL 地址的影片，并在下载后进行播放处理。主要实现代码如下所示。

```
/* 自定义下载 URL 影片并播放*/
private void playVideo(final String strPath)
{
  try
  {
    /* 若传入的 strPath 为现有播放的连接，则直接播放*/
    if (strPath.equals(currentFilePath) && mMediaPlayer01 != null)
    {
      mMediaPlayer01.start();
      return;
    }
```

```
else if(mMediaPlayer01 != null)
{
  mMediaPlayer01.stop();
}
currentFilePath = strPath;
/* 重新构建 MediaPlayer 对象*/
mMediaPlayer01 = new MediaPlayer();
/* 设置播放音量*/
mMediaPlayer01.setAudioStreamType(2);
/* 设置显示于 SurfaceHolder */
mMediaPlayer01.setDisplay(mSurfaceHolder01);
mMediaPlayer01.setOnErrorListener
(new MediaPlayer.OnErrorListener()
{
  @Override
  public boolean onError(MediaPlayer mp, int what, int extra)
  {
    Log.i
    (
      TAG,
      "Error on Listener, what: " + what + "extra: " + extra
    );
    return false;
  }
});
```

（9）定义 onBufferingUpdate 事件监听缓冲进度，具体实现代码如下所示。

```
mMediaPlayer01.setOnBufferingUpdateListener
(new MediaPlayer.OnBufferingUpdateListener()
{
  @Override
  public void onBufferingUpdate(MediaPlayer mp, int percent)
  {
    Log.i
    (
      TAG, "Update buffer: " +
      Integer.toString(percent) + "%"
    );
  }
});
```

（10）定义方法 run()接受连接并记录线程信息。先在运行线程时调用自定义函数来抓取下文，当下载完后调用 prepare()方法准备动作，当有异常发生时输出错误信息。主要实现代码如下所示。

```
Runnable r = new Runnable()
{
  public void run()
  {
    try
    {
      /* 在线程运行中，调用自定义函数抓取文件*/
      setDataSource(strPath);
      /* 下载完后才会调用 prepare */
```

```
            mMediaPlayer01.prepare();
            Log.i
            (
              TAG, "Duration: " + mMediaPlayer01.getDuration()
            );
            mMediaPlayer01.start();
            bIsReleased = false;
          }
          catch (Exception e)
          {
            Log.e(TAG, e.getMessage(), e);
          }
        }
      };
      new Thread(r).start();
    }
    catch(Exception e)
    {
      if (mMediaPlayer01 != null)
      {
        mMediaPlayer01.stop();
        mMediaPlayer01.release();
      }
    }
}
```

（11）定义方法 setDataSource()使用线程启动的方式来播放视频，具体实现代码如下所示。

```
/* 自定义 setDataSource，由线程启动*/
private void setDataSource(String strPath) throws Exception
{
  if (!URLUtil.isNetworkUrl(strPath))
  {
    mMediaPlayer01.setDataSource(strPath);
  }
  else
  {
    if(bIsReleased == false)
    {
      URL myURL = new URL(strPath);
      URLConnection conn = myURL.openConnection();
      conn.connect();
      InputStream is = conn.getInputStream();
      if (is == null)
      {
        throw new RuntimeException("stream is null");
      }
      File myFileTemp = File.createTempFile
      ("hippoplayertmp", "."+getFileExtension(strPath));

      currentTempFilePath = myFileTemp.getAbsolutePath();

      /*currentTempFilePath = /sdcard/mediaplayertmp39327.dat */
```

```
        FileOutputStream fos = new FileOutputStream(myFileTemp);
        byte buf[] = new byte[128];
        do
        {
          int numread = is.read(buf);
          if (numread <= 0)
          {
            break;
          }
          fos.write(buf, 0, numread);
        }while (true);
        mMediaPlayer01.setDataSource(currentTempFilePath);
        try
        {
          is.close();
        }
        catch (Exception ex)
        {
          Log.e(TAG, "error: " + ex.getMessage(), ex);
        }
      }
    }
}
```

（12）定义方法 getFileExtension()获取视频的扩展名，具体实现代码如下所示。

```
private String getFileExtension(String strFileName)
{
  File myFile = new File(strFileName);
  String strFileExtension=myFile.getName();
  strFileExtension=(strFileExtension.substring
  (strFileExtension.lastIndexOf(".")+1)).toLowerCase();

  if(strFileExtension=="")
  {
    /* 若无法顺利取得扩展名，默认为.dat */
    strFileExtension = "dat";
  }
  return strFileExtension;
}
```

（13）定义方法 checkSDCard()判断存储卡是否存在，主要实现代码如下所示。

```
private boolean checkSDCard()
{
  /* 判断存储卡是否存在*/
  if(android.os.Environment.getExternalStorageState().equals
  (android.os.Environment.MEDIA_MOUNTED))
  {
    return true;
  }
  else
  {
    return false;
  }
```

```
}
@Override
public void surfaceChanged
(SurfaceHolder surfaceholder, int format, int w, int h)
{
  Log.i(TAG, "Surface Changed");
}
public void surfaceCreated(SurfaceHolder surfaceholder)
{
  Log.i(TAG, "Surface Changed");
}

@Override
public void surfaceDestroyed(SurfaceHolder surfaceholder)
{
  Log.i(TAG, "Surface Changed");
}
```

在上述代码中，通过 EditText 来获取远程视频的 URL，然后将此网址的视频下载到手机的存储卡中，以暂存的方式保存在存储卡中。然后通过控制按钮来控制对视频的处理。在播放完毕并终止程序后，将暂存到 SD 中的临时视频删除。执行后在文本框中显示指定播放视频的 URL，当下载完毕后能实现播放处理。执行效果如图 14-1 所示。

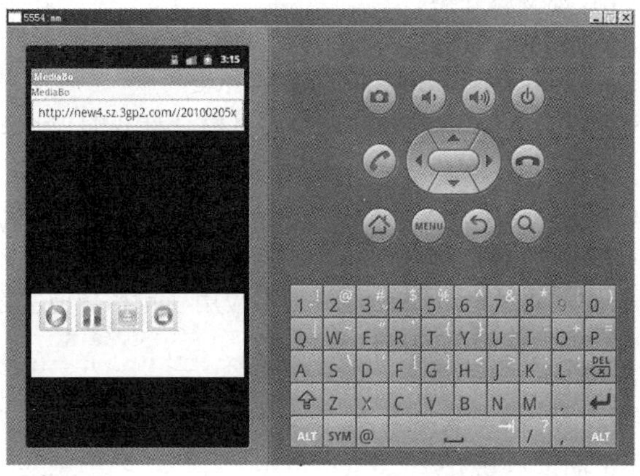

图 14-1　执行效果

实例中的 MediaProvider 相当于一个数据中心，在里面记录了 SD 卡中的所有数据，而 Gallery 的作用就是展示和操作这个数据中心，每次用户启动 Gallery 时，Gallery 只是读取 MediaProvider 中的记录并显示用户。如果用户在 Gallery 中删除一个媒体时，Gallery 通过调用 MediaProvider 开放的接口来实现。

14.2　使用 VideoView 播放视频

知识点讲解：光盘:视频\知识点\第 14 章\使用 VideoView 播放视频.avi

在 Android 系统中，内置了 VideoView Widget 作为多媒体视频播放器。本节将详细讲解使用 VideoView 播放视频的基本知识。

14.2.1 VideoView 基础

在 Android 系统中，VideoView 的用法和其他 Widget 私有方法类似。在使用 VideoView 时，必须先在 Layout XML 中定义 VideoView 属性，然后在程序中通过 findViewById()方法即可创建 VideoView 对象。

VideoView 的最大用处是播放视频文件，类 VideoView 可以从不同的来源（例如资源文件或内容提供器）读取图像，计算和维护视频的画面尺寸以使其适用于任何布局管理器，并提供一些诸如缩放、着色之类的显示选项。

1．构造函数

在类 VideoView 中有 3 个构造函数，其中第一个构造函数的语法格式如下所示。

```
public VideoView(Context context)
```

通过上述函数可以创建一个默认属性的 VideoView 实例，参数 context 表示视图运行的应用程序上下文，通过它可以访问当前主题、资源等。

第二个构造函数的语法格式如下所示。

```
public VideoView(Context context, AttributeSet attrs)
```

通过上述函数可以创建一个带有 attrs 属性的 VideoView 实例，各个参数的具体说明如下。

☑ context：表示视图运行的应用程序上下文，通过它可以访问当前主题、资源等。

☑ attrs：用于视图的 XML 标签属性集合。

第二个构造函数的语法格式如下所示。

```
public VideoView(Context context, AttributeSet attrs, int defStyle)
```

通过上述函数可以创建一个带有 attrs 属性，并且指定其默认样式的 VideoView 实例。各个参数的具体说明如下。

☑ context：视图运行的应用程序上下文，通过它可以访问当前主题、资源等。

☑ attrs：用于视图的 XML 标签属性集合。

☑ defStyle：应用到视图的默认风格。如果为 0 则不应用（包括当前主题中的）风格。该值可以是当前主题中的属性资源，或者是明确的风格资源 ID。

2．公共方法

在类 VideoView 中，包含了如下公共方法。

（1）public boolean canPause()：判断是否能够暂停播放视频。

（2）public boolean canSeekBackward()：判断是否能够倒退。

（3）public boolean canSeekForward()：判断是否能够快进。

（4）public int getBufferPercentage()：获得缓冲区的百分比。

（5）public int getCurrentPosition()：获得当前的位置。

（6）public int getDuration()：获得所播放视频的总时间。

（7）public boolean isPlaying()：判断是否正在播放视频。

（8）public boolean onKeyDown(int keyCode, KeyEvent event)：是 KeyEvent.Callback.onKeyMultiple()的默认实现。如果视图可用并可按，当按下 KEYCODE_DPAD_CENTER 或 KEYCODE_ENTER 时执行视图的按下事件。如果处理了事件则返回 true，如果允许下一个事件接受器处理该事件则返回 false。

各个参数的具体说明如下。

☑ keyCode：表示按下的键在 KEYCODE_ENTER 中定义的键盘代码。

☑ event：KeyEvent 对象，定义了按钮动作。

（9）public boolean onTouchEvent(MotionEvent ev)：通过该方法来处理触屏事件，参数 event 表示触屏事件。如果事件已经处理，返回 true，否则返回 false。

（10）public boolean onTrackballEvent(MotionEvent ev)：实现这个方法去处理轨迹球的动作事件，轨迹球相对于上次事件移动的位置能用 MotionEvent.getX()和 MotionEvent.getY()函数取回。当用户按下方向键时，将被作为一次移动操作来处理（为了表现来自轨迹球的更小粒度的移动信息，它们返回小数）。参数 ev 表示动作的事件。

（11）public void pause()：使播放暂停。

（12）public int resolveAdjustedSize(int desiredSize,int measureSpec)：取得调整后的尺寸。如果 measureSpec 对象传入的模式是 UNSPECIFIED，那么返回的是 desiredSize。如果 measureSpec 对象传入的模式是 AT_MOST，返回的将是 desiredSize 和 measureSpec 对象的尺寸两者中最小的那个。如果 measureSpec 对象传入的模式是 EXACTLY，那么返回的是 measureSpec 对象中的尺寸大小值。

注意： MeasureSpec 是一个 android.view.View 的内部类。它封装了从父类传送到子类的布局要求信息。每个 MeasureSpec 对象描述了控件的高度或者宽度。MeasureSpec 对象是由尺寸和模式组成的，有 3 个模式：UNSPECIFIED、EXACTLY、AT_MOST，这个对象由 MeasureSpec.makeMeasureSpec()函数创建。

（13）public void resume()：用于恢复挂起的播放器。

（14）public void seekTo(int msec)：设置播放位置。

（15）public void setMediaController(MediaController controller)：设置媒体控制器。

（16）public void setOnCompletionListener(MediaPlayer.OnCompletionListener l)：注册在媒体文件播放完毕时调用的回调函数。参数 l 表示要执行的回调函数。

（17）public void setOnErrorListener(MediaPlayer.OnErrorListener l)：注册在设置或播放过程中发生错误时调用的回调函数。如果未指定回调函数或回调函数返回假，VideoView 会通知用户发生了错误。参数 l 表示要执行的回调函数。

（18）public void setOnPreparedListener(MediaPlayer.OnPreparedListener l)：用于注册在媒体文件加载完毕，可以播放时调用的回调函数。参数 l 表示要执行的回调函数。

（19）public void setVideoPath(String path)：用于设置视频文件的路径名。

（20）public void setVideoURI(Uri uri)：设置视频文件的统一资源标识符。

（21）public void start()：开始播放视频文件。

（22）public void stopPlayback()：停止回放视频文件。

（23）public void suspend()：挂起视频文件的播放。

14.2.2　使用 VideoView 播放手机中的影片

经过 14.2.1 节中内容的介绍，我们已经了解了在 Android 系统中使用 VideoView 的基本知识。下面将通过一个具体实例的实现过程，讲解在 Android 系统中使用 VideoView 播放手机中的影片的方法。

题　目	目　的	源 码 路 径
实例 14-2	使用 VideoView 播放手机中的影片	光盘:\daima\14\VideoViewBo

在本实例中，预先准备了两个“.3gp”格式的视频文件，将这两个文件上传到虚拟 SD 卡中，然后插入两个按钮，当单击按钮后分别实现对这两个视频文件的播放。

编写主程序文件 example.java，其具体实现流程如下。

（1）设置默认判别是否安装存储卡 flag 值为 false，然后设置全屏显示。主要实现代码如下所示。

```
/* 默认判别是否安装存储卡 flag 为 false */
private boolean bIfSDExist = false;
public void onCreate(Bundle savedInstanceState)
{
  super.onCreate(savedInstanceState);

  /* 全屏 */
  getWindow().setFormat(PixelFormat.TRANSLUCENT);
  setContentView(R.layout.main);
```

（2）判断存储卡是否存在，如不存在则通过 mMakeTextToast 输出提示。具体实现代码如下所示。

```
/* 判断存储卡是否存在 */
if(android.os.Environment.getExternalStorageState().equals
(android.os.Environment.MEDIA_MOUNTED))
{
  bIfSDExist = true;
}
else
{
  bIfSDExist = false;
  mMakeTextToast
  (
    getResources().getText(R.string.str_err_nosd).toString(),
    true
  );
}
```

（3）定义单击第一个按钮的处理事件，通过函数 playVideo(strVideoPath)来播放第一个影片。具体实现代码如下所示。

```
mButton01.setOnClickListener(new Button.OnClickListener()
{
  @Override
  public void onClick(View arg0)
  {
    //TODO Auto-generated method stub
    if(bIfSDExist)
    {
      /* 播放影片路径 1 */
      strVideoPath = "file:///sdcard/hello.3gp";
      playVideo(strVideoPath);
    }
  }
});
```

（4）定义单击第二个按钮的处理事件，通过函数 playVideo(strVideoPath)来播放第二个影片。主要实现代码如下所示。

```
mButton02.setOnClickListener(new Button.OnClickListener()
{
  @Override
  public void onClick(View arg0)
  {
```

```
        //TODO Auto-generated method stub
        if(bIfSDExist)
        {
          /* 播放影片路径 2 */
          strVideoPath = "file:///sdcard/test.3gp";
          playVideo(strVideoPath);
        }
      }
    });
}
```

（5）定义方法 VideoView 来播放指定路径的影片，具体实现代码如下所示。

```
/* 自定义以 VideoView 播放影片 */
private void playVideo(String strPath)
{
  if(strPath!="")
  {
    /* 调用 VideoURI 方法，指定解析路径 */
    mVideoView01.setVideoURI(Uri.parse(strPath));

    /* 设置控制 Bar 显示于此 Context 中 */
    mVideoView01.setMediaController
    (new MediaController(example.this));

    mVideoView01.requestFocus();

    /* 调用 VideoView.start()自动播放 */
    mVideoView01.start();
    if(mVideoView01.isPlaying())
    {
      /* 以下程序不会被运行，因 start()后尚需要 preparing() */
      mTextView01.setText("Now Playing:"+strPath);
      Log.i(TAG, strPath);
    }
  }
}
```

（6）定义方法 mMakeTextToast()输出提醒语句，具体实现代码如下所示。

```
  public void mMakeTextToast(String str, boolean isLong)
  {
    if(isLong==true)
    {
      Toast.makeText(example.this, str, Toast.LENGTH_LONG).show();
    }
    else
    {
      Toast.makeText(example.this, str, Toast.LENGTH_SHORT).show();
    }
  }
}
```

执行后的效果如图 14-2 所示。当单击 “播放影片 A”和“播放影片 B”按钮后分别播放预设的影片。

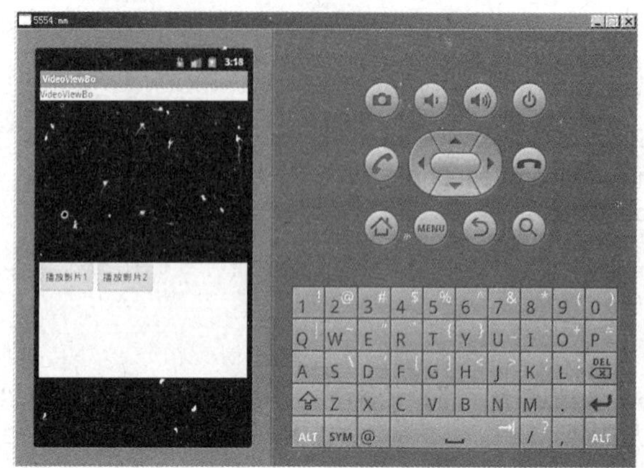

图 14-2　执行效果

其实类 VideoView 的功能不止如此，它还可以从不同的来源（例如资源文件或内容提供器）读取图像，计算和维护视频的画面尺寸以使其适用于任何布局管理器，并提供一些诸如缩放、着色之类的显示选项。

14.3　使用 Camera 拍照

知识点讲解：光盘:视频\知识点\第 14 章\使用 Camera 拍照.avi

拍照和录像已经成为当前手机的必备功能之一，在 Android 系统中，为我们提供了完整的相机拍照和录制视频接口，通过这些接口可以实现拍照和录制视频的功能。本节将详细讲解在 Android 系统中开发拍照应用程序的方法。

14.3.1　Camera 基础

从 Android 1.5 版本开始，在安全方面有诸多改进，其中之一与摄像头权限控制有关。在此之前，可以创建无须用户许可的拍照应用，但是现在该问题已被修复，如果想要在自己的应用中使用摄像头，需要在 AndroidManifest.xml 中增加以下代码。

```
<uses-permission android:name="android.permission.CAMERA"></uses-permission>
<uses-feature android:name="android.hardware.camera" />
<uses-feature android:name="android.hardware.camera.autofocus" />
```

在 Android 系统中，调用 Camera 最简单的办法是调用系统的功能，然后通过 onActivityResult()方法获得图像数据。如果读者不习惯使用 Android 的 XML 配置文件，为了代码简单可以先加一个 layout.xml 文件，例如下面的代码。

```
<?xml version="1.0" encoding="utf-8"?>
<LinearLayout xmlns:android="http://schemas.android.com/apk/res/android"
    android:orientation="vertical" android:layout_width="fill_parent"
    android:layout_height="fill_parent">
    <TextView android:text="Camera Demo" android:id="@+id/TextView01"
        android:layout_width="fill_parent" android:layout_height="wrap_content"></TextView>
    <RelativeLayout android:id="@+id/FrameLayout01" android:layout_weight="1"
        android:layout_width="fill_parent" android:layout_height="fill_parent"></RelativeLayout>
    <Button android:text="test" android:id="@+id/Button01"
        android:layout_width="wrap_content"  android:layout_height="wrap_content"  android:layout_gravity=
```

```
"center"></Button>
</LinearLayout>
```

然后编写调用 Camera 的代码，具体实现代码如下所示。

```
android.media.action.IMAGE_CAPTURE
final int TAKE_PICTURE = 1;
ImageView iv;

private void test1(){
        iv = new ImageView(this);
        ((FrameLayout)findViewById(R.id.FrameLayout01)).addView(iv);
        Button buttonClick = (Button)findViewById(R.id.Button01);
        buttonClick.setOnClickListener(new OnClickListener(){
                @Override
                public void onClick(View arg0) {
                        startActivityForResult(new Intent("android.media.action.IMAGE_CAPTURE"), TAKE_PICTURE);
                }

        });
}
protected void onActivityResult(int requestCode, int resultCode, Intent data) {
          if (requestCode == TAKE_PICTURE) {
                if (resultCode == RESULT_OK) {
                        Bitmap b = (Bitmap) data.getExtras().get("data");
                        iv.setImageBitmap(b);
                }
          }
}
```

上述方法是最简单的使用 Camera 的方法，通过对上述代码的分析，可以看出在 Camera 中用到的接口，具体说明如下。

（1）需要用 SurfaceHolder 类来显示图像，并获取 SurfaceHolder 类传递给 Camera。在以后 Camera 会通过该 Holder 对图像进行处理。所以程序中需要 SurfaceView 子类，并实现 SurfaceHolder.Callback 的如下接口。

```
public void surfaceChanged(SurfaceHolder holder, int format, int width,int height)
public void surfaceCreated(SurfaceHolder holder)
public void surfaceDestroyed(SurfaceHolder holder)
```

（2）在拍摄相片时主要用到下面的方法。

```
public final void takePicture(ShutterCallback shutter, PictureCallback raw, PictureCallback jpeg)
```

上述方法中的参数是回调接口，具体说明如下。

☑ ShutterCallback

void onShutter()：在拍照时调用该接口，用于按下拍摄按钮后播放声音等操作。

☑ PictureCallback

void onPictureTaken(byte[] data,Camera camera)：在拍照时调用该接口，data 为拍摄照片数据，camera 为 Camera 类自身。

（3）预览方式接口。

void onPreviewFrame(byte[] data,Camera camera)：通过该接口可以获取摄像头每一帧的图像数据，此外还有如下几个辅助方法。

☑ startPreview()：开始预览。

☑ stopPreview()：停止预览。

☑ previewEnabled()：是否可以预览。

（4）设置 Camera 属性的接口。

☑ setPictureFormat(int pixel_format)：设置图片的格式，其取值为 PixelFormat YCbCr_420_SP、PixelFormatRGB_565 或者 PixelFormatJPEG。

☑ setPreviewFormat(int pixel_format)：设置图片的预览格式。

☑ setPictureSize(int width,int height)：设置图片的高度和宽度，单位为像素。

☑ setPreviewSize(int width,int height)：设置预览的高度和宽度。

☑ setPreviewFrameRate(int fps)：设置图片预览的帧速。在设置好 Camera 的参数后，可以通过函数 void startPreview()开始预览图像、void stopPreview()结束预览，通过 autoFocus(AutoFocus Callback cb)自动对焦，最后可以通过 takePicture(ShutterCallback shutter, PictureCallback raw, PictureCallback jpeg)函数拍照。

注意： 函数 takePicture()有 3 个参数，分别为快门回调接口、原生图像数据接口和压缩格式图片数据接口。如果数据格式不存在，数据流为空，如果不需要实现这些接口，则这些参数取值可以为 null。

（5）其他接口方法。

☑ 自动对焦 AutoFocusCallback：能够实现摄像头自动对焦，success 表示自动对焦是否成功。原型如下。

```
void onAutoFocus(boolean success, Camera camera);
```

☑ void onError(int error, Camera camera)：摄像头发生错误时调用该接口。

☑ CAMERA_ERROR_UNKNOWN：表示未知错误。

☑ CAMERA_ERROR_SERVER_DIED：表示媒体服务已经死掉，需要释放 Camera 重新启动。

☑ setParameters(Parameters params)：设置摄像头参数。

14.3.2 使用 Camera 预览并拍照

下面将通过一个具体实例讲解使用 Camera 实现预览和拍照功能的方法。

题　目	目　的	源 码 路 径
实例 14-3	使用 Camera 预览并拍照	光盘:\daima\14\PaiZhao

本实例实现了一个简单的拍照功能，在实例中以 Activity 为基础，在 Layout 中配置了 3 个按钮，分别实现预览、关闭相机和拍照处理功能。当单击“拍照”按钮后会将屏幕中拍的画面截取下来并存储到 SD 卡中，然后将拍下来的图片显示在 Activity 中的 ImageView 控件中。为避免拍照相片造成的存储卡垃圾暂存堆栈，在离开程序前删除临时文件。本实例的主程序文件是 example.java，具体实现流程如下。

（1）引用 PictureCallback 作为取得拍照后的事件，具体实现代码如下所示。

```
/* 引用 Camera 类 */
import android.hardware.Camera;

/* 引用 PictureCallback 作为取得拍照后的事件 */
import android.hardware.Camera.PictureCallback;
import android.hardware.Camera.ShutterCallback;
```

```
import android.os.Bundle;
import android.util.DisplayMetrics;
import android.util.Log;
import android.view.SurfaceHolder;
import android.view.SurfaceView;
import android.view.View;
import android.view.Window;
import android.widget.Button;
import android.widget.ImageView;
import android.widget.TextView;
import android.widget.Toast;
```

（2）创建私有 Camera 对象，然后分别创建 mImageView01、mTextView01、TAG、mSurfaceView01、mSurfaceHolder01 和 intScreenY 作为预览相片之用。具体实现代码如下所示。

```
/* 使 Activity 实现 SurfaceHolder.Callback */
public class example10 extends Activity
implements SurfaceHolder.Callback
{
  /* 创建私有 Camera 对象 */
  private Camera mCamera01;
  private Button mButton01, mButton02, mButton03;

  /* 作为 review 照下来的相片用 */
  private ImageView mImageView01;
  private TextView mTextView01;
  private String TAG = "HIPPO";
  private SurfaceView mSurfaceView01;
  private SurfaceHolder mSurfaceHolder01;
  //private int intScreenX, intScreenY;
```

（3）设置默认相机预览模式为 false，将照下来的图片存储在\sdcard\camera_snap.jpg 目录下。具体实现代码如下所示。

```
/* 默认相机预览模式为 false */
private boolean bIfPreview = false;

/* 将照下来的图片存储在此 */
private String strCaptureFilePath = "/sdcard/camera_snap.jpg";
```

（4）使用 requestWindowFeature 设置全屏运行，然后判断存储卡是否存在，如果不存在则提醒用户未安装存储卡。具体实现代码如下所示。

```
public void onCreate(Bundle savedInstanceState)
{
  super.onCreate(savedInstanceState);

  /* 使应用程序全屏运行，不使用 title bar */
  requestWindowFeature(Window.FEATURE_NO_TITLE);
  setContentView(R.layout.main);

  /* 判断存储卡是否存在 */
  if(!checkSDCard())
  {
    /* 提醒 User 未安装存储卡 */
```

```
    mMakeTextToast
    (
      getResources().getText(R.string.str_err_nosd).toString(),
      true
    );
}
```

（5）通过 DisplayMetrics 对象 dm 获取屏幕解析像素，然后以 SurfaceView 作为相机预览之用，绑定 SurfaceView 后获取 SurfaceHolder 对象，通过 setFixedSize 可以设置预览大小。具体实现代码如下。

```
/* 取得屏幕解析像素 */
DisplayMetrics dm = new DisplayMetrics();
getWindowManager().getDefaultDisplay().getMetrics(dm);
mTextView01 = (TextView) findViewById(R.id.myTextView1);
mImageView01 = (ImageView) findViewById(R.id.myImageView1);
/* 以 SurfaceView 作为相机 Preview 之用 */
mSurfaceView01 = (SurfaceView) findViewById(R.id.mSurfaceView1);

/* 绑定 SurfaceView，取得 SurfaceHolder 对象 */
mSurfaceHolder01 = mSurfaceView01.getHolder();
/* Activity 必须实现 SurfaceHolder.Callback */
mSurfaceHolder01.addCallback(example10.this);

/* 额外的预览大小设置，在此不使用 */
/*以 SURFACE_TYPE_PUSH_BUFFERS(3)作为 SurfaceHolder 显示类型 */
mSurfaceHolder01.setType
(SurfaceHolder.SURFACE_TYPE_PUSH_BUFFERS);

mButton01 = (Button)findViewById(R.id.myButton1);
mButton02 = (Button)findViewById(R.id.myButton2);
mButton03 = (Button)findViewById(R.id.myButton3);
```

（6）编写打开相机和预览按钮事件，自定义初始化打开相机函数。具体实现代码如下所示。

```
/* 打开相机及 Preview */
mButton01.setOnClickListener(new Button.OnClickListener()
{
  @Override
  public void onClick(View arg0)
  {
    //TODO Auto-generated method stub

    /* 自定义初始化打开相机函数 */
    initCamera();
  }
});
```

（7）设置停止预览按钮事件，自定义重置相机并关闭相机预览函数。具体实现代码如下所示。

```
/* 停止 Preview 及相机 */
mButton02.setOnClickListener(new Button.OnClickListener()
{
  @Override
  public void onClick(View arg0)
  {
    /* 自定义重置相机，并关闭相机预览函数 */
```

```
        resetCamera();
    }
});
```

（8）设置停止拍照按钮事件，当存储卡存在才允许拍照，自定义函数 takePicture()实现拍照功能。具体实现代码如下所示。

```
/* 拍照 */
mButton03.setOnClickListener(new Button.OnClickListener()
{
    @Override
    public void onClick(View arg0)
    {
        // TODO Auto-generated method stub

        /* 当存储卡存在才允许拍照，存储暂存图像文件 */
        if(checkSDCard())
        {
            /* 自定义拍照函数 */
            takePicture();
        }
        else
        {
            /* 存储卡不存在显示提示 */
            mTextView01.setText
            (
                getResources().getText(R.string.str_err_nosd).toString()
            );
        }
    }
});
```

（9）定义方法 initCamera()，如果相机处于非预览模式则打开相机。具体实现代码如下所示。

```
/* 自定义初始相机函数 */
private void initCamera()
{
    if(!bIfPreview)
    {
        /* 若相机不在预览模式，则打开相机 */
        mCamera01 = Camera.open();
    }

    if (mCamera01 != null && !bIfPreview)
    {
        Log.i(TAG, "inside the camera");

        /* 创建 Camera.Parameters 对象 */
        Camera.Parameters parameters = mCamera01.getParameters();

        /* 设置相片格式为 JPEG */
        parameters.setPictureFormat(PixelFormat.JPEG);

        /* 指定 preview 的屏幕大小 */
        parameters.setPreviewSize(320, 240);
        /* 设置图片分辨率大小 */
```

```
        parameters.setPictureSize(320, 240);

        /* 将 Camera.Parameters 设置于 Camera */
        mCamera01.setParameters(parameters);

        /* setPreviewDisplay 唯一的参数为 SurfaceHolder */
        mCamera01.setPreviewDisplay(mSurfaceHolder01);

        /* 立即运行 Preview */
        mCamera01.startPreview();
        bIfPreview = true;
    }
}
```

（10）定义方法 takePicture()来调用 takePicture()实现拍照并截取图像。具体实现代码如下所示。

```
/* 拍照并截取图像 */
private void takePicture()
{
  if (mCamera01 != null && bIfPreview)
  {
    /* 调用 takePicture()方法拍照 */
    mCamera01.takePicture
    (shutterCallback, rawCallback, jpegCallback);
  }
}
```

（11）定义方法 resetCamera()实现相机重置，具体实现代码如下所示。

```
/* 相机重置 */
private void resetCamera()
{
  if (mCamera01 != null && bIfPreview)
  {
    mCamera01.stopPreview();
    /* 扩展学习，释放 Camera 对象 */
    //mCamera01.release();
    mCamera01 = null;
    bIfPreview = false;
  }
}

private ShutterCallback shutterCallback = new ShutterCallback()
{
  public void onShutter()
  {
    //快门已关闭
  }
};

private PictureCallback rawCallback = new PictureCallback()
{
  public void onPictureTaken(byte[] _data, Camera _camera)
  {
```

```
        //TODO Handle RAW image data
    }
};
```

（12）定义方法 delFile(String strFileName)自定义删除临时文件，具体实现代码如下所示。

```
/* 自定义删除文件函数 */
private void delFile(String strFileName)
{
    try
    {
        File myFile = new File(strFileName);
        if(myFile.exists())
        {
            myFile.delete();
        }
    }
    catch (Exception e)
    {
        Log.e(TAG, e.toString());
        e.printStackTrace();
    }
}
```

（13）定义方法 mMakeTextToast(String str, boolean isLong)输出提示语句。具体实现代码如下所示。

```
public void mMakeTextToast(String str, boolean isLong)
{
    if(isLong==true)
    {
        Toast.makeText(example10.this, str, Toast.LENGTH_LONG).show();
    }
    else
    {
        Toast.makeText(example10.this, str, Toast.LENGTH_SHORT).show();
    }
}
```

（14）定义方法 checkSDCard()检查是否有存储卡，具体实现代码如下所示。

```
private boolean checkSDCard()
{
    /* 判断存储卡是否存在 */
    if(android.os.Environment.getExternalStorageState().equals
    (android.os.Environment.MEDIA_MOUNTED))
    {
        return true;
    }
    else
    {
        return false;
    }
}
public void surfaceChanged
(SurfaceHolder surfaceholder, int format, int w, int h)
{
```

```
    Log.i(TAG, "Surface Changed");
}

public void surfaceCreated(SurfaceHolder surfaceholder)
{
    Log.i(TAG, "Surface Changed");
}
```

在文件 AndroidManifest.xml 中声明 android.permission.CAMERA 权限，具体实现代码如下所示。

```
<uses-permission android:name="android.permission.CAMERA">
```

执行后的效果如图 14-3 所示，分别单击“点击预览”、“拍照”和“关闭相机”按钮后可以实现对应的功能。

图 14-3　执行效果

14.3.3　使用 Camera API 方式拍照

在 Android 系统中，当通过 Camera API 方式实现拍照功能时，需要用到如下类。

（1）Camera 类：最主要的类，用于管理 Camera 设备，常用的方法如下。

☑ open()：通过 open 方法获取 Camera 实例。
☑ setPreviewDisplay(SurfaceHolder)：设置预览拍照。
☑ startPreview()：开始预览。
☑ stopPreview()：停止预览。
☑ release()：释放 Camera 实例。
☑ takePicture(Camera.ShutterCallback shutter, Camera.PictureCallback raw, Camera.PictureCallback jpeg)：这是拍照要执行的方法，包含了 3 个回调参数。其中参数 Shutter 是快门按下时的回调，参数 raw 是获取拍照原始数据的回调，参数 jpeg 是获取经过压缩成 jpg 格式的图像数据。
☑ Camera.PictureCallback 接口：该回调接口包含了一个 onPictureTaken(byte[]data, Camera camera)方法。在这个方法中可以保存图像数据。

（2）SurfaceView 类：用于控制预览界面。其中 SurfaceHolder.Callback 接口用于处理预览的事件，需要实现如下 3 个方法。

☑ surfaceCreated(SurfaceHolderholder)：预览界面创建时调用，每次界面改变后都会重新创建，需要获取相机资源并设置 SurfaceHolder。

☑ surfaceChanged(SurfaceHolderholder, int format, int width, int height)：在预览界面发生变化时调用，每次界面发生变化之后需要重新启动预览。

☑ surfaceDestroyed(SurfaceHolderholder)：预览销毁时调用，停止预览，释放相应资源。

下面将通过一个具体实例讲解使用 Camera API 方式拍照的方法。

题　目	目　的	源 码 路 径
实例 14-4	使用 Camera API 方式拍照	光盘:\daima\14\AndroidCamera

本实例的具体实现流程如下。

（1）在布局文件 main.xml 中插入一个 Capture 按钮，主要实现代码如下所示。

```
<FrameLayout
  android:id="@+id/camera_preview"
  android:layout_width="fill_parent"
  android:layout_height="fill_parent"
  android:layout_weight="1"
  />

<Button
  android:id="@+id/button_capture"
  android:text="Capture"
  android:layout_width="wrap_content"
  android:layout_height="wrap_content"
  android:layout_gravity="center"
  />
```

（2）在文件 AndroidManifest.xml 中添加使用 Camera 相关的声明，具体代码如下所示。

```
<uses-permission android:name="android.permission.CAMERA" />
<uses-feature android:name="android.hardware.camera" />
<uses-feature android:name="android.hardware.camera.autofocus" />
<uses-permission android:name="android.permission.WRITE_EXTERNAL_STORAGE" />
```

（3）编写 AndroidCameraActivity 类，具体实现代码如下所示。

```
public class AndroidCameraActivity extends Activity implements OnClickListener, PictureCallback {
    private CameraSurfacePreview mCameraSurPreview = null;
    private Button mCaptureButton = null;
    private String TAG = "Dennis";

    @Override
    protected void onCreate(Bundle savedInstanceState) {
        super.onCreate(savedInstanceState);
        setContentView(R.layout.main);

        FrameLayout preview = (FrameLayout) findViewById(R.id.camera_preview);
        mCameraSurPreview = new CameraSurfacePreview(this);
        preview.addView(mCameraSurPreview);

        mCaptureButton = (Button) findViewById(R.id.button_capture);
        mCaptureButton.setOnClickListener(this);
    }

    @Override
    public void onPictureTaken(byte[] data, Camera camera) {
```

```
        File pictureFile = getOutputMediaFile();
            if (pictureFile == null){
                Log.d(TAG, "Error creating media file, check storage permissions: ");
                return;
            }

            try {
                FileOutputStream fos = new FileOutputStream(pictureFile);
                fos.write(data);
                fos.close();

                Toast.makeText(this, "Image has been saved to "+pictureFile.getAbsolutePath(),
                        Toast.LENGTH_LONG).show();
            } catch (FileNotFoundException e) {
                Log.d(TAG, "File not found: " + e.getMessage());
            } catch (IOException e) {
              Log.d(TAG, "Error accessing file: " + e.getMessage());
            }

            camera.startPreview();

            mCaptureButton.setEnabled(true);
    }

    @Override
    public void onClick(View v) {
        mCaptureButton.setEnabled(false);

        mCameraSurPreview.takePicture(this);
    }

    private File getOutputMediaFile(){
        File picDir = Environment.getExternalStoragePublicDirectory(Environment.DIRECTORY_PICTURES);

        String timeStamp = new SimpleDateFormat("yyyyMMdd_HHmmss").format(new Date());

        return new File(picDir.getPath() + File.separator + "IMAGE_"+ timeStamp + ".jpg");
    }
}
```

通过上述实现代码，可以看出通过 Camera 方式实现拍照的基本流程如下。

（1）通过 Camera.open()获取 Camera 实例。

（2）创建 Preview 类，需要继承 SurfaceView 类并实现 SurfaceHolder.Callback 接口。

（3）为相机设置 Preview。

（4）构建一个 Preview 的 Layout 来预览相机。

（5）为拍照建立 Listener 以获取拍照后的回调。

（6）拍照并保存文件。

（7）释放 Camera。

本实例需要在有摄像头的真机上运行，拍完照之后可以在 SD 卡中的 Pictures 目录下找到保存的照片。

第 15 章　OpenGL ES 3.1 三维处理

OpenGL ES（OpenGL for Embedded Systems）是 OpenGL 三维图形 API 的子集，是专门针对手机、PDA 和游戏主机等嵌入式设备而设计的。在 Android 系统中，可以通过 OpenGL ES 提供的 API 实现三维效果功能。本章将详细讲解使用 OpenGL 3.1 处理三维图形的知识，为读者步入后面知识的学习打下基础。

- ☑ 113：OpenGL ES 3.1 系统初步分析.pdf
- ☑ 114：libGLESv1_CM.so 包裹库详解.pdf
- ☑ 115：libGLESv2 包裹库详解.pdf
- ☑ 116：libEGL 包裹库详解.pdf
- ☑ 117：绘制一个圆环.pdf
- ☑ 118：绘制一个抛物面效果.pdf
- ☑ 119：绘制一个螺旋面效果.pdf
- ☑ 120：实现滤光器效果.pdf

知识拓展

15.1　OpenGL ES 基础

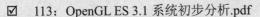

知识点讲解：光盘:视频\知识点\第 15 章\OpenGL ES 基础.avi

OpenGL ES API 由 Khronos 集团定义推广，Khronos 是一个图形软硬件行业协会，该协会主要关注图形和多媒体方面的开放标准。OpenGL ES 是从 OpenGL 裁剪定制而来的，去除了 glBegin/glEnd、四边形（GL_QUADS）、多边形（GL_POLYGONS）等复杂图元等许多非绝对必要的特性。

15.1.1　OpenGL ES 3.1 介绍

2014 年 3 月，在 GDC 2014 大会即将开幕之际，Khronos Group 正式发布了新的 OpenGL ES 3.1。OpenGL ES 3.0 的技术特性几乎完全来自于 OpenGL 3.x，而新鲜出炉的 OpenGL ES 3.1 虽然版本号提升很小，却完全变成了 OpenGL 4.x 的子集，继承了其多项重要功能。

（1）计算着色器（Compute Shaders）

新版的支柱性功能，来自 OpenGL 4.3。通过它，应用可使用 GPU 执行通用目的的计算任务，并与图形渲染紧密相连，将大大增强移动设备的计算能力。此外，计算着色器是用 GLSL ES 着色语言编写的，可与图形流水线共享数据，开发也更容易。

（2）独立的着色器对象

应用可为 GPU 的定点、碎片着色器阶段独立编程，无须明确的连接步骤即可将定点、碎片程序混合匹配在一起。

（3）间接呼叫指令

GPU 可以从内存获取呼叫指令，而不必等待 CPU。举个例子，这可以让 GPU 上的计算着色器执行物理模拟，然后生成显示结果所需的呼叫指令，全程不必 CPU 参与。

（4）增强的纹理功能

包括多重采样纹理、模板纹理、纹理聚集等。

（5）着色语言改进

新的算法和位字段（bitfield）操作，还有现代方式的着色器编程。

（6）可选扩展

每采样着色、高级混合模式等。

（7）向下兼容

完全兼容 OpenGL ES 2.0/3.0，程序员可在已有基础上增加 3.1 特性。

15.1.2 Android 全面支持 OpenGL ES 3.1

Android 系统从 5.0 版本开始，全面支持 OpenGL 最新的嵌入式移动版本 OpenGL ES 3.1。和旧版本的 OpenGL ES 相比，OpenGL ES 3.1 拥有更多的缓冲区对象，支持 GLSL ES 3.1 着色语言、32 位整数和浮点数据类型操作，统一了纹理压缩格式 ETC，实现了多重渲染目标和多重采样抗锯齿。这将为 Android 游戏带来更加出色的视觉效果，鼓舞开发商重视安卓平台上的 3D 游戏业务，同时利好于谷歌游戏中心（Google Play Games）。

15.2 OpenGL ES 的基本应用

知识点讲解：光盘:视频\知识点\第 15 章\OpenGL ES 的基本应用.avi

在 Android 系统中，使用 OpenGL ES 的目的主要是构建三维效果。在 OpenGL ES 开发应用中，三维效果都是通过构建三角形实现的。本节将详细介绍使用 OpenGL ES 技术绘制三角形的方法。

15.2.1 使用点线法绘制三角形

在 Android 系统中，使用 OpenGL ES 绘制三角形的方法有多种，其中最常用的如下。

（1）GL_POINTS

把每个顶点作为一个点进行处理，索引数组中的第 n 个顶点即定义了点 n，共绘制 n 个点。例如，索引数组{0，1，2，3，4}。

（2）GL_INES

把每两个顶点作为一条独立的线段面，索引数组中的第 2n 和第 2n+l 顶点之间共定义了第 n 条线段，总共绘制了 n/2 条线段。如果 n 为奇数，则忽略最后一个顶点。例如，索引数组{0，3，2，1}。

（3）GL_LINE_STRIF

绘制索引数组中从第 0 个顶点到最后一个顶点依次相连的一组线段，第 n 个和第 n+l 个顶点定义了线段 n，总共绘制 n-1 条线段。例如，索引数组{0，3，2，1}。

（4）GL_LINE_LOOP

绘制索引数组中从第 0 个顶点到最后一个顶点依次相连的一组线段，第 n 个和第 n+1 个顶点定义了线段 n，总共绘制 n-1 条线段。例如，索引数组{0，3，2，1}。

（5）GL_TRIANGLES

把索引数组中的每 3 个顶点作为一个独立三角形。索引数组中第 3n、3n+1 和 3n+2 顶点定义了第 n 个

三角形，总共绘制 n/3 个三角形。例如，索引数组{0，1，2，2，1，3}。

（6）GL_TRIANGLE_STRIP

此方式用于绘制一组相连的三角形。对于索引数组中的第 n 个点，如果 n 为奇数，则第 n、第 n+1、第 n+2 顶点定义了第 n 个三角形；如果 n 为偶数，则第 n、第 n+1 和第 n+2 顶点定义了第 n 个三角形。总共可绘制 n−2 个三角形。例如，索引数组{0，1，2，3，4}。

（7）GL_TRIANGLE_FAN

绘制一组相连的三角形。三角形是由索引数组中的第 0 个顶点及其后给定的顶点所确定的。顶点 0、n+1 和 n+2 定义了第 n 个三角形，一共可绘制 n−2 个三角形。例如，索引数组{0，1，2，3，4}。

下面将通过一个具体的实例向读者演示使用点线法绘制三角形的方法。

题　目	目　的	源码路径
实例 15-1	使用 GL_TRIANGLES 方法绘制三角形	光盘:\daima\15\threeCH

本实例的实现流程如下所示。

（1）编写布局文件 main.xml，设置垂直方向布局和线型布局的 ID，主要实现代码如下所示。

```
<?xml version="1.0" encoding="utf-8"?>
<LinearLayout xmlns:android="http://schemas.android.com/apk/res/android"
    android:orientation="vertical"
    android:id="@+id/main_liner"
    android:layout_width="fill_parent"
    android:layout_height="fill_parent">
</LinearLayout>
```

（2）编写文件 MyActivity.java，用于重写 onCreate()方法，在创建时为 Activity 设置布局，在暂停的同时保存 mSurfaceView，在恢复的同时恢复 mSurfaceView。主要实现代码如下所示。

```
public class MyActivity extends Activity {
    private MySurfaceView mSurfaceView;
    @Override
    public void onCreate(Bundle savedInstanceState) {
        super.onCreate(savedInstanceState);
        setContentView(R.layout.main);
        mSurfaceView=new MySurfaceView(this);                          //创建 MySurfaceView 对象
        mSurfaceView.requestFocus();                                   //获取焦点
        mSurfaceView.setFocusableInTouchMode(true);                    //设置可触控模式
        LinearLayout ll=(LinearLayout)this.findViewById(R.id.main_liner);   //获得对线性布局的引用
        ll.addView(mSurfaceView);
    }
    @Override
    protected void onPause() {
        super.onPause();
        mSurfaceView.onPause();
    }
    @Override
    protected void onResume() {
        super.onResume();
        mSurfaceView.onResume();
    }
}
```

（3）编写文件 MySurfaceView.java，首先引入相关类及自定义视图来加载图像，然后角度缩放比例，并重写触控事件的回调方法来计算在屏幕上滑动多少距离对应物体应该旋转多少度，最后定义渲染器类，实现其内部的相关方法来渲染场景。文件 MySurfaceView.java 的主要实现代码如下所示。

```
public class MySurfaceView extends GLSurfaceView {
    //设置角度缩放比例，即屏幕宽 320，从屏幕的一端滑到另一端，x 轴上的差距对应相应的需要旋转的角度
    private final float TOUCH_SCALE_FACTOR=180.0f/320;
    private SceneRenderer myRenderer;                                   //设置场景渲染器
    private float myPreviousY;                                          //屏幕触控位置的 Y 坐标
    private float myPreviousX;                                          //屏幕触控位置的 X 坐标
    public MySurfaceView(Context context) {
        super(context);
        myRenderer=new SceneRenderer();
        this.setRenderer(myRenderer);
        this.setRenderMode(GLSurfaceView.RENDERMODE_CONTINUOUSLY);//设置渲染模式为主动渲染
    }
    //触摸事件回调方法
    public boolean onTouchEvent(MotionEvent event) {
        //TODO Auto-generated method stub
        float y=event.getY();                                           //获得当前触点的 Y 坐标
        float x=event.getX();                                           //获得当前触点的 X 坐标
        switch(event.getAction()){
        case MotionEvent.ACTION_MOVE:
            float dy=y-myPreviousY;                                     //滑动距离在 y 轴方向上的垂直距离
            float dx=x-myPreviousX;                                     //滑动距离在 x 轴方向上的垂直距离
            myRenderer.tr.yAngle+=dx*TOUCH_SCALE_FACTOR;    //设置沿 y 轴旋转角度
            myRenderer.tr.zAngle+=dy*TOUCH_SCALE_FACTOR;    //设置沿 z 轴旋转角度
            requestRender();                                            //渲染画面
        }
        myPreviousY=y;
        myPreviousX=x;
        return true;
    }
    //内部类，实现 Renderer 接口，渲染器
    private class SceneRenderer implements GLSurfaceView.Renderer{
        Triangle tr=new Triangle();
        public SceneRenderer(){
        }
        @Override
        public void onDrawFrame(GL10 gl) {
            gl.glEnable(GL10.GL_CULL_FACE);
            gl.glShadeModel(GL10.GL_SMOOTH);
            gl.glFrontFace(GL10.GL_CCW);
            //分别清除颜色缓存和深度缓存
            gl.glClear(GL10.GL_COLOR_BUFFER_BIT|GL10.GL_DEPTH_BUFFER_BIT);
            gl.glMatrixMode(GL10.GL_MODELVIEW);
            gl.glLoadIdentity();
            gl.glTranslatef(0, 0, -2.0f);
            tr.drawSelf(gl);
        }
```

```
    @Override
    public void onSurfaceChanged(GL10 gl, int width, int height) {
            gl.glViewport(0, 0, width, height);
            gl.glMatrixMode(GL10.GL_PROJECTION);
            gl.glLoadIdentity();
            float ratio=(float)width/height;
            gl.glFrustumf(-ratio, ratio, -1, 1, 1, 10);
    }
    @Override
    public void onSurfaceCreated(GL10 gl, EGLConfig config) {
          gl.glDisable(GL10.GL_DITHER);                              //关闭抗抖动
          gl.glHint(GL10.GL_PERSPECTIVE_CORRECTION_HINT,GL10.GL_FASTEST);
          gl.glClearColor(0, 255, 255, 0);                           //设置屏幕背景色为蓝色
          gl.glEnable(GL10.GL_DEPTH_TEST);                           //启用深度检测
    }}}
```

（4）编写文件 threeCH.java，首先在此定义类 threeCH 来绘制图形，然后初始化三角形的顶点数据缓冲和颜色数据缓冲，并创建整型类型的顶点数据数组，最后定义应用程序中各个实现场景物体的绘制方法。文件 threeCH.java 的主要实现代码如下所示。

```
public class threeCH {
    private IntBuffer myVertexBuffer;
    private IntBuffer myColorBuffer;
    private ByteBuffer myIndexBuffer;
    int vCount=0;                                                    //初始顶点数量
    int iCount=0;                                                    //初始索引数量
    float yAngle=0;                                                  //初始绕 y 轴旋转的角度
    float zAngle=0;                                                  //初始绕 z 轴旋转的角度
    public threeCH(){
        vCount=3;                                                    //一个三角形，3 个顶点
        final int UNIT_SIZE=10000;                                   //缩放比例
        int []vertices=new int[]
          {
                -8*UNIT_SIZE,6*UNIT_SIZE,0,
                -8*UNIT_SIZE,-6*UNIT_SIZE,0,
                8*UNIT_SIZE,-6*UNIT_SIZE,0
          };
        //创建顶点坐标数据缓存，在此必须经过 ByteBuffer 转换
        ByteBuffer vbb=ByteBuffer.allocateDirect(vertices.length*4);
        vbb.order(ByteOrder.nativeOrder());
        myVertexBuffer=vbb.asIntBuffer();
        myVertexBuffer.put(vertices);
        myVertexBuffer.position(0);
        final int one=65535;
        int []colors=new int[]
        {
            one,one,one,0,
            one,one,one,0,
            one,one,one,0
        };
```

```
        ByteBuffer cbb=ByteBuffer.allocateDirect(colors.length*4);
        cbb.order(ByteOrder.nativeOrder());
        myColorBuffer=cbb.asIntBuffer();
        myColorBuffer.put(colors);
        myColorBuffer.position(0);
        //为三角形构造索引数据初始化
        iCount=3;
        byte []indices=new byte[]
            {
                    0,1,2
            };
        //创建三角形构造索引数据缓冲
        myIndexBuffer=ByteBuffer.allocateDirect(indices.length);
        myIndexBuffer.put(indices);
        myIndexBuffer.position(0);
    }
    //设置 GL10 表示是实现接口 GL 的一个公共接口，在里面包含了一系列常量和抽象方法
    public void drawSelf(GL10 gl)
    {
        gl.glEnableClientState(GL10.GL_VERTEX_ARRAY);//启用顶点坐标数组
        gl.glEnableClientState(GL10.GL_COLOR_ARRAY);        //启用顶点颜色数组

        gl.glRotatef(yAngle,0,1,0);                          //根据 yAngle 的角度值，绕 y 轴旋转 yAngle
        gl.glRotatef(zAngle,0,0,1);

        gl.glVertexPointer                                   //为画笔指定顶点坐标数据
        (
                3,
                GL10.GL_FIXED,
                0,
                myVertexBuffer
        );
        gl.glColorPointer                                    //为画笔指定顶点颜色数据
        (
            6,
            GL10.GL_FIXED,
            0,
            myColorBuffer
        );
        gl.glDrawElements                                    //绘制图形
        (
            GL10.GL_TRIANGLES,                               //填充模式，这里是以三角形方式填充
            iCount,                                          //顶点数量
            GL10.GL_UNSIGNED_BYTE,                           //索引值的类型
            myIndexBuffer                                    //索引值数据
        );
    }}
```

执行后将显示一个青色屏幕背景，颜色为白色的直角三角形。执行效果如图 15-1 所示。

图 15-1　执行效果

15.2.2　使用索引法绘制三角形

索引法是指通过调用 gl.glDrawElements()方法来绘制各种基本几何图形。在 OpenGL ES 中，方法 glDrawElements()的语法格式如下所示。

```
glDrawElements(int mode,int count, int type,Buffer indices)
```

☑ mode：定义画什么样的图元。

☑ count：定义一共有多少个索引值。

☑ type：定义索引数组使用的类型。

☑ indices：绘制顶点使用的索引缓存。

下面将通过一个具体实例的实现流程，详细讲解使用索引法绘制三角形的方法。

题　　目	目　　的	源 码 路 径
实例 15-2	使用索引法绘制三角形	光盘:\daima\15\suoyinCH

本实例的实现流程如下。

（1）编写文件 MyActivity.java，具体实现流程如下。

☑ 先引入相关包，并声明了 MySurfaceView 对象。

☑ 为布局文件中的按钮添加的监听器类，分别用于监听 3 个不同的按钮。

☑ 重写 onPause()继承父类的方法，并同时挂起或恢复 MySurfaceView 视图。

文件 MyActivity.java 的主要实现代码如下所示。

```
public class MyActivity extends Activity {
    private MySurfaceView mSurfaceView;                          //声明 MySurfaceView 对象
    public void onCreate(Bundle savedInstanceState) {
        super.onCreate(savedInstanceState);
        setContentView(R.layout.main);                           //布局文件
        mSurfaceView=new MySurfaceView(this);
        mSurfaceView.requestFocus();                             //获取焦点
        mSurfaceView.setFocusableInTouchMode(true);              //设置为可触控
        //获得线性布局的引用
        LinearLayout ll=(LinearLayout)this.findViewById(R.id.main_liner);
        ll.addView(mSurfaceView);
        //获得第一个开关按钮的引用
        ToggleButton tb01=(ToggleButton)this.findViewById(R.id.ToggleButton01);
```

```
        tb01.setOnCheckedChangeListener(new FirstListener());
        //获得第二个开关按钮的引用
        ToggleButton tb02=(ToggleButton)this.findViewById(R.id.ToggleButton02);
        tb02.setOnCheckedChangeListener(new SecondListener());
        //获得第三个开关按钮的引用
        ToggleButton tb03=(ToggleButton)this.findViewById(R.id.ToggleButton03);
        tb03.setOnCheckedChangeListener(new ThirdListener());
    }
    class FirstListener implements OnCheckedChangeListener{
        @Override
        public void onCheckedChanged(CompoundButton buttonView,
                boolean isChecked) {
            mSurfaceView.setBackFlag(!mSurfaceView.isBackFlag());
        }
    }
    class SecondListener implements OnCheckedChangeListener{        //声明第二个按钮的监听器
        @Override
        public void onCheckedChanged(CompoundButton buttonView,
                boolean isChecked) {
            mSurfaceView.setSmoothFlag(!mSurfaceView.isSmoothFlag());
        }
    }
    class ThirdListener implements OnCheckedChangeListener{         //声明第三个按钮的监听器
        @Override
        public void onCheckedChanged(CompoundButton buttonView,
                boolean isChecked) {
            mSurfaceView.setSelfCulling(!mSurfaceView.isSelfCulling());
        }
    }
    @Override
    protected void onPause() {
        super.onPause();
        mSurfaceView.onPause();
    }
    @Override
    protected void onResume() {
        super.onResume();
        mSurfaceView.onResume();
    }
}
```

（2）编写文件 MySurfaceView.java，具体实现流程如下。

☑ 在创建 MySurfaceView 对象的同时设置渲染器和渲染模式。

☑ 设置背面剪裁、平滑着色、自定义卷绕标志位的方法。

☑ 定义了触摸回调方法以实现屏幕触控，并在屏幕上滑动而使场景物体旋转的功能。

☑ 定义渲染器内部类以实现图像的渲染、屏幕横竖发生变化时的措施。

☑ 重写 onDrawFrame()方法，分别实现背面剪裁、平滑着色功能，并在屏幕横竖空间位置发生变化时自动调用。

☑ 当 MySurfaceView 被调用时以初始化屏幕背景颜色、绘制模式、是否深度检测等。

文件 MySurfaceView.java 的主要实现代码如下所示。

```
public class MySurfaceView extends GLSurfaceView {
    private final float TOUCH_SCALE_FACTOR=180.0f/320;          //设置角度缩放比例
    private SceneRenderer myRenderer;                            //场景渲染器
    private boolean backFlag=false;                              //设置是否打开背面剪裁标志
    private boolean smoothFlag=false;                            //设置是否打开平面着色标志
    private boolean selfCulling=false;
    private float myPreviousY;
    private float myPreviousX;
    public MySurfaceView(Context context) {
        super(context);
        myRenderer=new SceneRenderer();
        this.setRenderer(myRenderer);                            //设置渲染器
        this.setRenderMode(GLSurfaceView.RENDERMODE_CONTINUOUSLY);//渲染模式为主动渲染
    }
    public void setBackFlag(boolean flag){
        this.backFlag=flag;
    }
    public boolean isBackFlag(){
        return backFlag;
    }
    public void setSmoothFlag(boolean flag){
        this.smoothFlag=flag;
    }
    public boolean isSmoothFlag(){
        return smoothFlag;
    }
    public void setSelfCulling(boolean flag){
        this.selfCulling=flag;
    }
    public boolean isSelfCulling(){
        return selfCulling;
    }
    //触摸事件回调方法
    @Override
    public boolean onTouchEvent(MotionEvent event) {
        float y=event.getY();
        float x=event.getX();
        switch(event.getAction()){
        case MotionEvent.ACTION_MOVE:
            float dy=y-myPreviousY;
            float dx=x-myPreviousX;
            myRenderer.tp.yAngle+=dx*TOUCH_SCALE_FACTOR;
            myRenderer.tp.zAngle+=dy*TOUCH_SCALE_FACTOR;
            requestRender();
        }
        myPreviousY=y;
        myPreviousX=x;
        return true;
    }
    private class SceneRenderer    implements GLSurfaceView.Renderer{
        suoyinCH tp=new suoyinCH();
```

```
    public SceneRenderer(){}
    @Override
    public void onDrawFrame(GL10 gl) {
        if(backFlag){
            gl.glEnable(GL10.GL_CULL_FACE);                    //打开背面剪裁
        }
        else{
            gl.glDisable(GL10.GL_CULL_FACE);                   //关闭背面剪裁
        }

        if(smoothFlag){
            gl.glShadeModel(GL10.GL_SMOOTH);                   //平滑着色
        }
        else{
            gl.glShadeModel(GL10.GL_FLAT);                     //不平滑着色
        }

        if(selfCulling){
            gl.glFrontFace(GL10.GL_CW);                        //自定义卷绕顺序为顺时针为正面
        }
        else{
            gl.glFrontFace(GL10.GL_CCW);                       //自定义卷绕顺序为逆时针为正面
        }
        gl.glClear(GL10.GL_COLOR_BUFFER_BIT|GL10.GL_DEPTH_BUFFER_BIT);
        gl.glMatrixMode(GL10.GL_MODELVIEW);
        gl.glLoadIdentity();
        gl.glTranslatef(0, 0, -2.0f);
        tp.drawSelf(gl);
    }
    @Override
    public void onSurfaceChanged(GL10 gl, int width, int height) {
        gl.glViewport(0, 0, width, height);
        gl.glMatrixMode(GL10.GL_PROJECTION);
        gl.glLoadIdentity();
        float ratio=(float)width/height;
        gl.glFrustumf(-ratio, ratio, -1, 1, 1, 10);
    }
    @Override
    public void onSurfaceCreated(GL10 gl, EGLConfig config) {
        gl.glDisable(GL10.GL_DITHER);                          //关闭抗抖动
        gl.glHint(GL10.GL_PERSPECTIVE_CORRECTION_HINT,GL10.GL_FASTEST);
        gl.glClearColor(0, 255, 255, 0);                       //设置屏幕背景色为青色
        gl.glEnable(GL10.GL_DEPTH_TEST);                       //启用深度检测机制
    }}}
```

（3）编写文件 suoyinCH.java，定义 suoyinCH 类的构造器来初始化相关数据，这些数据包括初始化三角形的顶点数据缓冲、颜色数据缓冲、索引数据缓冲。然后定义应用程序中具体实现场景物体的绘制方法，主要包括启用相应数组、旋转场景中物体、指定画笔的顶点坐标数据和顶点颜色数据，并用画笔实现绘图功能。文件 suoyinCH.java 的主要代码如下所示。

```
public class suoyinCH {
    private IntBuffer myVertexBuffer;
```

```
    private IntBuffer myColorBuffer;
    private ByteBuffer myIndexBuffer;
    int vCount=0;
    int iCount=0;
    float yAngle=0;                                              //绕 y 轴旋转的角度
    float zAngle=0;                                              //绕 z 轴旋转的角度
    public suoyinCH(){
        vCount=6;
        final int UNIT_SIZE=10000;                               //缩放比例
        int []vertices=new int[]{
            -8*UNIT_SIZE,10*UNIT_SIZE,0,
            -2*UNIT_SIZE,2*UNIT_SIZE,0,
            -8*UNIT_SIZE,2*UNIT_SIZE,0,
            8*UNIT_SIZE,2*UNIT_SIZE,0,
            8*UNIT_SIZE,10*UNIT_SIZE,0,
            2*UNIT_SIZE,10*UNIT_SIZE,0
          };
        //创建顶点坐标数据缓存
        ByteBuffer vbb=ByteBuffer.allocateDirect(vertices.length*4);     //内存块
        vbb.order(ByteOrder.nativeOrder());
        myVertexBuffer=vbb.asIntBuffer();
        myVertexBuffer.put(vertices);
        myVertexBuffer.position(0);
        final int one=65535;
        int []colors=new int[]{
            one,one,one,0,
            0,0,one,0,
            0,0,one,0,
            one,0,one,0,
            0,0,0,0,
            one,0,0,0
        };
        ByteBuffer cbb=ByteBuffer.allocateDirect(colors.length*4);
        cbb.order(ByteOrder.nativeOrder());
        myColorBuffer=cbb.asIntBuffer();
        myColorBuffer.put(colors);
        myColorBuffer.position(0);                               //设置缓冲区的起始位置
        //为三角形构造索引数据初始化
        iCount=6;
        byte []indices=new byte[]{
            0,1,2,
            3,4,5
          };
        //创建三角形构造索引数据缓冲
        myIndexBuffer=ByteBuffer.allocateDirect(indices.length);
        myIndexBuffer.put(indices);                              //向缓冲区中放入顶点索引数据
        myIndexBuffer.position(0);                               //设置缓冲区的起始位置
    }
    public void drawSelf(GL10 gl){
        gl.glEnableClientState(GL10.GL_VERTEX_ARRAY);
        gl.glEnableClientState(GL10.GL_COLOR_ARRAY);
        gl.glRotatef(yAngle,0,1,0);
```

```
                gl.glRotatef(zAngle,0,0,1);
                gl.glVertexPointer(
                                3,
                                GL10.GL_FIXED,
                                0,
                                myVertexBuffer
                );
                gl.glColorPointer(
                        4,
                        GL10.GL_FIXED,
                        0,
                        myColorBuffer
                );
                gl.glDrawElements(
                        GL10.GL_TRIANGLES,
                        iCount,
                        GL10.GL_UNSIGNED_BYTE,
                        myIndexBuffer
                );
        }
}
```

到此为止，整个实例介绍完毕，执行后将显示青色背景的屏幕。在屏幕上方显示 3 个控制按钮，通过按钮可以设置屏幕下方的两个三角形的显示模式。执行效果如图 15-2 所示。

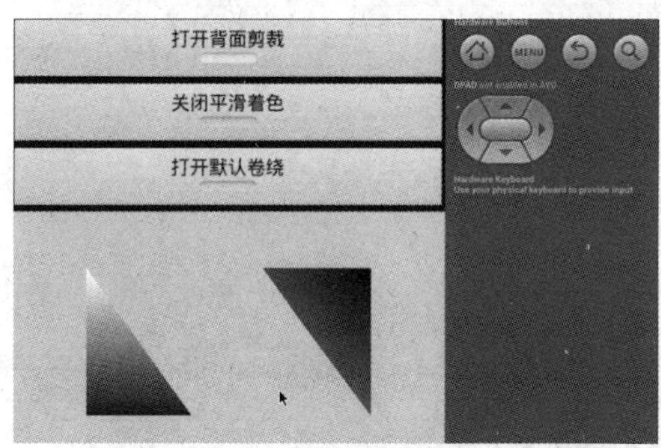

图 15-2　执行效果

15.3　实现投影效果

知识点讲解：光盘:视频\知识点\第 15 章\实现投影效果.avi

除了 15.1 节中介绍的基本应用外，在 Android 手机屏幕中还可以使用 OpenGL ES 实现投影效果。本节将详细讲解实现投影效果的基本方法。

15.3.1　正交投影

在 OpenGL ES 中只支持两种投影方式，分别是正交投影和透视投影。正交投影是平行投影的一种，特点是观察者的视线是平行的，不会产生真实世界远大近小的透视效果。在此做一个假设：I 与 Z 是一个分别

为具有二阶矩的 n 维和 m 维随机向量。如果存在一个与 I 同维的随机向量“Î”，如果满足下列 3 个条件，则将“Î”称为 I 在 Z 上的正交投影。

（1）线性表示，Î = A + BZ。

（2）无偏性，E（Î）= E（I）。

（3）I-Î 与 Z 正交，即 E[(I - Î)ZT]=0。

其中，ZT 是 Z 的转置。

15.3.2　透视投影

透视投影属于非平行投影，特点是观察者的视线在远处是相交的，当视线相交时表示灭点。因为通过透视投影可以产生现实世界中近大远小的效果，所以使用透视投影可以达到一个更加真实的 3D 感受。正因为如此，在现实游戏应用中一般采用透视投影方式。

透视投影是用中心投影法将形体投射到投影面上，从而获得一种较为接近视觉效果的单面投影图。透视投影具有消失感、距离感、相同大小的形体呈现出有规律的变化等一系列的透视特性，能逼真地反映形体的空间形象。透视投影也称为透视图，简称透视。

除了在游戏领域比较受欢迎之外，在建筑设计过程中通常用透视图来表达设计对象的外貌，以帮助完成设计构思、研究、比较建筑物的空间造型和立面处理等工作，是建筑设计领域中最重要的辅助图样之一。

15.3.3　正交投影和透视投影的区别

在平行投影中，图形沿平行线变换到投影面上。对透视投影来说，图形沿收敛于某一点的直线变换到投影面上，这个点被称为投影中心，相当于观察点，也被称为视点。

平行投影和透视投影区别在于透视投影的投影中心到投影面之间的距离是有限的，而平行投影的投影中心到投影面之间的距离是无限的。当投影中心在无限远时，投影线互相平行，所以定义平行投影时，给出投影线的方向就可以了，而定义透视投影时，需要指定投影中心的具体位置。

平行投影保持物体的有关比例不变，这是三维绘图中产生比例图画的方法，物体的各个面的精确视图可以由平行投影得到。另一方面，虽然透视投影不会保持相关比例，但是能够生成真实感视图。对同样大小的物体来说，离投影面较远的物体比离投影面较近的物体的投影图像要小，会产生近大远小的梦幻效果。

15.4　实现光照效果

知识点讲解：光盘:视频\知识点\第 15 章\实现光照效果.avi

除了本章前面介绍的基本应用外，在 Android 手机屏幕中通过 OpenGL ES 技术还可以实现光照效果。本节将详细讲解实现光照效果的基本方法。

15.4.1　光源的类型

宇宙中的物体千姿百态，有的是发光的，有的不发光。我们把发光的物体叫做光源，例如太阳、电灯、燃烧着的蜡烛等都是光源。光也有能量。在 OpenGL ES 场景中至少包含 8 个光源，这些光源可以是不同的颜色。除 0 号灯之外的其他光源的颜色是黑色。

现实中的光源类型有多种，在日常生活中最常见的光源类型是定向光和定位光，具体说明如下。

（1）定向光

我们日常所见的光源有很多，例如太阳、灯泡、燃烧着的蜡烛等。像太阳这类被认为是从无穷远处发射的几乎平行的光被称为定向光。定向光对应的是光源在无穷远处的光，定向光在空间中的所有的位置方向都是相同的。

在OpenGL ES中通过方法glLightfv(int light,int pname,float[] params,int offset)来设定定向光，上述方法中各个参数的具体说明如下。

☑ light：该参数设定为OpenGL ES中的灯，用GL_LIGHT0到GL_LIGHT7分别来表示8盏灯。如果该处设置的为GL_LIGHT0，则表示方法glLightfv中其余的设置都是针对GL_LIGHT0的，即0号灯进行设置的。

☑ pname：被设置的光源的属性是由pname定义的，它指定了一个命名参数，在设置定向光时应该设置成GL POSITION。

☑ params：此参数是一个float数组，该数组由4部分组成，前3个值组成表示定向光方向的向量，光的方向为从向量点处向原点处照射。如（0，1，0，0）表示沿Y轴负方向的光。最后的0表示此光源发出的是定向光。

（2）定位光

在自然世界中定向光与定位光是截然不同的，这就像太阳与燃烧的蜡烛之间的区别。但是，在OpenGL ES中实现定向光与定位光的方法十分相似。

在OpenGL ES系统中，使用方法gl.glEnable()可以打开某一盏灯，其参数GL_LIGHT0、GL_LIGHT1……或GL_LIGHT7分别代表OpenGL ES中的8盏灯。另外，在OpenGL ES中通过方法glLightfv(int light,int pname, float[] params,int offset)来设定定位光，其参数和前面介绍的定向光中的glLightfv方法类似，而且里面的参数基本都相同，唯一的差别是params参数略有不同。具体差别如下。

☑ 在定向光中，参数params的最后一个参数设定为0，而在定位光中，该参数设定为1。

☑ 在定向光中，参数params的前3个参数为设定光源的向量坐标，而在定位光中，这3个参数是光源的位置。

☑ 在定向光中光的方向为给定的坐标点与原点之间的向量，所以params中的坐标不能设置为[0，0，0]，而在定位光中给出的是光源的坐标位置，所以params前3个参数可以设置为[0，0，0]。

在方法glLightfv()中，设置其余参数的方法与前面介绍的方法glLightfv相同，在此不再赘述。

15.4.2 光源的颜色

颜色是光源的一种重要的属性，在OpenGL ES中允许把与颜色相关的3个不同参数GL_AMBIENT、GL_DIFFUSE和GL_SPECULAR与任何特定的光源相关联。

（1）GL_AMBIENT环境光

Ambient表示环境光，表示一个特定的光源在场景中所添加的环境光的RGBA强度。在默认情况下是不存在环境光的，因为GL_AMBIENT的默认值是(0.0,0.0,0.0,1.0)。

在OpenGL ES中通过方法glLightfv(int light,int pname,float[] params,int offset)来设定光源的环境光，各个参数的具体说明如下。

☑ light：该参数设定为OpenGL ES中的灯，用GL_LIGHT0到GL_LIGHT7分别来表示8盏灯。如果设置为GL_LIGHT0则表示glLightfv方法中其余的设置都是针对GL_LIGHT0，即0号灯进行设置的。

☑ pname：被设置的光源的属性是由pname定义的，对于环境光设置为GL_AMBIENT。

☑ params：此参数给出的是灯光颜色的R、G、B、A这4个色彩通道的值，一般环境光设置的值均

较小。

☑ offset：偏移量，设置为 0，表示第 1 个色彩通道的值在数组中的偏移量。

（2）GL_DIFFUSE 散射光

因为散射光是来自于某个方向的，所以如果散射光从正面照射物体表面，看起来就显得更亮一些。反之如果它斜着从物体表面掠过，则看起来就显得暗一些。但是当散射光撞击物体表面时，它就会向四面八方均匀地发散。不管从哪个方向看，散射光看上去总是一样亮。来自某个特定位置或方向的任何光很可能具有散射成分。

在 OpenGL ES 平台中，可以通过方法 glLightfv(int light,int pname,float[] params,int offset)来设定光源的散射光，各个参数的具体说明如下。

☑ light：该参数设定为 OpenGL ES 中的灯，用 GL_LIGHT0 到 GL_LIGHT7 来表示 8 盏灯。如果设置为 GL_LIGHT0，则表示在 glLightfv()方法中其余的设置都是针对 GL_LIGHT0，即 0 号灯进行设置的。
☑ pname：被设置的光源的属性是由 pname 定义的，对于环境光设置为 GL_DIFFUSE。
☑ params：此参数给出的是灯光颜色的 R、G、B、A 这 4 个色彩通道的值。
☑ offset：偏移量，设置为 0，表示第一个色彩通道的值在数组中的偏移量。

（3）GL_SPECULAR 镜面反射光

镜面光来自一个特定的方向，并且倾向于从表面向某个特定的方向反射。镜面光肉眼看起来是物体上最亮的地方。当然这与物体本身也有关系，如果是类似镜子的、光泽的金属等，则光线为全反射，整个物体都很明亮，而对于像石膏雕像、地毯等则几乎不存在镜面成分。

在 OpenGL ES 中使用方法 glLightfv(int light,int pname,float[] params,int offset)来设定光源的镜面光，各个参数的具体说明如下。

☑ light：该参数设定为 OpenGL ES 中的灯，用 GL_LIGHT0 到 GL_LIGHT7 分别来表示 8 盏灯。如果该处设置为 GL_LIGHT0，即表示在 glLightfv 方法中其余的设置都是针对 GL_LIGHT0，即 0 号灯进行设置的。
☑ pname：被设置的光源的属性是由 pname 定义的，对于环境光设置为 GL_SPECULAR。
☑ params：此参数给出的是灯光颜色的 R、G、B、A 这 4 个色彩通道的值。在镜面反射光中，该参数一般较大。
☑ offset：偏移量，设置为 0，表示第一个色彩通道的值在数组中的偏移量。

15.5　实现纹理映射

知识点讲解：光盘:视频\知识点\第 15 章\实现纹理映射.avi

通过纹理映射能够制作出极具真实感的图形，而不必花过多时间来考虑物体的表面细节。但是当纹理图像非常大时，纹理加载的过程会影响程序运行速度。如何能够妥善地管理纹理，减少不必要的开销，是在做系统优化时必须考虑的一个问题。幸运的是，在 OpenGL 中提供的纹理对象管理技术可以帮助我们解决上述问题。和传统的显示列表一样，可以通过一个单独的数字来标识纹理对象。这样可以允许 OpenGL 硬件能够在内存中保存多个纹理，而不是每次使用时再加载它们，从而减少了运算量，提高了处理速度。

15.5.1　纹理贴图和纹理拉伸

纹理贴图是一项能大幅度提高 3D 图像真实性的 3D 图像处理技术，使用这项技术的好处如下。

☑ 减少纹理衔接错误。
☑ 实时生成剖析截面显示图。
☑ 有更真实的雾、烟、火和动画效果。
☑ 提高变换视角看物体的真实性。
☑ 模拟移动光源产生的自然光影效果。
☑ 构成枪弹真实轨迹等。

在目前的显卡条件下，上述功能只能通过“3D 纹理压缩”才能实现。在具体实现时，可以把一幅纹理图拉伸或缩小贴到目标面上。如果目标面很大，可以用如下 3 种方案解决。

（1）将纹理拉大，这样做的缺点是纹理显得非常不清楚，失去了原来清晰的效果，甚至可能变形。

（2）将目标面分割为多个与纹理大小相似的矩形，再将纹理重复贴到被分割的目标上。这样做的缺点是浪费了内存（需要额外存储大量的顶点信息），也浪费了开发人员宝贵的精力。

（3）使用合理的纹理拉伸方式，使得纹理能够根据目标平面的大小自动重复，这样既不会失去纹理图的效果，也节省了内存，提高了开发效率。

通过比较上述 3 种解决方案可知，第 3 种方案是最好的解决方法，并且很容易实现，只需要做如下两方面的工作即可。

☑ 将纹理的 GL TEXTURE_WRAP_S 与 GL_TEXTURE_WRAP_T 属性值设置为 GL_REPEAT 而不是 GL CLAMP_TO_EDGE。
☑ 设置纹理坐标时纹理坐标的取值范围不再是 0～1，而是 0～n，n 为希望纹理重复的次数。

15.5.2 Texture Filter 纹理过滤

贴图层的纹理筛选过滤技术，线性过滤能提升游戏纹理清晰度，而各项异性过滤甚至能降低附在三角形上的纹理由于高几何精度下物体观察角度造成图形折叠的“纹理失真”（和锯齿失真一样附着于物体模型上的三角形纹理在非90° 垂直观看时同样会损失效果，这就是Xbox360、PS3游戏机画面不仅物体边缘“抖”，与屏幕角度非平行的物体纹理更抖的原因——没有三维空间纹理过滤技术）。使视觉效果更贴近真实的物体表面，例如好莱坞大片《生化危机 5》支持如下线性或各项异性过滤技术。

（1）Linear（线性过滤）

线性过滤分为具有纹理放大、缩小筛选器的双线性插补过滤，以及在 MipMap（纹理映射）级别间使用的三线性 MipMap 插补筛选器。双线性筛选后的纹理使用所需像素周围 2×2 区域内的“纹理像素”（单个像素纹理元素）的加权平均值。三线性筛选中，光栅化程序使用两个最近的 MipMap 纹理像素对像素颜色执行线性插补。显然三线性纹理过滤品质在 3D 游戏中高于双线性。

MAG_FILTER 采用的就是线性纹理过滤，实现方法为 glTexParameterf()，具体语法格式如下所示。

```
gl.glTexParameterf(GLIO.GL_TEXTURE_2D,GL10.GL_TEXTURE_ MAG_FILTER,GLIO.GL_LINEAR)
```

如果选择了 GL_LINEAR，那么 OpenGL 就会对靠近像素中心的一块 2×2 纹理矩形单元取加权平均值，用于实现放大和缩小处理。当纹理坐标靠近纹理图像的边缘时，最邻近 2×2 纹理单元可能包含了纹理图像之外的内容。此时 OpenGL 使用的纹理单元取决于当前生效的环绕模式，以及纹理是否有边框。

线性过滤先要经过计算目标图像中像素的纹理坐标，然后再从纹理图中提取像素实现的。虽然这种计算方法比最近点采样要复杂，但是能获得更加平滑的效果。

（2）Anisotropic（各项异性过滤）

通过使用各项异性过滤技术，能够通过筛选与屏幕 XY 轴平面之间的角度差异所造成的纹理模糊失真。Anisotropic 是 MT Framework 中支持的最强大的纹理过滤技术，按图形效果分为 2 倍到 16 倍筛选级别。

（3）MipMap 多重细节层

MipMap 比前面介绍的两种要复杂，可以用来降低场景渲染的时间消耗，同时也提高了场景的真实感。但是 MipMap 的缺点是要占用大量的内存空间，在内存受限的场合不适合。

一个 MipMap 就是一系列的纹理图，每一幅纹理图都与前一幅是相同的图样，但是分辨率要比前一幅有所降低。MipMap 中的每一幅或者每一级图像的宽和高都比之前一级小二分之一。要注意的是，MipMap 并不一定是正方形的，为了使用 MipMap，必须提供全系列的大小为 2 的整数次方的纹理图像，其范围从最大值直到 1×1 纹理单元。

高分辨率的 MipMap 图像用于接近观察者的物体，当物体逐渐远离观察者时，使用低分辨率的图像。MipMap 可以提高场景的渲染质量，但是其内存消耗十分大。这是因为此方法能够模拟纹理的透视效果并能够减少处理时的计算量。与第一幅纹理用于不同的分辨率相比，这种方法的速速更快。

15.6　绘制一个圆柱体

知识点讲解：光盘:视频\知识点\第 15 章\绘制一个圆柱体.avi

圆柱体是指在同一个平面内有一条定直线和一条动线，当这个平面绕着这条定直线旋转一周时，这条动线所成的面叫做旋转面，这条定直线叫做旋转面的轴，这条动线叫做旋转面的母线。如果母线是和轴平行的一条直线，那么所生成的旋转面叫做圆柱面。如果用垂直于轴的两个平面去截圆柱面，那么两个截面和圆柱面所围成的几何体叫做直圆柱，简称圆柱。圆柱又可以看作是由一个矩形绕着它的一边旋转一周而得到的几何体。

下面将通过一个具体实例的实现过程，讲解在 Android 屏幕中绘制一个圆柱体的方法。

题　目	目　的	源 码 路 径
实例 15-3	在屏幕中绘制一个圆柱体	光盘:\daima\15\zhuCH

本实例的实现流程如下。

（1）编写文件 Jiem.java，具体实现流程如下。

☑　指定屏幕所要显示的界面，并对界面进行相关设置。

☑　为 Activity 设置恢复处理，当 Activity 恢复设置时显示界面同样应该恢复。

☑　当 Activity 暂停设置时，显示界面同样应该暂停。

文件 Jiem.java 的主要代码如下所示。

```
public class Jiem extends Activity {
    private MyGLSurfaceView mGLSurfaceView;
    public void onCreate(Bundle savedInstanceState) {
        super.onCreate(savedInstanceState);

        requestWindowFeature(Window.FEATURE_NO_TITLE);
        getWindow().setFlags(WindowManager.LayoutParams.FLAG_FULLSCREEN,
WindowManager.LayoutParams.FLAG_FULLSCREEN);
        setRequestedOrientation(ActivityInfo.SCREEN_ORIENTATION_LANDSCAPE);

        mGLSurfaceView = new MyGLSurfaceView(this);
        setContentView(mGLSurfaceView);
        mGLSurfaceView.setFocusableInTouchMode(true);                //可触控
        mGLSurfaceView.requestFocus();                                //获取焦点
```

```
    }

    @Override
    protected void onResume() {
        super.onResume();
        mGLSurfaceView.onResume();
    }
    @Override
    protected void onPause() {
        super.onPause();
        mGLSurfaceView.onPause();
    }
}
```

（2）编写文件 MyGLSurfaceView.java，定义类 MyGLSurfaceView 实现场景加载和渲染功能。主要实现代码如下所示。

```
public class MyGLSurfaceView extends GLSurfaceView {
    private final float SUO = 180.0f/320;                                    //缩放比例
    private SceneRenderer mRenderer;
    private float shangY;
    private float shangX;
    private int lightAngle=90;

    public MyGLSurfaceView(Context context) {
        super(context);
        mRenderer = new SceneRenderer();
        setRenderer(mRenderer);
        setRenderMode(GLSurfaceView.RENDERMODE_CONTINUOUSLY);
    }

    //触摸事件回调方法
    @Override
    public boolean onTouchEvent(MotionEvent e) {
        float y = e.getY();
        float x = e.getX();
        switch (e.getAction()) {
        case MotionEvent.ACTION_MOVE:
            float dy = y - shangY;
            float dx = x - shangX;
            mRenderer.cylinder.AngleX += dy * SUO;
            mRenderer.cylinder.AngleZ += dx * SUO;
            requestRender();
        }
        shangY = y;
        shangX = x;
        return true;
    }
    private class SceneRenderer implements GLSurfaceView.Renderer
    {
         int textureId; zhuCH cylinder;
         public SceneRenderer()
         {
         }
        public void onDrawFrame(GL10 gl) {
```

```
    //清除颜色缓存
    gl.glClear(GL10.GL_COLOR_BUFFER_BIT | GL10.GL_DEPTH_BUFFER_BIT);
        //设置为模式矩阵
        gl.glMatrixMode(GL10.GL_MODELVIEW);
        //设置为单位矩阵
        gl.glLoadIdentity();
        gl.glPushMatrix();
      float lx=0;
        float ly=(float)(7*Math.cos(Math.toRadians(lightAngle)));
      float lz=(float)(7*Math.sin(Math.toRadians(lightAngle)));
        float[] positionParamsRed={lx,ly,lz,0};
        gl.glLightfv(GL10.GL_LIGHT1, GL10.GL_POSITION, positionParamsRed,0);

        initMaterial(gl);                                    //纹理初始化
        gl.glTranslatef(0, 0, -10f);                         //平移
        initLight(gl);                                       //开灯
        cylinder.drawSelf(gl);                               //绘制
        closeLight(gl);                                      //关灯
        gl.glPopMatrix();                                    //恢复变换矩阵现场
    }
    public void onSurfaceChanged(GL10 gl, int width, int height) {
    //设置视窗大小及位置
    gl.glViewport(0, 0, width, height);
        //设置当前矩阵为投影矩阵
        gl.glMatrixMode(GL10.GL_PROJECTION);
        //设置当前矩阵为单位矩阵
        gl.glLoadIdentity();
        //计算透视投影的比例
        float ratio = (float) width / height;
        //调用此方法计算产生透视投影矩阵
        gl.glFrustumf(-ratio, ratio, -1, 1, 1, 100);
    }
    public void onSurfaceCreated(GL10 gl, EGLConfig config) {
      //关闭抗抖动功能
      gl.glDisable(GL10.GL_DITHER);
      //设置 Hint 项目模式为快速模式
        gl.glHint(GL10.GL_PERSPECTIVE_CORRECTION_HINT,GL10.GL_FASTEST);
        //设置屏幕背景色为黑色 RGBA
        gl.glClearColor(0,0,0,0);
        //设置为平滑着色模型
        gl.glShadeModel(GL10.GL_SMOOTH);
        //用深度测试
        gl.glEnable(GL10.GL_DEPTH_TEST);
        textureId=initTexture(gl,R.drawable.stone);          //纹理 ID
        cylinder=new zhuCH(10f,2f,18f,textureId);            //创建圆柱体
        //开启线程来旋转光源
       new Thread()
    }
}
//白色灯初始化
private void initLight(GL10 gl)
```

```
    {
        gl.glEnable(GL10.GL_LIGHTING);
        gl.glEnable(GL10.GL_LIGHT1);
        //环境光设置
        float[] ambientParams={0.2f,0.2f,0.2f,1.0f};
        gl.glLightfv(GL10.GL_LIGHT1, GL10.GL_AMBIENT, ambientParams,0);
        //散射光设置
        float[] diffuseParams={1f,1f,1f,1.0f};
        gl.glLightfv(GL10.GL_LIGHT1, GL10.GL_DIFFUSE, diffuseParams,0);
        //反射光设置
        float[] specularParams={1f,1f,1f,1.0f};
        gl.glLightfv(GL10.GL_LIGHT1, GL10.GL_SPECULAR, specularParams,0);
    }
    //关闭灯
    private void closeLight(GL10 gl)
    {
         gl.glDisable(GL10.GL_LIGHT1);
         gl.glDisable(GL10.GL_LIGHTING);
    }
    //材质初始化
    private void initMaterial(GL10 gl)
    {
        //环境光
        float ambientMaterial[] = {248f/255f, 242f/255f, 144f/255f, 1.0f};
        gl.glMaterialfv(GL10.GL_FRONT_AND_BACK, GL10.GL_AMBIENT, ambientMaterial,0);
        //散射光
        float diffuseMaterial[] = {248f/255f, 242f/255f, 144f/255f, 1.0f};
        gl.glMaterialfv(GL10.GL_FRONT_AND_BACK, GL10.GL_DIFFUSE, diffuseMaterial,0);
        //高光材质
        float specularMaterial[] = {248f/255f, 242f/255f, 144f/255f, 1.0f};
        gl.glMaterialfv(GL10.GL_FRONT_AND_BACK, GL10.GL_SPECULAR, specularMaterial,0);
        gl.glMaterialf(GL10.GL_FRONT_AND_BACK, GL10.GL_SHININESS, 100.0f);
    }

    //初始化纹理
    public int initTexture(GL10 gl,int drawableId)
    {
         //生成纹理 ID
         int[] textures = new int[1];
         gl.glGenTextures(1, textures, 0);
         int currTextureId=textures[0];
         gl.glBindTexture(GL10.GL_TEXTURE_2D, currTextureId);
         gl.glTexParameterf(GL10.GL_TEXTURE_2D,
GL10.GL_TEXTURE_MIN_FILTER,GL10.GL_LINEAR_MIPMAP_NEAREST);

gl.glTexParameterf(GL10.GL_TEXTURE_2D,GL10.GL_TEXTURE_MAG_FILTER,GL10.GL_LINEAR_MIPMAP
_LINEAR);
       ((GL11)gl).glTexParameterf(GL10.GL_TEXTURE_2D, GL11.GL_GENERATE_MIPMAP,GL10.GL_TRUE);
        gl.glTexParameterf(GL10.GL_TEXTURE_2D, GL10.GL_TEXTURE_WRAP_S,GL10.GL_REPEAT);
        gl.glTexParameterf(GL10.GL_TEXTURE_2D, GL10.GL_TEXTURE_WRAP_T,GL10.GL_REPEAT);
```

```
        InputStream is = this.getResources().openRawResource(drawableId);
        Bitmap bitmapTmp;
        try
        {
          bitmapTmp = BitmapFactory.decodeStream(is);
        }
        finally
        {
            try
            {
                is.close();
            }
            catch(IOException e)
            {
                e.printStackTrace();
            }
        }
        GLUtils.texImage2D(GL10.GL_TEXTURE_2D, 0, bitmapTmp, 0);
        bitmapTmp.recycle();

        return currTextureId;
    }
}
```

（3）编写文件 zhuCH.java 定义圆柱类 zhuCH，在此实现绘制三角形方法的构造器部分的代码。具体实现流程如下。

☑ 设置了圆柱体的控制属性，主要包括纹理、高度、截面半径、截面角度切分单位和高度切分单位，这些属性用于控制圆柱体的大小。

☑ 定义各个圆柱体绘制类的三角形绘制方法和工具方法。

☑ 实现圆柱体的线形绘制法，线形绘制法和三角形绘制法顶点的获取方法相同，只是采用的绘制顶点顺序和渲染方法不同，并且线形绘制没有光照和纹理贴图。

文件 zhuCH.java 的主要代码如下所示。

```
public class zhuCH
{
    private FloatBuffer dingBuffer;                          //缓冲顶点坐标
    private FloatBuffer myNormalBuffer;                      //缓冲法向量
    private FloatBuffer weng;                                //缓冲纹理

    int textureId;
    int vCount;                                              //顶点数量
    float length;                                            //圆柱长度
    float circle_radius;                                     //圆截环半径
    float degreespan;                                        //圆截环每一份的度数大小
    public float AngleX;
    public float AngleY;
    public float AngleZ;

    public zhuCH(float length,float circle_radius,float degreespan,int textureId)
```

```
{
    this.circle_radius=circle_radius;
    this.length=length;
    this.degreespan=degreespan;
    this.textureId=textureId;

    float collength=(float)length;                                   //圆柱每块所占的长度
    int spannum=(int)(360.0f/degreespan);

    ArrayList<Float> val=new ArrayList<Float>();                     //顶点存放列表
    ArrayList<Float> ial=new ArrayList<Float>();                     //法向量存放列表

    for(float circle_degree=180.0f;circle_degree>0.0f;circle_degree-=degreespan)
    {
            float x1 =(float)(-length/2);
            float y1=(float) (circle_radius*Math.sin(Math.toRadians(circle_degree)));
            float z1=(float) (circle_radius*Math.cos(Math.toRadians(circle_degree)));

            float a1=0;
            float b1=y1;
            float c1=z1;
            float l1=getVectorLength(a1, b1, c1);
            a1=a1/l1;                                                //规格化法向量
            b1=b1/l1;
            c1=c1/l1;

            float x2 =(float)(-length/2);
            float y2=(float) (circle_radius*Math.sin(Math.toRadians(circle_degree-degreespan)));
            float z2=(float) (circle_radius*Math.cos(Math.toRadians(circle_degree-degreespan)));

            float a2=0;
            float b2=y2;
            float c2=z2;
            float l2=getVectorLength(a2, b2, c2);
            a2=a2/l2;                                                //规格化法向量
            b2=b2/l2;
            c2=c2/l2;
            float x3 =(float)(length/2);
            float y3=(float) (circle_radius*Math.sin(Math.toRadians(circle_degree-degreespan)));
            float z3=(float) (circle_radius*Math.cos(Math.toRadians(circle_degree-degreespan)));

            float a3=0;
            float b3=y3;
            float c3=z3;
            float l3=getVectorLength(a3, b3, c3);
            a3=a3/l3;                                                //规格化法向量
            b3=b3/l3;
            c3=c3/l3;

            float x4 =(float)(length/2);
            float y4=(float) (circle_radius*Math.sin(Math.toRadians(circle_degree)));
```

```
            float z4=(float) (circle_radius*Math.cos(Math.toRadians(circle_degree)));

            float a4=0;
            float b4=y4;
            float c4=z4;
            float l4=getVectorLength(a4, b4, c4);
            a4=a4/l4;                                           //规格化法向量
            b4=b4/l4;
            c4=c4/l4;

            val.add(x1);val.add(y1);val.add(z1);
            val.add(x2);val.add(y2);val.add(z2);
            val.add(x4);val.add(y4);val.add(z4);

            val.add(x2);val.add(y2);val.add(z2);
            val.add(x3);val.add(y3);val.add(z3);
            val.add(x4);val.add(y4);val.add(z4);

            ial.add(a1);ial.add(b1);ial.add(c1);                //顶点对应的法向量
            ial.add(a2);ial.add(b2);ial.add(c2);
            ial.add(a4);ial.add(b4);ial.add(c4);

            ial.add(a2);ial.add(b2);ial.add(c2);
            ial.add(a3);ial.add(b3);ial.add(c3);
            ial.add(a4);ial.add(b4);ial.add(c4);
    }
    vCount=val.size()/3;                                        //确定顶点数量

    //顶点
    float[] vertexs=new float[vCount*3];
    for(int i=0;i<vCount*3;i++)
    {
        vertexs[i]=val.get(i);
    }
    ByteBuffer vbb=ByteBuffer.allocateDirect(vertexs.length*4);
    vbb.order(ByteOrder.nativeOrder());
    dingBuffer=vbb.asFloatBuffer();
    dingBuffer.put(vertexs);
    dingBuffer.position(0);
    //法向量
    float[] normals=new float[vCount*3];
    for(int i=0;i<vCount*3;i++)
    {
        normals[i]=ial.get(i);
    }
    ByteBuffer ibb=ByteBuffer.allocateDirect(normals.length*4);
    ibb.order(ByteOrder.nativeOrder());
    myNormalBuffer=ibb.asFloatBuffer();
    myNormalBuffer.put(normals);
    myNormalBuffer.position(0);
    //纹理
```

```
        float[] textures=generateTexCoor(spannum);
        ByteBuffer tbb=ByteBuffer.allocateDirect(textures.length*4);
        tbb.order(ByteOrder.nativeOrder());
        weng=tbb.asFloatBuffer();
        weng.put(textures);
        weng.position(0);
    }

    public void drawSelf(GL10 gl)
    {
        gl.glRotatef(AngleX, 1, 0, 0);                          //旋转处理
        gl.glRotatef(AngleY, 0, 1, 0);
        gl.glRotatef(AngleZ, 0, 0, 1);

        gl.glEnableClientState(GL10.GL_VERTEX_ARRAY);           //打开顶点缓冲
        gl.glVertexPointer(3, GL10.GL_FLOAT, 0, dingBuffer);

        gl.glEnableClientState(GL10.GL_NORMAL_ARRAY);           //打开法向量缓冲
        gl.glNormalPointer(GL10.GL_FLOAT, 0, myNormalBuffer);

        gl.glEnable(GL10.GL_TEXTURE_2D);
        gl.glEnableClientState(GL10.GL_TEXTURE_COORD_ARRAY);
        gl.glTexCoordPointer(2, GL10.GL_FLOAT, 0, weng);
        gl.glBindTexture(GL10.GL_TEXTURE_2D, textureId);

        gl.glDrawArrays(GL10.GL_TRIANGLES, 0, vCount);          //绘制图像
        //关闭缓冲
        gl.glDisableClientState(GL10.GL_TEXTURE_COORD_ARRAY);
        gl.glEnable(GL10.GL_TEXTURE_2D);
        gl.glDisableClientState(GL10.GL_VERTEX_ARRAY);
        gl.glDisableClientState(GL10.GL_NORMAL_ARRAY);
    }
    //此方法可以计算模长度
    public float getVectorLength(float x,float y,float z)
    {
        float pingfang=x*x+y*y+z*z;
        float length=(float) Math.sqrt(pingfang);
        return length;
    }
    //自动切分纹理
        public float[] generateTexCoor(int bh)
        {
        float[] result=new float[bh*6*2];
        float REPEAT=2;
        float sizeh=1.0f/bh;                                    //行数
        int c=0;
        for(int i=0;i<bh;i++)
        {
            //设置每行列一个矩形
            float t=i*sizeh;
            result[c++]=0;
```

```
                result[c++]=t;
                result[c++]=0;
                result[c++]=t+sizeh;
                result[c++]=REPEAT;
                result[c++]=t;
                result[c++]=0;
                result[c++]=t+sizeh;
                result[c++]=REPEAT;
                result[c++]=t+sizeh;
                result[c++]=REPEAT;
                result[c++]=t;
            }
            return result;
        }
}
```

到此为止，整个实例介绍完毕，执行之后的效果如图 15-3 所示。

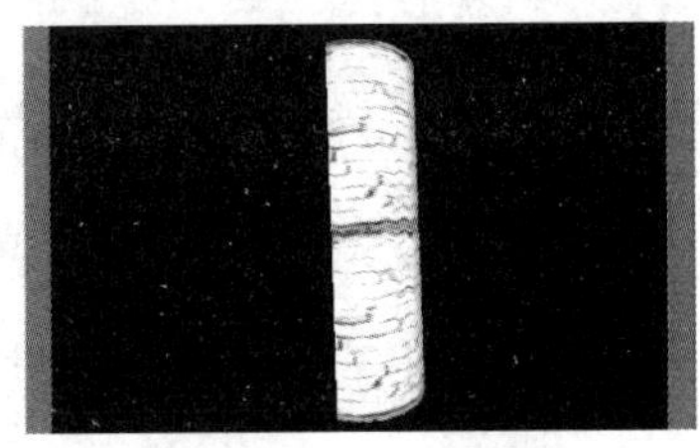

图 15-3　执行效果

15.7　实现坐标变换

知识点讲解：光盘:视频\知识点\第 15 章\实现坐标变换.avi

坐标变换是指采用一定的数学方法将一种坐标系的坐标变换为另一种坐标系的坐标的过程。本节将简要介绍使用 OpenGL ES 实现坐标变换的基本知识。

15.7.1　坐标变换基础

在使用 OpenGL ES 绘制物体时，有时需要在不同的位置绘制物体，有时绘制的物体需要有不同的角度，此时需要平移或旋转技术。在平移或旋转时，会给观察者带来平移或旋转物体的感觉，但其实是平移或旋转了坐标系，物体相对于坐标系平移或旋转。坐标变换是以矩阵的形式存储的，要完成这种类型的操作，矩阵堆栈就是一种理想的机制。

在 OpenGL ES 中可以调用方法 glPushMatrix()和 glPopMatrix()来操作堆栈。glPushMatrix()方法表示复制一份当前矩阵，并把复制的矩阵添加到堆栈的顶部；glPopMatrix()方法表示丢弃堆栈顶部的那个矩阵。我们可以认为 glPushMatrix()方法表示记录下当前的坐标位置，经过一系列的平移、旋转变换之后，可以调用 glPopMatrix 以便回到原来的坐标位置。假如绘制一个游戏角色，就可以绘制机器人躯干，执行 glPushMatrix()方法，记下自己的位置，然后移到角色左臂并绘制，执行 glPopMatrix()方法，丢弃上次的平移变换，使自己回到角色的原点位置，执行 glPushMatrix()方法，记住自己的位置，移动到机器人右臂。类似地，绘制每个部位都进行如上操作，这样就绘制好了游戏角色。

在三维世界中的坐标变换有两类，分别是缩放变换和平移变换。本节将通过具体实例的实现过程讲解实现变换效果的流程。

15.7.2 实现缩放变换

通过缩放变换可以改变物体的大小，把当前矩阵与一个表示沿各个坐标轴对物体进行拉伸、收缩和反射的矩阵相乘。缩放的矩阵就可以简单地表示为如图 15-4 所示。

$$
\begin{matrix}
x & 0 & 0 & 0 \\
0 & y & 0 & 0 \\
0 & 0 & 2 & 0 \\
0 & 0 & 0 & 1
\end{matrix}
$$

图 15-4　缩放矩阵图

在图 15-4 所示的缩放矩阵图中，包含了 x、y 和 z 一共 3 个缩放因子，分别对应 x 轴、y 轴和 z 轴，缩放变换是关于原点的缩放。

在 OpenGL ES 中，通过方法 glScalex(int x,int y,int z)和 glScalef(float x,float y,float z)实现物体的缩放变换，表示把当前矩阵与一个表示沿各个轴对物体进行拉伸、收缩和放射的矩阵相乘，这个物体中的每个点的 x、y 和 z 坐标与对应的 x、y 和 z 参数相乘。

如果缩放值大于 1.0 就拉伸物体；如果缩放值小于 1.0 就收缩物体；如果缩放值为-1.0，就反射这个物体。(1.0,1.0,1.0)是单位缩放值。

15.7.3 实现平移变换

由一个图形改变为另一个图形，在改变过程中，原图形上的所有的点都向同一个方向运动，并且运动相等的距离，这样的图形改变叫做图形的平移变换，简称平移。平移变换是把当前矩阵与一个表示移动物体的矩阵相乘，矩阵可以简单地表示为如图 15-5 所示。

$$
\begin{matrix}
1 & 0 & 0 & tx \\
0 & 1 & 0 & ty \\
0 & 0 & 1 & tz \\
0 & 0 & 0 & 1
\end{matrix}
$$

图 15-5　平移矩阵图

在图 15-5 中所示的平移向量为(x,y,z)。在 OpenGL ES 中，我们可以使用方法 glTranslatex(int x,int y,int z)和 glTranslatef(float x,float y,float z)来实现平移变换效果，表示把当前矩阵与一个表示物体移动的矩阵相乘，3 个参数分别表示 3 个坐标上的位移值。这样通过平移变换就可以在场景中的不同位置绘制不同的物体，从而绘制出一个丰富多彩的 3D 场景。

15.8 使用 Alpha 混合技术

知识点讲解：光盘:视频\知识点\第 15 章\使用 Alpha 混合技术.avi

无论是本书前面讲解的颜色绘制还是纹理绘制，它们都不是透明的。在很多真实的场景中，有非常多

半透明的物体。想要在 OpenGL ES 中真实地再现半透明物体，此时需要 Alpha 混合技术来实现。通过 Alpha 值在混合操作中可以控制新片元的颜色值与原有颜色值的合并权重。因此，通过 Alpha 混合可以创建半透明效果的片元。Alpha 颜色混合是诸如透明度、数字合成等技术的核心。

对于混合操作来说，最常见的是将 RGB 分量视为片元的颜色，而将 Alpha 分量视为不透明度。因此，透明或半透明表面的不透明度比不透明表面低。例如，当透过绿色玻璃观察物体时，看到的颜色有几分玻璃的绿色，同时有几分物体的颜色。这两种颜色的比取决于玻璃的透射性质：如果照射在玻璃上的光有 80%透过（即不透明度为 20%），则看到的颜色是由 20%的玻璃颜色和 80%的物体颜色组合而成的。

在现实中有时会存在多个半透明面，例如在观察汽车时，汽车内部和视点之间有一片玻璃，如果透过两块车窗玻璃，可以看到汽车后面的物体。

（1）源因子和目标因子

在混合过程中，分两步将输入片元（源）的颜色值同当前存储在帧缓存中的像素（目标）颜色值合并起来。首先，指定如何计算源因子和目标因子，这些因子是 RGBA 四元组，其分别与源和目标的 R、G、B、A 分量相乘：然后，将两个 RGBA 四元组中对应的分量相加。

在 OpenGL ES 系统中，通过调用方法 glBlendFunc 来选择源混合因子和目标混合因子，并指定两个混合因子，其中第 1 个参数为源 RGBA 的混合因子，第 2 个参数为目标 RGBA 的混合因子。

（2）处理方式

在混合处理时，最常见的操作方式有如下 5 种。

☑　均匀地混合两幅图像

首先将源因子和目标因子分别设置为 GL_ONE 和 GL_ZERO，并绘制第 1 幅图像；然后将源因子设置为 GL_SRC_Alpha，目标因子设置为 GL_ONE_MINUS_SRC_ALPHA，并在绘制第 2 幅图像时设置 Alpha 的值为 0.5。

均匀地混合两幅图像是最常用的混合方式，如果要让第 1 幅图像占 75%，第 2 幅图像占 25%，可以按前面的方法绘制第 1 幅图像，然后在绘制第 2 幅图像时使 Alpha 的值为 0.25。

☑　均匀地混合 3 幅图像

将目标因子设置为 GL-ONE，将源因子设置为 GL_SEC_ALPHA，然后使用 Alpha 值 0.3333333 来绘制这些图像。这样每幅图像的亮度都只有原来的 1/3，如果图像之间重叠，将可以明显地观察到这一点。

☑　逐渐加深图像

假定编写绘图程序时，希望画笔能够逐渐地加深图像的颜色，使得每画一笔图像的颜色都将在原来的基础上加深一些。所以可将原混合因子和目标混合因子分别设置为 GL_SRC_ALPHA 和 GL_ONE_MINUS_SRC_ALPHA，并将画笔的 Alpha 值设置为 0.1。

☑　模拟滤光器

通过将源混合因子设置为 GL_DST_COLOR 或 GL_ONE_MJNUS_DST_COLOR，将目标混合因子设置为 GL_SRC_COLOR 或 GL_ONE_MINUS_SRC_COLOR，可以分别调整各个颜色分量。这样做才相当于使用一个简单的滤光器。

例如，通过将红色分量乘以 0.8，绿色分量乘以 0.4，蓝色分量乘以 0.72，可以模拟通过这样的滤光器观察场景的情况：滤光器滤掉 20%的红光、60%的绿光和 28%的蓝光。

☑　贴花法

通过给图像中的片元指定不同的 Alpha 值，可以实现非矩阵光栅图像的效果。在大多数情况下会将透明片元的 Alpha 值设置为 0，每部透明片元的 Alpha 值设置为 1.0。例如可以绘制一个属性多边形，并应用树叶纹理：如果将 Alpha 值设置为 0，观察者将能够透过矩形纹理中不属于树的部分看到后面的东西。

15.9 实现摄像机和雾特效功能

知识点讲解：光盘:视频\知识点\第 15 章\实现摄像机和雾特效功能.avi

摄像机和雾特效是三维世界中的常见效果，在 OpenGL ES 中也可以实现摄像机和雾特效的功能。本节将详细介绍在 Android 系统中实现摄像机和雾特效效果的基本知识。

15.9.1 摄像机基础

摄像机是指将三维空间中的场景呈现在二维显示屏幕上，在 3D 游戏中玩家所看到的场景就是玩家通过摄像机观察到的游戏场景。摄像机在三维世界中至关重要，没有正确的设置，摄像机将会在屏幕上呈现错误的场景，甚至会有出现黑屏的可能。

在没有摄像机的情况下，摄像机的默认位置是在原点（屏幕中心处），方向沿 Z 轴负方向（沿屏幕向里）。但在很多实际应用中都需要根据程序运行情况来修改摄像机的位置、朝向和 Up 方向。这 3 个概念的具体说明如下。

☑ 摄像机的位置：是摄像机的 X、Y、Z 轴坐标，也就是观察者眼睛的位置。在默认情况下，摄像机的位置是坐标原点。

☑ 摄像机的朝向：是观察者眼球目光的方向。在默认情况下，摄像机的朝向为沿 Z 轴负方向。

☑ 摄像机的 Up 方向：是观察者头顶法线的指向。在默认情况下，摄像机的 Up 方向为沿 Y 轴正方向。

上述摄像机的位置、朝向、Up 方向可以有很多种组合，例如同样的位置可以有不同的朝向、Up 方向，这与现实中人观察世界的情况非常相似。

为了获得场景中的某个想要的视图，开发人员可以把摄像机从默认位置移动，并让其指向特定的方向。在 OpenGL ES 系统中，可以使用 GLU 类的 gluLookAt()方法来设置摄像机，此方法有 10 个参数。此方法的语法格式如下所示。

```
gluLookAt ({arg0,arg1,arg2,arg3,arg4,arg5,arg6,arg7,arg8,arg9);
```

各个参数的具体说明如下。

☑ arg0：表示画笔。

☑ arg1～arg3：依次表示摄像机位置的 X、Y、Z 坐标。

☑ arg4～arg6：依次表示摄像机朝向上某一指定点（在下面称之为目标点）的 X、Y、Z 坐标，该指定点由开发人员自定。

☑ arg7～arg9：依次表示 Up 方向向量的 X、Y、Z 分量。

15.9.2 雾特效基础

雾特效是指使远处的物体看上去逐渐变得模糊。在自然界中，雾是用来描述自然界中的大气现象，在三维世界中，“雾”用来描述一些类似的大气效果。雾可以用于模拟模糊、薄雾、烟或者污染。雾在其本质上是一种视觉模拟应用，用于模拟具有有限可视性的场合。

在三维世界中有时由于过于清晰和锐利，反而显得不太逼真。我们通过抗锯齿处理使物体的边缘显得更为平滑，增加了逼真感。另外，还可以通过添加雾特效，使三维世界变得更加逼真。计算机图像很多情

况下轮廓过于鲜明，显得不够真实。在 3D 应用开发时可以加入雾效果，将物体融入背景中，使整个图像更为自然。

在开发 3D 应用时通过加入雾效果，可以将物体融入背景中，使整个图像更为自然。当开启雾特效之后距离摄像机较远的物体开始融入雾的颜色中。在雾特效中还可以控制雾的浓度，它决定了物体随着距离的增加而融入雾颜色的速度。由于雾是在执行了矩阵变换、光照和纹理之后才应用的，因此它对经过变换、带光照和经过纹理贴图的物体产生影响。雾可以提高性能，因为它可以选择不绘制那些因为雾的影响而不可见的物体。雾的应用广泛，可以应用于所有类型的几何图元（包括点和直线）。

第 4 篇

网络应用篇

第16章　HTTP数据通信

超文本传输协议（HyperText Transfer Protocol，HTTP）是互联网上应用最为广泛的一种网络协议。所有的WWW文件都必须遵守这个标准。设计HTTP最初的目的是为了提供一种发布和接收HTML页面的方法。URL是一个地址，是我们访问Web页面的地址。本章将简要介绍在Android系统中使用HTTP和URL传输数据的方法。

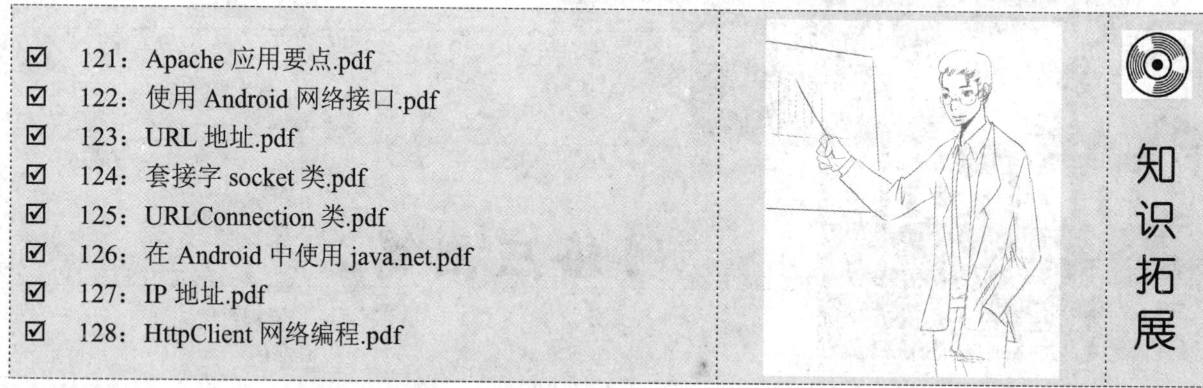

☑　121：Apache应用要点.pdf
☑　122：使用Android网络接口.pdf
☑　123：URL地址.pdf
☑　124：套接字socket类.pdf
☑　125：URLConnection类.pdf
☑　126：在Android中使用java.net.pdf
☑　127：IP地址.pdf
☑　128：HttpClient网络编程.pdf

16.1　HTTP基础

知识点讲解：光盘:视频\知识点\第16章\HTTP基础.avi

本节首先简要介绍HTTP技术的相关基本理论知识，为读者步入本书后面知识的学习打下基础。

16.1.1　HTTP概述

HTTP是一个客户端和服务器端请求和应答的标准（TCP）。客户端是终端用户，服务器端是网站。通过使用Web浏览器、网络爬虫或者其他的工具，客户端发起一个到服务器上指定端口（默认端口为80）的HTTP请求，我们称这个客户端为用户代理（user agent）。应答的服务器上存储着（一些）资源，例如HTML文件和图像，我们称这个应答服务器为源服务器（origin server）。在用户代理和源服务器中间可能存在多个中间层，例如代理、网关或者隧道（tunnels）。尽管TCP/IP协议是互联网上最流行的应用，HTTP协议并没有规定必须使用它和（基于）它支持的层。事实上，HTTP可以在任何其他互联网协议上，或者在其他网络上实现。HTTP只假定（其下层协议提供）可靠的传输，任何能够提供这种保证的协议都可以被其使用。

通常，由HTTP客户端发起一个请求，建立一个到服务器指定端口（默认是80端口）的TCP连接。HTTP服务器则在那个端口监听客户端发送过来的请求。一旦收到请求，服务器（向客户端）发回一个状态行，例如HTTP/1.1 200 OK和（响应的）消息，消息的消息体可能是请求的文件、错误消息或者其他一些信息。

HTTP使用TCP而不是UDP的原因在于（打开）一个网页必须传送很多数据，而TCP协议提供传输控制，按顺序组织数据和进行错误纠正。

16.1.2　HTTP 协议的功能

HTTP 是超文本传输协议，是客户端浏览器或其他程序与 Web 服务器之间的应用层通信协议。在 Internet 的 Web 服务器上存放的都是超文本信息，客户机需要通过 HTTP 协议传输所要访问的超文本信息。HTTP 包含命令和传输信息，不仅可用于 Web 访问，也可用于其他互联网/内联网应用系统之间的通信，从而实现各类应用资源超媒体访问的集成。

当我们想浏览一个网站时，只要在浏览器的地址栏中输入网站的地址即可，例如 www.*****.com，但是在浏览器的地址栏中出现的却是 http://www.*******，读者知道为什么会多出一个 http 吗？

我们在浏览器的地址栏中输入的网站地址叫做 URL（Uniform Resource Locator，统一资源定位符）。就像每家每户都有一个门牌地址一样，每个网页也都有一个 Internet 地址。当你在浏览器的地址框中输入一个 URL 或是单击一个超链接时，URL 就确定了要浏览的地址。浏览器通过超文本传输协议（HTTP），将 Web 服务器上站点的网页代码提取出来，并翻译成漂亮的网页。因此，在我们认识 HTTP 之前，有必要先弄清楚 URL 的组成。例如 http://www.******.com/china/index.htm，它的含义如下。

☑ http://：代表超文本转移协议，通知****.com 服务器显示 Web 页，通常不用输入。
☑ www：代表一个 Web（万维网）服务器。
☑ ****.com/：这是装有网页的服务器的域名，或站点服务器的名称。
☑ China/：为该服务器上的子目录，就好像我们的文件夹。
☑ Index.htm：index.htm 是文件夹中的一个 HTML 文件（网页）。

众所周知，Internet 的基本协议是 TCP/IP 协议，然而在 TCP/IP 模型最上层的是应用层（Application layer），它包含所有高层的协议。高层协议有文件传输协议 FTP、电子邮件传输协议 SMTP、域名系统服务 DNS、网络新闻传输协议 NNTP 和 HTTP 协议等。

HTTP 协议是用于从 WWW 服务器传输超文本到本地浏览器的传输协议。它可以使浏览器更加高效，使网络传输减少。它不仅保证计算机正确快速地传输超文本文档，还确定传输文档中的哪一部分，以及哪部分内容首先显示（如文本先于图形）等。这就是为什么在浏览器中看到的网页地址都是以“http://”开头的原因。

16.1.3　Android 中的 HTTP

在 Android 系统中，提供了如下 3 种通信接口。

☑ 标准 Java 接口：java.net。
☑ Apache 接口：org.apache.http。
☑ Android 网络接口：android.net.http。

网络编程在无线应用程序开发过程中起到了重要的作用。在 Android 系统中包括 Apache HttpClient 库，此库为执行 Android 中的网络操作的首选方法。除此之外，Android 还可允许通过标准的 Java 联网 API（java.net 包）来访问网络。即便使用 Java.net 包，也是在内部使用该 Apache 库。

为了访问互联网，需要设置应用程序获取 android.permission.INTERNET 权限的许可。

在 Android 系统中，存在如下与网络连接相关的包。

（1）java.net

提供联网相关的类，包括流和数据报套接字、互联网协议以及通用的 HTTP 处理。此为多用途的联网资源。经验丰富的 Java 开发人员可立即使用此惯用的包来创建应用程序。

（2）java.io

尽管未明确联网，但其仍然非常重要。此包中的各种类通过其他 Java 包中提供的套接字和链接来使用。它们也可用来与本地文件进行交互（与网络进行交互时经常发生）。

（3）java.nio

包含表示具体数据类型的缓冲的各种类，便于基于 Java 语言的两个端点之间的网络通信。

（4）org.apache.*

表示可为进行 HTTP 通信提供精细控制和功能的各种包。可以将 Apache 识别为普通的开源 Web 服务器。

（5）android.net

包括核心 java.net.*类之外的各种附加的网络接入套接字。此包包括 URL 类，其通常在传统联网之外的 Android 应用程序开发中使用。

（6）android.net.http

包含可操作 SSL 证书的各种类。

（7）android.net.wifi

包含可管理 Android 平台中 WiFi（802.11 无线以太网）所有方面的各种类。并非所有的设备均配备有 WiFi 能力，尤其随着 Android 在对制造商（如诺基亚和 LG）手机的翻盖手机研发方面取得了进展。

（8）android.telephony.gsm

包含管理和发送短信（文本）消息所要求的各种类。随着时间的推移，可能将引入一种附加的包，以提供有关非 GSM 网络（如 CDMA 或类似 android.telephony.cdma）的类似功能。

16.1.4 使用 Apache 接口

因为在 Android 平台中，使用最多的是 Apache 接口。在 Apache HttpClient 库中，以下内容为对网络连接有用的各种包。

- ☑ org.apache.http.HttpResponse。
- ☑ org.apache.http.client.HttpClient。
- ☑ org.apache.http.client.methods.HttpGet。
- ☑ org.apache.http.impl.client.DefaultHttpClient。
- ☑ HttpClient httpclient=new DefaultHttpClient()。

如果想从服务器检索此信息，则需要使用 HttpGet 类的构造器，例如下面的代码。

```
HttpGet request=new HttpGet("http://innovator.samsungmobile.com");
```

然后用 HttpClient 类的 execute()方法中的 HttpGet 对象来检索 HttpResponse 对象，例如下面的代码。

```
HttpResponse response = client.execute(request);
```

接着读取已检索的响应，例如下面的代码。

```
BufferedReader rd = new BufferedReader
                                    (new InputStreamReader(response.getEntity().getContent()));
    String line = "";
    while ((line = rd.readLine()) != null) {
        Log.d("output: ",line);
    }
```

16.1.5 实战演练——在手机屏幕中传递 HTTP 参数

和网络 HTTP 有关的是 HTTP Protocol，在 Android SDK 中，集成了 Apache 的 HttpClient 模块。通过这

些模块，可以方便地编写出和 HTTP 有关的程序。在 Android SDK 中通常使用 HttpClient 16.0。

题　目	目　的	源码路径
实例 16-1	在手机屏幕中传递 HTTP 参数	光盘:\daima\16\httpSHI

1．设计思路

在本实例中插入了两个按钮，一个用于以 POST 方式获取网站数据，另外一个用于以 GET 方式获取数据，并以 TextView 对象来显示由服务器端的返回网页内容来显示连接结果。当然首先需建立和 HTTP 的连接，连接之后才能获取 Web Server 返回的结果。

2．具体实现

（1）编写布局文件 main.xml，主要代码如下所示。

```
<?xml version="1.0" encoding="utf-8"?>
<LinearLayout
  xmlns:android="http://schemas.android.com/apk/res/android"
  android:background="@drawable/white"
  android:orientation="vertical"
  android:layout_width="fill_parent"
  android:layout_height="fill_parent"
  >
  <TextView
    android:id="@+id/myTextView1"
    android:layout_width="fill_parent"
    android:layout_height="wrap_content"
    android:text="@string/title"/>
  <Button
    android:id="@+id/myButton1"
    android:layout_width="wrap_content"
    android:layout_height="wrap_content"
    android:text="@string/str_button1" />
    <Button
    android:id="@+id/myButton2"
    android:layout_width="wrap_content"
    android:layout_height="wrap_content"
    android:text="@string/str_button2" />
</LinearLayout>
```

（2）编写文件 httpSHI.java，其具体实现流程如下。

① 引用 apache.http 相关类实现 HTTP 联机，然后引用 java.io 与 java.util 相关类来读写档案。具体代码如下所示。

```
/*引用 apache.http 相关类来建立 HTTP 联机*/
import org.apache.http.HttpResponse;
import org.apache.http.NameValuePair;
import org.apache.http.client.ClientProtocolException;
import org.apache.http.client.entity.UrlEncodedFormEntity;
import org.apache.http.client.methods.HttpGet;
import org.apache.http.client.methods.HttpPost;
import org.apache.http.impl.client.DefaultHttpClient;
import org.apache.http.message.BasicNameValuePair;
```

```
import org.apache.http.protocol.HTTP;
import org.apache.http.util.EntityUtils;
/*必须引用 java.io 与 java.util 相关类来读写档案*/
import irdc.httpSHI.R;
import java.io.IOException;
import java.util.ArrayList;
import java.util.List;
import java.util.regex.Matcher;
import java.util.regex.Pattern;

import android.app.Activity;
import android.os.Bundle;
import android.view.View;
import android.widget.Button;
import android.widget.TextView;
```

② 使用 OnClickListener 来聆听单击第一个按钮事件，声明网址字符串并使用建立 Post 方式联机，最后通过 mTextView1.setText 输出提示字符。具体代码如下所示。

```
/*设定 OnClickListener 来聆听 OnClick 事件*/
mButton1.setOnClickListener(new Button.OnClickListener()
{
  /*覆写 onClick 事件*/
  @Override
  public void onClick(View v)
  {
    /*声明网址字符串*/
    String uriAPI = "http://www.dubblogs.cc:8751/Android/Test/API/Post/index.php";
    /*建立 HTTP Post 联机*/
    HttpPost httpRequest = new HttpPost(uriAPI);
    /*
     * Post 运行传送变量必须用 NameValuePair[]数组存储
    */
    List <NameValuePair> params = new ArrayList <NameValuePair>();
    params.add(new BasicNameValuePair("str", "I am Post String"));
    try
    {
      httpRequest.setEntity(new UrlEncodedFormEntity(params, HTTP.UTF_8));
      /*取得 HTTP 输出*/
      HttpResponse httpResponse = new DefaultHttpClient().execute(httpRequest);
      /*如果状态码为 200 */
      if(httpResponse.getStatusLine().getStatusCode() == 200)
      {
        /*获取应答字符串*/
        String strResult = EntityUtils.toString(httpResponse.getEntity());
        mTextView1.setText(strResult);
      }
      else
      {
        mTextView1.setText("Error Response: "+httpResponse.getStatusLine().toString());
      }
    }
    catch(ClientProtocolException e)
    {
```

```
      mTextView1.setText(e.getMessage().toString());
      e.printStackTrace();
    }
    catch(IOException e)
    {
      mTextView1.setText(e.getMessage().toString());
      e.printStackTrace();
    }
    catch(Exception e)
    {
      mTextView1.setText(e.getMessage().toString());
      e.printStackTrace();
    }

  }
});
```

③ 使用 OnClickListener 来聆听单击第二个按钮的事件，声明网址字符串并建立 Get 方式的联机功能，分别实现发出 HTTP 获取请求、获取应答字符串和删除冗余字符操作，最后通过 mTextView1.setText()输出提示字符。具体代码如下所示。

```
mButton2.setOnClickListener(new Button.OnClickListener()
{
  @Override
  public void onClick(View v)
  {
    /*声明网址字符串*/
    String uriAPI = "http://www.XXXX.cc:8751/index.php?str=I+am+Get+String";
    /*建立 HTTP Get 联机*/
    HttpGet httpRequest = new HttpGet(uriAPI);
    try
    {
      /*发出 HTTP 获取请求*/
      HttpResponse httpResponse = new DefaultHttpClient().execute(httpRequest);
      /*若状态码为 200 ok*/
      if(httpResponse.getStatusLine().getStatusCode() == 200)
      {
        /*获取应答字符串*/
        String strResult = EntityUtils.toString(httpResponse.getEntity());
        /*删除冗余字符*/
        strResult = eregi_replace("(\r\n|\r|\n|\n\r)","",strResult);
        mTextView1.setText(strResult);
      }
      else
      {
        mTextView1.setText("Error Response: "+httpResponse.getStatusLine().toString());
      }
    }
    catch (ClientProtocolException e)
    {
      mTextView1.setText(e.getMessage().toString());
      e.printStackTrace();
```

```
        }
        catch (IOException e)
        {
          mTextView1.setText(e.getMessage().toString());
          e.printStackTrace();
        }
        catch (Exception e)
        {
          mTextView1.setText(e.getMessage().toString());
          e.printStackTrace();
        }
      }
    });
}
```

④ 定义替换字符串函数 eregi_replace()来替换一些非法字符，具体代码如下所示。

```
  /* 字符串替换函数 */
  public String eregi_replace(String strFrom, String strTo, String strTarget)
  {
    String strPattern = "(?i)"+strFrom;
    Pattern p = Pattern.compile(strPattern);
    Matcher m = p.matcher(strTarget);
    if(m.find())
    {
      return strTarget.replaceAll(strFrom, strTo);
    }
    else
    {
      return strTarget;
    }
  }
}
```

（3）在文件 AndroidManifest.xml 中声明网络连接权限，具体代码如下所示。

```
<uses-permission android:name="android.permission.INTERNET"></uses-permission>
```

执行后的效果如图 16-1 所示，单击图中的按钮能够以不同方式获取 HTTP 参数。

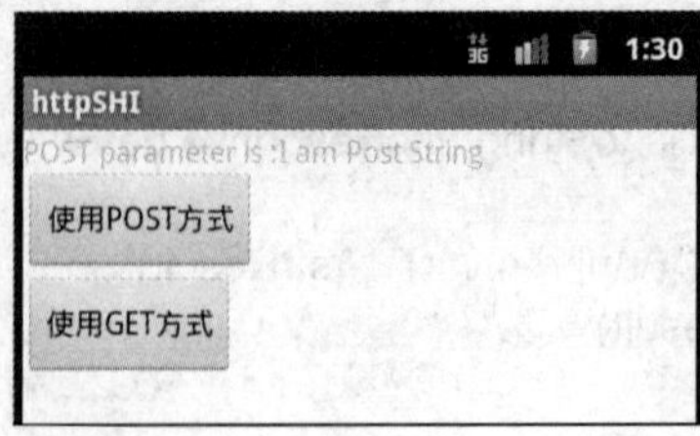

图 16-1　单击“使用 POST 方式”按钮后的效果

16.2　URL 和 URLConnection

知识点讲解：光盘:视频\知识点\第 16 章\URL 和 URLConnection.avi

URL（Uniform Resource Locator）对象代表统一资源定位器，是指向互联网“资源”的指针。这里的资

源可以是简单的文件或目录，也可以是对更为复杂的对象引用，例如对数据库或搜索引擎的查询。通常情况而言，URL 可以由协议名、主机、端口和资源组成，满足如下所示的格式。

```
protocol://host:port/resourceName
```

例如下面就是一个合法的 URL 地址。

```
http://www.oneedu.cn/Index.htm
```

在 Android 系统中通过 URL 获取网络资源，其中的 URLConnection 和 HTTPURLConnection 是最为常用的两种方式。本节将简要介绍 URL 类的基本知识。

16.2.1　URL 类详解

在 JDK 中还提供了一个 URI（Uniform Resource Identifiers）类，其实例代表一个统一资源标识符，Java 的 URI 不能用于定位任何资源，它的唯一作用就是解析。与此对应的是，URL 则包含一个可打开到达该资源的输入流，因此我们可以将 URL 理解成 URI 的特例。

在类 URL 中，提供了多个可以创建 URL 对象的构造器，一旦获得了 URL 对象之后，可以调用下面的方法来访问该 URL 对应的资源。

- ☑ String getFile()：获取此 URL 的资源名。
- ☑ String getHost()：获取此 URL 的主机名。
- ☑ String getPath()：获取此 URL 的路径部分。
- ☑ int getPort()：获取此 URL 的端口号。
- ☑ String getProtocol()：获取此 URL 的协议名称。
- ☑ String getQuery()：获取此 URL 的查询字符串部分。
- ☑ URLConnection openConnection()：返回一个 URLConnection 对象，它表示到 URL 所引用的远程对象的链接。
- ☑ InputStream openStream()：打开与此 URL 的链接，并返回一个用于读取该 URL 资源的 InputStream。

在 URL 中，可以使用方法 openConnection()返回一个 URLConnection 对象，该对象表示应用程序和 URL 之间的通信链接。应用程序可以通过 URLConnection 实例向此 URL 发送请求，并读取 URL 引用的资源。

创建一个和 URL 链接的、并发送请求、读取此 URL 引用资源的步骤如下。

（1）通过调用 URL 对象 openConnection()方法来创建 URLConnection 对象。

（2）设置 URLConnection 的参数和普通请求属性。

（3）如果只是发送 GET 方式请求，使用方法 connect()建立和远程资源之间的实际连接即可；如果需要发送 POST 方式的请求，需要获取 URLConnection 实例对应的输出流来发送请求参数。

（4）远程资源变为可用，程序可以访问远程资源的头字段或通过输入流读取远程资源的数据。

在建立和远程资源的实际链接之前，可以通过如下方法来设置请求头字段。

- ☑ setAllowUserInteraction()：设置该 URLConnection 的 allowUserInteraction 请求头字段的值。
- ☑ setDoInput()：设置该 URLConnection 的 doInput 请求头字段的值。
- ☑ setDoOutput()：设置该 URLConnection 的 doOutput 请求头字段的值。
- ☑ setIfModifiedSince()：设置该 URLConnection 的 ifModifiedSince 请求头字段的值。
- ☑ setUseCaches()：设置该 URLConnection 的 useCaches 请求头字段的值。

除此之外，还可以使用如下方法来设置或增加通用头字段。

- ☑ setRequestProperty(String key, String value)：设置该 URLConnection 的 key 请求头字段的值为 value。
- ☑ addRequestProperty(String key, String value)：为该 URLConnection 的 key 请求头字段增加 value 值，该方法并不会覆盖原请求头字段的值，而是将新值追加到原请求头字段中。

当发现远程资源可以使用后，可以使用如下方法访问头字段和内容。

- ☑ Object getContent()：获取该 URLConnection 的内容。
- ☑ String getHeaderField(String name)：获取指定响应头字段的值。
- ☑ getInputStream()：返回该 URLConnection 对应的输入流，用于获取 URLConnection 响应的内容。
- ☑ getOutputStream()：返回该 URLConnection 对应的输出流，用于向 URLConnection 发送请求参数。
- ☑ getHeaderField()：根据响应头字段来返回对应的值。

因为在程序中需要经常访问某些头字段，所以 Java 为我们提供了如下方法来访问特定响应头字段的值。

- ☑ getContentEncoding()：获取 content-encoding 响应头字段的值。
- ☑ getContentLength()：获取 content-length 响应头字段的值。
- ☑ getContentType()：获取 content-type 响应头字段的值。
- ☑ getDate()：获取 date 响应头字段的值。
- ☑ getExpiration()：获取 expires 响应头字段的值。
- ☑ getLastModified()：获取 last-modified 响应头字段的值。

16.2.2 实战演练——从网络中下载图片作为屏幕背景

我们可以从网络中下载一个图片文件来作为手机屏幕的背景。在本实例中，可以远程获取网络中的一幅图片，并将这幅图片作为手机屏幕的背景。当下载图片完成后，通过 InputStream 传到 ContextWrapper 中重写 setWallpaper 的方式实现。其中传入的参数是 URCConection.getInputStream()中的数据内容。

题 目	目 的	源 码 路 径
实例 16-2	从网络中下载图片作为屏幕背景	光盘:\daima\16\pingmu

本实例的具体实现流程如下。

（1）编写布局文件 main.xml，分别插入一个文本框控件和按钮控件。主要代码如下所示。

```
<EditText
  android:id="@+id/myEdit"
  android:layout_width="280px"
  android:layout_height="wrap_content"
  android:text="http://"
  android:textSize="12sp"
  android:layout_x="20px"
  android:layout_y="42px"
>
</EditText>
<TextView
  android:id="@+id/myText"
  android:layout_width="wrap_content"
  android:layout_height="wrap_content"
  android:text="@string/str_title"
  android:textSize="16sp"
  android:textColor="@drawable/black"
  android:layout_x="20px"
  android:layout_y="12px"
>
</TextView>
<Button
  android:id="@+id/myButton1"
```

```
  android:layout_width="80px"
  android:layout_height="45px"
  android:text="@string/str_button1"
  android:layout_x="70px"
  android:layout_y="102px"
>
</Button>
<Button
  android:id="@+id/myButton2"
  android:layout_width="80px"
  android:layout_height="45px"
  android:text="@string/str_button2"
  android:layout_x="150px"
  android:layout_y="102px"
>
</Button>
<ImageView
  android:id="@+id/myImage"
  android:layout_width="wrap_content"
  android:layout_height="wrap_content"
  android:layout_x="20px"
  android:layout_y="152px"
>
</ImageView>
```

（2）编写主程序文件 pingmu.java，其具体实现流程如下。

☑ 单击 mButton1 按钮时通过 mButton1.setOnClickListener 来预览图片，如果网址为空则输出空白提示，如果不为空则传入 type=1 表示预览图片。主要代码如下所示。

```
public void onCreate(Bundle savedInstanceState)
{
  super.onCreate(savedInstanceState);
  setContentView(R.layout.main);
  /* 初始化对象 */
  mButton1 =(Button) findViewById(R.id.myButton1);
  mButton2 =(Button) findViewById(R.id.myButton2);
  mEditText = (EditText) findViewById(R.id.myEdit);
  mImageView = (ImageView) findViewById(R.id.myImage);
  mButton2.setEnabled(false);
  /* 预览图片的 Button */
  mButton1.setOnClickListener(new Button.OnClickListener()
  {
    @Override
    public void onClick(View v)
    {
      String path=mEditText.getText().toString();
      if(path.equals(""))
      {
        showDialog("网址不可为空白!");
      }
      else
      {
        /* 传入 type=1 为预览图片 */
```

```
            setImage(path,1);
        }
    }
});
```

☑ 单击 mButton2 按钮时通过 mButton2.setOnClickListener 将图片设置为桌面。如果网址为空则输出空白提示，如果不为空则传入 type=2 将其设置为桌面。主要代码如下所示。

```
/* 将图片设为桌面的 Button */
mButton2.setOnClickListener(new Button.OnClickListener()
{
  @Override
  public void onClick(View v)
  {
    try
    {
      String path=mEditText.getText().toString();
      if(path.equals(""))
      {
        showDialog("网址不可为空白!");
      }
      else
      {
        /* 传入 type=2 为设置桌面 */
        setImage(path,2);
      }
    }
    catch (Exception e)
    {
      showDialog("读取错误!网址可能不是图片或网址错误!");
      bm = null;
      mImageView.setImageBitmap(bm);
      mButton2.setEnabled(false);
      e.printStackTrace();
    }
  }
});
}
```

☑ 定义方法 setImage(String path,int type)将图片抓取预览并设置为桌面，如果有异常则输出对应提示。具体代码如下所示。

```
/* 将图片抓下来预览并设置为桌面的方法 */
private void setImage(String path,int type)
{
  try
  {
    URL url = new URL(path);
    URLConnection conn = url.openConnection();
    conn.connect();
    if(type==1)
    {
      /* 预览图片 */
      bm = BitmapFactory.decodeStream(conn.getInputStream());
```

```
            mImageView.setImageBitmap(bm);
            mButton2.setEnabled(true);
        }
        else if(type==2)
        {
            /* 设置为桌面 */
            Pingmu.this.setWallpaper(conn.getInputStream());
            bm = null;
            mImageView.setImageBitmap(bm);
            mButton2.setEnabled(false);
            showDialog("桌面背景设置完成!");
        }
    }
    catch (Exception e)
    {
        showDialog("读取错误!网址可能不是图片或网址错误!");
        bm = null;
        mImageView.setImageBitmap(bm);
        mButton2.setEnabled(false);
        e.printStackTrace();
    }
}
```

☑　定义方法 showDialog(String mess)来弹出一个对话框，单击后完成背景设置。具体代码如下所示。

```
/* 弹出 Dialog 的方法 */
private void showDialog(String mess){
    new AlertDialog.Builder(example8.this).setTitle("Message")
    .setMessage(mess)
    .setNegativeButton("确定", new DialogInterface.OnClickListener()
    {
        public void onClick(DialogInterface dialog, int which)
        {
        }
    })
    .show();
}
```

（3）在文件 AndroidManifest.xml 中需要声明 T_WALLPAPER 权限和 INTERNET 权限，主要代码如下所示。

```
<uses-permission android:name="android.permission.SET_WALLPAPER"/>
<uses-permission android:name="android.permission.INTERNET"/>
```

执行后在屏幕中显示一个输入框和两个按钮，输入图片网址并单击“预览”按钮后，可以查看此图片，如图 16-2 所示。单击“设置”按钮后可以将此图片设置为屏幕背景。

图 16-2　初始效果

16.3 HTTPURLConnection 详解

知识点讲解：光盘:视频\知识点\第 16 章\HTTPURLConnection 详解.avi

在 java.net 类中，类 HttpURLConnection 是一种访问 HTTP 资源的方式，此类具有完全的访问能力，完全可以取代类 HttpGet 和类 HttpPost。本节将详细讲解类 HttpURLConnection 的基本用法。

16.3.1 HttpURLConnection 的主要用法

在现实项目应用中，通过使用 HttpUrlConnection 来完成如下 4 个功能。

1. 从 Internet 获取网页

此功能需要先发送请求，然后将网页以流的形式读回来。

（1）创建一个 URL 对象：

```
URL url = new URL("http://www.sohu.com");
```

（2）利用 HttpURLConnection 对象从网络中获取网页数据：

```
HttpURLConnection conn = (HttpURLConnection) url.openConnection();
```

（3）设置连接超时：

```
conn.setConnectTimeout(6* 1000);
```

（4）对响应码进行判断：

```
if (conn.getResponseCode() != 200) throw new RuntimeException("请求 url 失败");
```

（5）得到网络返回的输入流：

```
InputStream is = conn.getInputStream();
String result = readData(is, "GBK");
conn.disconnect();
```

在实现此功能时，必须要记得设置连接超时，如果网络不好，Android 系统在超过默认时间后会收回资源中断操作。如果返回的响应码是 200 则标明成功。利用 ByteArrayOutputStream 类可以将得到的输入流写入内存。由此可见，在 Android 中对文件流的操作和 Java SE 上面是一样的。

2. 从 Internet 获取文件

利用 HttpURLConnection 对象从网络中获取文件数据的基本流程如下。

（1）创建 URL 对象后传入文件路径：

```
URL url = new URL("http://photocdn.sohu.com/20100125/Img269812337.jpg");
```

（2）创建 HttpURLConnection 对象后从网络中获取文件数据：

```
HttpURLConnection conn = (HttpURLConnection) url.openConnection();
```

（3）设置连接超时：

```
conn.setConnectTimeout(6* 1000);
```

（4）对响应码进行判断：

```
if (conn.getResponseCode() != 200) throw new RuntimeException("请求 url 失败");
```

（5）得到网络返回的输入流：

```
InputStream is = conn.getInputStream();
```

（6）写出得到的文件流：

```
outStream.write(buffer, 0, len);
```

在实现此功能时，当对大文件进行操作时需要将文件写到 SDCard 上面，而不要直接写到手机内存上。在操作大文件时，要一边从网络上读，一边向 SDCard 上面写，这样可以减少对手机内存的使用。完成功能后，不要忘记及时关闭连接流。

3．向 Internet 发送请求参数

利用 HttpURLConnection 对象向 Internet 发送请求参数的基本流程如下。

（1）将地址和参数存到 byte 数组中：

```
byte[] data = params.toString().getBytes();
```

（2）创建 URL 对象：

```
URL realUrl = new URL(requestUrl);
```

（3）用 HttpURLConnection 对象向网络地址发送请求：

```
HttpURLConnection conn = (HttpURLConnection) realUrl.openConnection();
```

（4）设置容许输出：

```
conn.setDoOutput(true);
```

（5）设置不使用缓存：

```
conn.setUseCaches(false);
```

（6）设置使用 POST 的方式发送：

```
conn.setRequestMethod("POST");
```

（7）设置维持长连接：

```
conn.setRequestProperty("Connection", "Keep-Alive");
```

（8）设置文件字符集：

```
conn.setRequestProperty("Charset", "UTF-8");
```

（9）设置文件长度：

```
conn.setRequestProperty("Content-Length", String.valueOf(data.length));
```

（10）设置文件类型：

```
conn.setRequestProperty("Content-Type","application/x-www-form-urlencoded");
```

（11）最后以流的方式输出。

在实现此功能时，在发送 POST 请求时必须设置允许输出。建议不要使用缓存，避免出现不应该出现的问题。在开始就用 HttpURLConnection 对象的 setRequestProperty()设置，即生成 HTML 文件头。

4．向 Internet 发送 XML 数据

XML 格式是通信的标准语言，Android 系统也可以通过发送 XML 文件传输数据。实现此功能的基本实现流程如下。

（1）将生成的 XML 文件写入 byte 数组中，并设置为 UTF-8。

```
byte[] xmlbyte = xml.toString().getBytes("UTF-8");
```

（2）创建 URL 对象并指定地址和参数：

```
URL url = new URL("http://localhost:8080/itcast/contanctmanage.do?method=readxml");
```

（3）获得连接：

```
HttpURLConnection conn = (HttpURLConnection) url.openConnection();
```

（4）设置连接超时：

```
conn.setConnectTimeout(6* 1000);
```

（5）设置允许输出：

```
conn.setDoOutput(true);
```

（6）设置不使用缓存：

```
conn.setUseCaches(false);
```

（7）设置以 POST 方式传输：

```
conn.setRequestMethod("POST");
```

（8）维持长连接：

```
conn.setRequestProperty("Connection", "Keep-Alive");
```

（9）设置字符集：

```
conn.setRequestProperty("Charset", "UTF-8");
```

（10）设置文件的总长度：

```
conn.setRequestProperty("Content-Length", String.valueOf(xmlbyte.length));
```

（11）设置文件类型：

```
conn.setRequestProperty("Content-Type", "text/xml; charset=UTF-8");
```

（12）以文件流的方式发送 XML 数据：

```
outStream.write(xmlbyte);
```

注意：使用 Android 中的 HttpUrlConnection 时，有个地方需要注意一下，就是如果你的程序中有跳转，并且跳转有外部域名的跳转，那么非常容易超时并抛出域名无法解析的异常（Host Unresolved），建议做跳转处理时不要使用它自带的方法设置成为自动跟随跳转，最好自己做处理，以防止莫名其妙的异常。这个问题在模拟器上看不出来，只有真机上能看出来。

16.3.2 实战演练——在 Android 手机屏幕中显示网络中的图片

在日常应用中，我们经常不需要将网络中的图片保存到手机中，而只是在网络浏览一下即可。此时可以使用 HttpURLConnection 打开链接，这样就可以获取链接数据了。在本实例中，使用 HttpURLConnection 方法来链接并获取网络数据，将获取的数据用 InputStream 的方式保存在记忆空间中。

题　目	目　的	源 码 路 径
实例 16-3	在手机屏幕中显示网络中的图片	光盘:\daima\16\tu

本实例的具体实现流程如下。

（1）编写布局文件 main.xml，主要代码如下所示。

```
<LinearLayout
  xmlns:android="http://schemas.android.com/apk/res/android"
  android:background="@drawable/white"
  android:orientation="vertical"
  android:layout_width="fill_parent"
  android:layout_height="fill_parent"
  >
  <TextView
    android:id="@+id/myTextView1"
    android:layout_width="fill_parent"
    android:layout_height="wrap_content"
    android:text="@string/app_name"/>
  <Button
    android:id="@+id/myButton1"
    android:layout_width="wrap_content"
    android:layout_height="wrap_content"
    android:text="@string/str_button1" />
  <ImageView
```

```
    android:id="@+id/myImageView1"
    android:layout_width="wrap_content"
    android:layout_height="wrap_content"
    android:layout_gravity="center" />
</LinearLayout>
```

（2）编写主程序文件 tu.java，首先通过方法 getURLBitmap()将图片作为参数传入到创建的 URL 对象中，然后通过方法 getInputStream()获取连接图的 InputStream。文件 tu.java 的主要实现代码如下所示。

```
public class tu extends Activity
{
  private Button mButton1;
  private TextView mTextView1;
  private ImageView mImageView1;
  String uriPic = "http://www.baidu.com/img/baidu_sylogo1.gif";
  @Override
  public void onCreate(Bundle savedInstanceState)
  {
    super.onCreate(savedInstanceState);
    setContentView(R.layout.main);

    mButton1 = (Button) findViewById(R.id.myButton1);
    mTextView1 = (TextView) findViewById(R.id.myTextView1);
    mImageView1 = (ImageView) findViewById(R.id.myImageView1);

    mButton1.setOnClickListener(new Button.OnClickListener()
    {
      @Override
      public void onClick(View arg0)
      {
        /* 设置 Bitmap 在 ImageView 中 */
        mImageView1.setImageBitmap(getURLBitmap());
        mTextView1.setText("");
      }
    });
  }

  public Bitmap getURLBitmap()
  {
    URL imageUrl = null;
    Bitmap bitmap = null;
    try
    {
      /* new URL 对象将网址传入 */
      imageUrl = new URL(uriPic);
    }
    catch (MalformedURLException e)
    {
      e.printStackTrace();
    }
    try
    {
```

```
            /* 取得链接 */
            HttpURLConnection conn = (HttpURLConnection) imageUrl
                    .openConnection();
            conn.connect();
            /* 取得返回的 InputStream */
            InputStream is = conn.getInputStream();
            /* 将 InputStream 变成 Bitmap */
            bitmap = BitmapFactory.decodeStream(is);
            /* 关闭 InputStream */
            is.close();
        }
        catch (IOException e)
        {
            e.printStackTrace();
        }
        return bitmap;
    }
}
```

执行后单击“单击后获取网络上的图片”按钮后可以显示指定网址的图片，如图 16-3 所示。

图 16-3　执行效果

第 17 章　处理 XML 数据

XML（eXtensible Markup Language）即可扩展标记语言，它与 HTML 一样，都是 SGML（Standard Generalized Markup Language，标准通用标记语言）。通过使用 XML 技术可以实现对数据的存储。本章将详细讲解在 Android 手机中处理 XML 数据的基本知识，为读者步入本书后面知识的学习打下基础。

知识拓展

- ☑ 129：传递 HTTP 参数.pdf
- ☑ 130：在 Android 系统中打开链接.pdf
- ☑ 131：在手机中浏览网页.pdf
- ☑ 132：loadUrl 方法访问网页.pdf
- ☑ 133：在手机中使用 HTML 程序.pdf
- ☑ 134：开发 Android 网络项的注意事项.pdf
- ☑ 135：使用内置浏览器打开网页.pdf
- ☑ 136：WebSettings 设置 WebView 属性.pdf

17.1　XML 技术基础

知识点讲解：光盘:视频\知识点\第 17 章\XML 技术基础.avi

XML 是 Internet 环境中跨平台的，依赖于内容的技术，是当前处理结构化文档信息的有力工具。扩展标记语言 XML 是一种简单的数据存储语言，使用一系列简单的标记描述数据，而这些标记可以用方便的方式建立，虽然 XML 占用的空间要比二进制数据多，但是 XML 极其简单，易于掌握和使用。本节将简要介绍 XML 技术的基本知识。

17.1.1　XML 的概述

XML 与 Access、Oracle 和 SQL Server 等数据库不同，数据库提供了更强有力的数据存储和分析能力，例如数据索引、排序、查找、相关一致性等，XML 仅是展示数据。事实上 XML 与其他数据表现形式最大的不同是它极其简单，这是一个看上去有点详细的优点，但正是这点使 XML 与众不同。

XML 的简单使其易于在任何应用程序中读写数据，这使 XML 很快成为数据交换的唯一公共语言，虽然不同的应用软件也支持其他的数据交换格式，但不久之后它们都将支持 XML，那就意味着程序可以更容易地与 Windows、Mac OS、Linux 以及其他平台下产生的信息结合，然后可以很容易地加载 XML 数据到程序中并进行分析，并以 XML 格式输出结果。

为了使得 SGML 显得用户友好，XML 重新定义了 SGML 的一些内部值和参数，去掉了大量的很少用到的功能，这些繁杂的功能使得 SGML 在设计网站时显得复杂化。XML 保留了 SGML 的结构化功能，这样就使得网站设计者可以定义自己的文档类型，XML 同时也推出一种新型文档类型，使得开发者也可以不必定义文档类型。

因为 XML 是 W3C 制定的，XML 的标准化工作由 W3C 的 XML 工作组负责，该小组成员由来自各个地方和行业的专家组成，他们通过 Email 交流对 XML 标准的意见，并提出自己的看法（www.w3.org/TR/WD-xml）。因为 XML 是一个公共格式，可以无须担心 XML 技术会成为少数公司的盈利工具，XML 不是一个依附于特定浏览器的语言。

17.1.2 XML 的语法

前面虽然讲解了 XML 的特点，但是初学者仍然不明白 XML 是用来做什么的，其实 XML 什么也不做，它只是用来存储数据，对 HTML 语言进行扩展，它和 HTML 分工很明显，XML 是用来存储数据，而 HTML 是用来如何表现数据的，下面通过一段程序代码进行讲解，其代码如下所示。

```
<?xml version="1.0" encoding="utf-8"?>
<book>
<person>
<first>Kiran</first>
<last>Pai</last>
<age>22</age>
</person>
<person>
<first>Bill</first>
<last>Gates</last>
<age>46</age>
</person>
<person>
<first>Steve</first>
<last>Jobs</last>
<age>40</age>
</person>
</book>
```

上面的语法不但可以这样写，只要符合语法还可以写成汉语，例如下面的代码。

```
<?xml version="1.0" encoding="utf-8"?>
    <项目>
        <名>天上星</名>
        <电子邮件>tianshangxing@hotmail.com</电子邮件>
        <住宅>何国何市何区何街道何番号</住宅>
        <电话>817-021-742745674</电话>
        <一言>XML 学习</一言>
    </项目>
```

从上面两段代码可以看出，XML 的标记完全自由定义，不受约束，它只是用来存储信息，除了第一行固定以外，其他的只需主要前后标签一致，末标签不能省掉。下面对 XML 语法格式进行总结。

☑ 在第一行必须对 XML 进行声明，即声明 XML 的版本。

☑ 它的标记和 HTML 一样是成双成对出现的。

☑ XML 对标记的大小写十分敏感。

☑ XML 标记是用户自行定义，但是每一个标记必须有结束标记。

17.1.3 获取 XML 文档

如何获取 XML 文档十分简单，下面通过一个简单的 Java 代码获取 17.1.2 节讲解的代码信息，其代码

如下所示。

```
import java.io.File;
import org.w3c.dom.Document;
import org.w3c.dom.*;
import javax.xml.parsers.DocumentBuilderFactory;
import javax.xml.parsers.DocumentBuilder;
import org.xml.sax.SAXException;
import org.xml.sax.SAXParseException;
public class ReadAndPrintXMLFile{
public static void main (String argv []){
try {
   DocumentBuilderFactory docBuilderFactory
= DocumentBuilderFactory.newInstance();
            DocumentBuilder docBuilder
= docBuilderFactory.newDocumentBuilder();
            Document doc = docBuilder.parse (new File("17-2.xml"));
            doc.getDocumentElement ().normalize ();
            System.out.println ("Root element of the doc is "
 + doc.getDocumentElement().getNodeName());
            NodeList listOfPersons = doc.getElementsByTagName("person");
            int totalPersons = listOfPersons.getLength();
            System.out.println("Total no of people : " + totalPersons);
            for(int s=0; s<listOfPersons.getLength() ; s++){
                Node firstPersonNode = listOfPersons.item(s);
                if(firstPersonNode.getNodeType() == Node.ELEMENT_NODE){
                    Element firstPersonElement = (Element)firstPersonNode;
                   NodeList firstNameList =
 firstPersonElement.getElementsByTagName("first");
                    Element firstNameElement
= (Element)firstNameList.item(0);
                    NodeList textFNList = firstNameElement.getChildNodes();
                    System.out.println("First Name : " +
                            ((Node)textFNList.item(0)).getNodeValue().trim());
                  NodeList lastNameList
= firstPersonElement.getElementsByTagName("last");
                    Element lastNameElement = (Element)lastNameList.item(0);
                    NodeList textLNList = lastNameElement.getChildNodes();
                    System.out.println("Last Name : " +
                            ((Node)textLNList.item(0)).getNodeValue().trim());
                    NodeList ageList
 = firstPersonElement.getElementsByTagName("age");
                    Element ageElement = (Element)ageList.item(0);
                    NodeList textAgeList = ageElement.getChildNodes();
                    System.out.println("Age : " +
 ((Node)textAgeList.item(0)).getNodeValue().trim());
                }     }  }
        catch (SAXParseException err)
{
                System.out.println ("** Parsing error" + ", line "
                                         + err.getLineNumber () + ", uri " + err.getSystemId ());
                System.out.println(" " + err.getMessage ());    }
```

```
            catch (SAXException e) {
                    Exception x = e.getException ();
                    ((x == null) ? e : x).printStackTrace ();
            }
            catch (Throwable t) {
                    t.printStackTrace ();
 }
        }
}
```

用户在 Java API 中还可以找到更多操作 XML 文档的方法。执行上述代码后得到如图 17-1 所示的结果。

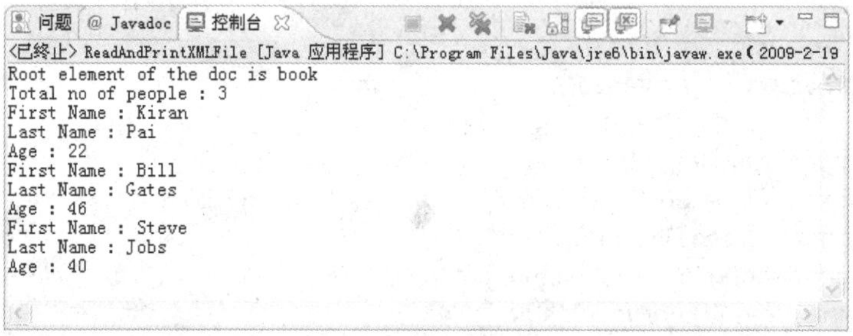

```
问题 @ Javadoc 控制台
<已终止> ReadAndPrintXMLFile [Java 应用程序] C:\Program Files\Java\jre6\bin\javaw.exe (2009-2-19
Root element of the doc is book
Total no of people : 3
First Name : Kiran
Last Name : Pai
Age : 22
First Name : Bill
Last Name : Gates
Age : 46
First Name : Steve
Last Name : Jobs
Age : 40
```

图 17-1 获取 XML 文档

注意： XML 文档其实比 HTML 文档更简单，XML 主要用来存储信息，不负责显示在页面。获取 XML 文档的方法有很多，并不是只有 Java 语言可以调用，还有许多语言可以调用，如 C#、PHP 和 ASP 等，也包括 HTML 语言。

17.2 使用 SAX 解析 XML 数据

知识点讲解：光盘:视频\知识点\第 17 章\使用 SAX 解析 XML 数据.avi

SAX，全称 Simple API for XML，既是指一种接口，也是指一个软件包。SAX 最初是由 David Megginson 采用 Java 语言开发，之后 SAX 很快在 Java 开发者中流行起来。San 现在负责管理其原始 API 的开发工作，这是一种公开的、开放源代码软件。不同于其他大多数 XML 标准的是，SAX 没有语言开发商必须遵守的标准 SAX 参考版本。因此，SAX 的不同实现可能采用区别很大的接口。本节将简要介绍 SAX 技术的基本知识。

17.2.1 SAX 的原理

作为接口，SAX 是事件驱动型 XML 解析的一个标准接口（standard interface）不会改变，已被 OASIS（Organization for the Advancement of Structured Information Standards）所采纳。作为软件包，SAX 最早开发始于 1997 年 12 月，由一些在互联网上分散的程序员合作进行。后来，参与开发的程序员越来越多，组成了互联网上的 XML-DEV 社区。5 个月以后，1998 年 5 月，SAX 1.0 版由 XML-DEV 正式发布。目前，最新的版本是 SAX 2.0。2.0 版本在多处与 1.0 版本不兼容，包括一些类和方法的名字。

SAX 的工作原理简单地说就是对文档进行顺序扫描，当扫描到文档（document）开始与结束、元素（element）开始与结束、文档（document）结束等地方时通知事件处理函数，由事件处理函数做相应动作，然后继续同样的扫描，直至文档结束。

大多数 SAX 实现都会产生以下 5 种类型的事件。

☑ 在文档的开始和结束时触发文档处理事件。
☑ 在文档内每一 XML 元素接受解析的前后触发元素事件。
☑ 任何元数据通常都由单独的事件交付。
☑ 在处理文档的 DTD 或 Schema 时产生 DTD 或 Schema 事件。
☑ 产生错误事件用来通知主机应用程序解析错误。

17.2.2　基于对象和基于事件的接口

语法分析器有两类接口：基于对象接口和基于事件的接口。DOM 是基于对象的语法分析器的标准的 API。作为基于对象的接口，DOM 通过在内存中显式地构建对象树来与应用程序通信。对象树是 XML 文件中元素树的精确映射。

DOM 易于学习和使用，因为它与基本 XML 文档紧密匹配。特别以 XML 为中心的应用程序（例如，浏览器和编辑器）也是很理想的。以 XML 为中心的应用程序为了操纵 XML 文档而操纵 XML 文档。

然而，对于大多数应用程序，处理 XML 文档只是其众多任务中的一种。例如，记账软件包可能导入 XML 发票，但这不是其主要活动。计算账户余额、跟踪支出以及使付款与发票匹配才是主要活动。记账软件包可能已经具有一个数据结构（最有可能是数据库）。DOM 模型不太适合记账应用程序，因为在那种情况下，应用程序必须在内存中维护数据的两份副本（一个是 DOM 树，另一个是应用程序自己的结构）。内存维护两次数据会使效率下降。对于桌面应用程序来说，这可能不是主要问题，但是它可能导致服务器瘫痪。对于不以 XML 为中心的应用程序，SAX 是明智的选择。实际上，SAX 并不在内存中显式地构建文档树。它使应用程序能用最有效率的方法存储数据。

如图 17-2 所示说明了应用程序如何在 XML 树及其自身数据结构之间进行映射。

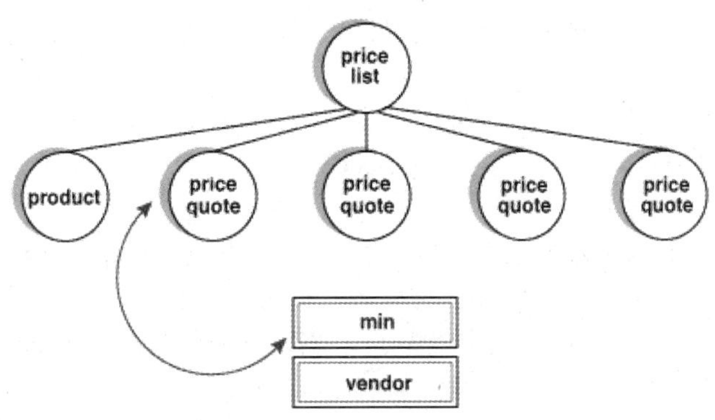

图 17-2　将 XML 结构映射成应用程序结构

SAX 是基于事件的接口，正如其名称所暗示的，基于事件的语法分析器将事件发送给应用程序。这些事件类似于用户界面事件，例如，浏览器中的 ONCLICK 事件或者 Java 中的 AWT/Swing 事件。

事件通知应用程序发生了某件事并需要应用程序做出反应。在浏览器中，通常为响应用户操作而生成事件：当用户单击按钮时，按钮产生一个 ONCLICK 事件。

在 XML 语法分析器中，事件与用户操作无关，而与正在读取的 XML 文档中的元素有关。有对于以下方面的事件：

☑ 元素开始和结束标记。
☑ 元素内容。
☑ 实体。

☑ 语法分析错误。

如图 17-3 所示显示了语法分析器在读取文档时如何生成事件。

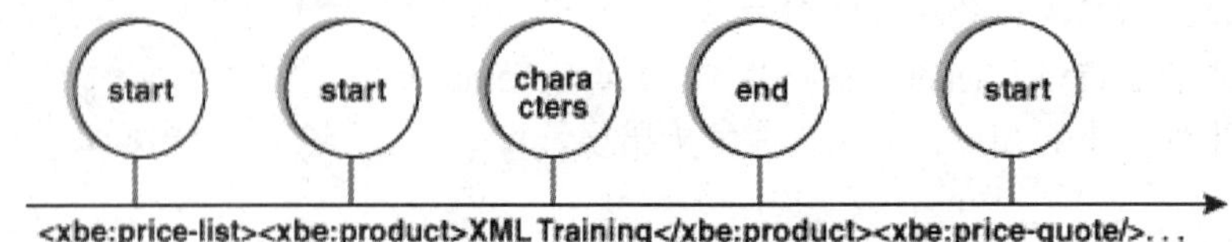

图 17-3　语法分析器生成事件

读者在此可能要问：为什么使用基于事件的接口？

这两种 API 中没有一种在本质上更好，它们适用于不同的需求。经验法则是在需要更多控制时使用 SAX；要增加方便性时，则使用 DOM。例如，DOM 在脚本语言中很流行。

采用 SAX 的主要原因是效率。SAX 比 DOM 做的事要少，但提供了对语法分析器的更多控制。当然，如果语法分析器的工作减少，则意味着你（开发者）有更多的工作要做。而且正如我们已讨论的，SAX 比 DOM 消耗的资源要少，这只是因为它不需要构建文档树。在 XML 早期，DOM 得益于 W3C 批准的官方 API 这一身份。逐渐地，开发者选择了功能性而放弃了方便性，并转向了 SAX。

SAX 的主要限制是它无法向后浏览文档。实际上，激发一个事件后，语法分析器就将其忘记。如你将看到的，应用程序必须显式地缓冲其感兴趣的事件。

17.2.3　常用的接口和类

在现实开发应用中，SAX 将其事件分为如下接口。

☑ ContentHandler：定义与文档本身关联的事件（例如，开始和结束标记）。大多数应用程序都注册这些事件。

☑ DTDHandler：定义与 DTD 关联的事件。然而，它不定义足够的事件来完整地报告 DTD。如果需要对 DTD 进行语法分析，请使用可选的 DeclHandler。DeclHandler 是 SAX 的扩展，并且不是所有的语法分析器都支持它。

☑ EntityResolver：定义与装入实体关联的事件。只有少数几个应用程序注册这些事件。

☑ ErrorHandler：定义错误事件。许多应用程序注册这些事件以便用它们自己的方式报错。

为简化工作，SAX 在 DefaultHandler 类中提供了这些接口的默认实现。在大多数情况下，为应用程序扩展 DefaultHandler 并覆盖相关的方法要比直接实现一个接口更容易。

1. XMLReader

如果为注册事件处理器并启动语法分析器，应用程序应该使用 XMLReader 接口，实现方法是使用 XMLReader 方法 parse()来启动，具体语法格式如下所示。

```
parser.parse(args[0]);
```

XMLReader 中的主要方法如下。

☑ parse()：对 XML 文档进行语法分析。parse()有两个版本，一个接收文件名或 URL，另一个接收 InputSource 对象。

☑ setContentHandler()、setDTDHandler()、setEntityResolver()和 setErrorHandler()：让应用程序注册事件处理器。

☑ setFeature()和 setProperty()：控制语法分析器如何工作。它们采用一个特性或功能标识（一个类似于名称空间的 URI 和值）。功能采用 Boolean 值，而特性采用“对象”。

最常用的 XMLReaderFactory 功能如下。

☑ http://xml.org/sax/features/namespaces：所有 SAX 语法分析器都能识别它。如果将它设置为 true（默认值），则在调用 ContentHandler 的方法时，语法分析器将识别出名称空间并解析前缀。

☑ http://xml.org/sax/features/validation：它是可选的。如果将它设置为 true，则验证语法分析器将验证该文档。非验证语法分析器忽略该功能。

2．XMLReaderFactory

XMLReaderFactory 用于创建语法分析器对象，它定义了 createXMLReader()的如下两个版本。

☑ 一个采用语法分析器的类名作为参数。

☑ 一个从 org.xml.sax.driver 系统特性中获得类名称。

对于 Xerces，类是 org.apache.xerces.parsers.SAXParser。应该使用 XMLReaderFactory，因为它易于切换至另一种 SAX 语法分析器。实际上，只需要更改一行然后重新编译。

```
XMLReaderparser=XMLReaderFactory.createXMLReader(
"org.apache.xerces.parsers.SAXParser");
```

为获得更大的灵活性，应用程序可以从命令行读取类名或使用不带参数的 createXMLReader()。因此可以不重新编译就可以更改语法分析器。

3．InputSource

InputSource 控制语法分析器如何读取文件，包括 XML 文档和实体。在大多数情况下，文档是从 URL 装入的。但是有特殊需求的应用程序可以覆盖 InputSource，例如，可以用来从数据库中装入文档。

4．ContentHandler

ContentHandler 是最常用的 SAX 接口，因为它定义 XML 文档的事件。ContentHandler 声明如下几个事件。

☑ startDocument()/endDocument()：通知应用程序文档的开始或结束。

☑ startElement()/endElement()：通知应用程序标记的开始或结束。属性作为 Attributes 参数传递（请参阅后面的“属性”内容）。即使只有一个标记，“空”元素（例如，<imghref="logo.gif"/>）也生成 startElement()和 endElement()。

☑ startPrefixMapping()/endPrefixMapping()：通知应用程序名称空间作用域。开发者几乎不需要该信息，因为当 http://xml.org/sax/features/namespaces 为 true 时，语法分析器已经解析了名称空间。

☑ 当语法分析器在元素中发现文本（已经过语法分析的字符数据）时，characters()/ignorableWhitespace()会通知应用程序。要知道，语法分析器负责将文本分配到几个事件（更好地管理其缓冲区）。ignorableWhitespace 事件用于由 XML 标准定义的可忽略空格。

☑ processingInstruction()：将处理指令通知应用程序。

☑ skippedEntity()：通知应用程序已经跳过了一个实体（即当语法分析器未在 DTD/schema 中发现实体声明时）。

☑ setDocumentLocator()：将 Locator 对象传递到应用程序，请参阅后面的 Locator 一节。请注意，不需要 SAX 语法分析器提供 Locator，但是如果它提供了，则必须在其他事件之前激活该事件。

5．属性

在 startElement()事件中，应用程序在 Attributes 参数中接收属性列表。

```
Stringattribute=attributes.getValue("","price");
```

Attributes 定义了下列 4 个方法。

- ☑ getValue(i)/getValue(qName)/getValue(uri,localName)：返回第 i 个属性值或给定名称的属性值。
- ☑ getLength()：返回属性数目。
- ☑ getQName(i)/getLocalName(i)/getURI(i)：返回限定名（带前缀）、本地名（不带前缀）和第 i 个属性的名称空间 URI。
- ☑ getType(i)/getType(qName)/getType(uri,localName)：返回第 i 个属性的类型或者给定名称的属性类型。类型为字符串，即在 DTD 所使用的 CDATA、ID、IDREF、IDREFS、NMTOKEN、NMTOKENS、ENTITY、ENTITIES 或 NOTATION。

注意： Attributes 参数仅在 startElement()事件期间可用。如果在事件之间需要它，则用 AttributesImpl 复制一个。

6．定位器

Locator 为应用程序提供行和列的位置。不需要语法分析器来提供 Locator 对象。Locator 定义了下列 4 个方法。

- ☑ getColumnNumber()：返回当前事件结束时所在的那一列。在 endElement()事件中，将返回结束标记所在的最后一列。
- ☑ getLineNumber()：返回当前事件结束时所在的行。在 endElement()事件中，它将返回结束标记所在的行。
- ☑ getPublicId()：返回当前文档事件的公共标识。
- ☑ getSystemId()：返回当前文档事件的系统标识。

7．DTDHandler

DTDHandler 声明了两个与 DTD 语法分析器相关的事件。具体如下。

- ☑ notationDecl()：通知应用程序已经声明了一个标记。
- ☑ nparsedEntityDecl()：通知应用程序已经发现了一个未经过语法分析的实体声明。

8．EntityResolver

EntityResolver 接口仅定义了事件 resolveEntity()，它返回 InputSource。因为 SAX 语法分析器已经可以解析大多数 URL，所以很少应用程序实现 EntityResolver。例外情况是目录文件，它将公共标识解析成系统标识。如果在应用程序中需要目录文件，请下载 NormanWalsh 的目录软件包（请参阅参考资料）。

9．ErrorHandler

ErrorHandler 接口定义错误事件。处理这些事件的应用程序可以提供定制错误处理。安装了定制错误处理器后，语法分析器不再抛出异常。抛出异常是事件处理器的责任。接口定义了与错误的 3 个级别或严重性对应的 3 个方法。

- ☑ warning()：警示那些不是由 XML 规范定义的错误。例如，当没有 XML 声明时，某些语法分析器发出警告。它不是错误（因为声明是可选的），但是它可能值得注意。
- ☑ error()：警示那些由 XML 规范定义的错误。
- ☑ fatalError()：警示那些由 XML 规范定义的致命错误。

10．SAXException

SAX 定义的大多数方法都可以抛出 SAXException。当对 XML 文档进行语法分析时，SAXException 会抛出一个错误，这里的错误可以是语法分析错误也可以是事件处理器中的错误。要报告来自事件处理器的其他异常，可以将异常封装在 SAXException 中。

17.2.4　实战演练——在 Android 系统中使用 SAX 解析 XML 数据

Android 是最常用的智能手机平台，XML 是数据交换的标准媒介，Android 中可以使用标准的 XML 生成器、解析器、转换器 API，对 XML 进行解析和转换。本实例的功能是，在 Android 系统中使用 SAX 技术解析并生成 XML。

题　目	目　的	源 码 路 径
实例 17-1	在 Android 系统中解析和生成 XML	光盘:\daima\17\XML_Parser

木实例的具体实现流程如下。

（1）编写布局文件 main.xml，具体实现代码如下所示。

```
<?xml version="1.0" encoding="utf-8"?>
<LinearLayout xmlns:android="http://schemas.android.com/apk/res/android"
    android:layout_width="fill_parent"
    android:layout_height="fill_parent"
    android:orientation="vertical" >
    <TextView
        android:layout_width="fill_parent"
        android:layout_height="wrap_content"
        android:text="@string/hello" />

</LinearLayout>
```

（2）编写解析功能的核心文件 SAXForHandler.java，主要实现代码如下所示。

```
public class SAXForHandler extends DefaultHandler {
    private static final String TAG = "SAXForHandler";
    private List<Person> persons;
    private String perTag ;      //通过此变量，记录前一个标签的名称
    Person person;               //记录当前 Person

    public List<Person> getPersons() {
        return persons;
    }

    //适合在此事件中触发初始化行为
    public void startDocument() throws SAXException {
        persons = new ArrayList<Person>();
        Log.i(TAG , "***startDocument()***");
    }

    public void startElement(String uri, String localName, String qName,
            Attributes attributes) throws SAXException {
        if("person".equals(localName)){
            for ( int i = 0; i < attributes.getLength(); i++ ) {
                Log.i(TAG ,"attributeName:" + attributes.getLocalName(i)
                        + "_attribute_Value:" + attributes.getValue(i));
                person = new Person();
                person.setId(Integer.valueOf(attributes.getValue(i)));
            }
        }
        perTag = localName;
```

```
            Log.i(TAG , qName+"***startElement()***");
    }

    public void characters(char[] ch, int start, int length) throws SAXException {
            String data = new String(ch, start, length).trim();
            if(!"".equals(data.trim())){
                    Log.i(TAG ,"content: " + data.trim());
            }
            if("name".equals(perTag)){
                            person.setName(data);
            }else if("age".equals(perTag)){
                            person.setAge(new Short(data));
            }
    }

    public void endElement(String uri, String localName, String qName)
                throws SAXException {
            Log.i(TAG , qName+"***endElement()***");
            if("person".equals(localName)){
                persons.add(person);
                person = null;
            }
            perTag = null;
    }

    public void endDocument() throws SAXException {
            Log.i(TAG , "***endDocument()***");
    }
}
```

（3）编写单元测试文件 PersonServiceTest.java，具体代码如下所示。

```
public void testSAXGetPersons() throws Throwable{
    InputStream inputStream = this.getClass().getClassLoader().
                getResourceAsStream("wang.xml");
    SAXForHandler saxForHandler = new SAXForHandler();
    SAXParserFactory spf = SAXParserFactory.newInstance();
    SAXParser saxParser = spf.newSAXParser();
    saxParser.parse(inputStream, saxForHandler);
    List<Person> persons = saxForHandler.getPersons();
    inputStream.close();
    for(Person person:persons){
        Log.i(TAG, person.toString());
    }
}
```

此时使用 Eclipse 启动 Android 模拟器，执行后的效果如图 17-4 所示。

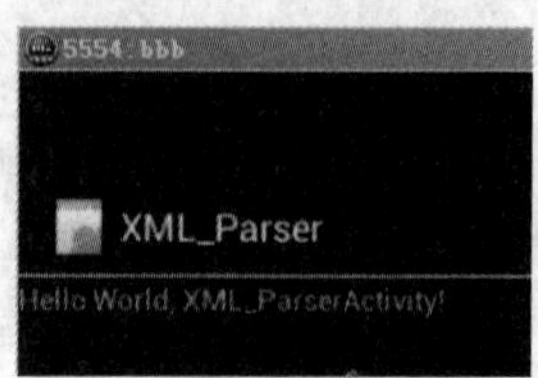

图 17-4　执行效果

（4）开始具体测试，在 Eclipse 中导入本实例项目，在 Outline 面板中右击 testSAXGetPersons()，如图 17-5 所示，在弹出的快捷菜单中依次选择 Run As | Android JUnit Test 命令，如图 17-6 所示。

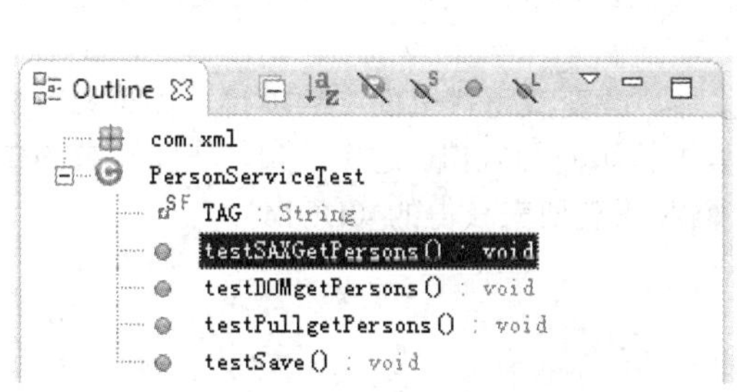

图 17-5　右击 testSAXGetPersons()

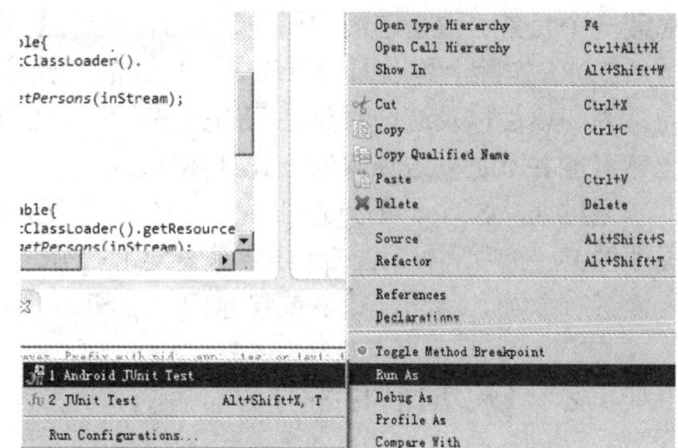

图 17-6　选择 Android JUnit Test 命令

此时将在 LogCat 中显示测试的解析结果，如图 17-7 所示。

Declaration　Console　LogCat

Search for messages. Accepts Java regexes. Prefix with pid:, app:, tag: or text: to limit scope.　verbose

L...	Time	PID	TID	Application	Tag	Text
I	10-20 10:54:12.385	1349	1362	com.mmm.xml	SAXForHandler	age***endElement()***
I	10-20 10:54:12.395	1349	1362	com.mmm.xml	SAXForHandler	person***endElement()**
I	10-20 10:54:12.395	1349	1362	com.mmm.xml	SAXForHandler	persons***endElement()*
I	10-20 10:54:12.405	1349	1362	com.mmm.xml	SAXForHandler	***endDocument()***
I	10-20 10:54:12.405	1349	1362	com.mmm.xml	PersonServi...	id=23,name=NEwii,age=21
I	10-20 10:54:12.405	1349	1362	com.mmm.xml	PersonServi...	id=20,name=WiiWill,age=
I	10-20 10:54:12.405	1349	1362	com.mmm.xml	TestRunner	finished: testSAXGetPer
I	10-20 10:54:12.405	1349	1362	com.mmm.xml	TestRunner	passed: testSAXGetPerso
D	10-20 10:54:12.456	1339	1339		AndroidRuntime	Shutting down VM

图 17-7　解析结果

注意： 如果 Android 下的 Eclipse 界面中没有 LogCat 面板，只需依次选择 Eclipse 菜单栏中的 Window | show view | other | Android 命令，然后选择 LogCat 后即可在 Eclipse 界面看到 LogCat 面板。

17.3　使用 DOM 解析 XML

知识点讲解：光盘:视频\知识点\第 17 章\使用 DOM 解析 XML.avi

DOM 是 Document Object Model 的简称，被译为文件对象模型，是 W3C 组织推荐的处理可扩展标志语言的标准编程接口。Document Object Model 的历史可以追溯至 20 世纪 90 年代后期微软与 Netscape 的“浏览器大战”，双方为了在 JavaScript 与 JScript 一决生死，于是大规模地赋予浏览器强大的功能。微软在网页技术上加入了不少专属事物，即有 VBScript、ActiveX 以及微软的 DHTML 格式等，使不少网页使用非微软平台及浏览器无法正常显示。本节将详细讲解在 Android 系统中使用 DOM 解析 XML 的基本知识。

17.3.1　DOM 概述

DOM 可以以一种独立于平台和语言的方式访问和修改一个文档的内容和结构。换句话说，这是表示和处理一个 HTML 或 XML 文档的常用方法。有一点很重要，DOM 的设计是以对象管理组织（OMG）的规约为基础的，因此可以用于任何编程语言。最初人们把它认为是一种让 JavaScript 在浏览器间可移植的方法，不过 DOM 的应用已经远远超出这个范围。DOM 技术使得用户页面可以动态地变化，如可以动态地显示或隐藏一个元素、改变它们的属性、增加一个元素等，DOM 技术使得页面的交互性大大地增强。

DOM 实际上是以面向对象方式描述的文档模型。DOM 定义了表示和修改文档所需的对象、这些对象的行为和属性以及这些对象之间的关系。可以把 DOM 认为是页面上数据和结构的一个树形表示，不过页面当然可能并不是以这种树的方式具体实现。

通过 JavaScript 可以重构整个 HTML 文档，可以添加、移除、改变或重排页面上的项目。如果想改变页面的某个东西，JavaScript 需要获得对 HTML 文档中所有元素进行访问的入口。这个入口，连同对 HTML 元素进行添加、移动、改变或移除的方法和属性，都是通过文档对象模型来获得的（DOM）。

17.3.2 DOM 的结构

根据 W3C DOM 规范，DOM 是 HTML 与 XML 的应用编程接口（API），DOM 将整个页面映射为一个由层次节点组成的文件，有一级、二级、三级共 3 个级别，各个级别的具体说明如下。

1. 一级 DOM

一级 DOM 在 1998 年 10 月份成为 W3C 的提议，由 DOM 核心与 DOM HTML 两个模块组成。DOM 核心能映射以 XML 为基础的文档结构，允许获取和操作文档的任意部分。DOM HTML 通过添加 HTML 专用的对象与函数对 DOM 核心进行了扩展。

2. 二级 DOM

鉴于一级 DOM 仅以映射文档结构为目标，DOM 二级面向更为宽广。通过对原有 DOM 的扩展，二级 DOM 通过对象接口增加了对鼠标和用户界面事件（DHTML 长期支持鼠标与用户界面事件）、范围、遍历（重复执行 DOM 文档）和层叠样式表（CSS）的支持。同时也对 DOM 1 的核心进行了扩展，从而可支持 XML 命名空间。

在二级 DOM 中，引进了如下新的 DOM 模块来处理新的接口类型。

☑ DOM 视图：描述跟踪一个文档的各种视图（使用 CSS 样式设计文档前后）的接口。
☑ DOM 事件：描述事件接口。
☑ DOM 样式：描述处理基于 CSS 样式的接口。
☑ DOM 遍历与范围：描述遍历和操作文档树的接口。

3. 三级 DOM

三级 DOM 通过引入统一方式载入和保存文档及文档验证方法对 DOM 进行进一步扩展，DOM3 包含一个名为“DOM 载入与保存”的新模块，DOM 核心扩展后可支持 XML 1.0 的所有内容，包括 XML Infoset、XPath 和 XML Base。

4. 0 级 DOM

当阅读与 DOM 有关的材料时，可能会遇到参考 0 级 DOM 的情况。在此需要注意的是，并没有标准被称为 0 级 DOM，它仅是 DOM 历史上一个参考点。0 级 DOM 被认为是在 Internet Explorer 4.0 与 Netscape Navigator 4.0 支持的最早的 DHTML。

5. 节点

根据 DOM，HTML 文档中的每个成分都是一个节点。关于使用节点的具体规则，DOM 是这样规定的。

☑　整个文档是一个文档节点。

☑　每个 HTML 标签是一个元素节点。

☑　包含在 HTML 元素中的文本是文本节点。

☑　每一个 HTML 属性是一个属性节点。

☑　注释属于注释节点。

6. Node 的层次

在 DOM 中，各个节点之间彼此都有着等级关系。HTML 文档中的所有节点组成了一个文档树（或节点树）。HTML 文档中的每个元素、属性、文本等都代表着树中的一个节点。树起始于文档节点，并由此继续伸出枝条，直到处于这棵树最低级别的所有文本节点为止。例如图 17-8 为一个文档树（节点树）的结构。

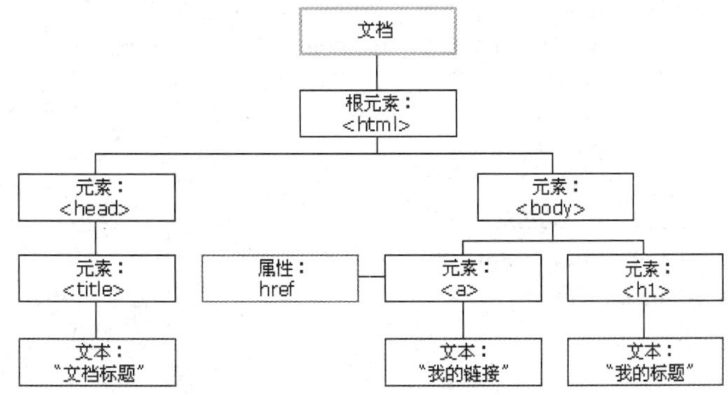

图 17-8　一个文档树（节点树）的结构

7. 文档树（节点数）

请读者看如下 HTML 文档。

```
<html>
<head>
<title>DOM Tutorial</title>
</head>
<body>
<h1>DOM Lesson one</h1>
<p>Hello world!</p>
</body>
</html>
```

在上述代码中，所有的节点彼此间都存在关系，具体说明如下。

☑　除文档节点之外的每个节点都有父节点。例如<head>和<body>的父节点是<html>节点，文本节点 Hello world!的父节点是<p>节点。

☑　大部分元素节点都有子节点。例如<head>节点有一个子节点<title>节点。<title>节点也有一个子节点：文本节点 DOM Tutorial。

☑　当节点分享同一个父节点时，它们就是同辈（同级节点）。例如<h1>和<p>是同辈，因为它们的父节点均是<body>节点。

☑　节点也可以拥有后代，后代指某个节点的所有子节点，或者这些子节点的子节点，依次类推。例如所有的文本节点都是<html>节点的后代，而第一个文本节点是<head>节点的后代。

☑　节点也可以拥有先辈。先辈是某个节点的父节点，或者父节点的父节点，依次类推。例如所有的文本节点都可把<html>节点作为先辈节点。

17.3.3 实战演练——在 Android 系统中使用 DOM 解析 XML 数据

本实例的功能是在 Android 系统中使用 DOM 技术来解析并生成 XML。

题　目	目　的	源码路径
实例 17-2	在 Android 系统中解析和生成 XML	光盘:\daima\17\XML_Parser

本实例的具体实现流程如下。

（1）编写布局文件 main.xml，具体实现代码如下所示。

```
<?xml version="1.0" encoding="utf-8"?>
<LinearLayout xmlns:android="http://schemas.android.com/apk/res/android"
    android:layout_width="fill_parent"
    android:layout_height="fill_parent"
    android:orientation="vertical" >
    <TextView
        android:layout_width="fill_parent"
        android:layout_height="wrap_content"
        android:text="@string/hello" />

</LinearLayout>
```

（2）编写解析功能的核心文件 DOMPersonService.java，具体实现流程如下。

☑ 创建 DocumentBuilderFactory 对象 factory，并调用 newInstance()创建新实例。

☑ 创建 DocumentBuilder 对象 builder，DocumentBuilder 将实现具体的解析工作以创建 Document 对象。

☑ 解析目标 XML 文件以创建 Document 对象。

文件 DOMPersonService.java 的具体实现代码如下所示。

```
public class DOMPersonService {
    public static List<Person> getPersons(InputStream inStream) throws Exception{
        List<Person> persons = new ArrayList<Person>();
        DocumentBuilderFactory factory = DocumentBuilderFactory.newInstance();
        DocumentBuilder builder = factory.newDocumentBuilder();
        Document document = builder.parse(inStream);
        Element root = document.getDocumentElement();
        NodeList personNodes = root.getElementsByTagName("person");
        for(int i=0; i < personNodes.getLength() ; i++){
            Element personElement = (Element)personNodes.item(i);
            int id = new Integer(personElement.getAttribute("id"));
            Person person = new Person();
            person.setId(id);
            NodeList childNodes = personElement.getChildNodes();
            for(int y=0; y < childNodes.getLength() ; y++){
                if(childNodes.item(y).getNodeType()==Node.ELEMENT_NODE){
                    if("name".equals(childNodes.item(y).getNodeName())){
                        String name = childNodes.item(y).getFirstChild().getNodeValue();
                        person.setName(name);
                    }else if("age".equals(childNodes.item(y).getNodeName())){
```

```
                            String age = childNodes.item(y).getFirstChild().getNodeValue();
                            person.setAge(new Short(age));
                        }
                    }
                }
                persons.add(person);
            }
            inStream.close();
            return persons;
        }
}
```

（3）编写单元测试文件 PersonServiceTest.java，具体代码如下所示。

```
public void testDOMgetPersons() throws Throwable{
    InputStream inStream = this.getClass().getClassLoader().
            getResourceAsStream("wang.xml");
    List<Person> persons = DOMPersonService.getPersons(inStream);
    for(Person person : persons){
        Log.i(TAG, person.toString());
    }
}
```

（4）开始具体测试，在 Eclipse 中导入本实例项目，在 Outline 面板中右击 testDOMgetPersons():void，如图 17-9 所示，在弹出的快捷菜单中依次选择 Run As｜Android JUnit Test 命令，如图 17-10 所示。

图 17-9　右击 testDOMgetPersons()

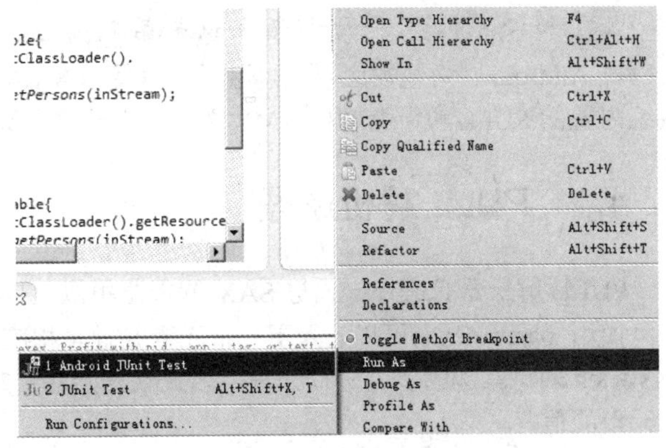

图 17-10　选择 Android JUnit Test 命令

此时将在 LogCat 中显示测试的解析结果，如图 17-11 所示。

Search for messages. Accepts Java regexes. Prefix with pid:, app:, tag: or text: to limit scope.　verbose

L...	Time	PID	TID	Application	Tag	Text
D	10-20 10:50:45.435	1286	1286		dalvikvm	Not late-enabling Check
I	10-20 10:50:45.655	1286	1299	com.mmm.xml	TestRunner	started: testDOMgetPers
I	10-20 10:50:45.895	1286	1299	com.mmm.xml	PersonServi...	id=23,name=NEwii,age=21
I	10-20 10:50:45.895	1286	1299	com.mmm.xml	PersonServi...	id=20,name=WiiWill,age=
I	10-20 10:50:45.905	1286	1299	com.mmm.xml	TestRunner	finished: testDOMgetPer
I	10-20 10:50:45.905	1286	1299	com.mmm.xml	TestRunner	passed: testDOMgetPerso
D	10-20 10:50:45.955	1276	1276		AndroidRuntime	Shutting down VM
D	10-20 10:50:45.965	1276	1282		jdwp	Got wake-up signal, bai
D	10-20 10:50:45.965	1276	1282		dalvikvm	Debugger has detached;

图 17-11　解析结果

注意：SAX 和 DOM 的对比

DOM 解析器，是通过将 XML 文档解析成树状模型并将其放入内存来完成解析工作的，然后对文档的操作都是在这个树状模型上完成的。这个在内存中的文档树将是文档实际大小的几倍。这样做的好处是结构清晰、操作方便，而带来的麻烦是极其耗费系统资源。

SAX 解析器正好克服了 DOM 的缺点，分析能够立即开始，而不是等待所有的数据被处理。而且由于应用程序只是在读取数据时检查数据，因此不需要将数据存储在内存中，这对于大型文档来说是个巨大的优点。事实上，应用程序甚至不必解析整个文档，它可以在某个条件得到满足时停止解析。

表 17-1 中列出了 SAX 和 DOM 在一些方面的对比。

表 17-1　SAX 和 DOM 的对比

SAX	DOM
顺序读入文档并产生相应事件，可以处理任何大小的 XML 文档	在内存中创建文档树，不适于处理大型 XML 文档
只能对文档按顺序解析一遍，不支持对文档的随意访问	可以随意访问文档树的任何部分，没有次数限制
只能读取 XML 文档内容，而不能修改	可以随意修改文档树，从而修改 XML 文档
开发上比较复杂，需要自己来实现事件处理器	易于理解，易于开发
对开发人员而言更灵活，可以用 SAX 创建自己的 XML 对象模型	已经在 DOM 基础上创建好了文档树

17.4　PULL 解析技术

知识点讲解：光盘:视频\知识点\第 17 章\PULL 解析技术.avi

在 Android 网络开发应用中，除了可以使用 SAX 和 DOM 技术解析 XML 文件外，还可以使用 Android 系统内置的 PULL 解析器解析 XML 文件。本节将详细讲解使用 PULL 技术解析 XML 文件的具体过程。

17.4.1　PULL 解析原理

PULL 解析器的运行方式与 SAX 解析器相似，也提供了类似的功能事件，例如开始元素和结束元素事件，使用 parser.next()可以进入下一个元素并触发相应事件。事件将作为数值代码被发送，因此可以使用一个 switch 对感兴趣的事件进行处理。当元素开始解析时，调用 parser.nextText()方法可以获取下一个 Text 类型元素的值。

Pull 解析器的源码及文档下载网址是：

```
http://www.xmlpull.org/
```

在解析过程中，PULL 是采用事件驱动进行解析的，当 PULL 解析器在开始解析之后，可以调用它的 next()方法来获取下一个解析事件（就是开始文档、结束文档、开始标签、结束标签），当处于某个元素时可以调用 XmlPullParser 的 getAttribute()方法来获取属性的值，也可调用它的 nextText()获取本节点的值。

17.4.2　实战演练——在 Android 系统中使用 PULL 解析 XML 数据

本实例的功能是在 Android 系统中使用 PULL 技术来解析并生成 XML。

题　目	目　的	源 码 路 径
实例 17-3	在 Android 系统中使用 PULL 解析 XML 文件	光盘:\daima\17\XML_Parser

本实例的具体实现流程如下。

（1）编写布局文件 main.xml，具体实现代码如下所示。

```
<?xml version="1.0" encoding="utf-8"?>
<LinearLayout xmlns:android="http://schemas.android.com/apk/res/android"
    android:layout_width="fill_parent"
    android:layout_height="fill_parent"
    android:orientation="vertical" >
    <TextView
        android:layout_width="fill_parent"
        android:layout_height="wrap_content"
        android:text="@string/hello" />

</LinearLayout>
```

（2）编写解析功能的核心文件 PullPersonService.java，具体实现流程如下。

☑ 创建 DocumentBuilderFactory 对象 factory，并调用 newInstance()创建新实例。

☑ 创建 DocumentBuilder 对象 builder，DocumentBuilder 将实现具体的解析工作以创建 Document 对象。

☑ 解析目标 XML 文件以创建 Document 对象。

文件 PullPersonService.java 的具体实现代码如下所示。

```
public class PullPersonService {
    public static void save(List<Person> persons, OutputStream outStream) throws Exception{
        XmlSerializer serializer = Xml.newSerializer();
        serializer.setOutput(outStream, "UTF-8");
        serializer.startDocument("UTF-8", true);
        serializer.startTag(null, "persons");
        for(Person person : persons){
            serializer.startTag(null, "person");
            serializer.attribute(null, "id", person.getId().toString());
            serializer.startTag(null, "name");
            serializer.text(person.getName());
            serializer.endTag(null, "name");

            serializer.startTag(null, "age");
            serializer.text(person.getAge().toString());
            serializer.endTag(null, "age");

            serializer.endTag(null, "person");
        }
        serializer.endTag(null, "persons");
        serializer.endDocument();
        outStream.flush();
        outStream.close();
    }

    public static List<Person> getPersons(InputStream inStream) throws Exception{
        Person person = null;
        List<Person> persons = null;
```

```
            XmlPullParser pullParser = Xml.newPullParser();
            pullParser.setInput(inStream, "UTF-8");
            int event = pullParser.getEventType();//触发第一个事件
            while(event!=XmlPullParser.END_DOCUMENT){
                switch (event) {
                case XmlPullParser.START_DOCUMENT:
                    persons = new ArrayList<Person>();
                    break;
                case XmlPullParser.START_TAG:
                    if("person".equals(pullParser.getName())){
                        int id = new Integer(pullParser.getAttributeValue(0));
                        person = new Person();
                        person.setId(id);
                    }
                    if(person!=null){
                        if("name".equals(pullParser.getName())){
                            person.setName(pullParser.nextText());
                        }
                        if("age".equals(pullParser.getName())){
                            person.setAge(new Short(pullParser.nextText()));
                        }
                    }
                    break;

                case XmlPullParser.END_TAG:
                    if("person".equals(pullParser.getName())){
                        persons.add(person);
                        person = null;
                    }
                    break;
                }
                event = pullParser.next();
            }
            return persons;
        }
}
```

（3）编写单元测试文件 PersonServiceTest.java，具体代码如下所示。

```
public void testPullgetPersons() throws Throwable{
    InputStream inStream = this.getClass().getClassLoader().getResourceAsStream("wang.xml");
    List<Person> persons = PullPersonService.getPersons(inStream);
    for(Person person : persons){
        Log.i(TAG, person.toString());
    }
}
```

（4）开始具体测试，在 Eclipse 中导入本实例项目，在 Outline 面板中右击 testPullgetPersons()，如图 17-12 所示，在弹出的快捷菜单中依次选择 Run As | Android JUnit Test 命令，如图 17-13 所示。

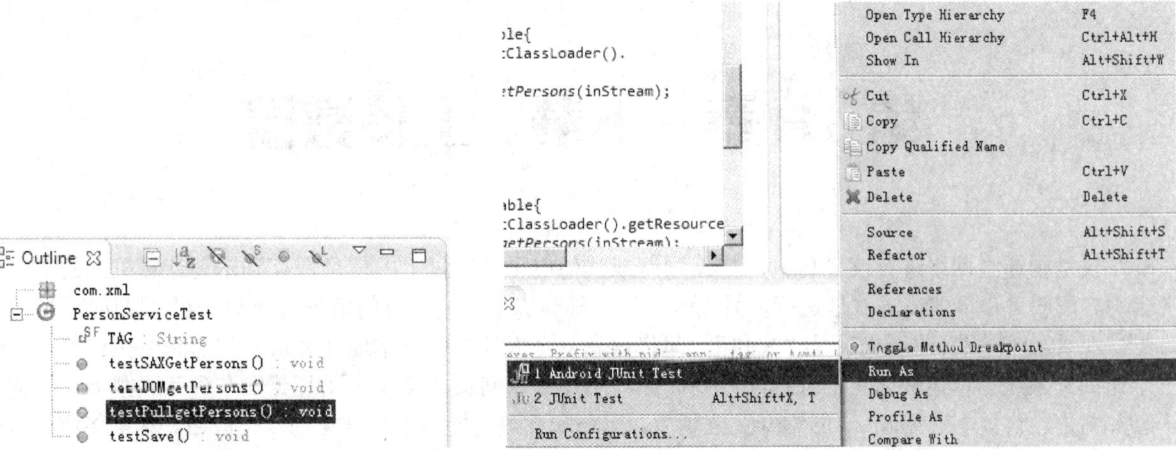

图 17-12 右击 testPullgetPersons() 图 17-13 选择 Android JUnit Test 命令

此时将在 LogCat 中显示测试的解析结果，如图 17-14 所示。

Search for messages. Accepts Java regexes. Prefix with pid:, app:, tag: or text: to limit scope. verbose

L...	Time	PID	TID	Application	Tag	Text
D	10-20 21:38:47.713	976	976		dalvikvm	Not late-enabling Check
I	10-20 21:38:48.002	976	989	com.mmm.xml	TestRunner	started: testPullgetPer
I	10-20 21:38:48.252	976	989	com.mmm.xml	PersonServi...	id=23,name=NEwii,age=21
I	10-20 21:38:48.252	976	989	com.mmm.xml	PersonServi...	id=20,name=WiiWill,age=
I	10-20 21:38:48.252	976	989	com.mmm.xml	TestRunner	finished: testPullgetPe
I	10-20 21:38:48.264	976	989	com.mmm.xml	TestRunner	passed: testPullgetPers
D	10-20 21:38:48.323	966	966		AndroidRuntime	Shutting down VM
D	10-20 21:38:48.333	966	972		jdwp	Got wake-up signal, bai
D	10-20 21:38:48.333	966	972		dalvikvm	Debugger has detached;

图 17-14 解析结果

第 18 章　下载、上传数据

下载是指通过网络进行文件传输，把互联网或其他电子计算机上的信息保存到本地计算机上的一种网络活动。下载可以显式或隐式地进行，只要是获得本地计算机上所没有的信息的活动，都可以认为是下载，如在线观看。"下载"的反义词是"上传"，即将信息从个人计算机（本地计算机）传递到中央计算机（远程计算机）系统上，让网络上的人都能看到。如将制作好的网页、文字、图片等发布到互联网上，以便让其他人浏览、欣赏。在 Android 网络开发应用中，上传和下载功能是十分常见的一个应用。本章将详细讲解在 Android 手机中实现远程数据上传和下载的基本知识，为读者步入本书后面知识的学习打下基础。

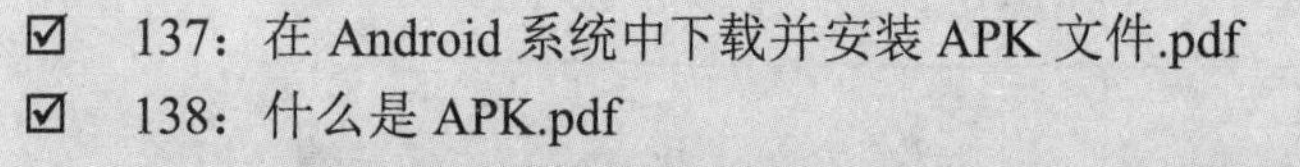

- ☑ 137：在 Android 系统中下载并安装 APK 文件.pdf
- ☑ 138：什么是 APK.pdf
- ☑ 139：下载 APK 应用程序.pdf
- ☑ 140：安装 APK 应用程序.pdf
- ☑ 141：在 Android 系统中实现多线程下载.pdf
- ☑ 142：上传文件到远程服务器.pdf
- ☑ 143：HTTP 协议实现文件上传.pdf
- ☑ 144：使用 HTTP 协议实现上传.pdf

知识拓展

18.1　下载网络中的图片数据

知识点讲解：光盘:视频\知识点\第 18 章\下载网络中的图片数据.avi

在 Android 系统应用中，获取网络中的图片工作是一件耗时的操作，如果直接获取，有可能会出现应用程序无响应（Application Not Responding，ANR）对话框的情况。对于这种情况，解决的方法是使用线程来实现比较耗时的操作。下面将通过一个具体实例的实现过程，讲解在 Android 手机中下载远程网络图片的方法。

题　目	目　的	源 码 路 径
实例 18-1	在 Android 手机中下载网络中的图片	光盘:\daima\18\GetAPicture

本实例的具体实现流程如下。

（1）在布局文件 main.xml 中设置一个网址文本框，主要代码如下所示。

```
<EditText
android:layout_width="fill_parent"
android:layout_height="wrap_content"
android:text="http://xxxx.jpg"
android:id="@+id/path"
/>
```

在上述代码中，http://xxxx.jpg 是网络中一幅图片的地址。

（2）编写主程序文件 GetAPictureFromInternetActivity.java，主要实现代码如下。

```
public class GetAPictureFromInternetActivity extends Activity {
    private EditText pathText;
    private ImageView imageView;

    @Override
    public void onCreate(Bundle savedInstanceState) {
        super.onCreate(savedInstanceState);
        setContentView(R.layout.main);
        pathText = (EditText) this.findViewById(R.id.path);
        imageView = (ImageView) this.findViewById(R.id.imageView);
    }

    public void showimage(View v){
        String path = pathText.getText().toString();
        try {
            Bitmap bitmap = ImageService.getImage(path);
            imageView.setImageBitmap(bitmap);
        } catch (Exception e) {
            e.printStackTrace();
            Toast.makeText(getApplicationContext(), R.string.error, 1).show();
        }
    }
}
```

执行后的效果如图 18-1 所示。

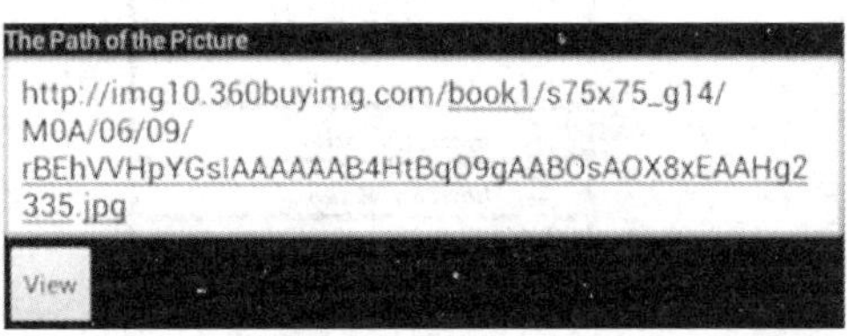

图 18-1　执行效果

18.2　下载网络中的 JSON 数据

知识点讲解：光盘:视频\知识点\第 18 章\下载网络中的 JSON 数据.avi

JSON 是 JavaScript Object Notation 的缩写，是一种轻量级的数据交换格式。JSON 是基于 JavaScript（Standard ECMA-262 3rd Edition - December 1999）的一个子集，采用完全独立于语言的文本格式，同时也使用了类似于 C 语言家族的习惯（包括 C、C++、C#、Java、JavaScript、Perl、Python 等）。这些特性使 JSON 成为理想的数据交换语言，易于阅读和编写，同时也易于机器解析和生成。本节将详细讲解在 Android 系统中下载、获取 JSON 数据的基本知识。

18.2.1　JSON 基础

简单来说，JSON 就是 JavaScript 中的对象和数组，通过这两种结构可以表示各种复杂的结构。

（1）对象

对象在 JavaScript 中表示为“{}”括起来的内容，数据结构为{key:value,key:value,...}的键值对的结构，在面向对象的语言中，key 为对象的属性，value 为对应的属性值，所以很容易理解，取值方法为对象.key 获取属性值，这个属性值的类型可以是数字、字符串、数组、对象等。

（2）数组

数组在 JavaScript 中是中括号“[]”括起来的内容，数据结构为["java","javascript","vb",...]，取值方式和其他语言中一样，使用索引获取，字段值的类型可以是数字、字符串、数组、对象几种。

有了对象、数组这两种结构，即可组合成复杂的数据结构。

和 XML 一样，JSON 也是基于纯文本的数据格式。由于 JSON 天生是为 JavaScript 准备的，因此，JSON 的数据格式非常简单，可以用 JSON 传输一个简单的 String、Number、Boolean 型数据，也可以传输一个数组或者一个复杂的 Object 对象。

用 JSON 表示 String、Number 和 Boolean 的方法非常简单。例如，用 JSON 表示一个简单的 String 数据 abc，则其表示格式为：

```
"abc"
```

除了字符（"、\、/）和一些控制符（\b、\f、\n、\r、\t）需要编码外，其他 Unicode 字符可以直接输出。图 18-2 是一个 String 的完整表示结构。

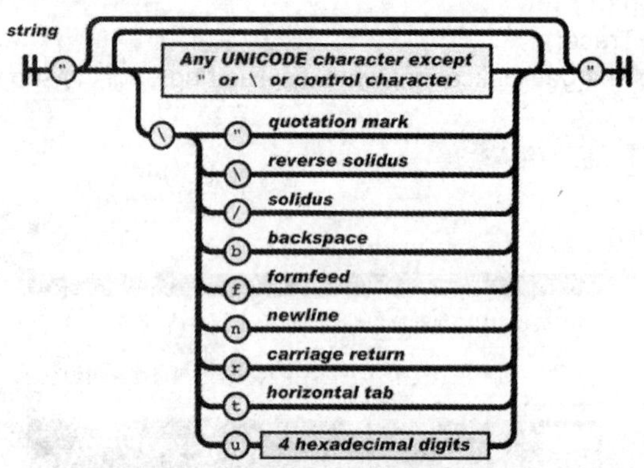

图 18-2　String 的完整表示结构

18.2.2　实战演练——远程下载服务器中的 JSON 数据

下面将通过一个具体实例的实现过程，详细讲解在 Android 系统中远程下载服务器中的 JSON 数据的方法。

题　目	目　的	源 码 路 径
实例 18-2	远程下载服务器中的 JSON 数据	光盘:\daima\18\json

本实例的具体实现流程如下。

（1）使用 Eclipse 新建一个 JavaEE 工程作为服务器端，设置工程名为 ServerForJSON。自动生成工程文件后，打开文件 web.xml 进行配置，配置后的代码如下所示。

```
<?xml version="1.0" encoding="UTF-8"?>
<web-app id="WebApp_ID" version="2.4" xmlns="http://java.sun.com/xml/ns/j2ee" xmlns:xsi="http://www. w3.org/2001/XMLSchema-instance" xsi:schemaLocation="http://java.sun.com/xml/ns/j2ee http://java.sun.com/xml/ns/j2ee/web-app_2_4.xsd">
    <display-name>ServerForJSON</display-name>
    <servlet>
```

```
        <display-name>NewsListServlet</display-name>
        <servlet-name>NewsListServlet</servlet-name>
        <servlet-class>com.guan.server.xml.NewsListServlet</servlet-class>
    </servlet>
    <servlet-mapping>
        <servlet-name>NewsListServlet</servlet-name>
        <url-pattern>/NewsListServlet</url-pattern>
    </servlet-mapping>

    <welcome-file-list>
        <welcome-file>index.html</welcome-file>
        <welcome-file>index.jsp</welcome-file>
    </welcome-file-list>
</web-app>
```

（2）编写业务接口 Bean 的实现文件 NewsService.java，具体代码如下所示。

```
public interface NewsService {
    /**
    * 获取最新的视频资讯
    * @return
    */
    public List<News> getLastNews();
}
```

设置业务 Bean 的名称为 NewsServiceBean，实现文件 NewsServiceBean.java 的具体代码如下所示。

```
package com.guan.server.service.implement;

import java.util.ArrayList;
import java.util.List;

import com.guan.server.domain.News;
import com.guan.server.service.NewsService;


public class NewsServiceBean implements NewsService {
    /**
    * 获取最新的视频资讯
     * @return
    */
    public List<News> getLastNews(){
        List<News> newes = new ArrayList<News>();
        newes.add(new News(10, "aaa", 20));
        newes.add(new News(45, "bbb", 10));
        newes.add(new News(89, "Android is good", 50));
        return newes;
    }
}
```

（3）创建一个名为 News 的实现类，实现文件 News.java 的具体代码如下所示。

```
package com.guan.server.domain;
public class News {
    private Integer id;
    private String title;
```

```
    private Integer timelength;
    public News(Integer id, String title, Integer timelength) {
        this.id = id;
        this.title = title;
        this.timelength = timelength;
    }
    public Integer getId() {
        return id;
    }
    public void setId(Integer id) {
        this.id = id;
    }
    public String getTitle() {
        return title;
    }
    public void setTitle(String title) {
        this.title = title;
    }
    public Integer getTimelength() {
        return timelength;
    }
    public void setTimelength(Integer timelength) {
        this.timelength = timelength;
    }
}
```

（4）编写文件 NewsListServlet，具体实现代码如下所示。

```
public class NewsListServlet extends HttpServlet {
    private static final long serialVersionUID = 1L;
    private NewsService newsService = new NewsServiceBean();
    protected void doGet(HttpServletRequest request, HttpServletResponse response) throws ServletException,
IOException {
        doPost(request, response);
    }
    protected void doPost(HttpServletRequest request, HttpServletResponse response) throws ServletException,
IOException {
        List<News> newes = newsService.getLastNews();//获取最新的视频资讯
            StringBuilder json = new StringBuilder();
            json.append('[');
            for(News news : newes){
                json.append('{');
                json.append("id:").append(news.getId()).append(",");
                json.append("title:\"").append(news.getTitle()).append("\",");
                json.append("timelength:").append(news.getTimelength());
                json.append("},");
            }
            json.deleteCharAt(json.length() - 1);
            json.append(']');
            request.setAttribute("json", json.toString());
            request.getRequestDispatcher("/WEB-INF/page/jsonnewslist.jsp").forward(request, response);
    }
}
```

（5）新建一个 JSP 文件 jsonnewslist.jsp，在里面引入 JSON 功能，具体实现代码如下所示。

```
<%@ page language="java" contentType="text/plain; charset=UTF-8" pageEncoding="UTF-8"%>${json}
```

（6）使用 Eclipse 新建一个名为 GetNewsInJSONFromInternet 的 Android 工程文件，在文件 AndroidManifest.xml 中声明对网络权限的应用，具体实现代码如下所示。

```
<?xml version="1.0" encoding="utf-8"?>
<manifest xmlns:android="http://schemas.android.com/apk/res/android"
      package="com.guan.internet.json"
      android:versionCode="1"
      android:versionName="1.0">
    <application android:icon="@drawable/icon" android:label="@string/app_name">
        <activity android:name="com.guan.internet.json.MainActivity"
                  android:label="@string/app_name">
            <intent-filter>
                <action android:name="android.intent.action.MAIN" />
                <category android:name="android.intent.category.LAUNCHER" />
            </intent-filter>
        </activity>
    </application>
    <uses-sdk android:minSdkVersion="8" />
<!-- 访问 Internet 权限 -->
<uses-permission android:name="android.permission.INTERNET"/>
</manifest>
```

（7）编写主界面布局文件 mian.xml，具体实现代码如下所示。

```
<?xml version="1.0" encoding="utf-8"?>
<LinearLayout xmlns:android="http://schemas.android.com/apk/res/android"
    android:orientation="vertical"
    android:layout_width="fill_parent"
    android:layout_height="fill_parent"
    >
<ListView
    android:layout_width="fill_parent"
    android:layout_height="wrap_content"
    android:id="@+id/listView"
    />
</LinearLayout>
```

在上述代码中，通过 ListView 控件列表显示获取的 JSON 数据。其中 ListView 的 Item 显示数据为 item.xml，具体实现代码如下所示。

```
<?xml version="1.0" encoding="utf-8"?>
<LinearLayout
  xmlns:android="http://schemas.android.com/apk/res/android"
  android:orientation="horizontal"
  android:layout_width="fill_parent"
  android:layout_height="wrap_content">

  <TextView
   android:layout_width="200dp"
   android:layout_height="wrap_content"
   android:id="@+id/title"
  />
```

```
    <TextView
    android:layout_width="fill_parent"
    android:layout_height="wrap_content"
    android:id="@+id/timelength"
  />
</LinearLayout>
```

（8）编写文件 MainActivity.java，功能是获取 JSON 数据并显示数据，具体实现代码如下所示。

```
public class MainActivity extends Activity {
    /** Called when the activity is first created. */
    @Override
    public void onCreate(Bundle savedInstanceState) {
        super.onCreate(savedInstanceState);
        setContentView(R.layout.main);
        ListView listView = (ListView) this.findViewById(R.id.listView);

        String length = this.getResources().getString(R.string.length);
        try {
            List<News> newes = NewsService.getJSONLastNews();
            List<HashMap<String, Object>> data = new ArrayList<HashMap<String,Object>>();
            for(News news : newes){
                HashMap<String, Object> item = new HashMap<String, Object>();
                item.put("id", news.getId());
                item.put("title", news.getTitle());
                item.put("timelength", length+ news.getTimelength());
                data.add(item);
            }
            SimpleAdapter adapter = new SimpleAdapter(this, data, R.layout.item,
                    new String[]{"title", "timelength"}, new int[]{R.id.title, R.id.timelength});
            listView.setAdapter(adapter);
        } catch (Exception e) {
            e.printStackTrace();
        }
    }
}
```

（9）编写文件 NewsService.java，定义方法 getJSONLastNews()请求前面搭建的 JavaEE 服务器，当获取 JSON 输入流后，解析 JSON 的数据，并返回集合中的数据。文件 NewsService.java 的具体实现代码如下所示。

```
public class NewsService {
    /**
     * 获取最新视频资讯
     * @return
     * @throws Exception
     */
    public static List<News> getJSONLastNews() throws Exception{
        String path = "http://192.1618.1.100:8080/ServerForJSON/NewsListServlet";
        HttpURLConnection conn = (HttpURLConnection) new URL(path).openConnection();
        conn.setConnectTimeout(5000);
        conn.setRequestMethod("GET");
        if(conn.getResponseCode() == 200){
            InputStream json = conn.getInputStream();
            return parseJSON(json);
```

```
        }
        return null;
    }
    private static List<News> parseJSON(InputStream jsonStream) throws Exception{
        List<News> list = new ArrayList<News>();
        byte[] data = StreamTool.read(jsonStream);
        String json = new String(data);
        JSONArray jsonArray = new JSONArray(json);
        for(int i = 0; i < jsonArray.length() ; i++){
            JSONObject jsonObject = jsonArray.getJSONObject(i);
            int id = jsonObject.getInt("id");
            String title = jsonObject.getString("title");
            int timelength = jsonObject.getInt("timelength");
            list.add(new News(id, title, timelength));
        }
        return list;
    }
}
```

到此为止，整个实例介绍完毕，执行后将成功获取服务器端的 JSON 数据。

18.3　实战演练——下载并播放网络中的 MP3

知识点讲解：光盘:视频\知识点\第 18 章\下载并播放网络中的 MP3.avi

为了节约手机的存储空间，在听音乐时可以采用从网络中下载的方式播放 MP3。在本实例中，首先插入 4 个按钮，分别用于播放、暂停、重新播放和停止播放 MP3。执行后，通过 Runnable 发起运行线程，在线程中远程下载指定的 MP3 文件（通过网络传输方式下载）。下载完毕后，临时保存到 SD 卡中，这样可以通过 4 个按钮对其进行控制。当关闭程序后，会自动删除 SD 卡中的临时性文件。

题　目	目　的	源 码 路 径
实例 18-3	播放网络中的 MP3	光盘:\daima\18\mp

本实例的具体实现流程如下。

（1）编写布局文件 main.xml，在里面插入 4 个图片按钮，主要代码如下所示。

```
<TextView
    android:id="@+id/myTextView1"
    android:layout_width="fill_parent"
    android:layout_height="wrap_content"
    android:textColor="@drawable/blue"
    android:text="@string/hello"
/>
<LinearLayout
    android:orientation="horizontal"
    android:layout_height="wrap_content"
    android:layout_width="fill_parent"
    android:padding="10dip"
>
```

```
<ImageButton android:id="@+id/play"
  android:layout_height="wrap_content"
  android:layout_width="wrap_content"
  android:src="@drawable/play"
/>
<ImageButton android:id="@+id/pause"
  android:layout_height="wrap_content"
  android:layout_width="wrap_content"
  android:src="@drawable/pause"
/>
<ImageButton android:id="@+id/reset"
  android:layout_height="wrap_content"
  android:layout_width="wrap_content"
  android:src="@drawable/reset"
/>
<ImageButton android:id="@+id/stop"
  android:layout_height="wrap_content"
  android:layout_width="wrap_content"
  android:src="@drawable/stop"
/>
</LinearLayout>
```

（2）编写主程序文件 mp.java，其具体实现流程如下。

① 定义 currentFilePath，用于记录当前正在播放的 MP3 的 URL 地址；定义 currentTempFilePath 用于表示当前播放 MP3 的路径，具体代码如下所示。

```
/*记录当前正在播放 MP3 的地址 URL*/
private String currentFilePath = "";
/*当前播放 MP3 的路径*/
private String currentTempFilePath = "";
private String strVideoURL = "";
```

② 使用 strVideoURL 设置要播放 MP3 文件的网址，并设置透明度，具体代码如下所示。

```
public void onCreate(Bundle savedInstanceState)
{
  super.onCreate(savedInstanceState);
  setContentView(R.layout.main);
  /* mp3 文件不会被下载到 local*/
  strVideoURL = "http://www.lrn.cn/zywh/xyyy/yyxs/200805/W020080505536315331311 8.mp3";
  mTextView01 = (TextView)findViewById(R.id.myTextView1);
  /*设置透明度*/
  getWindow().setFormat(PixelFormat.TRANSPARENT);
  mPlay = (ImageButton)findViewById(R.id.play);
  mReset = (ImageButton)findViewById(R.id.reset);
  mPause = (ImageButton)findViewById(R.id.pause);
  mStop = (ImageButton)findViewById(R.id.stop);
```

③ 编写单击“播放”按钮所触发的处理事件，具体代码如下所示。

```
/* 播放按钮 */
mPlay.setOnClickListener(new ImageButton.OnClickListener()
{
  public void onClick(View view)
  {
    /* 调用播放影片 Function */
```

```
        playVideo(strVideoURL);
        mTextView01.setText
        (
          getResources().getText(R.string.str_play).toString()+
          "\n"+ strVideoURL
        );
    }
});
```

④ 编写单击“重播”按钮所触发的处理事件，具体代码如下所示。

```
/* 重新播放 */
mReset.setOnClickListener(new ImageButton.OnClickListener()
{
  public void onClick(View view)
  {
    if(bIsReleased == false)
    {
      if (mMediaPlayer01 != null)
      {
        mMediaPlayer01.seekTo(0);
        mTextView01.setText(R.string.str_play);
      }
    }
  }
});
```

⑤ 编写单击“暂停”按钮所触发的处理事件，具体代码如下所示。

```
/* 暂停播放 */
mPause.setOnClickListener(new ImageButton.OnClickListener()
{
  public void onClick(View view)
  {
    if (mMediaPlayer01 != null)
    {
      if(bIsReleased == false)
      {
        if(bIsPaused==false)
        {
          mMediaPlayer01.pause();
          bIsPaused = true;
          mTextView01.setText(R.string.str_pause);
        }
        else if(bIsPaused==true)
        {
          mMediaPlayer01.start();
          bIsPaused = false;
          mTextView01.setText(R.string.str_play);
        }
      }
    }
  }
});
```

⑥ 编写单击“停止”按钮所触发的处理事件，具体代码如下所示。

```
/*停止*/
mStop.setOnClickListener(new ImageButton.OnClickListener()
{
  public void onClick(View view)
  {
    try
    {
      if (mMediaPlayer01 != null)
      {
        if(bIsReleased==false)
        {
          mMediaPlayer01.seekTo(0);
          mMediaPlayer01.pause();
          //mMediaPlayer01.stop();
          //mMediaPlayer01.release();
          //bIsReleased = true;
          mTextView01.setText(R.string.str_stop);
        }
      }
    }
    catch(Exception e)
    {
      mTextView01.setText(e.toString());
      Log.e(TAG, e.toString());
      e.printStackTrace();
    }
  }
});
```

⑦ 定义方法 playVideo(final String strPath)，以播放指定的 MP3。注意，其播放的是存储卡中暂时保存的 MP3 文件，主要代码如下所示。

```
private void playVideo(final String strPath)
{
  try
  {
    if (strPath.equals(currentFilePath)&& mMediaPlayer01 != null)
    {
      mMediaPlayer01.start();
      return;
    }
    currentFilePath = strPath;
    mMediaPlayer01 = new MediaPlayer();
    mMediaPlayer01.setAudioStreamType(2);
```

⑧ 编写 setOnErrorListener 来监听错误处理，具体代码如下所示。

```
/*错误事件 */
mMediaPlayer01.setOnErrorListener(new MediaPlayer.OnErrorListener()
{
  @Override
  public boolean onError(MediaPlayer mp, int what, int extra)
  {
    Log.i(TAG, "Error on Listener, what: " + what + "extra: " + extra);
```

```
      return false;
    }
});
```

⑨ 编写 setOnBufferingUpdateListener 来监听 MediaPlayer 缓冲区的更新，具体代码如下所示。

```
/* 捕捉使用 MediaPlayer 缓冲区的更新事件 */
mMediaPlayer01.setOnBufferingUpdateListener(new MediaPlayer.OnBufferingUpdateListener()
{
  @Override
  public void onBufferingUpdate(MediaPlayer mp, int percent)
  {
    Log.i(TAG, "Update buffer: " + Integer.toString(percent)+ "%");
  }
});
```

⑩ 编写 setOnCompletionListener 来监听播放完毕所触发的事件，具体代码如下所示。

```
/* 播放完毕所触发的事件 */
mMediaPlayer01.setOnCompletionListener(new MediaPlayer.OnCompletionListener()
{
  @Override
  public void onCompletion(MediaPlayer mp)
  {
    Log.i(TAG,"mMediaPlayer01 Listener Completed");
  }
});
```

⑪ 编写 setOnPreparedListener 来监听开始阶段的事件，具体代码如下所示。

```
/* 开始阶段的监听 Listener */
mMediaPlayer01.setOnPreparedListener(new MediaPlayer.OnPreparedListener()
{
  @Override
  public void onPrepared(MediaPlayer mp)
  {
    Log.i(TAG,"Prepared Listener");
  }
});
```

⑫ 将文件存到 SD 卡后，通过方法 mMediaPlayer01.start()播放 MP3，具体代码如下所示。

```
  /* 用 Runnable 来确保文件在存储完毕后才开始 start() */
  Runnable r = new Runnable()
  {
    public void run()
    {
      try
      {
        /* setDataSource 将文件存到 SD 卡畔 */
        setDataSource(strPath);
         /*  因为线程顺利进行，所以在 setDataSource 后运行 prepare() */
        mMediaPlayer01.prepare();
        Log.i(TAG, "Duration: " + mMediaPlayer01.getDuration());

        /* 开始播放 MP3 */
        mMediaPlayer01.start();
        bIsReleased = false;
      }
```

```
            catch (Exception e)
            {
              Log.e(TAG, e.getMessage(), e);
            }
          }
        };
        new Thread(r).start();
      }
```

⑬ 如果有异常则输出提示，具体代码如下所示。

```
      catch(Exception e)
      {
        if (mMediaPlayer01 != null)
        {
          /* 线程发生异常则停止播放 */
          mMediaPlayer01.stop();
          mMediaPlayer01.release();
        }
        e.printStackTrace();
      }
    }
```

⑭ 定义函数 setDataSource()，用于存储 URL 的 MP3 文件到存储卡。首先判断传入的地址是否为 URL，然后创建 URL 对象和临时文件，具体代码如下所示。

```
    /* 定义函数用于存储 URL 的 MP3 文件到存储卡 */
    private void setDataSource(String strPath) throws Exception
    {
      /* 判断传入的地址是否为 URL */
      if (!URLUtil.isNetworkUrl(strPath))
      {
        mMediaPlayer01.setDataSource(strPath);
      }
      else
      {
        if(bIsReleased == false)
        {
          /* 创建 URL 对象 */
          URL myURL = new URL(strPath);
          URLConnection conn = myURL.openConnection();
          conn.connect();

          /* 获取 URLConnection 的 InputStream */
          InputStream is = conn.getInputStream();
          if (is == null)
          {
            throw new RuntimeException("stream is null");
          }
          /* 创建临时文件 */
          File myTempFile = File.createTempFile("yinyue", "."+getFileExtension(strPath));
          currentTempFilePath = myTempFile.getAbsolutePath();
          FileOutputStream fos = new FileOutputStream(myTempFile);
          byte buf[] = new byte[128];
          do
```

```
        {
          int numread = is.read(buf);
          if (numread <= 0)
          {
            break;
          }
          fos.write(buf, 0, numread);
        }while (true);

        /*直到 fos 存储完毕，调用 MediaPlayer.setDataSource */
        mMediaPlayer01.setDataSource(currentTempFilePath);
        try
        {
          is.close();
        }
        catch (Exception ex)
        {
          Log.e(TAG, "error: " + ex.getMessage(), ex);
        }
      }
    }
  }
```

⑮ 定义方法 getFileExtension(String strFileName)来获取音乐文件的扩展名，如果无法顺利获取扩展名则默认为“.dat”，具体代码如下所示。

```
/* 鐩获取音乐文件扩展名自定义函数 */
private String getFileExtension(String strFileName)
{
  File myFile = new File(strFileName);
  String strFileExtension=myFile.getName();
  strFileExtension=(strFileExtension.substring(strFileExtension.lastIndexOf(".")+1)).toLowerCase();
  if(strFileExtension=="")
  {
    /* 如果无法顺利获取扩展名，则默认为.dat */
    strFileExtension = "dat";
  }
  return strFileExtension;
}
```

⑯ 定义方法 delFile(String strFileName)来设置当离开程序时删除临时音乐文件，具体代码如下所示。

```
/* 离开程序时需要调用自定义函数删除临时音乐文件*/
private void delFile(String strFileName)
{
  File myFile = new File(strFileName);
  if(myFile.exists())
  {
    myFile.delete();
  }
}

@Override
protected void onPause()
{
```

```
    /* 嫋删除临时文件枚 */
    try
    {
      delFile(currentTempFilePath);
    }
    catch(Exception e)
    {
      e.printStackTrace();
    }
    super.onPause();
  }
}
```

执行后，可以通过播放、暂停、重新播放和停止 4 个按钮控制指定 MP3 音乐的播放，如图 18-3 所示。

18-3　执行效果

18.4　使用 GET 方式上传数据

知识点讲解：光盘:视频\知识点\第 18 章\使用 GET 方式上传数据.avi

在 Andorid 系统中可以通过 GET 方式或 POST 方式上传数据，两者的具体区别如下。

☑　GET 上传的数据一般是很小且安全性能不高的数据。

☑　POST 上传的数据适用于数据量大、数据类型复杂、数据安全性能要求高的地方。

在 Android 网络开发应用中，采用 GET 方式向服务器传递数据的基本步骤如下。

（1）利用 Map 集合获取数据并对其进行处理，例如：

```
if (params!=null&&!params.isEmpty()) {
 for (Map.Entry<String, String> entry:params.entrySet()) {
  sb.append(entry.getKey()).append("=");
  sb.append(URLEncoder.encode(entry.getValue(),encoding));
  sb.append("&");
  }
  sb.deleteCharAt(sb.length()-1);

 }
```

（2）新建一个 StringBuilder 对象。例如：

```
sb=new StringBuilder()
```

（3）新建一个 HttpURLConnection 的 URL 对象，打开连接并传递服务器的 path。例如：

```
connection=(HttpURLConnection) new URL(path).openConnection();
```

（4）设置超时和连接的方式。例如：

```
connection.setConnectTimeout(5000);
connection.setRequestMethod("GET");
```

下面将通过一个具体实例的实现过程，介绍在 Android 系统中采用 GET 方式向服务器传递数据的基本方法。

题　　目	目　　的	源 码 路 径
实例 18-4	在 Android 系统中采用 GET 方式向服务器传递数据	光盘:\daima\18\get

本实例的具体实现流程如下。

（1）打开 Eclipse，新建一个名为 ServerForGETMethod 的 Web 工程，并自动生成配置文件 web.xml。

（2）创建一个名为 ServletForGETMethod 的 Servlet，功能是接收并处理通过 GET 方式上传的数据。实现文件 ServletForGETMethod.java 的具体代码如下所示。

```
@WebServlet("/ServletForGETMethod")
public class ServletForGETMethod extends HttpServlet {
    private static final long serialVersionUID = 1L;
    protected void doGet(HttpServletRequest request, HttpServletResponse response) throws ServletException,
IOException {
              String name= request.getParameter("name");
              String name= new String(request.getParameter("name").getBytes("ISO8859-1"),"UTF-8");
              String age= request.getParameter("age");
              System.out.println("name: " + name );
              System.out.println("age: " + age );

    }
}
```

在上述代码中，为了避免出现中文乱码的问题，特意实现了 ISO8859-1 和 UTF-8 转换处理。请读者再看看下面的代码，很好地解决了乱码问题。

```
<%@ page language="java" import="java.util.*" pageEncoding="UTF-8"%>
<%
String zh_value=new String(request.getParameter("zh_value").getBytes("ISO-8859-1"),"UTF-8")
%>
```

由此可见，在使用 GET 方式传递数据时，需要使用如下所示的代码声明当前页的字符集。

```
pageEncoding="UTF-8" //声明当前页的字符集
```

（3）在配置文件 web.xml 中配置 ServletForGETMethod，具体实现代码如下所示。

```
<?xml version="1.0" encoding="UTF-8"?>
<web-app xmlns:xsi="http://www.w3.org/2001/XMLSchema-instance" xmlns=http://java.sun.com/xml/ns/javaee
xmlns:web="http://java.sun.com/xml/ns/javaee/web-app_2_5.xsd"
xsi:schemaLocation="http://java.sun.com/xml/ns/javaee  http://java.sun.com/xml/ns/javaee/web-app_3_0.xsd" id=
"WebApp_ID" version="3.0">
  <display-name>ServerForGETMethod</display-name>
  <servlet>
    <display-name>ServletForGETMethod</display-name>
    <servlet-name>ServletForGETMethod</servlet-name>
    <servlet-class>com.guan.internet.servlet.ServletForGETMethod</servlet-class>
  </servlet>
  <servlet-mapping>
    <servlet-name>ServletForGETMethod</servlet-name>
    <url-pattern>/ServletForGETMethod</url-pattern>
  </servlet-mapping>
  <welcome-file-list>
    <welcome-file>index.html</welcome-file>
    <welcome-file>index.htm</welcome-file>
    <welcome-file>index.jsp</welcome-file>
    <welcome-file>default.html</welcome-file>
```

```
        <welcome-file>default.htm</welcome-file>
        <welcome-file>default.jsp</welcome-file>
    </welcome-file-list>
</web-app>
```

（4）打开 Eclipse，新建一个名为 UserInformation 的 Android 工程。然后编写界面布局文件 main.xml，具体实现代码如下所示。

```
<?xml version="1.0" encoding="utf-8"?>
<LinearLayout xmlns:android="http://schemas.android.com/apk/res/android"
    android:layout_width="fill_parent"
    android:layout_height="fill_parent"
    android:orientation="vertical" >
    <TextView
    android:layout_width="fill_parent"
    android:layout_height="wrap_content"
    android:text="@string/title"
    />
    <EditText
     android:layout_width="fill_parent"
     android:layout_height="wrap_content"
     android:id="@+id/title"
    />

    <TextView
    android:layout_width="fill_parent"
    android:layout_height="wrap_content"
    android:text="@string/length"
    />
    <EditText
     android:layout_width="fill_parent"
     android:layout_height="wrap_content"
     android:numeric="integer"
     android:id="@+id/length"
    />
    <Button
    android:layout_width="wrap_content"
    android:layout_height="wrap_content"
    android:text="@string/button"
    android:onClick="save"
    />
</LinearLayout>
```

（5）编写文件 UserInformationActivity.java，具体实现代码如下所示。

```
public class UserInformationActivity extends Activity {
        private EditText titleText;
            private EditText lengthText;

            @Override
            public void onCreate(Bundle savedInstanceState) {
                super.onCreate(savedInstanceState);
                setContentView(R.layout.main);

                titleText = (EditText) this.findViewById(R.id.title);
```

```
            lengthText = (EditText) this.findViewById(R.id.length);
        }

        public void save(View v){
         String title = titleText.getText().toString();
         String length = lengthText.getText().toString();
         try {
                boolean result = false;

                result = UserInformationService.save(title, length);

                if(result){
                            Toast.makeText(this, R.string.success, 1).show();
                    }else{
                            Toast.makeText(this, R.string.fail, 1).show();
                    }
                } catch (Exception e) {
                    e.printStackTrace();
                    Toast.makeText(this, R.string.fail, 1).show();
                }
        }
}
```

（6）编写业务类的实现文件 UserInformationService.java，主要实现代码如下所示。

```
public class UserInformationService {
    public static boolean save(String title, String length) throws Exception{
        String path = "http://192.1618.1.100:8080/ServerForGETMethod/ServletForGETMethod";
        Map<String, String> params = new HashMap<String, String>();
        params.put("name", title);
        params.put("age", length);
        return sendGETRequest(path, params, "UTF-8");
    }
    /**
    * 发送 GET 请求
    * @param path  请求路径
    * @param params  请求参数
    * @return
    */
    private static boolean sendGETRequest(String path, Map<String, String> params, String encoding) throws
Exception{
        // http://192.1718.1.100:8080/ServerForGETMethod/ServletForGETMethod?title=xxxx&length=90
        StringBuilder sb = new StringBuilder(path);
        if(params!=null && !params.isEmpty()){
            sb.append("?");
            for(Map.Entry<String, String> entry : params.entrySet()){
                sb.append(entry.getKey()).append("=");
                sb.append(URLEncoder.encode(entry.getValue(), encoding));
                sb.append("&");
            }
            sb.deleteCharAt(sb.length() - 1);
        }
        HttpURLConnection conn = (HttpURLConnection) new URL(sb.toString()).openConnection();
        conn.setConnectTimeout(5000);
```

```
            conn.setRequestMethod("GET");
            if(conn.getResponseCode() == 200){
                return true;
            }
            return false;
        }
}
```

（7）编写配置文件 AndroidManifest.xml，声明网络访问权限，主要代码如下所示。

```
<uses-sdk android:minSdkVersion="18" />
    <application
        android:icon="@drawable/ic_launcher"
        android:label="@string/app_name" >
        <activity
            android:label="@string/app_name"
            android:name="com.guan.internet.userInformation.get.UserInformationActivity" >
            <intent-filter >
                <action android:name="android.intent.action.MAIN" />
                <category android:name="android.intent.category.LAUNCHER" />
            </intent-filter>
        </activity>
    </application>
    <uses-permission android:name="android.permission.INTERNET"/>
</manifest>
```

到此为止，整个实例讲解完毕，执行后的效果如图 18-4 所示。输入用户名和年龄后，单击 save 按钮，会将输入的数据上传至服务器。

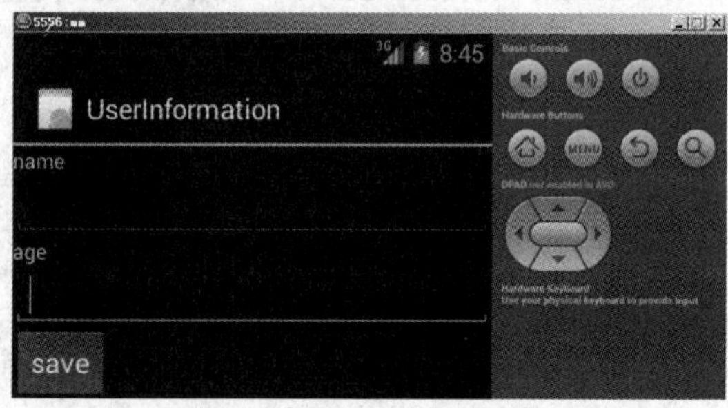

图 18-4　执行效果

18.5　使用 POST 方式上传数据

知识点讲解：光盘:视频\知识点\第 18 章\使用 POST 方式上传数据.avi

在 Android 网络应用中，采用 POST 方式向服务器传递数据的基本步骤如下。

（1）利用 Map 集合获取数据并进行数据处理，例如：

```
if (params!=null&&!params.isEmpty()) {
 for (Map.Entry<String, String> entry:params.entrySet()) {
  sb.append(entry.getKey()).append("=");
  sb.append(URLEncoder.encode(entry.getValue(),encoding));
  sb.append("&");
   }
```

```
    sb.deleteCharAt(sb.length()-1);
  }
```

（2）新建一个 StringBuilder 对象，得到 POST 传给服务器的数据。例如：

```
sb=new StringBuilder()
byte[] data=sb.toString().getBytes();
```

（3）新建一个 HttpURLConnection 的 URL 对象，打开连接并传递服务器的 path。例如：

```
connection=(HttpURLConnection) new URL(path).openConnection();
```

（4）设置超时和允许对外连接数据。例如：

```
connection.setDoOutput(true);
```

（5）设置连接的 setRequestProperty 属性。例如：

```
connection.setRequestProperty("Content-Type","application/x-www-form-urlencoded");
connection.setRequestProperty("Content-Length", data.length+"");
```

（6）得到连接输出流。例如：

```
outputStream =connection.getOutputStream();
```

（7）把得到的数据写入输出流中并刷新。例如：

```
outputStream.write(data);
outputStream.flush();
```

下面将通过一个具体实例的实现过程，介绍在 Android 系统中采用 POST 方式向服务器传递数据的基本方法。

题　目	目　　的	源 码 路 径
实例 18-5	在 Android 系统中采用 POST 方式向服务器传递数据	光盘:\daima\18\post

本实例的具体实现流程如下。

（1）打开 Eclipse，新建一个名为 ServerForPOSTMethod 的 Web 工程，并自动生成配置文件 web.xml。

（2）创建一个名为 ServletForPOSTMethod 的 Servlet，功能是接收并处理通过 POST 方式上传的数据。实现文件 ServletForPOSTMethod.java 的具体代码如下所示。

```
@WebServlet("/ServletForPOSTMethod")
public class ServletForPOSTMethod extends HttpServlet {
    private static final long serialVersionUID = 1L;
    protected void doPost(HttpServletRequest request, HttpServletResponse response) throws ServletException,
IOException {
        String name= request.getParameter("name");
        String age= request.getParameter("age");
        System.out.println("name from POST method: " + name );
        System.out.println("age from POST method: " + age );
    }
}
```

（3）在配置文件 web.xml 中配置 ServletForGETMethod，具体实现代码如下所示。

```
<?xml version="1.0" encoding="UTF-8"?>
<web-app xmlns:xsi="http://www.w3.org/2001/XMLSchema-instance" xmlns="http://java.sun.com/xml/ns/javaee" xmlns:
web="http://java.sun.com/xml/ns/javaee/web-app_2_5.xsd"xsi:schemaLocation="http://java.sun.com/xml/ns/javaee
http://java.sun.com/xml/ns/javaee/web-app_3_0.xsd" id="WebApp_ID" version="3.0">
  <display-name>ServerForPOSTMethod</display-name>
  <welcome-file-list>
    <welcome-file>index.html</welcome-file>
    <welcome-file>index.htm</welcome-file>
    <welcome-file>index.jsp</welcome-file>
```

```
        <welcome-file>default.html</welcome-file>
        <welcome-file>default.htm</welcome-file>
        <welcome-file>default.jsp</welcome-file>
    </welcome-file-list>
</web-app>
```

（4）打开 Eclipse，新建一个名为 POST 的 Android 工程。然后编写界面布局文件 main.xml，具体实现代码如下所示。

```
<?xml version="1.0" encoding="utf-8"?>
<LinearLayout xmlns:android="http://schemas.android.com/apk/res/android"
    android:layout_width="fill_parent"
    android:layout_height="fill_parent"
    android:orientation="vertical" >
    <TextView
    android:layout_width="fill_parent"
    android:layout_height="wrap_content"
    android:text="@string/title"
    />
    <EditText
      android:layout_width="fill_parent"
      android:layout_height="wrap_content"
      android:id="@+id/title"
    />
    <TextView
    android:layout_width="fill_parent"
    android:layout_height="wrap_content"
    android:text="@string/length"
    />
    <EditText
      android:layout_width="fill_parent"
      android:layout_height="wrap_content"
      android:numeric="integer"
      android:id="@+id/length"
    />
    <Button
    android:layout_width="wrap_content"
    android:layout_height="wrap_content"
    android:text="@string/button"
    android:onClick="save"
    />
</LinearLayout>
```

（5）编写文件 UploadUserInformationByPOSTActivity.java，具体实现代码如下所示。

```
public class UploadUserInformationByPOSTActivity extends Activity {
    private EditText titleText;
    private EditText lengthText;
    @Override
    public void onCreate(Bundle savedInstanceState) {
        super.onCreate(savedInstanceState);
        setContentView(R.layout.main);

        titleText = (EditText) this.findViewById(R.id.title);
```

```
        lengthText = (EditText) this.findViewById(R.id.length);
    }

    public void save(View v){
        String title = titleText.getText().toString();
        String length = lengthText.getText().toString();
        try {
            boolean result = false;

            result = UploadUserInformationByPostService.save(title, length);

            if(result){
                Toast.makeText(this, R.string.success, 1).show();
            }else{
                Toast.makeText(this, R.string.fail, 1).show();
            }
        } catch (Exception e) {
            e.printStackTrace();
            Toast.makeText(this, R.string.fail, 1).show();
        }
    }
}
```

（6）编写业务类的实现文件 UploadUserInformationByPostService.java，主要实现代码如下所示。

```
public class UploadUserInformationByPostService {
    public static boolean save(String title, String length) throws Exception{
        String path = "http://192.1618.1.100:8080/ServerForPOSTMethod/ServletForPOSTMethod";
        Map<String, String> params = new HashMap<String, String>();
        params.put("name", title);
        params.put("age", length);
        return sendPOSTRequest(path, params, "UTF-8");
    }

    /**
     * 发送 POST 请求
     * @param path 请求路径
     * @param params 请求参数
     * @return
     */
    private static boolean sendPOSTRequest(String path, Map<String, String> params, String encoding)
throws Exception{
        //    title=liming&length=30
        StringBuilder sb = new StringBuilder();
        if(params!=null && !params.isEmpty()){
            for(Map.Entry<String, String> entry : params.entrySet()){
                sb.append(entry.getKey()).append("=");
                sb.append(URLEncoder.encode(entry.getValue(), encoding));
                sb.append("&");
            }
            sb.deleteCharAt(sb.length() - 1);
        }
        byte[] data = sb.toString().getBytes();
```

```
            HttpURLConnection conn = (HttpURLConnection) new URL(path).openConnection();
            conn.setConnectTimeout(5000);
            conn.setRequestMethod("POST");
            conn.setDoOutput(true);//允许对外传输数据
            conn.setRequestProperty("Content-Type", "application/x-www-form-urlencoded");
            conn.setRequestProperty("Content-Length", data.length+"");
            OutputStream outStream = conn.getOutputStream();
            outStream.write(data);
            outStream.flush();
            if(conn.getResponseCode() == 200){
                return true;
            }
            return false;
    }
}
```

（7）编写配置文件 AndroidManifest.xml，声明网络访问权限，主要代码如下所示。

```
<manifest xmlns:android="http://schemas.android.com/apk/res/android"
    package="com.guan.internet.userInformation.post"
    android:versionCode="1"
    android:versionName="1.0" >
    <uses-sdk android:minSdkVersion="8" />
    <application
        android:icon="@drawable/ic_launcher"
        android:label="@string/app_name" >
        <activity
            android:label="@string/app_name"
            android:name="com.guan.internet.userInformation.post.UploadUserInformationByPOSTActivity" >
            <intent-filter >
                <action android:name="android.intent.action.MAIN" />
                <category android:name="android.intent.category.LAUNCHER" />
            </intent-filter>
        </activity>
    </application>
<uses-permission android:name="android.permission.INTERNET"/>
</manifest>
```

到此为止，整个实例讲解完毕，执行后的效果如图 18-5 所示。输入用户名和年龄后，单击 save 按钮，会将输入的数据上传至服务器。

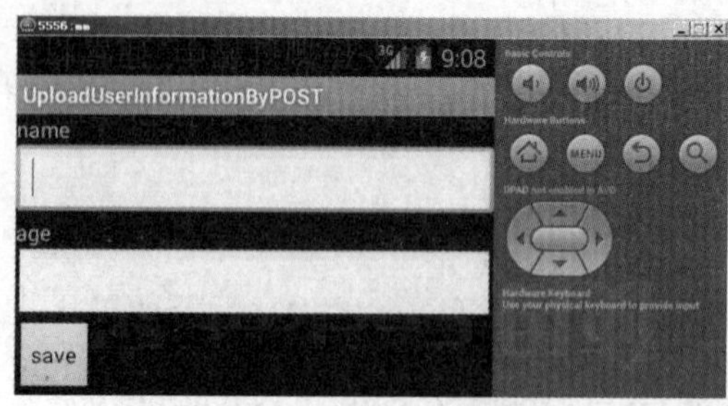

图 18-5　执行效果

第 19 章　使用 Socket 实现数据通信

在现实网络传输应用中，通常使用 TCP、IP 或 UDP 这 3 种协议实现数据传输。在传输数据的过程中，需要通过一个双向的通信连接实现数据的交互。在这个传输过程中，通常将这个双向链路的一端称为 Socket，一个 Socket 通常由一个 IP 地址和一个端口号来确定。由此可见，在整个数据传输过程中，Sockct 的作用是巨大的。在 Java 编程应用中，Socket 是 Java 网络编程的核心。因为 Java 是 Android 应用开发的主流语言，所以本章将详细讲解在 Android 系统中使用 Socket 实现通信的基本知识，为读者步入本书后面知识的学习打下基础。

- ☑ 145：开发一个聊天室程序.pdf
- ☑ 146：一段实现 UDP 协议的服务器端代码.pdf
- ☑ 147：基于广播的多人聊天室.pdf
- ☑ 148：WebService 介绍.pdf
- ☑ 149：调用 WebService 的数据.pdf
- ☑ 150：get 方式和 post 方式的区别.pdf
- ☑ 151：解决乱码问题.pdf
- ☑ 152：Android 获取 JSON 并输出显示的方法.pdf

知识拓展

19.1　Socket 编程初步

知识点讲解：光盘:视频\知识点\第 19 章\Socket 编程初步.avi

在网络编程中两个主要的问题，一个是如何准确地定位网络上一台或多台主机，另一个就是找到主机后如何可靠高效地进行数据传输。在 TCP/IP 协议中 IP 层主要负责网络主机的定位，数据传输的路由，由 IP 地址可以唯一地确定 Internet 上的一台主机。而 TCP 层则提供面向应用的可靠（TCP）的或非可靠（UDP）的数据传输机制，这是网络编程的主要对象，一般不需要关心 IP 层是如何处理数据的。目前较为流行的网络编程模型是客户机/服务器（C/S）结构。即通信双方一方作为服务器等待客户提出请求并予以响应。客户则在需要服务时向服务器提出申请。服务器一般作为守护进程始终运行，监听网络端口，一旦有客户请求，就会启动一个服务进程来响应该客户，同时自己继续监听服务端口，使后来的客户也能及时得到服务。下面将简要讲解 TCP/IP 和 UDP 协议的相关知识。

19.1.1　TCP/IP 协议基础

TCP/IP 是 Transmission Control Protocol/Internet Protocol 的简写，中译名为传输控制协议/因特网互联协议，又名网络通信协议，是 Internet 最基本的协议、Internet 国际互联网络的基础，由网络层的 IP 协议和传输层的 TCP 协议组成。TCP/IP 定义了电子设备如何连入互联网，以及数据如何在它们之间传输的标准。TCP/IP 协议采用了 4 层的层级结构，每一层都呼叫它的下一层所提供的协议来完成自己的需求。也就是说，

TCP 负责发现传输的问题，一旦发现问题便发出信号要求重新传输，直到所有数据安全正确地传输到目的地。而 IP 的功能是给互联网的每一台电脑规定一个地址。

TCP/IP 协议不是 TCP 和 IP 这两个协议的合称，而是指互联网整个 TCP/IP 协议族。从协议分层模型方面来讲，TCP/IP 由 4 个层次组成，分别是网络接口层、网络层、传输层、应用层。

其实 TCP/IP 协议并不完全符合 OSI 的 7 层参考模型，OSI（Open System Interconnect）是传统的开放式系统互联参考模型，是一种通信协议的 7 层抽象的参考模型，其中每一层执行某一特定任务。该模型的目的是使各种硬件在相同的层次上相互通信。这 7 层是：物理层、数据链路层（网络接口层）、网络层（网络层）、传输层（传输层）、会话层、表示层和应用层（应用层）。而 TCP/IP 通信协议采用了 4 层的层级结构，每一层都呼叫它的下一层所提供的网络来完成自己的需求。由于 ARPANET 的设计者注重的是网络互联，允许通信子网（网络接口层）采用已有的或是将来有的各种协议，所以这个层次中没有提供专门的协议。实际上，TCP/IP 协议可以通过网络接口层连接到任何网络上，例如 X.25 交换网或 IEEE802 局域网。

19.1.2　UDP 协议

UDP 是 User Datagram Protocol 的简称，是一种无连接的协议，每个数据报都是一个独立的信息，包括完整的源地址或目的地址，它在网络上以任何可能的路径传往目的地，因此能否到达目的地，到达目的地的时间以及内容的正确性都是不能被保证的。

在现实网络数据传输过程中，大多数功能是由 TCP 协议和 UDP 协议实现的，下面将列出上述两种协议的主要特点，以便读者可以区分这两种数据传输协议。

（1）TCP 协议

TCP 协议的主要特点如下。

☑ 面向连接的协议，在 Socket 之间进行数据传输之前必然要建立连接，所以在 TCP 中需要连接时间。

☑ TCP 传输数据大小限制，一旦连接建立起来，双方的 Socket 就可以按统一的格式传输大的数据。

☑ TCP 是一个可靠的协议，它确保接收方完全正确地获取发送方所发送的全部数据。

（2）UDP 协议

UDP 协议的主要特点如下。

☑ 每个数据报中都给出了完整的地址信息，因此无须建立发送方和接收方的连接。

☑ UDP 传输数据时是有大小限制的，每个被传输的数据报必须限定在 64KB 之内。

☑ UDP 是一个不可靠的协议，发送方所发送的数据报并不一定以相同的次序到达接收方。

在日常应用中，可以根据如下两点来选择使用哪一种传输协议。

（1）TCP 在网络通信上有极强的生命力，例如远程连接（Telnet）和文件传输（FTP）都需要不定长度的数据被可靠地传输。但是可靠的传输是要付出代价的，对数据内容正确性的检验必然占用计算机的处理时间和网络的带宽，因此 TCP 传输的效率不如 UDP 高。

（2）UDP 操作简单，而且仅需要较少的监护，因此通常用于局域网高可靠性的分散系统中 client/server 应用程序。例如视频会议系统，并不要求音频、视频数据绝对正确，只要保证连贯性即可，这种情况下显然使用 UDP 会更合理一些。

19.1.3　基于 Socket 的 Java 网络编程

网络上的两个程序通过一个双向的通信连接实现数据的交换，这个双向链路的一端称为一个 Socket。Socket 通常用来实现客户方和服务方的连接。Socket 是 TCP/IP 协议的一个十分流行的编程界面，一个 Socket 由一个 IP 地址和一个端口号唯一确定。但是，Socket 所支持的协议种类不只有 TCP/IP 一种，因此两者之间是没有必然联系的。在 Java 环境下，Socket 编程主要是指基于 TCP/IP 协议的网络编程。

1. Socket 通信的过程

Server 端 Listen（监听）某个端口是否有连接请求，Client 端向 Server 端发出 Connect（连接）请求，Server 端向 Client 端发回 Accept（接受）消息。一个连接就建立起来了。Server 端和 Client 端都可以通过 Send、Write 等方法与对方通信。

在 Java 网络编程应用中，对于一个功能齐全的 Socket 来说，其工作过程包含如下基本步骤。

（1）创建 Socket。

（2）打开连接到 Socket 的输入/输出流。

（3）按照一定的协议对 Socket 进行读/写操作。

（4）关闭 Socket（在实际应用中，并未使用到显式的 close，虽然很多人都推荐如此，不过在笔者的程序中，可能因为程序本身比较简单，要求不高，所以并未造成什么影响）。

2. 创建 Socket

在 Java 网络编程应用中，在包 java.net 中提供了两个类 Socket 和 ServerSocket，分别用来表示双向连接的客户端和服务端。这是两个封装得非常好的类，其中包含了如下构造方法。

☑ Socket(InetAddress address, int port)。
☑ Socket(InetAddress address, int port, boolean stream)。
☑ Socket(String host, int prot)。
☑ Socket(String host, int prot, boolean stream)。
☑ Socket(SocketImpl impl)。
☑ Socket(String host, int port, InetAddress localAddr, int localPort)。
☑ Socket(InetAddress address, int port, InetAddress localAddr, int localPort)。
☑ ServerSocket(int port)。
☑ ServerSocket(int port, int backlog)。
☑ ServerSocket(int port, int backlog, InetAddress bindAddr)。

在上述构造方法中，参数 address、host 和 port 分别是双向连接中另一方的 IP 地址、主机名和端口号，stream 指明 socket 是流 socket 还是数据报 socket，localPort 表示本地主机的端口号，localAddr 和 bindAddr 是本地机器的地址（ServerSocket 的主机地址），impl 是 socket 的父类，既可以用来创建 serverSocket，又可以用来创建 Socket。count 则表示服务端所能支持的最大连接数。例如：

```
Socket client = new Socket("127.0.01.", 80);
ServerSocket server = new ServerSocket(80);
```

注意： 必须小心地选择端口，每一个端口提供一种特定的服务，只有给出正确的端口，才能获得相应的服务。0～1023 的端口号为系统所保留，例如 http 服务的端口号为 80，telnet 服务的端口号为 21，ftp 服务的端口号为 23，所以在选择端口号时，最好选择一个大于 1023 的数以防止发生冲突。另外，在创建 socket 时如果发生错误，将产生 IOException，在程序中必须对其做出处理。所以在创建 Socket 或 ServerSocket 时必须捕获或抛出例外。

19.2　TCP 编程详解

知识点讲解：光盘:视频\知识点\第 19 章\TCP 编程详解.avi

TCP/IP 通信协议是一种可靠的网络协议，能够在通信的两端各建立一个 Socket，从而在通信的两端之间形成网络虚拟链路。一旦建立了虚拟的网络链路，两端的程序就可以通过虚拟链路进行通信。Java 语言对 TCP 网络通信提供了良好的封装，通过 Socket 对象代表两端的通信端口，并通过 Socket 产生的 I/O 流进行网络通信。本节将详细讲解 Java 应用中 TCP 编程的基本知识。

19.2.1 使用 ServletSocket

在 Java 程序中，使用类 ServerSocket 接受其他通信实体的连接请求。对象 ServerSocket 的功能是监听来自客户端的 Socket 连接，如果没有连接，则会一直处于等待状态。在类 ServerSocket 中包含了如下监听客户端连接请求的方法。

☑ Socketaccept()：如果接收到一个客户端 Socket 的连接请求，该方法将返回一个与客户端 Socket 对应的 Socket，否则该方法将一直处于等待状态，线程也被阻塞。

为了创建 ServerSocket 对象，ServerSocket 类提供了如下构造器。

☑ ServerSocket(int port)：用指定的端口 port 创建一个 ServerSocket，该端口应该是有一个有效的端口整数值：0～65535。
☑ ServerSocket(int port,int backlog)：增加一个用来改变连接队列长度的参数 backlog。
☑ ServerSocket(int port,int backlog,InetAddress localAddr)：在机器存在多个 IP 地址的情况下，允许通过 localAddr 这个参数来指定将 ServerSocket 绑定到指定的 IP 地址。

当使用 ServerSocket 后，需要使用 ServerSocket 中的方法 close()关闭该 ServerSocket。在通常情况下，因为服务器不会只接收一个客户端请求，而是会不断地接收来自客户端的所有请求，所以可以通过循环不断地调用 ServerSocket 中的方法 accept()。例如下面的代码。

```
//创建一个 ServerSocket，用于监听客户端 Socket 的连接请求
ServerSocket ss = new ServerSocket(30000);
//采用循环不断接收来自客户端的请求
while (true)
{
//每当接收到客户端 Socket 的请求，服务器端也对应产生一个 Socket
Socket s = ss.accept();
//下面就可以使用 Socket 进行通信了
...
}
```

在上述代码中，创建的 ServerSocket 没有指定 IP 地址，该 ServerSocket 会绑定到本机默认的 IP 地址。在代码中使用 40000 作为该 ServerSocket 的端口号，通常推荐使用 10000 以上的端口，主要是为了避免与其他应用程序的通用端口冲突。

19.2.2 使用 Socket

在客户端可以使用 Socket 的构造器实现和指定服务器的连接，在 Socket 中可以使用如下两个构造器。

☑ Socket(InetAddress/String remoteAddress, int port)：创建连接到指定远程主机、远程端口的 Socket，该构造器没有指定本地地址、本地端口，默认使用本地主机的默认 IP 地址，默认使用系统动态指定的 IP 地址。
☑ Socket(InetAddress/String remoteAddress, int port, InetAddress localAddr, int localPort)：创建连接到指定远程主机、远程端口的 Socket，并指定本地 IP 地址和本地端口号，适用于本地主机有多个 IP 地址的情形。

在使用上述构造器指定远程主机时，既可使用 InetAddress 来指定，也可以使用 String 对象指定，在 Java 中通常使用 String 对象指定远程 IP，例如 192.168.2.23。当本地主机只有一个 IP 地址时，建议使用第一个方法，因为这样更简单。例如下面的代码。

```
//创建连接到本机、30000 端口的 Socket
Socket s = new Socket("127.0.0.1" , 30000);
```

当程序执行上述代码后会连接到指定服务器，让服务器端的 ServerSocket 的方法 accept()向下执行，于是服务器端和客户端就产生一对互相连接的 Socket。上述代码连接到“远程主机”的 IP 地址是 127.0.0.1，此 IP 地址总是代表本级的 IP 地址。因为笔者示例程序的服务器端、客户端都是在本机运行，所以 Socket 连接到远程主机的 IP 地址使用 127.0.0.1。

当客户端、服务器端产生对应的 Socket 之后，程序无须再区分服务器端和客户端，而是通过各自的 Socket 进行通信。在 Socket 中提供如下两个方法获取输入流和输出流。

☑ InputStream getInputStream()：返回该 Socket 对象对应的输入流，让程序通过该输入流从 Socket 中取出数据。

☑ OutputStream getOutputStream()：返回该 Socket 对象对应的输出流，让程序通过该输出流向 Socket 中输出数据。

19.2.3　TCP 中的多线程

当使用 readLine()方法读取数据时，如果在该方法成功返回之前线程被阻塞，则程序无法继续执行。所以此服务器很有必要为每个 Socket 单独启动一条线程，每条线程负责与一个客户端进行通信。另外，因为客户端读取服务器数据的线程同样会被阻塞，所以系统应该单独启动一条线程，该线程专门负责读取服务器数据。

假设要开发一个聊天室程序，在服务器端应该包含多条线程，其中每个 Socket 对应一条线程，该线程负责读取 Socket 对应输入流的数据（从客户端发送过来的数据），并将读到的数据向每个 Socket 输出流发送一遍（将一个客户端发送的数据“广播”给其他客户端），因此需要在服务器端使用 List 来保存所有的 Socket。在具体实现时，为服务器提供了如下两个类。

☑ 创建 ServerSocket 监听的主类。

☑ 处理每个 Socket 通信的线程类。

19.2.4　实现非阻塞 Socket 通信

在 Java 应用程序中，可以使用 NIO API 来开发高性能网络服务器。当程序执行输入、输出操作后，在这些操作返回之前会一直阻塞该线程，服务器必须为每个客户端都提供一条独立线程进行处理。这说明前面的程序是基于阻塞式 API 的，当服务器需要同时处理大量客户端时，这种做法会降低性能。

在 Java 应用程序中可以用 NIO API 让服务器使用一个或有限几个线程来同时处理连接到服务器上的所有客户端。在 Java 的 NIO 中，为非阻塞式的 Socket 通信提供了下面的特殊类。

☑ Selector：是 SelectableChannel 对象的多路复用器，所有希望采用非阻塞方式进行通信的 Channel 都应该注册到 Selector 对象。可通过调用此类的静态 open()方法来创建 Selector 实例，该方法将使用系统默认的 Selector 来返回新的 Selector。Selector 可以同时监控多个 SelectableChannel 的 I/O 状况，是非阻塞 I/O 的核心。一个 Selector 实例有如下 3 个 SelectionKey 的集合。

☑ 所有 SelectionKey 集合：代表了注册在该 Selector 上的 Channel，这个集合可以通过 keys()方法返回。

☑ 被选择的 SelectionKey 集合：代表了所有可通过 select()方法监测到、需要进行 I/O 处理的 Channel，这个集合可以通过 selectedKeys()返回。

☑ 被取消的 SelectionKey 集合：代表了所有被取消注册关系的 Channel，在下一次执行 select()方法时，这些 Channel 对应的 SelectionKey 会被彻底删除，程序通常无须直接访问该集合。

除此之外，Selector 还提供了如下和 select()相关的方法。

☑ int select()：监控所有注册的 Channel，当它们中间有需要处理的 I/O 操作时，该方法返回，并将对应的 SelectionKey 加入被选择的 SelectionKey 集合中，该方法返回这些 Channel 的数量。

☑ int select(long timeout)：可以设置超时时长的 select()操作。

☑ int selectNow()：执行一个立即返回的 select()操作，相对于无参数的 select()方法而言，该方法不会阻塞线程。

☑ Selector wakeup()：使一个还未返回的 select()方法立刻返回。

☑ SelectableChannel：它代表可以支持非阻塞 I/O 操作的 Channel 对象，可以将其注册到 Selector 上，这种注册的关系由 SelectionKey 实例表示。在 Selector 对象中，可以使用 select()方法设置允许应用程序同时监控多个 I/O Channel。Java 程序可调用 SelectableChannel 中的 register()方法将其注册到指定 Selector 上，当该 Selector 上某些 SelectableChannel 上有需要处理的 I/O 操作时，程序可以调用 Selector 实例的 select()方法获取它们的数量，并通过 selectedKeys()方法返回它们对应的 SelectKey 集合。这个集合的作用巨大，因为通过该集合就可以获取所有需要处理 I/O 操作的 SelectableChannel 集。

对象 SelectableChannel 支持阻塞和非阻塞两种模式，其中所有 channel 默认都是阻塞模式，我们必须使用非阻塞式模式才可以利用非阻塞 I/O 操作。

在 SelectableChannel 中提供了如下两个方法来设置和返回该 Channel 的模式状态。

☑ SelectableChannel configureBlocking(boolean block)：设置是否采用阻塞模式。

☑ boolean isBlocking()：返回该 Channel 是否是阻塞模式。

不同的 SelectableChannel 所支持的操作不一样，例如 ServerSocketChannel 代表一个 ServerSocket，它就只支持 OP_ACCEPT 操作。在 SelectableChannel 中提供了如下方法来返回它支持的所有操作。

☑ int validOps()：返回一个 bit mask，表示这个 channel 上支持的 I/O 操作。

除此之外，SelectableChannel 还提供了如下方法获取它的注册状态。

☑ boolean isRegistered()：返回该 Channel 是否已注册在一个或多个 Selector 上。

☑ SelectionKey keyFor(Selector sel)：返回该 Channel 和 sel Selector 之间的注册关系，如果不存在注册关系，则返回 null。

☑ SelectionKey：该对象代表 SelectableChannel 和 Selector 之间的注册关系。

☑ ServerSocketChannel：支持非阻塞操作，对应于 java.net.ServerSocket 这个类，提供了 TCP 协议 I/O 接口，只支持 OP_ACCEPT 操作。该类也提供了 accept()方法，功能相当于 ServerSocket 提供的 accept()方法。

☑ SocketChannel：支持非阻塞操作，对应于 java.net.Socket 这个类，提供了 TCP 协议 I/O 接口，支持 OP_CONNECT、OP_READ 和 OP_WRITE 操作。这个类还实现了 ByteChannel 接口、ScatteringByteChannel 接口和 GatheringByteChannel 接口，所以可以直接通过 SocketChannel 来读写 ByteBuffer 对象。

服务器上所有 Channel 都需要向 Selector 注册，包括 ServerSocketChannel 和 SocketChannel。该 Selector 则负责监视这些 Socket 的 I/O 状态，当其中任意一个或多个 Channel 具有可用的 I/O 操作时，该 Selector 的 select()方法将会返回大于 0 的整数，该整数值就表示该 Selector 上有多少个 Channel 具有可用的 I/O 操作，并提供了 selectedKeys()方法来返回这些 Channel 对应的 SelectionKey 集合。正是通过 Selector 才使得服务器端只需要不断地调用 Selector 实例的 select()方法，这样就可以知道当前所有 Channel 是否有需要处理的 I/O

操作。当 Selector 上注册的所有 Channel 都没有需要处理的 I/O 操作时，将会阻塞 select()方法，此时调用该方法的线程被阻塞。

19.3　UDP 编程

知识点讲解：光盘:视频\知识点\第 19 章\UDP 编程.avi

Java 为我们提供了 DatagramSocket 对象作为基于 UDP 协议的 Socket，可以使用 DatagramPacket 代表 DatagramSocket 发送或接收的数据报。

19.3.1　使用 DatagramSocket

DatagramSocket 本身只是码头，不维护状态，不能产生 I/O 流，其唯一的功能是接收和发送数据报。Java 语言使用 DatagramPacket 代表数据报，DatagramSocket 的接收和发送数据功能都是通过 DatagramPacket 对象实现的。

在 DatagramSocket 中有如下 3 个构造器。

- ☑ DatagramSocket()：负责创建一个 DatagramSocket 实例，并将该对象绑定到本机默认 IP 地址、本机所有可用端口中随机选择的某个端口。
- ☑ DatagramSocket(int port)：负责创建一个 DatagramSocket 实例，并将该对象绑定到本机默认 IP 地址、指定端口。
- ☑ DatagramSocket(int port, InetAddress laddr)：负责创建一个 DatagramSocket 实例，并将该对象绑定到指定 IP 地址、指定端口。

在 Java 程序中，通过上述任意一个构造器即可创建一个 DatagramSocket 实例。在创建服务器时必须创建指定端口的 DatagramSocket 实例，目的是保证其他客户端可以将数据发送到该服务器。一旦得到了 DatagramSocket 实例，即可通过下面的两个方法接收和发送数据。

- ☑ receive(DatagramPacket p)：从该 DatagramSocket 中接收数据报。
- ☑ send(DatagramPacket p)：以该 DatagramSocket 对象向外发送数据报。

在使用 DatagramSocket 发送数据报时，DatagramSocket 并不知道将该数据报发送到哪里，而是由 DatagramPacket 自身决定数据报的目的。就像码头并不知道每个集装箱的目的地，码头只是将这些集装箱发送出去，而集装箱本身包含了该集装箱的目的地。

当 Client/Server 程序使用 UDP 协议时，实际上并没有明显的服务器和客户端，因为两方都需要先建立一个 DatagramSocket 对象，用来接收或发送数据报，然后使用 DatagramPacket 对象作为传输数据的载体。通常固定 IP、固定端口的 DatagramSocket 对象所在的程序被称为服务器，因为该 DatagramSocket 可以主动接收客户端数据。

在 DatagramPacket 中包含了如下常用的构造器。

- ☑ DatagramPacket(byte buf[],int length)：以一个空数组来创建 DatagramPacket 对象，该对象的作用是接收 DatagramSocket 中的数据。
- ☑ DatagramPacket(byte buf[], int length, InetAddress addr, int port)：以一个包含数据的数组来创建 DatagramPacket 对象，创建该 DatagramPacket 时还指定了 IP 地址和端口——这就决定了该数据报的目的。
- ☑ DatagramPacket(byte[] buf, int offset, int length)：以一个空数组来创建 DatagramPacket 对象，并指定

接收到的数据放入 buf 数组中时从 offset 开始，最多放 length 个字节。

☑ DatagramPacket(byte[] buf, int offset, int length, InetAddress address, int port)：创建一个用于发送的 DatagramPacket 对象，也多指定了一个 offset 参数。

在接收数据前，应该采用上面的第 1 个或第 3 个构造器生成一个 DatagramPacket 对象，给出接收数据的字节数组及其长度。然后调用 DatagramSocket 中的 receive()方法等待数据报的到来，此方法将一直等待（也就是说会阻塞调用该方法的线程），直到收到一个数据报为止。例如下面的代码。

```
//创建接收数据的 DatagramPacket 对象
DatagramPacket packet=new DatagramPacket(buf, 256);
//接收数据
socket.receive(packet);
```

在发送数据之前，调用第 2 个或第 4 个构造器创建 DatagramPacket 对象，此时的字节数组中存放了想发送的数据。除此之外，还要给出完整的目的地址，包括 IP 地址和端口号。发送数据是通过 DatagramSocket 的方法 send()实现的，方法 send()根据数据报的目的地址来寻址以传递数据报。例如下面的代码。

```
//创建一个发送数据的 DatagramPacket 对象
DatagramPacket packet = new DatagramPacket(buf, length, address, port);
//发送数据报
socket.send(packet);
```

接着 DatagramPacket 提供了方法 getData()，此方法可以返回 DatagramPacket 对象中封装的字节数组。

当服务器（也可以是客户端）接收到一个 DatagramPacket 对象后，如果想向该数据报的发送者“反馈”一些信息，但由于 UDP 是面向非连接的，所以接收者并不知道每个数据报由谁发送过来，但程序可以调用 DatagramPacket 的如下 3 个方法来获取发送者的 IP 和端口信息。

☑ InetAddress getAddress()：返回某台机器的 IP 地址，当程序准备发送次数据报时，该方法返回此数据报的目标机器的 IP 地址；当程序刚刚接收到一个数据报时，该方法返回该数据报的发送主机的 IP 地址。

☑ int getPort()：返回某台机器的端口，当程序准备发送此数据报时，该方法返回此数据报的目标机器的端口；当程序刚刚接收到一个数据报时，该方法返回该数据报的发送主机的端口。

☑ SocketAddress getSocketAddress()：返回完整 SocketAddress，通常由 IP 地址和端口组成。当程序准备发送此数据报时，该方法返回此数据报的目标 SocketAddress；当程序刚刚接收到一个数据报时，该方法返回该数据报是源 SocketAddress。

上述 getSocketAddress 方法的返回值是一个 SocketAddress 对象，该对象实际上就是一个 IP 地址和一个端口号，也就是说 SocketAddress 对象封装了一个 InetAddress 对象和一个代表端口的整数，所以使用 SocketAddress 对象可以同时代表 IP 地址和端口。

19.3.2 使用 MulticastSocket

DatagramSocket 只允许将数据报发送给指定的目标地址，而 MulticastSocket 可以将数据报以广播的方式发送到数量不等的多个客户端。如果要使用多点广播，需要让一个数据报标有一组目标主机地址，当发出数据报后，整个组的所有主机都能收到该数据报。IP 多点广播（或多点发送）实现可以将单一信息发送到多个接收者，功能是设置一组特殊网络地址作为多点广播地址，每一个多点广播地址都被看作一个组，当客户端需要发送、接收广播信息时，只需加入到该组即可。

IP 协议为多点广播提供了这批特殊的 IP 地址，这些 IP 地址的范围是 224.0.0.0～2319.255.255.255。

类 MulticastSocket 既可以将数据报发送到多点广播地址，也可以接收其他主机的广播信息。类 MulticastSocket 是 DatagramSocket 类的一个子类，当要发送一个数据报时，可使用随机端口创建 MulticastSocket，

也可以在指定端口来创建 MulticastSocket。

在类 MulticastSocket 中提供了如下 3 个构造器。

☑ public MulticastSocket()：使用本机默认地址、随机端口来创建一个 MulticastSocket 对象。
☑ public MulticastSocket(int portNumber)：使用本机默认地址、指定端口来创建一个 MulticastSocket 对象。
☑ public MulticastSocket(SocketAddress bindaddr)：使用本机指定IP地址、指定端口来创建一个MulticastSocket 对象。

在创建一个 MulticastSocket 对象后，需要将该 MulticastSocket 加入到指定的多点广播地址。在 MulticastSocket 中使用方法 joinGroup()加入到一个指定的组，使用方法 leaveGroup()从一个组中脱离出去。这两个方法的具体说明如下。

☑ joinGroup(InetAddress multicastAddr)：将该 MulticastSocket 加入指定的多点广播地址。
☑ leaveGroup(InetAddress multicastAddr)：让该 MulticastSocket 离开指定的多点广播地址。

在某些系统中可能有多个网络接口，这可能会对多点广播带来问题，此时程序需要在一个指定的网络接口上监听，通过调用 setInterface 可选择 MulticastSocket 所使用的网络接口，也可以使用 getInterface 方法查询 MulticastSocket 监听的网络接口。

如果创建只发送数据报的 MulticastSocket 对象，只需使用默认地址和随机端口即可。如果创建接收用的 MulticastSocket 对象，则该 MulticastSocket 对象必须具有指定端口，否则发送方无法确定发送数据报的目标端口。

虽然 MulticastSocket 实现发送/接收数据报的方法与 DatagramSocket 完全一样，但是 MulticastSocket 比 DatagramSocket 多了下面的方法。

```
setTimeToLive(int ttl)
```

参数 ttl 设置数据报最多可以跨过多少个网络，具体说明如下。

☑ 为 0 时：指定数据报应停留在本地主机。
☑ 为 1 时：是默认值，指定数据报发送到本地局域网。
☑ 为 32 时：只能发送到本站点的网络上。
☑ 为 64 时：数据报应保留在本地区。
☑ 为 128 时：数据报应保留在本大洲。
☑ 为 255 时：数据报可发送到所有地方。

在使用 MulticastSocket 实现多点广播时，所有通信实体都是平等的，都将自己的数据报发送到多点广播 IP 地址，并使用 MulticastSocket 接收其他人发送的广播数据报。例如在下面的代码中，使用 MulticastSocket 实现了一个基于广播的多人聊天室，程序只需要一个 MulticastSocket、两条线程，其中 MulticastSocket 既用于发送，也用于接收，其中一条线程分别负责接收用户键盘输入，并向 MulticastSocket 发送数据，另一条线程则负责从 MulticastSocket 中读取数据。

19.4　在 Android 中使用 Socket 实现数据传输

知识点讲解：光盘:视频\知识点\第 19 章\在 Android 中使用 Socket 实现数据传输.avi

通过本章前面内容的学习，读者已经了解了 Java 应用中 Socket 网络编程的基本知识。在 Android 平台中，可以使用相同的方法用 Socket 实现数据传输功能。下面将通过一个具体实例的实现过程，讲解在 Android 中使用 Socket 实现数据传输的基本方法。

题　目	目　的	源 码 路 径
实例 19-1	使用 Socket 实现数据传输	光盘:\daima\19\socket

本实例的具体实现流程如下。

（1）首先实现服务器端，使用 Eclipse 新建一个名为 android_server 的 Java 工程，然后编写服务器端的实现文件 AndroidServer.java，功能是创建 Socket 对象 client 以接收客户端请求，并创建 BufferedReader 对象 in 向服务器发送消息。文件 AndroidServer.java 的具体实现代码如下所示。

```
public class AndroidServer implements Runnable{
    public void run() {
        try {
            ServerSocket serverSocket=new ServerSocket(54321);
            while(true)
            {
                System.out.println("等待接收用户连接：");
                //接收客户端请求
                Socket client=serverSocket.accept();
                try
                {
                    //接收客户端信息
                    BufferedReader in=new BufferedReader(new InputStreamReader(client.getInputStream()));
                    String str=in.readLine();
                    System.out.println("read:   "+str);
                    //向服务器发送消息
                    PrintWriter out=new PrintWriter(new BufferedWriter(new OutputStreamWriter(client.
getOutput Stream())),true);
                    out.println("return     "+str);
                    in.close();
                    out.close();
                }catch(Exception ex)
                {
                    System.out.println(ex.getMessage());
                    ex.printStackTrace();
                }
                finally
                {
                    client.close();
                    System.out.println("close");
                }
            }
        } catch (IOException e) {
            System.out.println(e.getMessage());
        }
    }
    public static void main(String [] args)
    {
        Thread desktopServerThread=new Thread(new AndroidServer());
        desktopServerThread.start();
    }
}
```

（2）开始实现客户端的测试程序，使用 Eclipse 新建一个名为 testSocket 的 Android 工程，编写布局文件 main.xml，在主界面中插入一个信息输入文本框和一个“发送”按钮。文件 main.xml 的具体实现代码如下所示。

```
<?xml version="1.0" encoding="utf-8"?>
<LinearLayout xmlns:android="http://schemas.android.com/apk/res/android"
    android:orientation="vertical" android:layout_width="fill_parent"
    android:layout_height="fill_parent">
    <EditText android:id="@+id/edit" android:layout_width="fill_parent"
        android:layout_height="wrap_content" />
    <Button android:id="@+id/but1" android:layout_width="wrap_content"
        android:layout_height="wrap_content" android:text="发送" />
    <TextView android:id="@+id/text1" android:layout_width="fill_parent"
        android:layout_height="wrap_content" android:text="@string/hello" />
</LinearLayout>
```

（3）编写测试文件 TestSocket.java，功能是获取输入框的文本信息，并将信息发送到“192.168.2.113”。文件 TestSocket.java 的具体实现代码如下所示。

```
//客户端的实现
public class TestSocket extends Activity {
    private TextView text1;
    private Button but1;
    private EditText edit1;
    private final String DEBUG_TAG="mySocketAct";


   public void onCreate(Bundle savedInstanceState) {
      super.onCreate(savedInstanceState);
      setContentView(R.layout.main);

      text1=(TextView)findViewById(R.id.text1);
      but1=(Button)findViewById(R.id.but1);
      edit1=(EditText)findViewById(R.id.edit);

      but1.setOnClickListener(new Button.OnClickListener()
      {
        @Override
            public void onClick(View v) {
                Socket socket=null;
                String mesg=edit1.getText().toString()+"\r\n";
                edit1.setText("");
                Log.e("dddd", "sent id");

                try {
                    socket=new Socket("192.168.2.113",54321);
                    //向服务器发送信息
                    PrintWriter out=new PrintWriter(new BufferedWriter(new OutputStreamWriter(socket.
getOutputStream())),true);
                    out.println(mesg);

                    //接收服务器的信息
                    BufferedReader br=new BufferedReader(new InputStreamReader(socket. getInputStream()));
                    String mstr=br.readLine();
```

```
                        if(mstr!=null)
                        {
                            text1.setText(mstr);
                        }else
                        {
                            text1.setText("数据错误");
                        }
                        out.close();
                        br.close();
                        socket.close();
                    } catch (UnknownHostException e) {
                        e.printStackTrace();
                    } catch (IOException e) {
                        e.printStackTrace();
                    }catch(Exception e)
                    {
                        Log.e(DEBUG_TAG,e.toString());
                    }
                }
            });
        }
}
```

（4）在文件 AndroidManifest.xml 中添加访问网络的权限，具体代码如下所示。

```
<!-- 添加可以通信协议 -->
<uses-permission android:name="android.permission.INTERNET" />
```

到此为止，整个实例介绍完毕，执行后的效果如图 19-1 所示。

图 19-1　执行效果

第 20 章　使用 WebKit 浏览网页数据

WebKit 是 Android 系统内置的浏览器，这是一个开源的浏览器网页排版引擎，包含 WebCore 排版引擎和 JSCore 引擎。WebCore 和 JSCore 引擎来自于 KDE 项目的 KHTML 和 KJS 开源项目。Android 平台的 Web 引擎框架采用了 WebKit 项目中的 WebCore 和 JSCore 部分，上层由 Java 语言封装，并且作为 API 提供给 Android 应用开发者，而底层使用 WebKit 核心库（WebCore 和 JSCore）进行网页排版。本章将详细讲解 WebKit 浏览器的基本知识，为读者步入本书后面知识的学习打下基础。

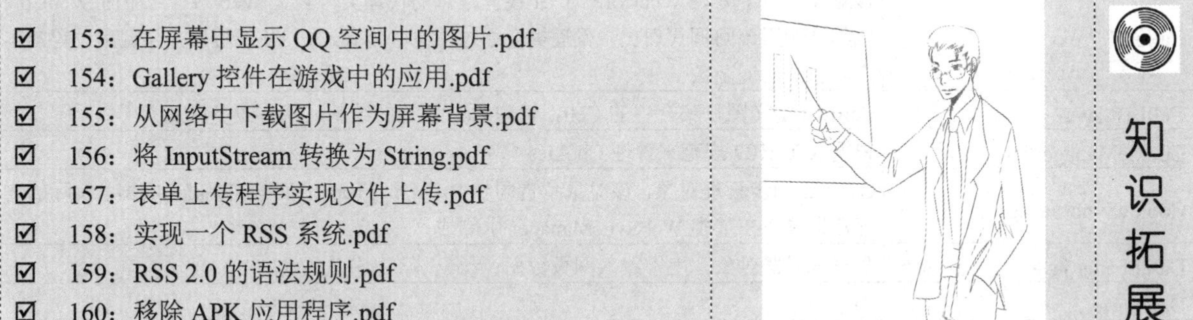

- ☑ 153：在屏幕中显示 QQ 空间中的图片.pdf
- ☑ 154：Gallery 控件在游戏中的应用.pdf
- ☑ 155：从网络中下载图片作为屏幕背景.pdf
- ☑ 156：将 InputStream 转换为 String.pdf
- ☑ 157：表单上传程序实现文件上传.pdf
- ☑ 158：实现一个 RSS 系统.pdf
- ☑ 159：RSS 2.0 的语法规则.pdf
- ☑ 160：移除 APK 应用程序.pdf

知识拓展

20.1　WebKit 源码分析

知识点讲解：光盘:视频\知识点\第 20 章\WebKit 源码分析.avi

为了从更深的层次中了解 WebKit 浏览器编程的基本知识，本书将首先从 Android 底层开始分析 WebKit 系统的机理和用法，依次从下到上分析 WebKit 浏览器编程的基本知识。在 Android 系统中，WebKit 模块分成 Java 和 WebKit 库两个部分，具体说明如下。

- ☑ Java 层：负责与 Android 应用程序进行通信。
- ☑ WebKit 类库：因为是由 C/C++实现的，所以也被称为 C 层库，WebKit 类库部分负责实际的网页排版处理。

Java 层和 WebKit 类库之间通过 JNI 和 Bridge 实现相互调用，如图 20-1 所示。

Request[API]
WebKit[Java]
Invoke
JNI
Invoke Java Method
Invoke
Bridge[CPP]
Invoke
WebKit[CPP]

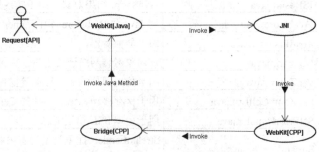

图 20-1　WebKit 系统框架结构

本节将详细讲解 WebKit 模块中 Java 层和 WebKit 类库的基本知识。

20.1.1　Java 层框架

在 Android 系统中，WebKit 模块中 Java 层的根目录是：

```
\frameworks\base\core\java\android\webkit\
```

上述目录是基于 Android 4.3 的，其目录结构如表 20-1 所示。

表 20-1　WebKit 的目录结构

WebKit 中的 java 对象	解 释 说 明
BrowserFrame.java	BrowserFrame 对象是对 WebCore 库中的 Frame 对象的 Java 层封装，用于创建 WebCore 中定义的 Frame，以及为该 Frame 对象提供 Java 层回调方法
ByteArrayBuilder.java	ByteArrayBuilder 辅助对象，用于 byte 块链表的处理
CachLoader.java	URL Cache 载入器对象，该对象实现 StreadLoader 抽象基类，用于通过 CacheResult 对象载入内容数据
CacheManager.java	Cache 管理对象，负责 Java 层 Cache 对象管理
CacheSyncManager.java	Cache 同步管理对象，负责同步 RAM 和 Flash 之间的浏览器 Cache 数据。实际的物理数据操作在 WebSyncManager 对象中完成
CallbackProxy.java	该对象是用于处理 WebCore 与 UI 线程消息的代理类。当有 Web 事件产生时 WebCore 线程会调用该回调代理类，代理类会通过消息的方式通知 UI 线程，并且调用设置的客户对象的回调函数
CellList.java	CellList 定义图片集合中的 Cell，管理 Cell 图片的绘制、状态改变以及索引
CookieManager.java	根据 RFC2109 规范来管理 Cookies
CookieSyncManager.java	Cookies 同步管理对象，该对象负责同步 RAM 和 Flash 之间的 Cookies 数据。实际的物理数据操作在基类 WebSyncManager 中完成
DataLoader.java	数据载入器对象，用于载入网页数据
DateSorter.java	尚未使用
DownloadListener.java	下载侦听器接口
DownloadManagerCore.java	下载管理器对象，管理下载列表。该对象运行在 WebKit 的线程中，通过 CallbackProxy 对象与 UI 线程交互
FileLoader.java	文件载入器，将文件数据载入到 Frame 中
FrameLoader.java	Frame 载入器，用于载入网页 Frame 数据
HttpAuthHandler.java	Http 认证处理对象，该对象会作为参数传递给 BrowserCallback.displayHttpAuthDialog 方法，与用户交互
HttpDataTime.java	该对象是处理 HTTP 日期的辅助对象
JSConfirmResult.java	JavaScript 确认请求对象
JSPromptResult.java	JavaScript 结果提示对象，用于向用户提示 JavaScript 运行结果
JSResult.java	JavaScript 结果对象，用于实现用户交互
JWebCoreJavaBridge.java	用 Java 与 WebCore 库中 Timer 和 Cookies 对象交互的桥接代码
LoadListener.java	载入器侦听器，用于处理载入器侦听消息
Network.java	该对象封装网络连接逻辑，为调用者提供更为高级的网络连接接口
PanZoom.java	用于处理图片缩放、移动等操作
PanZoomCellList.java	用于保存移动、缩放图片的 Cell
SslErrorHandler.java	用于处理 SSL 错误消息
StreamLoader.java	StreamLoader 抽象类是所有内容载入器对象的基类。该类是通过消息方式控制的状态机，用于将数据载入到 Frame 中
TextDialog.java	用于处理 html 中文本区域叠加情况，可以使用标准的文本编辑而定义的特殊 EditText 控件
URLUtil.java	URL 处理功能函数，用于编码、解码 URL 字符串，以及提供附加的 URL 类型分析功能

续表

WebKit 中的 java 对象	解 释 说 明
WebBackForwardList.java	该对象包含 WebView 对象中显示的历史数据
WebBackForwardListClient.java	浏览历史处理的客户接口类，所有需要接收浏览历史改变的类都需要实现该接口
WebChromeClient.java	Chrome 客户基类，Chrome 客户对象在浏览器文档标题、进度条、图标改变时会得到通知
WebHistoryItem.java	该对象用于保存一条网页历史数据
WebIconDataBase.java	图表数据库管理对象，所有的 WebView 均请求相同的图标数据库对象
WebSettings.java	WebView 的管理设置数据，该对象数据是通过 JNI 接口从底层获取
WebSyncManager.java	数据同步对象，用于 RAM 数据和 Flash 数据的同步操作
WebView.java	Web 视图对象，用于基本的网页数据载入、显示等 UI 操作
WebViewClient.java	Web 视图客户对象，在 Web 视图中有事件产生时，该对象可以获得通知
WebViewCore.java	该对象对 WebCore 库进行了封装，将 UI 线程中的数据请求发送给 WebCore 处理，并且通过 CallbackProxy 的方式，通过消息通知 UI 线程数据处理的结果
WebViewDatabase.java	该对象使用 SQLiteDatabase 为 WebCore 模块提供数据存取操作

下面将对 WebKit 模块的 Java 层的具体知识进行详细介绍。

1. 主要类

WebKit 模块的 Java 层一共由 41 个文件组成，其中主要类的具体说明如下。

（1）WebView

类 WebView 是 WebKit 模块 Java 层的视图类，所有需要使用 Web 浏览功能的 Android 应用程序都要创建该视图对象显示和处理请求的网络资源。目前，WebKit 模块支持 HTTP、HTTPS、FTP 以及 JavaScript 请求。WebView 作为应用程序的 UI 接口，为用户提供了一系列的网页浏览、用户交互接口，客户程序通过这些接口访问 WebKit 核心代码。

在文件 WebView.java 中，类 WebView 的主要实现代码如下所示。

```
public class WebView extends AbsoluteLayout
        implements ViewTreeObserver.OnGlobalFocusChangeListener,
        ViewGroup.OnHierarchyChangeListener, ViewDebug.HierarchyHandler {

    private static final String LOGTAG = "webview_proxy";

    private static Boolean sEnforceThreadChecking = false;

    /**
     *   Transportation object for returning WebView across thread boundaries.
     */
    public class WebViewTransport {
        private WebView mWebview;

        /**
         * Sets the WebView to the transportation object.
         *
         * @param webview the WebView to transport
         */
        public synchronized void setWebView(WebView webview) {
            mWebview = webview;
```

```
        }

        /**
         * Gets the WebView object.
         *
         * @return the transported WebView object
         */
        public synchronized WebView getWebView() {
            return mWebview;
        }
    }

    /**
     * URI scheme for telephone number.
     */
    public static final String SCHEME_TEL = "tel:";
    /**
     * URI scheme for email address.
     */
    public static final String SCHEME_MAILTO = "mailto:";
    /**
     * URI scheme for map address.
     */
    public static final String SCHEME_GEO = "geo:0,0?q=";
...
```

注意：类 WebView 是一个非常重要的类，能够实现和网络有关的很多功能。为了节省篇幅，后面各个 Java 类的实现代码将不再一一列出。

（2）WebViewDatabase

类 WebViewDatabase 是 WebKit 模块中针对 SQLiteDatabase 对象的封装，用于存储和获取运行时浏览器保存的缓冲数据、历史访问数据、浏览器配置数据等。该对象是一个单实例对象，通过 getInstance 方法获取 WebViewDatabase 的实例。WebViewDatabase 是 WebKit 模块中的内部对象，仅供 WebKit 框架内部使用。

（3）WebViewCore

类 WebViewCore 是 Java 层与 C 层 WebKit 核心库的交互类，客户程序调用 WebView 的网页浏览相关操作会转发给 BrowserFrame 对象。当 WebKit 核心库完成实际的数据分析和处理后会回调 WebViweCore 中定义的一系列 JNI 接口，这些接口会通过 CallbackProxy 将相关事件通知相应的 UI 对象。

（4）CallbackProxy

类 CallbackProxy 是一个代理类，用于实现 UI 线程和 WebCore 线程之间的交互。类 CallbackProxy 定义了一系列与用户相关的通知方法，当 WebCore 完成相应的数据处理后会调用 CallbackProxy 类中对应的方法，这些方法通过消息方式间接调用相应处理对象的处理方法。

（5）BrowserFrame

类 BrowserFrame 负责 URL 资源的载入、访问历史的维护、数据缓存等操作，该类会通过 JNI 接口直接与 WebKit C 层库交互。

（6）JWebCoreJavaBridge

类 JWebCoreJavaBridge 为 Java 层 WebKit 代码提供与 C 层 WebKit 核心部分的 Timer 和 Cookies 操作相关的方法。

（7）DownloadManagerCore

类 DownloadManagerCore 是一个下载管理核心类，主要负责管理网络资源的下载，所有的 Web 下载操作均由该类统一管理。该类实例运行在 WebKit 线程中，与 UI 线程的交互是通过调用 CallbackProxy 对象中相应的方法完成的。

（8）WebSettings

类 WebSettings 描述了 Web 浏览器访问相关的用户配置信息。

（9）DownloadListener

类 DownloadListener 负责下载侦听接口，如果客户代码实现该接口，则在下载开始、失败、挂起、完成等情况下，DownloadManagerCore 对象会调用客户代码中实现的 DwonloadListener 方法。

（10）WebBackForwardList

类 WebBackForwarList 负责维护用户访问的历史记录，该类为客户程序提供操作访问浏览器历史数据的相关方法。

（11）WebViewClient

在类 WebViewClient 中定义了一系列事件方法，如果 Android 应用程序设置了 WebViewClient 派生对象，则在页面载入、资源载入、页面访问错误等情况发生时，该派生对象的相应方法会被调用。

（12）WebBackForwardListClient

类 WebBackForwardListClient 定义了对访问历史操作时可能产生的事件接口，当用户实现了该接口，则在操作访问历史时（访问历史移除、访问历史清空等）用户会得到通知。

（13）WebChromeClient

类 WebChromeClient 定义了与浏览窗口修饰相关的事件。例如接收到 Title、接收到 Icon、进度变化时，WebChromeClient 的相应方法会被调用。

2．数据载入器的设计理念

在 WebKit 系统的 Java 部分框架中，使用数据载入器来加载相应类型的数据，目前有 CacheLoader、DataLoader 以及 FileLoader 3 类载入器，它们分别用于处理缓存数据、内存数据，以及文件数据的载入操作。Java 层（WebKit 模块）所有的载入器都从 StreamLoader 继承（其父类为 Handler），由于 StreamLoader 类的基类为 Handler 类，因此在构造载入器时，会开启一个事件处理线程，该线程负责实际的数据载入操作，而请求线程通过消息的方式驱动数据的载入。如图 20-2 所示为数据载入器相关类的类图结构。

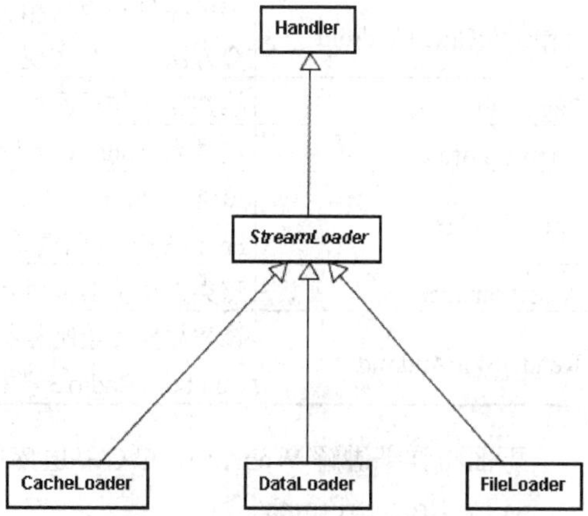

在类 StreamLoader 中定义了如下 4 个不同的消息。

☑　MSG_STATUS：表示发送状态消息。

☑　MSG_HEADERS：表示发送消息头消息。

☑　MSG_DATA：表示发送数据消息。

☑　MSG_END：表示数据发送完毕消息。

图 20-2　数据载入器的类图结构

在类 StreamLoader 中提供了两个抽象保护方法以及一个共有方法，其中保护方法 setupStreamAndSendStatus 用于构造与通信协议相关的数据流，以及向 LoadListener 发送状态。方法 buildHeaders 负责向子类提供构造特定协议消息头功能。所有载入器只有一个共有方法（load），因此当需要载入数据时，只需调用该方法即可。与数据载入流程相关的类还有 LoaderListener 和 BrowserFrame，当发生数据载入事件时，WebKit 的 C 库会更新载入进度，并且会通知 BrowserFrame，

BroserFrame 接收到进度条变更事件后通过 CallbackProxy 对象，通知 View 类进度条数据变更。

20.1.2 C/C++层框架

因为 C 层框架属于 Android 体系底层的知识，而本书主要讲解 Android 在 Java 层开发网络应用的知识，所以在此简要介绍 WebKit 系统 C 层框架的基本知识，只简单分析 C 层框架中各个类之间的关系。读者了解了这些类之间的关系和原理后，当在 Java 层开发应用时即可达到“游刃有余”。

1. Java 层对应的 C/C++类库

在 20.1.1 节介绍的 Java 层中，每一个 Java 类在下面的 C/C++层都会有一个对应的类库，各个 Java 类和 C/C++类库的对应关系的具体说明如表 20-2 所示。

表 20-2　Java 层中的类和 C/C++类库的对应关系

类	功 能 描 述
ChromeClientAndroid	该类主要处理 WebCore 中与 Frame 装饰相关的操作，例如设置状态栏、滚动条、JavaScript 脚本提示框等。当浏览器中有相关事件产生时，ChromeClientAndroid 类的相应方法会被调用，该类会将相关的 UI 事件通过 Bridge 传递给 Java 层，由 Java 层负责绘制以及用户交互方面的处理
EditorClientAndroid	该类负责处理页面中文本相关的处理，例如文本输入、取消、输入法数据处理、文本粘贴、文本编辑等操作。不过目前该类只对按键相关的时间进行了处理，其他操作均未支持
ContextMenuClient	该类提供页面相关的功能菜单，例如图片复制、朗读、查找等功能。但是，目前项目中未实现具体功能
DragClient	该类定义了与页面拖曳相关的处理，但是目前该类没有实现具体功能
FrameLoaderClientAndroid	该类提供与 Frame 加载相关的操作，当用户请求加载一个页面时，WebCore 分析完网页数据后，会通过该类调用 Java 层的回调方法，通知 UI 相关的组件处理
InspectorClientAndroid	该类提供与窗口相关的操作，例如窗口显示、关闭窗口、附加窗口等。不过目前该类的各个方法均为空实现
Page	该类提供与页面相关的操作，例如网页页面的前进、后退等操作
FrameAndroid	该类为 Android 提供 Frame 管理
FrameBridge	该类对 Frame 相关的 Java 层方法进行了封装，当有 Frame 事件产生时，WebCore 通过 FrameBridge 回调 Java 的回调函数，完成用户交互过程
AssetManager	该类为浏览器提供本地资源访问功能
RenderSkinAndroid	该类与控件绘制相关，所有的绘制控件都需要从该类派生，目前，WebKit 模块中有 Button、Combo、Radio 3 类控件

下面将详细讲解 WebKit 中 C/C++层库的基本知识。

（1）BrowserFrame

与 Java 类 BrowserFrame 相对应的 C++类为 FrameBridge，该类为 Dalvik 虚拟机回调 BrowserFrame 类中定义的本地方法进行了封装。与 BrowserFrame 中回调函数（Java 层）相对应的 C 层结构定义代码如下所示。

```
struct FrameBridge::JavaBrowserFrame
{
    JavaVM* mJVM;
    jobject mObj;
    jmethodID mStartLoadingResource;
```

```
    jmethodID mLoadStarted;
    jmethodID mUpdateHistoryForCommit;
    jmethodID mUpdateCurrentHistoryData;
    jmethodID mReportError;
    jmethodID setTitle;
    jmethodID mWindowObjectCleared;
    jmethodID mDidReceiveIcon;
    jmethodID mUpdateVisiteHistory;
    jmethodID mHandleUrl;
    jmethodID mCreateWindow;
    jmethodID mCloseWindow;
    jmethodID mDecidePolicyForFormResubmission;
};
```

在上述代码结构中，mJavaFrame 作为 FrameBridge（C 层）的一个成员变量，在 FrameBridge 构造函数中用类 BrowserFrame（Java 层）的回调方法的偏移量初始化 JavaBrowserFrame 结构的各个域。当初始工作完成后，当 WebCore（C 层）在剖析网页数据时，和 Frame 相关的资源会发生改变（例如 Web 页面的主题变化），此时会通过 mJavaFrame 结构调用指定 BrowserFrame 对象的相应方法，并通知 Java 层进行处理。

注意： 为了节省本书的篇幅，后面各个类库的实现代码将不再一一列出。

（2）JWebCoreJavaBridge

与该对象相对应的 C 层对象为 JavaBridge，JavaBridge 对象继承了 TimerClient 和 CookieClient 类，负责 WebCore 中的定时器和 Cookie 管理。与 Java 层 JWebCoreJavaBridge 类中方法偏移量相关的是 JavaBridege 中几个成员变量，在构造 JavaBridge 对象时，会初始化这些成员变量，之后有 Timer 或者 Cookies 事件产生，WebCore 会通过这些 ID 值，回调对应 JWebCoreJavaBridge 的相应方法。

（3）LoadListener

与该对象相关的 C 层结构是 struct resourceloader_t，该结构保存了 LoadListener 对象 ID、CancelMethod ID 以及 DownloadFiledMethod ID 值。当有 Cancel 或者 Download 事件产生，WebCore 会回调 LoadListener 类中的 CancelMethod 或者 DownloadFileMethod。

（4）WebViewCore

与 WebViewCore 相关的 C 类是 WebCoreViewImpl，WebViewCoreImpl 类有一个 JavaGlue 对象作为成员变量，在构建 WebCoreViewImpl 对象时，用 WebViewCore（Java 层）中的方法 ID 值初始化该成员变量，并且会将构建的 WebCoreViewImpl 对象指针复制给 WebViewCore（Java 层）的 mNativeClass，这样将 WebViewCore（Java 层）和 WebViewCoreImple（C 层）关联起来。

（5）WebSettings

与 WebSettings 相关的 C 层结构是 struct FieldIds，该结构保存了 WebSettings 类中定义的属性 ID 以及方法 ID，在 WebCore 初始化时（WebViewCore 的静态方法中使用 System.loadLibrary 载入）会设置这些方法和属性的 ID 值。

（6）WebView

与 WebView 相关的 C 层类是 WebViewNative，在该类中的 mJavaGlue 中保存着 WebView 中定义的属性和方法 ID，在 WebViewNative 构造方法中初始化，并且将构造的 WebViewNative 对象的指针，赋值给 WebView 类的 mNativeClass 变量，这样 WebView 和 WebViewNative 对象建立了关系。

2. 其他的类

接下来总结与 Java 层相关的 C 层类，具体信息如下。

☑ ChromeClientAndroid：该类主要处理 WebCore 中与 Frame 装饰相关的操作。例如设置状态栏、滚动条、JavaScript 脚本提示框等。当浏览器中有相关事件产生时，ChromeClientAndroid 类的相应方法会被调用，该类会将相关的 UI 事件通过 Bridge 传递给 Java 层，由 Java 层负责绘制以及用户交互方面的处理。

☑ EditorClientAndroid：该类负责处理页面中文本相关的处理，例如文本输入、取消、输入法数据处理、文本粘贴、文本编辑等操作。不过目前该类只对按键相关的时间进行了处理，其他操作均未支持。

☑ ContextMenuClient：该类提供页面相关的功能菜单，例如图片复制、朗读、查找等功能。但是，目前项目中未实现具体功能。

☑ DragClient：该类定义了与页面拖曳相关的处理，但是目前该类没有实现具体功能。

☑ FrameLoaderClientAndroid：该类提供与 Frame 加载相关的操作，当用户请求加载一个页面时，WebCore 分析完网页数据后，会通过该类调用 Java 层的回调方法，通知 UI 相关的组件处理。

☑ InspectorClientAndroid：该类提供与窗口相关的操作，例如窗口显示、关闭窗口、附加窗口等。不过目前该类的各个方法均为空实现。

☑ Page：该类提供与页面相关的操作，例如网页页面的前进、后退等操作。

☑ FrameAndroid：该类为 Android 提供 Frame 管理。

☑ FrameBridge：该类对 Frame 相关的 Java 层方法进行了封装，当有 Frame 事件产生时，WebCore 通过 FrameBridge 回调 Java 的回调函数，完成用户交互过程。

☑ AssetManager：该类为浏览器提供本地资源访问功能。

☑ RenderSkinAndroid：该类与控件绘制相关，所有的绘制控件都需要从该类派生，目前 WebKit 模块中有 Button、Combo、Radio 3 类控件。

上述类会在 Java 层请求创建 Web Frame 时被建立。

20.2 分析 WebKit 的操作过程

知识点讲解：光盘:视频\知识点\第 20 章\分析 WebKit 的操作过程.avi

经过本章前面内容的学习，相信大家已经基本了解了 WebKit 系统中各层主要类的功能。本节将简单介绍和 WebKit 相关的基本操作知识，为读者步入本书后面知识的学习打下基础。

20.2.1 WebKit 初始化

在 Android SDK 中提供了 WebView 类，使用此类可以提供客户化浏览显示功能。如果客户需要加入浏览器的支持，可将该类的实例或者派生类的实例作为视图，调用 Activity 类的 setContentView 显示给用户。当客户代码中第一次生成 WebView 对象时，会初始化 WebKit 库（包括 Java 层和 C 层两个部分），之后用户可以操作 WebView 对象完成网络或者本地资源的访问。

WebView 对象的生成主要涉及 3 个类 CallbackProxy、WebViewCore 以及 WebViewDatabase。其中 CallbackProxy 对象为 WebKit 模块中 UI 线程和 WebKit 类库提供交互功能，WebViewCore 是 WebKit 的核心层，负责与 C 层交互以及 WebKit 模块 C 层类库初始化，而 WebViewDatabase 为 WebKit 模块运行时缓存、数据存储提供支持。

初始化的过程就是使用 WebView 创建 CallbackProxy 对象和 WebViewCore 对象的过程。WebKit 模块初始化流程如下。

（1）调用 System.loadLibrary 载入 WebCore 相关类库（C 层）。

（2）如果是第一次初始化 WebViewCore 对象，创建 WebCoreThread 线程。

（3）创建 EventHub 对象，处理 WebViewCore 事件。

（4）获取 WebIconDatabase 对象实例。

（5）向 WebCoreThread 发送初始化消息。

根据上述流程，假如要获取 WebViewDatabase 实例，则可以按照下面的步骤实现。

（1）调用 System.loadLibrary 方法载入 WebCore 相关类库，该过程由 Dalvik 虚拟机完成，它会从动态链接库目录中寻找 libWebCore.so 类库，载入到内存中，并且调用 WebKit 初始化模块的 JNI_OnLoad 方法。WebKit 模块的 JNI_OnLoad 方法中完成了如下初始化操作。

☑ 初始化 framebridge[register_android_webcore_framebridge]：初始化 gFrameAndroidField 静态变量，以及注册 BrowserFrame 类中的本地方法表。

☑ 初始化 javabridge[register_android_webcore_javabridge]：初始化 gJavaBridge.mObject 对象，以及注册 JWebCoreJavaBridge 类中的本地方法。

☑ 初始化资源 loader[register_android_webcore_resource_loader]：初始化 gResourceLoader 静态变量，以及注册 LoadListener 类的本地方法。

☑ 初始化 webviewcore[register_android_webkit_webviewcore]：初始化 gWebCoreViewImplField 静态变量，以及注册 WebViewCore 类的本地方法。

☑ 初始化 webhistory[register_android_webkit_webhistory]：初始化 gWebHistoryItem 结构，以及注册 WebBackForwardList 和 WebHistoryItem 类的本地方法。

☑ 初始化 webicondatabase[register_android_webkit_webicondatabase]：注册 WebIconDatabase 类的本地方法。

☑ 初始化 websettings[register_android_webkit_websettings]：初始化 gFieldIds 静态变量，以及注册 WebSettings 类的本地方法。

☑ 初始化 webview[register_android_webkit_webview]：初始化 gWebViewNativeField 静态变量，以及注册 WebView 类的本地方法。

（2）实现 WebCoreThread 初始化，该初始化只在第一次创建 WebViewCore 对象时完成，当用户代码第一次生成 WebView 对象，会在初始化 WebViewCore 类时创建 WebCoreThread 线程，该线程负责处理 WebCore 初始化事件。此时 WebViewCore 构造函数会被阻塞，直到一个 WebView 初始化请求完毕时，会在 WebCoreThread 线程中唤醒。

（3）创建 EventStub 对象，该对象处理 WebView 类的事件，当 WebCore 初始化完成后会向 WebView 对象发送事件，WebView 类的 EventStub 对象处理该事件，并且完成后续初始化工作。

（4）获取 WebIconDatabase 对象实例。

（5）向 WebViewCore 发送 INITIALIZE 事件，并且将 this 指针作为消息内容传递。WebView 类主要负责处理 UI 相关的事件，而 WebViewCore 主要负责与 WebCore 库交互。在运行时期，UI 线程和 WebCore 数据处理线程是运行在两个独立的线程当中。WebCoreThread 线程接收到 INITIALIZE 线程后，会调用消息对象参数的 initialize 方法，而后唤醒阻塞的 WebViewCore Java 线程（该线程在 WebViewCore 的构造函数中被阻塞）。不同的 WebView 对象实例有不同的 WebViewCore 对象实例，因此通过消息的方式可以使得 UI 线程和 WebViewCore 线程解耦合。WebCoreThread 的事件处理函数处理 INITIALIZE 消息时，调用的是不同 WebView 中 WebViewCore 实例的 initialize 方法。WebViewCore 类中的 initialize 方法中会创建 BrowserFrame 对象（该对象管理整个 Web 窗体，以 frame 相关事件），并且向 WebView 对象发送 WEBCORE_INITIALIZED_MSG_ID 消息。WebView 消息处理函数能够根据其参数来初始化指定 WebViewCore 对象，并且能够更新 WebViewCore 的 Frame 缓冲。

20.2.2 载入数据

1. 载入网络数据

在Android应用开发过程中，可以使用类WebView的loadUrl方法请求访问指定的URL网页数据。在WebView对象中保存着WebViewCore的引用，由于WebView属于UI线程，而WebViewCore属于后台线程，因此WebView对象的loadUrl被调用时，会通过消息的方式将URL信息传递给WebViewCore对象，该对象会调用成员变量mBrowserFrame的loadUrl方法，进而调用WebKit库完成数据的载入。

当载入网络数据时，此功能分别由Java层和C层共同完成，其中Java层负责完成用户交互、资源下载等操作，而C层主要完成数据分析（建立DOM树、分析页面元素等）操作。由于UI线程和WebCore线程运行在不同的两个线程中，因此当用户请求访问网络资源时，通过消息的方式向WebViewCore对象发送载入资源请求。

在Java层的WebKit模块中，所有与资源载入相关的操作都是由BrowserFrame类中对应的方法完成，这些方法是本地方法，会直接调用WebCore库的C层函数完成数据载入请求，以及资源分析等操作。C层的FrameLoader类是浏览框架的资源载入器，该类负责检查访问策略以及向Java层发送下载资源请求等功能。在FrameLoader中，当用户请求网络资源时，经过一系列的策略检查后会调用FrameBridge的startLoadingResource方法，该方法会回调BrowserFrame（Java）类的startLoadingResource方法，完成网络数据的下载，然后类BrowserFrame（Java）的方法startLoadingResource会返回一个LoadListener的对象，FrameLoader会删除原有的FrameLoader对象，将LoadListener对象封装成ResourceLoadHandler对象，并且将其设置为新的FrameLoader。到此完成了一次资源访问请求，接下来库WebCore会根据资源数据进行分析和构建DOM，以及构建相关的数据结构。

2. 载入本地数据

所谓本地数据是指以“data://”开头的URL，载入本地数据的过程和载入网络数据的方法一样，只不过在执行FrameLoader类的executeLoad方法时，会根据URL的SCHEME类型区分，调用DataLoader的requestUrl方法，而不是调用handleHTTPLoad建立实际的网络通信连接。

3. 载入文件数据

所谓文件数据是指以“file://”开头的URL，载入的基本流程与网络数据载入流程基本一致，不同的是在运行FrameLoader类的executeLoad方法时，根据SCHEME类型，调用FileLoader的requestUrl方法来完成数据加载。

20.2.3 刷新绘制

当用户拖动滚动条、有窗口遮盖，或者有页面事件触发都会向WebViewCore（Java层）对象发送背景重绘消息，该消息会引起网页数据的绘制操作。WebKit的数据绘制可能出于效率上的考虑，没有通过Java层，而是直接在C层使用SGL库完成。与Java层图形绘制相关的Java对象有3个，具体说明如下。

（1）Picture类

该类对SGL封装，其中变量mNativePicture实际上是保存着SkPicture对象的指针。WebViewCore中定义了两个Picture对象，当作双缓冲处理，在调用webKitDraw方法时，会交换两个缓冲区，加速刷新速度。

（2）WebView类

该类接受用户交互相关的操作，当有滚屏、窗口遮盖、用户单击页面按钮等相关操作时，WebView对

象会与之相关的 WebViewCore 对象发送 VIEW_SIZE_CHANGED 消息。当 WebViewCore 对象接收到该消息后，将构建时建立的 mContentPictureB 刷新到屏幕上，然后将 mContentPictureA 与之交换。

（3）WebViewCore 类

该类封装了 WebKit 的 C 层代码，为视图类提供对 WebKit 的操作接口，所有对 WebKit 库的用户请求均由该类处理，并且该类还为视图类提供了两个 Picture 对象，用于图形数据刷新。

例如我们在拖曳 Web 页面，当用户使用手指点击触摸屏并且移动手指时会引发 touch 事件，在 Android 平台中，此时会调用相应的 dispatchTouchEvent 方法进行处理，将 touch 事件传递给最前端的视图。在 WebView 类中定义了 5 种 touch 模式，在手指拖动 Web 页面的情况下，会触发 mMotionDragMode，并且会调用 View 类的 scrollBy 方法，触发滚屏事件以及使视图无效（重绘，会调用 View 的 onDraw 方法）。WebView 视图中的滚屏事件由 onScrollChanged 方法响应，该方法向 WebViewCore 对象发送 SET_VISIBLE_RECT 事件。

WebViewCore 对象接收到 SET_VISIBLE_RECT 事件后，将消息参数中保存的新视图的矩形区域大小传递给 nativeSetVisibleRect 方法，通知 WebCoreViewImpl 对象（C 层）视图矩形变更（WebCoreViewImpl::setVisibleRect 方法）。在 setVisibleRect 方法中，会通过虚拟机调用 WebViewCore 的 contentInvalidate 方法，该方法会引发 webkitDraw 方法的调用（通过 WEBKIT_DRAW 消息）。在方法 webkitDraw 中，首先会将 mContentPictureB 对象传递给本地方法 nativeDraw 绘制，然后将 mContentPictureB 的内容与 mContentPictureA 的内容互换。在这里 mContentPictureA 缓冲区是供给 WebViewCore 的 draw 方法使用，如果用户选择某个控件，绘制焦点框时 WebViewCore 对象的 draw 方法会调用，绘制的内容保存在 mContentPictureA 中，之后会通过 Canvas 对象（Java 层）的 drawPicture 方法将其绘制到屏幕上，而 mContentPictureB 缓冲区是用于 built 操作的，nativeDraw 方法中首先会将传递的 mContentPictureB 对象数据重置，而后在重新构建的 mContentPictureB 画布上，将层上相关的元素绘制到该画布上。然后将 mContentPictureB 和 mContentPictureA 的内容互换，这样一次重绘事件产生时（会调用 WebView.onDraw 方法）会将 mContentPictureA 的数据使用 Canvas 类的 drawPicture 绘制到屏幕上。当 webkitDraw 方法将 mContentPictureA 与 mContentPictureB 指针对调后，会向 WebView 对象发送 NEW_PICTURE_MSG_ID 消息，该消息会引发 WebViewCore 的 VIEW_SIZE_CHANGED 消息的产生，并且会使当前视图无效产生重绘事件（invalidate()），引发 onDraw 方法的调用，完成一次网页数据的绘制过程。

20.3　WebView 详解

知识点讲解：光盘:视频\知识点\第 20 章\WebView 详解.avi

在本章前面的内容中曾经讲过，WebView 是一个非常重要的类，能够实现和网络有关的很多功能。WebView 能加载显示网页，可以将其视为一个浏览器，使用 WebKit 渲染引擎来加载显示网页。本节将详细讲解 WebView 的基本知识。

20.3.1　WebView 介绍

通过 WebView 可以滚动 Web 浏览器并显示网页中的内容，WebView 采用了 WebKit 渲染引擎来显示网页的方法，包括向前和向后导航的历史，放大和缩小，执行文本搜索和是否启用内置的变焦。WebView 中的主要方法如下。

☑ addJavascriptInterface(Object obj, StringinterfaceName)：功能是绑定一个对象的 JavaScript，该方法可以访问 JavaScript。

☑ loadData(String data, String mimeType, Stringencoding)：功能是载入网页中的数据，但是此方法经常

出现乱码，所以尽量少用。

- ☑ loadDataWithBaseURL(String baseUrl, String data, String mimeType,String encoding, StringhistoryUrl)：功能是加载到 WebView 给定的数据，以此为基础内容的网址提供的网址。
- ☑ capturePicture()：功能是捕捉当前 WebView 的图片。
- ☑ clearCache(boolean includeDiskFiles)：功能是清除资源的缓存。
- ☑ destroy()：功能是销毁此 WebView。
- ☑ setDefaultFontSize()：功能是设置字体。
- ☑ setDefaultZoom()：功能是设置屏幕的缩放级别。

在 Android 的所有控件中，WebView 的功能最强大，它作为直接从 android.webkit.Webview 实现的类可以拥有浏览器所有的功能。通过使用 WebView，可以让开发人员从 Java 转向 HTML+JavaScript 这样的方式。如果和 AJAX 技术结合使用，可以方便通过这种方式配合远端 Server 来实现一些内容。

从 Android 2.2 版本开始加入了 Adobe Flash Player 功能，可以通过如下代码设置允许 Gears 插件来实现网页中的 Flash 动画显示。

```
WebView.getSettings().setPluginsEnabled(true);
```

通过使用 WebView，可以帮助我们设计内嵌专业的浏览器，相对于部分以省流量需要服务器中转的那种 HTML 解析器来说有本质的区别，因为它们没有 JavaScript 脚本解析器，所以不会有什么太大的发展空间。

20.3.2 实战演练——在手机屏幕中浏览网页

使用 Android 系统中内置 WebKit 引擎中的 WebView 可以迅速浏览网页。在本实例中是通过 WebView.loadUrl 来加载网址的，所以从 EditText 中传入要浏览的网址后，即可在 WebView 中加载网页的内容。

题　目	目　的	源 码 路 径
实例 20-1	在手机屏幕中浏览网页	光盘:\daima\20\wang

本实例的具体实现流程如下。

（1）编写布局文件 main.xml，在里面插入一个 WebView 控件。主要代码如下所示。

```
<!-- 建立一个 TextView -->
<TextView
android:id="@+id/myTextView1"
android:layout_width="fill_parent"
android:layout_height="wrap_content"
android:text="@string/hello"
/>
<!-- 建立一个 EditText -->
<EditText
android:id="@+id/myEditText1"
android:layout_width="267px"
android:layout_height="40px"
android:textSize="18sp"
android:layout_x="5px"
android:layout_y="32px"
/>
<!-- 建立一个 ImageButton -->
<ImageButton
android:id="@+id/myImageButton1"
```

```
android:layout_width="wrap_content"
android:layout_height="wrap_content"
android:background="@drawable/white"
android:src="@drawable/go"
android:layout_x="275px"
android:layout_y="35px"
/>
<!-- 建立一个 WebView -->
<WebView
android:id="@+id/myWebView1"
android:layout_height="330px"
android:layout_width="300px"
android:layout_x="7px"
android:layout_y="90px"
android:background="@drawable/black"
android:focusable="false"
/>
```

（2）编写文件 wang.java，通过 setOnClickListener 监听按钮单击事件，单击网址后面的箭头后会抓取 EditText 中的数据，然后打开此网址，并在 WebView 中显示网页内容。具体代码如下所示。

```
package irdc.wang;

import irdc.wang.R;
import android.app.Activity;
import android.os.Bundle;
import android.view.KeyEvent;
import android.view.View;
import android.webkit.WebView;
import android.widget.EditText;
import android.widget.ImageButton;
import android.widget.Toast;

  public void onCreate(Bundle savedInstanceState)
  {
    super.onCreate(savedInstanceState);
    setContentView(R.layout.main);
    mImageButton1 = (ImageButton)findViewById(R.id.myImageButton1);
    mEditText1 = (EditText)findViewById(R.id.myEditText1);
    mWebView1 = (WebView) findViewById(R.id.myWebView1);

    /*当单击箭头后*/
    mImageButton1.setOnClickListener(new
                                        ImageButton.OnClickListener()
    {
      @Override
      public void onClick(View arg0)
      {
        //TODO Auto-generated method stub
        {
          mImageButton1.setImageResource(R.drawable.go_2);
          /*抓取 EditText 中的数据*/
```

```
            String strURI = (mEditText1.getText().toString());
            /*WebView 显示网页内容*/
            mWebView1.loadUrl(strURI);
            Toast.makeText(
                example2.this,getString(R.string.load)+strURI,
                            Toast.LENGTH_LONG)
                .show();
        }
      }
    });
  }
```

执行后显示一个文本框，在此可以输入网址，如图 20-3 所示。输入网址并单击后面的 ▶ 按钮后，将显示此网页的内容，如图 20-4 所示。

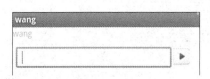

图 20-3　输入网址

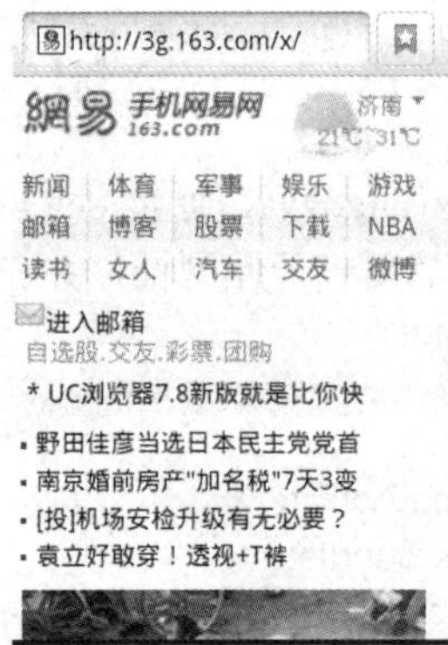

图 20-4　打开的网页

20.3.3　实战演练——加载一个指定的 HTML 程序

HTML 语言是当前主流的网页技术，而 WebView 是一个嵌入式的浏览器，在里面可以直接使用 WebView.loadData()。WebView 将 HTML 标记传递给 WebView 对象，让 Android 手机程序变为 Web 浏览器。这样，网页程序被放在了 WebView 中运行，如同一个 Web Application。

题　目	目　的	源 码 路 径
实例 20-2	在手机屏幕中加载 HTML 程序	光盘:\daima\20\HT

本实例的具体实现流程如下。

（1）编写布局文件 main.xml，主要代码如下所示。

```
<LinearLayout
  xmlns:android="http://schemas.android.com/apk/res/android"
  android:orientation="vertical"
  android:background="@drawable/white"
  android:layout_width="fill_parent"
  android:layout_height="fill_parent"
  >
  <!-- 创建一个 TextView -->
  <TextView
  android:id="@+id/myTextView1"
```

```
    android:layout_width="fill_parent"
    android:layout_height="wrap_content"
    android:textColor="@drawable/blue"
    android:text="@string/hello"
    />
    <!-- 创建一个 WebView -->
    <WebView
    android:id="@+id/myWebView1"
    android:layout_height="wrap_content"
    android:layout_width="wrap_content"
    />
</LinearLayout>
```

（2）编写文件 HT.java，在 loadData 中插入了预先设置好的 HTML 代码，通过 HTML 代码显示了一幅图片和文字，并且实现了超链接功能。具体代码如下所示。

```
public class HT extends Activity
{
  private WebView mWebView1;
  public void onCreate(Bundle savedInstanceState)
  {
    super.onCreate(savedInstanceState);
    setContentView(R.layout.main);
    mWebView1 = (WebView) findViewById(R.id.myWebView1);
    /*自行设置 WebView 要显示的网页内容*/
    mWebView1.
      loadData(
      "<html><body><p>aaaaaaa</p>" +
      "<div class='widget-content'> "+
      "<a href=http://www.sohu.com>" +
      "<img src=http://hiphotos.baidu.com/chaojihedan/pic/item/bbddf5efc260f133fdfa3cd8.jpg />" +
      "<a href=http://www.sohu.com>Link Blog</a>" +
      "</body></html>", "text/html", "utf-8");
  }
}
```

执行后将显示 HTML 产生的页面，如图 20-5 所示。单击超链接后会来到指定的目标页面。

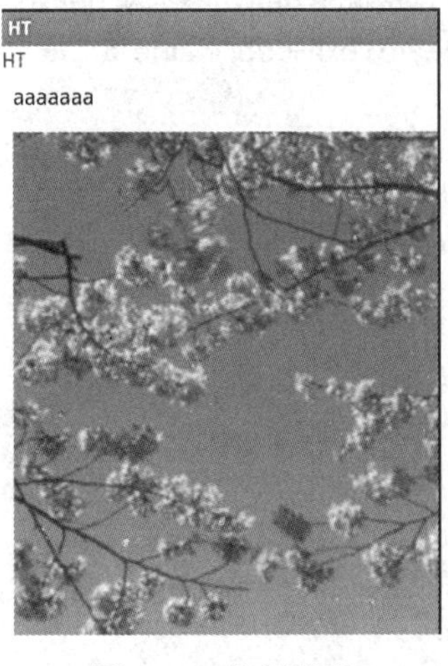

图 20-5　执行效果

20.3.4 实战演练——使用WebView加载JavaScript程序

在本实例中，预先准备了一个HTML文件和一个JavaScript文件，本实例的最终目的是在加载HTML的同时加载JavaScript文件，在HTML中显示手机中联系人的信息。

题　目	目　的	源码路径
实例20-3	使用WebView加载JavaScript程序	光盘:\daima\20\RIADemo

本实例的具体实现流程如下。

（1）准备HTML文件phonebook.html，具体代码如下所示。

```
<html>
    <head>
        <script type="text/javascript" src="fetchcontacts.JS"/>
</head>
<body>
    <div id = "contacts">
        <p> this is a demo </p>
    </div>
</body>
</html>
```

（2）准备JavaScript文件fetchcontacts.JS，主要代码如下所示。

```
window.onload= function(){
    window.phonebook.debugout("inside JS onload");    //调用RIAExample.debugout
    var persons = window.phonebook.getContacts();    //调用RIAExample.getContacts()
    if(persons){//persons实际上是JavaArrayJSWrapper对象
        window.phonebook.debugout(persons.length() + " of contact entries are fetched");
        var contactsE = document.getElementById("contacts");
        var i = 0;
        while(i < persons.length()){//persons.length()调用JavaArrayJSWrapper.length()方法
            pnode = document.createElement("p");
            //persons.get(i)获得Person对象
            //然后在JavaScript中直接调用getName()和getNumber()获取姓名和号码
            tnode = document.createTextNode("name : " + persons.get(i).getName() + " number : " +
persons.get(i).getNumber());
            pnode.appendChild(tnode);
            contactsE.appendChild(pnode);
            i ++;
        }
    }else{
        window.phonebook.debugout("persons is undefined");
    }

}
```

（3）编写布局文件main.xml，在里面添加一个WebView控件，主要代码如下所示。

```
<?xml version="1.0" encoding="utf-8"?>
<LinearLayout xmlns:android="http://schemas.android.com/apk/res/android"
```

```
    android:orientation="vertical"
    android:layout_width="fill_parent"
    android:layout_height="fill_parent"
    >
<WebView android:id="@+id/web"
 android:layout_width="fill_parent" android:layout_height="fill_parent">
</WebView>
</LinearLayout>
```

（4）编写文件 Person.java，定义类 Person 来描述一个联系人的信息，它包含联系人姓名和号码，主要代码如下所示。

```
public class Person {
    String name;
    String phone_number;
    public String getName(){

        return name;
    }
    public String getNumber(){
        return phone_number;
    }
}
```

（5）编写文件 JavaArrayJSWrapper.java，主要代码如下所示。

```
public class JavaArrayJSWrapper {

    private Object[] innerArray;

    public JavaArrayJSWrapper(Object[] a){
        this.innerArray = a;
    }

    public int length(){
        return this.innerArray.length;
    }

    public Object get(int index){
        return this.innerArray[index];
    }
}
```

（6）编写测试文件 RIAExample.java，主要代码如下所示。

```
package com.example;

import java.util.Vector;

import android.app.Activity;
import android.os.Bundle;
import android.util.Log;
import android.webkit.WebView;

public class RIAExample extends Activity {
```

```
    private WebView web;
    //模拟号码簿
    private Vector<Person> phonebook = new Vector<Person>();
    /** Called when the activity is first created. */
    @Override
    public void onCreate(Bundle savedInstanceState) {
        super.onCreate(savedInstanceState);
        setContentView(R.layout.main);
        this.initContacts();
        web = (WebView)this.findViewById(R.id.web);
        web.getSettings().setJavaScriptEnabled(true);//开启 JavaScript 设置，否则 WebView 不执行 JavaScript
脚本
        web.addJavascriptInterface(this, "phonebook");  //把 RIAExample 的一个实例添加到 JavaScript 的全局
对象 window 中，这样就可以使用 window.phonebook 来调用它的方法
        web.loadUrl("file:///android_asset/phonebook.html");//加载网页
    }

    /**
    * 该方法将在 JavaScript 脚本中通过 window.phonebook.getContacts()进行调用
    * 返回的 JavaArrayJSWrapper 对象可以使得在 JavaScript 中访问 Java 数组
    * @return
    */
    public JavaArrayJSWrapper getContacts(){
        System.out.println("fetching contacts data");
        Person[] a = new Person[this.phonebook.size()];
        a = this.phonebook.toArray(a);
        return new JavaArrayJSWrapper(a);
    }
    /**
    * 初始化电话号码簿
    */
    public void initContacts(){
        Person p = new Person();
        p.name = "Perter";
        p.phone_number = "8888888";
        phonebook.add(p);
        p = new Person();
        p.name = "wangpeng1";
        p.phone_number = "13000000";
        phonebook.add(p);
    }
    /**
    * 通过 window.phonebook.debugout 来输出 JavaScript 调试信息
    * @param info
    */
    public void debugout(String info){
        Log.i("ss",info);
        System.out.println(info);
    }
}
```

执行后的效果如图 20-6 所示。

图 20-6　执行效果

本实例的目的是为了说明通过 WebView.addJavaScriptInterface 方法可以扩展 JavaScript 的 API，这样可以获取 Android 的数据。由此可见，我们可以使用 Dojo、jQuery 和 Prototype 等这些知名的 JavaScript 框架来搭建 Android 应用程序，以展现它们很酷很炫的效果。

第 21 章　GPS 地图定位

Map 地图对大家来说应该不算陌生，Google 地图被广泛用于商业、民用和军用项目中。作为 Google 官方旗下产品之一的 Android 系统，可以非常方便地使用 Google 地图实现位置定位功能。在 Android 系统中，可以使用 Google 地图获取当前的位置信息，Android 系统可以无缝地支持 GPS 和 Google 网络地图。本章将详细讲解在 Android 设备中使用位置服务和地图 API 的方法，为读者步入本书后面知识的学习打下基础。

21.1　位 置 服 务

知识点讲解：光盘:视频\知识点\第 21 章\位置服务.avi

在现实应用中，通常将各种不同的定位技术称为 LBS（意为基于位置的服务，是 Location Based Service 的缩写），它是通过电信移动运营商的无线电通信网络（如 GSM 网、CDMA 网）或外部定位方式（如 GPS）获取移动终端用户的位置信息（地理坐标或大地坐标），在 GIS（Geographic Information System，地理信息系统）平台的支持下，为用户提供相应服务的一种增值业务。本节将详细讲解在 Android 物联网设备中实现位置服务的基本知识。

21.1.1　类 location 详解

在 Android 设备中，可以使用类 android.location 来实现定位功能。

（1）Google Map API

Android 系统提供了一组访问 Google MAP 的 API，借助 Google MAP 及定位 API，就可以在地图上显示用户当前的地理位置。在 Android 中定义了一个名为 com.google.android.maps 的包，其中包含了一系列用于在 Google Map 上显示、控制和层叠信息的功能类，下面是该包中最重要的几个类。

☑ MapActivity：用于显示 Google MAP 的 Activity 类，它需要连接底层网络。
☑ MapView：用于显示地图的 View 组件，它必须和 MapActivity 配合使用。
☑ MapController：用于控制地图的移动。
☑ Overlay：是一个可显示于地图之上的可绘制的对象。
☑ GeoPoint：是一个包含经纬度位置的对象。

（2）Android Location API

在 Android 设备中，实现定位功能的相关类如下。

☑ LocationManager：本类提供访问定位服务的功能，也提供了获取最佳定位提供者的功能。另外，临近警报功能（前面所说的那种功能）也可以借助该类来实现。
☑ LocationProvider：该类是定位提供者的抽象类。定位提供者具备周期性报告设备地理位置的功能。
☑ LocationListener：提供定位信息发生改变时的回调功能。必须事先在定位管理器中注册监听器对象。
☑ Criteria：该类使得应用能够通过在 LocationProvider 中设置的属性来选择合适的定位提供者。

21.1.2　实战演练——在 Android 设备中实现 GPS 定位

下面将通过具体实例演示在 Android 设备中使用 GPS 定位功能的基本流程。

题　目	目　的	源 码 路 径
实例 21-1	用 GPS 定位技术获取当前的位置信息	光盘:\daima\21\GPSLocationEX

本实例的具体实现流程如下。

（1）在文件 AndroidManifest.xml 中添加 ACCESS_FINE_LOCATION 权限，具体代码如下所示。

```
<uses-permission android:name="android.permission.ACCESS_FINE_LOCATION"/>
```

（2）在 onCreate(Bundle savedInstanceState)中获取当前位置信息，通过 LocationManager 周期性获得当前设备的一个类。要想获取 LocationManager 实例，必须调用 Context.getSystemService()方法并传入服务名 LOCATION_SERVICE("location")。创建 LocationManager 实例后可以通过调用 getLastKnownLocation()方法，将上一次 LocationManager 获得有效位置信息以 Location 对象的形式返回。getLastKnownLocation()方法需要传入一个字符串参数来确定使用定位服务类型，本实例传入的是静态常量 LocationManager.GPS_PROVIDER，这表示使用 GPS 技术定位。最后还需要使用 Location 对象将位置信息以文本方式显示到用户界面，具体实现代码如下所示。

```
public void onCreate(Bundle savedInstanceState) {
    super.onCreate(savedInstanceState);
    setContentView(R.layout.main);
    LocationManager locationManager;
    String serviceName = Context.LOCATION_SERVICE;
    locationManager = (LocationManager)getSystemService(serviceName);
    Criteria criteria = new Criteria();
    criteria.setAccuracy(Criteria.ACCURACY_FINE);
    criteria.setAltitudeRequired(false);
    criteria.setBearingRequired(false);
    criteria.setCostAllowed(true);
    criteria.setPowerRequirement(Criteria.POWER_LOW);
    String provider = locationManager.getBestProvider(criteria, true);

    Location location = locationManager.getLastKnownLocation(provider);
    updateWithNewLocation(location);
     /*每隔 1000 毫秒更新一次*/
    locationManager.requestLocationUpdates(provider, 2000, 10,
            locationListener);
}
```

（3）定义方法 updateWithNewLocation(Location location)更新显示用户界面，具体代码如下所示。

```
private void updateWithNewLocation(Location location) {
  String latLongString;
  TextView myLocationText;
  myLocationText = (TextView)findViewById(R.id.myLocationText);
  if (location != null) {
  double lat = location.getLatitude();
  double lng = location.getLongitude();
  latLongString = "纬度是:" + lat + "\n 经度是:" + lng;
  } else {
```

```
    latLongString = "失败";
    }
    myLocationText.setText("获取的当前位置是:\n" +
    latLongString);
    }
```

（4）定义 LocationListener 对象 locationListener，当坐标改变时触发此函数。如果 Provider 传进相同的坐标就不会被触发，具体代码如下所示。

```
private final LocationListener locationListener = new LocationListener() {
    public void onLocationChanged(Location location) {
    updateWithNewLocation(location);
    }
    public void onProviderDisabled(String provider){
    updateWithNewLocation(null);
    }
    public void onProviderEnabled(String provider){ }
    public void onStatusChanged(String provider, int status,
    Bundle extras){ }
};
```

下面开始测试，因为模拟器上没有 GPS 设备，所以需要在 Eclipse 的 DDMS 工具中提供模拟的 GPS 数据。即依次选择 DDMS | Emulator Control 命令，在弹出的对话框中找到 Location Control 选项，在此输入坐标，完成后单击 Send 按钮，如图 21-1 所示。

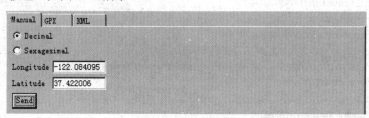

图 21-1　设置坐标

因为用到了Google API，所以要在项目中引入Google API，右击项目，在弹出的快捷菜单中选择Properties 命令，然后在弹出的对话框中选中 Google APIs 复选框，如图 21-2 所示。

这样模拟器运行后会显示当前的坐标，如图 21-3 所示。

Project Build Target

Target Name	Vendor	Platform	API ...
☐ Android 1.1	Android Open Source Project	1.1	2
☐ Android 1.5	Android Open Source Project	1.5	3
☐ Android 1.6	Android Open Source Project	1.6	4
☐ Android 2.0	Android Open Source Project	2.0	5
☐ Android 2.0.1	Android Open Source Project	2.0.1	6
☐ Android 2.1-update1	Android Open Source Project	2.1-update1	7
☐ Android 2.2	Android Open Source Project	2.2	8
☐ Android 2.2	Android Open Source Project	2.2	8
☐ Google APIs	Google Inc.	2.2	8
☐ GALAXY Tab Addon	Samsung Electronics Co., Ltd.	2.2	8
☐ Android 2.3	Android Open Source Project	2.3	9
☑ Google APIs	Google Inc.	2.3	9

图 21-2　引用 Google API

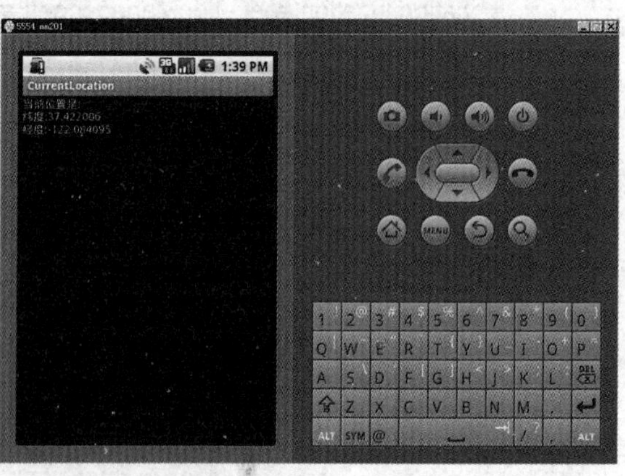

图 21-3　执行效果

21.2　随时更新位置信息

知识点讲解：光盘:视频\知识点\第 21 章\随时更新位置信息.avi

随着移动设备的移动，GPS 的位置信息也会发生变化，此时可以通过编程的方式来及时获取并更新当前的位置信息。本节将详细讲解随时更新位置信息的基本知识。

21.2.1　库 Maps 中的类

在库 Maps 中提供了十几个类，通过这些类可以实现位置更新功能。在这些库类中，最常用的类包括 MapController、MapView 和 MapActivity 等。

（1）MapController

控制地图移动、伸缩，以某个 GPS 坐标为中心，控制 MapView 中的 View 组件，管理 Overlay，提供 View 的基本功能。使用多种地图模式（地图模式（某些城市可实时对交通状况进行更新）、卫星模式、街景模式）来查看 Google Map。

常用方法有：animateTo(GeoPoint point)、setCenter(GeoPoint point)、setZoom(int zoomLevel)等。

（2）MapView

MapView 是用来显示地图的 view，它派生自 android.view.ViewGroup。当 MapView 获得焦点时，可以控制地图的移动和缩放。Android 中的地图可以以不同的形式显示出来，如街景模式、卫星模式等。

MapView 只能被 MapActivity 创建，这是因为 MapView 需要通过后台的线程来连接网络或者文件系统，而这些线程要由 MapActivity 来管理。常用方法有 getController()、getOverlays()、setSatellite(boolean)、setTraffic(boolean)、setStreetView(boolean)、setBuiltInZoomControls(boolean)等。

（3）MapActivity

MapActivity 是一个抽象类，任何想要显示 MapView 的 Activity 都需要派生自 MapActivity，并且在其派生类的 onCreate()中，都要创建一个 MapView 实例，可以通过 MapViewconstructor（然后添加到 View 中 ViewGroup.addView(View)）或者 layout XML 来创建。

（4）Overlay

Overlay 是覆盖到 MapView 的最上层，可以扩展其 ondraw 接口，自定义在 MapView 中显示一些自己的东西。MapView 通过 MapView.getOverlays()对 Overlay 进行管理。

除了 Overlay 这个基类，Google 还扩展了如下两个比较有用的 Overlay。

- ☑ MylocationOverlay：集成了 Android.location 中接收当前坐标的接口，集成 SensorManager 中 CompassSensor 的接口。只需要 enableMyLocation(),enableCompass 即可让程序拥有实时的 MyLocation 以及 Compass 功能（Activity.onResume()中）。
- ☑ ItemlizedOverlay：管理一个 OverlayItem 链表，用图片等资源在地图上做风格相同的标记。

（5）Projection

MapView 中 GPS 坐标与设备坐标的转换（GeoPoint 和 Point）。

21.2.2　使用 LocationManager 监听位置

类 LocationManager 用于接收从 LocationManager 的位置发生改变时的通知。如果 LocationListener 被注

册添加到 LocationManager 对象，并且此 LocationManager 对象调用了 requestLocationUpdates(String, long, float, LocationListener)方法，那么接口中的相关方法将会被调用。

类 LocationManager 包含了如下公共方法。

☑ public abstract void onLocationChanged(Location location)：此方法在当位置发生改变后被调用。这里可以没有限制地使用 Location 对象。参数是位置发生变化后的新位置。

☑ public abstract void onProviderDisabled(String provider)：此方法在 provider 被用户关闭后被调用，如果基于一个已经关闭了的 provider 调用 requestLocationUpdates()方法被调用，那么这个方法理解被调用。参数是与之关联的 Location Provider 名称。

☑ public abstract void onPorviderEnabled(Location location)：此方法在 provider 被用户开启后调用。

☑ public abstract void onStatusChanged(String provider, int Status, Bundle extras)：此方法在 Provider 的状态可用、暂时不可用和无服务 3 个状态直接切换时被调用。参数有 3 个，分别如下。

  ➢ provider：与变化相关的 Location Provider 名称。

  ➢ status：如果服务已停止，并且在短时间内不会改变，状态码为 OUT_OF_SERVICE；如果服务暂时停止，并且在短时间内会恢复，状态码为 TEMPORARILY_UNAVAILABLE；如果服务正常有效，状态码为 AVAILABLE。

  ➢ extras：一组可选参数，其包含 provider 的特定状态。会提供一组共用的键值对，其是任何键的 provider 都需要提供的值。

21.2.3 实战演练——监听当前设备的坐标和海拔

下面将通过具体实例来演示在 Android 设备中显示当前位置的坐标和海拔的基本方法。

题　目	目　的	源 码 路 径
实例 21-2	显示当前位置的坐标和海拔	光盘:\daima\21\GPSEX

本实例的具体实现流程如下。

（1）在文件 AndroidManifest.xml 中添加 ACCESS_FINE_LOCATION 权限和 ACCESS_LOCATION_EXTRA_COMMANDS 权限，具体代码如下所示。

```
<uses-permission android:name="android.permission.ACCESS_FINE_LOCATION" />
<uses-permission android:name="android.permission.ACCESS_LOCATION_EXTRA_COMMANDS"/>
```

（2）编写布局文件 main.xml，设置在屏幕中分别显示当前位置的经度、纬度、速度和海拔等信息。文件 main.xml 的具体实现代码如下所示。

```
<LinearLayout xmlns:android="http://schemas.android.com/apk/res/android"
    android:layout_width="fill_parent"
    android:layout_height="fill_parent"
    android:background="#008080"
    android:id="@+id/mainlayout" android:orientation="vertical">

    <gps.mygps.paintview android:id="@+id/iddraw"
         android:layout_width="fill_parent"
         android:layout_height="300dip"
    />

    <TableLayout android:layout_width="fill_parent"
         android:layout_height="wrap_content">
```

```
<TableRow>
    <TextView  android:id="@+id/speed"
             android:layout_width="wrap_content"
             android:layout_height="wrap_content"
             android:text="速度"
             style="@style/smalltext"
             android:gravity="center"
             android:layout_weight="33"/>
    <TextView  android:id="@+id/altitude"
             android:layout_width="wrap_content"
             android:layout_height="wrap_content"
             android:text="海拔"
             style="@style/smalltext"
             android:gravity="center"
             android:layout_weight="33"/>
    <TextView android:id="@+id/bearing"
             android:layout_width="wrap_content"
             android:layout_height="wrap_content"
             android:text="航向"
             style="@style/smalltext"
             android:gravity="center"
             android:layout_weight="34"/>
</TableRow>
<TableRow>
    <TextView android:id="@+id/speedvalue"
             android:layout_width="wrap_content"
             android:layout_height="wrap_content"
             style="@style/normaltext"
             android:gravity="center"
             android:layout_weight="33"/>
    <TextView android:id="@+id/altitudevalue"
             android:layout_width="wrap_content"
             android:layout_height="wrap_content"
             style="@style/normaltext"
             android:layout_weight="33"
             android:gravity="center"/>
    <TextView android:id="@+id/bearvalue"
             android:layout_width="wrap_content"
             android:layout_height="wrap_content"
             style="@style/normaltext"
             android:gravity="center"
             android:layout_weight="34"/>
 </TableRow>
</TableLayout>

 <TableLayout android:layout_width="fill_parent"
     android:layout_height="wrap_content">
 <TableRow>
    <TextView android:layout_width="wrap_content"
             android:layout_height="wrap_content"
```

```
                    android:text="维度"
                    android:gravity="center"
                    android:layout_weight="50"
                    style="@style/smalltext"/>
          <TextView android:layout_width="wrap_content"
                    android:layout_height="wrap_content"
                    android:text="卫星"
                    android:gravity="center"
                    android:layout_weight="50"
                    style="@style/smalltext"/>
          <TextView android:layout_width="wrap_content"
                    android:layout_height="wrap_content"
                    android:text="经度"
                    style="@style/smalltext"
                    android:gravity="center"
                    android:layout_weight="50"/>
     </TableRow>
     <TableRow>
          <TextView android:id="@+id/latitudevalue"
                    android:layout_width="wrap_content"
                    android:layout_height="wrap_content"
                    style="@style/normaltext"
                    android:gravity="center"
                    android:layout_weight="33"/>
          <TextView android:id="@+id/satellitevalue"
                    android:layout_width="wrap_content"
                    android:layout_height="wrap_content"
                    style="@style/normaltext"
                    android:gravity="center"
                    android:layout_weight="33"/>
          <TextView android:id="@+id/longitudevalue"
                    android:layout_width="wrap_content"
                    android:layout_height="wrap_content"
                    style="@style/normaltext"
                    android:gravity="center"
                    android:layout_weight="34"/>
      </TableRow>
    </TableLayout>
    <TableLayout android:layout_width="fill_parent"
         android:layout_height="wrap_content">
         <TableRow>
              <TextView android:id="@+id/time"
                        android:layout_width="wrap_content"
                        android:layout_height="wrap_content"
                        android:text="时间:"
                        style="@style/normaltext"
                        />
              <TextView android:id="@+id/timevalue"
                        android:layout_width="wrap_content"
                        android:layout_height="wrap_content"
                        style="@style/normaltext"
```

```
                    />
        </TableRow>
    </TableLayout>

    <RelativeLayout android:layout_width="fill_parent"
            android:layout_height="wrap_content">
    <Button android:id="@+id/close"
        android:layout_width="wrap_content"
        android:layout_height="wrap_content"
        android:text="关闭"
        android:textSize="20sp"
        android:layout_alignParentRight="true"></Button>
    <Button android:id="@+id/open"
        android:layout_height="wrap_content"
        android:layout_width="wrap_content"
        android:text="打开"
        android:textSize="20sp"
            android:layout_toLeftOf="@id/close"></Button>
    </RelativeLayout>

    <TextView android:id="@+id/error"
        android:layout_width="fill_parent"
        android:layout_height="wrap_content"
        style="@style/smalltext"
        />
</LinearLayout>
```

（3）编写程序文件 Mygps.java，功能是监听用户单击屏幕按钮的事件，获取当前位置的定位信息。文件 Mygps.java 的具体实现代码如下所示。

```
public class Mygps extends Activity {

    protected static final String TAG = null;
    //位置类
    private Location location;
    //定位管理类
    private LocationManager locationManager;
    private String provider;
    //监听卫星变量
    private GpsStatus gpsStatus;
    Iterable<GpsSatellite> allSatellites;
    float satellitedegree[][] = new float[24][3];

    float alimuth[] = new    float[24];
    float elevation[] = new float[24];
    float snr[] = new float[24];

    private boolean status=false;
    protected Iterator<GpsSatellite> Iteratorsate;
    private float bear;

    //获取手机屏幕分辨率的类
    private DisplayMetrics dm;
```

```
    paintview layout;
    Button openbutton;
    Button closebutton;
    TextView latitudeview;
    TextView longitudeview;
    TextView altitudeview;
    TextView speedview;
    TextView timeview;
    TextView errorview;
    TextView bearingview;
    TextView satcountview;

    /** Called when the activity is first created. */

    @Override
    public void onCreate(Bundle savedInstanceState) {
        super.onCreate(savedInstanceState);

      requestWindowFeature(Window.FEATURE_NO_TITLE);
      getWindow().setFlags(WindowManager.LayoutParams.FLAG_FULLSCREEN, WindowManager. Layout
Params.FLAG_FULLSCREEN);

      setContentView(R.layout.main);

        findview();

        openbutton.setOnClickListener(new View.OnClickListener() {

          @Override
          public void onClick(View v) {
              if(!status)
              {
                  openGPSSettings();
                  getLocation();
                  status = true;
              }
          }
    });

    closebutton.setOnClickListener(new View.OnClickListener() {

              @Override
              public void onClick(View v) {
                  closeGps();
              }
          });
    }

    private void findview() {
      openbutton = (Button)findViewById(R.id.open);
      closebutton = (Button)findViewById(R.id.close);
```

```
    latitudeview = (TextView)findViewById(R.id.latitudevalue);
    longitudeview = (TextView)findViewById(R.id.longitudevalue);
    altitudeview = (TextView)findViewById(R.id.altitudevalue);
    speedview = (TextView)findViewById(R.id.speedvalue);
    timeview = (TextView)findViewById(R.id.timevalue);
    errorview = (TextView)findViewById(R.id.error);
    bearingview = (TextView)findViewById(R.id.bearvalue);
    layout=(gps.mygps.paintview)findViewById(R.id.iddraw);
    satcountview = (TextView)findViewById(R.id.satellitevalue);
}

protected void closeGps() {
        if(status == true)
        {
                locationManager.removeUpdates(locationListener);
                locationManager.removeGpsStatusListener(statusListener);
                errorview.setText("");
                latitudeview.setText("");
                longitudeview.setText("");
                speedview.setText("");
                timeview.setText("");
                altitudeview.setText("");
                bearingview.setText("");
                satcountview.setText("");
                status = false;
        }
}
//定位监听类负责监听位置信息的变化情况
 private final LocationListener locationListener = new LocationListener()
{

        @Override
        public void onLocationChanged(Location location)
        {
        //获取 GPS 信息，获取位置提供者 provider 中的位置信息
       // location = locationManager.getLastKnownLocation(provider);
       //通过 GPS 获取位置
        updateToNewLocation(location);
                //showInfo(getLastPosition(), 2);
        }
  //添加监听卫星
  private final GpsStatus.Listener statusListener= new GpsStatus.Listener(){
        @Override
        public void onGpsStatusChanged(int event) {
                //TODO Auto-generated method stub
                //获取 GPS 卫星信息
                gpsStatus = locationManager.getGpsStatus(null);
                switch(event)
                {
                case GpsStatus.GPS_EVENT_STARTED:
                break;
                        //第一次定位时间
```

```
                case GpsStatus.GPS_EVENT_FIRST_FIX:
                break;
                    //收到的卫星信息
                case GpsStatus.GPS_EVENT_SATELLITE_STATUS:
                    DrawMap();
                break;
                case GpsStatus.GPS_EVENT_STOPPED:
                break;
                }
        }
    };
    private int heightp;
    private int widthp;

    private void openGPSSettings()
    {
        //获取位置管理服务
        locationManager = (LocationManager)this.getSystemService(Context.LOCATION_SERVICE);
        if (locationManager.isProviderEnabled(android.location.LocationManager.GPS_PROVIDER))
        {
            Toast.makeText(this, "GPS 模块正常", Toast.LENGTH_SHORT).show();
            return;
        }
        status = false;
        Toast.makeText(this, "请开启 GPS！", Toast.LENGTH_SHORT).show();
        Intent intent = new Intent(Settings.ACTION_SECURITY_SETTINGS);
        startActivityForResult(intent,0); //此为设置完成后返回到获取界面      }
    }

    protected void DrawMap() {
        // TODO Auto-generated method stub
        int i = 0;
        //获取屏幕信息
        dm = new DisplayMetrics();
        getWindowManager().getDefaultDisplay().getMetrics(dm);
        heightp = dm.heightPixels;
        widthp = dm.widthPixels;
        //获取卫星信息
        allSatellites = gpsStatus.getSatellites();
        Iteratorsate = allSatellites.iterator();
        while(Iteratorsate.hasNext())
        {
            GpsSatellite satellite = Iteratorsate.next();
            alimuth[i] = satellite.getAzimuth();
            elevation[i] = satellite.getElevation();
            snr[i] = satellite.getSnr();
            i++;
        }
        satcountview.setText(""+i);
        layout.redraw(bear,alimuth,elevation,snr, widthp,heightp, i);
        layout.invalidate();
    }
  private void getLocation()
```

```
    {
        //查找到服务信息，位置数据标准类
        Criteria criteria = new Criteria();
        //查询精度:高
        criteria.setAccuracy(Criteria.ACCURACY_FINE);
        //是否查询海拔:是
        criteria.setAltitudeRequired(true);
        //是否查询方位角:是
        criteria.setBearingRequired(true);
        //是否允许付费
        criteria.setCostAllowed(true);
        //电量要求:低
        criteria.setPowerRequirement(Criteria.POWER_LOW);
        //是否查询速度:是
        criteria.setSpeedRequired(true);
        provider = locationManager.getBestProvider(criteria, true);
        //获取 GPS 信息，获取位置提供者 provider 中的位置信息
        location = locationManager.getLastKnownLocation(provider);
        //通过 GPS 获取位置
        updateToNewLocation(location);
        //设置监听器，自动更新的最小时间为间隔 N 秒（1 秒为 1*1000，这样写主要为了方便）或最小位移变
化超过 N 米
        //实时获取位置提供者 provider 中的数据，一旦发生位置变化，立即通知应用程序
        locationManager.requestLocationUpdates(provider, 1000, 0,locationListener);
        //监听卫星
        locationManager.addGpsStatusListener(statusListener);
        }

    private void updateToNewLocation(Location location)
    {
        if (location != null)
        {
            bear = location.getBearing();
            double  latitude = location.getLatitude();              //维度
            double longitude= location.getLongitude();              //经度
            float GpsSpeed = location.getSpeed();                   //速度
            long GpsTime = location.getTime();                      //时间
            Date date = new Date(GpsTime);
            DateFormat df = new SimpleDateFormat("yyyy-MM-dd HH:mm:ss");
            double GpsAlt = location.getAltitude();                 //海拔
            latitudeview.setText("" + latitude);
            longitudeview.setText("" + longitude);
            speedview.setText(""+GpsSpeed);
            timeview.setText(""+df.format(date));
            altitudeview.setText(""+GpsAlt);
            bearingview.setText(""+bear);
            }
        else
        {
            errorview.setText("无法获取地理信息");
            }
        }
}
```

本实例在模拟器中的执行效果如图 21-4 所示。

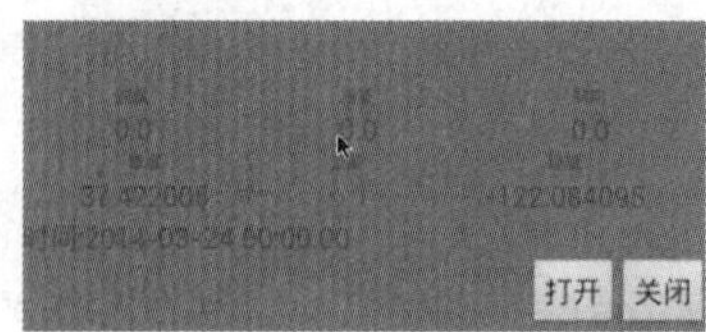

图 21-4　在模拟器中的执行效果

21.3　在 Android 设备中使用地图

知识点讲解：光盘:视频\知识点\第 21 章\在 Android 设备中使用地图.avi

在 Android 设备中可以直接使用 Google 地图，可以用地图的形式显示位置信息。下面将详细讲解在 Android 设备中使用 Google 地图的方法。

21.3.1　添加 Google Map 密钥

Android 系统中提供了一个 map 包（com.google.android.maps），通过其中的 MapView 可以方便地利用 Google 地图资源来进行编程，可以在 Android 设备中调用 Google 地图。在使用 Google 地图之前需要进行如下的配置工作。

（1）添加 maps.jar

在 Android SDK 中，以 JAR 库的形式提供了和 Google Map 有关的 API，此 JAR 库位于 android-sdk-windows\add-ons\google_apis-4 目录下。要把 maps.jar 添加到项目中，可以在项目属性中的 Android 栏中指定使用包含 Google API 的 Target 作为项目的构建目标，如图 21-5 所示。

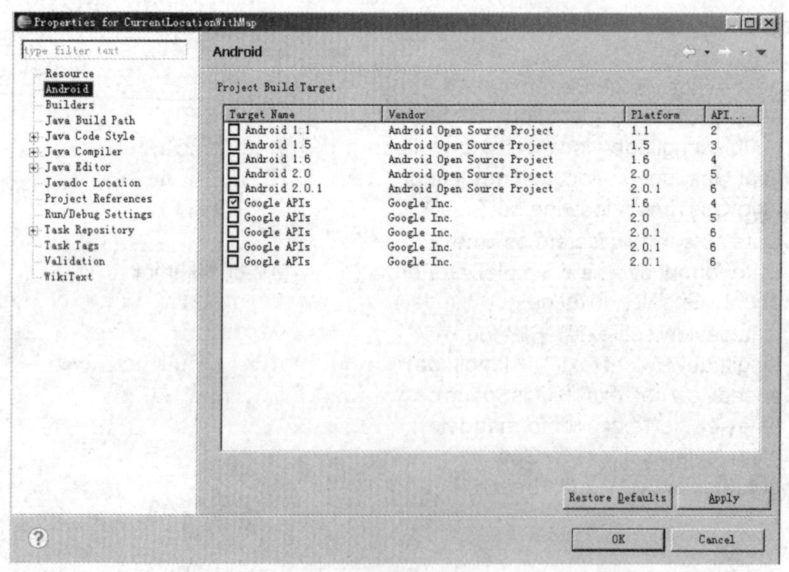

图 21-5　在项目中包含 Google API

（2）将地图嵌入到应用

通过使用 MapActivity 和 MapView 控件，可以轻松地将地图嵌入到应用程序中。在此步骤中，需要将

Google API 添加到构建路径中。方法是在图 21-5 所示对话框中选择 Java Build Path 选项，然后在 Target 中选中 Google APIs 复选框，设置项目中包含 Google API，如图 21-6 所示。

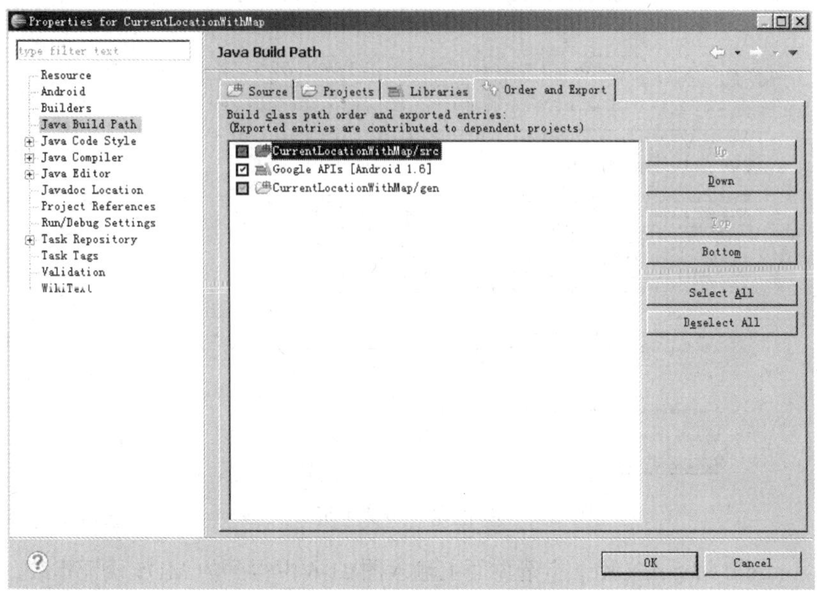

图 21-6　将 Google API 添加到构建路径

（3）获取 Map API 密钥

在利用 MapView 之前，必须要先申请一个 Android Map API Key。具体步骤如下。

第 1 步：找到 debug.keystore 文件，通常位于如下目录：C:\Documents and Settings\你的当前用户\Local Settings\Application Data\Android。

第 2 步：获取 MD5 指纹。运行 cmd.exe，执行如下命令获取 MD5 指纹。

```
>keytool -list -alias androiddebugkey -keystore "debug.keystore 的路径" -storepass android -keypass android
```

例如笔者输入如下命令：

```
keytool -list -alias androiddebugkey -keystore "C:\Documents and Settings\Administrator\.android\debug.keystore"
-storepass android -keypass android
```

此时系统会提示输入 keystore 密码，这时输入 android，系统就会输出申请到的 MD5 认证指纹，如图 21-7 所示。

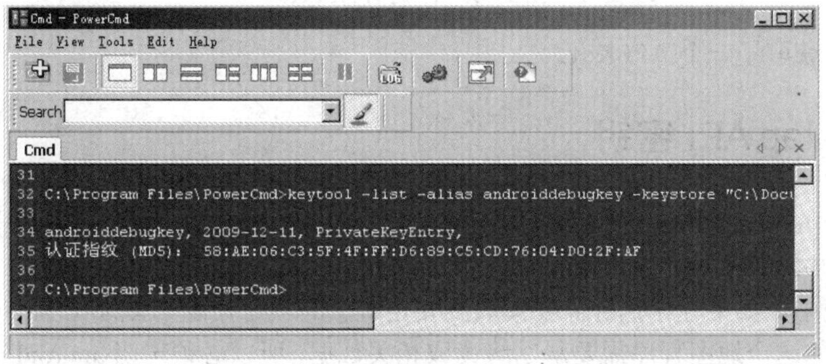

图 21-7　获取的认证指纹

注意： 因为在 CMD 中不能直接复制、粘贴使用 CMD 命令，这样很影响我们的编程效率，所以笔者使用了第三方软件 PowerCmd 来代替机器中自带的 CMD 工具。

第 3 步：申请 Android Map 的 API Key。

打开浏览器，输入下面的网址：http://code.google.com/intl/zh-CN/android/maps-api-signup.html，如图 21-8 所示。

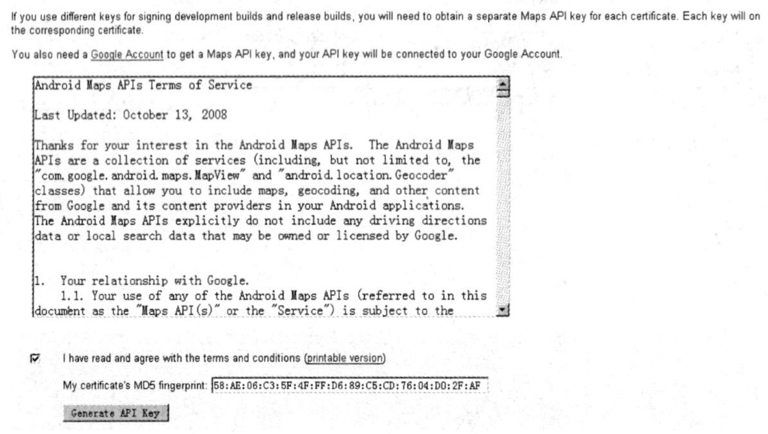

图 21-8　申请主页

在 Google 的 Android Map API Key 申请页面上输入图 21-6 中得到的 MD5 认证指纹，单击 Generate API Key 按钮后即可转到下面的这个画面，得到申请到的 API Key，如图 21-9 所示。

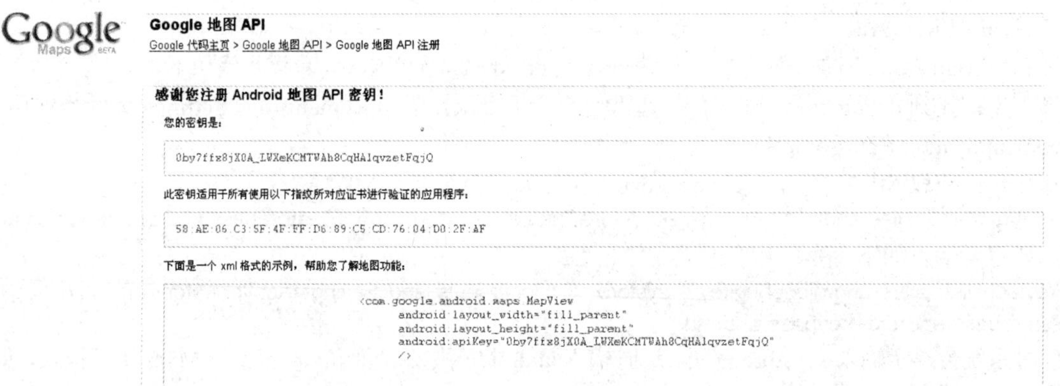

图 21-9　得到的 API Key

至此，就成功地获取了一个 API Key。

21.3.2　使用 Map API 密钥

当申请到了一个 Android Map API Key 后，接下来可以使用 Map API 密钥实现编程，具体实现流程如下。

（1）在 AndroidManifest.xml 中声明权限。

在 Android 系统中，如果程序执行需要读取到安全敏感的项目，那么必须在 AndroidManifest.xml 中声明相关权限请求，例如这个地图程序需要从网络读取相关数据，所以必须声明 android.permission.INTERNET 权限。具体方法是在文件 AndroidManifest.xml 中添加如下代码。

```
<uses-permission android:name="android.permission.INTERNET" />
```

另外，因为 maps 类不是 Android 启动的默认类，所以还需要在文件 AndroidManifest.xml 的 Application 标签中声明要用 maps 类。

```
<uses-library android:name="com.google.android.maps" />
```

下面是基本的 AndroidManifest.xml 文件代码。

```
<manifest xmlns:android="http://schemas.android.com/apk/res/android"
    <application android:icon="@drawable/icon" android:label="@string/app_name">
      <uses-library android:name="com.google.android.maps" />
    </application>
  <uses-permission android:name="android.permission.INTERNET" />
</manifest>
```

（2）在布局文件 main.xml 中规划 UI 界面。

假设要显示杭州的卫星地图，并在地图上方有 5 个按钮，分别可以放大地图、缩小地图和切换显示模式（卫星、交通、街景），即整个界面主要由两个部分组成，上面是一排 5 个按钮，下面是 Map View。

在 Android 中的 LinearLayout 是可以互相嵌套的，在此可以把上面 5 个按钮放在一个子 LinearLayout 中（子 LinearLayout 的指定可以由 android:addStatesFromChildren="true"实现），然后再把这个子 LinearLayout 加到外面的父 LinearLayout 中。具体实现如下所示。

```
*为了简化篇幅，去掉一些不是重点说明的属性
<LinearLayout xmlns:android="http://schemas.android.com/apk/res/android"
 android:orientation="vertical" android:layout_width="fill_parent"
 android:layout_height="fill_parent">

 <LinearLayout android:layout_width="fill_parent"
  android:addStatesFromChildren="true"                /*说明是子 Layout
  android:gravity="center_vertical"                   /*这个子 Layout 中的按钮是横向排列
  >

  <Button android:id="@+id/ZoomOut"
   android:text="放大"
   android:layout_width="wrap_content"
   android:layout_height="wrap_content"
   android:layout_marginTop="5dip"                    /*下面的 4 个属性，指定了按钮的相对位置
   android:layout_marginLeft="30dip"
   android:layout_marginRight="5dip"
   android:layout_marginBottom="5dip"
   android:padding="5dip" />

  /*其余 4 个按钮省略
 </LinearLayout>
 <com.google.android.maps.MapView
  android:id="@+id/map"
  android:layout_width="fill_parent"
  android:layout_height="fill_parent"
  android:enabled="true"
  android:clickable="true"
  android:apiKey="在此输入 21.3.1 节申请的 API Key"   /*必须加上 21.3.1 节申请的 API Key
 />

</LinearLayout>
```

（3）设置主文件的这个类必须继承于 MapActivity。

```
public class Mapapp extends MapActivity {
```

接下来看 onCreate()函数，其核心代码如下所示。

```
 public void onCreate(Bundle icicle) {
 //取得地图 View
  myMapView = (MapView) findViewById(R.id.map);
  //设置为卫星模式
  myMapView.setSatellite(true);
  //地图初始化的点:杭州
  GeoPoint p = new GeoPoint((int) (30.27 * 1000000),
     (int) (120.16 * 1000000));
  //取得地图 View 的控制
  MapController mc = myMapView.getController();
  //定位到杭州
  mc.animateTo(p);
  //设置初始化倍数
  mc.setZoom(DEFAULT_ZOOM_LEVEL);
}
```

然后编写缩放按钮的处理代码，主要如下所示。

```
btnZoomIn.setOnClickListener(new View.OnClickListener() {
 public void onClick(View view) {
   myMapView.getController().setZoom(myMapView.getZoomLevel() - 1);
});
```

地图模式的切换由下面代码实现。

```
 btnSatellite.setOnClickListener(new View.OnClickListener() {
 public void onClick(View view) {
  myMapView.setSatellite(true);                    //卫星模式为 True
  myMapView.setTraffic(false);                     //交通模式为 False
  myMapView.setStreetView(false);                  //街景模式为 False
 }
});
```

到此为止，就完成了第一个使用 Map API 的应用程序。

21.3.3 实战演练——在 Android 设备中使用谷歌地图实现定位

题　目	目　的	源 码 路 径
实例 21-3	在 Android 设备中使用 Google 地图实现定位	光盘:\daima\21\LocationMapEX

本实例的功能是在 Android 设备中使用 Google 地图实现定位功能，具体实现流程如下。

（1）在布局文件 main.xml 中插入了两个 Button，分别实现对地图的“放大”和“缩小”；然后通过 ToggleButton 用于控制是否显示卫星地图；最后设置申请的 API Key。具体代码如下所示。

```
<?xml version="1.0" encoding="utf-8"?>
<LinearLayout xmlns:android="http://schemas.android.com/apk/res/android"
    android:orientation="vertical"
    android:layout_width="fill_parent"
    android:layout_height="fill_parent"
```

```
    >
<TextView
    android:id="@+id/myLocationText"
    android:layout_width="fill_parent"
    android:layout_height="wrap_content"
    />
<LinearLayout
    android:orientation="horizontal"
    android:layout_width="fill_parent"
    android:layout_height="wrap_content" >
    <Button
        android:id="@+id/in"
        android:layout_width="fill_parent"
        android:layout_height="wrap_content"
        android:layout_weight="1"
        android:text="放大地图" />
    <Button
        android:id="@+id/out"
        android:layout_width="fill_parent"
        android:layout_height="wrap_content"
        android:layout_weight="1"
        android:text="缩小地图" />
</LinearLayout>
<ToggleButton
    android:id="@+id/switchMap"
    android:layout_width="wrap_content"
    android:layout_height="wrap_content"
    android:textOff="卫星开关"
    android:textOn="卫星开关"/>
<com.google.android.maps.MapView
    android:id="@+id/myMapView"
    android:layout_width="fill_parent"
    android:layout_height="fill_parent"
    android:clickable="true"
    android:apiKey="0by7ffx8jX0A_LWXeKCMTWAh8CqHAlqvzetFqjQ"
    />
</LinearLayout>
```

（2）在文件 AndroidManifest.xml 中分别声明 android.permission.INTERNET 和 INTERNET 权限。具体代码如下所示。

```
<?xml version="1.0" encoding="utf-8"?>
<manifest xmlns:android="http://schemas.android.com/apk/res/android"
    package="com.UserCurrentLocationMap"
    android:versionCode="1"
    android:versionName="1.0.0">
    <application android:icon="@drawable/icon" android:label="@string/app_name">
        <activity android:name=".UserCurrentLocationMap"
                  android:label="@string/app_name">
            <intent-filter>
                <action android:name="android.intent.action.MAIN" />
```

```
                <category android:name="android.intent.category.LAUNCHER" />
            </intent-filter>
        </activity>
        <uses-library android:name="com.google.android.maps"/>
    </application>
    <uses-permission android:name="android.permission.INTERNET"/>
    <uses-permission android:name="android.permission.ACCESS_FINE_LOCATION"/>
</manifest>
```

（3）编写主程序文件 CurrentLocationWithMap.java，具体实现流程如下。

① 通过方法 onCreate()将 MapView 绘制到屏幕上。因为 MapView 只能继承自 MapActivity 中的活动，所以必须用方法 onCreate()将 MapView 绘制到屏幕上，并同时覆盖方法 isRouteDisplayed()，它表示是否需要在地图上绘制导航线路。主要代码如下所示。

```
package com.UserCurrentLocationMap;
……………………………………………
public class CurrentLocationWithMap extends MapActivity {
    MapView map;

    MapController ctrlMap;
    Button inBtn;
    Button outBtn;
    ToggleButton switchMap;
        @Override
     protected boolean isRouteDisplayed() {
            return false;
     }
```

② 定义方法 onCreate()，首先引入主布局 main.xml，并通过方法 findViewById()获得 MapView 对象的引用，接着调用 getOverlays()方法获取其 Overlay 链表，并将构建好的 MyLocationOverlay 对象添加到链表中。其中，MyLocationOverlay 对象调用的 enableMyLocation()方法表示尝试通过位置服务来获取当前的位置。具体代码如下所示。

```
@Override
public void onCreate(Bundle savedInstanceState) {
    super.onCreate(savedInstanceState);
    setContentView(R.layout.main);

    map = (MapView)findViewById(R.id.myMapView);
    List<Overlay> overlays = map.getOverlays();
    MyLocationOverlay myLocation = new MyLocationOverlay(this,map);
    myLocation.enableMyLocation();
    overlays.add(myLocation);
```

③ 为“放大”和“缩小”两个按钮设置处理程序，首先通过方法 getController()获取 MapView 的 MapController 对象，然后在“放大”和“缩小”两个按钮单击事件监听器的回放方法中，根据按钮的不同实现对 MapView 的缩放。具体代码如下所示。

```
ctrlMap = map.getController();
inBtn = (Button)findViewById(R.id.in);
outBtn = (Button)findViewById(R.id.out);
OnClickListener listener = new OnClickListener() {
    @Override
    public void onClick(View v) {
```

```
        switch (v.getId()) {
        case R.id.in:                                /*如果是缩小*/
            ctrlMap.zoomIn();
            break;
        case R.id.out:                               /*如果是放大*/
            ctrlMap.zoomOut();
            break;
        default:
            break;
        }
    }
};
inBtn.setOnClickListener(listener);
outBtn.setOnClickListener(listener);
```

④ 通过方法 onCheckedChanged()获取是否选择了 switchMap，如果选择了则显示卫星地图。首先通过方法 findViewById()获取对应 ID 的 ToggleButton 对象的引用，然后调用 setOnCheckedChange Listener()方法，设置对事件监听器选中的事件进行处理。根据 ToggleButton 是否被选中，进而通过 setSatellite()方法启用或禁用卫星地图功能。具体代码如下所示。

```
switchMap = (ToggleButton)findViewById(R.id.switchMap);
switchMap.setOnCheckedChangeListener(new OnCheckedChangeListener() {
    @Override
    public void onCheckedChanged(CompoundButton cBtn, boolean isChecked) {
        if (isChecked == true) {
            map.setSatellite(true);
        } else {
            map.setSatellite(false);
        }
    }
});
```

⑤ 通过 LocationManager 获取当前的位置，然后通过 getBestProvider()方法来获取和查询条件，最后设置更新位置信息的最小间隔为 2 秒，位移变化在 10 米以上。具体代码如下所示。

```
    LocationManager locationManager;
    String context = Context.LOCATION_SERVICE;
    locationManager = (LocationManager)getSystemService(context);

    Criteria criteria = new Criteria();
    criteria.setAccuracy(Criteria.ACCURACY_FINE);
    criteria.setAltitudeRequired(false);
    criteria.setBearingRequired(false);
    criteria.setCostAllowed(true);
    criteria.setPowerRequirement(Criteria.POWER_LOW);
    String provider = locationManager.getBestProvider(criteria, true);

    Location location = locationManager.getLastKnownLocation(provider);
    updateWithNewLocation(location);
    locationManager.requestLocationUpdates(provider, 2000, 10,
        locationListener);
}
```

⑥ 设置回调方法何时被调用，具体代码如下所示。

```
private final LocationListener locationListener = new LocationListener() {
```

```
        public void onLocationChanged(Location location) {
        updateWithNewLocation(location);
        }
        public void onProviderDisabled(String provider){
        updateWithNewLocation(null);
        }
        public void onProviderEnabled(String provider){ }
        public void onStatusChanged(String provider, int status,
        Bundle extras){ }
};
```

⑦ 定义方法 updateWithNewLocation(Location location)来显示地理信息和地图信息，具体代码如下所示。

```
private void updateWithNewLocation(Location location) {
        String latLongString;
        TextView myLocationText;
        myLocationText = (TextView)findViewById(R.id.myLocationText);
        if (location != null) {
            double lat = location.getLatitude();
            double lng = location.getLongitude();
            latLongString = "纬度是:" + lat + "\n 经度是:" + lng;

            ctrlMap.animateTo(new GeoPoint((int)(lat*1E6),(int)(lng*1E6)));
        } else {
            latLongString = "获取失败";
        }
        myLocationText.setText("当前的位置是:\n" +
        latLongString);

    }
```

至此，整个实例全部介绍完毕，在图 21-10 中选定一个经度和维度位置后，可以显示此位置的定位信息，并且定位信息分别以文字和地图形式显示出来，如图 21-11 所示。

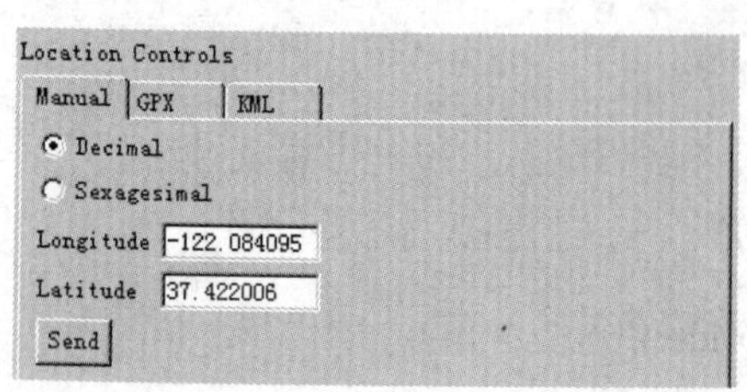

图 21-10　指定位置

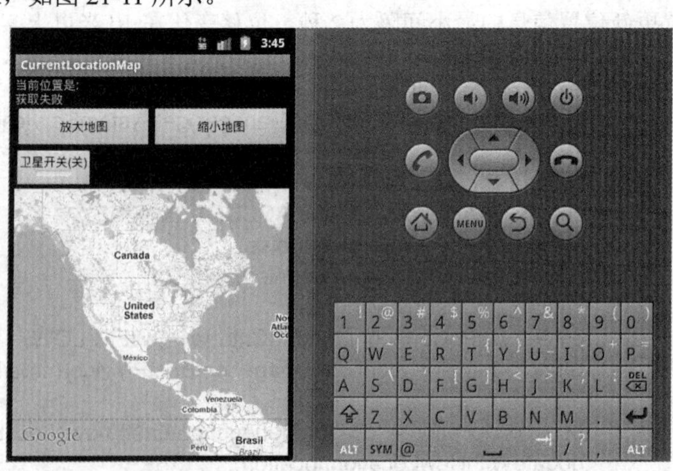

图 21-11　显示对应信息

单击“放大地图”和“缩小地图”按钮后，能控制地图的大小显示，如图 21-12 所示。打开卫星视图后，可以显示此位置范围对应的卫星地图，如图 21-13 所示。

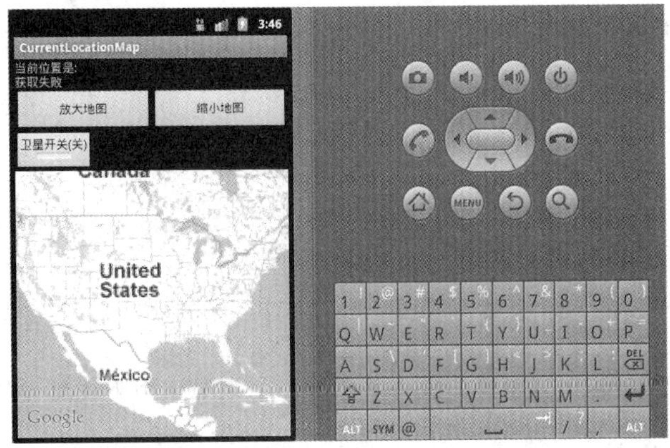

图 21-12 放大后效果

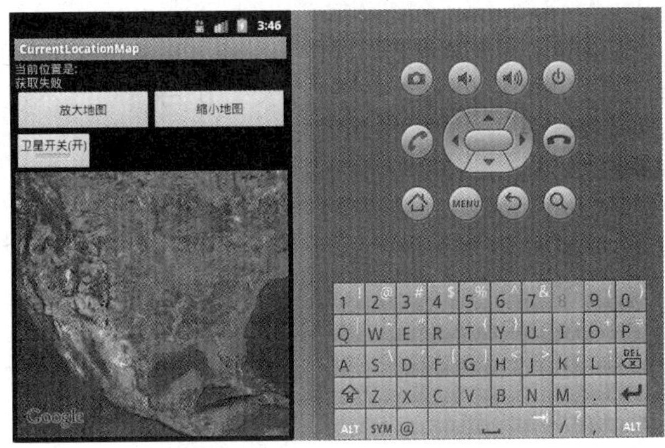

图 21-13 卫星地图

21.4 接 近 警 报

知识点讲解：光盘:视频\知识点\第 21 章\接近警报.avi

在 Android 系统中，可以使用 LocationManager 来设置接近警报功能。此功能和本章前面讲解的地图定位功能类似，但是可以在物联网设备进入或离开某一个指定区域时发送通知应用，而并不是在新位置时才发送通知程序。本节将详细讲解在 Android 系统中实现接近警报应用的方法。

21.4.1 类 Geocoder 基础

在现实世界中，地图和定位服务通常使用经纬度来精确地指出地理位置。在 Android 系统中，提供了地理编码类 Geocoder 来转换经纬度和现实世界的地址。地理编码是一个街道、地址或者其他位置（经度、纬度）转化为坐标的过程。反向地理编码是将坐标转换为地址（经度、纬度）的过程。一组反向地理编码结果间可能会有所差异。例如在一个结果中可能包含最临近建筑的完整街道地址，而另一个可能只包含城市名称和邮政编码。Geocoder 要求的后端服务并没有包含在基本的 Android 框架中。如果没有此后端服务，执行 Geocoder 的查询方法将返回一个空列表。使用 isPresent()方法，以确定 Geocoder 是否能够正常执行。

在 Android 系统中，类 Geocoder 的继承关系如下所示。

```
public final class Geocoder extends Object
java.lang.Object
android.location.Geocoder
```

在 Android 系统中，类 Geocoder 的主要功能如下。

（1）设置模拟器以支持定位服务

GPS 数据格式有 GPX 和 KML 两种，其中 GPX 是一个 XML 格式文件，为应用软件设计的通用的 GPS 数据格式，可以用来描述路点、轨迹和路程。而 KML 是基于 XML（eXtensible Markup Language，可扩展标记语言）语法标准的一种标记语言（Keyhole Markup Language），采用标记结构，含有嵌套的元素和属性。由 Google 旗下的 Keyhole 公司发展并维护，用来表达地理标记。

LBS 是 Location Based Service 的缩写，是一个总称，用来描述用于找到设备当前位置的不同技术。主要包含如下两个元素。

☑ LocationManager：用于提供 LBS 的钩子 hook，获得当前位置、跟踪移动、设置移入和移出指定区域的接近警报。

☑ LocationProviders：其中的每一个都代表不同的用于确定设备当前位置的位置发现技术，常用的两个是 Providers GPS_PROVIDER 和 NETWORK_PROVIDER。

```
String providerName =LocationManager.GPS_PROVIDER;
LocationProvidergpsProvider;
gpsProvider =locationManager.getProvider(providerName);
```

在 Eclipse 开发环境中，依次选择 DDMS | Location Controls 命令，可以在弹出的对话框中设置位置变化数据以在模拟器中测试应用程序，如图 21-14 所示。使用 ManualTab 可以指定特定的纬度/经度。另外，KML 和 GPX 可以载入 KML 和 GPX 文件。一旦加载，可以跳转到特定的航点（位置）或顺序播放每个位置。

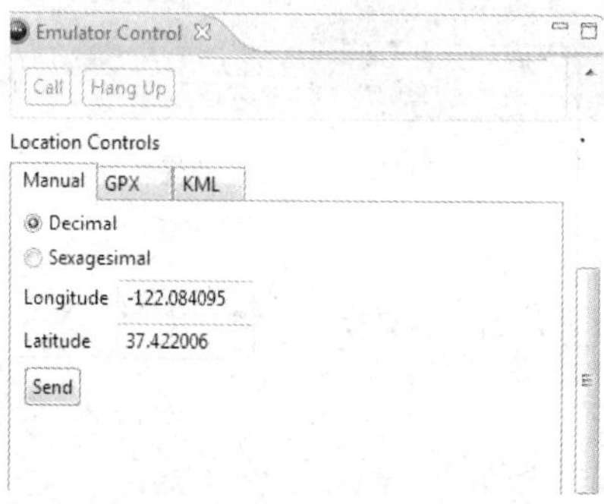

图 21-14　设置位置变化数据

也可以用类 Criteria 设置符合要求的 provider 的条件查询（精度=精确/粗略，能耗=高/中/低，成本，返回海拔，速度，方位值的能力），例如下面的代码。

```
Criteria criteria = newCriteria();
criteria.setAccuracy(Criteria.ACCURACY_COARSE);
criteria.setPowerRequirement(Criteria.POWER_LOW);
criteria.setAltitudeRequired(false);
criteria.setBearingRequired(false);
criteria.setSpeedRequired(false);
criteria.setCostAllowed(true);
String bestProvider = locationManager.getBestProvider(criteria, true);//或者用 getProviders 返回所有可能匹配的
Provider
List<String>matchingProviders = locationManager.getProviders(criteria,false);
```

在使用 LocationManager 前，需要将 uses-permission 加到 manifest 文件中以支持对 LBS 硬件的访问。GPS 需要 finepermission 权限，Network 需要 coarsepermission 权限。

```
<uses-permissionandroid:name="android.permission.ACCESS_FINE_LOCATION"/>
<uses-permissionandroid:name="android.permission.ACCESS_COARSE_LOCATION"/>
```

使用 getLastKnownLocation()方法可以获得最新的位置。

```
String provider =LocationManager.GPS_PROVIDER;
Location location = locationManager.getLastKnownLocation(provider);
```

（2）跟踪运动（TrackingMovement）

☑ 可以使用 requestLocationUpdates()方法取得最新的位置变化，为优化性能可指定位置变化的最小时间（毫秒）和最小距离（米）。当超出最小时间和距离值时，Location Listener 将触发 onLocationChanged 事件。

```
locationManager.requestLocationUpdates(provider,t, distance,myLocationListener);
```

☑ 用 RomoveUpdates()方法停止位置更新。

☑ 大多数 GPS 硬件都明显地消耗电能。

（3）邻近警告（ProximityAlerts）

通过邻近警告功能让运用程序设置触发器，当用户在地理位置上移动或超出设定距离时触发。

☑ 可用 PendingIntent 定义 Proximity Alert 触发时广播的 Intent。

☑ 为了处理 proximityalert，需要创建 BroadcastReceiver，并重写 onReceive()方法。例如下面的代码。

```
public classProximityIntentReceiver extends BroadcastReceiver {
        @Override
        public voidonReceive (Context context, Intent intent) {
        String key =LocationManager.KEY_PROXIMITY_ENTERING;
        Booleanentering = intent.getBooleanExtra(key, false);
        [ ...perform proximity alert actions ... ]
        }
        }
```

☑ 要想启动监听，需要注册这个 Receiver。

```
IntentFilter filter =new IntentFilter(TREASURE_PROXIMITY_ALERT);
registerReceiver(newProximityIntentReceiver(), filter);
```

21.4.2　Geocoder 的公共构造器和公共方法

在 Android 系统中，类 Geocoder 包含了如下公共构造器。

☑ public Geocoder(Context context, Local local)：功能是根据给定的语言环境构造一个 Geocoder 对象。各个参数的具体说明如下。
   ➢ context：当前的上下文对象。
   ➢ local：当前语言环境。

☑ public Geocoder(Context context)：功能是根据给定的系统默认语言环境构造一个 Geocoder 对象。参数 context 表示当前的上下文对象。

在 Android 系统中，类 Geocoder 包含了如下公共方法。

（1）public List<Address>getFromLocation(double latitude, double longitude, int maxResults)

功能是根据给定的经纬度返回一个描述此区域的地址数组。返回的地址将根据构造器提供的语言环境进行本地化。

返回值：一组地址对象，如果没找到匹配项，或者后台服务无效的话则返回 null 或者空序列。也可能通过网络获取，返回结果是一个最好的估计值，但不能保证其完全正确。

各个参数的具体说明如下。

☑ latitude：纬度。

☑ longitude：经度。

☑ maxResults：要返回的最大结果数，推荐 1～5。

包含的异常如下。

☑ IllegalArgumentException：纬度小于-90°或者大于 90°。

☑ IllegalArgumentException：经度小于-180°或者大于 180°。

☑ IOException：如果没有网络或者 I/O 错误。

（2）public List<Address>getFromLocationName(String locationName, int maxResults, double lowerLeft Latitude, double lowerLeftLongitude, double upperRightLatitude, double upperRightLongitude)

功能是返回一个由给定的位置名称参数所描述的地址数组。名称参数可以是一个位置名称，例如“Dalvik, Iceland”，也可以是一个地址，例如“1600 Amphitheatre Parkway, Mountain View, CA”，也可以是一个机场代号，例如“SFO”……返回的地址将根据构造器提供的语言环境进行本地化。也可以指定一个搜索边界框，该边界框由左下方坐标经纬度和右上方坐标经纬度确定。

返回值：是一组地址对象，如果没找到匹配项，或者后台服务无效的话则返回 null 或者空序列。也有可能是通过网络获取。返回结果是一个最好的估计值，但不能保证其完全正确。通过 UI 主线程的后台线程来调用这个方法可能更加有用。

各个参数的具体说明如下。

☑ locationName：用户提供的位置描述。

☑ maxResults：要返回的最大结果数，推荐 1～5。

☑ lowerLeftLatitude：左下角纬度，用来设定矩形范围。

☑ lowerLeftLongitude：左下角经度，用来设定矩形范围。

☑ upperRightLatitude：右上角纬度，用来设定矩形范围。

☑ upperRightLongitude：右上角经度，用来设定矩形范围。

包含的异常如下。

☑ IllegalArgumentException：如果位置描述为空。

☑ IllegalArgumentException：如果纬度小于-90°或者大于 90°。

☑ IllegalArgumentException：如果经度小于-180°或者大于 180°。

☑ IOException：如果没有网络或者 I/O 错误。

（3）public List<Address>getFromLocationName(String locationName, int maxResults)

功能是返回一个由给定的位置名称参数所描述的地址数组。名称参数可以是一个位置名称，例如“Dalvik, Iceland”，也可以是一个地址，例如“1600 Amphitheatre Parkway, Mountain View, CA”，也可以是一个机场代号，例如“SFO”……返回的地址将根据构造器提供的语言环境进行本地化。在现实应用中，通过 UI 主线程的后台线程来调用这个方法可能会更加有用。

返回值：是一组地址对象，如果没找到匹配项，或者后台服务无效则返回 null 或者空序列。也有可能是通过网络获取。返回结果是一个最好的估计值，但不能保证其完全正确。

各个参数的具体说明如下。

☑ locationName：用户提供的位置描述。

☑ maxResults：要返回的最大结果数，推荐 1～5。

包含的异常如下。

☑ IllegalArgumentException：如果位置描述为空。

☑ IOException：如果没有网络或者 I/O 错误。

（4）public static boolean isPresent()

如果 Geocoder 的方法 getFromLocation 和方法 getFromLocationName 都实现，则返回 true。当没有网络连接时，这些方法仍然可能返回空值或者空序列。

第 5 篇

知识进阶篇

- 第 22 章　Android 传感器应用开发详解
- 第 23 章　近距离通信应用详解
- 第 24 章　手势识别实战
- 第 25 章　Google Now 和 Android Wear 详解
- 第 26 章　Android 应用优化详解
- 第 27 章　为 Android 开发网页
- 第 28 章　编写安全的应用程序

第 22 章　Android 传感器应用开发详解

传感器是近年来随着物联网这一概念的流行而推出的，现在人们已经逐渐地认识了传感器这一概念。其实传感器在大家日常的生活中经常见到甚至用到，例如楼宇的声控楼梯灯和马路上的路灯等。本章将详细讲解开发 Android 传感器应用程序的基本知识，为读者步入本书后面知识的学习打下基础。

22.1　Android 传感器系统概述

知识点讲解：光盘:视频\知识点\第 22 章\Android 传感器系统概述.avi

在 Android 系统中提供的主要传感器有：加速度传感器、磁场、方向、陀螺仪、光线、压力、温度和接近等。传感器系统会主动对上层报告传感器精度和数据的变化，并且提供了设置传感器精度的接口，这些接口可以在 Java 应用和 Java 框架中使用。

Android 传感器系统的基本层次结构如图 22-1 所示。

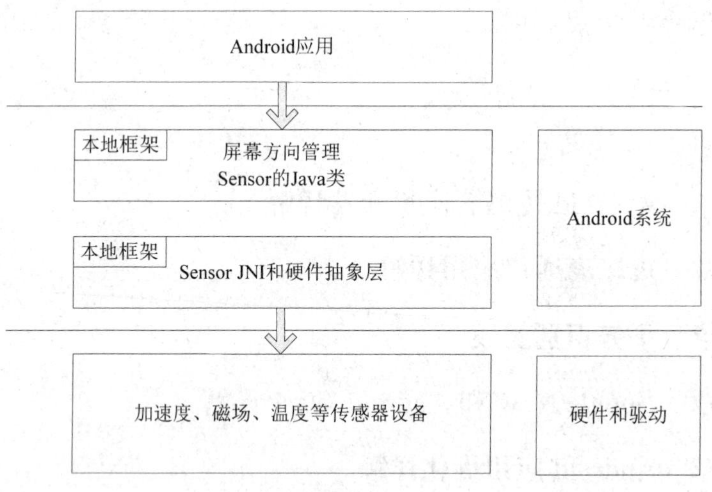

图 22-1　传感器系统的层次结构

22.2　Android 传感器应用开发基础

知识点讲解：光盘:视频\知识点\第 22 章\Android 传感器应用开发基础.avi

在本章前面的内容中，已经详细讲解了 Android 系统中传感器系统的架构知识。在现实应用中，传感器系统在物联网设备、可穿戴设备和家具设备中得到了广泛的应用。本节将详细讲解开发 Android 传感器应用程序的基础知识，介绍使用传感器技术开发物联网设备应用程序的基本流程。

22.2.1　查看包含的传感器

在安装 Android SDK 后，依次打开安装目录中的如下帮助文件：

android SDK/sdk/docs/reference/android/hardware/Sensor.html

在此文件中列出了 Android 传感器系统所包含的所有传感器类型，如图 22-2 所示。

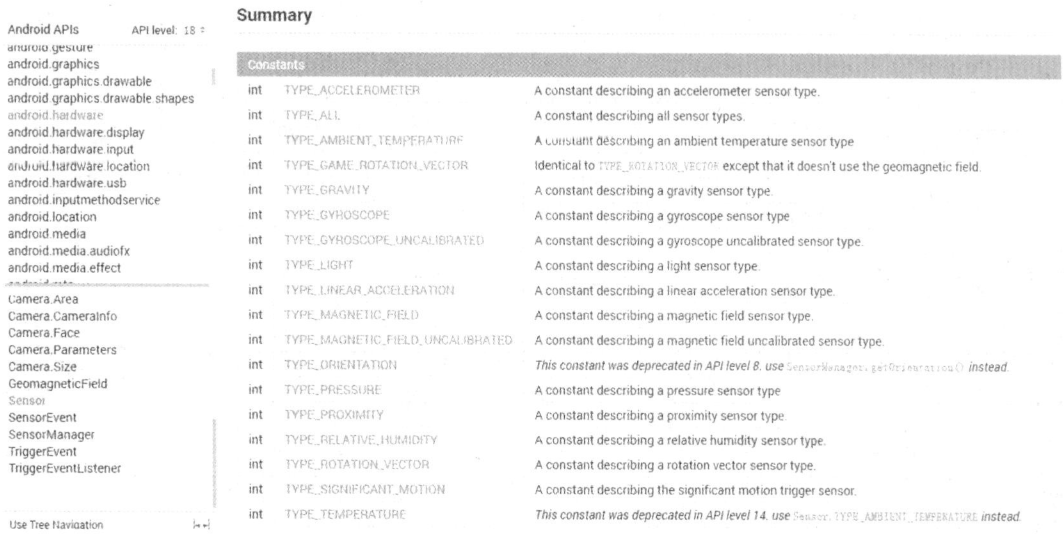

Android APIs　API level: 18

android.gesture
android.graphics
android.graphics.drawable
android.graphics.drawable.shapes
android.hardware
android.hardware.display
android.hardware.input
android.hardware.location
android.hardware.usb
android.inputmethodservice
android.location
android.media
android.media.audiofx
android.media.effect

Camera.Area
Camera.CameraInfo
Camera.Face
Camera.Parameters
Camera.Size
GeomagneticField
Sensor
SensorEvent
SensorManager
TriggerEvent
TriggerEventListener

Use Tree Navigation

Summary

Constants		
int	TYPE_ACCELEROMETER	A constant describing an accelerometer sensor type.
int	TYPE_ALL	A constant describing all sensor types.
int	TYPE_AMBIENT_TEMPERATURE	A constant describing an ambient temperature sensor type
int	TYPE_GAME_ROTATION_VECTOR	Identical to TYPE_ROTATION_VECTOR except that it doesn't use the geomagnetic field.
int	TYPE_GRAVITY	A constant describing a gravity sensor type.
int	TYPE_GYROSCOPE	A constant describing a gyroscope sensor type
int	TYPE_GYROSCOPE_UNCALIBRATED	A constant describing a gyroscope uncalibrated sensor type.
int	TYPE_LIGHT	A constant describing a light sensor type.
int	TYPE_LINEAR_ACCELERATION	A constant describing a linear acceleration sensor type.
int	TYPE_MAGNETIC_FIELD	A constant describing a magnetic field sensor type.
int	TYPE_MAGNETIC_FIELD_UNCALIBRATED	A constant describing a magnetic field uncalibrated sensor type.
int	TYPE_ORIENTATION	*This constant was deprecated in API level 8. use SensorManager.getOrientation() instead.*
int	TYPE_PRESSURE	A constant describing a pressure sensor type
int	TYPE_PROXIMITY	A constant describing a proximity sensor type.
int	TYPE_RELATIVE_HUMIDITY	A constant describing a relative humidity sensor type.
int	TYPE_ROTATION_VECTOR	A constant describing a rotation vector sensor type.
int	TYPE_SIGNIFICANT_MOTION	A constant describing the significant motion trigger sensor.
int	TYPE_TEMPERATURE	*This constant was deprecated in API level 14. use Sensor.TYPE_AMBIENT_TEMPERATURE instead.*

图 22-2　Android 传感器系统的类型

另外，也可以直接在线登录 http://developer.android.com/reference/android/hardware/Sensor.html 来查看。由此可见，在当前最新（作者写稿时最新）版本 Android 4.4 中一共提供了 18 种传感器 API。各个类型的具体说明如下。

- ☑ TYPE_ACCELEROMETER：加速度传感器，单位是 m/s²，测量应用于设备 X、Y、Z 轴上的加速度，又叫做 G-sensor。
- ☑ TYPE_AMBIENT_TEMPERATURE：温度传感器，单位是℃，能够测量并返回当前的温度。
- ☑ TYPE_GRAVITY：重力传感器，单位是 m/s²，用于测量设备 X、Y、Z 轴上的重力，也叫 GV-sensor，地球上的数值是 9.8m/s²，也可以设置其他星球。
- ☑ TYPE_GYROSCOPE：陀螺仪传感器，单位是 rad/s，能够测量设备 X、Y、Z 三轴的角加速度数据。
- ☑ TYPE_LIGHT：光线感应传感器，单位是 lx，能够检测周围的光线强度，在手机系统中主要用于调节 LCD 亮度。
- ☑ TYPE_LINEAR_ACCELERATION：线性加速度传感器，单位是 m/s²，能够获取加速度传感器去除重力的影响得到的数据。
- ☑ TYPE_MAGNETIC_FIELD：磁场传感器，单位是 uT（微特斯拉），能够测量设备周围 3 个物理轴(X,Y,Z)的磁场。
- ☑ TYPE_ORIENTATION：方向传感器，用于测量设备围绕 3 个物理轴(x,y,z)的旋转角度，在新版本中已经使用 SensorManager.getOrientation()替代。
- ☑ TYPE_PRESSURE：气压传感器，单位是 hPa（百帕斯卡），能够返回当前环境下的压强。
- ☑ TYPE_PROXIMITY：距离传感器，单位是 cm，能够测量某个对象到屏幕的距离。可以在打电话时判断人耳到电话屏幕距离，以关闭屏幕而达到省电功能。
- ☑ TYPE_RELATIVE_HUMIDITY：湿度传感器，单位是%，能够测量周围环境的相对湿度。

☑ TYPE_ROTATION_VECTOR：旋转向量传感器，旋转矢量代表设备的方向，是一个将坐标轴和角度混合计算得到的数据。
☑ TYPE_TEMPERATURE：温度传感器，在新版本中被 TYPE_AMBIENT_TEMPERATURE 替换。
☑ TYPE_ALL：返回所有的传感器类型。
☑ TYPE_GAME_ROTATION_VECTOR：除了不能使用地磁场之外，和 TYPE_ROTATION_VECTOR 的功能完全相同。
☑ TYPE_GYROSCOPE_UNCALIBRATED：提供了能够让应用调整传感器的原始值，定义了一个描述未校准陀螺仪的传感器类型。
☑ TYPE_MAGNETIC_FIELD_UNCALIBRATED：和 TYPE_GYROSCOPE_UNCALIBRATED 相似，也提供了能够让应用调整传感器的原始值，定义了一个描述未校准陀螺仪的传感器类型。
☑ TYPE_SIGNIFICANT_MOTION：运动触发传感器，应用程序不需要为这种传感器触发任何唤醒锁。能够检测当前设备是否运动，并发送检测结果。

22.2.2 模拟器测试工具——SensorSimulator

在进行和传感器相关的开发工作时，使用 SensorSimulator 测试工具可以提高开发效率。测试工具 SensorSimulator 是一个开源免费的传感器工具，通过该工具可以在模拟器中调试传感器的应用。搭建 SensorSimulator 开发环境的基本流程如下。

（1）下载 SensorSimulator，读者可从 http://code.google.com/p/openintents/wiki/SensorSimulator 网站找到该工具的下载链接。笔者下载的是 sensorsimulator-1.1.1.zip 版本，如图 22-3 所示。

图 22-3　下载 sensorsimulator-2.0-rc1

（2）将下载好的 SensorSimulator 解压到本地根目录，例如 C 盘的根目录。

（3）向模拟器安装 SensorSimulatorSettings-1.1.1.apk。首先在操作系统中依次选择“开始”|“运行”命令，进入“运行”对话框。

（4）在“运行”对话框中输入 cmd 进入 cmd 命令行，之后通过 cd 命令将当前目录导航到 Sensor SimulatorSettings-1.1.1.apk 目录下，然后输入下列命令向模拟器安装该 apk。

```
adb install SensorSimulatorSettings-1.1.1.apk
```

在此需要注意的是，安装 apk 时，一定要保证模拟器正在运行才可以，安装成功后会输出 Success 提示，如图 22-4 所示。

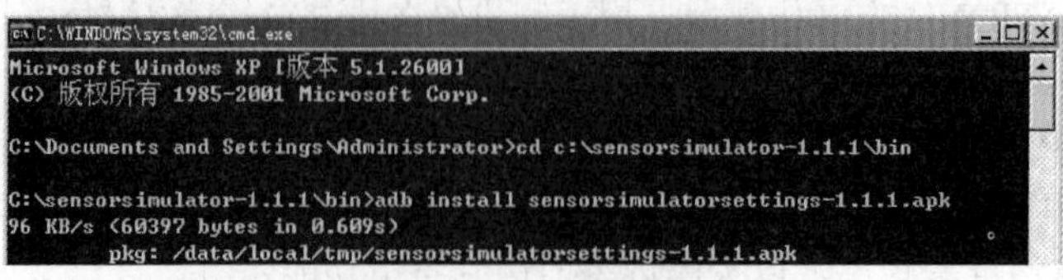

图 22-4　安装 apk

接下来开始配置应用程序，假设我们要在项目 jiaSCH 中使用 SensorSimulator，则配置流程如下。

（1）在 Eclipse 中打开项目 jiaSCH，然后为该项目添加 JAR 包，使其能够使用 SensorSimulator 工具的类和方法。添加方法非常简单，在 Eclipse 的 Package Explorer 中找到该项目的文件夹 jiaSCH，然后右击该文件夹并选择快捷菜单中的 Properties 命令，弹出如图 22-5 所示的 Properties for jiaS 对话框。

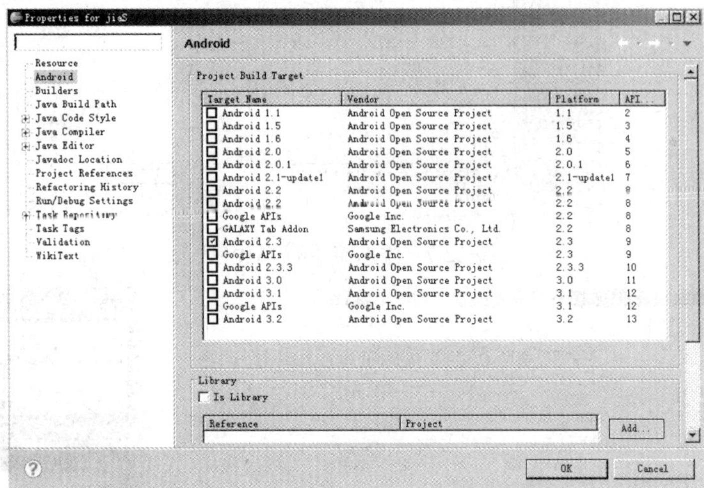

图 22-5　Properties for jiaS 对话框

（2）选择左边的 Java Build Path 选项，然后选择 Libraries 选项卡，如图 22-6 所示。

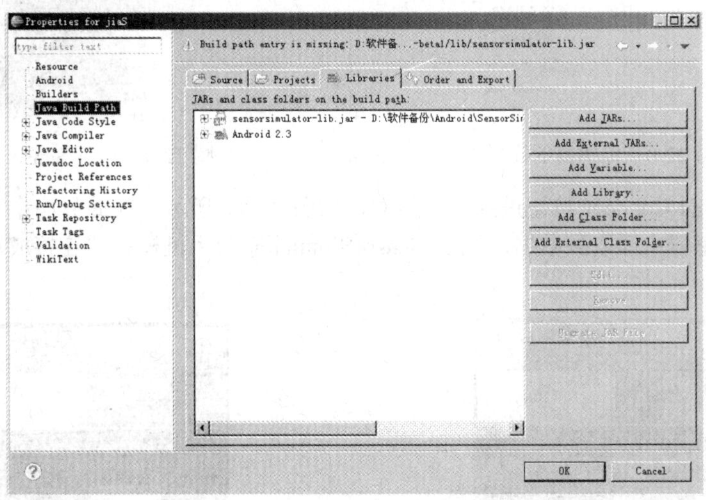

图 22-6　Libraries 选项卡

（3）单击 Add External JARs 按钮，在弹出的 JAR Selection 对话框中找到 Sensorsimulator 安装目录下的 sensorsimulator-lib.jar，并将其添加到该项目中，如图 22-7 所示。

（4）开始启动 sensorsimulator.jar，并对手机模拟器上的 SensorSimulatorSettings 进行必要的配置。首先在 C:\sensorsimulator-1.1.1\bin 目录下找到 sensorsimulator.jar 并启动，运行后的界面如图 22-8 所示。

（5）接下来开始进行手机模拟器和 SensorSimulator 的连接配置工作，运行手机模拟器上安装好的 SensorSimulatorSettings.apk，如图 22-9 所示。

（6）在图 22-9 中输入 SensorSimulator 启动时显示的 IP 地址和端口号，单击屏幕右上角的 Testing 按钮后进入测试连接界面，如图 22-10 所示。

图 22-7　添加需要的 JAR 包

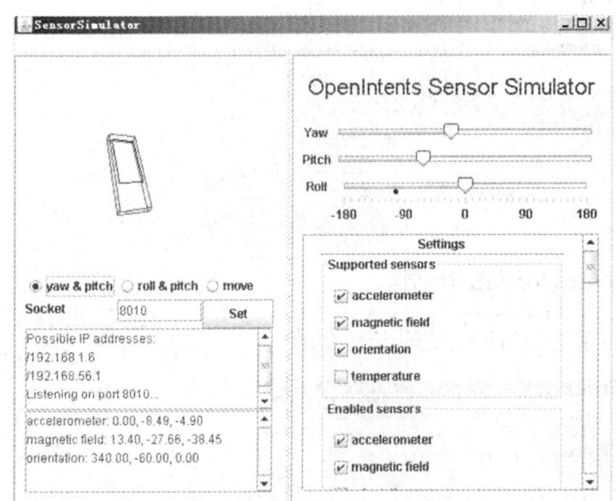

图 22-8　传感器的模拟器

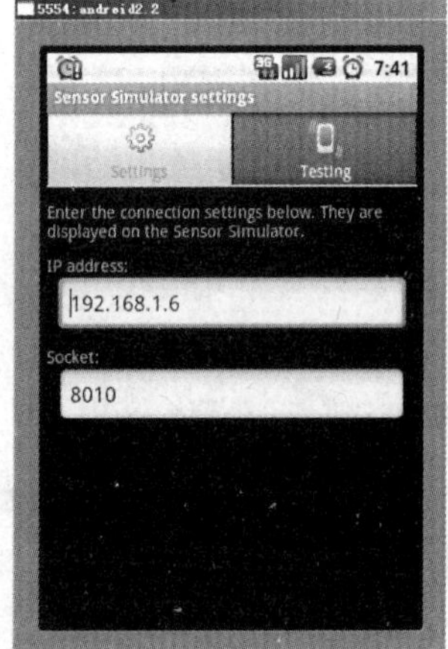

图 22-9　运行 SensorSimulatorSettings.apk

（7）单击屏幕上的 Connect 按钮进入下一界面，如图 22-11 所示。在此界面中可以选择需要监听的传感器，如果能够从传感器中读取到数据，说明 SensorSimulator 与手机模拟器连接成功，可以测试自己开发的应用程序了。

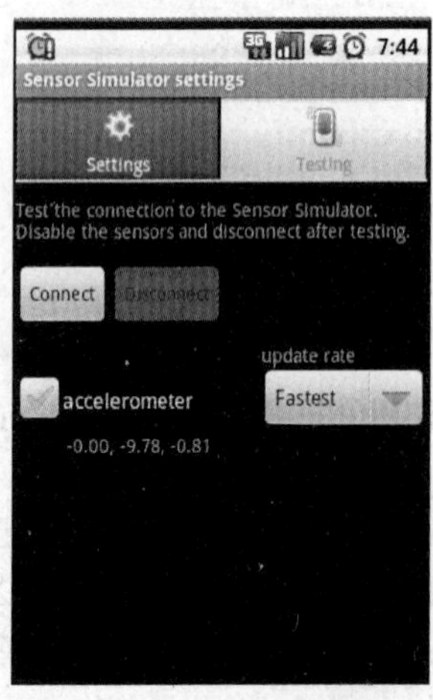

图 22-10　测试连接界面

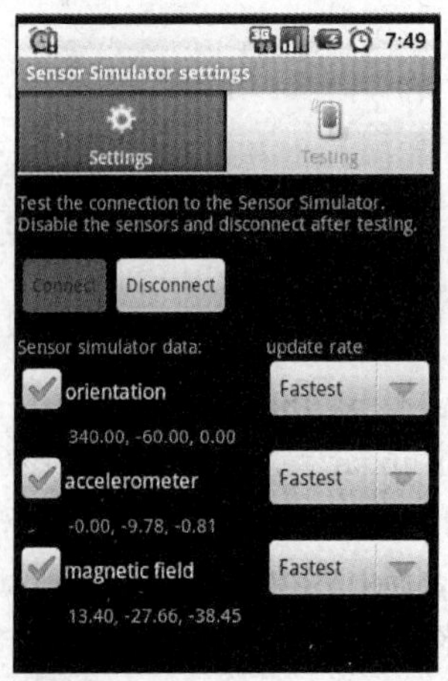

图 22-11　连接界面

到此为止，使用 Eclipse 结合 SensorSimulator 配置传感器应用程序的基本流程介绍完毕。

22.2.3　实战演练——检测当前设备支持的传感器

在接下来的实例中，将演示在 Android 设备中检测当前设备支持的传感器类型的方法。

实　　例	功　　能	源 码 路 径
实例 22-1	检测当前设备支持的传感器	光盘:\daima\22\SensorEX

本实例的功能是检测当前设备支持的传感器类型，具体实现流程如下。

（1）布局文件 main.xml 的具体实现代码如下所示。

```
<linearlayout android:layout_height="fill_parent" android:layout_width="fill_parent" android:orientation="vertical"
xmlns:android="http://schemas.android.com/apk/res/android">
<textview android:layout_height="wrap_content"
 android:layout_width="fill_parent" android:text=""
 android:id="@+id/TextView01"
>
</textview>
</linearlayout>
```

（2）主程序文件 MainActivity.java 的具体实现代码如下所示。

```
public class MainActivity extends Activity {
	/** Called when the activity is first created. */
	@SuppressWarnings("deprecation")
	  @Override
	public void onCreate(Bundle savedInstanceState) {
		super.onCreate(savedInstanceState);
		setContentView(R.layout.main);
		//准备显示信息的 UI 组建
		final TextView tx1 = (TextView) findViewById(R.id.TextView01);
		//从系统服务中获得传感器管理器
		SensorManager sm = (SensorManager) getSystemService(Context.SENSOR_SERVICE);
		//从传感器管理器中获得全部的传感器列表
		List<Sensor> allSensors = sm.getSensorList(Sensor.TYPE_ALL);
		//显示有多少个传感器
		tx1.setText("经检测该手机有" + allSensors.size() + "个传感器，它们分别是：\n");
		//显示每个传感器的具体信息
		for (Sensor s : allSensors) {
			String tempString = "\n" + "  设备名称：" + s.getName() + "\n" + "  设备版本：" +
 s.getVersion() + "\n" + "  供应商："
					+ s.getVendor() + "\n";
			switch (s.getType()) {
			case Sensor.TYPE_ACCELEROMETER:
				tx1.setText(tx1.getText().toString() + s.getType() + " 加速度传感器 accelerometer" +
tempString);
				break;
			case Sensor.TYPE_GYROSCOPE:
				tx1.setText(tx1.getText().toString() + s.getType() + " 陀螺仪传感器 gyroscope" +
tempString);
				break;
			case Sensor.TYPE_LIGHT:
				tx1.setText(tx1.getText().toString() + s.getType() + " 环境光线传感器 light" +
tempString);
```

```
                    break;
            case Sensor.TYPE_MAGNETIC_FIELD:
                    tx1.setText(tx1.getText().toString() + s.getType() + " 电磁场传感器 magnetic
field" + tempString);
                    break;
            case Sensor.TYPE_ORIENTATION:
                    tx1.setText(tx1.getText().toString() + s.getType() + " 方向传感器 orientation" +
tempString);
                    break;
            case Sensor.TYPE_PRESSURE:
                    tx1.setText(tx1.getText().toString() + s.getType() + " 压力传感器 pressure" +
tempString);
                    break;
            case Sensor.TYPE_PROXIMITY:
                    tx1.setText(tx1.getText().toString() + s.getType() + " 距离传感器 proximity" +
tempString);
                    break;
            case Sensor.TYPE_AMBIENT_TEMPERATURE :
                    tx1.setText(tx1.getText().toString() + s.getType() + " 温度传感器 temperature" +
tempString);
                    break;
            default:
                    tx1.setText(tx1.getText().toString() + s.getType() + " 未知传感器" + tempString);
                    break;
            }
        }
    }
}
```

上述实例代码需要在真机中运行，执行后将会列表显示当前设备所支持的传感器类型，如图 22-12 所示。

图 22-12　执行效果

22.3　使用光线传感器

知识点讲解：光盘:视频\知识点\第 22 章\使用光线传感器.avi

在现实应用中，光线传感器能够根据手机所处环境的光线来调节手机屏幕的亮度和键盘灯。例如在光

线充足的地方屏幕会很亮，键盘灯就会关闭。相反如果在暗处，键盘灯就会亮，屏幕较暗（与屏幕亮度的设置也有关系），这样既保护了眼睛又节省了能量。光线传感器在进入睡眠模式时会发出蓝色周期性闪动的光，非常美观。本节将详细讲解 Android 系统光线传感器的基本知识。

22.3.1　光线传感器介绍

在物联网设备中，光线传感器通常位于前摄像头旁边的一个小点，如果在光线充足的情况下（室外或者是灯光充足的室内），大约在 2～3 秒之后键盘灯会自动熄灭，即使再操作机器键盘灯也不会亮，除非到了光线比较暗的地方才会自动亮起来。如果在光线充足的情况下用手将光线感应器遮上，在 2～3 秒后键盘灯会自动亮起来，在此过程中光线感应器起到了一个节电的功能。

要想在 Android 物联网设备中监听光线传感器，需要掌握如下监听方法。

☑ registerListenr(SensorListenerlistenr,int sensors,int rate)：已过时。
☑ registerListenr(SensorListenerlistenr,int sensors)：已过时。
☑ registerListenr(SensorEventListenerlistenr,Sensor sensors,int rate)：注册一个需要监听的传感器。
☑ registerListenr(SensorEventListenerlistenr,Sensor sensors,int rate,Handlerhandler)：因为 SensorListener 已经过时，所以相应的注册方法也过时了。

在上述方法中，各个参数的具体说明如下。

☑ listener：相应监听器的引用。
☑ sensor：相应的感应器引用。
☑ rate：感应器的反应速度，这个必须是系统提供的如下 4 个常量之一。
  ➢ SENSOR_DELAY_NORMAL：匹配屏幕方向的变化。
  ➢ SENSOR_DELAY_UI：匹配用户接口。
  ➢ SENSOR_DELAY_GAME：匹配游戏。
  ➢ SENSOR_DELAY_FASTEST：匹配所能达到的最快。

开发光传感器应用时需要监测 SENSOR_LIGHT，例如下面的代码。

```
private SensorListener mySensorListener = new SensorListener(){
@Override
 public void onAccuracyChanged(int sensor, int accuracy) {}     //重写 onAccuracyChanged()方法
 @Override
 public void onSensorChanged(int sensor, float[] values) {      //重写 onSensorChanged()方法
    if(sensor == SensorManager.SENSOR_LIGHT){                   //只检查光强度的变化
       myTextView1.setText("光的强度为："+values[0]);             //将光的强度显示到 TextView
          }
       }
};
@Override
protected void onResume() {                                     //重写的 onResume()方法
       mySensorManager.registerListener(                        //注册监听
              mySensorListener,                                 //监听器 SensorListener 对象
              SensorManager.SENSOR_LIGHT,                       //传感器的类型为光的强度
              SensorManager.SENSOR_DELAY_UI                     //频率
              );
       super.onResume();
}
```

在上述代码中，通过 if 语句判断是否为光的强度改变事件。在代码中只对光强度改变事件进行处理，将得到的光强度显示在屏幕中。光传感器只得到一个数据，而并不像其他传感器那样得到的是 X、Y、Z 3

个方向上的分量。

在注册监听时，通过传入 SensorManager.SENSOR_LIGHT 来通知系统只注册光传感器。

22.3.2 使用光线传感器的方法

在 Android 物联网设备中，使用光线传感器的基本流程如下。

（1）通过一个 SensorManager 来管理各种感应器，要想获得这个管理器的引用，必须通过如下代码实现。

```
(SensorManager)getSystemService(Context.SENSOR_SERVICE);
```

（2）在 Android 系统中，所有的感应器都属于 Sensor 类的一个实例，并没有继续细分下去，所以 Android 对于感应器的处理几乎是相同的。既然都是 Sensor 类，那么怎么获得相应的感应器呢？这时就需要通过 SensorManager 来获得，可以通过如下代码来确定要获得的感应器类型。

```
sensorManager.getDefaultSensor(Sensor.TYPE_LIGHT);
```

通过上述代码获得了光线感应器的引用。

（3）在获得相应的传感器的引用后可以来感应光线强度的变化，此时需要通过监听传感器的方式来获得变化，监听功能通过前面介绍的监听方法实现。Android 提供了两个监听方式，一个是 SensorEventListener，另一个是 SensorListener，后者已经在 Android API 上显示过时了。

（4）在 Android 中注册传感器后，此时就说明启用了传感器。使用感应器是相当耗电的，这也是为什么传感器的应用没有那么广泛的主要原因，所以必须在不需要时及时关掉。在 Android 中通过如下注销方法来关闭。

☑ unregisterListener(SensorEventListenerlistener)。

☑ unregisterListener(SensorEventListenerlistener,Sensor sensor)。

（5）使用 SensorEventListener 来具体实现，在 Android 物联网设备中有如下两种实现这个监听器的方法。

☑ onAccuracyChanged(Sensor sensor, int accuracy)：是反应速度变化的方法，也就是 rate 变化时的方法。

☑ onSensorChanged(SensorEvent event)：是传感器的值变化的相应方法。

读者需要注意的是，上述两个方法会同时响应。也就是说，当感应器发生变化时，这两个方法会一起被调用。上述方法中的 Accuracy 的值是 4 个常量，对应的整数如下。

☑ SENSOR_DELAY_NORMAL：3。

☑ SENSOR_DELAY_UI：2。

☑ SENSOR_DELAY_GAME：1。

☑ SENSOR_DELAY_FASTEST：0。

而类 SensorEvent 有 4 个成员变量，具体说明如下。

☑ Accuracy：精确值。

☑ Sensor：发生变化的感应器。

☑ Timestamp：发生的时间，单位是纳秒。

☑ Values：发生变化后的值，这是一个长度为 3 的数组。

光线传感器只需要 values[0]的值，其他两个都为 0。而 values[0]就是开发光线传感器所需要的，单位是 lux（照度单位）。

22.4 使用磁场传感器

知识点讲解：光盘:视频\知识点\第 22 章\使用磁场传感器.avi

在现实应用中，经常需要检测 Android 设备的方向，例如设备的朝向和移动方向。在 Android 系统中，

通常使用重力传感器、加速度传感器、磁场传感器和旋转矢量传感器来检测设备的方向。本节将详细讲解在 Android 设备中使用磁场传感器检测设备方向的基本知识。

22.4.1　什么是磁场传感器

磁场传感器是可以将各种磁场及其变化的量转变成电信号输出的装置。自然界和人类社会生活的许多地方都存在磁场或与磁场相关的信息。磁场传感器是利用人工设置的永久磁体产生的磁场，可以作为许多种信息的载体，被广泛用于探测、采集、存储、转换、复现和监控各种磁场和磁场中承载的各种信息的任务。在当今的信息社会中，磁场传感器已成为信息技术和信息产业中不可缺少的基础元件。目前，人们已研制出利用各种物理、化学和生物效应的磁场传感器，并已在科研、生产和社会生活的各个方面得到广泛应用，承担起探究种种信息的任务。

在实际的市面中，最早磁场传感器是伴随测磁仪器的进步而逐步发展的。在众多的测试磁场方法中，大多都是将磁场信息变成电讯号进行测量。在测磁仪器中“探头”或“取样装置”就是磁场传感器。随着信息产业、工业自动化、交通运输、电力电子技术、办公自动化、家用电器、医疗仪器等的飞速发展和电子计算机应用的普及，需用大量的传感器将需进行测量和控制的非电参量，转换成可与计算机兼容的信号作为它们的输入信号，这就给磁场传感器的快速发展提供了机会，形成了相当可观的磁场传感器产业。

22.4.2　Android 系统中的磁场传感器

在 Android 系统中，磁场传感器 TYPE_MAGNETIC_FIELD，单位是 uT（微特斯拉），能够测量设备周围 3 个物理轴(x,y,z)的磁场。在 Android 设备中，磁场传感器主要用于感应周围的磁感应强度，在注册监听器后主要用于捕获 values[0]、values[l]、values[2] 3 个参数。

上述 3 个参数分别代表磁感应强度在空间坐标系中 3 个方向轴上的分量。所有数据的单位为 uT，即微特斯拉。

在 Android 系统中，磁场传感器主要包含如下公共方法。

- ☑ int getFifoMaxEventCount()：返回该传感器可以处理事件的最大值。如果该值为 0，表示当前模式不支持此传感器。
- ☑ int getFifoReservedEventCount()：保留传感器在批处理模式中 FIFO 的事件数，给出了一个保证可以分批事件的最小值。
- ☑ float getMaximumRange()：传感器单元的最大范围。
- ☑ int getMinDelay()：最小延迟。
- ☑ String getName()：获取传感器的名称。
- ☑ floa getPower()：获取传感器电量。
- ☑ float getResolution()：获得传感器的分辨率。
- ☑ int getType()：获取传感器的类型。
- ☑ String getVendor()：获取传感器的供应商字符串。
- ☑ Int etVersion()：获取该传感器模块版本。
- ☑ String toString()：返回一个对当前传感器的字符串描述。

22.5　使用加速度传感器

知识点讲解：光盘:视频\知识点\第 22 章\使用加速度传感器.avi

在现实应用中，加速度传感器可以帮助机器人了解它现在身处的环境，能够分辨出是在登山，还是在下山，是否摔倒等。一个资深程序员能够使用加速度传感器来分辨出上述情形，加速度传感器甚至可以用来分析发动机的振动。本节将简要讲解加速度传感器的基础性知识。

22.5.1 加速度传感器的分类

在实际应用过程中，可以将加速度传感器分为如下 4 类。

（1）压电式

压电式加速度传感器又称压电加速度计。它也属于惯性式传感器。压电式加速度传感器的原理是利用压电陶瓷或石英晶体的压电效应，在加速度计受振时，质量块加在压电元件上的力也随之变化。当被测振动频率远低于加速度计的固有频率时，则力的变化与被测加速度成正比。

（2）压阻式

基于世界领先的 MEMS 硅微加工技术，压阻式加速度传感器具有体积小、低功耗等特点，易于集成在各种模拟和数字电路中，广泛应用于汽车碰撞实验、测试仪器、设备振动监测等领域。加速度传感器网为客户提供压阻式加速度传感器/压阻加速度计各品牌的型号、参数、原理、价格、接线图等信息。

（3）电容式

电容式加速度传感器是基于电容原理的极距变化型的电容传感器。电容式加速度传感器/电容式加速度计是一对比较通用的加速度传感器。在某些领域无可替代，如安全气囊、手机移动设备等。电容式加速度传感器/电容式加速度计采用了微机电系统（MEMS）工艺，在大量生产时变得经济，从而保证了较低的成本。

（4）伺服式

伺服式加速度传感器是一种闭环测试系统，具有动态性能好、动态范围大和线性度好等特点。其工作原理是传感器的振动系统由 m-k 系统组成，与一般加速度计相同，但质量 m 上还接着一个电磁线圈，当基座上有加速度输入时，质量块偏离平衡位置，该位移大小由位移传感器检测出来，经伺服放大器放大后转换为电流输出，该电流流过电磁线圈，在永久磁铁的磁场中产生电磁恢复力，力图使质量块保持在仪表壳体中原来的平衡位置上，所以伺服加速度传感器在闭环状态下工作。由于有反馈作用，增强了抗干扰能力，提高了测量精度，扩大了测量范围，伺服加速度测量技术广泛地应用于惯性导航和惯性制导系统中，在高精度的振动测量和标定中也有应用。

22.5.2 Android 系统中的加速度传感器

在 Android 系统中，加速度传感器是 TYPE_ACCELEROMETER，单位是 m/s^2，能够测量应用于设备 X、Y、Z 轴上的加速度，又叫做 G-sensor。在开发过程中，通过 Android 的加速度传感器可以取得 X、Y、Z 3 个轴的加速度。在 Android 系统中，在类 SensorManager 中定义了很多星体的重力加速度值，如表 22-1 所示。

表 22-1 类 SensorManager 被定义的各新星体的重力加速度值

常 量 名	说 明	实 际 的 值
GRAVITY_DEATH_STAR_1	死亡星	3.5303614E-7
GRAVITY_EARTH	地球	9.80665
GRAVITY_JUPITER	木星	23.12
GRAVITY_MARS	火星	3.71
GRAVITY_MERCURY	水星	3.7
GRAVITY_MOON	月亮	1.6

续表

常 量 名	说　　明	实 际 的 值
GRAVITY_NEPTUNE	海王星	12.0
GRAVITY_PLUTO	冥王星	0.6
GRAVITY_SATURN	土星	8.96
GRAVITY_SUN	太阳	275.0
GRAVITY_THE_ISLAND	岛屿星	4.815162
GRAVITY_URANUS	天王星	8.69
GRAVITY_VENUS	金星	8.87

通常来说，从加速度传感器获取的值，拿手机等智能设备的人的手振动或放在摇晃的场所时，受振动影响设备的值增幅变化是存在的。手的摇动、轻微振动的影响属于长波形式，去掉这种长波干扰的影响，可以取得高精度的值。去掉长波这种过滤机能叫 Low-Pass Filter。Low-Pass Filter 机制有如下 3 种封装方法。

☑ 从抽样数据中取得中间的值的方法。

☑ 最近取得的加速度的值每个很少变化的方法。

☑ 从抽样数据中取得中间值的方法。

在 Android 应用中，有时需要获取瞬间加速度值，例如类似计步器、作用力测定的应用开发时，如果想检测出加速度急剧的变化。此时的处理和 Low-Pass Filter 处理相反，需要去掉短周波的影响，这样可以取得数据。像这种去掉短周波的影响的过滤器叫做 High-Pass Filter。

22.6　使用方向传感器

知识点讲解：光盘:视频\知识点\第 22 章\使用方向传感器.avi

在 Android 设备中，经常需要检测设备的方向，例如设备的朝向和移动方向。在 Android 系统中，通常使用重力传感器、加速度传感器、磁场传感器和旋转矢量传感器来检测设备的方向。本节将详细讲解在 Android 设备中使用方向传感器检测设备方向的基本知识，为读者步入本书后面知识的学习打下基础。

22.6.1　方向传感器基础

在现实世界中，方向传感器通过对力敏感的传感器，感受手机等设备在变换姿势时的重心变化，使手机等设备光标变化位置从而实现选择的功能。方向传感器运用了欧拉角的知识，欧拉角的基本思想是将角位移分解为绕 3 个互相垂直轴的 3 个旋转组成的序列。其实，任意 3 个轴和任意顺序都可以，但最有意义的是使用笛卡儿坐标系并按一定的顺序所组成的旋转序列。

在学习欧拉角知识之前先介绍几种不同概念的坐标系，以便于读者理解欧拉角知识。

（1）世界坐标系

世界坐标系是一个特殊的坐标系，建立了描述其他坐标系所需要的参考框架。能够用世界坐标系描述其他坐标系的位置，而不能用更大的、外部的坐标系来描述世界坐标系。例如，“向西”“向东”等词汇就是世界坐标系中的描述词汇。

（2）物体坐标系

物体坐标系是和特定物体相关联的坐标系，每个物体都有它们独立的坐标系。当物体移动或改变方向时，和该物体相关联的坐标系将随之移动或改变方向。例如，“向左”“向右”等词汇就是物体坐标系中的描述词汇。

（3）摄像机坐标系

摄像机坐标系是和观察者密切相关的坐标系。在摄像机坐标系中，摄像机在原点，X 轴向右，Z 轴向前（朝向屏幕内或摄像机方向），Y 轴向上（不是世界的上方而是摄像机本身的上方）。

（4）惯性坐标系

惯性坐标系是为了简化世界坐标系到物体坐标系的转换而引入的一种新的坐标系。惯性坐标系的原点和物体坐标系的原点重合，但惯性坐标系的轴平行于世界坐标系的轴。

在欧拉角中，表示一个物体的方位用 Yaw-Pitch-Roll 约定。在这个系统中，一个方位被定义为一个 Yaw 角、一个 Pitch 角和一个 Ron 角。欧拉角的基本思想是让物体开始于“标准”方位，目的是使物体坐标轴和惯性坐标轴对齐。在标准方位上，让物体做 Yaw、Pitch 和 Roll 旋转，最后物体到达我们想要描述的方位。

（5）Yaw 轴

Yaw 轴是 3 个方向轴中唯一不变的轴，其方向总是竖直向上，和世界坐标系中的 Z 轴是等同的，也就是重力加速度 g 的反方向。

（6）Pitch 轴

Pitch 轴方向依赖于手机沿 Yaw 轴的转动情况，即当手机沿 Yaw 转过一定的角度后，Pitch 轴也相应围绕 Yaw 轴转动相同的角度。Pitch 轴的位置依赖于手机沿 Yaw 轴转过的角度，好比 Yaw 轴和 Pitch 轴是两根焊死在一起成 90°。

22.6.2 Android 中的方向传感器

在 Android 系统中，方向传感器的类型是 TYPE_ORIENTATION，用于测量设备围绕 3 个物理轴（x,y,z）的旋转角度，在新版本中已经使用 SensorManager.getOrientation()替代。Android 系统中的方向传感器在生活中的典型应用例子是指南针，下面先简单介绍传感器中 3 个参数 X、Y、Z 的含义，如图 22-13 所示。

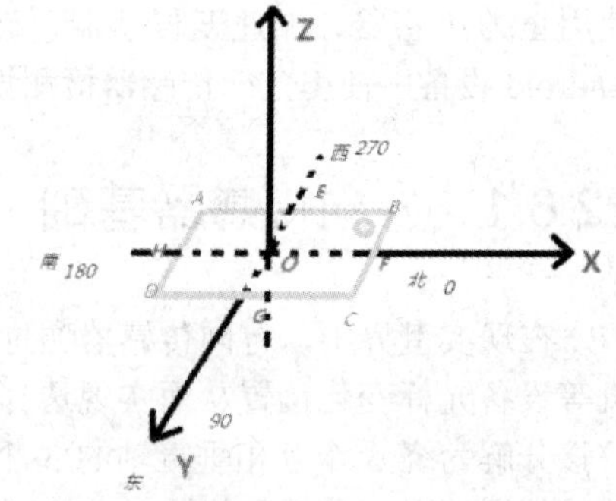

图 22-13 参数 X、Y、Z

如图 22-13 所示，浅色部分表示一个手机，带有小圈的一头是手机头部，各个部分的具体说明如下。

- ☑ 传感器中的 X：如图 22-13 所示，规定 X 正半轴为北，手机头部指向 OF 方向，此时 X 的值为 0。如果手机头部指向 OG 方向，此时 X 值为 90，指向 OH 方向，X 值为 180，指向 OE，X 值为 270。
- ☑ 传感器中的 Y：现在将手机沿着 BC 轴慢慢向上抬起，即手机头部不动，尾部慢慢向上翘起来，直到 AD 移到 BC 右边并落在 XOY 平面上，Y 的值将从 0～180 之间变动，如果手机沿着 AD 轴慢慢向上抬起，即手机尾部不动，直到 BC 移到 AD 左边并且落在 XOY 平面上，Y 的值将从 0～-180 之间变动，这就是方向传感器中 Y 的含义。
- ☑ 传感器中的 Z：现在将手机沿着 AB 轴慢慢向上抬起，即手机左边框不动，右边框慢慢向上翘起来，直到 CD 移到 AB 右边并落在 XOY 平面上，Z 的值将从 0～180 之间变动，如果手机沿着 CD 轴慢慢向上抬起，即手机右边框不动，直到 AB 移到 CD 左边并且落在 XOY 平面上，Z 的值将从 0～-180 之间变动，这就是方向传感器中 Z 的含义。

22.7　使用陀螺仪传感器

知识点讲解：光盘:视频\知识点\第 22 章\使用陀螺仪传感器.avi

陀螺仪传感器是一个基于自由空间移动和手势的定位与控制系统。例如我们可以在假想的平面上移动鼠标，屏幕上的光标就会随之跟着移动，并且可以绕着链接画圈和点击按键。又如当我们正在演讲或离开桌子时，这些操作都能够很方便地实现。陀螺仪传感器已经被广泛运用于手机、平板等移动便携设备上，以后其他的设备也会陆续使用陀螺仪传感器。本节将详细讲解在 Android 设备中使用陀螺仪传感器的基本知识。

22.7.1　陀螺仪传感器基础

陀螺仪的原理是，当一个旋转物体的旋转轴所指的方向在不受外力影响时是不会改变的。根据这个道理，可以用陀螺仪来保持方向。然后用多种方法读取轴所指示的方向，并自动将数据信号传给控制系统。在现实生活中，骑自行车便是利用了这个原理。轮子转得越快越不容易倒，因为车轴有一种保持水平的力量。现代陀螺仪可以精确地确定运动物体的方位，是在现代航空、航海、航天和国防工业中广泛使用的一种惯性导航仪器。传统的惯性陀螺仪主要部分有机械式的陀螺仪，而机械式的陀螺仪对工艺结构的要求很高。20 世纪 70 年代提出了现代光纤陀螺仪的基本设想，到 80 年代以后，光纤陀螺仪就得到了非常迅速的发展，激光谐振陀螺仪也有了很大的发展。光纤陀螺仪具有结构紧凑、灵敏度高、工作可靠的优点。在很多领域已经完全取代了机械式的传统陀螺仪，成为现代导航仪器中的关键部件。

根据框架的数目、支承的形式以及附件的性质，陀螺仪传感器主要可分为如下类型。

（1）二自由度陀螺仪

只有一个框架，使转子自转轴具有一个转动自由度。根据二自由度陀螺仪中所使用的反作用力矩的性质，可以把这种陀螺仪分为如下 3 种类型。

☑　积分陀螺仪（它使用的反作用力矩是阻尼力矩）。

☑　速率陀螺仪（它使用的反作用力矩是弹性力矩）。

☑　无约束陀螺仪（它仅有惯性反作用力矩）。

另外，除了机、电框架式陀螺仪外还出现了某些新型陀螺仪，例如静电式自由转子陀螺仪、挠性陀螺仪和激光陀螺仪等。

（2）三自由度陀螺仪

具有内、外两个框架，使转子自转轴具有两个转动自由度。在没有任何力矩装置时，它就是一个自由陀螺仪。

在当前技术水平条件下，陀螺仪传感器主要被用于如下两个领域。

（1）国防工业

陀螺仪传感器原本是运用到直升机模型上的，而如今它已经被广泛运用于手机类移动便携设备上，不仅如此，现代陀螺仪是一种能够精确地确定运动物体的方位的仪器，所以陀螺仪传感器是现代航空、航海、航天和国防工业应用中必不可少的控制装置。陀螺仪传感器是法国的物理学家莱昂·傅科在研究地球自转时命名的，到如今一直是航空和航海上航行姿态及速率等最方便实用的参考仪表。

（2）开门报警器

陀螺仪传感器可以测量开门的角度，当门被打开一个角度后会发出报警声，或者结合 GPRS 模块发送短信以提醒门被打开了。另外，陀螺仪传感器集成了加速度传感器的功能，当门被打开的瞬间，将产生一定的加速度值，陀螺仪传感器将会测量到这个加速度值，达到预设的门槛值后，将发出报警声，或者结合

GPRS 模块发送短信以提醒门被打开了。报警器内还可以集成雷达感应测量功能，有人进入房间内移动时就会被雷达测量到。这种双重保险提醒防盗，可靠性高，误报率低，非常适合重要场合的防盗报警。

22.7.2 Android 中的陀螺仪传感器

在 Android 系统中，陀螺仪传感器的类型是 TYPE_GYROSCOPE，单位是 rad/s，能够测量设备 X、Y、Z 3 轴的角加速度数据。Android 中的陀螺仪传感器又名为 Gyro-sensor 角速度器，利用内部振动机械结构侦测物体转动所产生的角速度，从而计算出物体移动的角度，侦测水平改变的状态，但无法计算移动的激烈程度。下面将详细讲解 Android 中的陀螺仪传感器的基本知识。

（1）陀螺仪传感器和加速度传感器的对比

在 Android 的传感器系统中，陀螺仪传感器和加速度传感器非常类似，两者的区别如下。

☑ 加速度传感器：用于测量加速度，借助一个 3 轴加速度计可以测得一个固定平台相对地球表面的运动方向，但是一旦平台运动起来，情况就会变得复杂得多。如果平台做自由落体，加速度计测的加速度值为 0。如果平台朝某个方向做加速度运动，各个轴向加速度值会含有重力产生的加速度值，使得无法获得真正的加速度值。例如，安装在 60° 横滚角飞机上的 3 轴加速度计会测得 2G 的垂直加速度值，而事实上飞机相对地区表面是 60° 的倾角。因此，单独使用加速度计无法使飞机保持一个固定的航向。

☑ 陀螺仪传感器：用于测量机体围绕某个轴向的旋转角速率值。当使用陀螺仪测量飞机机体轴向的旋转角速率时，如果飞机在旋转，测得的值为非 0 值，飞机不旋转时，测量的值为 0。因此，在 60° 横滚角的飞机上的陀螺仪测得的横滚角速率值为 0，同样在飞机做水平直线飞行时的角速率值为 0。可以通过角速率值的时间积分来估计当前的横滚角度，前提是没有误差的累积。陀螺仪测量的值会随时间漂移，经过几分钟甚至几秒钟定会累积出额外的误差来，而最终会导致对飞机当前相对水平面横滚角度完全错误的认知。因此，单独使用陀螺仪也无法保持飞机的特定航向。

综上所述，加速度传感器在较长时间的测量值（确定飞机航向）是正确的，而在较短时间内由于信号噪声的存在而有误差；陀螺仪传感器在较短时间内则比较准确，而较长时间则会有漂移存在误差，因此需要两者（相互调整）来确保航向的正确。

（2）物联网设备中的陀螺仪传感器

在物联网设备中，三自由度陀螺仪是一个可以识别设备，能够相对于地面绕 X、Y、Z 轴转动角度的感应器（笔者自己的理解，不够严谨）。无论是设备还是智能手机、平板电脑，通过使用陀螺仪传感器可以实现很多好玩的应用，例如指南针。

在实际开发过程中，可以用一个磁场感应器（Magnetic Sensor）来实现陀螺仪。磁场感应器是用来测量磁场感应强度的。一个 3 轴的磁 sensor IC 可以得到当前环境下 X、Y 和 Z 方向上的磁场感应强度，对于 Android 中间层来说就是读取该感应器测量到的这 3 个值。当需要时，上报给上层应用程序。磁感应强度的单位是 T（特斯拉）或者是 Gs（高斯），1T 等于 10000Gs。

在了解陀螺仪之前，需要先了解 Android 系统定义坐标系的方法，如下所示的文件中进行了定义。

/hardware/libhardware/include/hardware/sensors.h

在上述文件 sensors.h 中，有如图 22-14 所示的效果图。

图 22-14 中表示设备的正上方是 Y 轴方向，右边是 X 轴方向，垂直设备屏幕平面向上的是 Z 轴方向，这个很重要。因为应用程序就是根据这样的定义来写的，所以我们报给应用的数据要与这个定义符合。还需要清楚磁 sensor 芯片贴在板上的坐标系。我们从芯片读出数据后要把芯片的坐标系转换为设备的实际坐标系。除非芯片贴在板上刚好与设备的 X、Y、Z 轴方向一致。

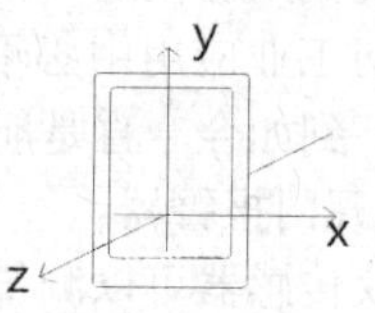

图 22-14 Android 系统定义的坐标系

陀螺仪的实现是根据磁场感应强度的 3 个值计算出另外 3 个值。当需要时可以计算出这 3 个值上报给应用程序，这样就实现了陀螺仪的功能。

22.8　使用旋转向量传感器

知识点讲解：光盘:视频\知识点\第 22 章\使用旋转向量传感器.avi

在 Android 系统中，旋转向量传感器的值是 TYPE_ROTATION_VECTOR，旋转矢量代表设备的方向，是一个将坐标轴和角度混合计算得到的数据。Android 旋转向量传感器的具体说明如表 22-2 所示。

表 22-2　Android 旋转向量传感器的具体说明

传　感　器	传感器事件数据	说　　明	测 量 单 位
TYPE_ROTATION_VECTOR	SensorEvent.values[0]	旋转向量沿 X 轴的部分（x×sin(θ/2)）	无
	SensorEvent.values[1]	旋转向量沿 Y 轴的部分（y×sin(θ/2)）	
	SensorEvent.values[2]	旋转向量沿 Z 轴的部分（z×sin(θ/2)）	
	SensorEvent.values[3]	旋转向量的数值部分（(cos(θ/2)）	

由表 22-2 可知，RV-sensor 能够输出如下 3 个数据：

☑　x×sin(θ/2)。

☑　y×sin(θ/2)。

☑　z×sin(θ/2)。

sin(theta/2)表示 RV 的数量级，RV 的方向与轴旋转的方向相同，这样 RV 的 3 个数据与 cos(theta/2)组成一个四元组。而 RV 的数据没有单位，使用的坐标系与加速度相同。例如下面的演示代码。

```
sensors_event_t.data[0] = x×sin(theta/2)
sensors_event_t.data[1] = y×sin(theta/2)
sensors_event_t.data[2] = z×sin(theta/2)
sensors_event_t.data[3] = cos(theta/2)
```

GV、LA 和 RV 的数值没有物理传感器可以直接给出，需要 G-sensor、O-sensor 和 Gyro-sensor 经过算法计算后得出。

由此可见，旋转向量代表了设备的方位，这个方位结果由角度和坐标轴信息组成，在里面包含了设备围绕坐标轴（X、Y、Z）旋转的角度 θ。例如下面的代码演示了获取默认的旋转向量传感器的方法。

```
private SensorManager mSensorManager;
private Sensor mSensor;
...
mSensorManager = (SensorManager) getSystemService(Context.SENSOR_SERVICE);
mSensor = mSensorManager.getDefaultSensor(Sensor.TYPE_ROTATION_VECTOR);
```

在 Android 系统中，旋转向量的 3 个元素等于四元组的后 3 个部分（cos(θ/2)、x×sin(θ/2)、y×sin(θ/2)、z×sin(θ/2)），没有单位。X、Y、Z 轴的具体定义与加速度传感器的相同。旋转向量传感器的坐标系如图 22-15 所示。

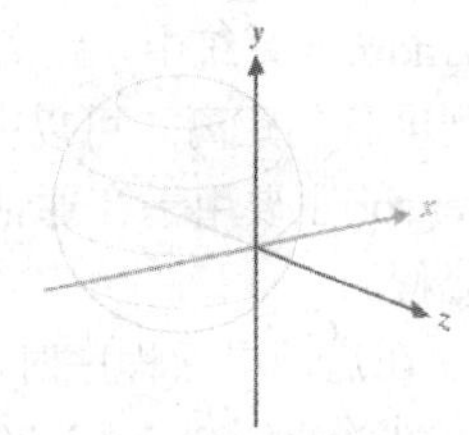

图 22-15　旋转向量传感器的坐标系

上述坐标系具有如下特点。

☑　X：定义为向量积 Y×Z。它是以设备当前位置为切点的地球切线，方向朝东。

☑　Y：以设备当前位置为切点的地球切线，指向地磁北极。

☑ Z：与地平面垂直，指向天空。

22.9 使用距离传感器详解

知识点讲解：光盘:视频\知识点\第 22 章\使用距离传感器详解.avi

在 Android 设备应用程序开发过程中，经常需要检测设备的运动数据，例如设备的运动速率和运动距离等。这些数据对于健身类设备来说，都是十分重要的数据，例如健身手表可以及时测试晨练的运动距离和速率。在 Android 系统中，通常使用加速度传感器、线性加速度传感器和距离传感器来检测设备的运动数据。本节将详细讲解在 Android 设备中检测运动数据的基本知识。

22.9.1 距离传感器介绍

在 Android 系统中，需要使用加速度传感器、线性加速度传感器和距离传感器来检测设备的运动数据。在当前的技术条件下，距离传感器是指利用“飞行时间法”（flying time）的原理来实现测量距离，以实现检测物体距离的一种传感器。“飞行时间法”（flying time）是通过发射特别短的光脉冲，并测量此光脉冲从发射到被物体反射回来的时间，通过测时间间隔来计算与物体之间的距离。

在现实世界中，距离传感器在智能手机中的应用比较常见。一般触屏智能手机在默认设置下，都会有一个延时锁屏的设置，就是在一段时间内，如手机检测不到任何操作会进入锁屏状态。这样是有一定好处的。手机作为移动终端的一种，追求低功耗是设计的目标之一。延时锁屏既可以避免不必要的能量消耗，又能保证不丢失重要信息。另外，在使用触屏手机设备时，当接电话时距离传感器会起作用，当脸靠近屏幕时屏幕灯会熄灭，并自动锁屏，这样可以防止脸误操作。当脸离开屏幕时屏幕灯会自动开启并且自动解锁。

除了被广泛应用于手机设备之外，距离传感器还被用于野外环境（山体情况、峡谷深度等）、飞机高度检测、矿井深度、物料高度测量等领域。在野外应用领域中，主要用于检测山体情况和峡谷深度等。而对飞机高度测量功能是通过检测飞机在起飞和降落时距离地面的高度，并将结果实时显示在控制面板上。也可以使用距离传感器测量物料各点高度，用于计算物料的体积。在显示应用中，用于飞机高度和物料高度的距离传感器有 LDM301 系列，用于野外应用的距离传感器有 LDM4x 系列。

在当前的可移动设备应用中，距离传感器被应用于智能皮带中。在皮带扣中嵌入了距离传感器，当把皮带调整至合适宽度卡好皮带扣后，如果皮带在 10 秒钟内没有重新解开，传感器就会自动生成本次的腰围数据。皮带与皮带扣连接处的其中一枚铆钉将被数据传输装置所替代。当将智能手机放在铆钉处保持 2 秒钟静止时，手机中的自我健康管理 App 会被自动激活并获取本次腰围数据。

22.9.2 Android 系统中的距离传感器

在 Android 系统中，距离传感器也被称为 P-Sensor，值是 TYPE_PROXIMITY，单位是 cm，能够测量某个对象到屏幕的距离。可以在打电话时判断人耳到电话屏幕的距离，以关闭屏幕而达到省电功能。

P-Sensor 主要用于在通话过程中防止用户误操作屏幕，接下来以通话过程为例讲解电话程序对 P-Sensor 的操作流程。

（1）在启动电话程序时，在.java 文件中新建了一个 P-Sensor 的 WakeLock 对象，例如下面的演示代码。

```
mProximityWakeLock = pm.newWakeLock(
PowerManager.PROXIMITY_SCREEN_OFF_WAKE_LOCK, LOG_TAG
);
```

对象 WakeLock 的功能是请求控制屏幕的点亮或熄灭。

（2）在电话状态发生改变时，例如接通了电话，调用.java 文件中的方法根据当前电话的状态来决定是否打开 P-Sensor。如果在通话过程中，电话是 OFF-HOOK 状态时打开 P-Sensor，例如下面的演示代码。

```
if (!mProximityWakeLock.isHeld()) {
                    if (DBG) Log.d(LOG_TAG, "updateProximitySensorMode: acquiring...");
                    mProximityWakeLock.acquire();
            }
```

在上述代码中，mProximityWakeLock.acquire()会调用另外的方法打开 P-Sensor，这个另外的方法会判断当前手机有没有 P-Sensor。如果有，就会向 SensorManager 注册一个 P-Sensor 监听器。这样当 P-Sensor 检测到手机和人体距离发生改变时，就会调用服务监听器进行处理。同样，当电话挂断时，电话模块会调用方法取消 P-Sensor 监听器。

在 Android 系统中，PowerManagerService 中 P-Sensor 监听器会进行实时监听工作，当 P-Sensor 检测到距离有变化时就会进行监听。具体监听过程的代码如下所示。

```
SensorEventListener mProximityListener = new SensorEventListener() {
        public void onSensorChanged(SensorEvent event) {
            long milliseconds = SystemClock.elapsedRealtime();
            synchronized (mLocks) {
                float distance = event.values[0];              //检测到手机和人体的距离
                long timeSinceLastEvent = milliseconds - mLastProximityEventTime;   //这次检测和上次检测
的时间差
                mLastProximityEventTime = milliseconds;     //更新上一次检测的时间
                mHandler.removeCallbacks(mProximityTask);
                boolean proximityTaskQueued = false;

                // compare against getMaximumRange to support sensors that only return 0 or 1
                boolean active = (distance >= 0.0 && distance < PROXIMITY_THRESHOLD &&
                        distance < mProximitySensor.getMaximumRange());   //如果距离小于某一个距离阈
值，默认是 5.0f，说明手机和脸部距离贴近，应该要熄灭屏幕

                if (mDebugProximitySensor) {
                    Slog.d(TAG, "mProximityListener.onSensorChanged active: " + active);
                }
                if (timeSinceLastEvent < PROXIMITY_SENSOR_DELAY) {
                    // enforce delaying atleast PROXIMITY_SENSOR_DELAY before processing
                    mProximityPendingValue = (active ? 1 : 0);
                    mHandler.postDelayed(mProximityTask, PROXIMITY_SENSOR_DELAY
 - timeSinceLastEvent);
                    proximityTaskQueued = true;
                } else {
                    // process the value immediately
                    mProximityPendingValue = -1;
                    proximityChangedLocked(active);    //熄灭屏幕操作
                }

                boolean held = mProximityPartialLock.isHeld();
                if (!held && proximityTaskQueued) {
                    mProximityPartialLock.acquire();
                } else if (held && !proximityTaskQueued) {
                    mProximityPartialLock.release();
```

```
                }
            }
        }

        public void onAccuracyChanged(Sensor sensor, int accuracy) {
        }
    };
```

由上述代码可知，在监听时会首先通过“float distance = event.values[0];”获取变化的距离。如果发现检测这次距离变化和上次距离变化时间差，例如小于系统设置的阈值则不会熄灭屏幕。过于频繁的操作系统会忽略掉。如果感觉 P-Sensor 不够灵敏，就可以修改如下系统默认值。

```
private static final int PROXIMITY_SENSOR_DELAY = 1000;
```

将上述值改小后就会发现 P-Sensor 会变得灵敏很多。

如果 P-Sensor 检测到这次距离变化小于系统默认值，并且这次是一次正常的变化，那么需要通过如下代码熄灭屏幕。

```
proximityChangedLocked(active);
```

此处会判断 P-Sensor 是否可以用，如果不可用则返回并忽略这次距离变化。

```
if (!mProximitySensorEnabled) {
        Slog.d(TAG, "Ignoring proximity change after sensor is disabled");
        return;
    }
```

如果一切都满足，则调用如下代码灭灯。

```
goToSleepLocked(SystemClock.uptimeMillis(),
            WindowManagerPolicy.OFF_BECAUSE_OF_PROX_SENSOR);
```

22.10 使用气压传感器

知识点讲解：光盘:视频\知识点\第 22 章\使用气压传感器.avi

在 Android 设备开发应用过程中，通常需要使用设备来感知当前所处环境的信息，例如气压、GPS、海拔、湿度和温度。在 Android 系统中，专门提供了气压传感器、海拔传感器、湿度传感器和温度传感器来支持上述功能。本节将详细讲解在 Android 设备中使用气压传感器的基本知识。

22.10.1 气压传感器基础

在现实应用中，气压传感器主要用于测量气体的绝对压强，主要适用于与气体压强相关的物理实验，如气体定律等，也可以在生物和化学实验中测量干燥、无腐蚀性的气体压强。气压传感器的原理比较简单，其主要的传感元件是一个对气压传感器内的强弱敏感的薄膜和一个顶针开控制，电路方面它连接了一个柔性电阻器。当被测气体的压力强降低或升高时，这个薄膜变形带动顶针，同时该电阻器的阻值将会改变，电阻器的阻值发生变化。从传感元件取得 0～5V 的信号电压，经过 A/D 转换由数据采集器接收，然后数据采集器以适当的形式把结果传送给计算机。

在现实应用中，很多气压传感器的主要部件为变容式硅膜盒。当该变容硅膜盒外界大气压力发生变化时顶针动作，单晶硅膜盒随着发生弹性变形，从而引起硅膜盒平行板电容器电容量的变化来控制气压传感器。

国标 GB7665-87 对传感器的定义是：“能感受规定的被测量并按照一定的规律转换成可用信号的器件或装置，通常由敏感元件和转换元件组成”。而气压传感器是由一种检测装置，能感受到被测量的信息，并能将检测感受到的信息，按一定规律变换成为电信号或其他所需形式的信息输出，以满足信息的传输、处理、存储、显示、记录和控制等要求，是实现自动化检测和控制的首要环节。

22.10.2 气压传感器在智能手机中的应用

随着智能手机设备的发展，气压传感器越来越普及。气压传感器首次在智能手机上使用是在 Galaxy Nexus 上，而之后推出的一些 Android 旗舰手机中也包含了这一传感器，像 Galaxy SIII、Galaxy Note2 也都有。对于喜欢登山的人来说，会非常关心自己所处的高度。海拔高度的测量方法一般常用的有两种方式，一是通过 GPS 全球定位系统，二是通过测出大气压，然后根据气压值计算出海拔高度。由于受到技术和其他方面原因的限制，GPS 计算海拔高度一般误差都会有 10 米左右，而如果在树林里或者是在悬崖下面时，有时甚至接收不到 GPS 卫星信号。同时当用户处于楼宇内时，内置感应器可能会无法接收到 GPS 信号，从而不能够识别地理位置。配合气压传感器、加速计、陀螺仪等就能够实现精确定位，这样当在商场购物时，能够更快地找到目标商品。

另外，在汽车导航领域中，经常会有人抱怨在高架桥中导航常常会出错。例如在高架桥上时，GPS 说右转，而实际上右边根本没有右转出口，这主要是 GPS 无法判断是桥上还是桥下而造成的错误导航。一般高架桥上下两层的高度有几米到十几米的距离，而 GPS 的误差可能有几十米，所以发生上面的事情也就可以理解了。此时如果在手机中增加一个气压传感器就不一样了，它的精度可以做到 1 米的误差，这样就可以很好地辅助 GPS 来测量出所处的高度，错误导航的问题也就容易解决了。

气压的方式可选择的范围广些，而且可以把成本控制在比较低的水平。另外像 Galaxy Nexus 等手机的气压传感器还包括温度传感器，它可以捕捉到温度对结果进行修正，以增加测量结果的精度。所以在手机原有 GPS 的基础上再增加气压传感器的功能，可以让三维定位更加精准。

在 Android 系统中，气压传感器的类型是 TYPE_PRESSURE，单位是 hPa（百帕斯卡），能够返回当前环境下的压强。

22.11 温度传感器详解

知识点讲解：光盘:视频\知识点\第 22 章\温度传感器详解.avi

温度传感器从 17 世纪初人们开始利用温度进行测量。在半导体技术的支持下，现今人们相继开发了半导体热电耦传感器、PN 结温度传感器和集成温度传感器。与之相应，根据波与物质的相互作用规律，又相继开发了声学温度传感器、红外传感器和微波传感器。温度传感器是五花八门的各种传感器中最为常用的一种，现代的温度传感器外形非常小，这样更加让它广泛应用在生产实践的各个领域中，也为人们的生活提供了无数的便利。

22.11.1 温度传感器介绍

温度传感器有 4 种主要类型：热电耦、热敏电阻、电阻温度检测器（RTD）和 IC 温度传感器。IC 温度传感器又包括模拟输出和数字输出两种类型。在现实世界中，温度传感器是温度测量仪表的核心部分，品种繁多。按测量方式可以分为接触式和非接触式两大类，按照传感器材料及电子元件特性分为热电阻和热电耦两类。

在当前的技术水平条件下，温度传感器的主要原理如下。

（1）金属膨胀原理设计的传感器

金属在环境温度变化后会产生一个相应的延伸，因此传感器可以以不同方式对这种反应进行信号转换。

（2）双金属片式传感器

双金属片由两片不同膨胀系数的金属贴在一起组成，随着温度变化，材料 A 比另外一种金属膨胀程度要高，引起金属片弯曲。弯曲的曲率可以转换成一个输出信号。

（3）双金属杆和金属管传感器

随着温度升高，金属管（材料 A）长度增加，而不膨胀钢杆（金属 B）的长度并不增加，这样由于位置的改变，金属管的线性膨胀就可以进行传递。反过来，这种线性膨胀可以转换成一个输出信号。

（4）液体和气体的变形曲线设计的传感器

在温度变化时，液体和气体同样会相应产生体积的变化。

综上所述，多种类型的结构可以把这种膨胀的变化转换成位置的变化，这样产生位置的变化可以输出为电位计、感应偏差、挡流板等形式的结果。

22.11.2 Android 系统中的温度传感器

在 Android 系统中，早期版本的温度传感器值是 TYPE_TEMPERATURE，在新版本中被 TYPE_AMBIENT_TEMPERATURE 替换。Android 温度传感器的单位是℃，能够测量并返回当前的温度。

在 Android 内核平台中自带了大量的传感器源码，读者可以在 Rexsee 的开源社区 http://www.rexsee.com/ 找到相关的原生代码。其中使用温度传感器相关的原生代码如下所示。

```
package rexsee.sensor;

import rexsee.core.browser.JavascriptInterface;
import rexsee.core.browser.RexseeBrowser;
import android.content.Context;
import android.hardware.Sensor;
import android.hardware.SensorEvent;
import android.hardware.SensorEventListener;
import android.hardware.SensorManager;

public class RexseeSensorTemperature implements JavascriptInterface {

        private static final String INTERFACE_NAME = "Temperature";
        @Override
        public String getInterfaceName() {
                return mBrowser.application.resources.prefix + INTERFACE_NAME;
        }
        @Override
        public JavascriptInterface getInheritInterface(RexseeBrowser childBrowser) {
                return this;
        }
        @Override
        public JavascriptInterface getNewInterface(RexseeBrowser childBrowser) {
                return new RexseeSensorTemperature(childBrowser);
        }

        public static final String EVENT_ONTEMPERATURECHANGED = "onTemperatureChanged";

        private final Context mContext;
```

```
private final RexseeBrowser mBrowser;
private final SensorManager mSensorManager;
private final SensorEventListener mSensorListener;
private final Sensor mSensor;

private int mRate = SensorManager.SENSOR_DELAY_NORMAL;
private int mCycle = 100; //milliseconds
private int mEventCycle = 100; //milliseconds
private float mAccuracy = 0;

private long lastUpdate = -1;
private long lastEvent = -1;

private float value = -999f;

public RexseeSensorTemperature(RexseeBrowser browser) {
        mContext = browser.getContext();
        mBrowser = browser;
        browser.eventList.add(EVENT_ONTEMPERATURECHANGED);

        mSensorManager = (SensorManager) mContext.getSystemService(Context.SENSOR_SERVICE);

        mSensor = mSensorManager.getDefaultSensor(Sensor.TYPE_TEMPERATURE);

        mSensorListener = new SensorEventListener() {
                @Override
                public void onAccuracyChanged(Sensor sensor, int accuracy) {
                }
                @Override
                public void onSensorChanged(SensorEvent event) {
                        if (event.sensor.getType() != Sensor.TYPE_TEMPERATURE) return;
                        long curTime = System.currentTimeMillis();
                        if (lastUpdate == -1 || (curTime - lastUpdate) > mCycle) {
                                lastUpdate = curTime;
                                float lastValue = value;
                                value = event.values[SensorManager.DATA_X];
                                if (lastEvent == -1 || (curTime - lastEvent) > mEventCycle) {
                                        if (Math.abs(value - lastValue) > mAccuracy) {
                                                lastEvent = curTime;

mBrowser.eventList.run(EVENT_ONTEMPERATURECHANGED);
                                        }
                                }
                        }
                }
        };

}

public String getLastKnownValue() {
        return (value == -999) ? "null" : String.valueOf(value);
}
```

```
        public void setRate(String rate) {
                mRate = SensorRate.getInt(rate);
        }
        public String getRate() {
                return SensorRate.getString(mRate);
        }
        public void setCycle(int milliseconds) {
                mCycle = milliseconds;
        }
        public int getCycle() {
                return mCycle;
        }
        public void setEventCycle(int milliseconds) {
                mEventCycle = milliseconds;
        }
        public int getEventCycle() {
                return mEventCycle;
        }
        public void setAccuracy(float value) {
                mAccuracy = Math.abs(value);
        }
        public float getAccuracy() {
                return mAccuracy;
        }

        public boolean isReady() {
                return (mSensor == null) ? false : true;
        }
        public void start() {
                if (isReady()) {
                        mSensorManager.registerListener(mSensorListener, mSensor, mRate);
                } else {
                        mBrowser.exception(getInterfaceName(), "Temperature sensor is not found.");
                }
        }
        public void stop() {
                if (isReady()) {
                        mSensorManager.unregisterListener(mSensorListener);
                }
        }

}
```

22.12 使用湿度传感器

知识点讲解：光盘:视频\知识点\第 22 章\使用湿度传感器.avi

人类的生存和社会活动与湿度密切相关。随着现代化的实现，很难找出一个与湿度无关的领域。由于应用领域不同，对湿度传感器的技术要求也不同。在 Android 系统中，湿度传感器的值是 TYPE_

RELATIVE_HUMIDITY，单位是%，能够测量周围环境的相对湿度。Android 系统中的湿度与光线、气压、温度传感器的使用方式相同，可以从湿度传感器读取到相对湿度的原始数据。而且，如果设备同时提供了湿度传感器（TYPE_RELATIVE_HUMIDITY）和温度传感器（TYPE_AMBIENT_TEMPERATURE ），那么就可以用这两个数据流来计算出结露点和绝对湿度。

（1）结露点

结露点是在固定的气压下，空气中所含的气态水达到饱和而凝结成液态水所需要降至的温度。以下给出了计算结露点温度的公式：

$$t_d(t, RH) = T_n \bullet \frac{\ln(RH / 100\%) + m \bullet t / (T_n + t)}{m - [\ln(RH / 100\%) + m \bullet t / (T_n + t)]}$$

在上述公式中，各个参数的具体说明如下。

- ☑ t_d = 结露点温度，单位是℃。
- ☑ t = 当前温度，单位是℃。
- ☑ RH = 当前相对湿度，单位是百分比（%）。
- ☑ m = 18.62。
- ☑ T_n = 243.12℃。

（2）绝对湿度

绝对湿度是在一定体积的干燥空气中含有的水蒸气的质量。绝对湿度的计量单位是克/立方米。以下给出了计算绝对湿度的公式：

$$d_v(t, RH) = 218.7 \bullet \frac{(RH / 100\%) \bullet A \bullet \exp / (m \bullet t / (T_n + t))}{273.15 + t}$$

在上述公式中，各个参数的具体说明如下。

- ☑ d_v = 绝对湿度，单位是 g/m^3。
- ☑ t = 当前温度，单位是℃。
- ☑ RH = 当前相对湿度，单位是百分比（%）。
- ☑ m = 18.62。
- ☑ T_n = 243.12℃。
- ☑ A = 6.112 hPa。

第 23 章　近距离通信应用详解

目前有多种短距离无线传输技术可以应用在物联网中，在国内除了已经得到大规模应用的 RFID 之外，还有 WiFi、ZigBee 和蓝牙等比较成熟的技术，以及基于这些技术发展而来的新技术。这些技术各具特点，因对其传输速度、距离、耗电量等方面的要求不同，形成了各自不同的物联网应用场景。本章将详细讲解在 Android 设备中开发近距离通信程序的基本知识。

23.1　近距离无线通信技术概览

知识点讲解：光盘:视频\知识点\第 23 章\近距离无线通信技术概览.avi

在物联网中物与网相连的最后数米，发挥关键作用的是短距离无线传输技术。随着 Android 系统的普及和发展，Android 已经成为物联网设备的首选系统。本节将简要介绍在 Android 设备中实现短距离无线通信的常用技术。

23.1.1　ZigBee——低功耗、自组网

ZigBee 以其鲜明的技术特点在物联网中受到了高度关注，该技术使用的频段分别为 2.4GHz、868MHz（欧洲）及 915MHz（美国）。其主要的技术特点有：一是数据传输速率低，只有 10Kbps～250Kbps；二是功耗低，低传输速率带来了仅为 1 毫瓦的低发射功率，据估算，ZigBee 设备仅靠两节 5 号电池就可以维持长达 6 个月到两年左右的使用时间，这是 ZigBee 的一个独特优势；三是成本低，因为 ZigBee 传输速率低、协议简单；四是网络容量大，每个 ZigBee 网络最多可以支持 255 个设备，一个区域内可以同时存在最多 100 个 ZigBee 网络，网络组成灵活。ZigBee 芯片主要企业有德州仪器、飞思卡尔等。市场调研机构 ABI Research 的一份数据显示，2005 年到 2012 年，ZigBee 市场的年均复合增长率为 63%。

“ZigBee 是从家庭自动化开始的，在瑞典哥德堡就是从智能电表开始，然后进一步用到燃气表、水表、热力表等家庭各种计量表。”在 2011 年中国无线世界暨物联网大会上，ZigBee 联盟大中华区代表黄家瑞说，“ZigBee 在智能电表里不仅仅是远程抄表工具，它是一个终端，也是一个网关，这些网关结合在一起，整个小区就变成了智能电网小区，智能电表可以搜集家里所有家电的用电信息。”

目前，ZigBee 正在完善其网关标准，2011 年 7 月底发布了第十个标准 ZigBee Gateway（ZigBee 网关）。ZigBee Gateway 提供了一种简单、高成本效益的互联网连接方式，使服务提供商、企业和个人消费者有机会运行这些设备并将 ZigBee 网络连接至互联网。ZigBee Gateway 是 ZigBee Network Device（ZigBee 网络设备）这一新类别范畴的首个标准，这将使 ZigBee 发展进一步提速。

23.1.2　WiFi——大带宽支持家庭互联

WiFi 是以太网的一种无线扩展技术，如果有多个用户同时通过一个热点接入，带宽将被这些用户共享，WiFi 的速率会降低。处于 2.4GHz 频段的 WiFi 信号受墙壁阻隔的影响较小。WiFi 的传输速率随着技术的演

进还在不断提高，我国电信运营商在构建无线城市中采用的 WiFi 技术部分已经升级到 802.11n，最高速率从 802.11g 标准的 11Mbps 提高到 50Mbps 以上。在 WiFi 产业链中，最大的芯片企业是博通。

在笔记本电脑和手机上已经得到广泛应用的 WiFi 正在向消费电子产品渗透，WiFi 联盟董事 Myron Hattig 说："除了手机外，已经有 25%的消费类电子设备使用 WiFi，在打印机、洗衣机上都在使用 WiFi，家用电器生产商协会将 WiFi 作为一个更高级别的智能电器沟通技术。WiFi 可以将设备与设备相连，从而使整个家庭的家用电器、电子设备相连。"

基于 WiFi 上发展起来的 WiGiG 技术也是未来家庭互联市场有力的竞争技术。该技术可工作在 40GHz～60GHz 的超高频段，其传输速度可以达到 1Gbps 以上，不能穿过墙壁。目前英特尔、高通等芯片企业在支持 WiGiG 发展，目前该技术还在完善中，如需要进一步降低功耗等。

23.1.3　蓝牙——4.0 进入低功耗时代

使用"蓝牙"技术可以有效地简化移动通信终端设备之间的通信，也能够成功地简化设备与互联网 Internet 之间的通信，从而数据传输变得更加迅速高效，为无线通信拓宽道路。蓝牙采用分散式网络结构以及快跳频和短包技术，支持点对点及点对多点通信，工作在全球通用的 2.4GHz ISM（即工业、科学、医学）频段。蓝牙技术的数据传输速率为 1Mbps，采用时分双工传输方案实现全双工传输。

蓝牙是一种 Bluetooth 传输无线技术，许多行业的制造商都积极地在其产品中实施此技术，以减少使用零乱的电线，实现无缝链接、流传输立体声，传输数据或进行语音通信。Bluetooth 技术在 2.4GHz 波段运行，该波段是一种无须申请许可证的工业、科技、医学（ISM）无线电波段。正因如此，使用 Bluetooth 技术不需要支付任何费用，但必须向手机提供商注册使用 GSM 或 CDMA，除了设备费用外，不需要为使用 Bluetooth 技术再支付任何费用。

Bluetooth 技术得到了空前广泛的应用，集成该技术的产品从手机、汽车到医疗设备，使用该技术的用户从消费者、工业市场到企业等，不一而足。低功耗、小体积以及低成本的芯片解决方案使得 Bluetooth 技术甚至可以应用于极微小的设备中。

Bluetooth 技术是一项即时技术，它不要求固定的基础设施且易于安装和设置，不需要电缆即可实现连接。新用户使用亦不费力，我们只需拥有 Bluetooth 品牌产品，检查可用的配置文件，将其连接至使用同一配置文件的另一 Bluetooth 设备即可。后续的 PIN 码流程就如同在 ATM 机器上操作一样简单。外出时，可以随身带上你的个人局域网（PAN），甚至可以与其他网络连接。

蓝牙可以在包括移动电话、PDA、无线耳机、笔记本电脑、相关外设等众多设备之间进行无线信息交换。蓝牙采用分散式网络结构以及快跳频和短包技术，支持点对点及点对多点通信，工作在全球通用的 2.4GHz 频段，其数据速率为 1Mbps。

2010 年 7 月，以低功耗为特点的蓝牙 4.0 标准推出，蓝牙大中华区技术市场经理吕荣良将其看作蓝牙第二波发展高潮的标志，他表示："蓝牙可以跨领域应用，主要有 4 个生态系统，分别是智能手机与笔记本电脑等终端市场、消费电子市场、汽车前装市场和健身运动器材市场。"

NFC 和 UWB 曾经是十分受关注的短距离无线接入技术，但其发展已经日渐势微。业内专家认为，无线频谱的规划和利用在短距离通信中日益重要。短距离通信技术目前主要采用 2.4GHz 的开放频谱，但随着物联网的发展和大量短距离通信技术的应用，频谱需求会快速增长，视频、图像等大数据量的通信正在寻求更高频段的解决方案。

23.1.4　NFC——必将逐渐远离历史舞台

NFC 是近场通信（Near Field Communication）的缩写，此技术由非接触式射频识别（RFID）演变而来，由飞利浦半导体（现恩智浦半导体）、诺基亚和索尼共同研制开发，其基础是 RFID 及互联技术。NFC 是一种短距高频的无线电技术，在 13.56MHz 频率运行于 20 厘米距离内。其传输速度有 106Kbit/秒、212Kbit/秒或者 424Kbit/秒 3 种。目前近场通信已通过 ISO/IEC IS 18092 国际标准、ECMA-340 标准与 ETSI TS 102 190 标准。NFC 采用主动和被动两种读取模式。

NFC 近场通信技术是由非接触式射频识别（RFID）及互联互通技术整合演变而来，在单一芯片上结合感应式读卡器、感应式卡片和点对点的功能，能在短距离内与兼容设备进行识别和数据交换。工作频率为 13.56MHz，但是使用这种手机支付方案的用户必须更换特制的手机。目前这项技术在日韩被广泛应用。手机用户凭着配置了支付功能的手机就可以行遍全国：他们的手机可以用作机场登机验证、大厦的门禁钥匙、交通一卡通、信用卡、支付卡等。

NFC 和蓝牙（Bluetooth）都是短程通信技术，而且都被集成到移动电话。但 NFC 不需要复杂的设置程序。NFC 也可以简化蓝牙连接。NFC 略胜蓝牙的地方在于设置程序较短，但无法达到低功率蓝牙（Bluetooth Low Energy）的速度。在两台 NFC 设备相互连接的设备识别过程中，使用 NFC 来替代人工设置会使创建连接的速度大大加快，会少于 1/10 秒。

23.2 低功耗蓝牙基础

知识点讲解：光盘:视频\知识点\第 23 章\低功耗蓝牙基础.avi

BLE 是 Bluetooth Low Energy 的缩写，意为低功耗蓝牙，是对传统蓝牙 BR/EDR 技术的补充。尽管 BLE 和传统蓝牙都被称为蓝牙标准，并且都共享射频，但 BLE 是一个完全不一样的技术。BLE 不具备和传统蓝牙 BR/EDR 的兼容性，是专为小数据率、离散传输的应用而设计的。本节将详细讲解低功耗蓝牙技术的基本知识。

23.2.1 低功耗蓝牙的架构

BLE 协议架构总体上分成 3 层，从下到上分别是：控制器（Controller）、主机（Host）和应用端（Apps）。三者可以在同一芯片内实现，也可以分不同芯片内实现，控制器（Controller）是处理射频数据解析，接收和发送；主机（Host）是控制不同设备之间如何进行数据交换；应用端（Apps）实现具体应用。

（1）控制器 Controller

Controller 实现射频相关的模拟和数字部分，完成最基本的数据发送和接收，Controller 对外接口是天线，对内接口是主机控制器接口 HCI（Host Controller Interface）；控制器包含物理层 PHY（Physical Layer）、链路层 LL（Linker Layer）、直接测试模式 DTM（Direct Test mode）以及主机控制器接口 HCI。

☑ 物理层 PHY

GFSK 信号调制，2402MHz～2480MHz，40 个 channel，每两个 channel 间隔 2MHz（经典蓝牙协议是 1MHz），数据传输速率是 1Mbps。

☑ 直接测试模式 DTM

为射频物理层测试接口，射频数据分析用。

☑ 链路层 LL

基于物理层 PHY 之上，实现数据通道分发、状态切换、数据包校验、加密等；链路层 LL 分两种通道：广播通道（Advertising Channels）和数据通道（Data Channels）；广播通道有 3 个，37ch（2402MHz）、38ch（2426MHz）、39ch（2480MHz），每次广播都会向这 3 个通道同时发送（并不会在这 3 个通道之间跳频），为防止某个通道被其他设备阻塞以至于设备无法配对或广播数据，只所以定 3 个广播通道是一种权衡，少了可能会被阻塞，多了加大功耗。还有一个有意思的事情是，3 个广播通道刚好避开了 WiFi 的 1ch、6ch、11ch，所以在 BLE 广播时，不至于被 WiFi 影响；当 BLE 匹配之后，链路层 LL 由广播通道切换到数据通道，数据通道 37 个，数据传输时会在这 37 个通道间切换，切换规则在设备间匹配时约定。

（2）主机 Host/控制器 Controller 接口 HCI

HCI 作为一种接口，存在于主机 Host 和控制器 Controller 中，控制器 Host 通过 HCI 发送数据和事件给主机，主机 Host 通过 HCI 发送命令和数据给控制器 Controller。HCI 逻辑上定义一系列的命令、事件；物理上有 UART、SDIO、USB，实际可能包含里面的任意一种或几种。

23.2.2　低功耗蓝牙分类

BLE 通常应用在传感器和智能手机或者平板的通信中。到目前为止，只有很少的智能机和平板支持 BLE，如 iPhone 4S 以后的苹果手机，Motorola Razr 和 the new iPad 及其以后的 iPad。安卓手机也逐渐支持 BLE，安卓的 BLE 标准在 2013 年 7 月 24 日发布。智能机和平板会带双模蓝牙的基带和协议栈，协议栈中包括 GATT 及以下的所有部分，但是没有 GATT 之上的具体协议。所以，这些具体的协议需要在应用程序中实现，实现时需要基于各个 GATT API 集。这样有利于在智能机端简单地实现具体协议，也可以在智能机端简单地开发出一套基于 GATT 的私有协议。

在现实应用中，低功耗蓝牙分为单模（Bluetooth Smart）和双模（Bluetooth Smart Ready）两种设备。BLE 和蓝牙 BR/EDR 有所区分，这样可以让我们用 3 种方式将蓝牙技术集成到具体设备中。因为不再是所有现有的蓝牙设备可以和另一个蓝牙设备进行互联，所以准确描述产品中蓝牙的版本是非常重要的。下面将详细讲解单模蓝牙和双模蓝牙的基本知识。

（1）单模蓝牙

单模蓝牙设备被称为 Bluetooth Smart 设备，并且有专用的 Logo，如图 23-1 所示。

在现实应用中，手表、运动传感器等小型设备通常是基于低功耗单模蓝牙的。为了实现极低的功耗效果，在硬件和软件上都进行了优化，这样的设备只能支持 BLE。单模蓝牙芯片往往是一个带有单模蓝牙协议栈的产品，这个协议栈通常是芯片商免费提供的。

（2）双模蓝牙

双模蓝牙设备被称为 Bluetooth Smart Ready 设备，并且有专用的 Logo，如图 23-2 所示。

图 23-1　Bluetooth Smart 设备

图 23-2　Bluetooth Smart Ready 设备

双模设备支持蓝牙 BR/EDR 和 BLE。在双模设备中，BR/EDR 和 BLE 技术使用同一个射频前端和天线。典型的双模设备有智能手机、平板电脑、PC 和 Gateway。这些设备可以接收到通过 BLE 或者蓝牙 BR/EDR 设备发送过来的数据，这些设备往往都有足够的供电能力。双模设备和 BLE 设备通信的功耗低于双模设备和蓝牙 BR/EDR 设备通信的功耗。在使用双模解决方案时，需要用一个外部处理器才可以实现蓝牙协议栈。

23.2.3　可穿戴设备的兴起

到目前为止，当大家谈到可穿戴设备时都要提到一个参数：支持蓝牙还是用无线网络与智能手机相连。这是衡量可穿戴设备是否能与智能手机上的软件顺利“对话”的主要依据。其实在过去的一段时间内，大家已经习惯了 Bluetooth X.0 版的说法，其实从 Bluetooth 4.0 开始，这项技术被 Bluetooth SIG（Special Interest

Group，负责推动蓝牙技术标准的开发和将其授权给制造商的非营利组织）改名为Bluetooth Smart或Bluetooth Smart Ready。Bluetooth SIG 首席营销官 Suke Jawanda 对 PingWest 说："未来 Bluetooth SIG 也将继续淡化 X.0 的概念，将更加强调 Bluetooth Smart，原因是 X.0 是说给极客听的，而 Bluetooth SIG 希望普通消费者也能听懂。"

可穿戴设备与智能手机之间的数据传输方式对蓝牙技术的要求也与以往不同。Suke Jawanda 用自己手腕上的 Fitbit Flex 举例，"过去当我们谈到蓝牙技术和数据传输，主要考虑的是类似 Spotify 这种在一个较长的时间段里输送数据的需求，现在像 Fitbit Flex 是先收集数据，再断续在某些'时刻'里将数据传送到用户的手机上，两种数据传输方式不同。Bluetooth Smart 的低耗能技术就可以满足这一需求了。"

Suke Jawanda 向 PingWest 解释说："现在不少设备制造商都在强调自己支持蓝牙低耗能技术（Bluetooth Low Energy），其实它只是 Bluetooth Smart 其中的一个功能。支持 Bluetooth Smart 的设备都支持蓝牙低耗能技术"。

虽然特意强调低耗能技术是给消费者造成一种"省电省流量"的印象，但是换个角度来看，每个产品说明自己支持 Bluetooth Smart 的背后就是可穿戴设备为什么在此时流行的重要原因之一——Bluetooth Smart 对操作系统和硬件设备的支持情况，决定了可穿戴设备能否以较低的成本与软件进行数据传输，接下来才是解决软件获得数据之后怎么处理的问题。

根据 Suke Jawanda 的介绍，Bluetooth Smart 对可穿戴设备的支持分成硬件和软件两种。以 Fitbit 为例，如果 Fitbit 开发一款新的产品，支持 Bluetooth Smart，同时要求软件也就是从 iOS 或者 Android——操作系统层面要支持 Bluetooth Smart，苹果是从 iOS 5（iPhone 4S 以及以上版本的手机）开始支持 Bluetooth Smart，而 Google 直到 Android 4.3 才开始支持。

当然 Bluetooth Smart 并不是唯一推动穿戴设备发展的原因，有些可穿戴设备可以用其他方式传输数据，例如无线网络，但是人们不可能一直在无线网络环境下生活。

除了可穿戴设备外，汽车除了用蓝牙接打电话，还能做些什么？Suke Jawanda 说："现在我们知道汽车能做到的是通过蓝牙进行语音操作、接打电话，未来我们想象使用蓝牙技术可以不再用钥匙，你的手机就可以作为车钥匙；另一个是利用更多的传感器收集数据，让车与车之间'对话'，例如你的车可以知道前后 3 辆车的时速，当他们减速时你的车能提醒你前方的车在减速可能是遇到什么情况等。但这里最大的问题是汽车行业技术滞后，例如你现在看到的一个汽车领域的新技术，真正应用到生产、被推广也许是两三年后的事情，而且人们买一辆车的期待是要用 10～15 年的，也就是说你买了一辆车之后有可能 10 年内都体验不到汽车领域的新技术了，这个问题现在还没有很好的解决方案。"。

（注意：23.2.3 节的内容引用自"ZOL 网的科技频道：http://news.zol.com.cn/article/179109.html"。）

23.3 和蓝牙相关的类

知识点讲解：光盘:视频\知识点\第 23 章\和蓝牙相关的类.avi

经过本章前面内容的学习，读者已经了解了 Android 系统中蓝牙的基本知识，通过对从底层到应用的学习，了解了蓝牙的工作原理和机制。下面将详细讲解在 Android 系统中和蓝牙相关的类。

23.3.1 BluetoothSocket 类

1. BluetoothSocket 类基础

类 BluetoothSocket 的定义格式如下所示。

public static class Gallery.LayoutParams extends ViewGroup.LayoutParams

类 BluetoothSocket 的定义结构如下所示。

java.lang.Object
android.view. ViewGroup.LayoutParams
android.widget.Gallery.LayoutParams

Android的蓝牙系统和Socket套接字密切相关，蓝牙端的监听接口和TCP的端口类似，都是使用了Socket和 ServerSocket 类。在服务器端，使用 BluetoothServerSocket 类来创建一个监听服务端口。当一个连接被 BluetoothServerSocket 所接受，它会返回一个新的 BluetoothSocket 来管理该连接。在客户端，使用一个单独的 BluetoothSocket 类去初始化一个外接连接并管理该连接。

最常使用的蓝牙端口是 RFCOMM，它是被 Android API 支持的类型。RFCOMM 是一个面向连接，通过蓝牙模块进行的数据流传输方式，它也被称为串行端口规范（Serial Port Profile，SPP）。

为了创建一个 BluetoothSocket 去连接到一个已知设备，使用方法 BluetoothDevice.createRfcommSocketToServiceRecord()。然后调用 connect()方法去尝试一个面向远程设备的连接。这个调用将被阻塞指导一个连接已经建立或者该连接失效。

为了创建一个 BluetoothSocket 作为服务端（或者“主机”），每当该端口连接成功后，无论它初始化为客户端或者被接受作为服务器端，都通过方法 getInputStream()和 getOutputStream()来打开 I/O 流，从而获得各自的 InputStream 和 OutputStream 对象。

BluetoothSocket 类的线程是安全的，因为 close()方法总会马上放弃外界操作并关闭服务器端口。

2．BluetoothSocket 类的公共方法

（1）public void close()

功能：马上关闭该端口并且释放所有相关的资源。在其他线程的该端口中引起阻塞，从而使系统马上抛出一个 I/O 异常。

异常：IOException。

（2）public void connect()

功能：尝试连接到远程设备。该方法将阻塞，指导一个连接建立或者失效。如果该方法没有返回异常值，则该端口现在已经建立。当设备查找正在进行时，创建对远程蓝牙设备的新连接不可被尝试。设备查找在蓝牙适配器上是一个重量级过程，并且肯定会降低一个设备的连接。使用 cancelDiscovery()方法会取消一个外界的查询，因为这个查询并不由活动所管理，而是作为一个系统服务来运行，所以即使它不能直接请求一个查询，应用程序也总会调用 cancelDiscovery()方法。使用方法 close()可以用来放弃从另一线程而来的调用。

异常：IOException，表示一个错误，例如连接失败。

（3）public InputStream getInputStream()

功能：通过连接的端口获得输入数据流。即使该端口未连接，该输入数据流也会返回。不过在该数据流上的操作将抛出异常，直到相关的连接已经建立。

返回值：输入流。

异常：IOException。

（4）public OutputStream getOutputStream()

功能：通过连接的端口获得输出数据流。即使该端口未连接，该输出数据流也会返回。不过在该数据流上的操作将抛出异常，直到相关的连接已经建立。

返回值：输出流。

异常：IOException。

（5）public BluetoothDevice getRemoteDevice()

功能：获得该端口正在连接或者已经连接的远程设备。

返回值：远程设备。

23.3.2 BluetoothServerSocket 类

1．BluetoothServerSocket 类基础

类 BluetoothServerSocket 的格式如下所示。

public final class BluetoothServerSocket extends Object implements Closeable

类 BluetoothServerSocket 的结构如下所示。

java.lang.Object
android.bluetooth.BluetoothServerSocket

2．BluetoothServerSocket 类的公共方法

（1）public BluetoothSocketaccept (int timeout)

功能：阻塞直到超时时间内的连接建立。在一个成功建立的连接上返回一个已连接的 BluetoothSocket 类。每当该调用返回时，它可以再次调用去接收以后新来的连接。close()方法可以用来放弃从另一线程来的调用。

参数 timeout：表示阻塞超时时间。

返回值：已连接的 BluetoothSocket。

异常：IOException，表示出现错误，例如该调用被放弃或超时。

（2）public BluetoothSocket accept()

功能：阻塞直到一个连接已经建立。在一个成功建立的连接上返回一个已连接的 BluetoothSocket 类。每当该调用返回时，它可以再次调用去接收以后新来的连接。使用 close()方法可以用来放弃从另一线程来的调用。

返回值：已连接的 BluetoothSocket。

异常：IOException，表示出现错误，例如该调用被放弃或者超时。

（3）public void close()

功能：马上关闭端口，并释放所有相关的资源。在其他线程的该端口中引起阻塞，从而使系统马上抛出一个 I/O 异常。关闭 BluetoothServerSocket 不会关闭接收自 accept()的任意 BluetoothSocket。

异常：IOException。

23.3.3 BluetoothAdapter 类

1．BluetoothAdapter 类基础

类 BluetoothAdapter 的格式如下所示。

public final class BluetoothAdapter extends Object

类 BluetoothAdapter 的结构如下所示。

java.lang.Object
android.bluetooth.BluetoothAdapter

BluetoothAdapter 代表本地的蓝牙适配器设备，通过此类可以让用户能执行基本的蓝牙任务。例如初始化设备的搜索，查询可匹配的设备集，使用一个已知的 MAC 地址来初始化一个 BluetoothDevice 类，创建

一个 BluetoothServerSocket 类以监听其他设备对本机的连接请求等。

为了得到这个代表本地蓝牙适配器的 BluetoothAdapter 类，需要调用静态方法 getDefaultAdapter()，这是所有蓝牙动作使用的第一步。当拥有本地适配器以后，用户可以获得一系列的 BluetoothDevice 对象，这些对象代表所有拥有 getBondedDevice()方法的已经匹配的设备；用 startDiscovery()方法来开始设备的搜寻；或者创建一个 BluetoothServerSocket 类，通过 listenUsingRfcommWithServiceRecord(String,UUID)方法来监听新来的连接请求。

注意： 大部分方法需要 BLUETOOTH 权限，一些方法同时需要 BLUETOOTH_ADMIN 权限。

2. BluetoothAdapter 类的常量

（1）String ACTION_DISCOVERY_FINISHED

广播事件：本地蓝牙适配器已经完成设备的搜寻过程。需要 BLUETOOTH 权限接收。

常量值：android.bluetooth.adapter.action.DISCOVERY_FINISHED。

（2）String ACTION_DISCOVERY_STARTED

广播事件：本地蓝牙适配器已经开始对远程设备的搜寻过程。它通常涉及一个大概需时 12 秒的查询扫描过程，紧跟着是一个对每个获取到自身蓝牙名称的新设备的页面扫描。用户会发现一个把 ACTION_FOUND 常量通知为远程蓝牙设备的注册。设备查找是一个重量级过程。当查找正在进行时，用户不能尝试对新的远程蓝牙设备进行连接，同时存在的连接将获得有限制的带宽以及高等待时间。用户可用 cancelDiscovery()类取消正在执行的查找进程。需要 BLUETOOTH 权限接收。

常量值：android.bluetooth.adapter.action.DISCOVERY_STARTED。

（3）String ACTION_LOCAL_NAME_CHANGED

广播活动：本地蓝牙适配器已经更改了它的蓝牙名称。该名称对远程蓝牙设备是可见的，它总是包含了一个带有名称的 EXTRA_LOCAL_NAME 附加域。需要 BLUETOOTH 权限接收。

常量值：android.bluetooth.adapter.action.LOCAL_NAME_CHANGED。

（4）String ACTION_REQUEST_DISCOVERABLE

Activity 活动：显示一个请求被搜寻模式的系统活动。如果蓝牙模块当前未打开，该活动也将请求用户打开蓝牙模块。被搜寻模式和 SCAN_MODE_CONNECTABLE_DISCOVERABLE 等价。当远程设备执行查找进程时，它允许其发现该蓝牙适配器。从隐私安全考虑，Android 不会将被搜寻模式设置为默认状态。该意图的发送者可以选择性地运用 EXTRA_DISCOVERABLE_DURATION 这个附加域去请求发现设备的持续时间。对于每个请求，普遍的默认持续时间为 120 秒，最大值则可达到 300 秒。

Android 运用 onActivityResult(int, int, Intent)回收方法来传递该活动结果的通知。被搜寻的时间（以秒为单位）将通过 resultCode 值来显示，如果用户拒绝被搜寻或者设备产生了错误，则通过 RESULT_CANCELED 值来显示。

每当扫描模式变化时，应用程序可以通过 ACTION_SCAN_MODE_CHANGED 值来监听全局的消息通知。例如，当设备停止被搜寻以后，该消息可以被系统通知给应用程序。需要 BLUETOOTH 权限。

常量值：android.bluetooth.adapter.action.REQUEST_DISCOVERABLE。

（5）String ACTION_REQUEST_ENABLE

Activity 活动：显示一个允许用户打开蓝牙模块的系统活动。当蓝牙模块完成打开工作，或者当用户决定不打开蓝牙模块时，系统活动将返回该值。Android 运用 onActivityResult(int, int, Intent)回收方法来传递该活动结果的通知。如果蓝牙模块被打开，将通过 resultCode 值 RESULT_OK 来显示；如果用户拒绝该请求，或者设备产生了错误，则通过 RESULT_CANCELED 值来显示。每当蓝牙模块被打开或者关闭，应用程序可以通过 ACTION_STATE_CHANGED 值来监听全局的消息通知。需要 BLUETOOTH 权限。

常量值：android.bluetooth.adapter.action.REQUEST_ENABLE。

（6）String ACTION_SCAN_MODE_CHANGED

广播活动：指明蓝牙扫描模块或者本地适配器已经发生变化。它总是包含 EXTRA_SCAN_MODE 和 EXTRA_PREVIOUS_SCAN_MODE。这两个附加域各自包含了新的和旧的扫描模式。需要 BLUETOOTH 权限。

常量值：android.bluetooth.adapter.action.SCAN_MODE_CHANGED。

（7）String ACTION_STATE_CHANGED

广播活动：本来的蓝牙适配器的状态已经改变，例如蓝牙模块已经被打开或者关闭。它总是包含 EXTRA_STATE 和 EXTRA_PREVIOUS_STATE。这两个附加域各自包含了新的和旧的状态。需要 BLUETOOTH 权限接收。

常量值：android.bluetooth.adapter.action.STATE_CHANGED。

（8）int ERROR

功能：标记该类的错误值，确保和该类中的任意其他整数常量不相等。它为需要一个标记错误值的函数提供了便利。例如：

```
Intent.getIntExtra(BluetoothAdapter.EXTRA_STATE, BluetoothAdapter.ERROR)
```

常量值：-2147483648(0x80000000)。

（9）String EXTRA_DISCOVERABLE_DURATION

功能：试图在 ACTION_REQUEST_DISCOVERABLE 常量中作为一个可选的整型附加域，来为短时间内的设备发现请求一个特定的持续时间。默认值为 120 秒，超过 300 秒的请求将被限制。这些值是可以变化的。

常量值：android.bluetooth.adapter.extra.DISCOVERABLE_DURATION。

（10）String EXTRA_LOCAL_NAME

功能：试图在 ACTION_LOCAL_NAME_CHANGED 常量中作为一个字符串附加域，来请求本地蓝牙的名称。

常量值：android.bluetooth.adapter.extra.LOCAL_NAME。

（11）String EXTRA_PREVIOUS_SCAN_MODE

功能：试图在 ACTION_SCAN_MODE_CHANGED 常量中作为一个整型附加域，来请求以前的扫描模式。可能值如下。

☑ SCAN_MODE_NONE。

☑ SCAN_MODE_CONNECTABLE。

☑ SCAN_MODE_CONNECTABLE_DISCOVERABLE。

常量值：android.bluetooth.adapter.extra.PREVIOUS_SCAN_MODE。

（12）String EXTRA_PREVIOUS_STATE

功能：试图在 ACTION_STATE_CHANGED 常量中作为一个整型附加域，来请求以前的供电状态。可以取的值如下。

☑ STATE_OFF。

☑ STATE_TURNING_ON。

☑ STATE_ON。

☑ STATE_TURNING_OFF。

常量值：android.bluetooth.adapter.extra.PREVIOUS_STATE。

（13）String EXTRA_SCAN_MODE

功能：试图在 ACTION_SCAN_MODE_CHANGED 常量中作为一个整型附加域，来请求当前的扫描模式，可以取的值如下。

☑ SCAN_MODE_NONE。
☑ SCAN_MODE_CONNECTABLE。
☑ SCAN_MODE_CONNECTABLE_DISCOVERABLE。

常量值：android.bluetooth.adapter.extra.SCAN_MODE。

（14）String EXTRA_STATE

功能：试图在 ACTION_STATE_CHANGED 常量中作为一个整型附加域，来请求当前的供电状态。可以取的值如下。

☑ STATE_OFF。
☑ STATE_TURNING_ON。
☑ STATE_ON。
☑ STATE_TURNING_OFF。

常量值：android.bluetooth.adapter.extra.STATE。

（15）int SCAN_MODE_CONNECTABLE

功能：指明在本地蓝牙适配器中，查询扫描功能失效，但页面扫描功能有效。因此该设备不能被远程蓝牙设备发现，但如果以前曾经发现过该设备，则远程设备可以对其进行连接。

常量值：21（0x00000015）。

（16）int SCAN_MODE_CONNECTABLE_DISCOVERABLE

功能：指明在本地蓝牙适配器中，查询扫描功能和页面扫描功能都有效。因此该设备既可以被远程蓝牙设备发现，也可以被其连接。

常量值：2（0x00000017）。

（17）int SCAN_MODE_NONE

功能：指明在本地蓝牙适配器中，查询扫描功能和页面扫描功能都失效. 因此该设备既不可以被远程蓝牙设备发现，也不可以被其连接。

常量值：20（0x00000014）。

（18）int STATE_OFF

功能：指明本地蓝牙适配器模块已经关闭。

常量值：10（0x0000000a）。

（19）int STATE_ON

功能：指明本地蓝牙适配器模块已经打开并且准备被使用。

（20）int STATE_TURNING_OFF

功能：指明本地蓝牙适配器模块正在关闭。本地客户端可以立刻尝试友好地断开任意外部连接。

常量值：13（0x0000000d）。

（21）int STATE_TURNING_ON

功能：指明本地蓝牙适配器模块正在打开，然而本地客户在尝试使用这个适配器之前需要为 STATE_ON 状态而等待。

常量值：11（0x0000000b）。

3．BluetoothAdapter 类的公共方法

（1）public boolean cancelDiscovery()

功能：取消当前的设备发现查找进程，需要 BLUETOOTH_ADMIN 权限。因为对蓝牙适配器而言，查找是一个重量级的过程，因此这个方法必须在尝试连接到远程设备前使用 connect()方法进行调用。发现的过程不会由活动来进行管理，但是它会作为一个系统服务来运行，因此即使它不能直接请求这样的一个查

询动作，也必须取消该搜索进程。如果蓝牙状态不是 STATE_ON，这个 API 将返回 false。蓝牙打开后，等待 ACTION_STATE_CHANGED 更新成 STATE_ON。

返回值：如成功则返回 true，错误则返回 false。

（2）public static boolean checkBluetoothAddress(String address)

功能：验证如"00:43:A8:23:10:F0"之类的蓝牙地址，字母必须为大写才有效。

参数 address：字符串形式的蓝牙模块地址。

返回值：地址正确则返回 true，否则返回 false。

（3）public boolean disable()

功能：关闭本地蓝牙适配器——不能在没有明确关闭蓝牙的用户动作中使用。这个方法友好地停止所有的蓝牙连接，停止蓝牙系统服务，以及对所有基础蓝牙硬件进行断电。没有用户的直接同意，蓝牙永远不能被禁止。这个 disable()方法只提供了一个应用，该应用包含了一个改变系统设置的用户界面（例如“电源控制”应用）。

这是一个异步调用方法：该方法将马上获得返回值，用户要通过监听 ACTION_STATE_CHANGED 值来获取随后的适配器状态改变的通知。如果该调用返回 true 值，则该适配器状态会立刻从 STATE_ON 转向 STATE_TURNING_OFF，稍后则会转为 STATE_OFF 或者 STATE_ON。如果该调用返回 false，那么系统已经有一个保护蓝牙适配器被关闭的问题，例如该适配器已经被关闭了。

需要 BLUETOOTH_ADMIN 权限。

返回值：如果蓝牙适配器的停止进程已经开启则返回 true，如果产生错误则返回 false。

（4）public boolean enable()

功能：打开本地蓝牙适配器——不能在没有明确打开蓝牙的用户动作中使用。该方法将为基础的蓝牙硬件供电，并且启动所有的蓝牙系统服务。没有用户的直接同意，蓝牙永远不能被禁止。如果用户为了创建无线连接而打开了蓝牙模块，则其需要 ACTION_REQUEST_ENABLE 值，该值将提出一个请求用户允许以打开蓝牙模块的会话。这个 enable()值只提供了一个应用，该应用包含了一个改变系统设置的用户界面（例如“电源控制”应用）。

这是一个异步调用方法：该方法将马上获得返回值，用户要通过监听 ACTION_STATE_CHANGED 值来获取随后的适配器状态改变的通知。如果该调用返回 true 值，则该适配器状态会立刻从 STATE_OFF 转向 STATE_TURNING_ON，稍后则会转为 STATE_OFF 或者 STATE_ON。如果该调用返回 false，那么说明系统已经有一个保护蓝牙适配器被打开的问题，例如飞行模式，或者该适配器已经被打开。

需要 BLUETOOTH_ADMIN 权限。

返回值：如果蓝牙适配器的打开进程已经开启则返回 true，如果产生错误则返回 false。

（5）public String getAddress()

功能：返回本地蓝牙适配器的硬件地址，例如：

```
00:11:22:AA:BB:CC
```

需要 BLUETOOTH 权限。

返回值：字符串形式的蓝牙模块地址。

（6）public Set<BluetoothDevice>getBondedDevices()

功能：返回已经匹配到本地适配器的 BluetoothDevice 类的对象集合。如果蓝牙状态不是 STATE_ON，这个 API 将返回 false。蓝牙打开后，等待 ACTION_STATE_CHANGED 更新成 STATE_ON。需要 BLUETOOTH 权限。

返回值：未被修改的 BluetoothDevice 类的对象集合，如果有错误则返回 null。

（7）public static synchronized BluetoothAdapter getDefaultAdapter()

功能：获取对默认本地蓝牙适配器的操作权限。目前 Andoird 只支持一个蓝牙适配器，但是 API 可以被

扩展为支持多个适配器。该方法总是返回默认的适配器。

返回值：返回默认的本地适配器，如果蓝牙适配器在该硬件平台上不能被支持，则返回 null。

（8）public String getName()

功能：获取本地蓝牙适配器的蓝牙名称，这个名称对于外界蓝牙设备而言是可见的。需要 BLUETOOTH 权限。

返回值：该蓝牙适配器名称，如果有错误则返回 null。

（9）public BluetoothDevice getRemoteDevice(String address)

功能：为给予的蓝牙硬件地址获取一个 BluetoothDevice 对象。合法的蓝牙硬件地址必须为大写，格式类似于 00:11:22:33:AA:BB。checkBluetoothAddress(String) 方法可以用来验证蓝牙地址的正确性。BluetoothDevice 类对于合法的硬件地址总会产生返回值，即使这个适配器从未见过该设备。

参数：address 合法的蓝牙 MAC 地址。

异常：IllegalArgumentException，如果地址不合法。

（10）public int getScanMode()

功能：获取本地蓝牙适配器的当前蓝牙扫描模式，蓝牙扫描模式决定本地适配器可连接并且/或者可被远程蓝牙设备所连接。需要 BLUETOOTH 权限，可能的取值如下。

☑ SCAN_MODE_NONE。

☑ SCAN_MODE_CONNECTABLE。

☑ SCAN_MODE_CONNECTABLE_DISCOVERABLE。

如果蓝牙状态不是 STATE_ON，则这个 API 将返回 false。蓝牙打开后，等待 ACTION_STATE_ CHANGED 更新成 STATE_ON。

返回值：扫描模式。

（11）public int getState()

功能：获取本地蓝牙适配器的当前状态，需要 BLUETOOTH 类。可能的取值如下。

☑ STATE_OFF。

☑ STATE_TURNING_ON。

☑ STATE_ON。

☑ STATE_TURNING_OFF。

返回值：蓝牙适配器的当前状态。

（12）public boolean isDiscovering()

功能：如果当前蓝牙适配器正处于设备发现查找进程中，则返回真值。设备查找是一个重量级过程。当查找正在进行时，用户不能尝试对新的远程蓝牙设备进行连接，同时存在的连接将获得有限制的带宽以及高等待时间。用户可用 cencelDiscovery()类来取消正在执行的查找进程。

应用程序也可以为 ACTION_DISCOVERY_STARTED 或者 ACTION_DISCOVERY_FINISHED 进行注册，从而当查找开始或者完成时，可以获得通知。

如果蓝牙状态不是 STATE_ON，这个 API 将返回 false。蓝牙打开后，等待 ACTION_STATE_CHANGED 更新成 STATE_ON。需要 BLUETOOTH 权限。

返回值：如果正在查找，则返回 true。

（13）public boolean isEnabled()

功能：如果蓝牙正处于打开状态并可用，则返回真值，与 getBluetoothState()==STATE_ON 等价，需要 BLUETOOTH 权限。

返回值：如果本地适配器已经打开，则返回 true。

（14）public BluetoothServerSocket listenUsingRfcommWithServiceRecord(String name, UUID uuid)

功能：创建一个正在监听的安全的带有服务记录的无线射频通信（RFCOMM）蓝牙端口。一个对该端口进行连接的远程设备将被认证，对该端口的通信将被加密。使用 accept()方法可以获取从监听BluetoothServerSocket 处新来的连接。该系统分配一个未被使用的无线射频通信通道来进行监听。

该系统也将注册一个服务探索协议（SDP）记录，该记录带有一个包含了特定的通用唯一识别码（Universally Unique Identifier，UUID），服务器名称和自动分配通道的本地 SDP 服务。远程蓝牙设备可以用相同的 UUID 来查询自己的 SDP 服务器，并搜寻连接到了哪个通道上。如果该端口已经关闭，或者如果该应用程序异常退出，则这个 SDP 记录会被移除。使用 createRfcommSocketToServiceRecord(UUID)可以从另一个使用相同 UUID 的设备来连接到这个端口。需要 BLUETOOTH 权限。

参数说明如下。

☑ name：SDP 记录下的服务器名。

☑ uuid：SDP 记录下的 UUID。

返回值：一个正在监听的无线射频通信蓝牙服务端口。

异常：IOException，表示产生错误，例如蓝牙设备不可用，或者许可无效或者通道被占用。

（15）public boolean setName(String name)

功能：设置蓝牙或者本地蓝牙适配器的昵称，这个名字对于外界蓝牙设备而言是可见的。合法的蓝牙名称最多拥有 248 位 UTF-8 字符，但是很多外界设备只能显示前 40 个字符，有些可能只限制前 20 个字符。

如果蓝牙状态不是 STATE_ON，这个 API 将返回 false。蓝牙打开后，等待 ACTION_STATE_CHANGED 更新成 STATE_ON。需要 BLUETOOTH_ADMIN 权限。

参数 name：一个合法的蓝牙名称。

返回值：如果该名称已被设定，则返回 true，否则返回 false。

（16）public boolean startDiscovery()

功能：开始对远程设备进行查找的进程，它通常涉及一个大概需时 12 秒的查询扫描过程，紧跟着是一个对每个获取到自身蓝牙名称的新设备的页面扫描。这是一个异步调用方法：该方法将马上获得返回值，注册 ACTION_DISCOVERY_STARTED and ACTION_DISCOVERY_FINISHED 意图准确地确定该探索是处于开始阶段或者完成阶段。注册 ACTION_FOUND 以活动远程蓝牙设备已找到的通知。

设备查找是一个重量级过程。当查找正在进行时，用户不能尝试对新的远程蓝牙设备进行连接，同时存在的连接将获得有限制的带宽以及高等待时间。用户可用 cencelDiscovery()类来取消正在执行的查找进程。发现的过程不会由活动来进行管理，但是它会作为一个系统服务来运行，因此即使它不能直接请求这样的一个查询动作，也必须取消该搜索进程。设备搜寻只寻找已经被连接的远程设备。许多蓝牙设备默认不会被搜寻到，并且需要进入到一个特殊的模式中。

如果蓝牙状态不是 STATE_ON，这个 API 将返回 false。蓝牙打开后，等待 ACTION_STATE_CHANGED 更新成 STATE_ON。需要 BLUETOOTH_ADMIN 权限。

返回值：成功返回 true，错误返回 false。

23.3.4 BluetoothClass.Service 类

类 BluetoothClass.Service 的格式如下所示。

```
public static final class BluetoothClass.Service extends Object
```

类 BluetoothClass.Service 的结构如下所示。

```
java.lang.Object
android.bluetooth.BluetoothClass.Service
```

类 BluetoothClass.Service 用于定义所有的服务类常量，任意 BluetoothClass 由 0 或多个服务类编码组成。在类 BluetoothClass.Service 中包含如下常量。

- ☑ int AUDIO。
- ☑ int CAPTURE。
- ☑ int INFORMATION。
- ☑ int LIMITED_DISCOVERABILITY。
- ☑ int NETWORKING。
- ☑ int OBJECT_TRANSFER。
- ☑ int POSITIONING。
- ☑ int RENDER。
- ☑ int TELEPHONY。

23.3.5 BluetoothClass.Device 类

类 BluetoothClass.Device 的格式如下所示。

```
public final class BluetoothClass.Device extends Object
```

类 BluetoothClass.Device 的结构如下所示。

```
java.lang.Object
android.bluetooth.BluetoothClass.Device
```

类 BluetoothClass.Device 用于定义所有的设备类的常量，每个 BluetoothClass 有一个带有主要和较小部分的设备类进行编码。里面的常量代表主要和较小的设备类部分（完整的设备类）的组合。BluetoothClass.Device.Major 的常量只能代表主要设备类，各个常量如下。

BluetoothClass.Device 有一个内部类，此内部类定义了所有的主要设备类常量。内部类的定义格式如下所示。

```
class BluetoothClass.Device.Major
```

注意： 到此为止，Android 中的蓝牙类介绍完毕。我们在调用这些类时，除了首先确保 API Level 至少为版本 5 以上，并且还需注意添加相应的权限，例如在使用通信时需要在文件 androidmanifest.xml 中加入 <uses-permission android:name="android.permission.BLUETOOTH" />权限，而在开关蓝牙时需要加入 android.permission.BLUETOOTH_ADMIN 权限。

23.4 使用近场通信技术

知识点讲解：光盘:视频\知识点\第 23 章\使用近场通信技术.avi

NFC 是近场通信（Near Field Communication）的缩写，在现实支付领域中得到了广泛的应用。本节将简要讲解 NFC 技术的基本知识。

23.4.1 NFC 技术的特点

近场通信是基于 RFID 技术发展起来的一种近距离无线通信技术。与 RFID 一样，近场通信信息也是通过频谱中无线频率部分的电磁感应耦合方式传递，但两者之间还是存在很大的区别。近场通信的传输范围比 RFID 小，RFID 的传输范围可以达到 0～1m，但由于近场通信采取了独特的信号衰减技术，相对于 RFID 来说近场通信具有成本低、带宽高、能耗低等特点。

在现实应用中，近场通信技术的主要特征如下。

☑ 用于近距离（10cm 以内）安全通信的无线通信技术。
☑ 射频频率：13.56MHz。
☑ 射频兼容：ISO 14443，ISO 15693，Felica 标准。
☑ 数据传输速度：106Kbit/s、212Kbit/s、424Kbit/s。

23.4.2 NFC 的工作模式

在现实应用中，NFC 技术有如下 3 种工作模式。

☑ 卡模式（Card Emulation）：此模式其实相当于一张采用 RFID 技术的 IC 卡，可以替代现在大量的 IC 卡（包括信用卡）场合（商场刷卡、公交卡、门禁管制、车票、门票等）。此种方式下，有一个极大的优点，那就是卡片通过非接触读卡器的 RF 域来供电，即便是寄主设备（如手机）没电也可以工作。
☑ 点对点模式（P2P Mode）：此模式和红外线差不多，可用于数据交换，只是传输距离较短，传输创建速度较快，传输速度也快些，功耗低（蓝牙也类似）。将两个具备 NFC 功能的设备链接，能实现数据点对点传输，如下载音乐、交换图片或者同步设备地址簿。因此通过 NFC，多个设备如数位相机、PDA、计算机和手机之间都可以交换资料或者服务。
☑ 读卡器模式（Reader/Writer Mode）：作为非接触读卡器使用，例如从海报或者展览信息电子标签上读取相关信息。

23.4.3 NFC 和蓝牙的对比

在现实应用中，NFC 和蓝牙（Bluetooth）都是短程通信技术，而且都被集成到移动电话。但 NFC 不需要复杂的设置程序，并且也可以简化蓝牙连接。NFC 略胜蓝牙的地方在于设置程序较短，但无法达到低功率蓝牙（Bluetooth Low Energy）的速度。在两台 NFC 设备相互连接的设备识别过程中，使用 NFC 来替代人工设置会使创建连接的速度大大加快，会少于 1/10 秒。

NFC 的最大数据传输量是 424Kbit/s，远小于 Bluetooth V2.1（2.1Mbit/s）。虽然 NFC 在传输速度与距离方面比不上 Bluetooth，但是 NFC 技术不需要电源，对于移动电话或是移动消费性电子产品来说，NFC 的使用比较方便。NFC 的短距离通信特性正是其优点，由于耗电量低，一次只和一台机器连接，拥有较高的保密性与安全性，因此有利于信用卡交易时避免被盗用。NFC 的目标并非是取代蓝牙等其他无线技术，而是在不同的场合、不同的领域起到相互补充的作用。

NFC 技术和蓝牙技术相比，主要支持功能参数如表 23-1 所示。

表 23-1 NFC 技术和蓝牙技术的参数对比

说　明	NFC	Bluetooth	Bluetooth Low Energy
RFID 兼容	ISO 18000-3	active	active
标准化机构	ISO/IEC	Bluetooth SIG	Bluetooth SIG
网络标准	ISO 13157 etc.	IEEE 802.15.1	IEEE 802.15.1
网络类型	Point-to-point	WPAN	WPAN
加密	not with RFID	available	available
范围	< 0.2m	~10m (class 2)	~1m(class 3)
频率	13.56MHz	2.4～2.5GHz	2.4～2.5GHz

续表

说　明	NFC	Bluetooth	Bluetooth Low Energy
Bit rate	424kbit/s	2.1Mbit/s	~1.0Mbit/s
设置程序	< 0.1s	< 6s	< 1s
功耗	< 15mA (read)	varies with class	< 15mA (xmit)

23.4.4　Android 系统中的 NFC

NFC 通信总是由一个发起者（Initiator）和一个接受者（Target）组成。通常 Initiator 主动发送电磁场（RF）可以为被动式接受者（Passive Target）提供电源。其工作的基本原理和收音机类似。正是由于被动式接受者可以通过发起者提供电源，因此 target 可以有非常简单的形式，例如标签、卡和 Sticker 的形式。另外，NFC 也支持点到点的通信（Peer to Peer），此时参与通信的双方都有电源支持。在 Android 系统的 NFC 模块应用中，Android 手机通常是作为通信中的发起者，也就是作为 NFC 的读写器。Android 手机也可以模拟作为 NFC 通信的接受者，并且从 Android 2.3.3 起也支持 P2P 通信。Android 系统支持如下的 NFC 标准。

- ☑ NfcANFC-A(ISO 14443-3A)。
- ☑ NfcBNFC-B(ISO 14443-3B)。
- ☑ NfcFNFC-F(JIS 6319-4)。
- ☑ NfcVNFC-V(ISO 15693)。
- ☑ IsoDepISO-DEP(ISO 14443-4)。
- ☑ MifareClassic。
- ☑ MifareUltralight。

在 Android 系统中，NFC 模块从上到下的结构如图 23-3 所示。

```
-------------------- /system/framework/framework.jar---------------------

android.nfc                 标准接口 （NFCAdapter/NfcManager）
android.nfc.tech            标签技术

---------------------------- /system/Nfc.apk-----------------------------

com.android.nfc             NFC 服务相关
        .DeviceHost                 底层设备接口原型
        .NfcService                 Nfc 服务 实现 DeviceHostListener 接口
com.android.nfc.dhimpl      NFC 功能底层实现-com.android.nfc.DeviceHost (NXP)
        .NativeNfcManager           implements DeviceHost
        JNI-> com_android_nfc_NativeNfcManager.cpp (libnfc_jni.so)
        .NativeNfcSecureElement
        JNI-> com_android_nfc_NativeNfcSecureElement.cpp (libnfc_jni.so)

----------------------- /system/lib/libnfc___.so-------------------------

libnfc-nxp => libnfc.so, libnfc_ndef.so
libnfc-nci => libnfc-nci.so
```

图 23-3　NFC 模块从上到下的结构

23.4.5 实战演练——使用 NFC 发送消息

当 Android 设备检测到有 NFC Tag 时，预期的行为是触发最合适的 Activity 来处理检测到的 Tag，这是因为 NFC 通常是在非常近的距离才起作用（<4m）。如果在此时需要用户来选择合适的应用来处理 Tag，则很容易断开与 Tag 之间的通信，因此我们需要选择合适的 IntentFilter 只处理想读写的 Tag 类型。Android 系统支持两种 NFC 消息发送机制，分别是 Intent 发送机制和前台 Activity 消息发送机制。

☑ Intent 发送机制：当系统检测到 Tag 时，Android 系统提供 manifest 中定义的 IntentFilter 来选择合适的 Activity 处理对应的 Tag，当有多个 Activity 可以处理对应的 Tag 类型时，则会显示 Activity 选择窗口由用户选择，如图 23-4 所示。

☑ 前台 Activity 消息发送机制：允许一个在前台运行的 Activity 在读写 NFC Tag 时具有优先权，此时如果 Android 检测到有 NFC Tag，如果前台允许的 Activity 可以处理该种类型的 Tag，则该 Activity 具有优先权，而不出现 Activity 选择窗口。

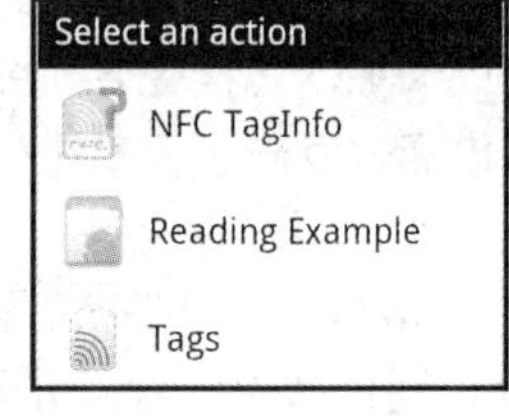

图 23-4　选择窗口

上述两种方法基本上都是使用 IntentFilter 来指明 Activity 可以处理的 Tag 类型，一个是使用 Android 的 Manifest 来说明，另一个是通过代码来声明。

下面将通过一个具体实例的实现过程，讲解在 Android 系统中使用 NFC 消息发送机制的基本方法。

实　例	功　能	源 码 路 径
实例 23-1	演示 NFC 消息发送机制的基本用法	光盘:\daima\23\NFCEX

本实例的具体实现流程如下。

（1）在文件 AndroidManifest.xml 中声明 NFC 权限，具体实现代码如下所示。

```
<manifest xmlns:android="http://schemas.android.com/apk/res/android"
      package="com.pstreets.nfc"
      android:versionCode="1"
      android:versionName="1.0">
    <uses-sdk android:minSdkVersion="10" />
     <uses-permission android:name="android.permission.NFC" />
     <uses-feature android:name="android.hardware.nfc" android:required="true" />
    <application android:icon="@drawable/icon" android:label="@string/app_name">
        <activity android:name=".NFCDemoActivity"
                  android:label="@string/app_name"
                  android:launchMode="singleTop">
            <intent-filter>
                <action android:name="android.intent.action.MAIN" />
                <category android:name="android.intent.category.LAUNCHER" />
            </intent-filter>
            <intent-filter>
              <action android:name="android.nfc.action.NDEF_DISCOVERED"/>
              <data android:mimeType="text/plain" />
            </intent-filter>
            <intent-filter
                 >
                 <action
                     android:name="android.nfc.action.TAG_DISCOVERED"
```

```
                    >
                </action>
                <category
                    android:name="android.intent.category.DEFAULT"
                    >
                </category>
            </intent-filter>
            <!-- Add a technology filter -->
            <intent-filter>
                <action android:name="android.nfc.action.TECH_DISCOVERED" />
            </intent-filter>
            <meta-data android:name="android.nfc.action.TECH_DISCOVERED"
                android:resource="@xml/filter_nfc"
            />
        </activity>
        <activity android:name=".MainActivity"
                  android:label="@string/app_name">
            <intent-filter>
                <action android:name="android.intent.action.MAIN" />
                <category android:name="android.intent.category.LAUNCHER" />
            </intent-filter>
        </activity>
    </application>
</manifest>
```

这样通过上述声明代码，当 Android 检测到有 Tag 时，会显示 Activity 选择窗口，就会显示前面图 23-4 的 Reading Example 效果。

（2）编写布局文件 main.xml，功能是通过文本控件显示当前的扫描状态，具体实现代码如下所示。

```
<RelativeLayout
  xmlns:android="http://schemas.android.com/apk/res/android"
  android:layout_width="match_parent"
  android:layout_height="match_parent"
  android:text="@string/title">
  <TableLayout
        android:id="@+id/purchScanTable1"
        android:layout_width="wrap_content"
        android:layout_height="wrap_content">
        <TableRow
            android:id="@+id/table1Row1"
            android:layout_width="wrap_content"
            android:layout_height="wrap_content">
            <TextView
                android:id="@+id/status_label"
                android:layout_width="wrap_content"
                android:layout_height="wrap_content"
                android:text="Current Status:    " />
            <TextView
                android:id="@+id/status_data"
                android:layout_width="wrap_content"
                android:layout_height="wrap_content"
                android:text=" Scan a Tag" />
```

```
        </TableRow>
        <View
            android:id="@+id/purchScanES1"
            android:layout_width="match_parent"
            android:layout_height="55px"
            android:layout_below="@id/status_label"
            android:background="#000000" />
        <TableRow
            android:id="@+id/table1Row2"
            android:layout_width="wrap_content"
            android:layout_height="wrap_content">
            <TextView
                android:id="@+id/block_0_label"
                android:layout_width="wrap_content"
                android:layout_height="wrap_content"
                android:text="BLOCK 0:    " />
            <TextView
                android:id="@+id/block_0_data"
                android:layout_width="wrap_content"
                android:layout_height="wrap_content"
                android:text=" " />
        </TableRow>
        <TableRow
            android:id="@+id/table1Row3"
            android:layout_width="wrap_content"
            android:layout_height="wrap_content">
            <TextView
                android:id="@+id/block_1_label"
                android:layout_width="wrap_content"
                android:layout_height="wrap_content"
                android:text="BLOCK 1:    " />
            <TextView
                android:id="@+id/block_1_data"
                android:layout_width="wrap_content"
                android:layout_height="wrap_content"
                android:text=" " />
        </TableRow>
    </TableLayout>
    <View
            android:id="@+id/purchScanES1"
            android:layout_width="match_parent"
            android:layout_height="75px"
            android:layout_below="@id/purchScanTable1"
            android:background="#000000" />
    <Button
                android:id="@+id/clear_but"
                android:layout_width="fill_parent"
                android:layout_height="wrap_content"
                android:layout_below="@id/purchScanES1"
                android:gravity="center_horizontal"
                android:text="Clear" />
</RelativeLayout>
```

（3）编写程序文件 NFCDemoActiviy.java，当在前台运行 NFCDemoActivity 时，如果希望只有它来处理 Mifare 类型的 Tag，此时可以使用前台消息发送机制。文件 NFCDemoActiviy.java 的具体实现代码如下所示。

```
public class NFCDemoActivity extends Activity {
    private NfcAdapter mAdapter;
    private PendingIntent mPendingIntent;
    private IntentFilter[] mFilters;
    private String[][] mTechLists;
    private TextView mText;
    private int mCount = 0;

    @Override
    public void onCreate(Bundle savedState) {
        super.onCreate(savedState);

        setContentView(R.layout.foreground_dispatch);
        mText = (TextView) findViewById(R.id.text);
        mText.setText("Scan a tag");

        mAdapter = NfcAdapter.getDefaultAdapter(this);

        mPendingIntent = PendingIntent.getActivity(this, 0,
                new Intent(this, getClass()).addFlags(Intent.FLAG_ACTIVITY_SINGLE_TOP), 0);

        IntentFilter ndef = new IntentFilter(NfcAdapter.ACTION_TECH_DISCOVERED);
        try {
            ndef.addDataType("*/*");
        } catch (MalformedMimeTypeException e) {
            throw new RuntimeException("fail", e);
        }
        mFilters = new IntentFilter[] {
                ndef,
        };

        mTechLists = new String[][] { new String[] { MifareClassic.class.getName() } };
    }

    @Override
    public void onResume() {
        super.onResume();
        mAdapter.enableForegroundDispatch(this, mPendingIntent, mFilters, mTechLists);
    }

    @Override
    public void onNewIntent(Intent intent) {
        Log.i("Foreground dispatch", "Discovered tag with intent: " + intent);
        mText.setText("Discovered tag " + ++mCount + " with intent: " + intent);
    }

    @Override
    public void onPause() {
```

```
        super.onPause();
        mAdapter.disableForegroundDispatch(this);
    }
}
```

这样在执行本实例后，每当靠近一次 Tag，计数就会增加 1。执行效果如图 23-5 所示。

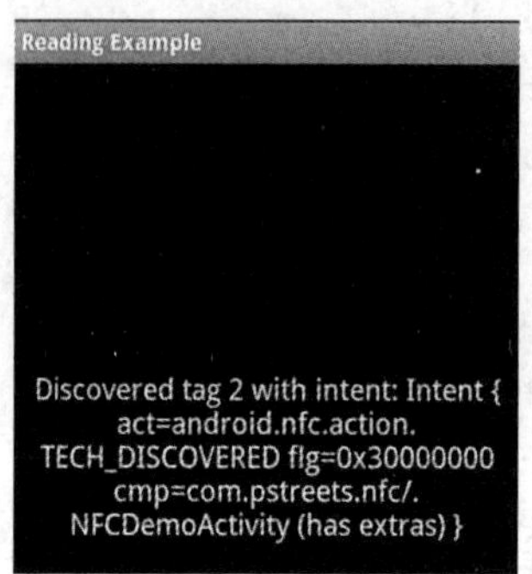

图 23-5　执行效果

第 24 章　手势识别实战

手势识别技术是 Android SDK 中比较重要并且比较新颖的一项技术，在 Android 物联网设备应用中可以通过手势来灵活地操控设备的运行。本章将详细讲解在 Android 物联网设备中使用手势识别技术的基本知识和具体方法，为读者步入本书后面知识的学习打下基础。

24.1　手势识别技术介绍

知识点讲解：光盘:视频\知识点\第 24 章\手势识别技术介绍.avi

对于触摸屏设备来说，其消息传递机制包括按下、抬起和移动这几种，用户只需要简单地实现重载 onTouch 或者设置触摸侦听器 setOnTouchListener 即可处理触摸事件。但是有时为了提高应用程序的用户体验，需要识别用户当前正在操作的手势。本节将详细讲解在 Android 设备中实现手势识别的基本知识。

24.1.1　手势识别类 GestureDetector

在 Android 系统中，专门提供了手势识别类 GestureDetector。在 Android 设备中，通过类 GestureDetector 可以识别很多的手势，通过其 nTouchEvent(event)方法可以完成不同手势的识别。类 GestureDetector 对外提供了两个接口：OnGestureListener 和 OnDoubleTapListener，另外还提供了一个内部类 SimpleOnGesture Listener。

（1）GestureDetector.OnDoubleTapListener 接口：用来通知 DoubleTap 事件，类似于鼠标的双击事件。此接口中各个成员的具体说明如下。

- ☑ onDoubleTap(MotionEvent e)：在二次双击 Touch down 时触发。
- ☑ onDoubleTapEvent(MotionEvent e)：通知 DoubleTap 手势中的事件，包含 down、up 和 move 事件（这里指的是在双击之间发生的事件，例如在同一个地方双击会产生 DoubleTap 手势，而在 DoubleTap 手势中还会发生 down 和 up 事件，这两个事件由该函数通知）；双击的第二下，Touch down 和 up 都会触发，可用 e.getAction()区分。
- ☑ onSingleTapConfirmed(MotionEvent e)：用来判定该次点击是 SingleTap 而不是 DoubleTap，如果连续点击两次就是 DoubleTap 手势，如果只点击一次，系统等待一段时间后没有收到第二次点击则判定该次点击为 SingleTap 而不是 DoubleTap，然后触发 SingleTapConfirmed 事件。这个方法不同于 onSingleTapUp，它是在 GestureDetector 确信用户在第一次触摸屏幕后，没有紧跟着第二次触摸屏幕，也就是不是“双击”时触发。

（2）GestureDetector.OnGestureListener 接口：用来通知普通的手势事件，该接口有如下 6 个回调函数。

- ☑ onDown(MotionEvent e)：down 事件。
- ☑ onSingleTapUp(MotionEvent e)：一次点击 up 事件，在 touch down 后没有滑动。
- ☑ onLongPress：用户长按触摸屏，由多个 MotionEvent ACTION_DOWN 触发。
- ☑ onShowPress(MotionEvent e)：down 事件发生而 move 或 up 还没发生前触发该事件。

☑ onFling(MotionEvent e1, MotionEvent e2, float velocityX, float velocityY)：滑动手势事件，触摸了滑动一点距离后，在 ACTION_UP 时才会触发。各个参数的具体说明如下。
  - e1：第一个 ACTION_DOWN MotionEvent 并且只有一个。
  - e2：最后一个 ACTION_MOVE MotionEvent。
  - velocityX：X 轴上的移动速度，像素/秒。
  - velocityY：Y 轴上的移动速度，像素/秒，触发条件：X 轴的坐标位移大于 FLING_MIN_DISTANCE，且移动速度大于 FLING_MIN_VELOCITY 个像素/秒。

☑ onScroll(MotionEvent e1, MotionEvent e2, float distanceX, float distanceY)：在屏幕上拖动事件。无论是用手拖动 view 或者是以抛的动作滚动，都会多次触发。这个方法在 ACTION_MOVE 动作发生时就会触发。

24.1.2　手势检测器类 GestureDetector

Android 系统的事件处理机制是基于 Listener（监听器）实现的，和触摸屏相关的事件是通过 onTouchListener 实现的。另外，在 Android 系统中，所有类 View 的子类都可以通过 setOnTouchListener()、setOnKeyListener()等方法来添加对某一类事件的监听器。并且 Listener 一般会以 Interface（接口）的方式来提供，其中包含一个或多个 abstract（抽象）方法，我们需要实现这些方法来完成 onTouch()、onKey()等操作。这样当给某个 View 设置了事件 Listener，并实现了其中的抽象方法以后，程序便可以在特定的事件被 Dispatch（调用）到该 View 时，通过 callbakc 函数给予对应的响应。

在 Android 开发应用中，有多种使用类 GestureDetector 的方法。

1．第一种

（1）通过 GestureDetector 的构造方法将 SimpleOnGestureListener 对象传递进去，这样 GestureDetector 就能处理不同的手势了。

```
public GestureDetector(Context context, GestureDetector.OnGestureListener listener)
```

（2）在 onTouch()方法中实现 OnTouchListener 监听。

```
private OnTouchListener gestureTouchListener = new OnTouchListener() {
            public boolean onTouch(View v, MotionEvent event) {
        return gDetector.onTouchEvent(event);
    }
};
```

2．第二种

（1）使用如下所示的方法构建场景。

```
private GestureDetector mGestureDetector;
mGestureListener = new BookOnGestureListener();
```

（2）使用 new 新建构造出来的 GestureDetector 对象。

```
mGestureDetector = new GestureDetector(mGestureListener);
class BookOnGestureListener implements OnGestureListener {
```

（3）实现事件处理。

```
public boolean onTouchEvent(MotionEvent event) {
                    mGestureListener.onTouchEvent(event);
}
```

3．第三种

（1）在当前类中创建一个 GestureDetector 实例。

```
private GestureDetector mGestureDetector;
```

（2）创建一个 Listener 来实时监听当前面板操作手势。

```
class LearnGestureListener extends GestureDetector.SimpleOnGestureListener
```

（3）在初始化时，将 Listener 实例关联当前的 GestureDetector 实例。

```
mGestureDetector = new GestureDetector(this, new LearnGestureListener());
```

（4）使用方法 onTouchEvent()作为入口检测，通过传递 MotionEvent 参数来监听操作手势。

```
mGestureDetector.onTouchEvent(event)
```

例如下面的演示代码。

```
private GestureDetector mGestureDetector;
@Override
public void onCreate(Bundle savedInstanceState) {
    super.onCreate(savedInstanceState);
    mGestureDetector = new GestureDetector(this, new LearnGestureListener());
}
@Override
public boolean onTouchEvent(MotionEvent event) {
    if (mGestureDetector.onTouchEvent(event))
        return true;
    else
        return false;
}
class LearnGestureListener extends GestureDetector.SimpleOnGestureListener{
    @Override
    public boolean onSingleTapUp(MotionEvent ev) {
        Log.d("onSingleTapUp",ev.toString());
        return true;
    }
    @Override
    public void onShowPress(MotionEvent ev) {
        Log.d("onShowPress",ev.toString());
    }
    @Override
    public void onLongPress(MotionEvent ev) {
        Log.d("onLongPress",ev.toString());
    }
    @Override
    public boolean onScroll(MotionEvent e1, MotionEvent e2, float distanceX, float distanceY) {
        Log.d("onScroll",e1.toString());
        return true;
    }
    @Override
    public boolean onDown(MotionEvent ev) {
        Log.d("onDownd",ev.toString());
        return true;
    }
    @Override
    public boolean onFling(MotionEvent e1, MotionEvent e2, float velocityX, float velocityY) {
```

```
            Log.d("d",e1.toString());
            Log.d("e2",e2.toString());
            return true;
        }
    }
```

4．第四种

（1）创建一个 GestureDetector 的对象，传入 listener 对象，在接收到的 onTouchEvent 中将 event 传给 GestureDetector 进行分析，listener 会回调给我们相应的动作。

（2）通过 GestureDetector.SimpleOnGestureListener（Framework 帮我们简化了）实现了 OnGestureListener 和 OnDoubleTapListener 两个接口类，只需要继承它并重写其中的回调即可。

（3）设置在第一次单击 down 时，给 Hanlder 发送了一个延时的消息，例如延时 300 毫秒。如果在 300 毫秒中发生了第二次单击的 down 事件，那么就认为是双击事件，并移除之前发送的延时消息。如果 300 毫秒后仍没有第二次的 down 消息，那么就判定为 SingleTapConfirmed 事件（当然，此时用户的手指应已完成第一次点击的 up 过程）。第三次点击的判定和双击的判定类似，只是多了一次发送延时消息的过程。

例如下面的演示代码。

```
private GestureDetector mGestureDetector;
@Override
public void onCreate(Bundle savedInstanceState) {
  super.onCreate(savedInstanceState);
  mGestureDetector = new GestureDetector(this, new MyGestureListener());
}
@Override
public boolean onTouchEvent(MotionEvent event) {
 return mGestureDetector.onTouchEvent(event);
}
class MyGestureListener extends GestureDetector.SimpleOnGestureListener{
  @Override
  public boolean onSingleTapUp(MotionEvent ev) {
    Log.d("onSingleTapUp",ev.toString());
    return true;
  }
  @Override
  public void onShowPress(MotionEvent ev) {
    Log.d("onShowPress",ev.toString());
  }
  @Override
  public void onLongPress(MotionEvent ev) {
    Log.d("onLongPress",ev.toString());
  }
...
}
```

24.1.3 手势识别处理事件和方法

在 Android 系统中实现手势识别功能时，通常通过如下所示 ID 事件和方法实现。

（1）boolean onDoubleTap(MotionEvent e)：双击的第二下 Touch down 时触发。

（2）boolean onDoubleTapEvent(MotionEvent e)：双击的第二下 Touch down 和 up 都会触发，可用 e.getAction()

区分。

（3）boolean onDown(MotionEvent e)：Touch down 时触发。

（4）boolean onFling(MotionEvent e1, MotionEvent e2, float velocityX, float velocityY)：触摸了滑动一点距离后，up 时触发。

（5）void onLongPress(MotionEvent e)：触摸了不移动一直 Touch down 时触发。

（6）boolean onScroll(MotionEvent e1, MotionEvent e2, float distanceX, float distanceY)：触摸了滑动时触发。

（7）void onShowPress(MotionEvent e)：触摸了还没有滑动时触发。

注意：onDown 和 onLongPress 的对比

☑ onDown 只要 Touch down 一定立刻触发。

☑ 而 Touch down 后过一会儿没有滑动先触发 onShowPress 然后是 onLongPress。

由此可见，Touch down 后一直不滑动，会按照 onDown→onShowPress→onLongPress 的顺序进行触发。

（8）boolean onSingleTapConfirmed(MotionEvent e)和 boolean onSingleTapUp(MotionEvent e)：这两个函数都是在 Touch down 后又没有滑动（onScroll），又没有长按（onLongPress），然后 Touchup 时触发。

（9）onDown→onSingleTapUp→onSingleTapConfirmed：点击一下非常快的（不滑动）Touchup。

（10）onDown→onShowPress→onSingleTapUp→onSingleTapConfirmed：点击一下稍微慢点的（不滑动）Touchup。

24.2　实战演练——通过点击的方式移动图片

知识点讲解：光盘:视频\知识点\第 24 章\通过点击的方式移动图片.avi

在触摸屏手机中，点击移动照片的功能十分常见。在本实例中用 ImageView 控件来显示 Drawable 中的照片，在程序运行后将照片放在屏幕中央。通过 onTouchEvent 来处理点击、拖动、放开等事件来完成拖动图片的功能。并且设置了 ImageView 的单击监听事件，让用户在单击图片的同时恢复到图片的初始位置。本节将通过一个具体实例的实现过程，讲解在 Android 屏幕中通过点击的方式移动图片的方法和具体实现流程。

实　例	功　能	源 码 路 径
实例 24-1	在屏幕中通过点击的方式移动图片	光盘:\daima\24\moveEX

编写主程序文件 example162.java，具体实现流程如下。

（1）通过 DisplayMetrics 获取屏幕对象，分别用 intScreenX 和 intScreenY 取得屏幕解析像素并分别设置图片的宽高。具体代码如下所示。

```
public void onCreate(Bundle savedInstanceState)
{
  super.onCreate(savedInstanceState);
  setContentView(R.layout.main);

  /* 取得屏幕对象 */
  DisplayMetrics dm = new DisplayMetrics();
  getWindowManager().getDefaultDisplay().getMetrics(dm);

  /* 取得屏幕解析像素 */
```

```
    intScreenX = dm.widthPixels;
    intScreenY = dm.heightPixels;

    /* 设置图片的宽高 */
    intWidth = 100;
    intHeight = 100;
```

（2）将图片从 Drawable 中赋值给 ImageView 控件来呈现在屏幕中，并通过方法 RestoreButton()初始化按钮使其位置居中。具体代码如下所示。

```
  /*通过 findViewById 构造器创建 ImageView 对象*/
  mImageView01 =(ImageView) findViewById(R.id.myImageView1);
  /*将图片从 Drawable 赋值给 ImageView 来呈现*/
  mImageView01.setImageResource(R.drawable.baby);

  /* 初始化按钮位置居中 */
  RestoreButton();
```

（3）定义点击监听事件 setOnClickListener，当用户点击 ImageView 图片时将图片还原到初始位置显示。具体代码如下所示。

```
    /* 当点击 ImageView，还原初始位置 */
    mImageView01.setOnClickListener(new Button.OnClickListener()
    {
      @Override
      public void onClick(View v)
      {
        RestoreButton();
      }
    });
  }
```

（4）定义 onTouchEvent(MotionEvent event)覆盖触控事件。首先取得手指触控屏幕的位置，然后实现触控事件的处理，分别实现点击屏幕、移动位置和离开屏幕这 3 个动作处理。具体代码如下所示。

```
  /*覆盖触控事件*/
  public boolean onTouchEvent(MotionEvent event)
  {
    /*取得手指触控屏幕的位置*/
    float x = event.getX();
    float y = event.getY();

    try
    {
      /*触控事件的处理*/
      switch (event.getAction())
      {
        /*点击屏幕*/
        case MotionEvent.ACTION_DOWN:
          picMove(x, y);
            break;
        /*移动位置*/
        case MotionEvent.ACTION_MOVE:
          picMove(x, y);
            break;
        /*离开屏幕*/
```

```
            case MotionEvent.ACTION_UP:
                picMove(x, y);
                    break;
        }
    }catch(Exception e)
        {
            e.printStackTrace();
        }
    return true;
}
```

（5）定义方法 picMove(float x, float y)来移动屏幕中的图片，具体代码如下所示。

```
/*移动图片的方法*/
private void picMove(float x, float y)
{
    /*默认微调图片与指针的相对位置*/
    mX=x-(intWidth/2);
    mY=y-(intHeight/2);

    /*防止图片超过屏幕的相关处理*/
    /*防止屏幕向右超过屏幕*/
    if((mX+intWidth)>intScreenX)
    {
        mX = intScreenX-intWidth;
    }
    /*防止屏幕向左超过屏幕*/
    else if(mX<0)
    {
        mX = 0;
    }
    /*防止屏幕向下超过屏幕*/
    else if ((mY+intHeight)>intScreenY)
    {
        mY=intScreenY-intHeight;
    }
    /*防止屏幕向上超过屏幕*/
    else if (mY<0)
    {
        mY = 0;
    }
    /*通过 log  来查看图片位置*/
    Log.i("jay", Float.toString(mX)+","+Float.toString(mY));
    /*  以 setLayoutParams 方法重新安排 Layout 上的位置  */
    mImageView01.setLayoutParams
    (
        new AbsoluteLayout.LayoutParams
        (intWidth,intHeight,(int) mX,(int)mY)
    );
}
```

（6）定义方法 RestoreButton()来还原 ImageView 图片到初始位置，具体代码如下所示。

```
/*  还原 ImageView 位置的事件处理  */
public void RestoreButton()
{
```

```
    intDefaultX = ((intScreenX-intWidth)/2);
    intDefaultY = ((intScreenY-intHeight)/2);
    /*Toast 还原位置坐标*/
    mMakeTextToast
    (
      "("+
      Integer.toString(intDefaultX)+
      ","+
      Integer.toString(intDefaultY)+")",true
    );

    /* 以 setLayoutParams 方法重新安排 Layout 上的位置 */
    mImageView01.setLayoutParams
    (
      new AbsoluteLayout.LayoutParams
      (intWidth,intHeight,intDefaultX,intDefaultY)
    );
  }
```

执行后效果如图 24-1 所示，可以通过点击的方式移动图片的位置，如图 24-2 所示。

图 24-1　执行效果

图 24-2　移动图片

24.3　实战演练——实现各种手势识别

知识点讲解：光盘:视频\知识点\第 24 章\实现各种手势识别.avi

本节将通过一个具体实例的实现过程，来讲解在 Android 系统中实现各种常见手势识别方法和具体实现流程。

实　例	功　能	源 码 路 径
实例 24-2	在屏幕中实现各种常见的手势识别	光盘:\daima\24\GestureEX

24.3.1　布局文件 main.xml

布局文件 main.xml 非常简单，具体实现代码如下所示。

```
<LinearLayout xmlns:android="http://schemas.android.com/apk/res/android"
```

```
    android:orientation="vertical"
    android:layout_width="fill_parent"
    android:layout_height="fill_parent"
    >
<TextView
    android:layout_width="fill_parent"
    android:layout_height="wrap_content"
    android:text="@string/hello"
    />
</LinearLayout>
```

24.3.2　隐藏屏幕顶部的电池等图标和标题内容

主 Activity 的实现文件是 mainActivity.java，功能是为了更好地演示手势识别效果，将屏幕顶部的电池等图标和标题内容隐藏。文件 mainActivity.java 的具体实现代码如下所示。

```
public class mainActivity extends Activity{
    private GestureDetector mGestureDetector;;
    @Override
    public void onCreate(Bundle savedInstanceState) {
        super.onCreate(savedInstanceState);
        mGestureDetector = new GestureDetector(this, new MyGestureListener());

        if(getRequestedOrientation()!=ActivityInfo.SCREEN_ORIENTATION_LANDSCAPE){
          setRequestedOrientation(ActivityInfo.SCREEN_ORIENTATION_LANDSCAPE);
        }

        this.getWindow().setFlags(WindowManager.LayoutParams.FLAG_FULLSCREEN, WindowManager.
 LayoutParams.FLAG_FULLSCREEN);
        //隐去电池等图标和一切修饰部分（状态栏部分）
        this.requestWindowFeature(Window.FEATURE_NO_TITLE);
        //隐去标题栏（程序的名字）
        setContentView(new MyView(this));
    }

    @Override
    public boolean onTouchEvent(MotionEvent event) {
        if (mGestureDetector.onTouchEvent(event))
            return true;
        else
            return false;
    }
}
```

24.3.3　监听触摸屏幕中的各种常用手势

编写文件 MyGestureListener.java，功能是监听触摸屏幕中的各种常用手势，具体实现代码如下所示。

```
public class MyGestureListener extends SimpleOnGestureListener implements
        OnGestureListener {
    @Override
```

```
public boolean onDoubleTap(MotionEvent e) {
    //TODO Auto-generated method stub
    MyView.x=e.getX();
    MyView.y=e.getY();
    return super.onDoubleTap(e);
}
@Override
public boolean onDoubleTapEvent(MotionEvent e) {
    //TODO Auto-generated method stub
    MyView.x=e.getX();
    MyView.y=e.getY();
    return super.onDoubleTapEvent(e);
}
@Override
public boolean onDown(MotionEvent e) {
    //TODO Auto-generated method stub
    MyView.x=e.getX();
    MyView.y=e.getY();
    return super.onDown(e);
}
@Override
public boolean onFling(MotionEvent e1, MotionEvent e2, float velocityX,
        float velocityY) {
    //TODO Auto-generated method stub
    MyView.x=e2.getX();
    MyView.y=e2.getY();
    return super.onFling(e1, e2, velocityX, velocityY);
}
@Override
public void onLongPress(MotionEvent e) {
    //TODO Auto-generated method stub
    MyView.x=e.getX();
    MyView.y=e.getY();
    super.onLongPress(e);
}
@Override
public boolean onScroll(MotionEvent e1, MotionEvent e2, float distanceX,
        float distanceY) {
    //TODO Auto-generated method stub
    MyView.x=e2.getX();
    MyView.y=e2.getY();
    return super.onScroll(e1, e2, distanceX, distanceY);
}
@Override
public void onShowPress(MotionEvent e) {
    //TODO Auto-generated method stub
    super.onShowPress(e);
}
@Override
public boolean onSingleTapConfirmed(MotionEvent e) {
    //TODO Auto-generated method stub
    MyView.x=e.getX();
    MyView.y=e.getY();
```

```
        return super.onSingleTapConfirmed(e);
    }
    @Override
    public boolean onSingleTapUp(MotionEvent e) {
        //TODO Auto-generated method stub
        return super.onSingleTapUp(e);
    }
}
```

24.3.4　根据监听到的用户手势创建视图

编写文件 MyView.java，功能是根据监听到的用户手势创建不同的视图。文件 MyView.java 的具体实现代码如下所示。

```
public class MyView extends SurfaceView implements SurfaceHolder.Callback {
    SurfaceHolder holder;
    static float x;
    static float y;
    public MyView(Context context) {
        super(context);
        holder = this.getHolder();//获取 holder
        holder.addCallback(this);
    }

    @Override
    public void surfaceChanged(SurfaceHolder holder, int format, int width,
            int height) {
        //TODO Auto-generated method stub

    }

    @Override
    public void surfaceCreated(SurfaceHolder holder) {
        //TODO Auto-generated method stub
        new Thread(new MyThread()).start();
    }

    @Override
    public void surfaceDestroyed(SurfaceHolder holder) {
        //TODO Auto-generated method stub

    }
    public class MyThread implements Runnable {
        Paint paint=new Paint();
        @Override
        public void run() {
            // TODO Auto-generated method stub
            while(true){
                Canvas canvas = holder.lockCanvas(null);          //获取画布
                paint.setColor(Color.BLACK);
                canvas.drawRect(0, 0, 320, 480, paint);          //竖屏
```

```
                canvas.drawRect(0, 0, 480, 320, paint);
                paint.setColor(Color.GREEN);
                canvas.drawRect(x-5, y-5, x+5, y+5, paint);

                holder.unlockCanvasAndPost(canvas);          //解锁画布，提交画好的图像
                try {
                    Thread.sleep(100);
                } catch (InterruptedException e) {
                    //TODO Auto-generated catch block
                    e.printStackTrace();
                }
            }
        }
    }
}
```

到此为止，整个实例介绍完毕，执行后的效果如图 24-3 所示。在真机中运行后，会实现手势识别功能。

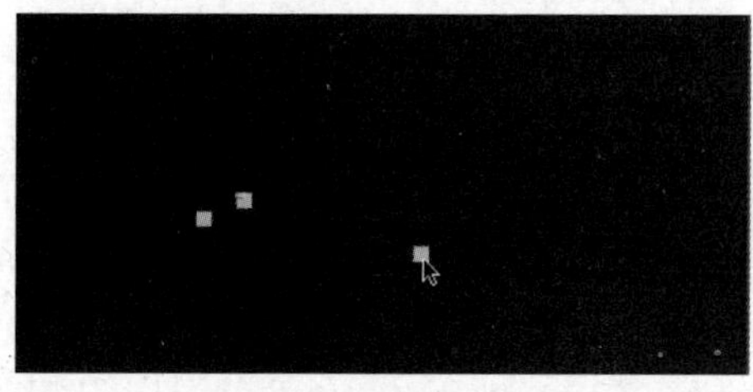

图 24-3 执行效果

24.4 实战演练——实现手势翻页效果

知识点讲解：光盘:视频\知识点\第 24 章\实现手势翻页效果.avi

本节将通过一个具体实例的实现过程，讲解在 Android 系统中实现手势翻页效果的方法和具体实现流程。

实 例	功 能	源 码 路 径
实例 24-3	在屏幕中实现手势翻页效果	光盘:\daima\24\MoveViewEX

24.4.1 布局文件 main.xml

布局文件 main.xml 非常简单，具体实现代码如下所示。

```
<LinearLayout xmlns:android="http://schemas.android.com/apk/res/android"
    android:orientation="vertical"
    android:layout_width="fill_parent"
    android:layout_height="fill_parent"
    >
<TextView
    android:layout_width="fill_parent"
    android:layout_height="wrap_content"
    android:text="@string/hello"
```

```
    />
</LinearLayout>
```

24.4.2　监听手势

编写程序文件 MyViewGroup.java，根据用户触摸屏幕的操作来响应手势，通过 ViewFlipper 变化当前的显示内容，然后通过 GestureDetector 监听手势实现多页滑动展示效果。文件 MyViewGroup.java 的具体实现代码如下所示。

```
public class MyViewGroup extends ViewGroup implements OnGestureListener {

    private float mLastMotionY;                        //最后点击的点
    private GestureDetector detector;
    int move = 0;                                      //移动距离
    int MAXMOVE = 850;                                 //最大允许的移动距离
    private Scroller mScroller;
    int up_excess_move = 0;                            //往上多移的距离
    int down_excess_move = 0;                          //往下多移的距离
    private final static int TOUCH_STATE_REST = 0;
    private final static int TOUCH_STATE_SCROLLING = 1;
    private int mTouchSlop;
    private int mTouchState = TOUCH_STATE_REST;
    Context mContext;

    public MyViewGroup(Context context) {
        super(context);
        mContext = context;
        //TODO Auto-generated constructor stub
        setBackgroundResource(R.drawable.pic);
        mScroller = new Scroller(context);
        detector = new GestureDetector(this);

        final ViewConfiguration configuration = ViewConfiguration.get(context);
        //获得可以认为是滚动的距离
        mTouchSlop = configuration.getScaledTouchSlop();

        //添加子 View
        for (int i = 0; i < 48; i++) {
            final Button    MButton = new Button(context);
            MButton.setText("" + (i + 1));
            MButton.setOnClickListener(new OnClickListener() {

                public void onClick(View v) {
                    //TODO Auto-generated method stub
                    Toast.makeText(mContext, MButton.getText(), Toast.LENGTH_SHORT).show();
                }
            });
            addView(MButton);
        }
    }

    @Override
```

```
public void computeScroll() {
        if (mScroller.computeScrollOffset()) {
                //返回当前滚动 X 方向的偏移
                scrollTo(0, mScroller.getCurrY());
                postInvalidate();
        }
}

@Override
public boolean onInterceptTouchEvent(MotionEvent ev) {
        final int action = ev.getAction();

        final float y = ev.getY();
        switch (ev.getAction())
        {
        case MotionEvent.ACTION_DOWN:

                mLastMotionY = y;
                mTouchState = mScroller.isFinished() ? TOUCH_STATE_REST
                                : TOUCH_STATE_SCROLLING;
                break;
        case MotionEvent.ACTION_MOVE:
                final int yDiff = (int) Math.abs(y - mLastMotionY);
                boolean yMoved = yDiff > mTouchSlop;
                //判断是否是移动
                if (yMoved) {
                        mTouchState = TOUCH_STATE_SCROLLING;
                }
                break;
        case MotionEvent.ACTION_UP:
                mTouchState = TOUCH_STATE_REST;
                break;
        }
        return mTouchState != TOUCH_STATE_REST;
}

@Override
public boolean onTouchEvent(MotionEvent ev) {

        // final int action = ev.getAction();

        final float y = ev.getY();
        switch (ev.getAction())
        {
        case MotionEvent.ACTION_DOWN:
                if (!mScroller.isFinished()) {
                        mScroller.forceFinished(true);
                        move = mScroller.getFinalY();
                }
                mLastMotionY = y;
                break;
        case MotionEvent.ACTION_MOVE:
```

```
if (ev.getPointerCount() == 1) {

    //随手指拖动的代码
    int deltaY = 0;
    deltaY = (int) (mLastMotionY - y);
    mLastMotionY = y;
    Log.d("move", "" + move);
    if (deltaY < 0) {
        //下移
        //判断上移是否滑过头
        if (up_excess_move == 0) {
            if (move > 0) {
                int move_this = Math.max(-move, deltaY);
                move = move + move_this;
                scrollBy(0, move_this);
            } else if (move == 0) {//如果已经是最顶端，继续往下拉
                Log.d("down_excess_move", "" + down_excess_move);
                down_excess_move = down_excess_move - deltaY / 2;//记录下多往下拉
的值

                scrollBy(0, deltaY / 2);
            }
        } else if (up_excess_move > 0)//之前有上移过头
        {
            if (up_excess_move >= (-deltaY)) {
                up_excess_move = up_excess_move + deltaY;
                scrollBy(0, deltaY);
            } else {
                up_excess_move = 0;
                scrollBy(0, -up_excess_move);
            }
        }
    } else if (deltaY > 0) {
        //上移
        if (down_excess_move == 0) {
            if (MAXMOVE - move > 0) {
                int move_this = Math.min(MAXMOVE - move, deltaY);
                move = move + move_this;
                scrollBy(0, move_this);
            } else if (MAXMOVE - move == 0) {
                if (up_excess_move <= 100) {
                    up_excess_move = up_excess_move + deltaY / 2;
                    scrollBy(0, deltaY / 2);
                }
            }
        } else if (down_excess_move > 0) {
            if (down_excess_move >= deltaY) {
                down_excess_move = down_excess_move - deltaY;
                scrollBy(0, deltaY);
            } else {
                down_excess_move = 0;
                scrollBy(0, down_excess_move);
            }
```

```
                    }
                }
            }
            break;
        case MotionEvent.ACTION_UP:
            //多滚是负数记录到 move 中
            if (up_excess_move > 0) {
                //多滚了要弹回去
                scrollBy(0, -up_excess_move);
                invalidate();
                up_excess_move = 0;
            }
            if (down_excess_move > 0) {
                //多滚了要弹回去
                scrollBy(0, down_excess_move);
                invalidate();
                down_excess_move = 0;
            }
            mTouchState = TOUCH_STATE_REST;
            break;
        }
        return this.detector.onTouchEvent(ev);
    }

    int Fling_move = 0;

    public boolean onFling(MotionEvent e1, MotionEvent e2, float velocityX,
            float velocityY) {
         //随手指快速拨动的代码
        Log.d("onFling", "onFling");
        if (up_excess_move == 0 && down_excess_move == 0) {

            int slow = -(int) velocityY * 3 / 4;
            mScroller.fling(0, move, 0, slow, 0, 0, 0, MAXMOVE);
            move = mScroller.getFinalY();
            computeScroll();
        }
        return false;
    }

    public boolean onDown(MotionEvent e) {
        //TODO Auto-generated method stub
        return true;
    }

    public boolean onScroll(MotionEvent e1, MotionEvent e2, float distanceX,
            float distanceY) {
        return false;
    }

    public void onShowPress(MotionEvent e) {
        //TODO Auto-generated method stub
```

```
    }

    public boolean onSingleTapUp(MotionEvent e) {
        //TODO Auto-generated method stub
        return false;
    }

    public void onLongPress(MotionEvent e) {
        //TODO Auto-generated method stub
    }

    @Override
    protected void onLayout(boolean changed, int l, int t, int r, int b) {
        //TODO Auto-generated method stub
        int childTop = 0;
        int childLeft = 0;
        final int count = getChildCount();
        for (int i = 0; i < count; i++) {
            final View child = getChildAt(i);
            if (child.getVisibility() != View.GONE) {
                child.setVisibility(View.VISIBLE);
                child.measure(r - l, b - t);
                child
                        .layout(childLeft, childTop, childLeft + 80,
                                childTop + 80);
                if (childLeft < 160) {
                    childLeft += 80;
                } else {
                    childLeft = 0;
                    childTop += 80;
                }
            }
        }
    }
}
```

执行之后将能实现翻页效果，如图 24-4 所示。

图 24-4　执行效果

第 25 章　Google Now 和 Android Wear 详解

Google Now 是 Google 在 I/O 开发者大会上随安卓 4.1 系统同时推出的一款应用，它会全面了解用户的各种习惯和正在进行的动作，并利用它所了解的信息来为用户提供相关帮助。本章将详细讲解在 Android 设备中使用 Google Now 技术的基本知识，为步入本书后面知识的学习打下基础。

25.1　Google Now 介绍

知识点讲解：光盘:视频\知识点\第 25 章\Google Now 介绍.avi

Google Now 是 Google 在移动市场最重要的创新之一。通过对用户数据的挖掘，Google Now 在适当的时刻提供适当的信息，而它的卡片式推送也代表了 Google 展现信息的新方向。正如 GigaOM 的作者在某次旅行中体会到的，Google Now 成了一个有力的帮手。虽然它仍有些让人不安，但 Google Now 利大于弊。本节将详细讲解 Google Now 的基本知识。

25.1.1　搜索引擎的升级——Google Now

Google Now 功能是 I/O 大会上的一个亮点，其可以根据不同的使用习惯来帮助用户进行多项信息的预测，虽然人机交互方面与 iOS 上的 Siri 还有很大差距，但其预测比起 Siri 更加实用。国外媒体给了 Google Now 功能很高的评价，但是这个功能在国内受到很大的限制。

请看 Reddit 网站网友对 Google Now 的精彩评论：这是我与 Google Now 共处的第一天，当早上醒来时会惊奇地发现 Google Now 居然直接告诉了我去兼职工作的路上所要花费的时间。更有趣的是，我在手机中保存的‘工作地点’其实是我的学校，而不是我真正工作的地方，我只能认为是 Google Now 发现了我每个周日都会去那个地方上班吧……

在过去的 10 年中，搜索引擎的核心是获取足够多的海量信息，搜索技术的发展过程是追赶如何更好地获取信息的过程，核心是个性化和实时信息。但是随着时代的进步和发展，现在搜索结果正在变得越来越个性化。不同的人都会看到他感兴趣的搜索结果，提高了搜索的效率。甚至由于搜索变得过于个性化，人们获得的信息都是自己想看到的，从而让原本能够扩大人们视野的搜索变成了把人们限制在自我的世界中。这还引发了关于搜索过分个性化可能引发的弊端的讨论。

搜索在个性化方面的努力最重要的是将搜索和社交网络结合，这样搜索引擎就能获得用户的更多信息，从而更好地帮用户做出判断。在个性化搜索方面，谷歌遇到了来自 Facebook 的挑战，拥有最多用户信息的网站是 Facebook，但它却并不向谷歌开放。从某种程度上说，谷歌推出自己的社交网络 Google+ 的核心也是希望获得更多的用户信息。

实时搜索更多是搜索在技术实现上的改进，当然，大部分实时信息都存在于 Twitter 和雅虎，这对谷歌也是不小的挑战。随着移动互联网的发展，位置也成为了搜索引擎提供结果的重要依据，这也是个性化的一部分。而随着位置信息的加入，围绕这一点可以打造一个生活服务的平台。

综上所述，本地搜索将是一个巨大的市场，这时搜索提供的已经不仅仅是信息，更应该是一种服务。

正因为如此，Google Now 便登上了历史舞台，接下来我们看一看 Google Now 能带来什么？

☑ 新的应用会更加方便用户收取电子邮件，当接收到新邮件时，它就会自动弹出以便查看。

☑ 实现了办理登记手续的 QR CODE 终端的更新，但是这一功能目前仅限于美国联合航空公司使用。

☑ 具有新的镜头搜索功能，令搜索和查找更加方便准确。

☑ 具有步行和行车里程记录功能，这个计步器功能可通过 Android 设备的传感器来统计用户每月行驶的里程，包括步行和骑自行车的路程。

☑ 拥有并强化了对博物馆、电影院、餐厅等搜索帮助。

☑ 旅游和娱乐特色功能：包括汽车租赁、演唱会门票和通勤共享方面的卡片。公共交通和电视节目的卡片进行改善，这些卡片现在可以听音识别音乐和节目信息。用户可以为新媒体节目的开播设定搜索提醒，同时还可以接收实时 NCAA 橄榄球比分。

25.1.2　Google Now 的用法

其实 Google Now 并不是如同 Google Mail、Google Talk 那样的独立 App，Google Now 被 Google 集成到了 Google 搜索中。在正常情况下，开启 Google 搜索即可使用 Google Now。但是因为 Google 搜索业务已经退出中国大陆，所以 Google 也没打算让 Google Now 覆盖中国大陆用户。即使顺利安装了 Google 搜索，会依然找不到 Google Now 功能，如图 25-1 所示。

此时需要经过如下步骤进行设置。

（1）登录手机设备的 Google 账户。

（2）在“设置”选项中将系统语言改为英文，如图 25-2 所示。

图 25-1　默认没有 Google Now 功能的 Google 搜索

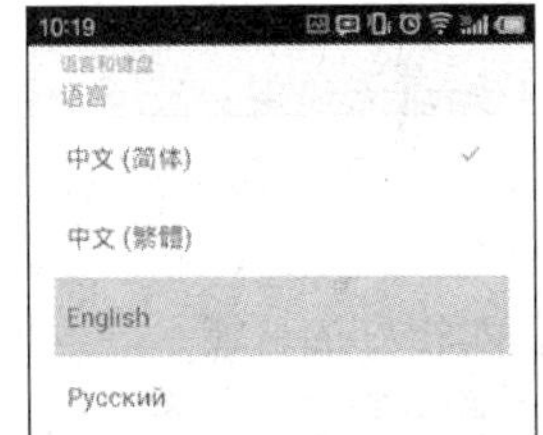

图 25-2　设置设备语言为英文

（3）再次开启 Google Search 后会惊奇地发现出现 Google Now 了，如图 25-3 所示。

（4）按照提示，单击 Next 按钮即可完成 Google Now 的初始化，这时即可使用 Google Now，如图 25-4 所示。

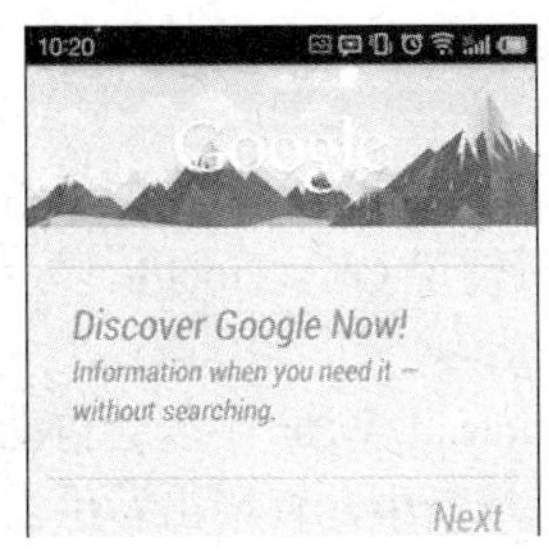

图 25-3　Google Search 中出现 Google Now

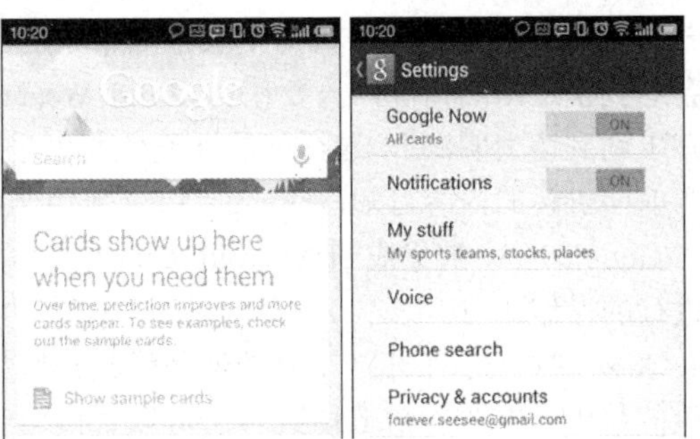

图 25-4　此时可以使用 Google Now

（5）当设置完 Google Now 后回到设置菜单，将系统语言重新设置为简体中文。设置完毕后，Google Now 非但不会被关闭，语言也变成了简体中文。这意味着 Google 本来就做好了 Google Now 的简体中文语言支持，只是没对简体中文用户开放而已，如图 25-5 所示。

（6）经过测试后会发现，虽然 Google Now 没有针对国内用户开放，但是依然涵盖了国内数据。在使用期间，公交班次、天气等信息都准确无误，连接也没遇到什么阻碍，如图 25-6 所示。

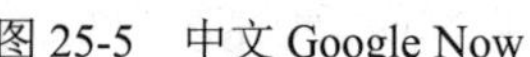
图 25-5　中文 Google Now

图 25-6　使用 Google Now 的界面

注意： 只有在设备中登录并绑定 Google 账号后才能使用 Google Now 功能，国产行货手机没有内置添加 Google 账号功能，读者需要在获取 Root 权限后进行添加设置。

25.2　Android Wear 详解

知识点讲解：光盘:视频\知识点\第 25 章\Android Wear 详解.avi

2014 年 3 月，继谷歌眼镜之后，Google 推出了 Android Wear 可穿戴平台，正式进军智能手表领域。与之前传闻不同的是，Google 并未推出硬件，这意味着什么？显然，作为一个平台服务商，Google 的目标不仅是一款卖得好的智能手表，而是一统整个穿戴式计算机行业。对于用户而言，Android Wear 将改变目前智能手表领域缺乏标准、各自为营的混乱状况，同时也能够与自己的 Android 手机获得更无缝化的数据共享。本节将简单介绍 Android Wear 平台给我们带来了怎样的前景和未来。

25.2.1　什么是 Android Wear

可以将 Android Wear 看作是一个针对智能手表等可穿戴设备优化的 Android 版本，Android Wear 界面更适合小屏幕，主要功能是面向手机与手表互联带来的新型移动体验。举个例子来说，平常日常乘坐公交车时难免都会遇到坐过站的情况，只要在 Android Wear 手表中设定好目的地，GPS 便会开始定位，及时提醒我们“还有 1 站到达大明湖”，这样就能够避免发生坐过站的情况。

从本章前面讲解的内容可知，Google Now 应用一直致力于通过上下文联想技术提供全面、智能的搜索体验，现在 Google Now 被集成到 Android Wear 中了，不需要任何按键，只需说 OK，Google 以及想知道的内容或是进行的操作即可。

Google 在视频中演示了相当丰富的使用场景，例如要去海滩冲浪，Android Wear 手表会自动弹出“海里有海蜇”的警告；在收到短信场景时，可以直接语音回复即可；在登机场景中，直接出示手表中的机票二维码就可以完成登机工作。

另外，健身应用也是 Android Wear 必备的一个功能。Android Wear 能够实时监测我们的活动状态，记

录步数及热量消耗。当然，健身功能实际上还有很大的发展空间，相信 Google 和手表制造商会在日后为用户提供更多样化的健康监测形式，如手表背面内置传感器监测用户体温和心率等。

由此可见，Android Wear 是将 Android 延伸到可穿戴设备的项目。这个项目首先从智能手表开始。通过一系列的新设备和应用，Android Wear 将能够做到以下几个方面。

- ☑ 在最需要的时候给出有用的信息：从最喜欢的社交应用获取更新，使用通信应用交流，从购物应用、新闻应用那里获取通知等。
- ☑ 直接回答问题：说一声 OK Google 来提出问题，例如鳄梨里有多少卡路里、航班离开的时间、游戏的分数；或者完成某件事情，例如呼叫出租车、发短信、预定餐厅或者设置闹钟。
- ☑ 更好地监控健康：通过 Android Wear 上的提醒和健康信息，达到自己健身的目标。最爱的健身应用能够提供实时的速度、距离和时间信息。
- ☑ 通向多屏世界的钥匙：Android Wear 能让你控制其他设备。用 OK Google 打开手机上的音乐列表，或者将最喜欢的电影投射到电视上面。在开发者的参与下，还会有更多的可能性。

目前，摩托罗拉和 LG 已经展示了概念的 Android Wear 手表，预计三星、HTC、华硕等厂商都会后续跟进。首先来看看摩托罗拉的 Moto 360 手表，它拥有一个接近传统手表的圆形金属表盘，适合在所有场合佩戴。摩托罗拉公司也承诺将使用精良的材质，保持佩戴的舒适性，如图 25-7 所示。

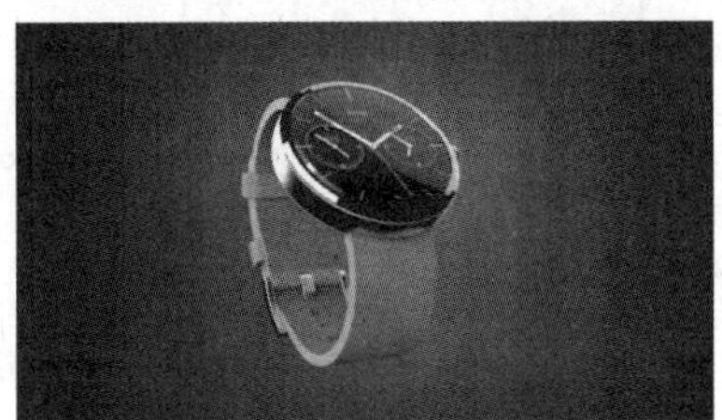

图 25-7　Android Wear 手表

25.2.2　搭建 Android Wear 开发环境

现在 Google 已经公开了 Android Wear 的预览版，只面向谷歌账号开发者用户公开。具体信息请登录 http://developer.android.com/wear/index.html，如图 25-8 所示。

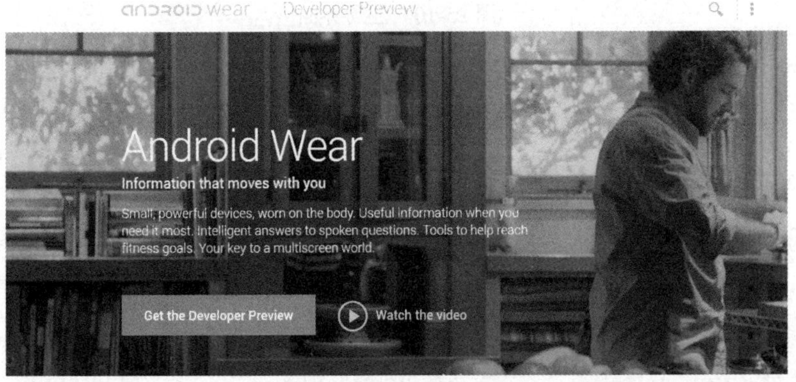

图 25-8　Android Wear 官方站点

单击图 25-8 中的 Get the Developer Preview 按钮后进入到 Android Wear 开发者预览界面，在此列出了搭建开发环境的方法和开发资料，如图 25-9 所示。

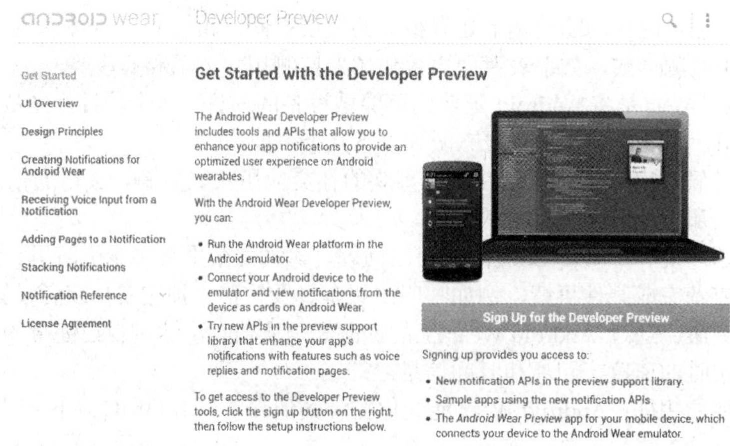

图 25-9　Android Wear 开发者预览界面

Android Wear 开发环境和 Android 应用开发环境类似，具体过程如下。

（1）根据本书第 2 章的内容安装 Android SDK，在 Android SDK 中包括了 Android Wear 的所有开发工具。

（2）单击图 25-9 中的按钮来到注册界面，在此界面注册为 Android Wear 预览开发者，如图 25-10 所示。

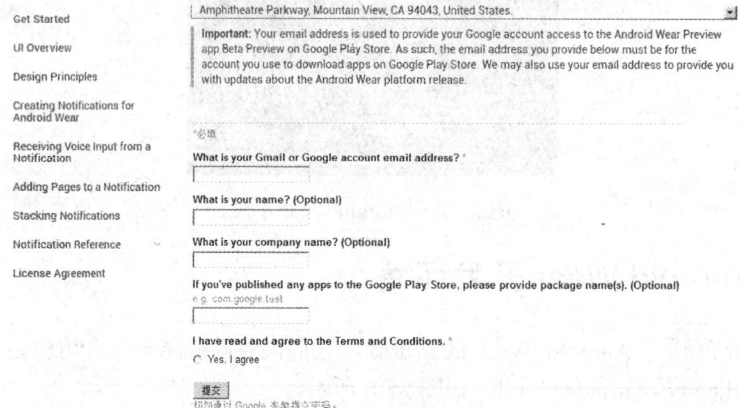

图 25-10　注册界面

（3）输入 Gmail 账户信息后单击“提交”按钮，等待 Google 发送回复的邮件信息，如图 25-11 所示。

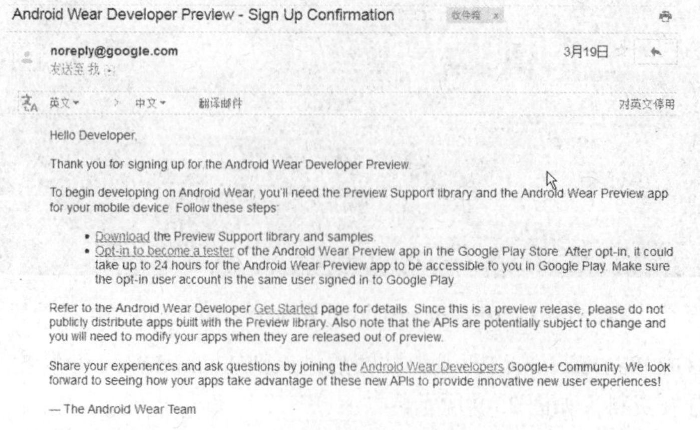

图 25-11　Google 回复的邮件信息

通过邮件中的链接可以下载 Android Wear 预览版的开发程序包和演示实例，下载后的压缩包是 AndroidWearPreview.zip，解压缩后的效果如图 25-12 所示。

samples	2014/3/18 1:27	文件夹	
LICENSE	2014/3/18 1:27	文件	19 KB
README	2014/3/18 1:27	文件	1 KB
wearable-preview-support.jar	2014/3/18 1:27	Executable Jar...	30 KB

图 25-12　解压缩 AndroidWearPreview.zip

（4）检查 Android SDK 工具的版本 22.6 或更高，如果当前 Android SDK 工具的版本低于 22.6，则必须进行更新。

（5）在图 25-13 所示的对话框中创建一个 Android 模拟器，Android Wear 要求的最低版本是 Android 4.4.2，这里选择 Android Wear ARM（armeabi-v7a）。

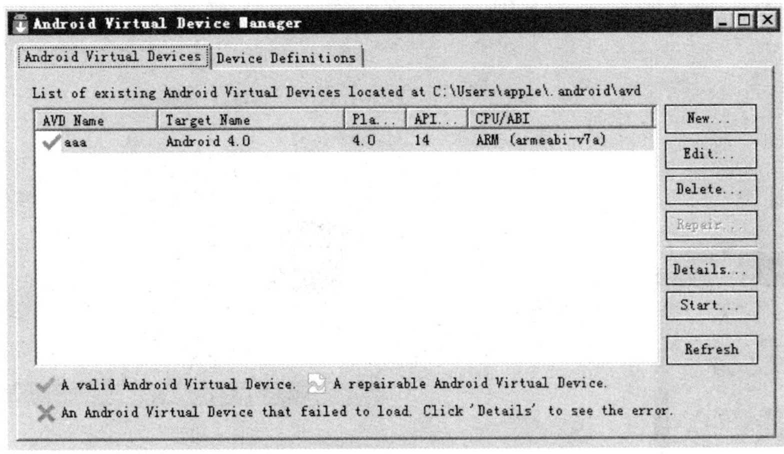

图 25-13　准备创建一个 Android 模拟器

（6）单击图 25-13 中的 New 按钮，在弹出的对话框中进行如下设置。

☑　AVD Name：设置创建模拟器的名字为 wear。

☑　Target Name：设置此值最低为 Android 4.4.2 - API Level 19。

☑　CPU/ABI：设置此值为“Android Wear ARM (armeabi-v7a)。

☑　Skin：用于设置 Android Wear 的外观，现在 Android Wear 只有两种外观，分别是方形 AndroidWearSquare 或圆形 AndroidWearRound。

☑　其他选项：设置为默认值即可。

设置后的效果如图 25-14 所示。

单击 OK 按钮完成创建返回图 25-13 中，单击 Start 按钮可以运行这个模拟器，运行后的效果如图 25-15 所示。

另外，通过 Google 回复的 Gmail 邮件可知，可以登录 https://play.google.com/apps/testing/com.google.android.wearablepreview.app 下载 Android Wear Preview，当然最简单的方法是从 Paly 商店下载获取，如图 25-16 所示。

另外，也可以登录 https://plus.google.com/communities/113381227473021565406 进入测试人员社区，在这里可以和一线开发人员进行交流，如图 25-17 所示。

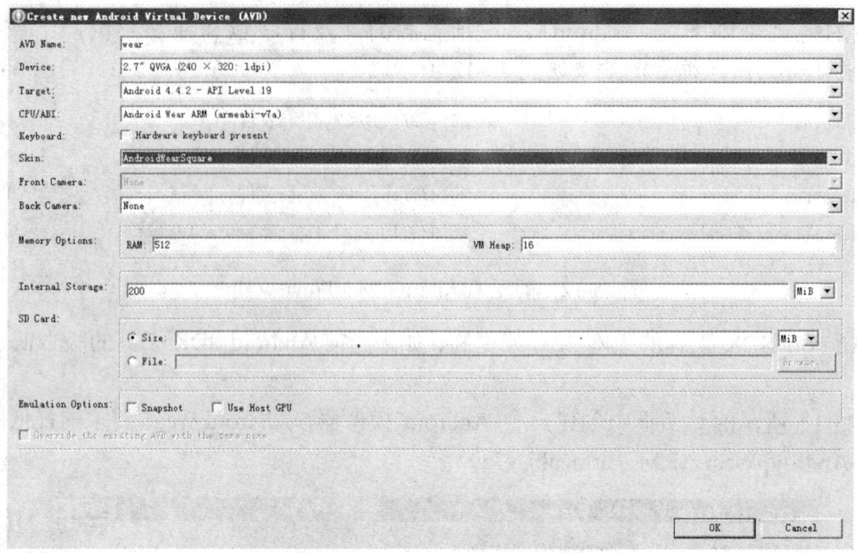

图 25-14　创建了一个方形 Android Wear 模拟器

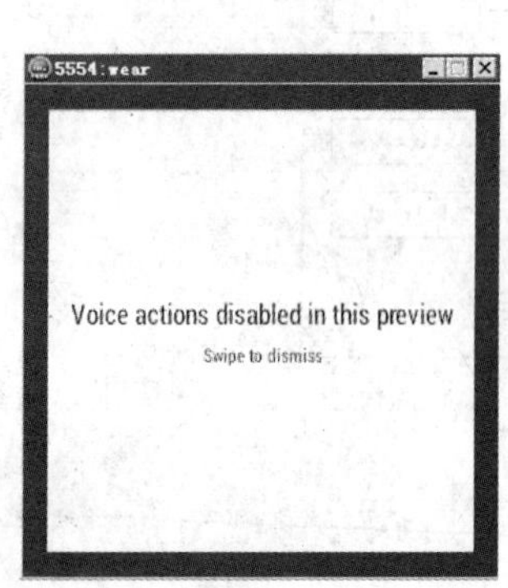

图 25-15　模拟器运行效果

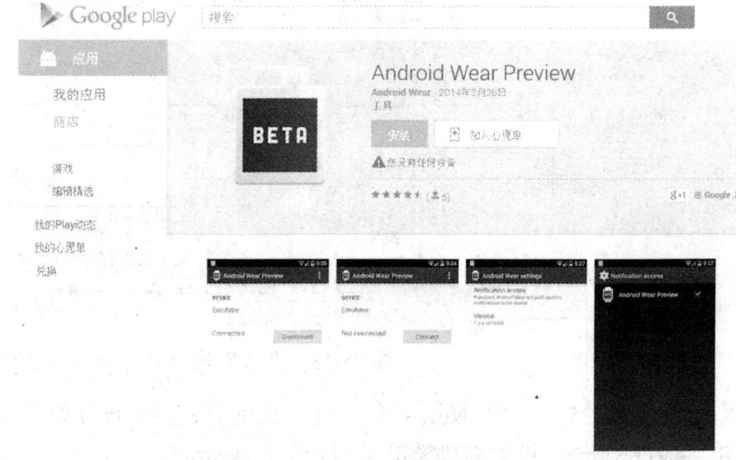

图 25-16　从 Paly 商店下载获取 Android Wear Preview

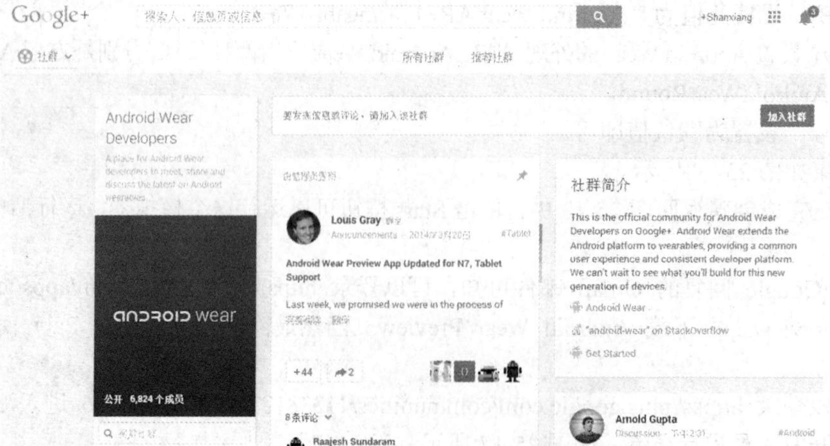

图 25-17　Android Wear 开发者交流社区

25.3　开发 Android Wear 程序

知识点讲解：光盘:视频\知识点\第 25 章\开发 Android Wear 程序.avi

在搭建完 Android Wear 开发环境之后，接下来开始讲解开发 Android Wear 程序的基本知识。本节将首先讲解开发 Android Wear 程序的知识，然后通过一个演示实例来讲解具体开发过程。

25.3.1　创建通知

当一个手机或平板电脑等 Android 设备连接到一个 Android Wear 时，所有的通知在设备之间都是共享的。在 Android Wear 中，每个通知都会以新卡片背景流的样式出现，如图 25-18 所示。

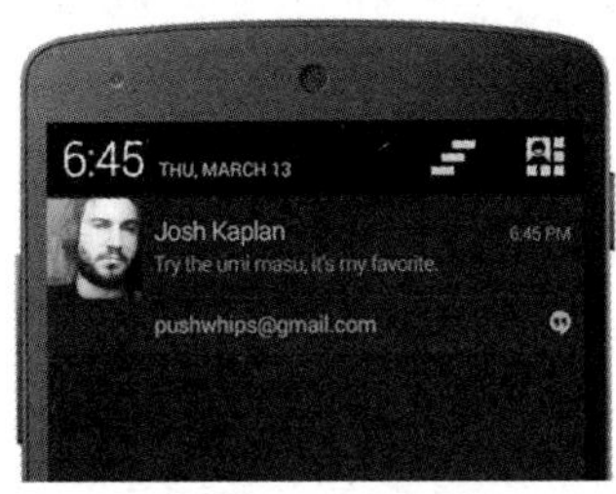

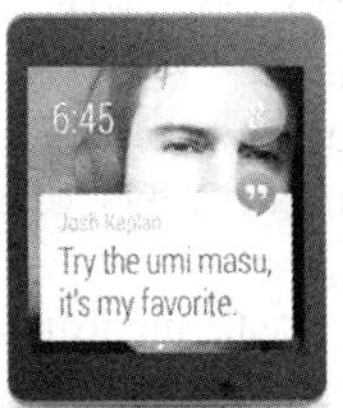

图 25-18　出现通知

由此可见，无须经过多少工作量，便可以在 Android Wear 设备中创建一个通知应用程序。但是为了提高用户体验，当用户面对一个通知时，再通过声音来回复。

（1）引入需要的类

在开发 Android Wear 应用程序之前，必须首先详细阅读开发者预览文档。在该文档文件中提到，Android Wear 应用程序必须包括 V4 支持库和开发者预览版支持库。所以开始时，应该包括在项目中的代码下面的引入文件。

```
import android.preview.support.wearable.notifications.*;
import android.preview.support.v4.app.NotificationManagerCompat;
import android.support.v4.app.NotificationCompat;
```

（2）通过提醒 Builder 创建通知

在 Android Wear 中，通过用 V4 支持库可以实现最新的通知等功能，例如用操作按钮和大图标创建通知。在下面的演示代码中，使用 NotificationCompat API 结合新的 NotificationManagerCompat API 可以创建并发布通知。

```
int notificationId = 001;
Intent viewIntent = new Intent(this, ViewEventActivity.class);
viewIntent.putExtra(EXTRA_EVENT_ID, eventId);
PendingIntent viewPendingIntent =
        PendingIntent.getActivity(this, 0, viewIntent, 0);

NotificationCompat.Builder notificationBuilder =
        new NotificationCompat.Builder(this)
        .setSmallIcon(R.drawable.ic_event)
        .setContentTitle(eventTitle)
        .setContentText(eventLocation)
```

```
        .setContentIntent(viewPendingIntent);

NotificationManagerCompat notificationManager =
        NotificationManagerCompat.from(this);

notificationManager.notify(notificationId, notificationBuilder.build());
```

通过上述代码，当上述通知出现在手持设备中时，用户可以调用指定的 setcontentintent()方法通过触摸的方式通知 PendingIntent。当这个通知出现在 Android Wear 中时，用户也可以用通知操作来调用在手持设备上的意图。

（3）添加动作按钮

除了通过 setcontentintent()定义的主要操作外，还可以通过传递 PendingIntent 到 addaction()方法的方式添加其他操作。例如下面的代码显示了和前面类型相同的通知，但是增加了一个在地图上实现定位的事件操作。

```
Intent mapIntent = new Intent(Intent.ACTION_VIEW);
Uri geoUri = Uri.parse("geo:0,0?q=" + Uri.encode(location));
mapIntent.setData(geoUri);
PendingIntent mapPendingIntent =
        PendingIntent.getActivity(this, 0, mapIntent, 0);

NotificationCompat.Builder notificationBuilder =
        new NotificationCompat.Builder(this)
        .setSmallIcon(R.drawable.ic_event)
        .setContentTitle(eventTitle)
        .setContentText(eventLocation)
        .setContentIntent(viewPendingIntent)
        .addAction(R.drawable.ic_map,
                getString(R.string.map), mapPendingIntent);
```

（4）为通知添加一个大视图

在手持设备上，用户可以通过扩大通知卡片的方式来查看通知内容。在 Android Wear 设备中，大视图的内容是默认可见的。当在通知中添加扩展的内容后，可以调用 NotificationCompat.Builder 对象中的 setStyle()方法实现 bigtextstyle 或 inboxstyle 样式实例。

例如在下面的代码中，添加了 NotificationCompat.bigtextstyle 实例的事件通知，这样可以包括完整的事件描述，包括可以提供比 setcontenttext()空间更多的文本内容。

```
BigTextStyle bigStyle = new NotificationCompat.BigTextStyle();
bigStyle.bigText(eventDescription);

NotificationCompat.Builder notificationBuilder =
        new NotificationCompat.Builder(this)
        .setSmallIcon(R.drawable.ic_event)
        .setLargeIcon(BitmapFractory.decodeResource(
                getResources(), R.drawable.notif_background))
        .setContentTitle(eventTitle)
        .setContentText(eventLocation)
        .setContentIntent(viewPendingIntent)
        .addAction(R.drawable.ic_map,
                getString(R.string.map), mapPendingIntent)
        .setStyle(bigStyle);
```

注意： 可以使用 setlargeicon()方法为任何通知添加一个背景图像。

（5）为设备添加新的功能

在 Android Wear 预览版的支持库中提供了很多新的 API，通过这些 API 可以在穿戴设备中提高通知用户体验。例如可以添加额外的页面内容，或添加用户使用语音输入文本的响应功能。通过使用这些新的 API，然后通过实例的 NotificationCompat.Builder()构造函数可以添加新的功能。例如下面的演示代码。

```
NotificationCompat.Builder notificationBuilder =
        new NotificationCompat.Builder(mContext)
        .setContentTitle("New mail from " + sender.toString())
        .setContentText(subject)
        .setSmallIcon(R.drawable.new_mail);

Notification notification =
        new WearableNotifications.Builder(notificationBuilder)
        .setHintHideIcon(true)
          .build();
```

在上述代码中，方法 setHintHideIcon()的功能是从通知卡中移除应用程序图标。方法 setHintHideIcon()是一个新的通知功能，可以从 WearableNotifications.Builder 对象中生成。

当想要推送传递用户的通知时，一定要始终使用 NotificationManagerCompat API，例如下面的演示代码。

```
NotificationManagerCompat notificationManager =
        NotificationManagerCompat.from(this);

notificationManager.notify(notificationId, notification);
```

注意： 在笔者写作此书时，Android Wear 开发者预览版 API 只是为了开发和测试而推出的，并不是为了编写出具体应用程序。Google 在正式公布 Android Wear SDK 之前，上述开发流程只是待定的。

25.3.2　创建声音

如果在创建的通知中包含了文本回复功能，例如回复一封邮件，在通常情况下会在手持设备上启动一个 Activity。当我们的通知显示在穿戴设备上时，可以允许用户使用语音输入口述一个回复，还可以提供预先设置的文本信息让用户选择。当用户使用语音回复或者选择预设信息时，系统会发送信息到与手持设备相连的应用，该信息以一个附加品的形式与我们定义使用的通知行动的 Intent 相关联，如图 25-19 所示。

图 25-19　声音回复

注意： 在 Android 模拟器上开发时，即使在语音输入域，也必须使用文本回复，所以必须确保在 AVD 设置上已激活了 Hardware keyboard present。

（1）定义远程回复

在 Android Wear 中创建支持语音输入的行动时，首先需要使用 RemoteInput.Builder APIs 创建一个

RemoteInput 的实例。RemoteInput.Builder 构造器获取一个 String 类型的值，系统会将这个值作为一个 key 传递给 Intent extra，这个 Intent 可以将回复信息传送到手持设备中的应用程序。例如在下面的代码中创建了一个新的 RemoteInput 对象，功能是提供自定义标签给语音输入命令。

```
//传送给行动 Intent 的 key 的字符串
private static final String EXTRA_VOICE_REPLY = "extra_voice_reply";
String replyLabel = getResources().getString(R.string.reply_label);
RemoteInput remoteInput = new RemoteInput.Builder(EXTRA_VOICE_REPLY)
        .setLabel(replyLabel)
        .build();
```

（2）添加预置文本进行回复

除了支持语音输入外，在 Android Wear 中还可以提供最多 5 条预置文本回复信息以供用户进行快速回复。实现方法是调用 setChoices()方法，并将字符串数组传递给它。 例如可以在资源数组中定义如下所示的回复。

```
res/values/strings.xml
<?xml version="1.0" encoding="utf-8"?>
<resources>
    <string-array name="reply_choices">
        <item>Yes</item>
        <item>No</item>
        <item>Maybe</item>
    </string-array>
</resources>
```

效果如图 25-20 所示。

图 25-20　添加的回复数值

然后通过如下代码释放 String 数组并将其添加到 RemoteInput 中。

```
String replyLabel = getResources().getString(R.string.reply_label);
String[] replyChoices = getResources().getStringArray(R.array.reply_choices);

RemoteInput remoteInput = new RemoteInput.Builder(EXTRA_VOICE_REPLY)
        .setLabel(replyLabel)
        .setChoices(replyChoices)
        .build();
```

（3）为主行动接收语音输入

在 Android Wear 应用中，如果 Reply 是应用程序的主行动（由 setContentIntent()方法定义），那么需要使用 addRemoteInputForContentIntent()方法将 RemoteInput 添加到主行动上。例如下面的演示代码。

```
//为回复行动创建 Intent
Intent replyIntent = new Intent(this, ReplyActivity.class);
PendingIntent replyPendingIntent =
        PendingIntent.getActivity(this, 0, replyIntent, 0);
```

```
//创建通知
NotificationCompat.Builder replyNotificationBuilder =
        new NotificationCompat.Builder(this)
        .setSmallIcon(R.drawable.ic_new_message)
        .setContentTitle("Message from Travis")
        .setContentText("I love key lime pie!")
        .setContentIntent(replyPendingIntent);
//创建运程回复<语音>
RemoteInput remoteInput = new RemoteInput.Builder(EXTRA_VOICE_REPLY)
        .setLabel(replyLabel)
        .build();
//创建穿戴设备的通知并添加语音输入
Notification replyNotification =
        new WearableNotifications.Builder(replyNotificationBuilder)
        .addRemoteInputForContentIntent(remoteInput)
        .build();
```

通过使用 addRemoteInputForContentIntent()方法，将 RemoteInput 对象添加到通知的主行动中后，通常 Open 按钮会显示为 Reply 按钮，当用户在 Android Wear 上选择它时，它就会启动语音输入 UI 视图界面。

（4）为次行动设置语音输入

如果 Reply 动作不是我们创建通知的主动作，而只是为次行动激活语音输入，那么可以添加 RemoteInput 到新的行动按钮（由 Action 对象定义）。通过 Action.Builder()构造器实例化 Action，它会给行动按钮添加一个 icon 和文本标签，加上 PendingIntent，当用户选择这个行动时，系统会使用它调用我们的应用。例如下面的演示代码。

```
//创建一个 Pending Intent，当用户选择这个行动时，会启用这个 Intent
Intent replyIntent = new Intent(this, ReplyActivity.class);
PendingIntent pendingReplyIntent =
        PendingIntent.getActivity(this, 0, replyIntent, 0);

//创建远程输入
RemoteInput remoteInput = new RemoteInput.Builder(EXTRA_VOICE_REPLY)
        .setLabel(replyLabel)
        .build();

//创建通知行动
Action replyAction = new Action.Builder(R.drawable.ic_message,
        "Reply", pendingIntent)
        .addRemoteInput(remoteInput)
        .build();
```

然后为 Action 添加 RemoteInput.Builder，使用 addAction()方法为 WearableNotifications.Builder 添加 Action。例如下面的演示代码。

```
//创建基本的通知创建者
NotificationCompat.Builder replyNotificationBuilder =
        new NotificationCompat.Builder(this)
        .setContentTitle("New message");

//创建通知行动并添加远程输入
Action replyAction = new Action.Builder(R.drawable.ic_message,
        "Reply", pendingIntent)
        .addRemoteInput(remoteInput)
```

```
        .build();

//创建穿戴设备的通知并添加行动
Notification replyNotification =
        new WearableNotifications.Builder(replyNotificationBuilder)
        .addAction(replyAction)
        .build();
```

现在，当用户在 Android Wear 设备上选择 Reply 时，系统提示用户使用语音输入（如果提供了预置回复，则会显示预置列表）。当用户完成回复时，系统会调用与该行动关联的 Intent，并添加作为字符值的 EXTRA_VOICE_REPLY extra（传递给 RemoteInput.Builder 构造器的字符串）到用户信息。

25.3.3 给通知添加页面

当想为 Android Wear 设备提供更多的信息，而且不需要用户使用手持设备打开应用时，可以在 Android Wear 上为通知添加一个或若干页面，附加的页面会在主通知卡片的右边立即显示出来，如图 25-21 所示。

图 25-21　给通知添加页面

当创建多个页面时，第一步需要把通知显示在手机或平板设备上，也就是先创建一个主通知（第一个页面），然后使用 addPage()方法每次添加一个页面，或者使用 addPages()方法从 Collection 对象添加若干页面。例如下面的演示代码。

```
//为主通知创建 Builder
NotificationCompat.Builder notificationBuilder =
        new NotificationCompat.Builder(this)
        .setSmallIcon(R.drawable.new_message)
        .setContentTitle("Page 1")
        .setContentText("Short message")
        .setContentIntent(viewPendingIntent);

//为第二个页面创建 big text 风格
BigTextStyle secondPageStyle = new NotificationCompat.BigTextStyle();
secondPageStyle.setBigContentTitle("Page 2")
                .bigText("A lot of text...");

Notification secondPageNotification =
        new NotificationCompat.Builder(this)
        .setStyle(secondPageStyle)
        .build();

Notification twoPageNotification =
        new WearableNotifications.Builder(notificationBuilder)
        .addPage(secondPageNotification)
        .build();
```

25.3.4 通知堆

当为手持设备创建通知时，大家可能习惯于把同一类型的通知放在一个汇总通知中。例如，如果用户

的应用创建了接收信息的通知，当接收到多条信息时不会显示多条通知在手持设备上，而是使用单条通知。此时只需要提供汇总信息即可，例如“两条新信息”的提示。但是在 Android Wear 设备上，汇总信息没什么作用，因为用户无法在 Android Wear 设备上逐条阅读细节（他们必须在手持设备上打开应用，以查看更多信息）。为了支持 Android Wear 设备，需要把所有的通知聚集到一个堆中。通知堆以单张卡片的形式存在，用户可以展开它逐条查看，新的 setGroup()方法为用户提供了可能，虽然在手持设备上它仍然仅提供一条汇总信息，如图 25-22 所示。

图 25-22　通知堆演示界面

（1）将通知逐条添加到 Group

为了在 Android Wear 中创建堆，需要为每条通知调用 setGroup()方法，并将唯一的 group key 传递给它们。例如下面的演示代码。

```
final static String GROUP_KEY_EMAILS = "group_key_emails";

NotificationCompat.Builder builder = new NotificationCompat.Builder(mContext)
        .setContentTitle("New mail from " + sender)
        .setContentText(subject)
        .setSmallIcon(R.drawable.new_mail);

Notification notif = new WearableNotifications.Builder(builder)
        .setGroup(GROUP_KEY_EMAILS)
        .build();
```

在默认情况下，会以我们的添加顺序来展现通知，最新的通知显示在头部。但是也可以通过传递一个位置值给 setGroup()的第二个参数，在 group 中定义一个特殊的位置。

（2）添加一个汇总通知

在 Android Wear 应用中，提供一个汇总通知给手持设备是很重要的。除了逐条添加通知到同一个通知堆外，建议仍添加一个汇总通知，不过设置它的次序为 GROUP_ORDER_SUMMARY。例如下面的演示代码。

```
Notification summaryNotification = new WearableNotifications.Builder(builder)
        .setGroup(GROUP_KEY_EMAILS, WearableNotifications.GROUP_ORDER_SUMMARY)
        .build();
```

这条通知不会显示在 Android Wear 设备上的通知堆中，只会显示在手持设备上的唯一通知上。

25.3.5　通知语法介绍

（1）android.preview.support.v4.app

用 NotificationCompat.Builder 对象来设定通知的 UI 信息和行为，调用 NotificationCompat.Builder.build()来创建通知，然后调用 NotificationManager.notify()来发送通知。

一条通知必须包含如下信息。

☑　一个小图标：用 setSmallIcon()来设置。

☑　一个标题：用 setContentTitle()来设置。

☑　详情文字：用 setContentText()来设置。

（2）android.preview.support.wearable.notifications

这是一个提醒接口类，在里面定义了如表 25-1 所示的类。

表 25-1　提醒类

类　名	描　述
RemoteInput	远程输入类，可穿戴设备输入
RemoteInput.Builder	生成 RemoteInput 的目标
WearableNotifications	可穿戴设备类型的通知
WearableNotifications.Action	可穿戴设备类型通知的行为动作
WearableNotifications.Action.Builder	生成类 WearableNotifications.Action 对象
WearableNotifications.Builder	一个 NotificationCompat.Builder 生成器对象，为可穿戴的扩展功能提供通知方法

例如在下面的代码中，通过注释详细讲解并演示了各个 Android Wear 对象的基本用法。

```
int notificationId = 001;                                        //通知 ID
Intent replyIntent = new Intent(this, ReplyActivity.class);      //响应 Action，可以启动 Activity、Service 或者 Broadcast
 PendingIntent pendingIntent = PendingIntent.getActivity(this, 0, replyIntent, 0);
 RemoteInput remoteInput = new RemoteInput.Builder("key") //响应输入，“key”为返回 Intent 的 Extra 的 Key 值
        .setLabel("Select")                                      //输入页标题
        .setChoices(String[])                                    //输入可选项
        .build();
Action replyAction = new Action.Builder(R.drawable, //WearableNotifications.Action.Builder 对应可穿戴设备的
Action 类
                                  "Reply", pendingIntent) //对应 pendingIntent
                                  .addRemoteInput(remoteInput)
                                  .build();

NotificationCompat.Builder notificationBuilder = new NotificationCompat.Builder(mContext) //标准通知创建
            .setContentTitle(title).setContentText(subject).setSmallIcon(R.drawable).setStyle(style)
 .setLargeIcon(bitmap)                           //设置可穿戴设备显示的背景图
 .setContentIntent(pendingIntent)                //可穿戴设备左滑，有默认 Open 操作，对应手机端的点击通知
 .addAction(R.drawable, String, pendingIntent);     //增加一个操作，可加多个
  //创建可穿戴类通知，为通知增加可穿戴设备新特性，必须与兼容包中的 NotificationManager 对应，否则无效
Notification notification = new WearableNotifications.Builder(notificationBuilder)
            .setHintHideIcon(true)                  //隐藏应用图标
          .addPages(notificationPages)              //增加 Notification 页
          .addAction(replyAction)                   //对应上页，pendingIntent 可操作项
.addRemoteInputForContentIntent(replyAction)        //可为 ContentIntent 替换默认的 Open 操作
.setGroup(GROUP_KEY, WearableNotifications.GROUP_ORDER_SUMMARY) //为通知分组
.setLocalOnly(true)                                 //可设置只在本地显示
.setMinPriority()                                   //设置只在可穿戴设备上显示通知
          .build();
//获得 Manager
 NotificationManagerCompat notificationManager = NotificationManagerCompat.from(this);
notificationManager.notify(notificationId, notificationBuilder.build());//发送通知
```

25.4　实战演练——开发一个 Android Wear 程序

知识点讲解：光盘:视频\知识点\第 25 章\开发一个 Android Wear 程序.avi

下面将通过一个具体实例讲解开发一个 Android Wear 程序的方法。

实　　例	功　　能	源 码 路 径
实例 25-1	开发一个 Android Wear 程序	光盘:\daima\25\wearmaster

本实例的具体实现流程如下。

（1）编写布局文件 activity_main.xml，具体实现代码如下所示。

```
<RelativeLayout xmlns:android="http://schemas.android.com/apk/res/android"
    xmlns:tools="http://schemas.android.com/tools"
    android:layout_width="match_parent"
    android:layout_height="match_parent"
    android:paddingLeft="@dimen/activity_horizontal_margin"
    android:paddingRight="@dimen/activity_horizontal_margin"
    android:paddingTop="@dimen/activity_vertical_margin"
    android:paddingBottom="@dimen/activity_vertical_margin"
    tools:context="com.ezhuk.wear.MainActivity">
    <TextView
        android:text="@string/hello_world"
        android:layout_width="wrap_content"
        android:layout_height="wrap_content" />
</RelativeLayout>
```

（2）编写值文件 strings.xml，功能是设置通知的文本内容，具体实现代码如下所示。

```
<?xml version="1.0" encoding="utf-8"?>
<resources>
    <string name="app_name">Wear</string>
    <string name="hello_world">Test</string>
    <string name="content_title">Basic Notification</string>
    <string name="content_text">Sample text.</string>
    <string name="page1_title">Page 1</string>
    <string name="page1_text">Sample text 1.</string>
    <string name="page2_title">Page 2</string>
    <string name="page2_text">Sample text 2.</string>
    <string name="action_title">Action Title</string>
    <string name="action_text">Action text.</string>
    <string name="action_button">Action</string>
    <string name="action_label">Action</string>
    <string name="summary_title">Summary Title</string>
    <string name="summary_text">Summary text.</string>
    <string-array name="input_choices">
        <item>First item</item>
        <item>Second item</item>
        <item>Third item</item>
    </string-array>
</resources>
```

（3）编写文件 MainActivity.java 实现程序的主 Activity，功能是载入 Android Wear 的通知类 NotificationUtils，调用不同的 showNotificationXX 方法显示通知信息，具体实现代码如下所示。

```
package com.ezhuk.wear;

import android.app.Activity;
import android.os.Bundle;

import static com.ezhuk.wear.NotificationUtils.*;
```

```
public class MainActivity extends Activity {
    @Override
    protected void onCreate(Bundle savedInstanceState) {
        super.onCreate(savedInstanceState);
        setContentView(R.layout.activity_main);
    }

    @Override
    protected void onResume() {
        super.onResume();

        showNotification(this);
        showNotificationNoIcon(this);
        showNotificationMinPriority(this);
        showNotificationBigTextStyle(this);
        showNotificationBigPictureStyle(this);
        showNotificationInboxStyle(this);
        showNotificationWithPages(this);
        showNotificationWithAction(this);
        showNotificationWithInputForPrimaryAction(this);
        showNotificationWithInputForSecondaryAction(this);
        showGroupNotifications(this);
    }

    @Override
    protected void onPause() {
        super.onPause();
    }
}
```

（4）编写文件 NotificationUtils.java，功能是定义各种不同类型 showNotificationXX 的通知方法，具体实现代码如下所示。

```
import android.app.Notification;
import android.app.PendingIntent;
import android.content.Context;
import android.content.Intent;
import android.graphics.BitmapFactory;
import android.net.Uri;
import android.preview.support.v4.app.NotificationManagerCompat;
import android.preview.support.wearable.notifications.RemoteInput;
import android.preview.support.wearable.notifications.WearableNotifications;
import android.support.v4.app.NotificationCompat;

public class NotificationUtils {
    private static final String ACTION_TEST = "com.ezhuk.wear.ACTION";
    private static final String ACTION_EXTRA = "action";

    private static final String NOTIFICATION_GROUP = "notification_group";
```

```
public static void showNotification(Context context) {
    NotificationCompat.Builder builder =
            new NotificationCompat.Builder(context)
                    .setSmallIcon(R.drawable.ic_launcher)
                    .setContentTitle(context.getString(R.string.content_title))
                    .setContentText(context.getString(R.string.content_text));

    NotificationManagerCompat.from(context).notify(0,
            new WearableNotifications.Builder(builder)
                    .build());
}

public static void showNotificationNoIcon(Context context) {
    NotificationCompat.Builder builder =
            new NotificationCompat.Builder(context)
                    .setSmallIcon(R.drawable.ic_launcher)
                    .setContentTitle(context.getString(R.string.content_title))
                    .setContentText(context.getString(R.string.content_text));

    NotificationManagerCompat.from(context).notify(1,
            new WearableNotifications.Builder(builder)
                    .setHintHideIcon(true)
                    .build());
}

public static void showNotificationMinPriority(Context context) {
    NotificationCompat.Builder builder =
            new NotificationCompat.Builder(context)
                    .setSmallIcon(R.drawable.ic_launcher)
                    .setContentTitle(context.getString(R.string.content_title))
                    .setContentText(context.getString(R.string.content_text));

    NotificationManagerCompat.from(context).notify(2,
            new WearableNotifications.Builder(builder)
                    .setMinPriority()
                    .build());
}

public static void showNotificationWithStyle(Context context,
                                             int id,
                                             NotificationCompat.Style style) {
    Notification notification = new WearableNotifications.Builder(
            new NotificationCompat.Builder(context)
                    .setSmallIcon(R.drawable.ic_launcher)
                    .setStyle(style))
            .build();

    NotificationManagerCompat.from(context).notify(id, notification);
}

public static void showNotificationBigTextStyle(Context context) {
```

```
        showNotificationWithStyle(context, 3,
                new NotificationCompat.BigTextStyle()
                        .setSummaryText(context.getString(R.string.summary_text))
                        .setBigContentTitle("Big Text Style")
                        .bigText("Sample big text."));
    }

    public static void showNotificationBigPictureStyle(Context context) {
        showNotificationWithStyle(context, 4,
                new NotificationCompat.BigPictureStyle()
                        .setSummaryText(context.getString(R.string.summary_text))
                        .setBigContentTitle("Big Picture Style")
                        .bigPicture(BitmapFactory.decodeResource(
                                context.getResources(), R.drawable.background)));
    }

    public static void showNotificationInboxStyle(Context context) {
        showNotificationWithStyle(context, 5,
                new NotificationCompat.InboxStyle()
                        .setSummaryText(context.getString(R.string.summary_text))
                        .setBigContentTitle("Inbox Style")
                        .addLine("Line 1")
                        .addLine("Line 2"));
    }

    public static void showNotificationWithPages(Context context) {
        NotificationCompat.Builder builder =
                new NotificationCompat.Builder(context)
                        .setSmallIcon(R.drawable.ic_launcher)
                        .setContentTitle(context.getString(R.string.page1_title))
                        .setContentText(context.getString(R.string.page1_text));

        Notification second = new NotificationCompat.Builder(context)
                .setSmallIcon(R.drawable.ic_launcher)
                .setContentTitle(context.getString(R.string.page2_title))
                .setContentText(context.getString(R.string.page2_text))
                .build();

        NotificationManagerCompat.from(context).notify(6,
                new WearableNotifications.Builder(builder)
                        .addPage(second)
                        .build());
    }

    public static void showNotificationWithAction(Context context) {
        Intent intent = new Intent(Intent.ACTION_VIEW);
        intent.setData(Uri.parse(""));
        PendingIntent pendingIntent =
                PendingIntent.getActivity(context, 0, intent, 0);

        NotificationCompat.Builder builder =
```

```
            new NotificationCompat.Builder(context)
                    .setSmallIcon(R.drawable.ic_launcher)
                    .setContentTitle(context.getString(R.string.action_title))
                    .setContentText(context.getString(R.string.action_text))
                    .addAction(R.drawable.ic_launcher,
                            context.getString(R.string.action_button),
                            pendingIntent);

    NotificationManagerCompat.from(context).notify(7,
            new WearableNotifications.Builder(builder)
                    .build());
}

public static void showNotificationWithInputForPrimaryAction(Context context) {
    Intent intent = new Intent(ACTION_TEST);
    PendingIntent pendingIntent =
            PendingIntent.getActivity(context, 0, intent, 0);

    NotificationCompat.Builder builder =
            new NotificationCompat.Builder(context)
                    .setSmallIcon(R.drawable.ic_launcher)
                    .setContentTitle(context.getString(R.string.action_title))
                    .setContentText(context.getString(R.string.action_text))
                    .setContentIntent(pendingIntent);

    String[] choices =
            context.getResources().getStringArray(R.array.input_choices);

    RemoteInput remoteInput = new RemoteInput.Builder(ACTION_EXTRA)
            .setLabel(context.getString(R.string.action_label))
            .setChoices(choices)
            .build();

    NotificationManagerCompat.from(context).notify(8,
            new WearableNotifications.Builder(builder)
                    .addRemoteInputForContentIntent(remoteInput)
                    .build());
}

public static void showNotificationWithInputForSecondaryAction(Context context) {
    Intent intent = new Intent(ACTION_TEST);
    PendingIntent pendingIntent =
            PendingIntent.getActivity(context, 0, intent, 0);

    RemoteInput remoteInput = new RemoteInput.Builder(ACTION_EXTRA)
            .setLabel(context.getString(R.string.action_label))
            .build();

    WearableNotifications.Action action =
            new WearableNotifications.Action.Builder(
                    R.drawable.ic_launcher,
```

```
                    "Action",
                    pendingIntent)
            .addRemoteInput(remoteInput)
            .build();

    NotificationCompat.Builder builder =
            new NotificationCompat.Builder(context)
                    .setContentTitle(context.getString(R.string.action_title));

    NotificationManagerCompat.from(context).notify(9,
            new WearableNotifications.Builder(builder)
                    .addAction(action)
                    .build());
}

public static void showGroupNotifications(Context context) {
    Notification first = new WearableNotifications.Builder(
            new NotificationCompat.Builder(context)
                    .setSmallIcon(R.drawable.ic_launcher)
                    .setContentTitle(context.getString(R.string.page1_title))
                    .setContentText(context.getString(R.string.page1_text)))
            .setGroup(NOTIFICATION_GROUP)
            .build();

    Notification second = new WearableNotifications.Builder(
            new NotificationCompat.Builder(context)
                    .setSmallIcon(R.drawable.ic_launcher)
                    .setContentTitle(context.getString(R.string.page2_title))
                    .setContentText(context.getString(R.string.page2_text)))
            .setGroup(NOTIFICATION_GROUP)
            .build();

    Notification summary = new WearableNotifications.Builder(
            new NotificationCompat.Builder(context)
                    .setSmallIcon(R.drawable.ic_launcher)
                    .setContentTitle(context.getString(R.string.summary_title))
                    .setContentText(context.getString(R.string.summary_text)))
            .setGroup(NOTIFICATION_GROUP, WearableNotifications.GROUP_ORDER_SUMMARY)
            .build();

    NotificationManagerCompat.from(context).notify(10, first);
    NotificationManagerCompat.from(context).notify(11, second);
    NotificationManagerCompat.from(context).notify(12, summary);
}

public static void cancelNotification(Context context, int id) {
    NotificationManagerCompat.from(context).cancel(id);
}
```

```
    public static void cancelAllNotifications(Context context) {
        NotificationManagerCompat.from(context).cancelAll();
    }
}
```

到此为止，一个简单的 Android Wear 通知程序创建完毕。执行后会实现通知功能，如图 25-23 所示。

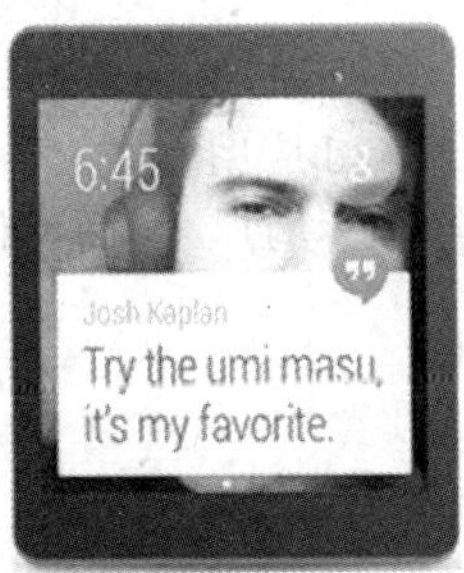

图 25-23　执行效果

有关 Android Wear 更多的演示程序，读者可以参考官方文档中的演示实例。

第 26 章　Android 应用优化详解

通过本章内容的学习，读者将会明白 Android 应用程序为什么需要优化，优化的意义是什么。希望通过本章内容的学习，能让读者充分认识到优化的迫切性，从而促使读者专心学习本章后面的内容，为读者步入本书后面高级知识的学习打下基础。

26.1　用户体验是产品成功的关键

知识点讲解：光盘:视频\知识点\第 26 章\用户体验是产品成功的关键.avi

我们做任何一款产品，目标用户群体永远是消费者，而用户体验往往决定了一款产品的畅销程度。作为智能手机来说，因为手机的自身硬件远不及 PC 机，所以这就要求我们需要为消费者提供拥有更好用户体验的产品，只有这样产品才会受追捧。

26.1.1　什么是用户体验

用户体验的英文称呼是 User Experience，简称为 UE。用户体验是一种纯主观在用户使用产品过程中建立起来的感受。但是对于一个界定明确的用户群体来讲，其用户体验的共性是能够经由良好设计实验来认识到。新竞争力在网络营销基础与实践中曾提到计算机技术和互联网的发展，使技术创新形态正在发生转变，以用户为中心、以人为本越来越得到重视，用户体验也因此被称为创新 2.0 模式的精髓。在中国面向知识社会的创新 2.0——应用创新园区模式探索中，更将用户体验作为“三验”创新机制之首。

1．对用户体验的定义

看权威的 ISO 9241-210 标准对用户体验的定义：

人们对于针对使用或期望使用的产品、系统或者服务的认知印象和回应。

由此可见，用户体验是主观的，并且其注重实际应用。另外在 ISO 定义的补充说明中，还有如下更加深入的解释：

用户体验，即用户在使用一个产品或系统之前、使用期间和使用之后的全部感受，包括情感、信仰、喜好、认知印象、生理和心理反应、行为和成就等各个方面。该说明还列出 3 个影响用户体验的因素，这 3 个因素分别是系统、用户和使用环境。

通过 ISO 标准可以推导出，可用性也可以作为用户体验的一个方面。通过可用性标准可以评估用户体验的某一些方面。不过，ISO 标准并没有进一步阐述用户体验和系统可用性之间的具体关系。由此可见，可用性和用户体验是两个相互重叠的概念。

用户体验这一领域的建立，正是为了全面地分析和透视一个人在使用某个系统时的感受。其研究重点在于系统所带来的愉悦度和价值感，而不是系统的性能。有关用户体验这一课题的确切定义、框架以及其要素还在不断发展和革新。

2．用户体验的发展历程

“用户体验”这一名词最早在 20 世纪 90 年代中期，由用户体验设计师唐纳德・诺曼（Donald Norman）

所提出和推广。在最近几年来，随着计算机技术在移动和图形技术等方面的飞速发展，已经几乎使得人机交互（HCI）技术渗透到人类活动的所有领域。这导致了一个巨大转变——（系统的评价指标）从单纯的可用性工程，扩展到范围更丰富的用户体验。这使得用户体验（用户的主观感受、动机、价值观等方面）在人机交互技术发展过程中受到了相当的重视，其关注度与传统的 3 大可用性指标（即效率、效益和基本主观满意度）不相上下，甚至比传统的 3 大可用性指标的地位更重要。

为了说明问题，我们举一个简单的例子，例如在网站设计的过程中有一点很重要，那就是需要结合不同利益相关者的利益——市场营销、品牌、视觉设计和可用性等各个方面。市场营销和品牌推广人员必须融入“互动的世界”，在这一世界中，实用性是最重要的。这就需要人们在设计网站时必须同时考虑到市场营销、品牌推广和审美需求 3 个方面的因素。用户体验就是提供了这样一个平台，以期覆盖所有利益相关者的利益——使网站容易使用、有价值，并且能够使浏览者乐在其中。这就是为什么早期的用户体验著作都集中于网站用户体验的原因。

26.1.2　影响用户体验的因素

有许多因素可以影响用户使用系统的实际体验。为了便于讨论和分析，影响用户体验的这些因素被分为如下 3 大类：

☑　使用者的状态。

☑　系统性能。

☑　环境状况。

针对典型用户群、典型环境情况的研究有助于设计和改进系统。这样的分类也有助于找到产生某种体验的原因。

26.1.3　用户体验设计目标

（1）有用

用户体验最重要的是要让产品有用，这个有用是指用户的需求。例如，苹果 20 世纪 90 年代推出第一款 PDA 手机叫牛顿，是非常失败的一个案例。在那个年代，其实很多人并没有 PDA 的需求，苹果把 90%以上的投资放到这 1%的市场份额上，所以失败势在必然。

有用这一项毋庸置疑，Android 是一款功能强大的智能手机操作系统，不但能拨打、接听电话，而且可以安装第三方软件，让手机更具有可玩性。

（2）易用

其次是易用，这非常关键。不容易使用的产品也是没用的。市场上手机有一百五十多种品牌，每一个手机有一两百种功能，当用户买到这个手机时，不知道怎么去用，一百多个功能他真正可能用的就五六个功能。当他不理解这个产品对他有什么用，可能就不会花钱去买这个手机。产品要让用户一看就知道怎么去用，而不用去读说明书。这也是设计的一个方向。

Android 系统集合了塞班、Windows 和 iOS 等系统的优点，实现每一个应用的操作都是那么的简单。并且用户可以按照自己的操作习惯进行设置，设置为符合自己操作习惯的模式。

（3）友好

设计的下一个方向就是友好。例如最早的时候，加入百度联盟在百度批准后会发这样一个邮件：百度已经批准你加入百度的联盟。批准，这个语调让人非常难受。所以现在是：祝贺你成为百度联盟的会员。文字上的这种感觉也是用户体验的一个细节。

Android 的操作界面非常友好，UI 布局非常科学合理，符合绝大数人的审美习惯。

（4）视觉设计

视觉设计的目的其实是要传递一种信息，是让产品产生一种吸引力，是这种吸引力让用户觉得这个产品可爱。“苹果”这个产品其实就有这样一个概念，就是能够让用户在视觉上受到吸引，爱上这个产品。视觉能创造出用户黏度。

Android 的视觉效果一直是用户们津津乐道的，每一个颜色都凝聚了设计师们的智慧结晶。

（5）品牌

当前面 4 条做好了，就融会贯通上升到品牌。这个时候去做市场推广，可以做很好的事情。前 4 个基础没做好，推广越多，用户用得不好会马上走，而且永远不会再来。他还会告诉另外一个人说这个东西很难用。Android 是软件巨头 Google 公司的产品，其品牌影响力全球皆知。相信在 Google 这艘航母的承载下，Android 必然有一个美好的未来。

26.2 Android 优化概述

知识点讲解：光盘:视频\知识点\第 26 章\Android 优化概述.avi

Android 优化技术博大精深，需要程序员具备极高的水准和开发经验。笔者从事 Android 开发也是短短数载，也不可能完全掌握 Android 优化技术。本书将尽可能地将 Android 优化技术的核心内容展现给读者，希望能为读者水平的提高尽微薄之力。

本书将向大家介绍如下内容。

（1）UI 布局优化

讲解优化 UI 界面布局的基本知识、各种布局的技巧，剖析减少层次结构、延迟加载和嵌套优化等方面的知识。

（2）内存优化

详细讲解 Android 系统内存的基本知识，分析 Android 独有的垃圾回收机制，分别剖析缩放处理、数据保存、使用与释放、内存泄露和内存溢出等方面的知识。

（3）代码优化

讲解在编码过程中，优化代码提高运行效率的基本知识。

（4）性能优化

分别讲解资源存储、加载 DEX 文件和 APK、虚拟机的性能、平台优化、优化渲染机制等方面的知识。

（5）系统优化

详细讲解进程管理器、设置界面、后台停止、转移内存程序和优化缓存等方面的知识。

（6）优化工具

详细讲解市面中常见的优化工具，例如优化大师、进程管理等。

26.3 UI 布局优化

知识点讲解：光盘:视频\知识点\第 26 章\UI 布局优化.avi

界面布局又被称为 UI，UI 是 User Interface（用户界面）的简称。众所周知，对于网站开发人员来说，网站结构和界面设计是影响浏览用户第一视觉印象的关键。而对于 Android 应用程序来说，除了强大的功能

和方便的可操作性之外，屏幕界面效果也是影响程序质量的重要元素之一。因为消费者永远喜欢的是界面既美观功能又强大的软件产品。在设计优美的 Android 界面之前，一定要先对屏幕进行布局。在布局时需要用到优化技术提高界面的效率。本节将以具体实例来介绍 Android 系统中 UI 布局优化的基本知识，为读者步入本书后面知识的学习打下基础。

26.3.1 <merge/>标签在 UI 界面中的优化作用

在定义 Android Layout(XML)时，有 4 个比较特别的标签是非常重要的，分别是<viewStub/>、<requestFocus/>、<merge/>和<include/>。其中有 3 个与资源复用有关，但是以往我们所接触的案例或者官方文档的例子都没有着重去介绍这些标签的重要性。其中<merge/>标签十分重要，因为它在优化 UI 结构时起到很重要的作用。<merge/>标签可以通过删减多余或者额外的层级，从而优化整个 Android Layout 的结构。

在使用<merge/>标签时需要注意如下两点。

（1）<merge/>只可以作为 xml layout 的根节点。

（2）当需要扩充的 xml layout 本身是由 merge 作为根节点时，需要将被导入的 xml layout 置于 viewGroup 中，同时需要设置 attachToRoot 为 True。

其实除了本例外，<merge/>标签还有另外一个用法。当应用 Include 或者 ViewStub 标签从外部导入 XML 结构时，可以将被导入的 XML 用 merge 作为根节点表示，这样当被嵌入父级结构中后可以很好地将它所包含的子集融合到父级结构中，而不会出现冗余的节点。

下面将通过一个具体实例说明<merge/>标签在 UI 界面中的优化作用。

题　目	目　的	源 码 路 径
实例 26-1	演示<merge/>标签的优化作用	光盘:\daima\26\merge

本实例的具体实现流程如下所示。

（1）新建一个简单的 Layout 界面，在里面包含了两个 Views 元素，分别是 ImageView 和 TextView。在默认状态下将这两个元素放在 FrameLayout 中，效果是在主视图中全屏显示一张图片，之后将标题显示在图片上，并位于视图的下方。文件 main.xml 的主要实现代码如下所示。

```
<?xml version="1.0" encoding="utf-8"?>
<FrameLayout
    xmlns:android="http://schemas.android.com/apk/res/android"
    android:layout_width="fill_parent"
    android:layout_height="fill_parent"
    >
    <ImageView
        android:layout_width="fill_parent"
        android:layout_height="fill_parent"
        android:scaleType="center"
        android:src="@drawable/golden_gate"
        />
    <TextView
        android:layout_width="wrap_content"
        android:layout_height="wrap_content"
        android:layout_marginBottom="20dip"
        android:layout_gravity="center_horizontal|bottom"
        android:padding="12dip"
        android:background="#AA000000"
        android:textColor="#ffffffff"
        android:text="Golden Gate"
```

```
        />
</FrameLayout>
```

此时执行后的效果如图 26-1 所示。

（2）启动 SDK 目录下的 tools 文件夹中的 hierarchyviewer.bat，如图 26-2 所示。

图 26-1　执行效果

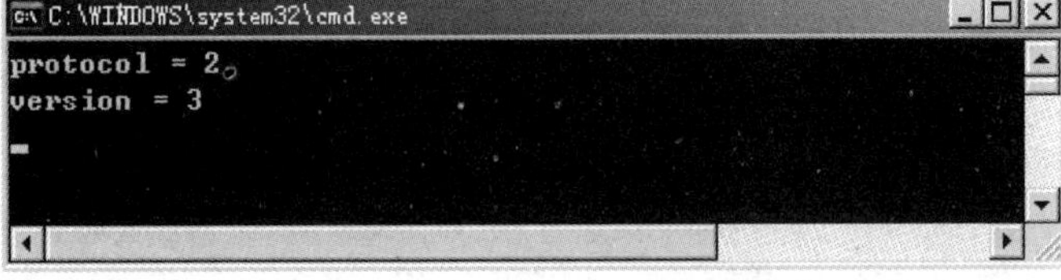

图 26-2　启动 hierarchyviewer.bat

此时可以查看当前 UI 的结构视图，如图 26-3 所示。

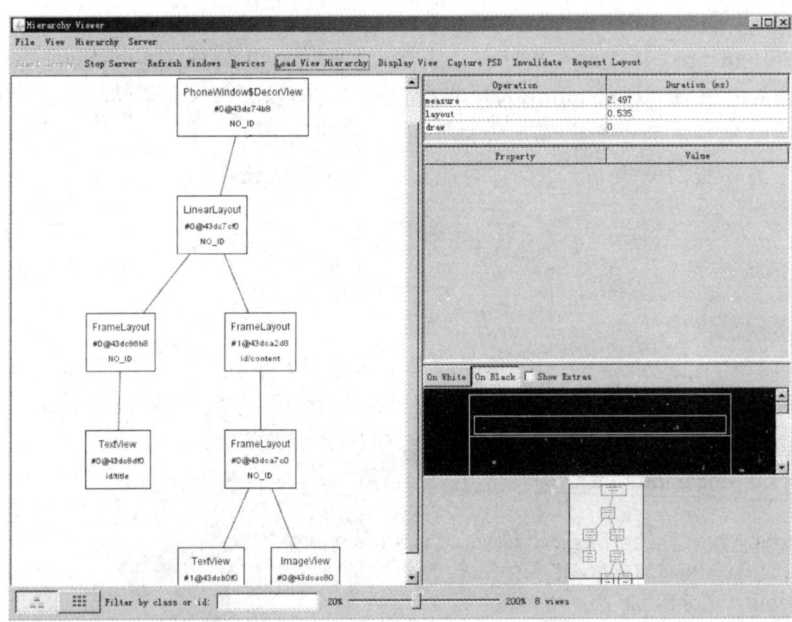

图 26-3　文件 main.xml 的 UI 结构视图

此时可以很明显地看到由红色线框所包含的结构出现了两个 FrameLayout 节点，说明这两个完全意义相同的节点造成了资源浪费，那么如何才能解决呢？这时就要用到<merge/>标签来处理类似的问题。

（3）将上面 xml 代码中的 FrameLayout 换成 merge，实现文件 main2.xml 的具体代码如下所示。

```
<merge
    xmlns:android="http://schemas.android.com/apk/res/android"
    >
    <ImageView
        android:layout_width="fill_parent"
        android:layout_height="fill_parent"
        android:scaleType="center"
        android:src="@drawable/golden_gate"
        />
```

```
    <TextView
        android:layout_width="wrap_content"
        android:layout_height="wrap_content"
        android:layout_marginBottom="20dip"
        android:layout_gravity="center_horizontal|bottom"
        android:padding="12dip"
        android:background="#AA000000"
        android:textColor="#ffffffff"
        android:text="Golden Gate"
        />
</merge>
```

此时程序运行后，在 Emulator 中显示的效果是一样的，但是通过 hierarchyviewer 查看的 UI 结构是有变化的，如图 26-4 所示。

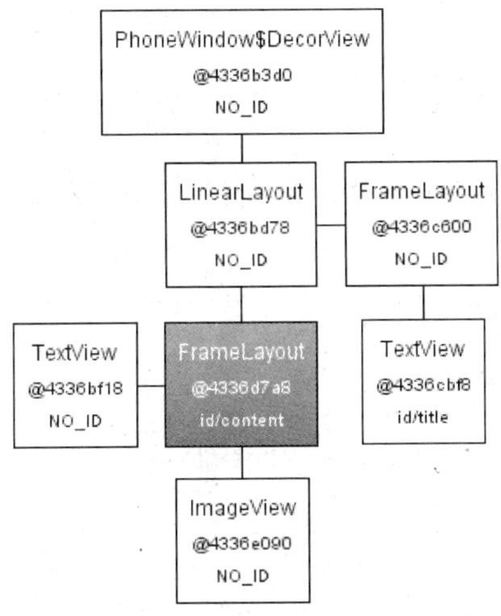

图 26-4　UI 结构视图

此时原来多余的 FrameLayout 节点被合并在一起了，即将<merge/>标签中的子集直接加到 Activity 的 FrameLayout 根节点下。如果所创建的 Layout 并不是用 FrameLayout 作为根节点（而是应用 LinerLayout 等定义 root 标签），就不能应用上面的例子通过 merge 来优化 UI 结构。

26.3.2　遵循 Android Layout 优化的两段通用代码

Android 中的 Layout 优化一直是广大程序员们探讨的话题，接下来将给出两段通用的标准 XML 代码，并不是希望广大读者严格遵循下面的布局格式，但是希望读者根据自己项目的需求尽力向下面的标准靠拢。

其中第一段是标注了 Layout 优化的 XML 代码。

```
<?xml version="1.0" encoding="utf-8"?>
<!--<FrameLayout-->
<!--    xmlns:android="http://schemas.android.com/apk/res/android"-->
<!--    android:layout_width="fill_parent"-->
<!--    android:layout_height="fill_parent">-->
<!--        <ListView android:id="@+id/list"-->
<!--                android:layout_width="fill_parent"-->
<!--                android:layout_height="fill_parent"/>-->
<!--        <TextView android:id="@+id/no_item_text"-->
```

```
<!--              android:layout_width="fill_parent"-->
<!--              android:layout_height="fill_parent"-->
<!--              android:gravity="center"-->
<!--              android:visibility="gone"/>-->
<!--</FrameLayout>-->
<merge xmlns:android="http://schemas.android.com/apk/res/android">
    <ListView android:id="@+id/list"
            android:layout_width="fill_parent"
            android:layout_height="fill_parent"/>
    <TextView android:id="@+id/no_item_text"
            android:layout_width="fill_parent"
            android:layout_height="fill_parent"
            android:gravity="center"
            android:visibility="gone"/>
</merge>
```

第二段是标注了 Layout 优化的 XML 代码。

```
<?xml version="1.0" encoding="utf-8"?>
 <!--<LinearLayout-->
 <!--   xmlns:android="http://schemas.android.com/apk/res/android"-->
 <!--   android:orientation="vertical"-->
 <!--   android:layout_width="fill_parent"-->
 <!--   android:layout_height="fill_parent">-->
 <!--   -->
 <!--   <ImageView android:id="@+id/softicon"-->
 <!--              android:layout_width="wrap_content"-->
 <!--              android:layout_height="wrap_content"-->
 <!--              android:layout_marginTop="10dip"-->
 <!--              android:layout_gravity="center"/>-->
    <TextView
          xmlns:android="http://schemas.android.com/apk/res/android"
          android:id="@+id/softname"
          android:layout_width="wrap_content"
          android:layout_height="wrap_content"
          android:layout_marginBottom="10dip"
          android:layout_gravity="center"
          android:gravity="center"
          android:drawableTop="@drawable/icon"/>
  <!--</LinearLayout>-->
```

在进行 Layout 布局时，必须注意下面 4 点。

（1）如果可能，尽量不要使用 LineLayout，而是使用 RelativeLayout 替换它。这是因为 android:layout_alignWithParentIfMissing 只对 RelativeLayout 有用，如果将视图设置为 gone，这个属性将按照父视图进行调整。

（2）在使用 Adapter 控件时，例如 list，如果布局中递归太深则会严重影响性能。

（3）对于 TextView 和 ImageView 组成的 Layout 来说，可以直接使用 TextView 替换。

（4）如果其父 Layout 是 FrameLayout，如果子 Layout 也是 FrameLayout，此时可以将 FrameLayout 替换为 merge，这样做的好处是可以减少层递归深度。

26.3.3 优化 Bitmap 图片

在 Android 项目中，如果直接使用 ImageView 显示 Bitmap 会占用较多资源。在图片较大时，甚至可能

会导致系统崩溃。使用 BitmapFactory.Options 设置 inSampleSize，这样做可以减少对系统资源的要求。通过本实例，将演示优化 Android 程序中 Bitmap 图片的方法。

题　目	目　的	源 码 路 径
实例 26-2	优化 Bitmap 图片	光盘:\daima\26\bit

1．实例说明

在 Android 项目中，如果直接使用 ImageView 显示 Bitmap 会占用较多资源。在图片较大时，甚至可能会导致系统崩溃。使用 BitmapFactory.Options 设置 inSampleSize，这样做可以减少对系统资源的要求。通过本实例，将演示优化 Android 程序中 Bitmap 图片的方法。

2．具体实现

（1）编写文件 xml.xml，插入一个 ImageView 控件用于显示一幅图片，主要代码如下所示。

```
<?xml version="1.0" encoding="utf-8"?>
<LinearLayout xmlns:android="http://schemas.android.com/apk/res/android"
android:orientation="vertical"
android:layout_width="fill_parent"
android:layout_height="fill_parent"
>
<TextView
android:layout_width="fill_parent"
android:layout_height="wrap_content"
android:text="@string/hello"
/>
<ImageView
android:id="@+id/imageview"
android:layout_gravity="center"
android:layout_width="fill_parent"
android:layout_height="fill_parent"
android:scaleType="center"
/>
</LinearLayout>
```

（2）编写文件 java.java，通过设置 inJustDecodeBounds 为 true 的方式来获取 outHeight（图片原始高度）和 outWidth（图片的原始宽度），然后计算一个 inSampleSize（缩放值），主要代码如下所示。

```
import android.app.Activity;
import android.graphics.Bitmap;
import android.graphics.BitmapFactory;
import android.os.Bundle;
import android.widget.ImageView;
import android.widget.Toast;

public class AndroidImage extends Activity {

private String imageFile = "/sdcard/AndroidSharedPreferencesEditor.png";
/** Called when the activity is first created. */

@Override
public void onCreate(Bundle savedInstanceState) {
super.onCreate(savedInstanceState);
setContentView(R.layout.main);
```

```
ImageView myImageView = (ImageView)findViewById(R.id.imageview);

Bitmap bitmap;
float imagew = 300;
float imageh = 300;

BitmapFactory.Options bitmapFactoryOptions = new BitmapFactory.Options();
bitmapFactoryOptions.inJustDecodeBounds = true;
bitmap = BitmapFactory.decodeFile(imageFile, bitmapFactoryOptions);

int yRatio = (int)Math.ceil(bitmapFactoryOptions.outHeight/imageh);
int xRatio = (int)Math.ceil(bitmapFactoryOptions.outWidth/imagew);

if (yRatio > 1 || xRatio > 1){
 if (yRatio > xRatio) {
  bitmapFactoryOptions.inSampleSize = yRatio;
  Toast.makeText(this,
    "yRatio = " + String.valueOf(yRatio),
    Toast.LENGTH_LONG).show();
 }
 else {
  bitmapFactoryOptions.inSampleSize = xRatio;
  Toast.makeText(this,
    "xRatio = " + String.valueOf(xRatio),
    Toast.LENGTH_LONG).show();
 }
}
else{
 Toast.makeText(this,
   "inSampleSize = 1",
   Toast.LENGTH_LONG).show();
}
bitmapFactoryOptions.inJustDecodeBounds = false;
bitmap = BitmapFactory.decodeFile(imageFile, bitmapFactoryOptions);
myImageView.setImageBitmap(bitmap);
}
}
```

在上述代码中，属性 inSampleSize 表示缩略图大小为原始图片大小的几分之一，即如果这个值为 2，则取出的缩略图的宽和高都是原始图片的 1/2，图片大小就为原始图片大小的 1/4。

Options 中的属性 inJustDecodeBounds 比较重要，如果设置 inJustDecodeBounds 为 true，则可以获取 outHeight（图片原始高度）和 outWidth（图片原始宽度）的值，通过这两个值可以计算对应的 inSampleSize（缩放值）。

26.3.4 FrameLayout 布局优化

经过本章前面的内容可知，FrameLayout 是最简单的一个布局对象。它被定制为屏幕上的一个空白备用区域，之后用户可以在其中填充一个单一对象，例如一张想要发布的图片。所有的子元素将会固定在屏幕的左上角；不能为 FrameLayout 中的一个子元素指定一个位置。后一个子元素将会直接在前一个子元素之上进行覆盖填充，把它们部分或全部挡住（除非后一个子元素是透明的）。由此可见，我们可以把 FrameLayout 当作 canvas（画布），固定从屏幕的左上角开始填充图片和文字等。例如下面的演示代码，原来可以利用 android:layout_gravity 来设置位置。

```
<?xml version="1.0" encoding="utf-8"?>
<FrameLayout
  xmlns:android="http://schemas.android.com/apk/res/android"
  android:layout_width="fill_parent"
  android:layout_height="fill_parent" >

    <ImageView
        android:id="@+id/image"
        android:layout_width="fill_parent"
        android:layout_height="fill_parent"
        android:scaleType="center"
        android:src="@drawable/candle"
        />
    <TextView
        android:id="@+id/text1"
        android:layout_width="wrap_content"
        android:layout_height="wrap_content"
        android:layout_gravity="center"
        android:textColor="#00ff00"
        android:text="@string/hello"
        />
    <Button
        android:id="@+id/start"
        android:layout_width="wrap_content"
        android:layout_height="wrap_content"
        android:layout_gravity="bottom"
        android:text="Start"
        />
</FrameLayout>
```

执行上述代码后，效果如图 26-5 所示。

图 26-5　执行效果

使用 tools 中的 hierarchyviewer.bat 来查看 Layout 的层次。启动模拟器所要分析的程序，再启动 hierarchyviewer.bat，查看到的 UI 结构视图如图 26-6 所示。

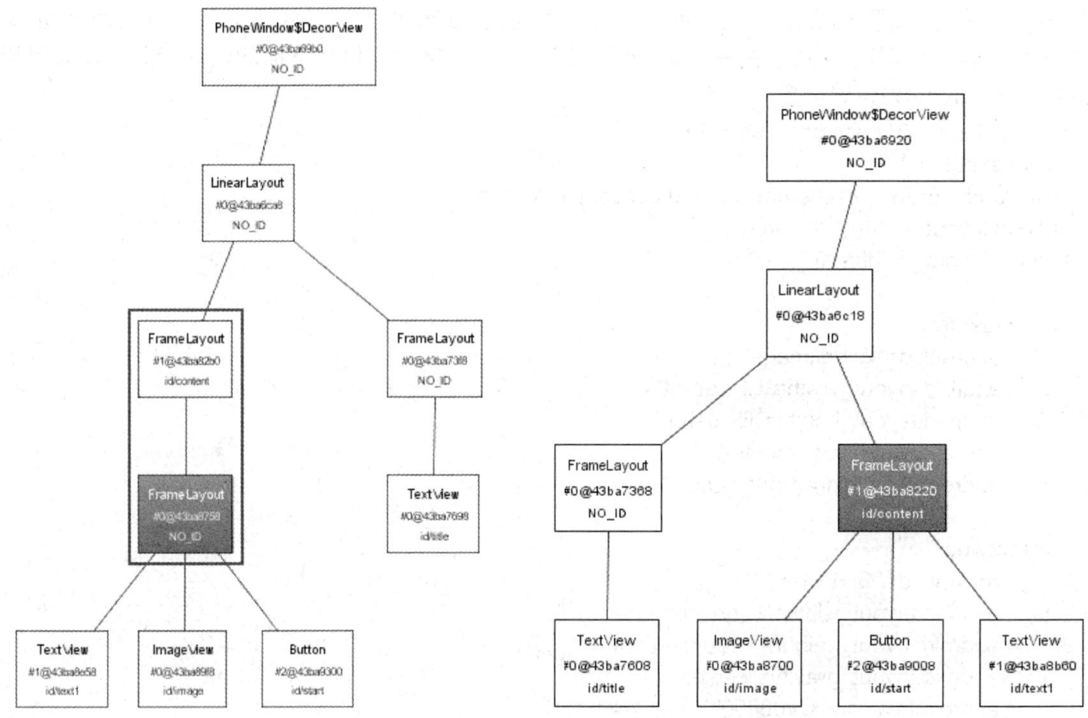

图 26-6　UI 的结构视图

1．使用<merge>减少视图层级结构

从图 26-6 中可以看到存在两个 FrameLayout（深色框中的两个）。如果能在 Layout 文件中把 FrameLayout 声明去掉即可进一步优化布局代码。但是由于布局代码需要外层容器容纳，如果直接删除 FrameLayout，则该文件就不是合法的布局文件。这种情况下就可以使用<merge>标签了。我们可以对代码进行如下修改，即可消除多余的 FrameLayout。

```
<?xml version="1.0" encoding="utf-8"?>
<merge xmlns:android="http://schemas.android.com/apk/res/android">
    <ImageView
        android:id="@+id/image"
        android:layout_width="fill_parent"
        android:layout_height="fill_parent"
        android:scaleType="center"
        android:src="@drawable/candle"
        />
    <TextView
        android:id="@+id/text1"
        android:layout_width="wrap_content"
        android:layout_height="wrap_content"
        android:layout_gravity="center"
        android:textColor="#00ff00"
        android:text="@string/hello"
        />
    <Button
        android:id="@+id/start"
        android:layout_width="wrap_content"
```

```
        android:layout_height="wrap_content"
        android:layout_gravity="bottom"
        android:text="Start"
        />
</merge>
```

虽然这样可以减少视图层级结构，实现了对 UI 的优化，但是<merge>也有一些使用限制，例如只能用于 xml layout 文件的根元素；在代码中使用 LayoutInflater.Inflater()一个以 merge 为根元素的布局文件时，需要使用 View inflate(int resource,ViewGroup root, boolean attachToRoot)指定一个 ViewGroup 作为其容器，并且要设置 attachToRoot 为 true。

2. 使用<include>重用 Layout 代码

Android 平台提供了大量的 UI 构件，可以将这些小的视觉块（构件）搭建在一起，呈现给用户复杂且有用的画面。然而，应用程序有时需要一些高级的视觉组件。为了满足这一需求并且能高效实现，可以把多个标准的构件结合起来成为一个单独的、可重用的组件。

和常见的程序开发一样，我们可以使用<include>来包含重用的 Layout 代码。假如在某个布局中需要用到另一个相同的布局设计，即可通过<include>标签来重用 Layout 代码。

```
<?xml version="1.0" encoding="utf-8"?>
<LinearLayout xmlns:android="http://schemas.android.com/apk/res/android"
    android:orientation="vertical"
    android:layout_width="fill_parent"
    android:layout_height="fill_parent">
    <include android:id="@+id/layout1" layout="@layout/relative" />
    <include android:id="@+id/layout2" layout="@layout/relative" />
    <include android:id="@+id/layout3" layout="@layout/relative" />
</LinearLayout>
```

在这里要注意的是，"@layout/relative"不是引用 Layout 的 ID，而是引用 res\layout\relative.xml，其内容可以是随意设置的布局代码，例如可以是下面的代码。

```
<?xml version="1.0" encoding="utf-8"?>
<RelativeLayout
  xmlns:android="http://schemas.android.com/apk/res/android"
  android:layout_width="wrap_content"
  android:layout_height="wrap_content"
  android:id="@+id/relativelayout">

    <ImageView
        android:id="@+id/image"
        android:layout_width="wrap_content"
        android:layout_height="wrap_content"
        android:src="@drawable/icon"
        />
    <TextView
        android:id="@+id/text1"
        android:layout_width="fill_parent"
        android:layout_height="wrap_content"
        android:text="@string/hello"
        android:layout_toRightOf="@id/image"
        />
    <Button
```

```
        android:id="@+id/button1"
        android:layout_width="fill_parent"
        android:layout_height="wrap_content"
        android:text="button1"
        android:layout_toRightOf="@id/image"
        android:layout_below="@id/text1"
        />
</RelativeLayout>
```

此时执行后的效果如图 26-7 所示。

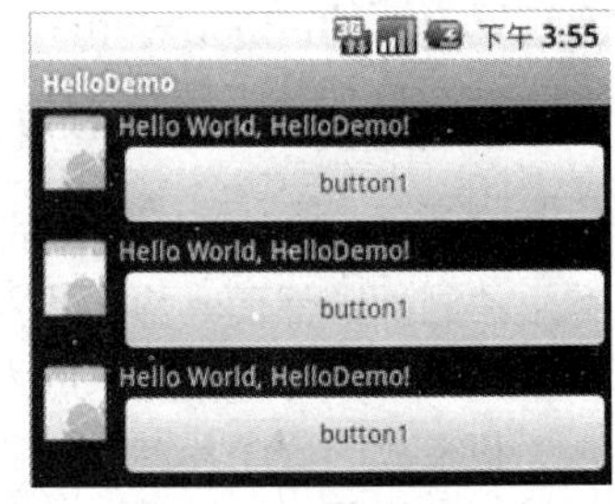

图 26-7　执行效果

另外，使用<include>标签以后，除了可以覆写 ID 属性值外，还可以修改其他属性值，例如 android:layout_width 和 android:height 等。

例如可以创建一个可重用的组件包含一个进度条和一个取消按钮，一个 Panel 包含两个按钮（确定和取消动作），一个 Panel 包含图标、标题和描述等。简单地，可以通过书写一个自定义的 View 来创建一个 UI 组件，但更简单的方式是仅使用 XML 来实现。

在 Android XML 布局文件中，通常每个标签都对应一个真实的类实例（这些类一般都是 View 的子类）。UI 工具包还允许使用 3 个特殊的标签，它们不对应具体的 View 实例，这 3 个标签分别是<requestFocus/>、<merge/>、<include/>。

由此可见，<include/>元素的作用如同它的名字一样，用于包含其他的 XML 布局。再看下面使用 include 标签的例子。

```
<com.android.launcher.Workspace
    android:id="@+id/workspace"
    android:layout_width="fill_parent"
    android:layout_height="fill_parent"
    launcher:defaultScreen="1">
    <include android:id="@+id/cell1" layout="@layout/workspace_screen" />
    <include android:id="@+id/cell2" layout="@layout/workspace_screen" />
    <include android:id="@+id/cell3" layout="@layout/workspace_screen" />
</com.android.launcher.Workspace>
```

在上述<include/>代码中，只需要 Layout 特性，此特性不带 Android 命名空间前缀，这表示我们想包含的布局的引用。在上述例子中，相同的布局被包含了 3 次。这个标签还允许重写被包含布局的一些特性。上面的例子显示了可以使用 android:id 来指定被包含布局中根 View 的 ID；它还可以覆盖已经定义的布局 ID。同样道理，我们可以重写所有的布局参数，这意味着任何 android:layout_*的特性都可以在<include/>中使用。例如下面的代码。

```
<include android:layout_width="fill_parent" layout="@layout/image_holder" />
<include android:layout_width="256dip" layout="@layout/image_holder" />
```

标签<include/>非常重要，特别是在依据设备设置定制 UI 时表现得尤为有用。例如 Activity 的主要布局放置在 layout\文件夹下，其他布局放置在 layout-land\和 layout-port\文件夹下。这样，在垂直和水平方向时可以共享大多数的 UI 布局。

3．延迟加载

延迟加载的功能非常重要，特别是在界面中显示的内容比较多并且所占空间比较大时。在 Android 应用程序中，可以使用 ViewStub 实现延迟加载功能。ViewStub 是一个不可见的、大小为 0 的 View（视图），最佳用途就是实现 View 的延迟加载，在需要时再加载 View，这和 Java 中常见的性能优化方法延迟加载一样。

当调用 ViewStub 的 setVisibility()函数设置为可见或调用 inflate 初始化该 View 时，ViewStub 引用的资源开始初始化，然后引用的资源替代 ViewStub 自己的位置填充在 ViewStub 的位置。在没有调用 setVisibility(int)函数或 inflate()函数之前，ViewStub 一直存在于组件树层级结构中。但是由于 ViewStub 非常轻量级，所以对性能影响非常小。可以通过 ViewStub 的 inflatedId 属性来重新定义引用的 layout ID。例如下面的代码。

```
<ViewStub android:id="@+id/stub"
        android:inflatedId="@+id/subTree"
        android:layout="@layout/mySubTree"
        android:layout_width="120dip"
        android:layout_height="40dip" />
```

在上述代码中定义了 ViewStub，这可以通过 ID stub 来找到。在初始化资源 mySubTree 后，从父组件中删除了 stub，然后用 mySubTree 替代了 stub 的位置。初始资源 mySubTree 得到的组件可以通过 inflatedId 指定的 ID:subTree 来引用。最后初始化后的资源被填充到一个宽为 120dip、高为 40dip 的位置。

在初始化 ViewStub 对象时，建议读者使用下面的方式来实现。

```
ViewStub stub = (ViewStub) findViewById(R.id.stub);
View inflated = stub.inflate();
```

当调用函数 inflate()时，ViewStub 被引用的资源替代，并且返回引用的 view。这样程序可以直接得到引用的 view，而无须再次调用函数 findViewById()来查找了，这样提高了效率，达到了优化的目的。

注意： ViewStub 优化方式也不是万能的，其中最大的缺陷是暂时还不支持<merge/>标签。

26.3.5　使用 Android 提供的优化工具

考虑到优化的重要性，所以 Android 为我们提供了专业的优化工具，这些工具都包含在 Android SDK 包中。本节将详细讲解这些优化工具的基本用法。

1．Layout Optimization 工具

通过 Layout Optimization 工具可以分析所提供的 Layout，并提供优化意见。读者可以在 tools 文件夹中找到 layoutopt.bat 并启动。

接下来再介绍另一个布局优化工具 Layoutopt。这是 Android 为我们提供的布局分析工具。它能分析指定的布局，然后提出优化建议。

要想运行它，需要打开命令行进入 sdk 的 tools 目录，输入 layoutopt 加上我们的布局目录命令行。运行后如图 26-8 所示，其中框出的部分即为该工具分析布局后提出的建议，这里为建议替换标签。

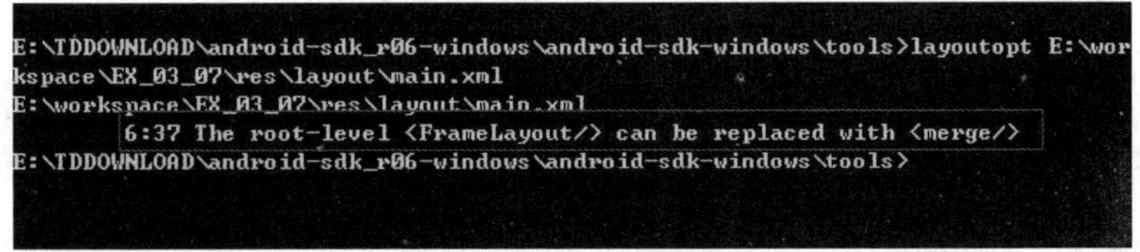

图 26-8　命令行

由此可见，通过这个工具能很好地优化我们的 UI 设计，寻找到更好的布局方法。Layout Optimization 工具的用法如下。

```
layoutopt <list of xml files or directories>
```

其参数是一个或多个的 Layout xml 文件，以空格间隔。也可以是多个 Layout xml 文件所在的文件夹路

径。例如下面演示了 Layout Optimization 工具的用法。

```
layoutopt G:\StudyAndroid\UIDemo\res\layout\main.xml
layoutopt G:\StudyAndroid\UIDemo\res\layout\main.xml G:\StudyAndroid\UIDemo\res\layout\relative.xml
layoutopt G:\StudyAndroid\UIDemo\res\layout
```

其实 UI 优化是需要一定技巧的，性能良好的代码固然重要，但写出优秀代码的成本往往也很高。很多读者可能不会过早地贸然为那些只运行一次或临时功能代码实施优化，如果应用程序反应迟钝并且卖得很贵，或使系统中的其他应用程序变慢，用户一定会有所响应，从而应用程序下载量将可能受到影响。

为了节省成本，在开发期间我们应该尽早优化布局。通过使用 Android SDK 提供的工具 Layout Optimization，可以自动分析我们的布局，发现可能并不需要的布局元素，以降低布局复杂度。下面将通过一个具体演示来说明使用 Layout Optimization 的基本流程。

（1）准备工作

如果想使用 Android SDK 中提供的优化工具，则需要在开发系统的命令行中工作，如果不熟悉使用命令行工具，那么你得多下工夫学习了。笔者在此强烈建议将 Android 工具所在的路径添加到操作系统的环境变量中，这样即可直接输入名字运行相关的工具，否则每次都要在命令提示符后面输入完整的文件路径。假设在 Android SDK 中有两个工具目录\tools 和\platform-tools，下面的演示将主要使用位于\tools 目录中的 layoutopt 工具，另外笔者想说的是，ADB 工具位于\platform-tools 目录下。

（2）运行 Layoutopt

运行 Layoutopt 工具的方法相当简单，只需要跟上一个布局文件或布局文件所在目录作为参数。在此需要注意的是，这里必须包括布局文件或目录的完整路径，即使当前就位于这个目录。请读者看一个简单的例子。

```
D:\d\tools\eclipse\article_ws\Nothing\res\layout>layoutopt
D:\d\tools\eclipse\article_ws\Nothing\res\layout\main.xml
D:\d\tools\eclipse\article_ws\Nothing\res\layout\main.xml
D:\d\tools\eclipse\article_ws\Nothing\res\layout>
```

在上述演示示例中包含了文件的完整路径，如果不指定完整路径，则不会输出任何内容，例如：

```
D:\d\tools\eclipse\article_ws\Nothing\res\layout>layoutopt main.xml
D:\d\tools\eclipse\article_ws\Nothing\res\layout>
```

如果读者看不到任何东西，则很可能是因为文件未被解析的原因，也就是说文件可能未被找到。

（3）使用 Layoutopt 输出

Layoutopt 的输出结果只是概括性的建议，我们可以有选择地在应用程序中采纳这些建议，下面来看几个使用 Layoutopt 输出建议的例子。

☑ 建议 1：无用的布局

在布局设计期间通常会频繁地移动各种组件，并且有些组件最终可能会不再使用，例如下面的布局代码。

```
<?xml version="1.0" encoding="utf-8"?>
<LinearLayout xmlns:android="http://schemas.android.com/apk/res/android"
 android:layout_width="match_parent"
 android:layout_height="match_parent"
android:orientation="horizontal">
<LinearLayout android:id="@+id/linearLayout1"
 android:layout_height="wrap_content"
 android:layout_width="wrap_content"
 android:orientation="vertical">
 <TextView android:id="@+id/textView1"
 android:layout_width="wrap_content"
```

```
android:text="TextView"
android:layout_height="wrap_content"></TextView>
</LinearLayout>
</LinearLayout>
```

Layout Optimization 工具将会很快输出如下提示，告诉我们 LinearLayout 内的 LinearLayout 是多余的。

```
11:17 This LinearLayout layout or its LinearLayout parent is useless
```

在上述输出结果中，每一行最前面的两个数字表示建议的行号。

☑ 建议 2：根可以替换

Layoutopt 的输出有时是矛盾的，例如下面的布局代码。

```
<?xml version="1.0" encoding="utf-8"?>
<FrameLayout xmlns:android="http://schemas.android.com/apk/res/android"
android:layout_width="match_parent"
android:layout_height="match_parent">
<LinearLayout android:id="@+id/linearLayout1"
android:layout_height="wrap_content"
android:layout_width="wrap_content"
android:orientation="vertical">
<TextView android:id="@+id/textView1"
android:layout_width="wrap_content"
android:text="TextView"
android:layout_height="wrap_content"></TextView>
<TextView android:text="TextView"
android:id="@+id/textView2"
android:layout_width="wrap_content"
android:layout_height="wrap_content"></TextView>
</LinearLayout>
</FrameLayout>
```

Layout Optimization 工具将会返回下面的输出。

```
5:22 The root-level <FrameLayout/> can be replaced with <merge/>
10:21 This LinearLayout layout or its FrameLayout parent is useless
```

其中第一行的建议虽然可行，但不是必需的，我们希望两个 TextView 垂直放置，因此 LinearLayout 应该保留，而第二行的建议则可以采纳，可以删除无用的 FrameLayout。但是这个工具不是全能的，例如在上面的演示代码中，如果给 FrameLayout 添加一个背景属性，然后再运行工具，第一个建议会消失，而第二个建议仍然会显示。Layout Optimization 工具知道用户不能通过合并控制背景，但在检查了 LinearLayout 后，它仍然会给 FrameLayout 添加一个 LinearLayout 不能提供的属性。

☑ 建议 3：太多的视图

其实每个视图都会消耗内存，如果在一个布局中布置太多的视图，布局会占用过多的内存。假设一个布局包含超过 80 个视图，则 Layout Optimization 可能会给出下面这样的建议。

```
-1:-1 This layout has too many views: 83 views, it should have <= 80!   -1:-1 This layout has too many views: 82 views, it should have <= 80!   -1:-1 This layout has too many views: 81 views, it should have <= 80!
```

上面的建议提示视图数量不能超过 80，当然最新的设备有可能支持这么多视图，但如果真的出现性能不佳的情况，建议最好采纳这个建议。

☑ 建议 4：嵌套太多

在一个布局中不应该有太多的嵌套，Android 开发团队建议布局保持在 10 级以内，即使是最大的平板电脑屏幕，布局也不应该超过 10 级。当布局嵌套太多时，Layout Optimization 会输出如下内容。

```
-1:-1 This layout has too many nested layouts: 12 levels, it should have <= 10!   305:318 This LinearLayout layout or its RelativeLayout parent is possibly useless   307:314 This LinearLayout layout or its FrameLayout
```

parent is possibly useless 310:312 This LinearLayout layout or its LinearLayout parent is possibly useless

上述内容表示嵌套布局警告通常伴随有一些无用布局的警告，有助于找出哪些布局可以移除，避免屏幕布局全部重新设计。

由此可见，Layout Optimization 是一个快速易用的布局分析工具，找出低效和无用的布局，用户要做的是判断是否采纳 Layoutopt 给出的优化建议，虽然采纳建议做出修改不会立即大幅改善性能，但没有理由需要复杂的布局拖慢整个应用程序的速度，并且后期的维护难度也很大。简单布局不仅简化了开发周期，还可以减少测试和维护工作量，因此，在应用程序开发期间，应尽早优化用户的布局，不要等到最后用户反馈回来再做修改。

2. Hierarchy Viewer 工具

层级观察器 Hierarchy Viewer 是 Android 为我们提供的一个优化工具，是一个非常好的布局优化工具，可以实现 UI 优化功能。为了进一步说明 Hierarchy Viewer 工具的用法，请读者看下面的一段 UI 代码。

```
<?xml version="1.0" encoding="utf-8"?>
<FrameLayout xmlns:Android="http://schemas.android.com/apk/res/android"
    Android:orientation="vertical"
    Android:layout_width="fill_parent"
    Android:layout_height="fill_parent"
    >
<TextView
    Android:layout_width="300dip"
    Android:layout_height="300dip"
    Android:background="#00008B"
    Android:layout_gravity="center"
    />
<TextView
    Android:layout_width="250dip"
    Android:layout_height="250dip"
    Android:background="#0000CD"
    Android:layout_gravity="center"
    />
<TextView
    Android:layout_width="200dip"
    Android:layout_height="200dip"
    Android:background="#0000FF"
    Android:layout_gravity="center"
    />
<TextView
    Android:layout_width="150dip"
    Android:layout_height="150dip"
    Android:background="#00BFFF"
    Android:layout_gravity="center"
    />
<TextView
    Android:layout_width="100dip"
    Android:layout_height="100dip"
    Android:background="#00CED1"
    Android:layout_gravity="center"
    />
</FrameLayout>
```

这是非常简单的一个布局界面，执行后可以实现如图 26-9 所示的层叠效果。

下面就用层级观察器 Hierarchy Viewer 来观察我们的布局，此工具在 SDK 的 tools 目录下，打开后的界面如图 26-10 所示。

图 26-9　层叠效果

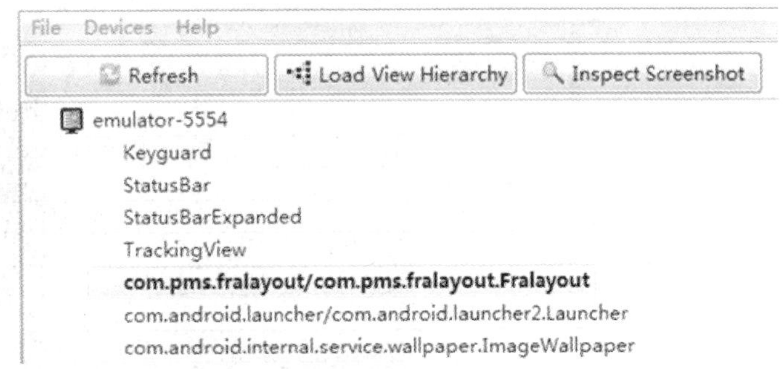

图 26-10　Hierarchy Viewer 界面

由此可见，Hierarchy Viewer 的界面很简洁，在里面列出了当前设备上的进程，在前台的进程加粗显示。上面有 3 个选项，分别是刷新进程列表、将层次结构载入到树形图、截取屏幕到一个拥有像素栅格的放大镜中。对应的在左下角可以进行 3 个视图的切换。在模拟器上打开写好的框架布局，然后在页面上选择，单击 Load View，进入如图 26-11 所示界面。

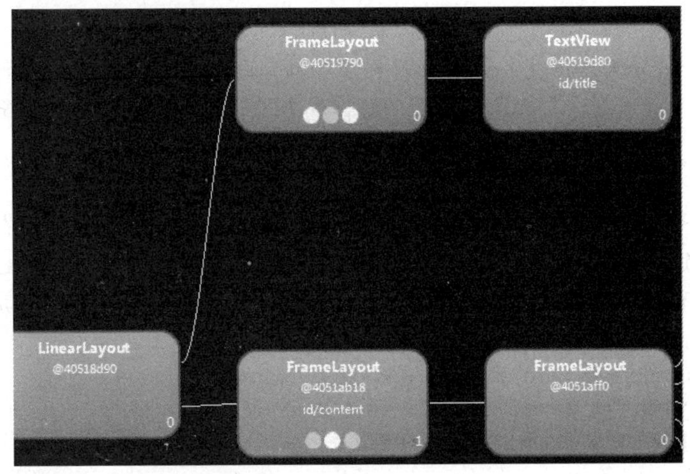

图 26-11　单击 Load View 后的界面

各方框的上侧为应用布局的树形结构，上面写有控件名称和 ID 等信息，下方的圆形表示这个节点的渲染速度，从左至右分别为测量大小、布局和绘制。绿色最快，红色最慢。右下角的数字为子节点在父节点中的索引，如果没有子节点则为 0。单击可以查看对应控件预览图、该节点的子节点数（为 6 则有 5 个子节点）以及具体渲染时间。双击可以打开控件图。右侧是树形结构的预览、控件属性和应用界面的结构预览。单击相应的树形图中的控件可以在右侧看到它在布局中的位置和属性。工具栏有一系列的工具，保存为 png、psd 或刷新等工具。其中有个 Load Overlay 选项可以加入新的图层。当需要在用户的布局中放上一个 bitmap 时，会用到它来帮助用户布局。

单击左下角的第三个按钮，可切换到像素视图，如图 26-12 所示。其中，左侧列表显示了项目中所有的布局控件元素，右侧显示了每个控件所占用的像素。

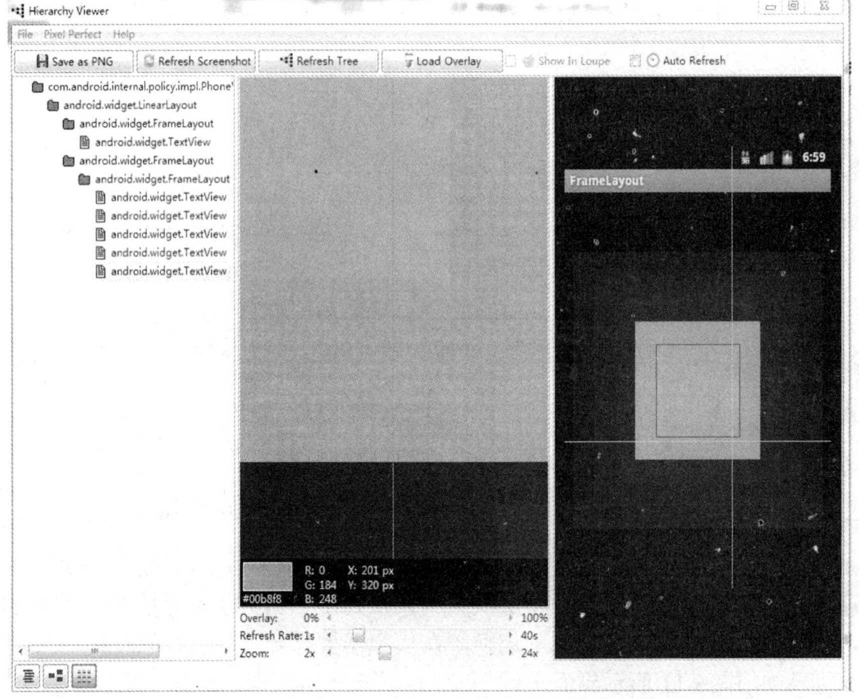

图 26-12 像素视图

在上述视图左侧为 View 和 ViewGroup 关系图，最右侧为设备上的原图，中间为放大后带像素栅格的图像，可以在 Zoom 栏调整放大倍数。在这里能定位控件的坐标、颜色，观察布局就更加方便了。

3. 联合使用<merge/>和<include/>标签实现互补

下面将向读者介绍<merge/>标签和<include/>标签的互补使用。<merge/>标签用于减少 View 树的层次来优化 Android 的布局。通过下面的演示代码，就会很容易理解这个标签能解决的问题。下面的 XML 布局代码显示一幅图片，并且有一个标题位于其上方。这个结构相当简单；FrameLayout 中放置了一个 ImageView，其上放置了一个 TextView。

```
<FrameLayout xmlns:android="http://schemas.android.com/apk/res/android"
    android:layout_width="fill_parent"
    android:layout_height="fill_parent">
    <ImageView
        android:layout_width="fill_parent"
        android:layout_height="fill_parent"
        android:scaleType="center"
        android:src="@drawable/golden_gate" />
    <TextView
        android:layout_width="wrap_content"
        android:layout_height="wrap_content"
        android:layout_marginBottom="20dip"
        android:layout_gravity="center_horizontal|bottom"
        android:padding="12dip"
        android:background="#AA000000"
        android:textColor="#ffffffff"
```

```
        android:text="Golden Gate" />
</FrameLayout>
```

整段代码的布局渲染起来很漂亮，效果如图 26-13 所示。当使用 HierarchyViewer 工具检查时，会发现事情变得很有趣。如果仔细查看 View 树，将会注意到在 XML 文件中定义的 FrameLayout（高亮显示）是另一个 FrameLayout 唯一的子元素，如图 26-14 所示。

图 26-13　布局渲染效果

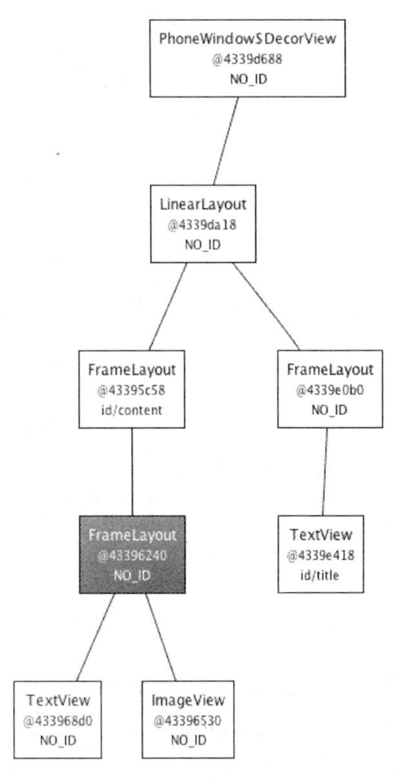

图 26-14　优化工具中的提示

既然 FrameLayout 和它的父元素有着相同的尺寸（归功于 fill_parent 常量），并且也没有定义任何的 background（背景）和额外的 padding（边缘），所以它完全是无用的。我们所要做的仅是让 UI 变得更为复杂而已。怎样我们才能摆脱这个 FrameLayout 呢？毕竟，XML 文档需要一个根标签且 XML 布局总是与相应的 View 实例相对应，这时就需要<merge/>标签来实现。当 LayoutInflater 遇到<merge/>标签时会跳过它，并将<merge/>内的元素添加到<merge/>的父元素中。下面用<merge/>来替换 FrameLayout，并重写之前的 XML 布局。

```
<merge xmlns:android="http://schemas.android.com/apk/res/android">
    <ImageView
        android:layout_width="fill_parent"
        android:layout_height="fill_parent"
        android:scaleType="center"
        android:src="@drawable/golden_gate" />
    <TextView
        android:layout_width="wrap_content"
        android:layout_height="wrap_content"
        android:layout_marginBottom="20dip"
        android:layout_gravity="center_horizontal|bottom"
        android:padding="12dip"
```

```
        android:background="#AA000000"
        android:textColor="#ffffffff"
        android:text="Golden Gate" />
</merge>
```

在上述新代码中，TextView 和 ImageView 都直接添加到上一层的 FrameLayout 中。虽然视觉上看起来一样，但 View 的层次更加简单了。此时的 UI 结构视图如图 26-15 所示。

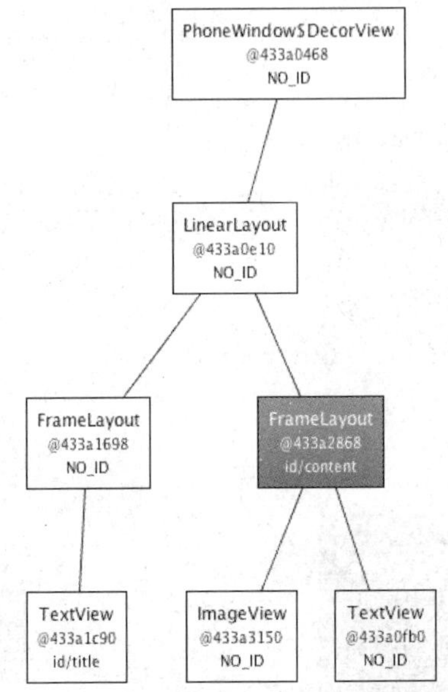

图 26-15　新的 UI 结构视图

很显然，在这个场合使用<merge/>标签是因为 Activity 的 ContentView 的父元素始终是 FrameLayout。如果我们的布局使用 LinearLayout 作为它的根标签，那么就不能使用这个技巧。<merge/>标签在其他的场合也非常有用。例如，它与<include/>标签结合起来就能表现得很完美。另外我们还可以在创建一个自定义的组合 View 时使用<merge/>。让我们看一个使用<merge/>创建一个新 View 的例子——OkCancelBar，包含两个按钮，并可以设置按钮标签。下面的 XML 用于在一个图片上显示自定义的 View。

```
<merge
    xmlns:android="http://schemas.android.com/apk/res/android"
xmlns:okCancelBar="http://schemas.android.com/apk/res/com.example.android.merge">
    <ImageView
        android:layout_width="fill_parent"
        android:layout_height="fill_parent"
        android:scaleType="center"
        android:src="@drawable/golden_gate" />
    <com.example.android.merge.OkCancelBar
        android:layout_width="fill_parent"
        android:layout_height="wrap_content"
        android:layout_gravity="bottom"
        android:paddingTop="8dip"
        android:gravity="center_horizontal"
        android:background="#AA000000"
        okCancelBar:okLabel="Save"
        okCancelBar:cancelLabel="Don't save" />
</merge>
```

新的布局效果如图 26-16 所示。

图 26-16　新的布局效果

OkCancelBar 部分的代码非常简单，因为这两个按钮在外部的 XML 文件中定义，通过类 LayoutInflate 导入。如下面的演示代码片段所示，R.layout.okcancelbar 以 OkCancelBar 作为父元素。

```
public class OkCancelBar extends LinearLayout {
    public OkCancelBar(Context context, AttributeSet attrs) {
        super(context, attrs);
        setOrientation(HORIZONTAL);
        setGravity(Gravity.CENTER);
        setWeightSum(1.0f);
        LayoutInflater.from(context).inflate(R.layout.okcancelbar, this, true);
        TypedArray array = context.obtainStyledAttributes(attrs, R.styleable.OkCancelBar, 0, 0);
        String text = array.getString(R.styleable.OkCancelBar_okLabel);
        if (text == null) text = "Ok";
        ((Button) findViewById(R.id.okcancelbar_ok)).setText(text);
        text = array.getString(R.styleable.OkCancelBar_cancelLabel);
        if (text == null) text = "Cancel";
        ((Button) findViewById(R.id.okcancelbar_cancel)).setText(text);
        array.recycle();
    }
}
```

而两个按钮的定义正如下面的 XML 代码所示，在此使用<merge/>标签直接添加两个按钮到 OkCancelBar。每个按钮都是从外部相同的 XML 布局文件中包含进来的，这样做的好处是便于维护，我们只是简单地重写它们的 ID。

```
<merge xmlns:android="http://schemas.android.com/apk/res/android">
    <include
        layout="@layout/okcancelbar_button"
        android:id="@+id/okcancelbar_ok" />
    <include
        layout="@layout/okcancelbar_button"
        android:id="@+id/okcancelbar_cancel" />
</merge>
```

由此可见，我们创建了一个灵活且易于维护的自定义 View，它有着高效的 View 层次，如图 26-17 所示。

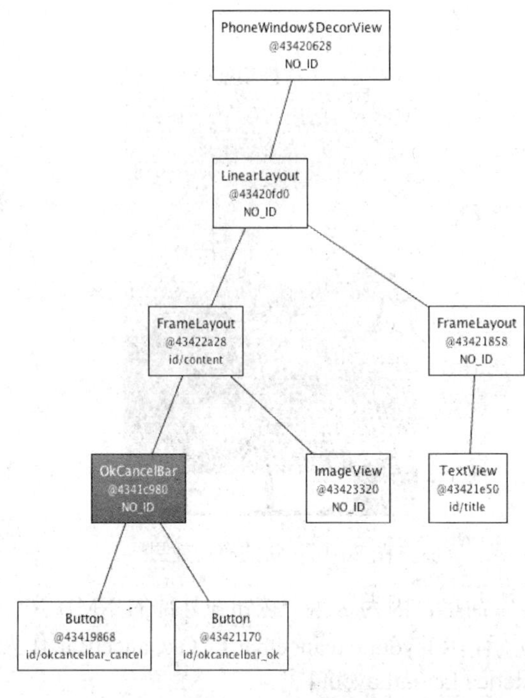

图 26-17　UI 结构视图

26.4　优化 Android 代码

知识点讲解：光盘:视频\知识点\第 26 章\优化 Android 代码.avi

在讲解本章的核心内容之前，先向广大读者介绍 Android 代码优化的基本原则。总体原则是：不做不必要的事，不分配不必要的内存。具体来说，主要有如下 15 条原则。

（1）字符串频繁操作时，多用 StringBuffer 而少用 String。

（2）尽量使用本地变量，即反复使用的变量要先保存成临时或局部变量，尤其是循环中使用的变量。

（3）String 方法中 substring 和 indexOf 都是 Native（本地）方法，可以大量使用。

（4）如果函数返回了 String 类型，而且返回后的使用就是要加入到 StringBuffer，此时可以直接传入 StringBuffer。

（5）用两个一维数组代替二维数组，例如用 int[] int[]替换 int[][]，因为这两者是等价的。

（6）如果返回直接类型足够了，就不应返回接口类型。假如返回 Hashmap 就足够了，请不要返回 Map。

（7）如果一个方法不访问（不修改）成员变量，请用 static 方法。

（8）尽量不用 getters 和 setters，如果一定要用请加上 final 关键字，编译器会把它当成内联函数。

（9）永远不要在 for 循环的第二个参数中使用方法调用。

（10）不修改的 static 变量请用 static final 常量代替。

（11）foreach 可以用来处理数组和 arraylist，如果处理其他对象相当于 Iterator。

（12）避免使用枚举，请使用常量代替。

（13）慎用浮点数 float 尤其是大量的数学运算。

（14）不使用的引用变量要手动置 null，提高内存被回收的几率。

（15）慎用图片操作，使用后要立即释放资源。

26.4.1　优化 Java 代码

因为大多数 Andrid 应用程序是用 Java 语言编写的，所以用经过优化的 Java 代码编写 Android 程序，可以提高 Android 程序的执行效率，从而达到提高用户体验的目的。本节将简要介绍优化 Java 代码的基本知识。

1．GC 对象优化

Java 程序中的内存管理机制是通过 GC 完成的(这一点和 Android 一样)，"一个对象创建后被放置在 JVM 的堆内存中，当永远不在应用这个对象时将会被 JVM 在堆内存中回收。被创建的对象不能再生，同时也没有办法通过程序语句释放"，这是《Java 的 GC 机制》中提到的定义。意思是：在运行环境中，JVM 会对两种内存进行管理，一种是堆内存（对象实例或者变量），一种是栈内存（静态或非静态方法），而 JVM 所管理的内存区域实际上就是堆内存＋栈内存（对象实例＋实例化变量＋静态方法＋非静态方法），当 JVM 在其所管理的内存区域中无法通过根集合到达对象时，就会将此对象作为垃圾对象实施回收。

根据上述定义，可以总结出如下对 Java 的优化原则。

（1）循环优化

例如下面的代码会一直执行 alist.size()方法，带来性能消耗。

```
List alist=uSvr.getUserinfoList();
        for(int i=0;i<alist.size();i++){
}
```

应该修改为：

```
for(int i=0 p=alist.size();i<p;i++){
}
```

（2）循环内不要创建对象

例如在下面的代码中，会在内存中保存 N 份这个对象的引用，这样会浪费大量的内存空间。

```
AuditResult auditResult;
for(int i=1;i<=domainCount;i++){
auditResult=new AuditResult();
...
}
```

应该修改为：

```
AuditResult auditResult;
for(int i=1;i<=domainCount;i++){
auditResult=new AuditResult();
...
}
```

（3）"消灭"不可视阶段的对象

究竟什么样的对象可以将其认定为不可视阶段呢？举个例子，在如下代码段中：

```
try{...
}
catch(Exception){
...}
```

如果在 try 的代码块中声明了一个 obj，那么当上述整个代码段执行完毕以后，其实这个 obj 实际上就已经属于不可视阶段了。此时我们应该修改为：

```
try{
    Object obj=new Object();
}catch(Excepione e){
obj=null;
}
```

（4）少用 new 创建对象

当使用关键字 new 创建类的实例时，构造函数链中的所有构造函数都会被自动调用。但如果一个对象实现了 Cloneable 接口，我们可以调用它的 clone()方法。clone()方法不会调用任何类构造函数。当在使用设计模式（Design Pattern）的场合，如果用 Factory 模式创建对象，则应该用方法 clone()创建新的对象实例。例如，下面是 Factory 模式的一个典型实现。

```
public static Credit getNewCredit()
{
    return new Credit();
}
```

应该修改为：

```
private static Credit BaseCredit = new Credit();
  public static Credit getNewCredit()  {
   return (Credit) BaseCredit.clone();
  }
```

这样当 new 创建对象不可避免时，需要注意避免多次使用 new 初始化一个对象，而是应该尽量在使用时再创建该对象。例如下面的演示代码。

```
NewObject object = new NewObject();
int value;
if(i＞0 )
{
 value =object.getValue();
}
```

应该修改为：

```
int value;
if(i＞0 )
{
 NewObject object = new NewObject();
 Value =object.getValue();
}
```

（5）及时清除 Session

在通常情况下，当达到设定的超时时间时，同时有些 Session 没有了活动，服务器会释放这些没有活动的 Session。在这种情况下，特别是多用户并访时，系统内存要维护多个无效的 Session。当用户退出时，应该立即手动释放并回收资源，例如下面的演示代码。

```
HttpSession theSession = request.getSession();
//获取当前 Session
if(theSession != null){
theSession.invalidate(); //使该 Session 失效
}
```

（6）乘法和除法问题

请读者看下面的代码：

```
for (val = 0; val &lt; 100000; val +=5) {
 shiftX = val 8;
```

```
myRaise = val 2;
}
```

如果我们利用移位（bit）来处理，性能将会 6 倍增加。重写后的代码如下所示。

```
for (val = 0; val &lt; 100000; val += 5) {
 shiftX = val &lt;&lt; 3;
 myRaise = val &lt;&lt; 1;
}
```

这样移位代替了乘以 8，同样我们可以使用同等效果的左移 3 位。每一个移动相当于乘以 2，变量 myRaise 对此做了证明。同样向右移位相当于除以 2，这样会使执行速度加快。

（7）用代码处理内存溢出

在 Java 程序中，OutOfMemoryError 是由于内存不够而遇到的一个问题。例如下面的一段代码能有效判断内存溢出错误，并在内存溢出发生时有效回收内存。

```
import java.util.*;
public class DataServer{
private Hashtable data = new Hashtable();
public Object get (String key)
{
Object obj = data.get (key);
if (obj == null)
{
System.out.print (key + " ");
try
{
obj = new Double[1000000];
data.put (key, obj);
}
catch (OutOfMemoryError e)
{
System.out.print ("/No Memory!");
flushCache();
obj = get (key);
}
}
return (obj);
}
public void flushCache()
{
System.out.println ("Clearing cache");
data.clear();
}
public static void main (String[] args)
{
DataServer ds = new DataServer();
int count = 0;
while (true)
ds.get (" " count+);
}
}
```

通过上述代码，可以联想到有效管理连接池溢出的原理。

2．尽量使用 StringBuilder 和 StringBuffer 进行字符串连接

讲一个笔者的亲身经历：有一天在做性能测试时，发现了一个 Web 端 CPU 的性能出现骤降的问题，但是一直没有找到原因。最初笔者怀疑是和 Tomcat 的线程数有关，后来又怀疑和数据库的响应时间太长有关系，到最后都一一排除了。之所以此问题比较难以定位，主要是因为通过现有的监控工具无法获知和分析 Tomcat 内部各个线程占用资源的情况。后来笔者安装了 Jprofiler，然后又重新进行了一次压力测试，终于找到了问题的根源，原来主要的资源消耗点是在字符串的拼接上，在笔者的代码中是使用了“+”来连接字符串。

在 Java 程序中，可以通过 String、StringBuffer 和 SrtingBuilder 3 个对象实现连接字符串功能。在接下来的内容中，我们来测试比较究竟谁的效率更高。因为很多高手建议避免使用 String 通过“+”连接字符串，特别是连接的次数很多时，一定要用 StringBuffer，但究竟效率多高，速度多快，接下来我们进行具体测试。测试代码如下所示。

```
public class TestStringConnection {
    //连接时间的设定
    private final static int n = 20000;
    public static void main(String[] args){
        TestStringConnection test = new TestStringConnection ();
        test.testStringTime(n);
        test.testStringBufferTime(n);
        test.testStringBuilderTime(n);
//          //连接 10 次
//          test.testStringTime(10);
//          test.testStringBufferTime(10);
//          test.testStringBuilderTime(10);
//          //连接 100
//          test.testStringTime(100);
//          test.testStringBufferTime(100);
//          test.testStringBuilderTime(100);
//          //连接 1000
//          test.testStringTime(1000);
//          test.testStringBufferTime(1000);
//          test.testStringBuilderTime(1000);
//          //连接 5000
//          test.testStringTime(5000);
//          test.testStringBufferTime(5000);
//          test.testStringBuilderTime(5000);
//          //连接 10000
//          test.testStringTime(10000);
//          test.testStringBufferTime(10000);
//          test.testStringBuilderTime(10000);
//          //连接 20000
//          test.testStringTime(20000);
//          test.testStringBufferTime(20000);
//          test.testStringBuilderTime(20000);
    }
    /**
```

```
    *测试 String 连接字符串的时间
    */
    public void testStringTime(int n){
        long start = System.currentTimeMillis();
        String a = "";
        for(int k=0;k<n;k++ ){
            a += "_" + k;
        }
        long end = System.currentTimeMillis();
        long time = end - start;
        System.out.println("//////////////////////连接"+n+"次" );
        System.out.println("String time "+n +":"+ time);
        //System.out.println("String str:" + str);
    }
    /**
    *测试 StringBuffer 连接字符串的时间
    */
    public void testStringBufferTime(int n){
        long start = System.currentTimeMillis();
        StringBuffer b = new StringBuffer() ;
        for(int k=0;k<n;k++ ){
            b.append( "_" + k );
        }
        long end = System.currentTimeMillis();
        long time = end - start;
        System.out.println("StringBuffer time "+n +":"+ time);
        //System.out.println("StringBuffer str:" + str);
    }
    /**
    *测试 StringBuilder 连接字符串的时间
    */
    public void testStringBuilderTime(int n){
        long start = System.currentTimeMillis();
        StringBuilder c = new StringBuilder() ;
        for(int k=0;k<n;k++ ){
            c.append( "_" + k );
        }
        long end = System.currentTimeMillis();
        long time = end - start;
        System.out.println("StringBuilder time " +n +":"+ time);

        System.out.println("//////////////////////");
        //System.out.println("StringBuffer str:" + str);
    }
}
```

使用 Eclipse 运行上述代码，分别测试了当 n 等于 10、100、500、1000、5000、10000、20000 时，这 3 个对象连接字符串所花费的时间，统计结果如表 26-1 所示。

表 26-1　统计结果

连接次数（n）	所需时间（单位毫秒）		
	String	StringBuffer	StringBuilder
10	0	0	0
100	0	0	0
500	31	16	0
1000	63	31	16
5000	781	63	47
10000	7547	63	62
20000	62984	94	63

从表 26-1 的结果中可以看出为什么建议使用 StringBuffer 连接字符串的原因。在连接次数少的情况下，String 的低效率表现并不是很突出，但是一旦连接次数多时，性能影响是很大的。当 String 进行 2 万次字符串的连接，大约需要 1 分钟时间，而 StringBuffer 只需要 94 毫秒，相差接近 500 倍以上。而 StringBuffer 和 StringBuilder 差别并不大，StringBuilder 比 StringBuffer 稍微快点，笔者想是因为 StringBuffer 是线程安全的，StringBuilder 不是线程安全的，所以 StringBuffer 稍微慢点。

为什么 String 是如此之慢呢？请读者看下面的代码片段。

```
String result="";
result+="ok";
```

上述代码看上去好像没有什么问题，但是需要指出的是其性能很低，原因是 Java 中的类 String 是不可变的（immutable），这段代码实际的工作过程是如何的呢？通过使用 javap 工具可以知道，其实上面的代码在编译成字节码时等同于下面的代码。

```
String result="";
StringBuffer temp=new StringBuffer();
temp.append(result);
temp.append("ok");
result=temp.toString();
```

短短的两个语句怎么变成这么多呢？问题的原因就在 String 类的不可变性上。而 Java 程序为了方便简单字符串的使用方式，对“+”操作符进行了重载，而这个重载的处理可能因此误导很多对 Java 中 String 的使用。所以，如果对字符串中的内容经常进行操作，特别是内容要修改时，那么建议使用 StringBuffer，如果最后需要 String，那么使用 StringBuffer 的方法 toString()。但是 StringBuilder 的实例用于多个线程是不安全的。如果需要这样的同步，则建议使用 StringBuffer，因为 StringBuffer 是线程安全的。在大多数非多线程的开发中，为了提高效率，可以采用 StringBuilder 代替 StringBuffer，这样速度会更快。

3．及时释放不用的对象

在编写 Java 程序时，要养成及时释放不用的对象的习惯。例如当 a 不为空时，如下代码执行时将有两个对象存在于内存中。

```
a=new object()
```

而高效的写法是：

```
a=null;
a=new object();
```

我们需要及时将不用的对象设置成 null。

在 Java 中规定，因为内存溢出通常发生在构造函数中，所以在构造函数中，当使用某个变量时再创建，用完之后设置为 null。

另外，一次性加载所有图片会很容易造成内存峰值，此时也可以用 null 来解决，例如：

```
if(img==null){
Create…
}
```

再看下面的两段代码，其中代码 2 是代码 1 执行速度的两倍。

代码 1：

```
String title=new String(“大家好”);
Title+=“欢迎”;
Title+=“阅读”
//会在栈中生成 5 个对象：“大家好”，“欢迎”，“阅读”，“大家好欢迎”，“大家好欢迎阅读”
```

代码 2：

```
StringBuffer title=new StringBuffer(“大家好”);
TItle.append(“欢迎”);
Title.append(“阅读”);
```

在 Java 程序中，StringBuffer 的构造器会创建一个默认大小（通常是 16）的字符数组。在使用过程中，如果超出这个大小，就会重新分配内存创建一个更大的数组，并将原先的数组复制过来，再丢弃旧的数组。在大多数情况下，我们可以在创建 StringBuffer 时指定大小，这样就避免了在容量不够时自动增长，以提高性能。

26.4.2 编写更高效的 Android 代码

因为基于 Android 平台的手持设备是嵌入式设备，而现代的手持设备不仅是一部电话那么简单，它还是一个小型的手持电脑，所以即使是最快的最高端的手持设备，也远远比不上一个中等性能的桌面机。这就是为什么在编写 Android 程序时要时刻考虑执行效率的原因，因为这些系统不是想象中的那么快，并且还要考虑电池的续航能力。这就意味着没有多少剩余空间去浪费了，因此在编写 Android 程序时，要尽可能地使代码优化提高效率。

1．避免建立对象

对于临时对象来说，每个线程分配池的垃圾回收器使得临时对象的创建花出较小的代价，但分配内存总是比不分配内存花更多代价。如果在我们的一个用户界面循环中做分配对象操作，这样会产生一个定期的垃圾收集事件，使得界面会比较卡，影响用户体验。因此，应该避免创建对象实例。

当从原始的输入数据中提取字符串时，试着从原始字符串返回一个子字符串，而不是创建一份备份。用户将会创建一个新的字符串对象，但是它和用户的原始数据共享数据空间。

假如有一个返回字符串的方法，我们应该知道无论如何返回的结果是 StringBuffer，可以改变函数的定义和执行，让函数直接返回而不是通过创建一个临时的对象。

一般来说，应该尽可能地避免创建短期的临时对象。越少的对象创建意味着越少的垃圾回收，这样会提高程序的用户体验质量。

（1）代码流程的优化

例如可以在代码设计流程中减少不必要的对象生成，看下面的演示代码。

```
Date myDate =new Date();
    if (requiredCondition) {
    }
```

我们可以将生成 Date()对象的语句放入 if 条件语句中，这样就可以有效减少不必要的对象生成。代码如下。

```
if (requiredCondition){
    Date myDate =new Date();
}
```

这样只有在 if 条件成立时才创建对象，避免了不必要的创建对象工作。

（2）对象在声明时的技巧

例如在使用 Vector 的过程中，经常声明一个 Vector 对象，但是不定义其初始大小。例如下面的演示代码。

```
Vector v = newVector();
```

这样做的弊端是 Vector 的内增长方法。当创建一个 Vector 对象时，当它的容量多于我们所声明的大小时，Vector 会默认先生成一个两倍大小的新的 Vector，然后再将原 Vector 中的内容复制一份到新 Vector。这样做的后果导致了在垃圾回收时产生的性能问题。由此可见，除非万不得已，否则强烈建议在初始化时声明其大小，例如下面的演示代码。

```
Vector v = new Vector(40);
//or
Vector v = new Vector(40,25);
```

（3）不要多次声明对象

除非有充分的理由，否则不要多次声明对象。例如下面的演示代码。

```
public class x{
    privateVector v = new Vector();
    public x() {
        v = new Vector();
    }
}
```

此时编译器会自动为构造函数生成如下代码。

```
public x() {
    v = new Vector();
    v = new Vector();
}
```

在默认情况下，任何事物都将被初始化为 Public 变量，初始化代码将被移动至构造函数中进行。所以，不要在构造函数之外进行初始化，正确的声明方式如下所示。

```
public classx {
    privateVector v;
    public x() {
      v = new Vector();
    }
}
```

由此可见，在 Android 应用程序中如果没有必要就不应该创建对象实例。

☑ 当从原始的输入数据中提取字符串时，试着从原始字符串返回一个子字符串，而不是创建一份备份。用户将会创建一个新的字符串对象，但是它和用户的原始数据共享数据空间。

☑ 如果已经有一个返回字符串的方法，应该知道无论如何返回的结果是 StringBuffer，改变函数的定义和执行，让函数直接返回而不是通过创建一个临时的对象。

除此之外，还有一个比较激进的方法，就是把一个多维数组分割成几个平行的一维数组。

☑ 一个 Int 类型的数组要比一个 Integer 类型的数组好，但这同样也可以归纳于这样一个原则：两个 Int 类型的数组要比一个（int，int）对象数组的效率高得多。对于其他原始数据类型，这个原则同样适用。

☑ 如果你需要创建一个包含一系列 Foo 和 Bar 对象的容器（container）时，两个平行的 Foo[]和 Bar[]要比一个（Foo，Bar）对象数组的效率高得多。这个例子也有一个例外，就是当设计其他代码的接口 API 时。在这种情况下，速度上的一点损失就不用考虑了，但是在我们的代码中，应该尽可能编写高效代码。

由此可以总结，我们应该尽可能地避免创建短期的临时对象。越少的对象创建意味着越少的垃圾回收，这样会提高程序的用户体验质量。

2. 优化方法调用代码

（1）使用自身方法

当处理字符串时，不要犹豫，要尽可能多地使用诸如 String.indexOf()、String.lastIndexOf()等对象自身带有的方法。因为这些方法使用 C/C++来实现，要比在一个 Java 循环中做同样的事情快 10～100 倍。

（2）使用虚拟优于使用接口

假设有一个 HashMap 对象，则可以声明它是一个 HashMap 或只是一个 Map，下面是演示代码。

```
Map myMap1 = new HashMap();
HashMap myMap2 = new HashMap();
```

这样究竟哪一个更好呢？一般来说，明智的做法是使用 Map，因为它能够允许我们改变 Map 接口执行上面的任何东西，但是这种“明智”的方法只是适用于常规的编程，对于嵌入式系统并不适合。相对于通过具体的引用进行虚拟函数的调用，通过接口引用来调用会花费两倍以上的时间。

如果选择使用 HashMap，因为它更适合于我们的编程，那么如果使用 Map 会毫无价值。假设有一个能重构我们代码的集成编码环境，那么调用 Map 将没有任何用处，即使我们不确定程序从哪开始。同样，public 的 API 是一个例外，一个好的 API 的价值往往大于执行效率上的那点损失。

（3）使用静态优于使用虚拟

如果没有必要去访问对象的外部，那么使我们的方法成为静态方法，这样方法会被更快地调用，因为它不需要一个虚拟函数导向表。这同时也是一个很好的实践，因为它告诉我们如何区分方法的性质（signature），调用这个方法不会改变对象的状态。

（4）尽可能避免使用内在的 Get、Set 方法

像 C++之类的编程语言，通常会使用 Get 方法（例如 i = getCount()）去取代直接访问这个属性（i=mCount）。这在 C++编程中是一个很好的习惯，因为编译器会把访问方式设置为 Inline，并且如果想约束或调试属性访问，只需要在任何时候添加一些代码即可。

但是在 Android 编程中，这不是一个很好的主意。因为虚方法的调用会产生很多代价，比实例属性查询的代价还要多。我们应该在外部调用时使用 Get 和 Set 函数，但是在内部调用时，应该直接调用。

（5）要使用 getBytes()函数

在将 String 转化成 bytes 的过程中，不要使用 getBytes()函数。例如，当我们在处理 HTTP 字符串时，在绝大多数情况下，它们都是 ASCII 码。getBytes()函数可以处理几乎所有字符的编码问题，但是这种能力在 HTTP 事务处理中似乎并不必要。可以创建自己的方法去处理仅一种 ASCII 码。

看下面的演示代码。

```
public static void mySimpleTokenizer(String s, String delimiter)
 {
      String sub = null;
      int i =0;
      int j =s.indexOf(delimiter);
      while( j >= 0)
     {
           sub = s.substring(i,j);
           i = j + 1;
           j = s.indexOf(delimiter, i);
```

```
        }
        sub = s.substring(i);
    }
//现在就可以直接调用了
byte[] b =getAsciiBytes(s);
```

（6）尽量避免使用 InetAddress.getHostAddress()函数

因为 InetAddress.getHostAddress()函数包含了许多操作，所以它会生成许多中间字符串来返回主机地址，这大大增加了 Android 应用程序在时间上的负担。

（7）尽量避免使用 DatagramPacket.getSocketAddress()函数

DatagramPacket.getSocketAddress()也包含了许多操作，调用时函数内部调用会尝试返回其主机名，这大大增加了 Android 应用程序在时间上的负担。如果仅仅只是要获得 Android 应用程序数据包的 IP 地址，可以用 DatagramPacket.getAddress.getHostAddress()函数来代替。

3．优化代码变量

（1）StringBuffer 的使用

这一条和 Java 中的优化规则一样，例如当需要对一组 String 进行连接时，请不要使用下面的代码。

```
String str=   "Welcome"+ "to" + "our" + "site";
```

而是应当写成：

```
StringBuffer sb   =   new StringBuffer(50);
 sb.append("Welcome");
 sb.append("To");
 sb.append("our");
 sb.append("site");
```

如果知道 StringBuffer 的最大长度，请使用这个数字。例如，在上面的代码中，StringBuffer 的最大长度设置为 50，这使得在使用 StringBuffer 的过程中不需要考虑自增长问题。这样就不需要再去为 StringBuffer 分配新的内存，而导致垃圾回收器回收旧的内存。当然也不要分配过于大的、不必要的内存。

（2）声明 Final 常量

我们可以看看下面一个类顶部的声明。

```
static int intVal = 42;
static String strVal = "Hello, world!";
static int intVal = 42;
static String strVal = "Hello, world!";
```

当第一次使用一个类时，编译器会调用一个类初始化方法：<clinit>，这个方法将 42 存入变量 intVal 中，并且为 strVal 在类文件字符串常量表中提取一个引用，当这些值在后面引用时，就会直接访问。我们可以用关键字 final 来改进代码。

```
static final int intVal = 42;
static final String strVal = "Hello, world!";
static final int intVal = 42;
static final String strVal = "Hello, world!";
```

这样此类将不会调用<clinit>方法，因为这些常量直接写入了类文件静态属性初始化中，这个初始化直接由虚拟机来处理。当代码访问 intVal 时，将会使用 Integer 类型的 42；当访问 strVal 时，将会使用相对节省的“字符串常量”来替代一个属性调用。

如果将一个类或者方法声明为 final，并不会带来任何执行上的好处，它能够进行一定的最优化处理。例如，如果编译器知道一个 Get 方法不能被子类重载，那么它就把该函数设置成 Inline。

同时，我们也可以把本地变量声明为 final 变量，但这是毫无意义的。作为一个本地变量，使用 final 只能使代码更加清晰（或者不得不用，在匿名访问内联类时）。

（3）避免使用列举类型

列举类型非常好用，当考虑到大小和速度时，就会显得代价很高，例如下面的演示代码。

```
public class Foo {
public enum Shrubbery {
GROUND, CRAWLING, HANGING
}
}
public class Foo {
public enum Shrubbery {
GROUND, CRAWLING, HANGING
}
}
```

通过上述代码，会转变成为一个 900 字节的 class 文件（Foo$Shrubbery.class）。当第一次使用时，类的初始化要调用方法去描述列举的每一项，每一个对象都要有它自身的静态空间，整个被存储在一个数组中（一个叫做$VALUE 的静态数组）。那是一大堆的代码和数据，仅是为了 3 个整数值。

（4）避免使用枚举

枚举变量非常方便，但这是以牺牲执行的速度并大幅增加文件体积为前提的。例如下面的演示代码。

```
public class Foo {
 public enum Shrubbery {
 GROUND, CRAWLING, HANGING
 }
}
```

上述代码会产生一个 900 字节的.class 文件（Foo$Shubbery.class）。在它被首次调用时，这个类会调用初始化方法来准备每个枚举变量。每个枚举项都会被声明成一个静态变量并被赋值。然后将这些静态变量放在一个名为$VALUES 的静态数组变量中。而这么一大堆代码，仅是为了使用 3 个整数。

这样下面的代码会引起一个对静态变量的引用，如果这个静态变量是 final int，那么编译器会直接内联这个常数。

```
Shrubbery shrub = Shrubbery.GROUND;
```

一方面，使用枚举变量可以让 API 更出色，并能提供编译时的检查。所以在通常的时候毫无疑问应该为公共 API 选择枚举变量。但是当性能方面有所限制时，就应该避免这种做法了。在有些情况下，使用方法 ordinal()获取枚举变量的整数值会更好一些，举例来说，如果将

```
for (int n = 0; n < list.size(); n++) {
 if (list.items[n].e == MyEnum.VAL_X) // do stuff 1
 else if (list.items[n].e == MyEnum.VAL_Y) // do stuff 2
}
```

替换为

```
int valX = MyEnum.VAL_X.ordinal();
int valY = MyEnum.VAL_Y.ordinal();
int count = list.size();
MyItem items = list.items();
for (int n = 0; n < count; n++) {
 int valItem = items[n].e.ordinal();
 if (valItem == valX) // do stuff 1
 else if (valItem == valY) // do stuff 2
}
```

这样会使性能得到一些改善，但这并不是最终的解决之道。

如果将与内部类一同使用的变量声明在包范围内，请看下面的类定义。

```
public class Foo {
 private int mValue;
 public void run() {
 Inner in = new Inner();
 mValue = 27;
 in.stuff();
 }
 private void doStuff(int value) {
  System.out.println("Value is " + value);
 }
 private class Inner {
 void stuff() {
 Foo.this.doStuff(Foo.this.mValue);
 }
 }
 }
```

这其中的关键是，我们定义了一个内部类(Foo$Inner)，它需要访问外部类的私有域变量和函数。这是合法的并且会打印出我们希望的结果。

```
Value is 27
```

但问题是以技术上来讲，Foo$Inner 是一个完全独立的类，它要直接访问 Foo 的私有成员是非法的。要跨越这个鸿沟，编译器需要生成一组方法。

```
static int Foo.access$100(Foo foo) {
 return foo.mValue;
 }
 static void Foo.access$200(Foo foo, int value) {
 foo.doStuff(value);
 }
```

当内部类在每次访问 mValue 和 doStuff 方法时，都会调用这些静态方法。也就是说，上面的代码说明了一个问题，我们是通过接口方法访问这些成员变量和函数而不是直接调用它们。在前面我们已经讲过，使用接口方法（getter、setter）比直接访问速度要慢。所以这个例子就是在特定语法下面产生的一个“隐性的”性能障碍。

通过将内部类访问的变量和函数声明由私有范围改为包范围，我们可以避免这个问题。这样做可以让代码运行更快，并且避免产生额外的静态方法。

3．优化代码过程

（1）慎重使用增强型 for 循环语句

增强型 for 循环也就是我们常说的“for-each 循环”，经常用于 iterable 接口的继承收集接口上面。在这些对象中，一个 iterator 被分配给对象去调用它的 hasNext()和 next()方法。虽然如此，下面的演示代码还是给出了一个可以接受的增强型 for 循环的例子。

```
public class Foo {
int mSplat;
static Foo mArray[] = new Foo[27];
public static void zero() {
int sum = 0;
for (int i = 0; i < mArray.length; i++) {
sum += mArray[i].mSplat;
```

```
}
}
public static void one() {
int sum = 0;
Foo[] localArray = mArray;
int len = localArray.length;
for (int i = 0; i < len; i++) {
sum += localArray[i].mSplat;
}
}
public static void two() {
int sum = 0;
for (Foo a: mArray) {
sum += a.mSplat;
}
}
}
public class Foo {
int mSplat;
static Foo mArray[] = new Foo[27];
public static void zero() {
int sum = 0;
for (int i = 0; i < mArray.length; i++) {
sum += mArray[i].mSplat;
}
}
public static void one() {
int sum = 0;
Foo[] localArray = mArray;
int len = localArray.length;
for (int i = 0; i < len; i++) {
sum += localArray[i].mSplat;
}
}
public static void two() {
int sum = 0;
for (Foo a: mArray) {
sum += a.mSplat;
}
}
}
```

对上述代码的具体说明如下。

☑ 函数 zero()：在每一次的循环中重新得到静态属性两次，获得数组长度一次。

☑ 函数 one()：把所有的东西都变为本地变量，避免类查找属性调用。

☑ 函数 two()：使用 Java 语言的 1.5 版本中的 for 循环语句，编译产生的源代码考虑到了复制数组的引用和数组的长度到本地变量，是遍历数组比较好的方法，它在主循环中确实产生了一个额外的载入和存储过程（显然保存了 a），相比函数 one()来说，它有一点减慢和 4 字节的增长。

由此可以得到，增强的 for 循环在数组中表现得很好，但是当和 Iterable 对象一起使用时要谨慎，因为这里多了一个对象的创建。

（2）通过内联类使用包空间

请看在如下代码中对类的声明。

```
public class Foo {
private int mValue;
public void run() {
Inner in = new Inner();
mValue = 27;
in.stuff();
}
private void doStuff(int value) {
System.out.println("Value is " + value);
}
private class Inner {
void stuff() {
Foo.this.doStuff(Foo.this.mValue);
}
}
}
public class Foo {
private int mValue;
public void run() {
Inner in = new Inner();
mValue = 27; in.stuff();
}
private void doStuff(int value) {
System.out.println("Value is " + value);
}
private class Inner {
void stuff() {
Foo.this.doStuff(Foo.this.mValue);
}
}
}
```

在上述代码中，需要注意我们定义了一个内联类，它调用了外部类的私有方法和私有属性。这是一个合法的调用，代码应该会显示：

```
Value is 27
```

但问题是，Foo$Inner 在理论上（后台运行上）应该是一个完全独立的类，它违规地调用了 Foo 的私有成员。为了弥补这个缺陷，编译器产生了一对合成的方法：

```
/*package*/
static int Foo.access$100(Foo foo) {
  return foo.mValue;
}
/*package*/
static void Foo.access$200(Foo foo, int value) {
  foo.doStuff(value);
}
/*package*/
static int Foo.access$100(Foo foo) {
  return foo.mValue;
```

```
}
/*package*/
static void Foo.access$200(Foo foo, int value) {
  foo.doStuff(value);
}
```

这样当内联类需要从外部访问 mValue 和调用 doStuff 时，内联类就会调用这些静态的方法，这说明我们不是直接访问类成员，而是通过公共方法来访问的。前面曾经提到过间接访问要比直接访问慢，因此这是一个按语言习惯无形执行的例子。

如果让拥有包空间的内联类直接声明需要访问的属性和方法，我们就可以避免这个问题，这里是包空间而不是私有空间。这样不但运行得更快，并且去除了生成函数前的东西。但不幸的是，它同时也意味着该属性也能够被相同包下面的其他的类直接访问，这违反了标准的面向对象的使所有属性私有的原则。同样，如果是设计公共的 API，就要仔细考虑这种优化的用法。

（3）避免浮点类型的使用

在奔腾 CPU 发布之前，游戏程序员都尽可能地使用 Integer 类型的数学函数，这是很正常的。因为在奔腾处理器中，浮点数的处理变为它一个突出的特点，并且浮点数与整数的交互使用相比单独使用整数来说，前者会使游戏运行更快，一般地，在桌面电脑上我们可以自由地使用浮点数。

但不幸的是，嵌入式的处理器通常并不支持浮点数的处理，因此所有的 float 和 double 操作都是通过软件进行的，一些基本的浮点数的操作就需要花费毫秒级的时间，并且即使是整数，一些芯片也只有乘法而没有除法。在这些情况下，整数的除法和取模操作都是通过软件实现的。当创建一个 Hash 表或者进行大量的数学运算时，这都是要考虑的。

（4）避免在条件判定语句中重复调用函数

请读者看下面的演示代码。

```
for (int i=0 ; i < s.length; i++) {
    charc c =s.charAt(i);
}
```

应该写成下面的形式，因为这样可以减小时间开销。

```
int j =str.length();
for (int i =0 ; i < j; i++) {
    charc c =s.charAt(i);
}
```

4．提高 Cursor 查询数据的性能

在 Android 系统中，查询数据的功能是通过类 Cursor 实现的，使用方法 sqlitedatabase.query()就能得到 Cursor 对象，cursor 对是代表每行的集合。当解析 Cursor 对象时，如果只是解析一行，可通过方法 moveToFirst()定位到第一行。当再解析时，如果是多于一行的，则可以在 while 循环条件中加上 moveToNext()定位后再解析。

当 Cursor 中的数据只有一行时，代码优化工作会比较省事，我们基本上不用担心会因代码不好影响性能。但是当里面的数据量很多时，如果没有优化代码，则对解析的速度会带来很大的影响。

在定位后解析 cursor 时，我们一般的做法是首先通过方法 getColumnIndex(String columnName)获得列的索引值，然后再通过列的索引值获得对应的数据。例如以下代码中，实现了对联系人部分数据的解析。

```
while(cursor.moveToNext){
    String name = cursor.getString(cursor.getColumnIndex(People.Name));
    String phoneNo = cursor.getString(cursor.getColumnIndex(People.Number));
}
```

上述代码没有任何错误，最后解析出来的结果也完全正确。但是这段代码其实写的很差，当在一定量

的联系人数据时，运行速度会相当慢。我们可以用这种代码写出来的程序与系统自带的通讯录（或者 QQ 通讯录）来比较一下三百多联系人的数据就知道有多慢了。

在进行优化时，我们只需要稍稍做一下改变，执行速度将会有质的提升。改造如下：

```
int nameIndex = cursor.getColumnIndex(People.Name);
int numberIndex = cursor.getColumnIndex(People.NUMBER);
while(cursor.moveToNext()){
    String name = cursor.getString(nameIndex);
    String phoneNo = cursor.getString(numberIndex);
}
```

这样经过改造以后，可以再测试一下三百多条联系人的数据，此时会基本接近系统联系人的速度（前提是在不加载头像的情况下，头像要用另外一套机制去解决，在此不再讨论）。

经过上述两段代码的讨论，相信大家都应该知道是如何优化的了——就是把列的索引值获取提取到循环前面去。别小看这一点点的修改，它能够帮我们大忙。这样修改的好处就是，能让程序避免重复去获得这些列的索引值，使程序的运行效率更高，特别是在写联系人的程序时很有效。读者可以举一反三，在我们平时写代码时很多逻辑都可以这样去优化。最后，记得解析完后要关闭 Cursor。

5. 在编码中尽量使用 ContentProvider 共享数据

众所周知，在 Android 应用中的最通用数据库是 SQLite。但是 Google 为了给我们简化操作，可以不用经常编写容易出错的 SQL 语句，而是可以直接通过 ContentProvider 来封装数据的 query 查询、添加 insert、删除 delete 和更新 update，而无须用复杂的 SQLite，提高了程序运行效率。

接下来以 Android 系统的 SDK 中的例子，讲解使用 ContentProvider 共享数据的好处。

```
public class NotePadProvider extends ContentProvider {
private static final String TAG = "NotePadProvider";
private static final String DATABASE_NAME = "note_pad.db";          //数据库存储文件名，包含了.db 后缀
//数据库版本号，这个是自定义的，未来扩展数据库时自己可以方便地定义升级规则
private static final int DATABASE_VERSION = 2;
private static final String NOTES_TABLE_NAME = "notes";             //表名
private static HashMap sNotesProjectionMap;                         //常规的 Notes
private static HashMap sLiveFolderProjectionMap;                    //LiveFolder 内容
private static final int NOTES = 1;
private static final int NOTE_ID = 2;
private static final int LIVE_FOLDER_NOTES = 3;
//这里提示大家，通常操作数据库的 URI，如 content:android123/cwj/1103 这样的 URI 均通过 UriMatcher 注册并识别
private static final UriMatcher sUriMatcher;
private static class DatabaseHelper extends SQLiteOpenHelper {      //数据库辅助子类
DatabaseHelper(Context context) {
super(context, DATABASE_NAME, null, DATABASE_VERSION);
}
@Override
public void onCreate(SQLiteDatabase db) {                           //首次生成数据库，执行 SQL 命令创建一个表
db.execSQL("CREATE TABLE " + NOTES_TABLE_NAME + " ("
+ Notes._ID + " INTEGER PRIMARY KEY,"
+ Notes.TITLE + " TEXT,"
+ Notes.NOTE + " TEXT,"
```

```
+ Notes.CREATED_DATE + " INTEGER,"
+ Notes.MODIFIED_DATE + " INTEGER"
+ ");");
}
@Override
public void onUpgrade(SQLiteDatabase db, int oldVersion, int newVersion) { //有新的数据版本则更新
Log.w(TAG, "Upgrading database from version " + oldVersion + " to "
+ newVersion + ", which will destroy all old data");
db.execSQL("DROP TABLE IF EXISTS notes"); //由于这里没有做细节处理，如果有新版本，删除老的表，我们
未来不能这样处理，这仅是 Google 的例子而已，所以删除老版本数据
onCreate(db);
}
}
private DatabaseHelper mOpenHelper;
@Override
public boolean onCreate() { //这里重写 ContentProvider 的 onCreate()方法做一些初始化操作
mOpenHelper = new DatabaseHelper(getContext());
return true;
}
//有关数据库的查询操作，Android 的 SQLite 提供了一个 SQLiteQueryBuilder 方法再次将 SQL 命令封装了一下，
单独分离出表名、排序方法等
@Override
public Cursor query(Uri uri, String[] projection, String selection, String[] selectionArgs,
String sortOrder) {
SQLiteQueryBuilder qb = new SQLiteQueryBuilder();
qb.setTables(NOTES_TABLE_NAME);
switch (sUriMatcher.match(uri)) {
case NOTES:
qb.setProjectionMap(sNotesProjectionMap);
break;
case NOTE_ID:
qb.setProjectionMap(sNotesProjectionMap);
qb.appendWhere(Notes._ID + "=" + uri.getPathSegments().get(1));
break;
case LIVE_FOLDER_NOTES:
qb.setProjectionMap(sLiveFolderProjectionMap);
break;
default:
throw new IllegalArgumentException("Unknown URI " + uri);
}
String orderBy;
if (TextUtils.isEmpty(sortOrder)) {
orderBy = NotePad.Notes.DEFAULT_SORT_ORDER;
} else {
orderBy = sortOrder;
}
SQLiteDatabase db = mOpenHelper.getReadableDatabase();
Cursor c = qb.query(db, projection, selection, selectionArgs, null, null, orderBy);
c.setNotificationUri(getContext().getContentResolver(), uri);
```

```
return c;
}
@Override
public String getType(Uri uri) {
switch (sUriMatcher.match(uri)) {
case NOTES:
case LIVE_FOLDER_NOTES:
return Notes.CONTENT_TYPE;
case NOTE_ID:
return Notes.CONTENT_ITEM_TYPE;
default:
throw new IllegalArgumentException("Unknown URI " + uri);
}
}
```

有关数据的插入操作，只需重写 ContentProvider 的方法 insert()即可。

```
@Override
public Uri insert(Uri uri, ContentValues initialValues) {
if (sUriMatcher.match(uri) != NOTES) {
throw new IllegalArgumentException("Unknown URI " + uri);
}
ContentValues values;
if (initialValues != null) {
values = new ContentValues(initialValues);
} else {
values = new ContentValues();
}
Long now = Long.valueOf(System.currentTimeMillis());
if (values.containsKey(NotePad.Notes.CREATED_DATE) == false) {
values.put(NotePad.Notes.CREATED_DATE, now);
}
if (values.containsKey(NotePad.Notes.MODIFIED_DATE) == false) {
values.put(NotePad.Notes.MODIFIED_DATE, now);
}
if (values.containsKey(NotePad.Notes.TITLE) == false) {
Resources r = Resources.getSystem();
values.put(NotePad.Notes.TITLE, r.getString(android.R.string.untitled));
}
if (values.containsKey(NotePad.Notes.NOTE) == false) {
values.put(NotePad.Notes.NOTE, "");
}
SQLiteDatabase db = mOpenHelper.getWritableDatabase();
long rowId = db.insert(NOTES_TABLE_NAME, Notes.NOTE, values);
if (rowId > 0) {
Uri noteUri = ContentUris.withAppendedId(NotePad.Notes.CONTENT_URI, rowId);
getContext().getContentResolver().notifyChange(noteUri, null); //通知数据库内容有改变
return noteUri;
}
throw new SQLException("Failed to insert row into " + uri);
}
```

```
@Override
public int delete(Uri uri, String where, String[] whereArgs) {
SQLiteDatabase db = mOpenHelper.getWritableDatabase();
int count;
switch (sUriMatcher.match(uri)) {
case NOTES:
count = db.delete(NOTES_TABLE_NAME, where, whereArgs);
break;
case NOTE_ID:
String noteId = uri.getPathSegments().get(1);
count = db.delete(NOTES_TABLE_NAME, Notes._ID + "=" + noteId
+ (!TextUtils.isEmpty(where) ? " AND (" + where + ')' : ""), whereArgs);
break;
default:
throw new IllegalArgumentException("Unknown URI " + uri);
}
getContext().getContentResolver().notifyChange(uri, null);
return count;
}
@Override
public int update(Uri uri, ContentValues values, String where, String[] whereArgs) {
SQLiteDatabase db = mOpenHelper.getWritableDatabase();
int count;
switch (sUriMatcher.match(uri)) {
case NOTES:
count = db.update(NOTES_TABLE_NAME, values, where, whereArgs);
break;
case NOTE_ID:
String noteId = uri.getPathSegments().get(1);
count = db.update(NOTES_TABLE_NAME, values, Notes._ID + "=" + noteId
+ (!TextUtils.isEmpty(where) ? " AND (" + where + ')' : ""), whereArgs);
break;
default:
throw new IllegalArgumentException("Unknown URI " + uri);
}
getContext().getContentResolver().notifyChange(uri, null);
return count;
}
```

最后我们需要在构造本类时就监听 URI，如果处理的 URI 需要其他程序获知，需要在 Androidmanifest.xml 文件中显式地导出 provider 的 URI 定义。

```
static {
sUriMatcher = new UriMatcher(UriMatcher.NO_MATCH);
sUriMatcher.addURI(NotePad.AUTHORITY, "notes", NOTES);
sUriMatcher.addURI(NotePad.AUTHORITY, "notes/#", NOTE_ID);
sUriMatcher.addURI(NotePad.AUTHORITY, "live_folders/notes", LIVE_FOLDER_NOTES);
sNotesProjectionMap = new HashMap();
sNotesProjectionMap.put(Notes._ID, Notes._ID);
sNotesProjectionMap.put(Notes.TITLE, Notes.TITLE);
```

```
sNotesProjectionMap.put(Notes.NOTE, Notes.NOTE);
sNotesProjectionMap.put(Notes.CREATED_DATE, Notes.CREATED_DATE);
sNotesProjectionMap.put(Notes.MODIFIED_DATE, Notes.MODIFIED_DATE);
sLiveFolderProjectionMap = new HashMap();
sLiveFolderProjectionMap.put(LiveFolders._ID, Notes._ID + " AS " +
LiveFolders._ID);
sLiveFolderProjectionMap.put(LiveFolders.NAME, Notes.TITLE + " AS " +
LiveFolders.NAME);
}
}
```

要想开发出高效的 ContentProvider 存储应用，就要求读者尽可能地少编写在外部操作的 SQL 语句，封装成方法，这样有关 SQL 语言的执行在 DatabaseHelper 中也被简化和分离出来了，而 SQL 语句主要是体现在选择表的字段，where 这样的条件限定语句大大减少了我们日常的开发工作量，从而实现了优化工作。

第 27 章　为 Android 开发网页

Android 系统十分强大，并且一直在发展，将来也更加强大。随着手机硬件的升级和网速的提高，手机逐渐成为了移动电脑的功能。现在到将来，人们用手机这个通信工具来上网是“大势所趋”。所以我们很有必要专门开发能在手机上浏览的网页，从大了讲就是能在手机上浏览网站。其实本书前面所讲解的 HTML、CSS、JavaScript 技术都是网页开发技术，用这 3 种技术开发的网页能在手机这个小小的屏幕上正常浏览吗？答案是肯定可以，但是需要进行一些变动，并且主要是 CSS 样式的变动。本章将详细讲解通过 CSS 设置出符合 Android 标准的 HTML 网页的方法。

27.1　准 备 工 作

知识点讲解：光盘:视频\知识点\第 27 章\准备工作.avi

开发人员都很希望用 HTML、CSS 和 JavaScript 技术来构建适应于 Android 系统的应用程序。这个旅程的第一步是为 HTML 添加有亲和力的样式，使它们更像移动应用程序。在实现这个功能时，我们将 CSS 样式应用到传统的 HTML 网页上，让它们在 Android 手机上正常浏览，并且很容易浏览。

27.1.1　搭建开发环境

这里的搭建开发环境比较简单，只需要有一个网络空间即可。我们做的网页上传到空间中，然后保证在 Andorid 模拟器中上网浏览这个网页即可。可能有的读者本来就有自己的网站，有的没有，没有的读者也不要紧张，我们可以申请一个免费的空间。很多网站提供了免费空间服务，例如 http://www.3v.cm/。申请免费空间的基本流程如下。

（1）登录 http://www.3v.cm/，如图 27-1 所示。

图 27-1　登录 http://www.3v.cm/

（2）单击左侧的“注册”按钮来到服务条款页面，如图 27-2 所示。

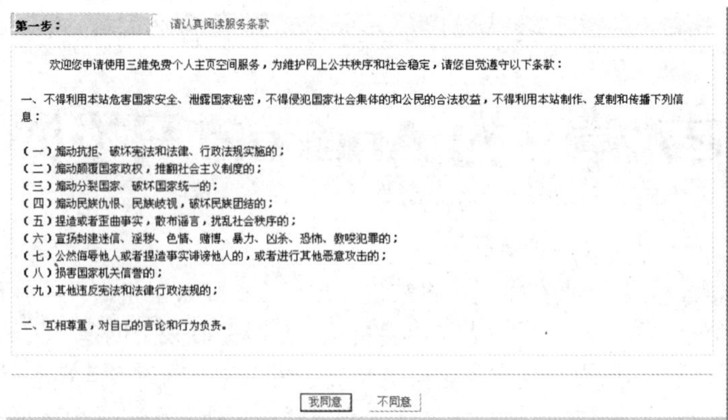

图 27-2　同意条款界面

（3）单击“我同意”按钮后来到填写用户名界面，如图 27-3 所示。

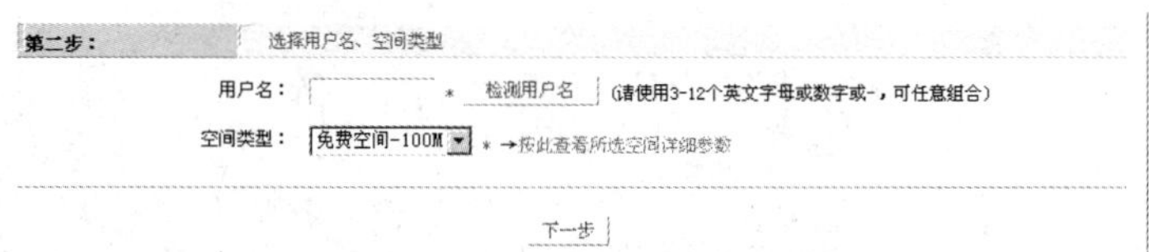

图 27-3　填写用户名界面

（4）填写完毕后单击“下一步”按钮，在填写信息界面填写注册信息，如图 27-4 所示。

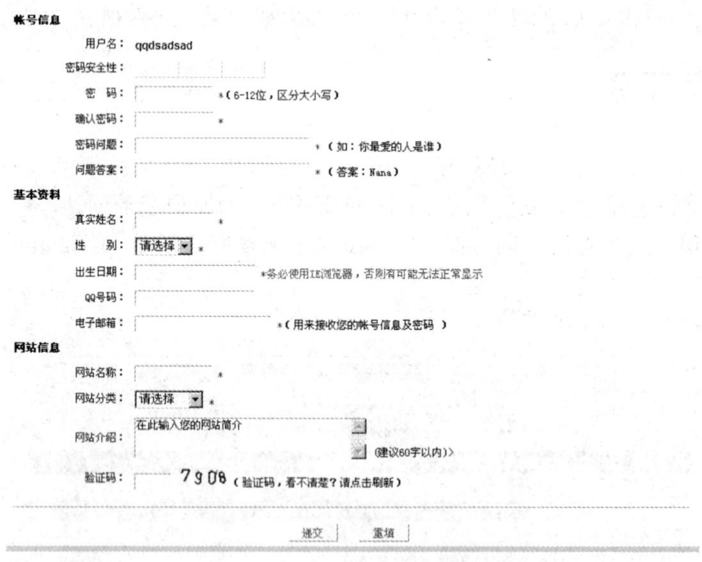

图 27-4　填写注册信息界面

（5）填写完毕后单击“递交”按钮完成注册，在注册中心界面我们可以管理自己的空间，如图 27-5 所示。

（6）单击左侧的“FTP 管理”链接可以更改我们的 FTP 密码，并且可以查看我们空间的 IP 地址，如图 27-6 所示。

根据图 27-6 中的资料，可以用专业上传工具上传我们编写的程序文件。

（7）单击左侧的“文件管理”链接，在弹出的界面中可以在线管理空间中的文件，如图 27-7 所示。

控制面板
guanxijing，欢迎登录会员中心，今天是：2011年10月12日 星期三
[2010-7-30 15:33:21] 帮助：免费空间如何上传文件
虚拟主机控制面板
您可以自由操作您的虚拟主机
收费空间
帐户信息
更改资料
更改密码
空间统计
我的推荐
我的好友
文件管理
域名绑定
FTP管理
留言设置
有问必答
站内短信
在线充值
付费确认
财务记录
退出登录
帐户信息
用户名： guanxijing
帐户金额： 消费：¥0元 剩余：¥0元
帐户积分： 消费：0点 剩余：0点
用户类别： 免费用户 升级到收费用户 查看收费空间详情
空间类型： 免费空间
空间容量： 100M
注册日期： 2011-10-12
使用期限： 无限制
登陆次数： 3
上次登陆时间： 2011-10-12 19:17:35
上次登陆IP： 124.128.126.52
网站名称： 1223
网站域名： http://guanxijing.35free.net

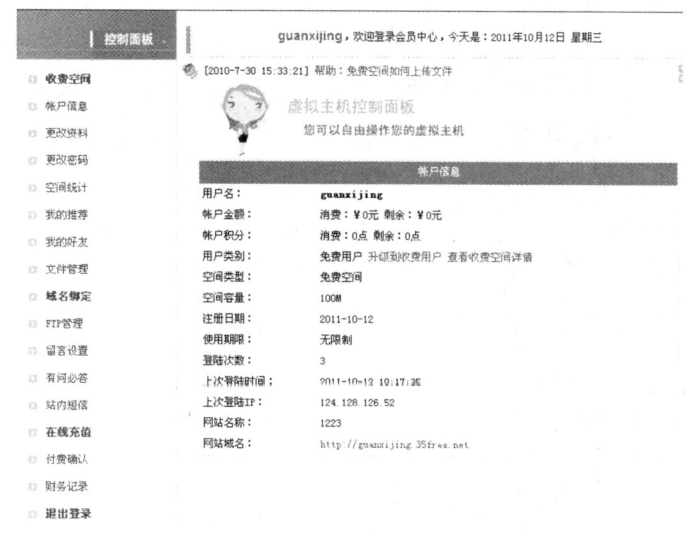

图 27-5　用户中心界面

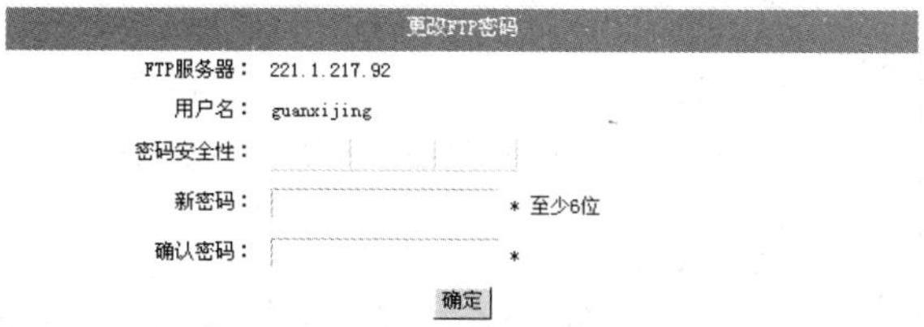

更改FTP密码
FTP服务器： 221.1.217.92
用户名： guanxijing
密码安全性：
新密码： * 至少6位
确认密码： *
确定

图 27-6　FTP 管理

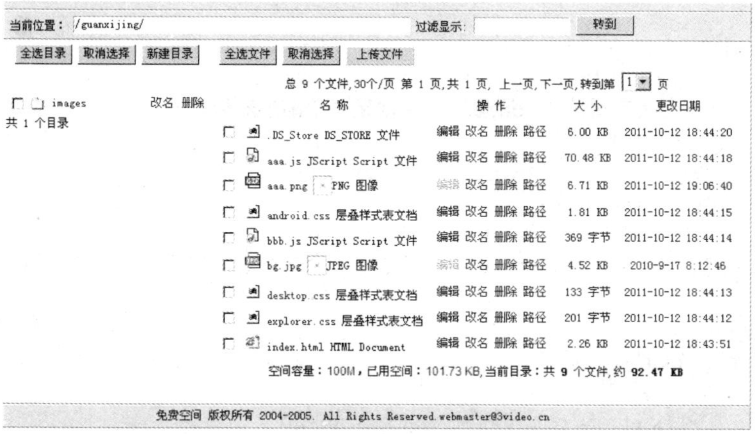

当前位置： /guanxijing/
过滤显示：
转到
全选目录
取消选择
新建目录
全选文件
取消选择
上传文件
总 9 个文件,30个/页 第 1 页,共 1 页, 上一页,下一页,转到第 1 页
images 改名 删除
共 1 个目录
名 称
操 作
大 小
更改日期
.DS_Store DS_STORE 文件 编辑 改名 删除 路径 6.00 KB 2011-10-12 18:44:20
aaa.js JScript Script 文件 编辑 改名 删除 路径 70.48 KB 2011-10-12 18:44:18
aaa.png PNG 图像 编辑 改名 删除 路径 6.71 KB 2011-10-12 19:06:40
android.css 层叠样式表文档 编辑 改名 删除 路径 1.81 KB 2011-10-12 18:44:15
bbb.js JScript Script 文件 编辑 改名 删除 路径 369 字节 2011-10-12 18:44:14
bg.jpg JPEG 图像 编辑 改名 删除 路径 4.52 KB 2010-9-17 8:12:46
desktop.css 层叠样式表文档 编辑 改名 删除 路径 133 字节 2011-10-12 18:44:13
explorer.css 层叠样式表文档 编辑 改名 删除 路径 201 字节 2011-10-12 18:44:12
index.html HTML Document 编辑 改名 删除 路径 2.26 KB 2011-10-12 18:43:51
空间容量：100M，已用空间：101.73 KB,当前目录：共 9 个文件,约 92.47 KB
免费空间 版权所有 2004-2005. All Rights Reserved.webmaster@3video.cn

图 27-7　文件管理

单击图 27-7 中每一个文件的路径链接，可以获取这个文件的 URL 地址，这样我们在 Android 手机中就可以用这个 URL 来访问此文件，查看此文件在 Android 手机中的执行效果。

27.1.2　实战演练——编写一个适用于 Android 系统的网页

下面以一个具体的例子开始，假设有一个很好的网页，广大用户在电脑上已经“光顾”它很多次了。

题　目	目　的	源码路径
实例 27-1	编写一个适用于 Android 系统的网页	光盘:\daima\27\first\

其中主页文件 index.html 的源代码如下所示。

```
<html>
    <head>
        <title>aaa</title>
        <link rel="stylesheet" href="desktop.css" type="text/css" />
    <body>
        <div id="container">
            <div id="header">
                <h1><a href="./">AAAA</a></h1>
                <div id="utility">
                    <ul>
                        <li><a href="about.html">关于我们</a></li>
                        <li><a href="blog.html">博客</a></li>
                        <li><a href="contact.html">联系我们</a></li>
                    </ul>
                </div>
                <div id="nav">
                    <ul>
                        <li><a href="bbb.html">Android 之家</a></li>
                        <li><a href="ccc.html">电话支持</a></li>
                        <li><a href="ddd.html">在线客服</a></li>
                        <li><a href="http://www.aaa.com">在线视频</a></li>
                    </ul>
                </div>
            </div>
            <div id="content">
                <h2>About</h2>
                <p>欢迎大家学习 Android，都说这是一个前途辉煌的职业，我也是这么认为的，希望事实如
此...</p>
            </div>
            <div id="sidebar">
                <img alt="好图片" src="aaa.png">
                <p>欢迎大家学习 Android，都说这是一个前途辉煌的职业，我也是这么认为的，希望事实如
此...</p>
            </div>
            <div id="footer">
                <ul>
                    <li><a href="bbb.html">Services</a></li>
                    <li><a href="ccc.html">About</a></li>
                    <li><a href="ddd.html">Blog</a></li>
                </ul>
                <p class="subtle">巅峰卓越</p>
            </div>
        </div>
    </body>
</html>
```

根据“样式和表现相分离”的原则，我们需要单独写一个 CSS 文件，通过这个 CSS 文件来给上述这个网页进行修饰，修饰的最终目的是能够在 Android 手机上浏览。

注意：在现实中开发应用时，最好将桌面浏览器的样式表和 Android 样式表划清界限。笔者自我感觉，写两个完全独立的文件会舒服很多。当然还有另一种做法是把所有的 CSS 规则放到一个单一的样式表中，但是这种做法不值得提倡，原因有二：

☑ 文件太长了就显得麻烦，不利于维护。

☑ 把太多不相关的桌面样式规则发送到手机上，这会浪费一些宝贵的带宽和存储空间。

开始写 CSS 文件，为了适应 Android 系统，我们写下面的 link 标签。

```
<link rel="stylesheet" type="text/css"
 href="android.css" media="only screen and (max-width: 480px)" />
<link rel="stylesheet" type="text/css"
 href="desktop.css" media="screen and (min-width: 481px)" />
```

在上述代码中，最明显的变动是浏览器宽度的变化，即：

```
max-width: 480px
min-width: 481px
```

这是因为手机屏幕的宽度和电脑屏幕的宽度是不一样的（当然长度也不一样，但是都具有下拉功能），480 是 Android 系统的标准宽度，我们输出代码的功能是不管浏览器的窗口是多大，桌面用户看到的都是文件 desktop.css 中样式修饰的页面，宽度都是用如下代码设置的宽度。

```
max-width: 480px
min-width: 481px
```

上述代码中有两个 CSS 文件，一个是 desktop.css，此文件是在开发电脑页面时编写的样式文件，就是为这个 HTML 页面服务的。而文件 Android.css 是一个新文件，也是我们本章将要讲解的重点，通过这个 Android.css，可以将上面的电脑网页显示在 Android 手机中。当读者开发出完整的 Android.css 后，可以直接在 HTML 文件中将如下代码删除，即不再用这个修饰文件。

```
<link rel="stylesheet" type="text/css"
 href="desktop.css" media="screen and (min-width: 481px)" />
```

此时在 Chrome 浏览器中浏览修改后的 HTML 文件，不管从 Android 手机浏览器还是电脑浏览器，执行后都将得到一个完整的页面展示。此时的完整代码如下所示。

```
<html>
    <head>
        <title>AAAA</title>
        <link rel="stylesheet" type="text/css" href="android.css" media="only screen and (max-width: 480px)" />
        <link rel="stylesheet" type="text/css" href="desktop.css" media="screen and (min-width: 481px)" />
        <!--[if IE]>
            <link rel="stylesheet" type="text/css" href="explorer.css" media="all" />
        <![endif]-->
        <script type="text/javascript" src="jquery.js"></script>
        <script type="text/javascript" src="android.js"></script>
    <meta http-equiv="Content-Type" content="text/html; charset=gb2312">
    </head>
    <body>
        <div id="container">
          <div id="header">
                <h1><a href="./">AAAA</a></h1>
                <div id="utility">
                    <ul>
                        <li><a href="about.html">关于我们</a></li>
                        <li><a href="blog.html">博客</a></li>
                        <li><a href="contact.html">联系我们</a></li>
                    </ul>
```

```
                </div>
                <div id="nav">
                    <ul>
                        <li><a href="bbb.html">Android 之家</a></li>
                        <li><a href="ccc.html">电话支持</a></li>
                        <li><a href="ddd.html">在线客服</a></li>
                        <li><a href="http://www.aaa.com">在线视频</a></li>
                    </ul>
                </div>
            </div>
            <div id="content">
                <h2>About</h2>
                <p>欢迎大家学习 Android，都说这是一个前途辉煌的职业，我也是这么认为的，希望事实如
此...</p>
            </div>
            <div id="sidebar">
                <img alt="好图片" src="aaa.png">
                <p>欢迎大家学习 Android，都说这是一个前途辉煌的职业，我也是这么认为的，希望事实如
此...</p>
            </div>
            <div id="footer">
                <ul>
                    <li><a href="bbb.html">Services</a></li>
                    <li><a href="ccc.html">About</a></li>
                    <li><a href="ddd.html">Blog</a></li>
                </ul>
                <p class="subtle">巅峰卓越</p>
            </div>
        </div>
    </body>
</html>
</html>
```

而 desktop.css 的代码如下所示。

```
For example:
body {
    margin:0;
    padding:0;
    font: 75% "Lucida Grande", "Trebuchet MS", Verdana, sans-serif;
}
```

执行效果如图 27-8 所示。

AAAA
- 关于我们
- 博客
- 联系我们

- Android之家
- 电话支持
- 在线客服
- 在线视频

About

欢迎大家学习Android，都说这是一个前途辉煌的职业，我也是这么认为的，希望事实如此...

欢迎大家学习Android，都说这是一个前途辉煌的职业，我也是这么认为的，希望事实如此...
- Services
- About
- Blog

巅峰卓越

图 27-8　执行效果

27.1.3　控制页面的缩放

浏览器很认死理，除非我们明确告诉 Android 浏览器，否则它会认为页面宽度是 980px。当然这在大多数情况下能工作得很好，因为电脑已经适应了这个宽度。但是如果针对小尺寸屏幕的 Android 手机的话，我们必须做一些调整，必须在 HTML 文件的 head 元素中加一个 viewport 的元标签，让移动浏览器知道屏幕大小。

```
<meta name="viewport" content="user-scalable=no, width=device-width" />
```

这样就实现了屏幕的自动缩放，可以根据显示屏的大小带给我们不同大小的显示页面。读者无须担心加上 viewport 后在电脑上的显示影响，因为桌面浏览器会忽略 viewport 元标签。

如果不设置 viewport 的宽度，页面在加载后会缩小。我们不知道缩放的大小是多少，因为 Android 浏览器的设置项允许用户设置默认缩放大小。选项有大、中（默认）、小。即使设置过 viewport 宽度，这个设置项也会影响页面的缩放大小。

27.2　添加 Android 的 CSS

知识点讲解：光盘:视频\知识点\第 27 章\添加 Android 的 CSS.avi

下面接着 27.1 节的演示代码继续讲解，前面代码中的文件 android.css 一直没用到，接下来将开始编写这个文件，目的是使我们的网页在 Android 手机上完美并出色地显示。

27.2.1　编写基本的样式

所谓的基本样式是指诸如背景颜色、字体大小、字体颜色等样式，在 27.1 节实例的基础上继续扩展，下面看具体的实现流程。

（1）在文件 android.css 中设置<body>元素的如下基本样式。

```
body {
    background-color: #ddd;     /* 背景颜色 */
    color: #222;                /* 字体颜色 */
    font-family: Helvetica;     /* 字体 */
    font-size: 14px;            /* 字体大小 */
    margin: 0;                  /* 外边距 */
    padding: 0;                 /* 内边距 */
}
```

（2）开始处理<header>中的<div>内容，它包含主要入口的链接（也就是 LOGO）和一级、二级站点导航。第一步是把 LOGO 链接的格式调整得像可以单击的标题栏，在此将下面的代码加入到文件 android.css 中。

```
#header h1 {
    margin: 0;
    padding: 0;
}
#header h1 a {
```

```
    background-color: #ccc;
    border-bottom: 1px solid #666;
    color: #222;
    display: block;
    font-size: 20px;
    font-weight: bold;
    padding: 10px 0;
    text-align: center;
    text-decoration: none;
}
```

（3）用同样的方式格式化一级和二级导航的<ul>元素。在此只需用通用的标签选择器（也就是#header ul）就够用了，而不必再设置标签<ID>，也就不必设置如下的样式了。

☑ #header ul。

☑ #utility。

☑ #header ul。

☑ #nav。

此步骤的代码如下所示。

```
#header ul {
    list-style: none;
    margin: 10px;
    padding: 0;
}
#header ul li a {
    background-color: #FFFFFF;
    border: 1px solid #999999;
    color: #222222;
    display: block;
    font-size: 17px;
    font-weight: bold;
    margin-bottom: -1px;
    padding: 12px 10px;
    text-decoration: none;
}
```

（4）给 content 和 sidebar div 加点内边距，让文字到屏幕边缘之间空出点距离，代码如下所示。

```
#content, #sidebar {
    padding: 10px;
}
```

（5）接下来设置<footer>中内容的样式，<footer>中的内容比较简单，我们只需将 display 设置为 none 即可，代码如下所示。

```
#footer {
    display: none;
}
```

此时将上述代码在电脑中执行的效果如图 27-9 所示。在 Android 中的执行效果如图 27-10 所示。

因为添加了自动缩放并且添加了修饰 Menu 的样式，所以整个界面看上去“很美”。

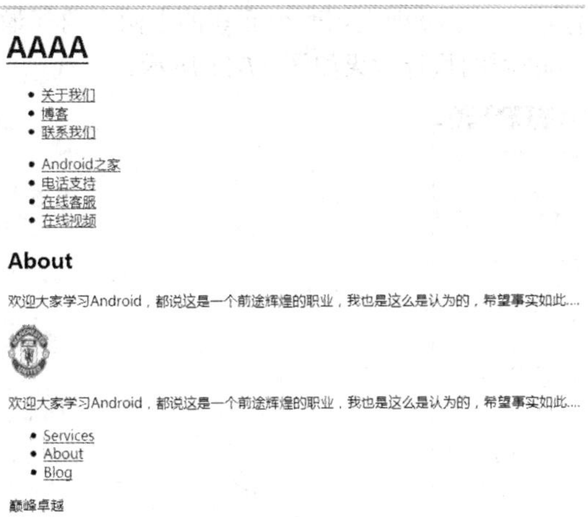

图 27-9　电脑中的执行效果

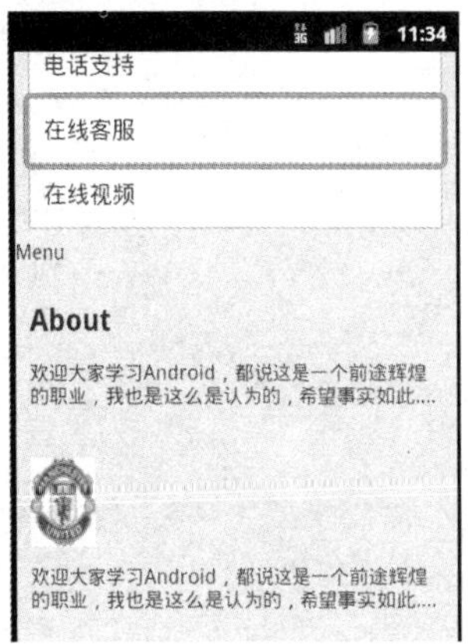

图 27-10　在 Android 中的执行效果

27.2.2　添加视觉效果

为了使页面变得更加精彩，我们可以尝试加一些充满视觉效果的样式。

（1）给<header>文字加 1px 向下的白色阴影，背景加上 CSS 渐变效果。具体代码如下所示。

```
#header h1 a {
    text-shadow: 0px 1px 1px #fff;
    background-image: -webkit-gradient(linear, left top, left bottom, from(#ccc), to(#999));
}
```

对于上述代码有两点说明。

☑　text-shadow：参数从左到右分别表示水平偏移、垂直偏移、模糊效果和颜色。在大多数情况下，可以将文字设置成上面代码中的数值，这在 Android 界面中的显示效果也不错。在大部分浏览器上，将模糊范围设置为 0px 也能看到效果。但 Android 要求模糊范围最少是 1px，如果设置成 0px，则在 Android 设备上将显示不出来文字阴影。

☑　-webkit-gradient：功能是让浏览器在运行时产生一张渐变的图片。因此，可以把 CSS 渐变功能用在任何平常指定图片（例如背景图片或者列表式图片）URL 的地方。参数从左到右的排列顺序分别是：渐变类型（可以是 linear 或者 radial）、渐变起点（可以是 left top、left bottom、right top 或者 right bottom）、渐变终点、起点颜色、终点颜色。

注意： 在上述赋值时，不能颠倒描述渐变起点、终点常量（left top、left bottom、right top、right bottom）的水平和垂直顺序。也就是说，top left、bottom left、top right 和 bottom right 是不合法的值。

（2）给导航菜单加上圆角样式，代码如下所示。

```
#header ul li:first-child a {
    -webkit-border-top-left-radius: 8px;
    -webkit-border-top-right-radius: 8px;
}
#header ul li:last-child a {
    -webkit-border-bottom-left-radius: 8px;
    -webkit-border-bottom-right-radius: 8px;
}
```

上述代码使用-webkit-border-radius 属性描述角的方式，定义列表第一个元素的上两个角和最后一个元素的下两个角为以 8 像素为半径的圆角。此时在 Android 中的执行效果如图 27-11 所示。

图 27-11　在 Android 中的执行效果

此时会发现列表显示样式变为了圆角样式，整个外观显得更加圆滑和自然。

27.3　添加 JavaScript

知识点讲解：光盘:视频\知识点\第 27 章\添加 JavaScript.avi

经过前面的步骤，一个基本的 HTML 页面就设计完成了，并且这个页面可以在 Android 手机上完美显示。为了使页面更加完美，下面将详细讲解在上述页面中添加 JavaScript 行为特效的基本知识。

27.3.1　jQuery 框架介绍

jQuery 是继 prototype 之后又一个优秀的 JavaScript 框架。它是轻量级的 JavaScript 库(压缩后只有 21KB)，它兼容 CSS3，还兼容各种浏览器。jQuery 使用户能更方便地处理 HTML documents、events、实现动画效果，并且方便地为网站提供 AJAX 交互。jQuery 还有一个比较大的优势是，它的文档说明很全，而且各种应用也说的很详细，同时还有许多成熟的插件可供选择。jQuery 能够使用户的 HTML 页保持代码和 HTML 内容分离，也就是说，不用再在 HTML 中插入一堆 JavaScript 来调用命令了，只需定义 ID 即可。

1. 语法

jQuery 的语法是为 HTML 元素的选取编制的，可以对元素执行某些操作。基础语法格式如下所示。

```
$(selector).action()
```

☑ 美元符号：定义 jQuery。
☑ 选择符（selector）："查询" 和 "查找" HTML 元素。
☑ * jQuery 的 action()：执行对元素的操作。

例如下面的代码。

```
$(this).hide()          //隐藏当前元素
$("p").hide()           //隐藏所有段落
$("p.test").hide()      //隐藏所有 class="test" 的段落
$("#test").hide()       //隐藏所有 id="test" 的元素
```

2．简单实用

下面通过一段简单的代码让读者认识 jQuery 的强大功能。具体代码如下所示。

```
<html>
<head>
<script type="text/javascript" src="/jquery/jquery.js"></script>
<script type="text/javascript">
$(document).ready(function(){
  $("button").click(function(){
    $("#test").hide();
  });
});
</script>
</head>

<body>
<h2>This is a heading</h2>
<p>This is a paragraph.</p>
<p id="test">This is another paragraph.</p>
<button type="button">Click me</button>
</body>

</html>
```

上述代码演示了 jQuery 中 hide()函数的基本用法，功能是隐藏了当前的 HTML 元素。执行效果如图 27-12 所示，只显示一个按钮。单击这个按钮后，会隐藏所有的 HTML 元素，包括这个按钮，此时页面一片空白。

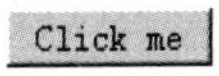

Click me

图 27-12　未被隐藏时

注意：本书的重点不是 jQuery，所以不再对其使用知识进行讲解。读者可以参阅其他书籍或网上教程来学习。

27.3.2　具体实践

继续我们的实践，接下来的目的是给页面添加一些 JavaScript 元素，让页面支持一些基本的动态行为。在具体实现时，当然是基于前面介绍的 jQuery 框架。具体要做的是，让用户控制是否显示页面顶部那个太引人注目的导航栏，这样用户可以只在想看的时候去看。我们的实现流程如下。

（1）隐藏<header>中的 ul 元素，让它在用户第一次加载页面之后不会显示出来。具体代码如下所示。

```
#header u1．hide{
display：none;
}
```

（2）定义显示和隐藏菜单的按钮，代码如下所示。

```
<div class="leftButton"onclick="toggleMenu()">Menu</div>
```

我们定一个带有 leftButton 类的 div 元素，将其放在 header 中，下面是这个按钮的完整 CSS 样式代码。

```
#header div.leftButton {
    position: absolute;
    top: 7px;
    left: 6px;
    height: 30px;
    font-weight: bold;
    text-align: center;
```

```
    color: white;
    text-shadow: rgba (0,0,0,0.6) 0px -1px 1px;
    line-height: 28px;
    border-width: 0 8px 0 8px;
    -webkit-border-image: url(images/button.png) 0 8 0 8;
}
```

上述代码的具体说明如下。

- ☑ position: absolute：从顶部开始，设置 position 为 absolute，相当于把这个 div 元素从 HTML 文件流中去掉，从而可以设置自己的最上面和最左面的坐标。
- ☑ height: 30px：设置高度为 30px。
- ☑ font-weight: bold：定义文字格式为粗体，白色带有一点向下的阴影，在元素中居中显示。
- ☑ text-shadow: rgba：rgb(255,255,255)、rgb(100%,100%,100%)格式和#FFFFFF 格式是一个原理，都是设置颜色值的。在 rgba()函数中，它的第 4 个参数用来定义 alpha 值（透明度），取值范围从 0～1。其中 0 表示完全透明，1 表示完全不透明，0～1 之间的小数表示不同程度的半透明。
- ☑ line-height：把元素中的文字往下移动的距离，使之不会和上边框齐平。
- ☑ border-width 和-webkit-border-image：这两个属性一起决定把一张图片的一部分放入某一元素的边框中。如果元素大小由于文字的增减而改变，图片会自动拉伸适应这样的变化。这一点其实非常棒，意味着只需要不多的图片、少量的工作、低带宽和更少的加载时间。
- ☑ border-width：让浏览器把元素的边框定位在距上 0px、距右 8px、距下 0px、距左 8px 的地方（4 个参数从上开始，以顺时针为序）。不需要指定边框的颜色和样式。边框宽度定义好之后，就要确定放进去的图片了。
- ☑ url(images/button.png) 0 8 0 8：5 个参数从左到右分别是：图片的 URL、上边距、右边距、下边距、左边距（再一次，从上顺时针开始）。URL 可以是绝对（例如 http://example.com/ myBorderlmage.png）或者相对路径，后者是相对于样式表所在的位置，而不是引用样式表的 HTML 页面的位置。

（3）开始在 HTML 文件中插入引入 JavaScript 的代码，将对 aaa.js 和 bbb.js 的引用写到 HTML 文件中。

```
<script type="text/javascript" src="aaa.js"></script>
<script type="text/javascript" src="bbb.js"></script>
```

在文件 bbb.js 中，我们编写一段 JavaScript 代码，这段代码的主要作用是让用户显示或者隐藏 nav 菜单。代码如下所示。

```
if (window.innerWidth && window.innerWidth <= 480) {
    $(document).ready(function(){
        $('#header ul').addClass('hide');
        $('#header').append('<div class="leftButton" onclick="toggleMenu()">Menu</div>');
    });
    function toggleMenu() {
        $('#header ul').toggleClass('hide');
        $('#header .leftButton').toggleClass('pressed');
    }
}
```

对上述代码的具体说明如下所示。

第 1 行：括号中的代码，表示当 Window 对象的 innerWidth 属性存在并且 innerWidth 小于等于 480px（这是大部分手机合理的最大宽度值）时才执行到内部。这一行保证只有当用户用 Android 手机或者类似大小的设备访问这个页面时，上述代码才会执行。

第 2 行：使用了函数 document ready，此函数是“网页加载完成”函数。这段代码的功能是设置当网页加载完成之后才运行里面的代码。

第 3 行：使用了典型的 jQuery 代码，目的是选择 header 中的<ul>元素并且往其中添加 hide 类。

并通过 hide 类隐藏前面 CSS 文件中的选择器。这行代码执行的效果是隐藏 header 的 ul 元素。

第 4 行：此处是给 header 添加按钮的地方，目的是可以显示和隐藏菜单。

第 8 行：函数 toggleMenu()用 jQuery 的 toggleClass()函数来添加或删除所选择对象中的某个类。这里应用了 header 的 ul 中的 hide 类。

第 9 行：在 header 的 leftButton 中添加或删除 pressed 类，类 pressed 的具体代码如下所示。

```
#header div.pressed {
    -webkit-border-image: url(images/button_clicked.png) 0 8 0 8;
}
```

通过上述样式和 JavaScript 行为设置以后，Menu 开始动起来了，默认是隐藏了链接内容，单击之后才会在下方显示链接信息，如图 27-13 所示。

图 27-13　下方显示信息

27.4　使用 AJAX

知识点讲解：光盘:视频\知识点\第 27 章\使用 AJAX.avi

27.4.1　AJAX 介绍

AJAX 是指异步 JavaScript 及 XML，是 Asynchronous JavaScript And XML 的缩写。AJAX 不是一种新的编程语言，而是一种用于创建更好更快以及交互性更强的 Web 应用程序的技术。通过使用 AJAX，我们的 JavaScript 可使用 JavaScript 的 XMLHttpRequest 对象来直接与服务器进行通信。通过这个对象，我们的 JavaScript 可在不重载页面的情况下与 Web 服务器交换数据。

AJAX 在浏览器与 Web 服务器之间使用异步数据传输（HTTP 请求），这样就可使网页从服务器请求少量的信息，而不是整个页面。

既然 AJAX 和 JavaScript 的关系这么密切，那么就很有必要在开发的 Android 网页中使用 AJAX，这样可以给用户带来更精彩的体验。

27.4.2　实战演练——在 Android 系统中开发一个 AJAX 网页

本节将以一个具体例子，讲解 AJAX 在 Android 网页中的简单应用。

题　目	目　的	源码路径
实例 27-2	在 Android 系统中开发一个 AJAX 网页	光盘:\daima\27\gaoji\

（1）编写一个简单的 HTML 文件，命名为 android.html，具体代码如下所示。

```
<html>
    <head>
        <title>Jonathan Stark</title>
        <meta name="viewport" content="user-scalable=no, width=device-width" />
        <link rel="stylesheet" href="android.css" type="text/css" media="screen" />
        <script type="text/javascript" src="jquery.js"></script>
        <script type="text/javascript" src="android.js"></script>
    </head>
    <body>
        <div id="header"><h1>AAA</h1></div>
        <div id="container"></div>
    </body>
</html>
```

（2）编写样式文件 android.css，主要代码如下所示。

```
body {
    background-color: #ddd;
    color: #222;
    font-family: Helvetica;
    font-size: 14px;
    margin: 0;
    padding: 0;
}
#header {
    background-color: #ccc;
    background-image: -webkit-gradient(linear, left top, left bottom, from(#ccc), to(#999));
    border-color: #666;
    border-style: solid;
    border-width: 0 0 1px 0;
}
#header h1 {
    color: #222;
    font-size: 20px;
    font-weight: bold;
    margin: 0 auto;
    padding: 10px 0;
    text-align: center;
    text-shadow: 0px 1px 1px #fff;
    max-width: 160px;
    overflow: hidden;
    white-space: nowrap;
    text-overflow: ellipsis;
}
ul {
    list-style: none;
    margin: 10px;
    padding: 0;
```

```
}
ul li a {
    background-color: #FFF;
    border: 1px solid #999;
    color: #222;
    display: block;
    font-size: 17px;
    font-weight: bold;
    margin-bottom: -1px;
    padding: 12px 10px;
    text-decoration: none;
}
ul li:first-child a {
    -webkit-border-top-left-radius: 8px;
    -webkit-border-top-right-radius: 8px;
}
ul li:last-child a {
    -webkit-border-bottom-left-radius: 8px;
    -webkit-border-bottom-right-radius: 8px;
}
ul li a:active, ul li a:hover {
    background-color: blue;
    color: white;
}
#content {
    padding: 10px;
    text-shadow: 0px 1px 1px #fff;
}
#content a {
    color: blue;
}
```

上述样式文件在本章的前面内容中都进行了详细讲解，相信广大读者一读便懂。

（3）继续编写如下 HTML 文件。

- ☑ about.html。
- ☑ blog.html。
- ☑ contact.html。
- ☑ consulting-clinic.html。
- ☑ index.html。

为了简单一些，它们的代码都是一样的，具体代码如下所示。

```
<html>
    <head>
        <title>AAA</title>
        <meta name="viewport" content="user-scalable=no, width=device-width" />
        <link rel="stylesheet" type="text/css" href="android.css" media="only screen and (max-width: 480px)" />
        <link rel="stylesheet" type="text/css" href="desktop.css" media="screen and (min-width: 481px)" />
        <!--[if IE]>
            <link rel="stylesheet" type="text/css" href="explorer.css" media="all" />
        <![endif]-->
        <script type="text/javascript" src="jquery.js"></script>
```

```
        <script type="text/javascript" src="android.js"></script>
    <meta http-equiv="Content-Type" content="text/html; charset=gb2312">
    </head>
    <body>
        <div id="container">
      <div id="header">
                    <h1><a href="./">AAAA</a></h1>
                    <div id="utility">
                        <ul>
                            <li><a href="about.html">AAA</a></li>
                            <li><a href="blog.html">BBB</a></li>
                            <li><a href="contact.html">CCC</a></li>
                        </ul>
                    </div>
                    <div id="nav">
                        <ul>
                            <li><a href="bbb.html">DDD</a></li>
                            <li><a href="ccc.html">EEE</a></li>
                            <li><a href="ddd.html">FFF</a></li>
                            <li><a href="http://www.aaa.com">GGG</a></li>
                        </ul>
                    </div>
                </div>
                <div id="content">
                    <h2>About</h2>
                    <p>欢迎大家学习 Android，都说这是一个前途辉煌的职业，我也是这么认为的，希望事实如
此...</p>
                </div>
                <div id="sidebar">
                    <img alt="好图片" src="aaa.png">
                    <p>欢迎大家学习 Android，都说这是一个前途辉煌的职业，我也是这么认为的，希望事实如
此...</p>
                </div>
                <div id="footer">
                    <ul>
                        <li><a href="bbb.html">Services</a></li>
                        <li><a href="ccc.html">About</a></li>
                        <li><a href="ddd.html">Blog</a></li>
                    </ul>
                    <p class="subtle">巅峰卓越</p>
                </div>
        </div>
    </body>
</html>
```

（4）编写 JavaScript 文件 android.js，在此文件中使用了 AJAX 技术。具体代码如下所示。

```
var hist = [];
var startUrl = 'index.html';
$(document).ready(function(){
    loadPage(startUrl);
});
function loadPage(url) {
```

```
    $('body').append('<div id="progress">wait for a moment...</div>');
    scrollTo(0,0);
    if (url == startUrl) {
        var element = ' #header ul';
    } else {
        var element = ' #content';
    }
    $('#container').load(url + element, function(){
        var title = $('h2').html() || '你好!';
        $('h1').html(title);
        $('h2').remove();
        $('.leftButton').remove();
        hist.unshift({'url':url, 'title':title});
        if (hist.length > 1) {
            $('#header').append('<div class="leftButton">'+hist[1].title+'</div>');
            $('#header .leftButton').click(function(e){
                $(e.target).addClass('clicked');
                var thisPage = hist.shift();
                var previousPage = hist.shift();
                loadPage(previousPage.url);
            });
        }
        $('#container a').click(function(e){
            var url = e.target.href;
            if (url.match(/aaa.com/)) {
                e.preventDefault();
                loadPage(url);
            }
        });
        $('#progress').remove();
    });
}
```

对于上述代码的具体说明如下所示。

☑ 第 1～5 行：使用了 jQuery 的 document ready()函数，目的是使浏览器在加载页面完成后运行 loadPage()函数。

☑ 剩余的行数是函数 loadPage(url)部分，此函数的功能是载入地址为 URL 的网页，但是在载入时使用了 AJAX 技术特效。具体说明如下。

☑ 第 7 行：为了使 AJAX 效果能够显示出来，在这个 loadPage()函数启动时，在 body 中增加一个正在加载的 div，然后在 hij ackLinks()函数结束时删除。

☑ 第 9～13 行：如果没有在调用函数时指定 url（如第一次在 document ready()函数中调用），url 将会是 undefined，这一行会被执行。这一行和下一行是 jQuery 的 load()函数样例。load()函数在给页面增加简单快速的 AJAX 实用性上非常出色。如果把这一行翻译出来，它的意思是“从 index.html 中找出所有#header 中的 ul 元素，并把它们插入当前页面的#container 元素中，完成之后再调用 hij ackLinks()函数”。当 url 参数有值时，执行第 12 行。从效果上看，“从传给 loadPage()函数的 url 中得到#content 元素，并把它们插入当前页面的#container 元素，完成之后调用 hij ackLinks()函数。

（5）最后的修饰。

为了能使设计的页面体现出 AJAX 效果，还需继续设置样式文件 android.css。

☑ 为了能够显示出“加载中…”的样式，需要在 android.css 中添加如下对应的修饰代码。

```
#progress {
    -webkit-border-radius: 10px;
    background-color: rgba(0,0,0,.7);
    color: white;
    font-size: 18px;
    font-weight: bold;
    height: 80px;
    left: 60px;
    line-height: 80px;
    margin: 0 auto;
    position: absolute;
    text-align: center;
    top: 120px;
    width: 200px;
}
```

☑ 用边框图片修饰返回按钮，并清除默认的单击后高亮显示的效果。在 android.css 中添加如下修饰代码。

```
#header div.leftButton {
    font-weight: bold;
    text-align: center;
    line-height: 28px;
    color: white;
    text-shadow: 0px -1px 1px rgba(0,0,0,0.6);
    position: absolute;
    top: 7px;
    left: 6px;
    max-width: 50px;
    white-space: nowrap;
    overflow: hidden;
    text-overflow: ellipsis;
    border-width: 0 8px 0 14px;
    -webkit-border-image: url(images/back_button.png) 0 8 0 14;
    -webkit-tap-highlight-color: rgba(0,0,0,0);
}
```

此时在 Android 中执行上述文件，执行后先加载页面，在加载时会显示 wait for a moment...的提示，如图 27-14 所示。在滑动选择某个链接时，被选中的会有不同的颜色，如图 27-15 所示。

而文件 android.html 的执行效果和其他文件相比稍有不同，如图 27-16 所示。这是因为在编码时的有意为之。

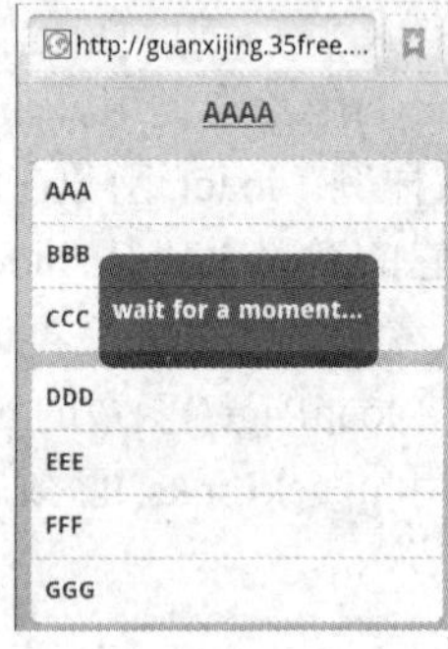

图 27-14　提示特效

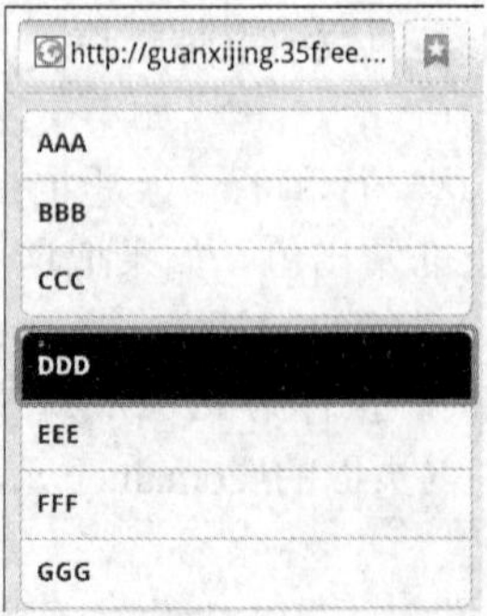

图 27-15　被选中的有不同颜色

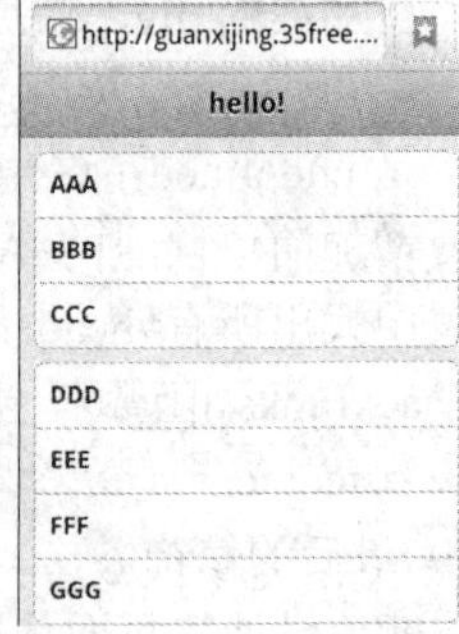

图 27-16　文件 android.html

27.5　让网页动起来

知识点讲解：光盘:视频\知识点\第 27 章\让网页动起来.avi

我们前面实现的网页表面看来已经够绚丽了，既有特效也有 AJAX 体验，但是在本节的内容中，将为其加上动画的效果，目的就是让我们的网页在 Android 手机上动起来。

27.5.1　一个开源框架——JQTouch

JQTouch 是提供一系列功能为手机浏览器 WebKit 服务的 jQuery 插件。目前，随着 Android 手机、iPhone、iTouch、iPad 等产品的流行，越来越多的开发者想开发相关的应用程序。但目前，苹果只提供了 Objective-C 语言去编写 iPhone 应用程序。但可惜的是，即使苹果的总裁乔布斯申明它的易用性，但 C 语言本身是不容易学习的语言，和开发 Web 网站相比更加复杂。但是，这一切将发生变化，因为 jQuery 的工具 JQTouch 出现了。

使用 JQTouch 的目的使构建基于 Android 和 iPhone 的应用变得更加容易，而所有的只需要一点 HTML、CSS 和一些 JavaScript 知识，就能够创建可在 WebKit 浏览器上（iPhone、Android、Palm Pre）运行的手机应用程序。

读者可以到其官方地址 http://www.jqtouch.com/下载资源，因为是开源的，所以下载后可以直接使用。

27.5.2　实战演练——在 Android 系统中使用 JQTouch 框架开发网页

下面将以一个具体实例讲解使用 JQTouch 框架开发适应于 Android 的动画网页。

题　　目	目　　的	源 码 路 径
实例 27-3	在 Android 系统中使用 JQTouch 框架开发网页	光盘:\daima\27\donghua\

首先编写一个简单的 HTML 文件，命名为 index.html，具体代码如下所示。

```
<!DOCTYPE html>
<html>
    <head>
        <title>AAA</title>
        <link type="text/css" rel="stylesheet" media="screen" href="jqtouch/jqtouch.css">
        <link type="text/css" rel="stylesheet" media="screen" href="themes/jqt/theme.css">
        <script type="text/javascript" src="jqtouch/jquery.js"></script>
        <script type="text/javascript" src="jqtouch/jqtouch.js"></script>
        <script type="text/javascript">
            var jQT = $.jQTouch({
                icon: 'kilo.png'
            });
        </script>
    </head>
    <body>
        <div id="home">
            <div class="toolbar">
                <h1>Data</h1>
```

```
                <a class="button flip" href="#settings">Settings</a>
            </div>
            <ul class="edgetoedge">
                <li class="arrow"><a href="#dates">Dates</a></li>
                <li class="arrow"><a href="#about">About</a></li>
            </ul>
        </div>
        <div id="about">
            <div class="toolbar">
                <h1>About</h1>
                <a class="button back" href="#">Back</a>
            </div>
            <div>
                <p>Choose you food.</p>
            </div>
        </div>
        <div id="dates">
            <div class="toolbar">
                <h1>Time</h1>
                <a class="button back" href="#">Back</a>
            </div>
            <ul class="edgetoedge">
                <li class="arrow"><a id="0" href="#date">AAA</a></li>
                <li class="arrow"><a id="1" href="#date">BBB</a></li>
                <li class="arrow"><a id="2" href="#date">CCC</a></li>
                <li class="arrow"><a id="3" href="#date">DDD</a></li>
                <li class="arrow"><a id="4" href="#date">EEE</a></li>
                <li class="arrow"><a id="5" href="#date">FFF</a></li>
            </ul>
        </div>
        <div id="date">
            <div class="toolbar">
                <h1>Time</h1>
                <a class="button back" href="#">Back</a>
                <a class="button slideup" href="#createEntry">+</a>
            </div>
            <ul class="edgetoedge">
                <li id="entryTemplate" class="entry" style="display:none">
                    <span class="label">Label</span> <span class="calories">000</span> <span class=
"delete">Delete</span>
                </li>
            </ul>
        </div>
        <div id="createEntry">
            <div class="toolbar">
                <h1>WHY</h1>
                <a class="button cancel" href="#">Cancel</a>
            </div>
            <form method="post">
                <ul class="rounded">
                    <li><input type="text" placeholder="Food" name="food" id="food" autocapitalize="off"
```

```
autocorrect="off" autocomplete="off" /></li>
                    <li><input type="text" placeholder="Calories" name="calories" id="calories" autocapitalize=
"off" autocorrect="off" autocomplete="off" /></li>
                    <li><input type="submit" class="submit" name="waction" value="Save Entry" /></li>
                </ul>
            </form>
        </div>
        <div id="settings">
            <div class="toolbar">
                <h1>Control</h1>
                <a class="button cancel" href="#">Cancel</a>
            </div>
            <form method="post">
                <ul class="rounded">
                    <li><input placeholder="Age" type="text" name="age" id="age" /></li>
                    <li><input placeholder="Weight" type="text" name="weight" id="weight" /></li>
                    <li><input placeholder="Budget" type="text" name="budget" id="budget" /></li>
                    <li><input type="submit" class="submit" name="waction" value="Save Changes" /></li>
                </ul>
            </form>
        </div>
    </body>
</html>
```

接下来开始对上述代码进行详细讲解。

（1）通过如下代码启用 JQTouch 和 jQuery。

```
<script type="text/javascript" src="jqtouch/jquery.js"></script>
<script type="text/javascript" src="jqtouch/jqtouch.js"></script>
```

（2）实现 home 面板，具体代码如下所示。

```
<div id="home">
    <div class="toolbar">
        <h1>Data</h1>
        <a class="button flip" href="#settings">Settings</a>
    </div>
    <ul class="edgetoedge">
        <li class="arrow"><a href="#dates">Dates</a></li>
        <li class="arrow"><a href="#about">About</a></li>
    </ul>
</div>
```

对应的效果如图 27-17 所示。

（3）实现 about 面板，具体代码如下所示。

```
<div id="about">
    <div class="toolbar">
        <h1>About</h1>
        <a class="button back" href="#">Back</a>
    </div>
    <div>
        <p>Choose you food.</p>
    </div>
</div>
```

对应的效果如图 27-18 所示。

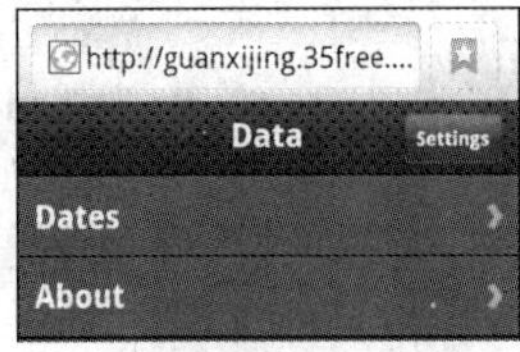

图 27-17　home 面板

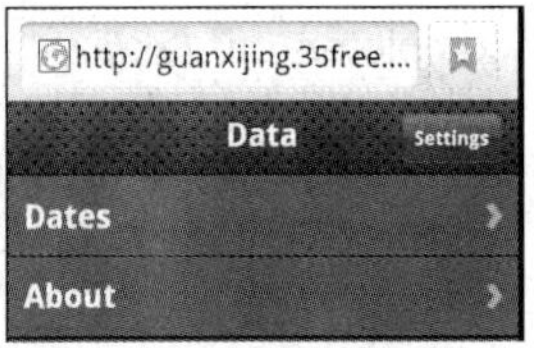

图 27-18　about 面板

（4）实现 dates 面板，具体代码如下所示。

```
<div id="dates">
    <div class="toolbar">
        <h1>Time</h1>
        <a class="button back" href="#">Back</a>
    </div>
    <ul class="edgetoedge">
        <li class="arrow"><a id="0" href="#date">AAA</a></li>
        <li class="arrow"><a id="1" href="#date">BBB</a></li>
        <li class="arrow"><a id="2" href="#date">CCC</a></li>
        <li class="arrow"><a id="3" href="#date">DDD</a></li>
        <li class="arrow"><a id="4" href="#date">EEE</a></li>
        <li class="arrow"><a id="5" href="#date">FFF</a></li>
    </ul>
</div>
```

对应的效果如图 27-19 所示。

（5）实现 date 面板，具体代码如下所示。

```
<div id="date">
    <div class="toolbar">
        <h1>Time</h1>
        <a class="button back" href="#">Back</a>
        <a class="button slideup" href="#createEntry">+</a>
    </div>
    <ul class="edgetoedge">
        <li id="entryTemplate" class="entry" style="display:none">
            <span class="label">Label</span> <span class="calories">000</span> <span class="delete">
Delete</span>
        </li>
    </ul>
</div>
```

（6）实现 settings 面板，具体代码如下所示。

```
<div id="settings">
    <div class="toolbar">
        <h1>Control</h1>
        <a class="button cancel" href="#">Cancel</a>
    </div>
    <form method="post">
        <ul class="rounded">
            <li><input placeholder="Age" type="text" name="age" id="age" /></li>
            <li><input placeholder="Weight" type="text" name="weight" id="weight" /></li>
            <li><input placeholder="Budget" type="text" name="budget" id="budget" /></li>
            <li><input type="submit" class="submit" name="waction" value="Save Changes" /></li>
        </ul>
```

```
    </form>
</div>
```

对应的效果如图 27-20 所示。

图 27-19　date 面板

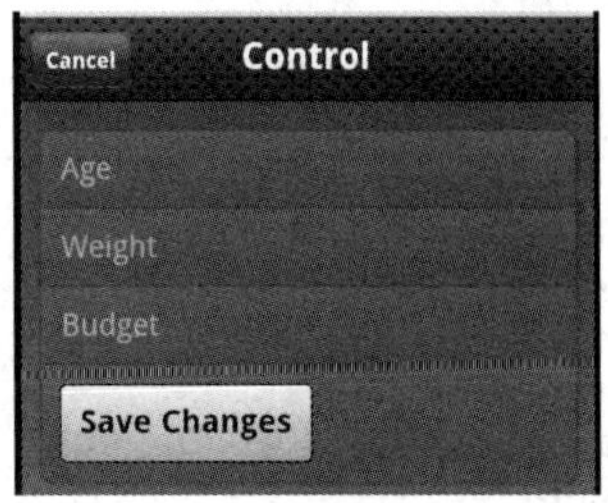

图 27-20　settings 面板

接下来看样式文件 theme.css，此样式文件非常简单，功能是对 index.html 中的元素进行修饰。其实图 27-17、图 27-18、图 27-19 和图 27-20 都是经过 theme.css 修饰之后的显示效果。主要代码如下所示。

```
body {
    background: #000;
    color: #ddd;
}
#jqt > * {
    background: -webkit-gradient(linear, 0% 0%, 0% 100%, from(#333), to(#5e5e65));
}
#jqt h1, #jqt h2 {
    font: bold 18px "Helvetica Neue", Helvetica;
    text-shadow: rgba(255,255,255,.2) 0 1px 1px;
    color: #000;
    margin: 10px 20px 5px;
}
/* @group Toolbar */
#jqt .toolbar {
    -webkit-box-sizing: border-box;
    border-bottom: 1px solid #000;
    padding: 10px;
    height: 45px;
    background: url(img/toolbar.png) #000000 repeat-x;
    position: relative;
}
#jqt .black-translucent .toolbar {
    margin-top: 20px;
}
#jqt .toolbar > h1 {
    position: absolute;
    overflow: hidden;
    left: 50%;
    top: 10px;
    line-height: 1em;
    margin: 1px 0 0 -75px;
    height: 40px;
    font-size: 20px;
```

```
    width: 150px;
    font-weight: bold;
    text-shadow: rgba(0,0,0,1) 0 -1px 1px;
    text-align: center;
    text-overflow: ellipsis;
    white-space: nowrap;
    color: #fff;
}
#jqt.landscape .toolbar > h1 {
    margin-left: -125px;
    width: 250px;
}
#jqt .button, #jqt .back, #jqt .cancel, #jqt .add {
    position: absolute;
    overflow: hidden;
    top: 8px;
    right: 10px;
    margin: 0;
    border-width: 0 5px;
    padding: 0 3px;
    width: auto;
    height: 30px;
    line-height: 30px;
    font-family: inherit;
    font-size: 12px;
    font-weight: bold;
    color: #fff;
    text-shadow: rgba(0, 0, 0, 0.5) 0px -1px 0;
    text-overflow: ellipsis;
    text-decoration: none;
    white-space: nowrap;
    background: none;
    -webkit-border-image: url(img/button.png) 0 5 0 5;
}
#jqt .button.active, #jqt .cancel.active, #jqt .add.active {
    -webkit-border-image: url(img/button_clicked.png) 0 5 0 5;
    color: #aaa;
}
#jqt .blueButton {
    -webkit-border-image: url(img/blueButton.png) 0 5 0 5;
    border-width: 0 5px;
}
#jqt .back {
    left: 6px;
    right: auto;
    padding: 0;
    max-width: 55px;
    border-width: 0 8px 0 14px;
    -webkit-border-image: url(img/back_button.png) 0 8 0 14;
}
#jqt .back.active {
    -webkit-border-image: url(img/back_button_clicked.png) 0 8 0 14;
```

```
}
#jqt .leftButton, #jqt .cancel {
    left: 6px;
    right: auto;
}
#jqt .add {
    font-size: 24px;
    line-height: 24px;
    font-weight: bold;
}
#jqt .whiteButton,
#jqt .grayButton, #jqt .redButton, #jqt .blueButton, #jqt .greenButton {
    display: block;
    border-width: 0 12px;
    padding: 10px;
    text-align: center;
    font-size: 20px;
    font-weight: bold;
    text-decoration: inherit;
    color: inherit;
}

#jqt .whiteButton.active, #jqt .grayButton.active, #jqt .redButton.active, #jqt .blueButton.active, #jqt .greenButton.active,
#jqt .whiteButton:active, #jqt .grayButton:active, #jqt .redButton:active, #jqt .blueButton:active, #jqt .greenButton:active {
    -webkit-border-image: url(img/activeButton.png) 0 12 0 12;
}
#jqt .whiteButton {
    -webkit-border-image: url(img/whiteButton.png) 0 12 0 12;
    text-shadow: rgba(255, 255, 255, 0.7) 0 1px 0;
}
#jqt .grayButton {
    -webkit-border-image: url(img/grayButton.png) 0 12 0 12;
    color: #FFFFFF;
}
```

上述代码只是 theme.css 的五分之一，具体内容请读者参考本书附带光盘中的源码。因为里面的内容都在本书前面的知识中讲解过了，所以在此不再占用篇幅。

到此为止，我们的页面就能够动起来了，每一个页面的切换都具有了动画效果，如图 27-21 所示。

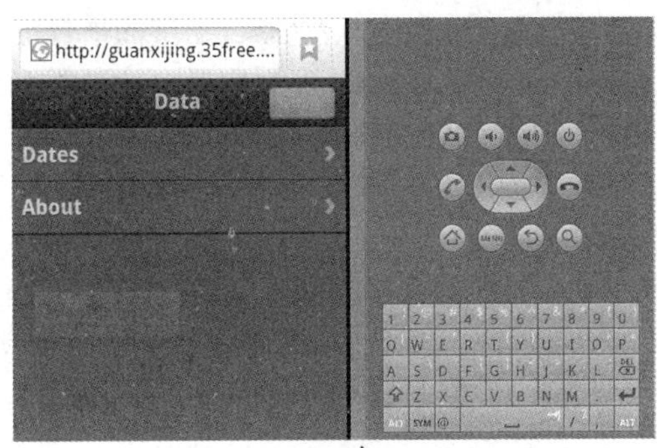

图 27-21　闪烁的动画效果

这里的截图体现不出动画效果，建议读者在模拟器上亲自实践体验。

27.6 使用 PhoneGap

知识点讲解：光盘:视频\知识点\第 27 章\使用 PhoneGap.avi

PhoneGap 是一个免费的开发平台，需要特定平台提供的附加软件，例如 iPhone 的 iPhone SDK、Android 的 Android SDK 等，也可以和 Dreamweaver 5.5 及以上版本配套开发。使用 PhoneGap 比为每个平台分别建立应用程序好一点，因为虽然基本代码是一样的，但是仍然需要为每个平台分别编译应用程序。本节将简要讲解 PhoneGap 的基本知识。

27.6.1 PhoneGap 介绍

随着智能移动设备的快速普及以及 Web 技术（特别是 HTML 5 技术）的飞速发展，Web 开发人员将不可避免地碰到这一问题：怎样在移动设备上将 HTML 5 应用程序作为本地程序运行？与传统的 PC 机不同的是，智能移动设备完全是移动应用的天下，那么 Web 开发人员如何利用自己熟悉的技术（例如 Objective-C 语言）来进行移动应用开发，而不用花费大量的时间来学习新技术呢？在手机浏览器上，用户必须通过打开超链接来访问 HTML 5 应用程序，而不能像访问本地应用程序那样，仅通过单击一个图标就能得到想要的结果，尤其是当移动设备脱机以后，用户几乎无法访问 HTML 5 应用程序。

当前移动应用市场已经初步形成了 iOS、Android 和 Windows Phone 3 大阵营，当然其余的传统阵营（Symbian 和 RIM 等）凭借历史原因和庞大的用户基数也不容小觑。随着移动应用市场的迅猛发展，越来越多的开发者也加入到了移动应用开发的大军中。

目前，Android 应用是基于 Java 语言进行开发的，苹果公司的 iOS 应用是基于 Objective-C 语言开发的，微软公司的 Windows Phone 应用则是基于 C#语言开发的。如果开发者编写的应用要同时在不同的移动设备上运行的话，则必须掌握多种开发语言，但这样必将严重影响软件开发进度和项目上线时间，并且已经成为开发团队的一大难题。

为了进一步简化移动应用开发，很多公司已经推出了相应的解决方案。Adobe 推出的 AIR Mobile 技术，能使 Flash 开发的应用同时发布到 iOS、Android 和黑莓的 Playbook 上。Appcelerator 公司推出的 Titanium 平台能直接将 Web 应用编译为本地应用运行在 iOS 和 Android 系统上。而 Nitobi 公司（现已被 Adobe 公司收购）也推出了一套基于 Web 技术的开源移动应用解决方案 PhoneGap。2008 年夏天，PhoneGap 技术面世。从此，开发移动应用使我们有了一项新的选择。PhoneGap 是基于 Web 开发人员所熟悉的 HTML、CSS 和 JavaScript 技术，创建跨平台移动应用程序的快速开发平台。

PhoneGap 是目前唯一支持 7 种平台的开源移动开发框架，支持的平台包括 iOS、Android、BlackBerry OS、Palm WebOS、Windows Phone 7、Symbian 和 Bada。PhoneGap 是一个基于 HTML、CSS 和 JavaScript 创建跨平台移动应用程序的快速开发平台。与传统 Web 应用不同的是，它使开发者能够利用 iPhone、Android 等智能手机的核心本地功能（包括地理定位、加速器、联系人、声音和振动等），此外它还拥有非常丰富的插件，并可以凭借其轻量级的插件式架构来扩展无限的功能。

PhoneGap 是免费的，但是它需要特定平台提供的附加软件，例如 iPhone 的 iPhone SDK、Android 的 Android SDK 等，也可以和 Adobe Dreamweaver 5.5 及以上版本配套开发。另外，使用 PhoneGap，需要为每个平台分别编译不同的应用程序。当然，也可以使用 PhoneGap 的在线编译云服务 PhoneGap Build，可免去需要准备各种编译环境的烦恼。

利用 PhoneGap Build，可以在线打包 Web 应用成客户端并发布到各移动应用市场，如图 27-22 所示为 PhoneGap Build 在线打包完成并且提供下载的界面。

有了 PhoneGap 和 PhoneGap Build，Web 开发人员便可以利用他们非常熟悉的 JavaScript、HTML 和 CSS 技术，或者结合移动 Web UI 框架 jQuery Mobile、Sencha Touch 来开发跨平台移动客户端，还能非常方便地发布程序到不同移动平台上。

27.6.2　搭建 PhoneGap 开发环境

在使用 PhoneGap 进行移动 Web 开发之前，需要先搭建 PhoneGap 开发环境。在安装 PhoneGap 开发环境之前，需要先安装如下框架。

☑ Java SDK。

☑ Eclipse。

☑ Android SDK。

☑ ADT Plugin。

在写本书的时候，PhoneGap 的最新版本是 2.9.0，获得 PhoneGap 开发包的基本流程如下。

（1）登录 PhoneGap 的官方网站：http://phonegap.com/download/，如图 27-22 所示。

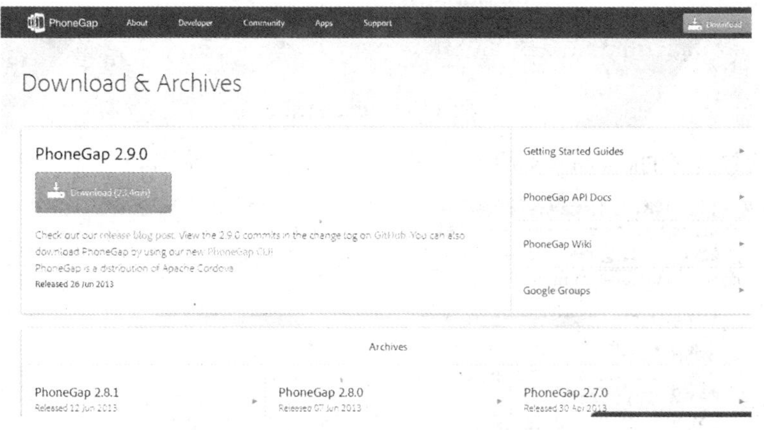

图 27-22　PhoneGap 的官方网站

（2）单击最新版本下方的按钮下载 PhoneGap 开发包，下载成功后的压缩包名为 phonegap-2.9.0.zip。

（3）解压缩文件 phonegap-2.9.0.zip，假设解压到本地硬盘的 D 目录下，解压后的根目录名是 phonegap-2.9.0，双击打开后的效果如图 27-23 所示。

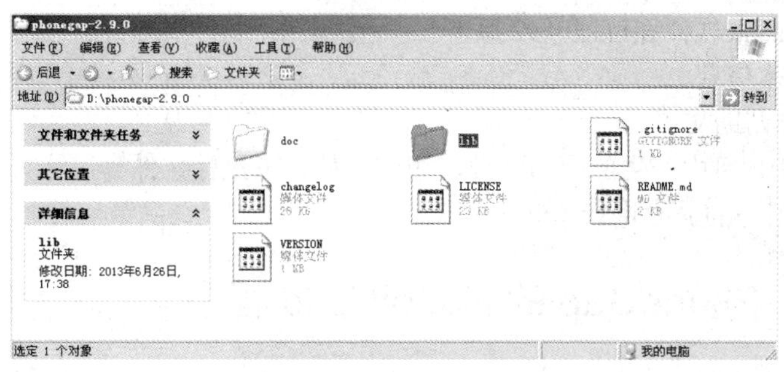

图 27-23　phonegap-2.9.0 的根目录

对图 27-23 中各个子目录的具体说明如下。

☑ doc：在里面包含了 PhoneGap 的源代码文档，如图 27-24 所示。

图 27-24　doc 目录

☑ lib：在里面包含了 PhoneGap 支持的各种平台，如图 27-25 所示。

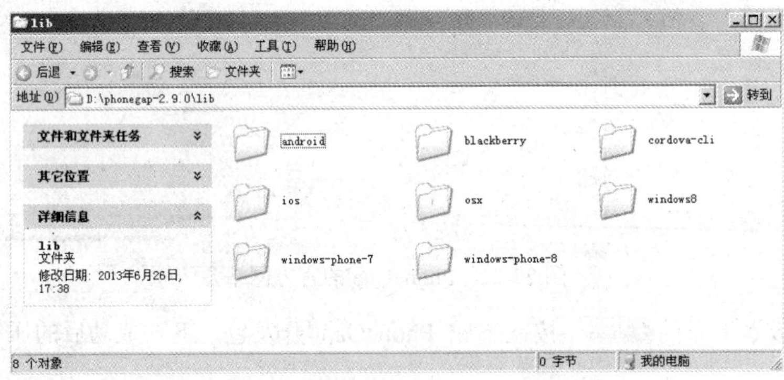

图 27-25　lib 目录

☑ changelog：一个日志文件，保存了更改历史记录信息和作者信息等。

☑ LICENSE：Apache 软件许可证（v2 版本）。

☑ VERSION：版本信息。

☑ README.md：帮助文档。

☑ .gitignore：对于项目中产生的中间文件、测试文件、可执行文件等，这类不需要被 git 所监控的文件，都可以使用.gitignore 进行忽略设定。

27.6.3　创建基于 PhoneGap 的 HelloWorld 程序

下面将创建第一个 PhoneGap-Android 原生程序 HelloWorld。

题　目	目　的	源 码 路 径
实例 27-4	创建第一个 PhoneGap-Android 原生程序	光盘:\daima\27\HelloWorld\

首先，利用 HTML、CSS 和 JavaScript 来搭建一个标准的 Web 应用程序，然后用 PhoneGap 封装来访问移动设备的基本信息，在 Android 模拟器上调试成功后，最后部署到实体机。为了在不同的设备上得到一样的渲染效果，将采用 jQuery Mobile 来设计应用程序界面。

1．首先建立一个基于 Web 的 Android 应用

创建标准 Android 应用的操作步骤如下。

（1）启动 Eclipse，依次选择 File | New | Other 命令，然后在向导的树形结构中找到 Android 节点。单击 Android Project，在项目名称上填写 HelloWorld。

（2）单击 Next 按钮，在进入的界面中选择目标 SDK，在此选择 2.3.3。单击 Next 按钮，在进入的界面中输入包名 com.adobe.phonegap，如图 27-26 所示。

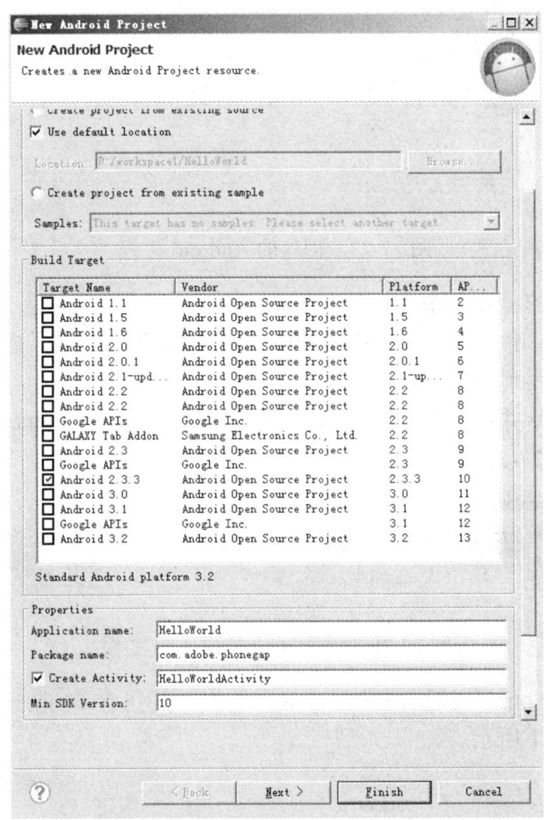

图 27-26　创建 Android 工程

（3）单击 Finish 按钮，此时将成功构建一个标准的 Android 项目。如图 27-27 所示为当前项目的目录结构。

2．添加 Web 内容

在 HelloWorld 中，将要添加的 Web 页面只有 index.html，该页面要完成的功能是在内容区域输出 HelloWorld。为了确保在不同的移动平台上显示一样的效果，我们使用 jQuery Mobile 来设计 UI。

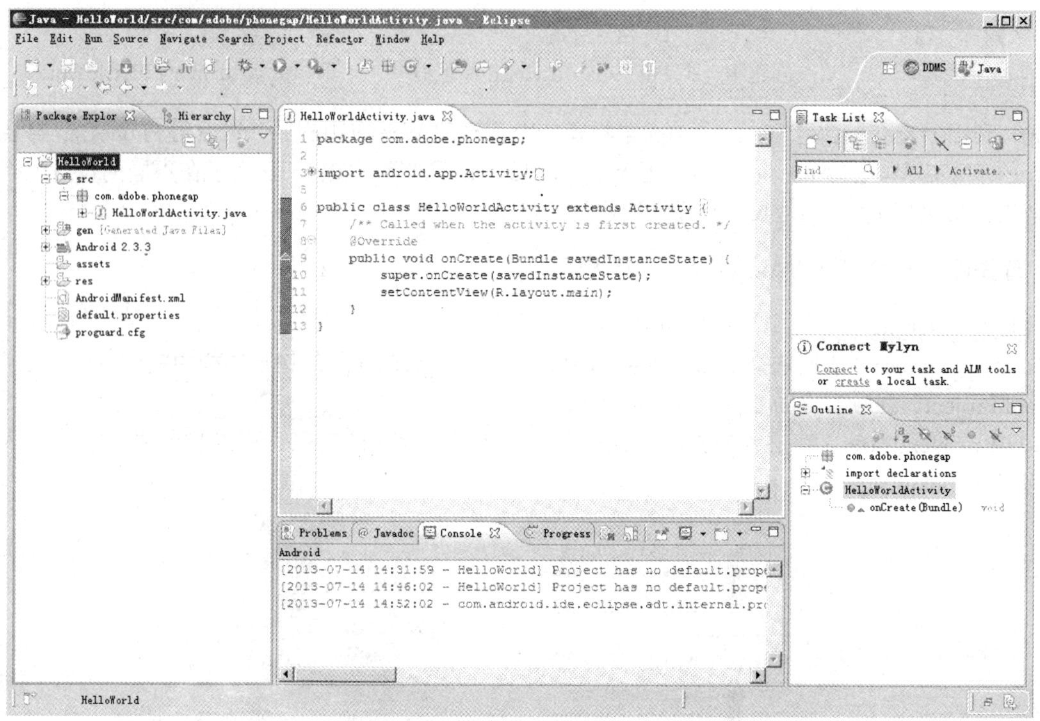

图 27-27　创建的 Android 工程

（1）在 HelloWorld 工程的 assets 目录下创建 www 文件夹，这个文件夹是所有 Web 内容的容器。

（2）下载 jQuery Mobile，笔者在此实例使用的版本是 1.1.0 RC1。除了需要 jQuery Mobile 的 CSS 和相关 JavaScript 文件外，还需要用到 jquery.js。

（3）下载完 jQuery Mobile 并解压缩后，将 jquery.mobile-l.0.min.css、jquery.mobile-l.O.min.js 和 jquery.js 放置在 www 文件夹下，如图 27-28 所示。

图 27-28　添加 jQuery Mobile 文件

（4）开始编写文件 index.html，该页面是一个单页结构，共包含 3 部分，分别是页头、内容和页脚。文件 index.html 的具体代码如下所示。

```
<!DOCTYPE html>
<html>
<head>
    <meta charset="utf-8">
    <meta name="viewport" content="width=device-width, initial-scale=1">
    <title>index.html</title>
    <link rel="stylesheet" href="jquery.mobile-1.0.1.min.css" />
    <script type="text/javascript" charset="utf-8" src="jquery.js"></script>
    <script type="text/javascript" charset="utf-8" src="jquery.mobile-1.0.1.min.js"></script>
</head>
<body>
<!-- begin first page -->
```

```
<div id="page1" data-role="page" >
<header data-role="header"><h1>Hello World</h1></header>
<div data-role="content" class="content">
<h3>设备信息</h3>

</ul>
</div>
<footer data-role="footer"><h1>Footer</h1></footer>
</div>
<!-- end first page -->
</body>
</html>
```

目前，该页面无法显示在移动设备中，它在桌面浏览器上的显示效果如图 27-29 所示。

图 27-29　文件 index.html 的执行效果

3．利用 PhoneGap 封装成移动 Web 应用

整个封装过程可以分为如下 4 部分。

☑ 第一部分：修改项目结构，即创建一些必要的目录结构。

☑ 第二部分：引入 PhoneGap 相关文件，包含 cordova.js 和 cordova.jar，其中 cordova.js 主要用于 HTML 页面，而 cordova.jar 作为 Java 库文件引入。

☑ 第三部分：修改项目文件（包含 HTML 页面和 Activity 类文件）。

☑ 第四部分：是可选的，就是修改项目元数据 AndroidManifest.xml，我们可以根据实际需要来修改该配置文件。

下面将逐一介绍每部分的具体实现过程。

（1）修改项目结构

在项目的根目录下创建 libs 和 assets\www 文件夹，前者是将要添加的 cordova.jar 包的容器，后者（该文件夹在添加 Web 内容一节中已经创建）是 Web 内容的容器。

（2）引入 PhoneGap 相关文件。

在前面已经下载了最新的 PhoneGap 发布包 2.9.0。进入发布包的\lib\android 目录，将文件 cordova.js 复制到 assets\www 目录下，将 cordova-2.9.0.jar 库文件复制到 libs 目录下，将 XML 文件夹复制到 res 目录下，作为 res 目录的一个子目录。在 PhoneGap 2.0 以前，XML 文件夹包含两个配置文件 cordova.xml 和 plugins.xml，从 2.0 开始这两个文件合并成一个 config.xml。修改项目的 Java 构建路径，把 libs 下的 cordova-2.9.0.jar 添加到编译路径中。

（3）修改项目文件

修改默认的 Java 文件 HelloWorldActivity，使其继承 DroidGap，修改后的代码如下所示。

```
package com.adobe.phonegap;
import org.apache.cordova.DroidGap;
import android.app.Activity;
import android.os.Bundle;
public class HelloWorldActivity extends DroidGap {
    /** Called when the activity is first created. */
    @Override
    public void onCreate(Bundle savedInstanceState) {
        super.onCreate(savedInstanceState);
        super.loadUrl("file:///android_asset/www/index.html");
    }
}
```

在上述代码中，DroidGap 是 PhoneGap 提供的，此类继承自 android.app.Activity 类。如果需要 PhoneGap 提供的 API 访问设备的原生功能或者设备信息，则需要在 index.html 的<header>标签中加入如下代码。

```
<script type="text/javascript" charset="utf-8" src="cordova.js" >
```

在本例中，我们先实验一下不引入 cordova.js 时的情况，此时在模拟器上的运行效果如图 27-30 所示。

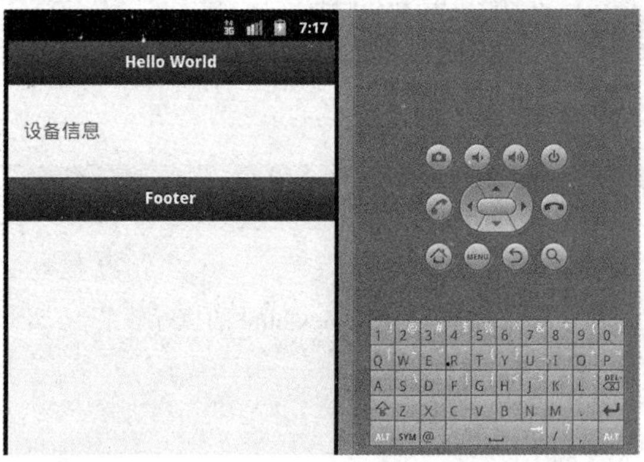

图 27-30　不引入 cordova.js 时的执行效果

现在修改文件 index.html，将文本 I am here 替换为显示设备信息。更改后的 index.html 页面的代码如下所示。

```
<!DOCTYPE html>
<html>
<head>
    <meta charset="utf-8">
    <meta name="viewport" content="width=device-width, initial-scale=1">
    <title>index.html</title>
    <link rel="stylesheet" href="jquery.mobile-1.0.1.min.css" />
    <script type="text/javascript" charset="utf-8" src="jquery.js"></script>
    <script type="text/javascript" charset="utf-8" src="jquery.mobile-1.0.1.min.js"></script>
    <script type="text/javascript" charset="utf-8" src="cordova.js" ></script>
    <script type="text/javascript" charset="utf-8">

    $( function() {

    });
    $(document).ready(function(){
```

```
        console.log("jquery ready");
        document.addEventListener("deviceready", onDeviceReady, false);
        console.log("register the listener");
    });

    function onDeviceReady()
    {
        console.log("onDeviceReady");
        $(".content").html("<ul
data-role='listview'><li>"+device.name+"</li><li>"+device.cordova+"</li><li>"+device.platform+"</li><li>"+devic
e.version+"</li><li>"+device.uuid+"</li></ul>");
    }


    </script>
</head>
<body>
<!-- begin first page -->
<div id="page1" data-role="page" >
<header data-role="header"><h1>Hello World</h1></header>
<div data-role="content" class="content">
<h3>设备信息</h3>

</ul>
</div>
<footer data-role="footer"><h1>Footer</h1></footer>
</div>
<!-- end first page -->
</body>
</html>
```

在上述代码中，使用函数 onDeviceReady()调用$(".content").html()函数来修改 div 中的 HTML 内容。

4．修改权限文件 AndroidManifest.xml

在文件 AndroidManifest.xml 中，增加访问网络和照相机的权限，并添加适用不同分辨率的设置代码。文件 AndroidManifest.xml 的具体代码如下所示。

```
<?xml version="1.0" encoding="utf-8"?>
<manifest xmlns:android="http://schemas.android.com/apk/res/android"
     package="com.adobe.phonegap"
     android:versionCode="1"
     android:versionName="1.0">

    <supports-screens android:largeScreens="true" android:normalScreens="true" android:smallScreens="true"
android:resizeable="true" android:anyDensity="true"   />
  <uses-permission android:name="android.permission.CAMERA" />
  <uses-permission android:name="android.permission.VIBRATE" />
  <uses-permission android:name="android.permission.ACCESS_COARSE_LOCATION" />
  <uses-permission android:name="android.permission.ACCESS_FINE_LOCATION" />
  <uses-permission android:name="android.permission.ACCESS_LOCATION_EXTRA_COMMANDS" />
  <uses-permission android:name="android.permission.READ_PHONE_STATE" />
  <uses-permission android:name="android.permission.INTERNET" />
```

```
<uses-permission android:name="android.permission.RECEIVE_SMS" />
<uses-permission android:name="android.permission.RECORD_AUDIO" />
<uses-permission android:name="android.permission.MODIFY_AUDIO_SETTINGS" />
<uses-permission android:name="android.permission.READ_CONTACTS" />
<uses-permission android:name="android.permission.WRITE_CONTACTS" />
<uses-permission android:name="android.permission.WRITE_EXTERNAL_STORAGE" />
<uses-permission android:name="android.permission.ACCESS_NETWORK_STATE" />
<uses-permission android:name="android.permission.BROADCAST_STICKY" />
    <uses-sdk android:minSdkVersion="10" />

    <application android:icon="@drawable/icon" android:label="@string/app_name">
        <activity android:name=".HelloWorldActivity"
                  android:label="@string/app_name">
            <intent-filter>
                <action android:name="android.intent.action.MAIN" />
                <category android:name="android.intent.category.LAUNCHER" />
            </intent-filter>
        </activity>
    </application>
</manifest>
```

到此为止，整个实例介绍完毕，此时在 Android 中的执行效果如图 27-31 所示。

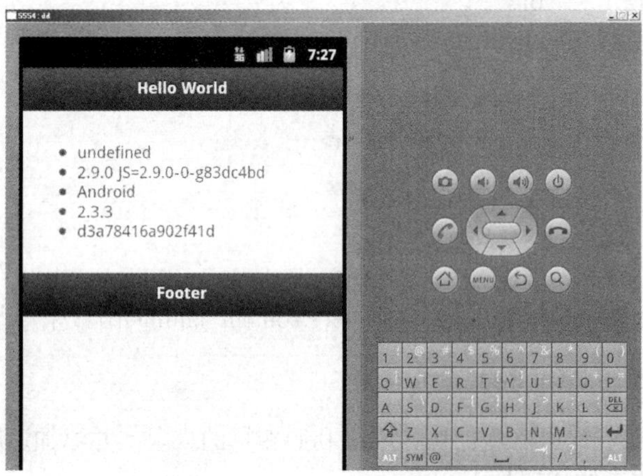

图 27-31　最终的执行效果

第 28 章　编写安全的应用程序

在本章的内容中，将详细讲解构建一个安全的 Android 应用程序的知识。首先详细讲解使用 Eclipse 开发并调试 Android 应用程序的过程，并讲解发布 Android 应用程序的方法；然后讲解编译和反编译 Android 应用程序的具体过程；最后详细讲解构建各种 Android 应用组件的基本知识。

28.1　Android 安全机制概述

知识点讲解：光盘:视频\知识点\第 28 章\Android 安全机制概述.avi

根据 Android 系统架构分析，其安全机制是基于 Linux 操作系统的内核安全机制基础之上的，这主要体现在如下两个方面。

（1）第一个方面，使用进程沙箱机制来隔离进程资源。

（2）第二个方面，通过 Android 系统独有的内存管理技术，安全高效地实现进程之间的通信处理。

上述安全机制策略十分适合于嵌入式移动终端处理器设备，因为这可以很好地兼顾高性能与内存容量的限制。另外，因为 Android 应用程序是基于 Framework 应用框架的，并且使用 Java 语言进行编写，最后运行于 Dalvik VM（Android 虚拟机）。同时，Android 的底层应用由 C/C++语言实现，以原生库形式直接运行于操作系统的用户空间。这样 Android 应用程序和 Dalvik VM 的运行环境都被控制在“进程沙箱”环境下。“进程沙箱”是一个完全被隔离的环境，自行拥有专用的文件系统区域，能够独立共享私有数据，如图 28-1 所示。

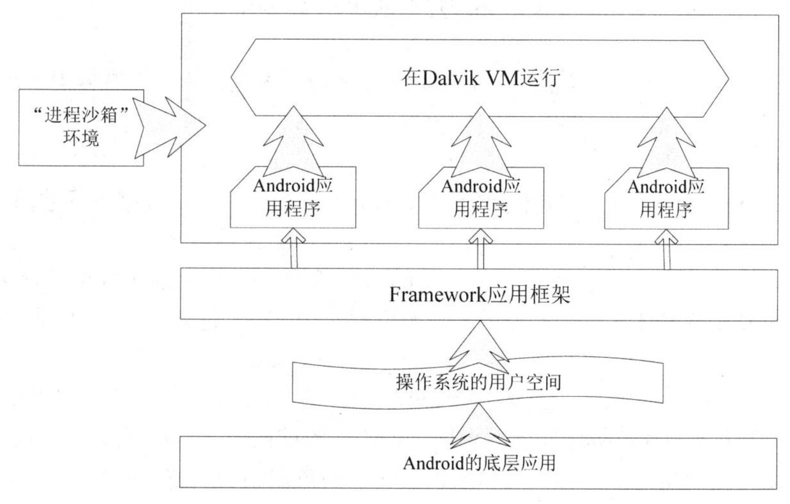

图 28-1　Android 安全机制架构

本节将详细讲解 Android 安全机制的基本架构知识。

28.1.1 Android 的安全机制模型

在 Android 系统的应用层中，提供了如下安全机制模型。

☑ 使用显式定义经用户授权的应用权限控制机制的方法，系统规范并强制各类应用程序的行为准则与权限许可。

☑ 提供了应用程序的签名机制，实现了应用程序之间的信息信任和资源共享。

概览整个 Android 系统的框架结构，其安全机制的具体特点如下。

☑ 采用不同的层次架构机制来保护用户信息的安全，并且不同的层次可以保证各种应用的灵活性。

☑ 鼓励更多的用户去了解应用程序的工作过程，鼓励用户花费更多的时间和注意力来关注移动设备的安全性。

☑ 无惧面对恶意软件的威胁，并拥有坚强的意志力消灭这些威胁。

☑ 时刻防范第三方恶意应用程序的攻击。

☑ 时刻做好风险控制工作，一旦安全防护系统崩溃，要尽可能地尽量减少损害，并尽快恢复。

根据上述模型，Android 安全系统提供了如下安全机制。

（1）内存管理

Android 内存管理机制基于标准 Linux 的 OOM（低内存管理）机制，实现了低内存清理（LMK）机制，将所有的进程按照重要性进行分级，系统会自动清理最低级别进程所占用的内存空间。另外，还有 Android 独有的共享内存机制 Ashmem，通过此机制可以清理不再使用共享内存区域的能力。

（2）权限声明

Android 应用程序需要显式声明权限、名称、权限组与保护级别，只有这样才能算是一个合格的 Android 程序。在 Android 系统中规定：不同级别应用程序的使用权限时的认证方式不同，具体说明如下。

☑ Normal 级：申请后即可用。

☑ Dangerous 级：在安装时由用户确认后方可用。

☑ Signature 与 Signatureorsystem 级：必须是系统用户才可用。

（3）应用程序签名

Android 应用程序包（“.apk”格式文件）必须被开发者数字签名，同一名开发者可以指定不同的应用程序共享 UID，这样可以运行在同一个进程空间以实现资源共享。

（4）访问控制

通过使用基于 Linux 系统的访问控制机制，可以确保系统文件与用户数据不受非法访问。

（5）进程沙箱隔离

当安装 Android 应用程序时会被赋予一个独特的用户标识（UID），这个标识被永久保持。当 Android 应用程序及其运行的 Dalvik VM 运行于独立的 Linux 进程空间中时，将会与 UID 不同的应用程序隔离出来。

（6）进程通信

Android 采用 Binder 机制提供的共享内存实现进程通信功能，Binder 机制基于 Client-Server 模式，提供了类似于 COM 和 CORBA 的轻量级远程进程调用（RPC）。通过使用 Binder 机制中的接口描述语言（AIDL）来定义接口与交换数据的类型，这样可以确保进程间通信的数据不会发生越界操作，影响进程的空间。

28.1.2 Android 具有的权限

借用李洋老师的一句话，Android 安全结构的中心思想为“应用程序在默认的情况下不可以执行任何对其他应用程序、系统或者用户带来负面影响的操作。”作为开发者来说，只有了解并把握 Android 的安全架

构的核心，才能设计出在使用过程中更加流畅的用户体验。

根据用户的使用过程体验，可以将和 Android 系统相关的权限分为如下 3 类。

☑ Android 手机所有者权限：自用户购买 Android 手机（如 Samsung GT-i9000）后，用户不需要输入任何密码，就具有安装一般应用软件、使用应用程序等权限。

☑ Android root 权限：该权限为 Android 系统的最高权限，可以对所有系统中的文件、数据进行任意操作。出厂时默认没有该权限，需要使用 z4Root 等软件进行获取，笔者并不鼓励进行此操作，因为可能由此使用户失去手机原厂保修的权益。同样，如果将 Android 手机进行 root 权限提升，则此后用户不需要输入任何密码，都能以 Android root 权限来使用手机。

☑ Android 应用程序权限：Android 提供了丰富的 SDK（Softwarc Dcvclopmcnt Kit），开发人员可以根据其开发 Android 中的应用程序。而应用程序对 Android 系统资源的访问需要有相应的访问权限，这个权限就称为 Android 应用程序权限，它在应用程序设计时设定，在 Android 系统中初次安装时即生效。值得注意的是：如果应用程序设计的权限大于 Android 手机所有者权限，则该应用程序无法运行。如没有获取 Android root 权限的手机无法运行 Root Explorer，因为运行该应用程序需要 Android root 权限。

28.1.3　Android 的组件模型（Component Model）

整个 Android 系统中包括 4 种组件，具体说明如下。

☑ Activity：Activity 就是一个界面，这个界面中可以放置各种控件。例如 Task Manager 的界面、Root Explorer 的界面等。

☑ Service：服务是运行在后台的功能模块，如文件下载、音乐播放程序等。

☑ Content Provider：它是 Android 平台应用程序间数据共享的一种标准接口，它以类似于 URI（Universal Resources Identification）的方式来表示数据，例如 content://contacts/people/1101。

☑ Broadcast Receiver：与 Broadcast Receiver 组件相关的概念是 Intent，Intent 是一个对动作和行为的抽象描述，负责组件之间程序之间进行消息传递。而 Broadcast Receiver 组件则提供了一种把 Intent 作为一个消息广播出去，由所有对其感兴趣的程序对其做出反应的机制。

28.1.4　Android 安全访问设置

在 Android 系统中，每个应用程序的 APK（Android Package）包中都会包含有一个 AndroidMainifest.xml 文件，该文件除了罗列应用程序运行时库、运行依赖关系等之外，还会详细地罗列出该应用程序所需的系统访问。AndroidMainifest.xml 文件的基本格式如下所示。

```
<?xml version="1.0" encoding="utf-8"?>
<manifest xmlns:android="http://schemas.android.com/apk/res/android"
      package="cn.com.fetion.android"
      android:versionCode="1"
      android:versionName="1.0.0">
    <application android:icon="@drawable/icon" android:label="@string/app_name">
        <activity android:name=".welcomActivity"
                  android:label="@string/app_name">
            <intent-filter>
                <action android:name="android.intent.action.MAIN" />
                <category android:name="android.intent.category.LAUNCHER" />
            </intent-filter>
```

```
        </activity>
    </application>
    <uses-permission android:name="android.permission.SEND_SMS"></uses-permission>
</manifest>
```

在上述代码中的加粗斜体部分，功能是声明该软件具备发送短信的功能。在 Android 系统中，一共定义了一百多种 permission 供开发人员使用。

28.2 声明不同的权限

知识点讲解：光盘:视频\知识点\第 28 章\声明不同的权限.avi

在 Android 系统中，每个应用程序的 APK（Android Package）包中都会包含有一个 AndroidMainifest.xml 文件，该文件除了罗列应用程序运行时库、运行依赖关系等之外，还会详细地罗列出该应用程序所需的系统访问。AndroidManifest.xml 文件是一个和安全相关的配置文件，该配置文件是 Android 安全保障的一个不可忽视的方面。本节将详细讲解使用 AndroidManifest.xml 文件声明不同权限的基本知识。

28.2.1 AndroidManifest.xml 文件基础

在 Android 系统中，AndroidManifest.xml 文件的主要功能如下。

☑ 说明程序用到的 Java 数据包，数据包名是应用程序的唯一标识。
☑ 描述应用程序的具体组成部分。
☑ 说明应用程序的各个组成部分在哪个进程下运行。
☑ 声明应用程序所必须具备的权限，以访问受保护的部分 API 以及与其他应用程序进行交互。
☑ 声明应用程序其他的必备权限，以实现各个组成部分之间的交互。
☑ 列举应用程序运行时需要的环境配置信息，只在程序开发和测试时来声明这些信息，在发布前会被删除。
☑ 声明应用程序所需要的 Android API 的最低版本，例如 1.0、1.5 和 1.6 等。
☑ 列举应用程序所需要链接的库。

在 Android 系统中，以在 Android SDK 的帮助文档中查看 AndroidManifest.xml 文件的结构、元素以及元素属性的具体说明，这些元素在命名、结构等方面的使用规则如下。

☑ 元素：在所有的元素中只有<manifest>和<application>是必需的，且只能出现一次。如果一个元素包含有其他子元素，必须通过子元素的属性来设置其值。处于同一层次的元素，这些元素的说明是没有顺序的。
☑ 属性：通常所有的属性都是可选的，但有些属性是必须设置的，即使不存在，那些真正可选的属性也有默认的数值项说明。除了根元素<manifest>的属性，所有其他元素属性的名字都是以 android: 作为前缀。
☑ 定义类名：所有的元素名都对应其在 SDK 中的类名，如果自己定义类名，必须包含类的数据包名，如果类与 Application 处于同一数据包中，可以直接简写为“.”。
☑ 多数值项：如果某个元素有超过一个数值，这个元素必须通过重复的方式来说明其某个属性具有多个数值项，且不能将多个数值项一次性说明在一个属性中。
☑ 资源项说明：当需要引用某个资源时，其采用如下格式：@[package:]type:name。例如<activity android:icon="@drawable/icon" . . .>。

☑　字符串值：类似于其他语言，如果字符中包含有字符“\”，则必须使用转义字符“\\”。

28.2.2　声明获取不同的权限

AndroidManifest.xml 文件的基本格式如下所示。

```
<?xml version="1.0" encoding="utf-8"?>
<manifest xmlns:android="http://schemas.android.com/apk/res/android"
      package="cn.com.fetion.android"
      android:versionCode="1"
      android:versionName="1.0.0">
    <application android:icon="@drawable/icon" android:label="@string/app_name">
        <activity android:name=".welcomActivity"
                  android:label="@string/app_name">
            <intent-filter>
                <action android:name="android.intent.action.MAIN" />
                <category android:name="android.intent.category.LAUNCHER" />
            </intent-filter>
        </activity>
    </application>
   <uses-permission android:name="android.permission.SEND_SMS"></uses-permission>
</manifest>
```

在上述代码中的加粗斜体部分，功能是声明该软件具备发送短信的功能。在 Android 系统中，一共定义了一百多种 permission 供开发人员使用，具体说明如表 28-1 所示。

表 28-1　Android 应用程序权限说明表

功　　能	详 细 描 述
访问登记属性	android.permission.ACCESS_CHECKIN_PROPERTIES，读取或写入登记 check-in 数据库属性表的权限
获取粗略位置	android.permission.ACCESS_COARSE_LOCATION，通过 WiFi 或移动基站的方式获取用户粗略的经纬度信息，定位精度大概误差在 30～1500 米
获取精确位置	android.permission.ACCESS_FINE_LOCATION，通过 GPS 芯片接收卫星的定位信息，定位精度达 10 米以内
访问定位额外命令	android.permission.ACCESS_LOCATION_EXTRA_COMMANDS，允许程序访问额外的定位提供者指令
获取模拟定位信息	android.permission.ACCESS_MOCK_LOCATION，获取模拟定位信息，一般用于帮助开发者调试应用
获取网络状态	android.permission.ACCESS_NETWORK_STATE，获取网络信息状态，如当前的网络连接是否有效
访问 Surface Flinger	android.permission.ACCESS_SURFACE_FLINGER，Android 平台上底层的图形显示支持，一般用于游戏或照相机预览界面和底层模式的屏幕截图
获取 WiFi 状态	android.permission.ACCESS_WIFI_STATE，获取当前 WiFi 接入的状态以及 WLAN 热点的信息
账户管理	android.permission.ACCOUNT_MANAGER，获取账户验证信息，主要为 GMail 账户信息，只有系统级进程才能访问的权限
验证账户	android.permission.AUTHENTICATE_ACCOUNTS，允许一个程序通过账户验证方式访问账户管理 ACCOUNT_MANAGER 相关信息

续表

功　能	详 细 描 述
电量统计	android.permission.BATTERY_STATS，获取电池电量统计信息
绑定小插件	android.permission.BIND_APPWIDGET，允许一个程序告诉 appWidget 服务需要访问小插件的数据库，只有非常少的应用才用到此权限
绑定设备管理	android.permission.BIND_DEVICE_ADMIN，请求系统管理员接收者 receiver，只有系统才能使用
绑定输入法	android.permission.BIND_INPUT_METHOD，请求 InputMethodService 服务，只有系统才能使用
绑定 RemoteView	android.permission.BIND_REMOTEVIEWS，必须通过 RemoteViewsService 服务来请求，只有系统才能用
绑定壁纸	android.permission.BIND_WALLPAPER，必须通过 WallpaperService 服务来请求，只有系统才能用
使用蓝牙	android.permission.BLUETOOTH，允许程序连接配对过的蓝牙设备
蓝牙管理	android.permission.BLUETOOTH_ADMIN，允许程序进行发现和配对新的蓝牙设备
变成砖头	android.permission.BRICK，能够禁用手机，非常危险，顾名思义就是让手机变成砖头
应用删除时广播	android.permission.BROADCAST_PACKAGE_REMOVED，当一个应用在删除时触发一个广播
收到短信时广播	android.permission.BROADCAST_SMS，当收到短信时触发一个广播
连续广播	android.permission.BROADCAST_STICKY，允许一个程序收到广播后快速收到下一个广播
WAP PUSH 广播	android.permission.BROADCAST_WAP_PUSH，WAP PUSH 服务收到后触发一个广播
拨打电话	android.permission.CALL_PHONE，允许程序从非系统拨号器中输入电话号码
通话权限	android.permission.CALL_PRIVILEGED，允许程序拨打电话，替换系统的拨号器界面
拍照权限	android.permission.CAMERA，允许访问摄像头进行拍照
改变组件状态	android.permission.CHANGE_COMPONENT_ENABLED_STATE，改变组件是否启用状态
改变配置	android.permission.CHANGE_CONFIGURATION，允许当前应用改变配置，如定位
改变网络状态	android.permission.CHANGE_NETWORK_STATE，改变网络状态，如是否能联网
改变 WiFi 多播状态	android.permission.CHANGE_WIFI_MULTICAST_STATE，改变 WiFi 多播状态
改变 WiFi 状态	android.permission.CHANGE_WIFI_STATE，改变 WiFi 状态
清除应用缓存	android.permission.CLEAR_APP_CACHE，清除应用缓存
清除用户数据	android.permission.CLEAR_APP_USER_DATA，清除应用的用户数据
底层访问权限	android.permission.CWJ_GROUP，允许 CWJ 账户组访问底层信息
手机优化大师扩展权限	android.permission.CELL_PHONE_MASTER_EX，手机优化大师扩展权限
控制定位更新	android.permission.CONTROL_LOCATION_UPDATES，允许获得移动网络定位信息改变
删除缓存文件	android.permission.DELETE_CACHE_FILES，允许应用删除缓存文件
删除应用	android.permission.DELETE_PACKAGES，允许程序删除应用
电源管理	android.permission.DEVICE_POWER，允许访问底层电源管理
应用诊断	android.permission.DIAGNOSTIC，允许程序具有诊断 RW 资源的权限
禁用键盘锁	android.permission.DISABLE_KEYGUARD，允许程序禁用键盘锁
转存系统信息	android.permission.DUMP，允许程序从系统服务获取系统 dump 信息
状态栏控制	android.permission.EXPAND_STATUS_BAR，允许程序扩展或收缩状态栏
工厂测试模式	android.permission.FACTORY_TEST，允许程序运行工厂测试模式
使用闪光灯	android.permission.FLASHLIGHT，允许访问闪光灯
强制后退	android.permission.FORCE_BACK，允许程序强制使用 back 后退按键，无论 Activity 是否在顶层

续表

功　能	详 细 描 述
访问账户 Gmail 列表	android.permission.GET_ACCOUNTS，访问 GMail 账户列表
获取应用大小	android.permission.GET_PACKAGE_SIZE，获取应用的文件大小
获取任务信息	android.permission.GET_TASKS，允许程序获取当前或最近运行的应用
允许全局搜索	android.permission.GLOBAL_SEARCH，允许程序使用全局搜索功能
硬件测试	android.permission.HARDWARE_TEST，访问硬件辅助设备，用于硬件测试
注射事件	android.permission.INJECT_EVENTS，允许访问本程序的底层事件，获取按键、轨迹球的事件流
安装定位提供	android.permission.INSTALL_LOCATION_PROVIDER，安装定位提供
安装应用程序	android.permission.INSTALL_PACKAGES，允许程序安装应用
内部系统窗口	android.permission.INTERNAL_SYSTEM_WINDOW，允许程序打开内部窗口，不对第三方应用程序开放此权限
访问网络	android.permission.INTERNET，访问网络连接，可能产生 GPRS 流量
结束后台进程	android.permission.KILL_BACKGROUND_PROCESSES，允许程序调用 killBackgroundProcesses (String).方法结束后台进程
管理账户	android.permission.MANAGE_ACCOUNTS，允许程序管理 AccountManager 中的账户列表
管理程序引用	android.permission.MANAGE_APP_TOKENS，管理创建、摧毁、Z 轴顺序，仅用于系统
高级权限	android.permission.MTWEAK_USER，允许 mTweak 用户访问高级系统权限
社区权限	android.permission.MTWEAK_FORUM，允许使用 mTweak 社区权限
软格式化	android.permission.MASTER_CLEAR，允许程序执行软格式化，删除系统配置信息
修改声音设置	android.permission.MODIFY_AUDIO_SETTINGS，修改声音设置信息
修改电话状态	android.permission.MODIFY_PHONE_STATE，修改电话状态，如飞行模式，但不包含替换系统拨号器界面
格式化文件系统	android.permission.MOUNT_FORMAT_FILESYSTEMS，格式化可移动文件系统，例如格式化清空 SD 卡
挂载文件系统	android.permission.MOUNT_UNMOUNT_FILESYSTEMS，挂载、反挂载外部文件系统
允许 NFC 通信	android.permission.NFC，允许程序执行 NFC 近距离通信操作，用于移动支持
永久 Activity	android.permission.PERSISTENT_ACTIVITY，创建一个永久的 Activity，该功能标记为将来将被移除
处理拨出电话	android.permission.PROCESS_OUTGOING_CALLS，允许程序监视，修改或放弃播出电话
读取日程提醒	android.permission.READ_CALENDAR，允许程序读取用户的日程信息
读取联系人	android.permission.READ_CONTACTS，允许应用访问联系人通讯录信息
屏幕截图	android.permission.READ_FRAME_BUFFER，读取帧缓存用于屏幕截图
读取收藏夹和历史记录	com.android.browser.permission.READ_HISTORY_BOOKMARKS，读取浏览器收藏夹和历史记录
读取输入状态	android.permission.READ_INPUT_STATE，读取当前键的输入状态，仅用于系统
读取系统日志	android.permission.READ_LOGS，读取系统底层日志
读取电话状态	android.permission.READ_PHONE_STATE，访问电话状态
读取短信内容	android.permission.READ_SMS，读取短信内容
读取同步设置	android.permission.READ_SYNC_SETTINGS，读取同步设置，读取 Google 在线同步设置
读取同步状态	android.permission.READ_SYNC_STATS，读取同步状态，获得 Google 在线同步状态
重启设备	android.permission.REBOOT，允许程序重新启动设备

续表

功　能	详 细 描 述
开机自动允许	android.permission.RECEIVE_BOOT_COMPLETED，允许程序开机自动运行
接收彩信	android.permission.RECEIVE_MMS，接收彩信
接收短信	android.permission.RECEIVE_SMS，接收短信
接收 WAP PUSH	android.permission.RECEIVE_WAP_PUSH，接收 WAP PUSH 信息
录音	android.permission.RECORD_AUDIO，录制声音通过手机或耳机的麦克
排序系统任务	android.permission.REORDER_TASKS，重新排序系统 Z 轴运行中的任务
结束系统任务	android.permission.RESTART_PACKAGES，结束任务通过 restartPackage(String)方法，该方式将在未来放弃
发送短信	android.permission.SEND_SMS，发送短信
设置 Activity 观察器	android.permission.SET_ACTIVITY_WATCHER，设置 Activity 观察器一般用于 monkey 测试
设置闹铃提醒	com.android.alarm.permission.SET_ALARM，设置闹铃提醒
设置总是退出	android.permission.SET_ALWAYS_FINISH，设置程序在后台是否总是退出
设置动画缩放	android.permission.SET_ANIMATION_SCALE，设置全局动画缩放
设置调试程序	android.permission.SET_DEBUG_APP，设置调试程序，一般用于开发
设置屏幕方向	android.permission.SET_ORIENTATION，设置屏幕方向为横屏或标准方式显示，不用于普通应用
设置应用参数	android.permission.SET_PREFERRED_APPLICATIONS，设置应用的参数，现在已不再发挥作用了，具体查看 addPackageToPreferred(String) 介绍
设置进程限制	android.permission.SET_PROCESS_LIMIT，允许程序设置最大的进程数量的限制
设置系统时间	android.permission.SET_TIME，设置系统时间
设置系统时区	android.permission.SET_TIME_ZONE，设置系统时区
设置桌面壁纸	android.permission.SET_WALLPAPER，设置桌面壁纸
设置壁纸建议	android.permission.SET_WALLPAPER_HINTS，设置壁纸建议
发送永久进程信号	android.permission.SIGNAL_PERSISTENT_PROCESSES，发送一个永久的进程信号
状态栏控制	android.permission.STATUS_BAR，允许程序打开、关闭、禁用状态栏
访问订阅内容	android.permission.SUBSCRIBED_FEEDS_READ，访问订阅信息的数据库
写入订阅内容	android.permission.SUBSCRIBED_FEEDS_WRITE，写入或修改订阅内容的数据库
显示系统窗口	android.permission.SYSTEM_ALERT_WINDOW，显示系统窗口
更新设备状态	android.permission.UPDATE_DEVICE_STATS，更新设备状态
使用证书	android.permission.USE_CREDENTIALS，允许程序从 AccountManager 获得验证请求
使用 SIP 视频	android.permission.USE_SIP，允许程序使用 SIP 视频服务
使用振动	android.permission.VIBRATE，允许振动
唤醒锁定	android.permission.WAKE_LOCK，允许程序在手机屏幕关闭后后台进程仍然运行
写入 GPRS 接入点设置	android.permission.WRITE_APN_SETTINGS，写入网络 GPRS 接入点设置
写入日程提醒	android.permission.WRITE_CALENDAR，写入日程，但不可读取
写入联系人	android.permission.WRITE_CONTACTS，写入联系人，但不可读取
写入外部存储	android.permission.WRITE_EXTERNAL_STORAGE，允许程序写入外部存储，如 SD 卡上写文件
写入 Google 地图数据	android.permission.WRITE_GSERVICES，允许程序写入 Google Map 服务数据
写入收藏夹和历史记录	com.android.browser.permission.WRITE_HISTORY_BOOKMARKS，写入浏览器历史记录或收藏夹，但不可读取

续表

功　能	详 细 描 述
读写系统敏感设置	android.permission.WRITE_SECURE_SETTINGS，允许程序读写系统安全敏感的设置项
读写系统设置	android.permission.WRITE_SETTINGS，允许读写系统设置项
编写短信	android.permission.WRITE_SMS，允许编写短信
写入在线同步设置	android.permission.WRITE_SYNC_SETTINGS，写入 Google 在线同步设置

28.2.3　自定义一个权限

在 AndroidManifest.xml 文件中还可以自定义权限，其中 permission 就是自定义权限的声明，可以用来限制应用程序中的特殊组件，其特性与应用程序内部或者和其他应用程序之间访问。例如下面演示了一个引用自定义权限的例子，功能是在安装应用程序时提示权限。

```
<permission android:label="自定义权限"
        android:description="@string/test"
        android:name="com.example.project.TEST"
        android:protectionLevel="normal"
        android:icon="@drawable/ic_launcher">
```

在上述定义权限的代码中，各个声明的具体说明如下。

- ☑ android:label：表示权限的名字，显示给用户的，值可是一个 string 数据，例如这里的“自定义权限”。
- ☑ android:description：是一个比 label 更长的对权限的描述。值是通过 resource 文件中获取的，不能直接写 string 值，例如这里的@string/test。
- ☑ android:name：表示权限的名字，如果其他 App 引用该权限需要填写这个名字。
- ☑ android:protectionLevel：表示权限的级别，分为如下 4 个级别。
  - ➢ normal：表示低风险权限，在安装时，系统会自动授予权限给 application。
  - ➢ dangerous：表示高风险权限，系统不会自动授予权限给 App，在用到时，会给用户提示。
  - ➢ signature：表示签名权限，在其他 App 引用声明的权限时，需要保证两个 App 的签名一致。这样系统就会自动授予权限给第三方 App，而不提示给用户。
  - ➢ signatureOrSystem：表示这个权限是引用该权限的 App 需要有和系统同样的签名才能授予的权限，一般不推荐使用。

28.3　发布 Android 程序生成 APK

知识点讲解：光盘:视频\知识点\第 28 章\发布 Android 程序生成 APK.avi

当一个 Android 项目开发完毕后，需要打包和签名处理成为 APK 文件，这样才能放到手机中使用，当然也可以发布到 Market 上去赚钱。本节将详细讲解打包、签名、发布 Android 程序的具体过程。

28.3.1　什么是 APK 文件

APK 是 AndroidPackage 的缩写，即 Android 安装包（apk）。APK 是类似 Symbian Sis 或 Sisx 的文件格式。通过将 APK 文件直接传到 Android 模拟器或 Android 手机中执行即可安装。APK 文件和 Sis 一样，把 Android SDK 编译的工程打包成一个安装程序文件，格式为“.apk”。 APK 文件其实是 zip 格式，但后缀名被修改为“.apk”。通过 UnZip 解压后，可以看到 Dex 文件，Dex 是 DalvikVM executes 的简称，即 Android Dalvik 执行程序，并非 Java ME 的字节码而是 Dalvik 字节码。Android 在运行一个程序时首先需要 UnZip，然后类似 Symbian 那样直接，和 Windows Mobile 中的 PE 文件有区别。

在 Android 平台中，Dalvik VM 的执行文件被打包为“.apk”格式，最终运行时加载器会解压，然后获取编译后的 androidmanifest.xml 文件中的 permission 分支相关的安全访问。但是此时会仍然存在很多安全方面的限制，如果将 APK 文件传到\system\app 文件夹下，就会发现最终的执行是不受限制的。安装的文件可能不是这个文件夹，而是在 androidrom 中，系统的 APK 文件默认会放入这个文件夹，它们拥有 root 权限。

在 Android 平台中，一个合法的 APK 至少需要包含如下部分。

☑ 根目录下的 AndroidManifest.xml 文件，功能是向 Android 系统声明所需 Android 权限等运行应用所需的条件。

☑ 根目录下的 classes.dex（dex 指 Dalvik Exceptionable）：是应用（Application）本身的可执行文件（Dalvik 字节码）。

☑ 根目录下的 res 目录：包含应用的界面设定（如果仅是一个后台执行的 service 对象，则不必需）。

☑ APK 根目录下的 META-INF 目录：这也是必需的，功能是存放应用作者的公钥证书与应用的数字签名。

例如将 28.2 节中创建的 APK 文件 first.apk 进行解压缩处理，会发现一共含有 5 个文件，如图 28-2 所示。

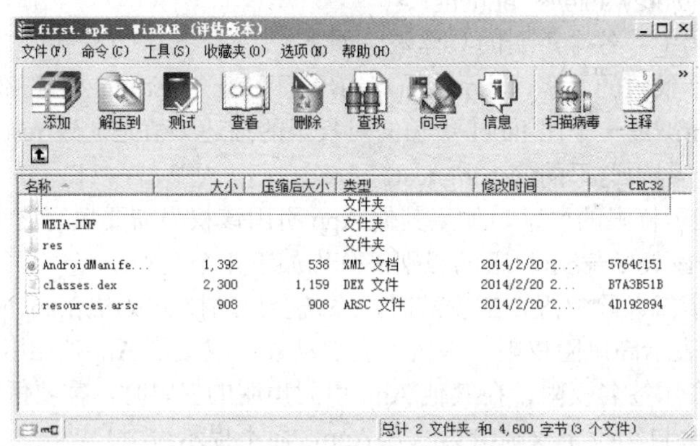

图 28-2　解压缩 first.apk 后的效果

解压 APK 文件后，各个构成文件的具体说明如下。

☑ META-INF\：这是 Jar 格式文件的常见组成部分。

☑ res\：是存放资源文件的目录。

☑ AndroidManifest.xml：是 Android 应用程序的全局配置文件。

☑ classes.dex：Dalvik 字节码。

☑ resources.arsc：编译后的二进制资源文件。

28.3.2　申请会员

开发完 Android 应用程序后，需要去 Market 市场申请成为会员，具体流程如下。

（1）登录 http://market.android/publish/signup，如图 28-3 所示。

（2）单击链接 Create an account now，进入到注册页面，如图 28-4 所示。

（3）单击同意协议后进入到下一步页面，在此输入手机号码，如图 28-5 所示。

（4）在新界面中输入手机获取的验证码，如图 28-6 所示。

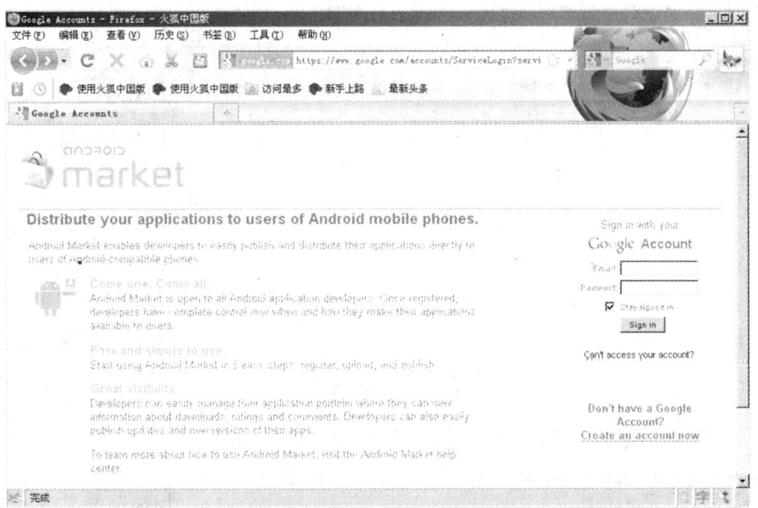

Google Accounts - Firefox - 火狐中国版
文件(F)　编辑(E)　查看(V)　历史(S)　书签(B)　工具(T)　帮助(H)
https://www.google.com/accounts/ServiceLogin?servi
使用火狐中国版　使用火狐中国版　访问最多　新手上路　最新头条
Google Accounts
android
market
Distribute your applications to users of Android mobile phones.
Sign in with your
Google Account
Email:
Password:
Stay signed in
Sign in
Can't access your account?
Don't have a Google Account?
Create an account now
完成

图 28-3　登录 Market

Google Accounts - Firefox - 火狐中国版
文件(F)　编辑(E)　查看(V)　历史(S)　书签(B)　工具(T)　帮助(H)
使用火狐中国版　使用火狐中国版　访问最多　新手上路　最新头条
Google Accounts
Create an Account
Your Google Account gives you access to Android Market Publisher Site and other Google services. If you already have a Google Account, you can sign in here.
Required information for Google account
Your current email address:
Choose a password:
Password strength:
Re-enter password:
Stay signed in
Creating a Google Account will enable Web History. Web History is a feature that will provide you with a more personalized experience on Google that includes more relevant search results and recommendations. Learn More
Enable Web History
Get started with Android Market Publisher Site
Location:
China (中国)
Change
Birthday:
完成

图 28-4　注册界面

Unless you explicitly tell us to do so, your phone number will never be sold or shared with other companies, and we will not use it for any purpose other than during this verification step and for password recovery and account security issues.
frequently asked questions
Verification Options
Text Message
Voice Call
Country
China (中国)
Mobile phone number
Send verification code to my mobile phone
完成

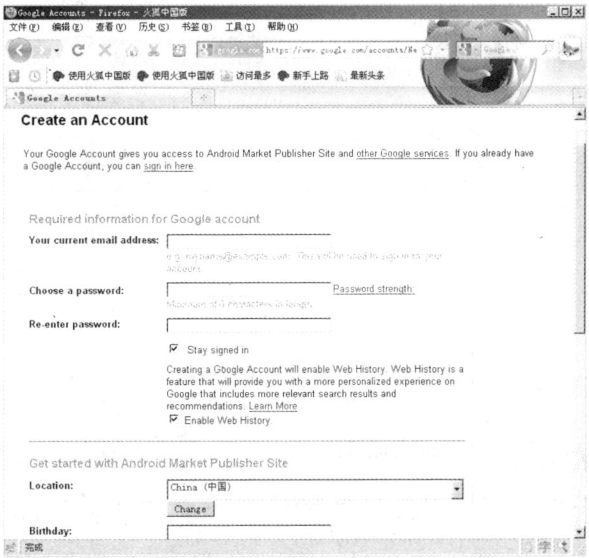

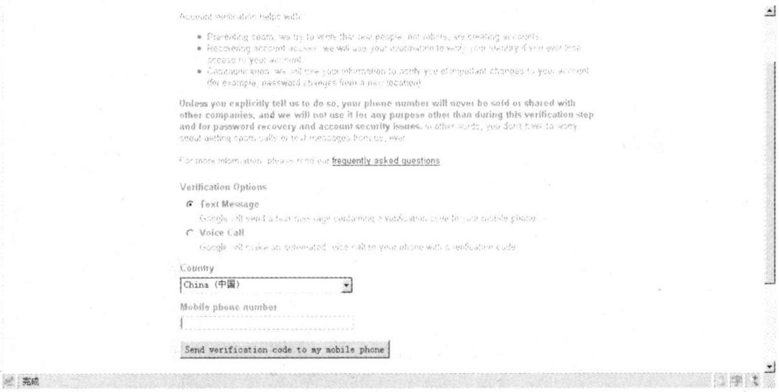

图 28-5　输入手机号码

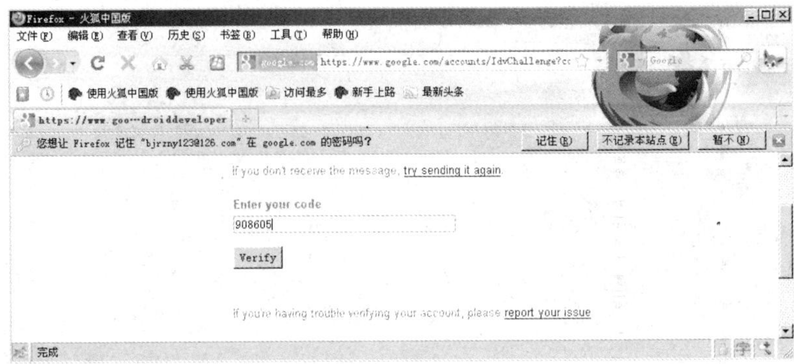

图 28-6　输入验证码

（5）验证通过后，在新界面中继续输入信息，如图 28-7 所示。

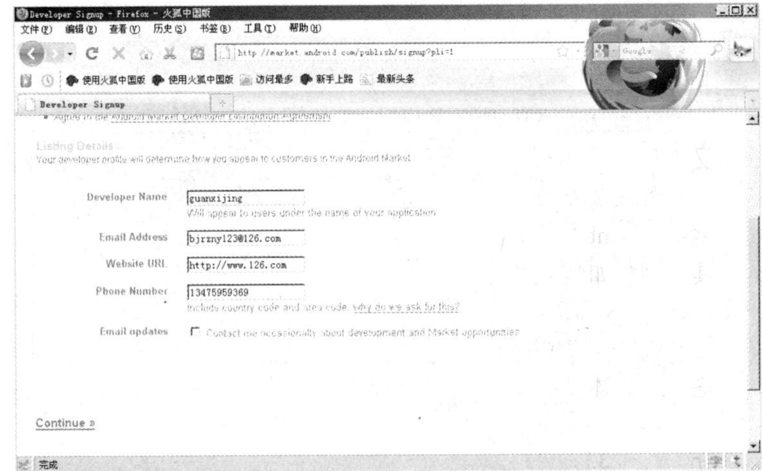

图 28-7　输入信息

（6）单击 Continue 按钮后，提示需要花费 25 美元，支付后才能成为正式会员，如图 28-8 所示。

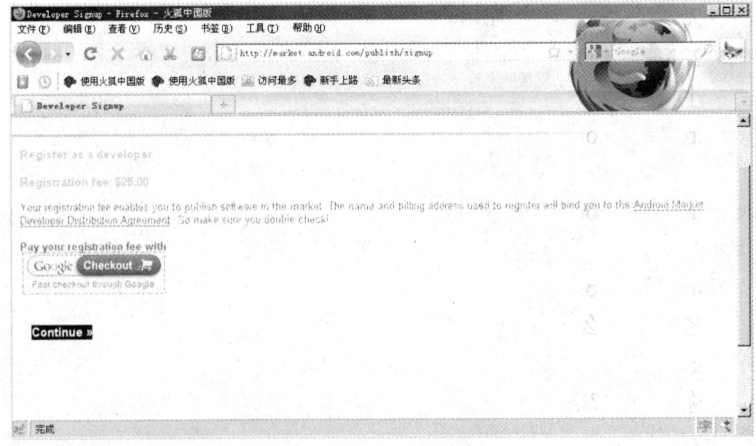

图 28-8　需要支付界面

（7）单击 Google Checkout 按钮进入到支付界面，如图 28-9 所示。

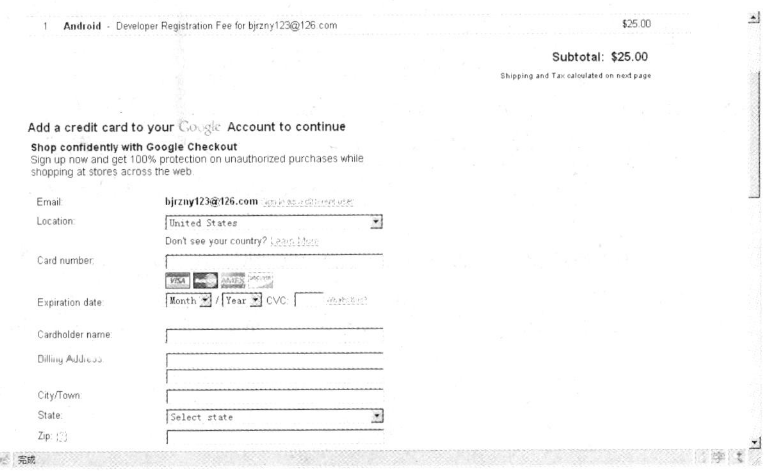

图 28-9 支付界面

在此输入用户的信用卡信息，完成支付后即可成为正式会员。

28.3.3 生成签名文件

Android 应用程序的签名和 Symbian 程序类似，都可以使用自己签名（Self-signed）的方式。制作 Android 签名文件的方法有两种，具体说明如下。

1. 命令行生成方式

使用命令行方式生成签名的具体流程如下。

（1）cmd 命令

```
keytool -genkey -alias android123.keystore -keyalg RSA -validity 20000 -keystore android123.keystore
```

然后一次提示用户输入如下信息。

输入 keystore 密码：[密码不回显]
再次输入新密码：[密码不回显]
您的名字与姓氏是什么？
[Unknown]：android123
您的组织单位名称是什么？
[Unknown]：www.android123.com.cn
您的组织名称是什么？
[Unknown]：www.android123.com.cn
您的组织名称是什么？
[Unknown]：www.android123.com.cn
您所在的城市或区域名称是什么？
[Unknown]：New York
您所在的州或省份名称是什么？
[Unknown]：New York
该单位的两字母国家代码是什么？
[Unknown]：CN
CN=android123, OU=www.android123.com.cn, O=www.android123.com.cn, L=New York, ST

=New York, C=CN 正确吗？

[否]：Y

输入<android123.keystore>的主密码（如果和 keystore 密码相同，回车）：

其中，参数-validity 表示证书有效天数，这里我们写的大一些 200 天。还有在输入密码时没有回显，只管输入即可，一般位数建议使用 20 位，最后需要记下来后面还要用。接下来就可以为 apk 文件签名了。

（2）执行

```
jarsigner -verbose -keystore android123.keystore -signedjar android123_signed.apk android123.apk
android123.keystore
```

这样就可以生成签名的 apk 文件，假设输入文件 android123.apk，则最终生成 android123_signed.apk 为 Android 签名后的 APK 执行文件。

keytool 用法和 jarsigner 用法总结如下。

（1）keytool 用法

```
-certreq     [-v] [-protected]
             [-alias <别名>] [-sigalg <sigalg>]
             [-file <csr_file>] [-keypass <密钥库口令>]
             [-keystore <密钥库>] [-storepass <存储库口令>]
             [-storetype <存储类型>] [-providername <名称>]
             [-providerclass <提供方类名称> [-providerarg <参数>]] ...
             [-providerpath <路径列表>]

-changealias [-v] [-protected] -alias <别名> -destalias <目标别名>
             [-keypass <密钥库口令>]
             [-keystore <密钥库>] [-storepass <存储库口令>]
             [-storetype <存储类型>] [-providername <名称>]
             [-providerclass <提供方类名称> [-providerarg <参数>]] ...
             [-providerpath <路径列表>]

-delete      [-v] [-protected] -alias <别名>
             [-keystore <密钥库>] [-storepass <存储库口令>]
             [-storetype <存储类型>] [-providername <名称>]
             [-providerclass <提供方类名称> [-providerarg <参数>]] ...
             [-providerpath <路径列表>]

-exportcert [-v] [-rfc] [-protected]
             [-alias <别名>] [-file <认证文件>]
             [-keystore <密钥库>] [-storepass <存储库口令>]
             [-storetype <存储类型>] [-providername <名称>]
             [-providerclass <提供方类名称> [-providerarg <参数>]] ...
             [-providerpath <路径列表>]

-genkeypair [-v] [-protected]
             [-alias <别名>]
             [-keyalg <keyalg>] [-keysize <密钥大小>]
             [-sigalg <sigalg>] [-dname <dname>]
```

```
                 [-validity <valDays>] [-keypass <密钥库口令>]
                 [-keystore <密钥库>] [-storepass <存储库口令>]
                 [-storetype <存储类型>] [-providername <名称>]
                 [-providerclass <提供方类名称> [-providerarg <参数>]] ...
                 [-providerpath <路径列表>]

-genseckey     [-v] [-protected]
                 [-alias <别名>] [-keypass <密钥库口令>]
                 [-keyalg <keyalg>] [-keysize <密钥大小>]
                 [-keystore <密钥库>] [-storepass <存储库口令>]
                 [-storetype <存储类型>] [-providername <名称>]
                 [-providerclass <提供方类名称> [-providerarg <参数>]] ...
                 [-providerpath <路径列表>]

-help
-importcert [-v] [-noprompt] [-trustcacerts] [-protected]
                 [-alias <别名>]
                 [-file <认证文件>] [-keypass <密钥库口令>]
                 [-keystore <密钥库>] [-storepass <存储库口令>]
                 [-storetype <存储类型>] [-providername <名称>]
                 [-providerclass <提供方类名称> [-providerarg <参数>]] ...
                 [-providerpath <路径列表>]

-importkeystore [-v]
                 [-srckeystore <源密钥库>] [-destkeystore <目标密钥库>]
                 [-srcstoretype <源存储类型>] [-deststoretype <目标存储类型>]
                 [-srcstorepass <源存储库口令>] [-deststorepass <目标存储库口令>]
                 [-srcprotected] [-destprotected]
                 [-srcprovidername <源提供方名称>]
                 [-destprovidername <目标提供方名称>]
                 [-srcalias <源别名> [-destalias <目标别名>]
                   [-srckeypass <源密钥库口令>] [-destkeypass <目标密钥库口令>]]
                 [-noprompt]
                 [-providerclass <提供方类名称> [-providerarg <参数>]] ...
                 [-providerpath <路径列表>]

-keypasswd     [-v] [-alias <别名>]
                 [-keypass <旧密钥库口令>] [-new <新密钥库口令>]
                 [-keystore <密钥库>] [-storepass <存储库口令>]
                 [-storetype <存储类型>] [-providername <名称>]
                 [-providerclass <提供方类名称> [-providerarg <参数>]] ...
                 [-providerpath <路径列表>]

-list          [-v | -rfc] [-protected]
```

```
            [-alias <别名>]
            [-keystore <密钥库>] [-storepass <存储库口令>]
            [-storetype <存储类型>] [-providername <名称>]
            [-providerclass <提供方类名称> [-providerarg <参数>]] ...
            [-providerpath <路径列表>]

-printcert    [-v] [-file <认证文件>]

-storepasswd [-v] [-new <新存储库口令>]
            [-keystore <密钥库>] [-storepass <存储库口令>]
            [-storetype <存储类型>] [-providername <名称>]
            [-providerclass <提供方类名称> [-providerarg <参数>]] ...
            [-providerpath <路径列表>]
```

（2）jarsigner 用法

```
[选项] jar  文件别名
jarsigner -verify [选项] jar  文件
[-keystore <url>]                密钥库位置
[-storepass <口令>]              用于密钥库完整性的口令
[-storetype <类型>]              密钥库类型
[-keypass <口令>]                专用密钥的口令（如果不同）
[-sigfile <文件>]                .SF/.DSA 文件的名称
[-signedjar <文件>]              已签名的 JAR 文件的名称
[-digestalg <算法>]              摘要算法的名称
[-sigalg <算法>]                 签名算法的名称
[-verify]                        验证已签名的 JAR 文件
[-verbose]                       签名/验证时输出详细信息
[-certs]                         输出详细信息和验证时显示证书
[-tsa <url>]                     时间戳机构的位置
[-tsacert <别名>]                时间戳机构的公共密钥证书
[-altsigner <类>]                替代的签名机制的类名
[-altsignerpath <路径列表>]      替代的签名机制的位置
[-internalsf]                    在签名块内包含 .SF 文件
[-sectionsonly]                  不计算整个清单的散列
[-protected]                     密钥库已保护验证路径
[-providerName <名称>]           提供者名称
[-providerClass <类>]            加密服务提供者的名称
[-providerArg <参数>] ...        主类文件和构造函数参数
```

2．使用 Eclipse 的 ADT 生成

实际上，使用 Eclipse 可以更加直观、方便地生成签名文件，具体流程如下。

（1）右击 Eclipse 项目名，依次选择 Android Tools | Export Signed Application Package 命令，如图 28-10 所示。

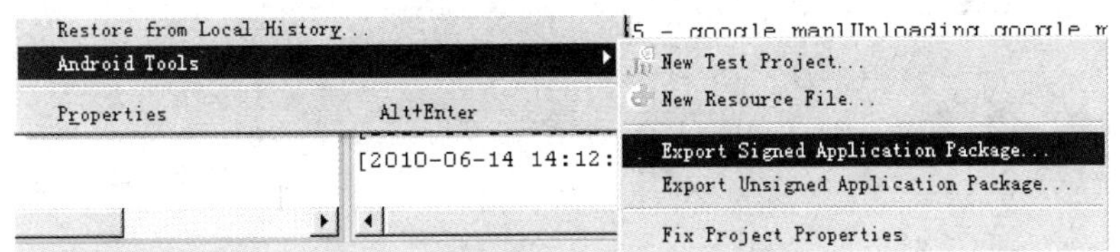

图 28-10　选择导出

（2）在弹出的对话框中选择要导出的项目，在此选择 28.1 节实现的 first 项目，如图 28-11 所示。

（3）单击 Next 按钮，在进入的对话框中选中 Create new keystore 单选按钮，然后分别输入文件名和密码，如图 28-12 所示。

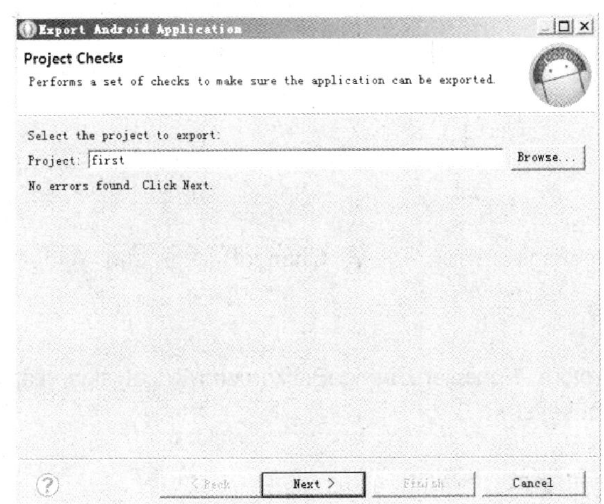

图 28-11　选择要导出的项目

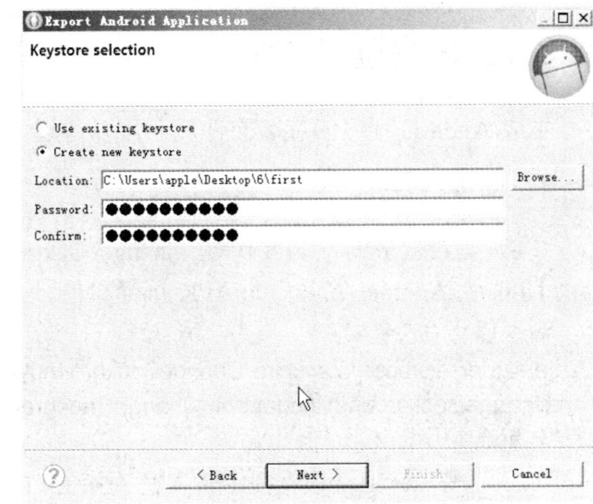

图 28-12　文件名和密码

（4）单击 Next 按钮，在进入的对话框中依次输入签名文件的相关信息，如图 28-13 所示。

（5）单击 Next 按钮，在进入的对话框中输入签名文件路径，如图 28-14 所示。

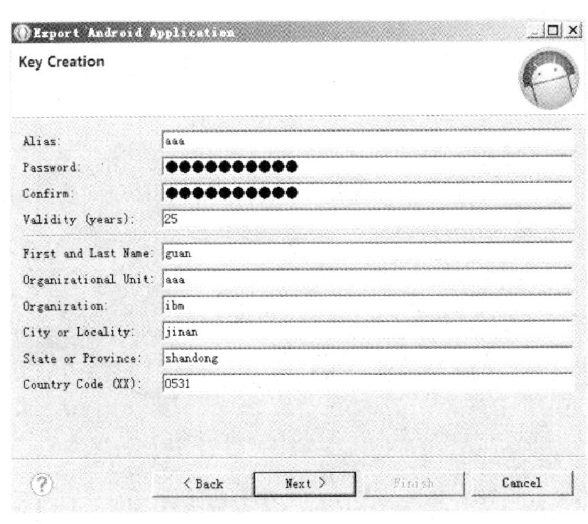

图 28-13　输入信息

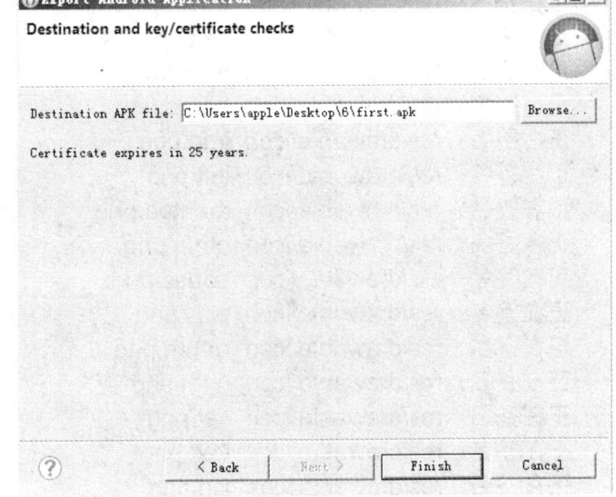

图 28-14　输入信息

（6）单击 Finish 按钮后即可完成签名文件的创建工作，生成的有签名信息的 APK 文件如图 28-15 所示。

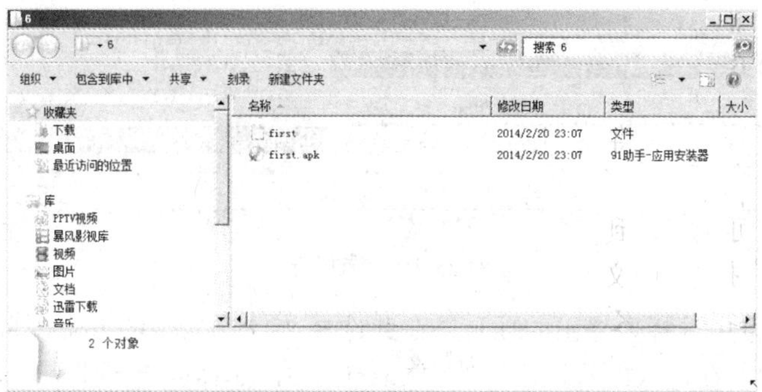

图 28-15　生成的安装文件

28.3.4　使用签名文件

生成 Android 程序的签名文件后，可以通过如下两种方式来使用。

1．命令行方式

（1）假设生成的签名文件是 ChangeBackgroundWidget.apk，则最终生成 ChangeBackground Widget_signed.apk 为 Android 签名后的 APK 执行文件。

输入以下命令行：

```
jarsigner -verbose -keystore ChangeBackgroundWidget.keystore -signedjar ChangeBackgroundWidget_signed.apk
ChangeBackgroundWidget.apk ChangeBackgroundWidget.keystore
```

上面命令中间不换行。

（2）按 Enter 键，根据提示输入密钥库的口令短语（即密码），详细信息如下。

```
输入密钥库的口令短语：
正在添加：META-INF/MANIFEST.MF
正在添加：META-INF/CHANGEBA.SF
正在添加：META-INF/CHANGEBA.RSA
正在签名：res/drawable/icon.png
正在签名：res/drawable/icon_audio.png
正在签名：res/drawable/icon_exit.png
正在签名：res/drawable/icon_folder.png
正在签名：res/drawable/icon_home.png
正在签名：res/drawable/icon_img.png
正在签名：res/drawable/icon_left.png
正在签名：res/drawable/icon_mantou.png
正在签名：res/drawable/icon_other.png
正在签名：res/drawable/icon_pause.png
正在签名：res/drawable/icon_play.png
正在签名：res/drawable/icon_return.png
正在签名：res/drawable/icon_right.png
正在签名：res/drawable/icon_set.png
正在签名：res/drawable/icon_text.png
正在签名：res/drawable/icon_xin.png
正在签名：res/layout/fileitem.xml
正在签名：res/layout/filelist.xml
正在签名：res/layout/main.xml
正在签名：res/layout/widget.xml
正在签名：res/xml/widget_info.xml
```

正在签名：AndroidManifest.xml
正在签名：resources.arsc
正在签名：classes.dex

通过上述过程处理后，即可将未签名文件 ChangeBackgroundWidget.apk 签名为 ChangeBackground Widget_signed.apk。

在上述方式中，读者可能会遇到以下问题。

问题 1：jarsigner 无法打开 jar 文件 ChangeBackgroundWidget.apk。

解决方法：将要进行签名的 APK 放到对应的文件下，把要签名的 ChangeBackgroundWidget.apk 放到 JDK 的 bin 文件中。

问题 2：jarsigner 无法对 jar 进行签名：java.util.zip.ZipException: invalid entry comp ressed size(expected 1598 but got 1622 bytes)。

方法 1：Android 开发网提示这些问题主要是由于资源文件造成的，对于 Android 开发来说应该检查 res 文件夹中的文件，逐个排查。这个问题可以通过升级系统的 JDK 和 JRE 版本来解决。

方法 2：这是因为默认给 APK 做了 debug 签名，所以无法做新的签名，这时就必须右击工程，选择 Android Tools | Export Unsigned Application Package 命令。

或者从 AndroidManifest.xml 的 Exporting 上也是一样的。

然后再基于这个导出的 unsigned apk 做签名，导出时最好将其目录选在之前产生 keystore 的那个目录下，这样操作起来就方便了。

2. 使用 Eclipse 的 ADT 生成

实际上，使用 Eclipse 可以更加直观、方便地生成签名文件，具体流程如下。

（1）右击 Eclipse 项目名，依次选择 Android Tools | Export Unsigned Application Package 命令，如图 28-16 所示。

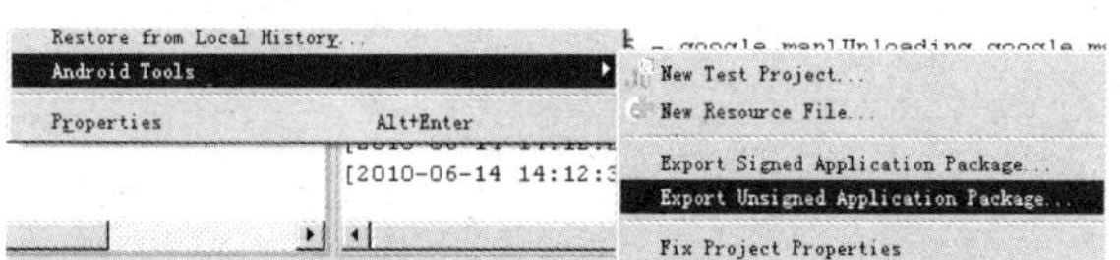

图 28-16　选择 Export Unsigned Application Package 命令

（2）在弹出的对话框中选择项目，如图 28-17 所示。

（3）单击 Next 按钮，在进入的对话框中选中 Use existing keystore 单选按钮，并输入文件的密码，如图 28-18 所示。

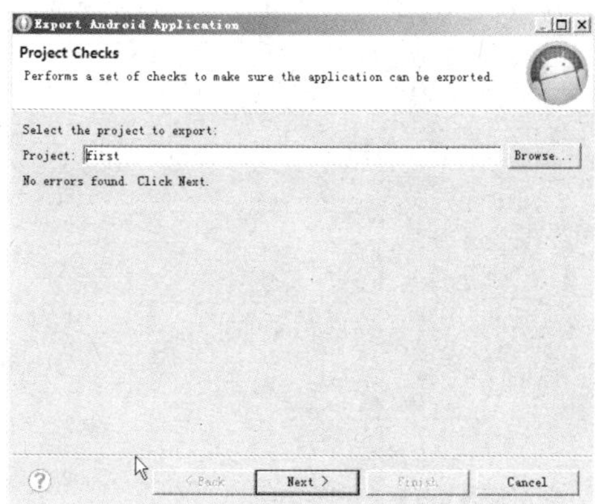

图 28-17　选择项目

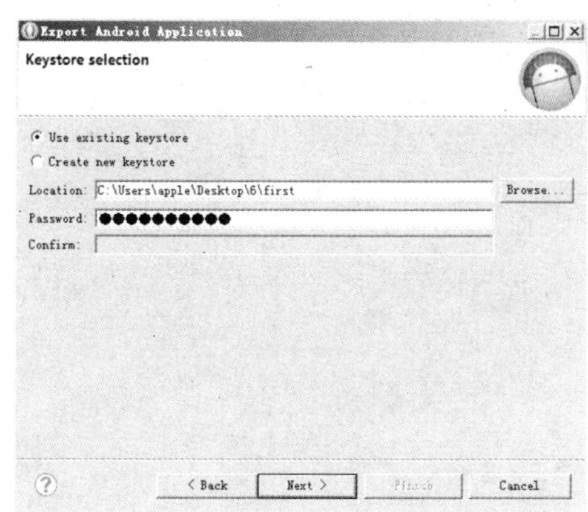

图 28-18　输入密码

（4）单击 Next 按钮，输入原来签名文件的资料和密码，按照默认提示完成签名。在 Eclipse 界面中会显示生成的签名加密信息，如图 28-19 所示。

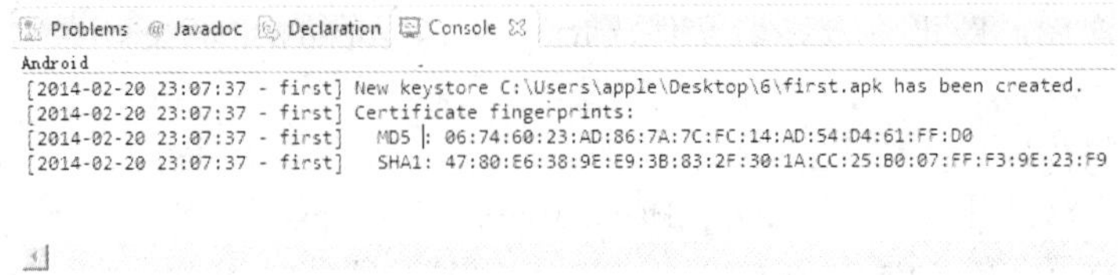

图 28-19　加密信息

28.3.5　发布到市场

发布的过程比较简单，进入到 Market 界面，登录个人中心上传签名后的文件即可，具体操作流程在 Market 站点上有详细说明，在此不做详细介绍。